Hebe- und Förderanlagen

Aumund/Mechtold

Hebe- und Förderanlagen

Grundlagen Bauarten Anwendungen

5. völlig neubearbeitete und stark erweiterte Auflage

von

F. Mechtold

Mit 568 Abbildungen

Springer-Verlag Berlin Heidelberg New York 1969

Prof. Dr.-Ing. e. h. HEINRICH AUMUND †

Dr. mont. Dipl.-Ing. FRITZ MECHTOLD
Direktor der Maschinenfabrik Aumund-Fördererbau GmbH, Homberg/Ndrh.

ISBN-13: 978-3-642-49223-5 e-ISBN-13: 978-3-642-49222-8
DOI: 10.1007/978-3-642-49222-8

Library of Congress Catalog Card Number 77-80986
Softcover reprint of the hardcover 5th edition 1969

Titel Nr. 0028

Vorwort

Als letzter Assistent von Prof. Dr.-Ing. H. Aumund hatte ich bereits 1957 die ehrenvolle Aufgabe übernommen, für die 4. Auflage den ersten Teil des Buches über die Stetigförderer zu überarbeiten. Nun möchte ich mit der Vollendung der 5. Auflage mein Versprechen einlösen, das vorliegende Werk insgesamt so zu überarbeiten und zu erweitern, daß es dem heutigen Stand der Technik gerecht wird.

Als Einleitung sind allgemeine Richtlinien für die Auswahl und Verwendung von Stetigförderern zu finden, die Hinweise bei der Lösung von Planungsaufgaben geben sollen. Im Hinblick auf die Anschaffungskosten von Förderanlagen wird besonders darauf hingewiesen, daß serienmäßig hergestellte, genormte Erzeugnisse bei hoher Qualität meist die preisgünstigsten sind. Durch Tabellen und Diagramme werden daher bei allen beschriebenen Förderern die genormten Größen herausgestellt. Das vorliegende Werk dient somit nicht nur als Lehrbuch, sondern ebenso auch als Handbuch, das dem Benutzer das umfangreiche Gebiet der Fördertechnik in möglichst unmittelbar verwendbarer Form darbietet. Auf Ableitungen von Formeln wurde meist verzichtet, dagegen besonderer Wert auf schaubildliche Darstellungen gelegt. Auch sind Erläuterungen konstruktiver Details weniger zu finden, da sie ausführlich ohnehin in den Fachbüchern für Maschinenelemente behandelt sind.

Die vorliegende 5. Auflage soll aber nicht nur den Studierenden und Ingenieur des Maschinenbaues ansprechen, sondern auch die Architekten, die leider allzu häufig bei ihren Entwürfen das äußere Bild der zu erstellenden Gebäude bzw. Werkhallen in den Vordergrund stellen und dabei dem Einbau von genormten Förderanlagen zu wenig Beachtung schenken. Vor allem wird das Durchgangsprofil für einzubauende Krane meist zu knapp gewählt, so daß beim späteren Einbau dem Hersteller meist nur noch der Weg über eine teuere Sonderkonstruktion bleibt. In dieser Sicht dürfte vor allem der Abschnitt über Brückenkrane mit seinen ausführlichen Maßtabellen ein guter Helfer für alle Planer sein.

Bei einer Betrachtung der Inhaltsübersicht könnte man sehr schnell zu der Annahme neigen, daß im dritten Teil bei der Beschreibung von Anwendungsbeispielen der Hebe- und Förderanlagen verschiedene Industriezweige zu kurz oder gar nicht behandelt wurden. Dieses trifft aber nicht zu, da die einzelnen Fördereinrichtungen in den betreffenden Abschnitten nicht rein sachlich, sondern immer im Zusammenhang mit ihren Haupteinsatzgebieten erläutert wurden. So ist beispielsweise der Schaufelradbagger nicht nur als Gewinnungsmaschine im Tagebaubetrieb, sondern als Ladegerät auch auf den Massengutlagerplätzen der See- und Binnenhäfen, Hüttenwerke, Kraftwerke, Kokereien usw. zu finden.

Die in den vergangenen Jahren sehr stark schwankenden Preise für die Anschaffung der Fördermittel erschweren einen Vergleich der Wirtschaftlichkeit sehr, so daß in dieser Auflage von einem zahlenmäßigen Vergleich einzelner Anlagen abgesehen worden ist. Dennoch kann allgemein festgestellt werden, daß durch die außerordentlich gestiegenen Löhne der Arbeiter in Verbindung mit deren fast gleichermaßen verringerten Leistungen, nicht zuletzt durch immer wieder vorgenommene Arbeitszeitverkürzungen, maschinelle Anlagen auch schon für wesentlich kleinere Förderleistungen als früher wirtschaftlich einzusetzen sind. Die Schaffung geeigneter Kleinfördermittel, wie handbediente Stapler,

Kleinhebezeuge usw., hat einem solchen Gesichtspunkt Rechnung getragen, wobei deren verhältnismäßig geringe Kosten eine weitgehende Anordnung auch in kleinen Betrieben ermöglichen.

Zum Schluß habe ich noch herzlich den Firmen zu danken, die von ihren neuesten Geräteausführungen die Unterlagen zur Verfügung stellten, und dem Springer-Verlag, der in seiner altbekannten Weise alle meine Wünsche mit großem Entgegenkommen erfüllte und auch für meine beruflich bedingte, etwas schleppende Bearbeitung der 5. Auflage viel Verständnis zeigte.

Krefeld, im Juni 1969

F. Mechtold

Inhaltsverzeichnis

I. Förderanlagen

Bei der Projektierung einer Förderanlage sind Fördermenge und Förderlänge von ausschlaggebender Bedeutung. Man wünscht von einer Förderanlage, daß sie die Güter zeitlich und mengenmäßig nach einem genau festgelegten Plan befördert, wobei zweckmäßig alle Fördervorgänge von der Aufgabe bis zur Abgabe des Materials weitgehend mechanisiert sein sollten und möglichst wenig Aufwand für Steuerung, Bedienung und Hilfsarbeiten erfordern. Der Förderer darf die Materialien beim Transport nicht beschädigen und durch seinen eigenen Platzbedarf die Fertigungen in den Betriebsräumen nicht beeinträchtigen. Ferner sollten die Anlagen betriebssicher und in bezug auf die Anschaffungs- und Betriebskosten wirtschaftlich sein. Die Überprüfung der Wirtschaftlichkeit kann anhand der zu erzielenden Erfolge geschehen, wobei zu untersuchen sind der verbesserte Arbeitsfluß und damit die Steigerung einer Arbeitsleistung, die Ersparnis an Arbeits- und Lagerfläche mit der dabei evtl. verbundenen besseren Übersichtlichkeit und Kontrollmöglichkeit, geringere Ermüdung des Personals und Verhütung von Unfällen. Auch kann häufig die Verminderung von Bruch- und Materialverlust von großer Bedeutung sein.

Vor der Auswahl eines Fördermittels, mit dessen Hilfe der eine oder andere Transportvorgang zweckmäßig mechanisiert werden kann, sollte man sich nachstehende Fragen stellen und so ausführlich wie nur eben möglich beantworten: Warum muß überhaupt transportiert werden? Kann man den notwendigen Transport nicht durch Umlegung von Fertigungsstellen vermeiden? Läßt sich der Transportaufwand nicht verringern durch Zusammenfassung zu größeren Einheiten? Was soll transportiert werden? Nach Art der Stückigkeit, Temperatur, Feuchtigkeitsgehalt und evtl. Aggressivität ist ein entsprechendes Fördermittel zu wählen. Wieviel soll transportiert werden, in der Stunde, in der Schicht oder am Tag? Stückzahlen, Stückgewichte und Abmessungen sind hier von Bedeutung. Wie soll transportiert werden? Hier sind Gedanken über die Fördergeschwindigkeit, den Verlauf des Förderweges, die Art der Verpackung sowie die Auf- und Abgabe der Fördergüter von Bedeutung. Wann soll transportiert werden, nur in einer bestimmten Saison, in einer bestimmten Schicht, im Taktverfahren oder kontinuierlich? Weiter ist zu überprüfen, ob während des Fördervorganges noch Arbeitsoperationen, wie Montieren, Sortieren, Wiegen, Zählen, Befeuchten, Erhitzen usw., eingeschaltet werden sollen.

Hat man die Antworten zu obigen Fragen zusammengestellt, so wird man das günstigste Fördermittel aussuchen, das nach dem technischen Leistungsvermögen überhaupt in Frage kommt. Hier sind grundsätzlich vier verschiedene Gruppen von Fördereinrichtungen zu unterscheiden. Ein Teil der Geräte kann das Material nur aufnehmen, wie z. B. Wurfschaufellader, Handschrapper oder der Greifer an Schiffsentladern. Zum gleichzeitigen Aufnehmen und Transportieren sind geeignet Becherwerkslader, Schaufelradlader, Frässcheibenlader und Abbaukratzer. Für den Transport und die Abgabe des Materials eignen sich alle in diesem Buch in den Kap. I, A2 und 3 aufgeführten Stetigförderer für waagerechte, geneigte und senkrechte Förderung sowie auch die Seilbahnen. Als universelle Fördermittel kann man diejenigen bezeichnen, welche sowohl die Aufnahme, den Transport als auch die Abgabe des Materials übernehmen können. Hierzu zählen die pneumatischen Fördereinrichtungen, der fahrbare Greiferdrehkran, der Schaufellader auf Reifen sowie ein Gabelstapler mit Schüttgutschaufel.

In den meisten Fällen wird eine Kombination mehrerer Fördermittel die optimale Lösung bieten, wobei Wert auf günstig gestaltete Übergabestellen zu legen ist und, zumal bei Kombination von intermittierend und stetig arbeitenden Fördermitteln, Zwischenlagerung in Bunkern nicht immer zu vermeiden ist. Die Zwischenlagerung wird außerdem auch bei unterschiedlicher Förderleistung der einzelnen Fördermittel oder Anlageteile erforderlich.

A. Stetigförderung

1. Allgemeines über die Auswahl und Verwendung von Stetigförderern

Als Stetigförderer werden diejenigen Fördervorrichtungen bezeichnet, die eine stetige Bewegung des Fördergutes bewirken. Hierbei können die einzelnen Fördergefäße räumlich miteinander verbunden (Kastenbandförderer), räumlich voneinander getrennt (Becherwerke) oder vom Fördermittel lösbar sein (Seilbahnen). Die Grundsätze, nach denen diese Förderer zu behandeln sind, bleiben trotzdem dieselben. Es sollen daher zunächst die für alle Stetigförderer gültigen Regeln erörtert werden, um danach die Anwendung dieser Regeln auf die einzelnen Fördervorrichtungen aufzuzeigen. Zuvor soll noch auf das Normblatt DIN 15201 hingewiesen werden, in dem die korrekte Bezeichnung aller Stetigförderer mit Erläuterung und Sinnbild zu finden ist.

Die Auswahl eines Stetigförderers wird in erster Linie durch die besonderen Eigenschaften des Fördergutes beeinflußt, welches heiß, besonders scharfkantig, großstückig oder anders beschaffen sein kann. Die hierdurch bedingte Beschränkung in der Auswahl des Förderers muß in jedem Einzelfalle durch Überlegung festgestellt und entsprechend berücksichtigt werden. Es macht einen erheblichen Unterschied, ob Materialien mit einer Körnung unter 0,5 mm (staubförmig), von 0,5—10 mm (körnig), von 10—60 mm (kleinstückig), von 60—160 mm (mittelstückig) oder über 160 mm (grobstückig) gefördert werden sollen. Bei der Auswahl eines Förderers nach dem Schüttgewicht unterscheidet man zwischen leichten Materialien mit maximal 0,6 Mp/m^3, mittelschweren mit 0,6 bis 1,1 Mp/m^3, schweren von 1,1—2,0 Mp/m^3 und sehr schweren mit mehr als 2,0 Mp/m^3 Schüttgewicht.

Man kann die verschiedenen Stetigförderer auch hinsichtlich der Art der Fortbewegung des Fördergutes in drei große Gruppen einteilen:

a) das Fördergut wird bei der Bewegung durch den Förderer getragen und an der Entladestelle abgeworfen (Bandförderer, Gliederbandförderer, Becherwerke, Kreisförderer, Umlaufförderer, Kabelbahnen, Hängebahnen);

b) der Förderer bewegt das Fördergut durch einfaches Fortschieben desselben (Schwingförderer und Kratzerförderer);

c) das Material wird durch den Förderer fortgeschoben, führt dabei aber gleichzeitig eine Relativbewegung gegenüber der Fördervorrichtung selbst aus (Förderrohre und Schneckenförderer verschiedener Bauart).

Hinsichtlich der Art des Antriebs kann man zwischen starrem Eingriff in den Förderer durch Kettenräder und zwischen Kraftübertragung durch Reibwirkung unterscheiden, wie sie bei Gurtbandförderern, Kabel- und Seilbahnen vorkommt.

Der für eine Förderanlage erforderliche Arbeitsverbrauch läßt sich mit ziemlicher Annäherung bestimmen. Man kann allgemeingültig so verfahren, daß man erstens den Teil der Arbeit bestimmt, der für die Fortbewegung des Fördergutes an sich erforderlich ist und zweitens den Arbeitsbedarf, der für die Bewegung der Fördervorrichtung gebraucht wird. Gleichzeitig hat man den Einfluß zu berücksichtigen, den der Bewegungswiderstand des Fördergutes auf den der Fördervorrichtung ausübt. Den ersten Teil des Arbeitsverbrauches, der aus dem Bewegungswiderstand des Fördergutes entsteht, kann man mit genügender Genauigkeit ermitteln, wenn man das Gewicht des Fördergutes und die in die Rechnung einzusetzende Reibungsziffer desselben kennt. Bei gleitender Fortbewegung kommt als Reibungswinkel der Böschungswinkel des Materials in Frage, wenn das Fördergut auf sich selbst gleitet, wie z. B. bei Kratzern ohne Rinnenboden. Wenn das Fördergut in einer Rinne entlang geschoben wird, wie z. B. bei Schwingförderern und Kratzern mit Rinnenboden, ist der Reibungswinkel des Materials auf einer Stahlplatte in die Rechnung einzusetzen. Für den Fall, daß das Fördergut von dem Förderer getragen wird, wie z. B. bei Bandförderern u. dgl., kommt der Bewegungswiderstand des Förderers auch für das Fördergut in Betracht, und es ist der erste Teil des Kraftverbrauches in Verbindung mit dem zweiten, dem Bewegungswiderstand des Förderers selbst, zu bestimmen. Die Reibungsziffern des Fördergutes und sein Gewicht können jeweils durch Versuche ermittelt werden.

Als Anhalt hierfür kann die auf S. 191 gegebene Tabelle für das Schüttgewicht und die Reibungswinkel der verschiedenen Materialien dienen. Dabei gelten, wie dort bemerkt, die kleineren Winkel für den Zustand der Bewegung, die größeren für den Zustand der Ruhe. Für die Berechnung des Arbeitsverbrauches kann der kleinere Wert eingesetzt werden, weil das Fördergut, wenn es gleitend fortbewegt wird, stets in Bewegung ist. Den zweiten Teil des Arbeitsverbrauches, der aus dem Widerstand des Förderers selbst entsteht, kann man auch mit einiger Genauigkeit bestimmen. Wird der Förderer auf einer Unterlage fortgeschleift, wie es bei den einfachsten Kratzerketten der Fall ist, so kommt nur die Reibungsziffer zwischen der Kratzerkette und der Unterlage in Frage. Bewegt sich der Förderer auf Rollen, so ist der Lagerreibungswiderstand, bezogen auf den Umfang der Räder, zu berücksichtigen, wobei man für das Verhältnis der beiden Durchmesser, je nach der Art des Förderers, in der vergleichenden Überschlagsrechnung ziemlich allgemein brauchbare Durchschnittswerte annehmen kann. Sowohl die Zugkraft, welche zur Fortbewegung des Fördergutes, als auch die, welche zur Bewegung des Förderers selbst erforderlich ist, wird von den Triebrollen des Antriebes aufgenommen, so daß daher die zur Bewegung von Fördergut und Förderer aufzuwendende Arbeit um die Reibungsarbeit in der Lagerung dieser Triebrollen vermehrt wird. Man kann diese Reibungsarbeit als prozentualen Zuschlag berücksichtigen. Er ist jedoch bei der Verwendung von Wälzlagern, was heute bei Förderern fast ausschließlich geschieht, wesentlich geringer als bei den früher üblichen Gleitlagern. Außerdem ist die etwa zu leistende Hubarbeit und die dadurch entstehende Reibungsarbeit im Antrieb und in den Führungen in Rechnung zu setzen.

Hat man in dieser Weise die Verhältnisse des Förderers berücksichtigt, so ist noch die Art des Antriebes zu beachten. Bei starrem Eingriff in das Zugorgan des Förderers ist nur die Reibung des Antriebsvorgeleges in Ansatz zu bringen. Bei den normalen Umlaufzahlen der verwendeten Elektromotoren und den durchschnittlichen Umdrehungszahlen der Antriebsräder ist das Übersetzungsverhältnis und damit auch der Wirkungsgrad der Antriebe angenähert gegeben. Beim Antrieb durch Reibung ist zur Erzeugung der erforderlichen Umfangskraft eine entsprechende Vorspannung des Zugorganes vorzusehen, welche die Achsenreibung vermehrt und das Zugorgan zusätzlich belastet. Dieser Teil des Arbeitsverbrauches muß daher gesondert hinzugefügt werden.

Die Grundlage für alle Berechnungen bildet nach Vorstehendem die durch die Art der Fortbewegung und die Eigenschaften des Fördergutes bedingte Kraft. Nach ihr bestimmt sich die Stärke des Zugorganes für die Fördervorrichtung, falls sie nicht durch die besondere Beschaffenheit des Fördergutes, wie Großstückigkeit, Scharfkantigkeit usw., und durch andere Konstruktionsrücksichten bis zu einem gewissen Grade festgelegt ist. In den folgenden Berechnungen wird der Einfachheit halber das Gewicht des Zugorgans nicht besonders ermittelt werden, es wird vielmehr das Gewicht der verschiedenen Förderer auf Grund von ausgeführten Konstruktionen angenommen.

Es muß noch darauf hingewiesen werden, daß bei der Fortbewegung des Fördergutes durch Schieben leicht Klemmungen zwischen Material und Unterlage, auf der es fortgeschoben wird, entstehen können. Diese Klemmungen beeinflussen das Ergebnis der

Rechnung in ungünstigem Sinne. Der Einfluß ist aber, wie auch Versuchsergebnisse an ausgeführten Anlagen zeigen, nicht sehr groß. Immerhin ist es notwendig, diesen Klemmungen bei der Bemessung der Motoren und der Einzelteile der Förderanlage Rechnung zu tragen, indem man die Abmessungen etwas größer wählt, als sich aus der Rechnung ergibt. Auf den durchschnittlichen Arbeitsverbrauch sind aber die Klemmungen, wie erwähnt, nicht von großem Einfluß, so daß sie gegenüber den sonstigen bedeutenden Verschiedenheiten im Energiebedarf der einzelnen Fördersysteme, die sich auf Grund ihrer besonderen Förderungsart ergeben, vernachlässigt werden können. Schließlich ist noch zu erwähnen, daß man mit Rücksicht auf die Veränderlichkeit der Reibungswinkel infolge des wechselnden Feuchtigkeitsgrades des Fördergutes und ungleicher Beschaffenheit der Gleitflächen, ferner mit Rücksicht auf die ungleichmäßige und verschieden gute Schmierung und Wartung des Förderers nur angenäherte Durchschnittswerte erwarten kann. Aus diesem Grunde genügt es, die Rechnungen in der einfachsten Form durchzuführen.

Es bezeichne:

γ = Schüttgewicht des Fördergutes in Mp/m³,
G_g = lfd. Gewicht des Fördergutes im Förderer in kp/m,
L_g = Horizontalprojektion des Förderweges des Fördergutes in m,
μ_g = Reibungsziffer des Fördergutes,
G_f = lfd. Gewicht des Förderers in kp/m, d. h. Gewicht je Doppelstrang,
L_f = Horizontalprojektion der Förderlänge des Förderers in m,
μ_f = Reibungsziffer zwischen Förderer und Auflage,
H_g = Hubhöhe des Fördergutes in m,
H_f = Hubhöhe des Förderers in m,
v = Fördergeschwindigkeit des Förderers in m/s,
η_A = Wirkungsgrad der Antriebsvorgelege,
μ_u = Reibungsziffer der Antriebsscheibe,
Q_m = stündlich geförderte Nutzmenge in m³/h,
Q_t = stündlich gefördertes Nutzgewicht in Mp/h,
i = stündlich geförderte Anzahl der Fördergefäße,
I = Inhalt des Fördergefäßes in Liter,
a = gegenseitiger Abstand der Fördergefäße in m,
Z = größte Zugkraft im Zugorgan in kp,
N = erforderliche Antriebsleistung des Förderers in PS,
α = Steigungswinkel des Förderers,
φ = Ausnutzungsgrad = Füllungsgrad.

Für die Bemessung der Stärke des Zugorgans und des Motors ist zu beachten, daß man für die durchschnittliche Förderleistung mit Rücksicht auf ungleichmäßiges Füllen bzw. Aufgeben einen Ausnutzungsgrad φ zu beachten hat. Es ist zu setzen: für Mahlprodukte $\varphi = 0{,}8$—$1{,}0$, für Güter geringer Stückgröße $\varphi = 0{,}6$—$0{,}7$, für großstückige Güter $\varphi = 0{,}5$.

Auf Grund einfacher Überlegungen lassen sich nun die folgenden allgemeinen Formeln aufstellen: Wenn Q_t gegeben und i angenommen wird, so ist

$$I = \frac{Q_t \cdot 1000}{i \gamma \varphi}, \tag{1}$$

da ferner $i\,a = v \cdot 3600$, also $i = 3600\,v/a$ ist, so kann auch, wenn Q_t gegeben und v sowie a angenommen sind, gesetzt werden

$$I = \frac{Q_t\, a}{3{,}6\, v \gamma \varphi}. \tag{2}$$

Nimmt man bei gegebenen Q_t die Werte für I und v an, so ergibt sich

$$a = \frac{3{,}6\, I \varphi \gamma v}{Q_t} \tag{3}$$

oder, wenn man I und a annimmt,

$$v = \frac{a\, Q_t}{3{,}6\, I \varphi \gamma}. \tag{4}$$

Ferner ist

$$G_g = \frac{Q_t}{3{,}6\, v}. \tag{5}$$

Bei der Berechnung von Z und N soll, wie schon erwähnt, unterschieden werden zwischen Förderern, die das Fördergut wegschieben (Kratzer, Förderschnecke usw.) und solchen, die es wegtragen (Bänder, Becherwerke usw.). Für Kratzer gelten dann bei waagerechter

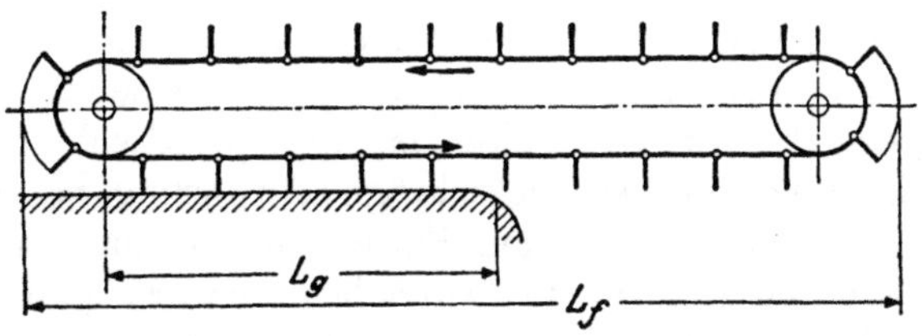

Abb. 1. Schema einer waagerechten Förderung.

Förderung nach Abb. 1:

$$Z = G_g L_g \mu_g + G_f L_f \mu_f \tag{6}$$

$$N = \frac{v}{75\,\eta_A}\left[\frac{Q_t}{3{,}6\,v} L_g \mu_g + G_f L_f \mu_f\right](1 + \mu_u)\,. \tag{7}$$

Für einen das Gut tragenden Förderer gilt

$$Z = (G_g L_g + G_f L_f)\,\mu_f \tag{6a}$$

$$N = \frac{v}{75\,\eta_A}\left[\frac{Q_t}{3{,}6\,v} L_g + G_f L_f\right]\mu_f (1 + \mu_u)\,. \tag{7a}$$

Bei senkrechter Förderung nach Beispiel von Abb. 2 ist

$$Z = G_g H_g + \frac{1}{2} G_f H_f \tag{8}$$

$$N = \frac{v}{75\,\eta_A}\,[G_g H_g + (G_g H_g + G_f H_f)\,\mu_u]\,. \tag{9}$$

Liegt bei den Bändern oder Kratzern ansteigende Förderung vor, so ist bei den angegebenen Leistungen Gl. (7) und (7a) ein Hubleistungszuschlag zu addieren

$$N_{\mathrm{Hub}} = \frac{Q_t L_g \sin\alpha}{270} = \frac{Q_t H_g}{270}\,.$$

Bei gemischter Förderung nach dem Beispiel von Abb. 3 sind die Gl. (6a) und (8) bzw. (7a) und (9) zu vereinigen. Demnach ist

$$Z = G_g [H_g + L_g \mu_f] + G_f \left[\frac{1}{2} H_f + L_f \mu_f\right] \tag{10}$$

$$N = \frac{v}{75\,\eta_A}\left[\left\{\frac{Q_t}{3{,}6\,v}(H_g + L_g \mu_f) + G_f L_f \mu_f\right\}\cdot(1 + \mu_u) + G_f H_f \mu_u\right]\cdot \tag{11}$$

Bei einer Anordnung des Förderers nach Abb. 3 ist

$$L_g = L_{g\,u} + L_{g\,0}\,.$$

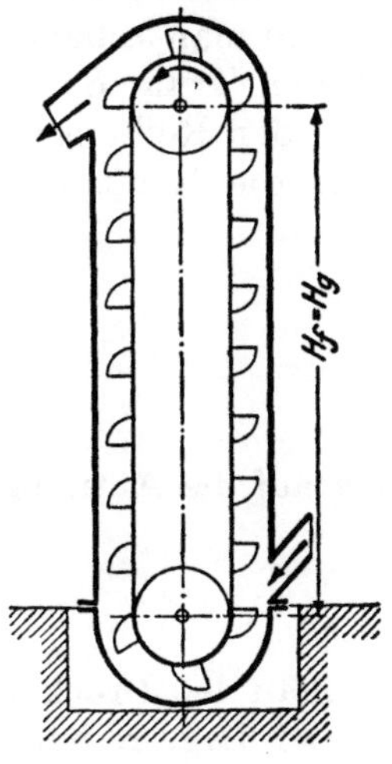

Abb. 2. Schema einer senkrechten Förderung.

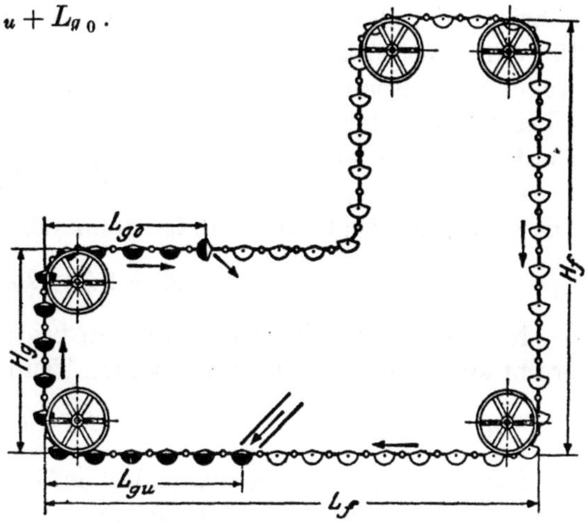

Abb. 3. Schema einer gemischten Förderung.

Bei geneigter Förderung nach Abb. 4 wird unter Verwendung der Gln. (10) und (11) etwas zu ungünstig gerechnet, indem eine senkrechte Förderung für die Schrägförderung eingesetzt wird. Der Fehler ist aber praktisch so klein, daß man die Gln. (10) und (11) auch ohne weiteres für schräge Förderung benutzen kann. Die abgeleiteten Formeln gelten demnach bei allen Förderern, die mit einem Zugorgan arbeiten, das durch unmittelbaren Eingriff des Antriebes vorwärts bewegt wird, wobei also mit Rücksicht auf den Antrieb eine Vergrößerung der Spannung im Zugmittel nicht erforderlich ist. Sie haben daher Gültigkeit bei Gliederbandförderern, Kettenbecherwerken, Pendelbecher-

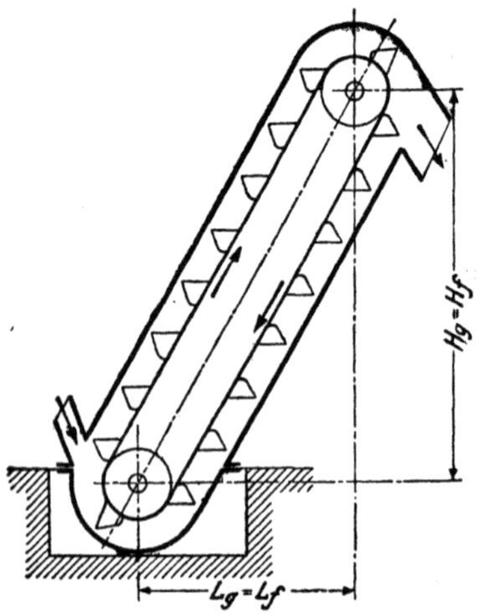

Abb. 4. Schema einer geneigten Förderung.

Abb. 5. Schema eines Gurtbandförderers ohne Abwurfwagen.

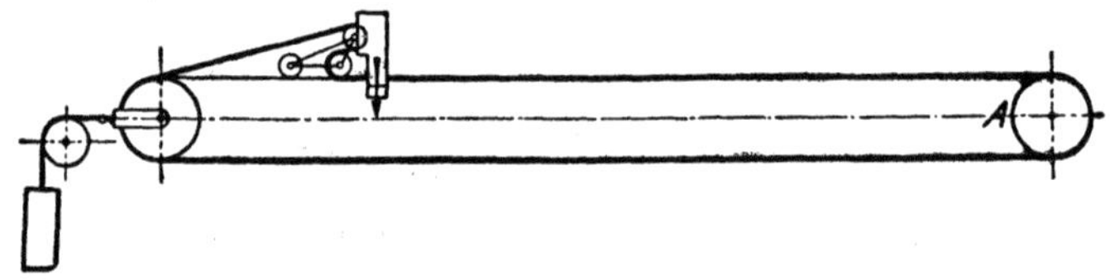

Abb. 6. Schema eines Gurtbandförderers mit Abwurfwagen.

werken und Kettenbahnen, wenn die Kette durch eine Mitnehmerscheibe bewegt wird, was in der Regel der Fall ist. Die erwähnte Voraussetzung trifft auch bei Gurtbecherwerken zu, für die sich bei den gebräuchlichen Geschwindigkeiten und den entsprechenden Werten von G_g und G_f ergibt, daß die durch das Gewicht an der oberen Antriebsscheibe erzeugte Reibung für den Antrieb ohne eine Zusatzspannung genügt, daß also eine besondere Spannvorrichtung am unteren Ende, außer zum Vermeiden von Schlingerbewegungen, nicht erforderlich ist.

Bei Bandförderern nach dem Beispiel der Abb. 5 und 6 zeigt es sich dagegen, daß eine Vorspannung der nicht angetriebenen Umführungsscheibe notwendig ist, um für den Antrieb eine genügend große Reibwirkung zu erzeugen. Zur Bestimmung der hierfür aufzubringenden Spannkraft ist es in diesem Falle ausreichend, wenn man annäherungsweise für eine Antriebsscheibe die höchste Spannung im ablaufenden Trum $S_1 = 2\,S_2$ setzt, wobei S_2 die Spannung im ablaufenden Trum ist. Wenn durch den Reibungsantrieb zur Überwindung der in Gl. (6a) festgelegten Förderwiderstände die Kraft Z übertragen werden muß, so ist

$$Z = 2\,S_2 - S_2 = S_2 .$$

Die größte Zugkraft im Gurt ist demnach

$$Z_1 = 2\,Z = 2\,\mu_f\,(G_g\,L_g + G_f\,L_f). \tag{12}$$

Nach dieser Kraft ist der Gurt zu bestimmen. Der Druck auf die Antriebsscheibe A ergibt sich durch Addition der beiden Trumspannungen

$$A = S_1 + S_2 = 3\,S_2 = 3\,Z .$$

Für die als Spannrolle dienende Umführungsscheibe kann man den Druck angenähert mit $2\,Z$ einsetzen. Insgesamt kommt also zur Bestimmung der Lagerreibung der Umführungsrollen eine Kraft von $5\,Z$ in Frage, gegenüber einer Achslast von Z, der bei unmittelbarem Eingriff in das Zugorgan auftritt. Es genügt, wenn man zur angenäherten Berücksichtigung dieses vergrößerten Druckes für die Reibungsziffer den Wert $5\,\mu_u$ einsetzt, so daß also der Leistungsbedarf nach

$$N = \frac{v}{75\,\eta_A}\left[\frac{Q_t}{3{,}6\,v}\,L_g + G_f\,L_f\right]\mu_f\,(1 + 5\,\mu_u) \qquad (13)$$

zu berechnen ist.

Bei Verwendung eines Abwurfwagens kann Gl. (12) ohne Änderung mit genügender Annäherung benutzt werden, während in Gl. (13) statt $5\,\mu_u$ wegen des zusätzlichen Arbeitsverbrauches im Abwurfwagen der Wert $9\,\mu_u$ einzusetzen ist. Bei genauer Rechnung müßte auch das durch den Abwurfwagen bedingte Anheben des Fördergutes mitberücksichtigt werden. Man kann hierfür je nach der Leistung etwa 0,1—0,2 PS hinzufügen.

Unberücksichtigt ist der Kraftverbrauch geblieben, der durch die Formänderungsarbeit des Gurtes über den Tragrollen entsteht, jedoch nicht bedeutend ist.

Unter Beachtung der bei Entwicklung der Gln. (12) und (13) angestellten Überlegungen lassen sich Spannung und Leistungsbedarf aus den entsprechend abgeänderten Gln. (10) und (11) auch bei geneigten Gurtförderern ermitteln.

In ähnlicher Weise, wie für die Bandförderer aufgezeigt, können die Spannungen und der Arbeitsverbrauch bei Standbahnen und Hängebahnen bestimmt werden, die durch ein Seil bewegt werden, an welches die treibende Kraft von einer Scheibe mittels Reibung übertragen wird. Bei kurzen waagerechten Bahnen, bei denen nur eine Umführungsscheibe mit gefütterter Rille vorhanden ist, sind die Gln. (12) und (13) ohne weiteres anwendbar. Bei längeren Bahnen entsteht dadurch eine gewisse Abweichung, daß hier das Seil nicht durch eine einfache Umschlingung um 180° mitgenommen wird, sondern durch zwei- oder dreimalige Umführung um mehrere Antriebsscheiben. Die erforderliche zu-

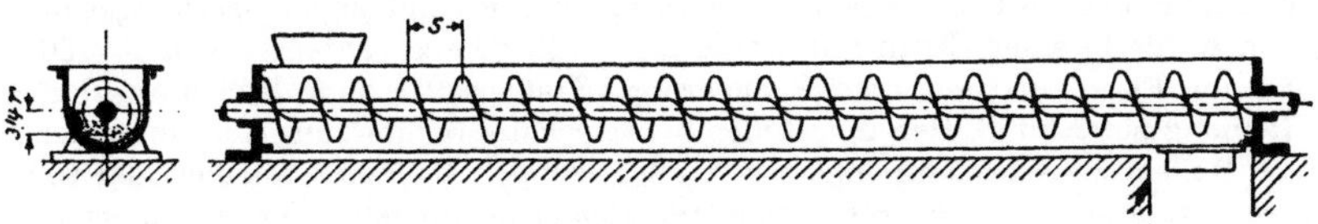

Abb. 7. Schema eines Schneckenförderers.

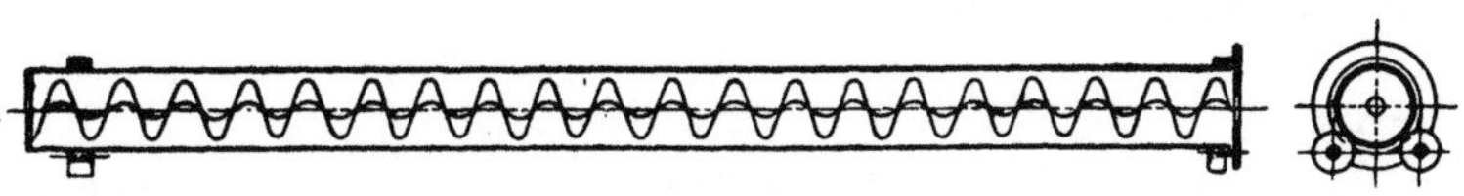

Abb. 8. Schema eines Schneckenrohrförderers.

sätzliche Spannung im Zugseil wird infolgedessen wohl geringer, die Änderung des Arbeitsverbrauches im Vergleich zum Antrieb mit einfacher Umführung ist aber unwesentlich, da bei zwei- oder dreimaliger Umschlingung die Wirkung der kleineren Achsdrücke zum größten Teil wieder dadurch ausgeglichen wird, daß infolge der häufigeren Umlenkung der geringere Druck mehrfach in Frage kommt.

Bei Schwingförderern mit gleitender Bewegung läßt sich der Arbeitsverbrauch nach Gl. (7) angenähert ermitteln, wenn man unter μ_u den Verlust in dem Angriffspunkt der Schubstange versteht, herrührend von dem Druck, der aus dem Gleitwiderstand des Fördergutes entsteht, vermehrt um den Bewegungswiderstand der Rinne selbst, und wenn man die Werte μ_u und μ_f den Verhältnissen entsprechend einsetzt.

Etwas anders liegen die Verhältnisse bei den Schneckenförderern (Abb. 7) und den Förderrohren (Abb. 8), da das Fördergut außer der Längsbewegung im Förderer auch noch eine Verschiebung an den einzelnen Schneckengängen erfährt. Bezeichnet man bei einer Schnecke die Reibungsziffer des Fördergutes in der Rinne mit μ_{gr} und die Reibungsziffer an den Schneckengängen mit μ_{gs}, so kann man zunächst den Leistungsverlust infolge Bewegung des Fördergutes in der Rinne durch den Wert $G_g\,L_g\,v\,\mu_{gr}$ festlegen. Entsprechend einem Weg S des Fördergutes macht der Umfang der Schnecke einen Weg πD. Bei dem üblichen Füllungsgrad kann man den Weg, bezogen auf den Schwerpunkt der Füllung, zu etwa 3/4 dieses Wertes annehmen und der an den Schneckengängen auftretende Leistungsverlust ist demnach $G_g\, L_g\, \mu_{gr}\, \mu_{gs}\, v \cdot 3/4\, \pi\, D/S$. Dazu tritt die Reibungsleistung der bewegten Schneckenteile in den Lagern mit $G_f\, L_f\, \mu_a\, v\, \pi \cdot D/S$, wenn μ_a die Reibungsziffer der Schneckentraglager ist, bezogen auf den Umfang der Schnecke. Schließlich kommt noch die Reibung infolge Längs- und Seitenschubes durch das Fördergut hinzu, die gleich den beiden ersten Werten multipliziert mit μ_u wird, wenn μ_u die entsprechende Reibungsziffer für die Lagerungen ist, die Längs- und Seitenschub aufnehmen. Demnach ist der Leistungsbedarf insgesamt

$$N = \frac{v}{75\,\eta_A}\left[\frac{Q_t}{3{,}6\,v}\left(L_g\,\mu_{gr} + L_g\,\mu_{gr}\,\mu_{gs}\,\frac{3}{4}\,\frac{\pi D}{S}\right)(1+\mu_u) + G_f\,L_f\,\frac{\pi D}{S}\,\mu_a\right]. \qquad (14)$$

Der Gebrauch dieser Formel, die die Bedeutung eines jeden der Teile erkennen läßt, aus denen sich der gesamte Arbeitsverbrauch zusammensetzt, soll nachstehend unter Hinweis auf die später gegebene Beschreibung der Einzelausführungen an Beispielen aufgezeigt werden. Dabei wird für sämtliche Förderer dieselbe Förderleistung von 36 Mp/h und dieselbe Förderlänge von 50 m angenommen, um dadurch auch gleichzeitig eine zahlenmäßige Gegenüberstellung des Arbeitsverbrauches zu erhalten. Es sei weiter bemerkt, daß es sich bei den hier aufgezeigten Berechnungen um allgemein gültige handelt und die Eigengewichte der verschiedenen Förderer geschätzt wurden. Genauere Berechnungsunterlagen bzw. Methoden, bei denen auch die neueren Erkenntnisse der Praxis berücksichtigt sind, werden in den speziellen Abschnitten der einzelnen Förderer aufgeführt.

Als Fördergut sei Kohle mit einem Schüttgewicht $\gamma = 0{,}8$ Mp/m³ gewählt. Als Reibungsziffer für die Bewegung von Kohle auf Kohle wird $\mu_g = 0{,}84$ angenommen, entsprechend einem Böschungswinkel $\beta = 40°$. Für die Bewegung von Kohle in einer Eisenrinne werde $\mu_{gr} = 0{,}58$ gesetzt, entsprechend $\beta = 30°$. Ferner werde als Reibungsziffer von Eisen auf Eisen ohne Schmierung (Kratzerkette ohne Rollen auf der Rinne) $\mu_f = 0{,}2$ eingesetzt. Als Reibungsziffer für Ketten mit Rollen bei schlechter Schmierung und unter der Annahme eines Verhältnisses von Rollen- zu Achsendurchmesser von 4:1 soll $\mu_f = 0{,}05$ einschließlich der rollenden Reibung gewählt werden. Die Reibungsziffer μ_u werde ebenfalls allgemein mit 0,05, der Wirkungsgrad des Antriebsvorgeleges unter Voraussetzung eines doppelten Rädervorgeleges und Rollen-Kettenantriebes durchweg mit $\eta_A = 0{,}8$ festgesetzt. Diese Annahmen sind allgemein ziemlich ungünstig, aber der Sicherheit wegen und mit Rücksicht auf etwaige Klemmungen erwünscht.

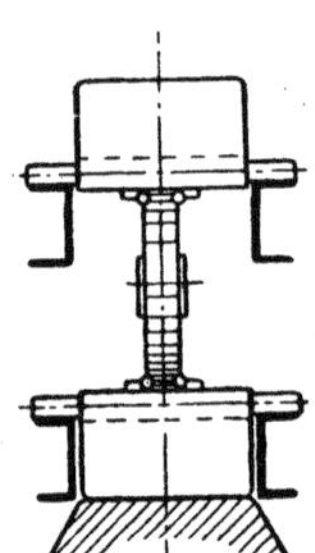

Abb. 9. Querschnitt eines Kratzers mit gleitender Kette ohne Rinnenboden.

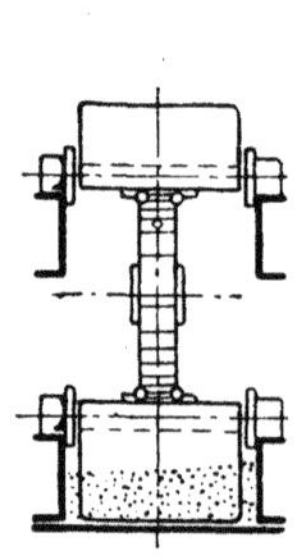

Abb. 10. Querschnitt eines Kratzerförderers mit rollender Kette und mit Rinnenboden.

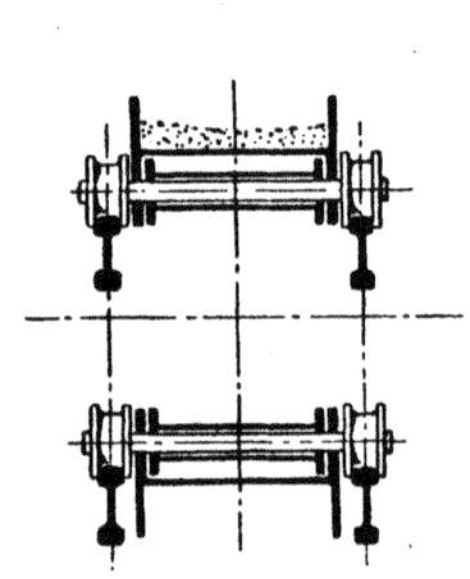

Abb. 11. Querschnitt eines Trogbandförderers.

Bei dem einfachen Kratzer ohne Rinnenboden, bei dem die mit Gleitblechen versehene Kette auf den U-Schienen der festen Führung entlang geschleppt wird, wie in Abb. 9 angegeben, ergibt sich, wenn man für den oberen und unteren Kettenstrang $G_f = 2 \cdot 50 = 100$ kp/m und $v = 0{,}3$ m/s einsetzt, nach Gl. (5) $G_g = 33$ kp. Ferner errechnet sich nach Gl. (6)

$$Z = (33 \cdot 50 \cdot 0{,}84 + 100 \cdot 50 \cdot 0{,}2) \cdot 1{,}05 = 1450 + 1050 = 2500 \text{ kp}$$

und nach Gl. (7)

$$N = \frac{0{,}3}{75 \cdot 0{,}8}\left[\frac{36}{3{,}6 \cdot 0{,}3} \cdot 50 \cdot 0{,}84 + 100 \cdot 50 \cdot 0{,}2\right] \cdot 1{,}05 = 7{,}3 + 5{,}25 = 12{,}5 \text{ PS}.$$

Dabei bedeutet sowohl in Gl. (6) als auch in Gl. (7) der erste Teil den Widerstand, der durch die Bewegung des Fördergutes entsteht, der also bei kürzerem Förderweg für das Fördergut kleiner ist. Der zweite Teil bezieht sich auf den inneren Widerstand des Förderers, bedeutet also im wesentlichen die Leerlaufarbeit. Bei Förderung auf halbe Länge würde sich demnach der Leistungsbedarf zu etwa 3,7 + 5,25 = 9 PS ergeben.

Bei einem Kratzer mit einem Rinnenboden aus Blech würde $\mu_{gr} = 0{,}58$ statt 0,84 einzusetzen sein und die Zugkraft auf 1000 + 1050 = 2050 kp, der Leistungsbedarf auf etwa 10,3 PS heruntergehen. Betrachtet man die vollkommenste Ausführung des Kratzerförderers, bei der die Rinne unten durch Blech abgeschlossen und die Kette durch Rollen gestützt ist, wie im Schema der Abb. 10 angegeben ist, so wird mit $\mu_f = 0{,}05$ die Zugkraft der Kette $Z = 1000 + 260 = 1260$ kp und der Leistungsbedarf $N \approx 5 + 1{,}5 = 6{,}5$ PS. Bei Förderung auf die halbe Länge beträgt $N = 2{,}5 + 1{,}5 = 4$ PS.

Ein Gliederbandförderer nach dem Schema der Abb. 11, bei dem sich die Kette auf mitlaufende Rollen abstützt, die Kohle vom Band getragen und am Ende abgeworfen wird, ergibt, da hierbei $\mu_g = \mu_f = 0{,}05$ eingesetzt werden kann, nach Gl. (7a) noch einen kleineren Leistungsbedarf. Bei $G_g = 33$ kp/m wird

$$Z = (33 \cdot 50 + 200 \cdot 50) \cdot 0{,}05 = 83 + 500 = 583 \text{ kp},$$

$$N = \frac{0{,}3}{75 \cdot 0{,}8}\left[\frac{36}{3{,}6 \cdot 0{,}3} \cdot 50 + 200 \cdot 50\right] \cdot 0{,}05 \cdot 1{,}05 = 0{,}5 + 2{,}5 = 3 \text{ PS}.$$

Der Leistungsbedarf ist außerordentlich gering. Ungefähr die gleichen Verhältnisse gelten für das Pendelbecherwerk, bei dem die Stützung der Kette auf dieselbe Weise geschieht und die Fördergeschwindigkeit ebenfalls sehr gering ist.

Als weiteres Beispiel wird ein waagerechter Gurtbandförderer für Kohlen berechnet, wobei die Geschwindigkeit $v = 1{,}2$ m/s angenommen werden soll. Dann ist $G_g = \frac{36}{3{,}6 \cdot 1{,}2} = 8{,}5$ kp/m. Ein ebenes Band von 600 mm Breite genügt daher vollständig, um auf 1 m Länge eine solche Kohlenmenge aufzunehmen. Das Gewicht des Gummigurtes und der Tragrollen, die unter dem Obertrum für einen solchen Fall in 2,5 m, beim Untertrum in 5 m Abstand angeordnet sind, ergibt sich zu etwa 20 kp/m = G_f. Es wird $\mu_u = 0{,}05$ angenommen und μ_f ebenfalls mit 0,05 eingesetzt. Dann ist nach Gl. (12)

$$Z = 2 \cdot 0{,}05\,(8{,}5 \cdot 50 + 20 \cdot 50) = 42 + 100 = 142 \text{ kp}.$$

Der Leistungsbedarf errechnet sich nach Gl. (13) für ein Band ohne Abwurfwagen zu

$$N = \frac{1{,}2}{75 \cdot 0{,}8}\left[\frac{36}{3{,}6 \cdot 1{,}2} \cdot 50 + 20 \cdot 50\right] \cdot 0{,}05 \cdot 1{,}25 = 0{,}5 + 1{,}25 \approx 1{,}8 \text{ PS}.$$

Bei einem Band mit Abwurfwagen würde sich ergeben $N = 0{,}55 + 1{,}45 = 2{,}0$ PS. Unter Berücksichtigung der Hubarbeit am Abwurfwagen würde $N = 2{,}1$ PS sein.

Für die nach ähnlichen Grundsätzen zu berechnenden Seilbahnen sei auf die Ausführungen bei Besprechung der entsprechenden Einzelheiten dieser Anlagen verwiesen, da diese Förderer nur für größere Förderlängen in Frage kommen und ein unmittelbarer Vergleich nicht möglich ist.

Bei einem Schneckenförderer kann man bei Kohlenförderung und eisernem Schneckentrog $\mu_{gr} = \mu_{gs} = 0{,}58$, $\mu_u = 0{,}05$ und $\mu_a = 0{,}02$ annehmen. Es ergibt sich für das behandelte Beispiel mit 50 m Förderlänge und 36 Mp/h Leistung bei Voraussetzung von $n = 60$ U/min, einem Füllungsgrad S = 1/3 und einer Steigung der Schneckengänge von $S = 0{,}6\,D$ aus der Beziehung $Q_t = n \cdot 60\, S\, \varphi\, \gamma\, D^2 \pi/4$ ein erforderlicher Durchmesser $D = 43$ cm und demnach eine Steigung $S = 0{,}6 \cdot 43 = 26$ cm. Dann ist $v = n\, S/60 = 0{,}26$ m/s. Setzt man $G_f = 80$ kp/m ein, so errechnet sich der Leistungsbedarf zu

$$N = \frac{0{,}26}{75 \cdot 0{,}8}\left[\frac{36}{3{,}6 \cdot 0{,}26}\left(50 \cdot 0{,}58 + 50 \cdot 0{,}58 \cdot 0{,}58 \cdot \frac{3}{4}\,\frac{0{,}43\,\pi}{0{,}26}\right) \cdot 1{,}05 + 80 \cdot 50 \cdot \frac{0{,}43\,\pi}{0{,}26} \cdot 0{,}02\right]$$
$$= 5 + 11{,}5 + 1{,}8 = 18{,}3 \text{ PS}.$$

Der erste Leistungsanteil entsteht durch die Längsbewegung des Fördergutes in der Rinne, der zweite durch die Reibung an den Schneckengängen, und der dritte Teil entspricht der Leerlaufarbeit der Schnecke. Die große Reibungsarbeit bedingt, daß die Schnecken für Kohle lediglich bei kleinen Förderlängen zu verwenden sind und für größere Längen nur brauchbar sind, wenn das Fördergut eine kleine Reibungsziffer besitzt, wie es z. B. bei Getreide, Mehl und Zement der Fall ist.

Ähnlich liegen die Verhältnisse bei den Förderrohren. Hier fallen jedoch etwaige Klemmungen weg, die bei der Schnecke immerhin auftreten können und die Veranlassung waren, die Reibungsziffer verhältnismäßig hoch einzusetzen. Bei glatten Flächen von Förderrohren dürfte für Kohle eine Reibungsziffer $\mu_{gr} = \mu_{gs} = 0{,}45$, entsprechend einem Reibungswinkel von rd. 25°, nicht zu niedrig sein. Dieselbe niedrige Reibungsziffer kann auch für Förderrinnen bei Kohletransport eingesetzt werden.

Der Vollständigkeit halber soll auch für schräge und senkrechte Becherwerke sowie Pendelbecherwerke je ein Beispiel unter der Annahme einer stündlichen Leistung von 36 Mp Kohle bei 20 m Hubhöhe durchgerechnet werden, um einen Vergleich zu ermöglichen.

Für ein senkrechtes Kettenbecherwerk wurde $I = 4$ Liter, $v = 1{,}5$ m/s und $\gamma = 0{,}8$ Mp/m³ angenommen. Dann ist nach Gl. (3)

$$a = \frac{3{,}6 \cdot 4 \cdot 0{,}65 \cdot 1{,}5 \cdot 0{,}8}{36} = 0{,}32 \text{ m}.$$

Der Füllungsgrad wurde zu 0,65 gewählt. Nach Gl. (5) ist $G_g = \frac{36}{3{,}6 \cdot 1{,}5} = 7$ kp/m. G_f kann mit $2 \cdot 25 = 50$ kp/m und $\mu_u = 0{,}05$ eingesetzt werden. Demgemäß ist nach Gl. (8)

$$Z = 7 \cdot 20 + 0{,}5 \cdot 50 \cdot 20 = 140 + 500 = 640 \text{ kp}$$

und nach Gl. (9)

$$N = \frac{1{,}5}{75 \cdot 0{,}8} [7 \cdot 20 + (7 \cdot 20 + 50 \cdot 20) \cdot 0{,}05] = 3{,}5 + 1{,}425 \approx 5 \text{ PS}.$$

Der erste Summand ist durch das Fördergut bedingt, der zweite gibt die Größe der Leerlaufarbeit an. Ähnliche Werte gelten auch für senkrechte Gurtbecherwerke.

Für ein Pendelbecherwerk, das bei 0,2 m/s Geschwindigkeit und einem Becherabstand von $a = 0{,}7$ m dasselbe leisten soll, ergibt sich nach Gl. (2) ein Becherinhalt

$$I = \frac{36 \cdot 0{,}7}{3{,}6 \cdot 0{,}2 \cdot 0{,}8 \cdot 0{,}65} = 67 \text{ Liter}.$$

Nach Gl. (5) ist

$$G_g = \frac{36}{3{,}6 \cdot 0{,}2} = 50 \text{ kp/m}.$$

Das Eigengewicht des Förderers beträgt $G_f = 2 \cdot 100 = 200$ kp/m, die Reibungsziffer $\mu_u = 0{,}05$. Dann ist nach Gl. (8)

$$Z = 50 \cdot 20 + 0{,}5 \cdot 200 \cdot 20 = 1000 + 2000 = 3000 \text{ kp}$$

und nach Gl. (9)

$$N = \frac{0{,}2}{75 \cdot 0{,}8} [50 \cdot 20 + (50 \cdot 20 + 200 \cdot 20) \cdot 0{,}05] = 3{,}3 + 0{,}5 \approx 4 \text{ PS}.$$

Die Verhältnisse bei gemischter Förderung mit Pendelbecherwerk sind als Vereinigung von waagerechter und senkrechter Förderung ohne weiteres zu übersehen.

Als Beispiel einer geneigten Förderung soll zum Schluß noch ein mit $v = 0{,}3$ m/s Geschwindigkeit laufendes, um 60° gegen die Horizontale geneigtes Becherwerk betrachtet werden. Da die Laschen dieses Becherwerkes auf den Führungsschienen gleiten, wird $\mu_f = 0{,}2$ gesetzt. Wenn $H_g = 20$ m ist, so ergibt sich $L_g = 12$ m. Bei einer Laschenlänge von 0,25 m soll auf jeder zweiten Lasche ein Becher befestigt sein, so daß der Becherabstand $a = 0{,}5$ m beträgt. Dann ist nach Gl. (2)

$$I = \frac{36 \cdot 0{,}5}{3{,}6 \cdot 0{,}3 \cdot 0{,}8 \cdot 0{,}65} = 32 \text{ Liter}.$$

Nach Gl. (5) ist

$$G_g = \frac{36}{3{,}6 \cdot 0{,}3} = 33 \text{ kp/m}.$$

Das Eigengewicht des Förderers kann mit $G_f = 2 \cdot 50 = 100$ kp/m angenommen werden. Dementsprechend wird nach Gl. (10)

$$Z = 33 \cdot (20 + 12 \cdot 0{,}2) + 100 \cdot (0{,}5 \cdot 20 + 12 \cdot 0{,}2) = 740 + 1240 = 1980 \text{ kp}$$

und nach Gl. (11)

$$N = \frac{0{,}3}{75 \cdot 0{,}8} \left[\left(\frac{36}{3{,}6 \cdot 0{,}3} (20 + 12 \cdot 0{,}2) + 100 \cdot 12 \cdot 0{,}2\right) \cdot 1{,}05 + 100 \cdot 20 \cdot 0{,}05\right]$$
$$= 3{,}9 + 1{,}25 + 0{,}5 = 5{,}65 \text{ PS}.$$

Der erste Teil berücksichtigt die Fördergutbewegung, der zweite den waagerechten Widerstand des Becherwerkes und der dritte im wesentlichen die senkrechte Eigenreibung. Der Gesamtarbeitsverbrauch der Becherwerke ist demnach etwas größer als bei den anderen Förderern. Dafür besteht jedoch die Möglichkeit, das Fördergut selbsttätig aus einer Grube zu schöpfen.

Diese rechnerischen Ermittlungen haben den Vorteil, daß sie übersichtlich sind und erkennen lassen, welchen Einfluß die verschiedenen Bewegungsvorgänge haben und an welchen Stellen man Verbesserungen durchführen muß. Sie stimmen auch mit verschiedenen Messungen an ausgeführten Anlagen genügend genau überein. Die Berechnungsergebnisse können daher als Durchschnittswerte verwendet werden.

Auf Grund dieser für alle Stetigförderer gültigen allgemeinen Regeln können Schaulinien über den Leistungsbedarf aufgestellt werden, die für die wechselnden Fördermengen und Förderlängen eine Übersicht geben und als Anhalt für einen schnellen Vergleich der verschiedenen Fördersysteme dienen. Außer den Energiekosten bilden bei den Stetigförderern die Unterhaltungskosten und besonders die entsprechend dem Anlagekapital in Rechnung zu setzenden Kosten für Verzinsung und Abschreibung einen großen Teil der gesamten Förderkosten. Die Kosten für Verzinsung und Abschreibung überwiegen sogar häufig die übrigen Betriebskosten und sind oft sogar für die Wahl des Fördermittels ausschlaggebend. Diese Unkosten dürfen daher bei einer vergleichenden Gegenüberstellung nicht vernachlässigt werden.

Für die Unterhaltungskosten lassen sich je nach der Art des Förderers Mittelwerte annehmen, die aber vielen Schwankungen unterworfen sind, je nachdem, ob die Wartung der Anlage ständig gut und sorgfältig ist oder nicht. Da jedoch dieser Posten nur einen verhältnismäßig kleinen Teil der Förderkosten bildet, sind auch die Abweichungen nicht von wesentlicher Bedeutung. Sehr schwierig erscheint aber bei den Stetigförderern eine allgemeingültige Angabe über die Anlagekosten der einzelnen Fördervorrichtungen. Hierfür werden stets nur die vor der Ausführung anzufordernden Angebote der Herstellerfirmen eine genaue Unterlage geben können. Es kann nicht bestritten werden, daß diese Preise oft sehr verschieden voneinander sind. Es ist aber andererseits zu berücksichtigen, daß in den meisten Fällen bei billigeren Konstruktionen die Dauerhaftigkeit geringer ist und oft infolge der einfachen Ausführung der Arbeitsverbrauch und damit die Betriebskosten größer sind, so daß der Preisunterschied für die Beurteilung nicht in dem Maße entscheidend ist, wie es bei oberflächlicher Gegenüberstellung zunächst den Anschein hat.

Aus der Summe aller erwähnten Einzelkosten lassen sich für die Stetigförderer entsprechend der Förderleistung und Förderhöhe bzw. Förderlänge bei bestimmter jährlicher Betriebsstundenzahl die in der Förderstunde entstehenden Gesamtunkosten ermitteln. In dieser Weise läßt sich in jedem Falle feststellen, ob der Ersatz einer bisher von Hand bewirkten Förderung, deren Kosten man kennt, durch einen Stetigförderer

Tabelle 1. *Normzahlen*

Hauptwerte				Genauwerte
Grundreihen				
R 5	R 10	R 20	R 40	
1,00	1,00	1,00	1,00	1,0000
			1,06	1,0593
		1,12	1,12	1,1220
			1,18	1,1885
	1,25	1,25	1,25	1,2589
			1,32	1,3335
		1,40	1,40	1,4125
			1,50	1,4962
1,60	1,60	1,60	1,60	1,5849
			1,70	1,6788
		1,80	1,80	1,7783
			1,90	1,8836
	2,00	2,00	2,00	1,9953
			2,12	2,1135
		2,24	2,24	2,2387
			2,36	2,3714
2,50	2,50	2,50	2,50	2,5119
			2,65	2,6607
		2,80	2,80	2,8184
			3,00	2,9854
	3,15	3,15	3,15	3,1623
			3,35	3,3497
		3,55	3,55	3,5481
			3,75	3,7584
4,00	4,00	4,00	4,00	3,9811
			4,25	4,2170
		4,50	4,50	4,4668
			4,75	4,7315
	5,00	5,00	5,00	5,0119
			5,30	5,3088
		5,60	5,60	5,6234
			6,00	5,9566
6,30	6,30	6,30	6,30	6,3096
			6,70	6,6834
		7,10	7,10	7,0795
			7,50	7,4989
	8,00	8,00	8,00	7,9433
			8,50	8,4140
		9,00	9,00	8,9125
			9,50	9,4406

von Vorteil ist und ferner, welches Fördermittel unter Berücksichtigung aller charakteristischen Eigenschaften die günstigsten Ergebnisse erwarten läßt.

Im Hinblick auf die Anschaffungskosten von Förderanlagen sei noch besonders darauf hingewiesen, daß serienmäßig hergestellte Erzeugnisse bei hoher Qualität meist die preisgünstigsten sind. Dabei wird die Abstufung der einzelnen Bauteile (Bandbreiten, Laufrollen- und Trommeldurchmesser, Laufgeschwindigkeiten, Kettenteilungen usw.) meist nach festgelegten Normzahlreihen durchgeführt. Daher ist es zweckmäßig, sich bei Neukonstruktionen oder Planungen, sei es von Details, ganzen Maschinen oder kompletten Anlagen, ebenfalls der Normzahlen zu bedienen. Die Normzahlen sind vereinbarte, gerundete Glieder dezimal-geometrischer Reihen, die die ganzen Potenzen von $\sqrt[5]{10}$ (Reihe R 5), $\sqrt[10]{10}$ (Reihe R 10), $\sqrt[20]{10}$ (Reihe R 20) und $\sqrt[40]{10}$ (Reihe R 40) enthalten. Die Wurzelexponenten dieser Stufensprünge geben die Anzahl der Glieder in einem Dezimalbereich an. Die Werte der Glieder der Dezimalbereiche unter 1 und über 10 lassen sich von den in Tabelle 1 wiedergegebenen Werten durch Multiplikation mit ganzen positiven oder negativen Potenzen von 10 ableiten. Die Zahlen der Reihe R 5 sollen möglichst den Zahlen der Reihe R 10, diese wieder den Zahlen der Reihe R 20 und diese schließlich den Zahlen der Reihe R 40 vorgezogen werden.

2. Vorwiegend waagerechte Stetigförderung

a) Bandförderer

Für die rationelle Förderung von Schütt- und auch Stückgütern werden bereits seit Jahrzehnten Gurtbandförderer eingesetzt. Diese Stetigförderer bewähren sich allerorts, weil sie anpassungsfähig, vielseitig, betriebssicher und wirtschaftlich sind. An Zahl und

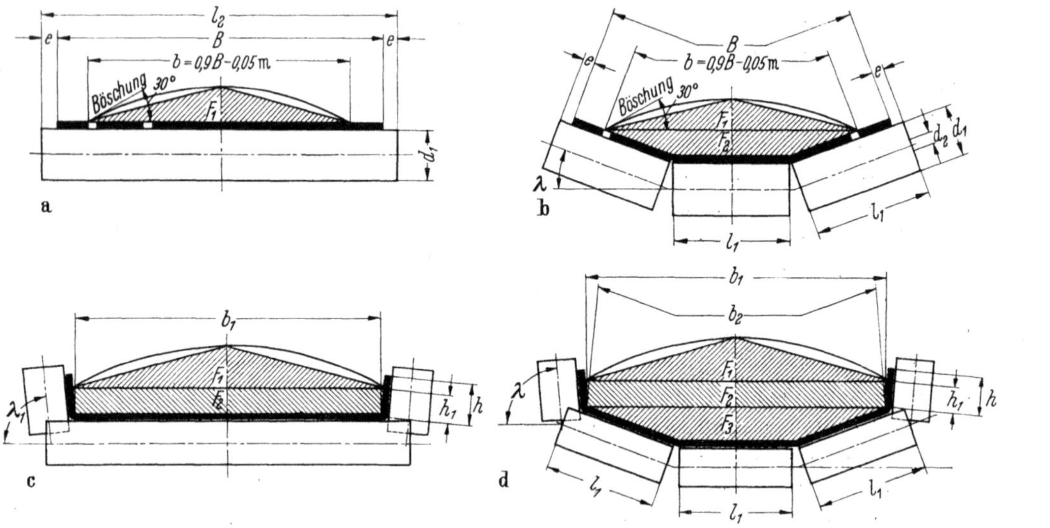

Abb. 12. Bandfüllquerschnitte.

a Flachgurt; *b* gemuldeter Gurt; *c* flacher Kastengurt; *d* gemuldeter Kastengurt.

Bedeutung nehmen sie noch zu, nachdem sich immer wieder neue Anwendungsmöglichkeiten erschließen. Um optimale Förderleistungen zu erzielen, bedarf es sorgfältiger Planung. Jedes Förderproblem stellt sich anders dar. Aber es gibt doch eine Reihe von Regeln, Grunddaten und Erfahrungen, die bei der Projektierung und Konstruktion eines Gurtbandförderers von Nutzen sein können. In dieser Sicht sollen nachstehend die Hauptbauteile der Bandförderer beschrieben werden.

Bei dieser Gruppe von Förderern ist das Trag- und Zugelement ein zusammenhängender biegsamer Gurt, ein biegsames Stahlband oder ein Drahtgewebeband. Das tragende

Trum der Bänder kann über flache oder gemuldete Rollensätze geführt werden, wodurch sich natürlich ein unterschiedlicher Füllquerschnitt ergibt, der die Förderleistung nicht unwesentlich beeinflußt.

Es ist die theoretische Fördermenge in m³/h für einen

a) flachen Gurt (Abb. 12a)

$$Q'_m = F_1\, v \cdot 3600 \approx 240\, v\,(0{,}9\, B - 0{,}05)^2\,,$$

b) gemuldeten Gurt (Abb. 12b)

$$Q'_m = (F_1 + F_2)\, v \cdot 3600 \approx P v\,(0{,}9\, B - 0{,}05)^2$$

c) Kastengurt mit flachem Boden (Abb. 12c)

$$B = b_1 + 2\, H\,, \qquad h_1 = 0{,}7\, h\,,$$

$$Q'_m = (F_1 + F_2)\, v \cdot 3600 \approx (240\, b_1^2 + h_1\, b_1 \cdot 3600)\, v\,,$$

d) Kastengurt mit gemuldetem Boden (Abb. 12d)

$$B = b_2 + 2\, h, \qquad h_1 = 0{,}7\, h, \qquad b_1 < b_2,$$

$$Q'_m = (F_1 + F_2 + F_3)\, v \cdot 3600 \approx (P b_2^2 + h_1\, b_1 \cdot 3600)\, v\,.$$

Hierin sind: F = Schüttquerschnitt in m², B = Bandbreite in m, v = Bandgeschwindigkeit in m/s, h = Bordhöhe in m, P = Konstante abhängig von λ (für $\lambda = 20°$; $25°$; $30°$ ist $P = 440$; 490; 540).

Zur Vereinfachung der Projektierungsarbeit seien in Abb. 13 für die gezeigten vier Bandausführungen die Förderleistungen in m³/h für eine Geschwindigkeit von 1 m/s bei horizontaler Bandführung angegeben. Wenn auch die normale Mulden-Rollenneigung

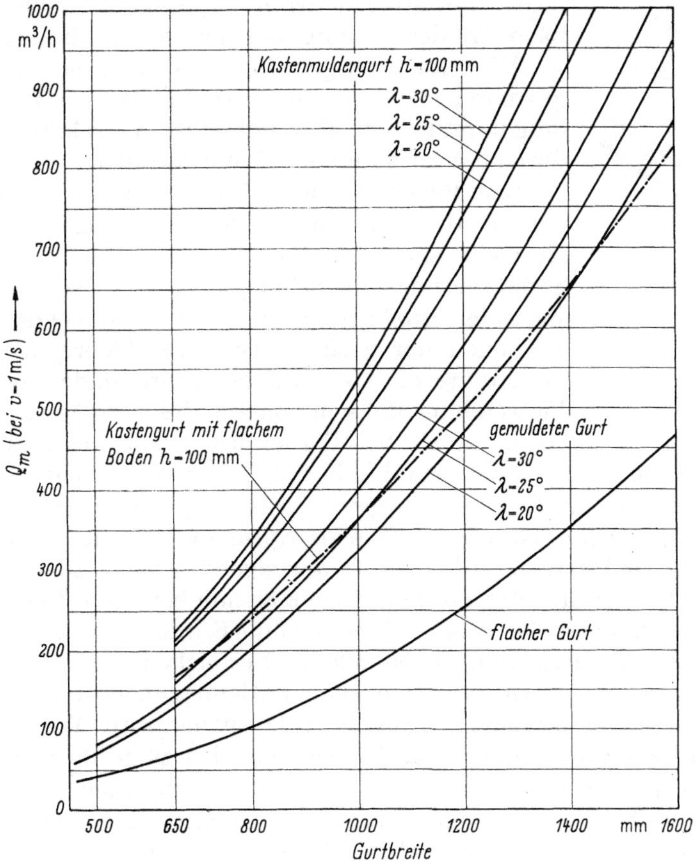

Abb. 13. Theoretischer Fördergutstrom Q_m in m³/h für Gurtbreiten bis 1600 mm und horizontaler Förderung; $v = 1{,}0$ m/s.

$\lambda = 20°$ beträgt, so sind im Diagramm darüber hinaus zwei weitere Neigungswinkel berücksichtigt. Bei abweichenden Geschwindigkeiten ist der abgelesene Wert mit der gewünschten Geschwindigkeit zu multiplizieren.

Die so erhaltenen Leistungen sind nur bei gleichmäßigen Betriebsbedingungen zu erwarten. Je nach Ungleichmäßigkeit der Beschickung können diese Werte jedoch bis zu 50% unterschritten werden, was bei der Berechnung von Bandanlagen nicht unberücksichtigt bleiben darf.

Ist mit dem Förderband ein Höhenunterschied H bei einem Steigungswinkel δ zu überwinden, so ist ein Minderleistungsfaktor zu berücksichtigen, der in Abhängigkeit vom Steigungswinkel angegeben werden kann:

$$\delta < 20°: Q_m = Q'_m \cos^3 \delta = Q'_m K,$$

$$\delta > 20°: Q_m = Q'_m \cdot \cos^4 \delta = Q'_m K.$$

δ	4°	8°	12°	16°	20°	24°	28°	32°
K	0,99	0,97	0,93	0,89	0,81	0,71	0,61	0,54

Hierzu soll bemerkt werden, daß mit glatten Fördergurten $\delta = 20°$ als obere Grenze anzusehen ist, während Sondergurte mit profilierter Oberfläche (Fischgrätenmuster, Querriefen, Querstollen usw.) oder sogar mit Höckern besetzte Gurte das Gut über Steigungen bis 60° zu fördern vermögen. Die Gurte mit profilierter Oberfläche gestatten bei Schüttgütern die Förderung über Steigungswinkel, die etwa 5° höher als bei glatten Bändern liegen. Bei Stückgütern hingegen kann der Steigungswinkel je nach Art des Fördergutes maximal 35° betragen.

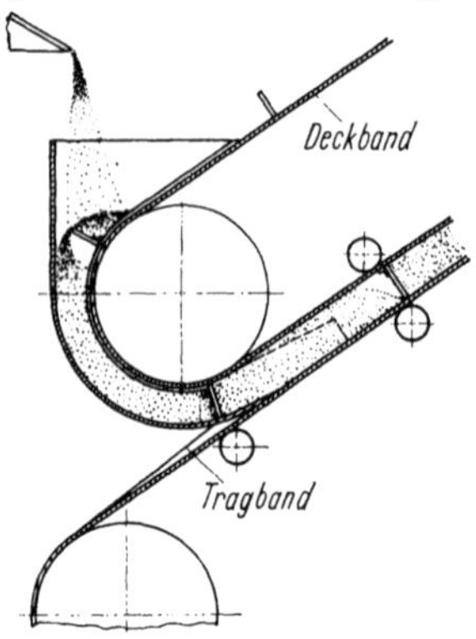

Abb. 14. Kastendeckbandförderer.

Allen Bändern gemeinsam ist, daß sie sich wegen der aufgesetzten Profile nicht abstreifen lassen. Bei klebrigem Fördergut muß man also mit einer Verschmutzung der Anlage durch das rücklaufende Trum rechnen.

Eine Behebung dieses Nachteiles fand die Maschinenfabrik Frechen durch die Entwicklung ihres sog. Doppelgurtförderers. Er stellt eine neuartige Konstruktion dar, die speziell zur Steilförderung für Schüttgüter aller Art entwickelt wurde. Besonders groß sind die Vorteile gegenüber den herkömmlichen Methoden der Steilförderung bei klebrigen und plastischen Fördergütern. Als Förderelemente finden glatte Fördergute Verwendung, die sich von anhaftendem Material leicht reinigen lassen. Auch bei Fördergütern mit kleinsten Körnungen ist eine einwandfreie und weitgehende staubfreie Förderung zu erreichen. Die Einbaumöglichkeiten sind vielgestaltig. Es kann jede gewünschte Steigung bis 90° vorgesehen werden. Auch eine Überkopf-Abgabe ist möglich. Die als Normal-Gurtförderer ausgebildeten Auf- und Abgabeenden sind horizontal bis zu 18° ansteigend beliebig zu verlängern. Je nach Gurtbreite kann die Körnung des Fördergutes bis 80 mm betragen. Bei plastischen Materialien, z. B. Ton, können die Brocken bis 400 mm Kantenlänge haben. Nach Werksangaben lassen sich Förderleistungen bis 120 m³/h erreichen.

Konstruktiv gesehen besteht der Doppelgurtförderer zunächst aus einem normalen Gurtbandförderer, der an der unteren Aufgabestelle beladen wird. Vor dem Übergang zur Steilstrecke deckt ein zweiter darüberlaufender Gurt das zu fördernde Material in der Weise ab, daß es weder seitlich herausfallen, noch zurückrutschen kann. Hierzu werden die beiden Gurte seitlich durch Rollenpaare zusammengedrückt. Zur Vergrößerung der Förderleistung kann das Deckband auch als Kastenband ausgebildet werden (Abb. 14). Im Aufnahmebereich über dem Tragband ist ein Beladetrichter vorgesehen, der nach unten so weit verlängert ist, daß er die Umlenktrommel des Deckbandes schachtartig umhüllt. Dieser Schacht bildet zusammen mit dem Deckband und den aufvulkanisierten Stauscheiben Beladekammern. Der Schacht reicht bis in den Bereich des seitlich geschlossenen Förderraumes. Wird das Deckband als Kastenbandgurt, d. h. auch mit geschlossenen, aufvulkanisierten Seitenborden ausgeführt, so kann eine seitliche Begrenzung des Tragbandes auf der Förderstrecke entfallen. Da das Deckband bei dieser Konstruktion nicht mehr glatt ist, wird eine Reinigung erschwert. Der Einsatz ist daher vornehmlich zur Förderung von trockenem Gut anzuraten.

Die Förderleistung bei Kasten-, Querschotten- und Höcker-Transportbändern ergibt sich aus der Summe von Grundfüllung und Überfüllung, wie Abb. 15 zeigt. Die Überfüllung bildet sich über der Grundfüllung durch den Schüttwinkel des Fördergutes. Der Schüttwinkel ist nicht identisch mit dem natürlichen Böschungswinkel des Fördergutes, sondern, je nach den Verhältnissen, geringer. Die Überfüllung ist abhängig: a) von der Art des Fördergutes, b) von der Laufgeschwindigkeit des Bandes, c) von der Ausbildung der Aufgabestelle, d) von dem Steigungswinkel.

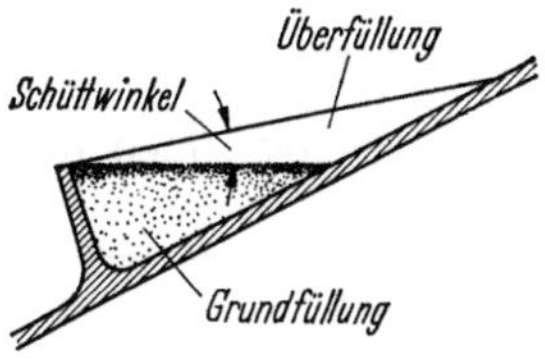

Abb. 15. Füllquerschnitt eines Bandes bei ansteigender Förderung.

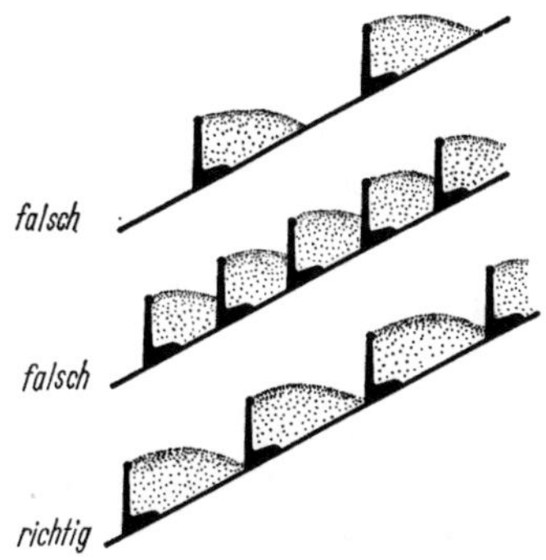

Abb. 16. Richtige Wahl der Querschotten bei ansteigender Förderung.

Die Anzahl der Querstege, d. h., deren Abstand, richtet sich nach der Neigung des Förderbandes, d. h., der guten Auffüllung der Becher unter Berücksichtigung des Schüttwinkels des Materials, wie Abb. 16 auch zeigt.

Die Bandgeschwindigkeit sollte bei Steigungen bis 30° im allgemeinen 2 m/s und bei Steigungen bis 60° 1,0 m/s nicht überschreiten, um eine Turbulenz des Fördergutes an der Aufgabestelle zu vermeiden. Je grobstückiger das Fördergut, desto geringer sollte die Geschwindigkeit gewählt werden. Die Aufgabe soll mittig in Laufrichtung, also möglichst nicht von der Seite her, erfolgen. Dabei soll die Aufgabeschurre in einer solchen Entfernung von der Trommel angebracht werden, daß mindestens ein Kasten zwischen Aufgabe und Umlenktrommel liegt.

Wenden wir uns nun dem normalen Gurt zu. Seine minimale Bandbreite ist festgelegt durch: a) die verlangte Fördermenge, b) die maximale Stückgröße des Fördergutes, c) die Eigenschaft des Bandes. Die Muldenform der oberen Tragrollensätze ist nur dann anzunehmen, wenn der Gurt nicht zu steif ist.

Schmale Gurte mit fünf oder sechs Einlagen mulden sich schlechter als breite Gurte, liegen nur mit den Kanten auf den seitlichen Tragrollen auf und haben keinen guten Geradlauf. Durch Wahl besonders flexibler Gewebe mit muldungsfähigeren Schußfäden kann diese Erscheinung zwar gemindert werden, doch sollte die Tiefmulde von 30° und mehr auf die größeren Gurtbreiten beschränkt werden. Außerdem ist zu beachten, daß die zu übertragende Zugkraft bei sonst gleichem Aufbau des Bandes eine gewisse minimale Gurtbreite erfordert. Bisweilen zwingt die maximale Kantenlänge K des Fördergutes zur Wahl einer entsprechenden Mindestgurtbreite, wie aus nachstehender Tab. 2 zu entnehmen ist.

Um bei sehr langen Förderbändern den Einfluß der Stückgröße bei der Wahl der Bandbreite auszuschalten, wird es sich daher oft lohnen, die großen Stücke in einer vorgeschalteten Brechanlage zu zerkleinern. Bei geforderter Förderleistung wird man nämlich in der Regel kleine Bandbreiten bei entsprechend hoher Geschwindigkeit wählen. Bei

Tabelle 2. *Abhängigkeit der Gurtbreite von der Korngröße des Gutes*

maximale Kantenlänge										
Fördergut unsortiert	mm	50	100	150	200	300	400	500	600	680
Fördergut sortiert	mm	40	60	90	130	190	260	330	390	450
minimale Gurtbreite	mm	300	400	500	650	800	1000	1200	1400	1600

Stückgütern wird die Gurtbreite in Abhängigkeit von deren Hauptabmessungen und Lage auf dem Gurt so festgelegt, daß zwischen den Außenkanten der Güter und den Gurträndern noch ein Abstand von 50—100 mm verbleibt.

Zur Vereinheitlichung wurden die wichtigsten Bauteile der Bandförderer genormt. In Tab. 3 ist eine Zusammenstellung der genormten Größen wiedergegeben, wobei zur Erläuterung der genannten Bezeichnungen auch auf Abb. 12a und 12b verwiesen sei.

Tabelle 3. *Genormte Größen von Bandförderern*

Bandgeschwindigkeit	v	m/s	0,42	0,52	0,66	0,84	1,05	1,31	1,68	2,09	2,62	3,35	4,19		
Umlenktrommel-Dmr.	D	mm	160	200	215	250	315	400	500	630	800	1000	1250	1400	1600
Laufrollen-Dmr.	d_1	mm	63,5	88,9	108	133	159	193,7							

Rollenachsen-Dmr.	d_2	mm	20	25	30	35	45
Achsabflachung	b_1	mm	14	18	22	30	38

Gurtbreite	B	mm	300	400	500	650	800	1000	1200	1400	1600	1800	2000
Länge der Trommeln der Flachrollen	l_2	mm	380	480	600	750	950	1150	1400	1600	1800	2000	2200
Muldenrollenlänge:													
dreiteilig	l_1	mm	—	—	200	250	315	380	465	530	600	670	750
zweiteilig	l_3	mm	190	240	300	375	475	575	—	—	—	—	—
Rollenüberstand	e	mm	40	40	50	50	75	75	100	100	100	100	100

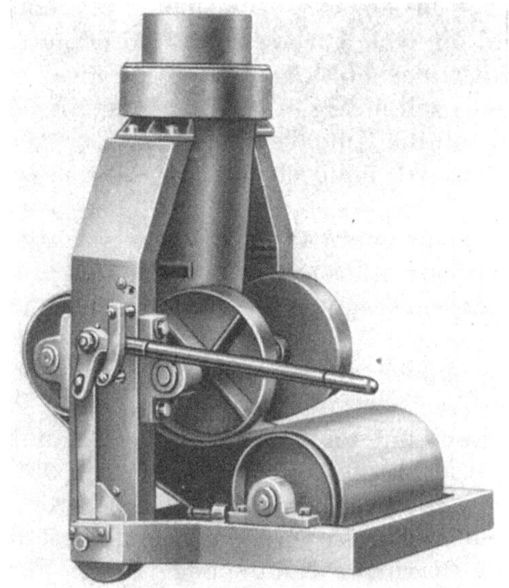

Abb. 17. Schleuderband.

Kraftbedarf: ein geschlossener Elektromotor, Leistung 2—15 PS; Wurfgeschwindigkeit: je nach Größe und Struktur des Schüttgutes; Wurfweite: 8—22 m; Wurfhöhe: > 7 m; Gurtbandbreite: 250—800 mm; Bandumlaufgeschwindigkeit: 10—20 m/s; Schüttgut-Stückgröße: $\leqq 90$ mm; Förderleistung: $\leqq 550$ Mp/h.

Mit diesen Angaben sind die Ausführungen natürlich nicht begrenzt. Im Bergbau werden für normale Transportbänder vor allem die Bandgeschwindigkeiten von 1—2 m/s bevorzugt, während bei Übertage-Bändern z. B. im Braunkohlentagebau Geschwindigkeiten bis 6 m/s keine Seltenheit sind. Ausnahmsweise wurden sogar $v = 8$ m/s angewendet. Eine absolute obere Grenze der Gurtgeschwindigkeit ist in vielen Fällen nicht anzugeben, aber die Entwicklung geht allgemein dahin, die Geschwindigkeit zu erhöhen. Immerhin haben sich aus der Erfahrung Grenzwerte ergeben, die in nachstehender Tabelle zusammengestellt sind. Zweifellos laufen Bänder auch mit höheren Geschwindigkeiten zufriedenstellend. So sind für Schleuderbänder, auch Werfer genannt, Geschwindigkeiten bis 20 m/s angewendet worden. Den Aufbau eines derartigen Werfers mit seinen wichtigsten technischen Daten zeigt Abb. 17.

Tabelle 4. *Wirtschaftliche Grenzgeschwindigkeiten* (m/s)

Fördergut	Abnutzung des Gurtes	Gurtbreite in mm 400	500	650	800	1000	1200
maximale Stückgröße sortiert oder unsortiert	mittel	1,8	2,0	2,4	2,6	2,9	3,1
	stark, nicht scharfkantig	1,8	2,0	2,4	2,5	2,7	3,1
	stark, scharfkantig	1,3	1,8	2,1	2,4	2,6	2,8
0,5 maximale Stückgröße, sortiert oder unsortiert	mittel	1,9	2,0	2,6	3,2	3,5	3,7
	stark	1,8	2,0	2,5	3,0	3,3	3,5
sortiert, Korngröße 3–13 mm		2,1	2,5	3,2	3,7	4,1	4,3
fein	leicht, trocken, staubförmig	1,0–1,3					
	schwer	1,3–1,6					
zerbrechlich, wenn zerkleinert unerwünscht		0,85–1,3					

Die Länge von Gurtförderern ist vor allem durch den Gurtaufbau bestimmt. In früheren Jahren wurden die Gurte aus Baumwollgewebe in Stärken bis 8 mm hergestellt und zur Erzielung größerer Lebensdauer mit Öl imprägniert sowie mit Mennige bestrichen. Auch Hanfgewebe, die dann außen mit einer gummiartigen Masse, Balata bestrichen wurden, fanden Anwendung. Die Baumwollgurte konnten nur im trockenen Betrieb eingesetzt werden und die Fördererlänge war auf etwa 200 m begrenzt. In folgender Zeit wurden bald mehr und mehr die Gummigurte mit Einlagen verwendet. Jede Gewebelage wird zunächst mit einer Gummilösung getränkt bzw. gestrichen oder friktioniert; auf diese Weise wird das Gewebe mit Gummi durchsetzt, um einerseits die einzelnen Fäden und Fasern gegen äußere Einflüsse zu schützen (z. B. Eindringen von Feuchtigkeit) und die Reibung zwischen den einzelnen Fäden herabzusetzen. Im nächsten Arbeitsgang, dem Skimmen oder Verstärken, erhält das Gewebe eine weitere dünne Gummischicht, die sowohl die einzelnen Lagen bei der Walkarbeit des Gurtes gegeneinander schützt als auch eine innige, aber elastische Verbindung der einzelnen Gewebebahnen herbeiführt. Damit ist die Flexibilität eines Gurtes gewährleistet und dafür gesorgt, daß die Biegebeanspruchungen an den Trommeln, die Walkarbeit an den Tragrollensätzen, die Muldung, die unterschiedliche Zug- und Schubbelastung und die Beaufschlagung keine Lagentrennung im Gewebepaket nach sich ziehen.

Für Fördergurte kommen vor allem folgende Fasern aus Baumwolle (B), Zellwolle (Z), Reyon (R), Polyamid (P) und Polyester (E) in Betracht.

Die Kettfäden (zur Aufnahme der Zugkräfte) sind mit den Schußfäden (für die Querbeanspruchungen) durch die Webart miteinander verbunden. Normalerweise haben die Gewebe Leinwandbindung; für schwere Gewebe, die hohe Zugkräfte aufnehmen sollen, werden jeweils zwei Kettfäden mit einem Schußfaden verwoben. Hierdurch wird der „Crimp“ und somit die mechanische Dehnung verringert. Da ferner weniger Kreuzungspunkte pro Flächeneinheit vorhanden sind, wird die Festigkeitsausnutzung verbessert. Die Vorteile, die sich bei Mischgeweben für den Gurt ergeben, sind in Längsrichtung: a) Erhöhung der Zugkräfte bei gleicher Dicke, b) geringere Dehnung bei gleicher Zugkraft d. h. kleinere Nachspannwege bei gleichem Achsabstand, c) geringere Dicke bei gleicher Zugkraft, d) geringeres Quadratmetergewicht; e) kleinere Trommeldurchmesser; in Querrichtung: a) höhere Muldungsfreudigkeit und Flexibilität, b) größeres Arbeitsaufnahmevermögen, c) widerstandsfähiger gegenüber starken Beanspruchungen bei der Beaufschlagung.

Wesentliches Merkmal für die Gewebeeinlagen ist die Mindestzugfestigkeit in Kett- und Schußrichtung. Diese Werte in Verbindung mit einem die Faserart kennzeichnenden Buchstaben bildet ein System für die Kurzbezeichnung der Gewebe, wie es aus der Tab. 5 zu entnehmen ist, die die gebräuchlichen Gewebetypen enthält. In der Praxis fallen bislang die Angaben für die Mindestzugfestigkeit in der Schußrichtung fort (Zahl hinter dem Querstrich). Da zunächst immer die Zugfestigkeit in der Kettrichtung und die damit verbundene Möglichkeit der Kraftübertragung durch das Zugelement interessiert.

Tabelle 5. *Übersicht der gebräuchlichen Textil-Zugträger*

Gewebe	Gewebetyp	Bruchkraft Kette kp/cm	Schuß kp/cm	Gewebedicke im fert. Band etwa mm	Gewicht je Einlage etwa kp/m²
Baumwoll- (B)	10. 12 30 (B 18)	18	15	0,7	0,85
und	10. 10 70 (B 35)	35	20	1,0	1,15
Baumwoll-	BZ 50/30	50	30	1,2	1,44
Zellwoll- (BZ)	BZ 60/35	60	35	1,5	1,57
Einlagen	BZ 80/45	80	45	1,65	1,97
Zellwoll- (Z) Einlagen	Z 90/40	90	40	1,3	1,58
Polyester- (E)	E 100/40	100	40	1,0	1,70
Polyester-Zellwoll (EZ)	EZ 100/40	100	40	1,1	1,65
	EZ 125/50	125	50	1,15	1,85
Polyester-	EP 160/65	160	65	1,30	1,97
Polyamid-(EP)	EP 200/80	200	80	1,40	2,13
Einlagen	EP 250/80	250	80	1,60	2,31
	EP 315/80	315	80	1,85	2,40
	EP 400/100	400	100	2,15	2,98
	EP 500/100	500	100	2,50	3,24
	EP 630/100	630	100	2,70	3,52

Die Gewichte für die Gummideckschichten betragen für 1 mm Dicke bei Normalqualitäten 1,2—1,3 kp/m² und bei öl- und fettbeständigem Material 1,4—1,5 kp/m².

Die notwendige Zugfestigkeit läßt sich bei geeigneter Wahl der Gewebeart stets durch 3—6 Einlagen erreichen. Geringere Einlagenzahlen sichern dem Gurt keine ausreichende Eigensteifigkeit, sofern keine mehrschichtigen Gewebe eingesetzt werden, und führen leicht zum Durchhängen unter Belastung, wodurch die Walkarbeit größer wird und Verschleißerscheinungen auftreten können. Mehr als 6 Lagen ergeben einen relativ steifen Gurt, der nur bedingt muldungsfähig ist und größere Trommeldurchmesser erfordert. Durch Umstellen eines Gewebetyps auf einen höherwertigen vermindert sich die Dicke eines Gurtes; dadurch lassen sich die Trommeldurchmesser verkleinern, die dann eine bessere Gestaltung der Übergaben erlauben und die Fallhöhen reduzieren, wodurch also sowohl Anlage- wie auch Betriebskosten gespart werden.

Den Schutz des Zugelementes übernimmt die Decke aus Kautschuk oder PVC. Die Qualität des zu verwendenden Werkstoffes richtet sich nach den mechanischen, thermischen oder chemischen Einflüssen, denen der Gurt durch das Fördergut oder die Einsatzbedingungen ausgesetzt ist. Sonderqualitäten besitzen besondere Abriebfestigkeiten,

Hitzebeständigkeit bis maximal 150 °C im Dauerbetrieb und 180 °C als Spitzentemperatur, Öl- und Fettbeständigkeit, Unentflammbarkeit; zu den Kunststoffdecken sei noch der geringe Reibungswiderstand erwähnt. Das Fördergut und die Aufgabe bestimmen die Tragdeckendicke. Das Mindestmaß beträgt 2 mm. Es ist stets zu berücksichtigen, daß Gewebekern und Deckplatten etwa die gleiche Lebensdauer aufweisen. Ein hochfestes Zugelement kostet ein vielfaches seiner Umhüllung. Schon eine Verstärkung der Tragseite um einen weiteren Millimeter kann die Lebensdauer des Gurtes und damit die Betriebssicherheit heraufsetzen. Die Form, Kantigkeit und Härte des Fördergurtes beeinflussen die Dicke der Tragdecke. Ebenso eine gegebenenfalls hartansetzende Gurtreinigung. Anhaltspunkte für die Bestimmung der Deckschicht auf der Tragseite gibt die Tab. 6 wieder.

Tabelle 6. *Deckplattendicken für verschiedene Fördergüter bzw. Einsatzstellen*

Fördergut bzw. Einsatzstelle	Dicke der Decke Tragseite mm	Laufseite mm
leichte Montage- und Stückgutgurte, fahrbare Gurtförderer, Schmutzfanggurte	2	1
Untertagegurte im Kohlen- und Salzbergbau, Montage- und Stückgutgurte	2	2
grobkörnige Kohle, Briketts, Baustoffe, Salze, Stückgut	3–4	2
Erze, Schlacken, Steine, Schotter	4–5	2
grobstückige Kohle, Erze, scharfkantige Steine, Gurte für Förderbrücken, Bagger und Absetzer	5–6	2
Aufgabegurte im Abraum, Langstreckengurte	$\geqq 8$	2

Bei harten Beanspruchungen der Tragdecke wie z. B. Erzbergbau, bei der Abraumförderung oder in Steinbrüchen, möchte man in jedem Fall vermeiden, daß bei Beschädigungen das Zugelement freigelegt wird. In diesen Fällen ist es dann vorzuziehen, einen mehrschichtigen Tragdeckenaufbau zu wählen. Ein oder zwei grobmaschige Zwischengewebeeinlagen werden in die Tragseite mit einvulkanisiert, die den Gewebekern dann schützen.

Normalerweise erhält jeder Fördergurt Vollgummikanten. Nur dort wo sich mechanische Beanspruchungen der Kante nicht vermeiden lassen, sollte ein Spezialkantenschutz durch eingelegtes Gewebe gewählt werden.

Die Beschichtung der Laufseite soll nicht nur das Zugelement und die Verbindung schützen, sondern auch eine ausreichende Adhäsion auf der Antriebstrommel sichern. Die Dicke beträgt in der Regel 2 mm. Lediglich gering beanspruchte Gurte werden 1 mm

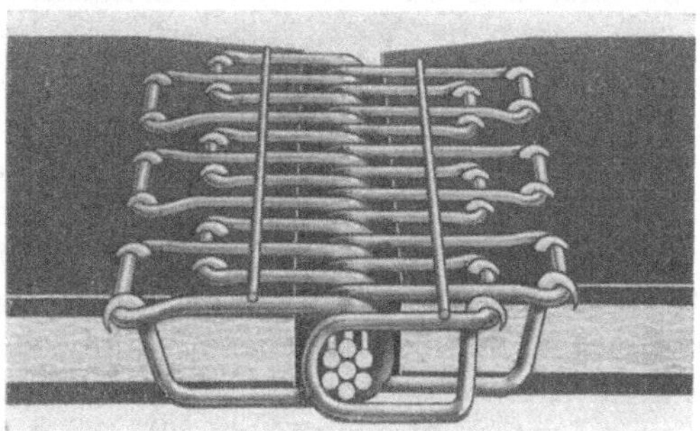

Abb. 18. Selbstdichtende Hakenverbindung zum Schutz gegen das Durchfallen von feinkörnigem Gut (Nilos).

dick beschichtet. Bei Gurten, die über Tische und Gleitflächen an Stelle von Tragrollen geführt werden, läßt man vielfach die Decke der Laufseite fortfallen, um die Reibung auf den Gleitflächen zu vermindern. Die erforderliche Adhäsion für den Antrieb wird dann gegebenenfalls durch Belegen der Antriebstrommel erreicht.

Bei Transportbändern, deren Geradführung aus irgendwelchen Gründen besonders schwierig ist, können auf die Laufseite ein oder zwei Keilführungen aufvulkanisiert werden, die dann in Rillen der Umlenktrommeln laufen und dem Band eine Führung geben. Es sei aber besonders erwähnt, daß diese Anlagen trotz der vorhandenen Keilführung gut ausgerichtet sein müssen und die Bandvorspannung so gering wie möglich gehalten werden soll.

Die endlose Verbindung der Gurte erfolgt durch Haken,- Zickzack-, oder Plattenverbinder (Abb. 18). Hierbei können die Gewebeeinlagen aber durch eindringende Feuchtigkeit bis 50% in der Festigkeit geschwächt werden. Daher ist das Endlosmachen durch Vulkanisieren vorzuziehen. Auch eventuell vorgesehene Gummiabstreifer verschleißen durch die Metallverbinder sehr schnell.

Bei der Dimensionierung des Zugelementes ist der Gurtzug T_1 im Obertrum als Ausgangspunkt zu betrachten. Nach DIN 22101 bestimmt sich die erforderliche Lagenzahl z wie folgt:

$$z = \frac{0{,}01\, T_1 S}{B K_z}$$

Dabei ist S die Sicherheitszahl, die empirisch ermittelt wurde und von der Einlagenzahl abhängig ist

Zahl der Gewebeeinlagen	1–2	3–5	6–9	10–14
Sicherheitszahl S	10	11	12	13

Die Sicherheitszahlen gelten für normalen Betrieb. Bei besonders harter Beaufschlagung oder sonstigen hohen Beanspruchungen wird man von Fall zu Fall abwägen müssen, ob eine Erhöhung der Sicherheitswerte zweckmäßig ist. Andererseits muß man sich darüber klar sein, daß diese empirischen Werte trotz aller bisher gesammelten Erfahrungen keine Aussage über die tatsächlichen Beanspruchungsverhältnisse erlauben und auch keinen Maßstab für die Ausnutzung der Belastungsfähigkeit bieten. Bei der Ermittlung der Sicherheitszahlen hat man berücksichtigt: a) zusätzliche Beanspruchung auf Biegung,

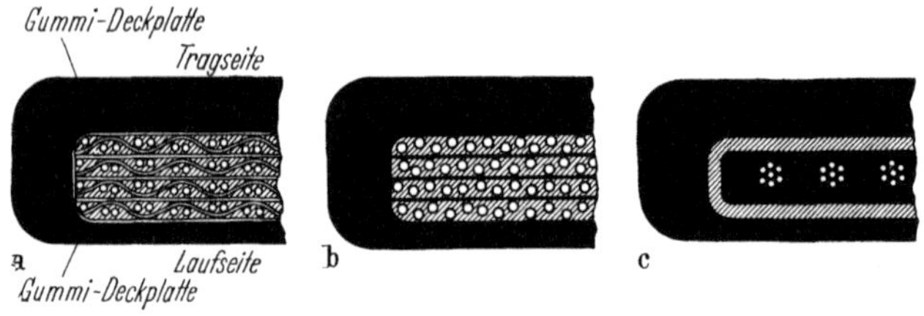

Abb. 19. Gurtquerschnitte.
a Gewebegurt; *b* Polyester-Polyamid-Einlagen; *c* Stahlseilgurt.

b) Überbelastung im Anlauf, c) Festigkeitsverluste durch ungleichmäßiges Tragen der Gewebeeinlagen, d) Festigkeitsverluste durch Stoßstellen und Endlosverbindungen, e) Einwirkung tiefer Temperaturen, f) sonstige gurtschwächende Einflüsse (Frostanballungen, Alterung usw.).

Wenn keine besonderen Anforderungen vorliegen, werden für Zwecke der allgemeinen Fördertechnik im Bereich niedriger Zugkräfte Gurte mit Baumwoll- oder Zellwollgewebe die wirtschaftslichste Lösung der Förderprobleme bringen. Für Langstrecken oder stark ansteigende Anlagen mit den dort auftretenden hohen Gurtzügen wird der Einsatz von Gurten mit hochfesten Einlagen aus Polyester-Polyamid oder sogar mit Drahtseileinlagen erforderlich. Der Zugträger bei den sog. Stahlcord-Transportbändern besteht immer nur aus einer Lage Stahlseilen (Abb. 19). Die unterschiedliche Festigkeit des Zugträgers wird durch Auswahl von Seilen verschiedener Dicke und Bruchkraft sowie durch Veränderung des Seilabstandes erreicht. Die in der Tab. 7 aufgeführten Standardausführungen stellen eine Auswahl aus der Vielzahl der möglichen Konstruktionen dar. Mit dieser Auswahl ist eine gute Anpassung an die praktischen Erfordernisse möglich. Zur Bestimmung des Bandgewichtes kann für die Gummi-Deckplatten für 1 mm Dicke etwa 1,1 kp/m² angesetzt werden. Da bei Stahlcord-Transportbändern der einzige Festigkeitsträger quer zum Band der Gummi ist, müssen auf Trag- und Laufseite gewisse Mindestdeckplattendicken eingehalten werden. Hierfür gilt als Richtlinie, daß die Dicke der Deckplatten etwa gleich dem jeweiligen Durchmesser der Stahlseile zu wählen ist.

Tabelle 7. *Continental-Stahlcord-Bandtypen Standard-Ausführung St 800 –St 5000*

Ausführung St	Seildurchmesser mm	Seilteilung mm	Seil-Bruchlast kp	Bandgewicht*) kp/m²	Bruchkraft kp/cm	min. zulässige Bandbreite mm
800	4,09	15	1325	8,0	800	500
1000	4,09	12	1325	9,1	1000	500
1250	4,09	10	1325	10,0	1250	500
1600	5,85	15	2650	14,0	1600	800
2000	5,85	12	2650	15,0	2000	800
2500	7,37	15	4125	19,5	2500	800
3150	8,31	15	5200	23,5	3150	800
4000	9,44	15	6600	28,8	4000	1000
5000	9,44	12	6600	33,6	5000	1200

*) Ohne Gummideckplatte.

Trotz dieser dickeren Deckplatten stellen sich Stahlcordbänder bei hoher Beanspruchung im allgemeinen preislich günstiger als Bänder mit Textileinlagen vergleichbarer Festigkeit. Außerdem können die Mindest-Trommeldurchmesser geringer gewählt werden. Weiterhin ist zu erwähnen, daß bei der geringeren Dehnung der Stahlseile mit kürzeren Nachspannwegen auszukommen ist. Als Nachteil muß jedoch erwähnt werden, daß die geringere Dehnung längere Einmuldungsübergänge, und bei konvexen Kurven größere Übergangsradien erforderlich macht. Auf Grund der geringeren Dehnung fehlt diesen Gurten auch eine gewisse Elastizität, so daß die Beanspruchung des Bandes durch die Fördergutaufgabe so gering wie möglich zu halten ist.

Nach mehrjährigem Einsatz ist es auch gelungen, das zunächst bei diesen Gurten noch häufig auftretende Durchschlagen der Seile durch die Gurtdecke zu unterbinden. Die Gurte mit Drahtseileinlagen werden durch Vulkanisieren miteinander verbunden, wobei die Drahtseile der beiden Enden auf einer Länge von 1,8—2,5 m verteilt nebeneinander zu liegen kommen. Auf diese Weise kann fast die volle Gurtfestigkeit auch an der Verbindungsstelle erreicht werden.

Während in diesen Kapiteln nur der eigentliche Gurtaufbau besprochen wird, sind im Teil III dieses Buches (S. 479ff.) Anwendungsbeispiele und Erfahrungen für hochbeanspruchte Langstreckenbänder zu finden.

Die Zugorgane hochbelasteter Bandförderanlagen (Gurt- sowie Trogbandförderer) sollten aus Gründen der Wirtschaftlichkeit bis an die Grenzen ihrer zulässigen Festigkeit ausgenutzt werden. Es ist daher erforderlich, auch die Anfahr- und Beschleunigungskräfte zu verfolgen, die bei kleineren Anlagen im allgemeinen unberücksichtigt bleiben.

Man kann mit einem mittleren Anfahrwiderstand von 130—140% des Laufwiderstandes rechnen, so daß es auch zweckmäßig ist, die Beschleunigungskraft auf den gleichen Wert zu begrenzen, um einen möglichst großen Teil der zulässigen Bandzugkraft als Nutzkraft im Normalbetrieb zu behalten. Um dieses zu erreichen, gibt es verschiedene Möglichkeiten, ein Förderband anlaufen zu lassen. Es ist daneben aber weiterhin erforderlich, während des Betriebes das abgegebene Drehmoment zu kontrollieren.

Ein normaler Kurzschlußläufer-Motor eignet sich schlecht zum Anlauf eines längeren Bandes, da das größte Moment zu Beginn des Anlaufes benötigt wird und außerdem die hohe Momentenspitze den Gurt zu stark zerrt (Abb. 20a).

Besser eignet sich ein ausgesprochener Stromverdrängungsläufer-Motor, dessen Kennlinie *b* in der gleichen Abbildung dargestellt ist. Das größte Drehmoment liegt bei der kleinsten Drehzahl und die Momentenspitze ist nicht mehr vorhanden. Jedoch wird auch dieser Motor eine gewisse Schockwirkung auf das Band ausüben.

Abb. 20b zeigt das sehr viel bessere Verhalten eines Antriebes mit Flüssigkeitskupplung. Sie kann auf ein maximal gewünschtes Drehmoment eingestellt werden. Außerdem schont ihr weicher Anlauf das Band. Ein geringer Verlust durch den Schlupf von 3—5% bei Dauerbetrieb ist jedoch in Kauf zu nehmen. Die Antriebstrommel setzt sich nach der 100%-Schlupflinie erst in Bewegung, wenn das Moment A erreicht ist. Damit läuft dann

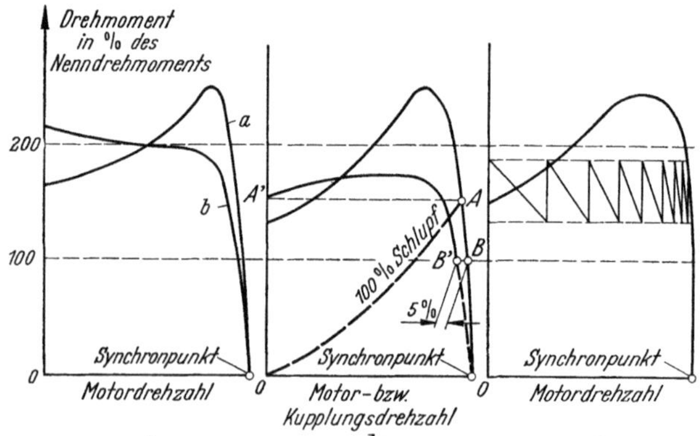

Abb. 20. Kennlinien von Elektromotoren.

a Kurzschlußläufermotoren hinsichtlich ihrer Wirkung beim Anlauf von Förderbändern; *b* Kurzschlußläufermotor mit Flüssigkeitskupplung zum Antrieb eines Förderbandes; *c* Anlaßvorgang eines Schleifringläufermotors zum Anfahren eines Förderbandes.

die Abtriebsseite der Kupplung an und das abgegebene Drehmoment verläuft mit zunehmender Abtriebsdrehzahl entlang der Linie $A'—B'$, während das Motormoment sich schließlich auf den Punkt B einstellt. B bzw. mit 5% Schlupf B' sind die Arbeitspunkte von Motor und Kupplung im Dauerbetrieb.

Bei größeren Einheiten mit Antriebsleistungen über 50 kW kommen auch Schleifringläufermotoren mit Anlasser in Frage. Nach Abb. 20c kann durch die Stufen des Anlassers ein Grenzdrehmoment eingehalten werden. Infolge der stufenweisen Veränderung des Momentes können jedoch auch störende Längsschwingungen im Gurt erzeugt werden. Kurze Bandförderer besitzen zum Antrieb in der Regel einfache Trommeln und sehr häufig sogar Trommelmotore, während lange Bänder, wie schon erwähnt, durch Zwischenschaltung von hydraulischen Anlaufkupplungen auch oft von Doppeltrommelaggregaten angetrieben werden (Abb. 21). Trommelmotore werden mit folgenden technischen Daten hergestellt: Leistungen 0,05—25 PS; Bandgeschwindigkeiten 0,016—3,0 m/s; Trommeldurchmesser 160—800 mm bei Trommellänge 310—1600 mm. Um bei ansteigend verlegten Bändern bei Stromausfall ein Abwärtslaufen des Materials zu verhindern, können in die Antriebseinheiten auch noch Rücklaufsperren eingebaut werden.

Die Anfahreigenschaften einer Bandförderanlage werden außerdem stark beeinflußt von Ort und Ausbildung der Spannvorrichtungen. Wichtig ist, daß die Vorspannkraft vom Beginn des Anfahrens an wirksam ist und bleibt, was bei längeren Förderern nur durch eine Anordnung der Spanneinrichtungen in der Nähe der Antriebstrommeln gewährleistet ist. Die Vorspannkraft muß für das Anfahren ebenfalls mit 130—140% des Beharrungszustandes ausgelegt werden.

Aus den Beschleunigungs-, Anfahr- und vor allem den stetigen Bewegungskräften, die als Umfangskraft P_{max} an der Antriebstrommel auftreten, ergibt sich der maximale Bandzug T_1, durch Hinzufügen der Ablaufkraft T_2, die im ablaufenden Trum des Antriebes wirksam sein muß, damit der Gurt durch Reibung von der Trommel mitgenommen wird. Aus den nachstehend aufgeführten Beziehungen, die auf der Eytelweinschen Gleichung $T_1/T_2 = e^{\mu\alpha}$ basieren, ist zu erkennen, daß die maximale Gurtkraft vom Reibungskoeffizienten μ und vom Umschlingungswinkel α an der Trommel bzw. an den Trommeln beim Doppeltrommelantrieb abhängt.

$$T_1 = P_{max} + T_2 .$$

Durch Einsetzen der Eytelweinschen Beziehung in diese Gleichung ergibt sich

$$T_2 = P_{max} \cdot \frac{1}{e^{\mu\alpha} - 1}$$

und weiter:

$$T_1 = P_{max} \cdot \left(1 + \frac{1}{e^{\mu\alpha} - 1}\right).$$

Da die Umfangskraft auch mit Hilfe der Motorleistung N bestimmt werden kann, gilt auch:

$$P_{max} = \frac{N \cdot 75}{v}$$

Je größer also die Gurtgeschwindigkeit ist, um so kleiner wird die notwendige Umfangskraft und damit auch der auftretende Gurtzug:

$$T_1 = \frac{N \cdot 75}{v} \cdot \left(1 + \frac{1}{e^{\mu\alpha} - 1}\right) = \frac{N \cdot 75}{v} \cdot k_1.$$

Die erforderliche Gurtvorspannung T_0 wird angegeben durch die Gleichung:

$$T_0 = P_{max} \cdot \frac{1}{e^{\mu\alpha} - 1} = \frac{N \cdot 75}{v} \cdot \frac{1}{e^{\mu\alpha} - 1}.$$

Zur Vereinfachung der Berechnung ist für den Faktor $y = 1/e^{\mu\alpha} - 1$ Tab. 8 zusammengestellt.

Tabelle 8. *Reibwerte für Antriebstrommeln*

Trommeloberfläche und Betriebszustand		Eintrommelantrieb				Zweitrommelantrieb				
	α	180°	210°	240°	270°	300°	330°	360°	400°	420°
	μ	$y = 1/(e^{\mu\alpha} - 1)$				$y = 1/(e^{\mu\alpha} - 1)$				
blank und naß	0,1	2,70	2,28	1,92	1,66	1,45	1,28	1,13	0,99	0,93
Holz- oder Gewebebelag, feucht	0,15	1,66	1,37	1,15	0,97	0,84	0,73	0,64	0,54	0,50
blank und feucht	0,2	1,15	0,93	0,76	0,64	0,54	0,46	0,40	0,33	0,30
blank und trocken	0,3	0,64	0,50	0,40	0,32	0,26	0,22	0,18	0,14	0,13
Holzbelag und trocken	0,35	0,50	0,38	0,30	0,24	0,19	0,15	0,13	0,10	0,08
Gewebebelag und trocken	0,4	0,40	0,30	0,23	0,18	0,14	0,11	0,09	0,07	0,06
profiliertes Gewebe, trocken	0,5	0,26	0,19	0,14	0,10	0,07	0,05	0,04	0,03	0,03
Keramik, naß	0,6	0,18	0,12	0,09	0,06	0,04	0,03	0,02	0,01	0,01
Keramik, trocken	0,7	0,12	0,09	0,06	0,04	0,03	0,02	0,01	0,01	0,01

Hat man in einem konkreten Fall die Frage zu entscheiden, ob ein Eintrommel- oder Zweitrommelantrieb zu wählen ist, so ist zunächst zu ermitteln, ob die geforderte Umfangskraft überhaupt noch durch einen Eintrommelantrieb wirtschaftlich zu übertragen ist, d. h., ob die Auflaufkraft T_1 dabei in einem für die Beschaffung des Gurtes noch annehmbaren Verhältnis $k_1 = 1 + y$ zur Umfangskraft steht. Dies ist weit öfter der Fall als man allgemein annimmt, wenn man zu der Erhöhung des Reibungsbeiwertes μ durch Belegung der Trommel (etwa mit Gummi) greift. Ein Vergleich der Werte aus Tab. 8 für verschiedene Reibungszahlen und Umschlingungswinkel läßt erkennen, daß mit größerem μ der Wert y bei einem Eintrommelantrieb mit z. B. $\alpha = 270°$ nur wenig höher liegt, als bei einem Zweitrommelantrieb mit $\alpha = 420°$ und fast gleich groß bei einem schlechteren Reibungswert am Doppeltrommelantrieb.

Auch die maximale Gurtzugkraft T_1 wird daher bei hohem μ an einem Zweitrommelantrieb nur wenig größer als bei einem Eintrommelantrieb. Außerdem wird bei geneigter Lage des Förderbandes die natürliche Spannung T_2 durch die Hangkomponente des Gurtgewichtes oftmals so groß, daß sich ein Zweitrommelantrieb erübrigt. Bei waagerechter Lage des Förderbandes hat der Zweitrommelantrieb seine Bedeutung, wenn der Reibungswert ungünstig ist, oder wenn aus der zulässigen Gurtzugkraft ein möglichst großer

Teil als Nutzlast herausgeholt werden soll, um große Förderbandlängen ohne Übergaben zu erreichen.

Es gibt aber auch Betriebsbedingungen, in denen man eine Verringerung von k_1 besser durch Vergrößerung des Umschlingungswinkels α, also durch einen Zweitrommelantrieb erzielt, als durch Vergrößerung des Reibungsbeiwertes, also durch einen Eintrommelantrieb mit Reibbelag. Ein derartiger Fall liegt vor, wenn es zweifelhaft erscheint, ob die der Rechnung zugrunde zu legenden Reibeigenschaften zwischen Band- und Trommelbelag im praktischen Betrieb tatsächlich aufrechterhalten werden können.

Allgemein ergibt der Eintrommelantrieb eine einfachere Bandführung als der Zweitrommelantrieb und damit weniger Bandbiegungen bei einem Bandumlauf. Dies wirkt sich günstig auf die Gurtbeanspruchung und damit auf seine Lebensdauer aus.

Eine gewisse Gewähr dafür, daß die den Rechnungen zugrunde gelegten Reibungsverhältnisse zwischen Band und Antriebstrommel auch im Betrieb zutreffen und die Übertragungsverhältnisse überhaupt keinen starken Schwankungen unterliegen, bieten Trommelanordnungen, bei denen die Übertragung der Umfangskraft von Antriebstrommel zu Band nur auf der vom Fördergut nicht berührten Bandseite, der sogenannten Laufseite, erfolgt. Dieses Prinzip ist in den Ausführungen der Abb. 21 auch beachtet.

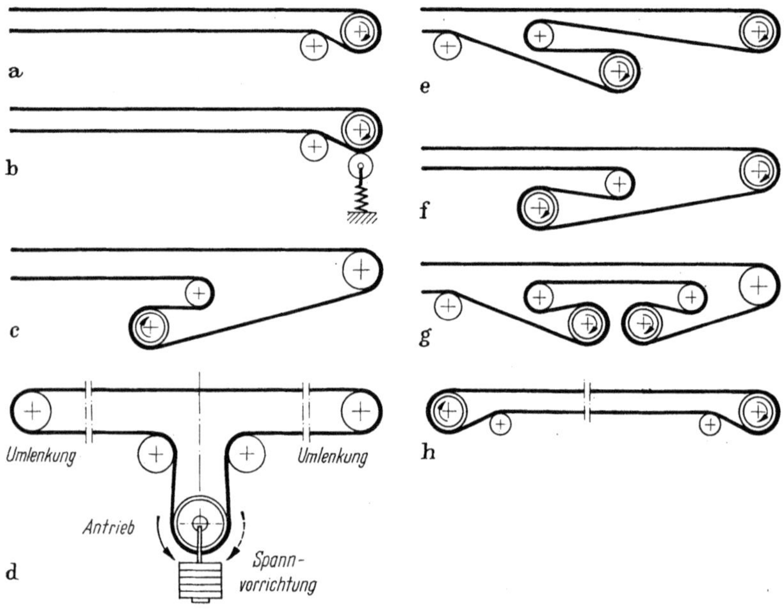

Abb. 21. Verschiedene Ausführungen von Bandantrieben.

a Eintrommelantrieb mit Abwurf über Kopf; *b* Eintrommelantrieb mit zusätzlicher Anpreßrolle; *c* Eintrommelantrieb mit vorgebautem Abwurf; *d* reversierbare Anlage mit Mittelantrieb; *e* Zweitrommelantrieb mit Abwurf über Kopf; *f* Zweitrommelantrieb mit Abwurf über Kopf; *g* Zweitrommelantrieb mit vorgebautem Kopf; *h* Doppelantrieb an den beiden Bandkehrstationen.

Die für die Bandabmessungen maßgebende größte Gurtkraft T_1 läßt sich auch durch Aufteilung der Antriebskraft auf Kopf und Schluß des Förderers verkleinern (vgl. Abb. 21h). Diese Weise der Aufteilung kann als Zweitrommelantrieb besonderer Art angesehen werden. Durch die große zwischen den beiden Teilantrieben liegende elastische Gurtstrecke werden die bei den Zweitrommelantrieben notwendigen Maßnahmen, die später noch näher erläutert werden, entfallen können. Der beidseitige Antrieb ist auch bei reversierbaren Bandfördereranlagen zu überlegen.

Die idealsten Verhältnisse ergibt allerdings ein einziger Antrieb, der in die Mitte des unteren Bandtrums gelegt wird und an dem auch zugleich das Spanngewicht angreifen kann (vgl. Abb. 21d). Mit dieser vollkommen symmetrischen Anordnung werden für beide Förderrichtungen gleiche, nur spiegelbildlich vertauschte Kräfteverhältnisse erreicht. Dieselbe Wirkung wird erzielt, wenn die Vorspannkraft durch zwei gleiche Spanngewichte an den Umlenktrommeln erzeugt wird.

Es sei noch besonders erwähnt, daß beim Einsatz von Doppeltrommelantrieben den Betriebsverhältnissen besondere Aufmerksamkeit zu widmen ist. Die Praxis hat gelehrt, daß für sehr lange Bänder starre Doppeltrommelantriebe im allgemeinen ausscheiden, und zwar wegen der unausgeglichenen Dehnungs- und Kräfteverhältnisse auf und zwischen den Trommeln.

Nachstehend sollen die Kräfte an den beiden Trommeln kurz auch mathematisch verfolgt werden:

1. Trommel: $T_1 = T' \cdot e^{\mu_1 \alpha_1}$; $P_1 = T' \cdot (e^{\mu_1 \alpha_1} - 1)$;

2. Trommel: $T' = T_2 \cdot e^{\mu_2 \alpha_2}$; $P_2 = T_2 \cdot (e^{\mu_2 \alpha_2} - 1)$.

Dann gilt für den Gesamtbogen $\alpha_{\text{ges}} = \alpha_1 + \alpha_2$

$$T_1 = T_2 \cdot e^{(\mu_1 \alpha_1 + \mu_2 \alpha_2)}$$

$$P_{\text{ges}} = P_1 + P_2 = T_1 - T_2 = T_2 \cdot [e^{(\mu_1 \alpha_1 + \mu_2 \alpha_2)} - 1]$$

$$\frac{P_1}{P_2} = e^{\mu_2 \alpha_2} \cdot \frac{e^{\mu_1 \alpha_1} - 1}{e^{\mu_2 \alpha_2} - 1}.$$

Sind nun die Durchmesser der beiden Trommeln, d. h. die Bögen α_1 und α_2 sowie die Reibwerke μ_1 und μ_2 gleich groß, d. h. es findet volle Ausnutzung der Reibbögen statt, so gilt als theoretisches Übertragungsverhältnis

$$\Psi_{\text{theor}} = \frac{P_1}{P_2} = \frac{M_1}{M_2} = e^{\mu \alpha}.$$

Die Praxis hat aber gezeigt, wenn Sicherheit gegen Rutschen vorhanden ist, so bildet sich auf der ersten Trommel ein Ruhebogen α_B aus, auf dem kein Dehnschlupf eintritt und keine Umfangskraft auf den Gurt übertragen wird. Es ist dieses eine Tatsache, die auch aus Abhandlungen über Riementriebe bekannt ist. Die theoretisch errechnete Kraft T_1 sinkt auf $T_{1\,\text{tats}}$ und die Gesamtumfangskraft auf $P_{\text{ges}} = P_{1\,\text{tats}} + P_2$ ab.

Bei einer derartigen unvollständigen Ausnützung der Umschlingungswinkel wird das tatsächliche Übertragungsverhältnis, wie man leicht nachrechnen kann:

$$\Psi_{\text{tats}} = e^{\mu_2 \alpha_2} \cdot \frac{e^{\mu_1 \alpha_{1\,\text{tats}}} - 1}{e^{\mu_2 \alpha_2} - 1}.$$

Bei starr gekoppelten Trommeln müßten die Drehmomente das abgeleitete Verhältnis Ψ_{tats} oder Ψ aufweisen. In der Praxis ist dies jedoch nicht der Fall, d. h. die beiden Trommeln sind ungleich belastet und damit ist die Gefahr des Gurtrutschens auf der höher belasteten Trommel gegeben, was nicht erwünscht ist.

Trotz gleicher Trommeldurchmesser kann an den beiden Trommeln eine unterschiedliche Bandgeschwindigkeit auftreten durch: a) ungleiche Deckschichten des Bandes, b) Verschmutzung der einen Trommel, über die der Gurt mit seiner Tragseite laufen muß (bei feuchtem Gurt wird auch der Wert μ verändert), c) ungleiche Abnutzung des Bandes oder der Trommeln. Untersuchungen haben gezeigt, daß meist gilt $v_1 > v_2$.

Man kann, wenn der Dehnschlupf nicht ausreicht, den Geschwindigkeitsausgleich zu schaffen, die zweite Trommel mit einem etwa 1% größeren Durchmesser ausführen. Weit besser ist jedoch die Lösung, die Trommeln über ein Differentialgetriebe anzutreiben, wobei sich die Trommelumfangsgeschwindigkeiten der momentanen Bandgeschwindigkeit anpassen können. Leider wird durch die Einzelfertigung derartiger Antriebe aber der Preis derartig hoch, daß die Wirtschaftlichkeit in Frage gestellt ist.

Neuerdings werden für diesen Zweck gerne Einzelantriebe der Trommeln verwendet, Dabei wird für die erste Trommel, die im Betrieb die größere Kraft zu übertragen hat, ein Synchronmotor oder Schleifringläufer mit harter Charakteristik eingesetzt, während die zweite Trommel dann einen Motor mit weicher Charakteristik besitzt. Beide Motore werden miteinander elektrisch gekuppelt. Durch einen Widerstand im Läuferstromkreis des zweiten Motors wird es dann möglich, die beiden Drehmomente dem verlangten Übertragungsverhältnis

$$\Psi_{\text{tats}} = e^{\mu_2 \alpha_2} \cdot \frac{e^{\mu_1 \alpha_2 \text{tats}} - 1}{e^{\mu_2 \alpha_2} - 1}$$

anzupassen.

Eine weitere Verbesserung zur Erhöhung der Umfangskraft wurde durch Druckrollen, die an die Trommel angedrückt werden, erreicht. Hierdurch wurde die Mitnahme des Gurtes auch derartig gesteigert, daß keine 2. Trommel mehr nötig ist (Abb. 21b). Es ist natürlich sinnvoll, die Anpreßkraft der Druckrollen gegen die Trommel über eine Vorrichtung durch den Gurtzug zu steuern. Zur Kraft T_1 bei gewöhnlichem Antrieb addiert sich also noch eine Zusatzkraft T_z.

Ist $\Delta\varphi$ = Zentriwinkel zwischen zwei benachbarten Rollen und N die Normalkraft einer Druckrolle, so wird als zusätzliche Kraft im auflaufenden Trum erzeugt:

$$T'_z = \mu \cdot N \cdot e^{\mu\varphi} = \mu \cdot T_1 \cdot \Delta\varphi \cdot e^{\mu\varphi}.$$

Bei Annahme unendlich vieler Rollen gilt dann:

$$T_z = \mu \cdot T_1 \cdot \int_{\varphi=\beta}^{\varphi=\alpha_2} e^{\mu\varphi} \cdot d\varphi = \mu \cdot T_1 \cdot \frac{1}{\mu} [e^{\mu\varphi}]_{\beta}^{\alpha_2} = T_1 \cdot (e^{\mu\alpha_2} - e^{\mu\beta}).$$

Hiermit ergibt sich die Gesamtkraft im auflaufenden Trum zu:

$$T_1 = T_2 \cdot e^{\mu\alpha_1} + T_z = T_2 \cdot e^{\mu\alpha_1} + T_1 \cdot (e^{\mu\alpha_2} - e^{\mu\beta})$$

$$\frac{T_1}{T_2} = \frac{e^{\mu\alpha_1}}{1 + e^{\mu\beta} - e^{\alpha\mu_2}}.$$

Durch Einsetzen verschiedener Werte für μ kann gezeigt werden, daß schon bei $\mu = 0{,}204$ der Quotient dem Wert ∞ zustrebt. Eine geringe Bandvorspannung T_2 erzeugt also eine sehr große Bandkraft T_1. Mit keinem anderen Zweitrommelantrieb lassen sich derartig große Umfangskräfte übertragen. Außerdem ist die Kraftverteilung statisch bestimmt, so daß sich die Kräfte ohne Mühe vorausberechnen lassen, ein Vorteil, der beim Zweitrommelantrieb nicht gegeben ist.

Die großen Kräfte hochbelasteter Bänder erfordern eine sichere, starre Konstruktion der Trommeln. Die Trommeldurchmesser richten sich nach der Qualität und dem Aufbau des Bandes sowie nach den Einsatzplätzen. Als Anhaltswerte für die kleinsten noch zulässigen Durchmesser gelten die Richtwerte gemäß Tab. 9.

Tabelle 9. *Kleinste Trommeldurchmesser*

Antriebstrommel Trommel im Abwurfwagen	0,125–0,18 · Einlagenzahl (untertage bis 0,08 · Einlagenzahl)
Endumkehrtrommel Spanntrommel Ablenktrommel	0,10–0,125 · Einlagenzahl (untertage bis 0,06 · Einlagenzahl)

Die Trommeln werden blank verwendet oder zur Erhöhung der Reibungskoeffizienten mit Holz oder Gummi belegt. Meistens werden dann in die Gummiauflage Rillen in Pfeilform eingeschnitten, um auch bei nassem Betrieb den günstigen Reibungswert zu erhalten. Diese Rillen tragen auch zur Vermeidung eines Anwachsens der Trommeln (wichtig bei Doppeltrommelantrieb) bei. Außerdem verhindern die pfeilförmig geschnittenen Rillen manchmal ein Schieflaufen des Bandes. Der gleiche Effekt kann auch durch leichtes Balligdrehen der Trommeln erreicht werden. Die Balligkeit beträgt dabei in der Regel 1—2% der Bandbreite. Die Richtwirkung der Trommel auf den Gurt kann natürlich nur bei kurzen Bändern erwartet werden. Bei langen Anlagen sind zusätzliche Maßnahmen zu ergreifen, auf die später noch eingegangen wird.

Die Spannvorrichtungen bei Gurtförderern sind nötig, um die Banddehnung auszugleichen und die erforderliche Mindestspannkraft im ablaufenden Trum der Antriebstrommel sowie im gesamten Bandsystem zu schaffen. Die Spannvorrichtung wird bei kurzen Bändern meist mit der Endumkehre vereinigt, während sie bei langen Bändern auch oft als Spannschlaufe dem Antrieb nachgeschaltet ist. Die erforderlichen Mindestspannwege seien nachstehend für verschiedene Einlagen in Prozent der Bandlänge angegeben:

Gewebeeinlagen 2,5—1,5%, Baumwoll-Cord 2,0—1,0%, Drahtseileinlagen 0,4—0,3%.

Nach ihrer Arbeitsweise unterscheidet man fest einstellbare (starre) und bewegliche (selbsttätige) Spanneinrichtungen. Zur ersten Gruppe gehören Spannspindeln, Zugapparate und Spannwinden. Zu den beweglichen Spannanlagen gehören einerseits gewichtsbelastete Einrichtungen und andererseits elektrische, elektrohydraulische und pneumatische Ausführungen, die selbsttätig oder von Hand geregelt werden. Bei längeren Anlagen soll die Spannstation in die Nähe des Antriebes gebracht werden, wo beim Anlaufen Vorspannung und Anfahrdrehmoment aufeinander abgestimmt werden können, wie bereits schon erwähnt wurde (vgl. Abb. 21d).

Bei den starren Ausführungen ist die Spanntrommel auf einer festen Achse gelagert, die in festen Längsführungen gleitet. Die beiden Schraubenspindeln werden von Hand verstellt. Das Einstellen der erforderlichen Gurtvorspannung erfolgt durch periodisches Nachziehen. Es ist zweckmäßig, die Spindeln mit Trapezgewinde auszuführen, wodurch die Festigkeit erhöht und der Kraftaufwand beim Anziehen verringert wird. Bei dieser Ausführungsform muß beachtet werden, daß man auf diese Weise keinerlei Kontrolle über die Vorgänge im Band mehr besitzt und sich damit den Zufälligkeiten aussetzt, die ein derartiger Betrieb mit sich bringt. Eine kleine Verbesserung könnte noch durch Einschalten von Kegelfedern hinter den Spannmuttern geschaffen werden.

Bei allen längeren Anlagen sollte man grundsätzlich auf den automatischen Längenausgleich nicht verzichten und eine selbsttätig arbeitende Spanneinrichtung einbauen, zumal wenn es sich um Bänder handelt, die des öfteren unter Vollast angefahren werden müssen. Dadurch allein hat man die Gewähr, daß die vorausberechnete Vorspannkraft wirksam ist und die zulässigen Gurtkräfte nicht überschritten zu werden brauchen. Bei Spannvorrichtungen, bei denen die Vorspannkraft motorisch erzeugt wird, kann der Spannmotor von einem Federdynamometer gesteuert werden und so für eine gleichmäßige Vorspannkraft sorgen.

Zwischen der Kopf- und der Endstation wird der Gurt durch Flachrollen bzw. Muldenrollensätze geführt. Die Neigung der seitlichen Muldenrollen beträgt normal 20°, ist aber in Ausnahmefällen bis 45° ausgeführt worden. Heute werden fast ausschließlich kugelgelagerte Laufrollen verwendet, die etwa 30% geringere Reibung aufweisen als solche mit Gleitlagerung. Die Tragrollen für Gurtbandförderer sind genormt in DIN 22107. Um nun die Antriebsleistung eines Bandes möglichst klein zu halten, darf der Tragrollenabstand nicht zu groß gewählt werden, da sonst mit einem zu großen Banddurchhang zwischen den Rollen zu rechnen ist. Werden die Laufrollen jedoch in zu kurzen Abständen angeordnet, so steigt der Leistungsverbrauch durch die größere Anzahl der Lagerstellen sowie durch die vermehrten Walkstellen des Gurtes an den Tragrollen. Aus diesem Grunde ist auch der Laufrollendurchmesser nicht beliebig anzunehmen. Als Funktion der Bandbreiten sind in Tab. 10 einige Angaben gemacht, während Tab. 11 Hauptabmessungen und Werte der Rollenbelastbarkeit angibt.

Versuche haben weiter zu den günstigsten Mittelwerten der Laufrollenabstände in Abhängigkeit von der Bandbreite und dem Schüttgewicht des Fördergutes geführt, die in der Tab. 12 wiedergegeben sind.

Unter Berücksichtigung dieser Werte überschreitet der Banddurchhang den zulässigen Wert von 2% der Laufrollenentfernung nicht. Die Laufrollen zur Führung des Untergurtes werden in der Regel im doppelten Abstand des Obertrums angeordnet.

Tabelle 10. *Laufrollendurchmesser als Funktion der Gurtbreite*

Gurtbreite	mm	400	500	650	800	1200	1600
leichte Ausführung	mm	76	89	108	108	133	159
schwere Ausführung	mm	108	108	133	133	159	193,7

Tabelle 11. *Hauptabmessungen und Belastbarkeit von Laufrollen in Abhängigkeit der Lagerbauart*

	Rollenmantel Durchmesser mm	Wanddicke mm	Länge mm	Achse Durchmesser mm	Gleitlager (Sinterlager) kp	spanlos gef. Kugell. kp	Präzisions-kugellager kp
leicht	50	1,6-2,0	100– 600				
	60	1,6–2,0	600–1000		45	70	100
	80	2,0–3,0	1000–1400	12	30	50	50
	100	3,0–3,5	(nur 100 Dmr.)		20	30	30
mittel	63,5	3,0–3,5					
	76	3,0–3,5					
	89	3,0–3,5	100– 600				320
	108	3,75	600–1000	20	110	160	280
	133	4,0	1000–1400				200
	159	4,5					
	108	3,75					
	133	4,0	100–1000				440
	159	4,5	1000–2240	25	—	—	350
	193,7	5,0	2240–3350				200
	219	5,0	(ab 159 Dmr)				
schwer	108	4,0–14	100–1400				
	133	4,5–16	165–2240	30			max. 600
	159	5,0–18	315–3350	35	—	—	max. 800
	193,7	5,5–22	750–3350	40			max. 1000
	219	7,0–22	1000–3350				

Tabelle 12. *Mittlere Laufrollenabstände*

Gurtbreite	Schüttgewicht des Fördergutes Mp/m³					
mm	0,5	0,8	1,2	1,6	2,0	2,4
400	1,5	1,5	1,5	1,35	1,35	1,2
650	1,5	1,35	1,3	1,2	1,1	1,1
800	1,5	1,3	1,2	1,2	1,0	1,0
1200	1,2	1,2	1,0	1,0	1,0	0,9
1600	1,2	1,0	1,0	1,0	0,9	0,9

Tabelle 13. *Grenzwerte für eine abgestufte Laufrollenverteilung*

Durchschn. Trag-	antriebsfern ←					→ antriebsnah
rollenabstand m	m	m	m	m	m	m
0,9	0,55	0,67	0,92	0,98	1,07	1,13
1,0	0,62	0,78	1,06	1,12	1,20	1,26
1,2	0,73	0,88	1,22	1,28	1,40	1,46
1,35	0,82	1,0	1,37	1,43	1,59	1,65
1,5	0,92	1,13	1,52	1,52	1,77	1,83
Tragrollensätze % der Gesamtzahl	10	15	15	20	20	20

Bekanntlich ist der Banddurchhang außer von der Laufrollenentfernung vor allem von der Gurtspannung abhängig. Da jedoch bei sehr langen Förderbändern die Gurtzugkraft vom Antrieb weg abnimmt, kann auch eine abgestufte Verteilung der Laufrollen über die Bandlänge empfohlen werden. So sind die Abstände in der Nähe des Antriebes größer und zum Ende hin kleiner zu wählen. In Tab. 13 seien die Grenzwerte für die Abstände zu den mittleren Entfernungen der vorhergehend aufgeführten Tabelle gezeigt.

Sollen auf den Gurtförderern Stückgüter befördert werden, so ist der Tragrollenabstand 20% geringer als die kleinste Stückgröße zu wählen. Wird dieses nicht beachtet, so steigt der Verschleiß des Gurtes und nicht zuletzt die Antriebsleistung erheblich an.

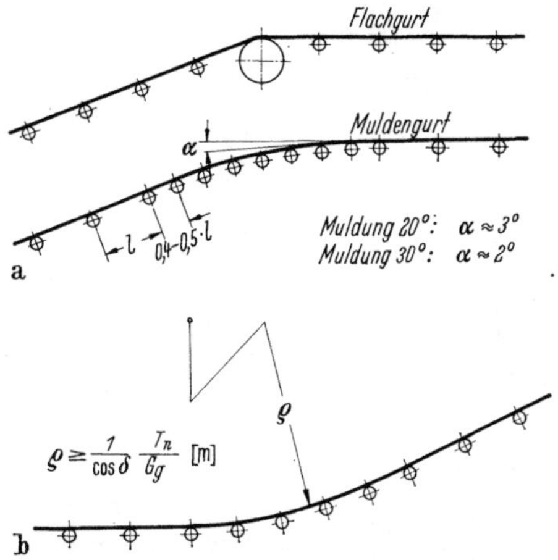

Abb. 22.
Übergangsradien bei Veränderung der Bandneigung.

Besondere Beachtung muß der Bandführung beim Übergang von einer Steigung in die Waagerechte und umgekehrt geschenkt werden. In einem solchen Fall wird in der Regel die Neigung der seitlichen Muldenrollen von 20 auf 12° verringert, um die zulässige maximale Banddehnung an den Gurtkanten von 8% bei einer Geschwindigkeit kleiner als 2,6 m/s und von 6% bei größeren Geschwindigkeiten nicht zu überschreiten. Die gleichen zusätzlichen Dehnungsbeanspruchungen treten auch auf, wenn der Gurt von der geraden Umlenktrommel zur nächsten Muldenstation geführt wird und umgekehrt. Es muß daher die Übergangslänge, in Abhängigkeit von der Gurtbreite, entsprechend groß gewählt werden. Bei größeren Übergangslängen müssen unter Umständen eine oder zwei nur teilweise gemuldete Rollenstationen eingefügt werden, um den Gurt zu unterstützen. Richtwerte für die Übergangslänge sind in Tab. 14 aufgeführt.

Tabelle 14. *Übergangslängen und Übergangsradien als Funktion der Gurtbreite*

Gurtbreite	mm	500	650	800	1000	1200	1400	1600
Übergangs-	$\lambda = 20°$	0,5	0,6	0,7	0,9	1,1	1,3	1,5
länge	$\lambda = 25°$	0,6	0,73	0,85	1,1	1,35	1,6	1,85
m	$\lambda = 30°$	0,7	0,85	1,0	1,3	1,6	1,9	2,2
Übergangs-	$\lambda = 20°$	6,0	8,0	10,0	12,0	14,5	17,0	19,0
radius	$\lambda = 25°$	7,5	10,0	12,0	15,0	18,0	21,0	24,0
R_{min}	$\lambda = 30°$	9,0	12,0	14,5	18,0	21,5	25,0	29,0
ϱ_{min}	m	60,0	75,0	90,0	120	150	170	190

Beim Übergang von einer Steigung zur Horizontalen kann bei flachgeführtem Gurt eine normale Umlenktrommel verwendet werden. Bei Muldengurten mit zwei- und dreiteiligen Rollensätzen nimmt man mehrere Rollenstationen, die so eng hintereinander angeordnet werden, daß bei 20° Muldung 3° und bei 30° Muldung 2° Winkeländerung nicht überschritten werden. Der minimale Übergangsradius sollte mindestens die 12- bzw. 18fache Gurtbreite betragen. Die Richtwerte sind in Tab. 14 aufgeführt (vgl. Abb. 22).

Beim Übergang von der Horizontalen zur Steigung soll sich der Gurt auch im unbeladeden Zustand nicht von den Rollenstationen abheben. Der Übergangsradius ϱ muß sich deshalb nach dem Gurtzug T_n in kp an dieser Stelle und dem Gurtgewicht G_g in kp/m² richten.

Als Gebrauchsformel für den Mindestradius kann gelten

$$\varrho \geqq \frac{1}{\cos \delta} \cdot \frac{T_n}{G_g}$$

Richtwerte für diesen Übergangsradius sind ebenfalls in Tab. 14 zu finden.

Die Gurttragrollen können an Gerüsten verschiedenster Bauart befestigt werden. Einige Beispiele hierfür sind in Abb. 23a—e gezeigt.

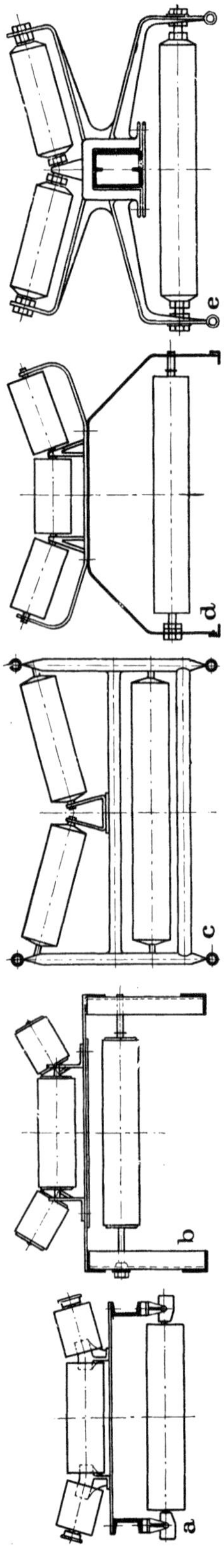

Abb. 23. Verschiedene Formen von Gurttraggerüsten.

a Längsträger aus U-Eisen mit angeschraubten Rollensätzen; *b* Längsträger aus abgewinkeltem Blech und Winkeleisen auf dem Boden; *c* Längsträger aus vier Rohren gebildet; *d* Längsträger aus gebogener Blechhaube, die das Untertrum vollständig abdeckt, unten verstärkt evtl. durch Winkeleisen; *e* Längsträger ist ein rechteckiges Kastenprofil, auf das Tragböcke aufgeschoben und mittels Schrauben verspannt werden.

Bei Neuinstallierungen ist besonders dem guten Bandlauf Beachtung zu schenken. Durch Schieflaufen wird der Gurt im Untertrum am Gerüst beschädigt. Hierbei tritt starke Erwärmung auf, die häufig sogar zu Bränden geführt hat. Bei größeren Anlagen werden die Flachrollen, die leicht zur Verkrustung neigen, mit Stützringen versehen, die eine gleichmäßige Führung auch bei stark verschmutzten Gurten gewährleisten. Umgekehrte Muldenrollensätze in größeren Abständen und vor der Umkehre bieten eine zusätzliche Geradlaufsicherung. Die umgekehrten Muldenrollenstationen werden zwischen den Tragrollen bzw. Tragrollensätzen des Untertrums angeordnet.

Die Ursachen für das seitliche Auswandern des Ober- oder Untertrums können sehr verschieden sein. In jedem Fall muß der störende Einfluß gesucht und beseitigt werden, damit sicher und kontinuierlich gefördert werden kann. Gründe für den Schräglauf eines Bandes können sein: a) die Anlage ist nicht gut ausgerichtet, b) Wind, Regen oder Schnee wirken von der Seite auf das Band ein, c) das Fördergut wird von der Seite und nicht mittig aufgegeben, d) die Gurtverbindung hat eine Knickstelle, e) die Flachrollen im Untertrum sind verschmutzt.

Deshalb sind Maßnahmen anzuwenden, die den Gurt zwingen, gerade zu laufen. Man greift häufig zu dem Mittel, einen Teil der schrägen Tragrollen des Obertrums dauernd auf Sturz zu stellen, d. h., jeweils beide Schrägrollen eines Muldenrollensatzes in einem Winkel bis zu 3° in Förderrichtung zu neigen. Viele Konstruktionen sehen dementsprechend zwei Rasten für die äußere Lagerung der Schrägrollen vor. Diese Form der Bandlenkung ist wirksam, allerdings führt sie durch Scheuerwirkung zu einem Verschleiß der Rollen und des Förderbandes, und darüber hinaus wird auch der Kraftbedarf infolge der entstehenden Reibung vergrößert. Eine bessere Lösung ist der Einsatz von automatischen Lenkrollenstationen (drehbarer Muldenrollensatz). Die Schwenkung erfolgt durch Steuerrollen, die in gewissem Abstand vor der Lenkrollenstation angeordnet sind. Wird die Steuerrolle ausgeschwenkt, so wird der Muldenrollensatz gedreht und steuert entsprechend den Lauf des Bandes (Abb. 24). Bei diesen Einrichtungen ist jedoch zu beachten, daß sie nur für eine Laufrichtung des Bandes wirksam sind. Die in Abb. 25 wiedergegebene Ausführung ist auch für Reversierbänder geeignet und arbeitet nach folgenden Prinzip. Der von der Steuerrolle ausgeübte Hebeldruck wird durch ein Reibrad auf ein Schienensegment übertragen, das

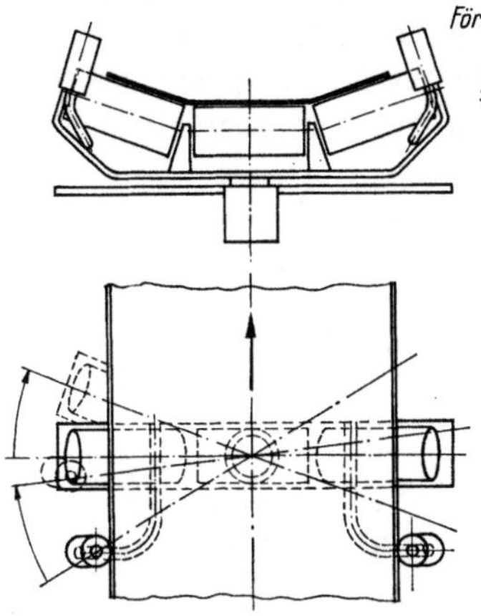

Abb. 24. Schematische Darstellung einer Lenkstation mit starren Steuerhebeln für geringe Bandbreiten.

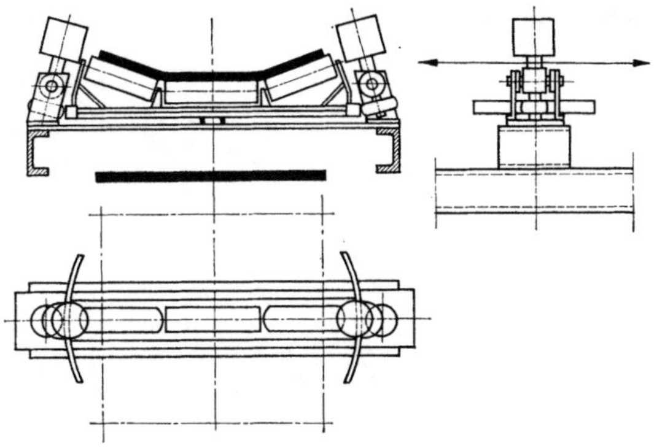

Abb. 25. Lenkstation, die auch für Reversierbänder geeignet ist (Habermann).

um den Drehpunkt der Tragrollenstationen gelegt ist. Das ausgewanderte Band setzt die Steuerrolle in Drehung; das auf der gleichen Welle sitzende Reibrad nimmt das Schienensegment mit und verdreht damit den Tragrollensatz in der gewünschten Richtung.

Bei großen Anlagen, die auf der gesamten Förderstrecke auf Geradlauf überwacht werden sollen, aber auch vor dem Einlaufen des Gurtes in den Antrieb, haben sich Begrenzungsrollen mit Endschaltern bewährt. Sie führen beim Auswandern des Gurtes eine Drehbewegung aus und betätigen dadurch einen Schalter, der den Antrieb abschaltet.

Von entscheidender Wichtigkeit für den geraden Lauf des Bandes ist die mittige Aufgabe des Fördergutes. Die lenkenden Kräfte der Tragrollen sind häufig nicht so groß, daß sie dem Gewicht des Fördergutes entgegenwirken können. So wandert der Schwerpunkt des Füllquerschnittes in die Mitte des Tragrollensatzes, und das Fördergut läuft nach einer Seite über. Durch Anbringung entsprechender Leitbleche kann der Fördergutstrom so umgelenkt werden, daß er das folgende Band mittig trifft. Etwas schwieriger liegen dagegen die Verhältnisse bei beweglichen Anlagen, wie sie im Bergbau vorkommen. Es empfiehlt sich in diesem Fall, die Übergabestelle nach Abb. 26 auszubilden. Eine leicht gewölbte Klappe kann in verschiedenen Rasten eingehängt werden, je nachdem sich das Fördergut oder der Winkel zwischen den beiden Bändern verändert.

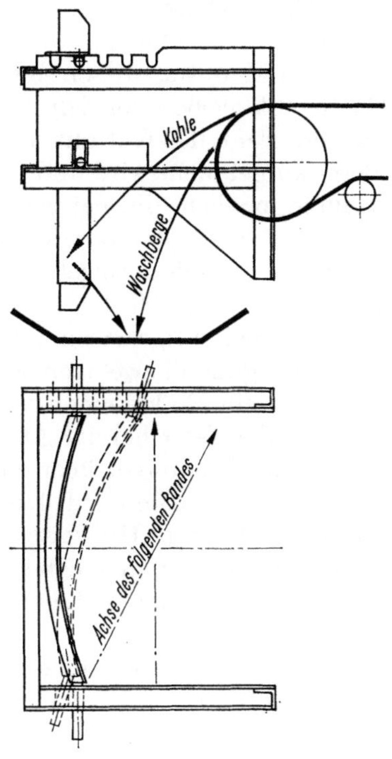

Abb. 26. Einstellbares Prallblech zur mittigen Beschickung des Bandes (aus „Braunkohle" Heft 5 und 6/1953).

Geschilderte Leitbleche tragen nicht nur zur mittigen Beschickung des Bandes bei, sondern nehmen einem Teil des Fördergutstromes auch die kinetische Energie, so daß das Material weniger hart auf das nachgeschaltete Band auftrifft. An einer Übergabestelle muß der Gurt nicht nur die Fallenergie des auftreffenden Fördergutes bremsen und aufnehmen, sondern auch den Förderstrom wieder beschleunigen bis die Turbolenz an der Aufgabe überwunden ist. Beim Abwurf des Fördergutes über Kopf entsteht infolge der Zentrifugalkraft einerseits und der Schwerkraft andererseits eine Abwurfparabel (Abb. 27). Da es bei der Konstruktion der Auffangvorrichtungen für das Fördergut sowie die Auftreffstelle von Wichtigkeit ist, wie diese Abwurfparabel gestaltet ist, müssen die beiden

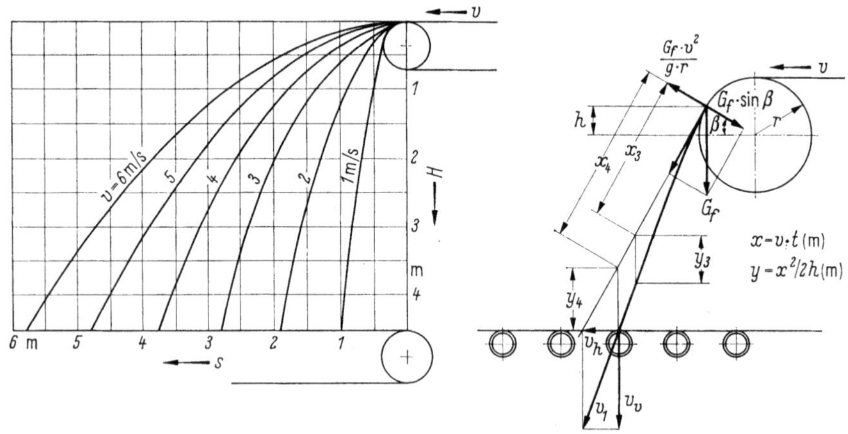

Abb. 27. Abwurfvorgang und Abwurfparabel.

Bewegungskomponenten x und y ermittelt werden. Die Form der Wurfparabel ist abhängig von der Geschwindigkeit v des Fördergutes und von der Lage des Abflugpunktes eines Materialteilchens von der Bandumlenkrolle. Dieser Ablösepunkt liegt auf dem Trommelumfang und hat von der waagerechten Mittellinie der Umlenkrolle den Abstand $h = v^2/g = r \cdot \sin\beta$. Die Parabel wird punktweise konstruiert, indem auf der Tangente vom Ablösepunkt aus die Wegstrecken x und senkrecht von den Endpunkten der Wegstrecken die zugehörigen Fallstrecken y abgetragen werden.

Nach Kenntnis dieser Zusammenhänge sollte jede Übergabestelle zur Schonung der Gurte mit großer Sorgfalt überprüft werden. Die geringste Beanspruchung ist zu erreichen, wenn das Gut mit der gleichen Geschwindigkeit und Richtung wie das Band auf dieses aufgebracht wird und dadurch schnell zur Ruhe kommt. Das ist aber nur mit einer Schurre möglich, die bei genügender Übergabehöhe den Materialstrom beim Herabrutschen beschleunigt, über dem Band ablenkt, auf einem kurzen Stück parallel zum Band führt und ihn mit geringster Fallhöhe an den Gurt abgibt (Abb. 28). Seitlich angeordnete Leitbretter oder -bleche als Verlängerung der Schurrenbegrenzung geben dem Material dann die endgültige Form auf dem Band. Dabei ist aber zu beachten, daß der Spalt zwischen der gummibewehrten seitlichen Führung und dem Band in Laufrichtung erweitert wird, um ein Einklemmen von Gutstücken zu vermeiden (Abb. 29). Eine andere Möglichkeit, den Gurt bei der Aufgabe zu schonen, kann dadurch erreicht werden, daß man das aufzugebende Gut über einen Rost schickt, der zunächst nur das feinere Gut durchfallen läßt und somit auf dem Band eine Polsterschicht für das gröbere Material bildet (Abb. 30). Weitere Hinweise sind auf S. 480 zu finden.

In allen Fällen, in denen geschilderte Ausführungen der Bandaufgabe nicht ausgeführt werden können oder noch keine ausreichende Entlastung des Gurtes bringen, ist es üblich, an der Aufgabestelle des Gutes stoßdämpfende Tragrollen mit geringerem Abstand einzubauen, wobei eine große elastische Wirkung erwünscht ist. Daher werden die bisher oft verwendeten Vollgummischeiben dieser Rollen teilweise durch kleine Luftkammerreifen ersetzt oder die Metallrollen noch zusätzlich mit Pufferringen versehen (Abb. 31).

Eine verhältnismäßig harte Qualität im Inneren (Unterbau der Pufferringe) garantiert auf Grund ihrer elastischen Rückstellkraft einen festen und dauerhaften Sitz auf der Tragrolle. Der Oberbau dagegen besteht aus einer sehr weichen, zähen und elastischen Gummiqualität und bietet somit die gewünschte Durchfederung.

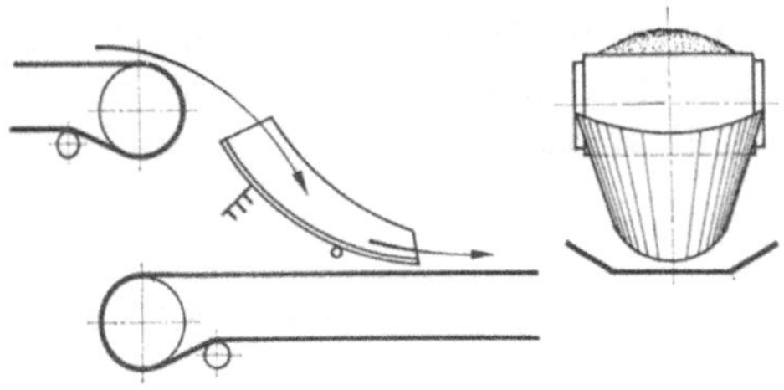

Abb. 28. Verstellbare Übergaberutsche.

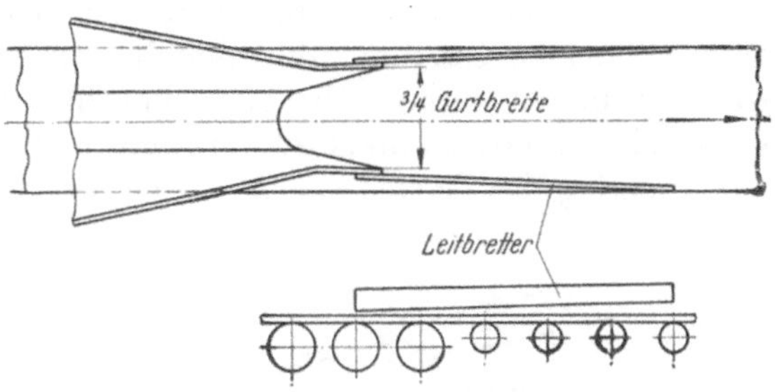

Abb. 29. Konische Leitbretter an der Bandaufgabe, die ein Klemmen von großen Stücken verhindern.

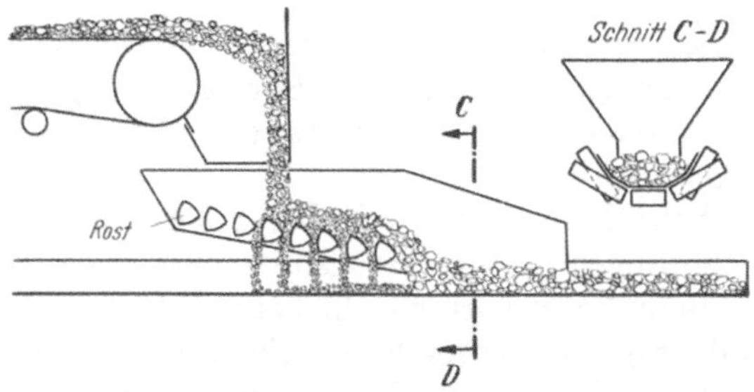

Abb. 30. Bandaufgabe mit vorgeschaltetem Rost, wodurch auf dem Gurt zuerst eine Polsterschicht aus feinem Material aufgegeben wird.

Die Entladung des Gutes vom Band geschieht in der einfachsten Weise über den Kopf der Antriebsstation. Soll das Gut an einer beliebigen Stelle vom Band entladen werden, so finden Abwurfwagen oder einfache Abstreifer mit unten angesetzter Gummileiste (zur Gurtschonung) Verwendung. Sollten Stückgüter mittels Abstreifer vom Band ab-

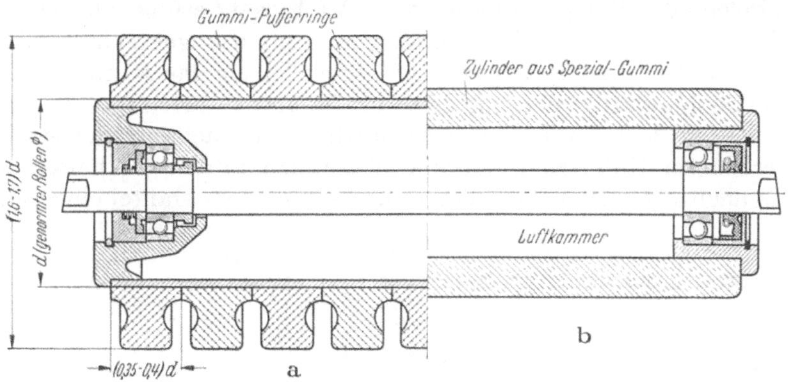

Abb. 31. Gepufferte Gurttragrolle.
a normale Rolle mit aufgeschobenen Pufferringen aus Gummi; *b* Rollenmantel aus Gummi

geschoben werden, so ist es zweckmäßig, den Abstreifer mit Rollen (senkrechte Achsen) zu versehen. Derartige Abstreifer, ob in gerader Ausführung für einseitigen Abwurf oder in keilförmiger Ausführung für beidseitigen Abwurf, werden nur bei kleineren Bandförderern eingesetzt. Zur Schonung des Gurtes können auch zwei Abstreiferbleche parallel hintereinander eingesetzt werden, wovon der erste etwas über dem Band steht und nur das grobe Material abwirft, während der zweite mit einer Gummileiste den Gurt berührt und das restliche Feingut ableitet. Soll das Fördergut an beliebigen Punkten der Anlage abgeworfen werden, so verwendet man durchweg Abwurfwagen, die das Band vertikal aus der Laufebene führen, das Gut über eine Trommel abwerfen und das Band über eine Umlenkrolle in die frühere Laufebene zurückführen. Das Fördergut wird über Rutschen oder kurze Bänder seitlich ausgetragen (Abb. 32). Abwurfwagen können ohne Unterbrechung der Förderung über der Anlage verfahren werden. Die Antriebsleistung zum Verfahren kann einem besonderen Antriebsmotor oder aber auch dem laufenden Band über eine der beiden Gurtumlenktrommeln, der eine Kupplung mit Getriebe nachgeschaltet ist, entnommen werden. Ein unerwünschtes Weiterlaufen des Wagens in Arbeitsstellung ist durch besondere Anker zu verhindern. Bei der Konstruktion eines Abwurfwagens ist dem Anstieg des Gurtes zur Abwurfstelle besondere Beachtung zu schenken, da bei zu

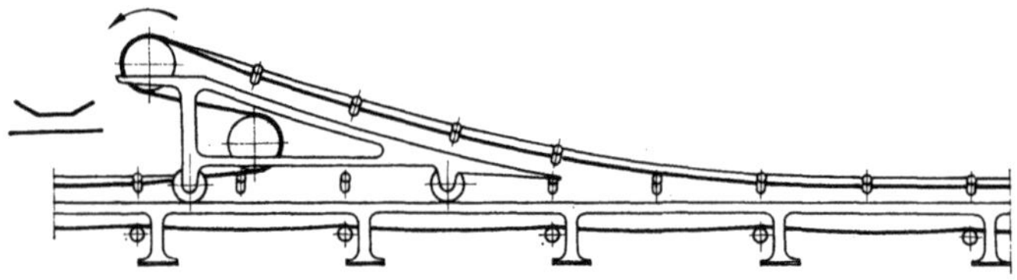

Abb. 32. Fahrbarer Schleifenwagen.

starker Steigung das zu fördernde Material zurückrollt und außerdem der Füllquerschnitt des Bandes und damit die Förderleistung absinkt. Ebenso ist der Übergangsradius entsprechend den Werten der Tabelle 14 so zu wählen, daß der Gurt nicht von den Laufrollen abgehoben wird.

Beim Einsatz verschiebbarer Abstreifer ist noch darauf zu achten, daß die zusätzlich anzubringenden Unterstützungsrollen für den Gurt mitverschoben werden.

Beim Transport von klebenden Gütern ist es ratsam, der Reinigung von Trommeln und Tragrollen besondere Aufmerksamkeit zu widmen, da Unsauberkeit oftmals Ursache für Verschleiß und Schieflauf der Bänder sein kann. Für die Bandreinigung werden Gummiabstreifer eingesetzt, die kurz hinter der Abwurftrommel anzuordnen sind. Sie sollen senkrecht zum Band stehen, auf keinen Fall aber in Laufrichtung des Bandes geneigt sein. Sie sollen mit leichtem Druck auf dem Band liegen und möglichst federnd aufgehängt werden. Weiter besteht die Möglichkeit, die Bandanlage mit rotierenden Abstreifern aus Gummispiralen oder Bürsten auszurüsten. Der Einsatz erfolgt auf dem unteren Teil der Abwurftrommel. Die rotierenden Bürsten müssen so angebracht sein, daß sie sich in Bandrichtung drehen, und zwar etwa 20% schneller als das Band selbst. Heute sind meistens Nylonbürsten anzutreffen, die den Gurt berühren dürfen im Gegensatz zu Stahlborsten, da ein Verschleiß des Gurtes nicht eintritt. Bei feuchtem und stark klebendem Fördergut werden im Untertrum, um die Tragrollen sauber zu halten, Continental-Stütz- oder Taumelringe anstelle der Tragrollen mit glattem Mantel eingesetzt (Tab. 15).

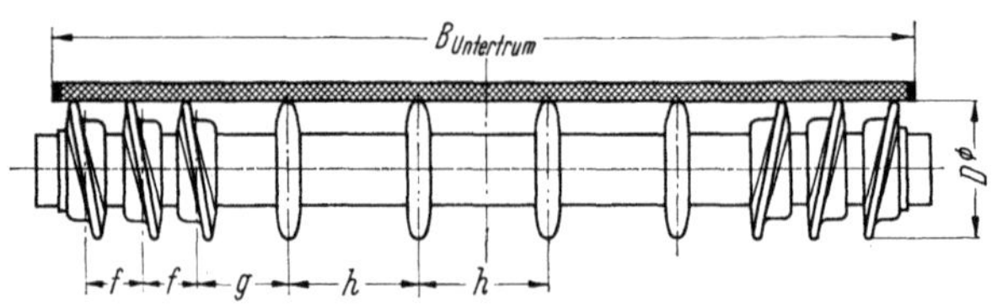

Tabelle 15.
Kombination von Stütz- und Taumelringen

Bandbreite B mm	Zahl der Taumelr. pro Seite	Zahl der Stützringe	f mm	g mm	h mm	Außendmr. mm	Conti-Taumelring Form-Nr.	Conti-Stützring Form-Nr.
500	2	3	55	50	100	133	37 769	37 328
650	3	3	55	60	100	133	37 769	37 328
800	3	3	65	75	120	150	37 741	37 283
1000	3	4	70	85	120	150	37 741	37 283
1200	3	5	75	95	130	180	37 373	37 382
1600	3	7	85	110	140	215	37 770	37 383
2000	4	8	90	110	150	215	37 770	37 383

Bei langen Bandstraßen hat es sich als vorteilhaft erwiesen, das Band im Untertrum zu wenden. Auf diese Besonderheit wird im Teil III dieses Buches bei der Beschreibung langer Bandstraßen noch näher eingegangen.

Es kann immer wieder vorkommen, daß Materialstücke vom Obertrum herabfallen und auf das Untertrum gelangen. In jedem Fall sollte der Gurt, bevor er in die Umkehre läuft, gereinigt werden. Hierfür ist z. B. ein Pflugabstreifer geeignet. Steine und grobstückiges Fördergut zwischen Trommel und Gurt führen zu örtlichen Überdehnungen, ja sogar zu Zerstörungen des Zugelementes.

Während die bisherigen Erläuterungen vor allem stationäre Bandanlagen betrafen, sollen nun noch einige Gedanken über tragbare und fahrbare Gurtbandförderer folgen.

Mangel an Personal und Rationalisierungsbestrebungen führten dazu, mehr als bisher dem Transportfluß auch in kleineren Betrieben Aufmerksamkeit zu schenken und diesen stärker zu mechanisieren. Selbst in der Landwirtschaft werden von Jahr zu Jahr mehr Förderanlagen investiert. Es liegt auf der Hand, daß tragbare Gurtbandförderer zur Beladung von Lastkraftwagen mit Schütt- und Stückgütern vielfach Verwendung finden. Diese Geräte lassen sich zudem leicht auf Fahrzeugen mitführen. Ähnlich steht es mit der Be- und Entladung von Eisenbahnwagen und nicht zuletzt von Flugzeugen.

Bei den meisten Konstruktionen wird der Tragrahmen in Rohrkonstruktionen gefertigt zur Aufnahme von Flachrollen oder zwei- bzw. dreiteiligen Muldentragrollensätzen. Die Traggerüste bestehen meist aus dem Antriebsfeld, einem oder mehreren Mittelfeldern und dem Endfeld. Durch Normung der verschiedenen Bauteile und durch eine Schnellverbindung lassen sich die einzelnen Felder rasch und sicher zu jeder gewünschten Länge zusammensetzen. Die Längen der Mittelfelder betragen in der Regel zwei und drei Meter. Als tragbare Bänder werden sie in den Längen von fünf bis fünfzehn Metern und in Ausnahmefällen auch bis zu 20 m gefertigt. Durch Auflegen dieses Bandes auf ein Fahrgestell wird seine Beweglichkeit und damit Einsatzfähigkeit noch erhöht. Für die Höhenverstellung sind drei verschiedene Ausführungen möglich. Die einfachste Art ist die mit einer selbsthemmenden Schnecke und Spindel. Eine andere Herstellungart sieht eine Höhenverstellung mit einer doppelseitig wirkenden Spindel und einer Ratsche vor und nicht zuletzt sind auch hydraulische Hebevorrichtungen bekannt. Eine Zusammenstel-

Tabelle 16. *Maße von fahrbaren Gurtbandförderern der Serien-Förderbänder bei 500 mm Gurtbreite*

Achsabstand	Abgabehöhe minimal	maximal	mit Steilförderband*	Kraftbedarf	Gewicht Förderer mit Motor o. Wagen	Gewicht Fahrwagen
m	m	m	m	PS	kp	kp
5,00	1,2	2,5	3,9	2	325	165
7,50	1,6	3,5	5,6	2	425	180
10,00	2,0	4,6	7,4	2	570	190
12,50	2,5	5,7	9,2	3	680	205
15,00	2,9	6,7	11,0	3	850	225
20,00	3,0	8,0	13,0	4	1050	270

* Steigungswinkel $\alpha = 45°$

lung der wichtigsten technischen Daten zeigt Tab. 16. Bei manchen Konstruktionen lassen sich die Räder der Fahrgestelle auch um 90° schwenken, so daß auch mit dem Band ein Streuen des Materials möglich ist.

Über die Antriebsleistung für Gurtbandförderer wurden schon auf S. 4ff. Ausführungen gemacht. Doch soll an dieser Stelle noch kurz auf die im DIN-Blatt 22101 gezeigten Berechnungsgrundlagen hingewiesen werden. Danach setzt sich die Antriebsleistung aus drei Leistungsanteilen zusammen: N_1 = Leerlaufleistung des Bandes, N_2 = Leistung für Beladung des Bandes, N_3 = Hubleistung.

Die Anteile N_1 und N_2 werden mit einem Zuschlagfaktor C multipliziert, der als Funktion der Bandlänge angegeben wird (Tab. 17). Für Untertagebetrieb ist der Wert C um 60 bis 80% zu erhöhen, infolge der ungünstigeren Verlagerung und größeren Verschmutzung.

Tabelle 17. *Beiwert C als Funktion der Bandlänge L*

L m	3	4	5	6	8	10	12,5	16	20	25	32	40	50	63	80	100	125	160	200	250	320	400	500
C	9,0	7,6	6,6	5,9	5,1	4,5	4,0	3,6	3,2	2,9	2,6	2,4	2,2	2	1,85	1,7	1,6	1,5	1,4	1,3	1,2	1,1	1,05

$$N_a = C \cdot (N_1 + N_2) + N_3$$
$$= \frac{C f L}{270} \cdot (3{,}6 \cdot G_{\text{Tot}} \cdot v + Q_t) + \frac{Q_t L \sin\alpha}{270}\ \text{PS}.$$

G_{Tot} = Gurtgewicht + Rollengewicht der sich drehenden Teile in kp/m.
f = Reibungszahl an den Tragrollen 0,025 bei Wälzlagern, 0,05 bei Gleitlagern.

Zu der errechneten Antriebsleistung ist für jeden voll im Eingriff stehenden Abstreifer oder Abwurfwagen ein Zuschlag als Funktion von der Bandbreite zu machen. Die Werte gelten für eine Geschwindigkeit von 1 m/s und sind daher mit der jeweils vorliegenden Geschwindigkeit zu multiplizieren ($\leqq$ 500 mm Gurtbreite 1 PS, $\leqq$ 1000 mm Gurtbreite

Abb. 33. Zwischenantrieb beim Hörstermann-Band mit abgenommenem Gurt; die Zugkette wird über feststehende Rollen geschleift.

2 PS, > 1000 mm Gurtbreite 3—4 PS). In der Weiterentwicklung der Gurtbandförderer für den Einsatz über größere Längen wurden, wie die Abb. 33 zeigt, auch ganz neue Wege beschritten. Bei der gezeigten Ausführung wird der Gurt von Zugkräften ganz entlastet, indem diese von einer Laschenkette aufgenommen werden, die mittels gummierten Tragtellern den lose aufliegenden Gurt mitnimmt. Sie wird wie beim Gliederbandförderer von Kettenrädern angetrieben. Indem man mehrere Kettenzugabschnitte vorsieht, kann der neue Förderer theoretisch über sehr große Längen eingesetzt werden, da das Problem der Zwischenantriebe entfällt. Die Forderung einer genauen Verlegung des Bandes bleibt aber wie beim normalen Gurtbandförderer bestehen, da sonst der Gurt von den Tragrollen leicht ablaufen kann. Schon bei unsymmetrischer Beladung tritt dieser Übelstand auf. Zwar kann durch Anbringung seitlicher Gurtleitrollen eine Besserung geschaffen werden, indem der Gurt wenigstens am Ablaufen gehindert wird, doch muß ein stärkerer Kantenverschleiß des Gurtes in Kauf genommen werden.

Bemerkenswert ist die Führung dieses neuartigen Förderbandes auf normalen DIN-Traggerüsten, wobei lediglich die mittlere Gurttragrolle als Kettenleitrolle auszubilden ist. Bei einer anderen Form berücksichtigte man die Erkenntnisse des Plattenbandbaues und rüstete die Kette mit umlaufenden Rollen aus, die auf Schienen geführt werden. Hierdurch konnte die Antriebsleistung sowie der Kettenverschleiß erheblich gedrückt werden.

Weiterhin soll kurz auf das sog. Faltenband hingewiesen werden, das ebenfalls eine Kombination von Gurt- und Plattenbandförderer darstellt. Es besteht aus Rollwagen, die von einer einvulkanisierten Mittelkette gezogen werden. Die Rollwagen werden in nach innen offenen U-Schienen geführt und tragen die eigentliche Faltendecke, die dem Band den Namen gegeben hat. Sie besteht aus muldenförmig gebogenen 200 mm langen Stahlplatten, die mit elastischem Material überzogen sind. Dieses Material verbindet gleichzeitig die Zwischenräume zwischen den Platten in vorgeformten Querfalten. Die Falten ermöglichen eine Führung der Faltendecke in allen drei Dimensionen, so daß dem Band jede beliebige Richtung gegeben werden kann. Der Antrieb des Bandes erfolgt über einen Kopfantrieb sowie bei langen Bändern zusätzlich durch Zwischenantriebe. Durch die Faltendecke bedingt ist das Band entgegen den normalen Gurtbandförderern in der Lage, über Steigungen bis 35° zu fördern. Die eingesetzten Bandbreiten betragen 500 und 800 mm. Durch Einbau einer ein- und ausrückbaren Kippstation kann eine Wendelung des Fördergurtes um 50—90° und damit ein Abrutschen des Materials an diesen Stellen erreicht werden. Bei der Kippstation werden die Führungsschienen für die Laufrollen des Bandes in Segmente unterteilt, die sich unterschiedlich stark anheben lassen.

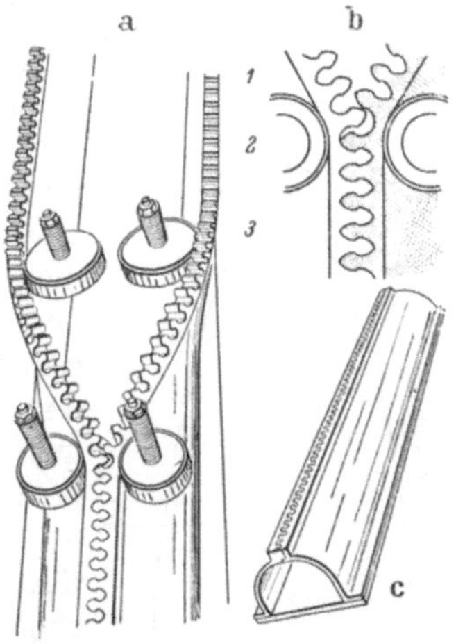

Abb. 34a—c. Zipperförderer.
a Öffnen des Gurtes zum Füllen; *b* Schließen des Gurtes durch Fügen der Zahnleisten; *c* geschlossener Gurt.

In den letzten Jahren ist auch das Problem der Steilförderung von vielen Seiten angegangen worden durch Anordnung von Längs- und Querrippen, Querleisten u. ä. auf der Deckseite des Gummigurts, wie schon an anderer Stelle beschrieben wurde. Alle derartigen Ausführungen weisen aber den Nachteil auf, daß solche Bänder schlecht zu reinigen sind. Ein in Amerika entwickelter Reißverschlußförderer, auch Zipperförderer genannt, ist in der Lage, bis zur Senkrechten zu fördern. Durch die Bezeichnung ist bereits ein kennzeichnendes Merkmal des Zipperförderers und anderer, ähnlicher Konstruktionen gegeben, und zwar die Art der Verschlußeinrichtung des zu einem Schlauch geschlossenen Gurts. Es handelt sich bei diesem Förderer im Prinzip um einen besonders ausgebildeten Gurtbandförderer, der das Fördergut während des Transportvorganges völlig umschließt. Er besteht aus drei Teilen, dem eigentlichen, schmalen Nutzgurt mit Baumwolleinlagen und zwei einlagelosen Randgurten, die zu beiden Seiten des Nutzgurtes flexibel angeordnet sind und auf ihren äußeren Kanten eine Zahnleiste aus Hartgummi tragen. Beim Beladen sind die Randgurte hochgeklappt, so daß ein U-förmiger Trog zur Aufnahme des Gutes gebildet wird. Verschlossen wird der Gurt mit einer Rollenanordnung, welche die beiden Zahnleisten einander nähert und die Zähne so spreizt, daß sie ineinandergreifen und verriegelt werden. Das Fördergut ruht nunmehr in einem fest verschlossenen Gummischlauch, der gleichzeitig als Zugorgan dient und das Material sowohl waagerecht als auch schräg, senkrecht und in Kurven fördert. Der Schlauch selbst läuft in einem entsprechend dem Förderweg geformten Gerüst und wird durch kleine Rollen getragen und geführt. Die Antriebs- und Spanntrommel liegen immer im Leerweg des Gurtes, der dann flach ausgebreitet ist (Abb. 34). Das Entleeren des Schlauchgurtes geschieht entweder durch Schwerkraft oder durch fahrbare Entleerungswagen unter Drehung des Gurtes. Auch für das Beschicken des Förderers können fahrbare Wagen verwendet werden. Diese Aufgabe- und Entleerungswagen sind mit der erforderlichen Öffnungs- und Schließvorrichtung für den Reißverschluß zu versehen und lassen dann Aufgabe und Entleerung an verschiedenen Stellen zu.

Das Band mit seinem verzahnten Verschluß sowie dem Öffnungs- und Schließmechanismus hat sich hinsichtlich der Wirksamkeit und Verschleißfestigkeit des Verschlusses in langjährigem Betrieb bewährt. Da jedoch die Zugkräfte durch das Band selbst übertragen werden, und dieses nicht frei von Differenzkräften gehalten werden kann, ist sein Anwendungsgebiet auf leichtes Fördergut mit einer Stückgröße bis 50 mm und geringe

Querschnitte (in Normalausführung etwa 64 cm²) beschränkt. Die Gurtgeschwindigkeit schwankt zwischen 0,005 und 1 m/s. Sie läßt sich somit den betrieblichen Anforderungen weitgehend anpassen. Dieses ist besonders für senkrechte Förderstrecken wichtig, da dann der Schlauchquerschnitt restlos vom Material ausgefüllt sein muß, ähnlich wie beim Trogkettenförderer, der an anderer Stelle beschrieben ist. Aus diesem Grunde müssen Materialzuführung und Gurtgeschwindigkeit aufeinander abgestimmt sein. Bei einer Gurtbreite von 100 mm und einer Geschwindigkeit von 1 m/s beträgt die stündliche Förderleistung des Zipperförderers 23 m³.

Den großen Vorteilen dieses Förderers stehen aber die schon erwähnten zwei Nachteile gegenüber, nämlich die verhältnismäßig geringe stündliche Förderleistung und die Begrenzung der Korngröße des zu fördernden Gutes. Berücksichtigt man ferner, daß der Preis des Zipperförderers gegenüber dem normalen Gurtband verhältnismäßig hoch liegt, so kristallisiert sich bereits das Hauptanwendungsgebiet heraus. Es umfaßt in erster Linie empfindliches oder hochwertiges Gut, das nach Möglichkeit ohne Berührung mit der Umgebung und ohne Umladung transportiert werden soll. Entweder sucht man das Gut vor Luftfeuchtigkeit oder Verschmutzung zu schützen oder es soll eine Belästigung der Umgebung durch das Fördergut verhindert werden (Farbstoffe, Ruß). Für die gleichen Probleme kann es auch erforderlich werden, einen Bunker, in den staubförmiges Gut gefördert wird, oben dicht abzuschließen. Auch dieses Problem kann mit einem Reißverschluß gelöst werden, indem der Bunkerbeschickungswagen mit einer Öffnungs- und Schließvorrichtung versehen ist. Somit ist der Bunker nur unmittelbar unter dem Einfüllstutzen geöffnet. Die Beschickungseinrichtung kann auch an einem Abwurfwagen eines normalen Gurtbandförderers befestigt sein.

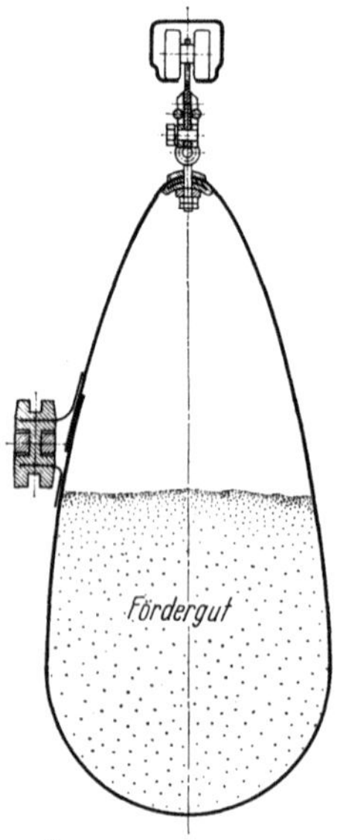

Abb. 35. Schlauchbandförderer (Schaeffer).

Als Verbesserung des Zipperförderers kann der Schlauchbandförderer angesehen werden. Bei diesem sind die Nachteile der geringen Förderleistung und verhältnismäßig begrenzten Förderlänge bereits beseitigt. Entsprechend Abb. 35 ist das Schlauchband ein zugentlasteter, dünnwandiger, in der Regel einlagenloser Gummigurt, der durch seitliche Reißverschlußleisten in bereits geschilderter Form geschlossen wird.

Der Schlauchgurt wird je nach Aufgabenstellung und Leistung von den Gehängen eines der bekannten Kreisförderersysteme getragen oder nach Seilbahnart mit umlaufenden Gehängen oder mit ortsfesten Tragrollen betrieben. Das Zugseil ist durchgehend mit einem profilierten Gummimantel umhüllt. Der Antrieb erfolgt über Seilscheiben. Beim Antrieb durch Zugkette erfolgt dieser wie beim normalen Kreisförderer über Taschenräder oder Schleppkettenantriebe.

Die Beschickung des Schlauchbandes erfolgt von der Seite her durch ein dosierendes Fördermittel, wodurch eine Überladung vermieden wird. Zur Aufgabestation gehört neben dem Öffnungs- und Schließrollensystem noch ein kurzes, mitlaufendes Stützband oder ein Rollentisch zur Aufnahme der Aufschlagbeanspruchung. Beim Betrieb mit einer Zugkette wird der Schlauchbandförderer mit der diesem Zugorgan eigenen Geschwindigkeit von 1—1,5 m/s betrieben. Bei der Verwendung eines Zugseiles kann die Geschwindigkeit noch erhöht werden. Die in Grenzen nach oben und unten beliebig wählbare Traggurtbreite bestimmt den Füllquerschnitt des Schlauchgurtes, von dem etwa $^3/_5$ nutzbar sind. Die Konzentration der Zugkraft in der neutralen Achse des Zugorgans läßt die Kurvenläufigkeit bei kleinen Umlenkradien zu. Die vollkommene Einhüllung des Fördergutes ermöglicht Steigungen von 45°. Zwischenantriebe ermöglichen die Förderung über große Strecken ohne Umladung. Besonders die seilbahnartig betriebenen Typen können Hindernisse freischwebend überbrücken.

Für Ferntransportzwecke mit großen Förderleistungen ist ein System der Schwebebahnförderung mit Schlauchbandzügen mit eigenem Fahrantrieb entwickelt worden. Die Schlauchbandzüge werden bei Kriechgeschwindigkeit oder im Stillstand be- und entladen. Danach durchfahren sie die Förderstrecke mit hoher Geschwindigkeit. Der Förderer wird hierdurch unabhängig von einem vorgeschriebenen Rundlaufweg. Es können über Weichen verschiedene Be- und Entladestellen angefahren werden. Durch Ein- und Aussetzen von Zugeinheiten kann die Leistung des Fördermittels wechselnden Anforderungen angepaßt werden.

Ebenso wie schon das von der Pariser Ausstellung des Jahres 1900 bekannte TrottoirRoulant war man immer wieder bemüht, derartige Plattenbandförderer, und später auch Gurtbandförderer für den Personentransport einzusetzen. So wird aus Amerika ein Personenförderschnellweg bekannt, der bei 35 m Länge 3,7 m Höhendifferenz überwindet. Bandbreite 2000 mm bei 22 mm Stärke und 7 Baumwolleinlagen. Bei einer Fahrgeschwindigkeit von 0,66 m/s wird eine Leistung von 15000 Personen/h erreicht. Als Antrieb dient ein 25-PS-Elektromotor, der in der Lage ist, das Band in beiden Richtungen anzutreiben.

Ein anderes Personenförderband hat eine alte 900 m lange U-Bahn-Pendelstrecke in New York ersetzt. Hier werden die Personen zwar nicht direkt auf einem Gurtband befördert, sondern vielmehr in Kabinen, die dann vom Band getragen werden. Um eine gute Förderleistung zu erzielen, war es erforderlich, mit einer verhältnismäßig hohen Geschwindigkeit zu fahren. Wie die Abb. 36 zeigt, betreten die Fahrgäste an der Stelle 1 den Bahnsteig, der aus einem 3 m breiten und 20 m langen Band besteht. Die Fördergeschwindigkeit beträgt 0,65 m/s. Parallel zu diesem Bahnsteig werden Kabinen ohne

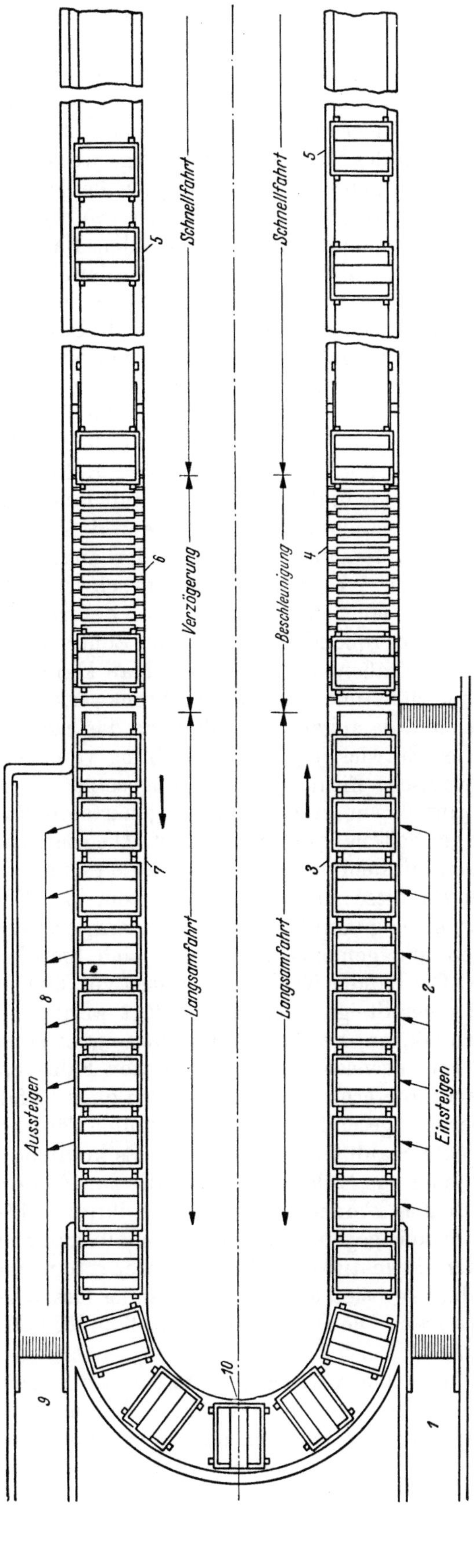

Abb. 36. Bandsystem zur Personenbeförderung in Kabinen.

1 Eingang; *2* Bahnsteigband, $v = 0{,}65$ m/s; *3* Kabinen auf Band geführt, $v = 0{,}65$ m/s; *4* Rollgang-Beschleunigungsstrecke; *5* Streckenband, $= 6{,}4$ m/s; *6* Bremsstrecke; *7* Kabinengeschwindigkeit 0,65 m/s; *8* Bahnsteigband wie 2; *9* Ausgang; *10* Kabinenumlauf.

Zwischenräume mit gleicher Geschwindigkeit auf einem anderen Band geführt, so daß sie ohne Gefahr betreten werden können. Am Ende des Bahnsteiges gelangen die Kabinen auf eine 25 m lange, bereifte Rollbahn, die eine Beschleunigungsstrecke darstellt und die Kabinen auf 6,4 m/s Geschwindigkeit bringt. Sie werden dann von dem 1,7 m breiten Streckenband übernommen und in etwa 2 min dem anderen Endbahnhof zugeführt. Vor Erreichen des laufenden Bahnsteigs werden die Kabinen wieder mittels Rollenbahn auf 0,65 m/s abgebremst. Nachdem die Personen ausgestiegen sind, laufen die Kabinen leer auf dem jetzt eine Wendung von 180° ausführenden Band weiter, so daß sie nach kurzer Zeit auf dem gegenüberliegenden Bahnsteig des gleichen Bahnhofs wieder zur Aufnahme von Fahrgästen bewegt werden. Mit dieser Anlage will man die Verkehrsdichte der früheren U-Bahn von 23000 auf 36000 Personen/h vergrößern, wobei die Betriebskosten nur etwa die Hälfte der U-Bahn betragen sollen.

In den letzten Jahren gewinnt die Förderung von Personen mit Hilfe von Transportbändern mehr und mehr an Bedeutung. So werden Sportanlagen mit rollenden Gehwegen ausgestattet, welche die Zuschauer auf die Tribünen führen und nach Schluß des Spieles das Stadion leeren. Solche Anlagen werden auch auf Flugplätzen zur Beförderung der Passagiere von der Wartehalle zu den Rollbahnen, an den Anlegeplätzen der großen Passagierdampfer und in Bahnhöfen mit langen Bahnsteigen nützlich eingesetzt. Selbst auf großen Ausstellungsgeländen, wie z. B. in Hannover, befinden sich an stark frequentierten Wegen derartige Personenförderbänder, aber auch in Gruben, wo der Transport von und zu den Arbeitsplätzen ein oft schwer zu lösendes und kostspieliges Problem sein kann, könnte man sich den Einsatz von derartigen Anlagen denken. Darüber hinaus kann das Prinzip des rollenden Trottoirs im Zentrum der Großstadt eine Alternative zu Omnibussen und Straßenbahnen werden. Man könnte sich vorstellen, daß die Menschen etwa in gleicher Höhe mit dem zweiten Stockwerk der Häuser auf Bändern dahingleiten und über hier und da angebrachte Treppen das Straßenniveau wieder erreichen.

Bei der Entwicklung und Erprobung von Personenbandförderern hat sich vor allem die schwedische Firma Sandvik eingesetzt. Nach ihren Vorschlägen erfolgt die Beförderung auf einem kaltgewalzten, gehärteten Stahltransportband mit 1,4 mm Stärke, das mit geriffeltem Gummi belegt ist. Die statisch festgestellte Festigkeit des Stahlkerns zusammen mit dem weichen, rutschfesten Gummibelag verleihen dem Band beste Eigenschaften für diese Art von Transporten. Die Fördereinrichtung bietet durch die Verwendung eines gummibelegten Stahltransportbandes höchste Sicherheit beim Auf- und Absteigen und gemeinsam mit den sich hier bewegenden Handläufen größten Fahrkomfort. Die Bänder werden in Breiten von 800, 1000 und 1200 mm hergestellt und können mit einer Steigung bis 12° verlegt werden, wobei sie 10000 bis 15000 Personen/h befördern können. Die Bandunterstützung ist je nach Hubhöhe oder Länge gleitend bzw. rollend. Im Gegensatz zu den bekannten Fahrtreppen können auf diesen geneigten Personenbandförderern auch Kinderwagen ohne Gefahr mit befördert werden.

Außer den geschilderten Stahl-Gummi-Fördergurten werden von der Firma Sandvik auch nackte Stahlbänder hergestellt. Es kommen folgende Ausführungen vor:

a) Bänder aus Kohlenstoffstahl, die zur Förderung der am häufigsten vorkommenden Waren dienen können, haben wegen ihrer dichten Oberfläche eine erhebliche Widerstandsfähigkeit gegen Korrosion. Deshalb kann man auf diesen Bändern auch Material von hohem Feuchtigkeitsgehalt befördern, ohne daß eine für die Lebensdauer der Bänder schädliche Korrosion auftritt. Die Bänder lassen sich seitlich zusammenfügen bis zu einer Breite von 4 m. Die Breite eines Einzelbandes beträgt maximal 1200 mm bei einer Stärke von 2 mm.

b) Bänder aus rostfreiem Stahl müssen wegen ihrer verhältnismäßig niedrigen Proportionalitätsgrenze (50—60 kp/mm^2) bei normaler Temperatur mit etwas geringeren Arbeitsspannungen arbeiten, als sie bei Kohlenstoffbändern (96 kp/mm^2) zulässig sind. Auch diese Bänder lassen sich seitlich zusammenfügen. Bänder aus rostfreiem Stahl wählt man für Förderanlagen, bei denen chemische Angriffe auf die Bänder zu befürchten sind.

c) Perforierte Bänder aus Kohlenstoffstahl und rostfreiem Stahl verwendet man plan auch in seitlich zusammengefügter Ausführung, in Trockenöfen, wo eine Durchlüftung des Fördergutes erwünscht ist oder um ein Ablaufen der Flüssigkeit beim Trocknen feuchter Waren zu ermöglichen, zuweilen verbunden mit gleichzeitigem Pressen.

Ein ausgedehntes Gebiet, auf dem Stahlförderbänder besonders zweckmäßig sind, bilden die kontinuierlichen Backöfen. Man baut die Bänder in entweder mit Gas oder elektrisch geheizte Öfen ein. Das Backen erfolgt direkt auf dem Band. Diese Öfen arbeiten gewöhnlich bei Temperaturen zwischen 225 °C und 300 °C, hauptsächlich für Keks und verschiedene Konditoreiwaren. Als obere Temperaturgrenze sei 400 °C genannt. Zur Erzielung günstiger Betriebsergebnisse ist es aber notwendig, daß die Bänder eine gleichmäßige, transversale Erwärmung bekommen. In allen diesen Fällen benutzt man fast ausschließlich Bänder aus Kohlenstoffstahl.

Einen Gegensatz zu den Öfen bilden die Anlagen für schnelles Tiefkühlen, in denen man bei niedrigen Temperaturen bis hinab zu —40 °C arbeitet. Ein Beispiel solcher Anlagen ist die ununterbrochene Bereitung von Speiseeis. In diesem Zusammenhang sei auch erwähnt, daß hier rostbeständige Bänder angewandt werden. Da diese aber eine geringere Wärmeleitfähigkeit und dabei einen höheren Längenausdehnungskoeffizienten haben als die Bänder aus Kohlenstoffstahl, muß die Temperatur sehr genau geregelt werden. Eine Voraussetzung für einen einwandfreien Betrieb ist, daß man dem Band eine gleichförmige Temperatur in Querrichtung zuführt.

Ein weiteres Anwendungsgebiet sind die Kühlförderbänder. Auf diesen Anlagen wird das Fördergut abgekühlt, während es sich auf dem Band von einem Platz an einen anderen fortbewegt. Das Stahlband läuft dabei über Behälter, die mit einem Kühlmittel gefüllt sind, welches dem Fördergut Wärme entzieht. Die Kühlflüssigkeit tritt von unten in die Behälter ein und rinnt infolge eines gewissen Überdrucks zwischen Band- und Behälterwand in daneben angebrachte Ablaufrinnen. Diese Anlagen benutzt man bei der Erzeugung von Stoffen, die während des Herstellungsvorganges aus flüssiger in feste Form übergehen sollen, wie Gelatine, Harz, Natriummetasilikat, Obstmus usw., weil dabei das Material während einer gewissen Stabilisierungsdauer ruhen und erkalten muß, bevor es verpackt werden kann. Natürlich bedient man sich dieser Vorrichtung auch dann, wenn das Fördergut so heiß ist, daß ungekühlte Bänder infolge ungleichmäßiger Erwärmung Schaden erleiden könnten, z. B. bei der Beförderung von Zementklinker, gesinterten Stoffen und anderen mehr.

Darüber hinaus werden Stahlbandförderer bevorzugt eingesetzt, wenn eine besonders glatte Oberfläche erforderlich ist, z. B. zum seitlichen Abstreifen eines Fördergutes oder wenn klebriges und backendes Gut zu fördern ist, da die Stahlbänder scharfe Abstreifer erlauben. Bei der Berechnung der Förderleistung muß beachtet werden, daß sie nur eine Muldung von 7° zulassen. Die größte Bandgeschwindigkeit für nackte Stahltransportbänder beträgt etwa 2,5 m/s. Der längste Förderer, der bisher gebaut wurde, hat einen Achsabstand von etwa 700 m. Im Gegensatz dazu können mit gummibelegten Stahlbändern Förderstrecken bis zu 7000 m je nach Hubhöhe und Belastung bewältigt werden.

Der Durchmesser der Umkehrtrommeln wird im wesentlichen durch die Materialeigenschaften des Bandes bestimmt und kann bei einem nackten Stahlband mit etwa der 1000fachen Banddicke angenommen werden. Bei gummibelegten Stahlbändern ist der doppelte Wert zu berücksichtigen. Der Tragrollenabstand ist wie bei den Gummigurtförderern abhängig von der Bandbreite und von der Belastung durch das zu befördernde Gut. Als Richtwerte seien genannt, für das Obertrum 1,8—2,5 m und für das Untertrum 4—8 m. Die zulässige Förderneigung ist in Anbetracht der glatteren Bandoberfläche etwas geringer als bei Gurtbandförderern zu wählen, d. h. also 10—12°.

Neben diesen massiven Stahlbändern finden für ähnlich gelagerte Einsatzzwecke sehr häufig auch Drahtförderbänder Verwendung. Derartige Anlagen haben wegen ihrer großen mechanischen, thermischen und chemischen Widerstandsfähigkeit in zahlreichen Industriezweigen Eingang gefunden. Ihr besonderer Vorzug besteht darin, daß sie nahezu unempfindlich sind gegen starke mechanische Beanspruchungen, wie sie bei der Aufgabe und beim Transport von scharfkantigem Material auftreten können. So sind Belastungen bis 1000 kp/m² möglich. Hier versagen normalerweise Förderbänder aus Gummi, Textil und Kunststoff. Diese Werkstoffe sind auch bei höheren Temperaturen nicht zu verwenden, während Drahtförderbänder normalerweise bei Temperaturen von —40 bis +550 °C und bei Verwendung besonders hitzebeständiger Werkstoffe sogar bis zu 1200 °C beständig sind. Sie eignen sich daher besonders für den Transport von Gütern in Durchlauf- und Trockenöfen sowie für die Förderung von glühender Asche, Agglomeraten und gebrannten Klinkern sowie von geglühten Metallteilen. Ferner finden Drahtförderbänder ausgedehnte Verwendung als Kühlbänder in Hohlglasfabriken sowie als Entwässerungs- und Trockenbänder bei normalen und höheren Temperaturen. Auch als Becherwerksgurte haben sich Drahtförderbänder seit langer Zeit bewährt.

Üblicherweise werden die Bänder aus zähem SM-Draht in Sonderqualität mit einer Zerreißfestigkeit von 50—60 kp/mm² hergestellt. Für hochbeanspruchte Bänder wird ein besonders zähharter Gußstahldraht mit einer Festigkeit von 65—75 kp/mm² verwendet. Hoch hitzebeständige Werkstoffe tragen besonderen thermischen Beanspruchungen Rechnung, während chemische Einflüsse durch Fertigung der Bänder aus Aluminium, Messing, Phosphorbronze, Monel und Chromnickelstahl berücksichtigt werden.

Drahtgurte können freilaufend von der kleinstmöglichen Geschwindigkeit herauf bis zu einer solchen von etwa 3 m/s, hilfs- und zwangsgeführt bis etwa 1 m/s laufen, wenn die Anlagenkonstruktion und vor allem die Drahtgurttype auf die Laufgeschwindigkeit abgestimmt sind. Mit Rücksicht auf den Verschleiß sollte eine Geschwindigkeit von 0,5 m/s nur wenn notwendig überschritten werden. In diesem Zusammenhang sei auch noch erwähnt, daß die Drahtgurtförderbänder mit Achsabständen bis zu 400 m ausgeführt wurden. Die maximale Gurtbreite beträgt 5,5 m.

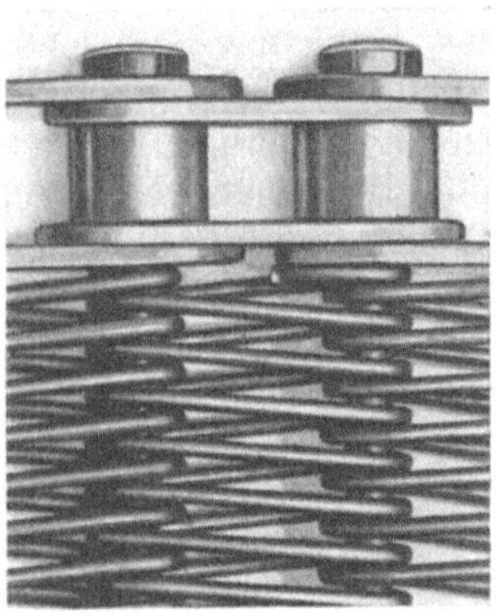

Abb. 37. Runddrahtgliederband mit beidseitiger doppelter Lamellenkopfkante für Zwangsführung (Steinhaus).

Drahtförderbänder bestehen aus einzelnen Bandelementen, die maschinell geflochten bzw. gewebt werden. Die Drahtspiralen sind wechselseitig rechts und links gewickelt. Durch diese spezielle Machart wird den Bändern ein unbedingt gerader Lauf gegeben. Bei einem Band aus nur einseitig gewickelten Gliedern besteht die Gefahr des seitlichen Ablaufens. Bei der Fertigung der Gurte werden sowohl Rund- als auch Flachdrähte verwendet.

Fällt die Wahl auf Grund der beschriebenen Eigenschaften des zu fördernden Materials auf einen Drahtgurtförderer, so ist zunächst festzulegen, ob der Gurt freilaufend, hilfsgeführt oder zwangsgeführt laufen soll. Handelt es sich um Achsabstände über 50 m oder um Gurtbreiten über 2,0 m, so kommen nur freilaufende Gurte in Frage. Bei Abmessungen unter diesen Werten können hilfsgeführte oder zwangsgeführte Gurte angewendet werden (Abb. 37). Hilfsgeführte immer dann, wenn der Förderer nicht im Dauerbetrieb arbeiten soll und die Belastungen durch das Fördergut klein sind. Handelt es sich um einen Dauerbetrieb und sollen Neigungswechsel durchfahren werden, so sind zwangsgeführte Gurte angebracht, wenn die Belastung durch das Fördergut eine Unterstützung nur an den Gurtlängsseiten auf Winkeln oder in U-Schienen gestattet.

Eine muldenförmige Abtragung von Drahtgurten ist nicht möglich, weil diese Gurte gelenkig oder biegsam in Längsrichtung, aber starr in Querrichtung sind. Wohl können am Drahtgurt angebrachte Rinnenbleche das Fördergut begrenzen und so bei gleicher Geschwindigkeit zu einer Erhöhung der Förderleistung führen. Die Tragrollen sollen bei Gurtbreiten bis 1,0 m wenigstens um 50 mm länger, bei breiteren Gurten um 100 mm länger sein, damit ein Festhaken der Gurtkanten bei evtl. Wandern, insbesondere im unbelasteten Trum verhindert wird. Um Beschädigungen zu vermeiden, ist darauf zu achten, daß die Bandlängskanten nicht irgendwo anlaufen und schleifen. Sollte in besonderen Fällen eine Bandführung erforderlich sein, so sind Hartholzführungsleisten den sonst üblichen senkrechten Leitrollen vorzuziehen.

Im Gegensatz zu Gummiförderern dürfen die Umkehrtrommeln von Metallförderbändern nicht ballig sein. Ein besonders ruhiger Lauf des Bandes und eine gute Einleitung der Antriebskraft wird durch einen Gummibelag der Trommel erzielt. Es ist wichtig, daß der Gurt nur in seinen Gelenken abknickt, und es ist daher notwendig, daß alle Trommeln, die den Gurt lenken oder umlenken, genügend große Durchmesser haben. Auch ist die Abnutzung der Gelenkstellen des Bandes geringer, wenn die Bandglieder nur eine kleine Drehbewegung gegeneinander ausführen. Normalerweise wird der Umlenktrommeldurchmesser mit etwa dem 10- bis 12fachen Teilungsmaß gewählt. Bei Bändern mit besonders hohen Zugkräften (Becherwerksgurte) und auch bei hitzebeständigen Bändern ist es üblich, den Trommeldurchmesser mit dem 20fachen Betrag der Teilung auszuführen. Zwangsgeführte Gurte erhalten keine Umlenktrommel, sondern nur Umlenksternräder, weil wegen der biegesteifen Querstäbe eine Abstützung des Geflechtes an der Umlenkstelle nicht erforderlich ist (Abb. 38).

Die Spannkraft, die eine Mitnahme des Gurtes durch die Antriebstrommel sicherstellen soll, wird bei Drahtgurten häufig unnötig groß gewählt. Hierdurch kann der Gurt überbeansprucht und frühzeitig unbrauchbar werden. Aus diesem Grunde sind automatisch wirkende Spannvorrichtungen günstig, die so eingestellt werden, daß der Gurt durch die Antriebstrommel mit Sicherheit mitgenommen wird. Als Spannweg sollte 0,5% des Achsabstandes vorhanden sein.

Für Schrägförderungen werden in entsprechenden Abständen geeignete Mitnehmer angebracht. Die Befestigung erfolgt so, daß die Unterseite des Förderbandes in keiner Weise durch vorstehende Schraubenköpfe oder dgl. gestört wird. Bei Becherwerksgurten werden die Bänder mit besonderen Becherbefestigungsschienen mit eingeschweißten Schraubenbolzen oder losen Schloßschrauben ausgerüstet, die innerhalb der Bandspiralen so eingelagert sind, daß die Unterseite des Gurtes vollständig glatt bleibt.

Abb. 38. Umlenktrommel für Drahtösenband (Industria).

Die Förderrichtungen für Drahtgurtförderer können bei den normalen Gurten nur gerade sein. Zum Durchfahren von Links- oder Rechtskurven sind ausgesprochene Kurvenförderer mit besonderen Gurten erforderlich, deren Verbindungsstäbe nicht parallel zueinander, sondern konisch verlaufen. Hierdurch werden die einzelnen Glieder entsprechend dem zu durchfahrenden Radius außen länger als innen. Die Umlenkung derartiger Kurvengurte erfolgt mit Hilfe von kegeligen Walzen (vgl. Kegelrolle einer Kurven-Rollenbahn). Drahtgurte, mit welchen geradeaus sowie in Kurvenfahrt gefördert werden kann, befinden sich in der Entwicklung.

b) Gliederbandförderer

Gliederbandförderer dienen zu waagerechter oder schräger Förderung verschiedener Stück- und Schüttgüter in Hüttenwerken, chemischen Betrieben, Kraftwerken, Bergwerken, Maschinenfabriken und vielen anderen Industriebetrieben sowie zur Förderung von Werkstücken in der Fließfertigung. Im Gegensatz zum Gurtbandförderer wird der Gliederbandförderer vorwiegend für schwere, grobstückige, scharfkantige bzw. schleißende und heiße Güter (z. B. ausgeschlagener Formsand, Guß- und Schmiedestücke, Sintermaterial, Zementklinker usw.) verwendet. Während des Fördervorganges können die Güter gewaschen, sortiert, lackiert, getrocknet, gehärtet, angelassen, gekühlt und kontrolliert werden. Zu den Abarten der Gliederbandförderer gehören die Gießmaschinen für Metallbarren und die Rolltreppen für Personenbeförderung, wie später noch gezeigt werden soll.

Die Einteilung der Gliederbandförderer erfolgt in der Hauptsache nach der Plattenausbildung und der Art der Linienführung. Im Gegenwatz zu den Gurtbandförderern können größere Neigungswinkel bis 35° oder mit aufgesetzten Querstegen noch größere Steigungswinkel überwunden werden. In Anbetracht des größeren Eigengewichtes der bewegten Banddecke und der besseren Biegsamkeit durch die vorhandenen Kettengelenke kann der Wechsel der Förderrichtung mit kleinerem Krümmungsradius ausgeführt werden, und zwar je nach Ausbildung der Platten und in Abhängigkeit vom Laufrollenabstand bis herab zu 5—8 m.

Bei den Gliederbandförderern, die meistens noch die eingebürgerte Bezeichnung Stahlplattenbänder führen, werden als Zugorgane durchweg Ketten benutzt, welche mitunter bei kleinen Förderern aus Temperguß hergestellt, vorwiegend jedoch aus Stahllaschen als Gelenkketten gebaut werden. Die letztere Anordnung ist häufiger, weil die Förderer im wesentlichen nur für größere Förderleistungen und Förderlängen in Frage kommen. Bei geringen Förderleistungen werden die Anlagekosten zu hoch, da die zum Tragen des Fördergutes benutzten gelenkartig verbundenen Platten auch bei geringer Breite schon beträchtliche Herstellungskosten bedingen. Die Rollen zum Tragen des Bandes werden entweder in den Gelenkpunkten der Ketten oder an den Platten befestigt und laufen mit diesen um oder sie werden fest in das Gerüst zum Tragen der Förderkette eingebaut. In letzterem Fall entsteht zwischen den Tragrollen ein mit der Kettenbewegung stets wechselnder Kettendurchhang, der zu einer beständigen Bewegung in den Kettengelenken und damit zu schneller Abnützung führt. Bei der Rollenführung auf ebenen Schienenbahnen kann man an jedem Kettengelenk eine Tragrolle anordnen.

Abb. 39. Schwerer Trogbandförderer für Beschickung von Prallmühlen und Hammerbrechern (von Roll).
Plattenweite 1600 mm, Stückgewicht: < 2 Mp, Kantenlänge: < 1000 mm.

Abb. 40.
Scharnierband (Köhler & Bovenkamp).

Dann tritt auf der geraden Strecke keine Bewegung in den Kettengelenken mehr auf. Diese Anordnung ist jedoch nur bei verhältnismäßig langen Kettengliedern möglich und wird deshalb nur bei schmiedeeisernen bzw. stählernen Ketten verwendet, wie z. B. in Abb. 39 dargestellt. Die Tragbleche sind dabei auf der durchgehenden Rollenachse befestigt. In den Gelenken unterhalb der Tragplatten sind schmiedeeiserne Rohre angeordnet, welche den bei den Endumführungen zwischen den Tragplatten entstehenden Spalt decken. Diese Anordnung hat sich bei Bändern, die auf geraden Gleisen fahren, gut bewährt, da hierdurch die Platten an ihren Enden auf der ganzen Breite unterstützt sind und sich nicht verbiegen können. Bei der vorliegenden Konstruktion sind die Tragplatten seitlich aufgebogen. Diese Bauart ist dann anwendbar, wenn das Fördergut nur am Ende des Bandes abgeworfen werden soll. Bei den Förderern ohne seitlichen Rand kann das Fördergut an verschiedenen Stellen durch ein schräges, über dem Bande pflugartig angeordnetes Blech nach der Seite abgeworfen werden. Hierbei müssen dann die Tragplatten seitlich über die Zugketten hinweggeführt werden, damit diese vor einem Verschmutzen durch das Fördergut geschützt sind. Für den Abwurf über Kopf bzw. auch für eine Schrägaufwärtsförderung sind die Stoßstellen zwischen den Platten entsprechend ausgebildet. Sie sind so überdeckt bzw. überlappt, daß eine gewisse Abdichtung entsteht und bei einer Umführung der Zellen um das vordere Kettenrad eine Überdeckung der Vorderkante erhalten bleibt, was auch in der Abb. 41 leicht zu erkennen ist. Das gleiche gilt für die Seitenbordwände, falls diese vorhanden sind und mitlaufen. Diese sog. Trogbandförderer haben seit etwa 1950 durch immer wieder verbesserte Konstruktionen zunächst im Bergbau und später auch in anderen Industriezweigen sehr stark an Bedeutung gewonnen. Für stark ansteigende Förderung werden in gewissen Abständen in den Trogblechen Querschotten eingebaut, um ein Zurückrutschen des Materials zu verhindern. In dieser Form werden die Gliederbänder als Kastenbänder bezeichnet. Zur weiteren Erhöhung der Förderleistung bei ansteigenden Bändern ist eine muldenförmige Ausbildung des Plattenbodens möglich.

Die Plattenlänge, die bis auf Sonderkonstruktionen gleich der Kettenteilung ist, wird entweder durch die Einsatzbedingungen oder aber durch die Plattenform im wesentlichen bestimmt. So ist es einleuchtend, daß die Taschenbänder für ansteigende Förderung mit

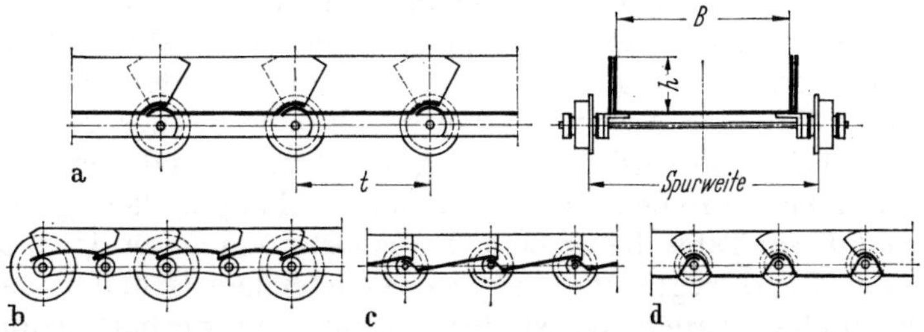

Abb. 41. Verschiedene Ausführungen von Gliederbandförderern.

tiefgezogenen Plattenböden eine gewisse Mindestteilung erfordern. Anderseits strebt man eine möglichst große Plattenteilung an, um wenig Überlappungsstellen zu haben und somit wenig Verschleiß- und Undichtigkeitsstellen. In den letzten Jahren wurden die Hauptabmessungen der Gliederbandförderer genormt. Die Hauptgrößen sind in Tab. 18 wiedergegeben. Wie schon erwähnt, sind die Trogbandförderer zunächst vor allem für die Belange des Bergbaues weiterentwickelt worden und sind bis heute unter der Bezeichnung Stahlgliederbänder allgemein bekannt. Entgegen der neu aufgestellten Normung hat sich bei den Stahlgliederbändern eine Bandbreite B von 640 mm und eine Bordhöhe h von 130 mm durchgesetzt, die heute auch trotz der Normung aus Ersatzteilhaltungsgründen nicht mehr fortzudenken ist. Darüber hinaus wird die Umstellung auf die Norm durch wirtschaftliche Gesichtspunkte erschwert, da die Trogbleche in meist kostspieligen Gesenken gepreßt werden, die nun einmal bei den meisten Herstellern für diese Bandbreiten vorhanden sind.

Tabelle 18. *Genormte Größen der Gliederbandförderer*

Teilung	t	mm	63	80	100	125	160	200	250	315	400	500			
Breite	B	mm	160	200	250	315	400	500	630	800	1000	1250	1600	2000	2500
Seitenhöhe	h	mm	40	50	63	80	100	125	160	200	250	315	400	500	

Bei Anlagen für reine Förderzwecke werden die Seitenbordhöhen meist bis 250 mm gewählt. Die größeren Werte finden für Bunker- oder Pufferbänder Anwendung, mit denen Ungleichmäßigkeiten bei der Beschickung oder Abgabe ausgeglichen werden sollen oder eine vorübergehende Materialspeicherung stattfinden soll. Die einzelnen Platten, glatt oder mit Mulde, können auch mit perforiertem Blech ausgeführt werden, damit Flüssigkeit ablaufen kann. Diese Wirkung wird z. B. bei der Abtrennung von Kühlmitteln aus Drehspänen ausgenutzt. Bei Gesenkschmieden und Härtereien müssen oft Fertigteile gekühlt werden. Man baut dann in die Bassins sog. Tauchbadförderer ein, deren Platten ebenfalls aus gelochtem Blech bestehen, so daß die abgekühlten Teile herausgefördert werden können und die Flüssigkeit im Behälter bleibt.

Bei den übrigen Einsatzfällen richtet sich die Ausbildung der als Lastaufnahmemittel dienenden Gliederbänder nach dem Fördergut. Sehr häufig bestehen die Platten der Bänder aus Holz. Sie erhalten zuweilen zur sicheren Aufnahme von Stückgütern besondere Auflagen, z. B. für zylindrische Güter prismatische Querleisten. Die Platten allgemeiner Ausführungen sind aus Stahlblech von 4—10 mm hergestellt. Bei Sonderausführungen, z. B. bei Austragbändern unter Erzbunkern, die besonders harten Schlägen ausgesetzt sind, finden sich zuweilen auch Blechstärken bis 35 mm. Die Tragplatten ruhen auf angeschraubten, angenieteten oder angeschweißten Winkeln, die auf verschiedene Weise an den Kettenlaschen befestigt sind. Die Verbindung der Ketten wird entweder durch die Tragplatten selbst oder in Abständen von einer bis drei Kettenteilungen durch durchgehende Gelenkbolzen hergestellt.

Es ist wichtig, darauf zu achten, daß die Gliederbandförderer mit schuppenartig überlappenden Platten im Betrieb die richtige Laufrichtung haben, weil andernfalls das Fördergut an der Abwurfstelle zwischen die einzelnen Platten gelangen und diese beschädigen kann. Sie müssen also so eingebaut sein, daß in Förderrichtung gesehen, die nachfolgende Platte immer die vorhergehende überdeckt. Will man diesen Grundsatz konsequent befolgen, so ergeben sich bei steil ansteigenden Bändern hieraus andere Schwierigkeiten. Wird der Anstiegswinkel der Bänder größer gewählt als der Böschungswinkel des Materials, so wird das Schüttgut auf dem Band versuchen, bergab zu rutschen und kann dabei zwischen die Plattenüberdeckungsstellen gelangen und durchfallen. Auf Grund dieser Tatsache ist beim Transport von feinkörnigem Material der Steigungswinkel für das Band begrenzt. Muß aus betrieblichen Gründen dennoch eine starke Steigung überwunden werden, so ist der Einsatz von Becherzellenbändern oder Becherwerken unbedingt anzuraten. Auf die Sonderbauform der Becherzellenbänder wird sowohl in diesem Abschnitt wie auch im Teil III des Buches bei der Anwendung von Förderanlagen in Zementfabriken noch näher eingegangen.

Der Antrieb erfolgt allgemein durch Umführungssterne an einem Ende des Förderers, während die Kette am anderen Ende durch eine meistens mit Federn ausgebildete Spannvorrichtung angespannt wird. Die Anwendung sehr langer Kettenglieder und damit die Verminderung der Zahl der Gelenke und Tragrollen hat ihre Grenzen in der Ungleichförmigkeit der Bewegung. Sie erfordert daher große Umführungsräder, wenn man die Kette durch gleichmäßig umlaufende Umführungssterne antreibt, damit keine ruckweise Bewegung der Kette entsteht, die besonders bei langen Förderern störend wirkt und möglichst vermieden werden sollte. Bei einem beispielsweise sechseckigen Umführungsstern beträgt die Schwankung der Geschwindigkeit 16%, um welchen Betrag die Kette sich schneller bewegt, wenn sie von einer Ecke des Antriebes gefaßt wird gegenüber dem Zustande, bei dem die flache Sechskantseite des Antriebssternes die Fahrtgeschwindigkeit bedingt. Es ist aber erwünscht, bei großen Kettenteilungen Umführungssterne mit möglichst wenig Ecken zu verwenden, weil dadurch nicht nur die Übersetzung zur Erzielung der notwendigen geringen Umdrehungszahl des Antriebes kleiner und einfacher wird, sondern auch der ganze Förderer gedrängter gebaut und überall leichter untergebracht werden kann.

Die Schwankung der Kettenbewegung läßt sich trotz Verwendung eines Antriebsternes mit nur wenigen Ecken bzw. Zähnen wohl vermeiden, wenn man die Umfangsgeschwindigkeit des Antriebsternes entsprechend der Größe der verschiedenen wirksamen Radien dadurch veränderlich macht, daß man das Ritzel, das den Antriebsstern antreibt, exzentrisch bohrt und durch Lagerung auf einer Pendelstütze dafür sorgt, daß es immer gut in das große Rad eingreift. Dann wird die Geschwindigkeit durch dieses Ritzel derart in entsprechend umgekehrtem Sinne verändert, daß die durch die viereckige

Form des Antriebssternes entstehende Ungleichmäßigkeit unwirksam wird. Diese Ausgleichsformen haben sich aber nicht eingebürgert.

Während bei kurzen Gliederbandförderern die sich durch die polygonen Kettenräder ergebende ungleichförmige Fördergeschwindigkeit noch keine großen Folgen hat und mehr als Unschönheit bezeichnet werden kann, so ergibt sich bei langen, hoch beanspruchten Bandanlagen hieraus ein großer Nachteil. Die Ungleichförmigkeit der Bewegung führt nämlich zugleich zu einer dynamischen Kettenbeanspruchung, die zur statischen Kettenzugkraft addiert werden muß. Da dieses Problem sehr bedeutend ist, sollen die sich ergebenden dynamischen Kettenkräfte in einem Berechnungsbeispiel eines Gliederbandförderer am Schluß dieses Abschnittes aufgezeigt werden. Interessant ist festzustellen, daß die dynamischen Kräfte je nach Größe der Kettenteilung und der Kettenraddurchmesser dem Wert der statischen Beanspruchung gleichkommen oder sogar noch übersteigen.

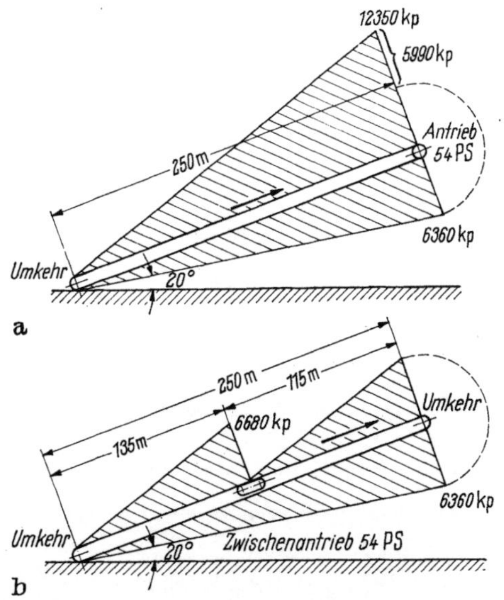

Abb. 42. Schema des sinnvollen Einsatzes eines Zwischenantriebes.

Es darf nun keineswegs angenommen werden, diese erstaunliche Feststellung habe nur theoretische Bedeutung und wirke sich in der Praxis nicht aus. Gerade bei stark ansteigenden Bändern mit ihren straff hängenden Ketten kommt die dynamische Beanspruchung voll zur Wirkung — dies im Gegensatz zu fast waagerecht verlegten Bändern mit nicht zu engem Laufrollenabstand. Hier wird praktisch infolge der Elastizität durch den Durchhang der Bandabschnitte zwischen den Laufrollen keine dynamische Kraft in der berechneten Größe auftreten. Nur die Ketten in der Nähe des Antriebskettenrades unterliegen dem Wert b_{max}, während mit zunehmendem Abstand vom Kettenrad die dynamische Beanspruchung durch den vorhandenen Kettendurchhang gedämpft wird und bis auf ein Minimum absinkt. Aus diesem Grunde wird auch für stark ansteigendePlattenbänder mit kleinen Kettenrädern eine wesentlich größere Kettensicherheit verlangt. Sehr häufig werden dann bei solchen hochbeanspruchten längeren Bändern Zwischenantriebe erforderlich. An sich könnte man den Kopfantrieb einfach stärker auslegen, wodurch aber der Kettenzug zu groß wird. Eine 8—10fache Kettensicherheit muß besonders bei ansteigenden Förderern gewahrt bleiben, weil man mit einer ungleichmäßigen Verteilung der Spannung auf die beiden Ketten rechnen muß. Manchmal ist es sogar günstiger, den Kopfantrieb durch einen Zwischenantrieb zu ersetzen, wie nachstehendes Beispiel zeigt.

Es sollen $Q_t = 130$ Mp/h mit einem 640 mm breiten Trogbandförderer über eine Länge $L = 250$ m bei $\alpha = 20°$ Steigung mit $v = 0{,}5$ m/s gefördert werden. Das verwendete Band habe als Zugorgane zwei Laschenketten 160 · 45 nach DIN 8175 mit einer Gesamtbruchlast von 70 Mp. Der Bandzug beträgt

im Obertrum: $Z_0 = (G_g + G_t/2) \cdot L \cdot \sin 20° = 144{,}5 \cdot 250 \cdot 0{,}342 = 12\,350$ kp,

im Untertrum: $Z_u = G_t/2 \cdot L \cdot \sin 20° = 74{,}5 \cdot 250 \cdot 0{,}342 = 6360$ kp.

$S_0 = 70\,000/12\,350 = 5{,}67$ fache Kettensicherheit.

$S_u = 70\,000/6360 = 11$ fache Kettensicherheit.

Diesen Fall gibt Abb. 42 wieder. Als Antriebsleistung müssen $N = 54$ PS vorgesehen werden. Es ist zu bemerken, daß sich zu der Obertrumbelastung, hervorgerufen durch das Totgewicht des Bandes, die durch das Nutzgewicht bedingte Belastung addiert und dadurch die Kettensicherheit einen unzulässig niedrigen Wert annimmt. Die Laufrollenreibung ist im Verhältnis zur Hangkomponente des Gewichtes gering und kann in diesem Beispiel vernachlässigt werden.

Läßt man nun den Kopfantrieb fortfallen und ersetzt ihn durch einen gleichstarken Zwischenantrieb, so treibt die Zugkomponente des Untertrumgewichtes einen Teil des beladenen Obertrums an. Der andere Teil wird dann vom Zwischenantrieb bewegt. Die durch diese Antriebsanordnung bedingten maximalen Kettenzugkräfte sind einander fast gleich, wie Abb. 42 zeigt. Die Kettensicherheit ist an jeder Stelle des Bandes mindestens 10,5fach. Es ist nur wichtig, die Förderabschnitte so zu wählen, daß die Ketten-

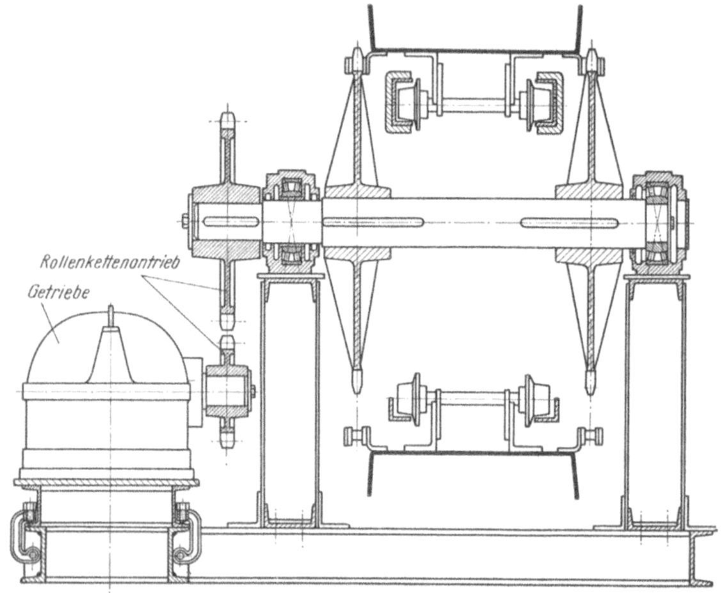

Abb. 43. Zwischenantrieb mit Obertrumeingriff bei einem Doppellaschenketten-Kurvenband, bei dem die außenliegenden Ketten die Verwendung von Rädern mit besonders hohen Zähnen zur sicheren Krafteinleitung gestatten (Aumund).

Abb. 44. Zwischenantrieb bei einem Schlepp-Plattenband.

Eingeleitete Leistung: 60 PS, Fördergeschwindigkeit: 0,65 m/s.

zugkraft vor dem Zwischenantrieb immer größer als Null ist, da anderenfalls ein sicheres Arbeiten der Antriebe nicht mehr gewährleistet ist. Entsprechende Überlegungen sind auch beim Antrieb von Becher- und Pendelbecherwerken anzustellen. Als weiteres Beispiel sei an dieser Stelle ein Trogbandförderer angeführt, der auf einer französischen Erzgrube in einem tonnlägigen Schacht zur Erzförderung eingesetzt wurde. Das Band sollte eine mittlere Leistung von 520 kp/h ungebrochenes Eisenerz mit Kantenlängen bis 600 mm, d. h. bis zu 1000 kp Stückgewicht, über eine senkrechte Höhe von fast 170 m fördern, wobei der Bandanstieg mit 20° gewählt wurde. Bei dieser Anlage wurde zur Erzielung einer ausreichenden Kettensicherheit der Einsatz von 8 Zwischenantrieben erforderlich. Die

Antriebe nach Abb. 43 und 44 sind so gebaut, daß das Obertrum durch den Eingriff großer Kettenräder zusätzlich angetrieben wird. Die große Schwierigkeit ist bei Zwischenantrieben in der Einleitung der großen Zugkräfte in die Ketten zu sehen, da bei den Kettenrädern bekanntlich nur ein kleiner Eingriffswinkel vorhanden ist. Zur Sicherung eines ausreichenden Eingriffs wird daher die Kette in Förderrichtung gesehen hinter den Antriebsrädern durch sog. Niederhalterollen herabgedrückt; zusätzlich wird durch besondere Gleitschuhe in der Mitte über den Kettenrädern ein Hochgehen der Kette und Übersetzen über die Zähne bei plötzlich auftretenden Stößen oder dgl. vermieden. Eine sehr wesentliche Aufgabe ist in der sinnvollen Platzierung der Zwischenantriebe und Fernhaltung von örtlichen Spitzenbelastungen von den Zugorganen zu sehen. Es muß also über die ganze Kettenlänge eine möglichst gleiche Belastung angestrebt werden, wie schon im Zusammenhang mit Abb. 42 erläutert wurde. Auch im vorliegenden Fall wird

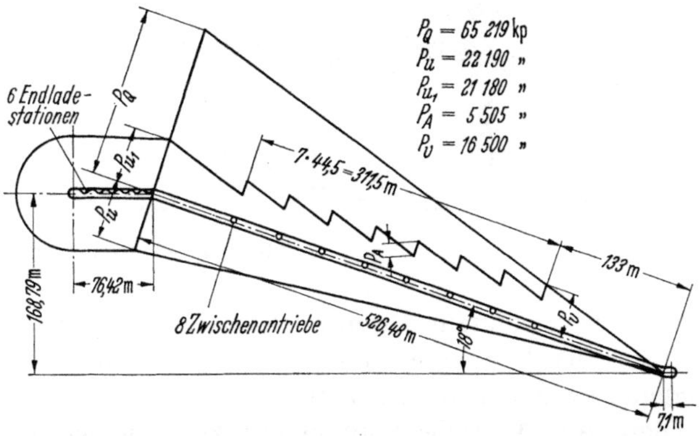

Abb. 45. Kettenbelastungsschema.

an der Kopfstation überhaupt kein Antriebsaggregat eingesetzt. Diese dient nur als reine Kettenumlenkstation. Die Aufteilung der Streckenabschnitte wird durch das Spannungsdiagramm in Abb. 45 sehr anschaulich gezeigt. Man erkennt deutlich die nun fast gleich große Kettenbelastung über die Gesamtlänge des Obertrums. Strebt man eine mindestens 5fache Kettensicherheit an, so reicht auf Grund der vorhandenen Untertrumbelastung von 22 Mp der Einsatz von zwei Ketten mit einer Bruchlast von je 50 Mp aus. Es fand eine Kette Verwendung nach DIN 8175 mit einer Teilung von 160 mm und Laschen 80·9 mm.

Bei diesem Kettentyp sind die Büchsen mit den Innenlaschen und die Bolzen mit den Außenlaschen unbeweglich verbunden, so daß die eigentliche Gleitbewegung auf der großen Fläche zwischen Bolzen und Büchse stattfindet — dies bei einer verhältnismäßig kleinen Flächenpressung. Die Gleitelemente der Kette sind vor dem Zusammenbau molykotiert, so daß sich ein absolut wartungsfreier Betrieb in bezug auf die Kette ergibt.

Die zugrundegelegte 5fache Kettensicherheit reicht in vorliegendem Fall vollkommen aus, da die obere Umkehrstation Kettenräder mit 40 Zähnen besitzt und dadurch wirklich schon von einer gleichförmigen Geschwindigkeit der Kette gesprochen werden kann. Die sonst auftretenden zusätzlichen dynamischen Kräfte können in diesem Fall vernachlässigt werden.

Für den Fall, daß Zwischenantriebe bei Gliederbandförderern zum Einsatz kommen sollen, bei denen die Ketten nicht außerhalb der Bandplatten frei zugänglich sind und somit den Einsatz von Kettenniederhalterollen gestatten, bietet der sog. Schlepp-Kettenantrieb einen Ausweg. Durch den gleichzeitigen Eingriff mehrerer Mitnehmer in die Glieder der horizontal verlaufenden Förderkette verteilt sich die Zugkraft entsprechend der im Eingriff befindlichen Zahl der Mitnehmer. Hierdurch wird die Gefahr des Hochgehens der Kette weitgehend unterbunden. Erwähnenswert ist auch der Schleppkettenantrieb der Firma Hauhinco. Hierbei liegen zwei in lotrechter Ebene umlaufende endlose Antriebsketten mit ihrem ziehenden Trum in gleicher Höhe mit den zu treibenden Gliederbandketten. Die Antriebsketten sind in gleichmäßigen Abständen durch Brücken miteinander verbunden, die auswechselbare Mitnehmerzähne tragen. Diese Mitnehmerzähne sind in derselben waagerechten Ebene wie die Gelenkbolzen der Antriebsketten angeordnet. Daher erfahren sie beim Umlauf um die Kettenräder keine Beschleunigung gegenüber den Antriebsketten, sondern behalten deren Geschwindigkeiten stets unverändert bei (Abb. 46). Die Mitnehmerzähne greifen, ebenso wie die Zähne eines Zahnrades, zwanglos in die mit gleicher Geschwindigkeit umlaufenden Förderketten ein und lösen sich ohne Zwang wieder aus diesem Eingriff.

Bei langen, stark ansteigenden Bändern kann es auch erforderlich werden, das Untertrum abzufangen. Bei der Konstruktion einer derartigen Bremsstation könnte man in der gleichen Weise wie beim geschilderten Zwischenantrieb verfahren. Weiterhin liegt es dann nahe, eine Bremsstation mit einem Zwischenantrieb zu kuppeln, so daß die im

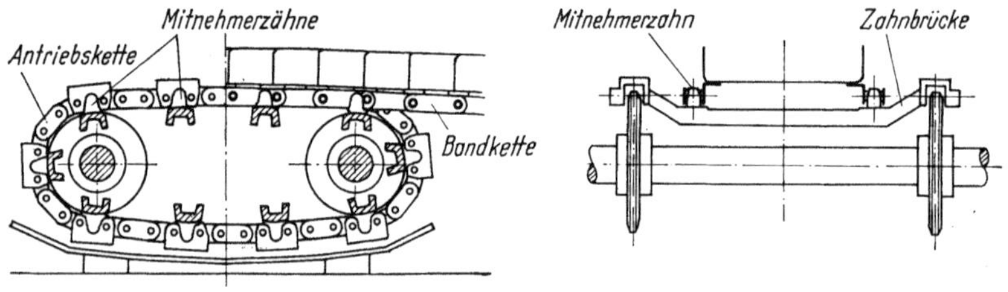

Abb. 46. Schleppkettenantrieb.

Untertrum gewonnene Bremsenergie dem Obertrum als zusätzliche Antriebskraft wieder zugeführt wird. Solche Kombinationen würde man zweckmäßig als Kettenspannungsausgleichsstationen bezeichnen.

Diese Art Antriebe können nur zufriedenstellend arbeiten, wenn das Band waagerecht oder nahezu waagerecht liegt und sich demzufolge zwischen den Laufrollen-Tragblechen ein Kettendurchhang einstellt. Dieser Durchhang erlaubt ohne Rücksicht auf Kettenlängungen ein gleichmäßiges Mitnehmen beider Kettentrume durch seine Pufferwirkung. Wenn aber ein Band stark ansteigend verlegt ist, sind infolge des Kettenzuges beide Kettentrume straff gespannt; ein Kettendurchhang ist kaum vorhanden.

Erfahrungsgemäß tritt aber bei den gebräuchlichen Förderketten durch Verschleiß in den Gelenken und Dehnung des Materials eine Kettenlängung ein, die 3 mm pro Kettenlasche betragen kann. Die Kettenlängung kann sogar innerhalb eines Kettenstranges verschieden groß sein, wenn das zur Kettenherstellung verwendete Material aus verschiedenen Chargen stammt. Noch größer macht sich dieser Unterschied bemerkbar, wenn ein über eine gewisse Zeit gelaufenes Band verlängert wird und eine gelängte Kette mit einer noch neuen, d. h. nicht gelängten Kette über einen Antrieb laufen muß. In diesem Fall würden von dem in Ober- und Untertrum eingreifenden Kettenrad in einem bestimmten Zeitraum die gleiche Anzahl Kettenteilungen in beiden Richtungen bewegt werden.

Aber selbst wenn diese unterschiedliche Längung nicht vorhanden wäre, ist der gleichzeitige Eingriff in Ober- und Untertrum zwecklos, da die volle Anlage der Kettenbüchse in der Zahnflanke beim Untertrum nie garantiert ist.

Nach diesen Überlegungen hat ein Zwischenantrieb bei ansteigenden Bändern mit Antrieb auch des Untertrums nur dann einen Sinn, wenn bei der Aufwärtsförderung das Untertrum mit einer bestimmten Kraft abgebremst, beim Abwärtsfördern aber mit der gleichen Kraft zusätzlich angetrieben wird.

Dieses Problem ist elektrisch, hydraulisch und mechanisch zu lösen. Elektrisch in der Form, daß ein zweiter Motor über ein Getriebe und elastische Kupplung das Untertrum antreibt oder abbremst. Der beim Abbremsen in das Netz zurückgelieferte Strom wäre ein Maß für die Leistungsaufnahme und damit für die Verminderung der Kettenzugkraft. Hydraulisch dadurch, daß die Kettenräder für Ober- und Untertrum beispielsweise über zwei Getriebe mit verschiedener Übersetzung und mit dazwischenliegender Flüssigkeitskupplung zum Ausgleich verbunden werden. Abgesehen von den hohen Kosten haben beide Systeme den Nachteil, daß zumindest beim Anfahren und Stillsetzen, d. h. bis Motor bzw. Kupplung auf vollen Touren laufen, eine bestimmte Kraftentnahme bzw. -zuführung nicht garantiert werden kann.

Die Firma Aumund-Fördererbau GmbH. in Homberg/Ndrrh. hat für die von ihr gebauten Kettenspannungs-Ausgleichsstationen die dritte Möglichkeit, die mechanische, gewählt.

Bild 47 zeigt den Kraftfluß in der Ausgleichsstation auf der Bandstrecke. Bei der Aufwärtsförderung ist der Freilauf *l* eingeschaltet, Freilauf *m* läuft leer. Von der Förderkette werden nun die gleichgroßen Radpaare *a* und *b* mit derselben Drehzahl angetrieben. Hat die Kupplung *k* nun vollkommenen Schlupf, d. h. ist die Spannmutter nicht angedreht, werden sich das Rad *e* und damit der innere Teil der Kupplung infolge der Übersetzung *e*—*f* etwas schneller drehen als die Antriebswelle *c*. Beim Andrehen der Spannmutter wird die äußere Kupplungshälfte mit dem Bremsbelag über die Federn an die innere Kupplungshälfte gedrückt, und es tritt

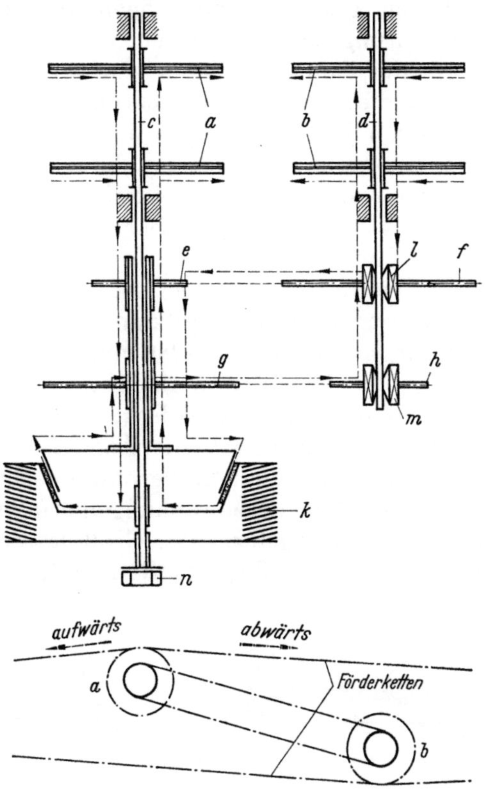

Abb. 47. Arbeitsschema und Kräfteverlauf bei einer Spannungsausgleichstation.

a Antriebskettenräder für das Obertrum; *b* dgl. für das Untertrum; *c* Antriebswelle Obertrum; *d* dgl. Untertrum; *e*—*f* Kettenantrieb für Aufwärtsförderung; *g*—*h* dgl. für Abwärtsförderung; *k* Rutschkupplung; *l* Freilauf für Aufwärtsförderung; *m* dgl. für Abwärtsförderung; *n* Spannmutter.

ein Reibungsschluß ein, der durch die Spannmutter in seiner Größe einstellbar ist. Der Drehzahlunterschied wirkt sich in einem ständigen Gleiten der beiden Kupplungshälften gegeneinander und in der Abgabe eines Drehmomentes an die Welle *c* aus. Es wird also dem Untertrum ein bestimmter Kettenzug entnommen und, vermindert um den sich aus der Übersetzung *e*—*f* ergebenden Faktor (Reibungswärme), dem Obertrum wieder zugeführt.

Bei der Abwärtsförderung ist der Kettentrieb *g*—*h* wirksam; der Vorgang verläuft also in umgekehrter Richtung. Im Betrieb findet bei eingeschalteter Kupplung ein ständiges Verdrehen der beiden Kupplungshälften gegeneinander statt. Der Nachteil der Reibungskupplungen: ruckartiges Arbeiten infolge der unterschiedlichen Reibungsziffern für Reibung der Ruhe und Reibung der Bewegung tritt hier nicht auf. Es wird damit im Gegenteil ein günstiger Effekt beim Anfahren erreicht, da dann durch die Haftreibung ein größeres Drehmoment erzielt wird, was sich infolge der notwendigen Beschleunigungskräfte positiv auswirkt. Ein Blokkieren der Kupplung wiederum ist ausgeschlossen, da die Ausgleichsstation immer an einer Stelle eingebaut wird, an der der vorhandene Kettenzug in der Bandkette weitaus größer ist als der, den die Kupplung übertragen kann.

Das Andrücken der äußeren Kupplungshälfte durch Federn bewirkt ein selbsttätiges Nachstellen bei Verschleiß des Bremsbelages. Ist der Bremsbelag soweit verschlissen, daß er ausgewechselt werden muß, wird durch einen Kontakt eine Alarmanlage betätigt.

Abgesehen von dem bei zweischichtigem Betrieb etwa alle sechs Monate notwendigen Auswechseln des Bremsbelages, arbeitet die Station praktisch wartungsfrei und, in den bisher gebauten Ausführungen, mit einem Wirkungsgrad von 95%.

Diese Betrachtung über den Abbau zu großer Kettenkräfte durch Zwischenantriebe und Kettenspannungsausgleichsstationen basierte auf der Tatsache der ungleichförmigen Geschwindigkeit bei Kettenförderern auf Grund ihrer polygonen Antriebs-Kettenräder.

Da bis etwa 1950 besonders lange und dazu stark ansteigende Gliederbandförderer mit demzufolge hoch beanspruchten Ketten kaum eingesetzt wurden, führte die Entwicklung damals zu großen Teilungen der Platten bis zu 1 m Länge. Darüber hinaus ging man nicht. Diese Grenzen waren gegeben durch die erforderlichen großen Abmessungen für die Endumführungsräder der Ketten. Selbst wenn man mit der Zähnezahl dieser Umführungsräder auf die Mindestzahl 6 herunter ging, so war doch bei 1 m Ketten- und Plattenteilung schon ein Durchmesser der Umführungsräder von etwa 2 m erforderlich.

Der Ausweg aus dieser Sackgasse wurde durch die Einführung des Großplattenbandes gegeben. Diese neuartige, vom Verfasser eingeführte Konstruktion, läßt trotz großer Länge der einzelnen Platten von 1280 mm die Anwendung einer kleinen Kettenteilung von nur 160 mm bei einer verhältnismäßig geringen Anzahl von Laufrollen zu, wobei der Antrieb über gezahnte kleinteilige Kettenräder ohne wesentliche Geschwindigkeitsschwankungen erfolgt.

Eine Ausführungsform des Großplattenbandes ist das sog. Trägerplattenband, das

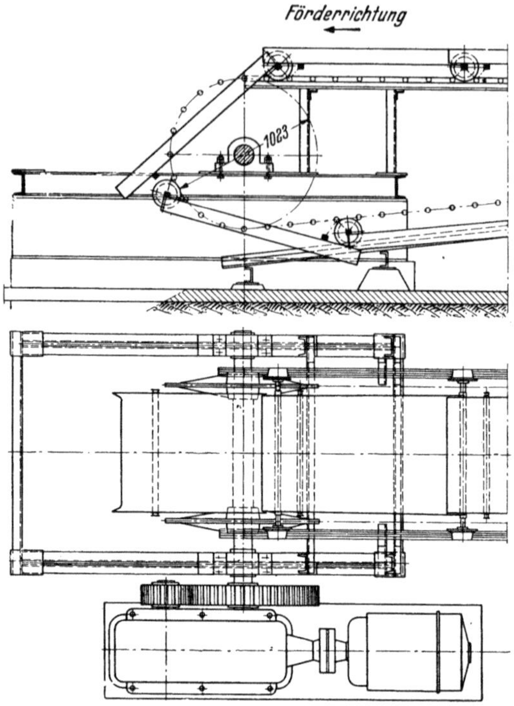

Abb. 48. Trägerplattenband, besonders für stark schleißende und heiße Güter wie Sinter, Klinker usw. geeignet (Aumund).

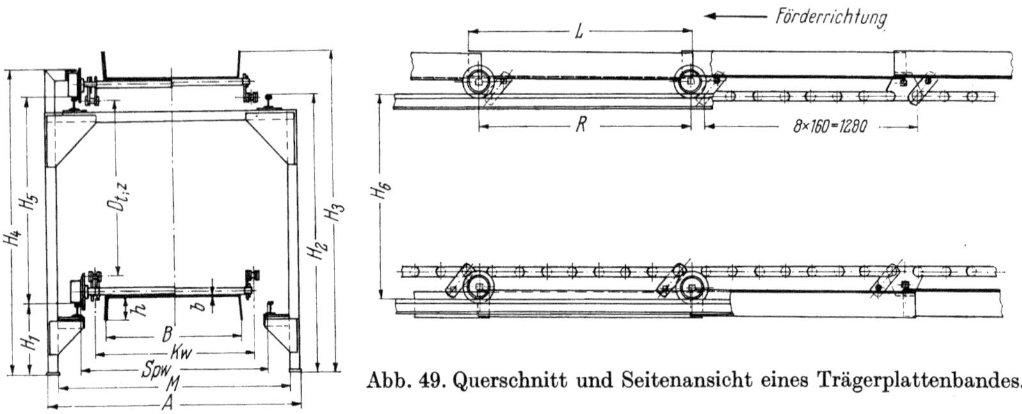

Abb. 49. Querschnitt und Seitenansicht eines Trägerplattenbandes.

Tabelle 19. *Abmessungen in Abb. 49 bei einer Bordhöhe von h = 150 mm*

	H_1	H_2	H_3	H_4	H_5	H_6	z	D_t	$R = n\,t$	L
$R =$ 640	420	1090	1370	1280	670	530	10	518	4·160	750
$R =$ 960	420	1420	1670	1580	1000	530	16	820	6·160	1070
$R =$ 1280	420	1625	1875	1785	1205	530	20	1023	8·160	1390
B	400	600	800	1000	1200	1500				
Kw	600	800	1000	1200	1400	1700				
Spw.	785	985	1185	1385	1585	1885				
M	1000	1200	1400	1600	1800	2100				
A	1130	1330	1530	1730	1930	2230				

in Abb. 48 und 49 sowie mit Tab. 19 in Einzelheiten mit Abmessungen dargestellt wird.

Bei diesem Band wird das eine Plattenende mit einer Rollenachse versehen und wird mit den beiden Rollen auf einer Schienenbahn geführt. Das andere Plattenende legt sich auf die vorhergehende Platte auf und wird somit von deren Rollenachse getragen. Damit dieses frei aufliegende Plattenende nach dem Umlauf um die Umlenkkettenräder nicht herunterfällt, sind auf jeder Seite kurze Verbindungslaschen zwischen Kette und Platte angeordnet. Die Bauhöhe des Bandes wird im wesentlichen durch die Plattenteilung bestimmt, wie Tab. 19 auch zeigt. Es sei jedoch bemerkt, daß das Maß H_5 lediglich in den Umkehrstationen eingehalten werden muß, da es vom Teilkreisdurchmesser der Kettenräder abhängt. Bei langen Bändern kann die Laufbahn zwischen den Stationen aber eingezogen werden, so daß dann nur noch das Höhenmaß H_6 berücksichtigt werden braucht.

Je nach Kettenraddurchmesser kann die Fahrgeschwindigkeit des Bandes bis auf 3 m/s gesteigert werden. Bei Plattenbreiten über 1 m sind demzufolge hohe Förderleistungen zu erreichen. Hierdurch sind mit diesem Trägerplattenband Aufgaben zu lösen, die bis dahin mit Gliederbandförderern undenkbar waren. Sie sind daher für viele Aufgaben über Tage ein geeignetes Fördermittel. Für den sehr bedeutsamen Betrieb unter Tage sind sie aber, abgesehen von besonders großen und geräumigen Strecken, in der Regel zu sperrig und nur in Ausnahmefällen geeignet. Das gleiche gilt auch für die andere Bauart des Großplattenbandes, dem sog. Schlepp-Plattenband.

Es handelt sich bei dieser Ausführung um eine Konstruktion, bei der gleich große Platten wie beim Trägerplattenband an einem Ende über eine Achse mit den seitlich außen liegenden Laschenketten verbunden sind, während das andere Ende der Platte von einem Rollensatz getragen und nachgeschleppt wird, ohne an dieser Stelle auch eine Verbindung mit den Ketten zu haben. Auf das von Rollen getragene Ende einer Platte legt sich dann die nächstfolgende Platte mit ihrer nahe gelegenen Kettenbefestigungsstelle auf, so daß auf diese Art und Weise auch zugleich die Ketten getragen werden. Durch eine sinnvoll gestaltete Schienenführung an der Kopfkehre und Spannstation (Abb. 50) wird eine Wendung der Platten in der Form erreicht, daß sie im Ober- und Untertrum aufrecht liegen und in der Lage sind, Material zur gleichen Zeit in beiden Richtungen zu fördern. Diese Notwendigkeit ergibt sich immer, wenn Material in der Mitte eines Verteilerbandes ankommt und über eine Bunkerreihe zu verteilen ist. Beim

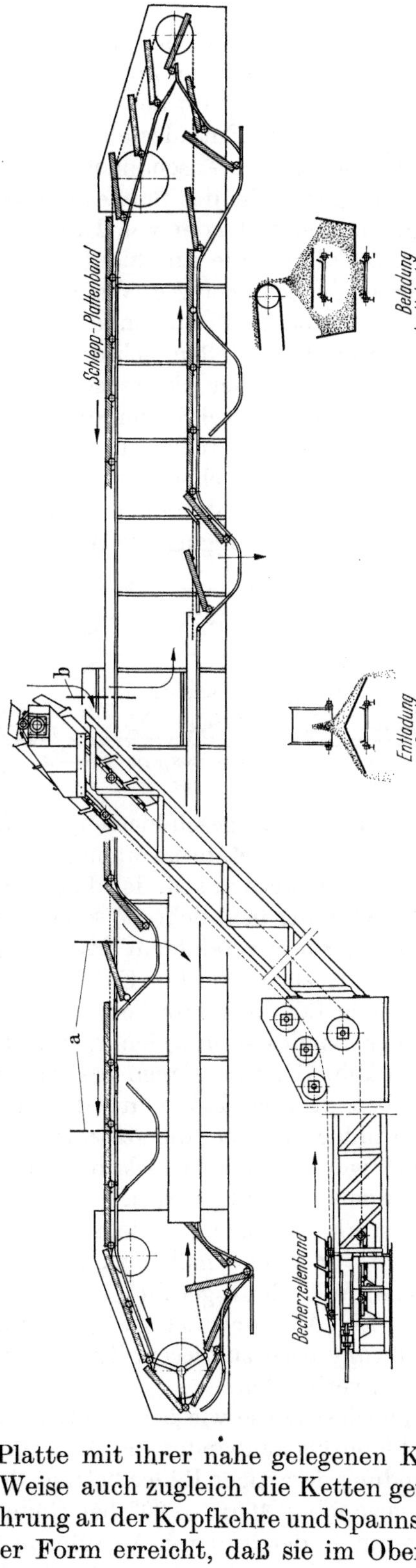

Abb. 50. Schlepp-Plattenband als Verteilerband mit Zwischenentladestellen (Aumund).

Schlepp-Plattenband werden dann an der Aufgabestelle in bekannter Weise das Obertrum für den Transport nach links und entsprechend Abb. 50, Schnitt b von den Seiten her das Untertrum zwecks Förderung zu den rechts gelegenen Bunkertaschen beschickt. Die Entladung erfolgt auf der linken Seite an der Umkehrstation über Kopf des Bandes und an den übrigen Entladestellen über schaltbare Zwischenentladestationen, wie sie in Abb. 50, Schnitt *a* veranschaulicht sind. Derartige Zwischenentladestationen können an jeder beliebigen Stelle des Bandes in das Obertrum wie auch in das Untertrum eingebaut werden. Fernbetätigt oder von Hand lassen sich drehbare Schienenstücke so einstellen, daß einmal die gerade durchlaufende Schienenbahn geschlossen ist und zum anderen der abgesenkte Schienenweg. Wenn nun die Laufrollen dieser Schienenabsenkung folgen, während das andere Plattenende mit der waagerechten durchlaufenden Kette die Lage nicht verändert, so stellen sich die Platten schräg. Das Fördergut kann abrutschen. Da die Laufrollen bei der Plattenschrägstellung die Zugketten nicht mehr unterstützen können, werden an zwei Stellen der Entladestation Kettenstützrollen angeordnet. Damit der richtige Zeitpunkt für die Umschaltung der Weichen gewählt wird, ist ein besonderer Magnetschalter vorgesehen, der nach manueller Vorwahl der Schaltung den eigentlichen Schaltvorgang durch Überrollen der Laufrolle auslöst. Da die Schaltzeit nur 1,4 s beträgt, kann der Umschaltvorgang der Weichen beim laufenden Band durchgeführt werden.

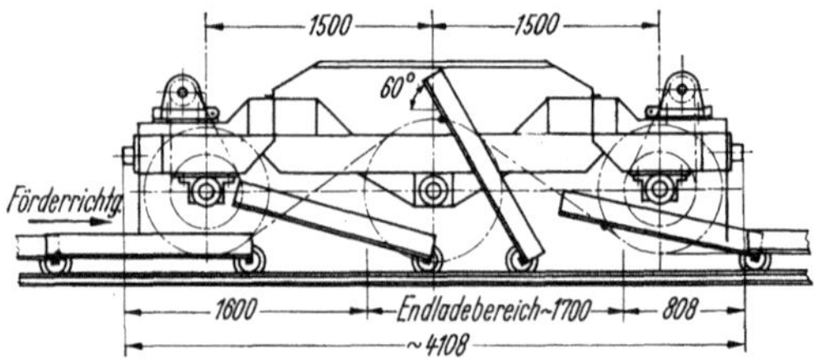

Abb. 51. Schema eines fahrbaren Entladewagens.

Der Einsatz von geschilderten, ortsfesten Zwischenentladestationen ist immer dann sinnvoll, wenn das Material immer an ganz bestimmten, festgelegten Punkten wechselweise entladen werden soll. Ist dagegen die Beschickung eines Längsbunkers mit durchgehender Öffnung beabsichtigt, so stellt sich der Einsatz eines fahrbaren Entladewagens preisgünstiger und vereinfacht darüber hinaus auch noch den Gesamtaufbau der Anlage. Im Gegensatz zur ortsfesten Entladestation werden beim fahrbaren Entladewagen nicht die Schienen für die Laufrollen abgesenkt, sondern über drei Kettenradpaare die Zugketten des Bandes so umgelenkt, daß die Platten ebenfalls zur Schrägstellung gebracht werden (Abb. 51). Der Wagen besitzt ein eigenes Fahrwerk, das unabhängig vom Band angetrieben wird, so daß er in jeder Stellung wunschgemäß länger verharren kann oder aber kontinuierlich über die gesamte Bandlänge hin und her verfahren wird. Außer einer gleichmäßigen Bunkerbeschickung kann hierdurch auch gleichzeitig eine gute Mischung des Materials erreicht werden.

Um stark ansteigend verlegte Schlepp-Plattenbänder bei einem unvorhergesehenen Kettenriß vor Folgeschäden zu behüten, werden die außen vollkommen freiliegenden Zugketten in U-Eisen geführt, so daß sie sich bei einem Riß in der Führung aufstauen können. Ein Ablaufen des ganzen Bandbelages kann dann nicht vorkommen. Die U-Eisenführung wird zu diesem Zweck stabil ausgeführt und fest mit den Tragböcken der Laufbahn verbunden.

In gleicher Weise wie beim Trägerplattenband erhalten auch die Umlenkkettenräder des Schlepp-Plattenbandes bei $Z = 20$ nur einen Durchmesser von etwa 1 m. Bei der Verwendung derartiger Räder beträgt der Drehwinkel in den Kettengelenken nur $360:20 = 18°$ gegenüber $360:6 = 60°$ bei Rädern mit 6 Zähnen. Die Reibung und Abnutzung ist also nur $^1/_3$ der früheren Ausführung, wodurch auch ein ruhigerer Lauf erzielt wurde. Infolge besonderer Gestaltung der Umkehrstationen und der Einhängung der Platten in die Zugketten mit nur einer Achse sind die muldenförmigen Platten auch auf dem zurücklaufenden Untertrum nach oben gekehrt, so daß zugleich in zwei Richtungen gefördert werden kann. Die Eigenart der Umkehrstationen ermöglicht trotz der Länge der einzelnen Platten eine verhältnismäßig niedrige Bauhöhe des Förderers und daher eine gute Anpassung an alle vorkommenden Bedingungen über- und oft auch untertage. Die einfache Art der Abdichtung zwischen den Platten durch Überlappung erspart die sonst vielfach erforderlichen gelenkigen Abdichtungen und schafft sowohl eine große Unempfindlichkeit gegen eine gewisse im Betrieb eintretende Längung des Bandes, als auch gegenüber stark schleißendem Gut, wodurch sich diese Bandtype vor allem auch als Sintertransportband bewährt hat. An der Überlappungsstelle ist die Platte durch eine Achse mit Laufrollen gestützt. Sie trägt gleichzeitig die überlappende Nebenplatte und damit auch die Zugketten, welche mit jeder Platte durch eine Tragachse verbunden sind. Für jede Platte ist also nur ein Rollensatz erforderlich. Bei dieser Anordnung werden die Ketten, welche, wie erläutert, die Platten nicht tragen, sondern die nur als Zugorgan dienen, außerordentlich geschont, da sie in der Länge der Förderstrecke infolge der Schienenführung des Bandes keine regelmäßige Bewegung in den einzelnen Gliedern erfahren.

Die einzige wesentliche Bewegung und daher Abnutzung in den Kettengelenken entsteht beim Umlauf um die Kettenräder. Die Beseitigung der Kettengelenkreibung auf der Strecke ist ein Hauptgrund für die ausführbare große Länge dieser Bänder unter Anwendung nur eines Antriebes. Da der Arbeitsverbrauch sehr niedrig ist, konnte ein derartiges Schlepp-Plattenband von 600 m Länge auf ebener Strecke mit einem Antrieb von 20 PS betrieben werden. Erst bei sehr großen Förderstrecken und bei Steigungen werden Zwischenantriebe erforderlich, die jedoch keine Unterbrechung des Kettenlaufes und keine Umladung auf der Strecke erfordern. Für den sehr bedeutsamen Betrieb untertage sind die geschilderten Großplattenbänder aber, abgesehen von besonders großen und geräumigen Strecken, in der Regel zu sperrig und nur in Ausnahmefällen geeignet.

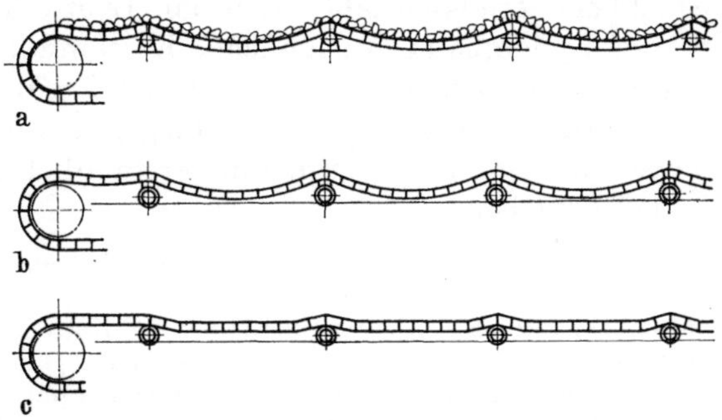

Abb. 52. Kettenführung bei Kurzplattenbändern.

a Kurzplattenband auf festen Tragrollen; *b* Kurzplattenband mit beweglichen Laufrollen auf Schienen; *c* abgesteiftes Kurzplattenband mit beweglichen Laufrollen auf Schienen.

Die zunächst im Bergbau als Streckenfördermittel benutzten Trogbandförderer wiesen in überwiegendem Maße fest in der Tragkonstruktion gelagerte Stützrollen auf, über welche die beiden Laschenketten geführt werden (Abb. 52a). Die Anordnung und Arbeitsweise der Bänder ist verhältnismäßig einfach. Betrieblich gesehen, zeigte es sich aber, daß die Führung der Ketten über die festen Rollen, verbunden mit der ständigen Bewegung der einzelnen Kettenglieder gegeneinander einen großen Reibungsverlust und vor allem einen sehr starken Verschleiß in den Ketten mit sich bringt. Große Reibungsverluste sind aber mit Energieverlusten gleichzusetzen. Man kann leicht einsehen, daß bei vorgeschriebener Kettensicherheit nur eine begrenzte Antriebskraft in die Ketten eingeleitet werden kann und dadurch auch zugleich die Bandlänge begrenzt ist. Außerdem verlangte das Stahlgliederband mit Stützrollen in den Tragböcken eine absolut starre Laufbahnkonstruktion. Schon geringes Quellen des Liegenden in den Strecken mit den damit verbundenen Auswirkungen auf die Laufbahn brachte fortwährende Bandentgleisungen sowie Kettenbrüche mit sich. Besonders die erhöhten Betriebsanforderungen im Zuge der verlangten Leistungssteigerungen des Bergbaues ließen es daher berechtigt erscheinen, trotz der erforderlichen gewissen Umstellung einen Weg zu gehen, durch den ohne wesentlichen Mehraufwand und Anlagekosten der Verschleiß der Ketten und der Energiebedarf, also die Unterhaltungs- und Betriebskosten erheblich herabgesetzt und die Betriebssicherheit erhöht werden. Diese Möglichkeit liegt vor, wenn man die kurzen Plattenmulden mit den gleichen Kettengliedlängen durch in bestimmten Abständen vorgesehene Laufrollensätze zu Bandmatten zusammenschließt und sie auf Schienen oder Profileisen führt (Abb. 52b). Hierdurch erhält man die Vorteile, die schon bei den Großplattenbändern erwähnt wurden. Da sich bei den Kurzplattenbändern ein Laufrollenabstand von etwa 2 m als zweckmäßig erwies, indem 12 Kettenglieder und damit 12 Plattenmulden zu einer Matte von 1,92 m Länge zusammengeschlossen wurden, und jede Matte nur einen Rollensatz erhält, ist also der Rollenabstand hier fast doppelt so günstig wie bei den Großplattenbändern. Infolge der kleinen Plattenteilung sind die neuen Stahlgliederbänder in senkrechter Richtung biegsam und können um verhältnismäßig kleine Kettenräder geleitet werden. Ebenso wie ein Stahlgliederband alter Bauart stellt sich auch bei der neuen Ausführung zwischen den Laufrollen ein Banddurchhang ein, der aber in den beiden Fällen in der Auswirkung nicht gleichgesetzt werden kann. Während nämlich, wie schon vorher erwähnt, bei der alten Bauart (Abb. 52a) ein wandernder Durchhang mit dem damit verbundenen Energieverlust und Verschleiß vorhanden war, liegt bei der neuen Ausführung ein ruhender Banddurchhang vor, der keine Nachteile, sondern Vorteile mit sich bringt. Es ist nämlich so möglich, ein Band mit Abweichungen von der Stunde zu verlegen, ohne eine Entgleisung befürchten zu müssen. Durch stärkere Straffung der in der Kurve außenliegenden Kette ist eine Anpassung an die Streckenabweichung möglich, da die mitlaufenden Tragrollen mit ihren Spurkränzen dem Band ausreichende Führung geben.

Ebenso wie ein Band mit Stützrollen in den Tragböcken, so ist auch ein Plattenband mit umlaufenden Rollen an jeder Kettenteilung, vgl. auch Abb. 39, in Abbaustrecken untertage unbrauchbar, weil ein derartiges Band eine Elastizität, d. h. vor allem Seitenbeweglichkeit vermissen läßt. Auch ein Laufrollenabstand von etwa 5 Kettenteilungen, der bei der im Bergbau gebräuchlichen Kettenteilung von 160 mm einer Länge von 800 mm entspricht, führt nicht zu einem ausreichenden Banddurchhang, d. h. zur genügenden Anpassungsfähigkeit an das quellende Liegende von Untertagestrecken. Um diese wichtige Tatsache auch dem Nichtbergmann verständlich zu machen, sei ein diesbezügliches Beispiel wiedergegeben.

Es wird jeweils ein Bandstück von 1920 mm Länge, jedoch mit unterschiedlichem Laufrollenabstand a) 1920 mm mit 7 abgesteiften Kettengliedern in der Mitte und b) 800 mm ohne Absteifung der Ketten verglichen, wobei natürlich gleiche Bandbelastung und Kettenzugkraft vorausgesetzt wird. Rechnerisch und graphisch kann nun gezeigt werden, daß sich zwischen der gestreckten und frei durchhängenden Kette eine Längendifferenz von a) 5,2 mm und b) von nur 1,0 mm ergibt. Den einfachsten Gesetzen der Mechanik folgend, stellt sich mit wachsendem Laufrollenabstand auch ein größerer Banddurchhang ein, der zugleich zu einer

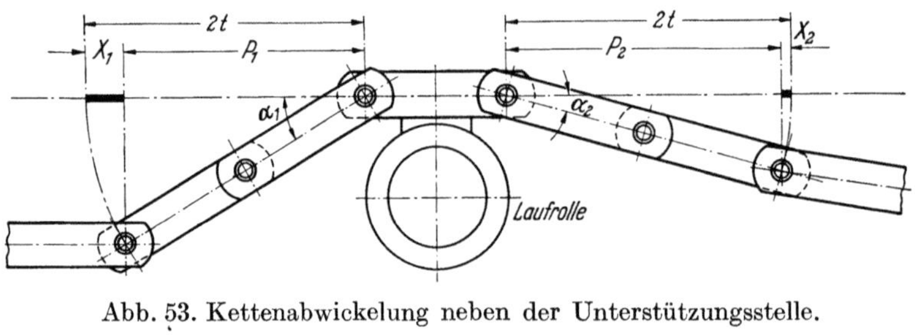

Abb. 53. Kettenabwickelung neben der Unterstützungsstelle.

stärkeren Abwinkelung α der den Laufrollen am nächsten gelegenen Kettenlaschen führt. Der besseren Anschaulichkeit wegen sei Abb. 53 gezeigt, die zwei verschieden starke Abwinkelungen der besagten Laschen wiedergibt. Nach dem bisher Gesagten tritt also die stärkere Abwinkelung α_1 bei einem Band mit größerem Laufrollenabstand auf. Die mögliche Verlängerung der in einer Kurve außenliegenden Kette wird durch die Differenz X verdeutlicht, die sich zwischen den hier angenommenen zwei Kettenteilungen $2\,t$ und der Projektion von $2\,t$ auf die Horizontale ergibt.

$$X = 2\,t - P = 2\,t - 2\,t \cdot \cos\alpha = 2\,t \cdot (1 - \cos\alpha)\,.$$

Hieraus ist zu folgern, daß der wesentlichste Teil einer möglichen Kettenlängung infolge Straffung in der stärker abgewinkelten Kettenlasche in der Nähe der Rollen zu suchen ist und nicht in der Mitte. Der mittlere

Bereich trägt demnach zum Gewünschten nicht mehr viel bei, sondern führt nur zu einer unerwünscht großen Bauhöhe des Bandes, da ein ausreichender Spielraum zwischen Bandunterkante und den Traversen der Tragböcke gewahrt bleiben muß. Aus diesem Grunde war man in der Lage, die in der Mitte zwischen den Rollen liegenden Kettenglieder abzusteifen, so daß hier eine vollkommen ebene Großplatte entstand. Das Bauelement des Bandes mit teilweise abgesteifter Kette, besteht nun aus je einem abgesteiften Satz und einem Wagensatz, Abb. 54. Beim abgesteiften Satz haben die Innenlaschen nasenförmige Verlängerungen, die sich auf entsprechende Zapfen oder Nocken der einfachen Außenlaschen legen. Diese Nasen und Zapfen verhindern, daß sich das Band zwischen den Rollen in der Mitte nach unten durchbiegt. Der Wagensatz besitzt dagegen keine abgesteifte Kette. Er wird vom Rollenhalterpaar mit den Laufrollen getragen. Beide Bandsätze bestehen aus je 6 Gliedern, so daß der Doppelsatz, wie schon erwähnt, eine Bandmatte von 1,92 m Länge ergibt. Eine vollkommen glatte Bandoberfläche zu erhalten, ist nur zweckmäßig, wenn das Band auf einem Beton-

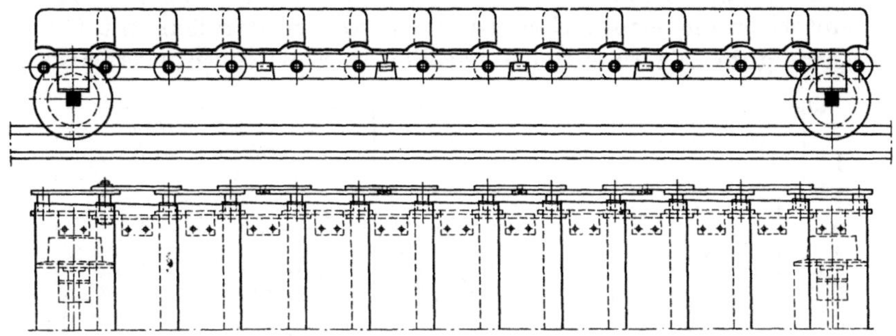

Abb. 54. Anordnung der selbsttragenden Laschen beim abgesteiften Kurzplattenband (Aumund).

fundament, etwa in einer Gießerei oder in einem Walzwerk verlegt werden kann und dabei eine nachträgliche Veränderung der Lage der Bandkonstruktion nicht mehr zu erwarten ist. Nach diesen Ausführungen wird auch jeder leicht den großen Gegensatz zwischen den beiden Stahlgliederbandausführungen erkennen können. Während bei der alten Ausführung durch große Bandvorspannung mit Hilfe einer Spannstation der Kettendurchhang möglichst beseitigt werden sollte, um damit den Verschleiß und Energieverlust an den Kettenlaschen zu verringern, wünscht man bei der neuen Ausführung den Banddurchhang auszunutzen, um damit eine Anpassungsfähigkeit an das arbeitende Gebirge im Untertage-Betrieb zu erhalten. Mit dem gewünschten Banddurchhang erübrigt sich außerdem die große Kettenvorspannung, so daß damit die zusätzliche Reibung an den Kehrstationen wegfällt und die Gesamtenergiebilanz wesentlich verbessert wird.

Für den Transport von besonders schweren Maschinenteilen, wie Getriebe, Motoren, Elektrorollen sind zur Schonung des normalen Bandes besondere Lasttragstellen vorgesehen. Der normale Abstand der Laufrollen beträgt in Laufrichtung gemessen, wie bereits erwähnt, 1,92 m. An der Lasttragstelle sind in einem Doppelsatz zusätzlich drei Laufrollenpaare eingebaut, so daß ihr Abstand 0,48 m beträgt. Die Last verteilt sich dadurch auf mehrere Rollenpaare. Jedes Förderband sollte bei 200 m Förderlänge mit zwei Lasttragstellen ausgerüstet sein. Bei längeren Bändern sind entsprechend mehr Lasttragstellen einzubauen, da sonst zu viel Zeit vergeht, bis die zunächstliegende Lasttragstelle an die Beladungsstelle herangefahren ist. Die Lasttragstellen stören nicht den normalen Lauf des Bandes.

Der Arbeitsverbrauch für Stahlgliederbänder mit festen und mitlaufenden Rollen wurde von verschiedenen Stellen errechnet. Das rechnerische Ergebnis deckt sich in genügender Annäherung mit dem wirklichen Arbeitsbedarf von Kurzplattenbändern, wie durchgeführte Messungen und auch Betriebsangaben, die bis zu Förderlängen von etwa 1000 m vorliegen, erweisen. In Abb. 55 sind die erforderlichen Antriebsleistungen bei $Q_t = 200$ Mp je h und $\alpha = 0°$ für verschiedene Förderlängen eingetragen. Aus dem Verlauf der Kurven, die gemäß den Angaben in der Abbildung nach Gleit- und Wälzlagerung sowie nach den Werten $C = 1{,}0025$ und $1{,}003$ unterschieden sind, ist in eindeutiger Weise das ungünstige Verhalten der auf festgelagerten Rollen geführten Bänder bei größeren Förderlängen in bezug auf den Leistungsaufwand zu erkennen. Die ebenfalls angegebenen Kurven der rechnerischen Sicherheit auf reinen Zug für die zugrunde liegende Kette $160 \cdot 30$ nach DIN 8175 mit 22 Mp Bruchfestigkeit zeigen die vorhandene Zugbeanspruchung bei der jeweiligen Förderlänge und $Q_t = 200$ Mp/h.

Aus dem Vergleich der Leistungskurven für $C = 1{,}003$ und $1{,}0025$ ist zu schließen, daß bei größeren Längen die Höhe der Reibungsverluste in den Kettengelenken einen sehr maßgeblichen Einfluß auf die erforderliche Antriebsleistung hat. Eine Herabsetzung der Kettensteifigkeit von 1,003 auf 1,0025, also um etwa 0,05% führt z. B. bei $L = 400$ m, $Q_t = 200$ Mp/h, $\alpha = 0°$, $v = 0{,}8$ m/s und Wälzlagerung der Stützrollen bereits eine Verringerung der Antriebsleistung von etwa 72 PS auf 52 PS herbei, d. i. eine Verminderung um etwa 16%. Daher ist es wichtig, die Kettengelenke durch Schmierung in einem guten Zustand zu erhalten.

Bei einer Kettensteifigkeit von $C = 1{,}003$ kann aus dem Diagramm der Abb. 55 entnommen werden, daß gegenüber der Antriebsleistung bei Wälzlagerung eine um etwa 50% höhere Motorleistung erforderlich ist, wenn die Stützrollen mit Gleitlagern ausgerüstet sind. Eine gute Lagerung der Tragrollen in Wälzlagern wirkt also sehr günstig

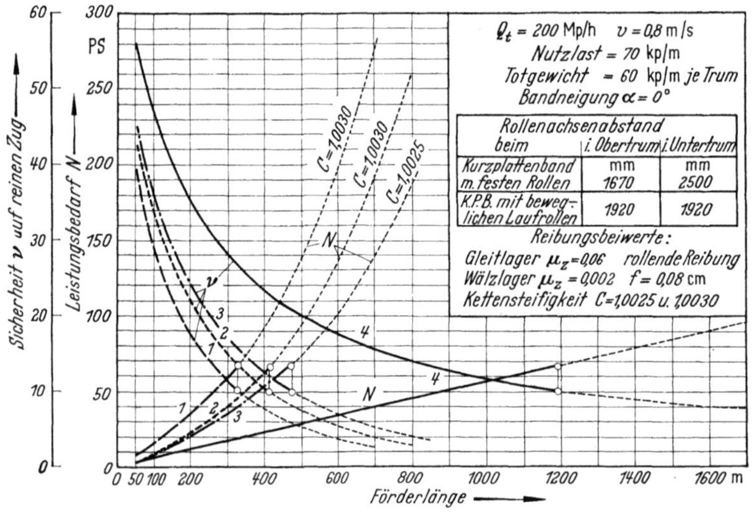

Abb. 55. Vergleich von Trogbandförderern mit feststehenden und mitlaufenden Rollen in bezug auf Antriebsleistung, Kettensicherheit und erreichbare Förderlängen.

auf die erforderliche Antriebsstärke. Die durch die Tragfähigkeit der Ketten begrenzte größtmögliche Förderlänge vergrößert sich allerdings durch Anwendung von Wälz- gegenüber Gleitlagerung nur um etwa 20%, da die Wirkung der Kettensteifigkeit von überwiegendem Einfluß ist.

Da der Leistungsbedarf bei waagerechter Förderung lediglich durch die Überwindung der Reibungsverluste entsteht, ist er zugleich, auf die Einheit der Fördergeschwindigkeit gerechnet, ein Maß für den entstehenden Verschleiß, der also bei den Kurzplattenbändern mit festen Stützrollen mit größer werdender Förderlänge außerordentlich stark zunimmt und die Lebensdauer der Ketten erheblich vermindert. Die Ersparnis durch geringere Anschaffungskosten dieser Bänder dürfte daher schon nach gewisser Zeit durch die hohen Unterhaltungskosten des Bandbetriebes aufgehoben werden. Nimmt man beispielsweise für ein Band von 100 m Förderlänge beim Übergang über die Stützrollen einen mittleren Neigungswinkel der Kettenlaschen gegeneinander von etwa 1° an, über Ober- und Untertrum gerechnet, so wird also sowohl an jeder Rolle, als auch in jedem Feld von Rolle zu Rolle dieser Winkel von etwa $-1°$ auf $+1°$ = insgesamt um 2° je Rolle und je Feld verändert. Ein normales Band von 100 m Förderlänge weist im Obertrum etwa 60 Felder und 59 Rollenachsen, im Untertrum etwa 40 Felder und 39 Rollenachsen auf. Während eines vollen Umlaufes wird daher jedes Kettenglied in seinem Gelenk um $(60 + 59 + 40 + 39) \cdot 2° = 396°$, also gewissermaßen 1,1 mal um sich selbst bewegt. Bei einer Bandgeschwindigkeit von 0,8 m/s finden etwa 15 Umläufe des Bandes je Stunde und daher täglich bei 8 h/Schicht $15 \cdot 8 = 120$ Umläufe des Bandes statt.

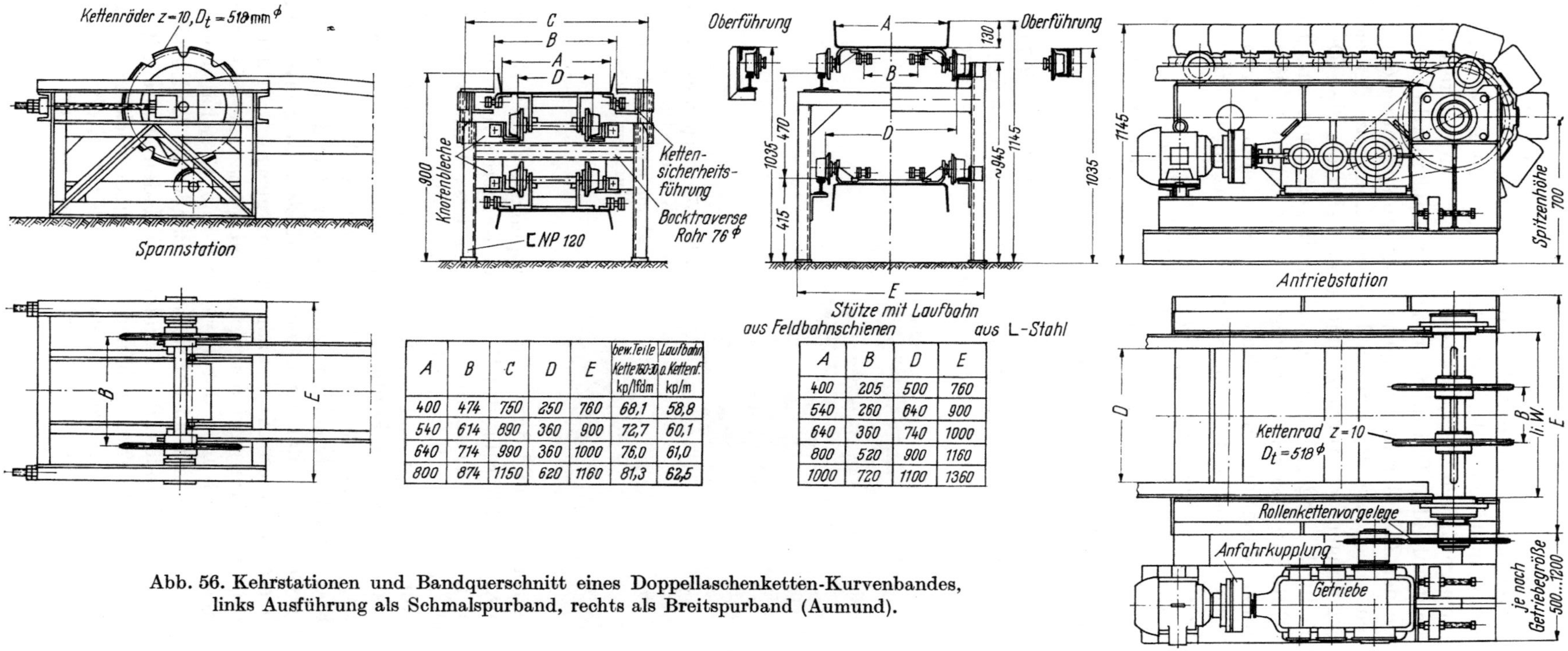

A	B	C	D	E	bew. Teile Kette 160·30 kp/lfdm	Laufbahn u. Kettenf. kp/m
400	474	750	250	760	68,1	58,8
540	614	890	360	900	72,7	60,1
640	714	990	360	1000	76,0	61,0
800	874	1150	620	1160	81,3	62,5

A	B	D	E
400	205	500	760
540	260	640	900
640	360	740	1000
800	520	900	1160
1000	720	1100	1360

Abb. 56. Kehrstationen und Bandquerschnitt eines Doppellaschenketten-Kurvenbandes, links Ausführung als Schmalspurband, rechts als Breitspurband (Aumund).

Infolgedessen erfährt ein Kettenglied neben der Drehung an den Umkehrstationen außerdem noch unter der mittleren Kettenspannkraft täglich eine zusätzlich Verschleiß erzeugende Bewegung in seinem Gelenk, die gleichwertig $120 \cdot 1{,}1 = 132$ Umdrehungen ist.

Wesentlich günstiger liegen die Verhältnisse bei der Führung des Kurzplattenbandes mit auf Schienen mitlaufenden Tragrollen. Bei dieser Bauart ist die erforderliche Antriebsleistung nicht von der Zahl der Laufrollen und der Vorspannung der Ketten abhängig; abgesehen von dem unbedeutenden Einfluß der Vorspannung auf den erhöhten Reibungsverlust in den Lagerungen der Antriebs- und Umkehrkettenräder. Der Leistungsbedarf wird hier lediglich durch Länge, Neigung, Geschwindigkeit, Nutz- und Totlast des Bandes sowie durch die Güte der Laufrollenlagerung in Wälz- oder Gleitlagern zuzüglich einer gewissen Spurkranzreibung bestimmt. Eine vervielfachende Wirkung der Reibungsverluste wie bei den Bändern mit festen Stützrollen tritt nicht auf, da der Einfluß der Kettensteifigkeit auf der ebenen Strecke ausgeschaltet ist.

Diese kurzen Ausführungen sowie der Vergleich der Kurven in Abb. 55 lassen aber erkennen, daß eine wirtschaftliche Förderung besonders über große Entfernungen nur mit Bauarten erreicht werden kann, bei denen die Rollen beweglich und auf Schienen geführt sind. Bei diesen deckt sich dann der Leistungsbedarf etwa mit dem von entsprechenden Gurtbandförderern.

Eine weitere wichtige Neuerung wurde durch das Patent 920777 bekannt. Nach diesem Patent wird angeregt, das Stahlgliederband derart auszubilden, daß an den Enden der durch Laufrollen begrenzten Bandabschnitte die die Bandbleche tragenden beiden

Abb. 57. Doppellaschenketten-Kurvenband mit Kurvengelenken in Abständen von 1920 mm und teilweise abgesteiften Ketten, Kurvenradius 20 m (Aumund).

Laschenketten unterbrochen und durch Gelenkkupplungen in der Bandmitte verbunden sind. Hierdurch wird eine Führung des Bandes in waagerechten Kurven der Schienenführung ermöglicht (Abb. 57). Erstmalig wird durch diese Ausführungsform ein Doppelkettenband vor allem für den Untertagebetrieb geschaffen, welches von vornherein in regelrechten Gleiskurven verlegt und geführt werden kann. Durch ein derartiges Stahlgliederband wird es möglich, die Förderstrecken nunmehr auch in Krümmungen und Kurven aufzufahren und damit in ihrem Verlauf den wechselnden Schnittachsen des Flözes durch die Ebene der Fördersohle folgen zu lassen. Hierdurch werden insbesondere die häufig bei der Gestaltung der Ladestellen auftretenden Schwierigkeiten beseitigt und Gesteinsarbeit erspart. Diese Kurvenbänder sind geeignet, in den unregelmäßigen, gekrümmten Strecken den Transport der Kohle und Versatzmaterialien auf Längen bis zu 1000 m mit einem Antrieb und darüberhinaus mit Einschaltung eines Zwischenantriebes durchzuführen, wo man bisher mehrere Bänder im Zick-Zack hintereinander verwenden und von einem Bande auf das andere überladen mußte mit allen damit verbundenen Nachteilen, wie Materialzerkleinerung, Staubentwicklung und größeren Anlage- und Wartungskosten. Eine Zentralsteuerung aller Antriebe ist hierbei natürlich erforderlich. Unter Umgehung des oben genannten Patentes wurden auch Stahlgliederbänder mit zwei außenliegenden Rundgliederketten gebaut. Auch hierbei bietet sich der Vorteil einer gewissen Kurvenläufigkeit, wobei allerdings die jeweils innenliegende Kette schlaff ist und die außenliegende Kette allein die Zugkraft überträgt. Bei der Festigkeitsberechnung darf daher nur eine Kette zugrunde gelegt werden.

Vollkommene Kurvenläufigkeit bis zu Kurvenradien von 3 m wird nur durch eine Mittelkette erzielt. Hier sind Konstruktionen mit einer mittleren Laschenkette ausgeführt worden, deren Laschen Langlöcher aufweisen. Wie man leicht einsieht, trägt in den Kurven dann auch jeweils nur eine Lasche, so daß die mit der Kette theoretisch übertragbare Kraft in Wirklichkeit nicht zur Verfügung steht. Günstiger verhalten sich daher die Ausführungen, bei denen als Zugorgan eine Rundgliederkette als Mittelkette verwendet wird (Abb. 58), da hier auch in der Kurve die volle Zugkraft erhalten bleibt. Infolge des gleichmäßigeren Laufes der Rundgliederkette über die Kettenräder der Antriebs- bzw. Umkehrstation kann die normale Fördergeschwindigkeit bis zu 1,5 m/s gesteigert werden, im Gegensatz zu den Trogbandförderern mit Laschenketten, bei denen man in der Regel $v = 0{,}9$ m/s bei Kettenrädern mit 10 Zähnen nicht überschreitet, da sonst der Lauf des Bandes auf Grund der polygonen Kettenräder sehr hart wird und damit der Verschleiß stark ansteigt.

Abb. 58. Kurvenführung bei einem Rundgliederkettenband (Hauhinco).

Das umlaufende Band (die Banddecke) der Hauhinco-Kurvenraupe mit mittlerer Rundgliederkette kann durch den Einbau von Spezialrollenböcken in das Bandtraggerüst Kurvenradien bis herab zu 3 m durchfahren. Die Banddecke selbst benötigt hierbei keine zusätzlichen Teile für die Kurvenfahrt. Jeder Rollenbock besitzt vier dicht nebeneinander angeordnete Führungsrollenpaare, die die Kettenstränge des Ober- und Untertrums erfassen und in die Kurve führen (Abb. 58). Jeder Rollenbock führt so das Band um einen Zentriwinkel von 10°, wobei die Kettenglieder untereinander eine Ablenkung von 2,5° erfahren.

Jedes einzelne großplattenbandähnliche Muldenblech ist mit einem Ende an der Zugkette befestigt und zwar in lotrechter und waagerechter Ebene begrenzt schwenkbar. An dem anderen Ende des Muldenbleches sind zwei zugleich als Gegenhalter dienende Führungsstücke als Verbindung der Platten untereinander angeordnet. Als Hauptmerkmal der geschilderten Konstruktion ist zu erwähnen, daß die Zugkette unter den Muldenblechen vollkommen frei liegt und so von beiden Seiten in Kurven von den Rollenstationen zur Abstützung und Führung erfaßt werden kann.

Die Rollenbahnen des Ober- und Untertrums sind zu Rollenbahnrahmen von normalerweise 3 m Länge verbunden und mit den besonders biegungssteifen, H-förmigen Stützen verschraubt. An ihren Stoßstellen können die einzelnen Rahmen sowohl in waagerechter wie auch in lotrechter Richtung um 3° abgewinkelt werden. Durch diesen Aufbau des Bandtraggerüstes ergibt sich auch eine bequeme Ortsveränderlichkeit, was vor allem im Untertagebetrieb oft wesentlich ist.

Die Trogbandförderer kommen besonders für größere Leistungen und Förderlängen in Betracht und erfordern bei geeigneter Ausführung verhältnismäßig wenig Bedienung und Wartung, da die Laufrollen mit Wälzlagern versehen werden können. Aus den Diagrammen der Abb. 59 kann nun die erforderliche Leistung für neuzeitliche Trogbandförderer ermittelt werden. Diagramm a gibt die Förderleistung verschiedener Bandbreiten in Abhängigkeit der Fördergeschwindigkeit bei söhliger Förderung wieder. Für ansteigende Förderung sind entsprechende Abzüge zu machen, die bis zu 50% betragen können, Diagramm b zeigt die Antriebsleistung für söhlige Förderung bei einer Bandgeschwindigkeit $v = 1$ m/s. Um die wirkliche Leistung zu erhalten, muß also mit der zu fahrenden Geschwindigkeit multipliziert werden. Die Hubleistung errechnet sich zu

$Q_t \cdot H/270 = Q_t \cdot L \cdot \sin\alpha/270$ PS und ist je nach Art der Förderung (ansteigend oder einfallend) zu addieren bzw. subtrahieren. Es ist noch zu beachten, daß das gezeigte Diagramm für Fördergut Kohle mit einem Schüttgewicht $\gamma = 0{,}85$ Mp/m³ errechnet wurde. Zur Erzielung günstiger Werte für die Abtriebsleistung sowie einer Betriebssicherheit ist es vor allem wichtig, für gute Abdichtung der Rollen zu sorgen, da vor allem die untertage anzutreffenden salzhaltigen Gewässer in Verbindung mit dem vorhandenen Kohlen-

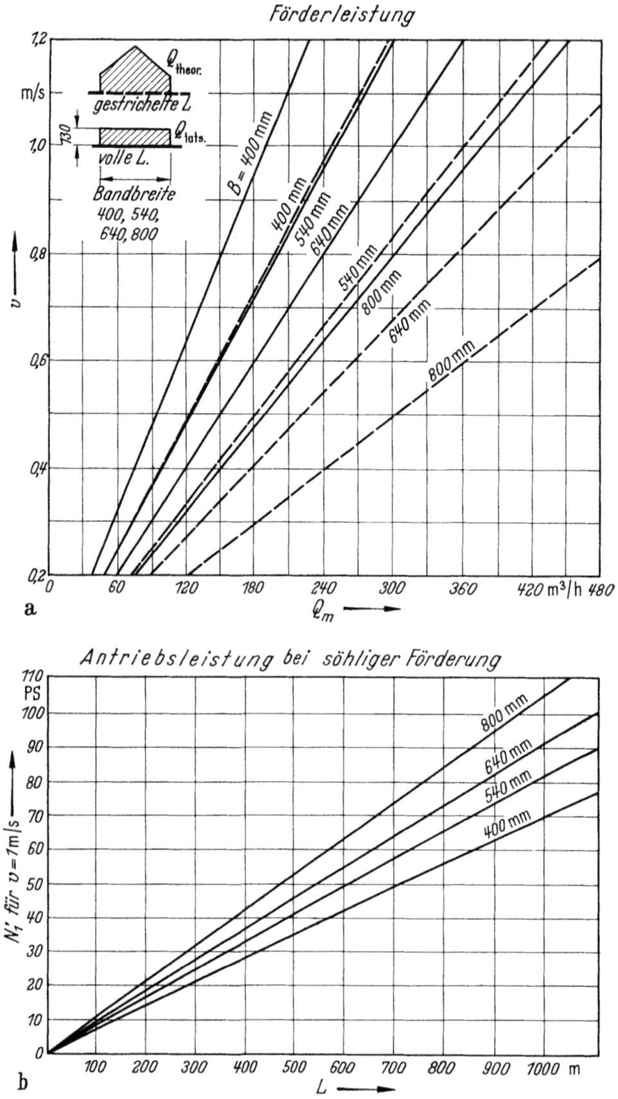

Abb. 59. Förder- und Antriebsleistung von Trogbandförderern.

staub die Laufrollendichtung leicht beschädigen. Das Wasser kann dann in die Rolle eindringen, das Fett auswaschen und damit die Lagerung zerstören. Laufen die Bänder im 24-Stunden-Betrieb, so kann ein Festklemmen der Rollen vorerst noch verhindert werden, da die Kugeln noch dauernd mitlaufen und keine Zeit zum Korrodieren finden. Kommt das Band jedoch dann zur Ruhe, korrodieren die Kugeloberflächen und es kommt in wenigen Stunden zum Festklemmen der Rollen. Für diesen Fall lohnt sich auch der Einsatz eines Kriechgangantriebes, der das Band auch bei Betriebsruhe mit einer kleinen Geschwindigkeit weiter antreibt. Es handelt sich hierbei um einen kleinen Getriebemotor, der durch eine Überholkupplung mit dem Hauptantrieb verbunden ist. Ein Abkuppeln bei Betriebsaufnahme ist somit nicht erforderlich. Außerdem kann auch kein Schaden verursacht werden, wenn bei Förderung der Hilfsantrieb versehentlich nicht abgeschaltet wurde. Derartige Kriechgangantriebe haben sich auch an Bändern zur Förderung von klebrigen Materialien wie z. B. Kreide und Ton bewährt. Bei der Förderung wird das Gut an der Entladestelle zwar abgeworfen und anhaftende Teile auch möglichst durch Abstreifer entfernt, doch lassen sich die Sicken der Platten niemals vollkommen säubern. Tritt nun eine längere Betriebspause ein, so kann das Material austrocknen und verhärten, wodurch der Bandbelag seine Bewegungsfähigkeit im Laufe der Zeit verliert. Vergrößerte Antriebsleistung und stärkerer Verschleiß sind die Folgen. .

Die Lebensdauer der Tragplatten läßt sich durch eine den Förderungsverhältnissen entsprechende Wahl der Plattenstärke und der Werkstoffestigkeit sowie gegebenenfalls durch Verzinkung genügend groß halten. Für den Untertagebetrieb haben sich Platten aus St 42 bei einer Stärke von 4 mm bestens bewährt. Zum Transport von heißem Sinter und Klinker ist St 50 und eine Blechdicke von 5 mm anzuraten. Koks hat sich immer als besonders stark schleißendes Gut gezeigt. Eine ausreichende Lebensdauer der Platten wurde hier durch ABRO 32 mit einer Festigkeit von 100 kp/mm² erreicht.

Mitunter kann es vorkommen, daß zur Bewältigung einer bestimmten Fördermenge zwar eine stetige Förderung angebracht ist, aber das Material nur in bestimmten Zeitabschnitten anfällt. Dieser Fall ergibt sich z. B. bei der Koksförderung in Kokereien sowie beim Tunnelbau oder im Untertagebetrieb an Kopfstrecken. In solchen Fällen hat sich gezeigt, daß die Wirtschaftlichkeit einer Förderanlage davon abhängt, wie ihr rollendes Material ausgenutzt wird. Ein endloses Band, das während eines großen Teils der Förderschicht leer oder nur halbvoll umläuft verursacht nutzlosen Verschleiß seiner umlaufenden Teile und hohe Betriebskosten.

Zur besseren Ausnutzung des Bandfüllquerschnittes kam man nun auf den Gedanken, die endlose Bandzugkette nicht über ihre ganze Länge mit Bandplatten zu belegen, sondern nur über bestimmte Strecken. Es entstand der sog. Teilbandförderer, wie er im Prinzip auch aus Abb. 60a zu erkennen ist. Soll nur über eine geradläufige Strecke gefördert werden, so kann im Ober- und Untertrum die Leerkette über an den Stützen angeordnete Profilrollen geführt werden. Sind dagegen Kurven zu durchfahren, ist es zweckmäßiger, die Leerkette in gewissen Abständen durch kleine Bandwagen zu führen.

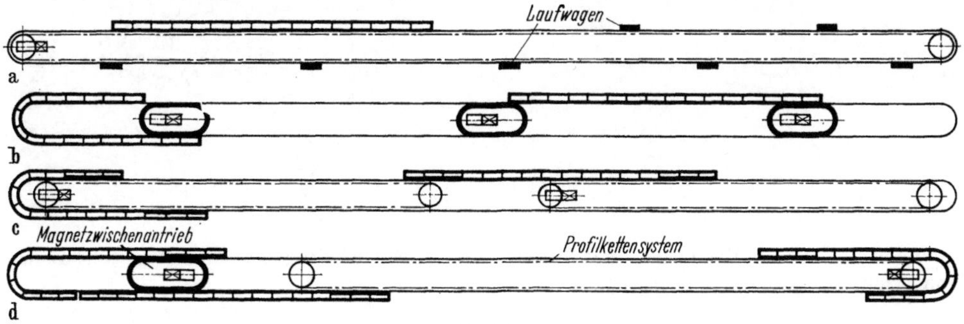

Abb. 60.

a Teilbandförderer; *b* Bandzuganlage; *c* Magnetbandzuganlage mit Profilkettensystem; *d* Bandzuganlage mit kombiniertem Antrieb durch Profilkette und Zwischenantrieb.

Als interessante Weiterentwicklung wurde der kurvenläufige Bandzug — System Grebe — geschaffen. Die grundlegenden Gedanken finden sich in den stark verwandten Ausführungen der Firmen Hemscheidt und Hauhinco wieder.

Hierbei läuft nicht ein endloses, geschlossenes Band zwischen Antriebs- und Umkehrtrommel, sondern nur ein begrenztes Bandstück von 80 bis 160 m Länge auf den Schienenführungen des Traggerüstes mit einer Reisegeschwindigkeit von 1,0 bis 1,5 m/s. In Abständen, die kürzer sind als die Länge des Bandzuges, sind Zwischenantriebe in die Traggerüste eingebaut. Der Bandzug wird so von Antriebsstation zu Antriebsstation weitergereicht, teils geschoben, teils gezogen (Abb. 60b). Im Augenblick der Übergabe sind kurzzeitig zwei Antriebe im Eingriff. Die neue Antriebsstation wird kurz vor der Ankunft des Bandzuges durch eine automatische Steuerung eingeschaltet, die überfahrene Antriebsstation wird automatisch stillgesetzt. Ebenso wird der Bunkerverschluß durch den Bandzug automatisch geöffnet und — nachdem der Bandzug darunter weg gefahren ist — wieder geschlossen. Wendelung zwecks Abwurfes des Fördergutes ist beim gewöhnlichen Kurvenband möglich. Der Bandzug kann auf der Hinfahrt Versatz und auf der Rückfahrt Kohle transportieren. Durch druckluftgesteuerte Weichen kann man den Bandzug in verschiedene Gleisabzweigungen leiten und so mit einem einzigen Bandzug mehrere Förderaufgaben lösen. Der Vorteil dieses Förderers ist vor allem die Einsparung von Banddecke, deren Kosten gegenüber den Kosten der Traggerüste und Geleise ausschlaggebend sind.

Um die Bandzüge von einem Antrieb zum nächsten weitergeben zu können, muß es möglich sein, sie durch das Fahrgerüst nicht nur ziehen, sondern auch schieben zu können. Dafür ist es erforderlich, daß sie druckfest ausgebildet sind. Ein druckfestes Band kann aber nicht ohne stabile Fahrgestelle, die sich durch ihre Rollen in den Schienenführungen des Fahrgerüstes und durch Anschläge und Gelenke aneinander abstützen, gebaut werden. Durch diesen stabilen Unterbau werden die Muldenbleche der Bandzüge von den auftretenden Zug- und Druckkräften völlig entlastet. Auch ein endloses Band kann auf diese Weise geschoben werden, wenn bei langen Bandanlagen Zwischenantriebe eingesetzt werden.

Die Ausführung der Firma Hemscheidt besteht aus kleinen Bandwagen mit einer Länge von 450 mm, deren Hauptbestandteile zwei konisch zueinander geführte Kettenglieder sind, die kardanisch miteinander über ein Kugelgelenk verbunden werden (Abb. 61).

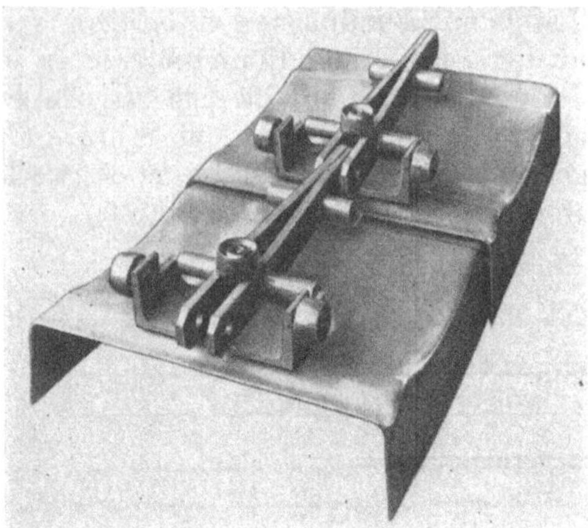

Abb. 61. Bandzug-Aufbau, Bandwagen mit Blech und Schnitt Kugelgelenk (Hemscheidt).

Abb. 62. Magnetantrieb (Westfalia-Lünen).

Jeder dieser Bandwagen besitzt seitlich zwei Laufrollen zur Aufnahme der vertikalen Kräfte und in der Mitte eine Rolle mit senkrechter Achse für die Seitenführung. Auf jeden dieser Wagen kann nun ein Muldenblech aufgeschraubt werden, das in fünf verschiedenen Breiten hergestellt wird. Der Antrieb des Förderers, der als geschlossen umlaufendes Band wie auch als Bandzug eingesetzt werden kann, geschieht nur über Zwischenantriebe und Kettenspannungsausgleichstationen mit Schleppketten (Abb. 60b).

Ebenso nach dem Baukastenprinzip ist der Bandzug System Grebe aufgebaut, der nun von der Eisenhütte Westfalia in Lizenz gefertigt wird. Die Fahrgestelle dieser Ausführung weisen als tragende Elemente zwei Winkeleisen auf. Die Winkeleisen aufeinanderfolgender Fahrgestelle bilden rechts und links der Bandmitte je eine durchgehende horizontale Leiste (Fläche) und eine durchgehende vertikale Leiste. Die beiden horizontalen Leisten bieten die Voraussetzung für das Einsetzen der Magnetzwischenantriebe. Abb. 62 zeigt einen Magnetzwischenantrieb mit 2 m Länge. Die zwei endlosen Antriebsketten dieses Antriebes sind über ihre gesamte Länge mit permanentmagnetischen Elementen ausgestattet, die unter den Winkeln der Bandwagenchassis angreifen und die Banddecke kraftschlüssig treiben. Bei einer Haftfläche von 80 cm² hat jedes Magnetelement eine Haftkraft von 320 kp. Die spezifische Belastung zwischen Magnetelement und Bandwagenwinkel beträgt nur 320 kp/80 cm² = 4 kp/cm². Der Reibungskoeffizient von 0,25 zwischen Magnetelement und Bandwagenwinkel ergibt je Magnetelement eine Mitnahmekraft von 80 kp. Bei dem 3 m langen Antrieb sind je Trum 56 Magnetelemente im Eingriff. Die Mitnahmekraft je Trum beträgt somit etwa 4400 kp. Demgegenüber weist der 2 m lange Antrieb nur eine Mitnahmekraft von etwa 2900 kp je Trum auf.

Der Raum zwischen den beiden genannten Winkeleisen der Fahrgestelle dient dazu, die Bauelemente aufzunehmen, durch die die einzelnen Fahrgestelle miteinander verbunden sind. Die Enden der Winkeleisen sind abgekröpft, so daß sie sich ineinanderschieben lassen. Die Zugkräfte werden entweder von einer endlosen Rundgliederkette aufgenommen, an die die Fahrgestelle angeschlagen sind oder sie werden durch ein zwischen die Fahrgestelle eingeschaltetes Gelenk von Fahrgestell zu Fahrgestell übertragen. Entsprechend werden die Fahrgestelle wahlweise mit einer Klemmverbindung zur Rundgliederkette oder mit einem Kugelgelenk ausgerüstet, so daß die Fahrgestelle selbst eine Art Laschenkette bilden.

Zum Antrieb derartiger Laschenbandzüge werden über die Gesamtlänge der Anlage verteilte Magnetzwischenantriebe (Abb. 60b) verwandt. Durch das kraftschlüssige Angreifen der Magnete der Zwischenantriebskette an den durchgehenden Flächen der Bandzüge sind die Schwierigkeiten beseitigt, die bisher auftraten, wenn die Teilung von Antriebs- und Förderkette nicht übereinstimmte oder wenn zwei aufeinanderfolgende Antriebe nicht die gleiche Geschwindigkeit hatten. Laschenbandzüge sind im allgemeinen dort zu empfehlen, wo sie später in eine geschlossene Bandanlage umgewandelt werden sollen. Die Antriebe werden von vornherein an den Stellen eingebaut, wo sie später als Zwischenantriebe für das endlose Band benötigt werden. Bei entsprechend dichter Aufeinanderfolge der Bandzüge kommt die Förderleistung derjenigen eines endlosen Bandes nahe. Da über Weichen beliebig viele Abzweigungen befahren und mehrere Betriebspunkte gleichzeitig bedient werden können, ist in dieser Hinsicht ein Bandzug einem endlosen Band sogar überlegen. Wird kurzzeitig an einem Betriebspunkt eine größere Förderleistung verlangt, so ist über Weichen ein weiterer Bandzug einzuschleusen. Andererseits läßt sich auf die gleiche Art und Weise ein reparaturbedürftiger Bandzug herausziehen.

Eine Abwandlung des Laschenbandzuges stellt der Magnetbandzug dar. Einzelne Fahrgestelle der Magnetbandzüge sind mit Magneten ausgerüstet, die sich zwischen den Winkeleisen auf der Unterseite befinden. Der Antrieb der Bandzüge erfolgt durch umlaufende Kettensysteme, die in ihrer Bewegung unabhängig von den Bandzügen und als Profilketten ausgebildet sind. An ihren Gliedern sind Hütchen befestigt, die eine durchgehende Führungsleiste bilden. Seitliche Wülste dieser Leiste werden zwischen stationären Rollenpaaren geführt. Die Oberseite der Profilkette bildet eine durchgehende ebene Fläche, an die sich die Magnete der Bandzüge ankuppeln. Jeder Magnet hat eine Haftkraft von 400 kp; das entspricht bei einem Reibungskoeffizienten von 0,25 einer Mitnahmekraft von 100 kp. Die Anzahl der einzusetzenden Magnete hängt von der Förderaufgabe ab. Die Profilketten selbst werden in bekannter Weise über Kopfantriebe bewegt. Die Magnetbandzüge werden von Kettensystem zu Kettensystem übergeben (Abb. 60c). Die kraftschlüssige Kupplung zwischen Profilkette und Bandzug über Magnete gestattet es, die Geschwindigkeit einzelner Bandzüge durch Abbremsen zu reduzieren, während das Kettensystem und die übrigen Bandzüge mit unverminderter Geschwindigkeit weiterlaufen.

Die Bandzüge können — vorzugsweise zum Zwecke des Aufschließens von einem Profilkettensystem an einen Magnetzwischenantrieb und umgekehrt weitergegeben werden

(Abb. 60d). Bei solchen Einsätzen schließen die Bandzüge an der Lade- bzw. Endladestelle auf, um eine kontinuierliche Aufgabe des Fördergutes zu ermöglichen.

Wie schon in Abb. 40 gezeigt wurde, können die Überlappungsstellen der einzelnen Trogplatten in verschiedener Weise ausgeführt werden. Je nach Größe der sich hierdurch ergebenden Sicken in den Platten können Trogbandförderer größere Steigungen bewältigen als Gurtbandförderer mit ihrer absolut glatten Bandoberfläche. So kann der größtmögliche Steigungswinkel bei normaler Bandausführung bis 25° gewählt werden. Wenn erforderlich, können auf den Platten Querstege angebracht werden, die das Gleiten des Ladegutes verhindern, so daß dann ein Kastenförderer entsteht. Mit ihm sind ohne Schwierigkeit Neigungen bis zu 40° zu überwinden. Bei besonderer Gestaltung der Trogböden können die Bänder sogar noch steiler installiert werden, sie nehmen dann allerdings mehr die Gestalt der geneigten Becherwerke an, die später noch behandelt werden, sie unterscheiden sich in diesem Falle von ihnen nur dadurch, daß zwischen den einzelnen Bechern kein Zwischenraum vorhanden ist.

Soll mit Kastenbandförderern in der geschilderten Bauweise sehr feinkörniges Gut über ansteigende Strecken gefördert werden, so hat die Praxis immer wieder gezeigt, daß diese Bänder nicht mehr einwandfrei dicht sind. Werden die Bänder nämlich mit Neigungswinkeln verlegt, die fast gleichgroß dem Böschungswinkel des zu fördernden Materials sind, so beginnt das Fördergut auf dem Band zu rutschen und rieselt durch die Bandplattenüberdeckungsstellen durch. Eine Abhilfe wurde hier durch die Konstruktion eines sog. Becherzellenbandes geschaffen (Abb. 63). In bezug auf die Becherteilung mit 480 mm und der eingesetzten kurzgliedrigen Kette kann dieses Band als Großplattenband angesprochen werden. Jeder zweite Becher hat einen Laufrollensatz. Die Becher, aus Stahlblech geschweißt, sind auf die beiden Zugketten aufgeschraubt. Der Raum zwischen den Bechern ist durch dachförmige Überlappungen berührungsfrei abgedeckt, so daß an der Aufgabestelle kontinuierlich beschickt werden kann, ohne daß Material zwischen die Becher fallen kann. Dieses Becherzellenband eignet sich besonders zum Transport von stark schleißendem und staubförmigem Material bei Steigungen von mehr als 30°. Zur Erzielung einer guten Becherfüllung wird das Band unter der Aufgabe waagerecht geführt. Die anschließende Vertikalkurve soll einen Radius von mindestens 10 m besitzen. Kleinere Radien erfordern den Einsatz einer zusätzlichen Kettenumlenkstation, wie sie auch in Abb. 50 dargestellt ist. Besonders erwähnenswert ist noch die Tatsache, daß es bei dieser Konstruktion gelungen ist, alle Bauteile der im Zusammenhang mit Abb. 56 geschilderten Trogbandausführung absolut gleichzuhalten. Ohne irgendwelche Veränderungen an den Kehrstationen, an der Laufbahn, den Zugketten oder Bandrollengliedern können auf die Ketten wahlweise Trogplatten oder Becherzellen aufgesetzt werden. Entsprechend Abb. 63 werden die Becherzellen nur am mittleren Kettenglied befestigt, während das vordere und hintere nur zur Unterstützung dient und in den Kehrstationen frei abknicken kann. Der geschilderte Vorteil der einheitlichen Konstruktion wirkt sich günstig auf die Ersatzteilhaltung in größeren Betrieben aus, die zur Beherrschung der verschiedenen Transportaufgaben unterschiedliche Förderer einsetzen müssen.

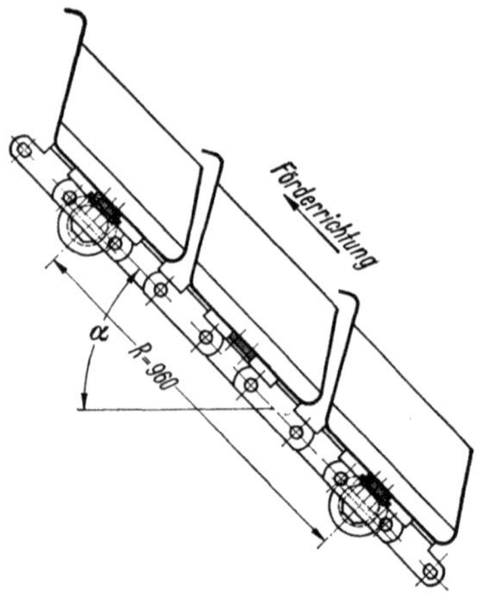

Abb. 63. Becherzellenband (Aumund).

Ein weiterer Vorteil einiger Bauarten der kurvenläufigen Bänder ist ihre Verdrehbarkeit um die Längsachse. Ein solches Band kann gewendelt werden, wobei die Bandmatte streckenweise senkrecht oder gar über Kopf geführt werden kann (Wendelung um 90° auf etwa 6 m Bandlänge). Hierdurch kann man ohne besondere Austragvorrichtungen die Abwurfstelle an jede beliebige Stelle der Förderlänge verlegen.

Derartige Förderbänder sind auch für die Getränkeindustrie und für andere Bedarfszwecke entwickelt worden zur Einsparung von Arbeitskräften und Verminderung der Ermüdungserscheinungen. Hier wird ein Gliederbandförderer über eine Strecke von etwa 3—4 m schräg geführt, wie es Abb. 65 zeigt, so daß den Arbeitern am Band das Herausnehmen oder Einstellen von Fördergütern in Kisten oder anderen Behältern wesentlich erleichtert wird.

Auch ist an Stelle einer Umkehre mit horizontaler Achse bei derartigen Bändern eine solche mit vertikaler Achse möglich. Die Rückführung des Bandes kann daher — statt

Abb. 64. Becherzellenband im Einsatz (Aumund).

wie üblich mit umgekehrten Trögen im Untergurt des Bandgerüstes — aufrecht neben, über oder unter dem Fördertrum liegen. Hierdurch ist es ebenso wie beim Schlepp-Plattenband Bauart Aumund möglich, gleichzeitig Kohle in der einen und Versatzmaterial in der anderen Richtung zu fördern.

Abb. 65. Spezialplattenband zum Stückguttransport mit gut ausgeführter Be- und Entladestelle.

Das Beladen der Gliederbandförderer geschieht meist in der Weise, daß das aus den geöffneten Auslaufschurren der Füllrümpfe heraustretende Ladegut sich nach dem Böschungswinkel auf das Band stützt und von diesem durch die Reibung zwischen Band und Fördergut mitgenommen wird. Allerdings stellt sich bei sehr großstückigem Fördergut, das sehr weite Auslauföffnungen erfordert, auf dem Bande leicht eine zu große und unregelmäßige Schütthöhe ein. In diesem Falle werden zweckmäßig besondere Zuteilvorrichtungen angewendet, namentlich, wenn es sich um das Abzapfen aus waagerechten Füllrumpföffnungen handelt. Eine solche durch das Band selbst angetriebene und vollkommen selbsttätige Zuteilvorrichtung ist auch in Abb. 213 dargestellt.

Der Antrieb des Gliederbandförderers besteht aus den Antriebssternen, dem Zahnrad- oder Rollenvorgelege, dem Untersetzungsgetriebe und dem Antriebsmotor. Hierfür kommen meist Drehstrom-Kurzschlußläufermotore oder Druckluftmotore infrage. Bei

Drehstromantrieb empfiehlt sich zur Vermeidung von Anfahrstößen der Einbau einer stoßverzehrenden hydraulischen Anfahrkupplung zwischen Motor und Getriebe. Hierdurch wird ein weicher Anlauf erzielt, das Band und sein Getriebe geschont und die Anfahrstromspitze des Motors herabgesetzt (vgl. Abb. 20). Bei Förderern mit schräger oder wechselnder Förderung kommt häufig noch eine Rücklaufsperre oder eine automatisch bei Stillsetzung des Motors einfallende und beim Einschalten lüftende Bremse hinzu, die den Nachlauf des Bandes bremst und seinen Rücklauf verhindert.

Die Antriebssterne werden entweder ganz aus Stahl oder aus Guß hergestellt. Das Zahnprofil wird entsprechend der verwendeten Kette gefräst, wobei anschließend zur Erhöhung der Standzeit die Zahnflanken noch gehärtet werden können. Ist besonders starker Verschleiß zu erwarten, so empfiehlt sich der Einsatz von Kettenrädern mit aus-

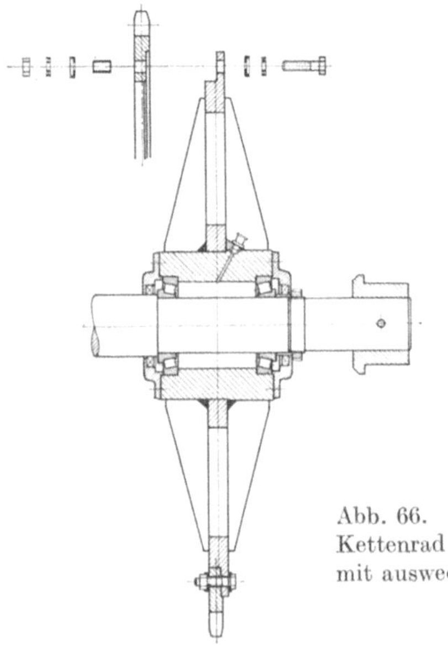

Abb. 66. Kettenrad einer Spannstation mit auswechselbaren Zahnsegmenten.

Abb. 67. Zahnrad mit Kunststoffzahneinsätzen (Aumund).

tauschbaren Zahnkränzen (Abb. 66). Um ein Austauschen dieser Zahnkränze ohne Öffnen des Bandbelages zu ermöglichen, ist es zweckmäßig, die Zahnkränze nach dem Fräsen und Bohren der Befestigungslöcher in mindestens vier Teile zu unterteilen. Bei weniger stark beanspruchten Bändern und Förderguttemperaturen unter 100 °C haben sich auch in die Kettenräder eingepreßte, aber leicht auswechselbare Kunststoffzahneinsätze bestens bewährt. Die Kettenräder werden entpsrechend der Abb. 67 zur Aufnahme der Büchsen vorbereitet. Die am Umfang des Zahnelementes befindlichen kleinen Nocken sorgen für ausreichend festen Sitz des Zahnes. Vor dem Einsetzen der Zähne wird zusätzlich noch ein Kunststoffkleber aufgetragen.

Um die Zugkraft auf die Ketten des Bandes gleichmäßig zu übertragen und ein Verziehen des Gliederbandes zu vermeiden, müssen beide Kettenradsterne so auf der Antriebswelle befestigt sein, daß ihre Zähne genau fluchten. Bei Befestigung der Kettenräder auf der Welle mit Nasenkeilen ist ein paarweises Stoßen der Nut in der Nabe zu empfehlen. Eine andere, sehr sinnvolle Befestigung der Kettenräder auf der Welle erfolgt durch Ringfederspannsätze, die noch bei der Montage eine Korrektur zulassen und andererseits durch den Fortfall der Welleneinfräsungen kleinere Wellendurchmesser zulassen (Abb. 68). Die Antriebsstation ist so zu verlegen, daß das stärker belastete Bandtrum gezogen wird, also bei ansteigender, söhliger und schwach einfallender Förderung am Austragende, bei stark einfallender Förderung am Aufgabeende des Bandes. Die Umkehrkettenräder sind in Traggerüsten der Bandanlage verschiebbar gelagert, so daß sie zum Spannen des Bandes durch zwei seitliche Spindeln starr oder unter Zwischenschaltung von Federn ausgeschoben werden können. Die Länge des Spannweges ist in

Abhängigkeit der Plattenteilung zu wählen. Normalerweise wird er mit der 1,5—2,0-fachen Plattenteilung ausgeführt. Die Umlenkkettenräder werden auf der Achse beweglich aufgesetzt, damit sie sich entsprechend der jeweiligen Lage der Kettengelenke frei einstellen können (Abb. 66).

Mitunter werden normale Gliederbandförderer, wie schon erwähnt, auch für die Förderung von Stückgütern benutzt. Diese werden an beliebiger Stelle von Hand auf das Band aufgelegt oder gleiten ihm durch schiefe Ebenen zu. Das Entladen erfolgt entweder ebenfalls von Hand oder die Stückgüter werden selbsttätig durch schräge Abstreichbretter vom Bande abgeschoben. Für Stückgüterbeförderung werden die Bandtragplatten häufig

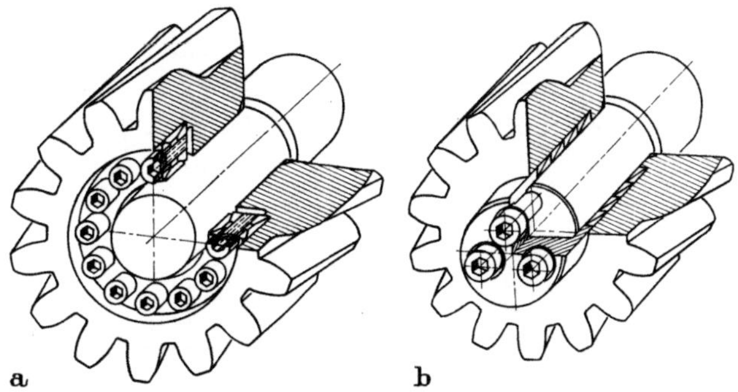

Abb. 68.
a Spannsatz-Verbindung; *b* Spannelement-Verbindung (System Ringfeder)

aus Holz ausgeführt. Unter Umständen fallen für andere Förderzwecke die Platten auch vollständig fort und an deren Stelle treten besondere Mitnehmer, welche die zu befördernden Stückgüter schleifend bewegen. Die Fördereinrichtung ist dann eigentlich als Kratzer zu bezeichnen.

Es ist an dieser Stelle auch die als bewegliche Treppe bekannte Einrichtung zu erwähnen, die heutzutage vielfach auf Bahnhöfen und in größeren Geschäftshäusern angewendet wird. Sie werden bereits seit der Jahrhundertwende gebaut. Ein grundlegender Fortschritt ergab sich aber erst nach 1950, als einige Hersteller zur Fertigbautreppe übergingen, die in der Werkstatt vollständig vorfabriziert wird. Dieses war möglich, da man auch die Wandverkleidungen der Treppen aus Metall fertigte und den konservativen Mörtelputz verließ. Als Hauptvorteil der selbsttragenden Ganzmetallbauweise ist die enorme Gewichtsersparnis zu nennen. Beim Hochziehen der Fahrtreppen auf ihre Auflager können dank dem durchschnittlich nur 7 bis 8 Mp betragenden Eigengewichtes der vorgefertigten Einheit handbediente Greifzüge benutzt werden.

Für Planungsarbeiten sind in Tab. 20 die Hauptabmessungen sowie die Auflagedrücke für gängige Fahrtreppen aufgeführt.

Wenn auch keine offizielle Normung besteht, so haben sich doch für die Steigungswinkel, die Stufenabmessungen und für die Bewegungsgeschwindigkeit international übereinstimmende Werte ergeben.

Der Neigungswinkel der Treppen beträgt bis zu Höhenunterschieden von maximal 10 m meist 35°. Bei größeren Förderhöhen, z. B. in Bahnhöfen und anderen öffentlichen Verkehrseinrichtungen kann besonders bei abwärtsfahrenden Personen die verhältnismäßig steile Treppe Angstgefühle erzeugen, so daß man hier mehr zum Neigungswinkel von 30° tendiert.

Für die Stufentiefe hat sich allgemein ein Wert von 40 cm eingebürgert, während für die Stufenbreiten 60, 80 und 100 cm übliche Werte sind. Mit noch größeren Treppenbreiten könnte man zwar eine größere Förderleistung erzielen, doch würde eine dritte Person auf einer Stufe keinen rechten Halt finden und dadurch absturzgefährdet sein. Ebenfalls aus Sicherheitsgründen führt man am oberen und unteren Auslauf die Treppe mindestens je zwei Stufen waagerecht und läßt auch den Handlauf noch über das Treppenende hinaus überstehen.

Die einzelnen Stufen sind oben und unten je mit zwei Laufrollen von verschiedener Spurweite versehen, die durch geeignete Schienen so geführt werden, daß die Treppen-

Tabelle 20. *Hauptdaten von Fahrtreppen (Beck & Henkel)*

Stufenbreite B_1	Gesamtbreite B_2	Förderleistung	Auflagedrücke bei $\alpha = 30°$		Auflagedrücke bei $\alpha = 35°$	
m	m	Personen/h	P_1 Mp	P_2 Mp	P_1 Mp	P_2 Mp
0,60	1,22 (1,36)	6000	$3{,}6 + 0{,}7\,H$	$2{,}6 + 0{,}7\,H$	$3{,}5 + 0{,}6\,H$	$2{,}5 + 0{,}6\,H$
0,80	1,42 (1,56)	7000	$3{,}9 + 0{,}8\,H$	$3{,}0 + 0{,}8\,H$	$3{,}8 + 0{,}7\,H$	$2{,}9 + 0{,}7\,H$
1,00	1,62 (1,76)	8000	$4{,}2 + 0{,}9\,H$	$3{,}4 + 0{,}9\,H$	$4{,}1 + 0{,}8\,H$	$3{,}3 + 0{,}8\,H$

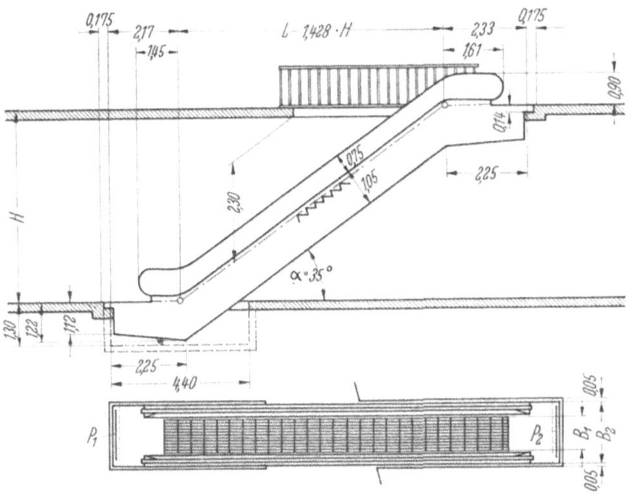

Abb. 69. Fahrtreppenschnitt zu Tab. 20.

stufen auf der Steigung sich in der Lage einer gewöhnlichen Treppe befinden. Am unteren und oberen Ende gehen die Stufen allmählich in eine ebene Plattform über (Abb. 70). Damit die mitfahrenden Personen nicht in die Gefahr kommen, sich an einem festen

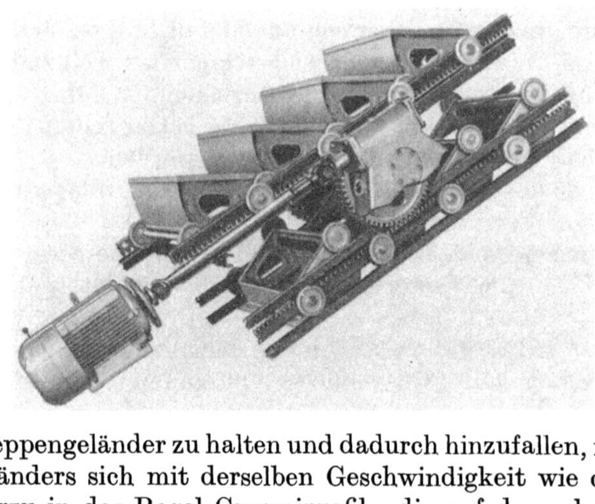

Abb. 70. Fahrtreppe mit verzannten Stufen-Verbindungslaschen zum direkten Antrieb; die Stufenrollensätze laufen auf getrennten Schienenpaaren, um den Stufen bei Flach- und Schrägfahrt die waagerechte Lage geben zu können (Beck & Henkel).

Treppengeländer zu halten und dadurch hinzufallen, muß auch die Handleiste des Treppengeländers sich mit derselben Geschwindigkeit wie die Treppe bewegen. Man verwendet hierzu in der Regel Gummiprofile, die auf dem oberen Trum durch eine starre Schiene sicher geführt sind.

Als normale Fahrtreppengeschwindigkeit hat sich 0,5 m/s eingebürgert. Bei dieser Geschwindigkeit ist auch älteren und gebrechlichen Personen ein Mitfahren möglich. Es sind jedoch auch Geschwindigkeiten von 0,65 und 0,75 m/s bekannt geworden für Fahrtreppen, die besonders große Höhen zu überwinden haben. Ein extremer Wert von 0,9 m/s ist von der Londoner U-Bahn her bekannt. Fahrtreppen mit derartig großen Geschwindigkeiten sind meist zweistufig schaltbar, so daß die große Geschwindigkeit nur in Zeiten der Verkehrsspitzen eingeschaltet wird.

Die theoretische stündliche Förderleistung M einer Fahrtreppe läßt sich errechnen nach $M = A\,v \cdot 3600/T$. In dieser Gleichung bedeuten T die Stufentiefe in m, A die Anzahl der Personen auf einer Stufe und v die Geschwindigkeit in m/s. Die praktisch erreichbaren Förderleistungen liegen bei 75—85% des errechneten Wertes, da häufig einzelne Stufen nicht voll oder gar nicht besetzt sind. Andererseits erhöht sich die Leistung dadurch, daß einzelne Personen während der Fahrt auch selbst noch weiterlaufen.

Als Zugelemente für die Fahrtreppen werden Hülsenketten verwendet mit einer Teilung von 100—135 mm. Sie sind an den Außenlaschen mit besonderen Anschlägen versehen, wodurch die Kette nur in einer Richtung voll gebogen werden kann (vgl. Abb. 54). Diese Anschläge und die Laufschienen gewähren im Falle eines Kettenbruches eine unveränderliche Lage der Ketten an jeder beliebigen Stelle der Fahrtreppe. Bei der Fahrtreppe nach Abb. 70 werden anstelle der verschleißanfälligen Ketten einzelne Zahnstangen zur Verbindung der Stufen verwendet. Der Antrieb ist gut zugänglich am unteren Treppenende angeordnet. Eine Gelenkwelle dient zur Kraftübertragung.

Die Stufen bestehen gewöhnlich aus einem Stahlkörper mit Aluminiumbelag. Die Laufrollen besitzen dauergeschmierte Wälzlager und eine gegen Öle und Fette unempfindliche Laufflächenbandage.

Der Fahrtreppenantrieb und das Stufenband müssen mit Rücksicht auf die hohe Betriebssicherheit entsprechend zuverlässig und verschleißfest ausgeführt sein sowie einfache Wartung und Instandsetzung ermöglichen. Zum Nachspannen der Zugketten wird eine Gewichts- oder Schraubenspanneinrichtung mit oder ohne Feder vorgesehen.

Erst in den letzten Jahren hat man erkannt, daß Fahrtreppen nicht als reiner Luxus in Warenhäusern angesehen werden können. Verbindungen aller Stockwerke untereinander durch Einbau von Fahrtreppen an zentraler Stelle in bestmöglicher Verkehrslage innerhalb des Hauses erwiesen sich als verkehrslenkender und verkaufsfördernder Faktor ersten Ranges. In der Schweiz wurde festgestellt, daß der Einbau von Aufzügen die Verkaufszahlen der oberen Stockwerke in Kaufhäusern nur unwesentlich anhob, während nach der Installation von Fahrtreppen der Umsatz auf 200—300% der früheren Werte stieg.

Das Überbrücken großer Förderhöhen, wie sie in öffentlichen Verkehrsanlagen vorkommen können, ist hauptsächlich eine Platzfrage. Neuanlagen wird man stets so planen, daß der zur Längenentwicklung der Fahrtreppen nötige Raum zur Verfügung steht. Lange Zeit galten die Fahrtreppen auf dem Bahnhof Leicester Square in London mit einer senkrechten Höhe von 25 m als die größten der Welt. Augenblicklich hält die Moskauer U-Bahn den Förderhöhenrekord mit einer Anlage von 80 m Höhe. In Deutschland sind als beachtenswerte Anlagen vier Fahrtreppen von je 28 m Förderhöhe im Zuge eines Fußgängertunnels unter dem Nord-Ostsee-Kanal bei Rendsburg erwähnenswert.

Aber nicht nur für die Personenbeförderung, sondern auch für Lasten sind fahrtreppenähnliche Anlagen bekannt geworden. Ihrer Konstruktion lagen folgende Gesichtspunkte zugrunde. Jeder Kaufmann hat ein großes Interesse an der schnellen und reibungslosen Bedienung seiner Kunden. Nicht ganz einfach ist dieses Problem in Großhandelshäusern, wo verhältnismäßig viele Waren fast ausschließlich auf Bügel- oder Plattformwagen zu transportieren sind. Ein echtes Problem entsteht dann, wenn die Waren in mehrstöckigen Bauten gelagert sind. In diesem Fall müssen bereits teilweise beladene Wagen den einzelnen Stockwerken zugeführt werden. Ein Aufzug ist für diesen Transport bei starkem Andrang ungeeignet, da er kein kontinuierliches Fördermittel darstellt und meistens Bedienungspersonal voraussetzt. Abb. 71 zeigt nun eine Neukonstruktion der Firma Transporttechnik GmbH in Form eines waagerecht tragenden Schrägförderers zum Transport der beschriebenen Bügelwagen von Stockwerk zu Stockwerk.

Der Schrägförderer wird vom Kunden beim Hineinschieben des Wagens automatisch in Tätigkeit gesetzt. Die nach einem besonderen System konstruierten Tragarme heben den Wagen an und beginnen ihren Transportweg. Um ein sanftes Anheben zu gewährleisten und trotzdem eine genügende Förderleistung zu erzielen, ist der Antriebsmotor polumschaltbar für zwei Drehzahlstufen ausgeführt. Aufnahme und Abgabe der Wagen erfolgen mit halbierter Fahrgeschwindigkeit. Wird der Wagen in die Abgabeschleuse hineingeschoben, so setzt der Schrägförderer still, sofern kein neuer Wagen zum Transport bereitsteht. Die Anlage ist ausgelegt für Plattformwagen mit 800·1000 mm Größe und einem maximalen Gewicht bis 500 kp. Die Leistung beträgt bei einem Höhenunterschied von 4 m etwa 50 Wagen/h. Durch den Einsatz eines selbstregelnden, stufenlosen Getriebes ist eine Erhöhung der Leistung auf 90 Wagen/h möglich. Als Zugelement dienen zwei seitlich laufende

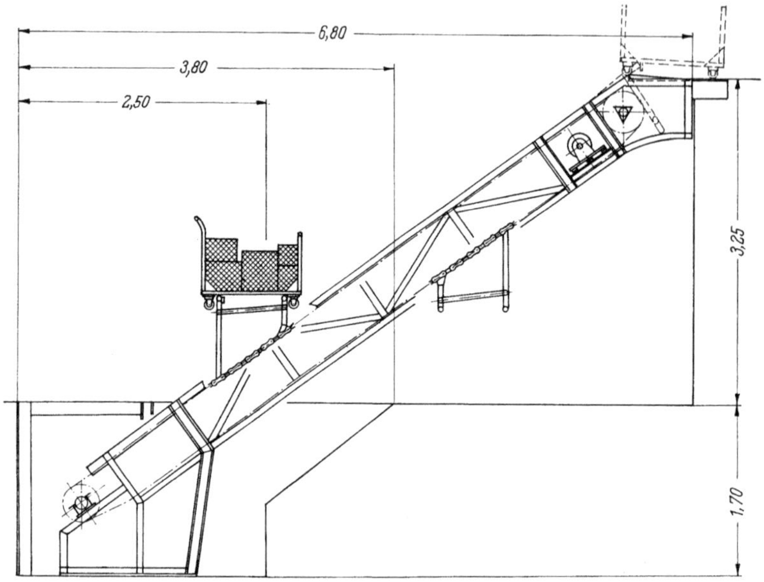

Abb. 71. Waagerecht tragender Schrägförderer zum Transport von Bügelwagen (Transporttechnik).

Hohlbolzenketten, zwischen denen zwei Aufnahmearme angebracht sind. Die unteren Umlenkkettenräder sind mit ihrer Achse in Längsrichtung über Spindeln verschiebbar zur Einstellung der richtigen Kettenspannung.

Berechnung der Gliederbandförderer. Wie schon erwähnt, muß man sie unterteilen in die mit ebenen Platten und solche mit trogförmigen Platten. Auf ebenen Bändern hat das Fördergut das Bestreben, seine Oberfläche theoretisch nach einem Zylindermantel einzustellen. Dieser Idealfall wird im Betrieb aber nie erreicht. Aus diesem Grunde wird bei der Berechnung des Füllquerschnittes auch nicht die Fläche des Kreisabschnittes ermittelt, sondern nur die Fläche des eingeschriebenen gleichschenkligen Dreiecks.

Ist B die Bandbreite in m, so ergibt sich die Schüttgutbreite zu

$$b = 0{,}9\,B - 0{,}05.$$

Bei waagerechter Förderung erhält man als rechnerischen Füllquerschnitt

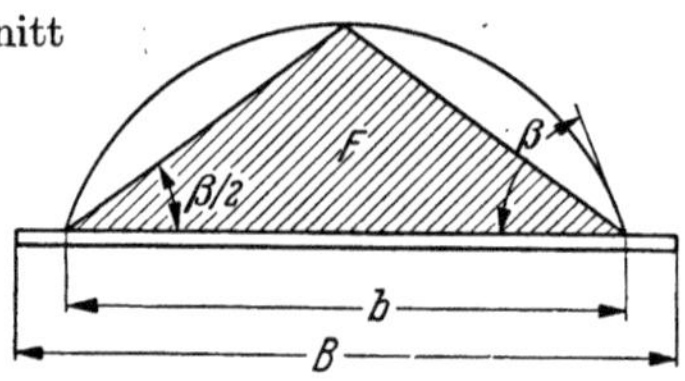

$$F = \frac{(0{,}9 \cdot B - 0{,}05)^2 \cdot \tan\beta/2}{4},$$

als rechnerische Fördermenge

$$Q_m = 3600\,F\,v\ \mathrm{m^3/h},$$

als rechnerische Förderleistung

$$Q_t = Q_m\,\gamma = 3600\,F\,v\,\gamma$$
$$= 900\,v\,\gamma\,(0{,}9\,B - 0{,}05)^2 \tan\beta/2\ \mathrm{Mp/h}.$$

Bei geneigter Förderung verringert sich diese Leistung auf

$$Q_t\,(\alpha \leqq 20°) = Q_t \cos^3\alpha; \quad Q_t\,(\alpha \geqq 21°) = Q_t \cos^4\alpha.$$

Bei den Trogbändern setzt sich bei waagerechter Förderung der Füllquerschnitt zusammen aus dem Querschnitt des Troges und der Böschungskuppe, deren Fläche wie bei den ebenen Förderern ermittelt wird:

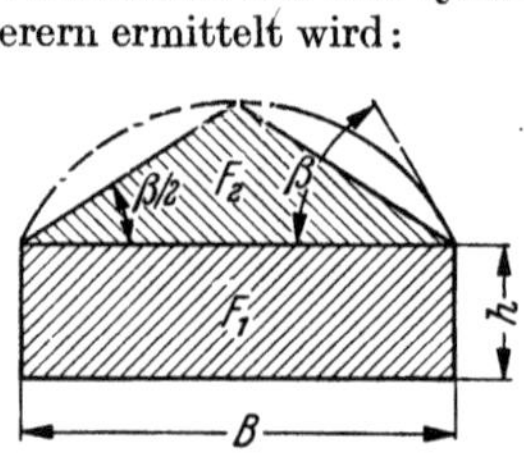

$$F = F_1 + F_2$$

$$F = B \cdot h + \frac{B^2 \cdot \tan\beta/2}{4}$$

also

$$Q_t = 3600\,F\,v\,\gamma$$
$$= 900\,B\,(4\,h + B\tan\beta/2)\,v\,\gamma\ \mathrm{Mp/h}.$$

Bei geneigter Förderung sind beim Trogförderer drei verschiedene Fälle zu unterscheiden:

a) $\alpha < \beta$, d. h. der Bandneigungswinkel soll kleiner als der Böschungswinkel des Schüttgutes sein. Hierbei wird das Volumen in Abhängigkeit von α kleiner, wie bei ebenen Plattenförderern gezeigt, während der Rauminhalt des Kastens erhalten bleibt.

b) $\alpha = \beta$. In diesem Fall bleibt das Band gestrichen gefüllt, die rechnerische Förderleistung:

$$Q_t = 3600\ B\ h\ v\ \gamma\ \text{Mp/h}.$$

c) $\alpha > \beta$. Bei so starkem Bandanstieg müssen Querwände im Trog vorgesehen werden, die ein Abrutschen des Gutes verhindern. Man erhält somit ein Kastenband, dessen einzelne Kästen aber nicht mehr ganz gefüllt bleiben. Die Fläche F_3 wird nicht mehr gefüllt.

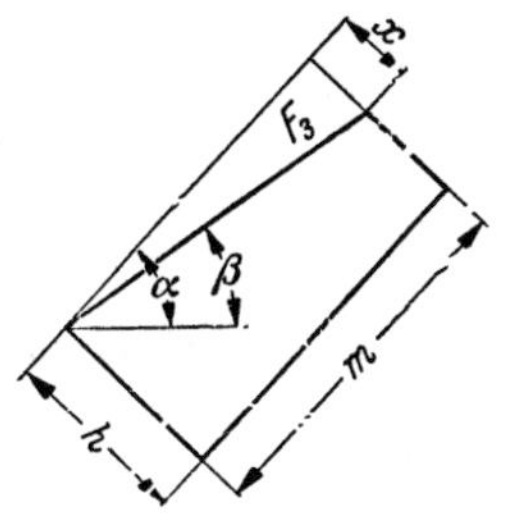

$$F_3 = \frac{\mathrm{m} \cdot x}{2} = \frac{\mathrm{m}^2 \cdot \tan(\alpha - \beta)}{2}.$$

Der verbleibende Füllungsquerschnitt des Kastens ist dann:

$$F_4 = \mathrm{m} \cdot h - F_3 = \mathrm{m} \cdot h - \frac{\mathrm{m}^2 \cdot \tan(\alpha - \beta)}{2}.$$

rechnerische Förderleistung:

$$Q_t = 3600 \cdot B \cdot \frac{F_4}{\mathrm{m}} \cdot v \cdot \gamma$$

$$= 1800 \cdot B \cdot v \cdot \gamma\,[2h - \mathrm{m} \cdot \tan(\alpha - \beta)]\ \text{Mp/h}.$$

Die Praxis lehrt jedoch, daß es sinnlos ist, beim Füllquerschnitt der Trogbandförderer die Böschungskuppe zu berücksichtigen, da die Bänder niemals in der Form gefüllt werden können. Um die Ermittlung der Förderleistung zu vereinfachen, wird grundsätzlich die Fläche des gestrichen gefüllten Bandes für die Rechnung verwendet.

Es sollen stündlich $Q_t = 200$ Mp Kohle mit einem Schüttgewicht $\gamma = 0{,}85$ Mp/m^3 über eine Länge von $L = 200$ m gefördert werden. Die Strecke verläuft ansteigend mit einer Neigung $\alpha = 5°$.

Welche Bandbreite und Bordhöhe ist zu wählen? — Bandgeschwindigkeit? — Bandzug in kp? — Leerlaufantriebsleistung? — Vollastantriebsleistung?

Lösung:

$$Q_m = Q_t/\gamma = 200/0{,}85 = 235\ \text{m}^3/\text{h}.$$

Für diese Fördermenge wird zweckmäßig ein Band mit 640 mm Trogweite und 130 mm Bordhöhe verwendet. Die erforderliche Bandgeschwindigkeit ist

$$v = \frac{Q_t}{3600 \cdot F \cdot \gamma} = \frac{200}{3600 \cdot 0{,}64 \cdot 0{,}13 \cdot 0{,}85} = 0{,}785\ \text{m/s}.$$

Für die Berechnung der Antriebsleistung sind folgende Angaben gültig:

G_t	= Totgewicht des Förderers	= 140 kp/m
G_g	= Nutzbelastung	= 70 kp/m
L_t	= Achsabstand der Kettenräder	= 205 m
L_g	= Förderweg	= 200 m
t	= Teilung der Laschenkette nach DIN 8175	= 160 mm
$2R$	= Laufrollendurchmesser (Lauffläche)	= 108 mm
l	= Abstand der Laufrollen	= 1920 mm
a	= waagerechter Laufrollenabstand	= 1910 mm
k	= Faktor für Spurkranzreibung	= 1,25
h	= Banddurchhang zwischen Laufrollen	= 50 mm
r_z	= Lagerlaufkreisradius	= 20 mm
μ_z	= Reibungsbeiwert für Wälzlagerung	= 0,002
f_1	= Hebelarm der rollenden Reibung	= 0,8 mm
f_{ges}	= Gesamtverlustbeiwert des Förderers	= $(\mu_z\, r_z + f_1)/R$.

Bei einem Banddurchhang von $h = 50$ mm zwischen den Laufrollen ist die erforderliche Kettenspannung

$$H_0 = \frac{G_t}{2} \cdot \frac{l \cdot a}{8 \cdot h} = \frac{140 \cdot 1{,}92 \cdot 1{,}91}{2 \cdot 8 \cdot 0{,}05} = 640\ \text{kp}$$

$$f_{ges} = \frac{\mu_z \cdot r_z + f_1}{R} = \frac{0{,}002 \cdot 20 + 0{,}8}{54} = 0{,}0156.$$

Mit diesen Werten ergibt sich die gesamt zu überwindende Laufrollen-Umfangskraft im Obertrum zu:

$$P_0 = (G_g\, L_g + G_t/2\, L_t)\, f_{ges}\, \cos\alpha\, k$$

$$= (70 \cdot 200 + 140/2 \cdot 205) \cdot 0{,}0156 \cdot \cos 5° \cdot 1{,}25 = 552\ \text{kp}.$$

Für das Untertrum gilt entsprechend:

$$P_u = G_f/2\, L_f\, f_{\text{ges}} \cos\alpha\, k$$

$$= 70 \cdot 205 \cdot 0{,}0156 \cdot 0{,}9962 \cdot 1{,}25 = 279 \text{ kp}.$$

Ermittlung der Zugkraft im Untertrum am Antrieb. Hierbei ist zu beachten, daß die Spannungsermittlung entgegen der Bewegungsrichtung erfolgt.

$$Z_u = H_0 + G_f/2 \cdot L_f \sin\alpha - P_u$$

$$= 640 + 70 \cdot 205 \cdot 0{,}0872 - 279 = 1612 \text{ kp}.$$

Die Zugkraft im Obertrum am Antrieb beträgt:

$$Z_0 = H_0 + (G_g\, L_g + G_f/2\, L_f) \sin\alpha + P_0$$

$$= H_0 + (70 \cdot 200 + 70 \cdot 205) \cdot 0{,}0872 + 552 = 3662 \text{ kp}.$$

Die Zugkraft am Obertrum am Antrieb bei Leerlauf, d. h. wenn $G_g = 0$, ist

$$Z_{\text{Leer}} = H_0 + G_f/2\, L_f \sin\alpha + P_0$$

$$= 640 + 70 \cdot 205 \cdot 0{,}0872 + 552 = 2442 \text{ kp}.$$

Neben diesen statischen Bandkräften sind bei der Festigkeits- sowie Antriebsleistungsberechnung eines Gliederbandförderers noch die dynamischen Kräfte zu berücksichtigen. Diese werden durch die Verwendung der eckigen Kettenräder hervorgerufen. Es wird eine rhythmische Beschleunigung mit anschließender Verzögerung des Bandes an den Kettenrädern erzeugt. Bei den üblichen Förderern mit Laschenketten sind hauptsächlich zwei Arten der gegenseitigen Anordnung von Kettenstrangführung und Umführungskettenrad anzutreffen. In den meisten Fällen findet man die Kettenstränge so geführt, daß ihre Mittellinien die Tangenten an den dem Sternvieleck einbeschriebenen Kreis bilden. Seltener anzutreffen ist die Anordnung, bei der die Mittellinien der Kettenstränge an den dem Sternvieleck umbeschriebenen Kreis tangieren. Der Einfachheit halber soll die erste Anordnung als Seitenanordnung bezeichnet werden, in Anlehnung daran, daß bei ihr bei bestimmter Kettenradstellung der Kettenstrang die Richtung einer Seite des Kettenrades hat; die zweite Anordnung dagegen sei mit Eckanordnung bezeichnet.

Da beim Auflauf eines Kettengliedes auf den Kettenstern (ebenso wie beim Ablauf) das eine Ende des Kettengliedes sich auf der geraden Führungsschiene des Stranges bewegt, während das andere Ende, vom Umführungsrad mitgenommen, eine Kreisbahn beschreibt, so führt das Kettenglied eine Bewegung ähnlich der einer Pleuelstange aus, d. h. die gleichförmige Umfangsgeschwindigkeit des Rades setzt sich in eine ungleichförmige Kettenstranggeschwindigkeit von periodischem Verlauf um. Bei Verwendung von großen Kettenteilungen hat man auf verschiedene Weise versucht, diese Geschwindigkeitsschwankungen möglichst zu vermeiden, entweder indem man den Antriebsstern selbst mit periodisch veränderlicher Drehgeschwindigkeit umlaufen ließ, oder indem man den Kettenstrang nicht durch einen der Umführungssterne, sondern durch eine besondere kurzgliedrige sogenannte Schleppkette antreiben ließ oder eine exzentrische Lagerung des Antriebsritzels vorsah, (vgl. S. 136) oder schließlich, indem man zwischen Antriebsstern und gerader Kettenstrecke eine Zwangsschiene einbaute, die so gekrümmt war, daß die Kette beim Übergang von dieser Führung zur geraden Strecke einem zweiten Geschwindigkeitsumsatz unterworfen wurde, der den ersten zwischen Kettenrad und Zwangsschiene mehr oder minder ausglich.

Durch längere Rechnung wurde nachgewiesen, daß die Eckanordnung einen ruhigeren Kettengang bewirkt. Doch könnte hierbei auch gezeigt werden, daß die Auf- und Ablaufgeschwindigkeiten nur zu einzelnen Zeitpunkten miteinander übereinstimmen. Der Geschwindigkeitsunterschied hat nun folgende Wirkung:

Wird bei größerer Auflaufgeschwindigkeit in gegebenem Zeitraum mehr an Kettenlänge vom Stern aufgewickelt als abgegeben, so verkürzt sich die freie Kettenstranglänge, und die Spannvorrichtung der Förderkette muß in entsprechendem Sinne nachgeben. Ein derartiges Nachgeben, bei dem eine Feder stärker gespannt oder ein Gewicht angehoben wird, bedeutet nämlich eine zusätzliche Arbeitsleistung für den Antriebsmotor. Bei den heute allerdings meist gebräuchlichen Bändern mit kleiner Kettenteilung sind diese Probleme nicht so von Bedeutung. Wohl aber wird durch die sich dauernd ändernde Beschleunigung eine zusätzliche Beschleunigungskraft erzeugt, die den Kettenzug erhöht und damit größere Antriebsleistung bedingt. Es soll hier eine näherungsweise Bestimmung der wirklich auftretenden Geschwindigkeits- und Beschleunigungsänderung gezeigt werden, die jedem leicht einleuchtet. Wie aus der Skizze ersichtlich, wird die Kette von Punkt A bis Punkt B beschleunigt, denn der im gezeigten Augenblick wirksame Kettenradhalbmesser x vergrößert sich um Δ_r auf r. Von B nach C findet dann eine entsprechende Verzögerung statt. Wie aber bekannt, ist die Radumfangsgeschwindigkeit $v = r\,\omega$ also eine Funktion des Radius, so daß sich diese mit dem Radius laufend nach oben und unten ändert. Die Größe der Schwankung hängt von der Zähnezahl des Kettenrades ab. Je größer die Zähnezahl, um so geringer die Geschwindigkeitsschwankung und damit die dynamischen Bandspannungen.

z = Zähnezahl,
t = Teilung = $\overline{AC}$,
r = Kettenradradius,
D_t = Teilkreisdurchmesser = $2\,r$,
n = Drehzahl des Kettenrades in U/min,

$\Delta\, v$ = Geschwindigkeitsdifferenz zwischen den Punkten A und B bzw. B und C,
$2\,\varphi = 360°/z$,
$\varphi = 180°/z$.

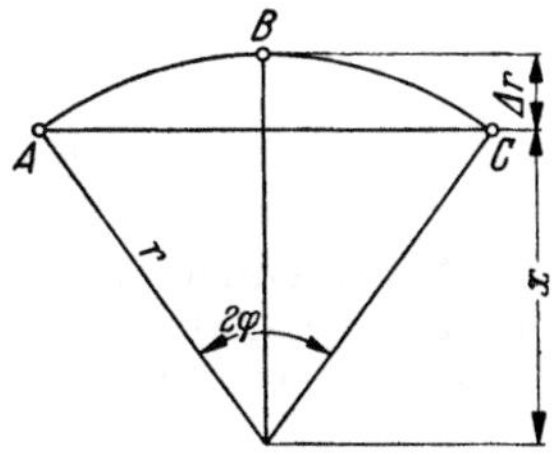

$$\cos\varphi = \frac{x}{r}\,; \quad \sin\varphi = \frac{t/2}{r} = \frac{t}{D_t} = \frac{t}{2\cdot r}$$

$$x = r\cdot\cos\varphi = r\cdot\cos\frac{180}{z}$$

$$r = x + \Delta\, r\,,$$

$$v_{\max} = r\cdot\omega\,; \quad v_{\min} = x\cdot\omega = r\cdot\omega\cdot\cos 180/z\,,$$

$$v_{\text{mittel}} = \frac{z\cdot t\cdot n}{60}\,; \quad n = v_{\text{mittel}}\cdot 60/z\cdot t\,,$$

$$\omega = \frac{n\cdot\pi}{30} = \frac{2\,v_{\text{mittel}}\cdot\pi}{z\cdot t}\,.$$

Beispiel:

z = 10 Zähne,

D_t = 518 mm Dmr.,

v = 0,785 m/s,

$$\omega = \frac{2\cdot 0{,}785\cdot\pi}{10\cdot 0{,}16} = 3{,}08\,1/\text{s}\,.$$

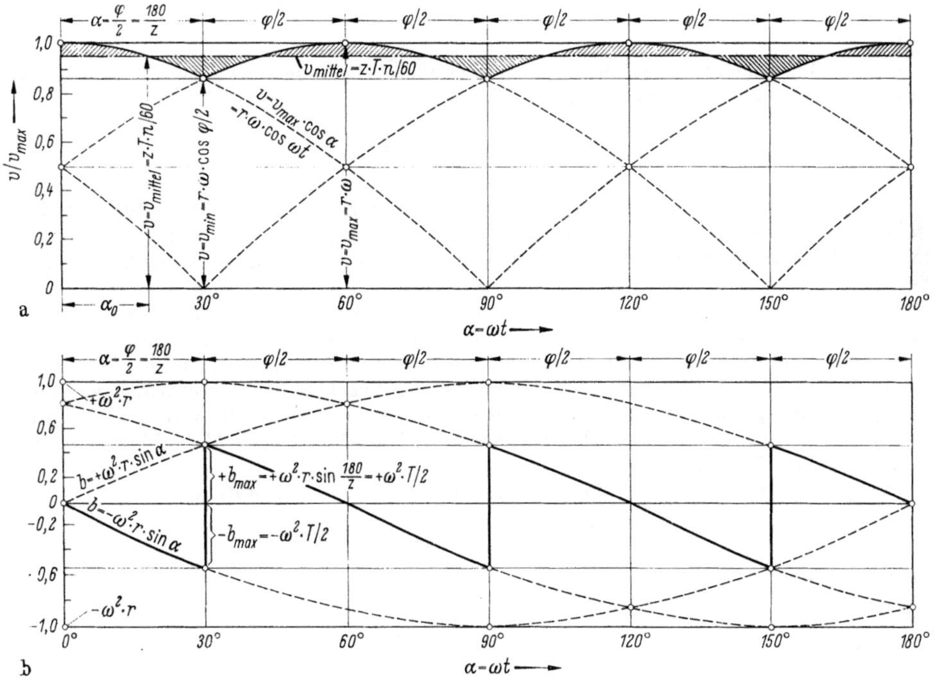

Abb. 72. Geschwindigkeits- und Beschleunigungs-Verlauf bei polygonen Kettenrädern.

Die Bandgeschwindigkeit schwankt demnach laufend entsprechend Abb. 72a zwischen

$$v_{\max} = r\,\omega = 0{,}259\cdot 3{,}08 = 0{,}798\ \text{m/s}$$

und

$$v_{\min} = r\,\omega\,\cos 18° = 0{,}798\cdot 0{,}95 = 0{,}758\ \text{m/s}.$$

Der Ungleichförmigkeitsgrad ist dann

$$\delta = \frac{v_{\max} - v_{\min}}{v_{\text{mittel}}} = \frac{0{,}798 - 0{,}758}{0{,}785} \approx \frac{1}{20}\,.$$

Für die Berechnung der dynamischen Kräfte in den Ketten ist jedoch nicht die Geschwindigkeit, sondern die Beschleunigung maßgebend, da nach NEWTON gilt (vgl. Abb. 72b)

$$Z_{\text{dyn}} = m \cdot b\,,$$

$$b = \omega^2 \cdot \frac{t}{2} = \left[\frac{\pi \cdot n}{30}\right]^2 \cdot \frac{t}{2} \approx \frac{n^2 \cdot t}{180}\ \text{m/s}^2 = 3{,}08^2 \cdot 0{,}16/2 = 0{,}759\ \text{m/s}^2\,.$$

Nimmt man das Band als straffgespannt an, d. h. zwischen den Laufrollen ist kein Durchhang vorhanden, was z. B. bei stark ansteigender Förderung der Fall ist, so muß natürlich die gesamte Masse des auflaufenden Trums, d. h. beim Antriebskettenrad einschließlich des Fördergutes in die Rechnung eingesetzt werden:

$$\text{m} = \frac{G_f/2 \cdot L_f + G_g \cdot L_g}{g} = \frac{70 \cdot 205 + 70 \cdot 200}{9{,}81} = 289\ \frac{\text{kp} \cdot \text{s}^2}{\text{m}}\,.$$

Und mit der errechneten Beschleunigung ergibt sich die dynamische Kraft zu

$$Z_{\text{dyn}} = m\,b = 289 \cdot 0{,}759 = 2190\ \text{kp}.$$

Das Verhältnis der Beschleunigungskraft zum Bandzug zeigt sich zu

$$\frac{Z_{\text{dyn}}}{Z_0} = \frac{2190}{3662} = 0{,}598; \qquad Z_{\text{dyn}} = 0{,}598 \cdot Z_0\,,$$

d. h. die Beschleunigungskraft kann bei waagerechten Förderern mehr als die Hälfte der normalen Kettenzugkraft betragen.

Bei einem senkrecht angeordneten Förderer (von der Höhe h), z. B. einem Becherwerk, hängen die Zugkraft Z_0 und die Beschleunigungskraft Z_{dyn} nur von dem Gewicht oder der Masse des aufwärtsgehenden Stranges ab; es ist also

$$\frac{Z_{\text{dyn}}}{Z_0} = \frac{(G_g + G_f/2) \cdot h \cdot b}{g} : (G_g + G_f/2) \cdot h = \frac{b}{g}\,.$$

Legt man die für den Gliederbandförderer benutzten Werte (Kettengeschwindigkeit $v = 0{,}785$; Kettenrad mit 10 Zähnen) zu Grunde, so ergibt sich das Verhältnis

$$\frac{Z_{\text{dyn}}}{Z_0} = \frac{b}{g} = \frac{0{,}759}{9{,}81} = 0{,}077\,.$$

Der Wert $Z_{\text{dyn}} = 0{,}077 \cdot Z_0$ spielt also gegenüber der normalen Zugkraft keine wesentliche Rolle. In Wirklichkeit fällt er sogar noch geringer aus, da die senkrechten Stränge im allgemeinen nicht geführt werden und die Kette sich daher gegenüber den Kettenrädern frei einstellen kann, was die Geschwindigkeitsschwankungen vermindert.

Die waagerechten Förderer arbeiten nun aber nur selten unter einem so starken Anstieg, daß der Banddurchhang ganz verschwindet. Mit einem gewissen Durchhang ist also immer zu rechnen. Das Band ist dann elastisch und nimmt die erzeugten Schwingungen infolge des Banddurchhanges schon kurz hinter dem Kettenrad auf. Je nach Größe des Durchhanges kann dann mit einem Bruchteil der Gesamtmasse gerechnet werden. Für das angegebene Beispiel soll mit etwa 5% weitergerechnet werden, so daß die dynamische Kraft den Wert $Z_{\text{dyn}} = 110$ kp annimmt und die Kraft im Obertrum am Antrieb auf $Z_0' = 3662 + 110 = 3772$ kp bei Vollast und auf $Z_{\text{leer}}' = 2442 + 110 = 2552$ kp bei Leerlauf erhöht.
Zur Berechnung der Antriebsleistung ist die Umfangskraft am Kettenrad ausschlaggebend:

$$U_1 = Z_0' - Z_u = 3772 - 1612 = 2160\ \text{kp}.$$

Hinzu kommt die Achsreibung am Antriebsrad

$$U_{1\text{Reib}} = (Z_0' + Z_u) \cdot \mu_u \cdot \frac{r_z'}{r}\,.$$

Lagerlaufkreisradius/Kettenradradius = 1/5 gewählt, wird

$$U_{1\text{Reib}} = (3772 + 1612) \cdot 0{,}05 \cdot \frac{1}{5} = 53{,}84\ \text{kp},$$

$$U_{1\text{ges}} = U_1 + U_{1\text{Reib}} = 2160 + 53{,}84 = 2213{,}84\ \text{kp}\,.$$

Bei Leerlauf des Bandes ergeben sich entsprechende Werte

$$U_2 = Z_{\text{leer}}' - Z_u = 2442 - 1612 = 830\ \text{kp}\,,$$

$$U_{2\text{Reib}} = (Z_{\text{leer}}' + Z_u) \cdot \mu_u \cdot \frac{r_z'}{r} = (2442 + 1612) \cdot 0{,}05 \cdot \frac{1}{5} = 40{,}54\ \text{kp}\,,$$

$$U_{2\text{ges}} = U_2 + U_{2\text{Reib}} = 830 + 40{,}54 = 870{,}54\ \text{kp}.$$

Für die Antriebsleistungen ist dann

$$N_{\text{Vollast}} = U_{1\text{ges}} \cdot \frac{v}{75 \cdot \eta_{\text{ges}}} = \frac{2213{,}84 \cdot 0{,}785}{75 \cdot 0{,}65} = 35{,}6\ \text{PS}\,,$$

$$N_{\text{leer}} = U_{2\text{ges}} \cdot \frac{v}{75 \cdot \eta_{\text{ges}}} = \frac{870{,}54 \cdot 0{,}785}{75 \cdot 0{,}65} = 14{,}1\ \text{PS}\,,$$

Diese Antriebsleistungen reichen für normalen Betrieb aus. Sollten jedoch starke, enge Kurven zu durchfahren sein, so wird ein geringer Leistungszuschlag erforderlich.

Als Antriebsmotoren finden meistens Kurzschlußläufer mit $n = 1450$ U/min Anwendung. Die Kettenraddrehzahl ist für das berechnete Band

$$n = \frac{60 \cdot v}{z \cdot t} = \frac{60 \cdot 0{,}785}{10 \cdot 0{,}16} = 29{,}4\ \text{U/min}\,,$$

wodurch die Gesamtübersetzung mit $i = 1:50$ festgelegt ist.

Nach DIN 22200 Blatt 3 kann die Antriebsleistung für Stahlgliederbänder auch überschläglich nach folgender Gleichung errechnet werden:

$$N_{\text{Vollast}} = \frac{L \cdot f}{270} \cdot (3{,}6 \cdot G_f \cdot v + Q_t) + \frac{Q_t \cdot L \cdot \sin\alpha}{270} + N_z\,.$$

Der Gesamtverlustbeiwert f sowie der zusätzliche Leistungsbedarf infolge Aufgabewiderstand N_z wird im Normblatt angegeben.

Der Wert f wird als Funktion vom Steigungswinkel α gezeigt und kann für die gebräuchlichen Stahlgliederbänder mit 0,03—0,05 angegeben werden.

N_z schwankt in Abhängigkeit von der Förderleistung bis $Q_t = 500$ Mp/h linear zwischen 1 und 3 PS.

Wie zu sehen, setzt sich die Vollastleistung zusammen aus einem Anteil für söhlige Förderung, einem Hubanteil und einem Zuschlag, der die Beschickung berücksichtigt.

c) Wandertische

Die im vorigen Abschnitt geschilderten Plattenbandförderer sind in gleicher Weise wie für Schüttgut auch zum stetigen Transport von Stückgütern auch bei ungleichmäßiger Aufgabe geeignet. Sollen sie aber zum Fortbewegen der Arbeitsstücke von einem Arbeitsplatz zum anderen in Bearbeitungs- und Montagewerkstätten, wie Gießereien und für viele andere Fertigungszwecke verwendet werden, so ist es nicht mehr erforderlich und manchmal sogar unzweckmäßig, einen durchgehenden, geschlossenen Bandbelag zu haben. Die einzelnen Tragplatten werden vielmehr in gewissen Abständen mit den Zugketten verbunden, so daß sich Wandertische ergeben. Die Ausführung der Wandertische ist sehr mannigfaltig. Eine Gliederung erfolgt nach der Anordnung des Zugmittels bzw. der Fahrbahn und der Lage der Platten im Last- und Leertrum. Man unterscheidet:

a) senkrecht umlaufende Wandertische, bei denen die Platten fest mit den Ketten verbunden sind, an den Endkehren abkippen und im Untertrum hängend geführt werden;

b) senkrecht umlaufende Wandertische, bei denen die Platten zwischen den Ketten befestigt sind und an den Kehren so geführt werden, daß ihre aufrechte Lage erhalten bleibt und auch im Untertrum eine Förderung möglich ist;

c) waagerecht umlaufende Wandertische, bei denen die Fahrbahn nicht nur in waagerechter Ebene, sondern auch räumlich verlaufen kann; der Wandertisch kann so über seine ganze Länge zur Förderung ausgenutzt werden.

Senkrecht umlaufende Wandertische mit kippenden Platten bestehen ähnlich wie Gliederbandförderer aus einer oder zwei Zugketten mit den daran befestigten Platten zur Fördergutaufnahme. Je nach Gewicht der aufzunehmenden Teile werden die Platten von einem oder zwei Rollensätzen getragen. Die Platten von Montagewandertischen erhalten häufig besondere Aufbauten zur Aufnahme der Arbeitsstücke, Dreheinrichtungen oder andere Hilfsmittel, die die Montage erleichtern (Abb. 73). Aus Gründen des Unfallschutzes werden die Wandertische vollkommen im Boden versenkt eingebaut oder aber durch Seitenbleche soweit abgedeckt, daß nur noch das eigentliche, sich bewegende Fördertrum freiliegt. Da die Wandertischplatten in ihrer Länge meist ein Vielfaches der Kettenteilung ausmachen, können sie, wie in Abb. 63 auch gezeigt, nur an einer Stelle mit dem Zugmittel verbunden werden, um an den Kehrstationen eine Umlenkung überhaupt zu ermöglichen. Zum Führen der Platten während der Kippbewegung werden am Antriebsrad für die Laufrollen der Platten feste Führungsschienen und am Spannrad zwei Führungsscheiben eingebaut. Die Führungen müssen so konstruiert sein, daß sich eine zwanglose Umkehrung der Platten ergibt.

Sind großflächige Teile zu fördern, z. B. Wandelemente im Fertigteilbau, so erübrigen sich vielfach die Tragplatten, da die Güter direkt auf die Ketten abgelegt werden können.

Abb. 73. Montageband (Stotz).

Senkrecht umlaufende Wandertische zeichnen sich durch eine gedrungene Ausführung aus. Insbesondere bei nur eintrümig zu benutzenden Wandertischen vergrößert sich jedoch die Länge mit zunehmender Dauer des Fertigungsvorganges, für den sie vorgesehen sind, wodurch die Planung der räumlichen Aufteilung einer Werkstatt häufig erschwert wird. Wesentlich günstiger verhalten sich die Ausführungen, bei denen die Platten nicht kippen und auch im Untertrum für die Förderung ausgenutzt werden können. Diese Konstruktionen sind im Aufbau identisch mit dem bereits auf S. 53 beschriebenen Schlepp-

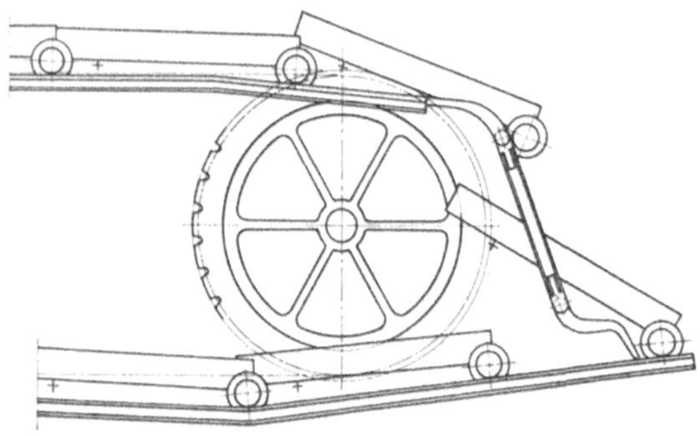

Abb. 74. Umkehrstation für senkrecht umlaufenden Wandertisch (Aumund).

plattenband. Die Platten der Wandertische werden auf vier Rollen geführt, wobei jede Platte aber nur an einem Ende mit den Zugketten verbunden wird. Anstelle der in Abb. 50 auf der linken Seite gezeigten Kopfkehrstation muß dann jedoch eine Ausführung entsprechend Abb. 74 gewählt werden, um ein Kippen der Wandertische auch innerhalb der Kehrstation zu vermeiden. Diese Ausführungsform kann für beide Förderrichtungen eingesetzt werden.

Dreht sich das Kettenrad entgegen dem Uhrzeigersinn, so werden die Fallklinken in der Schienenführung durch die Rollen angehoben und fallen durch ihr Eigengewicht zurück, so daß dann die Schienenführung für die Rollenbahn wieder geschlossen ist. Bei einem Drehsinn des Kettenrades im Uhrzeigersinn werden die Fallklinken über Gegengewichte oder Federn im Ruhezustand offen, d. h. angehoben gehalten. Die ankommenden Laufrollen drücken dann aufgrund des Eigengewichtes der Tragplatten zunächst die Klinken herunter und können sie so überrollen. Sobald die Rollen die Klinken verlassen haben bewegen sich diese durch Federkraft oder das anhängende Gegengewicht wieder hoch und geben den Rollen die Bahn frei. Sind auf dem Wandertisch kleinere Stücke zu fördern, so können diese sogar mit durch die Umkehren geführt werden. Es ist lediglich durch geeignete Anschläge für einen festen Sitz der Güter auf den Platten zu sorgen. Die Bearbeitung der transportierten Werkstücke kann im Untertrum von Hallenflur aus erfolgen, während das Obertrum auf der anderen Seite über eine Bühne längs des Bandes zugänglich zu machen ist.

Mit einer Sonderkonstruktion ist es darüber hinaus auch möglich, Werkstücke, Formkästen oder dergleichen von einem zum anderen Stockwerk weiterzureichen bei absolut waagerechter Lage in allen Förderphasen. Bei dieser Ausführung werden die Zugketten nicht durch ein Kettenrad um 180° umgelenkt, sondern in zwei Schritten jeweils nur um 90° durch Umlenkräder, die in den unterschiedlichen Stockwerken angeordnet sind. Die Platten des Wandertisches werden in der Umkehrstation zunächst über Schienen geradeaus weitergeleitet und gelangen auf kleine Plattformen, die an senkrecht mit dem Wandertisch synchron laufenden Ketten befestigt sind. Die Lage der Zuführungsschienen für die Rollen sowie die relative Lage der kleinen Plattformen in bezug auf die Zugketten des Wandertisches bedürfen einer genauen Überlegung, um einen stoßfreien Übergang der Laufrollen von der Schiene zur Kette und zurück zu gewährleisten. Das System kann selbstverständlich in gleicher Weise wie für Abwärtsförderung auch für die Aufwärtsförderung benutzt werden. Sogar ein Reversieren der Anlage ist möglich. Abb. 157 zeigt auch eine Einrichtung für ähnliche Förderaufgaben.

In gleicher Weise wie bei diesen Sonderausführungen der senkrecht umlaufenden Wandertische ist auch bei den waagerecht umlaufenden Ausführungen die Ausnutzung der gesamten Tischlänge für die Förderung möglich, jedoch erfordern sie oft mehr Platz. Durch die mögliche Kreisbewegung der Fördergüter lassen sich diese Wandertische bei relativ kleiner Gesamtlänge für langwierige Fertigungsvorgänge (z. B. Kühlungs- und Trocknungsprozesse) sowie als bewegliche Lager verwenden.

Auch bei der Bauart als waagerecht umlaufender Wandertisch sind die Ausführungen sehr mannigfaltig. Man unterscheidet Wandertische mit zentraler und seitlicher Anordnung der Zugkette, die über oder unter den Laufachsen der Wagen liegen kann. Ferner sind Wandertische mit zweischieniger oder einschieniger Fahrbahn zu unterscheiden.

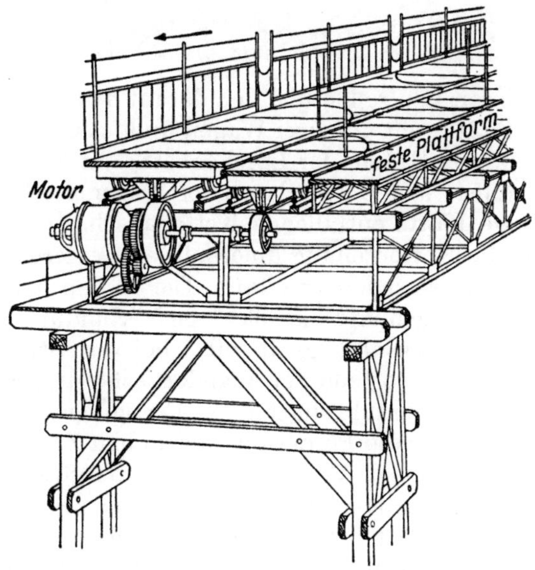

Abb. 75. Bewegliche Plattform für Personenbeförderung.

Einschienige Fahrbahnen sind zwar einfacher und billiger, haben jedoch den Nachteil einer größeren Bauhöhe der Plattenwagen und einer Pendelneigung der Wagen zur Laufrichtung bei größerem Spiel an den Führungsrollen der Kette. Wandertische mit seitlicher Kettenanordnung verwendet man bei der Fließfertigung bzw. Montage kleinerer Werkstücke mit einem Gewicht bis etwa 100 kp.

Auch das noch von der Pariser Ausstellung des Jahres 1900 bekannte Trottoir Roulant gehört unter die Gruppe der Wandertische. In diesem Falle sind die einzelnen Platten als Plattformwagen ausgebildet, aber unter sich verbunden, wie aus Abb. 75 ersichtlich. Die Kurvenführung in waagerechter Richtung wird dadurch ermöglicht, daß der Antrieb durch einzelne auf der Bahn fest angeordnete Motore geschieht, deren Kraft durch Reibung auf Schienen übertragen wird, die unter den Plattformen der Wagen befestigt sind. Die Bahn in Paris hatte eine Länge von 3,4 km und verursachte bei 12 Pf Stromkosten stündlich für etwa 40 Mark Stromverbrauch, wobei 14000—15000 Personen auf der Plattform Platz hatten. Die schneller laufende eigentliche Förderplattform lief mit 7 km/h, die schmälere Hilfsplattform mit der halben Geschwindigkeit. Für den Personenverkehr sind solche Anordnungen bisher jedoch selten ausgeführt worden. Eine ähnliche Anlage mit Kurvenführung in horizontaler Ebene wurde von der Firma Stotz AG ausgeführt als Standbahn-Fließarbeitsanlage in einer Gießerei. Wie aus Abb. 554 ersichtlich, wandern die an der Ausschlagstelle mit Vibrationsrost entleerten Formkästen teils auf dem Wandertisch selbst, teils auf Rollenbahnen zu den Formmaschinen zurück.

Der in Abb. 76 dargestellte, waagerecht umlaufende Wandertisch ist als besonders zweckmäßig und betriebssicher anzusehen. Er wird je nach Einsatzzweck in verschiedenen Größen gefertigt. Der rollende Teil dieses Wandertisches besteht aus einer Laschenkette mit Hülsen, den an den Kettenlaschen starr befestigten einachsigen Wagen mit spur-

Abb. 76. Wandertisch in der Fließfertigung (Stotz).

kranzlosen Laufrollen und den darauf befestigten Platten als eigentliche Fördergutträger. Jede Platte ruht auf zwei Wagen und ist mit diesen durch senkrechte Bolzen verbunden. Die auf den Hülsen der Laschenkette auf Kugel- oder Kegelrollenlagern gelagerten Führungsrollen laufen zwischen zwei Führungsschienen und führen die Wagen seitlich. Der auf eine Platte entfallende Kettenabschnitt besteht aus zwei oder vier Kettengliedern, wobei die Kettenteilung innerhalb eines viergliedrigen Abschnittes je nach dem Plattenabstand verschieden sein kann. Die an den Laschen der Stützrollenkette befestigten einachsigen Wagen und die gelenkige Verbindung der Platten mit den Wagen gewährleisten eine gute Kurvenläufigkeit selbst bei verhältnismäßig kleinen Gleisbögen.

Die Hauptvorteile der Wandertische dieser Bauart bestehen in der leichten Anpassung der Linienführung an die Fertigungsbedingungen, der Ausnutzung der gesamten Tischlänge für die Förderung, der hohen Zuverlässigkeit im Betrieb und der Möglichkeit, das Auflegen und Abnehmen der Fördergüter weitgehend zu mechanisieren. Zu diesem Zweck werden die Platten in der jeweils zweckentsprechenden Form gestaltet (Abb. 77). Die flachen Platten haben auf ihrer Oberseite zweckmäßig Rillen zum freien Abzug der Gase aus dem Unterkasten. Sie werden in der Hauptsache für mittelschwere Formkästen in Gießereien eingesetzt, die mit Kran oder Elektroseilzug aufgelegt bzw. abgenommen werden oder aber für leichte Formkästen bei Be- und Entladung von Hand. Bei der in Abb. 77b dargestellten Platte sind die Tragrollensätze klappbar befestigt, um den sich unter den Tragrollen ansammelnden Formsand entfernen zu können. Diese Platten eignen sich für schwere Formkästen bis zu 2 Mp Gewicht, die von einem Rollenförderer übernommen oder durch eine Stoßeinrichtung abgeladen werden. Die Kipp-Platten entsprechend Abb. 77c werden meist für kastenlose Gußformen verwendet und kippen beim Auflaufen der seitlichen Rolle auf eine Schiene, wobei die Form auf den Ausklopfrost herabgleitet.

Der Antrieb von senkrecht umlaufenden Wandertischen geschieht in der gleichen Weise wie von Gliederbandförderern her bekannt an einer der beiden Kopfstationen. Bei waagerecht umlaufenden Wandertischen mit seitlich oder in der Mitte über den Laufachsen angeordneter Zugkette kann er ebenfalls an einer der Umlenkscheiben eingebaut werden. Bei in der Mitte unter den Laufachsen angeordneter Zugkette muß der Antrieb durch eine Schleppkette mit Mitnehmern erfolgen, und zwar in der Form der Zwischenantriebe für Trogbandförderer. Damit der Mitnehmer stoßfrei außer Eingriff kommt, wählt man den Mitnehmerabstand um 2—5 mm kleiner als die Teilungen der Zugkette, so daß der nachfolgende Mitnehmer bereits etwas früher eingreift. Hierdurch wird eine stetige, stoßfreie Kraftübertragung von der Schlepp- zur Zugkette erzielt. Der Einbau

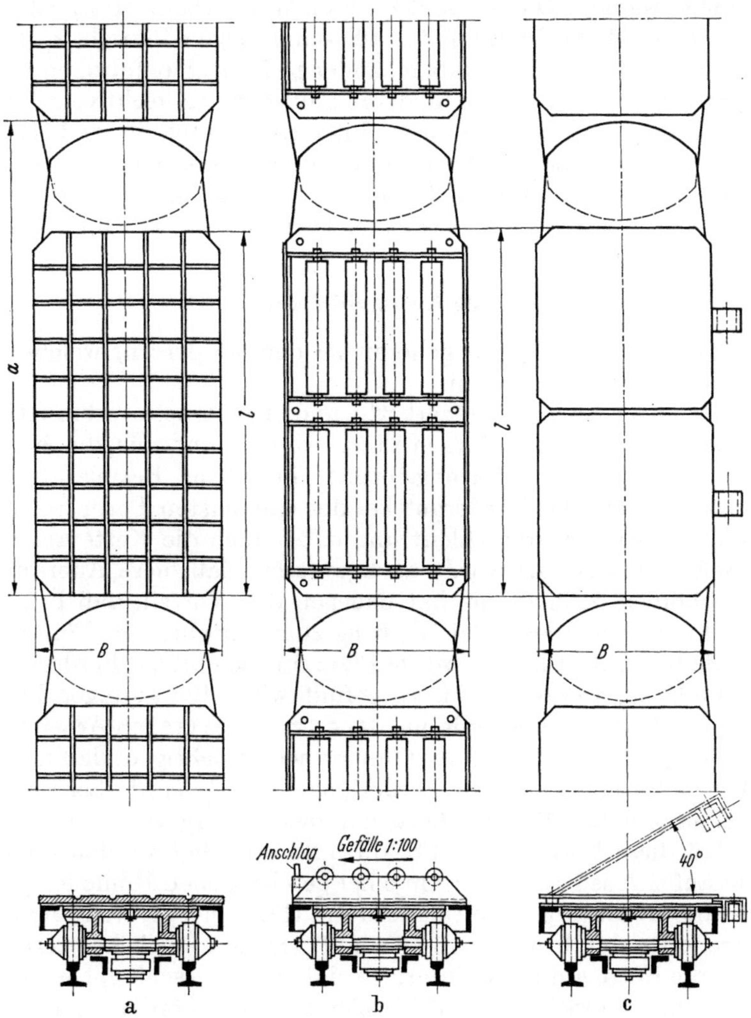

Abb. 77. Verschiedene Gestaltung der Platten für Gießereiwandertische.

der Schlepp-Kettenantriebe erfolgt meistens hinter der höchst belasteten Strecke, z. B. bei einem Gießereiwandertisch zwischen der Kühl- und Ausklopfstrecke. Die Antriebe für Wandertische werden sehr häufig mit einem stufenlos regelbaren Antrieb versehen, um ihre Geschwindigkeit leicht dem Fertigungsvorgang anpassen zu können oder aber um z. B. bei Montagebändern durch Steuerung der Geschwindigkeit ein Maximum der Arbeitsleistung zu erzielen.

Der Einbau einer Spanneinrichtung an waagerecht umlaufenden Wandertischen ist erst bei komplizierter Linienführung und bei einer Bahnlänge über 50 m erforderlich. Bei entsprechend großer Genauigkeit bei der Herstellung der Anlage und sorgfältiger Montage ist bei den kleinen Geschwindigkeiten der Wandertische und im allgemeinen geringen Kettenbelastungen kaum mit einer Kettenlängung zu rechnen. Bei längeren Anlagen jedoch muß eine Spanneinrichtung an einer Bahnumlenkung von 180° eingebaut werden. Sie ist meist etwas aufwendiger als Spannstationen für senkrecht umlaufende Wandertische, da die Unterstützungskonstruktion der gesamten Kurve einschließlich Schienen und Führungen für die Kurvenrollen zu einer Rahmenkonstruktion verbunden werden muß, um sie als gesamte Einheit zwecks Nachspannung der Ketten ausschieben zu können.

Die Berechnung der Wandertische kann in gleicher Form wie für die Gliederbandförderer vorgenommen werden. Die Größe des Gesamtverlustbeiwertes f schwankt zwischen 0,04 und 0,015. Die größeren Werte gelten für schmutzigen Betrieb, z. B. in Gießereien, während die kleineren Werte für Montagebänder in Maschinenfabriken einzusetzen sind. Außerdem wird der Beiwert bei Anlagen, deren Laufschienen leicht verschmutzen können, stark vom Durchmesser der Laufrollen beeinflußt. Es leuchtet ein, daß Räder mit großem Durchmesser auf verschmutzter Bahn leichter laufen als kleine. Während die Laufraddurchmesser für Gliederbandförderer durchweg 100—150 mm betragen, sollte man für schwere Ausführungen von Wandertischen in Gießereien z. B. einen Durchmesser von 250 mm wählen.

d) Kratzerförderer

Dieser und die folgenden Typen gehören zu den Förderern, welche das Fördergut durch einfaches Fortschieben bewegen.

Die für die Zugkraft in der Kratzerkette und den Arbeitsverbrauch maßgebenden Einzelheiten sind bereits auf S. 3ff. erörtert worden und für die hauptsächlichsten voneinander abweichenden Ausführungsformen in einem Beispiel berechnet. Dabei wurde schon erwähnt, daß das Fördergut bei der einfachsten Form der Kratzerförderer in einer Rinne ohne Boden fortgeschleift und dabei auch die Kette auf ihrer Unterlage gleitend fortgeschleppt wird. Es wurde nachgewiesen, daß diese Anordnung einen sehr hohen Arbeitsverbrauch bedingt. Sie hat dagegen den Vorteil, daß beim Anfüllen von langgestreckten Füllrümpfen keinerlei Wartung zum Verteilen des Fördergutes erforderlich ist. Die Kohle bleibt dort liegen, wo sie Platz findet, und die Förderlänge nimmt von selbst in dem Maße zu, wie der Behälter gefüllt wird. Bei geringer Förderlänge, also kurzen Füllrümpfen, kann diese Anordnung daher trotz des großen Arbeitsverbrauchs hier und da zweckmäßig sein. Man muß aber immer berücksichtigen, daß nach dem auf S. 8 berechneten Beispiel schon bei 50 m Förderlänge und 36 Mp/h Leistung zum Betrieb des Kratzers im ganzen 12,5 PS, zur Bewegung des Fördergutes an sich 7,3 PS erforderlich sind und daß diese letzteren 7,3 PS auf 5 PS ermäßigt werden können, wenn das Fördergut nicht auf sich selbst, sondern in einer geschlossenen Rinne fortgeschleppt wird. Der gesamte Kraftverbrauch geht auf nahezu die Hälfte herab, wenn man auch die Reibung der Kratzerkette durch Anbringung von Tragrollen möglichst verringert. Die Anordnung, bei der die Kette auf ihrer Unterlage einfach fortgeschleppt wird, ist daher auch verhältnismäßig selten zu rechtfertigen. Sie bietet für die Förderung keine Vorteile und hat hinsichtlich des Arbeitsverbrauchs nur Nachteile. Auch die Erwägung, daß scharfkantiges Fördergut die Rollen leicht beschädigen könnte, begründet die Ausführungsform kaum, da bei gleitender Kette auch die Führungen leicht verschleißen. Zu vertreten ist eine derartige Anordnung mit gleitender Kette nur bei sehr geringer Ausnutzung der Anlage wegen des niedrigeren Preises oder anderer besonderer Gründe. Solche liegen z. B. bei den Kokslöschrinnen vor, bei denen die Kette in einer teilweise mit Wasser gefüllten Rinne entlang geschleppt wird, wobei die Rollen nicht gut anwendbar sind, ferner bei Förderern mit Seil und in großen Abständen angeordneten Mitnehmern, wie sie hin und wieder zum Fortschleppen von Holz benutzt werden. Hier wird das Gewicht des Förderers durch Anwendung eines Seiles so klein gehalten, daß dadurch auch bei größerer Förderlänge ein verhältnismäßig geringer Arbeitsverbrauch gewährleistet wird. Bei schweren Ausführungsformen, für Kohlenförderer usw. verwendet man zweckmäßig Rollen zum Tragen der Kette.

Die Fördergeschwindigkeit wechselt je nach dem Fördergut von etwa 0,2 m/s bei großstückiger Kohle bis zu 1 m/s bei feinstückigem Fördergut, Getreide usw. Bei leichtem Fördergut verwendet man meistens leichte Ketten aus Temperguß, wie aus Abb. 78 zu ersehen ist, während bei großstückigem Material schwere Laschenketten zur Anwendung kommen. Als zulässige Beanspruchung können gelten: Lochleibungsdruck $\sigma_d = 400$ kp je cm² und bei stark schleifendem Schüttgut $\sigma_d = 150$—200 kp/cm².

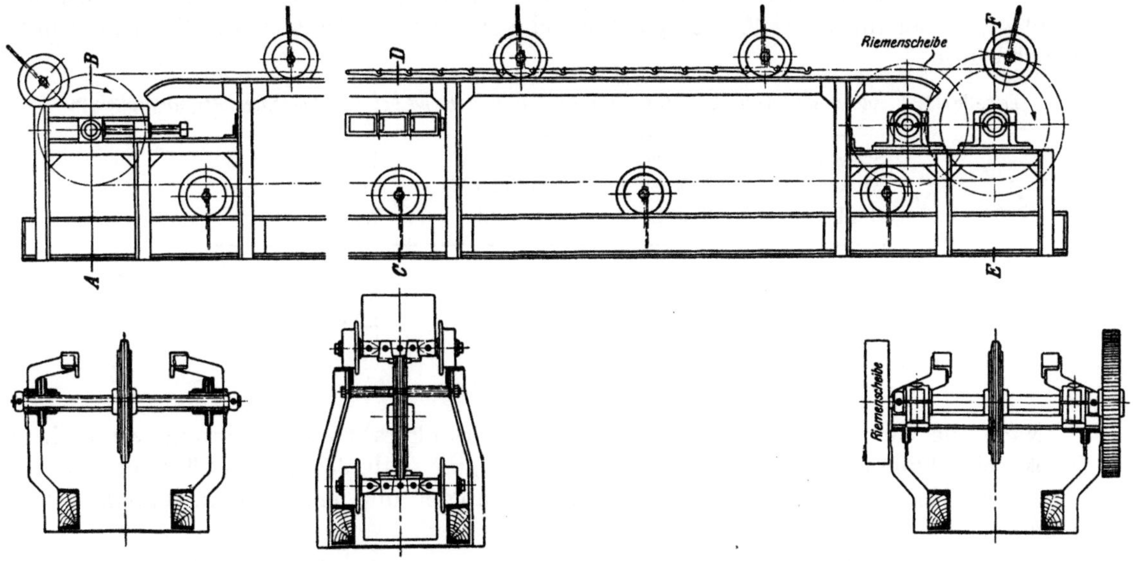

Abb. 78. Schnellaufender Kratzerförderer mit Tempergußkette (Fredenhagen).

In Tab. 21 bedeutet σ_z die Zugbeanspruchung im Bolzenauge und σ_b die Biegebeanspruchung im Bolzen.

Tabelle 21. *Beanspruchungen der Kratzerketten*

Laschengröße mm	Bolzen-durchm. mm	σ_d kp/cm²	σ_z kp/cm²	σ_b kp/cm²	zulässiger Kettenzug bei 1 kp	2 kp	3 kp	4 Laschen kp
50·15	22	190	155	1000	1180	2360	3540	4720
60·15	27	290	245	1000	2180	4360	6540	8720
70·15	35	400	400	890	4200	8400	12600	14800
90·20	45	400	400	948	7200	14400	21600	28800

Als Regel ist anzunehmen, daß die Tragrollen mit der Kette verbunden sind und nicht fest an der Stützkonstruktion des Kratzers angeordnet werden, obgleich auch das mitunter ausgeführt wird. Bei letzter Anordnung entsteht in den Kettengelenken unnötige Reibung infolge des Durchhanges der Kette zwischen den Rollen und damit unnötiger Verschleiß, wie unter dem Abschnitt über Gliederbandförderer gezeigt wurde. Derselbe Tatbestand gilt für alle durch Zugketten bewegten Förderer in gleicher Weise. Die Kratzer sind bei Kohlenförderung nur für verhältnismäßig kleine Förderlängen wettbewerbsfähig. Bei großen Förderlängen werden besser andere Fördervorrichtungen angewendet, die weniger Arbeit verbrauchen, wie z. B. Gurt- und Trogbandförderer. Dabei ist aber immerhin zu berücksichtigen, daß der einfache Betrieb des Kratzerförderers, bei dem man das Fördergut an beliebiger Stelle unten aus der Rinne herausfallen lassen kann, es rechtfertigt, in vielen Fällen seine Verwendungsgrenze noch ein gutes Stück weiter hinauszurücken, als es nach einem rein rechnungsmäßigen Kostenvergleich zulässig erscheint. Bei Getreideförderung und dgl. ist die Reibung der Kratzer geringer. Dadurch wird auch die Stellung zu anderen Förderern geändert und muß in jedem Falle besonders durchgerechnet werden.

Darüber hinaus verändert sich das Verhältnis der aufzuwendenden Antriebsleistung eines Kratzerförderers und eines Gurtbandförderers bei unterschiedlichem Steigungswinkel der Förderstrecke. Mit zunehmender Steigung vergrößert sich die Hubleistung, während die Reibungsleistung etwas abnimmt. Ein Zahlenbeispiel ist in Tab. 22 wiedergegeben, wobei für beide Anlagen die gleiche Förderleistung von 120 Mp/h zugrunde gelegt wurde.

Tabelle 22. *Vergleich der Antriebsleistung von Kratzer und Band bei verschiedenen Steigungswinkeln*

Steigungswinkel α Grad	Kratzerförderer*) N_{Kr} PS	Gurtbandförderer**) N_{Bd} PS	Leistungsverhältnis N_{Kr}/N_{Bd}
0	89	16	5,55
10	111	39	2,85
20	130	60	2,17

*) $\mu_g = 0,45$; $\mu_f = 0,25$. **) $\mu = 0,06$.

Nach wie vor finden sich Kratzerförderer als Bunkerabzugseinrichtung wie auch in Kesselbekohlungsanlagen. Für Planungsarbeiten gibt Tab. 23 Aufschluß über Förderleistungen bei unterschiedlichen Kratzerabmessungen und einer Geschwindigkeit von 0,5 m/s.

Tabelle 23. *Förderleistungen von Kratzerförderern für Kesselkohle* ($\gamma = 0,8$)

nutzbare Höhe	h mm	70	80	90	100	110	120	130	140	150	160
Breite	B mm	200	250	300	350	400	450	500	600	700	800
Förderleistung	Mp/h										
bei Abstand	$a = 400$ mm	5	9	13	20	27	36	47	65	76	96
	$a = 500$ mm	4	7	10	16	21	29	38	52	60	77
	$a = 600$ mm	3,5	6	9	13	18	24	31	43	50	64
	$a = 700$ mm	3	5	7,5	11	15	20	27	37	43	55

Für die Gestaltung der Kratzerförderer, die unter Tage am Kohlenstoß eingesetzt werden, können die vorstehend angegebenen Richtlinien hinsichtlich weitestgehender Ausschaltung von Verschleiß und Leistungsverlusten nicht voll innegehalten werden, da hier die Erfüllung der bergmännischen Erfordernisse vor Ort und vor allem die Bedingung kleinstmöglicher Bauhöhe ausschlaggebend sind. Im Bergbau haben sich die Schleppförderer und Bremsförderer durchgesetzt. Vor allem in der niedrigen Bauart werden sie als Einketten- und Doppelkettenförderer ausgeführt und haben als Anwendungsgebiet vor allem die Abbauförderung der flachen und halbsteilen Lagerung. Eine feststehende Stahlblechrinne dient als Unterlage, auf der sich das Fördergut gleitend bewegt. Es wird durch die zwischen den Ketten befestigten Stege geschoben oder gebremst. Bremsförderung liegt vor, wenn bei stark einfallender Förderung die Gewichtskomponente des Fördergutes größer ist als die zu überwindende Reibungskraft zwischen Rinne und Fördergut (Abb. 79), was aber erst ab 22° Einfallen zu erwarten ist.

Derartige Förderer sind sehr anpassungsfähig und gestatten das Durchfahren von Störungen wie Mulden, Sätteln und S-Kurven, da sie eine vertikale und horizontale Abwinkelung von jeweils $\pm$ 4° zwischen den 1,5 m langen Rinnenschüssen aus 8—10 mm starkem Stahlblech Werkstoff St 42 zulassen und seine Ketten in Ober- und Untertrum zwangsgeführt sind (Abb. 80). Die Gefahr des seitlichen Überfallens von Fördergut

	Name	Arbeitsbereich	Größte Länge je Antriebsstation
	Doppelkettenförderer		200 m
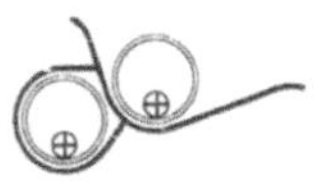	Ketten-Stauscheiben-förderer mit Winkelrinne		220 m
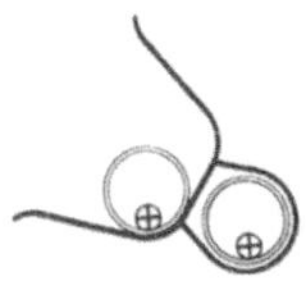	Ketten-Stauscheiben-förderer mit Bremsschenkelrinne	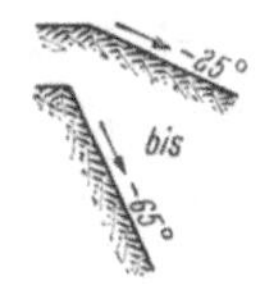	220 m
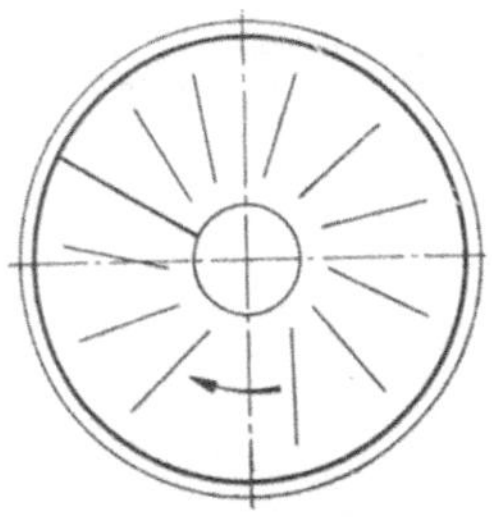	Schachtwendel	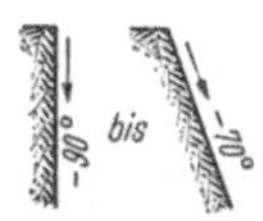	265 m

Abb. 79. Schema für Bergbauförderer mit ruhender Rinne (Westfalia-Lünen).

Abb. 80. Doppelkettenförderer mit einseitigen Aufsteckblechen im Streb (Beien).

kann durch seitliche an die Rinnen angeschraubte Aufsteckbleche verhindert werden. Der Doppelkettenförderer eignet sich für Förderlängen bis 300 m und Förderströme bis maximal 400 Mp/h bei einer Fördergeschwindigkeit von 0,4—0,9 m/s. Als besonderer Vorzug ist zu erwähnen, daß er kräftig gebaut ist und zugleich als Gleis für eine Gewinnungsmaschine dienen kann (Abb. 81). Es ist möglich, bis 25° ansteigend und 35° einfallend zu fördern. Als Strebfördermittel eignet er sich besonders infolge seiner geringen Bauhöhe (140—200 mm) und geringen Breite (500—700 mm).

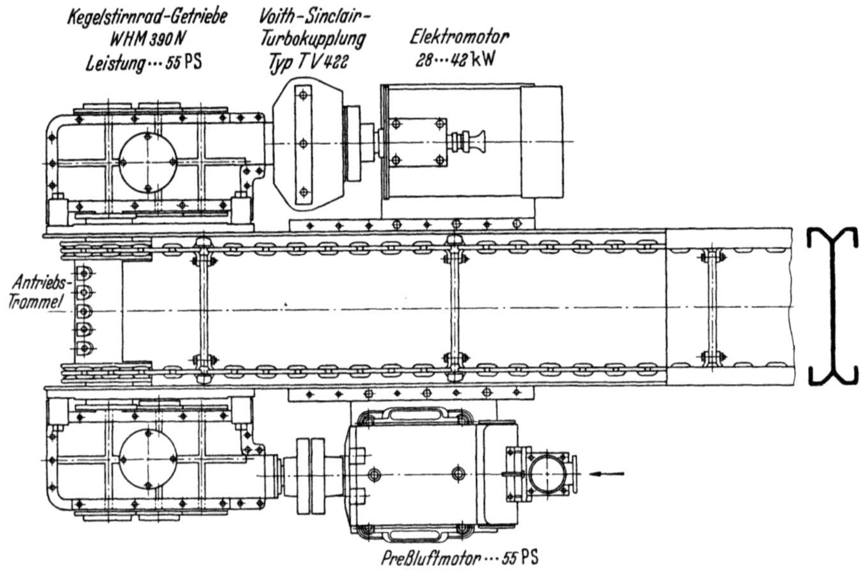

Abb. 81. Antriebsstation eines Doppelkettenförderers (Westfalia-Lünen).

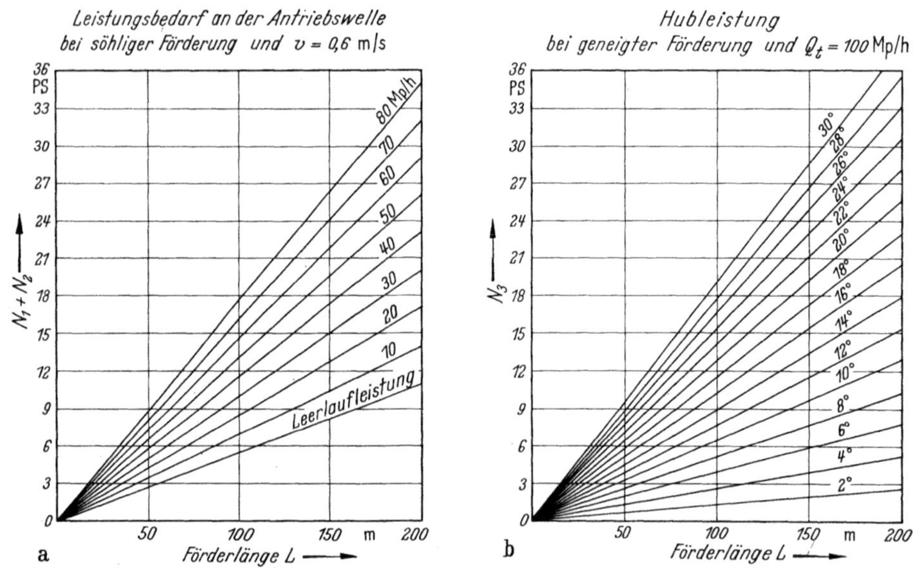

Abb. 82. Leistungsdiagramme für Doppelkettenförderer.

Die Länge des Förderers und die erforderliche Antriebsleistung ist durch die Festigkeit der Ketten begrenzt. Sie werden statisch und dynamisch sehr stark beansprucht. Die Kettenlängung kann bei einem 200 m langen Förderer bis 500 mm betragen. Verschieden starke Längung der Ketten beim Doppelkettenförderer führt zu einer Schiefstellung der Stege und einer Verklemmung des Kettenbandes auf der Kettentrommel. Es ist daher verständlich, daß an die Gleichmäßigkeit der Ketten hohe Anforderungen gestellt werden. Verwendung finden meist steglose, kalibrierte hochfeste Rundgliederketten nach DIN 22252, die elektrisch geschweißt und vergütet werden. Bei einer meistens verwendeten Gliederstärke von 16 bzw. 18 mm beträgt die Bruchlast etwa 28 bzw. 33 Mp.

Einketten- oder Zweiketten-Kratzförderer mit Stahllaschenkette sind für die Stetigförderung von großen Fördermengen heute praktisch bedeutungslos und werden nur noch auf Wunsch in Sonderanfertigung hergestellt. Demgegenüber haben sich die schon erwähnten Rundgliederketten als besonders vorteilhaft erwiesen durch ihre einfache schmutzunempfindliche gelenkige Verbindung von Glied zu Glied und ihre dreidimensionale Beweglichkeit. Die Kettenschlösser sind einfach im Aufbau und bieten meist noch die Möglichkeit, zugleich Mitnehmer zu befestigen. Die Kettenschlösser können gegebenenfalls ein wenig schwächer sein als die Kette, um als schwache Stelle im Kettenstrang die

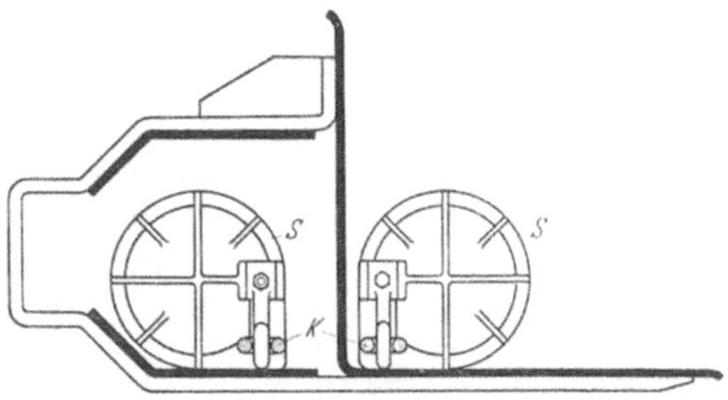

Abb. 83. Stauscheibenförderer mit Winkelrinne (Beien).
S Stauscheiben; *K* Rundgliederkette.

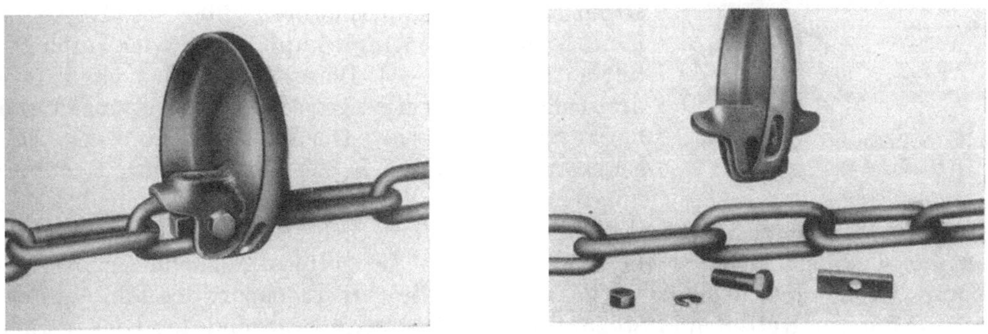

Abb. 84. Stauscheibenbefestigung an der Kette (Westfalia-Lünen).

Kette zu schützen, weil Schloßbrüche leichter zu beheben sind als Kettenbrüche. Auf Grund der kleinen Kettenteilung reichen meist schon kleine Teilkreisdurchmesser für die Antriebsräder aus, wodurch sich zugleich auch die Übersetzungs- und Gewichtsverhältnisse der weiteren Antriebselemente günstig gestalten lassen.

Einkettenförderer werden meist als Brems-, sogenannte Stauförderer angetroffen. Das Fördertrum der endlosen Rundgliederkette gleitet in einer muldenförmigen Rinne, die am Kohlenstoß entlang verlegt ist, genormt in DIN 20902. Der Leertrum wird in einem geschlossenen Rückführungsrohr geführt, welches seitlich mit der Rinne fest verbunden ist (Abb. 83). Die Antriebstrommel liegt am oberen Ende des Förderers, die Umkehrtrommel unten. Diese ist zum Spannen der Kette in einer Teleskopführung in Förderrichtung ausführbar. Auf der Rundgliederkette sind in Abständen von 0,96 m runde Stahlteller *S* außermittig quer zur Förderrichtung leicht lösbar aufgeschraubt. Das Auswechseln der Teller ohne Lösen der Kette ist möglich. Als Tellergröße verwendet man 140, 190 und 240 mm (Abb. 84). An diesen Tellern staut sich das abrutschende Fördergut. Die Förderkette mit den Stauscheiben muß vom Antrieb gebremst werden, wenn die Gewichtskomponente des Gutes größer ist als der Reibungswiderstand von Fördergut und Kette.

Hierbei empfiehlt sich der Einbau eines selbsthemmenden Schneckenvorgeleges als erste Untersetzungsstufe in den Antrieb, damit die Förderkette den Motor nicht treiben kann. Andererseits muß die Stauscheibenkette vom Motor angetrieben werden, wenn die Gewichtskomponente des Fördergutes kleiner ist als die Reibungskraft, d. h. wenn

$$G_g\, L_g \sin\alpha \leqq (G_g\, L_g\, \mu_g + G_f/2\, L_f\, \mu_f) \cos\alpha.$$

In diesem Falle ist die Antriebsleistung infolge der treibenden Wirkung des Förderguts nur gering (12—20 PS für 200 m Förderlänge). Als Fördergeschwindigkeit wird 0,5—0,7 m/s gewählt, wobei die Förderleistung dann 50—100 Mp/h je nach Einfallen und Schrägstellung des Kohlenstoßes beträgt. Für nur schwach einfallende, söhlige oder gar ansteigende Förderung ist der Stauscheibenförderer nicht geeignet.

Zur Förderung über Strecken mit verschiedenem Neigungswinkel eignet sich daher besser ein Förderer, dessen normale Kratzeisen zusätzlich mit Bremsklappen bestückt sind (Abb. 85), die nach dem Lauf über die Umkehrrolle durch eine Aufrichtevorrichtung auf dem Rinnenboden der Anschlußrinnen hochgerichtet werden. Die Bremsklappen bleiben im Fördertrum aufrecht stehen und sind hier nicht klappbar, während sie im Untertrum bis in die Höhe senkrechtstehender Kettenglieder einklappen und so die Gesamtbauhöhe des Förderers reduzieren. Im Obertrum dagegen wird die wirksame Höhe der Kratzeisen erheblich vergrößert, so daß eine gute Bremswirkung des Förderstromes auch bei starkem Einfallen gewährleistet wird.

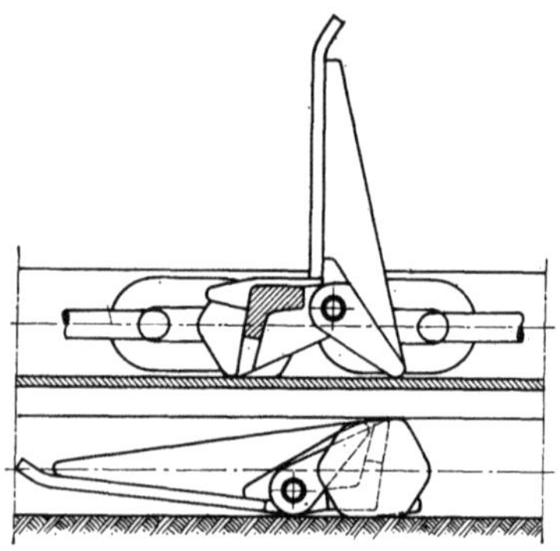
Abb. 85. Umlegbare Bremsklappe (Hallbach & Braun).

Der Antrieb der Kratzerförderer erfolgt durch Drehstrom-Kurzschlußläufermotoren über stoßverzehrende, meist hydraulische Anfahrkupplungen oder durch Druckluftmotoren (Abb. 81). Diese treiben über ein zwei- oder dreistufiges Untersetzungsgetriebe das Kettenzahnrad mit horizontaler Achse an. Die Wellendurchmesser und Anschlußmaße der Getriebe sind meist genormt. Zur Erzielung verschiedener Fördergeschwindigkeiten sind einzelne Radsätze in den Getrieben austauschbar. Der erforderliche Kraftbedarf wird so auf den Haupt- und Hilfsantrieb verteilt, daß die Kette die geringstmögliche Beanspruchung bekommt. Der Hauptantrieb liefert dabei die Kräfte zum Transport des Fördergutes und zum Bewegen der Ketten und Stege auf der Förderseite, während der Hilfsantrieb nur die auf der Leerseite zurücklaufenden Ketten und Stege zieht.

Das Nachspannen der Kratzerketten erfolgt durch eine Schraubenspanneinrichtung. Diese hat nicht nur die übliche Aufgabe zu erfüllen, sondern zur Gewährleistung einer einwandfreien Stellung der Mitnehmer eine erhöhte Kettenvorspannung zu erzeugen.

Eine besondere Kratzerfördererbauart stellt der sog. Rechenförderer der Firma Förderanlagen und Maschinenbau GmbH dar. Er eignet sich besonders für den Transport größerer Mengen von Schüttgütern mit ungünstigen physikalischen und chemischen Eigenschaften. Zu diesen Gütern zählen backende oder klebende Materialien, wie Rübenschnitzel als Zwischenprodukt bei der Zuckererzeugung, Holzschnitzel in der Papierfabrikation sowie heiße und aggressive Stoffe, wie sie in den Produktionswerken der chemischen Industrie häufig vorkommen, z. B. heiße Asche, Schwefelkiesabbrand und Schlacke. Rechenförderer werden in Breiten von 500—1400 mm und Längen bis zu 40 m hergestellt. Waagerechte, schräge (bis 50°) und aus diesen beiden Möglichkeiten kombinierte Förderwege können mit ihnen gefahren werden. Umlaufrechenförderer sind mit einem zweiten Trog zur Förderung auch im Obertrum ausgestattet. Auf Grund dieser Konstruktion können mehrere Ein- und Ausläufe an beliebigen Stellen vorgesehen werden. Sobald während eines Fördervorganges an den Abgabestellen keine Entnahme mehr erfolgt, z. B. wegen

Überfüllung darunter angeordneter Bunker, wird das überschüssige Material in den Obertrum zurückgeführt. Die Zuführung weiteren Materials wird selbsttätig geregelt. Durch einfache, unkomplizierte Konstruktion und robuste Ausführung sowie geringer Fördergeschwindigkeit von 0,1 bis 0,4 m/s muß der nicht ganz zu vermeidende Verschleiß in normalen Grenzen gehalten werden (Abb. 86).

Abb. 86. Spannstation eines Rechenförderers für Zuckerrübenschnitzel (FMW).

Berechnungsbeispiel eines Kratzförderers. Die Fördermenge eines Kratzerförderers hängt von der Anordnung der Kratzer ab.

a) Kratzerabstand = 2 Teilungen. Für diesen Fall wird der Raum zwischen den Kratzstegen nicht ganz gefüllt. Rechnerischer Füll-Längsschnitt in m²:

$$F = F_1 + F_2 = h \cdot 0{,}5\,h + \frac{h \cdot h}{2 \cdot \tan\beta} = \frac{h^2}{2}\left(1 + \frac{1}{\tan\beta}\right).$$

Rechnerische Förderleistung in Mp/h:

$$Q_t = 3600 \cdot B \cdot F \cdot \frac{v}{2t} \cdot \gamma$$

$$= 900 \cdot B \cdot h^2 \cdot \left(1 + \frac{1}{\tan\beta}\right) \cdot \frac{v}{t} \cdot \gamma .$$

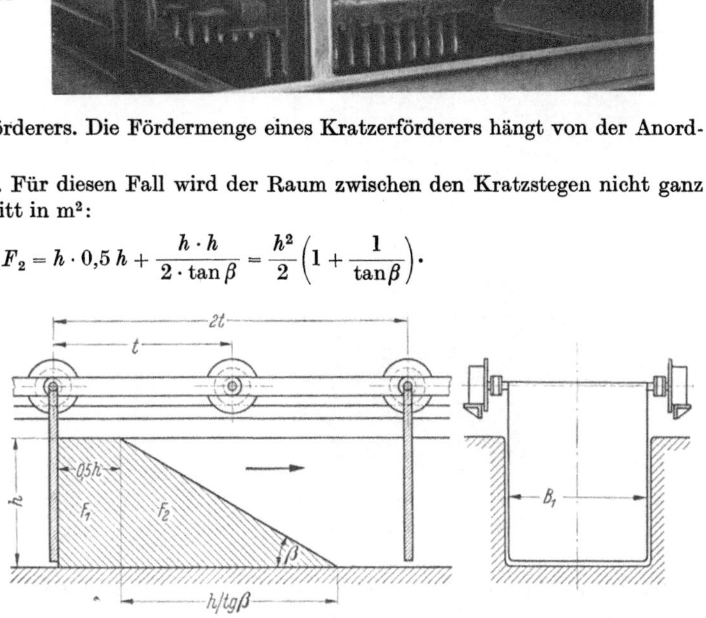

b) Kratzerabstand = Teilung. Der Raum zwischen den Kratzblechen wird zur Hälfte ganz gefüllt. Der Rest ist bis auf die Keilfläche F_3 gefüllt:

$$F_3 = \frac{0{,}5 \cdot t \cdot \tan\beta \cdot 0{,}5 \cdot t}{2} = 0{,}125 \cdot t^2 \cdot \tan\beta .$$

Damit ist der Füll-Längsschnitt je Doppelglied in m²

$$F = h \cdot 2\,t - 2 \cdot 0{,}125 \cdot t^2 \cdot \mathrm{tg}\,\beta = 2 \cdot t\,(h - 0{,}125\,t \cdot \beta)\,.$$

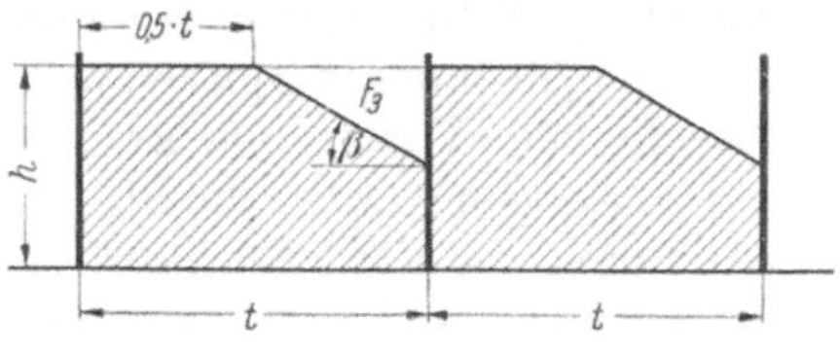

Rechnerische Förderleistung in Mp/h

$$Q_t = 3600 \cdot B \cdot F \cdot \frac{v}{2t} \cdot \gamma = 3600 \cdot B \cdot (h - 0{,}125t \cdot \tan\beta) \cdot v \cdot \gamma .$$

Antriebsleistung:

$$N_a = \frac{Q_t \cdot L_g \cdot \sin\alpha}{270} + \frac{v}{75 \cdot \eta_A} \cdot \frac{Q_t}{3{,}6 \cdot v} \cdot L_g \cdot \mu_g + G_f \cdot L_f \cdot \mu_f \cdot (1 + \mu_u)\ \mathrm{PS}\,.$$

Kettenzug:

$$Z = G_f/2 \cdot L_f \cdot \sin\alpha + G_g \cdot L_g \cdot \mu_g + G_f \cdot L_f \cdot \mu_f = G_g \cdot L_g \cdot \mu_g + G_f \cdot L_f \cdot \left(\frac{1}{2}\sin\alpha + \mu_f\right)\mathrm{kp}\,.$$

Zu diesem Bandzug ist noch eine dynamische Kraft zu addieren, die durch die Verwendung der eckigen Kettenräder erzeugt wird (vgl. S. 74).

Zur Auslegung eines Kratzförderers sei noch erwähnt, daß der Kratzerabstand normalerweise 3 h–6 h gewählt wird, worin h die Kratzerhöhe ist. Die errechnete Rinnenbreite B_1 und der Mitnehmerabstand müssen nach der Stückigkeit bzw. Körnung K des Fördergutes überprüft werden. Es wird empfohlen $B_1 \geqq m\,K$. Für Zweikettenförderer ist bei gesiebtem Fördergut der Beiwert m = 3–4 und bei ungesiebtem Fördergut 2–2,25;

für Einkettenförderer ist $m = 5$–7 bzw. 3–3,5; beim Einkettenförderer liegen die Werte etwas höher, weil durch die in der Rinnenmitte laufende Kette die Bedingungen für die Auf- und Abgabe des Fördergutes ungünstiger sind.

Wenn auch kein stetig fördernder Kratzer, so kann an dieser Stelle doch der intermittierend arbeitende Schubstangenförderer miterwähnt werden. Er ist speziell für den Transport von ungebrochenen Drehspänen entwickelt worden. Stahlspäne, so wie sie von der Bearbeitungsmaschine kommen, sind sperrig und büschelig. Sie werden im Schubstangenförderer abtransportiert, gesammelt und zum Brecher gefördert. Hier werden die Stahlspäne zerkleinert, so daß sie sich dann mit jedem normalen Förderer transportieren lassen. Entsprechend Abb. 78 und 88 besteht der Förderer aus einer Blechwanne, die aus Normallängen von 6 m zusammengeschraubt oder geschweißt werden. Die Größe der Wanne richtet sich nach der Förderleistung bzw. den maximal auftretenden Büscheln, während die Tiefe und Neigung der Kanäle in Abhängigkeit von der Kühlmittelmenge zu wählen ist. Das eigentliche Fördergestänge wird über Gleitschuhe abgetragen. Das Gestänge besteht aus einzelnen kurzen Schubstangen mit einer Länge von 1,5 bzw. 3,0 m,

Abb. 87. Schubstangenförderer mit Übergabestelle (Köhler & Bovenkamp).

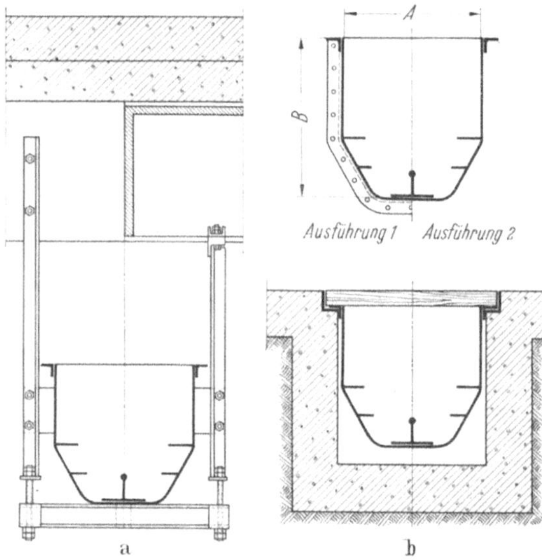

Abb. 88. Förderwanne für Schubstangenförderer.

A/B = 500/500; 600/600; 600 oder 700/700; Normallängen: 6 m. *a* Aufhängung unter der Decke; *b* Einbau unter Flur; Schußverbindung Ausf. 1 durch Schrauben, Ausf. 2 durch Schweißen.

die Rohrprofil haben und mit Kupplungen verbunden werden. Sie haben harpunenartige Mitnehmer in bestimmten Abständen, über deren Spitzen und Seitenbleche beim Vorlauf eine kraftschlüssige Mitnahme der Späne erfolgt. Beim Zurückgleiten der Stangen werden die Späne zur Seite abgewiesen und bleiben liegen, da sie von den Wandhaken der Förderkanäle festgehalten werden. Je voller der Kanal, desto besser die Förderleistung und der Fördereffekt. Der Antrieb erfolgt hydraulisch mit einer Fördergeschwindigkeit von 10 m je min. Bei Normalausführung wird der Kolben mit einem Durchmesser von 100 mm und einem Hub von 1,5 m ausgelegt, wobei 10 PS als Antriebsleistung benötigt werden. Die Steuerung erfolgt vollautomatisch, und ein Überdruckventil sichert die Anlage beim Blockieren durch Kernteile.

Für die Einplanung ist zu beachten, daß die Maschinen möglichst über oder neben die Förderkanäle gestellt werden, so daß die Späne durch freien Fall in den Förderer gelangen können. Eine kontinuierliche Späneabfuhr von den Maschinen wirkt sich günstig auf die Baugrößen von Brecher und Schleuder aus. Der Spänetransport von Hand von der Maschine zum Kanal belastet den Bedienungsmann, bildet eine Unfallgefahr und ergibt Stoßbetrieb, vor allem bei Schichtwechsel. Wenn möglich, sollten die Maschinen so aufgestellt werden, daß sich lange Förderwege (etwa 20—200 m) ergeben. Pro Förderstrang wird nur ein hydraulischer Antrieb benötigt. Er ist der teuerste Baustein der Anlage. Je länger der Förderstrang, desto geringer der Preisanteil und desto wirtschaftlicher und billiger die Gesamtanlage. Als besonders günstige Eigenschaft kann noch hervorgehoben werden, daß der Förderer nur in einer Ebene arbeitet und damit kein rücklaufendes Fördertrum hat, wie bei allen anderen Förderbandtypen. Es ergibt sich daher keine Verschmutzung der Rücklaufbahn und kein Zurückziehen der Späne im Untertrum. Wo mehrere Förderwege vorgesehen sind und aus allen die Späne in einem Querförderer gesammelt werden sollen, ergibt sich daher auch ein sehr günstiger Niveauunterschied von zwei Förderern mit nur etwa 200 mm (vgl. Abb. 87).

Das an den Bearbeitungsmaschinen anfallende Kühlmittel wird mit in die Kanäle eingegeben, wo es gleichzeitig die Förderbahn schmiert. Es wird zentral an einer Stelle vor dem Brecher von den Spänen getrennt, gesammelt, von groben Fremdteilen mechanisch vorgereinigt und anschließend chemisch vollgereinigt. Der maximale Kühlmittelanfall je Förderer kann mit etwa 5 m^3/min angegeben werden und die maximale Späneleistung einer Anlage mit 60—70 Mp/Schicht.

e) Rutschen und Rollenbahnen

Während die bisher beschriebenen Fördermittel zu ihrer Bewegung und Inbetriebhaltung eine von außen her eingeleitete Kraft benötigen, nutzen die nachstehend erwähnten Rutschen die Schwerkraft aus. Es ist natürlich klar, daß mit Hilfe dieser Einrichtungen nur von oben nach unten gefördert werden kann. Rutschen bestehen aus meist muldenförmigen Gleitbahnen, auf denen das Gut hinabgleitet. Der erforderliche Neigungswinkel ist vom Reibungskoeffizient zwischen Gut und Bahn abhängig. Diese wird aus Holz oder Stahlblech hergestellt und geradlinig oder in einer Raumkurve ausgeführt.

Bei kleineren Längen können Einweg-, Zweiweg-, und Dreiweg-Rutschen oft ein sehr einfaches Aufgabe- oder Übergabemittel bei Stetigförderern darstellen. Die Umlenkung, Ablenkung oder Aufteilung des Fördergutstromes kann durch Schwenkklappen erfolgen. Die Klappen sind von Hand oder elektromechanisch einstellbar. Es hat sich oft als zweckmäßig erwiesen, die Klappen mit den zugehörigen Förderern elektrisch zu verriegeln, um Materialstauungen an der Aufgabestelle auszuschließen. Bei der Förderung von (insbesondere staubenden) Schüttgütern verwendet man zuweilen auch Rohre mit rundem oder rechteckigem Querschnitt. Ein Rohr zum Verteilen des Gutes in kreisförmig angeordnete Bunker bzw. Einläufe muß schwenkbar gelagert sein. Je nach Größe und Gewicht der Verteilerschurren muß sie mittig durch ein Stützlager abgefangen oder im oberen Teil auf einen mittenfreien Kugeldrehkranz verlagert werden. Bei älteren Ausführungen findet man häufig auch noch eine Abstützung auf drei Rollen, die auf Schienen laufen. Die Schwenkbewegung kann von Hand oder ferngesteuert über einen Elektromotor erfolgen. Für die Kraftübertragung kann ein Reibradantrieb, ein Zahnradvorgelege oder eine Triebstockverzahnung dienen. Ist es nicht erforderlich, die Schurre über 360° zu drehen, so kann auch eine um die Schurre herumgelegte und durch Feder gespannte Kette zum Antrieb herangezogen werden.

Der Neigungswinkel der Schurren muß zur Sicherstellung einer zuverlässigen Gleitbewegung ausreichend sein, darf jedoch bestimmte Grenzwerte nicht überschreiten, um eine übermäßige Geschwindigkeit der Güter zu vermeiden. Bei Aufgabe- und Übergabeschurren sollte die Materialgeschwindigkeit gleich der Laufgeschwindigkeit des nachgeschalteten Förderers sein, um eine Turbulenz an der Übergabestelle und einen unnötig großen Verschleiß sowie Zerkleinerung des Materials zu umgehen.

Bei der Bestimmung des Neigungswinkels δ bei Rutschen für Stückgüter geht man von der gegebenen Anfangsgeschwindigkeit v_a aus und wählt die Endgeschwindigkeit v_e meistens nicht über 1,5–2 m/s. Beim Abwärtsrutschen des Materials wird potentielle Energie in kinetische Energie umgewandelt und zugleich infolge der Reibung in Wärme umgesetzt und vernichtet. Es besteht also eine Abhängigkeit zwischen dem Rutschenneigungswinkel und dem Reibungskoeffizienten. Sind diese beiden Werte gleich, so wird das Material weder beschleunigt noch verzögert; es rutscht also mit konstanter Geschwindigkeit abwärts. Auf Grund dieser Überlegungen ergeben sich nachstehende Gleichungen und damit eine rechnerische Möglichkeit zur Bestimmung des erforderlichen Neigungswinkels:

Potentielle Energie = Reibungsarbeit + Zunahme der kinetischen Energie

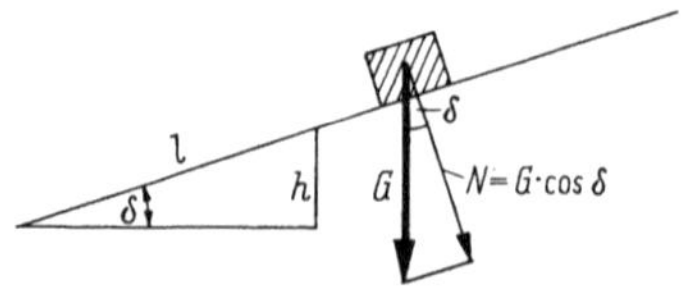

$$G \cdot h = N \cdot \mu \cdot l + \frac{m \cdot \Delta v^2}{2}$$

$$h = l \cdot \sin\delta$$

$$N = G \cdot \cos\delta$$

$$\Delta v = v_e - v_a$$

$$G \cdot h = G \cdot l \cdot \mu \cdot \cos\delta + \frac{G \cdot (v_e^2 - v_a^2)}{2g}$$

$$\tan\delta = \frac{2 \cdot g \cdot h \cdot \mu}{2 \cdot g \cdot h + (v_a^2 - v_e^2)}$$

Ist eine größere Fallhöhe des zu übergebenden Materials nicht zu umgehen, so ist es oft zweckmäßig, die Schurren bzw. deren Auskleidungen zusätzlich zu schützen durch Einbau von starren oder gefederten Aufprallplatten (Abb. 89a und b). Zur Reduzierung der Rutschgeschwindigkeit kann der Einbau einer Bremsschürze dienen (Abb. 89c). Je nach Verwendungszweck können diese Bremsen als Kettenvorhang oder Kunststoffschürze ausgebildet werden und mehr oder weniger viele Rippen aufweisen. Zusätzlich besteht die Möglichkeit, durch eine oder mehrere Einstellschrauben die Bremswiderstände regulieren zu können.

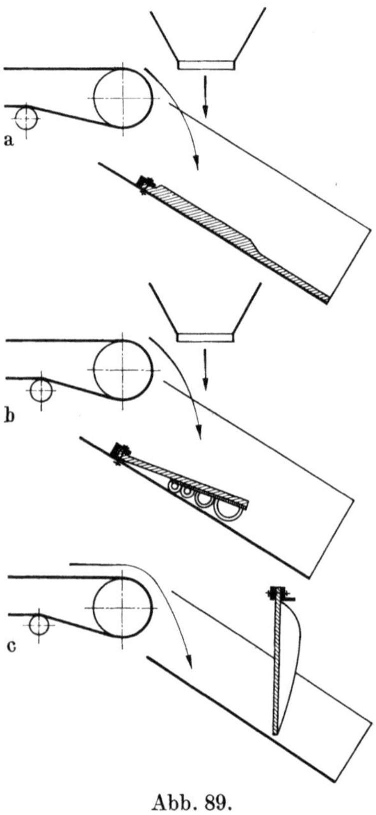

Abb. 89.
a starre Aufprallplatte; *b* gefederte Aufprallplatte; *c* Bremsschürze.

Bei senkrechter Abwärtsförderung durch Schwerkraft werden, um ein freies Fallen der Güter mit großer Geschwindigkeit zu verhindern, meist Wendelrutschen verwendet. Es sind schraubenförmig verlaufende Rinnen, die an einer senkrechten Säule oder Stange befestigt oder in ein Rohr von großem Durchmesser eingebaut werden und in denen sich das Gut gleitend abwärts bewegt. Die Wendelrutschen zeichnen sich durch die Fähigkeit aus, die Geschwindigkeit des abwärts gleitenden Gutes in gewissen Grenzen selbsttätig zu regeln. Der Schwerpunkt eines zu fördernden Gegenstandes beschreibt bei einer gewissen Geschwindigkeit eine Schraubenlinie mit bestimmtem Grundkreisradius und Steigungswinkel. Ist der Reibungswinkel zwischen Gut und Rutsche einmal klein, so wird sich die Geschwindigkeit erhöhen und durch die Fliehkraft der Körper weiter nach außen geschoben, so daß er auf eine Bahn mit größerem Radius gelangt mit entsprechend kleinerem Steigungswinkel. Durch die Verringerung des Steigungswinkels nimmt die Geschwindigkeit wieder ab, im umgekehrten Fall, d. h. bei Verkleinerung der Geschwindigkeit wird der zu fördernde Gegenstand weiter nach innen auf eine Bahn mit kleinerem Radius und größerer Steigung rutschen und demzufolge seine Bewegungsgeschwindigkeit erhöhen. Praktisch stellt sich also nach einigen Geschwindigkeitsschwankungen ein Beharrungszustand bei mittlerer Geschwindigkeit her.

Für Stückguttransport sind Wendelrutschen in Versandhäusern, Lagerhallen und Postämtern sowie als Niedertrageeinrichtung bei Schiffsbeladeanlagen zu finden. Diese teleskopartige Konstruktion überwindet große Höhenunterschiede, die durch Gezeiten oder große Seeschiffe bedingt sind. Es handelt sich um eine zweiteilige Wendelrutsche, die schraubenförmig ineinandergefahren und damit in ihrer wirksamen Länge verändert werden kann. Weit größere Bedeutung haben die Wendelrutschen dagegen als Seigerförderer im Untertagebergbau zum Transport von Kohle, Kali, Erz und Versatzmaterial gewonnen. Sie werden vor allem in Schächten eingebaut zum Kohle- und Bergetransport

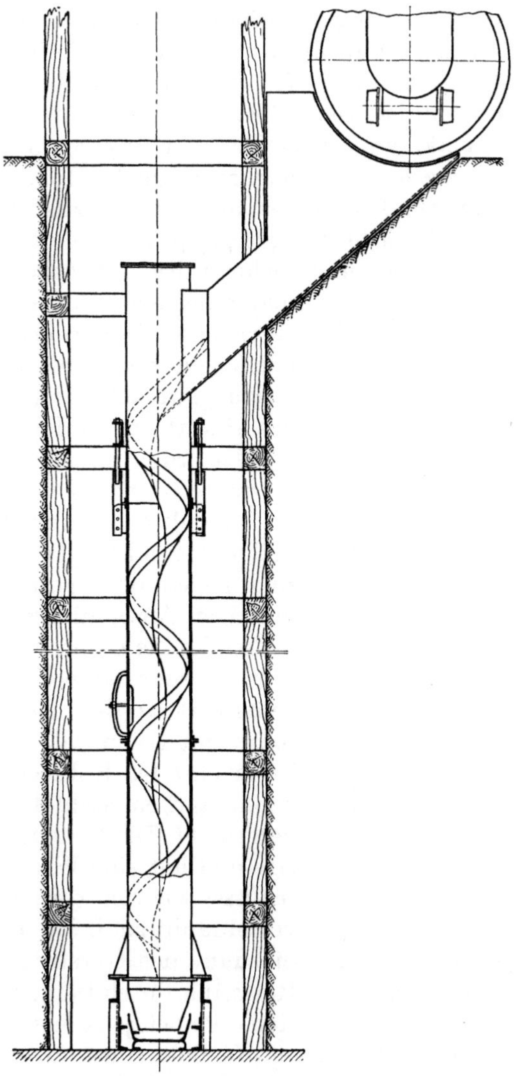

Abb. 90. Schachtwendel (Westfalia-Lünen).

mit etwa 850—1450 mm Durchmesser. Während die bisher ausgeführten Wendelbleche und Einlagen im allgemeinen eine Muldenform mit einem Neigungswinkel von 15—20° in radialer Richtung hatten, beträgt der Neigungswinkel der neueren Ausführungen bis 35°. Hierdurch wurde erreicht, daß das Gut auf den Einlagen gleichmäßig verteilt gleitet und ein einseitiger Verschleiß vermieden wird. Außerdem werden durch das starke Gefälle der Laufbahn natürlich auch Verstopfungen der Wendel verhindert (Abb. 90). Die Zahl der Einlagen will man je Wendelschuß möglichst klein halten (etwa 3—5), um damit auch eine geringe Zahl von Stoßfugen zu haben, die wiederum für den Abrieb ausschlaggebend sind. Zur Vermeidung von Staukanten haben alle Fugen angeschrägte Flächen. Die Einlagen aus Hartguß werden einzeln mit den Wendelblechen verschraubt. Es ist natürlich klar, daß sämtliche Einzelteile nach Metallmodellen und Preßformen hergestellt werden und dadurch die für einen einwandfreien Zusammenbau erforderliche Paßgenauigkeit erhalten. Vielfach werden in derartigen Wendelrutschen Wasch- und Haldenberge mit einer Korngröße bis zu 100 mm den Blasversatzmaschinen zugeführt. Für dieses feuchte Gut ist der oben schon erwähnte Neigungswinkel von 35° unbedingt erforderlich, da die Berge leicht an der Laufbahn kleben und Verstopfungen verursachen. Werden mit Schmelzbasalt ausgekleidete Schachtwendeln benützt, ist die Gleitfähigkeit der Berge allerdings besser, da Schmelzbasalt günstigere Oberflächeneigenschaften besitzt. Im Vergleich zur Kohleförderung ist bei der Förderung von Blasbergen die erforderliche Durchsatzmenge sowie die Korngröße erheblich kleiner. Daher ist für diesen Zweck eine Schachtwendel

Tabelle 24. *Abmessungen und Leistungen von Schachtwendeln*

Durchmesser *d*	Schußlänge *h*	Anzahl der Schleißauflagen Hartguß		Schmelzbasalt		Leistung Kohle	Berge	Bunkermöglichk. Kohle	Berge	max. zulässige Stückgröße breit	lang
mm	mm	Stck.	tlg.	Stck.	tlg.	Mp/h	Mp/h	Mp/m	Mp/m	breit	lang
850	625	4	1	6	1	150	250	0,45	0,85	80	150
1050	650	3	2	6	1	200	300	0,6	1,1	300	500
1250	750	3	2	6	2	350	550	0,85	1,35	400	600
1450	900	4	2	8	2	500	800	1,15	1,85	400	800

mit kleinerem Querschnitt ausreichend. Über Abmessungen und Leistungen der von der Wedag lieferbaren Schachtwendeln gibt Tab. 24 Auskunft. Die größte Bauhöhe wurde mit 630 m ausgeführt.

Die Fördergeschwindigkeit in der Rutsche wird beeinflußt durch die Art der Materialführung. Wird die Rutsche kontinuierlich beschickt, kann sich das Material in sich abstützen und nicht fortwährend weiterbeschleunigen, wie es bei einer schubweisen Aufgabe der Fall ist. Die größere Fördergeschwindigkeit führt zu stärkerer Materialzerkleinerung und stärkerem Verschleiß der Blechspirale. Die Bunkerung des Materials in einer Wendelrutsche ist nur begrenzt möglich. Höherer Wassergehalt und hohe Feinkornanteile erschweren das Fördern und machen das Bunkern fast unmöglich. In neuerer Zeit hat man auch Versuche mit quergerippten Wendelrutschen durchgeführt, auf deren Wendelblechen immer eine dünne Schicht des Materials liegen bleibt und die Förderung somit auf einem materialeigenen Bett erfolgt. Der Verschleiß der Rutsche wird hierdurch verringert, die Förderwilligkeit jedoch durch Anstieg des Reibungskoeffizienten verschlechtert. Ein Ausgleich kann jedoch durch größeren Neigungswinkel erzielt werden. Wenn auf eine schonende Behandlung des abwärts zu fördernden Gutes nicht geachtet werden muß und eine Zerkleinerung unbedeutend ist, wie z. B. bei der Förderung von Versatzmaterial, so können auch einfache Fallrohre eingesetzt werden. Hierbei handelt es sich um Rohre mit Durchmessern bis zu etwa 500 mm und vornehmlich glatter, zumeist gepanzerter Innenwand. Vorteilhaft sind neben dem geringen Raumbedarf derartiger Fördermittel ihre niedrigen Anschaffungskosten. Nachteilig ist der hohe Verschleiß und die starke Zerkleinerung des Fördergutes, die u. a. eine Folge der hohen Fördergeschwindigkeit ist. Außerdem kann in den Fallrohren nicht gebunkert werden. Zur Verschleißminderung wurden auch Bergefallrohre mit Leitspirale und Innenpanzerung eingesetzt. Dieses Fallrohr ist in einzelne Rohrschüsse von jeweils 1500 mm unterteilt und aus 4 mm starkem Stahlblech mit angeschweißten Flanschen aus Flachstahl hergestellt. Die Leitspirale ist ebenfalls aus 4 mm starkem Blech gefertigt und hat eine Windung von 360°. Sie besteht innerhalb eines Rohrschusses aus vier warmgepreßten Leitblechen, die mit der Rohrwandung verschraubt sind. Die Form der Leitspirale wurde so gewählt, daß eine Streuung des Gutstromes verhindert und somit Beschädigungen der Rohrsäule durch Bergegut vermieden werden. Leitspirale und Rohrsäule sind dennoch je Rohrschuß mit vier Bodenschleißplatten und vier Mantelschleißplatten aus Hartguß sowie drei Mantelschleißblechen aus Stahlblech gepanzert. Eine Auskleidung der Leitspirale mit Schmelzbasaltplatten ist ebenfalls möglich. Ohne jegliche Veränderung der eingebauten Leitspirale können alle blasfähigen Bergearten durchgesetzt werden. Die Fördermenge beträgt etwa 180 m^3/h, der Bunkerinhalt etwa 0,15 m^3/h Bergfallrohr.

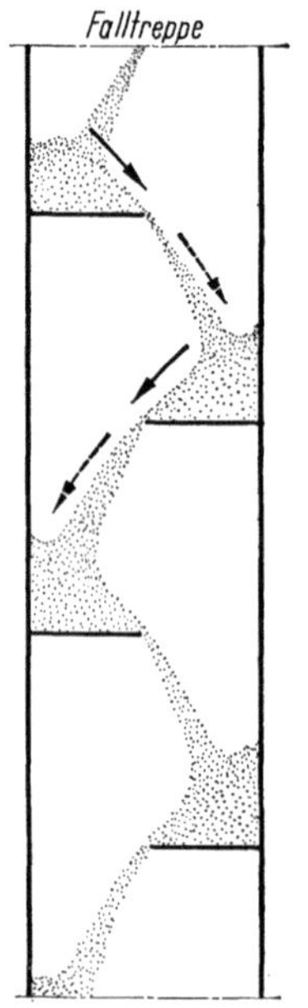

Abb. 91. Förderablauf bei einer Falltreppe.

Eine weitere Möglichkeit, bei der Senkrechtförderung eine kontrollierbare Fördergeschwindigkeit zu erzielen, ist durch den Einsatz von Falltreppen gegeben. Sie haben einen rechteckigen Querschnitt und besitzen in Abständen von 1—1,6 m wechselseitig gegenüberliegende oft verstellbare Stufen, die sich beim Beginn der Förderung zunächst mit Material füllen. Das abwärts zu fördernde Gut bewegt sich unter fortwährendem Wechsel der Förderrichtung von einer Stufe zur anderen und wird dabei fortwährend abgebremst. Durch bogenförmig ausgebildete Förderkanten der einzelnen Treppenstufen kann der Materialstrom gebündelt und somit gelenkt werden. Besser noch als in Wendelrutschen kann in den Falltreppen gebunkert werden. Ein Festbacken des Materials in der Falltreppe ist kaum zu befürchten. Wohl tritt beim Bunkern ein stärkerer Verschleiß auf, dem man durch entsprechende Auskleidungen entgegenwirken kann. Falltreppen wurden über Höhen bis zu 800 m eingesetzt. Kohlefalltreppen führen gegenüber der Schachtwendel zu einer Wertminderung durch Abnahme des Stückkohlenanteils. Die Zunahme des Feinkornanteiles unter 0,5 mm ist jedoch relativ gering, da nur eine Zertrümmerung der Kohle, nicht aber ein Abrieb stattfindet. Als vorteilhaft für die Falltreppe ist der sehr geringe Querschnitt zu erwähnen.

Wie schon erwähnt, können die Falltreppen verstellbare Stufen zur Regulierung der Fördergeschwindigkeit und zur Beseitigung etwaiger Verstopfungen besitzen. Die Stufen können in horizontaler Richtung verschoben oder in vertikaler Richtung geschwenkt werden. Auch die gleichzeitige Verstellbarkeit der beiden genannten Möglichkeiten wurde bereits ausgeführt. Zwecks Verstellung der einzelnen Stufen können sie gruppenweise zusammengefaßt und über Druckluft- oder Hydraulikzylinder über ein Gestänge betätigt werden. Bei einer anderen Ausführungsform wird über die ganze Länge der Falltreppe vertikal ein Schlitten entlanggezogen, der mit einer oben und unten offenen Führungskurve ausgerüstet ist. Dieser Schlitten gleitet zwangsgeführt, durch ein Drahtseil gezogen, über zwei fest an der Falltreppe befestigte Schienen und fährt dabei die ganz in die Falltreppe eingeschobenen Stufen einzeln an, erfaßt den am Stufenende liegenden Querbolzen und führt diesen, unter gleichzeitigem Herausziehen der betreffenden Stufe, über die leicht S-förmige Führungskurve des Schlittens. Verläßt der Schlitten die Stufe, so bleibt diese in herausgezogenem Zustand zurück, um bei der späteren Talfahrt des Schlittens wieder in die ursprüngliche Stellung eingeschoben zu werden. Dadurch, daß der Führungsbolzen in verschiedene Löcher eingesteckt wird, kann eine mehr oder minder starke individuelle Stufeneinstellung noch zusätzlich von Hand erfolgen. Die Arretierungen der einzelnen Stufen in den Endstellungen werden ebenfalls durch den Schlitten vor der Verstellung gelöst und nachher wieder eingelegt. Die mit zur Zeit gebräuchlichen Standardtypen zu erreichenden Förderleistungen gibt Tab. 25 wieder.

Tabelle 25. *Förderleistungen von Falltreppen bei $v = 1{,}5$ m/s*

Querschnitt mm	Förderleistung m^3/h
600 · 822	280
700 · 972	350
800 · 1122	550
1000 · 1300	900

Es gibt kaum einen Industriezweig, bei dem die durch Verschleiß der verschiedenen Anlageteilen verursachten Kosten für Reparaturen und Ersatzteilbeschaffung bei Bandübergaben, Rutschen, Bunkern usw. einen so hohen Anteil ausmachen, wie gerade beim Kohle- und Erzbergbau und in der Hüttenindustrie. Als eine der wichtigsten Aufgaben wird daher die Verschleißminderung angesehen. Der Verschleiß ist dort am größten, wo

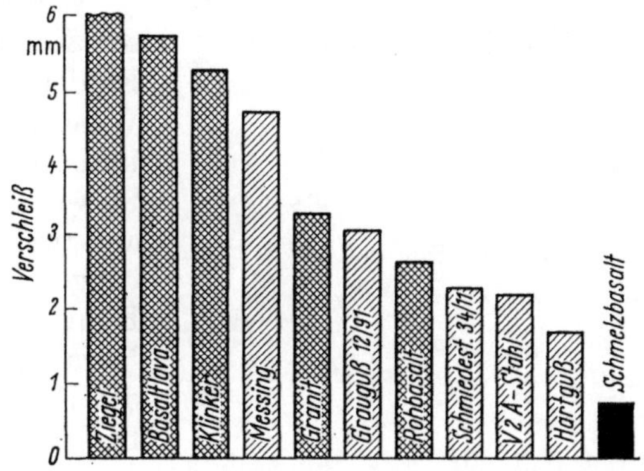

Abb. 92. Vergleich verschiedener Auskleidungsstoffe hinsichtlich Verschleiß durch Abrieb.

mechanische Beanspruchung durch Abrieb gleichzeitig mit Einwirkung von chemischen Stoffen auftreten. An Hand zahlreicher Versuche hat sich Schmelzbasalt als sehr dauerhaft und gegen chemische Einflüsse unempfindlich erwiesen. Bevor er jedoch in einem Industriezweig Verwendung findet, ist es zweckmäßig, eine Verschleißanalyse vorzunehmen. Es muß zunächst einmal bekannt sein, bei welchem staubförmigen, körnigen oder breiigen Stoff ein Verschleiß eintritt, welche thermischen und chemischen Bedingungen herrschen, wie hoch Fallhöhe bzw. Fördergeschwindigkeit sind, in welchem Winkel das bewegte Gut gegen die Schmelzbasaltflächen trifft, wie groß die Körnung ist, welche Feuchtigkeitsverhältnisse herrschen und welche Schleißstärke das angreifende Gut hat. Ein Vergleich verschiedener Metalle und Gesteine hinsichtlich des Verschleißes durch Abrieb gibt Abb. 92 wieder und zeigt zugleich das sehr günstige Verhalten von Schmelzbasalt. In den letzten Jahren sind Rutschen und Bunker auch mit Kunststoffen versuchsweise ausgekleidet worden, wobei sich ebenfalls gute Erfolge gezeigt haben. Gefordert werden dabei absolut ebene Flächen ohne vorstehende Schrauben- oder Nietköpfe. Betonbunker müssen mit glattem, sauber abgeriebenem Putz versehen sein. Eine genaue Ent-

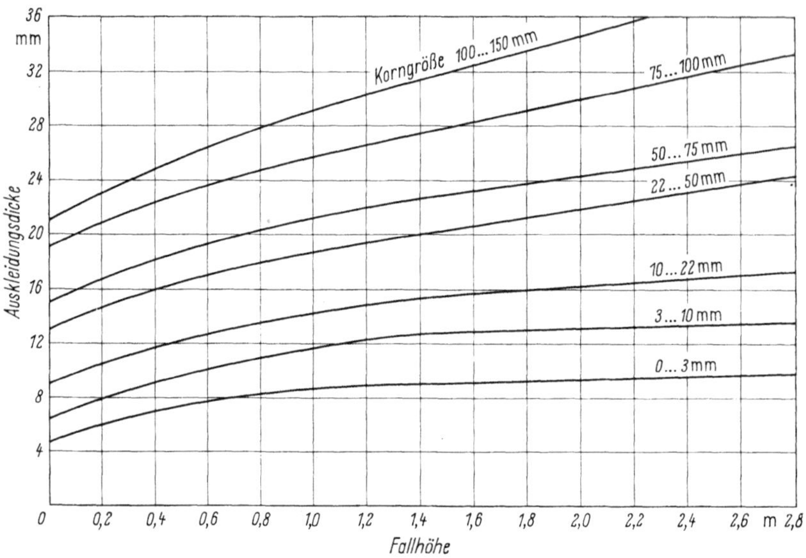

Abb. 93. Auskleidungsdicken für Linatex bei verschiedenen Korngrößen und Fallhöhen.

scheidung über die Wahl des geeigneten Kunststoffes kann nur ein Versuch unter möglichst wirklichkeitsnahen Bedingungen erbringen. Die erforderlichen Belagstärken stehen in Abhängigkeit von der Korngröße und der Fallhöhe des Fördergutes. Richtwerte für Linatex gibt Abb. 93 wieder.

Abb. 94. Faßtransporteur in Form einer Rollbahn; die Mitnehmer dienen zur Aufwärtsförderung (Beumer).

Will man bei der Schwerkraftförderung mit kleineren Neigungswinkeln auskommen und eine langsame Förderung auf langen Strecken, die nur wenig von der Waagerechten abweichen, erzielen, so müssen die zu fördernden Stückgüter runden Querschnitt aufweisen. Sie werden dann auf Rollbahnen geführt, die meistens aus zwei mit einer kleinen Neigung in der Förderrichtung verlegten Schienen aus Rund-, Profilstahl oder Rohren bestehen. Um ein seitliches Ablaufen bzw. Herabfallen von der Rollbahn zu verhindern, müssen die Fördergüter entsprechende Anschläge oder kegelige Rollflächen haben. Die Bahn kann außer den geraden Strecken auch Kurven von entsprechend großem Krümmungsradius aufweisen. Ein Beispiel für eine derartige Rollbahn ist in Abb. 94 wiedergegeben. Die Anlage besitzt zusätzlich noch an Ketten geführte Mitnehmerstege, so daß die Fässer auch über ansteigende Strecken gefördert werden können.

Sind Stückgüter mit flachem Boden zu fördern, so kann man die Gleitfähigkeit unterstützen durch Verminderung der Bahnreibung. Die Bahn wird zu diesem Zweck aus leicht drehbaren Rollen hergestellt.

Der Reibungswiderstand in der Rolle hängt aber nicht nur allein von der Art der Lagerung (Gleitlagerung, Kugellagerung) ab, sondern vielmehr auch von der Konstruktion der Abdichtung. Versuche von Prof. Dr. Vierling an der Technischen Hochschule

Hannover haben gezeigt, daß vor allem bei niedriger Belastung der Rollen eine Abdichtung durch elastische Wellendichtringe einen wesentlich höheren Reibungswert zeigen, als Feinspalt- oder Labyrinthdichtungen. Die gleichen Überlegungen gelten auch für dauergeschmierte Kugellager, die durch Gummi-, Kunststoff- oder Metallscheiben gedichtet sind. Für nicht angetriebene Rollenbahnen und niedrige Rollenbelastung wird man daher immer Rollen mit reibungsfreier Spaltdichtung vorziehen, denn man ist bestrebt, mit einem möglichst kleinen Niveauunterschied eine verhältnismäßig große Förderstrecke zurücklegen zu können, was nur bei geringer Reibung möglich ist. Außerdem ist beim Transport von leichtem Fördergut der Massenträgheit der Tragrollen Beachtung zu schenken, denn sie setzen der Bewegung einen oft fühlbaren Widerstand entgegen. So sind leichte Fördergüter oft nicht in der Lage, durch ihre Bewegungsenergie und der frei werdenden potentiellen Energie auf Grund der Neigung der Rollenbahn eine schwere Rolle in Drehung zu versetzen. Abhilfe kann nur durch Einsatz sehr leichter Rollen geschaffen werden. Das Ergebnis dieser Entwicklung sind die Röllchenbahnen oder auch Scheibenrollenbahnen genannt, die statt der Rollen mit verhältnismäßig schwerem Mantel einzelne Scheibenrollen mit einreihigem Kugellager verwenden (Abb. 95). Wenn auch der Rollreibungsbeiwert nicht so günstig wie bei einer großen Rolle erzielt werden kann, so wird eben dem wesentlich kleineren GD^2 erheblich mehr Bedeutung zukommen.

Sind Röllchenbahnen nur zum Transport leichterer Last gedacht, so eignen sich Rollschienen entsprechend Abb. 96 auch zum Transport schwererer Lasten. Zwischen jeweils zwei parallel zueinander verlaufenden Schienen sind Rollen eingelassen, auf denen die Last ruht. Derartige Bahnen dienen als Zubringer zwischen Lager- und Montagestätten oder gestatten, in Gießereien Brammen auf Transportgestellen zu bewegen oder in einem Sägewerk Transportgestelle mit Spreißeln, Brettern oder sonstiges sperriges Gut zu fördern. Der Abstand von Schiene zu Schiene wird entsprechend der Breite des Transportgestelles gewählt.

Rollenbahnen, Röllchenbahnen und Rollschienen können auch in Kurven geführt werden. Die Rollenachsen liegen dann natürlich nicht parallel, sondern als Krümmungsradien. Für den Innenradius der Bahn seien Normradien angegeben (Tab. 26). Sehr gebräuchlich ist ein Radius von 800 mm, aber auch Radien von 400, 500, 630, 1000, 1250

Tabelle 26.
Normwerte für Rollen- und Scheibenrollenbahnen

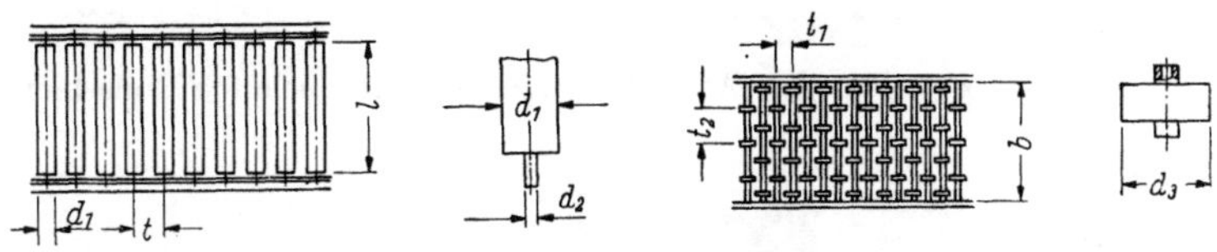

Rollendurchmesser	d_1	mm	25	38	40	50	57	60	63,5	76	80	88,9	108	
Achsendurchmesser¹)	d_2	mm	6,5	8	10	12	16	20	25					
Scheibenrollendurchmesser	d_3	mm	etwa 40		etwa 50		etwa 80							
Rollenlänge²)	l	mm	100	125	160	200	250	315	400	500	630	800	1000	1250
Breite³)	b	mm	160	200	250	315	400	500	630	800	1000	1250		
Teilung³)	t	mm	50	100	150	200	250	300	400	500				
t_1 und t_2 nach Grundreihe			R 5		R 10		R 20							

¹) Für $d_2 = 10$ mm auch 7/16″ möglich.
²) Auch metrisch von 50 zu 50 mm steigend und auch 12″, 14″, 16″, 18″, 24″ möglich.
³) Auch metrisch von 25 zu 25 mm steigend.

und 1500 mm sind üblich. Bei Rollenbahnen mit größerem Krümmungsradius können noch zylindrische Rollen verwendet werden, die nötigenfalls in zwei oder drei Einzelrollen unterteilt sind, um bei großen Stückgütern auch noch einen guten Kurvenlauf zu gewährleisten. Um aber auch bei kleineren Radien möglichst exakten Kurvenlauf zu erzielen, verwendet man konische Rollen (Abb. 97). Bei den serienmäßig gefertigten Kurvenstücken ist ein Radius von 800 mm sehr verbreitet und als Baukastenteile Segmente mit 45° bzw. 90° Zentriwinkel.

Abb. 95. Röllchenbahn (Scheibenrollenbahn) (Arnold).

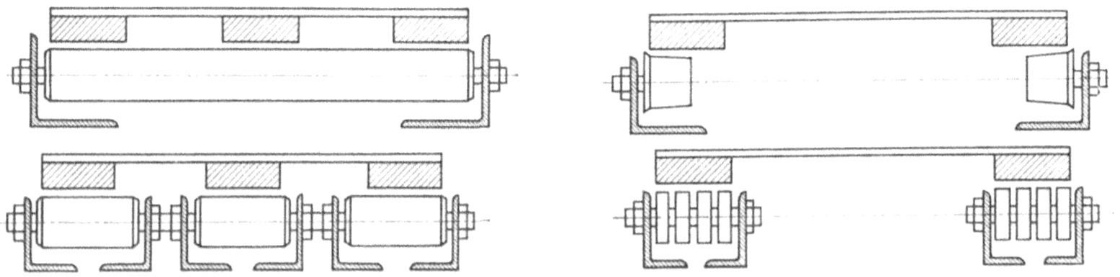

Abb. 96. Ausführungsbeispiele für Rollschienen.

Abb. 97. Rollenbahn als Eckverbindung zwischen zwei Plattenbändern mit kegeligen Rollen (Stotz).

Einige genormte Größen für den Bau und den Betrieb von Rollenbahnanlagen sind in Tab. 26 wiedergegeben. Darüber hinaus sind gebräuchliche Rollenausführungen in Tab. 11 zu finden. Nach Lagerung, Achsdurchmesser und Wanddicke des Rollenmantels kann man drei Gruppen unterscheiden; leicht (z. B. für die Konsumgüterindustrie), mittel (z. B. für Gießereien), schwer (z. B. für Walzwerke). Die Werte für zulässige Rollenbelastung gelten unter der Voraussetzung, daß die Last mindestens von zwei Rollen getragen wird. Die Lager-Lebensdauer ist mit ungefähr 30000 Stunden bei 100—150 U/min, d. h. einer Fördergeschwindigkeit von 0,3—0,4 m/s bei 50 mm Rollendurchmeseer oder 0,8—1,2 m/s bei 150 mm Rollendurchmesser angenommen. Natürlich gibt Tab. 26 nur Durchschnittswerte, die auf Grund der Angaben verschiedener Hersteller ermittelt wurden. Für die Bestimmung des Rollenabstandes ist die Länge der Lauffläche des kleinsten Förderstückes maßgebend. Es müssen mindestens drei Rollen gleichzeitig tragen. Sie werden in Schlitze der Rollenträger eingelegt und befestigt. Als Rollenträger verwendet man kräftige Winkeleisen mit Querversteifungen, die auf Stützen im Abstand von etwa 2,50 m ruhen, welche meist in der Höhe verstellbar sind. Dadurch wird leichte Montage der Bahnen, geringer Platzbedarf und leichte Verstellbarkeit erreicht. Die vier genormten Typen der Stützen lassen sich verstellen in den Bereichen: a: 350—550 mm; b: 550 bis 950 mm; c: 900—1300 mm; d: 1250—2000 mm.

Im allgemeinen werden die Rollen nicht angetrieben. Bei langen Schwerkraftbahnen werden Hubtische (meist Druckluftbetätigung) eingeschaltet, um das erforderliche Gefälle zu erzielen. Die durchschnittliche Neigung des Rollenförderers, bezogen auf verschiedene Transportgüter und reduziert auf ein Einheitsgewicht von 30 kp, gibt Tab. 27 wieder.

Tabelle 27. *Erforderliche Neigungen für Rollenbahnen*

Material	Neigung etwa %	Material	Neigung etwa %
Kisten, glatt	2	Profileisen auf Kante	1,5
Kisten, rauh	3–4	Backsteine	2,5–3
Kisten mit Leisten	3	Tuffsteine	4
Eisenblech, gerichtet	1,5	Blechkasten	3
Gußteile, glatte Fläche	1,5	Karton, unverschnürt	3,5–4
Formkasten	1,5	Karton, leer	7

Bei der Neigungsbestimmung ist die Härte der Stückgutoberfläche zu berücksichtigen, da sich die Rollen je nach Härte mehr oder weniger in Abhängigkeit des Gewichtes in die Lauffläche eindrücken. Als Neigungen sind, wie in der Tab. 27 gezeigt, 1,5—5 % mit Kurvenzuschlägen von 0,5—1 % üblich. Hemmungen lassen sich durch die in der Höhe verstellbaren Stützen ausgleichen. Als besonders großer Wert ist ein leerer Karton zu erwähnen, der bei einem Eigengewicht bis zu 3 kp ein Gefälle von etwa 7 % erfordert, um in Bewegung zu bleiben. Wie schon früher erläutert, werden für diese leichten Teile ausschließlich Röllchenbahnen eingesetzt, da hier das zu überwindende Massenträgheitsmoment der sich drehenden Teile kleiner ist und demzufolge mit einem kleineren Gefälle auszukommen ist.

Ohne Übertreibung läßt sich sagen, daß die Rollenbahn das in der Anschaffung billigste, im Betrieb anspruchloseste und dabei in der Verwendung vielseitigste Fördermittel ist. Man hat sie zunächst zum Verladen von Stückgütern benutzt, um menschliche Kraft zu schonen und um das Verladetempo zu steigern. Auch heute werden ausziehbare Teleskop-Rollenbahnen für die Be- und Entladung von Fahrzeugen noch gerne benutzt. In der gleichen Art lassen sich auch scherenförmige Rollenbahnen einsetzen (Abb. 98a). Die fahrbaren und höhenverstellbaren Stützen lassen sich gerade und auch kurvenförmig auseinander ziehen. Diese biegsamen Rollenbahnen werden serienmäßig in Baubreiten von 300 und 500 mm erstellt.

Für höhere Verladeleistungen dienen heute meist dreiteilige Sackverlademaschinen entsprechend Abb. 98b für einen Transport bis 2000 Sack/h. Für die Bedienung eines solchen Bandes sind nur zwei Bedienungsleute erforderlich. Die dreidimensionale Verstellung der Bänder ermöglicht ein Verladen bis in alle Ecken der Lastkraftwagen oder Waggons. Die Belademaschinen sind vollkommen unfallsicher eingekleidet. Alle Fahrbewegungen, wie das Heben und Senken, Ein- und Ausfahren des Teleskopbandkopfes und das Vor- und Zurückfahren der gesamten Beladeanlage erfolgen elektromotorisch.

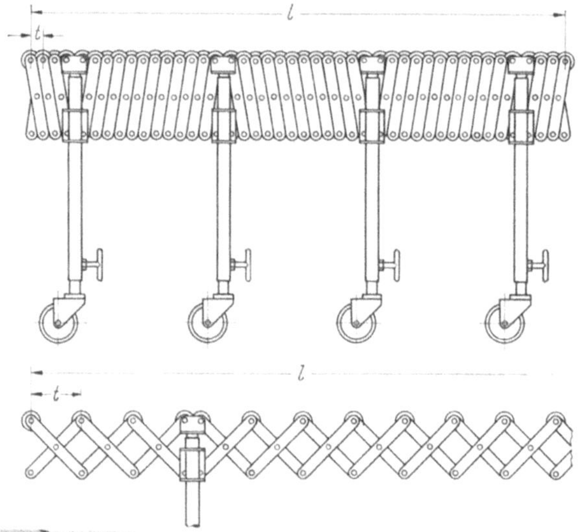

a

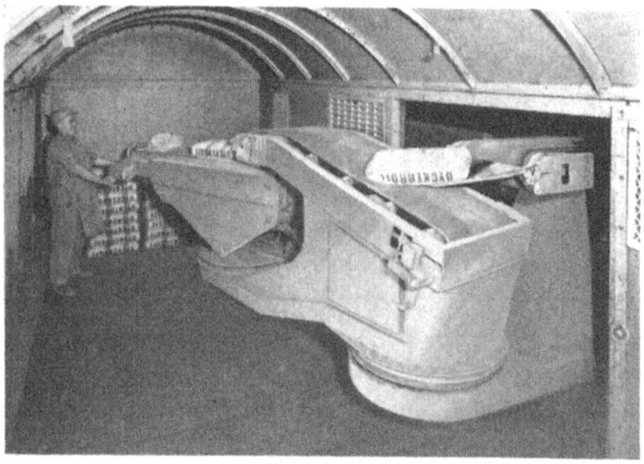

b

Abb. 98.
a Rollenförderer mit Scherengitterrahmen; *b* dreiteilige Belademaschine für Waggons bis 15 m Ladeflächenlänge (Beumer).

Über die oben geschilderten Einsatzfälle für Verladezwecke hinaus hat man aber erkannt, daß die Rollenbahn ein ideales Mittel ist, verschiedene Vorgänge des Förderns, Stapelns und Lagerns miteinander zu kombinieren. Dies Dank der Eigenschaft der Rollenbahn, gleichzeitig als Fördergerät und als Zwischenlager zu dienen. So läßt sich auch die scheinbar schwierige Aufgabe, von einer stetigen auf eine unstetige Förderung und umgekehrt überzugehen, mit der Rollenbahn verblüffend leicht lösen. Die Vielseitigkeit der Rollenbahn drückt sich in ihrer Verwendung bei der Materialbewegung innerhalb und außerhalb des Betriebes, im Lagerwesen und in der fließenden Fertigung aus.

Je mehr man sich der Rollenbahn zur Verbindung verschiedener Betriebsstätten bedient, desto vielseitiger werden auch die Förderwege, die man zu erstellen sucht. Für auftretende Kreuzungen von Förderstrecken stehen Drehscheiben zur Verfügung. Sie können ebenfalls verwendet werden für Abzweigungen von Förderstrecken (Abb. 99). Erwähnenswert ist auch noch eine andere Sonderform für den Quertransport, die in Blechwalzwerken, Sperrholzfabriken usw. anzutreffen ist (Abb. 100).

Abb. 99. Rollenbahnen in einer Gießerei mit drehbarem Rollenhubtisch zur Verbindung der angrenzenden Bahnen (Schenck).

Die über eine normale Rollenbahn *R* ankommenden Platten stoßen am Ende der Bahn gegen einen Kontakt *K*. Dadurch werden die Querrollen *Q* angehoben und damit die Platten im rechten Winkel bis zum nächsten Verarbeitungsplatz gefördert. Soll diese Anlage nicht nur für den Richtungswechsel eingesetzt werden, sondern auch zur wahlweisen Ausschleusung von Platten, so wird das Aggregat in eine normale Rollenbahn eingebaut und die Kontaktleiste *K* höhenverstellbar angeordnet, so daß nur im abgesenkten Zustand ein Richtungswechsel in der Förderung vorgenommen wird.

Während Drehscheiben an Abzweigungsstellen nur einen intermittierenden Förderbetrieb zulassen, kann beim Einsatz von Weichen für den Zwei- und Mehrwegetransport kontinuierlich gefördert werden. Die einfachste Ausführung sind Weichen mit kippbarem Teil. In einem Schwenkrahmen sind auf der einen Seite zylindrische Tragrollen und auf der anderen Seite konische Rollen zur Vollendung des Kurvensegmentes für eine wahlweise Förderung geradeaus, nach links oder nach rechts eingebaut. Bei einer anderen Konstruktion (Abb. 101a) sind die im Mittelfeld gelagerten Rollen über ein Hebelgestänge um die senkrechte Achse zur wahlweisen Einstellung der Förderrichtung schwenkbar angeordnet. Unter zusätzlicher Verwendung von elektrischen Verstellgeräten können diese Weichen auch im Taktverfahren arbeiten.

Bei beengten Raumverhältnissen reichen oft die normalen Rollenbahnkurven aus konischen oder geteil-

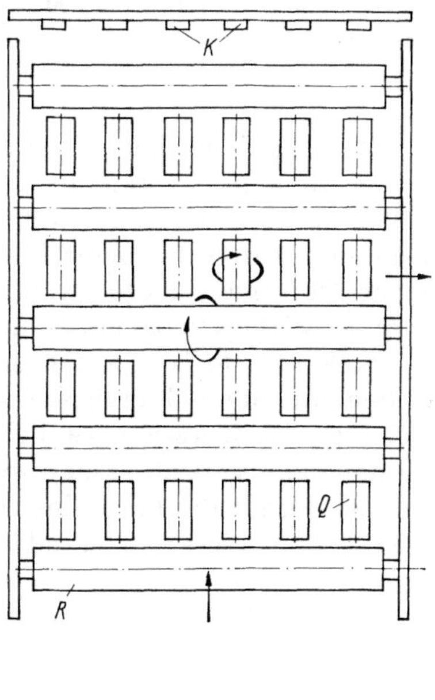

Abb. 100. Rollenbahn zum Transport von Blechplatten mit Richtungswechsel.

R Transportrollen (ankommende Richtung); *Q* Transportrollen (abgehende Richtung), die angehoben werden können; *K* Kontakte zur Steuerung der Rollen *Q*.

ten Rollen nicht aus. Für scharfe Umlenkungen, die von 90—180° gehen können, wurde daher ein Drehtisch-Förderer entwickelt (Abb. 102). Mit diesem Förderer ist es nicht nur möglich, auf engstem Raum die Förderrichtung ankommender Güter zu ändern, sondern vielmehr lassen sich durch dieses Gerät zugleich auch unterschiedliche Förderer verbinden (Rollenbahnen, Gurtbandförderer usw.).

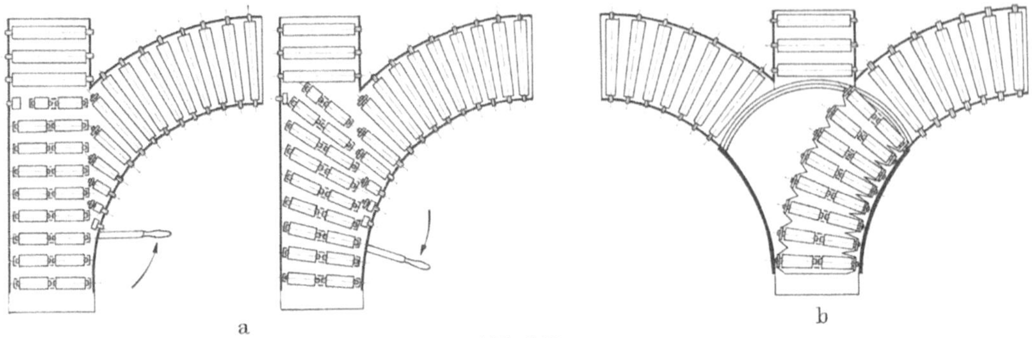

Abb. 101.

a mechanisch regulierbare Weiche; *b* elektrisch verstellbare Mehrwegweiche

Zur Erhaltung von Querverbindungen sind bei langen Rollbahnen Klappbrücken erforderlich. Diese bestehen aus zwischengeschalteten kurzen Feldern, die sich hochklappen lassen. Bei generellem Mangel an Bodenfläche lassen sich die Rollenbahnförderer auch unter die Decke hängen, an Wandkonsolen anbringen oder unter Verwendung leichter Stützen aus dem Verkehrsbereich herausnehmen.

Tabelle 28. *Abmessungen von Kugelrollen*

∅ Kugel mm	∅ Gehäuse mm	∅ Flansch mm	Tragfähigkeit kp
15	24	31	20
22	36	45	80
30	45	55	180
45	62	75	250
60	100	117	500

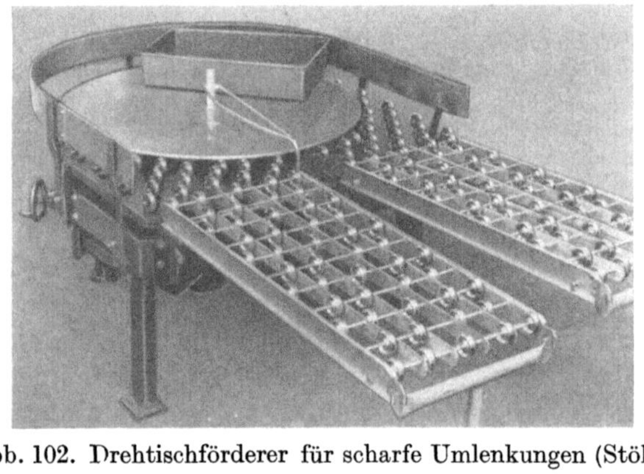

Abb. 102. Drehtischförderer für scharfe Umlenkungen (Stöhr).

Will man eine Last in einer Ebene nach allen Seiten freizügig verschieben können, was z. B. in blechverarbeitenden Betrieben häufig verlangt wird, so werden sog. Kugelrollen in Tische oder in den Kopf besonderer Stützen eingebaut. In einer Schale befinden sich eine Anzahl kleinerer Kugeln, auf der eine große Kugel ruht, die wiederum durch einen Deckring gehalten wird. Aus der Tab. 28 sind einige Größen von Kugelrollen und ihre Tragfähigkeit zu ersehen.

Sollen runde Teile auf einer Rollenbahn gefördert werden, so besteht Gefahr des seitlichen Ablaufens. Für diesen Bedarfsfall wird sie daher zweckmäßig muldenförmig ausgebildet. Dazu werden zwei Rollenbahnen im Winkel dicht nebeneinander angeordnet, so daß sie also nach rechts- und linksaußen hochstehen und zur Mitte geneigt sind. Sie nehmen somit die Form des Obertrums eines Gurtbandförderers entsprechend Abb. 23c und 23e an. Diese Muldenrollenbahnen können zum Transport gußeiserner Walzen, kurzer und langer Rohre, runder und länglicher Maschinenteile, ferner zur Weiterbeförderung von schweren Zylindern und sonstiger Voll- und Hohlkörper eingesetzt werden. Kurze bogenförmig geführte Muldenbahnen lassen sich auch in Rollenbahnen mit Geradeaus-Richtung als Kurvenstücke einsetzen. Eine andere Ausführungsform der Muldenrollenbahn besitzt einen U-förmigen Trog, der aus drei Rollenbahnen mit fast gleicher Breite erstellt wird, formmäßig ist sie dann mit der Rollenanordnung der Abb. 12c zu vergleichen, wobei die Seitenrollen die gleiche Länge wie die Grundrollen aufweisen. Derartige Muldenbahnen werden zum Stapeln und Fördern von Garnspulen in Spinnereien und Webereien eingesetzt, sie werden gleichzeitig auch als Magazin benutzt. Darüber hinaus dienen Muldenrollenbahnen auch der Abwärtsförderung von schweren Teilen bis 5 Mp/m Gewicht. So wie es Wendelrutschen gibt, werden auch Wendelrollenbahnen wegen ihres geringen Raumbedarfs für die Verbindung von Stockwerken verwendet.

Schließlich sind Bauarten erwähnenswert, bei denen endlose Gliederketten die Einzellasten über nicht angetriebene Rollen treiben. Dabei werden Steigungen anstandslos überwunden. Sogar schwere Walzenkörper werden auf- und abwärts befördert, indem sie über zwei Rollenbahnen gleiten, die im Winkel von 120° zueinander laufen, und mittig eine grobe Gliederkette Zugkräfte überträgt. In ähnlicher Weise arbeitet ein anderer bisher noch wenig bekannter Förderer, der die Vorteile einer Röllchenbahn mit denen eines Gurtbandförderers verbindet, ohne deren Nachteile aufzuweisen.

Der Förderer besteht aus einer zweiteiligen Rollenbahn, in deren Mitte ein Gurtbandförderer läuft. Ein besonderes System von steuerbaren Druckrollen hebt nun zum Transport den Gurt an und drückt ihn gegen den Boden der zu transportierenden Teile. Durch die Haftreibung werden diese mitgenommen, indem sie von der Rollenbahn getragen werden. Wird nun ein Materialstück auf dem Förderer angehalten, so bleiben auch alle nachfolgenden Teile stehen, da die Druckrollen unter dem Gurt automatisch abgesenkt werden und der zwar durchlaufende Gurt keine Kraft mehr übertragen kann.

In vielen Fällen ist es auch zweckmäßig, nicht das zu fördernde Gut, sondern die Rollenbahn selbst anzutreiben. Direkt angetriebene Rollenbahnen bezeichnet man auch als Rollgänge. Entsprechend den Abb. 103 und 104 können die einzelnen Rollen durch seitlich angebrachte Zahnräder, Ketten- oder Keilriementriebe und bei geraden Strecken auch durch gegen die Unterseite der Rollen gepreßte Gummigurte angetrieben werden. Das auf diese Art zu überwindende Gefälle kann mit 10—15% angenommen werden, hängt aber im wesentlichen vom Reibungskoeffizienten zwischen Rolle und Fördergutboden ab. Besonders beim Vorhandensein von Feuchtigkeit werden sich bei steileren Strecken Schwierigkeiten ergeben.

Für schweren Betrieb werden die Rollenkörper aus dickwandigem, nahtlosem Rohr, außenüberdreht, gefertigt. Die Stirnwände sind als gußeiserne Naben mit Kugellager und mehrfacher Labyrinthdichtung ausgeführt. Sie laufen schlagfrei. Außerdem können sie für Hochdruckschmierung der Lager durch die hohle Achse eingerichtet werden, falls sehr staubiger Betrieb dies ratsam erscheinen läßt.

Derartig schwere Rollgänge werden hauptsächlich in Walzwerken zur Förderung des Walzgutes zu und von den Walzengerüsten, zu den Scheren, Sägen, Richtanlagen und zum Lager verwendet. Man unterscheidet Arbeitsrollgänge, die unmittelbar am Walzengerüst für die Zu- und Abführung des Walzgutes bestimmt sind, sowie Förderrollgänge, die für Transportzwecke im Walzwerk dienen. Für die Arbeitsrollgänge ist der häufige Drehrichtungswechsel der Rollen, die stark schwankende Fördergutmenge und für die Förderrollgänge die ständig gleichbleibende Drehrichtung kennzeichnend.

Die Rollen der Arbeitsrollgänge sind besonders großen Stoßbelastungen und hohen Temperaturen ausgesetzt, so daß sie zweckmäßig mit großer Festigkeit, d. h. mit großem Durchmesser und entsprechend dicken Wandungen gefertigt werden. Andererseits wird man in der allzu stabilen Ausführung der Rollen begrenzt durch den Wunsch, das Massenträgheitsmoment der Rollen so klein wie möglich zu halten auf Grund der dauernd wechselnden Arbeitsrichtung. In der Praxis werden bei Arbeitsrollgängen an Block- bzw. Knüppelumkehr-Walzgerüsten sowie an Grobblechwalzwerken Rollendurchmesser von 400—600 mm, bei Förderrollgängen 350—400 mm und bei Rollgängen in Mittel- und Feinwalzwerken Durchmesser von 250—350 mm angewendet. Der Rollenabstand wird so gewählt, daß das zu fördernde Stück mindestens auf zwei angetriebenen Rollen aufliegt. Damit das Fördergut infolge seines Eigengewichtes nicht durchbiegt, werden zwischen den angetriebenen Rollen zusätzlich nicht angetriebene Rollen eingebaut.

Nach der Antriebsart der Rollen unterscheidet man Rollgänge mit Gruppen- und Einzelantrieb. Der Gruppenantrieb erfolgt meist durch eine längs der Bahn angeordnete Welle und Kegelradpaare. Bei leichteren Ausführungen wurden Rollengruppen auch

Abb. 103. Angetriebene Rollenbahn mit Eckumführung (Stotz).

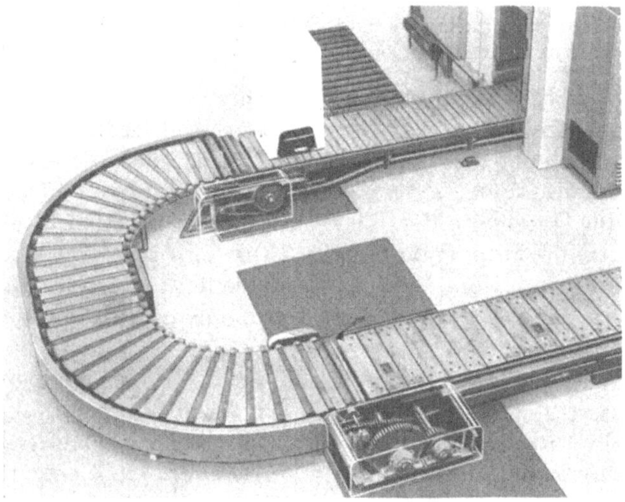

Abb. 104. Angetriebene Rollenbahn (Stotz).

schon über Ketten angetrieben. In neuerer Zeit wird der Gruppenantrieb doch immer mehr durch den Einzelantrieb verdrängt. Hierbei werden die Rollen direkt vom Elektromotor (Langsamläufer) oder unter Zwischenschaltung eines Stirnradgetriebes angetrieben.

Von großer Bedeutung ist die richtige Auslegung der Antriebsmotore. Auf der einen Seite wird ein schneller Drehrichtungswechsel der Rollen gefordert, wobei die durch die Massenkräfte hervorgerufenen zusätzlichen Widerstände zu berücksichtigen sind. Auf der anderen Seite muß ein Gleiten der Rollen unter dem Walzgut vermieden werden, d. h. die Beschleunigung am Rollenumfang darf einen bestimmten Größtwert nicht überschreiten, also

$$G \cdot \mu \geqq \frac{G}{g} b .$$

Hieraus folgt die größte zulässige Beschleunigung in m/s² am Rollenumfang mit

$$b_{\max} = \mu g .$$

Bei der Berechnung des maximalen Motormomentes ist beim Einzelantrieb nur das Massenträgheitsmoment der einen Rolle zu berücksichtigen, während beim Gruppenantrieb eine bestimmte Anzahl von Rollen gleichzeitig zu beschleunigen sind.

Will man sich über die allgemeinen Grundlagen der Berechnung von Rollenbahnen einen Überblick verschaffen, so sei zunächst auf die Erläuterungen auf S. 97 hingewiesen. Dort wurde gezeigt, daß die kinetische Energie eines geförderten Stückes jeweils die noch zu überlaufenden Rollen in Drehung zu versetzen hat. Trifft das Fördergut auf eine stillstehende Rolle auf, so wird zunächst ein Gleiten stattfinden und erst dann im Laufe einer gewissen Zeit durch die Reibung zwischen Fördergut und Rolle eine Mitnahme des Rollenkörpers erfolgen. Rechnerisch kann nachgewiesen werden, daß die Hälfte der vom Förderstück geleisteten Arbeit in Reibungsarbeit und die andere Hälfte in kinetische Energie der Rolle umgewandelt wird. Man kann also sagen, daß die Arbeit des Förderstückes der zweifachen kinetischen Energie (2 A) der Rolle entspricht.

Der gesamte Bewegungswiderstand bei Förderung auf einer Rollenbahn setzt sich aus drei Einzelwiderständen zusammen. Die Gedankengänge bei der Berechnung der Bewegungswiderstände einer Rollenbahn entsprechen im wesentlichen der Art der Bewegung auf Rädern. Aus diesem Grunde sei zum besseren Verständnis auf die bereits auf S. 73 aufgeführte Berechnung eines Gliederbandförderers hingewiesen.

a) Rollenwiderstand in kp:

$$W_1 = G_g \cdot \frac{f_1}{R},$$

b) Reibungswiderstand in kp an den Zapfen der Rollenachsen (das Fördergut wird von z Rollen getragen):

$$W_2 = (G_g + G_f \cdot z) \cdot \frac{\mu r}{R},$$

c) Widerstand in kp durch das Gleiten des Fördergutes auf den Rollen und die übertragene kinetische Energie (die geleistete Arbeit ist, wie oben gezeigt, für jede Rolle $2A$):

$$W_3 = \frac{2Az}{L} = 0{,}85 \cdot \frac{G_f z v^2}{g L}.$$

Der Faktor 0,85 ist zu berücksichtigen, da nicht die ganze Masse der Rolle auf dem Rollenumfang liegt.

Somit ergibt sich der Gesamtrollreibungswert f_{ges} und der diesem entsprechende Tangens des Neigungswinkels δ der Rollenbahn zu

$$f_{ges} = \tan\delta = \frac{W_{ges}}{G_g} = \frac{f_1}{R} + \left(1 + \frac{G_f z}{G_g}\right) \cdot \frac{\mu r}{R} + 0{,}85 \cdot \frac{G_f z v^2}{g L G_g}.$$

Bei der Ermittlung der Motorleistung in PS eines Rollganges muß zusätzlich auch der Rollwiderstand aller nicht in einem Moment am Fördervorgang beteiligten Rollen berücksichtigt werden, so daß gilt:

$$N = \left(\frac{Q_t H}{270} + \frac{Q_t L}{270} \frac{\mu r + f_1}{R} + \frac{G_f z v}{75} \frac{\mu r}{R}\right) \frac{1}{\eta}.$$

Fördert der Rollgang nicht ansteigend, so entfällt der erste Summand in der Klammer.

f) Schwingförderer

Auch diese Fördereinrichtungen können in die Gruppe der Förderer eingereiht werden, die das Material durch Fortschieben bewegen, wenngleich bei einigen derselben das Fördergut nicht einfach in der Rinne fortgeschoben wird, sondern sich teilweise schwebend in ihr vorwärtsbewegt. Alle derartigen oszillierend arbeitenden Fördergeräte, die dem Gut beim Hingang eine so große Beschleunigung erteilen, daß es beim Rückgang nicht von der Auflage mit zurückgenommen wird, sondern sich infolge der Massenkräfte in Förderrichtung weiterbewegt, sind unter dem Sammelnamen Schwingförderer bekannt. Bei diesen wird unterschieden zwischen Schüttelrutschen und Schwingrinnen. Beiden gemeinsam ist eine Hin- und Herbewegung des Fördermittels in Förderrichtung, die bei den Schwingrinnen mit großer Frequenz bei kleinen Schwingweiten und bei den Schüttelrutschen mit kleiner Frequenz und großer Schwingweite erfolgt. Ein besseres Unterscheidungsmerkmal liegt aber in der Tatsache, daß bei Schwingrinnen zur waagerechten Bewegung eine senkrechte Bewegungskomponente hinzukommt, mit einer Beschleunigung, die den Wert der negativen Erdbeschleunigung überschreitet, während bei den Schüttelrutschen die senkrechte Bewegungskomponente hinzukommen kann, deren Größe aber auf jeden Fall kleiner als die der negativen Erdbeschleunigung ist.

Aus diesen Zusammenhängen ist nun die unterschiedliche Arbeitsweise der beiden Rinnenarten zu erklären: Entsprechend der Abb. 110 beschleunigt eine Schwingrinne das zu fördernde Material so stark, daß es beim plötzlichen Verzögern der Rinne kurz vor der oberen Endlage der Schwingung von der Rinne abhebt und in der einmal erteilten

Bewegungsrichtung zunächst weiter fliegt, um dann nach der Wurfparabel den Rinnenboden wieder zu erreichen, und einen erneuten Bewegungsimpuls erhält. Das Material hüpft also weiter. Im Gegensatz dazu hebt das zu fördernde Material von einer Schüttelrutsche nicht ab, sondern gleitet auf ihr nur weiter, da beim schnellen Rückgang der Rutsche lediglich die Haftreibung zwischen Material und Rutsche unterbrochen wird.

Eine bemerkenswerte Vervollkommnung erfuhr der Schüttelrutschenbau durch die Weiterentwicklung der damals sogenannten Wurfförderrinne, die zwar schon um 1895 von Gebrüder FORSTREUTER in Magdeburg für die Förderung von Rohzucker gebaut, aber um 1900 unabhängig davon von MARCUS erfunden und zu großer Vollkommenheit gebracht wurde. Die Schwerkraft wird hier in der Regel nicht mehr für die Bewegung der Rinne benutzt und diese daher waagerecht auf Rollen, Kugeln oder Wälzhebeln gelagert (Abb. 105a—c). Die beschleunigte Vorwärtsbewegung wird durch ein Schubkurbelgetriebe bewirkt (vgl. Abb. 109a), das am Ende des Hubes eine starke Verzögerung und eine schnelle Rückwärtsbewegung herbeiführt. Das Fördergut fängt daher schon wäh-

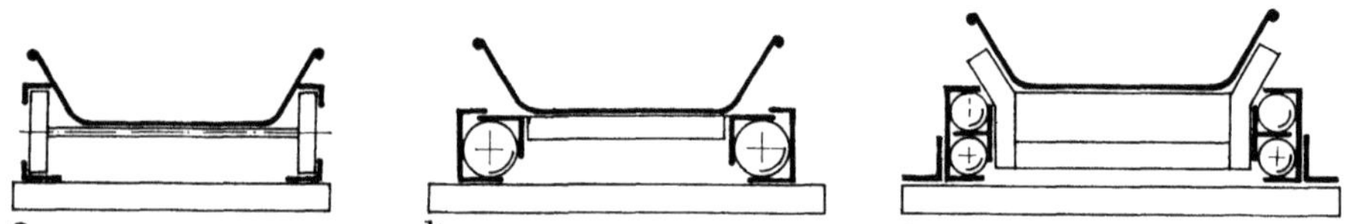

a b c

Abb. 105. Verlagerungen von Schüttelrutschen.

a auf einem Rollenstuhl; *b* auf einfachem Kugelstuhl; *c* auf doppeltem Kugelstuhl.

rend der Verzögerung der Vorwärtsbewegung der Rinne an, in ihr weiter vorwärts zu gleiten und zwar in dem Augenblick, in dem die Verzögerung p größer als μg ist, wenn mit g die Erdbeschleunigung und mit μ die Reibungsziffer des Fördergutes in der Rinne bezeichnet wird. Bei geeigneter Hublänge und Umdrehungszahl kann man erreichen, daß die Vorwärtsbewegung des Fördergutes in der Rinne fast so lange anhält, bis die Rinne wieder den Rückwärtshub vollendet hat, so daß das Fördergut fast beständig in der Vorwärtsbewegung verbleibt. Die von FORSTREUTER ausgeführten Rinnen arbeiteten noch mit kleinen Hüben und verhältnismäßig großen Umdrehungszahlen (180 U/min). MARCUS wandte zuerst große Hübe und kleine Umdrehungszahlen an (60—80 U/min). Dadurch wurde der Arbeitsgang ruhig und verhältnismäßig stoßfrei und die Rinne konnte auch in weniger feste Gebäude eingebaut werden, ohne daß man die Erschütterungen zu fürchten brauchte. Durch das Schubkurbelgetriebe sollte erreicht werden, daß die Beschleunigung beim Vorwärtsgang der Rinne angenähert gleichmäßig und so groß ist, als es die Art des Fördergutes gestattet, so daß die durch das Gewicht des Fördergutes entstehende Reibung fast vollständig ausgenutzt wird. Das Fördergut soll möglichst stark beschleunigt werden, aber ohne daß es anfängt zu gleiten. Darauf wird die Rinne schnell verzögert und schnell zurückbewegt, so daß das Fördergut die einmal angenommene Vorwärtsbewegung im wesentlichen beibehält. Diese Bewegung ist der gewöhnlichen Wurfschaufelbewegung zum Teil nachgebildet, bei der das Fördergut die einmal erhaltene Vorwärtsbewegung ebenfalls fortsetzt, während die Schaufel zurückgezogen wird. Die Rinnen haben sich besonders auch für heiße und scharfkantige Materialien gut bewährt.

Im Bergwerksbetrieb hat eine andere Art der Schüttelrutschen große Verbreitung gefunden, bei der durch Benutzung eines Druckluftzylinders für die Abbremsung der Geschwindigkeit und für den Antrieb ein Geschwindigkeitsdiagramm erzeugt wird, das dem der Wurfförderrinne mit Schubkurbelantrieb oder mit Pendelantrieb sehr ähnlich ist (Abb. 106). Diese Förderrinnen sind so ausgebildet, daß sie sowohl in geneigter, als auch in waagerechter Lage fördern können und sind demnach auch für allgemeine Transportzwecke gut verwendbar. Die Notwendigkeit, für den Antrieb Druckluft zur Verfügung zu haben, hat ihre Anwendung früher vorwiegend auf den Bergwerksbetrieb beschränkt. Die Rinnen wurden daher vielfach auch einfach als Bergwerksförderrinnen bezeichnet. Sie sind etwa seit dem Jahre 1905 in den Bergwerksbetrieb eingeführt, und zwar meistens in einer Anordnung, die von der über Tage angewendeten Bauart etwas abweicht. Immerhin schließt sich die Arbeitsweise an die über Tage arbeitenden Schüttelrutschen an. Die wesentlichste Abweichung ist die, daß die Rutschen im Bergwerksbetrieb das Ladegut im allgemeinen auf einer geneigten Ebene abwärts fördern, während die über Tage arbeitenden Förderrinnen in der Regel waagerecht gelagert sind. Man kann bei abwärtsgeneigter Rinne die erforderliche Beschleunigung in der Förderrichtung in einfachster Weise durch die Wirkung der Schwerkraft erzeugen und braucht die Rinne nur in der anderen Richtung wieder zu heben. Wenn die Neigung entsprechend dem Einfallen des Flözes für diese Arbeitsweise nicht groß genug ist, hilft man mitunter durch besondere Lagerung der Rinnen nach. In dieser Weise kann man erreichen, daß dieselbe einseitige Antriebsart auch noch bei waagerechter Lage der Rinnen und sogar bis zu einer in der Förderrichtung etwas ansteigenden Rinnenlage anwendbar ist.

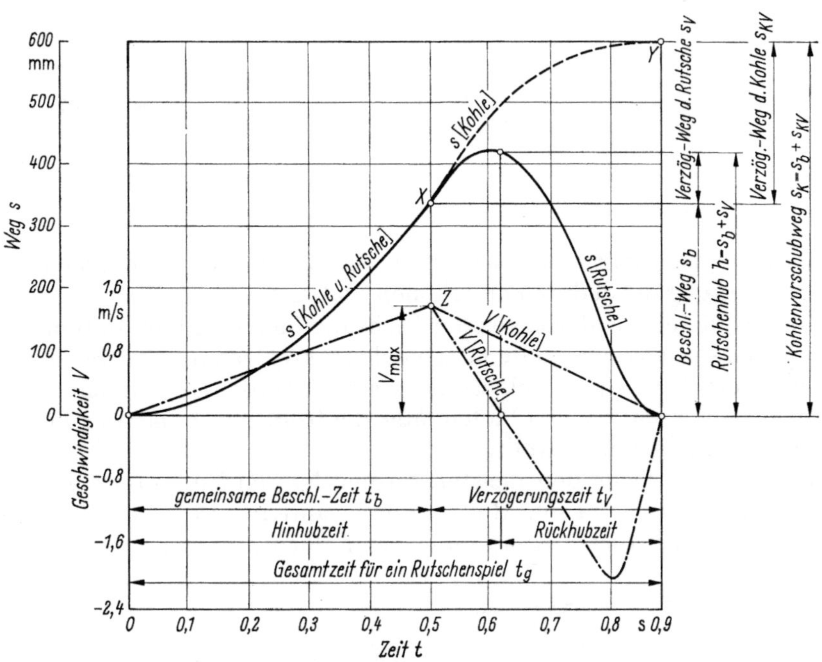

Abb. 106. Theoretisches Diagramm der Schüttelrutschenbewegung.

Hinsichtlich ihrer einseitigen Antriebsweise schließt sich die jetzt gebräuchliche Schüttelrutsche eng an die hin und wieder im Bergbau verwendete Stoßrinne an. Bei dieser wurde die Abwärtsförderung des Ladegutes erzielt, indem die Rinne durch die Schwerkraft in eine beschleunigte Abwärtsbewegung versetzt, dann durch einen Anschlag plötzlich angehalten und hierauf durch eine maschinelle Einrichtung, Daumenwelle oder dgl., wieder angehoben wurde. Nach dem plötzlichen Abstoppen der Abwärtsbewegung behielt das Fördergut die einmal erhaltene Bewegung bei und wurde so in der Laderinne vorwärts bewegt.

Die Bewegung des Druckluftkolbens wird unmittelbar auf die Rinne übertragen. Dieser unmittelbare Antrieb ist in der Gestaltung einfach und bedingt verhältnismäßig niedrige Anschaffungskosten. Nur wenige Firmen wählen beim Antrieb den Weg über die Kurbel. Sie führen als Vorteil die Möglichkeit des Kraftausgleichs durch ein Schwungrad an, bauen aber meistens neben dem Kurbelantrieb auch Anlagen mit direktem Antrieb durch einen hin und her gehenden Kolben (Abb. 107).

Die Tourenzahl der Rinnen wechselt je nach den vorliegenden Verhältnissen zwischen 40 und 70 U/min und kann durchschnittlich mit etwa 60 U/min angenommen werden bei einer Hublänge von 50—250 mm. Die Rinnen fördern am besten, wenn die Schwerkraft des abwärts geförderten Ladegutes möglichst ausgenutzt wird, also wenn die Neigung sehr groß ist. Diese Neigung ist aber durch die Bedingung begrenzt, daß das Ladegut nicht von selbst in der Laderinne rutschen soll, weil es sonst zu große Geschwindigkeit annimmt und seine Fortbewegung nicht mehr sicher beherrscht werden kann. Die Grenze der zulässigen Neigung liegt bei etwa 20—22°.

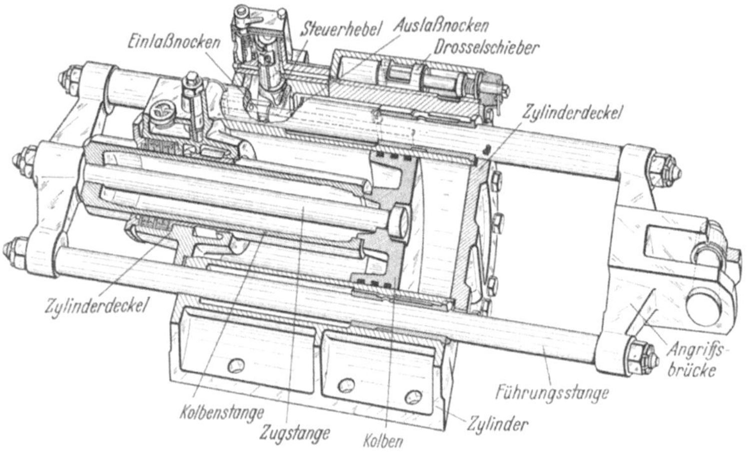

Abb. 107. Druckluftmotor für Rutschenantrieb (Eickhoff).

Bei den Bergwerksförderrinnen sucht man die durch Geschwindigkeitsveränderung bedingte Förderwirkung oft dadurch zu erhöhen, daß man die Rinne, wie schon erwähnt, in einer von der Förderebene abweichenden Richtung bewegt, sei es, daß man sie aus der Förderrichtung heraushebt oder daß man noch stärker senkt. Das Senken der Rinne gegenüber der Förderebene kann noch etwas verstärkt werden, indem man die Stützrollen zwischen zwei gekrümmten Flächen laufen läßt, die beide gegenüber der Förderebene geneigt sind, wie in Abb. 108 dargestellt.

Die Laufrollen werden von den meisten Firmen lose laufend ausgeführt, so daß jede gleitende Reibung fortfällt und nur Rollenreibung auftritt. Der Weg, den die Laufrolle beschreibt, entspricht bei dieser Anordnung der halben Hublänge der Rinne. Mitunter

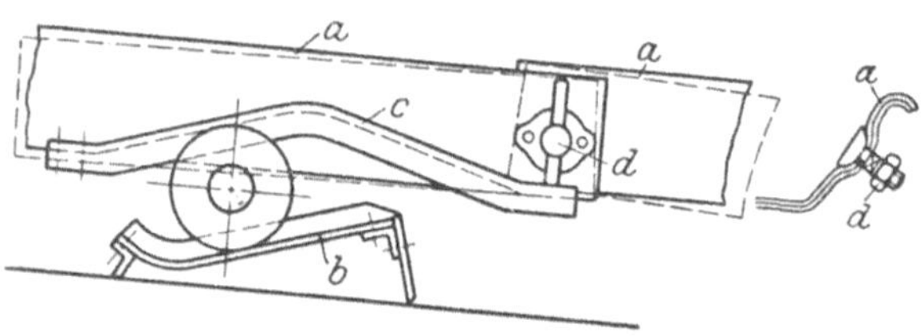

Abb. 108. Rutschenauflagerung (Flottmann).

werden die Rollen allerdings auch fest an der Rinne oder, wenn auch sehr selten, fest in einem auf dem Liegenden stehenden Gestell gelagert, auf dem die Rinne sich abrollt. Die Ausführungsform mit beweglichen Rollen ohne Achsenreibung ist aber zweifellos vorzuziehen.

Die Rutschen erhalten in der Regel trapezförmigen Querschnitt, der sich für die Förderung am zweckmäßigsten erwiesen hat. Der früher häufig angewendete halbkreisförmige Querschnitt ist im Verlauf der Zeit allgemein verlassen worden. Die beschriebenen Ausführungsformen sind bis jetzt fast ausschließlich auf den Betrieb untertage beschränkt und haben in ihren Bauelementen eine weitgehende Normung erfahren DIN 20900. Sie könnten aber auch ebensogut übertage angewendet werden und würden sich auch dort in vielen Fällen als zweckmäßig erweisen.

Wegen der stoßweisen Arbeitsweise ist ihre Verwendung jedoch in ziemlich hohem Maße von örtlichen und anderen besonderen Verhältnissen abhängig. Es soll daher hier von einer besonderen Behandlung der Wirtschaftlichkeitsfrage abgesehen werden. Einige Leistungsangaben über Schüttelrutschen sind der Tab. 29 zu entnehmen.

Tabelle 29. *Leistungen von Schüttelrutschen*

Kraftverbrauch für je 10 m Länge	PS	0,8	1,0	1,2	1,5	1,8	2,1
Leistung							
Kohle	Mp/h	5– 8	9–14	15–23	24–36	37–55	56– 80
Koks	Mp/h	2– 4	5– 7	8–12	13–20	21–32	33– 50
Steine und Erde	Mp/h	9–14	15–23	24–36	37–55	56–80	81–120
Getreide	Mp/h	6–10	11–16	17–25	26–40	41–60	61– 90
Trogbreite unten	m	0,20	0,25	0,33	0,40	0,50	0,60
Trogbreite oben	m	0,35	0,40	0,50	0,60	0,70	0,85
Trogtiefe	m	0,15	0,15	0,175	0,20	0,20	0,25

Weit mehr Bedeutung als den Schüttelrutschen kommt der großen Gruppe der Schwingrinnen zu. Das wesentliche Unterscheidungsmerkmal der verschiedenen auf dem Markt befindlichen Schwingrinnensysteme ist ihre Antriebsform, die sich jedoch sehr unterschiedlich auf die Förderleistung, den Verschleiß usw. auswirkt, wie auch aus der Tab. 31 zu ersehen ist.

Demnach stellt sich dem Konstrukteur als Hauptaufgabe die Schaffung geeigneter Schwingantriebe. Die drei verschiedenen Möglichkeiten sind schematisch in Abb. 109 dargestellt: Schubkurbelantrieb, Unwuchtantrieb und Magnetantrieb. Die Aufgabe des Antriebes besteht nun darin, die Schwingrinne in harmonische Bewegung zu versetzen.

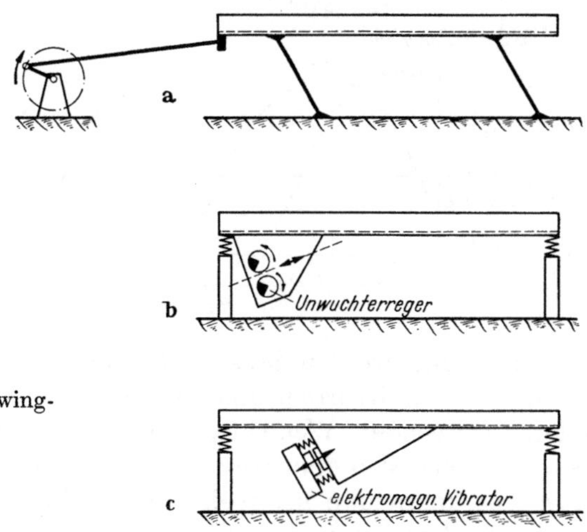

Abb. 109. Verschiedene Antriebssysteme für Schwingrinnen.

Das ganze Gerät kann hierbei als Federsystem betrachtet werden. Stimmt man dieses System so ab, daß seine Frequenz in der Höhe der Eigenfrequenz liegt, so lassen sich mit geringem Kraftaufwand starke Schwingbewegungen erzeugen. So erwünscht dies einerseits ist, so unangenehm ist andererseits der instabile Zustand auf der in Resonanznähe steilen Kennlinie. Man ist daher gezwungen, den Vorteil der großen Ausschlagamplitude durch künstliche Verflachung der Kennlinien teilweise wieder aufzuheben. Dies ist zu erreichen durch Vergrößerung der Dämpfung (z. B. Verwendung von Blattfedern mit großer Reibungsdämpfung) oder durch Einbau von elastischen Gliedern mit nicht linearen Kennlinien wie z. B. Schubgummifedern, wie sie unter der Bezeichnung „Schwingmetall" bekannt sind oder progressiv wirkende, geschachtelte Schraubenfedern. Nachstehend sollen nun die Möglichkeiten des Antriebes zur Erregung des Schwingsystems kurz aufgezeigt werden.

Als erste Ausführung sei die in Deutschland zuerst von Kreiss in Hamburg aufgeführte Schwingförderrinne erwähnt. Die Bewegung des Fördergutes erfolgt bei diesem Förderer dadurch, daß die Rinne durch einen Kurbeltrieb in die Schwingbewegung versetzt wird. Bei der beschriebenen Anlage beträgt die Tourenzahl 320 U/min, die Exzentrizität 12,5 cm. Die Schubstange ist an dem Rinnenboden unter Zwischenschaltung einer Pufferfeder befestigt. Sie ist so ausgebildet, daß bei einem Kurbelkreisdurchmesser von 25 cm der Rinnenhub etwa 30 cm beträgt. Der ganze Rinnenkörper ist auf Blattfedern gestützt, die in der Förderrichtung gesehen, etwas nach rückwärts gerichtet und so eingestellt sind, daß sie bei der Bewegung der Rinne um den ganzen Kurbelhub nach vorn aus der geraden Lage durchgebogen werden. Infolge dieser Stützung führt die Rinne bei der Vorwärtsbewegung durch den Kurbeltrieb nicht eine rein fortschreitende Bewegung aus, sondern sie wird beim Vorwärtsgang gleichzeitig etwas angehoben und beim Rückwärtsgang entsprechend gesenkt. Dadurch wird erreicht, daß das Fördergut sich nach beendetem Vorwärtsgang der Rinne von dem Rinnenboden abhebt, seine Vorwärtsbewegung frei in der Luft schwebend fortsetzt und erst wieder den Rinnenboden berührt, nachdem die Rinne die Rückwärtsbewegung ausgeführt hat und von neuem vorwärts bewegt wird. Das Fördergut erfährt also in der Rinne eine hüpfende Vorwärtsbewegung und verteilt sich dabei gleichzeitig über den ganzen Rinnenboden.

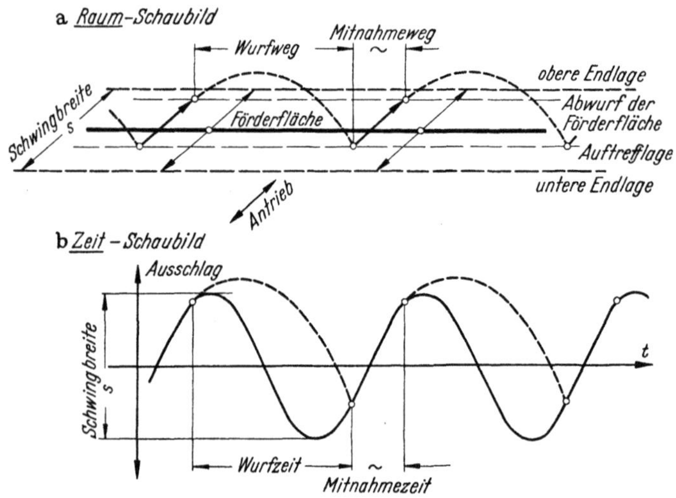

Abb. 110. Wurfschaubilder für Schwingförderrinnen.

Diese Rinnen werden daher nicht nur als eigentliche Fördervorrichtung, sondern vielfach auch als Zuteilvorrichtung für die gleichmäßige Zuführung des Fördergutes an andere Förderer verwendet. Wenn das Fördergut so beschaffen ist, daß ein vollständiges Abheben desselben von dem Rinnenboden unerwünscht ist, z. B. wegen eventueller Staubbildung, so kann man bei geeigneter Wahl von Tourenzahl und Hub auch so fördern, daß das Fördergut mit dem Rinnenboden in Berührung bleibt und während der Rückwärtsbewegung der Rinne nur der Druck des Fördergutes auf den Rinnenboden, also auch die Reibung, verringert ist, so daß das Fördergut leicht auf dem Rinnenboden nach vorwärts gleiten kann, während die Rinne die Rückwärtsbewegung ausführt. Die Förderung ist hierbei grundsätzlich dieselbe wie oben beschrieben. Die Arbeitsweise ist dann gleich der der Schüttelrutsche.

Unwuchtmotoren zum Antrieb von Schwingrinnen werden in unsymmetrischer und symmetrischer Bauart hergestellt. Es handelt sich um Asynchronmotoren mit erheblich verstärkter Lagerung und auf den Wellenstümpfen aufgesetzten Unwuchtscheiben. Durch die geteilte Ausführung der Unwuchtscheiben läßt sich eine stufenlose Einstellung der Fliehkraft vornehmen (Abb. 111). Mit der Anbringung eines einzelnen Unwuchtmotors im Schwerpunkt eines Fördertroges überträgt man auf die Förderrinne eine kreisförmige Schwingung, die nur bei stark geneigter Rinne zu einer wirtschaftlichen Förderung führt. Die gewünschte gerichtete Kraft erzeugt ein einzelner Unwuchtmotor, wenn er über einen Pendelhebel mit der Rinne verbunden wird. Die senkrecht zur Wurfrichtung vorhandenen Rüttlerkräfte führen dann zu einem Pendeln des Rüttlers auf dem Pendelarm, während die in Wurfrichtung wirkenden Rüttlerkräfte der Schwingrinne den gewünschten Antrieb verleihen. Bei einer anderen Lösung werden zwei mit entgegengesetzter Drehrichtung, aber synchron umlaufende Unwuchtmotoren unter dem Wurfwinkel zur Förderbahn angeordnet (Abb. 109b). Hierbei heben sich die senkrecht zur Wurfrichtung vorhandenen Kräfte der beiden Unwuchtmotoren auf, während sie sich in Wurfrichtung addieren.

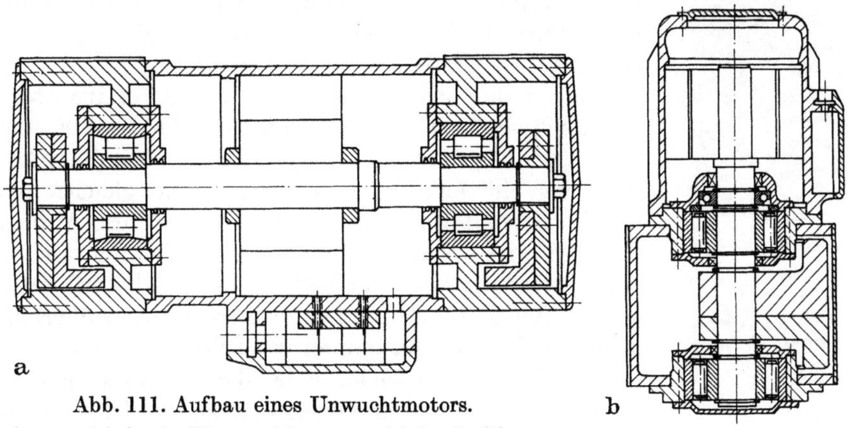

Abb. 111. Aufbau eines Unwuchtmotors.
a in symmetrischer Ausführung; *b* in unsymmetrischer Ausführung.

Schwingförderer mit unwuchtmotorischem Antrieb arbeiten mit konstanter Fördergeschwindigkeit. Sie hängt ab von der Schwingungsweite, wie aus Abb. 112 ermittelt werden kann. Eine Veränderung der Fördergeschwindigkeit ist durch unterschiedliche

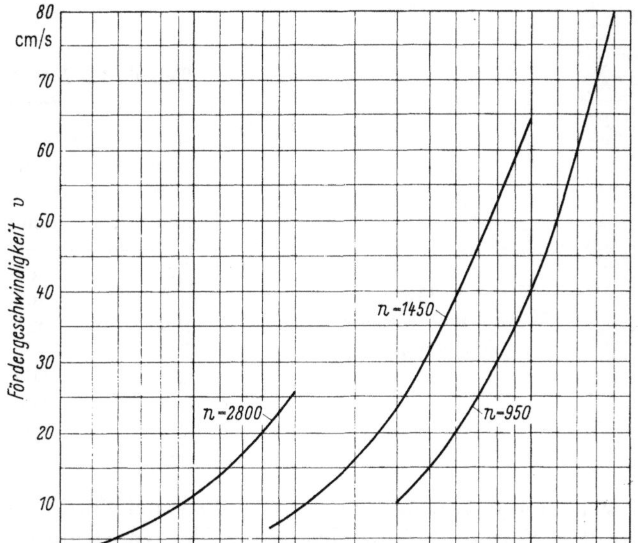

Abb. 112. Fördergeschwindigkeit als Funktion der Schwingungsweite bei Unwuchtrinnen.

Einstellung der Schichthöhe durch einen einstellbaren Schieber, durch Zwischenschalten von Frequenzwandlern, oder durch Antrieb über stufenlos regelbare Getriebe oder aber durch Einsatz polumschaltbarer Motoren möglich.

Als Nachteil des Unwuchtmotorenantriebes ist zu erwähnen, daß er beim Abschalten einen verhältnismäßig langen Auslauf hat und demzufolge auch beim Abschalten der Fördergutstrom nicht sofort abbricht. Wird eine schnelle Abschaltung, z. B. beim Be-

Abb. 113. Wendelwuchtförderer (Schenck).

schicken von Dosierwagen usw., gewünscht, so muß eine Gegenstrombremsung oder Gleichstrombremsung des Unwuchtmotors erfolgen.

Die Unwuchtförderer werden als Kopf- und Gürtelmaschine ausgeführt, als Kopfmaschine in einer Länge bis etwa 25 m und als Gürtelmaschine bis 36 m. Die Länge wird bestimmt durch die geforderte Leistung, durch die Trogbreite und durch das schwingende Gerüst.

Sie werden gebaut für chemisch aggressive Stoffe, mechanisch schwer zu förderndes Material, für bis 800 °C heiße und sehr sorgfältig zu transportierende Güter. Mit ihnen können auch noch verschiedene Sonderaufgaben wie gleichzeitiges Sieben des Fördermaterials, Trocknen, Durchlüften, Auflockern usw. durchgeführt werden (Abb. 215). Dabei können die Unwuchtrinnen über geeignet ausgebildete, schräge Abwurfkanten die Verteilung des Fördergutes auf größere Breiten übernehmen, wie dies z. B. bei Siebmaschinen wünschenswert ist.

Die Materialabgabe kann darüber hinaus an jeder beliebigen Stelle der Förderstrecke erfolgen, z. B. zum Beschicken einzelner Bunker. In diesem Fall werden geteilte Trogprofile verwendet, deren einzelne Querschnitte an dem jeweils zugehörigen Bunker oder an der Auslauföffnung der Trennwände enden. Eine andere Form stellt der Einbau verschließbarer Bodenöffnungen dar.

Tabelle 30. *Technische Daten für Wendelschwingförderer*

Rinnenbreite mm	Außendurchmesser mm	durchschnittl. Fördermenge m^3/h
50	208	etwa 0,5–1
100	400	2–3
160	620	5
200	700	6–8
250	800	9
300	1000	10–12
400	1600	15–20

Erwähnenswert ist noch die Anwendung eines Uhde-Wuchtförderers in einer Gießerei. Hier werden die gefüllten Formen bei gleichzeitigem Transport ausgeschlagen, die Gußteile von Formsand getrennt und die leeren Formen einer Rollenbahn automatisch zugeführt. Sollen leicht staubende Güter gesiebt werden, wird die Schwingrinne nach oben durch Bleche abgedeckt.

Als Vorteil der Unwuchtförderer ist wichtig herauszustellen, daß sie keine Gelenkteile und Schmierstellen, die mit dem Fördergut in Berührung kommen, besitzen. Die gesamte Wartung dieser Fördereinrichtungen beschränkt sich lediglich auf eine in gewissen Zeitabständen durchzuführende Überprüfung des Ölstandes in der Erregerzelle.

Der Antriebsmotor hat im Resonanzbereich ein 2—2,5faches Anzugsmoment, um die Resonanzzone schnell durchlaufen zu können.

Auch für die vertikale Förderung eignen sich diese Förderer. Für diesen Fall sind sie als Wendelschwingförderer ausgebildet, wie Abb. 113 zeigt.

Entsprechend ihren baulichen Gegebenheiten kommen sie in erster Linie für kleine und mittlere Förderleistungen in Frage (Tab. 30), bieten jedoch gegenüber den herkömmlichen Senkrechtfördermitteln einige wesentliche Vorteile. So fällt ein Kornabrieb fort, der z. B. in einem Schöpfbecherwerk kaum zu vermeiden ist. Auch der Transport sehr heißer Materialien ist möglich. Schließlich bietet der Senkrechtschwingförderer sich überall dort an, wo ein langer Förderweg Vorteile bietet, also z. B. dann, wenn auf dem Förderweg gekühlt oder getrocknet werden soll. In diesem Fall kann der Wendelteil mit einer feststehenden Ummantelung als Isolation versehen werden.

Abb. 114. Teileförderer für die Trennung von montierten und unmontierten Ventil-Teilchen (Jöst).

Geeignet zur Senkrechtförderung sind alle Schüttgüter, die eine Schwingförderung mit Steigung zulassen. Dies bedingt Materialien, deren Kornzusammensetzung nur einen unwesentlichen Staubanteil enthält, und die keine Neigung zum Kleben oder Schmieren haben.

Senkrechtschwingförderer bestehen aus einem schmalen Rinnentrog, der wendelförmig um ein Torsionsrohr gelegt ist. Der Antrieb kann durch Unwuchtmotoren bis zu einer Förderhöhe von 10 m erfolgen oder durch elektromagnetische Vibratoren, die aber in der Regel nur Höhen von 2—3 m erreichen. Bei größeren Höhen müssen mehrere Wendelförderer hintereinander geschaltet werden.

Auch Sortiereinrichtungen sind eine Abart der elektromagnetischen Wendelschwingförderer. Es ist ein Vertikalförderer mit kleinen Abmessungen, mit dem verschiedene Materialien so nach oben befördert werden, daß die Formteile immer in der gleichen Lage, und zwar einzeln hintereinander, am Auslauf sortiert ankommen. Die zu sortierenden Teile werden wahllos in den Sortierkessel eingeschüttet und gelangen vom Boden aus über den

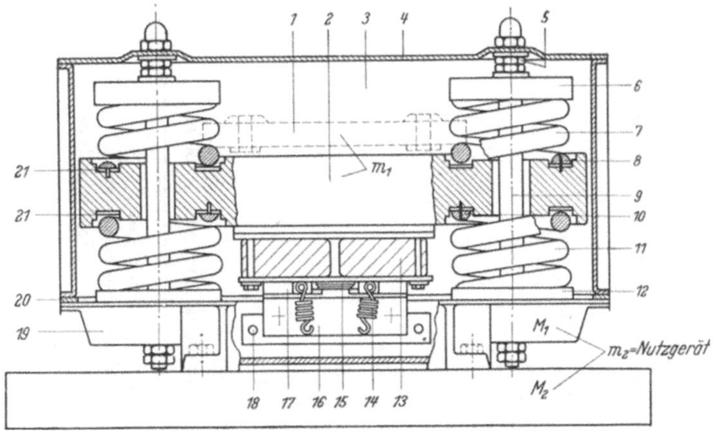

Abb. 115. Vibrator im Schnitt (AEG).

1 Zusatzgewicht; *2* Magnetteil; *3* Raum für weitere Zusatzgewichte; *4* Schutzhaube; *5* Muttern zu Federbolzen; *6* oberer Federteller; *7* obere Feder; *8* oberer Federstift; *9* Federbolzen; *10* unterer Federstift; *11* untere Feder; *12* unterer Federteller; *13* Magnetspule; *14* Stromzuführungsfeder; *15* Spulenkeil; *16* Anker; *17* Magnetkern; *18* Ankerbefestigung; *19* Ankergehäuse mit Buchsen; *20* Gummidichtung für Schutzgehäuse *21* Federunterlage.

spiralförmig angeordneten Vibrationsrinnenweg zum Auslauf. Auf diese Art können Einzelteile bis zu einem Stückgewicht von 20—25 kp gefördert und geordnet werden (Abb. 114).

Als letzte Antriebsmöglichkeit wurde bereits die durch Elektromagnet erwähnt. Bei dieser spielt sich der Schwingungsvorgang ausschließlich zwischen Nutzgerät und schwingungserzeugendem Gerät ab, wobei elektromagnetische Kräfte zwischen m_1 m_2 die Erregung darstellen (Abb. 115, vgl. Abb. 200).

Tabelle 31. *Gegenüberstellung der wichtigsten Daten und Eigenarten von Schwingrinnen mit Schubkurbel-, Unwucht- und Elektromagnetantrieb*

System		Rinne mit Kurbeltrieb	Rinne mit Unwuchtantrieb	Rinne mit Elektromagnetantrieb
Sinnbild		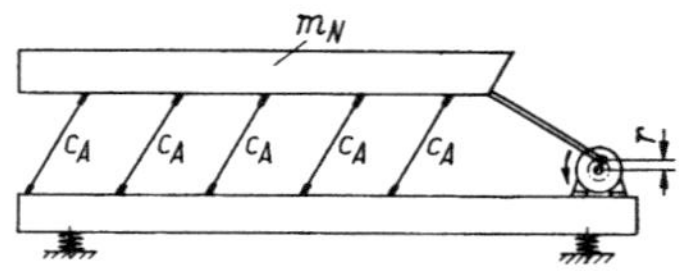	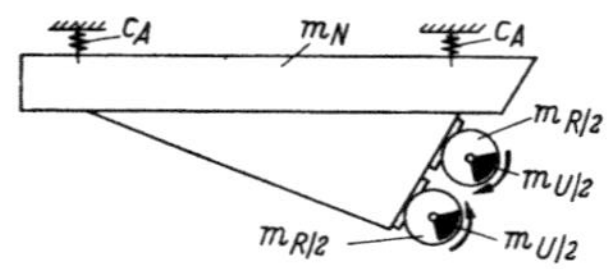	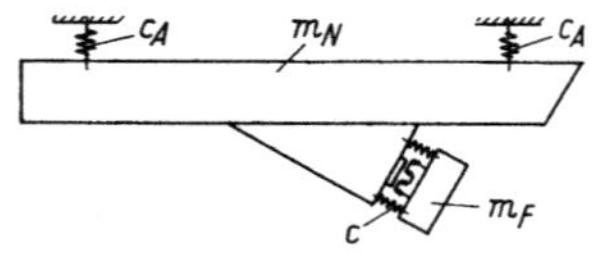
Frequenz	f Hz	5–15–(25)	10–25–(50)	50; 100
Schwingweite	s mm	6–30 $s_N = 2 \cdot r$	1–10 $s_N = s_U \cdot \frac{m_U}{m_N + m_R}$	0,1–2 $s_{\text{ges}} = \frac{P_{\text{err}}}{c} \frac{1}{1 - (f_{\text{err}}/f_{\text{eig}})^2}$ $s_{\text{ges}} = s_N + s_F$ $s_N \cdot m_N = s_F \cdot m_F$
Anstellwinkel	β Grad	25–35	20–30	20–30
Neigung	α Grad	0–5	0–15	0–25
Maximale Steigung	a Grad	5–10	10–12	12–14
Fördergeschwindigkeit	v m/s	0,3–0,7	0,05–0,4	0,01–0,15
Rinnenlänge	l m	2–20 Sonderausführungen: < 50 m	0,5–10 Sonderausführungen: 30–50 m	0,1–5 Sonderausführungen: < 10 m
Fördergut		Körniges Schüttgut staubförmiges Schüttgut leicht anbackendes Schüttgut (bedingt)	Körniges Schüttgut staubförmiges Schüttgut (bedingt) leicht anbackendes Schüttgut (bedingt) Stückgut (bedingt)	Körniges Schüttgut Stückgut
Einsatz		Förderung	Förderung Bunkerabzug Zuteilung	Förderung Bunkerabzug Zuteilung Dosierung
Rinnenverschleiß (bezogen auf 1 kp gefördertes Gut)		äußerst gering	sehr gering	gering
Fördergutschonung		gering	mittel	groß
Antrieb		Kurbel- oder Exzentertrieb über Keilriemen oder Regelgetriebe von statio-	Ein Unwuchtmotor mit ungerichteter Fliehkraft.	Elektromagnetischer Vibrator, bestehend aus dem mit der Rinne fest verbundenen

8*

		närem Motor mit konstanter oder regelbarer Drehzahl angetrieben.	Ein Unwuchtpendelmotor mit gerichteter Fliehkraft. Zwei gegenläufig synchron rotierende Unwuchtmotoren mit gerichteter resultierender Fliehkraft. Eine oder zwei über Zahnräder gekuppelte gegenläufig synchron rotierende Unwuchten über Keilriemen oder elastische Wellen von stationärem Motor mit konstanter oder regelberer Drehzahl angetrieben.	Anker und einer dagegen über vorgespannte Schrauben- oder Blattfedern abgestützten Freimasse. Die Speisung des Elektromagneten erfolgt normalerweise über einen Einweggleichrichter zur Erzeugung einer Betriebsfrequenz von 50 Hz.
Erregerkraft	P_{err} kp	$P_{err} = m_N \cdot 4\,\pi^2 f_{err}^2 \cdot r$	$P_{err} = (m_N + m_R) \cdot 4\,\pi^2 f_{err}^2 \cdot r$	$P_{err} = m_N \cdot 4\pi^2 f_{err}^2 \cdot r_N \cdot \frac{1 - (f_{err}/f_{eig})^2}{(f_{err}/f_{eig})^2}$
Abstützung		Über Lenkerblattfedern gegen Fundament oder Gegenschwingrahmen. Über Lenkerblattfedern und zusätzliche Speicherfedern gegen Gegenschwingrahmen. Über Schubgummifedern gegen Gegenschwingrahmen.	Über weiche Schrauben oder Gummifedern gegen Fundament. Über weiche Schrauben-, Gummi- oder Lenkerblattfedern evtl. mit zusätzlichen harten Speicherfedern gegen Gegenschwingrahmen. Aufhängung möglich.	Über weiche Schrauben- oder Gummifedern gegen Fundament. Über Lenkerblattfedern gegen Gegenschwingrahmen. Aufhängung möglich.
Abstimmung des Schwingungssystems		$f_{err} \gg f_{eig}$ $f_{eig} = \frac{1}{2\pi} \cdot \sqrt{\frac{\Sigma c_A}{m_N}}$ $\Sigma c_A \ll 4\,\pi^2 f_{err}^2 \cdot m_N$	$f_{err} \gg f_{eig}$ $f_{eig} = \frac{1}{2\pi} \cdot \sqrt{\frac{\Sigma c_A}{m_N + m_R + m_U}}$ $\Sigma c_A \ll 4\,\pi^2 f_{err}^2 \cdot (m_N + m_R + m_U)$	unterkritisch: $f_{err} \approx 0.9 \cdot f_{eig}$ überkritisch: $f_{err} \approx 1{,}1\, f_{eig}$ $f_{eig} = \frac{1}{2\pi} \cdot \sqrt{\frac{c \cdot (m_N + m_F)}{m_N \cdot m_F}}$ $\Sigma c_A \ll 4\,\pi^2 f_{err}^2\,(m_N + m_F)$
Statische Fundamentkraft	$P_{F_{stat}}$ kp	$P_{F_{stat}} = G_N + G_G$	$P_{F_{stat}} = G_N + G_R + G_U + G_G$	$P_{F_{stat}} = G_N + G_F + G_G$
DynamischeFundamentkraft	$P_{F_{dyn}}$ kp	$P_{F_{dyn}} \approx \Sigma c_A \cdot r + m_N \cdot 4\,\pi^2 f_{err}^2 \cdot r$	$P_{F_{dyn}} = \Sigma c_A \cdot r$	$P_{F_{dyn}} = \Sigma c_A \cdot r$
Regelbarkeit des Fördergutstromes		Über Frequenzregelung des Antriebs oder mit Hilfe eines Schichthöhenreglers im Betrieb. Durch Verändern des Kurbelradius im Stillstand einstellbar.	Über Frequenzregelung des Antriebs oder mit Hilfe eines Schichthöhenreglers im Betrieb. Durch Verstellen der Unwucht im Stillstand einstellbar.	Durch Änderung der Magnetankerspannung mit Hilfe eines Vorwiderstandes-Transformators oder Transduktors im Betrieb.

---

c = Federkonstante der Speicherfedern in kp/mm,
c_A = Federkonstante der Abstützfedern in kp/mm,
f = Frequenz in Hz,
f_{err} = Erregerfrequenz in Hz,
f_{eig} = Eigenfrequenz in Hz,
G_F = Gewicht der Freimasse in kp,
G_G = Gutgewicht in kp,
G_N = Rinnennutzgewicht in kp,
G_R = Rüttlergewicht in kp,
G_U = Gewicht der Unwuchtscheiben in kp,
L = Rinnenlänge in m,
m_F = Freimasse in kp s²/mm,
m_N = Nutzmasse in kp s²/mm,
m_R = Rüttlermasse in kp s²/mm,
m_U = Unwuchtmasse in kp s²/mm,
P_{err} = Erregerkraft in kp,
$P_{F_{dyn}}$ = dynamische Fundamentkraft in kp,
$P_{F_{stat}}$ = statische Fundamentkraft in kp,
r = Schwingungsamplitude in mm,
r_N = Amplitude der Nutzmassenschwingung in mm,
s = Schwingweite in mm,
s_F = Schwingweite der Freimasse in mm,
s_N = Nutzschwingweite in mm,
s_{ges} = Gesamtschwingweite in mm,
s_U = Schwingweite der Unwucht in mm, (doppelter Schwerpunktradius der Unwucht) in mm,
v = Fördergeschwindigkeit in m/s,
α = Neigungswinkel in Grad,
β = Anstellwinkel in Grad.

Bei dem elektromagnetischen Vibrator wird als Antrieb ein Element benutzt, das keinerlei rotierende, aufeinander gleitende oder schlagende Teile besitzt, sondern lediglich einachsig stoßende Schwingbewegungen im Raume ausführt und damit auch die angekoppelte Förderrinne in gleichartige Bewegung versetzt. Die Vibratoren werden normalerweise in geschlossener Ausführung vorgesehen, so daß sie auch unter schwierigen Aufstellungsbedingungen einwandfrei arbeiten. Der elektromagnetische Vibrator arbeitet grundsätzlich nur bei Anschluß an Wechselstrom 50 Hz und überträgt dessen Schwingungen auf den Förderrinnenkörper, was bei der üblichen Netzfrequenz 6000 Schwingungen/min entspricht. Während Förderlemente kleinerer Abmessungen mit 6000 Schwingungen/min arbeiten, hat sich jedoch in der Praxis gezeigt, daß bei Herabsetzen der Rinnenschwingungszahl auf 3000 Schwingungen/min bessere Fördereffekte erzielt werden; dies wird durch Zwischenschalten eines Einwegtrockengleichrichters zwischen Netz und Vibrator erreicht. Gewöhnlich werden hierfür Selengleichrichter verwendet. Die Schwingbreiten (= doppelte Amplitude) liegen bei etwa 1 mm. Die Rinnen arbeiten praktisch geräuscharm, da nur das magnetische Geräusch auftritt, das dem eines eingeschalteten Transformators entspricht.

Ein weiterer wesentlicher Vorteil ist, daß diese Rinnen außerordentlich einfach aufgestellt werden können. Wegen der abfedernden Elemente (Gummipuffer oder Federn) werden keinerlei schwere Fundamente benötigt. Es treten keine wesentlichen Schwingungsübertragungen auf, so daß die baulichen Konstruktionen verhältnismäßig leicht und einfach sein können, was bei der Planung besonders wichtig ist. Die Rinnen werden z. Z. bis zu etwa 6 m Länge nur mit einem einzigen Antriebselement ausgerüstet. Sind größere Förderstrecken zu überbrücken, so ist es ohne weiteres möglich, mehrere Einzelrinnen oder Schüsse hintereinander anzuordnen, von denen einer in den anderen fördert, ohne daß jedoch ein Förderhöhenverlust eintritt.

Wie man aus vorstehenden Erläuterungen einsieht, spielt sich der Schwingungsvorgang, abgesehen vom elektromagnetischen Erreger, zwischen Fundament und Nutzgerät ab, d. h. das Fundament (Wand, Decke usw.) schwingt mit. In den meisten Fällen ist diese Erscheinung unerwünscht. Man bildet deshalb mittels einer Hilfsmasse — etwa des Rahmens — ein isoliertes Schwingungssystem aus, das mit dem Fundament schwingungstechnisch nur lose gekoppelt ist. (Aufstellung auf Polster wie etwa Gummi, Kork oder ähnliches). In diesem Fall braucht die Erregerkraft nicht mehr an der Nutzmasse, sondern kann auch an der Ausgleichsmasse angreifen. Es lassen sich auch zwei derartige Systeme gegeneinander schalten und durch einen gemeinsamen, dazwischenliegenden Exzenterantrieb antreiben. Geht man mit diesem Gedanken noch einen Schritt weiter, so wird die Hilfsmasse zur Nutzmasse und man erhält die Konstruktion mit zwei gegenläufigen Rinnen, Sieben usw. unter vollständigem Massenausgleich. So wurden bereits zwei Förderrinnen, welche die schwingenden Teile darstellen, übereinander angeordnet. Durch eine Phasenverschiebung um die halbe Schwingungsdauer kommt dann ein Massenausgleich innerhalb der beiden Rinnen zustande. Nach außen werden also keine Massenkräfte übertragen. Bei den Förderern mit elektromagnetischer Erregung liegt dieser Massenausgleich schon in der Eigenart des Erregersystems.

Als Regelgröße zur Mengenregelung und Anpassung an verschiedenartiges Fördergut wird im allgemeinen die Amplitudenregelung durch Verändern der Erregerkraft in Stufen oder auch stufenlos, seltener als Regelung der Frequenz bei elektromagnetischen Vibratoren oder durch Drehzahländerung bei Unwuchterregern angewandt.

Die Förderwilligkeit der einzelnen für die Förderung vorgesehenen Güter ist sehr verschieden, d. h., die erreichbaren Durchsatzleistungen verschiedener Güter in der gleichen Rinne weichen voneinander ab. Von wesentlichem Einfluß ist das Schüttgewicht, die Korngröße und die Kornform. Grundsätzlich gilt, daß die Förderleistung um so besser wird, je größer das Korn und das Schüttgewicht ist. Außerdem ist für die Förderwilligkeit auch der Feuchtigkeits- und etwaige Fettgehalt des Gutes von Bedeutung. Das Fördergut wird durch die eingeleiteten, einachsig gerichteten Schwingungen in schnelle, gleichsam vorwärts hüpfende und damit fließende Bewegung versetzt, so daß praktisch keinerlei Reibung zwischen Rinnenboden und Fördergut auftritt. Dadurch wird erreicht, daß einmal das Gut bei seiner Förderung weitgehend geschont wird, und außerdem der Verschleiß des Rinnenmaterials praktisch als Null zu bezeichnen ist. Betriebserfahrungen bei der Förderung von Korundpulver, einem außerordentlich scharf wirkenden Schleifmittel, haben nach längerer Betriebszeit ergeben, daß die verwendete Rinne keinerlei Verschleiß-Erscheinungen zeigte.

Wie die bisherigen Ausführungen über Schwingrinnenförderer gezeigt haben, ist die Antriebsform als wesentliches Unterscheidungsmerkmal für die verschiedenen Systeme anzusehen. Durch die unterschiedlichen Arbeitsfrequenzen werden die Arbeitsweisen bestimmt. Um dem Planer eine leichte Auswahl des für einen bestimmten Zweck geeigneten Gerätes zu ermöglichen, wurde von Prof. Dr.-Ing. K. H. Wehmeier eine Systematik der Schwingrinnen-Bauformen und ihrer Eigenarten aufgestellt (Tab. 31 auf S. 114).

Durch geneigt eingebaute Schwingrinnen kann der Fördergutstrom beträchtlich erhöht werden, und zwar bei kurzen Rinnen um 3—6% und bei langen Rinnen um 2—3% pro Grad Neigung. Zu beachten ist, daß der Rinnenverschleiß mit wachsender Neigung zunimmt. Daher sollte man eine Neigung von 10—15° möglichst nicht überschreiten. Bei ansteigend verlegten Rinnen verringert sich der Fördergutstrom um 2—3% pro Grad Anstieg. Materialien mit einer geringen Luftdurchlässigkeit lassen zwischen Rinnenboden und Fördergut sowie im Fördergut selbst Luftdruckpolster entstehen, die eine Förderung wesentlich erschweren. Hier kann durch zweckmäßige Abstimmung von Schwingweite und Frequenz sowie durch Reduzierung der Materialschichthöhe die Förderwilligkeit erheblich verbessert werden.

Für Schwingrinnen findet man meist die Trog- oder Rohrform. Neben der rechteckigen Querschnittsform hat sich der Trog mit unter 10—15° geneigten Seitenwänden gut bewährt. Bei der Konstruktion der Tröge sollte der Rinnenboden in abgekanteter, geknickter oder gewölbter Form hergestellt werden, um eine größere Eigensteifigkeit zu erzielen. Natür-

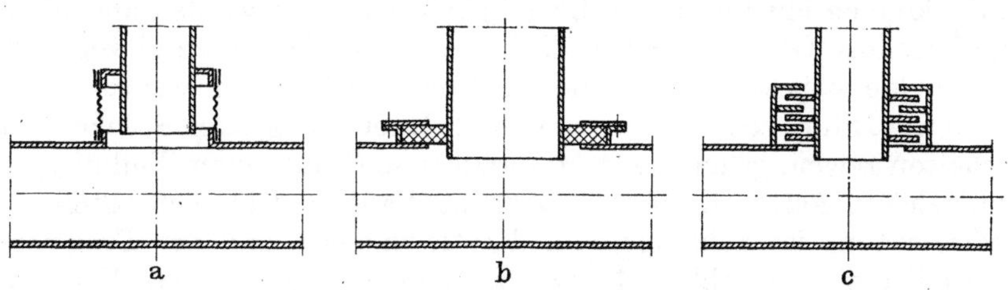

Abb. 116. Verschiedene elastische Abdichtungen für Schwingrinneneinläufe.

a Manschettendichtung; *b* Moosgummidichtung; *c* Labyrinthdichtung.

lich können alle Typen auch in staubdichter Ausführung mit Deckelblech, Schleißblechen oder Gleitschienen ausgebildet werden. Für die Konstruktion werden 2—6 mm starke Blechtröge mit aufgeschweißten Rippen zur Verstärkung eingesetzt, um so das Eigengewicht zur Verringerung der Massenkräfte möglichst klein zu halten. Bei der Berechnung des Rinnentroges ist nicht nur die zulässige Festigkeit zu berücksichtigen, sondern vielmehr, daß die Rinne im Betrieb dynamisch steif ist.

Ganz besondere Aufmerksamkeit ist bei der Förderung staubiger Schüttgüter den Abdichtungen der Einläufe zu schenken. Abb. 116 zeigt verschiedene Ausführungsformen. Gummi- oder Kunststoffmanschetten werden als Streifen doppelt um die Stutzen gewickelt und mit Klemmschellen befestigt. Nach Abb. 116b werden Moosgummipackungen ähnlich einer Stopfbuchse um den Stutzen gelegt und mit Blechen festgeklemmt. Diese Form trifft man vor allem bei rechteckigen Einläufen. Bei heißem Fördergut werden zweckmäßig Blechlabyrinthe eingesetzt, die in Halbschalen gefertigt um den Stutzen gelegt und zu verschrauben sind. In ähnlicher Form können auch die Übergabestellen zwischen mehreren hintereinander geschalteten Schwingrinnen abgedichtet werden.

g) Schneckenförderer

Schneckenförderer gehören zu den Fördervorrichtungen, bei denen das Fördergut durch den Förderer fortgeschoben wird, bei denen aber gleichzeitig eine von der eigentlichen Förderbewegung unabhängige Relativbewegung zwischen Förderer und Fördergut stattfindet. Sie zählen zu den ältesten Maschinen für stetiges Fördern. Nutzbringend angewendet wurde sie zuerst bei der Feldbewässerung und zwar zum Heben von Wasser aus tiefer gelegenen Gräben. Mit zunehmender Mechanisierung und Automatisierung sind Schneckenförderer besonders in den letzten Jahrzehnten zu unentbehrlichen Helfern in vielen Industriezweigen geworden.

Auch bei diesen Fördervorrichtungen wird das Fördergut auf einer Unterlage fortgeschoben, aber in anderer Weise als bei den Kratzern und Förderrinnen, indem nämlich die Bewegung durch Drehen einer Achse mit schraubenförmig aufgewundenem Blech erfolgt, ähnlich wie die Fortbewegung einer Mutter durch Drehen der Schraube. Dadurch entsteht nicht nur eine Reibung zwischen Fördergut und Unterlage, sondern auch zwischen dem Fördergut und den Schneckengängen. Wir können also nur Güter mit kleinerer Kantenlänge als die Schneckensteigung fördern. Der Arbeitsverbrauch ist daher bei diesen Förderern noch größer als bei den Kratzerförderern, wie auch schon in der allgemeinen Entwicklung auf S. 7ff. erläutert.

Schneckenförderer sind besonders für schwierige Raumverhältnisse geeignet auf Grund ihrer kompakten Bauweise. Sie sind auch besonders geeignet zum Transport von staubenden und übelriechenden, giftigen und explosionsgefährlichen Stoffen, da die Gehäuse staub- oder gasdicht, vakuum- oder druckfest ausgeführt werden können. Da die Leistung eines Schneckenförderers sehr stark von der Beschaffenheit des Fördergutes abhängig ist, hat man eine Unterteilung der zu fördernden Materialien in die Klassen A, B und C vorgenommen. Materialien nach Klasse A sind leichte, nicht schleißende und frei fließende Fördergüter wie Mehl, Roggenschrot, Weizen, Gerste, trockene Staubkohle, Mohn usw. Sie können mit hoher Geschwindigkeit gefördert werden und füllen 45% des Trogquerschnittes aus. Güter der Klasse B haben einen Füllungsgrad von 30% und sind feinkörnige oder kleinstückige Stoffe, die nicht ganz frei fließen, wie Stückkohle, grobes Salz, Sägemehl usw. Stark schleißende, zähe und Güter mit großen Stücken, die schlechte Fließeigenschaften zeigen, gehören zur Materialklasse C mit einem Füllungsgrad von nur 15%. Hierzu gehören Asche, Kieselerde, Zement, Sand und ähnliche Stoffe.

Die Förderrichtung ist abhängig von der Gewindeart und der Drehrichtung. Verschiedene Beispiele sind in Abb. 117 gezeigt. Diese einfache äußere Form und die gedrängte Bauart der Schnecke ist ein Hauptvorteil und neben der bequemen Entlademöglichkeit ein Hauptgrund für ihre häufige Verwendung in Speichern, Kesselhäusern usw. Für Kohlenförderung arbeiten die Schnecken nur bei verhältnismäßig sehr geringer Länge und Leistung wirtschaftlich, bei Getreideförderung dagegen liegt die Grenze wesentlich höher. Tatsächlich finden auch die Schnecken in Getreidelagern eine ziemlich ausgedehnte Anwendung. Bei größeren Längen werden sie jedoch auch hier von Förderbändern verdrängt, die einen geringeren Arbeitsverbrauch haben. Ähnlich liegen die Verhältnisse bei der Förderung von Zement, für den auch ein kleiner Reibungswinkel von etwa derselben Größe wie für Getreide in Frage kommt und bei dem Gurtbänder wegen der Staubbildung nicht gut anwendbar sind. Es wurden Versuche durchgeführt, die einwandfrei das hier Gesagte zeigen. Einige Werte sind in der Tab. 32 wiedergegeben. Der Versuch wurde durchgeführt mit einer Schnecke $D = 240$ mm Durchmesser, $s = 200$ mm und $n = 55$ U je min.

Schnecken werden in fast allen Industriezweigen verwendet. Wir finden diese Förderart beispielsweise als Zuteilschnecken, Mischschnecken, Siebschnecken (wenn Rinnen entsprechend ausgebildet sind), Entleerungsschnecken von Bunkern, Dosierungsschnekken (z. B. Medikamente), Preßschnecken (vgl. Fleischmühle; bei den Preßschnecken werden erst große, dann kleine Steigungen vorgesehen; Drücke von 100 at und mehr),

Schnecken mit Heizvorrichtung, worin sich chemische Prozesse abwickeln können, Kühlschnecken.

Um die Schnecke vor chemischen Angriffen zu schützen, kann man vorsehen: a) Verbleiung der Schnecke, b) Gummiüberzug, der heute aufgespritzt wird, c) Herstellung aus besonderen Metallen, was jedoch teuer ist, d) Herstellung aus Kunststoff, was heute für diesen Verwendungsbereich in zunehmendem Maße geschieht.

Tabelle 32

Fördergut	Schüttgewicht γ	spez. Verschiebungswiderstand kp/kp
Getreide	0,73	1,85
Kohlenstaub	0,78	2,1
Kesselkohle	0,66	2,2
Koks	0,34	3,0

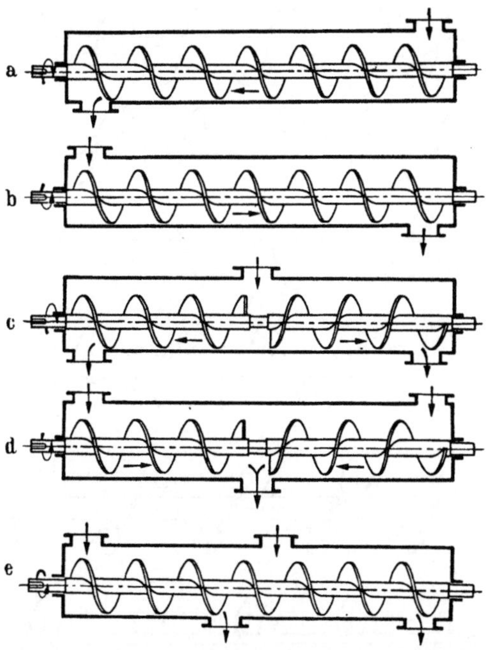

Abb. 117. Verschiedene Fördermöglichkeiten mit Schnecken.

Als Vorteil der Förderschnecken ist folgendes zu nennen: Sie sind sehr einfache Fördermittel, die billig in der Anschaffung sind und oft sogar im eigenen Betrieb hergestellt werden können. Auch der Antrieb gestaltet sich einfach, da nur eine Welle vorhanden ist. Im Gegensatz zu Bandförderern, Rollenbahnen usw. sind nur wenige Lager zu schmieren. Förderschnecken können bis zu einer Länge von 40 m angewendet werden. Auch Steigungen, im allgemeinen bis 45°, lassen sich überwinden. Einige Ausführungen von Sonderschnecken fördern sogar senkrecht nach oben, wie später noch gezeigt wird.

Nachteile der Schnecken: Das Gut reibt, wie schon gesagt, an der Rinne und an der Schnecke selbst, wodurch verhältnismäßig hohe Antriebsleistung bedingt ist. Sie sind nicht für harte und feste Stoffe geeignet, da derartige Materialien bei der Förderung leicht einklemmen. Man kann der Gefahr entgegentreten durch Anwendung kleinerer Steigung. Außerdem kann sich grobstückiges Gut an den Zwischenlagern festklemmen. Stoffe, die sich zusammenballen, sind auch nicht zu fördern. Abhilfe kann geschaffen werden, indem man aus der Schnecke Segmente herausschneidet, wodurch eine propellerartige Schnecke entsteht. Das Gut wird dann zerschnitten und doch gefördert. Dabei wird wohl entsprechend höhere Drehzahl verlangt. Man nennt derartige Förderer Paletten- oder Paddelschnecken (Abb. 118d). Außerdem werden die Schneckengewinde auch mit Segmentausschnitten verschiedenster Form und Größe ausgebildet, um besondere Mischeffekte zu erzielen (Abb. 118e). Bei stärkerer Beanspruchung werden die Misch- und Rührflügel nicht mit der Welle verschraubt, sondern die Verbindung geschieht mit Schellen. Auf diese Art lassen sich auch die einzelnen Rühr- und Mischblätter leicht auswechseln. Je nach Verwendungsart sind sie hergestellt aus St 60.11, Manganstahl oder Chromstahl und andere Legierungen (Abb. 118g). Schneckenausführungen für besondere Voraussetzungen gibt Abb. 119 wieder. Die eingängige Schnecke mit Einfachgewinde (Abb. 119a) ist für waagerechten und leicht geneigten Transport gut fließender Güter einzusetzen. Die Schnecke gibt bei einer Umdrehung die zwischen einer Steigung liegende Materialmenge in der Zeiteinheit ab. Abb. 119b zeigt ein Doppelgewinde, bestehend aus zwei Einfachschnecken, die ineinander montiert sind. Bei schräg eingebauten Schnecken wird hierdurch das Zurückströmen leicht fließender Güter verhindert. Auch kann durch diese Ausführung die Forderung gleichmäßiger Fördergutabgabe erfüllt werden. Die Schnecke gibt bei einer Umdrehung die zwischen einer halben Steigung liegende Materialmenge in

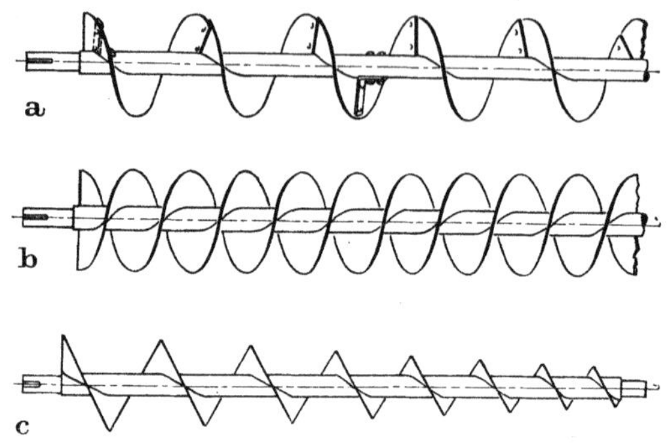

Abb. 119. Gewindearten.
a Einfachgewinde; *b* Doppelgewinde; *c* Konusgewinde.

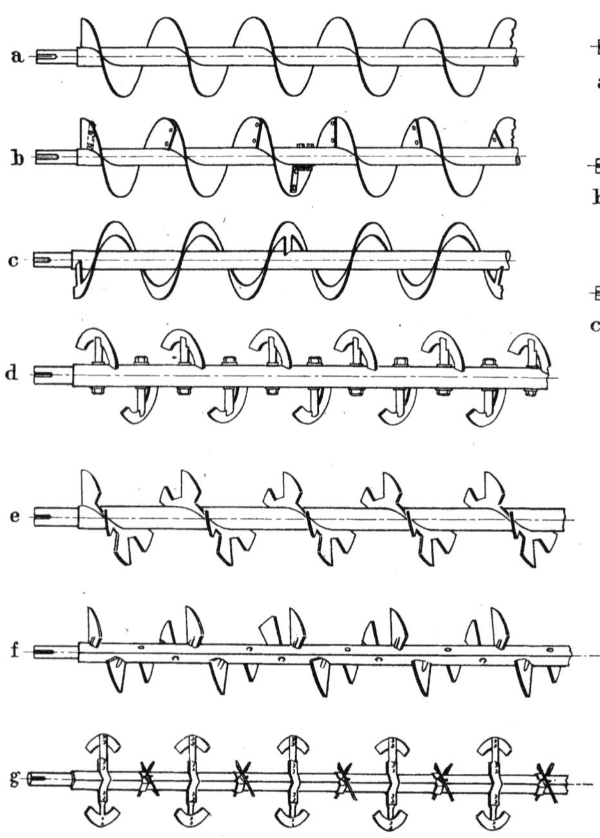

Abb. 118. Schneckengewindeausführungen.
a mit vollem Querschnitt ausgewalzt; *b* zusammengenietet; *c* Schnecke als Bandspirale ausgebildet; *d* Palettengewinde; *e* Segmentflügelgewinde; *f* Mischflügelgewinde; *g* Rührflügelgewinde.

der halben Zeiteinheit ab. Bei Schnecken mit Konusgewinde nach Abb. 119c nimmt der Durchmesser über die Schneckenlänge zu. Dabei kann die Steigung der Gänge gleichbleibend oder zunehmend ausgeführt werden. Sie finden dann Verwendung zur Förderung von Gütern, die gegen Pressungen empfindlich sind, zum Materialabzug aus Bunkern und zur Auflockerung des Materials während des Fördervorganges.

Die Herstellung der Schraubenfläche ist auf verschiedene Arten möglich, wobei Stärken von 1,5–10 mm Verwendung finden.

a) Herstellung durch Auswalzen. Bei dieser Fertigungsart hat man die Möglichkeit, die Stellen, die auf Abnutzung am stärksten beansprucht werden, zu verstärken. Dieses ist am Außenrand der Schnecke der Fall. Er wird beim Walzen stärker gelassen. Als Vorteil der Walzherstellung sei noch erwähnt, daß kein Verschnitt abfällt und die Schraubenfläche direkt erzeugbar ist. Sie ist vollkommen glatt. Der Walzvorgang bewirkt eine Verfestigung der Oberfläche, so daß dem Gewinde dadurch eine nicht hoch genug einzuschätzende Verschleißfestigkeit mitgegeben wird. Das Walzgewinde hat eine Materialfestigkeit von mehr als 60 kp/mm². Das oberflächenglatte Gewinde ermöglicht die Anwendung höherer Schneckendrehzahlen. Eine größere Förderleistung bei gleichem Schneckendurchmesser ist der Vorteil, den diese Gewindeart bietet. Walzgewinde werden bis zu 250 mm Durchmesser und 4 mm Stärke in Fabrikationslängen von etwa 3000–5000 mm hergestellt.

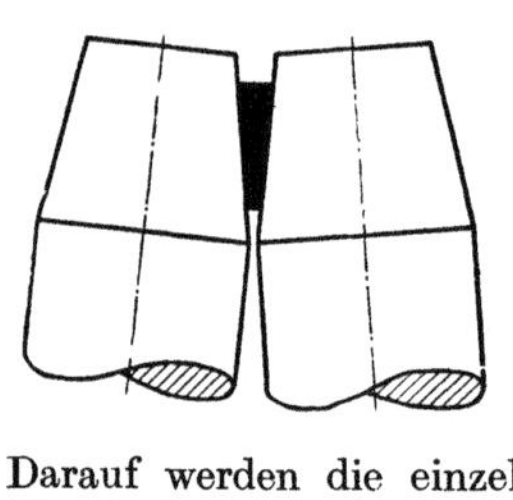

b) Ein Blech wird kreisförmig ausgestanzt und dann gepreßt oder gewalzt. Darauf werden die einzelnen Teile durch Schweißen zusammengefügt und bearbeitet. Früher wurden die Einzelteile auch zusammengenietet. Um die Herstellung einer Schneckenschraubenfläche zu erleichtern, sei folgend die Blechabwicklung erläutert. Die Schraubenfläche soll im fertigen Zustand, wie in Abb. 120 gezeigt, die Abmessungen d = Wellendurchmesser, D = Außendurchmesser der Schnecke, S = Steigung haben.

$$b = \frac{D-d}{2},$$

$$U = \sqrt{D^2 \cdot \pi^2 + S^2} = (r+b) \cdot \operatorname{arc}(360-\alpha),$$

$$u = \sqrt{d^2 \cdot \pi^2 + S^2} = r \cdot \operatorname{arc}(360-\alpha),$$

$$\frac{U}{u} = \frac{(r+b) \cdot \operatorname{arc}(360-\alpha)}{r \cdot \operatorname{arc} \cdot (360-\alpha)} = \frac{r+b}{r},$$

$$r = \frac{b\,u}{U-u}; \qquad R = r + b.$$

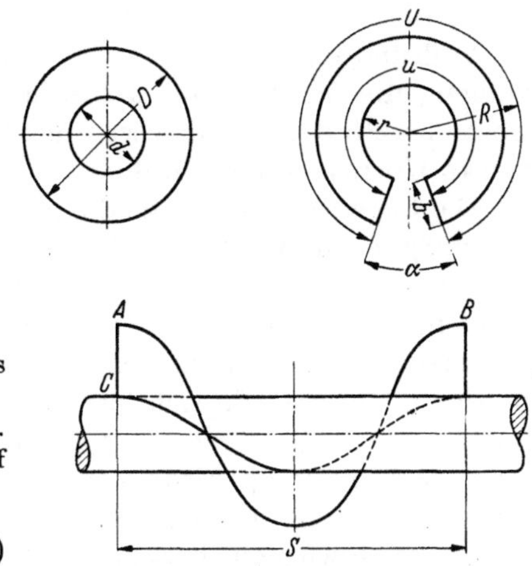

Abb. 120. Schneckenherstellung aus einzelnen Blechringen.

c) Herstellung durch Gießen. Gußschnecken sind besonders korrosionsbeständig.

d) Herstellung aus dem vollen Material, was jedoch teuer ist. Es wird nur angewendet, wenn die Schnecken aus Sonderwerkstoff gefertigt werden sollen.

Die Herstellung von Bandgewinde (Abb. 118c) geschieht auch auf Walzmaschinen. Das Bandgewinde wird besonders dort mit Vorteil verwendet, wo zähes, zähklebriges oder dickflüssiges Fördergut transportiert werden soll, oder wo dasselbe die Neigung hat, an der Welle haften zu bleiben, wie Melasse, Teer-Asphalt usw. Wohl ist die Bandspirale nur für verhältnismäßig geringe Fördermengen geeignet, da das Fördergut über den inneren Rand der Spirale herübertreten kann und dadurch die Leistung verringert wird. Die Bandbreite wird maximal bis 25 % des Schneckendurchmessers ausgeführt. Die Bandspiralen können in einfacher Weise mittels Bandhalter, die unter 90—120° versetzt angeordnet sind, durch Schrauben auf der Welle befestigt werden.

Für ein normales Schneckengewinde wird eine *Rohrwelle* aus nahtlosem Siederohr mit großer Wandstärke und hoher Festigkeit gewählt. Antriebs-Endzapfen und die Rohrflansche werden mit genau vorgeschriebener Passung bearbeitet und mit der Rohrwelle verschweißt. Der Durchmesser dieses Rohres wird für kleine Schnecken mit 0,33 D und bei großen mit 0,14 D angenommen. Eine zweifache Lagerung kann nur bei kleinen, kurzen Förderschnecken als ausreichend angesehen werden. Bei langen Ausführungen sieht man für die Schneckenwelle etwa alle 2,5—3,5 m Zwischenlager vor. Man befestigt diese Lager mit ihren Böcken in der Höhe des Trogdeckels, um unten den Raum für den Durchgang des Fördergutes freizuhalten. Ohnehin wird die Schraubenfläche an dieser Stelle unterbrochen, wodurch eine Störung des Förderflusses unvermeidbar ist. Um den in der Schnecke auftretenden Schub aufnehmen zu können, wird am hinteren Schneckenende ein Drucklager vorgesehen. Der größtmögliche Lagerabstand in cm wird durch die Wellendurchbiegung festgelegt:

Mit l_a = Lagerabstand in cm, G_0 = Schneckengewicht in kp/cm, f = Durchbiegung der Schneckenwelle in cm, I = Trägheitsmoment in cm^4, $\alpha = 1/E$ = Dehnzahl des Werkstoffes.

$$l_a = \sqrt[4]{77 \cdot \frac{f \cdot I}{G_0 \cdot \alpha}}.$$

Diese Gl. ist zu ungünstig angenommen, da die Schraubenfläche das Trägheitsmoment der Welle noch vergrößert. Die Beanspruchung der Welle geschieht auf Verdrehung und Biegung durch die Antriebskräfte und durch das Eigengewicht auf Biegung. Hinzu können zusätzliche Kräfte kommen, die durch evtl. Klemmungen und Verstopfungen herbeigeführt werden. *Die vielfach verbreitete Ansicht, daß Schneckenwellen mit massiven Wellen kräftiger sind und starken Beanspruchungen mehr standhalten als Rohrwellen, entspricht nicht den praktischen Ergebnissen sowie den technischen Überlegungen.* Rohrwellen haben den Vorteil eines geringen Eigengewichtes und belasten dadurch die Mittellager nicht so stark. Sie haben eine geringe Durchbiegung, sind aber noch elastisch genug, um evtl. Klemmbeanspruchungen, die zwischen Trog und Gewinde vorkommen, auszuweichen.

Vollrundwellen, Vierkantwellen und Wellen mit Schutzüberzügen sind Sonderanfertigungen, die nur für Spezialzwecke eingesetzt werden, wie z. B. als Mischerwellen oder wenn das Fördergut mit Eisen nicht in Berührung kommen darf oder die Umstände eine starke Korrosion der Maschinenteile erwarten lassen.

Die Lagerschalen für die Schneckenlager sind zweiteilig, um ein schnelles Auswechseln zu ermöglichen. Als Werkstoff verwendet man Grauguß oder Rotguß und für die chemische Industrie rostfreie Werkstoffe. Für Fördergüter, wie Lebensmittel, die mit Fett und Öl nicht in Berührung kommen dürfen, finden Lagerschalen aus Pockholz, Schichtholz und Kunststoffen Anwendung. Gummilager findet man bei Schnecken für Sand oder sandhaltigem Material, da sich harte Fremdkörper in die weiche Gummiwandung eindrücken können, ohne die Welle zu beschädigen. Diese Lager sind für Wasserschmierung bis zu einer Maximaltemperatur von 60 °C vorgesehen. Der Wasserdruck im Gummiwellenlager soll 0,1 bis 0,2 atü betragen und die Umlaufgeschwindigkeit nicht unter 0,25 m/s liegen. Auch wird ein Lagerspiel von 0,15 bis 1,5 mm je nach Größe des Wellendurchmes-

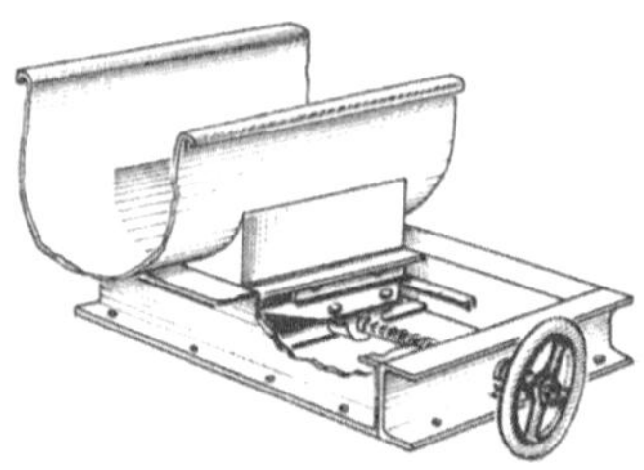

Abb. 121. Spindel-Flachschieberauslauf.

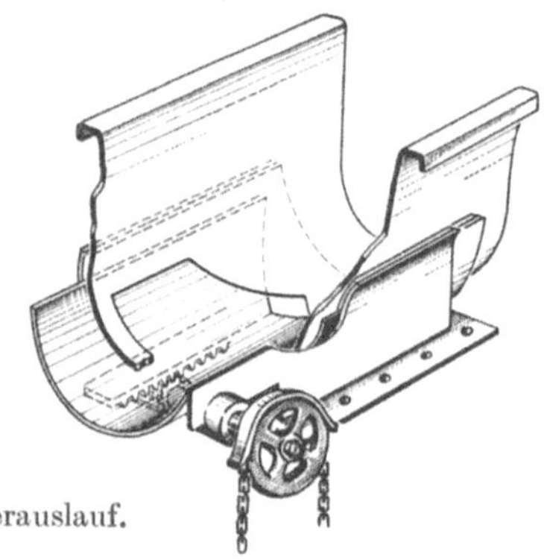

Abb. 122. Zuteil-Rundschieberauslauf.

sers verlangt. Der Reibungswert bei nassem Gummi liegt bei 0,01. Axiale Stöße kann ein Gummiwellenlager nicht vertragen und kann deshalb auch keinen Axialschub aufnehmen.

Der Schneckentrog wird aus Stahlblech als Mulde gewalzt und erhält an den oberen Rändern doppelte Abkantungen zur Versteifung und zugleich zur Auflage des Deckels. An den Enden des Schneckentroges befindliche Flansche ermöglichen ein Zusammenfügen einzelner Trogstücke zu großen Troglängen. Aus den 5 Normallängen von 1,5; 2,5; 3; 3,5 und 6 m kann man alle gewünschten Längen zusammensetzen. Eingelegte Schleißbleche schützen den Trog bei der Förderung stark schleißender und korrodierender Güter. Eine Abdeckung des Fördertroges sollte aus Sicherheitsgründen in jedem Fall erfolgen, auch dann, wenn keine staubdichte Förderung verlangt wird.

Nach Beendigung des Fördervorganges verläßt das Material den Schneckentrog durch einen Auslauf, der in seiner Öffnung gleich groß dem Schneckendurchmesser sein soll, damit das Gut leicht abfließen kann. Es ist darauf zu achten, daß der letzte Auslauf nicht abgeschlossen wird, sondern immer als Überlauf dienen kann. Außer dem Materialablauf über die normalen Bodenausläufe kann das Gut auch in besonderen Fällen am Auslaufende über Auslaufkasten, Einfach- oder Doppelklappe abgenommen werden.

Der einfachste Verschluß ist der Handschieber, bei dem ein Blech in einer Führung gleitet und die Auslauföffnung verschließt. Beim Einbau ist darauf zu achten, daß der Schieber am Trog beim Öffnen erst die Förderseite zum Ablauf freigibt. Als Normalausführung findet man für den Antrieb eine Spindel nach Abb. 121. Will man schnellere Schließ- und Öffnungszeiten erreichen, so ist an Stelle der Spindel ein Zahnstangentrieb zu wählen. Der Rundschieberauslauf entspricht der Form der Trogmulde und verhindert deshalb in geschlossenem Zustand eine Fördergutansammlung zwischen Schieberblech und Trog, wie das beim einfachen Flachschieber der Fall ist. Dieser Punkt ist beim Transport verderblicher Fördergüter zu beachten. Zur genauen Dosierung des auslaufenden Fördergutes verwendet man einen Schieber nach Abb. 122. Das Schieberblech sowie die Bodenöffnung haben einen dreieckigen Ausschnitt, deren Spitzen gegeneinander gerichtet sind. Beim Öffnen des Schiebers bildet sich als Auslauf ein immer größer werdendes Quadrat. Mit dieser Schieberausführung ist also eine kontinuierliche Mengenregelung möglich.

Für die Berechnung und Konstruktion der Schnecken ist noch erwähnenswert, daß sie mit einer Drehzahl von 16—140 U/min betrieben werden. Gebräuchlichste Werte liegen bei 50—100 U/min. Es ist zweckmäßig, die Umdrehungszahl möglichst niedrig zu halten und den Durchmesser D etwas größer vorzusehen, weil dann die Reibungsverluste geringer werden. Die Steigung schwankt zwischen 0,5 D für große bis 0,8 D für kleine Schnecken. Der Füllungsgrad ist mit $\varphi = 1/3$ für kleine und $\varphi = 1/4$ für große Schnecken in die Rechnung einzusetzen. Es ist der Anteil des Schneckenquerschnittes, der bei der Förderung gefüllt ist zum Gesamtquerschnitt. Außerdem ist der zu wählende Füllungsgrad von der Art des Materials abhängig, wie eingangs schon erläutert wurde. Bei schräger Aufwärtsförderung und insbesondere beim Vorhandensein von Zwischenlagern nimmt der Füllungsgrad wesentlich ab. In Tab. 33 sind Ausgleichswerte genannt, die in Abhängigkeit vom Anstiegwinkel zu berücksichtigen sind.

Tabelle 33. *Füllungsgradfaktor für ansteigende Förderung*

δ	0°	5°	10°	15°	20°	25°	30°	35°
K	1,0	0,9	0,8	0,7	0,65	0,6	0,55	0,5

Zur einfacheren Auswahl eines geeigneten Schneckenförderers sind in Tab. 34 Leistungsdaten sowie die Hauptabmessungen von genormten Schnecken aufgeführt.

Tabelle 34. *Leistungsdaten und Hauptabmessungen von genormten Schneckenförderern*

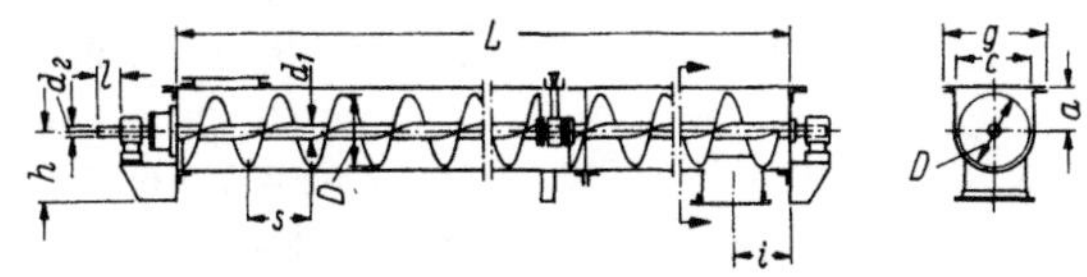

Schneckendurchmesser	D	mm	100	125	160	200	250	315	400	500	630	800
Steigung	S	mm	100	125	160	200	250	315	355	400	450	500
Drehzahl	n	U/min	100	100	80	80	71	63	56	50	40	32
Förderleistung (bei $\varphi = 30\%$)	Q_m	m³/h	2,0	3,5	6	10	17	22	37	59	84	106
Lichte Trogweite	c	mm	112	140	180	218	270	335	427	525	658	826
Trogausladung	a	mm	63	75	90	112	140	180	220	280	355	450
Trogfußhöhe	h	mm	112	130	160	180	224	280	335	425	500	560
Trogbreite	g	mm	178	206	248	290	362	451	543	665	802	1018
Kleinste Auslaufentfernung	i	mm	90	105	130	150	180	225	265	325	390	480
Wellendurchmesser	d_1	mm	33,7	33,7	48,3	48,3	63,5	76,1	76,1	108	108	159
Wellenzapfendurchmesser	d_2	mm	30	30	35	40	50	60	60	80	80	100
Blechstärke Trog		mm	1,5	1,5	2	3	3	4	4	5	6	8
Flügelgewinde		mm	2	2	3	3	4	5	5	6	8	10
Abdeckring		mm	1	1	1,5	1,5	2	2	2	3	4	4

Rechnungsbeispiel. Es sollen 50 Mp/h Steinsalz mit $\gamma = 0{,}8$ Mp/m³ über eine Entfernung von 60 m gefördert werden. Dann ist

$$Q_t = n \cdot 60 \cdot S\, \varphi\, \gamma\, D^2\, \pi/4 .$$

Mit $S = 0{,}6\, D$, $\varphi = 1/3$ und $n = 50$ U/min erhält man für den Durchmesser

$$D = \sqrt[3]{\frac{50 \cdot 3 \cdot 4}{50 \cdot 60 \cdot 0{,}6 \cdot 0{,}8 \cdot \pi}} = \sqrt[3]{0{,}1325} = 0{,}508 \text{ m}$$

Man wählt zweckmäßig den nächstliegenden Normdurchmesser $D = 500$ mm und errechnet dann die erforderliche Drehzahl.

$$n = \frac{Q_t \cdot 3 \cdot 4}{60 \cdot \gamma \cdot \pi \cdot 0{,}7 \cdot D^3} = \frac{50 \cdot 3 \cdot 4}{60 \cdot 0{,}8 \cdot \pi \cdot 0{,}7 \cdot 0{,}5^3} = 53{,}3 \text{ U/min}.$$

und die Fördergeschwindigkeit

$$v = \frac{n\,S}{60} = \frac{53{,}3 \cdot 0{,}3}{60} = 0{,}266 \text{ m/s}.$$

Es wird angenommen

$\eta_A = 0{,}8;$ $\mu_{gs} = \mu_{gr} = 0{,}6;$ $\mu_u = 0{,}05;$ $\mu_a = 0{,}02$

$$N = \frac{0{,}266}{75 \cdot 0{,}8} \cdot \left[\frac{50}{3{,}6 \cdot 0{,}266} \cdot \left(60 \cdot 0{,}6 + 60 \cdot 0{,}6 \cdot 0{,}6 \cdot \frac{3}{4} \cdot \frac{0{,}5}{0{,}3}\right) \cdot (1 + 0{,}05) + 20 \cdot 60 \cdot \frac{0{,}5}{0{,}3} \cdot 0{,}02\right] = 29{,}9 \text{ PS}.$$

Zwischenlagerabstand:

$$d_a = 70 \text{ mm}; \quad d_i = 60 \text{ mm}; \quad f_{zul} = 3{,}5 \text{ mm}$$

$$G_0 = 30 \text{ kp/m} = 0{,}3 \text{ kp/cm}$$

$$I = \frac{\pi}{64}(d_a^4 - d_i^4) = \frac{\pi}{64} \cdot (7^4 - 6^4) = 54{,}3 \text{ cm}^4$$

$$l_a = \sqrt[4]{77 \cdot \frac{f \cdot I}{G_0 \cdot \alpha}} = \sqrt[4]{\frac{77 \cdot 0{,}35 \cdot 54{,}3 \cdot 2{,}1 \cdot 10^6}{3}} = \sqrt[4]{102{,}5 \cdot 10^8} = 318 \text{ cm} = 3{,}18 \text{ m}.$$

Anzahl der Lagerstellen:

$$Z = \frac{60}{3{,}18} + 1 \cong 19 + 1 \cong 20.$$

Bei 20 Lagerstellen sind demnach 18 Zwischenlager erforderlich im Abstand von $l = 3{,}16$ m.

Die Schnecke soll aus Einzelblechscheiben hergestellt werden, die aneinander auf die Welle geschweißt werden. Abb, 120 Abmessungen der Bleche:

$$b = \frac{D - d}{2} = \frac{500 - 70}{2} = 215 \text{ mm}$$

$$U = \sqrt{D^2 \cdot \pi^2 + S^2} = \sqrt{50^2 \cdot \pi^2 + 30^2} = 160 \text{ cm}$$

$$u = \sqrt{d^2 \cdot \pi^2 + S^2} = \sqrt{7^2 \cdot \pi^2 + 30^2} = 36{,}1 \text{ cm}$$

$$r = \frac{b \cdot u}{U - u} = \frac{215 \cdot 361}{1239} = 62{,}5 \text{ mm}, \qquad 2r = 125 \text{ mm}$$

$$R = r + b = 62{,}5 + 215 = 277{,}5 \text{ mm}, \qquad 2R = 555 \text{ mm}$$

$$\frac{U}{2R \cdot \pi} = \frac{360 - \alpha}{360}$$

$$\alpha = 360 - \frac{U \cdot 360}{2R \cdot \pi} = 360 - \frac{1600 \cdot 360}{555 \cdot \pi} = 360 - 330 = 30^\circ.$$

Schneckenförderer werden nicht nur für die Materialförderung eingesetzt, sondern immer häufiger auch für Sonderaufgaben. So finden sog. Preßschnecken mehr und mehr Anwendung:

a) um Eis aus Vakuumkammern auszupressen, ohne das Vakuum zu beeinträchtigen,

b) zum Evakuieren keramischer Massen,

c) als Strangpresse für Kunststoffe oder gummiartige Werkstoffe (Schlauchherstellung, Isolation von Drähten, Fertigung von Dichtungslitzen usw.),

d) für chemische Lösungsprozesse sog. Gelatilierverfahren, bei denen alle Teile mit der Flüssigkeit in Berührung kommen müssen, um zu quellen. In der Schnecke durch Scherprozesse bestens verwirklicht,

e) zum Abpressen von Flüssigkeiten, wenn der Schneckenmantel als Sieb ausgebildet ist.

Die letzte Entwicklung derartiger Schnecken geht über zur Konstruktion der Bremsschnecken, bei denen nicht nur der Austrittsquerschnitt gedrosselt wird, sondern das Gut durch Gegenschnecken zurückgefördert wird. Konstruktiv erreicht man dieses, indem man auf der gleichen Welle hintereinander zwei gegenläufige Schnecken vorsieht. Ferner finden Anwendung Doppelschnecken mit gleichsinnigem und entgegengesetztem Lauf, sowie solche, die ineinander greifen.

Tab. 35 zeigt die Bedeutung der Bremsschnecken im Vergleich mit anderen Schnekkentypen gleicher Verwendung.

Eine andere Sonderschnecke ist der Wärmetauscher. Er besteht aus einem System von Hohlschnecken und dient zum kontinuierlichen Erwärmen, Kühlen und Trocknen von Schüttgütern. Diese Hohlschnecken ergeben eine größtmögliche Wärmeübergangsfläche bei geringem Platzbedarf und dienen gleichzeitig dem Materialtransport. Die Kühl- oder Wärmflüssigkeit oder Dampf wird durch die Hohlwelle und die Rohrgewinde geleitet. Auf dem Rohrgewinde können am Außendurchmesser noch zusätzliche Transport-

Tabelle 35

I. Schneckentyp mit Einbauten, die verhindern, daß das Gut mit der Schnecke rotiert.
II. Gegenläufige Mehrspindelschnecken.
III. Bremsschnecken.

		I	II	III
Arbeitsvolumen	Liter	0,35–100	5	0,2
Durchsatz	kp/h	36–1000	250	200
Verweilzeit	s	35–360	70	4
Preis	DM	32000	5000	650
Preis pro Durchsatz	DM/kp·h	16–26	16	2,50
Gesamtgewicht	Mp	0,1–0,2	0,8	0,05

Abb. 123. Rohrschneckenwelle mit Hohlwelle als Wärmeaustauscher (FMW).

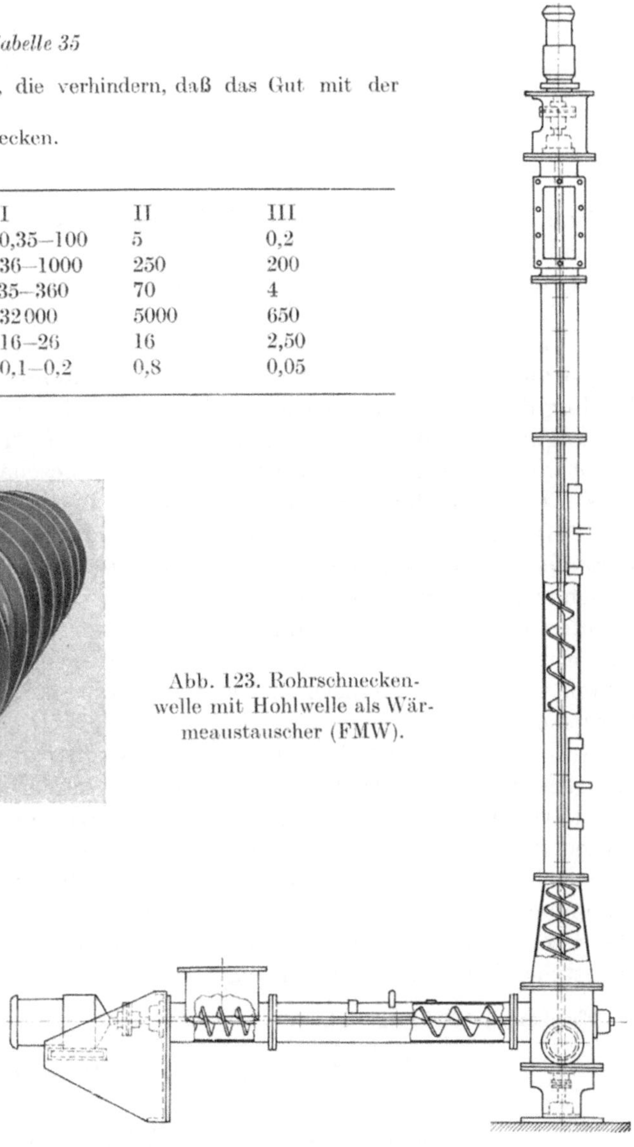

Abb. 124. Schraublift (FMW).

spiralen angebracht werden und evtl. zwischen dem Rohrgewinde verstellbare Mischflügel zur Materialauflockerung, wodurch bewirkt wird, daß möglichst viele Materialteile mit der Heiz- und Kühlfläche in Berührung kommen können (Abb. 123).

Für die Senkrechtförderung ist als bewährtes Förderelement der sog. Schraub-Lift der Fa. Förderanlagen und Maschinenbau GmbH zu erwähnen (Abb. 124). Das Fördergut gelangt über den Einlauftrichter in das untere Gehäuseteil und schiebt sich in die Gewindegänge der senkrecht-laufenden Schnecke. Die durch die drehende Schnecke entstehende Fliehkraft bewegt das Fördergut an dem Gehäusemantel. Die Gewindesteigung führt die Hubbewegung durch, bis am Auslauf das Material frei aus dem Gehäuse fließt. Im unteren Gehäuseteil verhindert das konisch angeordnete Doppelgewinde das Zurückfließen feinkörnigen, starkfließenden Fördergutes. Für fließendes Gut, wie Körner, genügt die Anordnung eines Trichtereinlaufes. Dagegen muß für alle mittelfließenden und besonders spezifisch leichten Güter, wie Pulver, eine Materialaufgabe über eine Zuführschnecke vorgesehen werden.

Einige Senkrechtschnecken werden in Tab. 36 vorgestellt.

Tabelle 36. *Förderleistungen von Senkrechtschnecken*

Schneckendurchmesser	mm	100	160	250	315	400
Drehzahl	U/min	450	300	250	250	200
Leistung	m^3/h	2,1	9	30	70	180

Eine Abart der Schneckenförderer sind die Schneckenrohrförderer. Sie bewirken die Fortbewegung des Fördergutes in ähnlicher Weise wie die Schnecken. Sie haben vor diesen den Vorteil, daß alle beweglichen Teile und Lager im Innern vermieden sind, indem die Rohre an ihrer inneren Wand mit spiralförmig angeordneten Blechen versehen sind und von außen durch einen Antrieb gedreht werden. Sie stützen sich dabei mit Tragringen auf Rollen ab. Bei dieser Anordnung kommt nicht nur jedes Verschmutzen des Fördergutes durch Schmiermaterial in Wegfall, sondern auch jedes Beschädigen des Fördergutes durch Klemmen. Das ist z. B. bei Getreideförderung von Bedeutung. Dagegen wird Fördergut, das durch Freifall leicht beschädigt werden kann, wie Kohle u. dgl. im Förderrohr mehr leiden als in der Schnecke, da das Fördergut im Rohr ein viel stärkeres Herumwerfen erleidet. Der Arbeitsverbrauch der Förderrohre ist wohl infolge des Fortfalls von Widerständen durch Klemmen und Ecken etwas geringer als der der Förderschnecken, ihre Anwendung wird jedoch durch den Umstand beschränkt, daß das Beladen und Entladen in einfacher Weise nur am Ende des Rohres stattfinden kann. Das Entladen ist wohl auch auf der Strecke möglich, hier aber nicht so einfach auszuführen wie bei den Schnecken. Die Förderrohre kommen daher viel seltener vor als die Förderschnecken.

Große Bedeutung haben sie wohl als Klinkerbrennöfen und Kühler in der Zementindustrie gewonnen. Außerdem sind Mischer häufig in der Form als Förderrohre ausgebildet (vgl. Betonmischmaschine). Diese besitzen nur eine Öffnung zum Beschicken und Entleeren. Der vorhandene Bund an der Trommel verhindert das Auslaufen des Mischgutes beim Betrieb. Das Gut wird von den spiralförmigen Blechen an der Wand mit hochgenommen und fällt infolge des versperrten Austrittes wieder in die Trommel zurück. Die Antriebsdrehzahl dieser Mischer ist begrenzt durch die auftretende Fliehkraft, wie nachstehende kurze Rechnung zeigt:

Fliehkraft ≦ Mischgutgewicht.

$$\frac{m \cdot v^2}{r} \leqq G; \qquad v = r \cdot \omega; \qquad G = m \cdot g;$$

$$m \cdot r \cdot \omega^2 \leqq m \cdot g; \qquad \omega = \frac{n \cdot \pi}{30}; \qquad r \cdot \left(\frac{n \cdot \pi}{30}\right)^2 \leqq g;$$

$$n^2 = \frac{g \cdot 30^2}{r \cdot \pi^2}; \qquad n_{\max} = \frac{30}{\pi} \cdot \sqrt{g/r} = \frac{30 \cdot \sqrt{2g}}{\pi \cdot \sqrt{2r}} = \frac{42{,}3}{\sqrt{D}}.$$

Es zeigt sich in der Praxis, daß die größte Leistung der Schneckenrohrförderer bei einer Drehzahl $n^{\max}/2 = 21\sqrt{D}$ erreicht wird.

3. Waagerechte, geneigte und senkrechte Stetigförderung

a) Becherwerke

Während die Glieder- und Gurtbandförderer mehr für waagerechte oder schwach geneigte Förderung in Frage kommen, werden für steile Förderung meistens Becherwerke vorgesehen, bei denen die Fördergefäße einzeln auf einem ständig umlaufenden Zugorgan befestigt und so ausgebildet sind, daß das Fördergut bei der Bewegung nicht herausfällt. Allen Becherwerken gemeinsam ist die Förderung in Bechern, die in mehr oder weniger großen Abständen an einem in senkrechter Ebene umlaufenden Zugmittel befestigt sind. Unterschiedlich sind dagegen bei den einzelnen Bauarten die Art der Füllung und Entleerung der Becher. Das Entleeren der Becherwerke mit festen Bechern ist in hohem Maße von der Geschwindigkeit abhängig. Bei niedrigen Geschwindigkeiten ist die Entleerung eine Wirkung der Schwerkraft, d. h. das Gut fällt aus dem Becher heraus, beim Steigern der Geschwindigkeit kommt dann der Einfluß der Zentrifugalkraft hinzu, bis sie letztlich den Entleerungsvorgang allein bestimmt, so daß das Fördergut ausgeworfen bzw. ausgeschleudert wird. Die Form der Becher sowie die Konstruktion des Becherwerkkopfes sind auf den Entleerungsvorgang abzustimmen.

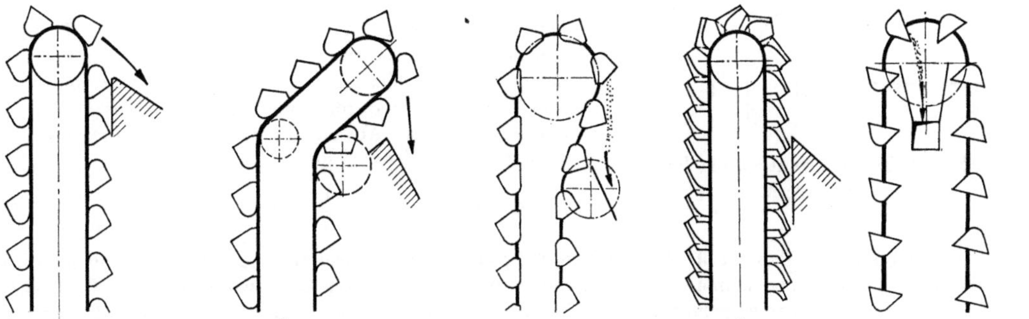

Abb. 125. Verschiedene Becherwerksausführungen.

a Schnelläufer mit Fliehkraftentleerung; *b* Langsamläufer mit abgewinkeltem Kopf und Schwerkraftentleerung; *c* Langsamläufer mit eingezogenem Kettenstrang; *d* Vollbecherwerk mit Abwurf über den Rücken des vorlaufenden Bechers; *e* Langsamläufer mit Innenentleerung.

Die Schwerkraftentleerung tritt ein bei Geschwindigkeiten bis etwa 0,7 m/s. Eine gute Entleerung der Becher erfolgt bei dieser niedrigen Geschwindigkeit bei sog. Schrägbecherwerken, die eine Neigung bis zu etwa 70° aufweisen. Bei senkrechten Becherwerken muß entweder der Becherwerkkopf seitlich abgeknickt (Abb. 125b) oder der abwärts gehende Kettenstrang durch Einbau einer Ablenkrolle eingezogen werden (Abb. 125c). Eine dritte Möglichkeit, besonders bei senkrechter Aufstellung ist der Einsatz eines Vollbecherwerkes mit fest aneinandergereihten Bechern. Dabei fällt das Gut beim Entleeren über die Becherinnenkante auf den mit Seitenleisten versehenen vorausgehenden Becher und wird so in den Austragstutzen gelenkt (Abb. 125d).

Bei Geschwindigkeiten etwa zwischen 0,7 bis 1,2 m/s tritt die Wirkung der Zentrifugalkraft hinzu. Das Fördergut wird also ausgeworfen. Diese Art der Entleerung finden wir bei den meisten Becherwerken in der gängigsten Ausführung nach DIN 15251. Vorwiegend unter dem Einfluß der Zentrifugalkraft erfolgt die Entleerung der Becher bei Geschwindigkeiten über 1,5 m/s. Diese Art der Entleerung findet ausschließlich bei senkrecht stehenden Becherwerken Anwendung. Sie arbeiten dann meistens als Schöpfbecherwerke und erhalten als Zugmittel Gurte. Sie eignen sich nur für die Förderung feinkörniger Güter und werden vor allem für Getreideförderung bevorzugt, worauf auch noch näher eingegangen wird.

Bei den bisher geschilderten Becherwerken erfolgt die Entleerung der Becher nach außen. In besonderen Fällen kann sich dieser Entleerungsvorgang auch innerhalb des

Becherwerkes, also zwischen den beiden Bechersträngen abspielen. Man spricht in diesem Fall von Becherwerken mit Innenentleerung (Abb. 125e). Sie finden einmal Anwendung bei Gütern, die sich leicht in den Bechern festsetzen, z. B. nassen Kalisalzen oder bei Gütern, die sehr empfindlich sind und möglichst schonend gefördert werden müssen. Bei diesen Anlagen werden nur Ketten als Zugorgane verwendet und Geschwindigkeiten von 0,2—0,6 m/s gefahren. Teilweise arbeiten diese Förderer als Schöpfbecherwerke, teilweise aber auch mit direkter Becheraufgabe, wobei auch die Zuführung des Fördergutes zwischen den beiden Bechersträngen erfolgt.

Der Vorgang bei der Fliehkraftentleerung der Becher wird durch Abb. 126 in Verbindung mit nachstehenden kurzen Erläuterungen aufgezeigt. Die Becherwerke arbeiten meist senkrecht oder in sehr großer Neigung (> 70°). Das Gut wird durch die Zentrifugalkraft aus dem Becher herausgeschleudert. Vom Moment des Abhebens vom Becher beschreibt es dann eine Parabel. Es muß demnach zunächst die Zentrifugalkraft der Auflagekraft des Gutes (Normalkraft auf der Becherrückwand) gleichgesetzt werden:

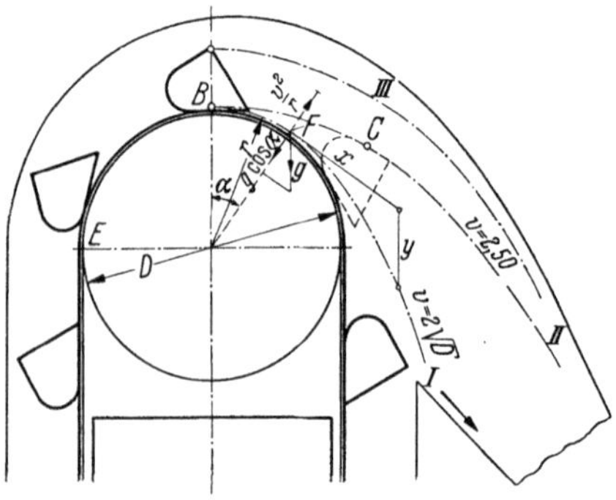

Abb. 126. Fliehkraftentleerung beim Becherwerk.

$$\frac{m\,v^2}{r} = m\,g\cos\alpha = r\,g\cos\alpha/v^2$$

$$\cos\alpha = \frac{v^2}{r\,g} = 0{,}00112\cdot r\,n^2$$

Durch Errechnen des Winkels α kann die Stelle z. B. in Abb. 126 der Punkt F bestimmt werden, bei dem sich das Gut abheben soll. Von hier ab beginnt dann die Parabel. Ist x die Tangentenrichtung durch F an den Teilkreis des Umlenkrades und y die vertikale Abweichung des Gutes von dieser Tangente während des Fallens, so gilt:

$$x = v\cdot t; \qquad y = \frac{1}{2}\,g\cdot t^2 = \frac{1}{2}\,g\cdot\frac{x^2}{v^2} = \frac{x^2}{2\cdot r\cdot\cos\alpha}\,.$$

Durch Aufzeichnung der Bahnen für einzelne Partikel des Becherinhaltes kann man feststellen, ob sie mit dem voraneilenden Becher noch einmal zusammentreffen oder bei größerer Geschwindigkeit des Becherwerkes vom nachfolgenden Becher eingeholt werden. Die Geschwindigkeit ist also so festzulegen, daß beide Fälle nicht eintreten können. Muß die Geschwindigkeit dennoch höher gewählt werden, so kann der Mißstand durch flachere Becherform beseitigt werden, die jedoch nur für zusammenhängendes Material geeignet sind. Es ist ohne weiteres klar, daß ein tiefer Becher sich wegen der Reibung, die das Fördergut an den Seitenwänden findet, weniger leicht entleert als ein Becher mit flacher Wölbung. Wenn eben möglich, werden jedoch tiefe Becher verwendet, da sie bei gleichem Materialaufwand größeren Inhalt haben. Die gebräuchlichsten genormten Becherformen sind in Tab. 37 wiedergegeben.

Tabelle 37. *Genormte Becherformen*

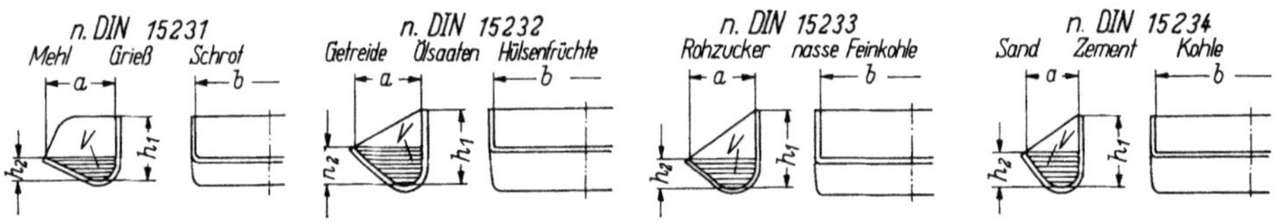

		DIN 15231				DIN 15232					DIN 15233					DIN 15234				
b	mm	80	125	160	200	100	125	160	200	250	160	200	250	315	400	160	200	250	400	500
a	mm	75	106	125	140	90	106	125	140	160	140	160	180	200	224	140	160	180	224	250
h_1	mm	67	95	112	125	95	118	132	150	170	160	180	200	224	250	180	200	224	280	315
h_2	mm	24	34	40	45	50	60	71	80	90	63	71	80	90	100	95	106	118	150	170
V	Liter	0,1	0,28	0,5	0,8	0,3	0,53	0,9	1,4	2,24	0,15	1,5	2,36	3,75	6	1,5	2,36	3,75	9,5	15

Bisher wurde für das Fördergut ein sehr großes spezifisches Gewicht angenommen, auf das der Luftwiderstand nur wenig einwirken konnte. Bei leichtem Gut dagegen muß beachtet werden, daß der Luftwiderstand die Geschwindigkeit beim Entleeren abbremst und das Gut infolgedessen um so leichter vom Becher wieder eingeholt wird. Deshalb ist in solchen Fällen die flachere Becherform in Verbindung mit geringerer Geschwindigkeit vorzuziehen.

Der Abstand der Becher voneinander muß so groß sein, daß der voraufgehende Becher nicht die freie Entleerung des folgenden hindert. Durch Aufzeichnen der Wurfkurven läßt sich der erforderliche Abstand leicht ermitteln. Wird der Rücken der Becher glatt ausgeführt, so daß er einer Schurre gleicht, so können die Becher unmittelbar aneinander gesetzt werden, wodurch die Leistungsfähigkeit des Becherwerkes bis auf den 3fachen Wert steigen kann, ohne die Geschwindigkeit zu erhöhen (Abb. 125d). Diese wird meistens, wie die Praxis als günstig zeigte, in Abhängigkeit vom Treibraddurchmesser mit $v = 2 \cdot \sqrt{D}$ angenommen.

Vom Institut für Fördertechnik der Technischen Hochschule Hannover wurden in Zusammenarbeit mit der Maschinenfabrik Beumer Untersuchungen über die Auswurfverhältnisse und die spezifische Schöpfarbeit durchgeführt. Die Versuche wurden mit verschiedenen Materialien und unterschiedlichen Becherformen gemacht. Der Auswurfwirkungsgrad in Abhängigkeit von der Fördergeschwindigkeit stieg bei allen geprüften Becherformen bis etwa 1,1 m/s an. Das Schüttgewicht des Materials zeigte bei erhöhter Geschwindigkeit praktisch keinen Einfluß auf den Entleerungsvorgang mehr. Bei Steigerung der Geschwindigkeit über 1,1 m/s sinkt bei den Becherformen nach DIN 15231, 15232 und 15233 der Auswurfwirkungsgrad praktisch nicht, dagegen fällt er bei den Becherformen nach DIN 15234 und 15235 stark ab. Ein guter Auswurfwirkungsgrad bei Bechergeschwindigkeiten unter 1,0 m/s kann nur durch konstruktive Maßnahmen, wie schon eingangs erwähnt, erreicht werden.

Für feinkörniges Fördergut (Korngröße < 60 mm), besonders für Getreide, aber auch häufig für Feinkohle und Nußkohle, verwendet man als Zugorgan Baumwollgurte in ähnlicher Bauart, wie sie auch für Gurtbandförderer benutzt werden. Die Becher werden dabei für Getreideförderung im allgemeinen in unmittelbarer Aufeinanderfolge befestigt. Für Kohleförderung ordnet man sie in mehr oder weniger großem Abstand auf dem Gurt an. Dabei ist besonders darauf zu achten, daß die Köpfe zur Befestigung der meistens aus gepreßtem Blech hergestellten Becher groß genug gewählt oder daß entsprechend große Unterlegscheiben verwendet werden, um ein Ausreißen des Gurtes zu verhüten (Abb. 127a). Man hat die Gurte je nach Verwendungszweck ohne Gummideckplatte angefertigt (z. B.

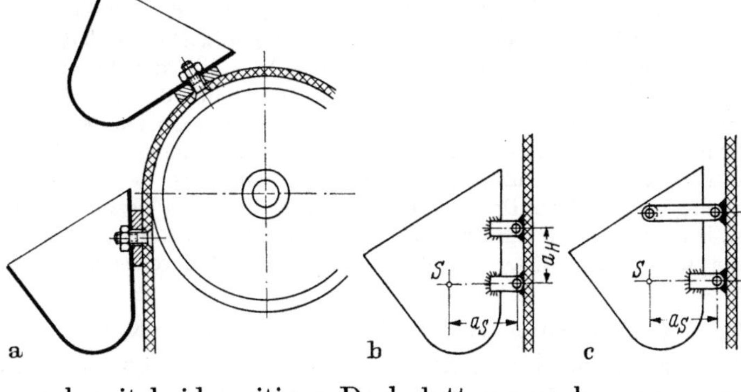

Abb. 127. Becherbefestigung an Gurten.

a durch Tellerschrauben mit unterlegtem Weichgummistreifen; *b* durch aufvulkanisierte Nocken mit starren Haltern; *c* mit gelenkigen Haltern.

Mühlenindustrie) oder aber auch mit beiderseitigen Deckplatten versehen, wenn es sich um nasses Fördergut handelt (z. B. in Kiesgruben). Dabei haben sich allerdings bei der üblichen Becherbefestigung Schwierigkeiten ergeben, wenn z. B. scharfer Kies oder Schmelzkesselschlacke gehoben werden sollte. Die Verbindung eines elastischen Gummigewebegurtes mit starren Elementen wie Becher und Schrauben zeigte sich vor allem beim Umlauf um die Trommeln nachteilig. Dabei kann scharfkörniges Material zwischen Gurt und Becherrückwand geraten, das sich durch die Hin- und Herbewegung immer fester setzt und schließlich die Gummi-Deckplatten durch Druck zerstört. Durch Aufkleben eines Weichgummistreifens auf den Gurt wurde dieser Übelstand größtenteils beseitigt. Der Gummistreifen wird durch die Pressung der Schrauben auf eine gewisse Vorspannung gebracht und verformt; beim Trommelumlauf löst sich die Vorspannung auf und verhindert die Bildung des gefährlichen Spaltes zwischen Gurt und Becherrückwand (Abb. 127a).

Bei diesen Gurtbecherwerken wird das Leer- und das Volltrum oft für sich in viereckigen Blechrohren eingeschlossen. Ebenso werden Kopf und Fuß des Becherwerkes vollständig umkleidet. Das Fördergut muß durch Zuteilvorrichtungen gleichmäßig zugeführt werden, damit die Becher nicht vom Gurt losgerissen werden. Nur bei Getreideförderung ist ein selbsttätiges Schöpfen aus dem vollen Haufen zulässig. Dabei wird dann die untere Becherwerksumführung durch ein gitterförmiges Gerüst eingehüllt, durch welches das Getreide hindurchtreten kann. Diese Anordnung wird auch oft für Getreideentladung aus Schiffen verwendet. Derartige Becherwerke wurden wegen der allgemeinen Verwendung für diesen Zweck als Schiffselevatoren bezeichnet. Da das Getreide dem Becherwerk von selbst zufließt, ist die im Schiff erforderliche Arbeit gering. Die Schiffselevatoren werden in den verschiedensten Anordnungen ausgeführt, durchweg als schnelllaufende Gurtbecherwerke, bei denen die verhältnismäßig kleinen Becher in dichter Folge auf Baumwoll- oder Balatagurten befestigt sind. Der drehbare Ausleger, an dem das Becherwerk aufgehängt ist, wird oft zur Aufnahme eines Transportbandes benutzt, das gemeinsam mit dem Becherwerk angetrieben wird und die Weiterbeförderung des Getreides übernimmt. Der Ausleger wird aufklappbar angeordnet, um das Becherwerk bei Außerbetriebsetzung aus dem Schiffsbereich entfernen zu können. Oft wird auch an Stelle des oben erwähnten Bandförderers für den Weitertransport des Getreides ein einfaches, schräges Fallrohr benutzt. Das Becherwerk muß dann jedoch entsprechend länger ausgeführt werden. Eine solche Anordnung wird allgemein bei Becherwerken in Verbindung mit Lagerhäusern angewendet. Dabei werden vielfach zweistufige Becherwerke angeordnet, weil die Hubhöhe oft zu groß ist, um mit einem Becherwerk, das zu schwerfällig werden würde, auszukommen. In neuerer Zeit werden auch Pendelbecherwerke mit Zwischenantrieben gebaut, die beliebig große Hubhöhen zulassen. Einzelheiten hierüber sind im diesbezüglichen Abschnitt zu finden.

Abb. 128 zeigt als Beispiel einen fahrbaren Schiffselevator für einen Silospeicher. Zur Erzielung einer Leistung von 100 Mp/h Getreide sind zwei Becherwerke nebeneinander vorgesehen. Jedes läßt das gehobene Getreide durch ein Fallrohr in ein anderes Becherwerk fallen, das im Gerüst eingebaut ist. Von diesen Becherwerken kann das Getreide dann entweder durch eine automatische Wiegeeinrichtung den im Speicher vorhandenen Förderern zugeführt oder unmittelbar durch ein anderes Fallrohr über das Seeschiff hinweg in Leichter verladen werden. Außerdem kann die Verladung in Leichter nach dem Wiegen erfolgen, indem das eine der im Gerüst eingebauten Becherwerke zum Heben des von der Waage kommenden Getreides benutzt wird. Dann wird also die eine Seite zum Entladen des Seeschiffes, die andere zum Beladen des Leichters verwendet. Die Höhe der aufklappbaren Becherwerke beträgt im vorliegenden Fall 22 m, die Höhe der festen Becherwerke etwa 23 m. Das Heben des aufklappbaren Auslegers wird durch ein elektrisch getriebenes Windwerk bewirkt. Der Antrieb der an dem aufklappbaren Ausleger hängenden Becherwerke erfolgt durch Seil. Nur die Kraftübertragung vom vorderen Drehpunkt der Auslegerstütze aus bis zum Kopf des Becherwerkes geschieht durch Ketten. Bei modernen Anlagen wird der Einzelantrieb jedoch der gezeigten Ausführung vorgezogen. Die Fortbewegung des ganzen Gerüstes erfolgt ebenfalls maschinell durch einen besonders hierfür vorgesehenen Elektromotor.

Bei der Förderung von grobstückigem Gut (Korn > 60 mm) glaubte man bisher, allein auf Kettenbecherwerke angewiesen zu sein. Man ist daran gewöhnt, daß die Becher schöpfen und hat sie aus diesem Grunde stabil ausgebildet und mit starken Ketten ausgerüstet. In vielen Fällen liegt jedoch gar keine Notwendigkeit vor, das Gut zu schöpfen, sondern es kann eine Zulaufeinrichtung geschaffen werden, die den Materialstrom ausschließlich in die Becher gelangen läßt, ohne daß sich herabfallendes Gut in unzulässiger Weise im Sumpf ansammelt. Die Anwendung dieses Füllverfahrens ist allerdings nur bei dichter Becheranordnung möglich, die ein Durchfallen des Fördergutes zwischen den Bechern verhindert, und bei verhältnismäßig niedrigen Bechergeschwindigkeiten (maximal 1,3 m/s), weil bei höherer Geschwindigkeit die Becher nur ungenügend gefüllt und das Fördergut sogar zurückgeschleudert werden kann. Das Fördergut erfährt ja bei der Beschickung eine Richtungsumkehr, die bei zu hohen Geschwindigkeiten eine schädliche Turbulenz verursacht. Wie bei allen Steilfördererarten muß das Gut auch hier mit möglichst geringer Geschwindigkeit zulaufen. Flache Schurren oder der Einsatz eines Schwingförderers sind anzuraten. Außerdem empfiehlt sich eine Einengung der Zulaufschurre bis auf ein kleineres Maß als die Becherbreite und noch die Anbringung seitlicher Bleche, um ein Herausfallen des Gutes nach der Seite hin zu vermeiden.

Bei der stärkeren Beanspruchung der Gurtbecherwerke für grobstückiges Gut sollte

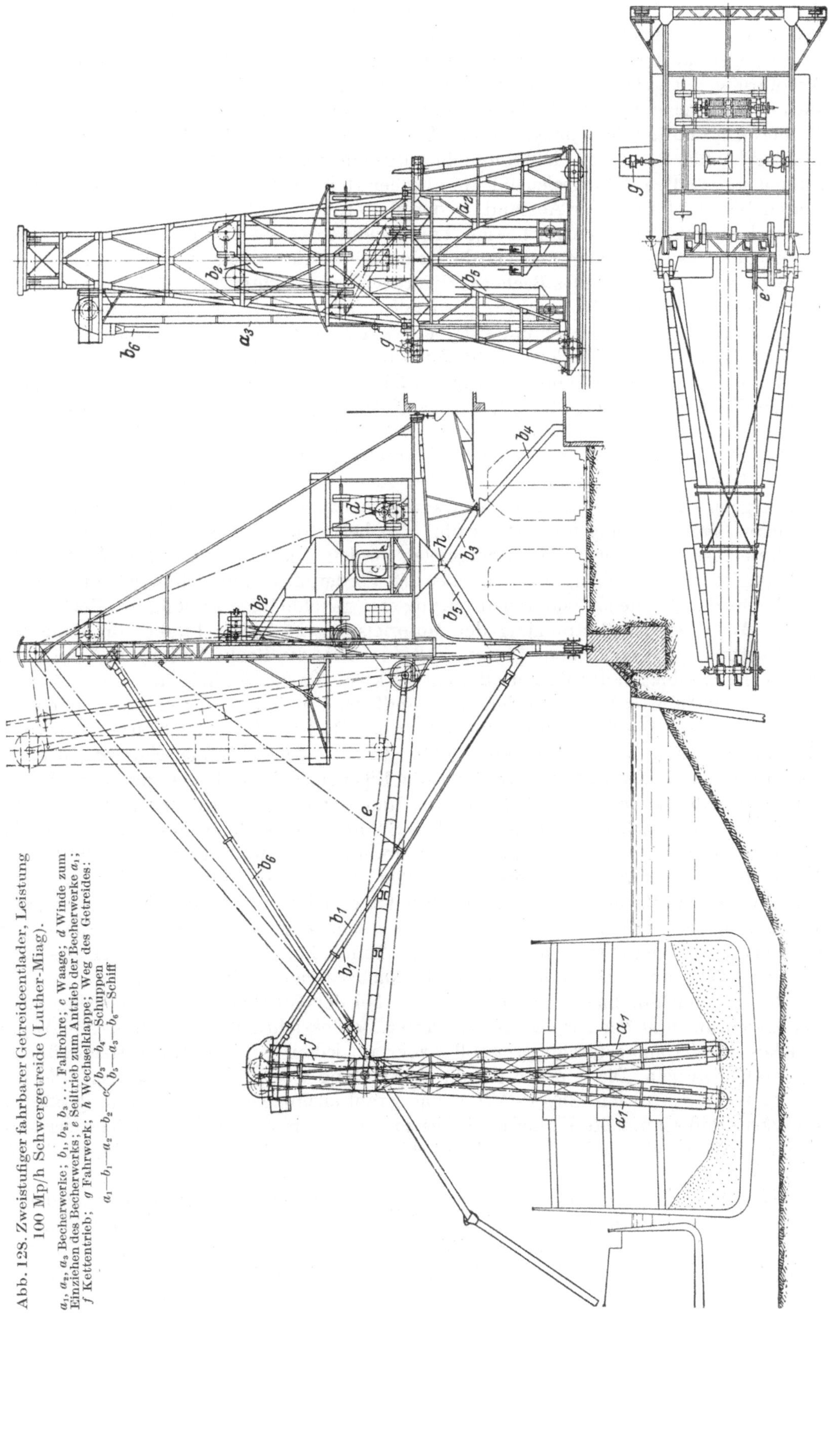

Abb. 128. Zweistufiger fahrbarer Getreideentlader, Leistung 100 Mp/h Schwergetreide (Luther-Miag).

a_1, a_2, a_3 Becherwerke; $b_1, b_2, b_3 \ldots$ Fallrohre; *c* Waage; *d* Winde zum Einziehen des Becherwerks; *e* Seiltrieb zum Antrieb der Becherwerke a_1; *f* Kettentrieb; *g* Fahrwerk; *h* Wechselklappe; Weg des Getreides:

a_1—b_1—a_2—b_2—c < b_3—b_4—Schuppen / b_5—a_3—b_6—Schiff der Gurt nicht mehr gelocht und damit zusätzlich im Querschnitt geschwächt werden. Die Firma Continental Gummiwerke AG. empfahl das Aufvulkanisieren von Gummi-Halterungen, an denen dann die Becher befestigt werden (Abb. 127b). Eine verbesserte Ausführung mit gelenkiger Becherbefestigung zeigt Abb. 127c. Die Wahl zwischen der starren und gelenkigen Becherbefestigung ist vom Trommeldurchmesser und von der Becherform und -größe abhängig. Es muß sichergestellt sein, daß die sich ergebende Bewegung beim Umlauf um die Trommeln aufgenommen wird. Bei beiden Ausführungen soll das untere Befestigungselement auf gleicher Höhe mit der Schwerpunktachse des gefüllten Bechers liegen. Der Abstand a_H der Halterungen sollte gleich dem Schwerpunktabstand a_S sein. Der kleinstzulässige Trommeldurchmesser ergibt sich bei der starren Befestigung zu $D_{min} = 6\,a_H$ und bei der gelenkigen Befestigung zu $D_{min} = 4\,a_H$.

Bei der Berechnung eines Becherwerkgurtes ist zu beachten, daß nicht nur die für die Hubarbeit notwendige Motorleistung, sondern daß auch das Eigengewicht des Gurtes und der anhängenden Becher mit für die Festigkeitsberechnung heranzuziehen ist. Als Sicherheitszuschlag für Ungleichmäßigkeiten im Antrieb, die z. B. durch Verschmutzung der Trommeln auftreten können, sollte ein Faktor von 1,2 in die Berechnung eingefügt werden. Bei der Festlegung der Anzahl der Einlagen ist die für Becherwerksgurte übliche 10fache Sicherheit zu beachten. Es werden vornehmlich Gurte der Gewebetype B 60 eingesetzt und nur bei sehr stark beanspruchten Gurten die Gewebetype B 80. Da man die Gurtfestigkeit gegen Ausreißen der Becher nicht errechnen kann, sollten unabhängig vom Ergebnis der Berechnung bei leichten Becherwerken mindestens drei Einlagen, bei mittlerer Beanspruchung mindestens fünf und bei schwer beanspruchten Becherwerken mindestens sechs Gewebeeinlagen eingesetzt werden. Die Höhe der Ausreißfestigkeit ist außerdem davon abhängig, ob die Becher das Fördergut aus dem Fuß schöpfen oder ob durch eine entsprechende Materialzuführung eine gleichmäßige Füllung der Becher stattfindet. Auch bei der Bestimmung der Motorleistung ist dieser Punkt von Bedeutung. Die Gurtbreite soll mindestens 50 mm größer sein als die Becherbreite, um beim Schieflaufen ein Anschlagen der Becher oder ein Verklemmen zu verhindern.

Der Antrieb erfolgt wie bei den Gurtbandförderern durch eine einfache glatte Umführungsscheibe. Die durch das Gewicht des mit Bechern besetzten Gurtes entstehende Reibung zwischen Gurt und Scheibe genügt für den Antrieb ohne weiteres Anspannen des Gurtes, da die Nutzlast im Verhältnis zum Eigengewicht des Bechergurtes mit Bechern verhältnismäßig klein ist. Nur um ein Hin- und Herschlagen des Gurtes zu verhindern, ist eine Spannvorrichtung erforderlich. Das Spannen erfolgt meistens durch Schraubenspindeln, entweder durch Verschieben der unteren oder der oberen Kettenumführung. Die letztere Anordnung ist insofern vorzuziehen, als dabei die untere mit dem Schöpftrog verbundene Umführung immer in derselben Lage bleibt. Die Bauart mit oberer Spannvorrichtung ist aber meistens etwas teurer, weil einerseits an der oberen Umführung das Gewicht des ganzen Gurtes mit Bechern und Inhalt hängt und weil andererseits der an dieser Umführung angreifende Antrieb ein Nachspannen erschwert.

Der Trommeldurchmesser ergibt sich wie bei der Gurtbandförderung zwingend aus der Lagenzahl und der Art des Gurtes unter Berücksichtigung des zulässigen Anpreßdruckes. Der Trommeldurchmesser sollte aber auf jeden Fall das Hundertfache der Einlagenzahl betragen. Die Grenzen für die Anwendung von Becherwerksgurten sind nicht eng gesteckt. Gurte mit Reyon-Perlon und Stahlseileinlagen haben eine so große Zugfestigkeit, daß senkrechte Förderhöhen bis zu 150 m vom Gurt her keine Schwierigkeiten bereiten. Werte über zulässige Fördergeschwindigkeiten und Becherfüllungsgrade zeigt Tab. 38.

Die senkrechte Aufstellung eines Becherwerkes ist bei allen Planungen vorzuziehen, da durch diese Anordnung die Maschinenteile dem geringsten Verschleiß unterliegen. Die verschiedenen Beschaffenheiten der Fördergüter bedingen unterschiedliche Beanspruchung der Zugelemente, wie schon eingangs erwähnt wurde. Ebenso darf für deren Auswahl die tägliche Betriebszeit des Becherwerkes nicht unberücksichtigt bleiben.

Tabelle 38. *Füllungsgrad und Geschwindigkeit von Becherwerken (Erfahrungswerte)*

Art und Eigenschaften des Fördergutes	Beispiele	Bauart des Becherwerkes	Mittlerer Füllungsgrad φ der Becher	Bechergeschwindigkeit v Gurt m/s	Kette m/s
staubförmig (Mahlgut)	Kohlenstaub	langsamlaufend, mit freier Schwerkraftentleerung	0,85	—	0,6–0,8
	Zement, Kreide,	schnellaufend, mit Fliehkraftentleerung	0,8	1,5–2,5	—
	Getreide	desgl.	0,7	2,7–3,0	—
körnig und kleinstückig ($a < 60$ mm), schwach verschleißend	Holzsägespäne, trockener Lehm in Stücken Frästorf	desgl.	0,7–0,8	1,25–2,0	1,25–1,6
desgl., jedoch stark schleißend	Kies, Erze, Schlacke	langsamlaufend, mit gelenkter Schwerkraftentleerung	0,7–0,85	0,8–1,0	0,8–1,0
	Sand, Asche, Gestein	schnellaufend, mit Fliehkraftentleerung	0,5–0,7	1,5–2,5	—
mittel- und grobstückig ($a \geqq 60$ mm), schwach verschleißend	Steinkohle	langsamlaufend, mit gelenkter Schwerkraftentleerung	0,6–0,8	—	0,6–0,8
	Torfsoden Rüben	schnellaufend, mit Fliehkraftentleerung	0,5–0,7	1,4–1,9	1,25–1,4
desgl., jedoch stark verschleißend	Schotter, Erze, Schlacke	langsamlaufend, mit gelenkter Schwerkraftentleerung	0,6–0,8	—	0,5–0,8
stückig und spröd, Zerkleinerung unzulässig	Holzkohle, Koks	desgl.	0,6	0,6–0,8	0,6–0,8
schwerfließend, pulverförmig und körnig, feucht	feuchte Erde, Sand und Kreidepulver	schnellaufend, mit Fliehkraftentleerung	0,4–0,6	1,25–1,8	1,25–1,6
	feuchte Chemikalien, Oberschichttorf	langsamlaufend, mit freier Schwerkraftentleerung	0,4–0,6	—	0,6–0,8

Außer den bereits erwähnten Gurten als Zugelement finden noch Verwendung Gelenkketten, Stahlbolzenketten, Rundgliederketten und Buchsenketten. Den Betriebsbedingungen werden auch die Stärken der Gehäuseteile, wie Becherwerkskopf, Becherwerksfuß und Gehäuse angepaßt. Nach der Schwere ihrer Ausführung kann man eine grobe Unterteilung der Becherwerke in drei Gruppen vornehmen:

Die leichte Ausführung ist für geringere Beanspruchungen bestimmt. Becherwerke dieser Reihe werden mit Gurten oder leichten Ketten (Gelenkketten) ausgerüstet. Für mittlere Beanspruchungen werden als Zugmittel Gurte, Stahlbolzen-, Büchsen- oder Rundgliederketten eingesetzt. Letztlich kommen für den schwersten Betrieb nur schwere Buchsen- oder Rundgliederketten zum Einsatz.

Die Befestigung der Becher kann in verschiedener Weise erfolgen, z. B. wie in den Abb. 129—131 und 63 dargestellt. In Abb. 129 ist der Becher mit einer Flacheisenführung zum Verhindern des Pendelns der Becherketten versehen. Mit dieser Führung können die Becherwerke auch in geneigter Richtung arbeiten, während die Ausführungsform ohne Führung nur für senkrechte Lage des Becherwerkes geeignet ist.

Beim Einsatz von Rundgliederketten kann die Becherbefestigung entweder mit schraubbaren Kettenbügeln erfolgen, oder aber die Becher hängen an fingerartigen Mitnehmern, die an der Rückwand des Bechers angeschweißt sind und nur an den Stellen

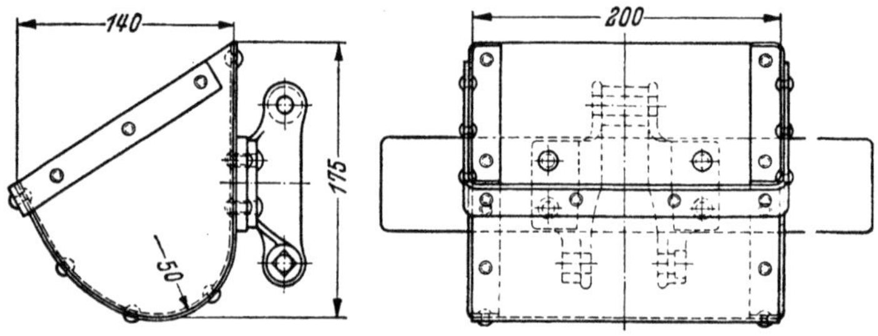

Abb. 129. Becher mit Tempergußketten (Stotz).

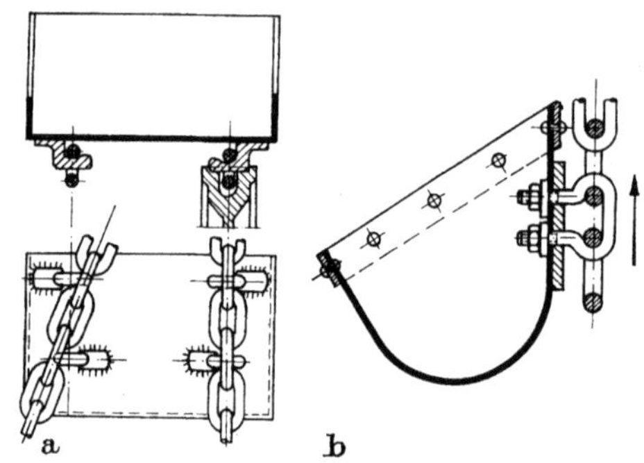

Abb. 130. Becherbefestigung an Rundgliederketten.

mit angeschweißten Mitnehmern (Polysius); *b* mit Kettenbügeln.

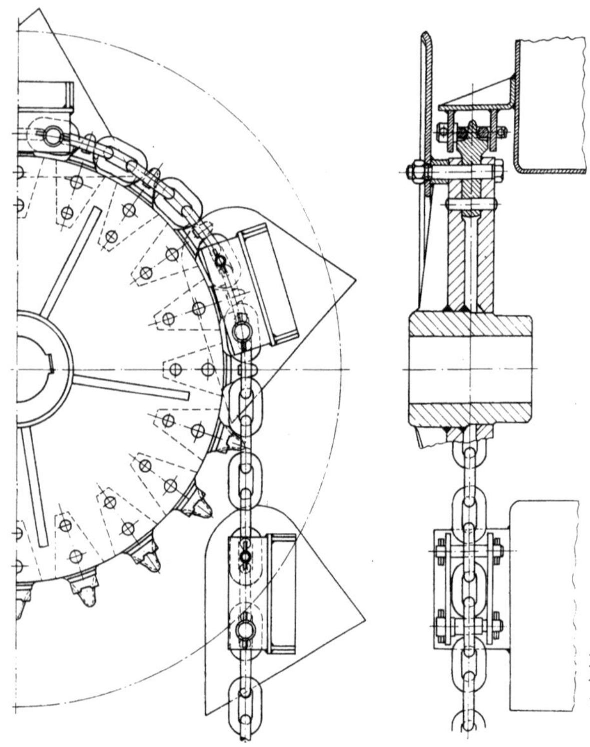

Abb. 131. Bauelemente für Becherwerke; Antriebskettenrad mit austauschbaren Einzelzähnen und seitlicher Bordscheibe (Rud).

gehärtet werden, die mit der Kette in Berührung kommen. Während die normalen Rundstahlketten auf glatten Antriebs- und Umlenkrädern geführt werden und die Übertragung der Antriebsleistung nur durch Haftreibung geschieht, erfolgt der Antrieb bei kalibrierten Ketten durch verzahnte Kettenrollen. Damit ist ein Schlupf zwischen Kette und Rolle sowie ein Voreilen eines Kettenstranges absolut vermieden. Die Ketten werden durch Kettenschlösser endlos zusammengefügt. Jeder Becher ist durch Steckmitnehmer an die Kette angelenkt (Abb. 131). Die gleiche Befestigungsart kann, wie in der Abbildung gezeigt, sowohl an der Becherseitenwand wie auf dem Becherrücken erfolgen. Das Antriebskettenrad ist dreiteilig gefertigt und mit leicht auswechselbaren Einzelzähnen ausgerüstet.

Die Becherwerke mit gewöhnlicher Rundgliederkette werden fast ausschließlich in senkrechter Lage angeordnet. Der Vergütung der Ketten ist besondere Aufmerksamkeit zu schenken, da sie infolge der geringen Auflagefläche in den Gelenkpunkten verhältnismäßig schnell verschleißt. Andererseits hat diese Bauart gerade bei scharfkantigem trockenem Fördergut, wie Sand usw., den Vorteil, daß die scharfkantigen Körner sich nicht auf den runden Flächen der Kettenglieder halten können, während sie sich bei richtig ausgebildeten Gelenken mit großen Auflageflächen in die Lagerfläche hineindrücken können, hier festgehalten werden und zu einem sehr schnellen Verschleiß führen. Außer in Fällen, wie soeben gekennzeichnet, also für sehr scharfkantiges Fördergut, fand diese Kette früher kaum Verwendung. Ketten aus Temperguß wurden dagegen häufiger benutzt, obgleich eine gegossene Kette hinsichtlich der Zugfestigkeit nicht die Sicherheit bietet wie eine geschmiedete Kette. Kettenbrüche können viel leichter eintreten und dann ist die Betriebsstörung verhältnismäßig groß, da bei der großen Neigung des Becherwerkes die ganze Becherkette herunterfällt und verbogen wird. Die Bauart ist aber verhältnismäßig leicht und billig und für viele Förderzwecke auch vollkommen genügend.

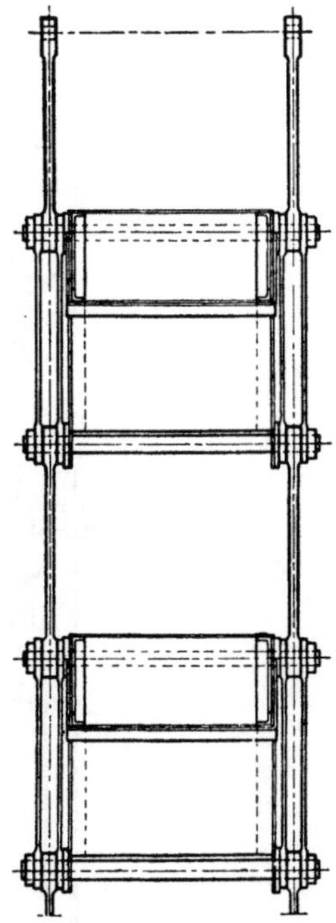

Abb. 132. Becherwerkskette mit gepreßten Stahllaschen (Pohlig).

Größere Sicherheit bietet die Verwendung einer stählernen Laschenkette, die entweder aus gepreßten Gliedern hergestellt wird, wie aus Abb. 132 ersichtlich, oder aus gewöhnlichen Flacheisen bzw. Flachstahlschienen. Die Ausführungsform wird mit Vorteil für große Leistungen, besonders auch für großstückiges Fördergut angewendet. Wegen der großen Länge der hierbei verwendeten Kettenglieder ist nur eine verhältnismäßig geringe Geschwindigkeit zulässig, wenn die Kette nicht schlagen soll. Diese Becherwerke laufen im allgemeinen nur mit einer Geschwindigkeit von 0,1—0,3 m/s und werden nur in einer um etwa 60° gegen die Waagerechte geneigten Lage verwendet, um ein gutes Auswerfen des Fördergutes am Kopfende des Becherwerkes zu erreichen. Zu diesem Zweck werden die Becher entweder so geformt, daß die Rückwand des vorangegangenen Bechers eine Führung für das aus den folgenden Bechern entleerte Fördergut bildet oder es werden an dem in der Regel vier- bis sechskantigen Umführungsstern des Becherwerkkopfes entsprechende Führungsbleche angebracht. Die Flächen der Umführungssterne, auf welche die Kette sich auflegt, werden zweckmäßig mit auswechselbaren Laschen aus Stahl armiert, die bei eintretendem Verschleiß ausgewechselt werden können. Auch kann man bei dieser Bauart der Längung der Ketten infolge Verschleiß in den Gelenken leicht Rechnung tragen, indem man später entsprechend stärkere Platten auf die Umführungssterne auflegt. Auf der schrägen Strecke gleiten die Kettenglieder meistens auf einfachen Flacheisenschienen, die an dem Gerüst des Becherwerkes befestigt sind. Oft versucht man, die Reibung auf diesen Schienen etwas zu verringern, indem man die Schienen an einigen Stellen unterbricht und hier Tragrollen anordnet, die etwas über die Schiene hinausragen. Diese Tragrollen nehmen dann das Hauptgewicht der Becherkette auf und die Schiene dient als Führung und verhindert ein Schlagen der Kette. Mitunter werden Tragrollen allein und ohne Führungsschienen verwendet. Die Anordnung hat aber gegenüber den angeführten beiden Bauarten gewisse Nachteile. Die Abnutzung der Kettenglieder durch Gleiten auf den Schienen kommt zwar in Wegfall, dafür entsteht aber der Übelstand, daß die Kette leicht schlingert und daß die Gelenke schnell verschleißen. Dieser Nachteil ist schwerwiegender als die etwas größere Reibung bei Becherwerken ohne Tragrollen, da infolge der steilen Lage des Becherwerkes der durch die Reibung bedingte Arbeitsverbrauch und Verschleiß der Kettenlaschen nur verhältnismäßig gering sind. Es muß aber auch hier wieder darauf hingewiesen werden, daß der Gang der Becherwerksketten erheblich ruhiger gestaltet werden kann, wenn der in Abb. 133 gezeigte Antrieb mit Geschwindigkeitsausgleich verwendet wird. Durch ihn kann das sonst eintretende Schlagen der Kette erheblich gemildert werden, wodurch sich gleichzeitig auch der Verschleiß der Kettenglieder in den Gelenken vermindert.

Wenn die hier geschilderten Becherwerke mit großen Kettenteilungen auch wenig Gelenke und damit Verschleißstellen aufweisen, so hat man doch erkannt, daß der auftretende Verschleiß proportional der Flächenpressung in der Gelenkstelle und der auftretenden Bewegung ist. Um die Abmessungen der Becherwerke in Grenzen zu halten, wird man bei großen Kettenteilungen gezwungen, Kettenräder mit geringer Zähnezahl

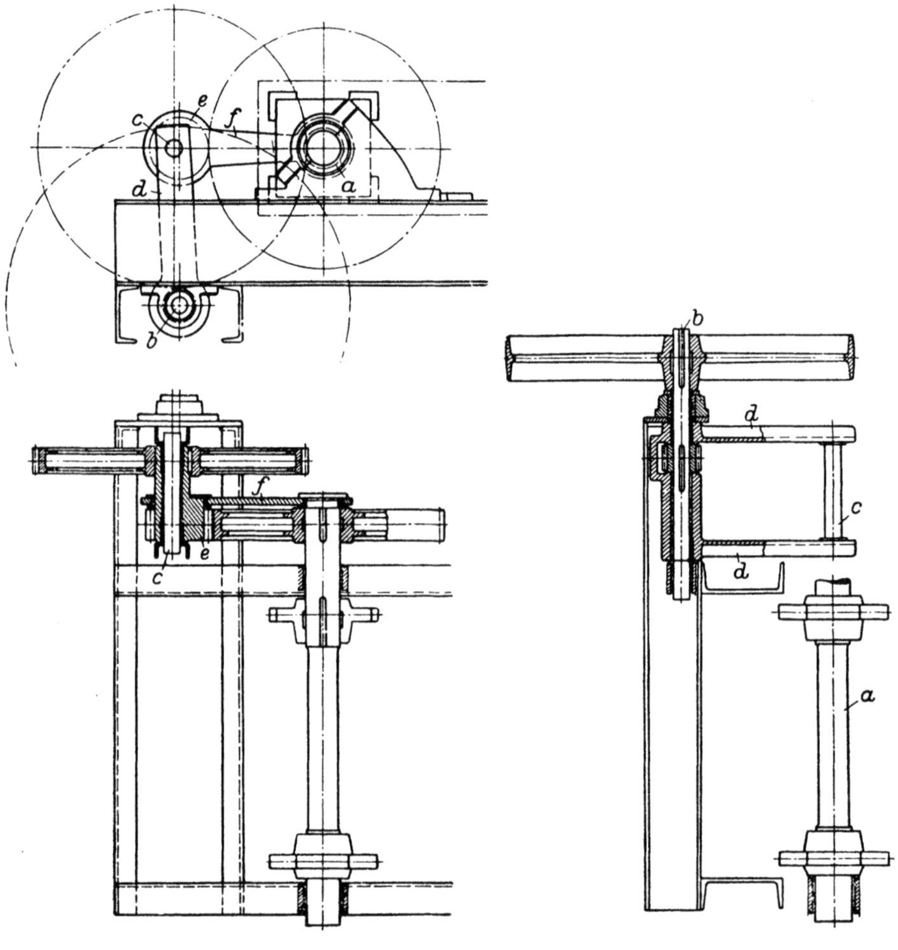

Abb. 133. Becherwerksantrieb mit Geschwindigkeitsausgleich (Aumund).

a Kettenantriebswelle; *b* Riemenscheiben- oder Rollenkettenrad; *c* erste Vorgelegewelle, gelagert auf Pendelstütze *d*; *e* rundes Ritzei mit exzentrischer Bohrung, gesteuert durch Exzenterstange *f*.

einzusetzen, die aber wiederum zu großen Abknickwinkeln in den Kettengelenken führen und damit zu großem Verschleiß. Außerdem führen Kettenräder mit kleiner Zähnezahl zu einer enormen Ungleichförmigkeit der Kettenbewegung, wodurch große dynamische Spannungen hervorgerufen werden, die die zulässige Belastung der Ketten ungünstig beeinflussen. Auf diese Zusammenhänge wurde bereits im Berechnungsbeispiel eines Gliederbandförderers auf S. 74 eingegangen. Dieser Erkenntnis folgend, wurden in den letzten Jahren für Becherwerke auch häufig die Laschenketten nach DIN 8175 eingesetzt, die sich bei Trogbandförderern in vielen Industriezweigen jahrelang bewährt hat. Wenn die Becherteilung größer gewählt werden muß als die Kettenteilung von 160 mm, so werden die Becher nur an den Winkellaschen einer Kettenteilung befestigt, um für den Umlauf um die Kettenräder die Beweglichkeit der Kette nicht einzuschränken.

Das in Abb. 63 gezeigte Becherzellenband für stark ansteigende Förderung wurde von der Firma Aumund Fördererbau GmbH weiterentwickelt zu einem langsam laufenden Spezialbecherwerk mit Innenbeschickung und Innenentleerung zum Transport von besonders stark schleißendem Gut und Materialien, die beim Transport nicht beschädigt werden sollen. Aus diesem Grunde darf das Material auf keinen Fall geschöpft werden, so daß eine einwandfreie Becherbeschickung vonnöten ist.

Parallel zu dem langsamlaufenden Becherwerk wurde auch die Entwicklung eines Schnelläufers weiter betrieben, der inzwischen vor allem in der Zementindustrie zur Förderung verschiedenster Materialien auf Grund des geringen Verschleißes große Verbreitung gefunden hat. Der Grund ist wohl in der Verwendung von Spezialstählen mit äußerst geringen Verschleißwerten zu suchen. Das für den rauhen Betrieb entwickelte Material gestattet robuste Kettenkonstruktionen, so daß man mit einer mittig angeordneten Kette das Auslangen findet (Abb. 134). Es ist wiederum eine Büchsenkette im Aufbau entsprechend DIN 8175 jedoch in stärkerer Dimensionierung. Alle Außenlaschen der Kette besitzen Winkel zur Befestigung der Becher. Die Becherteilung beträgt 320 mm. Durch diese enge Becherfolge und die Fördergeschwindigkeit bis 1,6 m/s werden selbst bei Förderhöhen von über 40 m Leistungen von 500—600 Mp/h erzielt. Nicht zuletzt trägt hierzu auch die spezielle Becherform bei, die die Kette seitlich umschließt.

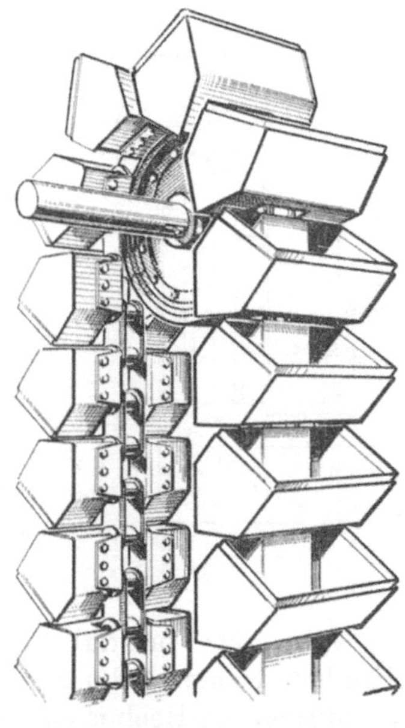

Abb. 134. Schnellaufendes Becherwerk für große Förderleistungen und Höhen mit einer schweren Zentralkette; die Becher umschlingen seitlich die Kette (Aumund).

Besonders erwähnenswert ist die Tatsache, daß es den Konstrukteuren mit diesen Ausführungen gelungen ist, Becherwerke zu konstruieren mit den gleichen Bauelementen, die bereits von den Trogbandförderern und Becherzellenbändern her bekannt sind. In diesen Rahmen fällt auch noch ein Pendelbecherwerk für beliebig große Höhen speziell für Schachtförderung, das im nächsten Abschnitt noch näher erläutert wird. Es wurde hiermit ein entscheidender Schritt für eine wirtschaftliche Ersatzteilhaltung getan. Sind in größeren Werken z. B. verschiedenartige Förderertypen eingesetzt (z. B. Kurzplattenbänder für geradläufig und kurvenläufige Strecken, Großplattenbänder in Form von Schleppplattenbändern für Zwischenentladung, Becherzellenbänder für die Steilförderung, Becherwerke für die Senkrechtförderung und Pendelbecherwerke für den kombinierten Transport), so sind die Hauptbauelemente wie Wellen mit Kettenrädern und deren austauschbare Zahnsegmente sowie Ketten und Laufrollen für alle Anlagen zu verwenden. Das erforderliche Ersatzteillager wird klein und preiswert. Bezüglich der Kettenfestigkeit sei noch erwähnt, daß nach DIN 8175 Ketten mit einer Bruchlast von 22 bzw. 35 Mp und vergütet mit 45 Mp bzw. 60 Mp ausgeführt werden. Über die Ausführungsform der Kettenräder gilt das Gleiche, wie es bereits unter dem Abschnitt über Gliederbandförderer aufgeführt wurde.

Der Schacht der Becherwerke besteht gewöhnlich aus Teilstücken von 2,5—3,0 m Länge, die aus Stahlblech von 2—4 mm Dicke hergestellt und sowohl in der Längsrichtung als auch an den Stößen durch Winkel versteift und durch Schrauben miteinander verbunden werden. Um ein Pendeln der Becherstränge zu verhindern, werden im Schacht entsprechende Führungen eingebaut.

Die Umhüllung der Becherwerke geschieht entweder mit Hilfe von zwei getrennten Blechrohren wie beim Gurtbecherwerk oder auch durch einen zusammenhängenden Blechkasten, wie in Tab. 39 dargestellt. Besonders bei schrägstehenden Becherwerken schließt man die Kette stets in einen einzigen zusammenhängenden Blechkasten ein. Senkrecht stehende Becherwerke müssen auch bei Verwendung von Ketten mit derselben

Tabelle 39. *Hauptabmessungen eines Normalbecherwerkes nach DIN 15251 in mm*

b	c	e	f	g	h	n	k	m	D
250	567	1180	400	1250	750	1050	400	100	630
315	567	1250	475	1250	750	1075	450	100	630
400	570	1400	560	1400	850	1200	500	100	710
500	651	1600	670	1600	1000	1350	600	200	800
630	742	1800	800	1800	1120	1600	700	200	900
800	861	2000	1000	2000	1250	1800	800	200	1000
1000	1029	2400	1250	2240	1400	2200	900	200	1250

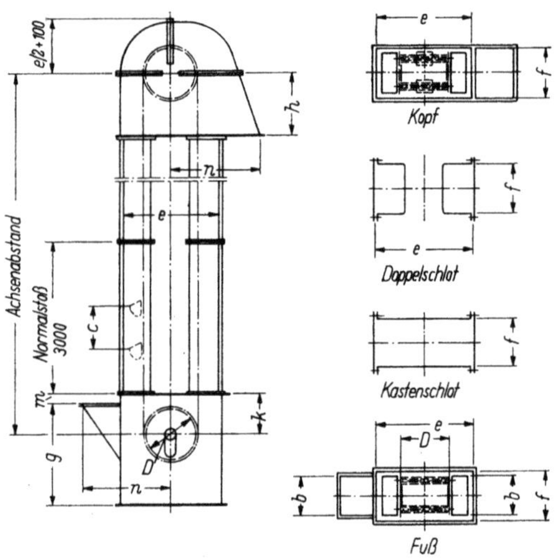

Mindestgeschwindigkeit laufen wie Gurtbecherwerke, um ein gutes Entleeren der Becher zu erzielen. Bei schräger Lage, die jedoch selten weniger als 60—70° beträgt, kann die Geschwindigkeit geringer angenommen werden. Mitunter wird der untere Teil des Becherwerkes senkrecht und nur der Kopf in geneigter Lage angeordnet, um trotz senkrechter Stellung des Becherwerkes eine gute Entleerung bei mäßiger Geschwindigkeit zu erzielen (Abb. 125b). Bei geringerer Fördergeschwindigkeit werden die Becher für gleiche Leistung wohl größer, aber die Abnutzung wird geringer. Mitunter werden die Becherwerke ohne Umhüllungskasten angewendet. Die Bauart ist grundsätzlich dieselbe wie bei den Becherwerken mit Umhüllungskasten.

Wenn das Material während der Förderung zugleich entwässert werden soll, z. B. in Kohlenwäschen, beim Fördern von granulierter Schlacke oder beim Transport von Kies, so werden die Becher aus perforierten Blechen hergestellt.

Zur Verringerung der Wartung werden für die Lagerung der Wellen heute fast ausschließlich Wälzlager verwendet, und zwar in Form von Pendelkugellagern oder Tonnenlagern, um ein Verklemmen der Wellen infolge Montageungenauigkeiten zu vermeiden. Der Antrieb der Becherwerke erfolgt normalerweise durch direkt mit der oberen Welle gekuppelte Getriebe, die miteinander durch elastische Kupplungen verbunden sind. Bei Motorleistungen bis 15 PS werden Getriebemotoren und bei höheren Leistungen getrennte Getriebe und Motoren meist unter Zwischenschaltung einer speziellen Anlaufkupplung zum langsamen Beschleunigen der Massen und Abbau der Beschleunigungskräfte verwendet. In neuerer Zeit werden häufig auch Hohlwellengetriebe mit direkt angegossener oder angeschraubter Motorbühne direkt auf die Antriebswelle aufgesteckt und zusätzlich durch eine Momentenstütze getragen. Aus räumlichen Gründen kann es notwendig sein, daß Getriebe und Motor in der Becherwerksebene, also an der Schmalseite des Becherwerks untergebracht werden müssen. In diesen Fällen wird zwischen der Antriebswelle und dem Getriebe ein Kettentrieb zur Verbindung eingeschaltet. Diese Antriebsanordnung ist auch zu empfehlen, wenn der Becherwerkskopf nicht abgestützt werden kann und das obere Ende des Becherwerkes freisteht. Um einen Rücklauf des Kettenstranges nach dem Anhalten des Becherwerkes zu vermeiden, wird auf die erste (hochtourige) Untersetzungsstufe des Getriebes eine Rücklaufsperre aufgesetzt.

Wie schon erwähnt, sind die gebräuchlichsten Anlagen Senkrechtbecherwerke und zwar nach DIN 15251. Die wichtigsten Abmessungen dieser genormten Ausführung sind in Tab. 39 aufgenommen und erreichbare Leistungen in Tab. 40.

Tabelle 40. *Leistungen für Becherwerke in* m³/h (*Beumer*)

Becherbreite mm	160	200	250	315	400	500	630	800	1000	1250
Senkrechtbecherwerke nach DIN 15251, $v = 1{,}1$ m/s Becher DIN 15234										
$\varphi = 1$ Filterkohle, Sand feucht	13	20	26	42	66	91	126	172	231	350
0,9 Rohmehl, Klinker, Kohle	12	18	24	38	59	82	113	155	208	315
0,75 Kalkhydrat und Zement pneumatisch gefördert	10	15	20	31	49	68	95	129	173	262
Senkrechtbecherwerke mit Bechern nach DIN 15234, $v = 1{,}35 \div 1{,}2$ m/s (Gurtbecherwerk)										
$\varphi = 1$ Filterkohle, Sand feucht	23	36	46	70	90	141	162	228	324	390
0,9 Rohmehl, Grieße	21	33	41	63	80	127	146	205	290	350
0,75 Kalkhydrat und Zement pneum.	17	27	34	53	67	105	122	171	243	292
Senkrechtbecherwerke, Langsamläufer mit eingeschnürter Kette, $\varphi = 1$, Becher DIN 15235										
bei $v = 0{,}3$ m/s	4	6	9	15	24	33	46	63	83	127
bei $v = 0{,}5$ m/s	7	9	15	25	40	55	76	104	139	211
bei $v = 0{,}7$ m/s	10	13	21	35	56	77	106	146	194	295
Senkrechtbecherwerke, Langsamläufer mit Mittenaustrag, $\varphi = 1$, Werksnorm										
bei $v = 0{,}3$ m/s				17	27	38	54	71	95	150
bei $v = 0{,}5$ m/s				28	45	64	90	120	158	250
Schrägbecherwerke mit Becher DIN 15234, $\varphi = 1$, wie DIN 15251 schräggestellt										
bei $v = 0{,}3$ m/s	4	6	7	11	18	25	34	47	63	95
bei $v = 0{,}5$ m/s	6	9	12	19	30	42	57	78	105	159
Schrägbecherwerke Becher-Kette-Becher, $\varphi = 1$, Becher DIN 22201/2, Kette DIN 22210										
bei $v = 0{,}2$ m/s				21	32	41	50	81	101	126
bei $v = 0{,}3$ m/s				31	48	61	76	121	152	189
Schrägbecherwerke Becher an Becher, $\varphi = 1$ Becher DIN 22203 Kette DIN 22210										
bei $v = 0\ 2$ m/s				36	57	72	90	162	202	252
bei $v = 0\ 3$ m/s				54	85	108	135	242	303	378

Berechnung von Becherwerken.

Die Wahl der Becherwerkbauart und der Becherform erfolgt in Abhängigkeit von der Art des Fördergutes und der geforderten Förderleistung. Die Bedeutung der in folgenden Gleichungen wiedergegebenen Formelzeichen wurde bereits auf S. 4 erläutert.

Förderleistung in m³/h

$$Q_t = 3600 \cdot \frac{I\, v\, \gamma\, \varphi}{a}$$

Der Füllungsgrad φ sinkt mit zunehmender Bechergeschwindigkeit und steigt bei zunehmendem Böschungswinkel des Fördergutes (vgl. Tab. 38).

Die Bestimmung der erforderlichen Antriebsleistung in PS kann ganz überschlägig erfolgen:

$$N = w \cdot \frac{Q_t\, H}{270}\,.$$

Die Größe des Widerstandsbeiwertes w beträgt bei Becherwerken, die nicht schöpfen, sondern beschickt werden, 1,2; bei Schöpfbecherwerken und Materialien mit geringem Schöpfwiderstand (Zement) 1,7; bei solchen mit mittlerem (Sand) 1,85 und bei großem Schöpfwiderstand (Klinker, Schotter) 2,1. Für eine genauere Berechnungsmethode gibt DIN 22200 nähere Erläuterungen an. Die hier genannte Gl. stimmt auch mit Gl. 9 auf S. 5 überein bis auf den zusätzlich genannten Summand N_z, der den zusätzlichen Leistungsbedarf infolge Aufgabe- oder Schöpfwiderstand sowie Vorspannung berücksichtigt. Die Hubhöhe des Förderers H_t wird gleichgesetzt der Hubhöhe des Fördergutes H_g und einfach gleich H genannt. Die Maschinenfabrik Beumer hat an einem Versuchsbecherwerk Messungen im Betrieb durchgeführt, die zeigten, daß die Formel mit den im DIN-Blatt angegebenen Werten für f und N_z bei Hochleistungsbecherwerken mit großen Achsabständen und Fördermengen zu unbefriedigenden und unwirtschaftlichen Ergebnissen führt. Es wird vorgeschlagen, die stark veränderlichen Größen getrennt zu erfassen:

$$N = \frac{Q_t H}{270} + \frac{H f}{270} \left[Q_t + 3{,}6 \cdot \left(G_f + \frac{G_v}{H} \right) \cdot v \right] + N_s .$$

Hierin bedeutet G_v in kp die von einem Spanngewicht, Spannspindeln oder sonstigen Spanneinrichtungen aufgebrachte Vorspannung einschließlich dem Gewicht der unteren Umlenkrolle. Der Beiwert v ist von der Belastung und der Ausbildung der Antriebsräder abhängig. Er wird mit wachsender Belastung, d. h. mit größer werdenden Achsabständen und Fördermengen, kleiner und besitzt bei verzahnten Antriebsrädern

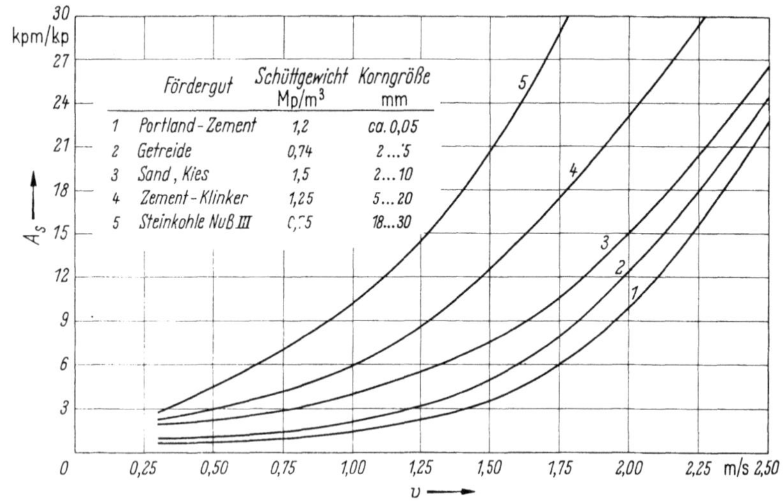

Abb. 135. Spezifische Schöpfarbeit A_s als Funktion der Bechergeschwindigkeit v für verschiedene Fördergüter (nach BEUMER).

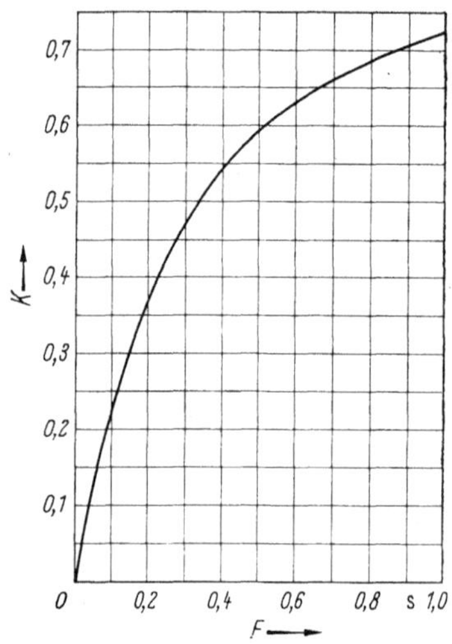

Abb. 136. Minderfaktor K in Abhängigkeit von der relativen zeitlichen Becherfolge F (nach BEUMER).

größere Werte als bei unverzahnten. Bei Gurtbecherwerken kann praktisch der Wert $f = 0$ gesetzt werden. Statt dessen ist aber der Biegewiderstand des Gurtes zu berücksichtigen. Die f-Werte liegen zwischen 0,03 und 0,08, wobei eine veränderliche Vorspannung G_v von 500–900 kp berücksichtigt ist. Die Schöpfleistung N_s läßt sich mit Hilfe der Diagramme in Abb. 135 und 136 bestimmen. Die Kurven wurden an einem Versuchsbecherwerk mit 400 mm Becherbreite, einer Becherausladung von 224 mm und einer zeitlichen Bechereingriffsfolge von 4 s ermittelt. Da in der Praxis die Becherfolge häufig unter 1 s liegt, ist die Beachtung des Minderfaktors K (Abb. 136) sehr wichtig.

Für einen Fördergutstrom Q_t in Mp/h wird dann mit den Diagrammwerten die Schöpfleistung in PS errechnet.

$$N_s = \frac{K A_s Q_t}{270} .$$

Für Gurtbecherwerke berechnet sich die erforderliche Antriebsleistung unter Vernachlässigung der Trommellagerreibung zu:

$$N = \frac{Q_t H}{270} + N_s + N_B .$$

Hierin ist N_B die Leistung, die auf Grund des Biegewiderstandes beim Lauf des Gurtes um die Umlenkrollen erforderlich wird. Da an der Antriebs- und Umlenktrommel unterschiedliche Gurtzugkräfte auftreten, sind die sich ergebenden Leistungsanteile getrennt zu errechnen. Der auf 1 cm Gurtbreite bezogene spezifische Umlenkwiderstand w in kp/cm wurde an glatten Gurten für Bandförderer bereits von Prof. VIERLING ermittelt. Weitere Versuche haben gezeigt, daß sich durch die Becherhalterungen und Becher der Biegewiderstand bei Becherwerken mit Textilgurten auf den 4fachen Wert und bei Gurten mit Stahlseileinlagen auf den 3fachen Wert von normalen glatten Gurten erhöht.

In den Gln. bedeuten:

T_1 = Auflaufkraft an der Antriebstrommel in kp,
T_2 = Ablaufkraft im Zugorgan in kp,

T_v = Vorspannkraft in kp,
d = Gurtdicke in cm,
D = Trommeldurchmesser in cm,
B = Gurtbreite in cm,
v = Gurtgeschwindigkeit in m/s,
χ = Kennziffer (0,09 für Textilgurte, 0,12 für Stahlseilgurte),
ζ = Kennziffer in kp/cm (14 für Textilgurte, 20 für Stahlseilgurte),
N_{BA} = Leistungsanteil an der Antriebstrommel in PS,
N_{BU} = Leistungsanteil an der Umlenktrommel in PS.

Die nachstehenden Gln. gelten für Gurte mit Textileinlagen, für Stahlseilgurte ist anstelle von 38 durch 50 zu dividieren, wo dann allerdings auch für χ und ζ die größeren Werte einzusetzen sind. Hierbei handelt es sich jedoch um die normalen, von VIERLING ermittelten Werte für glatte Gurte. Die Vergrößerung bei Gurtbecherwerken ist in der Konstanten bereits berücksichtigt:

$$w = \chi\left(\zeta + \frac{T}{B}\right) \cdot \frac{d}{D},$$

$$N_B = N_{B_A} + N_{B_U} = \frac{\chi\,(2 \cdot \zeta \cdot B + T_1 + T_2)}{38} \frac{d}{D} \cdot v + \frac{2 \cdot \chi\,(\zeta \cdot B + T_v)}{38} \frac{d}{D} \cdot v.$$

Eine Sonderbauform eines Becherwerkes stellt der Humboldt-Senkrechtverlader dar. Er dient dazu, empfindliche Schüttgüter, wie Koks und Kohle senkrecht abwärts zu fördern zu einem LKW oder Schiffsrumpf. Bei dieser Konstruktion wird der Gummigurt mit Querprofilen versehen, an denen Tragbleche befestigt werden. Dieser so armierte

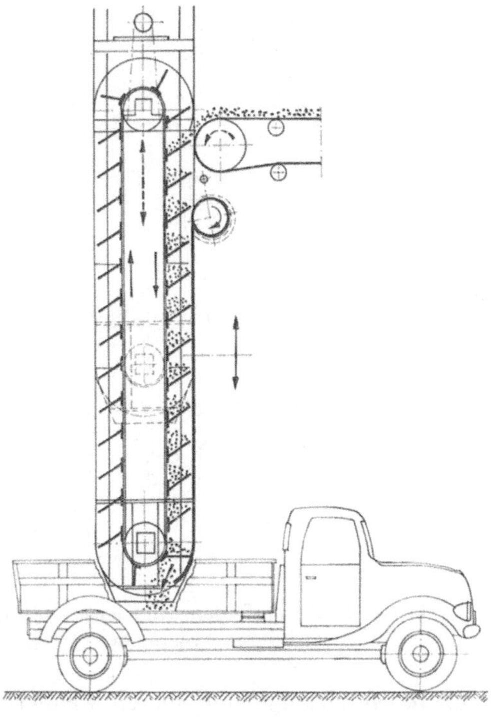

Abb. 137. Senkrechtverlader (Klöckner-Humboldt-Deutz).

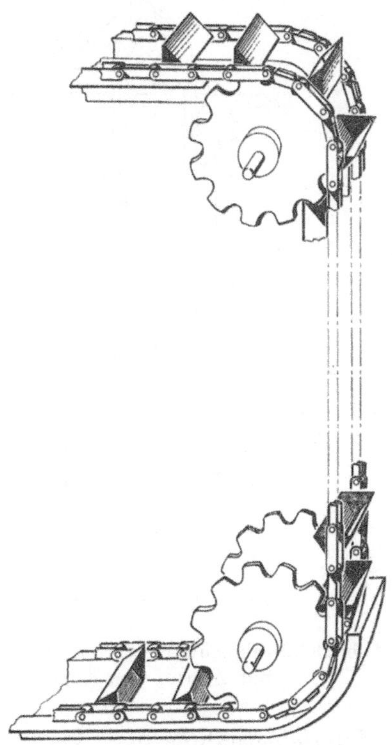

Abb. 138. Schöpfbecherwerk.

Gurt läuft abwärts in einem allseits geschlossenen Blechschacht und gibt das Fördergut direkt auf die Ladefläche eines Lastwagens ab oder auf ein schwenkbares Schleuderband, das einen Schiffsrumpf gleichmäßig füllen kann (Abb. 137). Soll die Anlage auch noch in der Höhe anpassungsfähig sein, so wird sie durch ein Hebezeug auf- und abwärts bewegt und in einem Schlitten geführt. In diesem Fall ist der umhüllende Blechkasten auf der Vorderseite geöffnet und wird hier durch einen aufwickelbaren Gummigurt in der jeweilig benötigten Höhe geschlossen.

Der Vollständigkeit halber sei an dieser Stelle auch noch auf die sog. Schöpfbecherwerke hingewiesen. Sie stellen eine Kombination von Becherwerk und Kratzerförderer dar, da mit ihnen sowohl auf waagerechter wie auch auf senkrechter Bahn gefördert werden kann. Die V-förmigen Schöpfbecher entsprechend Abb. 138 sind fest zwischen zwei Laschenketten befestigt. Die Büchsen der Kettengelenke tragen Laufrollen mit oder ohne Spurkranz. Sie gestatten ein Abtragen des Becherwerkstranges in der Waagerechten und verhindern ein Pendeln der Ketten, indem sie auf den senkrechten Strecken zwischen zwei Winkeleisenschienen geführt werden. Das Fördergut ist allgemein loses Material mit begrenzter Korngröße. Es wird durch eine Aufgabeeinrichtung an beliebiger Stelle der unteren waagerechten Strecke zugeführt und von den hier als Kratzer wirkenden Bechern in einer Rinne fortgeschoben, beim Umlauf um das untere Kettenrad geschöpft, dann gehoben und beim Übergang zur Waagerechten wieder in eine Rinne entleert und bis zu den Abgabestellen wieder geschoben. Das Material kann auch auf der vertikalen Strecke mit einem Trichter den Bechern zugeführt werden. Die Entnahme des Fördergutes erfolgt, ähnlich wie bei Kratzerförderern, durch Klappen oder Schieber im Boden der Rinne. Die Linienführung des Schöpfbecherwerkes kann beliebig sein. Es sind Ausführungen mit Förderleistungen bis 100 Mp/h und Längen bei waagerechten Strecken bis 100 m bekannt. Wenn auch die gleichzeitige Förderung auf waagerechten und senkrechten Strecken und

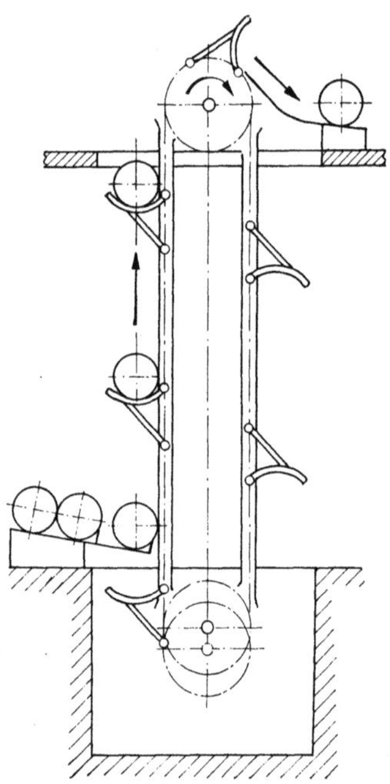

Abb. 139. Senkrechtförderer für runde Güter mit Abwurf über Kopf.

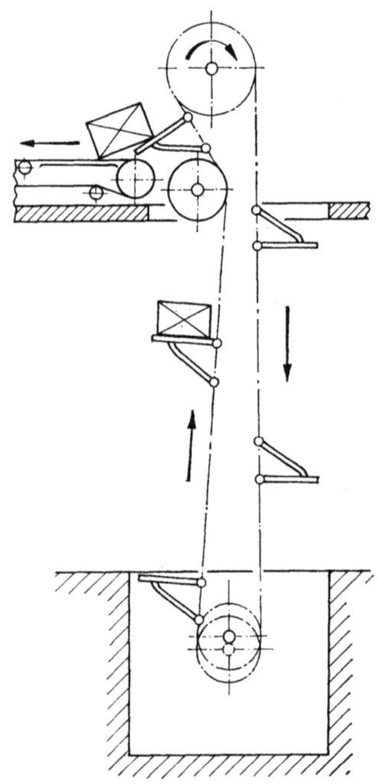

Abb. 140. Senkrechtförderer für normale Stückgüter mit Abwurf durch Neigung der Plattform.

die Materialentnahme bzw. Verteilung auf der ganzen Länge der oberen waagerechten Strecke als Vorteile zu nennen sind, so muß die Zerkleinerung des Gutes während der Förderung und starker Verschleiß an Bechern und Rinnen sowie großer Energieverbrauch als Hauptnachteil erwähnt werden, wodurch sie auch nur verhältnismäßig selten eingesetzt werden.

Bei der Ermittlung des Kraftverbrauches für Schöpfbecherwerke ist für die waagerechten Strecken die Berechnungsweise der Kratzerförderer anzuwenden, während für die senkrechten Stränge kaum eine Reibung zu berücksichtigen ist, so daß hier nur die reine Hubarbeit eingesetzt wird.

Die bisher geschilderten Senkrechtförderer waren mit ihren angehängten Bechern ausschließlich für den Transport von Schüttgütern bestimmt. Die Becher können aber auch durch Gabeln oder Plattformen ersetzt werden, so daß sich Senkrechtförderer für Stückgüter ergeben. Die Ausführung der Lastaufnahmegeräte wird durch die Form der Stückgüter bestimmt. Die einfachste Ausführung ist ein Sackförderer, der mehr einem Kratzerförderer gleicht. Zwischen zwei Ketten sind hohe Mitnehmerstege befestigt, auf die unten von Hand die Säcke aufgesetzt werden. Der Aufwärtstransport geschieht meistens bei einer Neigung von etwa 70°, wobei die Säcke an der Rückwand schleifend hochgeführt werden. In dem Stockwerk, in dem die Säcke entnommen werden sollen, wird einfach ein Schieber in der Rückwand geöffnet, so daß die Säcke nach hinten durchfallen und somit den Förderer verlassen können.

Werden an den Ketten ausgesprochene Plattformen oder Gabeln befestigt, so werden die Stückgüter aufwärts getragen. Das Auflegen und Abnehmen erfolgt von Hand oder selbsttätig. Besonders geeignet für die selbsttätige Auf- bzw. Abgabe sind runde Fördergüter, die auf einer geneigten Unterlage an den Förderer herangerollt, von einem kammförmigen Aufgabetisch aus von den Gabeln mitgenommen und auf einem ähnlichen Ab-

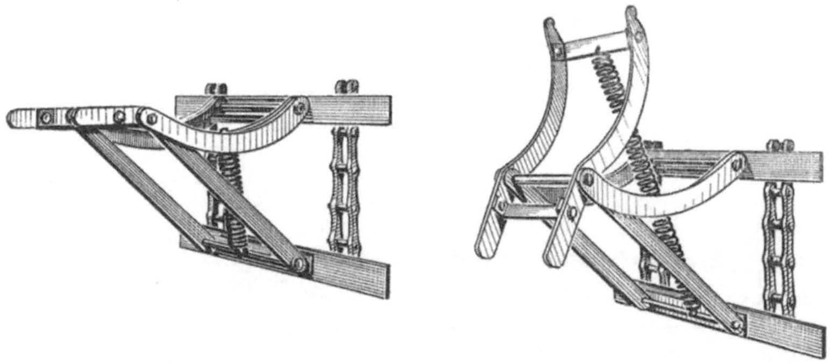

Abb. 141. Kippbare Mitnehmer mit Federrückzug für selbsttätige Entladung.

gabetisch abgesetzt werden können (Abb. 139). Außer der üblichen Fördergutabgabe im oberen Punkt des niedergehenden Stranges ist auch eine Abgabe am aufwärtsgehenden Strang möglich, wenn man diesen durch Kettenräder entsprechend ablenkt (Abb. 140). Um das Abrutschen der Güter von den Plattformen zu begünstigen, können die Plattformen auch mit Rollen ausgerüstet werden. Eine andere Möglichkeit der selbsttätigen Entladung wird durch kippbare Gabeln oder Plattformen erreicht. Sie werden durch Anschläge ausgelöst, die man an den Abgabestellen einrückt. Die Rückführung des kippbaren Teils der Gabel in die Ausgangsstellung erfolgt nach dem Abrollen des Fördergutes meistens durch Zugfedern. Diese sollen vor allem dazu dienen, auch im abwärtsgehenden Strang die Förderguttträger in ihrer Ruhestellung festzuhalten (Abb. 141).

b) Pendelbecherwerke

Pendelbecherwerke ermöglichen eine Bewegung des Fördergutes sowohl in senkrechter als auch in waagerechter Richtung ohne Umladen desselben, während diese Aufgabe mit den bisher besprochenen Einrichtungen nur durch Vereinigung von zwei verschiedenen Fördervorrichtungen, z. B. Becherwerk und Förderband, erfolgen konnte und das Fördergut beim Übergang aus der einen Förderrichtung in die andere umgeladen werden mußte. Durch den Wegfall dieses Umladens wird nicht nur eine meistens lästige Staubbildung vermieden, sondern vielfach auch einer unnötigen Beschädigung des Fördergutes durch Zerstückelung desselben vorgebeugt.

Die Pendelbecherwerke wurden in Deutschland zuerst von Pohlig als sog. Huntsche Conveyor eingeführt, die in Amerika von der C. W. Hunt Comp. in New York bereits seit längerer Zeit gebaut worden waren. Sie bestehen aus einer doppelten Laschenkette mit dazwischen drehbar aufgehängten Bechern, wie in Abb. 142 zu erkennen ist. Diese Becher sind oberhalb ihres Schwerpunktes aufgehängt und befinden sich daher bei jeder Bewegungsrichtung der Kette in aufrechter Lage. Die Ketten werden in senkrechter und waagerechter Richtung angeordnet, wie z. B. in dem Schema Abb. 143 dargestellt. In der Abbildung ist angenommen, daß die Füllung der Kette auf dem unteren Strange der waagerechten Kettenführung erfolgt und das Entladen an beliebiger Stelle der oberen waagerechten Kettenführung über den Bunkern vorgenommen wird. Um zu vermeiden, daß beim Füllen der Becher Fördergut durch den Zwischenraum zwischen den einzelnen Bechern hindurchfällt, werden besondere Füllvorrichtungen angewendet, von denen eine Form im Prinzip aus Abb. 143 ersichtlich ist. Sie besteht im wesentlichen aus einer Trich-

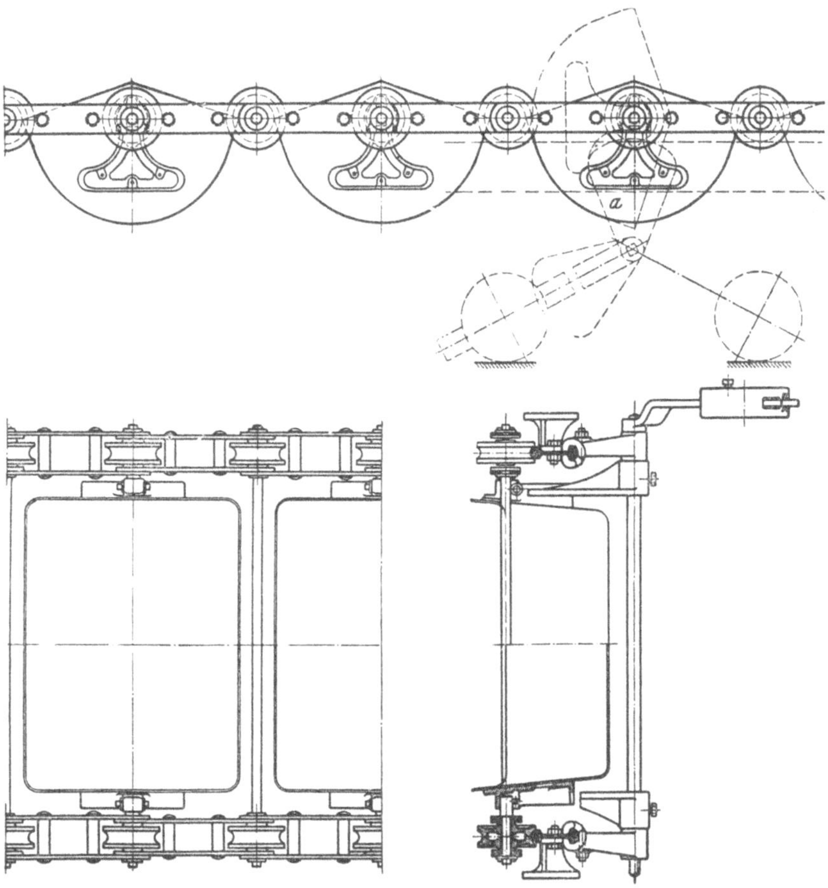

Abb. 142. Pendelbecherwerk mit Entladefrosch.

terkette, deren Trichter in den Gelenken dicht aneinandergeschlossen sind. Die Trichterkette hat dieselbe Teilung wie die Becherkette. Die durch ein ovales Gerüst auf Rollen geführte Trichterkette greift mit Zähnen in die Becherkette ein, bewegt sich also mit gleicher Geschwindigkeit wie diese, so daß sich über jedem Becher der Becherkette ein Trichter der Trichterkette befindet und das Fördergut durch die Trichter in die Becher hineinleitet.

Ähnlich in der Bauart ist der sog. Zylinderfüller. An Stelle der Trichterkette tritt hier eine sich drehende Trommel mit Öffnungen am Umfang, die jeweils über die Becheröffnungen gelangen. Diese Füllvorrichtung ist im Aufbau einfacher als die Trichterkette. Darüber hinaus läßt sich der Zylinderfüller mit einem Schneckenförderer verbinden, der durch zwei mit der Fülltrommel verbundene Zahnräder gedreht wird und dabei das Material von einer oder beiden Seiten zuführt. Man kann die Schieber vollständig öffnen, braucht kein Verstopfen zu befürchten und vermeidet trotzdem ein Überfüllen der Becher.

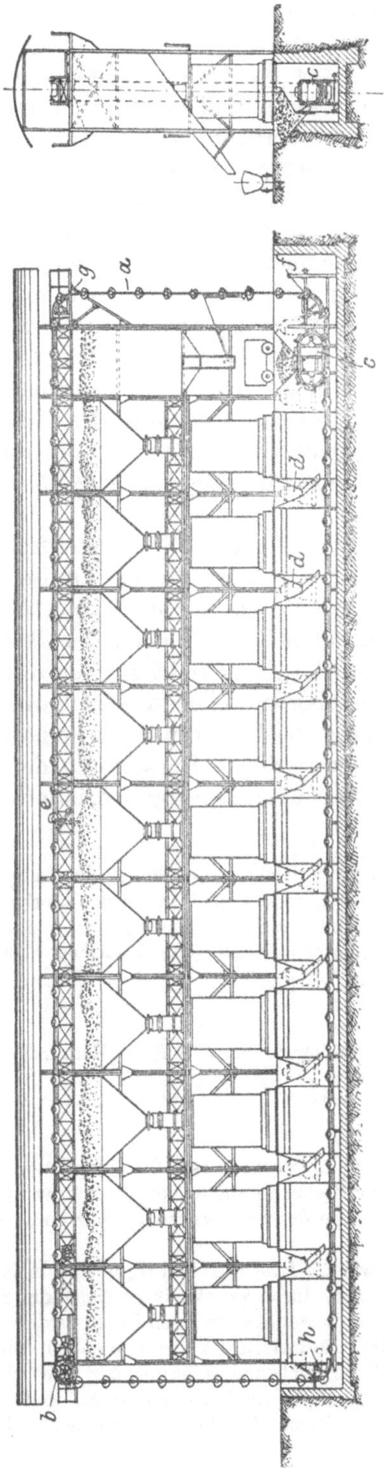

Abb. 143. Schema der Förderung mit Pendelbecherwerk (Pohlig).

a Kette für 15 Mp Leistung bei 0,2 m/s Geschwindigkeit; *b* Antrieb; *c* Füller mit Trichterkette; *d* Aschenschurren zum Füllen der Becher mit Schaufel; *e* Entladefrosch; *f* Spannvorrichtung mit Schraube und Feder; *g* Kurve, verstellbar, um bei der großen Kettenteilung die Spannvorrichtung *f* nicht zu weit anziehen zu müssen; *h* feste Kurvenumführung.

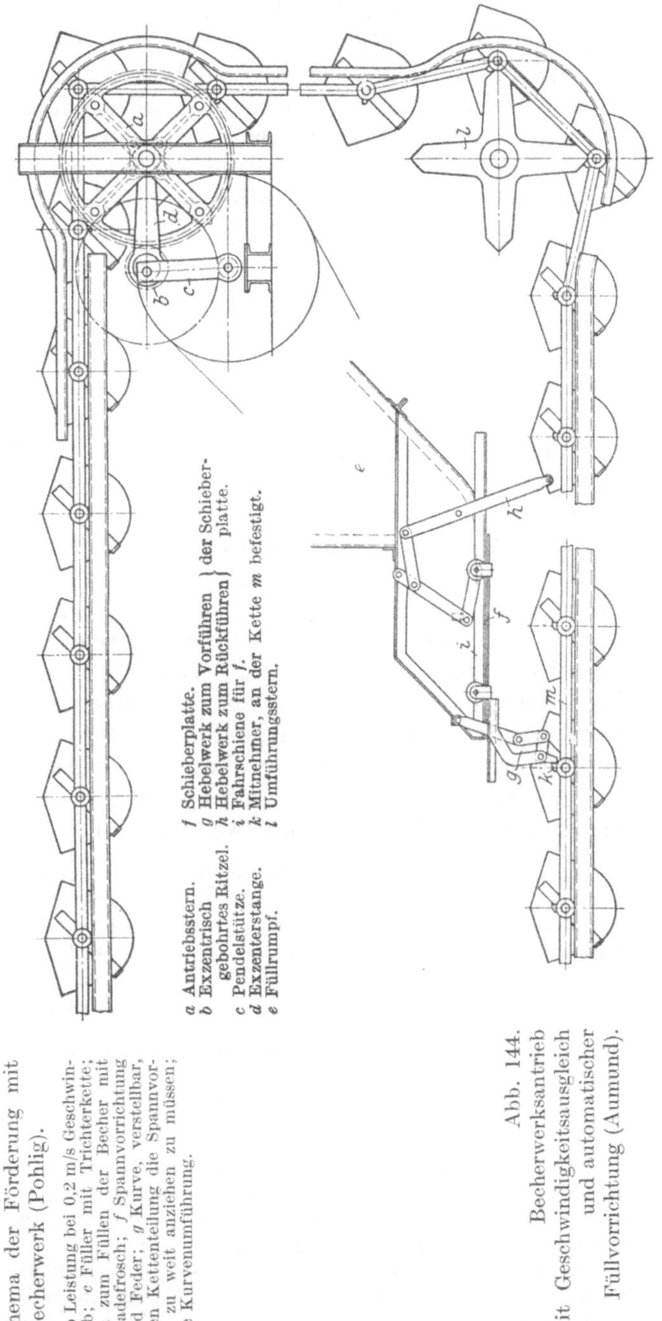

a Antriebsstern.
b Exzentrisch gebohrtes Ritzel.
c Pendelstütze.
d Exzenterstange.
e Füllrumpf.
f Schieberplatte.
g Hebelwerk zum Vorführen } der Schieberplatte.
h Hebelwerk zum Rückführen }
i Fahrschiene für *f*.
k Mitnehmer, an der Kette *m* befestigt.
l Umführungsstern.

Abb. 144. Becherwerksantrieb mit Geschwindigkeitsausgleich und automatischer Füllvorrichtung (Aumund).

Bei einer weiteren Speisevorrichtung erfolgt die Füllung der Becher, wie Abb. 144 zeigt, dadurch, daß ein Schieber von an der Kette befestigte Mitnehmer über ein Hebelgestänge soweit mitgenommen wird, daß bei dem ebenfalls maschinell geregelten Rückgang dieses Schiebers jedesmal eine Becherfüllung aus dem Lager entnommen wird. Bei dieser Bauart der Füllvorrichtung ist es möglich, die Becher je nach der erforderlichen

Leistung mehr oder weniger beliebig auseinander zu rücken, so daß die Anlage den jeweils vorliegenden Verhältnissen weitgehend angepaßt werden kann.

Man hat verschiedentlich versucht, die Verwendung des Füllers zu umgehen, indem man die Becher in der Kette so dicht nebeneinander anordnete, daß zwischen ihnen kein Zwischenraum mehr bleibt. Dann kann aber jede kleinste Verbiegung der Becherwände zum Klemmen führen. Aus diesem Grunde wird eine derartige Ausführungsform selten verwendet. Bei anderen Anordnungen greifen die Becher übereinander und überlappen sich an den Verbindungsstellen. Aber auch diese Bauart hat sich keine weitere Verbreitung verschaffen können, ebenso wie verschiedene andere Konstruktionen für den gleichen Zweck. Wenn diese Anordnungen auch bei einer Bewegung auf gerader Strecke empfohlen werden können, so entstehen doch leicht Schwierigkeiten bei dem Übergang aus der waagerechten in die senkrechte Bewegung und umgekehrt, da dann die Becher besonders gesteuert werden müssen, um ihre Kanten aneinander vorbeizuführen. Im übrigen bleibt beim Fehlen des Füllers auch bei diesen Bauarten eine gewisse Regelung des Materialzustromes erforderlich. Sonst kann es leicht vorkommen, daß die Becher auf dem waagerechten Strang mit mehr Schüttgut gefüllt werden, als sie auf dem senkrechten zu fassen vermögen.

Die Entleerung der Becher erfolgt an beliebiger Stelle der horizontalen Kettenführung durch einen einstellbaren Anschlag, der die in Bewegung befindlichen Becher an den seitlichen Ansätzen faßt, dreht und dadurch zur Entleerung bringt, wie in Abb. 142 gestrichelt angedeutet. Diese Anschläge werden entweder fest mit den Tragschienen der Becherwerksbahn verschraubt oder auf besonderen Schienen in der Längsrichtung der Kettenbahn fahrbar angeordnet, so daß die Entleerung an beliebiger Stelle erfolgen kann. Sie werden auch oft so ausgeführt, daß die Entleerung an einer bestimmten Stelle selbsttätig aufhört, wenn der Behälter an dieser Stelle gefüllt ist, was durch Einwirkung des Gewichtes des entladenen Fördergutes auf den drehbaren Anschlag, den sog. Entladefrosch, in verschiedener Weise bewirkt werden kann.

Die zum Kippen des Bechers erforderliche Kraft ist aus der Momentengleichung um den Becherdrehpunkt zu ermitteln, was auch in Abb. 145 dargestellt wird. Senkrecht nach unten wirken das Gewicht des Leerbechers G_2 und das Gewicht der Becherfüllung G_k in ihren Schwerpunkten S_2 und S_k an den Hebelarmen x_2 und x_k. Im gegenläufigen Drehsinn wirkt die senkrecht zur Anschlagbahn angenommene Kraft K am Hebelarm h. Es ist also

$$K\,h = G_2\,x_2 + G_k\,x_k$$

Der Kippwiderstand W_e errechnet sich aus der waagerechten Komponente von K und der Reibkraft $\mu\,K$:

$$W_e = \frac{(G_2 \cdot x_2 + G_K \cdot x_K)\,(\sin\xi + \mu\cdot\cos\xi)}{h}$$

Der Abstand des Leerbecherschwerpunktes S_1 vom Becherdrehpunkt wurde mit $0{,}75\,r$ angenommen. Für den gefüllten Becher beträgt der Abstand des Schwerpunktes der Becherfüllung S_k vom Becherdrehpunkt $0{,}42\,r$. Beginnt der Becher sich zu entleeren, so verändert sich die Lage des Schwerpunktes S_k zum Becher. Sie wurde zeichnerisch in Abständen von je 15° ermittelt.

In der Abb. 145 sind die Gewichte von Becher und Füllung sowie die Kräfte K und W_e über dem Kippwinkel des Bechers aufgetragen. Aufgabe des Konstrukteurs ist es hier, durch zweckmäßige Ausbildung der Kippvorrichtung die Stoßkräfte niedrig zu halten. Denn die Stoßkräfte, die den Ketten einen Impuls $P\,dt = m\,dv$ erteilen, stellen zusätzliche dynamische Kettenbeanspruchungen dar, die unterdrückt werden sollen. Die im allgemeinen für eine geschilderte Entleerung der Becher erforderliche Richtungsänderung der Becherkette von der senkrechten Förderstrecke in eine waagerechte Bahn vergrößert die Zugkraft sehr stark, weil dabei hohe Umlenk- und Streckenwiderstände auftreten, die auch zum schnelleren Verschleiß der Ketten und vor allem auch der notwendigen Umlenkräder führen.

Eine Beseitigung der Stoßbelastungen der Ketten nach Anlaufen der Becher gegen den sonst gebräuchlichen Entladefrosch wird erreicht, wenn eine Entladung des Materials an einer oberen Kehrstation entsprechend Abb. 146 ermöglicht wird. Während beim Entladefrosch der Kette ein Impuls in Laufrichtung erteilt wird, werden hier die Becher durch an den Kettenrädern angeordnete Hebel kurz vor Erreichen der Tangentiallage seitlich erfaßt und auf 15° geneigt. Bis hierhin fand zwischen Becher und Ketten eine

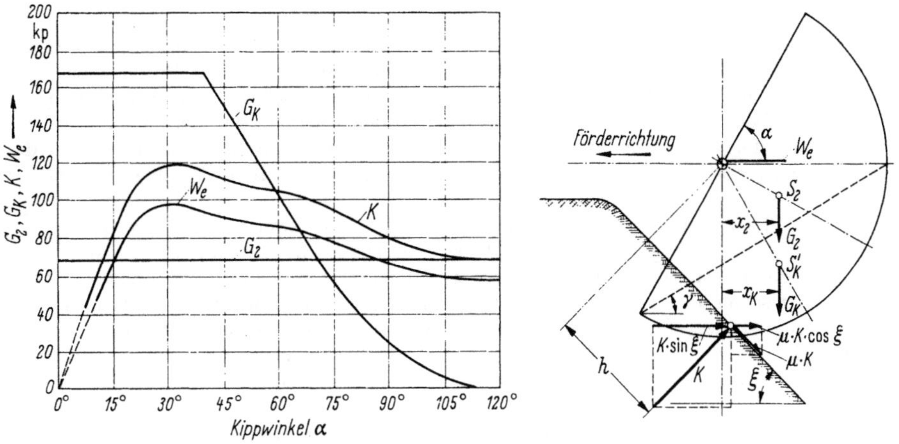

Abb. 145. Entleerungswiderstand W_e eines Pendelbechers in Abhängigkeit vom Kippwinkel für Becherinhalt $I = 200$ Liter.

α = Kippwinkel des Bechers; γ = Böschungswinkel (hier 40°); ξ = Neigung der Kippschiene (45°).

Relativbewegung statt, bei der sich der Ablenkhebel mit der am Kopf befindlichen kleinen Rolle auf dem Becherhalter bewegt. Nach Überschreiten der Tangentiallage, d. h. nach vollem Ketteneingriff in das Kettenrad wird der Becher lediglich gehalten und kippt infolge Umlauf um das Kettenrad. Überschreitet er nach Entleerung seine senkrechte Kopflage, so wird er überschlagen und auspendeln. Die große Auffangschurre ist so geformt, daß sie ein Drehen der Becher um ihre Achsen zuläßt. Wollte man nun mit einem Minimum an Ablenkhebeln am Kettenrad auskommen, so muß die Kettenradzähnezahl ein ganzes Vielfaches der Zahl der Kettenteilungen zwischen den Bechern sein.

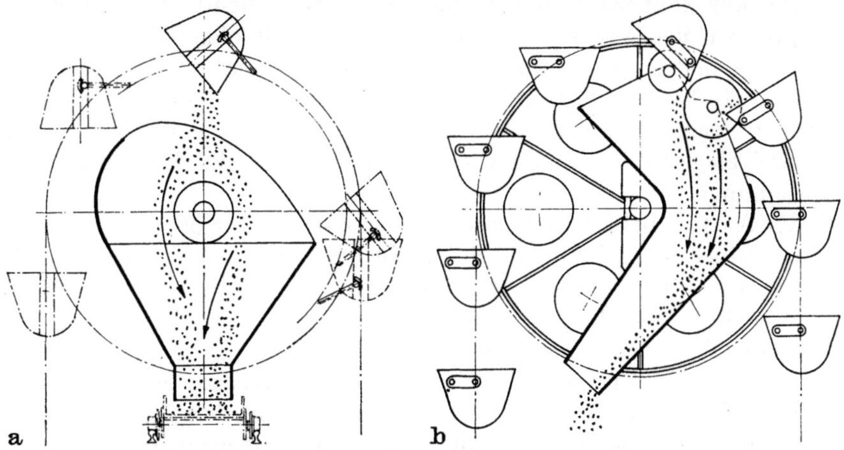

Abb. 146. Ausführungsformen zum Kippen von Pendelbechern.

Ein Ausführungsbeispiel: Becherabstand 960 mm = 6 Teilungen bei Kettenrädern mit 54 Zähnen. Dabei sind 9 Hebel an den Rädern zu befestigen. Wie der Abb. 146a zu entnehmen ist, wird die Kette nur noch von geringen, unter einem großen Winkel zur Förderrichtung kommenden Stößen getroffen. Hierbei ist besonders zu beachten, daß der Ablenkhebel beim Auftreffen im Gegensatz zum Entladefrosch nicht stillsteht, sondern sich vielmehr in Förderrichtung mit der gleichen Geschwindigkeit bewegt und lediglich eine sehr kleine Seitenbewegung beim Anheben des Bechers ausführt.

Eine andere von der Zähnezahl des Kettenrades unabhängige Ausführung, die für die Ketten absolut stoßfrei arbeitet, zeigt Abb. 146b. Bei dieser Konstruktion kann die Kette zunächst mit mehreren Teilungen auf das Kettenrad auflaufen, bevor der Entladevorgang beginnt. Die Entleerung wird eingeleitet, wenn der an der linken Becherecke befindliche Bolzen gegen die sich freidrehende Scheibe anläuft. Während die Bechermitte mit der Kette weiter bewegt wird, verharrt der Bolzen fast auf der gleichen Stelle, so daß auch der Becher sich neigt. Bevor der besagte Bolzen von der Scheibe abläuft, hat die Becherwand eine Neigung von etwa 62° eingenommen. Bei dieser Neigung dürfte wohl alles Gut entladen sein, insbesondere wenn es sich um trockenes, nicht klebendes Material handelt. Sollte jedoch eine größere Neigung erforderlich werden, so wird einfach eine zweite kleinere Scheibe der ersteren nachgeschaltet. In diesem Fall schlägt der Bolzen nach Verlassen der größeren Scheibe gegen die zweite Scheibe, so daß der Becher bei über 60° Neigung gerüttelt und anschließend bis auf 83° weitergehoben wird. Nach Verlassen der zweiten Scheibe kann der Becher dann frei auspendeln. Auch in diesem Fall erfolgt die Entladung wieder in eine große Schurre, an deren oberem Rand die erforderlichen Ablenkscheiben verlagert werden können. Die einzelnen Phasen des Kippvorganges sind in der Abb. 146 festgehalten.

Im Gegensatz zu der zuerst geschilderten Entladung tritt bei der zweiten Lösung wieder ein erheblicher Stoß im Moment des Anlaufens gegen die Kippscheibe ein. Die Größe des Impulses ist aber in diesem Fall völlig unbedeutend, da er nicht von der Kette zu verarbeiten ist. Der Stoß wird zwar direkt von der Kette aufgefangen, da sie aber schon über mehrere Teilungen am Kettenrad im Eingriff ist, sofort in das Rad weitergeleitet. Eine dynamische Beanspruchung der Kette erfolgt also in keiner Weise auch nicht indirekt über eine durch den Stoß evtl. hervorgerufene Ungleichförmigkeit der Kettenradbewegung. Dank der Größe des Kettenrades ist sein Schwungmoment so groß. daß es diese geringen Stöße dämpft und damit unwirksam macht.

Der Antrieb der Pendelbecherwerke erfolgt wie bei den Gliederbandförderern und Becherwerken mit Hilfe von zwei Mehreckscheiben, die die Laschenpaare des Zugorgans aufnehmen. Die Mehreckscheiben sind mit besonderen Greifern zur Aufnahme der Rollen versehen, sofern diese zwischen den Kettenlaschen auf der Kettenbüchse angeordnet sind. Der Antrieb erfolgt meist durch Elektromotor unter Zwischenschaltung eines Vorgeleges, das eine gleichförmige Bewegung abgibt. Je größer die Laschenlängen gewählt werden, um so ungleichförmiger wird bei gleichbleibender Drehbewegung des Antriebs die Kettenbewegung. Bei großer Kettenteilung ist daher auf jeden Fall ein Geschwindigkeitsausgleich am Antrieb vorzusehen. Ein Ausführungsbeispiel wurde bereits im Zusammenhang mit Abb. 133 erläutert. Während früher Kettenteilungen bis zu 1000 mm üblich waren, hat man inzwischen erkannt, daß die immer noch verbleibende ungleichförmige Kettenbewegung besonders bei größeren Fördergeschwindigkeiten und Kettengewichten unerwünscht ist. Man bemühte sich daher immer häufiger, die Antriebsscheibe mit größerer Zähnezahl zu versehen bei entsprechend kleinerer Kettenteilung. In Abb. 532 wird ein neuzeitliches Pendelbecherwerk mit einer Kettenteilung von nur 160 mm für die Schachtförderung über größere Höhen gezeigt. Als Kette wurde hier die seit Jahren bewährte Laschenkette nach DIN 8175 eingesetzt. Soll eine derartige Anlage auch über größere waagerechte Strecken fördern, so werden an den Bechern außerhalb der Ketten kugelgelagerte Laufrollen vorgesehen, während die Kette zwischen den Bechern frei durchhängt.

Während der Antrieb bei einem Pendelbecherwerk an einer obenliegenden Eckumführungsstelle angeordnet wird, sollte die Spannvorrichtung möglichst an einer Stelle vorgesehen werden, an der die Kette die geringste Spannung hat, also meistens in einer Eckumführung hinter dem Antrieb.

Die Führung der Becherkette in den senkrechten Kurven geschieht durch feste Schienen oder durch große Umführungsräder, von denen ein Räderpaar meistens auch für den Antrieb dient. Die Umführungsräder werden vorwiegend in den Kurven angewendet, in denen starker Druck vorhanden ist, damit die kleinen Kettenrollen sich an dieser Stelle nicht unter großer Last zu drehen brauchen. Bei aufwärtsgehender Förderung kann die Ablenkung ohne Bedenken mittels Druckschienen erfolgen, die in einem genügend groß geformten Bogen geführt werden. Diese Druckschienen können bei federnd angeordneter Lagerung gleichzeitig auch als Spannvorrichtung dienen.

Pendelbecherwerke werden im allgemeinen langsam bewegt mit einer Geschwindigkeit von 0,15—0,4 m/s. Der Becherinhalt wechselt je nach Leistung von 10—200 Liter Inhalt.

Bei der langsamen und ruhigen Bewegung der Becherkette wird eine Staubbildung fast vollständig vermieden und die Kette läuft praktisch geräuschlos. Die Laufrollen der Kette werden zweckmäßig mit gehärterer Lauffläche in Kokillenguß ausgeführt. Im übrigen ist die Abnutzung der Pendelbecherwerke sehr gering und bei Kohlenförderung oft nach einem regelmäßigen Betrieb während vieler Jahre kaum bemerkbar. Bei scharfkantigem Fördergut, wie Koks u. dgl., muß allerdings mit schnellerem Verschleiß, besonders der Laufrollen, gerechnet werden. In solchen Fällen haben sich auch Laufrollen aus Sphäroguß gut bewährt. Werden alle Lagerstellen soweit wie möglich mit Wälzlagerung und Dauerschmierung versehen, so kann die erforderliche Wartungsarbeit auf ein Minimum reduziert werden. Die Becher werden aus Stahlblech mit einer Stärke von 2—6 mm gefertigt und können oben sowohl auf dem Querbolzen der Kette aufgehängt werden, was bei kleinstückiger Kohle zulässig ist, als auch auf besonderen Bolzen, so daß der Becher in seiner ganzen Ausdehnung oben offen bleibt, was für Förderkohle u. dgl. unbedingt notwendig ist. Der Anschlag zum Kippen der Becher besteht aus einem einfachen Flacheisen oder kann zur Reduzierung der Reibung auch in Form von kleinen Rollen vorgesehen werden.

Die bisher beschriebenen Pendelbecherwerke gestatten nur eine Bewegung in einer Ebene. Um eine Raumbeweglichkeit zu schaffen, wurden bereits mit der alten Huntschen Kette Anlagen ausgeführt, bei denen die Kette auf dem senkrecht ansteigenden

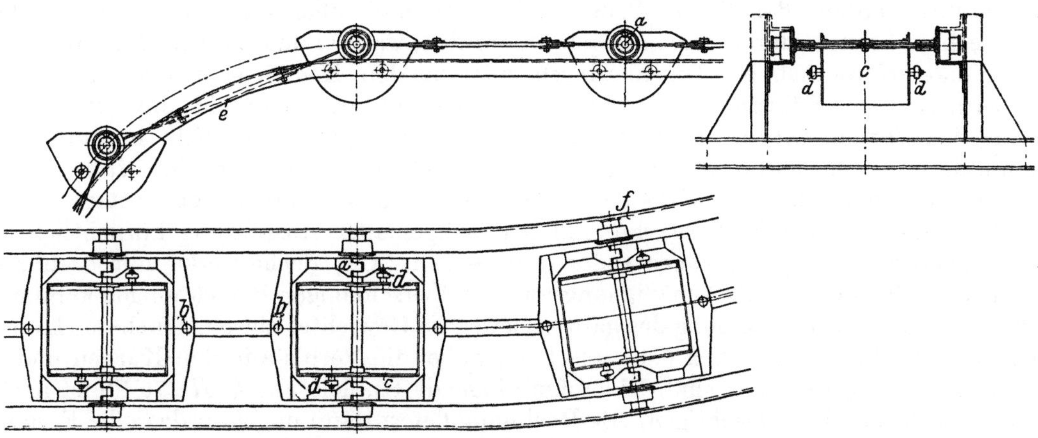

Abb. 147. Raumbewegliches Pendelbecherwerk.

a Gelenkbolzen für Kurven in senkrechter Ebene; *b* Gelenkbolzen für Kurven in waagerechter Ebene; *c* Becher; *d* Rollen zum Kippen der Becher; *e* senkrechte Kurve mit etwa 1,2 m Radius; *f* waagerechte Kurve mit etwa 4 m Radius.

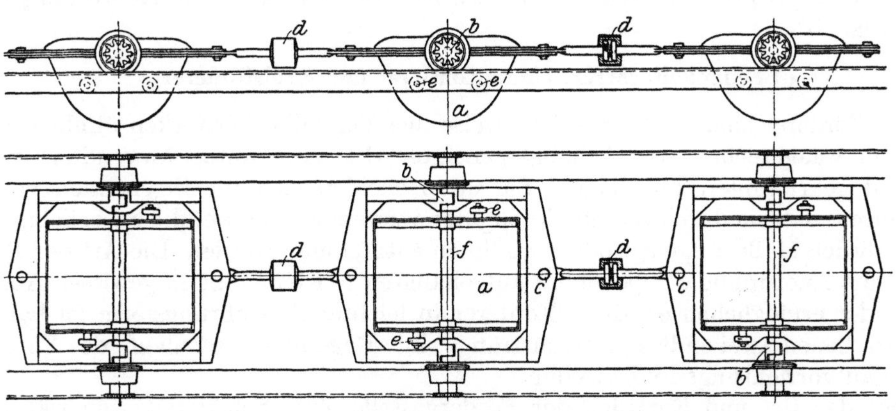

Abb. 148. Raumbewegliches Spiralpendelbecherwerk (Schenck).

a Becher; *b* Gelenkbolzen für Kurven in senkrechter Ebene; *c* Gelenkbolzen für Kurven in waagerechter Ebene; *d* Drehgelenk zum Verdrehen der Kette in der Spiralkurve aus einer Bewegungsebene in die andere; *e* Anschlagrollen zum Kippen der Becher; *f* Rohr zum Abdecken der Laufachse in den Bechern.

Strang in sich verdreht wurde, so daß der Lauf der oberen waagerechten Führung rechtwinklig zur unteren Führung verlief. Das war aber nur unter starken Zwängungen möglich und hat sich nicht sonderlich bewährt. Eine vollkommene Bewegung in jeder Richtung des Raumes wird durch das von Schenck eingeführte Spiral-Pendelbecherwerk erreicht, bei dem er wohl wieder auf das von Hunt angewendete Verfahren zurückgreift, die Kette auf dem senkrechten Strang in sich zu verdrehen, jedoch für diese Verdrehung ein besonderes Gelenk vorsieht, so daß die Zwängungen in der Kette vermieden werden. Dies wird dadurch erreicht, daß die Kette außer mit den oben angeführten Gelenken noch mit einem Drehgelenk in der Mitte der zur Verbindung der einzelnen Becherrahmen dienenden Zugstange versehen ist. Dieses Gelenk ermöglicht, wie aus Abb. 147 und 148 ersichtlich, eine beliebige Verdrehung der Becherkette auf dem senkrechten Strange, so daß diese oben in ganz beliebiger Bewegungsrichtung geführt werden kann. In dieser Weise kann sich die Becherkette allen Verhältnissen vollständig anpassen, ohne daß waagerechte Kurven erforderlich werden. Die Führung auf dem senkrechten Strange zur Erzielung einer anderen Bewegungsrichtung ist außerordentlich einfach und kann durch spiralförmige Führungsschienen leicht bewirkt werden. Außerdem können sowohl auf dem waagerechten wie auch auf dem senkrechten Strange beliebige Schienenkrümmungen in der Kettenebene genau wie bei den bisher beschriebenen raumbeweglichen Konstruktionen ausgeführt werden. Bei diesem Pendelbecherwerk muß allerdings die Kette auf dem senkrechten Strange durch Schienen geführt werden, was bei den übrigen Bauarten nicht unbedingt erforderlich ist. Die hierdurch entstehenden Kosten sind aber nicht groß. Außerdem ist eine Führung zum Schutze der Becherkette oft erwünscht und bietet gleichzeitig den Vorteil, daß die Kette bei einem eventuellen Zerreißen nicht herunterfallen kann, da in diesem Fall die Laufrollen durch die Schienen so geführt sind, daß die Kettenglieder in den Gelenken nicht ausweichen können und sich aufeinander stützen.

Die verschiedenen Becherwerke sind bei sachgemäßer Ausführung hinsichtlich des Arbeitsverbrauches wenig voneinander verschieden. Alle Becherwerke mit drehbaren Bechern laufen nur verhältnismäßig langsam. Bei überschlägigen Berechnungen kann man im allgemeinen für die Reibung des ganzen bewegten Gewichtes einschließlich der Ladung als Gesamtreibungsziffer etwa 0,05 einsetzen, wobei die Verluste in den Kurven und im Antrieb mit eingeschlossen sind. Die aufzubringende Hubleistung $Q_t\,H/270$ PS ist natürlich zusätzlich zu berücksichtigen. Die Rechnung liefert dann ungefähr dasselbe Ergebnis wie die Rechnung nach den bereits auf S. 5 angegebenen Regeln. Für die waagerechte Streckenführung ist ein Pendelbecherwerk außerdem berechnungsmäßig mit einem Gliederbandförderer und auf den senkrechten Strecken mit einem Becherwerk zu vergleichen, wobei der Schöpfwiderstand entfällt, der Entladewiderstand am Entladefrosch jedoch zu addieren ist.

c) Schaukelförderer, Umlaufförderer und Kreisförderer

Diese Förderer sind in ihrer Arbeitsweise den Pendelbecherwerken ähnlich, d. h. sie fördern in waagerechter und beliebig geneigter Richtung unter Anwendung von entsprechend gekrümmten Führungen. Sie unterscheiden sich im allgemeinen von ihnen nur dadurch, daß sie durchweg für Stückgüter verwendet werden, die an beliebiger Stelle auf die Fördergefäße aufgelegt oder von ihnen entnommen werden. Die Art der Beladungen und die Anordnung der pendelnd aufgehängten Fördergefäße in gewissen Abständen voneinander ermöglichen es, diese Förderer in leichter Ausführungsform zu bauen. Als Zugorgan dienen zwei endlose Kettenstränge. Zur Regelung des Zulaufs des Fördergutes sind Einlaufvorrichtungen vorzusehen.

Damit das Be- und Entladen der Fördergestelle ohne Schwierigkeiten während der Fahrt erfolgen kann, ist die Geschwindigkeit sehr klein gewählt und beträgt in der Regel nur etwa 0,25 m/s. Trotzdem sind mit derartigen Einrichtungen infolge der stetigen Bewegung sehr große Förderleistungen zu erzielen, und zwar bis zu 600 Einheiten in der Stunde. Die Schaukelförderer sind daher kapazitätssteigernd und amortisieren sich in relativ kurzer Zeit. Sie werden auch in der Fließfertigung zum Fördern verschiedener Stückgüter, z. B. Schmiedestücke, Rohre, Bücher und Kisten, auf einer aus waagerechten und senkrechten Strecken zusammengesetzten Linienführung innerhalb einer Vertikalebene verwendet. Die Schaukelförderer können von einem Stockwerk zum andern, über bzw. unter Durchfahrten und Arbeitsplätzen sowie unter dem Fußboden von Werkstätten

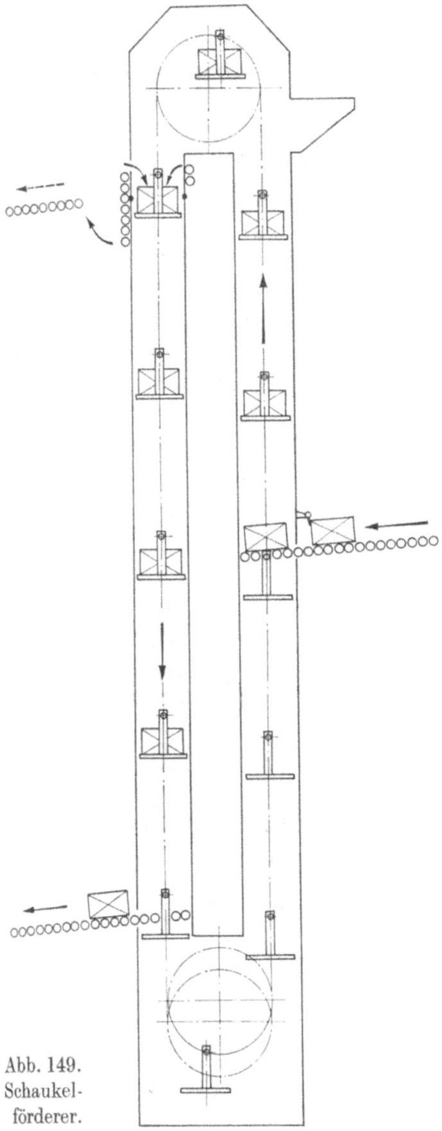

Abb. 149. Schaukelförderer.

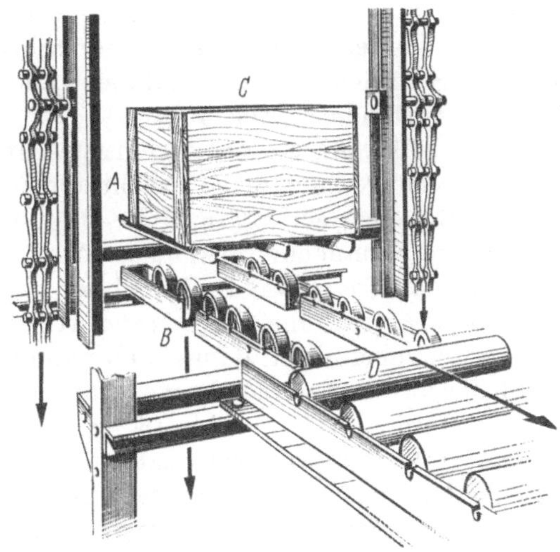

Abb. 150. Selbsttätige Auf- und Abgabe von Stückgütern bei Schaukelförderern (Abus).

geführt werden. Für senkrechte Auf- oder Abwärtsförderung von Paketen und Kartons eingesetzt, stellen sie auf kleinstem Raum die Verbindung zwischen den oft in mehreren Etagen übereinander angeordneten Pack-, Lager- und Versandräumen her.

Im Gegensatz zu den im Zusammenhang mit Abb. 139 und 140 geschilderten Senkrecht-Stückgutförderern dienen bei den Schaukelförderern als Lastaufnahmemittel gelenkig zwischen zwei Ketten aufgehängte Schaukeln. Durch die bewegliche Befestigung wird die sog. Überkopfförderung möglich, d. h. ein Transport des Fördergutes am aufwärtsgehenden Strang über die obere Kettenumlenkung zu den am niedergehenden Strang angeordneten Abgabestellen (Abb. 149). Um ein unerwünschtes Pendeln auf den senk-

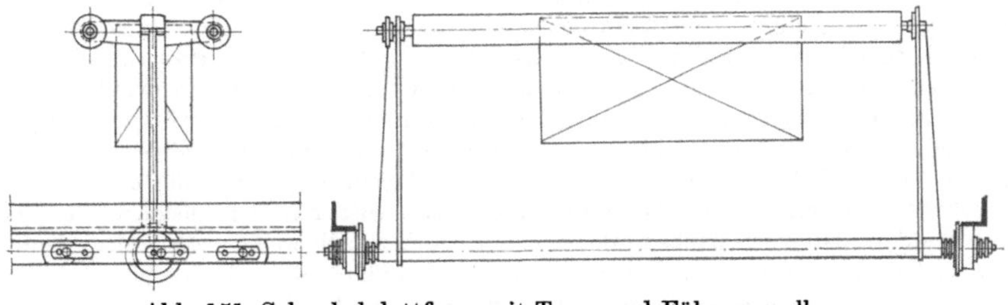

Abb. 151. Schaukelplattform mit Trag- und Führungsrollen.

rechten Strecken zu vermeiden, können die Seitenteile der Schaukeln zwischen Winkeleisen geführt werden (Abb. 150). Soll der Schaukelförderer auch über längere waagerechte Strecken transportieren, so ist eine Abtragung der Ketten durch Rollen erforderlich. Es werden dann entweder Büchsenketten mit auf den Büchsen angeordneten Laufrollen eingesetzt oder aber die Aufhängeachsen der Schaukeln beiderseits mit einer Laufrolle bestückt. Werden an den Plattformen selbst seitlich auch noch Leitrollen angebracht und diese auf Schienen geführt, so läßt sich auch ein Schaukeln der Gehänge auf waagerechten Strecken verhindern (Abb. 151).

Die Ausführung der Schaukeln ist sehr verschieden und richtet sich nach der Form, den Abmessungen und dem Gewicht der Fördergüter sowie nach der Art der Be- und Entladung. Bei einer selbsttätigen Be- und Entladung werden normalerweise kamm- bzw. rostförmige Schaukeln verwendet. Wenn die zu fördernden Gegenstände mittels horizontalen Förderers, wie Rollenbahnen, an den Schaukelförderer transportiert werden, empfiehlt es sich, eine Einrichtung vorzusehen, die den Gegenstand selbsttätig in die Anlage hineinbefördert, damit die ankommende Schaukel den Gegenstand abheben und hochbefördern kann. Die gleiche Einrichtung kann auch zum Absetzen der Fördergüter benutzt werden. Wie in Abb. 150 gezeigt, werden für diesen Zweck zwei in der Mitte geteilte Rollenschienen verwendet, die, in Förderrichtung gesehen, in der Mitte des Schaukelförderers eine Unterbrechung aufweisen und somit den Durchtritt der lasttragenden Traverse gestatten. Das Fördergut wird hingegen von den Rollenschienen aufgenommen und infolge der vorhandenen Neigung seitlich abgefördert. Die geteilten Rollenschienen können, wie in Abb. 149 gezeigt, seitlich aus- und eingeschwenkt werden, so daß die Güter nur wenn gewünscht, an einer betreffenden Stelle den Förderer verlassen. Bei der Aufgabe vollzieht sich der umgekehrte Vorgang. Es muß aber dafür gesorgt werden, daß der Gegenstand nicht etwa an die gerade vorbeikommende Schaukel stößt, sondern der Weg durch eine besondere Vorrichtung erst dann freigegeben wird, wenn die Schaukel den Einlauf für die Kiste verlassen hat. Bei runden Fördergütern, wie z. B. Fässern, wird die Rollenbahn durch eine schiefe Ebene ersetzt.

Ein interessantes Anwendungsbeispiel eines Schaukelförderers ist der Einsatz als Parkhausanlage. Dem ständig zunehmenden Straßenverkehr sind die Innenräume vor allem der Großstädte vielfach nicht mehr gewachsen. Durch die parkenden Fahrzeuge werden die ohnehin viel zu schmalen Straßen noch weiter verengt. Eine wirtschaftliche Raumausnutzung zum Abstellen von Kraftfahrzeugen können daher Parkhausanlagen in Form von Schaukelförderern bieten, die gegenüber Parkplätzen und konventionellen Parkhäusern einen geringeren Platzbedarf zum Einfahren und Parken der Fahrzeuge erfordern und zudem auf kleinen freien Flächen (z. B. in Baulücken) errichtet werden können. So beträgt hierbei die Abstellfläche für 20 Personenkraftwagen etwa 44 m² bei einer Bauhöhe von 25 m, während man sonst auf einem ebenen Parkplatz mit 350 m² rechnen muß.

Die turmartigen Parkhausanlagen werden zweckmäßig in Stahlskelettbauweise erstellt. Die einzelnen Plattformen besitzen eine Länge 5,8 m und können eine maximale Belastung von 2 Mp aufnehmen. Bei ausgeführten Anlagen wurden die Parkboxen an zwei Ketten mit einer Teilung von 400 mm aufgehängt, deren Bruchlast 135 Mp beträgt. Die beiden oberen Kettenumlenkräder mit 2,45 m Durchmesser sind zum Nachspannen der Ketten in einem höhenverstellbaren Rahmen gelagert. Die einzelnen Parkboxen werden über die gesamte Bewegungsstrecke geführt, so daß ein Schaukeln ausgeschlossen ist. Wie Abbildung 152 zeigt, kann durch geschickte Formgebung der Kabinen eine Schachtelung und damit Platzersparnis erzielt werden. Das Kettenradpaar wird von einem Elektromotor mit 45 PS Leistung mit einer Geschwindigkeit von 0,25 m/s angetrieben. Die Steuerung der ganzen Anlage erfolgt automatisch. Durch Einwurf der Parkgebühr holt sich der Benutzer eine leere Kabine heran, fährt sein Fahrzeug ein und zieht den numerierten Schlüssel von der Tür der Boxe ab. Um das Fahrzeug wieder in Empfang zu nehmen, wird der Schlüssel in das entsprechende Loch an der Schalttafel eingeführt und das Fahrzeug erscheint wieder in der Ausfahrt. Der Vollständigkeit halber sei noch erwähnt, daß der Schaukelförderer als Autoparker auch waagerecht verlegt werden kann, um so Kellerräume als Parkplatz ausnützen zu können. Selbstverständlich ist auch eine kombinierte Ausführung als gleichzeitige Verbindung einer Keller- und Hochgarage mit einem Förderer möglich.

Eine andere interessante Anwendung eines Schaukelförderers ist die Ausführung als Aufzugregal, welches gegenüber der herkömmlichen Art zu lagern besondere Vorteile aufweist. Kleinteile kommen in Lagerkästen, Langgut an Haken, die an zwei parallelen Ketten zwischen Boden und Decke des Lagerraumes über Kettenräder umlaufen (Abb. 153). Je nach Tiefe des zur Verfügung stehenden Lagerraumes werden Umlenkkettenräder

Abb. 152. Schaukelförderer als Autoparker in Teilansicht, noch nicht verkleidet (Hagenkamp).

zwischengeschaltet, die eine Tiefenstaffelung ermöglichen. Das Lagervolumen beträgt dann bis zu 70% des Raumvolumens. Außerdem wird es möglich, bisher nicht verwendbare Räume für Lagerzwecke nutzbar zu machen. Abb. 154 zeigt Regalsysteme in unter, über und neben der Entnahmestelle liegenden Räumen. Auch kann evtl. eine Bedienung

Abb. 153. Schaukelförderer als Warenlager (von Roll).

von mehreren Stockwerken aus erfolgen. Bei der Tiefenstaffelung tritt ein weitgehender Gewichtsausgleich ein, so daß hierbei die Motorantriebsleistung verhältnismäßig klein gehalten werden kann.

Vom Schaukelförderer unterscheidet sich der Umlaufförderer dadurch, daß er nur für senkrechte Stückgutförderung zu verwenden ist, wobei die Tragorgane an zwei versetzt angeordneten Kettensträngen pendelfrei aufgehängt und geführt werden. Derartige Umlaufaufzüge sind weit mehr unter der alten Bezeichnung Paternosteraufzug bekannt. Gewissermaßen als Übergang vom Schaukelförderer zum Paternosterförderer kann der eintrümige Umlaufaufzug angesehen werden (Abb. 155). Sie werden durchweg als Stückguttransporteur zwischen einzelnen Stockwerken eingesetzt. Das Gut wird auf dem Stationsrost einfach abgesetzt und von den ständig umlaufenden Mitnehmern automatisch mitgenommen. In der gleichen Weise erfolgt die Abgabe. Die Aufnahme- und Abgabevorrichtungen sind kippbar. Als Kette kommt eine Rollenbolzenkette mit hoher Bruch-

Abb. 155. Eintrümiger Umlaufaufzug.

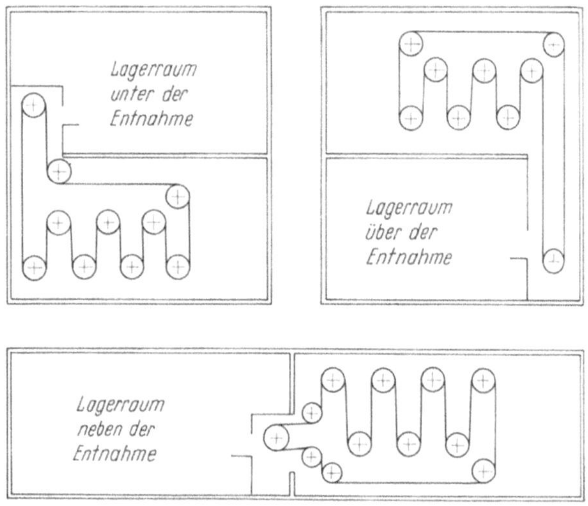

Abb. 154. Verschiedene Regalsysteme mittels Schaukelförderer.

last und drehbar kugelgelagerter Aufhängung für die Mitnehmer zum Einbau. Der zweitrümige Umlaufförderer hat als Personenaufzug unter der Bezeichnung Paternosteraufzug in Deutschland zuerst in Hamburg Anwendung gefunden. Bei diesen Aufzügen werden für die Aufnahme der Personen Kabinen verwendet, die gemäß Abb. 156 oberhalb ihres Schwerpunktes an zwei ständig umlaufenden Ketten aufgehängt sind. Diese Ketten sind an zwei diagonal gegenüberliegenden Ecken der Kabinen befestigt. Dadurch wird nicht nur ein Pendeln der Kabine verhindert, sondern es wird auch die Anordnung des Antriebes erleichtert, der durch zwei meistens am Fuße des Aufzuges angeordnete Kettenräder erfolgt. Die oberen Umführungsräder können durch eine Schraubenspannvorrichtung verstellt werden. Die Kabinen werden auf der Strecke durch seitliche eng schließende Führungsleisten geführt. Beim Übergang aus der Hubbewegung in die Senkbewegung geht die Kabine von einem Schacht in den anderen über, wird aber auch hierbei geführt, indem unter dem Förderkorb *a* ein Gerüst angeordnet ist, welches um die in der Mitte zwischen den beiden Schächten liegenden Führungsleisten herumgreift (vgl. Abb. 156). Dasselbe Gerüst übernimmt auch bei der unten erfolgenden Bewegungsumkehr des Fahrkorbes die Führung, indem es beiderseits um einen unten im Aufzugsschacht angeordneten Querbalken herumgreift. Die einzelnen Kabinen sind an drei Seiten geschlossen und nur an der Ein- und Ausstiegseite geöffnet. Die Bewegung erfolgt mit geringer Geschwindigkeit von nur 0,25—0,3 m/s, d. h. etwa mit derselben Geschwindigkeit, mit der man auch sonst Treppen ersteigt. Bei dieser Geschwindigkeit kann man ohne Schwierigkeiten aus dem Flur in die aufsteigenden oder absteigenden Kabinen eintreten oder umgekehrt. Die Kabinen sind in der Regel so groß, daß zwei Personen auf einmal befördert werden können. Sie sind in solchen Abständen angeordnet, daß in einem Stockwerk der nachfolgende Förderkorb schon in Sicht kommt, wenn der voraufgehende aus Augenhöhe verschwindet. Dadurch wird erreicht, daß die einsteigende Person niemals das Gefühl hat, einen vollkommen offenen Schacht vor sich zu haben. Versäumt jemand, an der obersten oder untersten Stelle auszusteigen, so kann er, ohne Schaden zu nehmen, oben oder unten herumfahren und bei Wiederankunft an der beabsichtigten Stelle die Kabine verlassen. Die Aufzugkette wird bei diesen Aufzügen nicht gegossen, sondern aus Flachstahl hergestellt. Alle Verbindungen werden mit besonders geringer Beanspruchung ausgeführt, so daß in dieser Beziehung große Sicherheit vorhanden ist. Berücksichtigt man, daß bei den Umlaufaufzügen erheblich kleinere Beschleunigungskräfte als bei Hubaufzügen auftreten, so muß man diese Aufzüge als mechanisch außerordentlich zuverlässig bezeichnen. Trotzdem werden die Ketten noch zwischen Profileisen geführt, so daß sie sich bei einem eventuellen Kettenriß aufstauen können und dadurch Folgeschaden absolut vermieden wird. Auch bei der geringen Geschwindigkeit ist die Leistungsfähigkeit infolge kontinuierlicher Förderung sehr groß. Der Antrieb kann jedoch auch so ausgebildet werden, daß die geringe Geschwindigkeit nur dann vorhanden ist, wenn die Fahrkörbe in Höhe der Stockwerke sind, während zwischendurch die Geschwindigkeit automatisch gesteigert wird. Hierdurch kann die Förderleistung bis auf das dreifache gesteigert werden. Der Stromverbrauch ist nach angestellten Messungen nur gering und fast unabhängig von der Zahl der beförderten Personen, da deren Gewicht sich bei Aufwärts- und Abwärtsgang ungefähr ausgleicht. Daher und weil kein ständiger Führer erforderlich ist, sind die Betriebskosten sehr niedrig. Allerdings sind die Anlagekosten höher als die Kosten eines einfachen Aufzuges und der Umstand, verbunden mit dem durch die zwei nebeneinander liegenden Schächte bedingten großen Platzverbrauch hat die Verbreitung stark behindert. Paternosteraufzüge sind daher nur an Stellen sehr starken Verkehrs eingebaut worden.

In gewissem Sinne auch als Umlaufförderer kann man die nachstehend erläuterte Spezialausführung für den

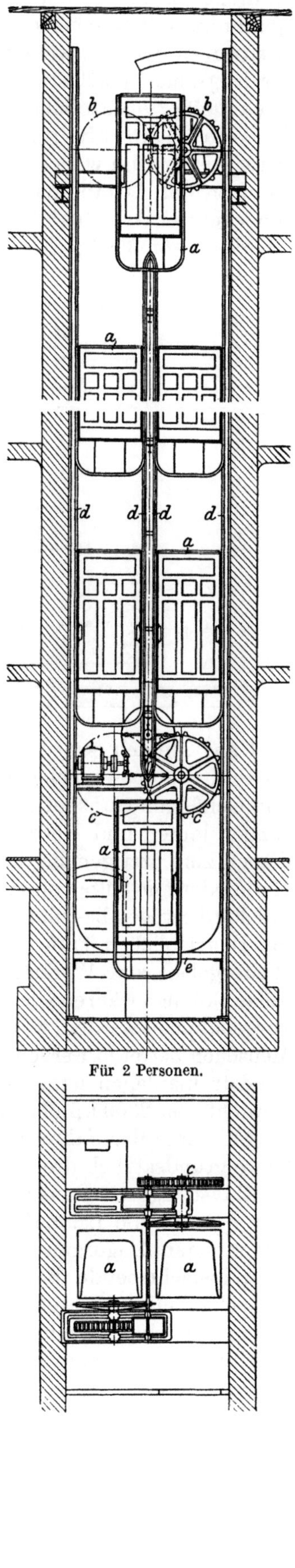

Abb. 156. Zweitrümiger Personen-Umlaufförderer (Paternoster-Aufzug).

a pendelnd aufgehängte Fahrkörbe für 1 oder 2 Personen; *b* obere Umführung mit Spannvorrichtung; *c* untere Umführung mit Antrieb; *d* Führungsbalken auf der senkrechten Bahn; *e* Führungsbalken auf der unteren Umführung.

Senkrechttransport von Stückgütern ansehen. Zwei Kettenpaare führen flexible Plattformen zwischen sich, die nach Art eines Rolladens in einer Richtung abbiegbar sind, während sie in der anderen Richtung Steifigkeit zeigen. Es könnten hierzu Trogbandabschnitte mit Laschenketten verwendet werden, die eine durchgehende Kettenabsteifung besitzen in der Art, wie sie bereits in Abb. 54 gezeigt wurde. Die Zugketten führen dann die biegsamen Plattformen entsprechend Abb. 157 in der Form, daß sie unten zunächst das zugeführte Material bei waagerechtem Lauf aufnehmen. Über Umlenkräder werden die Zugketten dann aufwärts geführt. Erst nach Erreichen der gewünschten Höhe geht der Förderer wieder zum waagerechten Lauf über zwecks Abgabe des Materials, wobei die Plattform an der Abgabestelle nach unten abgeleitet wird. Der Förderer kann natürlich in umgekehrter Arbeitsweise auch Stückgüter abwärts transportieren. Bei einer maximalen Tragkraft von 300 kp/Stück kann eine Fördergeschwindigkeit bis 0,35 m/s erreicht werden.

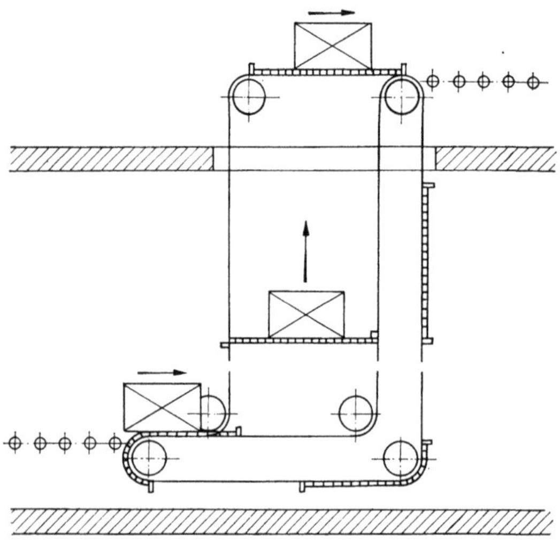

Abb. 157. Senkrecht-Plattformförderer für Stückgüter (Maschinenfabrik Geisel).

Ganz ähnlich wie die erwähnten Schaukelförderer arbeiten die sog. Kreisförderer. Es sind raumbewegliche Anlagen vorzugsweise für Stückgut, bei denen das Fördergut von Gehängen transportiert wird. Die Gehänge werden von Rollen getragen, die in Führungen laufen und Ketten, Seile oder Stahlbänder als Zugorgane dienen. Kreisförderer dienen zum stetigen Fördern verschiedener Stückgüter, die während der Bewegung von Hand oder mit Hilfe von Hebezeugen oder auch selbsttätig an einer oder mehreren Stellen des Förderweges be- und entladen werden. Die Kreisförderer lassen sich sowohl für den innerbetrieblichen Transport zwischen den Werkstätten als auch bei der Fließarbeit zum Weitergeben von Werkstücken von Arbeitsplatz zu Arbeitsplatz verwenden. Darüber hinaus können während des Fördervorganges an den transportierten Gütern Bearbeitungen vorgenommen werden, wobei unter Umständen Räume zu durchfahren sind, die nicht von Menschen betreten werden können (Farbspritzkabinen, Trockenkammern, Glühkammern, Sandstrahlanlagen usw.). Dabei können Güter bis zu einer Länge von 4 m und einem Gewicht von 2000 kp über Längen bis 3000 m gefördert werden.

Im Laufe der Jahre wurden zahlreiche Ausführungsformen entwickelt, so daß man heute grundsätzlich drei verschiedene Bauarten unterscheiden sollte:

a) lasttragende Bauart (Abb. 158), auch als normaler Kreiskettenförderer zu bezeichnen, bei dem die Lastaufnahmegeräte von einem Laufwerk getragen werden und direkt fest mit dem Zugorgan verbunden sind;

b) lastschiebende Bauart (Abb. 159), auch Zweibahnförderer genannt, bei der die Lastschaukeln mit ihren Fahrwerken gleich einer Hängebahn auf einer eigenen Schiene laufen und von Mitnehmern der darüberliegenden Kette geschoben werden; die Kette mit ihren Mitnehmern wird von eigenen Laufrollen getragen, die auf einer getrennten Schiene laufen;

c) lastziehende Bauart (Abb. 160), auch häufig als Schleppkettenförderer bezeichnet. Bei dieser Ausführung wird das Zugorgan ebenfalls von eigenen Laufrollen getragen und auf einer Schienenbahn geführt, wobei Mitnehmer besondere Vorrichtungen an Förderwagen erfassen und diese auf dem Fußboden des Raumes weiterziehen.

Wenn auch die letztgenannte Bauart eine gewisse Verwandtschaft zum Kreisförderer zeigt, so soll sie behandlungsmäßig dennoch abgetrennt und im Abschnitt über die Wagenförderung näher erläutert werden. Somit werden hier nur die Ausführungen behandelt, deren Lastträger auf hochliegenden Schienen laufen, die vor allem den Vorteil besitzen, daß der Boden unterhalb des Förderers für den Verkehr und die Fertigung frei bleibt.

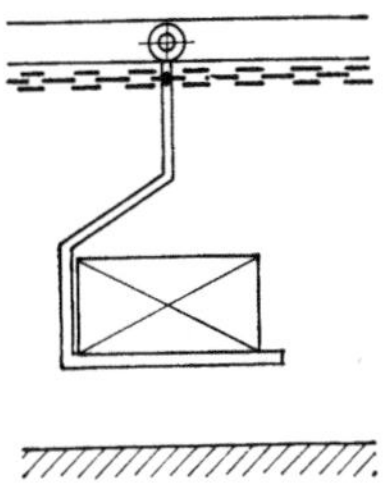

Abb. 158. Lasttragender Kreisförderer.

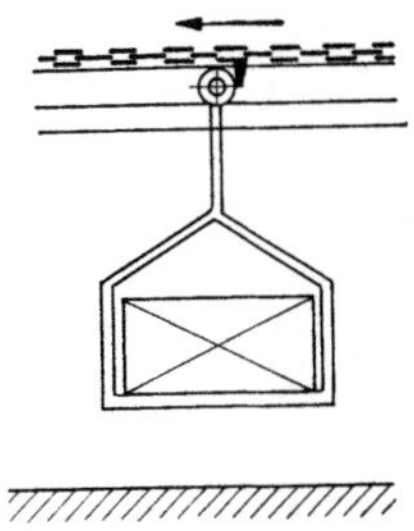

Abb. 159. Lastschiebender Kreisförderer.

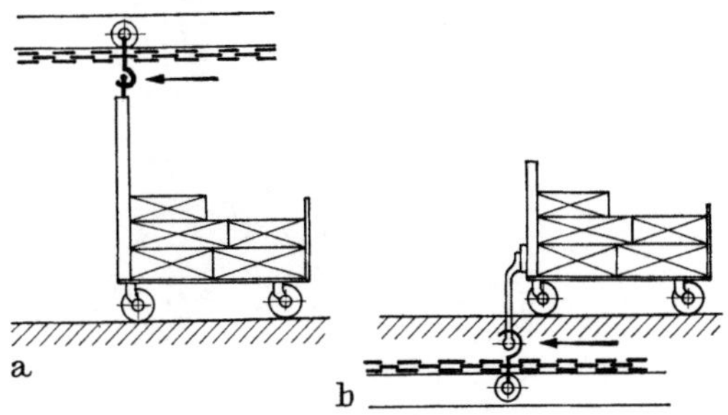

Abb. 160. Lastziehender Kreisförderer.

Die Fördergehänge bestehen nach Bedarf aus ein- oder mehrstöckigen, unbeweglichen oder drehbaren, festen oder kippbaren Plattformen, Mulden oder Haken. Die Förderkette kann beliebig um waagerecht angeordnete Räder abgelenkt oder in senkrechten Schienenkurven geführt werden, so daß es möglich ist, das Fördergut innerhalb eines Fertigungsbetriebes nach jeder gewünschten Stelle — auch in verschiedene Stockwerke — zu bringen. Wo erforderlich, können die Gehänge selbsttätig an den Zielstellen entladen werden. Auf diese Weise kann das Fördergut an die einzelnen Betriebsstellen verteilt werden, ohne daß hierzu besonderes Bedienungspersonal erforderlich ist. Jedes Gehänge kann für die Entladung an einer bestimmten Zielstelle eingerichtet werden (Kurssystem) oder das Ziel wird im Augenblick der Beladung eingestellt (Wählkurssystem). Bis zu 100 verschiedene Ziele können dabei gewählt werden. Es können so auch entlegene Betriebspunkte ohne Umladung erreicht werden. Zwischen den einzelnen Entladestellen wird die Laufbahn hochgeführt, wodurch eine Beeinträchtigung der Arbeitsplätze und der Verkehrswege verhindert wird (Abb. 163). Die verschiedenen Formen von Lastgehängen

Tabelle 41. *Hauptabmessungen für Kreisförderer-Laufwerke*

Ausführung	Tragkraft je Laufwerk kp	Laufrollen-Durchmesser mm	erforderliche Trägergröße	Laufwerks-Gewicht kp
sehr leicht	< 200	85	≧ I 100	3– 4
leicht	200–400	100	≧ I 120	4– 5
mittel	400–650	110	≧ I 140	6– 8
schwer	650–900	120	≧ I 160	10–13
sehr schwer	900–1200	160	≧ I 180	15–18

werden von kleinen Fahrgestellen getragen, deren Laufrollen meist kugelgelagert sind zur Erzielung geringer Bewegungswiderstände. Je nach Größe der anzuhängenden Last wird die Stabilität der Fahrgestelle ausgewählt (vgl. Tab. 41). Fördergüter, deren Gewicht größer ist als die zulässige Belastung eines Laufwerkes, werden mit Hilfe eines Tragbalkens an zwei oder sogar vier Fahrelementen befestigt (Abb. 161). Die Führung der Laufwerke erfolgt auf einfachen I-Trägern, Winkeleisen oder abgekanteten Blechprofilrohren, wie einige Ausführungsbeispiele in Abb. 162 dargestellt sind. Durch Verkleidung der Profileisen mit Blech kann man die Anlage auch gegen starke Verschmutzung schützen. Zum Transport von leichten bis mittelschweren Stückgütern aller Art wurde ein Rohrkreisförderer entwickelt (Abb. 162c). Die Führungsbahn besteht aus einem geschlitzten Rohr und schützt so die Laufwerke vor Verschmutzung. In seiner Linienführung ist der Förderer sehr variabel und kann mit sehr kleinen horizontalen und vertikalen Kurven auf

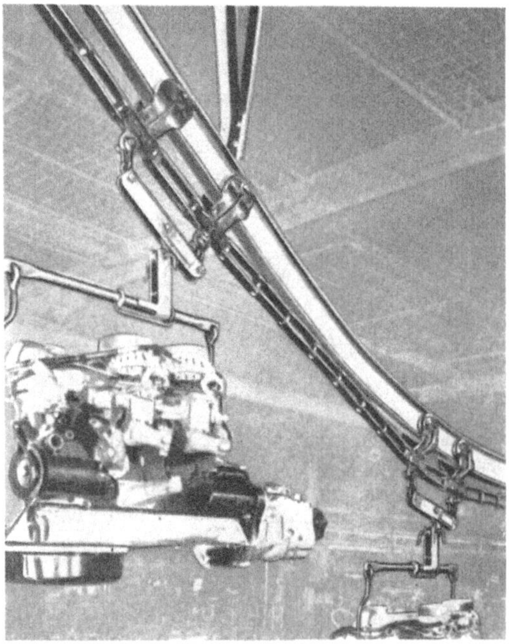

Abb. 161. Lastaufhängung an mehreren Laufwerken (Köhler & Bovenkamp).

engstem Raum eingesetzt werden. Die große Festigkeit des Rohrprofiles vereinfacht die Aufhängung bzw. Unterstützung der Führungsbahn. Die innen liegende Kardankette aus Formpreßteilen ist gut geschützt aber leider schlecht zugänglich. Am günstigsten scheint daher die Ausführung mit Laufrollen in einem geschlitzten Rohr, bei dem das Zugorgan

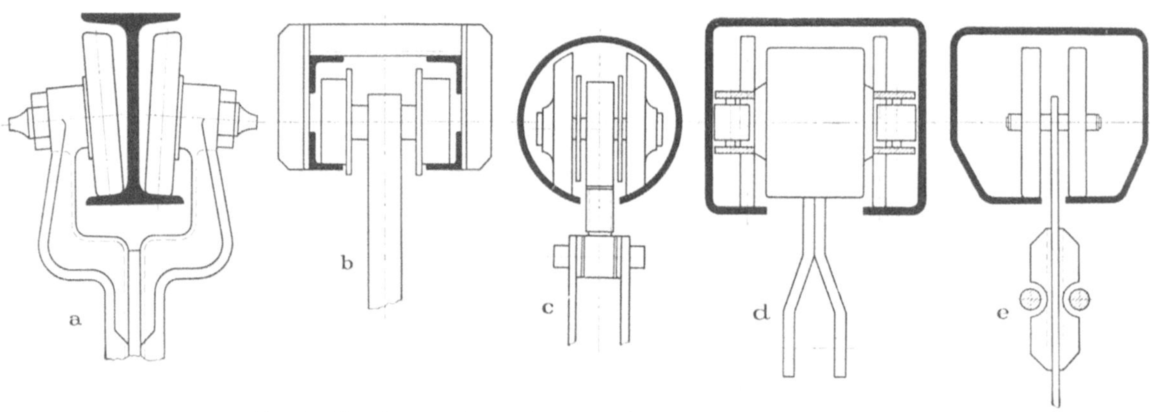

Abb. 162. Verschiedene Laufschienenausführungen für Kreisförderer.

in Form einer Gliederkette jedoch unterhalb des Rohres liegt und daher leicht zugänglich ist (Abb. 162e). Durch Standardisierung und einfachste Ausführung der Teile wird dieser Typ zur Kompromißlösung zwischen vollkommen geschlossener und technisch praktischer, wirtschaftlicher Form.

Tabelle 42. *Länge der Vertikalneigungsstrecken L bei verschiedenen Höhen H und Winkeln α und Radius R = 3 m*

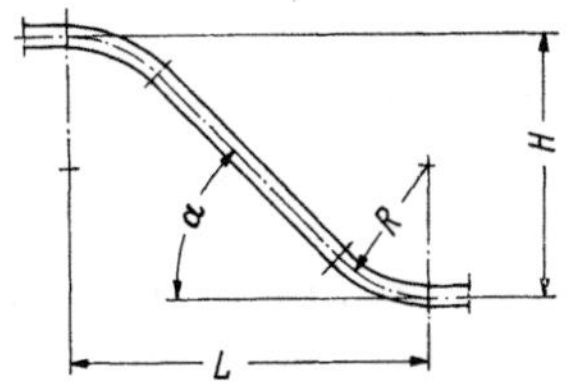

$$H = \tan\alpha\,[L - 2\,(R\cdot\sin\alpha)] + 2\,(R - R\cdot\cos\alpha)$$
$$L = \cot\alpha\,[H - 2\,(R - R\,\cos\alpha)] + 2\,R\cdot\sin\alpha$$

H	$\alpha = 15°$	$\alpha = 20°$	$\alpha = 30°$	$\alpha = 45°$
1000	4524	3805	3340	—
1500	6390	5179	4206	—
2000	8256	6552	5072	4484
2500	10122	7926	5938	4984
3000	11988	9300	6804	5484
3500	13854	10674	7670	5984
4000	15720	12047	8536	6484
4500	17586	13421	9402	6984
5000	19452	14795	10268	7484
6000	23184	17542	12000	8484
7000	26916	20290	13732	9484
8000	30648	23037	15464	10484

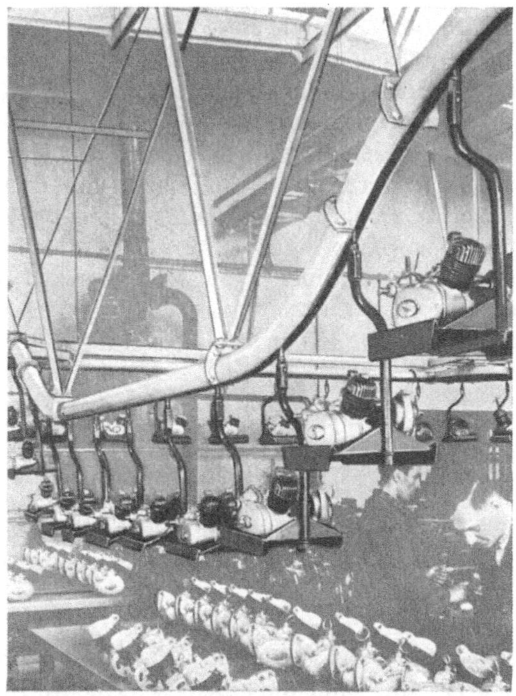

Abb. 163. Tubusförderer mit Eckumführung in einer Motorenfabrik (Stotz).

Die Befestigung der Laufschienen erfolgt an Deckenträgern, an Konsolen bzw. Kragarmen an Wänden und Säulen. Die Stoßverbindungen der Laufschienen werden zweckmäßig verschweißt, um einen ruhigen Lauf zu bekommen. In der Nähe der Spannstation und auch bei Kreisförderern, die stärkeren Temperaturschwankungen unterworfen sind, werden teleskopartig ausziehbare Laufschienen eingesetzt, um eine jeweilige Längenanpassung zu ermöglichen. An den waagerechten und vertikalen Bahnkrümmungen werden die Laufschienen mit einem Radius gebogen, der von der Art und den Abmessungen der Kettenteilung abhängt und außerdem von der Ausführungsform der Umlenkeinrichtungen. Auch die Kettenspannung an der jeweiligen Stelle sollte bei der Festlegung einer Kurvenführung mit berücksichtigt werden. Je größer die Kettenspannung, um so größer sollte auch der Kurvenradius sein. Vertikalneigungen wer-

Abb. 164. Kreisförderer beim Einsatz in einer Tauchlackiererei (Stotz).

den in der Regel bis zu 45° ausgeführt, wobei Übergangsradien von 3 m üblich sind. Zur Erleichterung der Längenberechnungen von geneigten Bahnstrecken seien in Tab. 42 die erforderlichen Berechnungsformeln und verschiedene Längen von Vertikalneigungsstrecken bei unterschiedlichen Anstiegwinkeln wiedergegeben.

Zur Umlenkung der Ketten in der Horizontalebene werden Kettenräder, glatte Radscheiben oder Rollenbatterien verwendet. Die Wahl der Umlenkeinrichtungen erfolgt in Abhängigkeit von der Art der Zugkette, der Kettenspannung an der jeweiligen Umlenkung und dem Krümmungsradius (Abb. 165). Im allgemeinen wählt man eine Radumlenkung bei kleinem Radius bis etwa 450 mm sowie bei Temperaturen über 200 °C und in Räumen, in denen die Luft mit korrodierenden Bestandteilen oder Schleifstaub durchsetzt ist. In allen anderen Fällen sind die Rollenführungen wirtschaftlicher und rationeller.

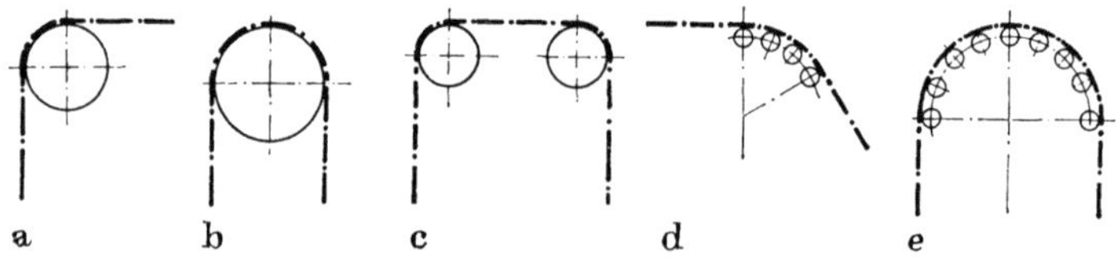

Abb. 165. Umlenkungsarten der Ketten in horizontaler Ebene.

Sind eine große Anzahl und dazu schwierige Umführungen mit großen Radien zu durchfahren, bei denen der Einbau von Umlenkrädern nicht möglich oder unwirtschaftlich ist, und sind außerdem senkrechte Steigungen in der Bahnlinienführung zu überwinden, so werden Kreuzgelenklaschenketten oder Fahrgelenkketten eingesetzt, die selbst kreuzweise angeordnete Rollen besitzen und sich somit in Horizontal- und Vertikalkurven auch an engen Krümmungsschienen ohne großen Reibungswiderstand führen lassen (Abb. 168). Beim Durchfahren von Vertikalkurven und senkrechten Strecken mit derartigen geführten raumbeweglichen Ketten müssen die Gehänge in Form steifer Dreiecke ausgebildet werden, um die zu fördernde Last in ausreichendem Abstand von der Förderkette zu halten.

Als Zugorgan für Kreisförderer können die verschiedensten Ausführungen von Ketten zum Einsatz kommen. Soll eine Anlage nur in einer Horizontalebene laufen, so werden an die Kette die geringsten Anforderungen gestellt. Es reicht schon eine einfache Laschenkette aus. Sind dagegen auch Steigungen bis etwa 45 ° zu überwinden mit möglichst nicht zu engen Übergangsradien, so muß das verwendete Zugmittel eine gewisse Raumbeweglichkeit aufweisen. Für leichten und mittelschweren Betrieb finden dann Rundgliederketten und Steckketten Verwendung, während für schwere Lasten und große zu übertragende Zugkräfte meist Laschenketten zum Einsatz kommen, die durch eingeschobene Glieder einer Kreuzgelenkkette raumbeweglich zu machen sind. Bei den Kreuzgelenken handelt es sich um Kardangelenke, die sich also allseitig bewegen lassen.

Neben der Rundgliederkette ist die Steckkette ein sehr beliebtes Zugorgan. Sie wurde in Amerika schon vor Jahrzehnten entwickelt und ist besonders verschleißunempfindlich und widerstandsfähig gegen hohe Temperaturen. Die Steckkette ist aus Kettengliedern und Steckbolzen nur lose zusammengefügt und hat weder empfindliche, präzise gearbeitete Kettenbüchsen, noch Splinte, Muttern oder Gewinde. Sie kann ohne Werkzeug zusammengebaut und in ihrer Länge auch in eingebautem Zustand beliebig verändert werden. Aus einem hochwertigen Stahl im Gesenk geschmiedet und kalibriert, ist sie durch eine besondere Wärmebehandlung einerseits genügend elastisch, andererseits hat sie eine verschleißfeste Oberfläche. Die Kettenglieder sind in ihrer Form verwindungssteif, so daß die Kette raumbeweglich eingesetzt werden kann. Da sie nun nach bestandener Bewährungsprobe in Amerika auch in Deutschland sehr häufig verwendet wird, ist es verständlich, daß die Abmessungen noch sehr häufig im Zoll-Maßsystem angegeben werden. Die gebräuchlichsten Kettenausführungen und ihre Hauptabmessungen sind der Tab. 43 zu entnehmen, wobei Abb. 166 zur Erläuterung der Bezeichnungen dient.

Tabelle 43. *Kenndaten für Steck-Ketten*

Teilung	Hauptabmessungen A	B	C	D	Zugkraft[1])	Gewicht	Zulässige Nutzlast kp 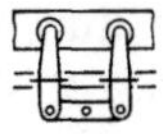	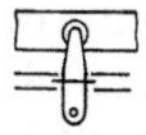	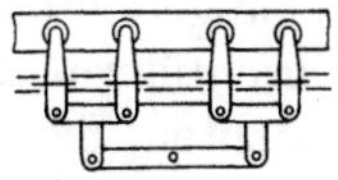
Zoll	mm	mm	mm	mm	kp	kp/m			
2	50,8	17,46	12,7	28,57	270	1,5	50	100	200
3	76,2	26,98	20,63	46,83	1000	3,4	90	180	360
4	101,6	35,71	25,4	57,15	2200	4,7	180	360	720
4	101,6	47,62	41,27	83,34	3150	11,3	180	360	720
6	152,4	35,71	25,79	57,15	2200	4,7	} 500	} 1000	} 2000
6	152,4	50,8	33,33	79,37	3850	9	500	1000	2000
6	152,4	63,89	39,68	98,42	5900	19			

[1]) Im praktischen Betrieb bei zehnfacher Sicherheit.

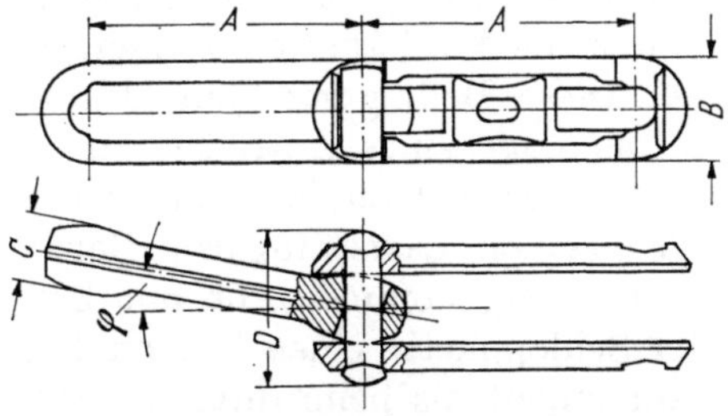

Abb. 166. Steck-Kette für Kreisförderer.

Tabelle 44. *Zulässige Krümmungsradien bei Vertikalkurven mit normalen Winkelabweichungen von 30° und 45°*

Förderer	Rollengehänge-teilung	Mindestradius für Vertikalkurven
2″	8″ = 203,2 mm	610 mm = 24″
	12″ = 304,8 mm	914 mm = 36″
	16″ = 406,4 mm	1219 mm = 48″
	20″ = 508 mm	1829 mm = 72″
	24″ = 609,6 mm	2438 mm = 96″
3″	12″ = 304,8 mm	762 mm = 30″
	18″ = 457,2 mm	1067 mm = 42″
	24″ = 609,6 mm	1524 mm = 60″
	30″ = 762 mm	1880 mm = 74″
4″	8″ = 203,2 mm	610 mm = 24″
	16″ = 406,4 mm	1067 mm = 42″
	24″ = 609,6 mm	1676 mm = 66″
	32″ = 812,8 mm	2286 mm = 90″
6″	12″ = 304,8 mm	1219 mm = 48″
	24″ = 609,6 mm	2743 mm = 108″
	36″ = 914,4 mm	4267 mm = 168″

Die einseitige Auflagefläche des Bolzens im Gelenk und das seitliche Spiel zwischen Innen- und Außenglied lassen eine gewisse Krümmung der Kettenglieder um den Winkel φ mit etwa 3° und damit eine räumliche Linienführung zu.

Die zulässige Belastung für die den Kettengrößen zugeordneten Rollengehängen sind in Tab. 43 ebenfalls aufgenommen. Bei Grenzfällen der Belastung ist die Gesamtsituation zu beurteilen, insbesondere die Art der Einzellasten, wie diese auf den Förderer gebracht werden, ob Einzel- oder als Gesamtheit, vorsichtiges Auflegen oder ruckartiges Aufsetzen, Art und Anzahl der Steigestrecken, Temperaturverhältnisse. Im Zweifelsfalle ist dann die nächst größere Kettentype zu wählen; dies gilt insbesondere für die leichteste Ausführung der Tab. 43.

Die Fördergeschwindigkeit wird nach der geforderten Leistung ermittelt, beträgt aber in der Regel nicht über 0,4 m/s. Bei handbeschickten Anlagen wird man als Grenze 0,2 m/s ansehen und bei durch Hebezeuge im Vorbeifahren beschickte Anlagen 0,07 m/s. Anlagen in Spritz- und Trocknungsanlagen laufen in der Regel mit Geschwindigkeiten zwischen 0,002 und 0,05 m/s. Verschiedentlich werden auch stufenlos regelbare Getriebe mit einem Verhältnis 1:3; 1:4 oder bei kleineren Leistungen auch 1:10 vorgesehen.

Bei sehr dichter Lastfolge wird in der Regel Lastabstand = Rollengehängeabstand sein müssen. Es wird dann erforderlich, den Mindestabstand der Lasten entsprechend ihren Außenabmessungen in den 90°-Kurven zeichnerisch zu ermitteln. Die gebräuchlichsten Radien bei allen Förderertypen sind 457, 610 und 762 mm. Zulässige minimale Krümmungsradien für vertikale Umlenkungen sind aus Tab. 44 zu entnehmen. Werden in Sonderfällen extrem kleine Vertikalkurvenradien verlangt, so ist der Rollenabstand evtl. zu reduzieren. Als Übergang zwischen Horizontal- und Vertikalumlenkung wird in jedem Fall ein gerades Stück Führungsschiene in der Länge einer gewählten Rollengehängeteilung zur Vermeidung von Torsionsbeanspruchung der Kette erforderlich. Beim Durchführen der Förderer durch Trockenöfen ist die zulässige Maximaltemperatur zu beachten. Sie beträgt bei der 2″-Type 180 °C und bei den größeren Typen, mit Normallagern ausgerüstet, 260 °C und mit Speziallagern 350 °C.

Abgesehen von ganz kurzen Anlagen muß je nach Länge der Kette mindestens eine Spannstation vorgesehen werden. Sie ist mit Spannfeder, Gegengewicht oder Gewindespindel auszurüsten. Dabei kann die Kurve, welche die Kette in der Spannstation durchläuft, ein Rad oder eine Umlenkrollenkurve sein.

Der Antrieb von Kreisförderern kann entweder über ein Kettenrad an einer Eckumführung mit hoher Kettenspannung oder aber durch einen Schleppkettenantrieb erfolgen. Beide Ausführungen können mit unveränderlicher oder regelbarer Geschwindigkeit konstruiert werden, wobei die Geschwindigkeitsregelung entweder an der Antriebsstation selbst oder durch Fernsteuerung mit einem Geschwindigkeitsanzeiger erfolgen kann. Der Schleppkettenantrieb wird verwendet, wenn die Förderkette an einer geradlinig verlaufenden Stelle angetrieben werden muß. Diese Bedingung kann durch die Linienführung des Förderers erforderlich werden. Die Lage eines Antriebes an einem Kreiskettenförderer wird nämlich durch eine Reihe technischer Daten bestimmt, wie z. B. in bezug auf eine ansteigende Förderstrecke, die Lage an einem Laststrang usw. Bei dieser Antriebsart wird die Förderkette von einer Hilfskette mitgenommen, die mit Zähnen versehen ist (vgl. Abb. 46). Da das Antriebsrad der Schleppkette einen kleinen Durchmesser haben kann, ergibt sich ein geringeres Drehmoment als beim direkten Antrieb durch ein Kettenrad. Auf diese Weise ist es möglich, weniger kostspielige Getriebe zu verwenden. Schleppkettenantriebe für Steckketten werden je nach Kettengröße bis zu einer übertragbaren Kraft von 2500 kp gebaut.

Wenn bei einem langen und schwer belasteten Kreisförderer der Kettenzug den zulässigen Grenzwert überschreitet, so wird der Antrieb unterteilt und damit sowohl der Kettenzug als auch die Belastung der einzelnen Bauteile des Förderers wesentlich verringert. Laufen in einem solchen Fall mehrere Stränge eines Kreisförderers dicht nebeneinander, so kann der Antrieb durch einen Elektromotor über eine Transmissionswelle an beiden Fördersträngen erfolgen. Andernfalls wird ein Mehrmotorenantrieb gewählt, bei denen jedoch auf elektrischem Wege ein Gleichlauf der Motore erzielt werden muß oder aber man baut zwischen Motor und Getriebe hydraulische Strömungskupplungen ein, die einen erhöhten Schlupf bewirken und damit zu einer gleichmäßigen Lastverteilung der einzelnen Antriebe führen. Der Mehrmotorenantrieb ermöglicht große Förderlängen, verringert den Kettenzug bis auf den für die Standardanlagen zulässigen Grenzwert und setzt den Energieverbrauch sowie das Gewicht der einzelnen Bauteile des Förderers herab, deren Belastung mit der Verminderung des Kettenzuges abnimmt.

Die bisher behandelten lasttragenden Kreisförderer wurden eingangs der lastschiebenden Bauart, dem sog. Zweischienen-Kreisförderer gegenübergestellt. Es handelt sich hierbei um einen Schleppkreisförderer, der auch in Deutschland unter der amerikanischen Bezeichnung „power-and-free“-Förderer bekannt geworden ist. Er stellt eine Kombination zwischen einem Kreisförderer (power = Zugkraft liefernder Teil) und einer Hängebahn (free = freilaufende geschleppte Wagen) dar. Er wird im allgemeinen für mittelschwere bis schwere Einzellasten eingesetzt und gestattet besonders freizügige und kombinierte Förderwege. Diese Schleppkreisförderer haben, wie in Abb. 167 gezeigt, zwei übereinander liegende Laufbahnen. Die obere Bahn trägt den eigentlichen Kreisförderer, das ziehende Element. Die darunter liegende zweite Bahn trägt die lasttragenden freilaufenden Wagen. Die Verbindung zwischen dem Kettenstrang und dem Wagen erfolgt über Mitnehmer, die mit der Kette fest verbunden sind und zwischen den Klinken der Wagen eingreifen, um diese fortzubewegen. Die Mitnehmer werden starr und federnd ausgeführt. Feste Mitnehmer dienen zum Vorwärtsbewegen von Lasten über Horizontal-, Steige- und

Gefällestrecken ohne Stapelmöglichkeit. Federmitnehmer haben den Vorteil, daß Lasten auf der Förderstrecke gestapelt werden können. Wenn die Wagen an der Sperre festgehalten werden, gleiten die Federn der Mitnehmer über die Klinken hinweg. In Steigestrecken dagegen arbeiten die Federmitnehmer durch Annäherung der beiden Laufschienen als feste Mitnehmer.

Es sei noch besonders bemerkt, daß für den Schleppkreisförderer (power-Bahn) sich alle vorher besprochenen Kreisförderer eignen. Die lose Kupplung der Gehänge mit dem

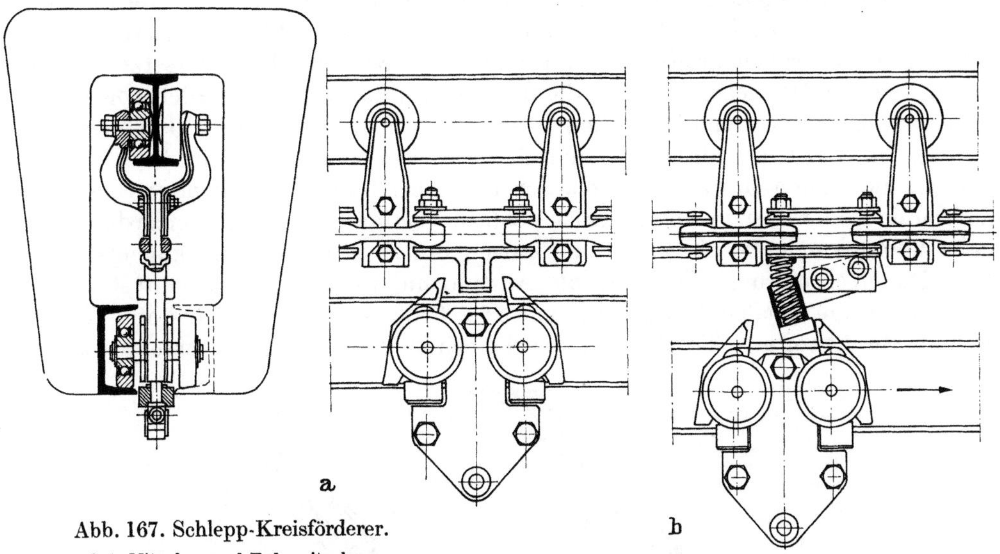

Abb. 167. Schlepp-Kreisförderer.
a feste Mitnehmer; *b* Federmitnehmer.

Zugorgan ermöglicht, die an den Wagen hängenden Lastaufnahmemittel von der Antriebsbahn zu lösen und über Weichen oder eine geeignete Strangführung in Abstell- oder Lagergleise einzuschleusen bzw. anderen Förderern zu übergeben. Es bieten sich prak-

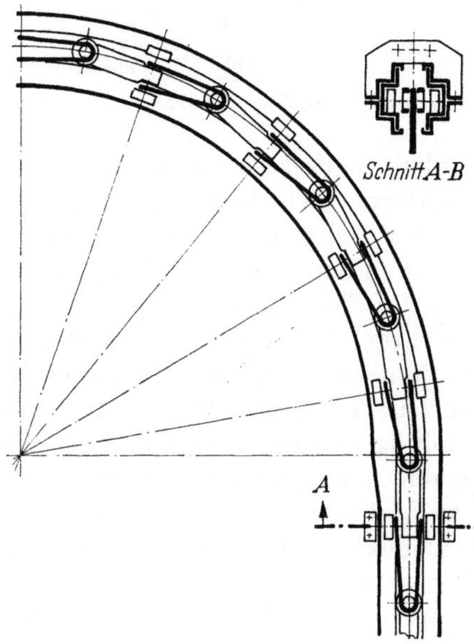

Abb. 168. Aufbau einer Fahrgelenkkette. Ablauf in einer Kurve und Verbindung der Fahrschiene (Eisenmann).

tisch alle Möglichkeiten einer normalen Hängebahn, wie z. B. Abzweigen in beliebiger Richtung durch Kurven und Drehscheiben, Anheben oder Absenken von Teilstrecken, Wiegen der einzelnen Gehänge usw. Zum automatischen Ausschleusen der Gehänge aus der Transportbahn haben sich bisher die elektro-mechanischen Zielsteuerungen bewährt.

11*

Durch Verstellen eines Drehknopfes am Lastenträger können bis zu 100 Ziele vorgewählt werden. Durch an den einzelnen Abgabestellen vorgesehenen Nocken wird der Drehknopf der Zielsteuereinrichtung jeweils um ein Segment zurückgedreht und betätigt bei Erreichen der Null-Lage (Zielstelle) die Weiche zum Ausschleusen.

Sollen mit einem Kreisförderer besonders große Steigungen, senkrechte Strecken evtl. sogar bei schwieriger Linienführung gefahren werden, so ist eine allseitig rollende Abtragung des Zugorganes zwecks Verminderung der Reibung zu wählen. Derartige Zugmittel sind als Kreuzgelenk- oder Fahrgelenkketten bekannt. Den Aufbau dieser Kette in Ansicht und Schnitt zeigt Abb. 168. Die Tragrollen zur Aufnahme der Lasten sind gegenüber den Führungsrollen kreuzweise um eine halbe Kettenteilung versetzt angeordnet. Sie laufen in einer Doppel-U-Schiene, die nach oben und unten zusätzlich abgekantet ist. Zur Verbindung der Kettenglieder dienen Achsen, auf die Kugellager als Laufrollen aufgesetzt werden. Bei Kurvenfahrt stellen sich die Achsen zum Mittelpunkt der Umlenkung ein, so daß die Rollen einwandfrei ablaufen und Abrieb an der Schiene vermieden wird. Umlenkräder sind weder in horizontaler noch in vertikaler Richtung erforderlich. Diese Aufgabe übernehmen die eingebauten Führungsrollen. Sie sind alle kugelgelagert und besitzen Dauerschmierung. Für normale Ausführung werden Schmiermittel verwendet, die bis zu einer maximalen Temperatur von 160 °C beständig sind. Für hohe Temperaturen können die Lager eine Trockenschmierung erhalten, die Umgebungstemperaturen bis

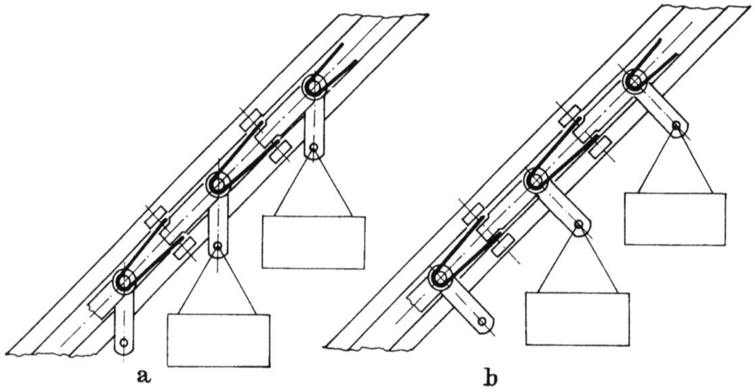

Abb. 169. Gehängebefestigung an der Fahrgelenkkette.
a frei bewegliche Traglaschen; *b* starr befestigte Traglaschen, erforderlich für Senkrechtförderung.

250 °C zuläßt, so daß der Förderstrang auch innerhalb von Trockenkanälen verlegt werden kann, wodurch sich kostspielige Deckendurchbrüche und Wärmeverluste vermeiden lassen. Die U-Schienen der Führungsbahn sind mit Laschen untereinander und an den Stößen verbunden. Zur Umlenkung der Förderkette in horizontaler und vertikaler Richtung wird die Fahrschiene entsprechend gebogen.

Die Fahrgelenkkette wird über Schleppketten angetrieben. Die zulässigen Zugkräfte betragen je nach Type 500; 1000 oder 3000 kp. Die Teilung der Kette liegt je nach Bedarf bei 250; 300 oder 400 mm. Zur Aufnahme der Werkstücke können der jeweiligen Kettenteilung entsprechende Gehängelaschen vorgesehen werden. Die Laschen werden in die Tragachsen eingehängt und stellen sich bei Gefälle und Steigung stets senkrecht ein (Abb. 169a). Dadurch läßt sich eine zusätzliche Beanspruchung der Kettenglieder, wie dies bei angeschweißten Gehängelaschen der Fall ist, vermeiden (Abb. 169b). Eine starre Befestigung der Laschen ist bei Senkrechtförderung unbedingt notwendig, um eine Berührung der Fördergehänge mit der Kette zu vermeiden.

Bei der Berechnung eines Kreisförderers können die bereits auf S. 5 aufgeführten Gl. (10) und (11) für gemischte Förderung über waagerechte und geneigte Strecken grundsätzlich auch angewendet werden. Da jedoch ein Kreisförderer das in senkrechter Ebene zurücklaufende Leertrum nicht besitzt, sondern vielmehr als Ringförderer in einer Horizontalebene betrachtet werden muß (bei dieser Überlegung können zu überwindende Höhenunterschiede vernachlässigt werden), muß bei den folgenden Überlegungen anstelle des

Förderereigengewichtes G_f in kp/m (Summe des hin- und rücklaufenden Trums) nun das Eigengewicht eines Einfachstranges G_f' in kp/m berücksichtigt werden. Außerdem sind die Betriebsbedingungen und vor allem die Linienführung zu beachten, da unter Umständen eine große Anzahl von Umlenkkettenrädern bzw. gekrümmten Bahnen vorhanden sind. Diese Faktoren werden zweckmäßig in den Faktor μ_u der allgemeinen Berechnungsformel hineingelegt, so daß für die folgenden Überlegungen μ_u aufgeteilt wird in einen Reibungsfaktor für senkrechten Krümmungswechsel μ_1, für waagerechte Umlenkungen durch Kettenrad oder Scheibe μ_2 und durch Rollenbatterien μ_3. Richtwerte für diese Reibungsziffern sind der Tab. 45 zu entnehmen. Annähernd kann die maximale Zugkraft in kp in der Kette eines Kreisförderers dann ermittelt werden gemäß

$$Z_{\max} = [G_g \cdot (H_g + L_g \mu_f) + G_f' \cdot (H_f + L_f \cdot \mu_f)] \cdot (1 + \mu_1 \cdot \mu_2 \cdot \mu_3) + Z_{\text{Vorspannung}}$$

Ist die Linienführung eines Kreisförderers sehr kompliziert und werden vor allem wechselnde Höhenunterschiede durchfahren, so muß bei der Ermittlung der maximalen Kettenkraft nach vorstehender Formel

Tabelle 45. *Widerstandszahlen für Kreisförderer*

Betriebs-bedingungen	Gerade Strecken	Lenkräder und Lenkscheiben				Rollenbatterie			Senkrechte Kurven		
	μ_f	μ_2 bei Gleitlagern		bei Wälzlagern		μ_3			μ_1		
		Umlenkungswinkel Grad									
		90	180	90	180	< 30	45	60	< 25	35	45
		Widerstandszahlen									
günstig	0,020	1,035	1,040	1,020	1,025	1,015	1,020	1,025	1,010	1,015	1,020
normal	0,025	1,050	1,055	1,025	1,030	1,020	1,025	1,030	1,015	1,020	1,025
ungünstig	0,040	1,060	1,070	1,030	1,035	1,025	1,035	1,040	1,020	1,025	1,030

beachtet werden, daß für die Werte H_g und H_f nicht die Summe der Höhen in den einzelnen Teilabschnitten, sondern für H_g nur der Höhenunterschied zwischen Aufgabe- und Abgabestelle und für H_f nur der Höhenunterschied zwischen der niedrigsten und höchsten Bahnstelle zu berücksichtigen ist.

Zur exakten Ermittlung der maximalen Kettenzugkraft wird bei schwieriger Linienführung empfohlen, die Gesamtanlage in solche Abschnitte zu unterteilen, deren Reibungsverhältnisse klar zu übersehen sind. Antriebsstationen werden dann an Streckenabschnitten mit hoher Kettenspannung und Spannstationen in solchen mit geringer Zugkraft eingebaut. Für die Ermittlung der Antriebsleistung ist die Summe der Kettenzugkräfte aller Einzelabschnitte zugrunde zu legen, wobei besonders auf das ermittelte Vorzeichen zu achten ist, da für Streckenabschnitte mit einfallender Förderung die Leistung negativ wird.

Die Förderleistung für Kreisförderer errechnet sich in Mp/h nach

$$Q_t = 3{,}6 \cdot v \cdot \frac{G}{a},$$

wenn mit G die Nutzlast je Gehänge in kp und mit a der Gehängeabstand in m gemeint ist. Gedanken zur Festlegung der Fördergeschwindigkeit in m/s und des Gehängeabstandes wurden bereits bei der Beschreibung der Kreisförderer erwähnt.

d) Trogkettenförderer

Mit einem einzigen Förderelement Material horizontal zu transportieren und gleichzeitig zu heben, ist schon lange der Wunsch derjenigen Betriebsingenieure gewesen, die ein wirtschaftliches Fördern anstreben. Mit Pendelbecherwerken wird dieser Wunsch erfüllt, wenn auch mit einem erheblichen preislichen Aufwand. Handelt es sich beim zu fördernden Gut um feinkörniges Material, so bietet sich auch der kostenmäßig weit günstigere Trogkettenförderer an. Mit ihm kann pulverisiertes, flockiges, körniges und auch kleinklumpiges Material horizontal, schräg, senkrecht oder in Kurven in einem einzigen Förderstrang ohne Umladen bewegt werden. Der Transport findet in einem vollkommen staubdicht geschlossenen Gehäuse statt und erlaubt, selbst größte Mengen innerhalb eines kleinen Raumes vorwärtszubringen. Die Fördergeschwindigkeiten liegen zwischen 0,1 und 0,4 m/s. Bei einer angenommenen mittleren Geschwindigkeit von 0,35 m/s sind laut Firmenangaben in Tab. 46 aufgeführte Förderleistungen als Funktion des Raumbedarfes (Querschnittsfläche des Förderraumes) zu erzielen.

Die Bewegung des Fördergutes erfolgt durch eine Vielzahl von einzelnen Bügelkettengliedern, die zu einem endlosen Kettenstrang zusammengeschlossen, sich innerhalb des Troges bewegen. Die einzelnen Kettenglieder, die um das Kettengelenk drehbar angeordnet sind, gestatten eine leichte Kurvenführung. Das Fördergut, das gefördert und gehoben wird, umgibt diese Kettenglieder vollständig und bildet somit zwischen Kette und Gehäuse ein Polster, wodurch eine Reibung von Eisen auf Eisen innerhalb des Fördertroges verhindert wird. Das ansteigende Gehäuse ist innen besonders maßhaltig und sauber zu arbeiten, so daß das Fördergut als eine feste Säule im geschlossenen Transportstrom gehoben wird. Durch einen ständigen Zufluß des Fördergutes muß daher erreicht werden, daß das Gut als Materialstrom weiter fließen kann und sich mit gleichbleibender Geschwindigkeit vorwärts bewegt.

Tabelle 46.
Förderleistungen als Funktion des Raumbedarfes

Förderleistung m^3/h	Raumbedarf Querschnitt cm^2	Kantenlänge cm	minimaler Ablenkradius cm
10	110	11,5 · 9,5	85
25	320	22,5 · 14,5	118
40	460	27,0 · 17,0	140
100	1060	42,5 · 25,0	200

Die einfache Linienführung eines Trogkettenförderers, der unter dem Namen „River“ durch die Firma Förderanlagen und Maschinenbau GmbH angeboten wird, ermöglicht die Aufstellung nur eines einzigen Förderelementes, wo sonst ein ganzes System von Fördermitteln, wie Schnecken, Becherwerke, Bandförderer usw. mit umständlichen Schurren, Ein- und Ausläufen notwendig ist. Außerdem benötigt ein River nur etwa ¼ des Raumes eines Becherwerks mit gleicher Leistung. Auch der Platzbedarf ist gegenüber Schnecken, Gurtbandförderern und ähnlichen wesentlich geringer, da das Material im River als fließende Säule bewegt wird und außerhalb des Gehäuses keine Laufrollen, Stützschienen usw. mehr erforderlich werden. Bei den sonst üblichen Becherwerken für Senkrechtförderung werden meist tiefe und große Baugruben zur Verlagerung der Aufgabevorrichtungen erforderlich, die neben hohen Baukosten noch den Übelstand haben, daß sie sehr oft gesäubert werden müssen. Durch die waagerechte Materialzuführung beim Senkrecht-River entfällt die Baugrube meist vollständig.

Für leicht flammendes Fördergut ist der River besonders zu empfehlen, da das Gut beim Transport nicht erschüttert wird und damit eine Staubbildung unterbleibt. Außerdem ist das Gehäuse mit Fördergut vollgefüllt, so daß Lufträume kaum vorhanden sein können, die sonst eine Explosionsgefahr mit sich bringen.

Wie bei den bekannten Förderern, so ist auch bei Trogkettenförderern anzuraten, die Konstruktionen zu normen, um so eine Austauschbarkeit der Teile und weiterhin eine billigere Serienfabrikation zu erreichen. Schon im Werk zusammengebaute Normalgrößen lassen sich am Einsatzort leichter montieren. Die Verlagerung des Gehäuses ist sehr einfach, da es äußerst steif ist und daher einen selbsttragenden Bauteil bildet, der nur wenig Abstützung erfordert. Besondere Laufstege zur Begehung der Anlage aus Wartungsgründen brauchen nicht vorgesehen zu werden, wenn die Antriebs- und Umlenkstationen für die Ketten zugängig sind, denn nur hier ist eine Wartung erforderlich.

Die eigentliche Transportkette wird in verschiedensten Ausführungen gefertigt, da sie den einzelnen Materialien und Arbeitsbedingungen angepaßt werden muß. Die gebräuchlichsten Ketten werden in Abb. 170 u. 171 dargestellt. Wo übermäßiger Kettenzug, großer Abrieb, hohe Temperaturen, außergewöhnliche Bedingungen zu berücksichtigen sind, werden Vorkehrungen und Materialauswahl, Oberflächengüte, Formgebung usw. getroffen, um den gestellten Bedingungen zu entsprechen.

Um bei einem Fördergutwechsel das River-Gehäuse zu reinigen, ist es erforderlich, besondere Reinigungsglieder in gewissen Abständen in die Kette einzufügen. An diesen

Spezialkettengliedern sind mittels Federn zwei Klappen angebracht, die sich beim Passieren der Umlenkräder öffnen. Verstärkte Gummi-, Leder-, Vulkollan- oder andere Kunststoffwischer, die an der Kette befestigt sind, fegen die drei Gehäusewände sauber.

Bei flüchtiger Betrachtung könnte man geneigt sein, den Trogkettenförderer als Kratzerförderer zu bezeichnen. Dieses ist aber nur bedingt richtig, denn wie bereits erwähnt, ist der Trogkettenförderer auch in der Lage, senkrecht zu fördern. Im Gegensatz zu den beschriebenen Kratzerförderern für allgemeine Verwendung haben die Trog-

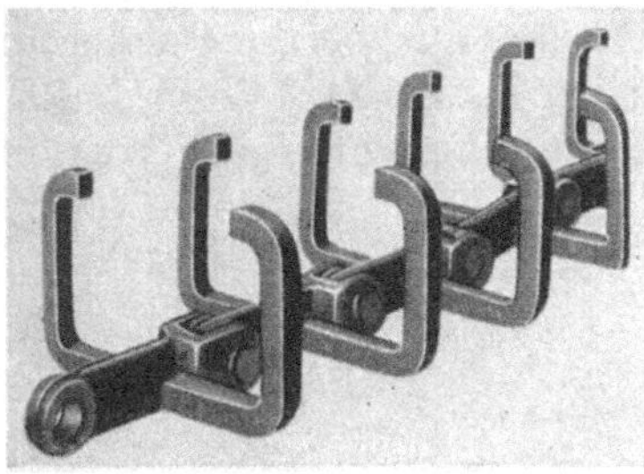

Abb. 170. Förderkette in U-Form für alle Förderrichtungen geeignet (FMW).

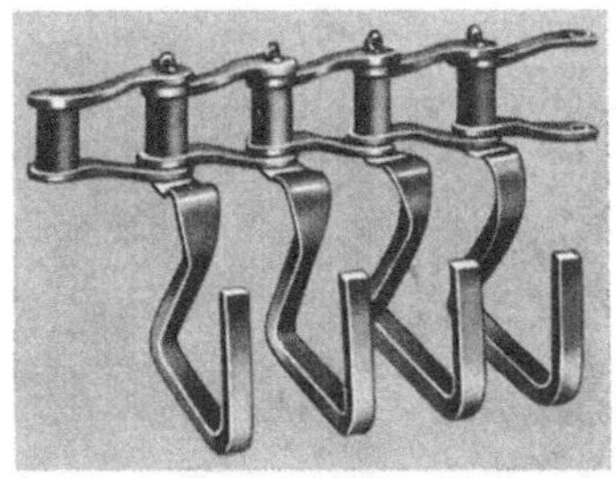

Abb. 171. Förderkette in L-Form nur für waagerechte Förderung mit Kurvenfahrt geeignet (FMW).

kettenförderer auf ansteigenden Strecken für Förder- und Leertrum jeweils geschlossene Trogteile, wobei das Fördergut den Trogquerschnitt ganz oder zum großen Teil ausfüllt und von den Mitnehmern oder den Querstegen der Kette nicht in einzelnen Teilmengen,

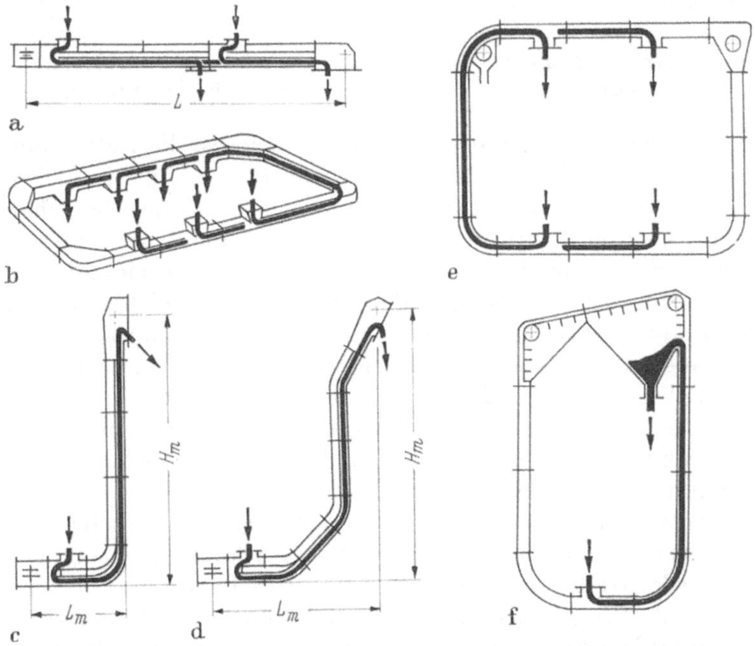

Abb. 172. Verschiedene Ausführungen von Trogkettenförderern (FMW).

a einfache, waagerechte Führung; *b* ringförmige Führung; *c* Senkrechtförderung für leicht fließende Güter; *d* Senkrechtförderung für schwer fließende Güter; *e* Umlaufausführung für leicht fließende Güter; *f* Umlaufausführung für schwer fließende Güter

sondern in einer durchgehenden Schicht bewegt wird. Die geschlossene Bewegung des Fördergutes beruht darauf, daß sein Widerstand an den quer angeordneten Mitnehmern größer ist als der Reibungswiderstand an den glatten Trogwänden.

Die einfachste Ausführungsform ist waagerecht mit gerader Linienführung entsprechend Abb. 172a zur Verteilung von Schüttgütern. Ist nur eine Einlauf- und Auslaufstelle vorgesehen, so ist eine Trennwand zwischen den beiden Kettensträngen nicht erforderlich, wie Abb. 173 zeigt. Eine Abwandlung der einfachen waagerechten Trogkettenförderer-Ausführung stellt die Ringform dar, bei der die beiden Kettenstränge nicht mehr übereinander liegen, sondern in einem einzigen Gehäuse waagerecht umlaufen. Die besonders geformten Mitnehmerbügel in L-Form entsprechend Abb. 171 entnehmen eine abgemessene Menge Fördergut vom Einlauf und bringen es nach einer oder mehreren Auslaufstellen. Es kann also niemals durch zuviel Fördergut überfüllt oder verstopft werden. Die Ringausführung eignet sich daher besonders zum automatischen Füllen von Bunkeranlagen, wobei die verschiedenen Ausläufe keinen Verschluß erhalten. Das geförderte Material tritt nun so lange durch den ersten Auslauf aus, bis der Bunker an dieser Stelle gefüllt ist. Danach wird das Material automatisch bis zum nächsten Auslauf mitgenommen. Sind alle Bunkertaschen gefüllt, so wird das überschüssige Fördergut auto-

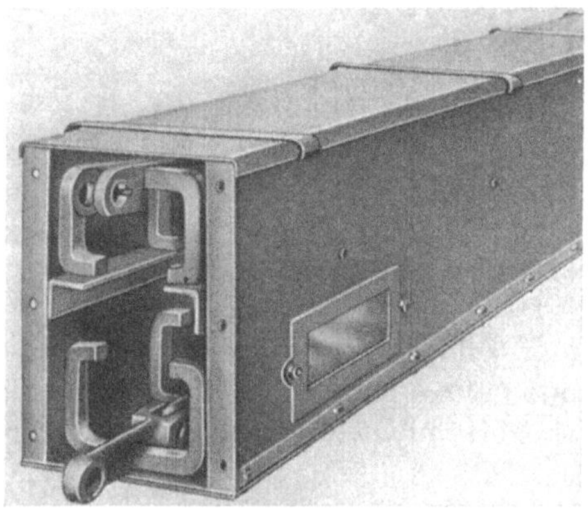

Abb. 173. Trogkettenförderer, Gehäuse mit beiden Kettensträngen.

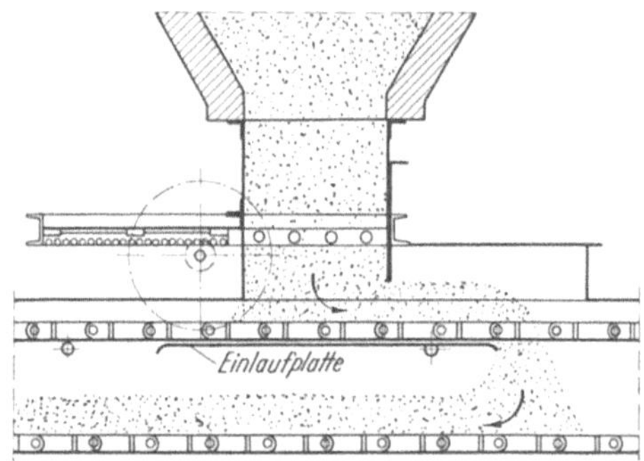

Abb. 174. Materialeinlauf beim Trogkettenförderer.

matisch wieder zum Beschickungspunkt zurückgefördert, wo die Ketten nur so viel neues Fördergut mitnehmen, daß der Förderstrang wieder ganz gefüllt ist. Diese Eigenschaft vermeidet eine fortwährende Regulierung der Materialbeschickung, die sich den Maschinen und Apparaten anpassen muß, die durch den Förderer bedient werden.

Die Abb. 174 zeigt, wie der leerlaufende Kettenstrang das einlaufende Material zunächst ein Stück mitnimmt, um es dann dem unteren, eigentlichen Förderstrang zuzuführen. Die unterhalb des Einlaufstutzens angeordneten Einlaufplatten verhindern ein sofortiges Durchschießen des Materials in die eigentliche Förderbahn. Hierdurch wird auch ein Überfüllen und Verstopfen des Förderers unterbunden. Die Ein- und Auslaufstutzen können an mehreren verschiedenen Stellen angeordnet werden. Um aber auch bei senkrechter Linienführung eine gute Füllung und damit eine einwandfreie Förderung zu erreichen, ist anzuraten, die Einlaufstutzen auf waagerechten Strängen anzuordnen, während die Auslaufstutzen auch an senkrechten Gehäuseteilen vorgesehen werden können. Ist nämlich in einem senkrechten Förderstrang eine Auslaufklappe geöffnet, so bricht an dieser Stelle der Förderstrom zusammen und das Gut fließt aus.

Auf diese Art und Weise lassen sich aber nur freifließende Fördergüter einwandfrei verladen. Bei träge fließenden Gütern ist daher eine Ausführung nach Abb. 172d zu wählen, bei der durch ein eingeschaltetes Bogenstück der Abwurfkopf in ein geneigtes Stück verlegt wird. Die Folge dieser Anordnung ist ein schnelleres und besseres Fließen der Fördergüter aus dem erweiterten Auslauf. Selbstverständlich kann dieser obere Teil auch bis zur Waagerechten abgewinkelt werden und auch mehrere Ausläufe erhalten, so daß dann wieder eine Beschickung von mehreren Bunkertaschen durchzuführen ist. Wenn zwingende bauliche Gründe bei der genannten Type auch noch eine besondere Linienführung erfordern, so lassen sich auch noch Schrägstrecken einschalten. Im Hinblick auf eine lange Lebensdauer sollten derartige Kurvenführungen jedoch möglichst unterbleiben zugunsten einer Schrägführung mit konstanter Neigung.

Eine Kombination von waagerechter und senkrechter Förderung in einer Einheit stellt der in vertikaler Ebene laufende Umlaufförderer nach Abb. 172e und f dar. Für den waagerechten Transport und das Heben des Fördergutes werden nur eine umlaufende Förderkette und nur ein Antrieb benötigt. Es können beliebig viele Einläufe und Ausläufe vorgesehen werden. Wenn der untere Boden des oberen Stranges offen gelassen wird, ergibt sich eine gleichmäßige Materialverteilung über die ganze Strecke. Auch der senkrecht aufwärtsführende Förderstrang kann eine Auslauföffnung erhalten, die dann bei Nichtbenutzung durch einen Schieber verschlossen wird.

Das Fördergut, das im oberen Strang nicht durch die Ausläufe fließt, oder absichtlich nicht entnommen wird, läuft wieder in den unteren waagerechten Förderstrang zurück, der sich dann am Einlaufpunkt nur mit der zusätzlichen Fördermenge füllt, die der ausgelegten Leistung des Transporteurs entspricht.

Zur Förderung schwierigen Materials, wie backendes und zum Klumpen neigendes, auch flockiges und faseriges Fördergut, wird eine Ausführung nach Abb. 172f empfohlen. Der fördernde Strang ist schon frühzeitig geöffnet, so daß das backende Gut Gelegenheit hat, sich von der Bügelkette zu lösen. Der entleerten Kette wird durch eine laufende Rückführung über den erweiterten Auslauftrichter noch zusätzlich die Möglichkeit geboten, sich vom anhaftenden Material zu lösen.

Zu allen bogenförmigen Eckumführungen, bei denen die Kette nicht durch ein Kettenrad gelenkt wird, ist in Abhängigkeit von der Gehäusegröße ein Mindestradius zu beachten. Einige Beispiele sind in Tab. 46 mit aufgenommen.

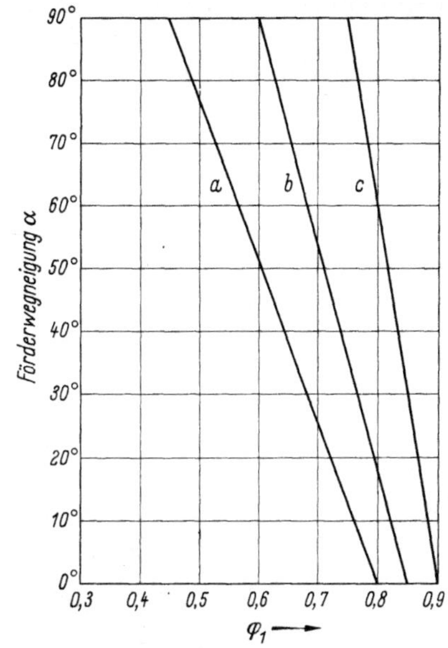

Abb. 175. Förderleistungsfaktor φ_1 in Abhängigkeit vom Anstiegwinkel α eines Trogkettenförderers.

a kleinstückiges Gut; *b* körniges Gut; *c* staubförmiges Gut.

Als Nachteil muß diesem Förderer nachgesagt werden, daß er nur in der Lage ist, verhältnismäßig kleinstückiges Gut zu fördern. Er ist somit den bereits auf S. 38 dieses Buches beschriebenen Schlauchbandförderern in seinen Arbeitsbedingungen sehr ähnlich. Als weiterer Nachteil ist noch der starke Verschleiß der Trogwandungen und der Kette zu erwähnen, da deren Gelenke der unmittelbaren Einwirkung des Fördergutes ausgesetzt sind. Entsprechend höher liegt auch der Energieverbrauch. Zur Förderung absolut ungeeignet sind klebrige, backende, aggressive und unsortierte Schüttgüter mit harten Einschlüssen.

Die rechnerische Förderleistung eines Trogkettenförderers in Mp/h beträgt

$Q_t = 3600\, F\, v\, \gamma\, \varphi_1\, \varphi_2\, \varphi_3 \approx 3600\, B\, h\, v\, \gamma\, \varphi_1$,
$B\,h = F$ = Förderquerschnitt in m²,
v = Kettengeschwindigkeit in m/s,
γ = Schüttgewicht in Mp/m³,
φ_1 = Förderleistungsfaktor, der den Geschwindigkeitsschlupf des Fördergutes gegenüber der Kette berücksichtigt (Abb. 175),
φ_2 = Verlustbeiwert, der den verlorenen Nutzinhalt durch Kette und Mitnehmer berücksichtigt (etwa 0,95),
φ_3 = Beiwert, der die Verdichtung des Materials bei der Förderung berücksichtigt (etwa 1,05).

Wie den Zahlenangaben für die Beiwerte φ_2 und φ_3 zu entnehmen ist, gleichen sie sich in etwa aus, so daß sie bei einer Berechnung ohne Bedenken vernachlässigt werden können.

Für die Berechnung der Antriebsleistung können die für einen Kratzerförderer gültigen Gleichungen mitverwendet werden, wobei nur zusätzlich ein Reibungsbeiwert anzusetzen ist, der die vorhandene Reibung zwischen dem Fördergut und der Mitnehmerkette berücksichtigt. Richtwerte sind der Abb. 176 für die erforderliche Antriebsleistung je m Förderweg bei waagerechtem Transport zu entnehmen. Bei ansteigender Förderung ist die Hubleistung $Q_t \cdot H/270$ zu addieren. Dem Diagramm liegt eine Zweistrang-Gabelkette mit 200 mm Teilung und einem höchstzulässigen Kettenzug von 4500 bzw. 7000 kp zugrunde. Die verschiedenen möglichen Einflußgrößen wie Feuchtigkeit, Körnungsanalyse, Backfähigkeit usw. wurden nicht berücksichtigt, so daß die Diagramme für Ausführungen nicht zu verwenden sind, sondern nur Anhaltswerte geben.

Langjährige Erfahrungen mit Trogkettenförderern führten dann auch zu der Entwicklung eines speziellen Förderers zur Getreideentladung aus Schiffen. Infolge des günstigen Gewichtes und der einfachen Handhabung dieser Förderer ist ein Aufhängen an den Schiffsmasten möglich. Normalerweise werden zur Entladung der Luke eines Hochseeschiffes zwei Einheiten erforderlich. Das erste Element fördert das Schüttgut auf Deck, während das zweite Element die Verbindung über Bord zum Beladen von Leichtern,

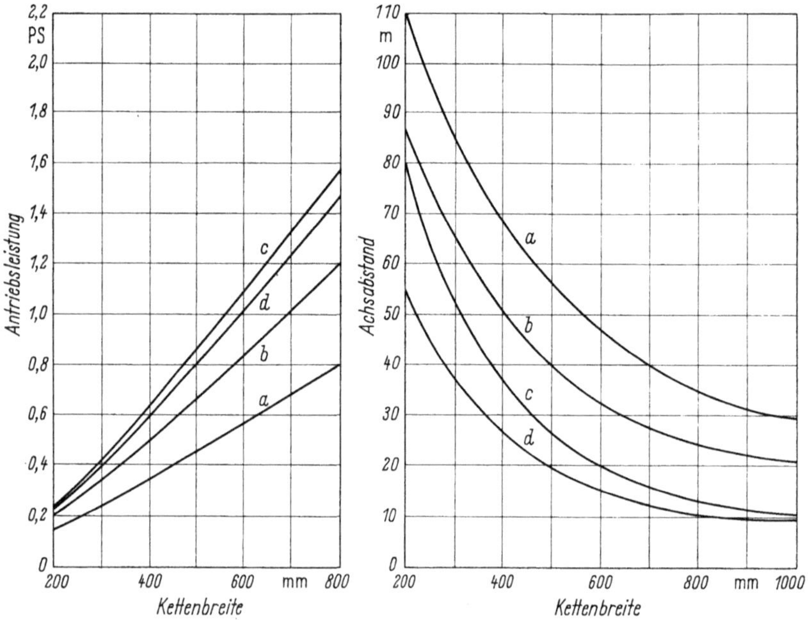

Abb. 176. Antriebsleistung bei waagerechter Förderung und maximalem Achsabstand von Trogkettenförderern in Abhängigkeit von der Kettenbreite für verschiedene Materialien (nach Humboldt).

a Braunkohle (gemahlen, trocken) $\gamma = 530$ kp/m³; *b* Steinkohle fein $\gamma = 800$ kp/m³; *c* Salz, Kali $\gamma = 1250$ kp/m³; *d* Zement $\gamma = 1400$ kp/m³.

Waggons, Tankwagen oder die Beschickung weiterer Förderelemente übernimmt. Durch dieses bewährte Entladeprinzip ist es möglich, daß jedes Schiff seine eigene Förderanlage mitführen kann, wodurch vor allem in kleinen Häfen oder auf Inseln, wo nur ungenügende bzw. gar keine Entladevorrichtungen vorhanden sind, die Liegezeit der Schiffe verkürzt wird.

4. Förderung im fremden Medium

Bei dieser Betrachtung soll das Heben und Fördern von Wasser und Luft an sich außer Betracht bleiben, da die Pumpen und Gebläse schon wegen ihrer engen Beziehung zu den Wasserkraftanlagen und Dampfkraftanlagen in der Theorie und in der Fabrikation meistens gesondert von den allgemeinen Hebe- und Förderanlagen behandelt werden. Die Wasser- oder Luftförderung durch Pumpen oder Gebläse ist im allgemeinen ohne Zusammenhang mit den verschiedenen anderen Verfahren auf dem Gebiete der Hebe- und Förderanlagen. Immerhin kommen die Pumpen und Gebläse als indirekte Fördermittel hier und da zur Anwendung, indem die festen Körper im Wasser- oder Luftstrom fortbewegt werden. Dabei ist von vornherein aus der Art der ganzen Förderung klar, daß der Wirkungsgrad dieser Förderanlagen verhältnismäßig niedrig liegen muß, da man bei jeder Förderung, bei der das Wasser oder der Luftstrom das Fördergut fortbewegen soll, das letztere also teilweise oder vollständig im Wasser- oder Luftstrom schwimmen und zur

Vermeidung von Verstopfungen sehr dünn in diesem Strom verteilt sein muß, verhältnismäßig große Mengen an Wasser oder Luft unnütz zu befördern hat. Tatsächlich ist der Arbeitsverbrauch derartiger Anlagen um das Vielfache größer als z. B. der von Becherwerken und Bandförderern.

Die Anlagen kommen daher nur in solchen Fällen in Betracht, wo sie durch andere Nebenumstände in entsprechendem Maße begünstigt werden. Diese Sachlage ist aber doch oft vorhanden, und dieses Förderverfahren hat daher eine von Jahr zu Jahr steigende Bedeutung erfahren.

a) Förderung im Wasserstrom

Bei diesem Förderverfahren wird das Schüttgut in einem Wasserstrom in geschlossenen Rohrleitungen unter Druck oder in offenen Rinnen mit entsprechendem Gefälle fortbewegt. Auf diese Art und Weise wird Asche und Schlacke aus Kesselhäusern abtransportiert, Beton gefördert, Schlamm gehoben und weitergeleitet sowie Sand transportiert beim Spülversatz-Verfahren im Bergbau. In der letzten Zeit hat auch die hydraulische Förderung von Mineralien und Kohle vom Abbauort bis zum Aufbereitungsbetrieb von sich reden gemacht.

Eine gewisse Ausnahme von der Voraussetzung, daß das Fördergut bei der Förderung im Wasser schwimmt, machen wohl die Verladevorrichtungen, bei denen das Fördergut durch einen unter hohem Druck ausströmenden Wasserstrahl durch Stoßwirkung fortbewegt wird. Das Verfahren wird in erheblichem Umfang angewendet zum Lösen des Sandes beim Spülversatz-Verfahren im Bergbau und z. B. zum Entladen der Rüben aus Eisenbahnwagen in Zuckerfabriken und anschließender Weiterbeförderung in einer Schwemmrinne. Das Gewicht des verbrauchten Druckwassers ist erheblich größer als das Gewicht des verladenen Gutes, ganz abgesehen davon, daß das Wasser mit mehreren Atmosphären Druck ausströmen muß, was einer Hubhöhe entspricht, die für das Fördergut nicht entfernt in Frage kommt. Der große Wasserverbrauch ist dabei aber nicht von erheblicher Bedeutung in Anbetracht des Umstandes, daß in beiden Fällen das verbrauchte Wasser auch für die Weiterbeförderung des Gutes nutzbar gemacht werden kann und für diesen Zweck ohnehin erforderlich wäre. Das trifft vollkommen zu beim Spülversatz-Verfahren, teilweise allerdings nur bei der Rübenentladung. Darüber hinaus ist gegebenenfalls zu prüfen, ob eine Rübenentladung durch Spülen überhaupt angewendet werden kann, da die Aufbewahrung durch diese Naßentladung erschwert wird. Man wird hier also trotz der günstigen Entlademöglichkeit durch Spülen in jedem Fall zu prüfen haben, wie sich unter Berücksichtigung des Fabrikationsganges und der besonderen örtlichen Verhältnisse die Gesamtentladekosten stellen. Durch die notwendige Rücksichtnahme auf das Fördergut ist die Anwendungsmöglichkeit der Verladung durch Spülen nur auf sehr wenige Fälle beschränkt.

Ein dem Spülversatz-Verfahren nahe verwandter Fall liegt beim Saugbagger vor. Eine von vielen verschiedenen Ausführungsformen wird in Abb. 177 wiedergegeben. Das Baggergut, in der Regel Schlick, oder auch durch einen Druckwasserstrahl oder eine mechanische Schneidvorrichtung aufgelockerter Sand wird durch eine Pumpe vom Boden aufgesaugt und darauf weiter an Land gespült. Die Fortführung des Baggergutes in der Spülleitung kann bis zu 500 m und darüber hinaus erfolgen. Der in Abb. 177 dargestellte Pumpenbagger ist für eine Baggerleistung von 250 m^3/h gebaut. Arbeitstiefen bis 25 m können ohne weiteres erreicht werden. Eine dreiflügelige Zentrifugalpumpe von 1300 mm Flügeldurchmesser saugt das Baggergut durch ein Rohr von 400 mm Durchmesser an und drückt es durch ein Rohr von gleichem Durchmesser mit 4 atü Druck weiter. Im vorliegenden Fall ist die Auslaufröhre zum Beladen von Schuten eingerichtet und am Auslaufende mit Querrohren versehen, die ein gutes Verteilen des Ladegutes und ein ruhiges Auslaufen desselben herbeiführen sollen. Das Saugrohr ist natürlich in verschiedenen Höhen einstellbar. Hierzu besitzt es besondere elastische Rohrstücke und wird durch ein besonderes Hebezeug angehoben.

Im Gegensatz dazu gibt es Laderaumsaugbagger, auch Hopper-Saugbagger genannt. Sie holen aus der Tiefe im Mündungsgebiet großer Ströme Schlamm und Geschiebe aus dem Strombett, um diesen Abraum weit draußen auf See auszuladen und so die Fahrrinne freizuhalten. Durch die Saugrohre wird das Baggergut in den Laderaum gesaugt.

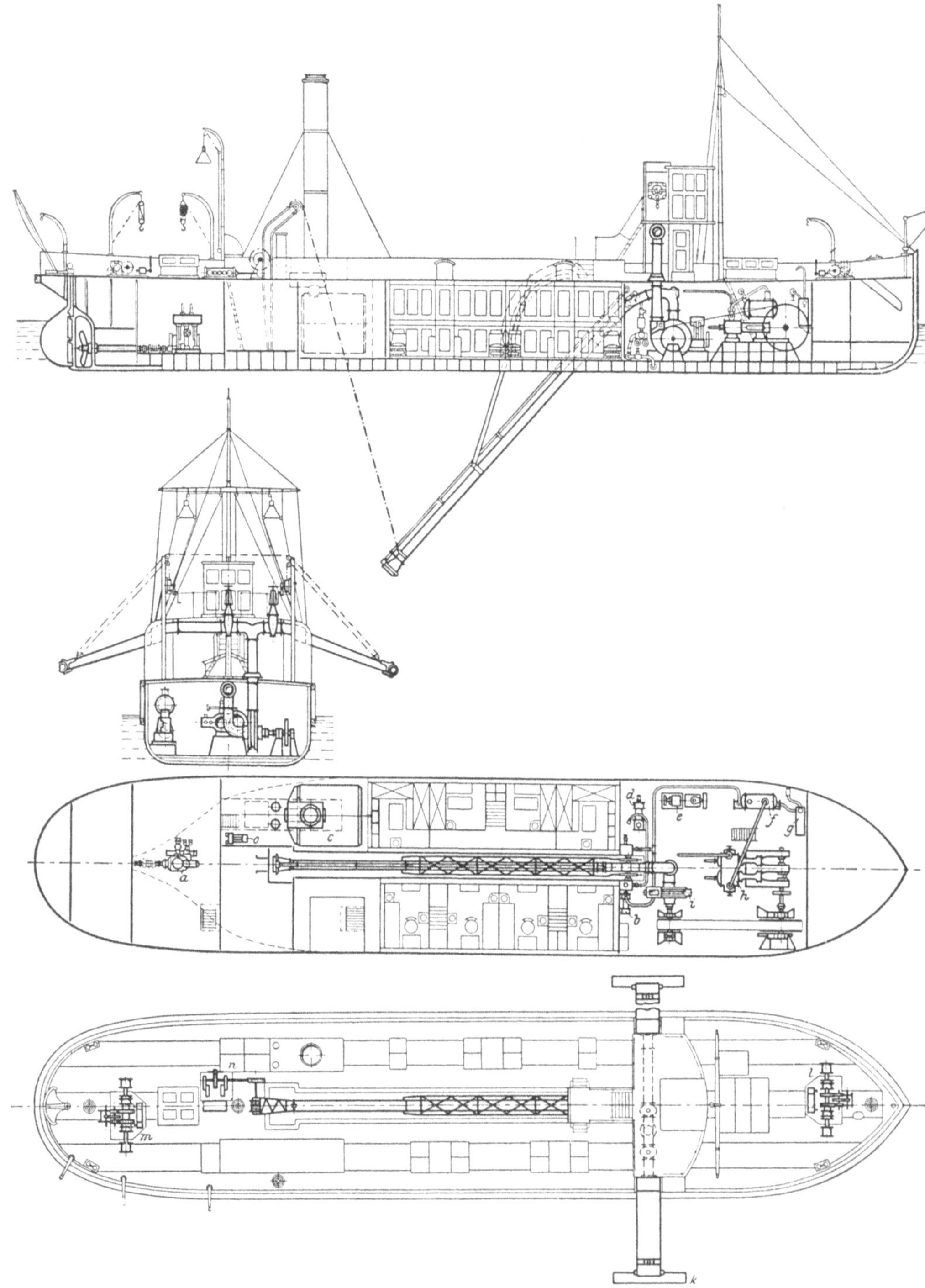

Abb. 177. Pumpenbagger für 250 m³/h.

a Schiffsantriebsmaschine; *b* Stopfbüchsenspülpumpe; *c* Kessel; *d* Druckwasserpumpe für den Saugkopf; *e* Dynamo; *f* Kondensator, darunter Luft- und Umlaufpumpe; *g* Speisewasserbehälter; *h* Baggerdampfmaschine; *i* Baggerpumpe; *k* Auslaufrohre; *l* Vorderwinde; *m* Achterwinde; *n* Saugrohrhubwinde; *o* Kesselspeisepumpe.

Der Schlick setzt sich ab, das überstehende Wasser läuft durch hydraulisch betätigte Überlaufschieber automatisch ins Meer zurück. Ist der Laderaum gefüllt, wird die Oberklappe hydraulisch geschlossen. An der Ausladestelle werden Bodenklappen über ein Hydrauliksystem geöffnet und der Schlick fällt ins Meer.

Während bei dem eben beschriebenen Pumpenbagger die mit dem Fördergut angereicherte Flüssigkeit von der Pumpe unmittelbar angesaugt wird, bewegt man sie bei den sog. Mammutbaggern indirekt, indem man mit einer Luftpumpe, die aber auch als Kompressor arbeiten kann, zunächst die Luft aus einem Schlammkessel absaugt, dann den Schlamm hineinströmen läßt und ihn nun unter Druck weiterbefördert. Man kann mit derartigen Anlagen Schlamm fördern, der nur noch 30% Wasser enthält, also sehr zähflüssig ist. Bei einer Leistung von rund 20 m³/h auf etwa 15 m Höhe wird der Arbeitsbedarf mit 10—12,5 PS angegeben, und zwar für das Saugen mit rund 5 PS, für das Drücken mit rund 5—7 PS. Da das Heben der Last bei einem angenommenen Gewicht von rund 1,6 Mp/m³ ohne Verluste nur etwa $\frac{20000 \cdot 1{,}6 \cdot 15}{3600 \cdot 75}$ = rund 2,66 PS erfordert, so ist der Wirkungsgrad auch in diesem Falle nicht hoch. Die Bagger sind aber im Betrieb bequem und können bis zu großen Leistungen ausgeführt werden. 50—70 m Hubhöhe und Druckleitungen bis zu 1500 m Länge sind bekannt.

Das Prinzip einer ähnlich arbeitenden Mammutpumpe wird in Abb. 178 wiedergegeben.

Mit Förderanlagen, die nach Art der Mammutpumpen mit Druckluft arbeiten, kann auch Kohle und Versatzmaterial in senkrechten Schächten bis 150 m Teufe gefördert werden. Die in das eine Rohr eintretende Trübe geht durch einen Mischer, in den von einem Verdichter Druckluft eingeblasen wird. Das Gemisch aus Luft, Wasser und Fördergut wird in einem zweiten Rohr zutage gefördert. Bei großen zu überwindenden Hubhöhen, etwa 400—600 m, kann man eine mehrstufige Mammutpumpen-Fördereinrichtung analog der einstufigen verwenden. Am Ende jeder Stufe dieser Rohrleitung sind dann Luftabscheider und ein kleiner Regelungsbehälter eingebaut. Auf diese Art kann der Materialstrom direkt vom Kohlenstoß bis zur Aufbereitungsanlage ohne irgendein Umladen oder Umfüllen gefördert werden. Diese Kombination von hydraulischer Strecken- und Schachtförderung der Kohle oder der Berge ist durchaus fortschrittlich. Hierbei vereinfacht sich die Förderung unter Tage, und das Ausbruchvolumen der Strecken kann sehr viel kleiner sein als auf einer Grube mit herkömmlichen Verfahren.

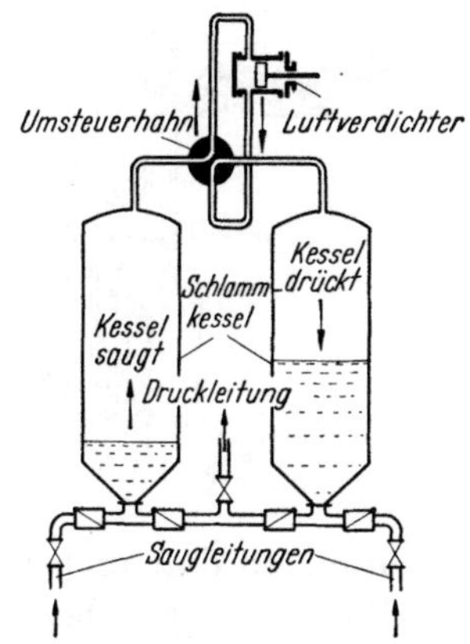

Abb. 178. Mammutpumpe.

Ein weiteres Verfahren hydraulischer Förderung ist die Aufgabe des Gutes in eine Hochdruckförderleitung mit Hilfe von Einspeisern. Die Wirkungsweise beruht auf der teilweisen Umwandlung der kinetischen Energie des mit hoher Geschwindigkeit eintretenden Wasserstrahls in Druckenergie bei entsprechender Geschwindigkeitsabnahme. Das unter einem Druck von etwa 25 atü zugeführte Wasser tritt durch eine Treibdüse in den Einspeiser ein. Nach Mischung des Druckwassers mit dem zu fördernden Gut beträgt der Druck des Gemisches hinter der Fangdüse noch etwa 7 atü. Dieser Austrittsdruck ermöglicht ohne zusätzliche Pumpen eine Förderung des Gemisches auf eine Entfernung von über 1 km. In einigen Fällen bewirkt die große Energie des aus der Treibdüse austretenden Wasserstrahls sogar eine Zerkleinerung des geförderten Materials.

Der Energieverbrauch für Waagerechtförderung von 1 m³ Schüttgut auf 1 km Entfernung beträgt etwa 2,0—2,5 kW/h. Für das Heben um 1 m können als äquivalente Länge 25—35 m der waagerechten Förderleitung angenommen werden. Die bei hydraulischen Förderanlagen vorkommenden Rohrdurchmesser liegen im Bereich von 125—800 mm.

Bisher konnte der Kohletransport durch Rohrleitungen noch nicht besonders wirtschaftlich durchgeführt werden, da vor der Verfeuerung im Kraftwerk ein aufwendiger

Trocknungsprozeß erforderlich war. Nach langer Forschungsarbeit ist jedoch der Babcock-Wilcox-Comp. eine wesentliche Verbesserung des Verfahrens gelungen, indem das transportierte Gemenge aus 60% Kohle und 40% Wasser mit nur geringem Druck unmittelbar in eine Vorkammer der Feuerung eingespritzt wird. Hier wird das Wasser durch einen Heißluftstrom teilweise zum Verdunsten gebracht und die Feinkohle in die Feuerung geblasen.

Bei einem anderen fortschrittlichen Verfahren der Schachtförderung wird die Kohle überhaupt nicht naß, denn sie wird in Gefäßen hydraulisch gefördert (Abb. 179). Im Füllort werden die Gefäße in einer Spezialeinrichtung mit Kohle gefüllt und werden dann in das Fördersystem eingeschleust. Das Fördermittel Wasser wird mehrstufig hoch-

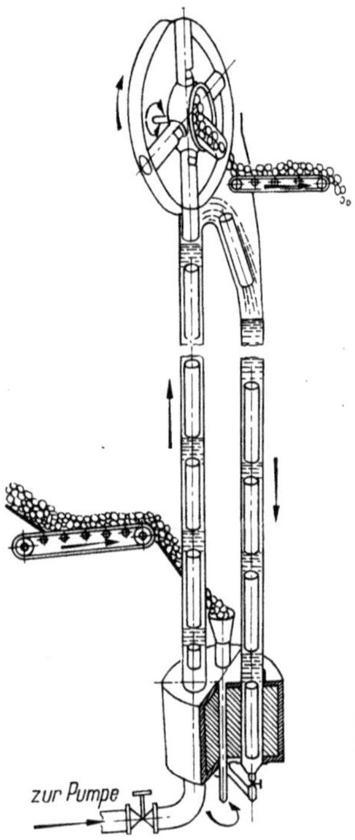

Abb. 179. Schema einer hydraulischen Gefäß-Schachtförderung.

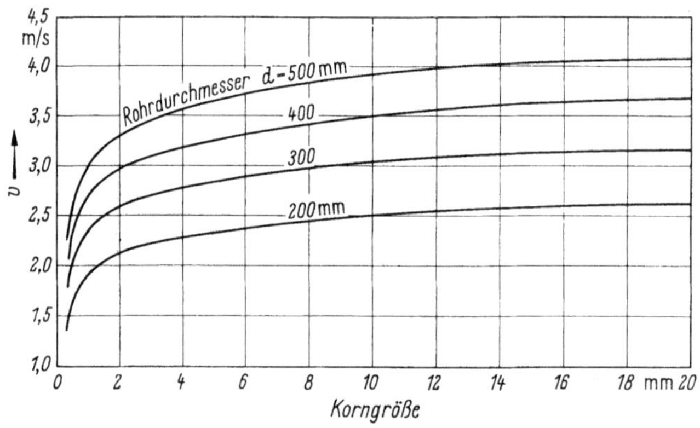

Abb. 180. Kritische Geschwindigkeiten eines Gemisches ohne Ablagerungen in den Förderleitungen.

gepumpt, so daß auch aus großen Teufen gefördert werden kann. Vorteilhaft kann man an diesen Anlagen bezeichnen, daß man sie mit der Grubenwasserhaltung kombinieren kann und daß der Verschleiß der Rohrleitungen und Pumpenaggregate im Vergleich zur gewöhnlichen hydraulischen Förderung erheblich geringer ist.

Bei der Bestimmung der Fördergeschwindigkeit des Gemisches ist die gleichmäßige Sinkgeschwindigkeit der Teilchen im Wasser oder die ihr entsprechende Schwebegeschwindigkeit im aufsteigenden Wasserstrom von Bedeutung. Nach Erfahrungen wird die Fördergeschwindigkeit meistens um das drei- bis vierfache größer als die Sinkgeschwindigkeit gewählt. Als kritisch bezeichnet man die Mindestgeschwindigkeit, bei der die Fortbewegung des Gemisches noch ohne Ablagerungen auf dem Boden der Förderleitung erfolgt. Richtwerte über die kritische Geschwindigkeit eines Gemisches aus Erde und Wasser in Abhängigkeit der Rohrdurchmesser sind dem Diagramm der Abb. 180 zu entnehmen. Großen Einfluß auf die kritischen Geschwindigkeiten hat neben der Körnung zweifellos auch der Feststoffgehalt der Schlämme, wobei man sagen kann, daß eine Schlämme hoher Dichte auch die groben Stoffteile in der Schwebe hält und damit ein Verstopfen der Leitung verhütet. Im allgemeinen pumpt man mit einem minimalen Feststoffgehalt von 40%. Ein Gefälle der Förderleitung bis zu 20% läßt sich ohne weiteres beherrschen. Bei größeren Gefällstrecken ergibt sich jedoch die Schwierigkeit, daß der quasi-homogene Teil der Schlämme den zum Ausfallen neigenden groben Bestandteilen davonläuft und dann Verstopfungen unvermeidbar sind. Derartige Gefälle unmittelbar hinter den Pumpen haben ferner das unerwünschte Abreißen der Drucksäule zur Folge. Dieser Mangel kann abgestellt werden durch Einfügen von Leitungshöckern an den Enden der Gefällstrecken. Die Leitung steigt an diesen Stellen in Form eines kopfstehenden V aus dem Gelände auf und trägt am Höckerscheitelpunkt ein Entlüftungsventil. Mit hydraulischen Förderanlagen sind Förderlängen bis zu 10 km überwunden worden.

Seit einigen Jahren werden auf Baustellen neben Kran und Aufzug auch hydraulische Pumpen für die Betonförderung verwendet. Wesentlich für den wirtschaftlichen Einsatz von Betonpumpen war die Entwicklung von Bauarten ausreichend hoher Förderdrücke. Heute bewältigen Betonpumpen Höhen bis 50 m oder bis zu 400 m horizontal. Dabei beträgt die stündliche Liefermenge etwa 10—40 m³ je nach Leitungsführung, Leitungsdurchmesser und Betonkonsistenz. Damit wurde diese Art der Betonförderung auch für die Hochbaustelle erschlossen.

Gefördert wird weichbreiiger bis steifplastischer Beton mit rund 7—8 Gew.-% Anmachwasser, das im Beton gebunden sein muß, denn überschüssiges Wasser würde zur Entmischung und Pumpenverstopfung führen. Zuschlagstoffe müssen körnig verwendet werden und die Grobzuschläge sollen 7 mm Korngröße wenigstens haben und etwa 50% der Gesamtzuschlagmenge ausmachen. Ferner rechnet man, daß ein pumpfähiger Beton je m³ mit 250 kp Zement anzumachen ist und zwar als Mindestmenge. Die Erfahrung zeigte, daß sich „lange Zemente“ besser pumpen lassen als „kurze Zemente“.

b) Förderung im Luftstrom

Die zuletzt erwähnte Anlage führte, da die Flüssigkeit durch die Vermittlung der Luft gefördert wurde, schon zu der Förderung im Luftstrom über.

Das Bestreben, die Luft als Energieträger für Dienstleistungen nutzbar zu machen, hat, vom Blasrohr der primitivsten Völker ausgehend, zu vielfältigen Anwendungsformen geführt. Neben Preßluftwerkzeugen nehmen pneumatische Förderanlagen einen breiten Raum ein, unter denen Fördereinrichtungen für loses Gut, z. B. für Getreide, Kohle oder Sägespäne sowie Rohrpostanlagen und ähnliche mehr verstanden werden. Diesen Anwendungsgebieten ist gemeinsam, daß Luft in Saug- oder Druckluftbetrieb zum Befördern des Sendegutes benutzt wird.

Die in ihrer Wirkungsweise einfachste Anlage ist die schon seit Mitte des vorigen Jahrhunderts bekannte Rohrpostanlage. Die Geschichte der Rohrpostanlage weist ausgeführte Anlagen sowohl für Personen- und Güter- als auch für Schriftgutverkehr sowie die verschiedensten Versuche auf. Für die Fahrrohre wurden Innendurchmesser von 19 mm bis 3 m verwendet und man erreichte z. B. um 1845 mit einer pneumatischen Personenbeförderungsanlage eine Geschwindigkeit von 90 km/h.

Diese Versuche brachten die Erkenntnis mit sich, daß die Beförderung mit Rohrpost nur für kleine Gegenstände geeignet ist. Das sind hauptsächlich Schriftstücke, Warenproben, Medikamente, Werkstoffproben (auch Flüssigkeiten) usw. in Gebäuden.

Die Fördernutzlast beträgt bis etwa 30 kp, wobei Fördergeschwindigkeiten von 0,2 bis 15 m/s je nach Art der Anlage gefahren werden. Das Fördergut wird in Hülsen (Rohrpostbüchsen) gesteckt und in Fahrrohren aus Messing oder Stahl mit kreisförmigem Querschnitt von 55 mm, 75 mm und 100 mm Durchmesser oder für Aktenverkehr mit ovalem Querschnitt von 86·146 mm² mit Saug- oder Druckluft befördert. Oft wurden auch Meldezettel von einheitlichem länglichem Format mit an einem Ende angeknifftter Fahne, die der Treibluft als Angriffsfläche dient, sozusagen als Segel, verschickt. Als Fahrrohre werden Flachrohre von rechteckigem Querschnitt, z. B. 70·10 mm Innenmaß, verwendet. Vielfach werden dann die großen Innenseiten der Rohre mit leicht erhöhten Längsrippen versehen, die zur Verminderung des Reibungswiderstandes zwischen Fahrrohr und Zettel dienen.

Die in der Rohrpostanlage des Volkswagenwerkes in Wolfsburg verwendeten Büchsen besitzen z. B. eine nutzbare Ladelänge von 230 mm bei einem lichtem Durchmesser von 53 mm. Sie tragen am vorderen Ende einen Filzkopf zur Abdichtung gegen die Rohrleitung und zum elastischen Stoßauffang beim Ausschleusen, während sich am hinteren Ende ein Filzring zur Führung im Rohr und der Verschluß befinden. Die beiden vierteiligen verstellbaren Ringsysteme sind direkt hinter dem Filzkopf auf der Hülse aus einer Hartaluminiumlegierung untergebracht. Während auf dem einen die Buchstaben A—R zur Kennzeichnung der Förderabschnitte eingraviert sind, trägt das andere die Zahlen 1—16 zur Kennzeichnung der einzelnen Rohrpoststellen des vorgewählten Abschnittes.

Die Ringe rasten bei jeder Einstellung ein, sind also gegen ungewolltes Verdrehen gesichert. Bei der beschriebenen Ausführung sind dann $16 \cdot 16 = 256$ Zieleinstellungen möglich, d. h. derartige Büchsen können in Anlagen mit bis zu 256 Rohrpoststellen verwendet werden. Durch das Verdrehen der Ringgruppen werden über Kontakte zwischen

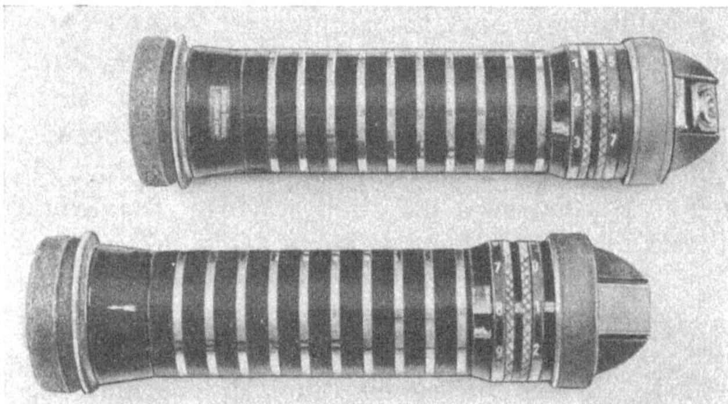

Abb. 181. Rohrpostbüchse mit Ringsystem zur Zielortbestimmung (Mix & Genest).

dem Büchsenmantel und der Innenfläche der Ringe unterschiedliche Stromwegkombinationen hergestellt, die durch ein Abgreiforgan mechanisch abgetastet und elektrisch zur Einstellung des Fahrweges für die Büchse ausgewertet werden. Das Abtasten der Büchsen wird bei den meisten Anlagen im Ruhezustand der Büchsen vorgenommen, da die Berührungszeit der Tastfinger mit den Kontaktringen bei der Fahrt zu kurz ist für eine sichere Kontaktgabe. Da nur 3 s für eine Prüfung gebraucht werden, können stündlich etwa 1200 Sendungen abgefertigt werden, so daß auch bei stärkster Beanspruchung ein reibungsloser Verkehr sichergestellt wird (Abb. 181).

Zur Überwachung der gesamten Anlage dient in einer zentralen Stelle ein Leuchtbild, an dem jederzeit die Arbeitsweise und der Verkehr zu übersehen sind. Büchsen mit einer Zielkennzeichnung für nicht bestehende Empfangsstellen werden nach Passieren der nächsten Vermittlungsstelle an einer dafür in jedem Abschnitt festgelegten Empfangsstelle ausgeschleust. Eine unnötige Belastung der Anlage durch derartige Büchsen geschieht also nicht.

Das die Treibluft erzeugende Gebläse kann entweder von Hand mittels Tastendruck beim Abschicken einer Sendung oder durch einen Fahrrohrkontakt, der von der in den Sender eingeführten Büchse betätigt wird, oder durch einen Deckelkontakt des Senders angelassen werden.

Über den Rahmen der innerbetrieblichen Rohrpostanlagen hinaus hat die Bundespost verschiedene Versuche mit Großrohrpostanlagen durchgeführt. So wurde in Hamburg eine Strecke erstellt zum Transport von Rohrbüchsen mit einer Länge von 1600 mm, die mit Radsätzen versehen sind. Als durchschnittliche Laufgeschwindigkeit werden 10 m/s angegeben. Die Fahrrohrleitungen bestehen aus Asbestzement und haben eine Nennweite von 450 mm bei einer Wanddicke von 35 mm. Die Rohre sind mit einem minimalen Radius von 9 m verlegt. Zur Erzeugung der benötigten Luftmenge werden Drehkolben- und Turbogebläse verwendet. Die Büchsen sind in der Lage, 2000 Stück gestapelte Briefpost aufzunehmen. Das Gewicht der Büchse beträgt in unbeladenem Zustand etwa 80 kp. Damit ergibt sich bei einer Beladung mit 2000 Standardbriefen ein Gesamtgewicht von rd. 120 kp. Die Ausschüttung der Post geschieht in einem drehbaren oben offenen Rohrstück. Nach einer Drehung um einen Winkel von 210° können die Briefsendungen auf ein unter der Drehvorrichtung liegendes Förderband fallen.

Es ist zweckmäßig, an den Großrohrpoststationen eine Speichereinrichtung einzubauen. Sie besteht aus einem etwa 10 m hohen Umlaufaufzug, der an Umlaufketten alle 70 cm ein Rohrsegment (Kammer) von 1,70 m Länge trägt. Hierdurch stehen insgesamt 32 Speicherplätze im auf- und ablaufenden Trum des Förderers zur Verfügung. Auf diese Art und Weise kann selbst bei hohem Spitzenbetrieb durch vorübergehende Speicherung die volle Transportkapazität der Rohrpostanlage ausgenutzt werden.

Auch in München und Berlin werden Großrohrpostanlagen geplant. Doch liegen hier die Verhältnisse anders als in Hamburg, da komplette Briefbeutel zu transportieren sind. Hierfür wird ein Rohrdurchmesser von 700 mm erforderlich. Bereits im Herbst 1962 wurde in Frankfurt mit den Untersuchungen für eine Tunnelbahn begonnen. Im Gegensatz zum schienenlosen pneumatischen Fördersystem der Rohrpost soll diese Tunnelbahn jedoch mit elektrisch angetriebenen Schienenfahrzeugen arbeiten. Da in erster Linie Postbeutel und Pakete befördert werden sollen, ist ein Rohrdurchmesser von 900 mm

Abb. 182. Rohrpostbüchse in Spezialausführung (Mix & Genest).

vorgesehen. Durch Versuche wurde festgestellt, daß dem pneumatischen Betrieb von Rohrförderanlagen bei Rohrdurchmessern von allerhöchstens 500 mm die wirtschaftlichen Grenzen gesetzt sind. Darüber hinaus sollte man keine Rohrpost, sondern eine elektrisch betriebene U-Bahn bauen.

Neben dem oben geschilderten vollautomatischen Rohrpostsystem kennt man auch noch einfachere für kleine Anlagen. Beim System mit Lampensignalisierung stellt der Absender durch Drücken einer dem Empfänger entsprechenden Taste den Fahrweg für

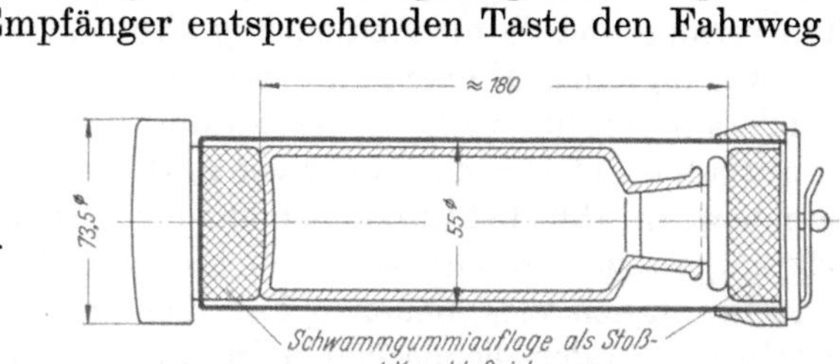

Abb. 183. Spezialrohrpostbüchse mit Flascheneinsatz zum Transport von Flüssigkeiten.

die Sendung ein. Besetztlampen an allen Rohrpoststellen zeigen an, daß mit dem Absenden einer weiteren Büchse gewartet werden muß, bis die Anlage wieder freigegeben ist, was jede Büchse durch Betätigen eines Ausfahrkontaktes veranlaßt. Dieses System ist für Anlagen mit etwa bis 15 Stationen zu verwenden.

Das System mit Abfahrtsregelung ist insofern vollkommener, als die Rohrpostanlage in Abschnitte unterteilt ist, so daß mehrere Büchsen in der Anlage gleichzeitig fahren können, selbstverständlich in verschiedenen Abschnitten. Hier kann der Absender jederzeit seine Sendung in den Sender einführen. Sie fährt sofort zum gewünschten Empfänger, wenn der betreffende Fahrrohrabschnitt frei ist. Andernfalls wird sie solange selbsttätig festgehalten, bis sie freie Fahrt bekommt. Hier fallen also Wartezeiten für den Absender fort.

In Rohrpostanlagen von Zechen, Gießereien oder chemischen Betrieben verwendet man zur Beförderung von kalten oder warmen Werkstoffproben oder Flüssigkeiten Büchsen in Spezialausführung (Abb. 182 u. 183). Mit Hilfe derartiger Anlagen, die ihren Aufgaben entsprechend besonders ausgebildet sind, ist es möglich, unmittelbar nach der Entnahme einer Probe, z. B. aus dem Schmelzofen, diese im Laboratorium zu untersuchen und die Analyse sofort zurückzusenden. In letzter Zeit wurden auch in Krankenhäusern Anlagen zum Transport von Medikamenten, Blutproben usw. eingesetzt.

Bei den Rohrpostanlagen braucht die bewegte Luft das Ladegut im allgemeinen nicht zu tragen, sondern nur die Reibung zu überwinden, die es in dem tragenden Rohr findet. Das Verhältnis von Last und Luftdruck wird aber doch so gewählt, daß die Last auch in senkrechten Rohren gehoben werden kann. Das ist leicht möglich, da bei 65 mm Rohr-

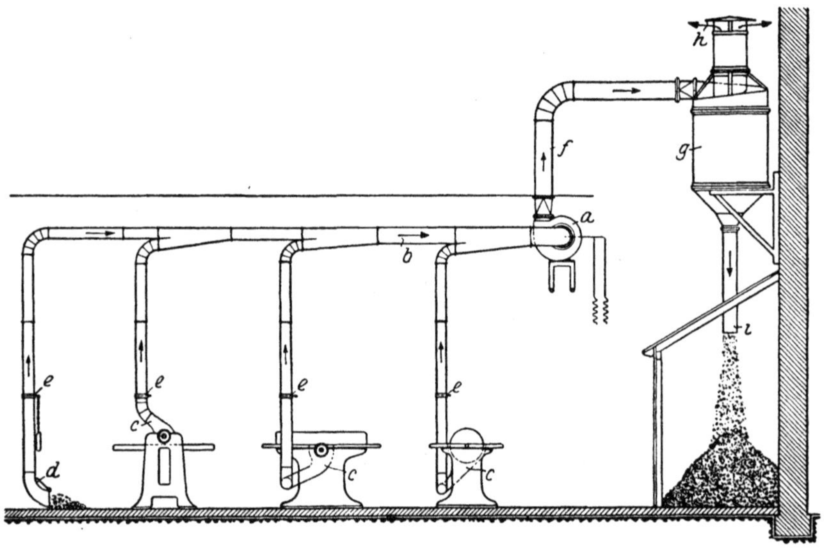

Abb. 184. Schema einer Späneabsauganlage.

a Exhaustor; *b* Hauptsaugleitung; *c* Absaugkasten; *d* Kehröffnung; *e* Absperrschieber; *f* Druckleitung; *g* Zyklon; *h* Luftaustritt; *i* Späneauslauf.

durchmesser 0,5 at Druckdifferenz schon ein Gewicht von etwa 16 kp in der Schwebe zu halten vermag und da die Abdichtung ähnliche einfache Verhältnisse schafft, wie sie bei der Bewegung eines Kolbens in einem Zylinder vorliegen.

Anders liegen die Verhältnisse bei den Förderanlagen, bei denen das Ladegut frei in dem bewegten Luftstrom schwebt wie z. B. bei den Spänetransportanlagen, den Getreidehebern usw. In Abb. 184 ist das Schema einer Späneabsauganlage einer Holzbearbeitungsfabrik dargestellt. Grundsätzlich gleiche Anlagen werden zur Entfernung aller möglichen Staubarten in den verschiedenen Fabriken verwendet, so wie zum Abführen von Rauch und Dämpfen in der chemischen Industrie und an technischen Öfen aller Art. Bei diesem fein verteilten Ladegut ist keine besonders große Geschwindigkeit erforderlich, um das Ladegut in der Schwebe zu halten.

Die Anschlüsse der verschiedenen Zweigleitungen sind natürlich so auszuführen, daß möglichst wenig Wirbel entstehen. Die Luftgeschwindigkeit muß um so größer sein, je größer die Korngröße des zu fördernden Ladegutes ist. Nach Messungen von GASTERSTÄDT wechselt die Schwebegeschwindigkeit von 5,2 m/s bei vorgereinigter Leinsaat auf 9,8 m/s bei Weizen und auf 12,5—15 m/s bei Erdnüssen. Das sind die Mindestgeschwindigkeiten, die erforderlich sind, um das Fördergut in der Schwebe zu halten. Zur Erzielung einer sicheren Förderung und größerer Leistung nimmt man die Luftgeschwindigkeit höher an, in der Regel größer als 20 m/s. Dann bestehen weder für vertikales noch für horizontales Fördern besondere technische Erschwernisse. Durch Aufrechterhaltung einer ausreichenden Geschwindigkeitsdifferenz des Tragmittels und des Fördergutes, des sogenannten Schlupfes, muß in beiden Fällen der Entmischung und dem Ausfallen des Feststoffes aus der bewegten Suspension vorgebeugt werden. Langsam bewegte oder stehende Gemische sind nicht möglich, so daß damit auch die Speicherwirkung derartiger pneumatischer Förderer selbst wegfällt, wie sie insbesondere bei Fernleitungen für verdichtetes Gas vorhanden ist. Die Rohrleitungen müssen im allgemeinen vor dem Anfahren leer sein und nach dem Fördern leer gefahren oder wenigstens soweit entleert werden, daß beim Wiederanfahren bald ausreichender Schlupf und Mitnahme des Fördergutes eintreten.

Die Größe des Schlupfes, die z. B. bei Kohle-Wasser-Gemischen zwischen einigen Zentimetern und einigen Metern in der Sekunde je nach Korngröße der Kohle schwankt, ist bei Kohle-Luft-Gemischen mehrere hundertmal größer, wichtig ist eine schlanke und stauungsfreie Rohrführung, die sich im übrigen ja auch aus kraftwirtschaftlichen Gründen und solchen des Rohrverschleißes empfiehlt.

Um 250 Mp/h Kohlenstaub mit Feinkohle unter 2 mm aus 1000 m Tiefe zutage zu fördern und weiterhin bis zu einem nahegelegenen Kesselhaus, einer Vergasungsanlage oder einer Kokerei zu bringen, ist ein Gebläse mit einem Antrieb von 320 kW erforderlich. Der Kraftbedarf der pneumatischen Aufwärtsförderung ist also geringer als für hydraulische Förderung, denn zum hydraulischen Fördern von 90 Mp/h Kohle bis zu 76 mm Korngröße in einer 250 mm weiten Rohrleitung aus 300 m Teufe sind auch 320 kW notwendig.

Es ist an dieser Stelle noch erwähnenswert, daß die Korngröße des Fördergutes 1/100 des inneren Rohrdurchmessers nicht überschreiten soll, da andernfalls der Kraftbedarf rasch anwächst.

Die Abnutzung durch Verschleiß ist bei allen pneumatischen Förderrohren geringer als zunächst erwartet wurde. Auch nach Durchsätzen von 50000 Mp und mehr war sowohl bei den pneumatischen als auch bei den hydraulischen Förderrohren kaum ein Verschleiß wahrzunehmen. Als Rohrwerkstoff kann daher auch einfachster Kohlenstoffstahl mit

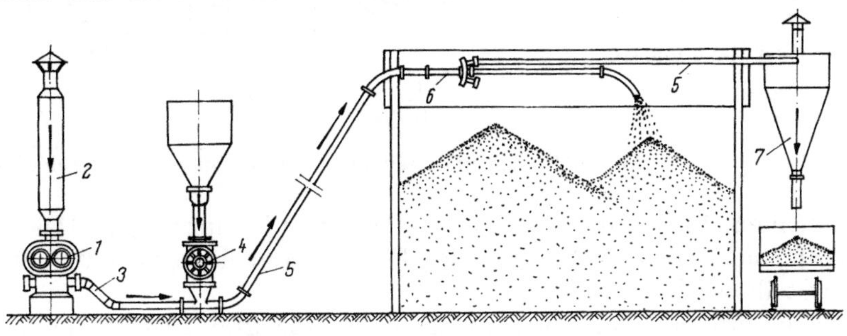

Abb. 185. Schema einer Druckluftanlage.

1 Drehkolbengebläse; *2* Ansaugrohr mit Schalldämpfer; *3* Luftleitung; *4* Beladeschleuse; *5* Förderleitung; *6* Abzweig; *7* Abscheider.

37—40 kp/mm² Bruchfestigkeit und $\delta_{10} = 20\%$ verwandt werden. Die Innendurchmesser liegen in der Regel zwischen 250 und 400 mm bei einer Wandstärke von 3—9 mm. Die Rohrleitungen werden geschweißt, jedoch etwa alle 20 m mit einer Flanschverbindung versehen, um bei evtl. Störungen schnell in das Innere der Leitung gelangen zu können.

Bei allen pneumatischen Anlagen wird das Fördergut durch einen Luftstrom getragen. Steht der Lufterzeuger am Anfang des Förderweges, so handelt es sich um eine Druckluftanlage, während eine Saugluftanlage den Lufterzeuger am Ende des Förderweges besitzt. Eine schematische Darstellung der beiden Fördersysteme ist in Abb. 184 und 185 zu finden. Druckluftanlagen werden immer dann eingesetzt, wenn Material zu verschiedenen Punkten verteilt werden soll. Eine Saugluftanlage hingegen sammelt das Material von mehreren Punkten zu einer Stelle. Nachteilig wirkt sich bei der Saugluftanlage aus, daß der Förderweg begrenzt ist, da der zu erzeugende Druckunterschied 8000 mm WS nicht überschreiten kann. Soll Material von mehreren Punkten gesammelt und wieder zu anderen Stellen verteilt werden, so finden kombinierte Saug-Druck-Anlagen Anwendung.

Als Vorteil einer Druckluftanlage ist der geringe Energieverbrauch zu erwähnen. Außerdem läßt sich auch die Abluft einfacher reinigen, da sie das Gebläse nicht passieren braucht. Auf der anderen Seite arbeitet eine Saugluftanlage meist sauberer, da sie zugleich auch die Aufnahmestelle des Materials mit entstaubt. Eine besondere Aufgabevorrichtung ist nicht erforderlich. Da der Saugrüssel leicht beweglich ist, kann man verstehen, daß die Saugluftförderung fast das gesamte Gebiet der Löscharbeiten aus Schiffen und Waggons erobert hat.

Die Umluftförderanlage nach Abb. 186 stellt eine Besonderheit dar, da, wie der Name schon andeutet, die Luft immer im Kreislauf gefördert wird. Sie arbeitet mit verhältnismäßig geringen Drücken, so daß unempfindliche Ventilatoren als Druckerzeuger einge-

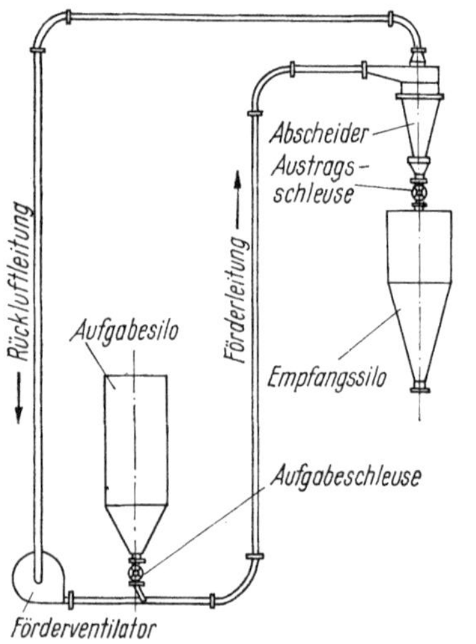

Abb. 186. Schema einer Umluftanlage.

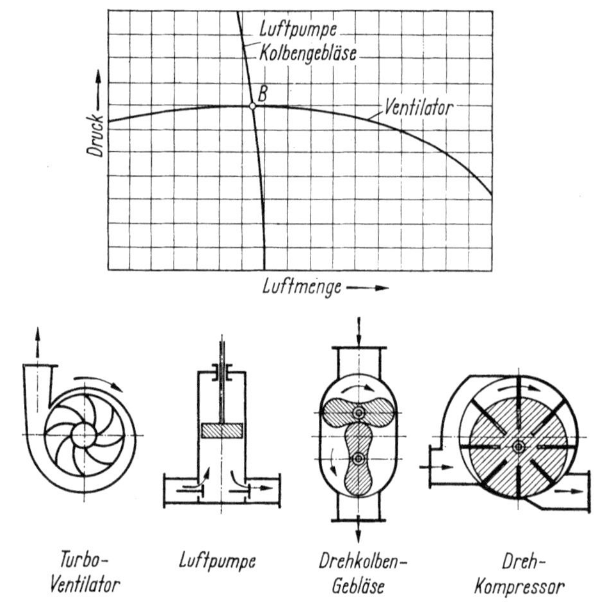

Abb. 187. Gegenüberstellung der Kennlinien von verschiedenen Gebläsen.

setzt werden können. Eine Luftreinigung ist daher nicht erforderlich. Das zu fördernde Material wird an einer beliebigen Stelle in den Förderstrom eingegeben und an einer anderen beliebigen Stelle wieder entnommen.

Pneumatische Förderanlagen werden je nach der erzeugten Druckhöhe unterschieden:

Hochdruckanlagen mit einem Druck über 8000 mm WS zur Überbrückung von Entfernungen zwischen 500 und 1000 m. Der Hochdruck wird meist von Kolbenpumpen erzeugt. Sie werden aber immer mehr von Drehkolbengebläsen verdrängt, die einfacher im Aufbau sind und billiger in der Anschaffung und die zudem einen ölfreien Durchtritt der Förderluft gestatten, was bei Kolbenpumpen nicht garantiert werden kann. Zur Förderung von aggressivem Gut, dessen staubhaltige Abluft durch die Pumpe geht, werden auch häufig Wasserringpumpen eingesetzt, die allerdings bis zu 40% mehr Energie brauchen.

Mitteldruckanlagen arbeiten mit einem Druckunterschied von 2000—8000 mm WS und sind geeignet, mittlere bis große Leistungen bei mittleren Entfernungen, etwa 100 bis 400 m, zu erreichen. Es werden sowohl Saug- und Druckluftanlagen eingesetzt. Der erforderliche Druck wird meist durch Drehkolbengebläse erzeugt.

Niederdruckanlagen arbeiten mit einem Druckunterschied von 100—2000 mm WS und erreichen begrenzte Förderleistungen über kurze Entfernungen. Die Druckerzeugung erfolgt meist durch unempfindliche Ventilatoren. Es ist sogar möglich, auf der Saugseite eines Ventilators das Material direkt aufzunehmen, durch den Ventilator zu fördern und auf der Druckseite weiterzutransportieren, um es dann ohne irgendwelche Austragaggregate auszuscheiden.

In Abb. 187 sind die verschiedenen Gebläsearten mit ihren Kennlinien gegenübergestellt. Es sei besonders erwähnt, daß die zur Drucklufterzeugung verwandten Gebläse eine steile Leistungscharakteristik haben müssen, um sich bei Überlastungen, z. B. beim Wiederanfahren nach Stromausfall, freiblasen zu können.

Die Zuführung des Fördergutes zur Förderleitung bereitet bei den Hochdruckanlagen die meisten Schwierigkeiten, da ein Durchblasen der Druckluft in die Atmosphäre vermieden werden muß. Man kann der Einspeisungsstelle eine Druckschleuse vorschalten, in die das Gut schubweise eingebracht wird. Zwischen der Schleuse und der Förderleitung darf dann kein Druckunterschied mehr bestehen. Andererseits kann eine einwandfreie Einspeisung auch mit Hilfe der sog. Fuller-Pumpe geschehen. In einem geschlossenen

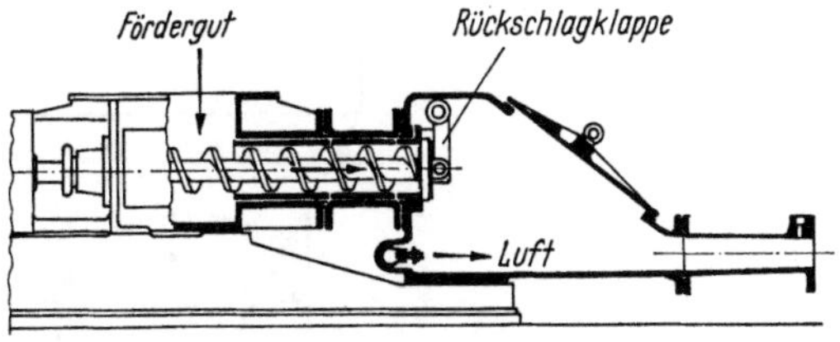

Abb. 188. Fullerpumpe zur Guteinspeisung in Hochdruckförderanlagen (Claudius Peters).

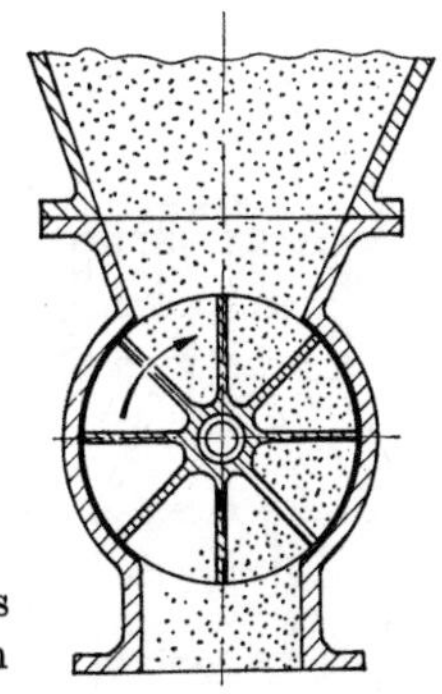

Abb. 189. Prinzip eines Zellenradaufgebers in geschlossener Bauform

Gehäuse, das mit auswechselbaren Schleißbuchsen ausgestattet ist, läuft eine kräftig gelagerte Schnecke mit mittlerer Drehzahl. Diese Schnecke transportiert das ihr aufgegebene Gut bis in das Auslaufgehäuse. Hier ist eine Rückschlagklappe angeordnet, die den Fluß des Gutes reguliert und bei Ausbleiben desselben den Rückdruck der Förderluft durch die Schnecke verhindert. Im unteren Teil des Auslaufgehäuses befindet sich eine Reihe von Düsen, durch welche die für den Transport erforderliche Druckluft eingeblasen wird. Diese trägt das ins Auslaufgehäuse gelangte Gut durch die Förderleitung (Abb. 188).

Mit diesen Pumpen können mehr als 1000 m Förderlänge und bis zu 150 Mp/h Förderleistung bei schweren Gütern erreicht werden. Für die Entladung feinkörnigen Gutes aus Schiffen oder Eisenbahnwaggons ist auch der Einsatz einer transportablen Fuller-Entlade-Pumpe angebracht. Sie arbeitet nach demselben Prinzip wie die beschriebene stationäre Ausführung. Nur wird das Fördergut durch eine rotierende Zubringerscheibe der Transportschnecke zugeführt. Soll die Entladepumpe an ein Krangeschirr gehängt werden, so wird sie zweckmäßig mit zwei gegenläufigen Zubringerscheiben ausgerüstet, so daß die Drehmomente, die bei der Berührung mit dem zu fördernden Gut entstehen, ausgeglichen werden.

Die einfachste und wohl auch am weitesten verbreitete Art einer Schleuse ist das Zellenrad, das für Drücke unter 0,5 atü einen sicheren Abschluß nach außen gewährleistet. Es wird sowohl bei der Einschleusung des Gutes als auch bei der Entnahme aus der Förderleitung angewandt (Abb. 189). Je größer die Anzahl der Zellen gewählt wird, desto größer wird der Dichteffekt und gleichmäßiger die Zuteilung. Eine Abart des Zellenrades ist der Bailey-Zuteiler (Abb. 190). Dieses Gerät verhindert ein Durchschießen selbst bei allerfeinstem Staub auch dann, wenn in den Vorratsbehältern Einstürze von Staubwänden und -brücken stattfinden.

Dieser Apparat besteht im wesentlichen aus zwei übereinander angeordneten Zellenrädern, die mit einem darüber angeordneten Rührer auf einer gemeinsamen senkrechten Welle sitzen. Der aus dem Vorratsbunker fallende Staub gelangt zunächst in ein Einlaufgehäuse, in welchem zwei Klappen für die Regelung des Zulaufes sowie für den Abschluß des Zuteilers angeordnet sind. Im unteren Teil des Einlaufgehäuses rotiert der oben erwähnte Rührer, der den Staub durch einen Sektorausschnitt einer Abdeckplatte in das obere Zellenrad befördert. Dieses ist von dem unteren Zellenrad wieder durch eine Platte getrennt, in der sich um 180° zum oberen Einlauf versetzt eine Öffnung befindet. Durch diese gelangt der Staub aus dem oberen in das untere eigentliche Zuteilrad, das also nach oben hin vollkommen entlastet ist. Das Volumen des unteren Zellenrades ist etwas kleiner als dasjenige des oberen Rades, so daß die Gewähr besteht, daß die Zellen des unteren Rades stets voll gefüllt werden. Durch die zweckentsprechende Kurve der Auslauföffnung

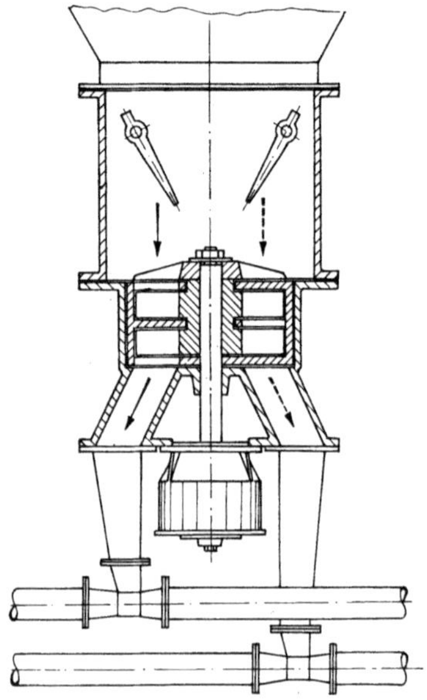

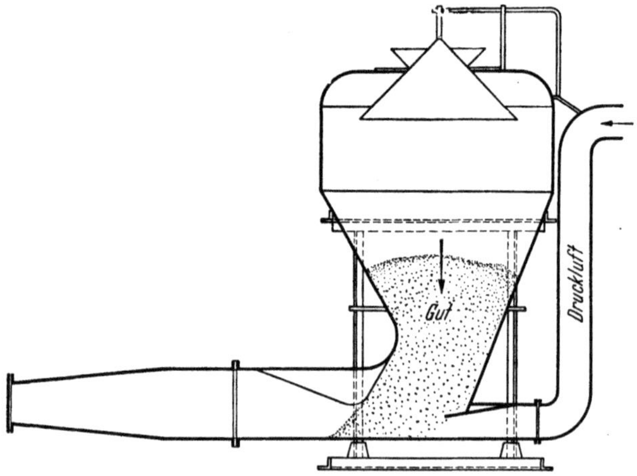

Abb. 191. Materialeinspeisung in ein Niederdrucksystem.

Abb. 190. Bailey-Zuteiler (Claudius Peters).

findet eine vollkommen gleichmäßige Austragung des Staubes in die Einblasleitung statt.

Der Bailey-Apparat arbeitet so exakt, daß er in zahlreichen Anlagen, vor allem auch in der chemischen Industrie, nicht nur für die Zuteilung, sondern vor allem auch zur genauen Mengenkontrolle der verschiedenen feinkörnigen Materialien benutzt wird. Die momentan zugeteilte Materialmenge kann durch einen Tachometer und die während eines bestimmten Zeitraumes zugeteilte Menge durch einen addierenden Zähler kontrolliert werden.

Bei Niederdruckanlagen ist häufig bei richtiger Auslegung keine Schleuse nötig, wenn das Gut durch den Lüfter hindurchgefördert werden kann. Soll dies nicht geschehen, so kann man das Material durch eine sog. Injektorschleuse zuführen (Abb. 191).

Für den ausgesprochenen senkrechten Transport trockener, feinkörniger und staubförmiger Massengüter aller Art kann die Einspeisung in die Druckleitung auch über ein senkrecht arbeitendes Sendergefäß erfolgen. Einzelne Hersteller haben diesen Anlagen spezielle Bezeichnungen wie „BA-Hubsender", „Peters-Airlift" usw. gegeben (Abb. 192). Das zu transportierende Material wird über eine Luftförderrinne dem Einspeisungsgefäß aufgegeben. Zugleich wird durch einen Auflockerungsboden Luft zugeführt, wodurch das Material in fließfähigem Zustand gehalten wird. Durch eine zentrale Düse wird von unten her die Förderluft eingeblasen. Die Förderleistung des größten bisher gebauten Hubsenders beträgt über 100 Mp/h Zement-Rohmehl, womit die Leistungsgrenze aber bei weitem noch nicht erreicht ist. Der spezifische Arbeitsbedarf liegt normalerweise unter 1 kWh/Mp geförderten Gutes.

Bei den Saugförderanlagen wird in Gebläsen oder Rotationsvakuumpumpen ein Unterdruck erzeugt, der das Fördergut im Fördermittelstrom von den Anfallstellen zu der Empfangsstelle gelangen läßt. Die Aufnahme des Gutes erfolgt über Saugdüsen (Abb. 193), die meist regelbare Schieber besitzen. Hierdurch läßt sich die Luftaufladung mit Fördergut variieren und somit eine optimale Förderleistung erzielen (Tab. 47).

Das unten offene Rohrende, das in den Lagerhaufen, z. B. in das Getreide, eintaucht, ist von einem ringförmigen Mantel umgeben, der oben und unten offen ist, auch unten an der Seite eine ringförmige Öffnung trägt. Durch diese tritt das Ladegut vor die Öffnung des Förderrohres, und zwar so, daß die durch die obere Öffnung des Mantels eingesaugte Luft durch das Ladegut hindurchtritt und möglichst viel davon mitnimmt. Durch Verschieben des Mantels gegenüber dem Rohrende kann man die für das jeweilige Ladegut günstigste Stellung herbeiführen, derart, daß der Widerstand der Luft bei dem Durchströmen des Ladegutes vor der Saugöffnung nicht zu groß, die mitgenommene Ladegutmenge möglichst groß wird. Zum Aufnehmen des Restes der Ladung vom Boden verwendet man sog. Restsaugdüsen, die unten ein eingebautes Gitter tragen, um die Düse ohne Beschädigung in einem geeigneten Abstand vom Boden halten zu können.

Das geförderte Gut wird in einem Zyklon von der Luft getrennt. Abb. 194. Hierbei gelangt das Gut-Luft-Gemisch durch das Eingangsrohr tangential in den Abscheider. Durch die Zentrifugalkraft wird das Gut nach außen geschleudert, wodurch die Luft in den Randzonen mit Gut zu stark ange-

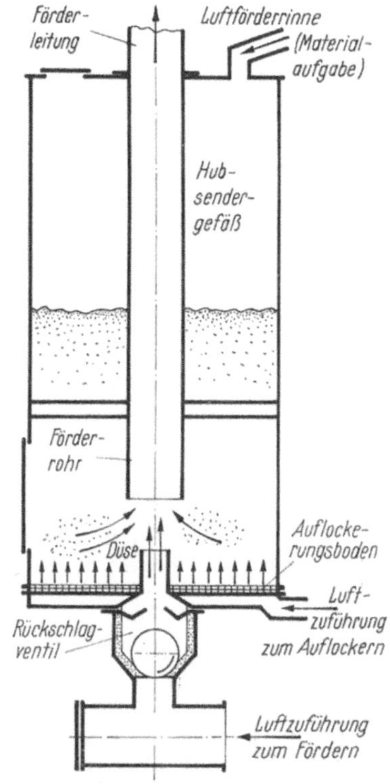

Abb. 192. Senkrechte Einspeisung in eine Druckförderleitung (Peters Airlift).

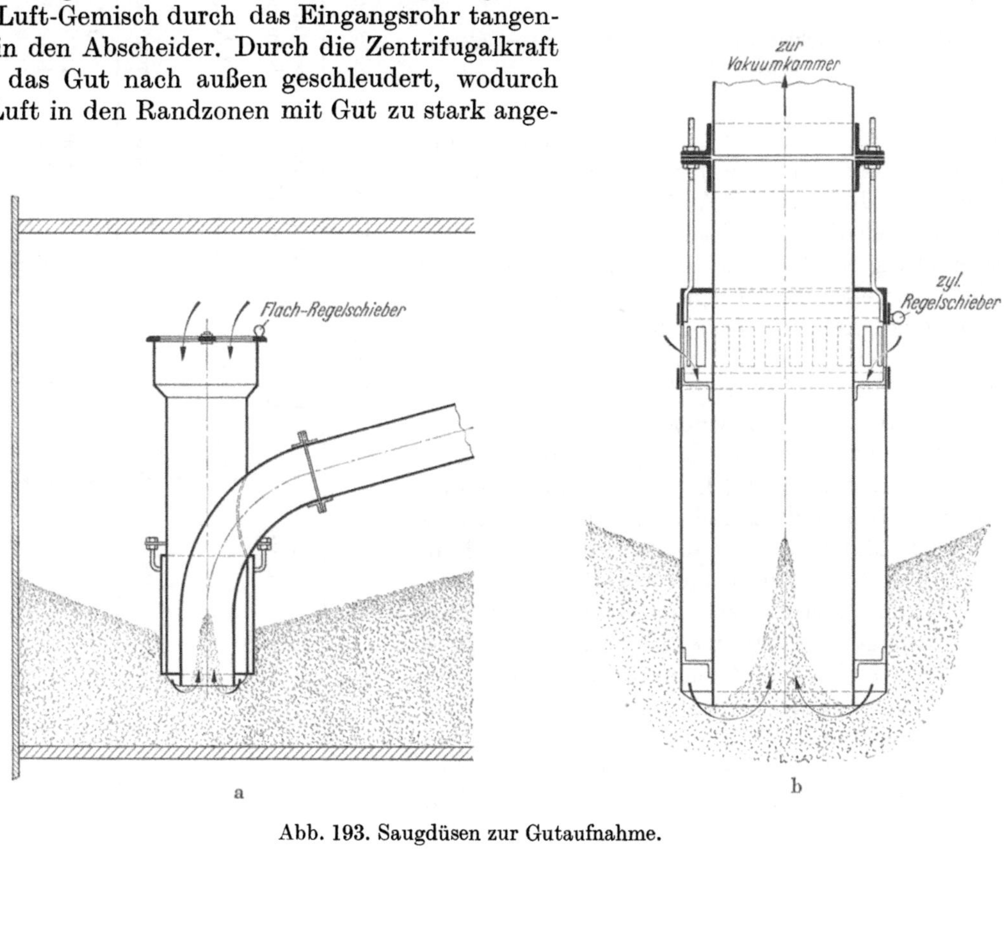

a b

Abb. 193. Saugdüsen zur Gutaufnahme.

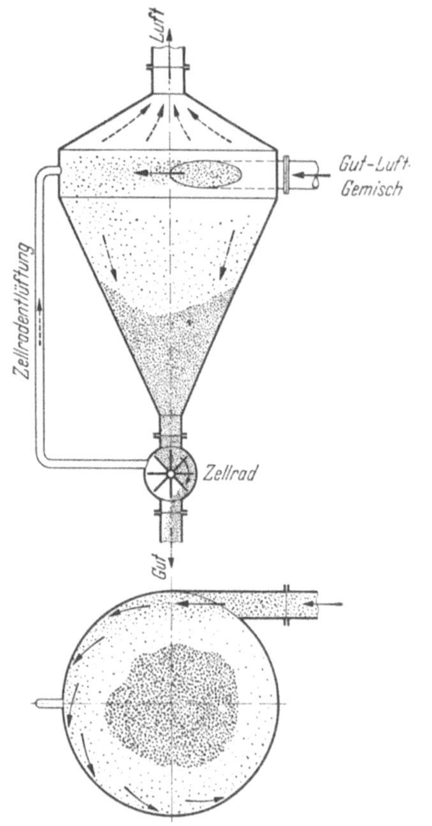

Abb. 194. Entladezyklon zur Trennung des Fördergutes vom Transportmittel.

reichert wird. Ein Teil des Gutes fällt also aus und gelangt infolge der Schwerkraft nach unten in den Trichter. Eine weitere Ausscheidung des Gutes erfolgt durch die plötzlich auftretende Querschnittserweiterung am Eingang des Zyklons. Eine Querschnittserweiterung bringt ja bekanntlich eine Geschwindigkeitsminderung mit sich. Sobald nun die Schwebegeschwindigkeit unterschritten wird, kommt es zur Scheidung des Gemisches. Damit keine Luft in den Abscheider eindringen kann, erfolgt die Entnahme des Ladegutes durch Schleusung mit Luftabschluß, häufig durch ein Zellrad, wie in Abb. 189 dargestellt. Aus diesem Zellrad fließt das Material dann drucklos aus und kann beliebig weiterbefördert oder abgefüllt werden.

Bei den bisher geschilderten pneumatischen Förderanlagen strömt das Fördermittel Luft an den kleinsten Fördergutteilchen vorbei, der Unterschied zwischen der Geschwindigkeit des vorbeiströmenden Fördermittels erzeugt an den Gutteilchen Reibungskräfte, die sie dann vorwärtstreiben. Gehemmt werden die Teilchen durch ihre Trägheit, durch ihr Gewicht, durch die Reibung der Teilchen

Tabelle 47. *Leistungsdaten pneumatischer Förderer (Engelbrecht & Lemmerbrock)*

Modell	Rohr-durch-messer	Gebläse-Motor	Zellenrad-Schleuse		ungefähre Abmessungen für Gebläse auf Fundamentrahmen				ungefähre stündliche Leistung in Mp Roggen einschließlich 1 Bogen 90°, 1 Bogen 45° und einer Rohrleitungslänge von				ungefähres Gewicht
			Größe	Motor	Länge	Breite	Höhe	Einfall-trichter-höhe					
	mm	PS	Nr.	PS	mm	mm	mm	mm	25 m	50 m	75 m	100 m	kp
GD 105/7	105	5,5	I	0,5	1620	880	880	700	2,6– 3,9	2– 2,6	1,5– 1,8	1,0–2,1	300
GD 150/7	150	7,5	II	0,75	1720	1050	1000	980	4,5– 5,8	3,0– 3,9	2,5– 2,8	1,5–2,0	320
GS 150/10	150	10	II	0,75	1720	1050	1020	980	7,8– 9	4,5– 5,8	3,5– 3,8	2,2–2,8	385
GD 150/15	150	15	II	0,75	1920	1050	1020	980	9,6–12,5	6,0– 7,8	5,0– 5,4	3,2–3,8	680
GD 210/10	200	20	III	1,0	2080	1300	1210	1170	15 –18	9,6–11,5	7,5– 8,5	5 –6	710
GD 120/15	210	32,5	III	1,0	2300	1300	1210	1170	20 –23	13 –15,5	9 –10	7 –8	1030

untereinander und durch die Reibung der Teilchen an den Wandungen. Beim Transport bewegen sich die Gutteilchen schwebend (einzeln oder in Gutwolken) in der Luft und führen relativ zueinander Bewegungen in allen Richtungen durch. Die Fördergutgeschwindigkeiten sind hoch. Man spricht bei diesem Strömungszustand von einer Blasförderung (Flugförderung).

Im Laufe der Entwicklung hat sich nun ein zweites Verfahren für die Fortbewegung von Fördergutteilchen im Luftstrom herausgebildet, nämlich die sog. Schubförderung. Bei ihr befinden sich die Materialteilchen im Zustand der Ruhe zueinander. Das durch die Fördergutschüttung strömende Fördermittel bewegt Gutsäulen oder Gutpfropfen durch die Förderrohrleitung. Die Fördergutgeschwindigkeiten sind niedrig. Beide Strömungsformen können ineinander übergehen, was an Hand der Abb. 195 und 196 kurz dargestellt werden soll.

Grundsätzlich verlaufen die Strömungsvorgänge in einem waagerechten Rohr anders als in einem senkrechten Rohr. Es würde daher für die Veranschaulichung ein geneigtes Rohr gewählt, da sich hierin die Strömungsvorgänge kombinieren. In dieses Förderrohr wird kontinuierlich stets die gleiche Menge Fördergut pro Zeiteinheit aufgegeben. Die Förderluftmenge hingegen und somit auch die Luftgeschwindigkeit wird variiert. Bei sehr hoher Luftgeschwindigkeit werden die Fördergutteilchen durch das Rohr geblasen (reine Blasförderung – Abb. 195a und b). Bei kleiner werdender Luftgeschwindigkeit kann es zu Entmischungen und Ablagerungen kommen (Abb. 195c und d). Bei großen Gutdurchsätzen wird der freie Rohrquerschnitt immer kleiner, bis er schließlich ganz verschlossen ist. Die instationäre Form der Schubförderung, die Pfropfenförderung, tritt auf (Abb. 195e). Der Druckverlust, bezogen auf eine bestimmte Förderrohrlänge, steigt schlagartig an. Je höher

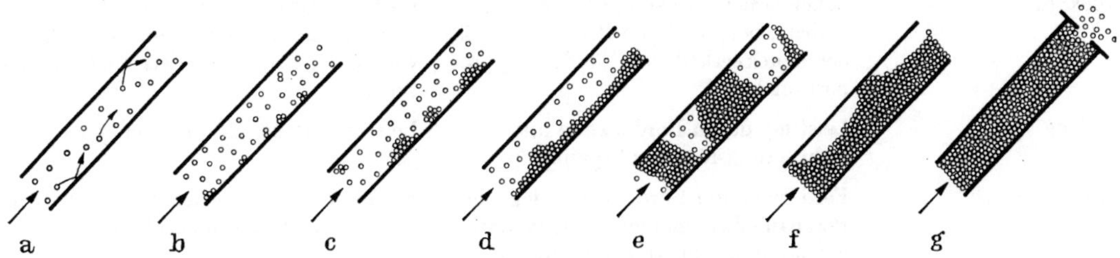

Abb. 195. Strömungsformen.

nun die Aufladung des Luftstromes mit Material wird, um so stabiler wird die Pfropfenförderung, d. h. die Regelmäßigkeit der Pfropfen pro Zeiteinheit nimmt zu. Bei weiterer Senkung der Luftgeschwindigkeit stellt sich die Blasenförderung (Abb. 195f) ein, bei der nur relativ wenig Gut gefördert wird. Eine reine Schubförderung (Abb. 195g) läßt sich bei richtig gewählter Förderluftmenge nur erreichen, wenn in einer geraden Rohrleitung am Ende der Leitung eine Regelvorrichtung montiert wird, die durch einen Gegendruck eine geschlossene Fördergutsäule durch das Förderrohr strömen läßt. Fällt dieser Gegendruck, so zerreißt die Fördergutsäule und es tritt wieder die Pfropfenförderung ein.

Die reine Schubförderung ist daher nur auf gerade Förderstrecken beschränkt. da in Krümmern durch die Verschiebung der einzelnen Volumenelemente gegeneinander sehr große innere Reibungskräfte auftreten, die entweder das Fördern infolge überhohen Druckbedarfs unmöglich machen, oder die Fördergutsäule auseinanderreißen lassen. Für das praktische Anwenden des pneumatischen Schubförderns wird daher fast nur die instationäre Form des Schubförderns, das Pfropfenfördern bzw. die Blasenströmung benutzt.

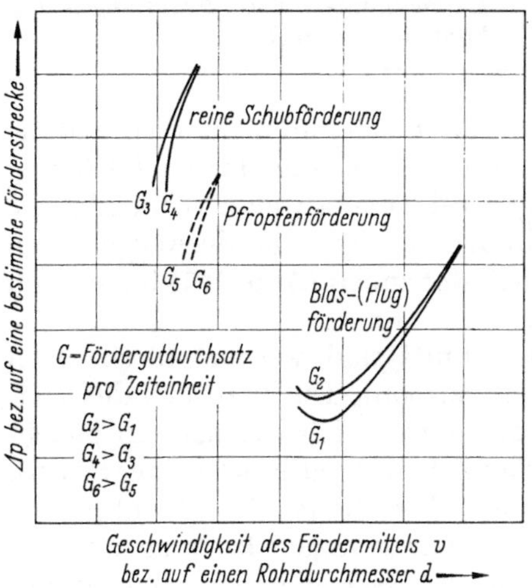

Abb. 196. Strömungszustände bei verschiedenen Förderungsarten.

Wenn eingangs eine Unterteilung der pneumatischen Förderanlagen nach Hochdruck-, Mitteldruck- und Niederdruckanlagen vorgenommen wurde, so sollten hierunter natürlich nur die Anlagen verstanden werden, die nach den Strömungszuständen entsprechend der Abb. 195a—d ausgerichtet sind, d. h. nach dem Prinzip der Blasförderung. Demgegenüber stehen also die pneumatischen Förderanlagen, die nach dem Schubförderprinzip arbeiten (Abb. 195e—g).

Im folgenden sollen in der für die technische Praxis gedachten Tab. 48 die Merkmale der beiden unterschiedlichen pneumatischen Förderverfahren aufgezeigt werden.

Tabelle 48

Merkmale	Schubförderung	Blasfördern (Flugfördern)
Strömungszustand	Fördergutteilchen werden in dichter Packung in Säulen oder in Pfropfen durch die Rohrleitung geschoben	Fördergutteilchen fliegen einzeln oder in Gutwolken durch die Rohrleitung
Konzentration	hohe Gutkonzentration bezogen auf Fördermittel	niedrige Gutkonzentration bezogen auf Fördermittel
Fördergutgeschwindigkeiten	niedrige Fördergutgeschwindigkeiten (0,5–5 m/s)	hohe Fördergutgeschwindigkeiten (bis 40 m/s)
Beschleunigung und Verzögerung der Fördergutteilchen	unbedeutende Beschleunigung und Verzögerung	sehr große Beschleunigung und Verzögerung
Druckabfall	hoher Druckverlust je Förderstreckeneinheit; bei günstigen Bedingungen ist der Druckverlust dem Förderweg proportional	niedriger Druckverlust je Förderstreckeneinheit (20–50fach niedriger); Druckverlust ist dem Förderweg nicht proportional
Leistung	Leistung durch Förderweite und Rohrleitungsführung begrenzt	Leistung praktisch unbegrenzt
Fördergut	Förderung von Fördergütern jeglicher Beschaffenheit möglich (feucht, körnig, staubförmig, zum Zusammenbacken neigend usw.)	Fördergüter nur trocken, staubförmig und körnig (riesel- und fließfähig)
Fördermittelentspannung	starke Entspannung des Fördermittels an der Empfangsstelle	schwache Entspannung des Fördermittels an der Empfangsstelle
Verschleiß im System	vernachlässigbar geringer Verschleiß im Rohrleitungssystem und an den Aufgabenstellen	hoher Verschleiß im Rohrleitungssystem und an den Aufgabenstellen bei abrasiven Fördergütern
Veränderung des Förderguts	keine Entmischungen und Zerstörung des Förderguts	Entmischungen und Zerstörungen des Förderguts möglich

Die Verwendung von Luft für Förderaufgaben beschränkt sich nun nicht allein auf die bisher beschriebenen pneumatischen Transporteinrichtungen, bei der das zu fördernde Material mit der Luft gemischt gemeinsam fortbewegt wird, sondern man verwendet die Luft auch zur Materialauflockerung, so daß es bei schwach geneigten Förderwegen durch seine Schwerkraft zum Fließen kommt. Derartige Luftförderrinnen (Abb. 197) haben sich seit den dreißiger Jahren immer stärker durchgesetzt.

Die Förderrinnen haben meist rechteckigen Querschnitt und werden durch einen porösen Zwischenboden in den Unter- und Oberkasten getrennt. Die Porosität des Zwischenbodens muß so beschaffen sein, daß sich auf der ganzen Förderlänge ein gleichmäßiger Luftdruck ausbildet, der durch einen gewöhnlichen Ventilator erzeugt wird. Die Druckluft, die durch den Zwischenboden von unten her zutritt, bildet unter dem Fördergut ein Luftkissen, auf dem das Gut dann mit sehr geringer Reibung abwärts gleitet. Je höher der Staubanteil des Fördergutes ist, um so besser bildet sich eine zusammenhängende Decke aus. Materialien mit unterschiedlichen Stückgrößen lassen sich daher nur schwer in Förderrinnen transportieren und erfordern auf jeden Fall eine größere Neigung.

Die erreichbare Förderleistung hängt von der Trogbreite und von der Neigung der Rinne ab. Als maximale Neigung wird etwa 10° angegeben. Mittlere Werte liegen bei 4—6°. Mit Förderrinnen sind Leistungen bis 400 m³/h erzielt worden. Über mittlere Werte gibt die Tab. 49 Aufschluß.

Förderrinnen lassen sich auch in Kurven verlegen und gestatten den Einbau von Spezialschiebern und Weichen.

Tabelle 49. *Leistungen für Luftförderrinnen bei mittlerer Neigung*

Lichte Rinnenbreite	Förderleistung	Leistungsbedarf für Förderlängen von 10 m	25 m	40 m	Laufendes Rinnengewicht
mm	m³/h	PS	PS	PS	kp/m
160	25	0,56	0,90	1,25	35
250	40	0,75	1,1	2,0	50
400	65	1,0	2,0	3,0	75
500	100	1,1	2,5	3,5	90

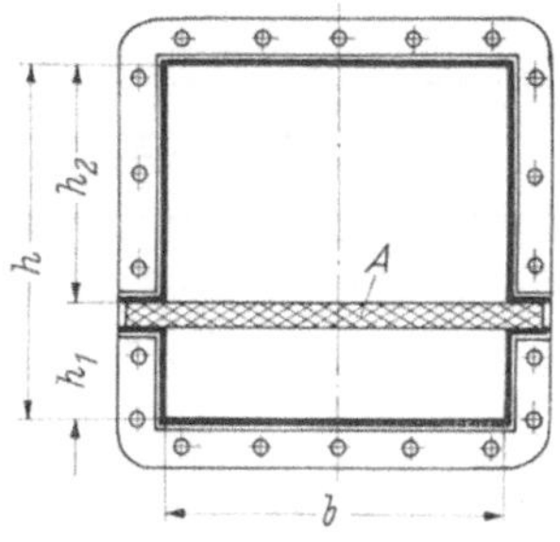

Abb. 197. Querschnitt einer Luftförderrinne.

Sie können den Materialstrom einer weiterführenden Rinne zuleiten oder aber als Seitenentleerer arbeiten und das Material direkt einem Bunker übergeben (Abb. 198).

Für die Hauptabmessungen der Luftförderrinnen liegt ein Normenentwurf vor, dessen Hauptwerte in Tab. 50 wiedergegeben sind.

Tabelle 50. *Abmessungen (in mm) von Luftförderrinnen*

l[1]	1000	1500	2000	2500	3000	4000	5000
b[2]	160	200	250	315	400	500	630
h[3]	160	200	250	315	400	500	630

[1] Stoßlänge. Zwischenmaße nach Grundreihe R 20 stufen.
[2] Rinnenbreite; auch metrisch 150, 200, 250, 300, 400, 500, 600, 800, 1000, 1250.
[3] Rinnenhöhe; auch 150 mm und um 50 mm sowie ab 300 mm um 100 mm steigend. h_1 und h_2 nach Wahl des Herstellers.

Abb. 198. Seitenentleerer bzw. Weiche für Luftförderrinnen (Claudius Peters).

Ein Anwendungsbeispiel einer oben offenen Luftförderrinne wird in Abb. 199 wiedergegeben. Hierbei handelt es sich um eine staubfrei arbeitende pneumatische Einrichtung zur Beladung trockener feinkörniger bzw. staubförmiger Massengüter in Behälterfahrzeuge. Im Gegensatz zu konventionellen Einrichtungen für die Verladung loser Schüttgüter entspricht das Peters-Verlademobil den heutigen Erfordernissen durch eine moderne raumsparende und funktionsgerechte Bauform mit dem Ziel einer schnelleren Beladung der Fahrzeuge, die außerdem für die Materialübernahme nicht mehr verfahren werden müssen, da die Verladeeinrichtung selbst einen Verfahrbereich von 15 m besitzt. Die Füllanzeige erfolgt durch einen pneumatischen Füller mit akustischer oder optischer Meßwertübertragung. Ein kegelförmiger Verschluß an der Beladegarnitur verhindert einen unkontrollierten Materialauslauf.

Vor einigen Jahren ist auch eine sog. Pneuma-Wurfförderung entwickelt worden. Das Verfahren besteht darin, daß das Fördergut — beispielsweise Getreide — mit der gleichen oder mit höherer Geschwindigkeit als die Förderluft in das Förderrohr durch ein

Schleuderrad eingegeben wird. Die Wurfenergie reicht in vielen Fällen schon aus, die Förderhöhe zu überwinden, so daß der erforderliche Druck und die Luftmenge wesentlich niedriger gehalten und auf Drehkolben-Hochdruckgebläse verzichtet werden kann. Das Verfahren eignet sich auch zum Ansaugen von Getreide, wie eine mit Schleuderrad-Aufgabe ausgerüstete Saugheber-Schiffsentladeanlage in Glückstadt zeigt.

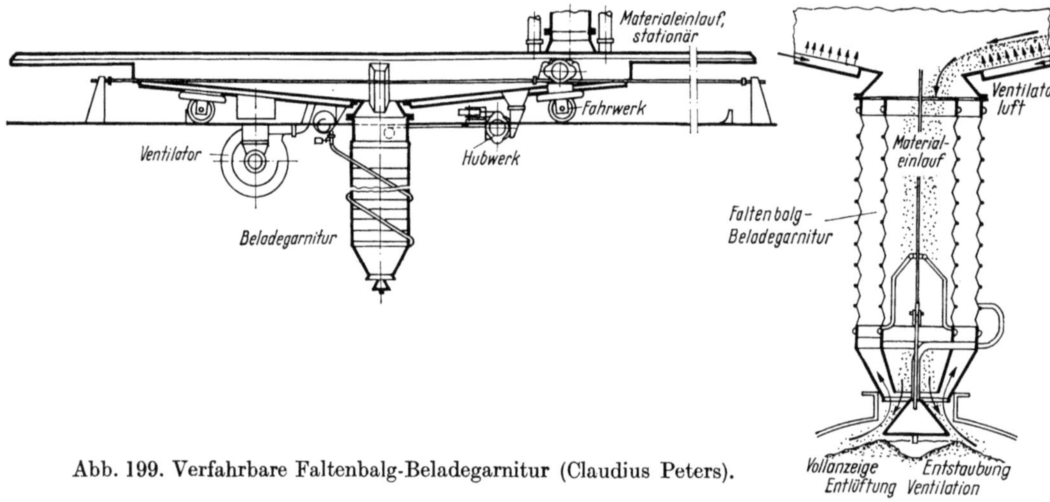

Abb. 199. Verfahrbare Faltenbalg-Beladegarnitur (Claudius Peters).

5. Hilfseinrichtungen

a) Bunker

Bei größeren Förderanlagen wird es oft erforderlich, Zwischenbehälter anzubringen, um die einzelnen zusammengehörigen Förderer in ihrem Betrieb zeitweilig voneinander unabhängig zu machen. Dies ist besonders erwünscht, wenn unterbrochen fördernde Anlagen mit Stetigförderern zusammenarbeiten. Häufig werden auch Hochbunker angewendet, um die Förderanlagen nicht ständig betreiben zu müssen und einen gewissen Vorrat zur Verfügung zu halten, so daß das Ladegut zu gegebener Zeit abgezapft werden kann. Derartige Hochbehälter spielen bei den Verladeanlagen eine sehr große Rolle und von ihrer richtigen Anordnung hängt nicht nur die Wirtschaftlichkeit, sondern oft auch die Brauchbarkeit der ganzen Anlage ab. Wenn die Füllrümpfe an sich oder ihre Ausflußöffnungen nicht so eingerichtet sind, daß das Fördergut bequem und in geeigneter Weise hindurchgleiten kann, so wird dadurch der gesamte Betrieb gestört, mögen auch die einzelnen mechanischen Fördereinrichtungen für sich durchaus einwandfrei arbeiten. Es kann daher nicht genug auf die wichtige Bedingung hingewiesen werden, daß die Neigung der Ladeschurren und schrägen Behälterböden sorgfältig dem Fördergut angepaßt werden muß. Dabei ist zwischen dem Gleitwinkel des ruhenden und dem des schon in Bewegung befindlichen Ladegutes, sowie zwischen dem Reibungswinkel des Materials in sich zu unterscheiden. Da der Reibungswinkel des Fördergutes in sich meistens größer als auf glatter Fläche ist, so muß unbedingt vermieden werden, daß Teile, wie Niet-, Schraubenköpfe u. dgl., aus den Gleitflächen der schrägen Behälterwände und Schurren herausragen. Das Ladegut setzt sich hier fest und staut sich dann hinter diesen vorstehenden Teilen auf. Auch wird vielfach übersehen, daß in den Ecken von Behältern, die allseitig geneigte Flächen haben und deren Böden die Form einer umgekehrten Pyramide bilden, die Neigungswinkel kleiner als auf den Flächen der Wände sind. Auch die geringere Neigung der Ecken muß aber groß genug sein, um ein Gleiten des Fördergutes zu sichern, da es sich sonst in den Ecken festsetzt und die Bewegung auf den ebenen Behälterböden behindert. Dieser Übelstand kann gemildert werden, besonders bei Bunkern mit Betonwänden, indem man die Ecken ausrundet.

In den Fällen, in denen Schwierigkeiten des Auslaufes aus Behältern auftreten, sei es daß die Öffnungsweite bzw. Neigung der Wände an und für sich zu klein gewählt worden sind oder daß infolge späterer Vergrößerung der Schüttgutkörnung die Durchschnittsquerschnitte nicht voll genügen, ist es unter Umständen möglich, ohne kostspielige

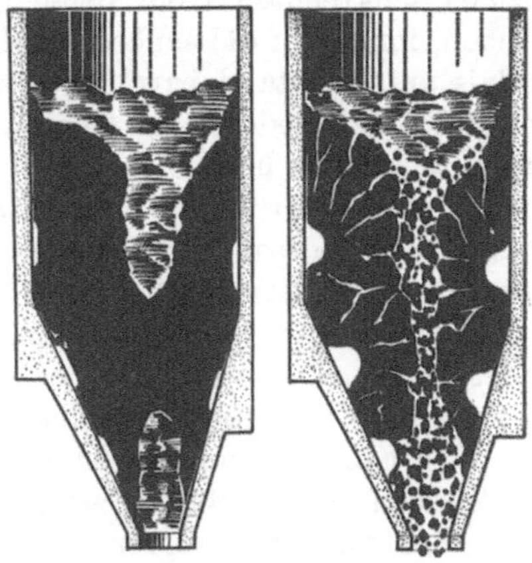

Abb. 202. Ausrüstung eines Bunkers mit Luftkissen zur Beseitigung von Materialbrücken.
links: Luftkissen leer; rechts: Luftkissen aufgeblasen.

Abb. 200. Vibrator an einer Austragrutsche und an der Bunkerwand (AEG).

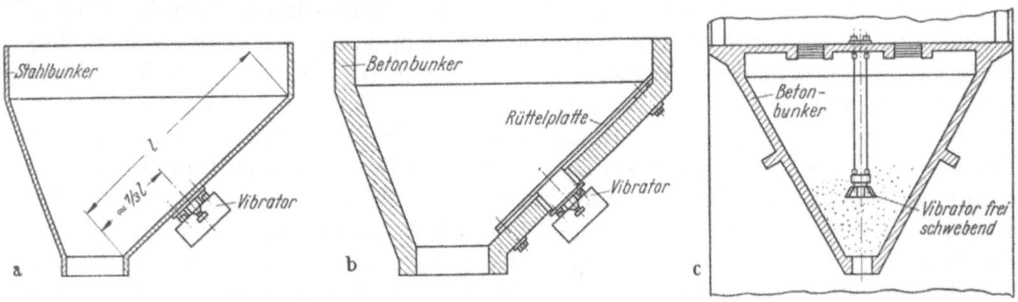

Abb. 201. Rüttler an Bunkern verschiedener Ausführung.

Umbauten das Ausbringen dadurch zu verbessern, daß dem unteren Teil des Behälters mittels Rüttelgerät Schwingungen zugeführt werden und dadurch die sogenannte Brückenbildung des Materials unterbunden wird.

Die Schwingungen werden erzeugt durch außen angeflanschte elektromagnetische Vibratoren oder mechanische Rüttelgeräte (Abb. 115 u. 200). Diese Geräte sind erforderlich, um backendes und brückenbildendes Fördergut zum Abrutschen zu bringen. Bei feuchten, stark haftenden Kohlegemischen ist dieses Verfahren nur bedingt anwendbar, wenn man Blechbunker mit steil geneigten Wänden hat. Jedoch kann durch das Rütteln auch ein Verdichten des Fördergutes bewirkt werden, so daß die Bunker mit zu kleinen Ausflußöffnungen erst recht verstopfen. Bei Betonbunkern ist ein Wandrütteln ohnehin meistens unmöglich oder nur mit komplizierten Hilfseinrichtungen durchführbar. Für diese Bunker wurde, wie folgend beschrieben, ein Weg gefunden. Man hängt den elektromagnetischen Vibrator unmittelbar in das Fördergut ein, wodurch sich der gewünschte Effekt erreichen läßt. Abb. 201 zeigt eine derartige Anlage an einem Kesselbunker von etwa 150 Mp Inhalt, bei dem drei Auslauföffnungen in Reihe angeordnet sind. Zwischen den Auslauföffnungen liegen zwei etwa 55° geneigte Sättel, auf denen die Kohle besonders gern hängen bleibt. Etwa $^1/_2$ m über dem Sattel wird, an Drahtseilen pendelnd, der Rüttler mit einer untergeschraubten, dachförmigen Rüttelplatte eingehängt. Das Fördergut kann nun beliebig hoch in den Bunker eingefüllt werden, wobei der hängende Rüttler aus seiner senkrechten Lage abgelenkt wird. Infolge seines Gewichtes hat er aber das Bestreben, immer in die senkrechte Lage zurückzukehren. Der Vibrator wird durch ein Zeitrelais auf Stillstand bzw. Rütteln geschaltet. Die eintretende Vibration bringt die gestaute Kohle wieder zum Gleiten und zerstört beginnende Brückenbildung. Diese Anordnung hat sich bestens bewährt. Wenn auch nicht alle Randzonen von der Schwingbewegung erfaßt werden, so braucht man doch kaum noch durch Stochern nachzuhelfen, um das Gut in Bewegung zu bringen. Ist es aus irgendeinem Grunde nicht möglich, den Vibrator direkt in den Bunker einzuhängen, so wird lediglich ein Rost an vier Seilen aufgehängt. Dieser wird dann von einem Vibrator in Schwingungen versetzt, der sich außerhalb des Bunkers befindet.

Als weiteres Hilfsmittel bei der Entleerung von Bunkern haben sich Luftkissen bewährt. Ihre Konstruktion wurde 1952 im Kraftwerk Knapsak der RWE entwickelt, als sich Störungen bei der Bunkerentladung der gespeicherten Braunkohle mit einem Feuchtigkeitsgehalt von 58% zeigten (Abb. 202).

Die Luftkissen mit einer Größe von etwa 800·1000 mm besitzen als Arbeitselement eine 12 mm starke Gummiplatte. Die Kissen werden an den Bunkerseitenwänden angebracht, wobei die Zahl von der Bunkerform, der Art des Schüttgutes, der Dauer der Lagerung im Bunker und der Häufigkeit des Einsatzes abhängt. Über fernbetätigte Ventile können nun die Luftkissen mit etwa 3 atü aufgeblasen werden, wodurch sich ein Druck von etwa 32 Mp ergibt. Die Kissen werden unsymmetrisch angeordnet, um dadurch ein leichteres Brechen der anhaftenden Materialbrücken zu erzielen.

Das in einem Bunker gespeicherte Gut übt auf die Wände und den Boden einen Druck aus und versucht, eine Durchbiegung hervorzurufen. Aus diesem Grunde ist eine Verstärkung durch Aussteifungsrippen erforderlich. Ein gutes Verhalten zeigen kegelige, zylindrische und parabolische Wände, da sie fast nur auf Zug beansprucht werden. Am günstigsten verhält sich ein Bunker mit parabolischer Form, für den es meist ausreicht, wenn man ihn mit seinen oberen Rändern an der Tragkonstruktion aufhängt. Bei der Berechnung der Behälter und Bunker ist zunächst der Druck zu ermitteln, den das Schüttgut auf die senkrechten Bunkerwände ausübt. Der Druck p hängt ab von der Bunkerfüllhöhe h (m), vom Schüttgewicht γ des Materials (Mp/m³) und von einem Beiwert, der vom Böschungswinkel β des Schüttgutes beeinflußt wird (β-Werte s. Tab. 51). Somit hängt der Beiwert vom Fließvermögen des Fördergutes ab und nimmt bei idealen Flüssigkeiten den Wert 1,0 an. Es ist

$$p = h\,\gamma\,\frac{1-\sin\beta}{1+\sin\beta}\,.$$

Die Bunker werden häufig aus Stahlblech gebaut, bei größeren Abmessungen aber in der Regel aus Eisenbeton, der eine billigere Herstellung als Stahl ermöglicht. Dabei tritt das bei Stahl unvermeidbare Rosten nicht auf, das sich besonders einstellt, wenn das Fördergut längere Zeit im Behälter aufgespeichert bleibt. Für die Wahl der Neigungen der Behälterböden und Ladeschurren gibt die Tab. 51 für die wichtigsten Materialien einen ungefähren Anhalt.

Die in jeder Spalte angegebenen größeren Winkel gelten für den Zustand der Ruhe, die kleineren für den der Bewegung. Die Behälterböden, auf denen das Fördergut ruht, müssen daher eine Neigung aufweisen, die dem größeren Reibungswinkel entspricht, während die Auslaufschurren, auf denen das Fördergut mit einer gewissen Geschwindigkeit gleitet, eine geringere Neigung haben können, für die die kleineren Reibungswinkel als untere Grenze anzusehen sind. Die Werte μ_g und μ_{gr} stellen die den Reibungswinkeln entsprechenden Reibungsbeiwerte dar, die für Rechnungen gebraucht werden.

Bei den meisten Bunkern wird der Füllungsgrad durch einen Bedienungsmann beobachtet. Ungenügende Aufsicht hat daher schon zu mancher Unterbrechung des Betriebsablaufes geführt, indem Bunker gänzlich leergefahren oder überfüllt wurden. Zweckmäßig

Tabelle 51. *Reibungswinkel und Reibungswerte verschiedener Schüttgüter*

Material	Schüttgewicht	Reibungswinkel des Fördergutes in sich (Böschungswinkel)		Reibungswinkel des Fördergutes in eisernen Rinnen	
	Mp/m^3	β Grad	μ_g	β Grad	μ_g
Anthrazit, fein, trocken	0,8 –0,95	27–45	0,6 –1,00	23–40	0,47–0,84
Asche, trocken	0,4 –0,6	40–50	0,84–1,19	30–40	0,58–0,84
Asche, naß	0,7 –0,85	45–60	1,00–1,74	45–55	1,00–1,45
Abraum	1,0 –1,9	25–45	0,45–1,00	25–33	0,45–0,65
Braunkohle	0,6 –0,78	35–50	0,7 –1,19	30–45	0,58–1,00
Eisenerze	2,1 –2,6	30–50	0,58–1,19	30–50	0,58–1,19
Erde, trocken	1,2 –2,0	30–45	0,58–1,00	30–45	0,58–1,00
Fein- und Nußkohle	0.85–1,00	30–45	0,58–1,00	25–40	0,47–0,84
Förderkohle	0,8 –0,95	30–45	0,58–1,00	25–40	0,47–0,84
Formsand, ausgeschlagen	1,25–1,3	30–45	0,58–1,00	30–35	0,58–0,71
Gips, kleinstückig	1,2 –1,4	30–40	0,58–0,84	30–38	0,58–0,78
Gerste	0,65–0,75	25–30	0,47–0,70	25–30	0,36–0,58
Hafer	0,4 –0,5	28–35	0,47–0,70	25–30	0,36–0,58
Holzsägespäne	0,16–0,32	–39	–0,80	–39	–0,80
Hochofenschlacke	0,6 –1,0	35–50	0,70–1,19	35–50	0,70–1,19
Kalksteine, kleinstückig	1,3 –1,8	30–45	0,58–1,00	30–45	0,58–1,00
Kies	1,5 –2,0	30–45	0,58–1,00	30–45	0,58–1,00
Koks	0,35–0,53	35–45	0,70–1,19	30–45	0,58–1,00
Lehm, kleinstückig, trocken	1,0 –1,5	40–50	0,84–1,19	28–37	0,53–0,75
Mergel	1,5 –2,2	30–45	0,58–1,00	30–45	0,58–1,00
Roggen	0,7 –0,8	25–35	0,47–0,70	20–30	0,36–0,58
Rohzucker	—	50–70	1,19–2,74	45–65	1,00–2,14
Sand, trocken	1,4 –1,65	30–45	0,58–1,00	30–45	0,58 1,00
Schotter, trocken	1,7 –1,9	35–45	0,70–1,00	30–39	0,58–0,80
Steinkohlenschlacke	0,6 –0,9	35–45	0,70–1,00	35–45	0,70–1,00
Steinsalz	1,0 –2,2	35–50	0,70–1,19	35–50	0,70–1,19
Torf in Stücken	0,33–0,4	40–45	0,84–1,00	30–37	0,58–0,75
Weizen	0,68–0,8	25–35	0,47–0,70	20–30	0,36–0,58
Weizenmehl	0,45–0,65	49–55	1,17–1,45	20–33	0,36–0,65
Zement, trocken	1,0 –1,33	35–50	0,7 –1,19	20–33	0,36–0,65

ist hier der Einbau von Füllstandsanzeigern, die neben der Kontrolle durch optische und akkustische Signalgabe eine vollautomatische Steuerung der Zuführungs- und Entleerungsvorrichtungen übernehmen können. Sie eignen sich für fast alle vorkommenden Schüttgüter. In Abb. 203 ist beispielsweise ein elektromechanischer Füllstandsanzeiger schematisch wiedergegeben.

Durch einen Motor wird ein kleiner Drehflügel in langsame Umdrehung versetzt. Ist der Bunker so weit gefüllt, daß das einlaufende Material den Drehflügel in seiner Bewegung hindert und ihn festhält, so wird das sich ergebende Reaktionsmoment ausgenutzt, um einen Mikroschalter zu betätigen. Hierdurch

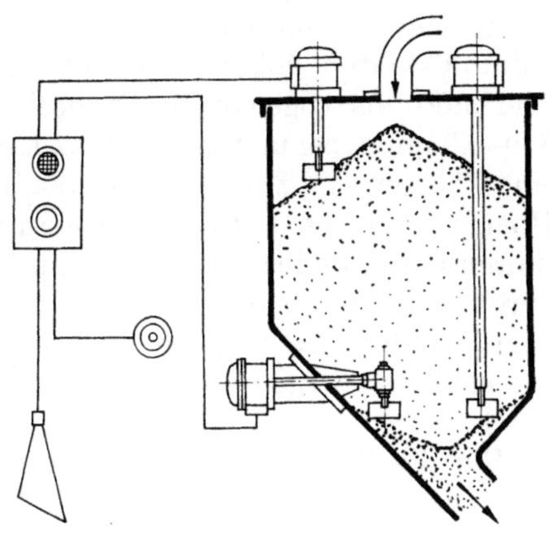

Abb. 203. Elektromechanisch arbeitende Bunkerfüllstandsanzeiger (Maihak).

wird der Motor abgeschaltet und eine angeschlossene Signaleinrichtung so lange betätigt, bis das Material den Drehflügel wieder frei gibt. Durch Einbau von zwei Anlagen kann somit die Voll- und Leeranzeige des Bunkers erbracht werden. Durch weitere Geräte lassen sich natürlich auch Teilfüllungen des Bunkers abtasten.

Die Gestaltung der an den Füllrümpfen anzubringenden Behälterverschlüsse und Abzapfvorrichtungen wird hauptsächlich durch das Fördergut und seine Stückgröße sowie seine Festigkeit beeinflußt.

b) Schieberverschlüsse

Über die erforderliche Weite der Auslauföffnungen bei Behältern lassen sich etwa die nachstehenden Regeln aufstellen: Während für Mehl und Getreide eine lichte Ausflußweite der Schieber von 100—200 mm genügt, wählt man bei Nußkohle je nach der Korngröße Öffnungen von 300—500 mm Seitenlänge und bei Sand, Kies, Schlackensand u. dgl. geht man mit Rücksicht auf das bei feuchtem Material leicht auftretende Zusammenbacken nicht unter 500 mm. Bei Förderkohle und bei ungesiebtem Gaskoks sieht man Öffnungen zwischen 600—800 mm Kantenlänge vor, je nach der Möglichkeit, bei Stokkungen des Materialflusses nachhelfen zu können oder nicht. Für Hüttenkoks sind Weiten von 800—1000 mm erforderlich. Die zum Öffnen und Schließen notwendige Leistung hängt neben der Bauart des Verschlußorgans (Abb. 204) im wesentlichen von der Öffnungsweite und der Beschaffenheit des Fördergutes ab.

Bei den kleinen Öffnungsweiten der Schieber für Mehl und Getreide genügt ein einfaches Blech, das in Führungsleisten gleitet und mit einem Handgriff versehen ist, um es ohne Übersetzung von Hand zu bewegen. Bei der Anordnung dieser Führungsleisten muß man aber ebenso wie bei allen anderen Schiebern Vorsorge treffen, daß das Fördergut, wenn es in die Führungsleisten gelangt ist, nach hinten herausgedrückt werden kann. Außerdem läßt man zweckmäßig die untere Leiste gegenüber der oberen um etwa 45° zurückstehen, damit von vornherein möglichst wenig Material in die Führungen gelangt. Da die durch den Druck des Fördergutes entstehende Reibung doppelt auftritt, nämlich einmal zwischen dem Fördergut und dem Schieber, zum anderen zwischen dem Schieber

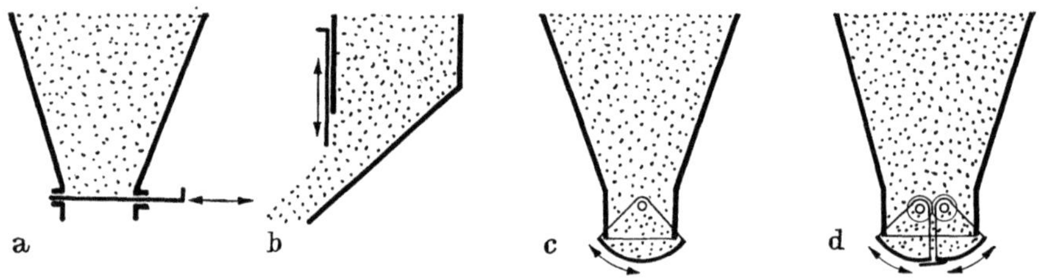

Abb. 204.

a waagerechter Flachschieber; *b* senkrechter Flachschieber; *c* waagerechter Drehschieber; *d* Doppel-Drehschieber.

und den Führungsleisten, erfordern die Gleitschieber von allen Verschlußarten die verhältnismäßig größte Kraft zum Bewegen und sind aus diesem Grunde nur für kleine Öffnungsweiten üblich. Leichter beweglich sind Schieber, die um eine Achse drehbar sind und als sogenannte Drehschieber häufig vorkommen. Für Öffnungsweiten von 300—500 mm benutzt man bei beiden Schieberarten und Handbetrieb einen Hebel, um eine Übersetzung zwecks leichterer Bedienung zu haben. Meistens wendet man dabei eine Übersetzung von 1:2 an, weil man einen Weg bis zu 1 m noch gut mit der Hand ausführen kann, ohne seinen Stand zu ändern. Die Schieber sind bei dieser Betätigung noch durch einen Mann zu bewegen, und zwar bei beliebiger Schütthöhe des Fördergutes über dem Schieber. Die Schieber für Getreide können ähnlich ausgeführt werden, wobei man, wie erwähnt, wegen der kleineren Öffnungsweiten auf die Hebelübersetzung verzichten kann.

Für die Bestimmung des Druckes auf die Schieber kann man angenähert annehmen, daß eine Pyramide von etwa 2 m Höhe und einer Grundfläche gleich der Verschlußöffnung auf dem Schieber ruht. Diese Höhe der Druckpyramide kann man bei allen Massengütern als Anhalt voraussetzen, da die mehr oder minder große gegenseitige Beweglichkeit der einzelnen Stücke des Fördergutes schon durch die Größe der Schieberöffnungen berücksichtigt ist, die so klein gewählt wird, daß das Material nur gerade noch ohne größeren Überdruck aus dem Behälter ausläuft. Bei größerer Lagerhöhe des Fördergutes im Füllrumpf kann man also annehmen, daß der Druck, der durch die in mehr als 2 m Höhe befindliche Ladung entsteht, durch Gewölbebildung aufgehoben wird. Bei geringerer Schütthöhe als 2 m hat man mit einer abgestumpften Pyramide als Druckkörper zu rechnen.

Wenn man bei hartem und bei großstückigem Fördergut, wie z. B. Rüben, Förderkohle, Erz usw., waagerechte Schieber verwenden muß, so sind sie bei den erforderlichen Abmessungen als Gleitschieber zu schwer zu bewegen. Man sieht in solchen Fällen besser Rollen zum Tragen der Schieberplatten vor und öffnet diese Rollschieber vermittels einer Zahnstange mit Ritzel und Handrad. Das Handrad wird zweckmäßig ohne Handgriff ausgeführt, um dem Schieber einen entsprechenden Schwung geben zu können. Die Rollenbahn wird so angeordnet, daß sie nicht durch das Fördergut verstopft werden kann. Der Schieber, aus Platten von 10—18 mm bestehend, erhält vorne eine Schneide, um gegebenenfalls Kohlenstücke zerschneiden zu können. Derartige waagerechte Schieber sind wohl noch von Hand zu bewegen, sie sollten aber bei großstückigen und harten Materialien möglichst nur angewendet werden, wenn der Schieber nicht geschlossen zu werden braucht, solange sich noch Fördergut im Füllrumpf befindet.

Häufig verwendet man seitliche Füllrumpfausläufe, die bei leichtfließenden Materialien wie Mehl, Getreide und feinkörniger Kohle, zwar nicht erforderlich, bei großstückigem Gut, wie Förderkohle, Erz und Koks, aber doch vorzuziehen sind und nach Möglichkeit immer vorgesehen werden sollten. Man kann hierbei bequem nachhelfen, wenn das Fördergut sich staut, was auch bei großen Öffnungsweiten hin und wieder vorkommt, und man kann weiterhin das Fördergut in den Ladeschurren sich frei abböschen lassen, so daß beim Schließen des Schiebers nicht die Notwendigkeit besteht, es zu durchschneiden. Auch bei seitlichem Auslauf verwendet man zur Verminderung der Reibung zweckmäßig den Drehschieber, wobei dann wieder zur Erzielung einer geeigneten Übersetzung ein Hebel mit Handgriff am Schieber befestigt werden kann. Eine solche Schieberbauart ist in Abb. 206a dargestellt. Alle Schieber, die sich beim Schließen von oben nach unten bewegen, müssen auch bei seitlichem Auslauf das Fördergut mehr oder weniger durchschneiden und man wendet daher dort, wo es angängig ist, zwecks leichterer Bewegung Schieber an, die von unten nach oben betätigt werden, bei denen also das Fördergut nach oben hin ausweichen kann. Mitunter werden auch beide Bauarten vereinigt. Abb. 205 zeigt einen Drehschieber dieser Art. Er ist in zwei Teile zerlegt, von denen sich der eine Teil von oben nach unten, der andere von unten nach oben bewegt und soweit vorgerückt ist, daß das Fördergut nach oben ausweichen kann und ein leichter Schluß zu erzielen ist. Derartige Schieber haben sich auch bei Erz und großstückigem Material gut bewährt.

Oft ist aber für einen Drehschieber kein Platz. Man verwendet dann senkrechte Gleitschieber, die von unten oder von oben in das Fördergut eindringen. Allgemein ist über die beiden Ausführungsformen zu bemerken, daß die Schieber mit Schließbewegung von unten sich auch bei großen Stücken verhältnismäßig sicher schließen lassen, da das Fördergut sich nicht festklemmt, sondern nach oben ausweichen kann. Das Gewicht des Schiebers wird dann in der Regel durch Gegengewicht ausgeglichen. Es ist aber zu beachten, daß bei Schiebern, die von unten kommen, ein Regulieren des Zuflusses im allgemeinen nicht möglich ist, da der Zufluß sehr unsicher wird, sobald der Schieber über die untere Gleitfläche der Ladeschurre vorsteht. Das Fördergut muß dann über den Schieber hinwegpoltern und der Zufluß ist entweder zu stark oder er hört ganz auf. Dagegen ist eine Regulierung wohl möglich bei dem Schieber mit Schließbewegung von oben. Die untere Gleitfläche der Auslaufrutsche bleibt dabei immer glatt und der Zufluß des Fördergutes wird durch den Schieber gewissermaßen nur etwas gehemmt.

Bei allen Schiebern wird meistens mit dem Auslauf eine feste Auslaufschurre zur Weiterführung des austretenden Fördergutes verbunden. Häufig wird auch an die feste Ladeschurre noch eine aufklappbare Verlängerungsschurre gelenkartig angehängt, die durch Gegengewichte ausgeglichen ist, um möglichst leicht von Hand bewegt werden zu können. Solche Ladeschurren werden mit etwas geringerer Neigung als der Füllrumpfboden ausgeführt. Wie schon erwähnt, sollte die Neigung des eisernen Füllrumpfbodens bei Kohle nicht unter 40°, bei Erz nicht weniger als 50° betragen. Die Ladeschurre kann dagegen eine Neigung bis herab zu 30° erhalten, da hier das Material schon in Bewegung ist und leicht weiter gleitet. Die obere Begrenzung der Seitenwände der Ladeschurren kann

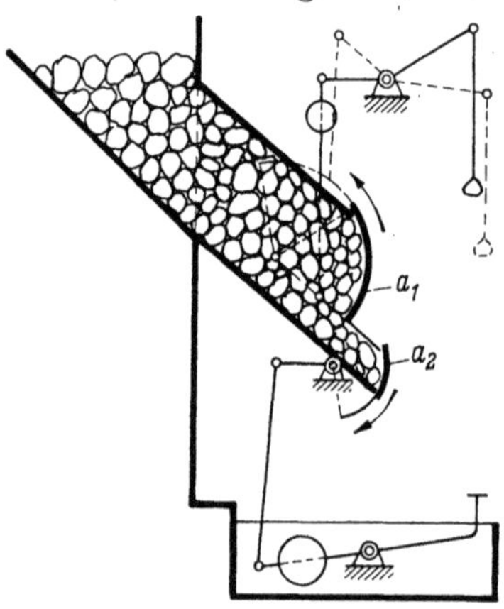

Abb. 205. Senkrechter Drehschieberverschluß mit Schieberbewegung von oben und von unten für Hand- und Fußbedienung.

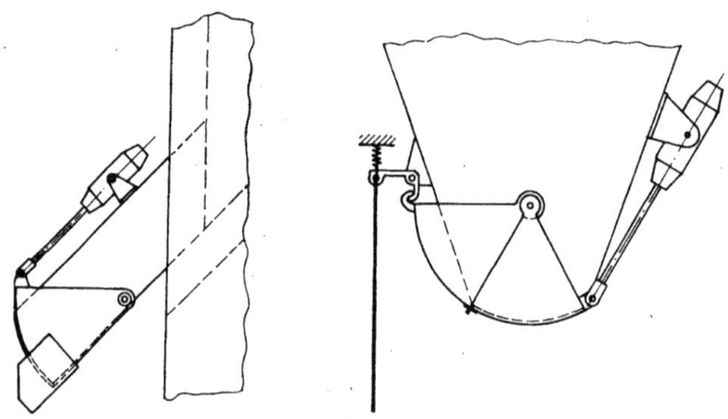

Abb. 206. Bunkerverschlüsse mit Elektro-Verstellgerät.

a senkrechter Drehschieber; *b* waagerechter Drehschieber mit Notverschlußklappe.

man mit einer Neigung von etwa 45°, also nach vorne zu niedriger ausführen, da das Fördergut sich während der Bewegung auseinanderzieht, der Strom also dünner wird. Im Ruhezustand staut sich das Ladegut unter einem Winkel von etwa 45°, sobald das Material aus irgendeinem Grunde nicht weitergleiten kann. Nur in besonderen Fällen, z. B. bei Getreide, Zement, Kalk und ähnlichen Materialien, muß man für die obere Begrenzung der Seitenwände der Auslaufschurren flachere Neigungen wählen.

Für Schieberverschlüsse, die sehr viel gebraucht werden, sieht man in der Regel einen mechanischen Antrieb mittels Elektromotor vor. Man verwendet dabei möglichst Drehschieber, die sich von unten herauf bewegen und Klemmungen ausschließen. Die Elektromotoren von 5—10 PS, die für den Antrieb in Frage kommen, kann man in der verschiedensten Weise auf den Schieber wirken lassen. Besonders geeignet ist für die Betätigung die Anwendung eines Schneckenvorgeleges und eines Kurbeltriebes. Die letztere Anordnung hat den Vorteil, daß sie unempfindlich gegen Verschmutzen ist und der Elektromotor am Ende des Schieberweges nicht plötzlich gestoppt werden muß. Drehschieber in ähnlicher Arbeitsweise werden auch mit Antrieb durch einen Druckluftzylinder gebaut. Eine derartige Konstruktion ist sehr zweckmäßig, wenn eine große Anzahl von Schiebern in einer Anlage vereinigt ist, für die eine besondere Preßluftanlage eingerichtet werden kann.

Vollkommen unabhängig von einer Druckluft- oder Hydraulikanlage arbeitet ein Elektro-Verstellgerät nach Abb. 206. Es ist ein Schubmotor, der die Drehbewegung eines Rotors in eine Schubbewegung einer Zug-Druck-Stange ändert. Die hierbei erzielten Kräfte sind so groß wie bei einem mit 4 atü gespeisten Druckluftzylinder derselben Baugröße. Die Schubstange ist in den Lagerdeckeln verschiebbar gelagert und wird über kraftabhängige Endschalter in Mittellage gehalten. Wird bei der Arbeit die eingestellte Maximalkraft des Kraftendschalters überschritten, so schaltet das Gerät ab. Die Abschaltung des Verstellgerätes erfolgt also in jeder beliebigen Stellung, wenn die Zug-Druck-

Stange an ihrer Bewegung gehindert wird. Sie erfolgt beispielsweise auch dann, wenn zwischen einem Bunkerverschluß ein Stein oder harter Gegenstand eingeklemmt ist. Eine Überlastung des Gerätes ist daher so gut wie ausgeschlossen. Verschiedene Gerätegrößen ermöglichen eine Anpassung an die erforderliche Schubkraft, den Verstellweg oder auch die Bewegungsgeschwindigkeit, wie aus der Tab. 52 entnommen werden kann.

Bei Füllrumpfverschlüssen für Materialien, die sich leicht aufstauen, wie Erz, Kalkstein, Hüttenkoks u. a., schließt man zweckmäßig den oberen Teil der Auslaufrinne durch rostartig befestigte Flacheisen ab, um bei geschlossenem Schieber das Fördergut ohne Gefahr mit einer Stange losarbeiten zu können, wenn es sich gestaut hat. Dies ist allerdings mehr bei von Hand betätigten Schiebern erforderlich, bei denen die Weite der Auslauföffnung beschränkt ist.

Die Stärke der Auslauf- und Schieberkonstruktion ist von der Öffnungsweite und vor allen Dingen von der Art des Fördergutes abhängig. Man hat einerseits darauf Rücksicht zu nehmen, daß die Bleche nicht zu schnell verschleißen, andererseits aber auch darauf, daß die Schieber und Ladeschurren nicht zu schwer sind. Für die kleinen Schieber bei Mehl- und Getreide-Füllrümpfen reicht 4 mm starkes Blech aus, für Schieber von 400—600 mm Weite genügt 6 mm und für Schieber von 600—1000 mm Seitenlänge 10—12 mm Blechstärke. Für Erz verwendet man Bleche von 15—18 mm. Die festen und auch die aufklappbaren Auslaufschurren richten sich fast nur nach der Art des Fördergutes. Bei nicht zu langen Schurren verwendet man für Kohle Bodenbleche von etwa 6 mm Stärke und Seitenbleche von 3 mm Stärke mit Flacheiseneinfassung. Bei Sand, Kies, Erz und Koks nimmt man je nach dem Benutzungsgrad der Schurre die Blechstärke um 2—6 mm stärker und zwar mit Rücksicht auf die mit diesen Materialien verbundene größere Abnutzung.

Tabelle 52. *Kenndaten für Elektro-Verstellgeräte*

Baugröße	Schub-Zugkraft kp	Verstellweg mm	Verstellgeschwindigk. mm/s	Motorleistung kW
SM 0	25	0—250	50	0,2
	35		65	0,25
	50		100	0,3
SM I	60	0—600	50/120	0,8
	80		65/160	1,0
	120		100/240	1,2
SM II	300	0—850	60/90/120	2,2
	500		80/120/160	3,0
	750		120/180/240	4,5
SM III	500	0—850	wie SM II	3,7
	800			5,0
	1400			7,5
SM IV	1800	0—1200	35	5,5
	3000		50	8,0
SM V	3000	0—1200	120/180/240	18,0

c) Stau- und Abschlußklappen

Bei nicht zu schwerem Fördergut oder nicht zu großen Auslauföffnungen, so besonders bei Fein- und Nußkohle, Koks und Rüben, kann man einen sehr einfachen und gut arbeitenden Verschluß dadurch schaffen, daß man die Auslaufschurre hochklappbar anordnet oder bei fester Auslaufschurre eine drehbare Platte in die Rinne einbaut. Bei niedergeklappter Lage gleitet das Fördergut über die Schurre bzw. die Platte hinweg, bei aufgeklappter Lage aber tritt eine Stauung ein (Abb. 207). Oft wird auch die Ladeschurre selbst als Stauklappe ausgebildet, indem sie angehoben wird, um den Ausfluß abzusperren. Solche Ladeschurren kommen besonders für verhältnismäßig leichte Materialien, wie Koks und Rüben in Frage, doch sind sie auch für Kohle, besonders Nußkohle, und ähnliche Stoffe verwendbar. Das Gewicht der Stauklappen wird meistens durch Gegengewichte derart ausgeglichen, daß die Klappe in jeder Lage stehen bleibt.

Bei großen Erz- und Kalksteinstücken ist zeitweilig eine große Öffnungsweite erforderlich, um eine Gewölbebildung zu vermeiden, während aber auch zu anderen Zeiten eine geringere Öffnungsweite genügt und erwünscht ist, um den Ausfluß kleiner regelbarer Mengen bewirken zu können. In diesem Fall sollte zweckmäßig ein Drehschieber mit einer Stauklappe kombiniert werden. Durch den Drehschieber läßt sich die Ausflußöffnung größer oder kleiner einstellen, während das unter dem Schieber hervorquellende Fördergut vorne durch die Stauklappe aufgehalten wird. Man kann durch Anheben und darauffolgendes Senken des Drehschiebers vorher bestimmte Lademengen aus dem Füllrumpf heraustreten lassen und diese dann über die Stauklappe ganz oder teilweise entleeren. In dieser Weise kann man die Abflußmenge gut regeln, da der Druck auf die Stauklappe gering ist.

Bei vielen Erzbehältern ist ein Stauklappenverschluß nach der Bauart Züblin angewendet worden. Der Verschluß besteht aus einzelnen Klappen, die von unten her auf das Fördergut drücken und die rückwärtig so durch Gewichte belastet sind, daß

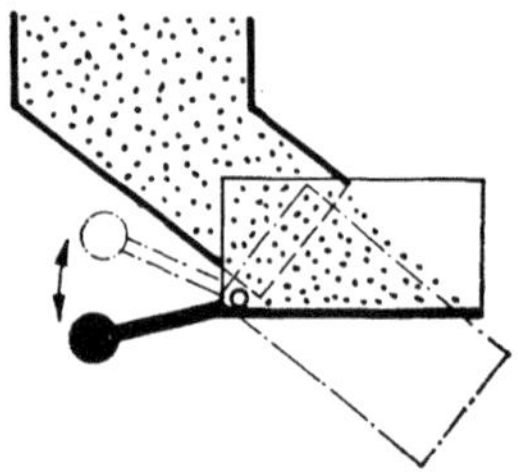

Abb. 207. Stauverschluß mit Schwenkschurre.

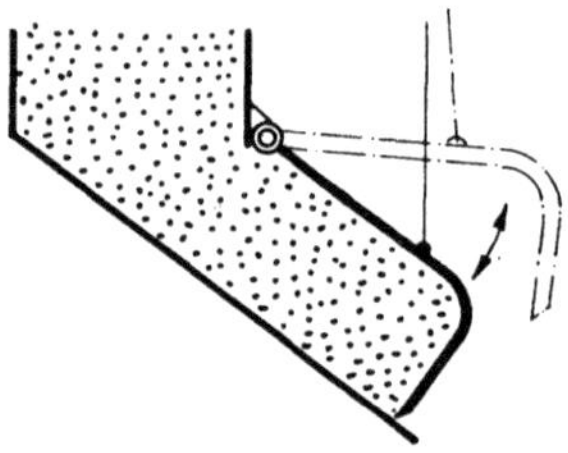

Abb. 208. Rutsche mit Klauenhebelverschluß.

sie den Durchfluß des Fördergutes sperren. Die Klappen können durch Anheben der Gewichte einzeln oder in Gruppen geöffnet werden. In dieser Weise läßt sich die Ausflußöffnung beliebig vergrößern und Stauungen können mit Sicherheit vermieden werden. Bei dem großen Gewicht der Klappen und ihrer Gegengewichte sind zum Öffnen derselben einzelne fest eingebaute, elektrisch angetriebene Windwerke oder für alle Klappen eine fahrbare Winde erforderlich. Die Anlagekosten für diese Füllrümpfverschlüsse stellen sich daher ziemlich hoch. Man hält jedoch auch die Anwendung großer Anlagekosten für gerechtfertigt, wenn man dadurch Störungen im regelmäßigen Betriebe mit Sicherheit vermeiden und das Fördergut in beliebig kleinen Mengen abziehen kann, was besonders beim Möllern verschiedener Erzsorten auf Hochofenanlagen wichtig ist. Einzelne Klappen, auf die große Stücke treffen, bleiben je nach den Umständen etwas mehr geöffnet, während andere Klappen, die nur Feinmaterial fassen, vollständig geschlossen werden.

Zur besseren Vermeidung von Gewölbebildungen werden die Füllrumpfausläufe oft so angeordnet, daß sie sich nach dem Auslauf zu seitlich erweitern. Dadurch soll das Fördergut zu einer Umlagerung gezwungen und einer Gewölbebildung entgegen gearbeitet werden. Diese Erweiterung der Ausläufe erscheint bei sehr breiten Öffnungen nicht unbedingt erforderlich, wirkt aber an sich stets günstig. Auf jeden Fall muß eine Verengung geschlossener Auslaufschurren sorgfältig vermieden werden, da erfahrungsgemäß auch die geringste Verengung zu einem keilförmigen Zusammenpressen des Fördergutes und zur Gewölbebildung Veranlassung gibt. Die von Züblin für Erz angewendeten Auslaufweiten betragen in der Regel 1,6 m Breite bei 0,8 m Höhe.

Die Verbesserungen, welche mit dem Mittel des teilweisen Stauens des Ladegutes erzielt wurden, haben dazu geführt, dieses Verfahren noch weiter auszubauen. Man hat nach diesem Grundsatz auch von Hand bewegliche Verschlüsse bauen können, die bei

Erzbunkern voll befriedigt haben und teilweise den teueren Verschlüssen vorgezogen wurden. Eine derartige verhältnismäßig einfache Bauart nach Abb. 208 ist eine Rutsche mit Klauenhebelverschluß. Wird nur ein Hebel verwendet, so kann man ihn mit einem vertikalen Drehschieber vergleichen. Zweckmäßiger ist jedoch eine Aufteilung in mehrere Einzelhebel, die getrennt und auch gemeinsam anzuheben sind und so eine einfache Veränderung der Schurrenöffnungsweite gestatten.

Ob die eine oder die andere Verschlußbauart zweckmäßig ist, hängt von mancherlei Umständen ab. In erster Linie bleibt stets die Art des Ladegutes bestimmend. Daneben ist aber auch die mehr oder minder starke Ausnutzung des Verschlusses im Hinblick auf die Anschaffungskosten sowie die verlangte Genauigkeit der Regulierung maßgebend.

Auf jeden Fall bieten die verschiedenen hier angegebenen Bauarten, denen noch eine ganze Reihe anderer an die Seite gestellt werden könnte, die Möglichkeit, mit Sicherheit bei allen vorkommenden Massengütern einen brauchbaren Abschluß und einen geregelten Abfluß zu erzielen.

Wenn der Füllrumpfinhalt auf einmal vollständig entladen werden soll, so kann der Verschluß des Behälters durch Abschlußklappen bewirkt werden, die durch Haken, zweckmäßiger aber durch Kniehebel gehalten werden. Diese Kniehebel sind bei geschlossener Klappe in gestreckter Lage und werden zum Öffnen des Verschlusses im Gelenk angehoben. Wird nun ein um einen festen Punkt drehbarer Hebel benutzt, so muß seine Länge und die Lage seines Drehpunktes derart gewählt werden, daß er, als Kurbel wirkend, die Totlage in dem Augenblick passiert, in dem die Klappe geschlossen ist. Je größer bei dieser Anordnung der Druck im Innern wird, um so fester hält der Verschluß. Zum Öffnen braucht die Kurbel nur ein wenig über die Totlage gedreht zu werden, was bei der Nachgiebigkeit des Ladegutes und der Konstruktionsteile nicht schwierig ist. Darauf drückt das Fördergut die Klappe von selbst auf und kann ungehindert herausgleiten.

d) Zuteilvorrichtungen

Die vorstehend beschriebenen Behälterverschlüsse sind geeignet, einen geregelten Abfluß des Fördergutes in die Fördergefäße herbeizuführen. Durch besondere Einrichtungen kann erreicht werden, diesen Abfluß so durchzuführen, daß das Fördergefäß vollständig automatisch eine bestimmte Lademenge erhält, ohne daß eine Einleitung und ein Abstellen des Zuflußstromes durch einen Bedienungsmann erforderlich ist. Die Lademenge wird hierbei durch ein Meßgefäß abgeteilt, das unter dem Füllrumpf befestigt ist und oben und unten durch einen Schieber geschlossen werden kann. Beide Schieber werden von einer gemeinsamen Kurbel bewegt und zwar so, daß der untere offen steht und das Ladegut in den Wagen abfließen läßt, wenn der obere Schieber sich in Schließstellung befindet. Umgekehrt ist der untere Schieber geschlossen, wenn der obere sich öffnet und das Ladegut vom Füllrumpf in das Meßgefäß gelangen läßt. Die Antriebskurbel wird mit doppeltem Rädervorgelege von einem Elektromotor bewegt. Bei dieser Anordnung müssen die Wagen allerdings so lange stehen bleiben, bis der Füllvorgang beendet ist.

Derartige Zuteilvorrichtungen lassen sich aber auch so ausführen, daß die Wagen während der Fahrt beladen werden, in welchem Fall dann meistens das Meß- oder Füllgefäß auf einem gewissen Weg von dem Wagen mitgenommen wird, um genügend Zeit für das Ausfließen des Ladegutes zu erhalten. Die Anordnung der Mitnehmervorrichtungen wird wesentlich durch die jeweiligen Verhältnisse beeinflußt, so daß sich allgemeine Angaben erübrigen (vgl. auch Abb. 339).

Eine Entnahme aus Bunkern mit Hilfe von Schiebern oder Stauklappen wird normalerweise dann durchgeführt, wenn das Gut in einzelnen Mengen periodisch entnommen werden soll, z. B. beim Beladen von Lastwagen, Stand- oder Hängebahnwagen. Ist dagegen eine Dauerentnahme in Form eines kontinuierlichen Stromes erforderlich, beispielsweise bei der Aufgabe auf Steigförderer, so werden an den Auslauföffnungen der Bunker mechanisch angetriebene Zuteilvorrichtungen angebaut, wenn der Förderer nicht durch Überfüllung Schaden erleiden und in seiner Arbeitsweise beeinträchtigt werden soll. Ebenso ist eine Regelung im allgemeinen bei Siebwerken notwendig, um eine zu große Dichte des Fördergutes auf dem Sieb zu vermeiden, da andernfalls die Sortierung nicht genügend sorgfältig und vollkommen erfolgt.

Wenn auch die meisten Zuteilvorrichtungen als solche konstruiert sind, kann doch ein großer Teil von ihnen auf allgemein bekannte Stetigförderer zurückgeführt werden.

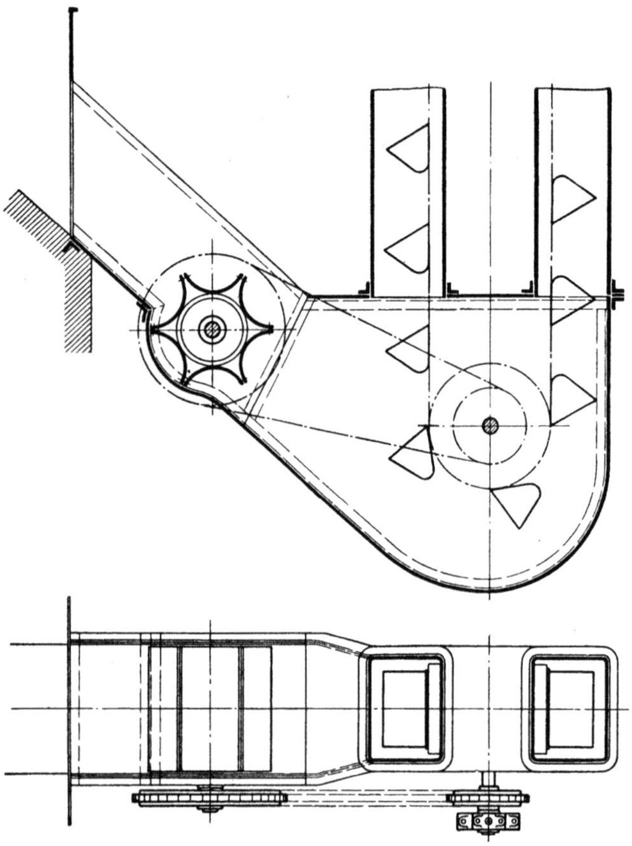

Abb. 209. Speisewalze.

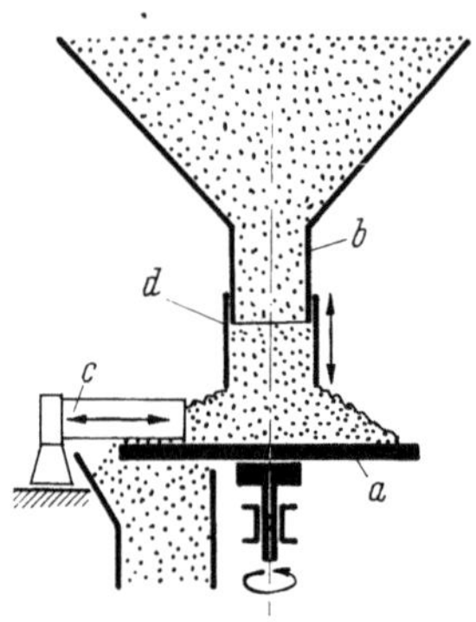

Abb. 210. Drehtelleraufgeber.

a Drehteller; *b* Bunkerstutzen; *c* Abstreifer *d* heb- und senkbare Manschette.

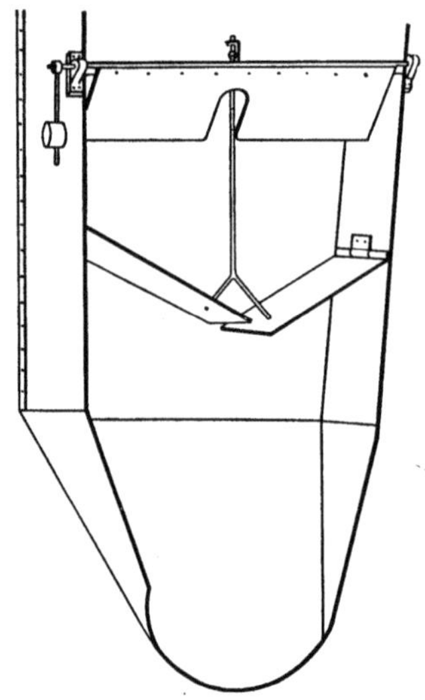

Abb. 211. Schurre für gleichmäßige Bandbeschickung.

Dies gilt vor allem für die verschiedenen Ausführungen von Band-, Ketten-, Schnecken- und Schwingförderern. Eine Ausnahme bilden eigentlich nur Walzenaufgeber, Drehtelleraufgeber und andere, allein nur mit einer Drehbewegung arbeitende Vorrichtungen.

Eine Zuteilvorrichtung einfachster Art ist die Speisewalze nach Abb. 209, die je nach der Art des Fördergutes mit mehr oder weniger starken Vertiefungen am Umfang versehen wird, um das Fördergut bei der Drehung mit Sicherheit mitzunehmen. Die Speisewalze muß genügend weit über die Gleitfläche der Ladeschurre hinausreichen, um bei geöffnetem Schieber das aus der Schieberöffnung sich herausböschende Material abzustützen. Bei richtiger Konstruktion ermöglichen diese Speisewalzen ein sicheres und gleichmäßiges Zuführen des Ladegutes zum anschließenden Stetigförderer. Ein gewisser Übelstand ist bei vielen Fördermaterialien, die leicht zerbröckeln, darin zu sehen, daß das Fördergut hinter der Speisewalze um ein gewisses Stück frei herabfällt.

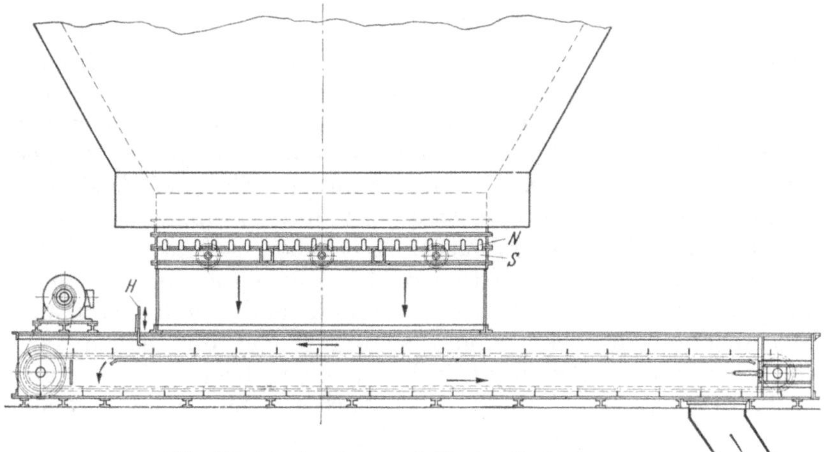

Abb. 212. Bunkerabzug mit Kratzerförderer.

H Schichthöhenregler; *N* Nadelrost zum Abfangen des Materialdruckes vor dem Schließen; *S* Schieber für Bunkerabschluß.

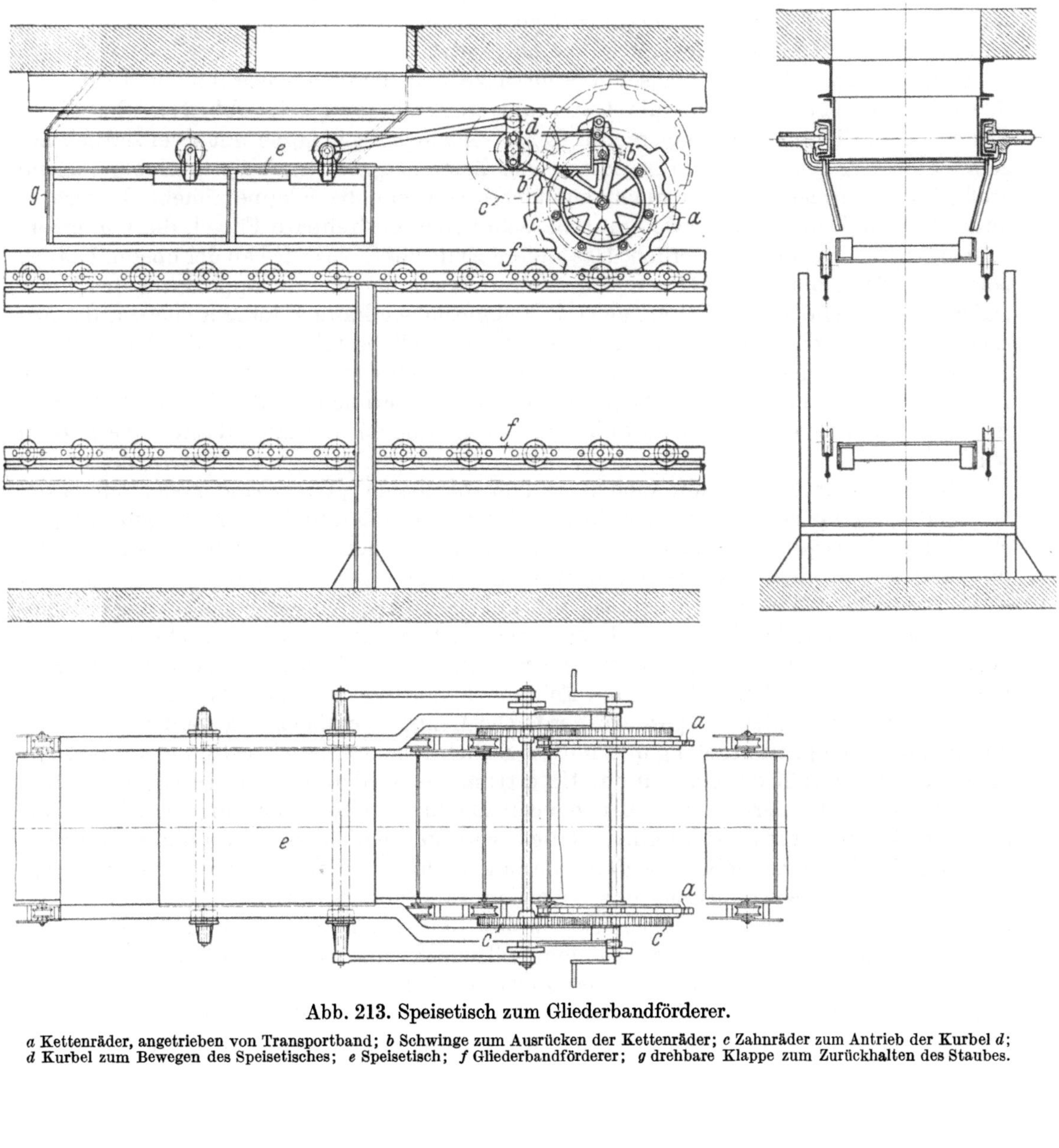

Abb. 213. Speisetisch zum Gliederbandförderer.

a Kettenräder, angetrieben von Transportband; *b* Schwinge zum Ausrücken der Kettenräder; *c* Zahnräder zum Antrieb der Kurbel *d*; *d* Kurbel zum Bewegen des Speisetisches; *e* Speisetisch; *f* Gliederbandförderer; *g* drehbare Klappe zum Zurückhalten des Staubes.

Auch eine andere Bauart, bei der als Aufgeber eine drehbare Platte benutzt und das Fördergut durch einen festen einstellbaren Abstreifer dem Dauerförderer, der Mühle u. a. m., zugeführt wird, hat sich als regelbare Zuteilvorrichtung durchgesetzt (Abb. 210). Unter der kreisrunden Bunkeröffnung ist eine rotierende Scheibe angeordnet, auf der das Fördergut einen Schüttkegel bildet, dessen Größe durch eine in der Bunkeröffnung heb- und senkbare Manschette verändert werden kann. Durch einen Abstreifer, der in den Schüttkegel hineinragt, wird das vom Drehteller durch Reibungsschluß mitgenommene Fördergut in die Auslaufrutsche gebracht. Es ergeben sich so drei Möglichkeiten, die Austragleistung zu verändern: durch Heben oder Senken der Manschette in der Bunkerauslauföffnung, durch Verschieben des Abstreifers und durch Verändern der Tellerdrehzahl. Drehtelleraufgeber sind robust, schwer gebaut und haben daher zur Überwindung der hohen inneren Reibung (gegebenenfalls mehrfache Umlenkung des Fördergutstromes) starke Antriebe und überdimensionierte Getriebe nötig. Gestehung, Wartung und Betrieb sind teuer. Die vorher schon erwähnten Regelorgane, wie Schieber oder Stauklappen unterliegen außerdem einem hohen Verschleiß. Eine direkte Montage der Drehteller am Bunkerauslauf ist infolge ihrer sperrigen Bauart und ihres großen Gewichtes nur in Ausnahmefällen möglich. Daher sind verhältnismäßig starke Fundamente notwendig. Trotzdem werden Drehtelleraufgeber wegen ihrer vielseitigen Verwendbarkeit und der großen Unempfindlichkeit häufig eingesetzt.

In England wurde eine Zuteilschurre entwickelt, die den Materialstrom an Band- oder Siebaufgaben reguliert, wenn die Gutzufuhr ungleichmäßig ist. Abb. 211. Bei dieser Schurre wird die um eine waagerechte Achse schwingende Klappe mit zwei seitlich angebrachten Gegengewichten in geschlossenem Zustand gehalten, bis sich eine genügend große Fördergutmenge angesammelt hat, deren Gewicht die Klappe anhebt. Unterhalb dieser Klappe befinden sich zwei um senkrechte Achsen drehbare Flügel, die von einem 1,50 m langen Seil gehalten werden. Das andere Ende des Seiles wird an der oberen Klappe befestigt. Die beiden Flügel öffnen sich also nur, wenn die obere Klappe durch das Materialgewicht angehoben wird. Eine gewisse Feingutmenge kann ständig abfließen, da zwischen den Klappen und dem Rutschenboden ein Spalt besteht. Das Gut erhält auf der Schurre eine Geschwindigkeit, die etwa der des Bandes entspricht. Dadurch wird eine ruhige Aufgabe und damit eine Schonung des Bandes erreicht. Außerdem wird das Gut in der Bandmitte aufgegeben, so daß eine Verunreinigung der Aufgabestelle vermieden wird.

Oft werden für die Zuteilung auch kurze Transportbänder, Kratzbänder oder Schnecken verwendet, welche sich unter der Füllrumpföffnung befinden und das Fördergut entsprechend ihrer Bewegung abziehen. Als Transportbänder kommen dann Gliederbandförderer mit ebenen Platten und aufgesetzten Mitnehmerstegen zur Anwendung. Sie werden in einer Breite bis 1,5 m und mehr ausgeführt. Durch einen vorgesehenen Schieber kann die Schichthöhe auf dem Band oder Kratzer reguliert werden. In Abb. 212 ist eine Bunkerabzugvorrichtung mit Kratzerförderer dargestellt. Die Kohle befindet sich im angedeuteten Bunker und gelangt durch den Füllschacht auf den Transportboden, von wo sie durch den Kratzerförderer abgezogen wird. Die Menge, die abgezogen werden soll, kann durch Geschwindigkeitsregelung und mittels Schichthöhenregler H bestimmt werden. Vor dem Antriebsrad fällt das Gut auf das Untertrum des Förderers, wodurch es gleichmäßig verteilt und kontinuierlich einer Leitschurre zugeführt wird. Sollte an der Abzugsvorrichtung eine Reparatur erforderlich werden, wird der Nadelrost N von der Seite her in den Füllschacht eingeschoben. Es findet dann ein Aufstauen der Kohle statt und ermöglicht ohne großen Kraftaufwand das Schließen des Bunkers durch den Schieber S. Als besonderer Vorteil der Anlage sei noch erwähnt, daß der Kratzerförderer von einem geschlossenen Kasten umgeben ist, der den Füllschacht nach unten schließt. Die Anlage kann also vollkommen staubdicht ausgeführt werden. Dieses ist wichtig für den Fall, daß der Kratzerförderer die Kohle der Kohlenmühle einer Staubfeuerungsanlage zuteilt. Dies bedingt dann eine staubdichte Ausführung der gesamten Anlage bis zum Bunker.

Eine weitere Möglichkeit des dosierten Bunkerabzuges bietet ein Speisetisch nach Abb. 213, welcher in der Weise wirkt, daß das aus der Schieberöffnung austretende Material sich auf den Zuführungstisch stützt und dieser durch ein Kurbelgetriebe oder dgl. vorwärts und rückwärts bewegt wird. Bei der Vorwärtsbewegung wird das Fördergut mitgenommen, aber bei der Rückwärtsbewegung des Tisches kann es infolge des inzwischen aus dem Behälter nachgefolgten Ladegutes nicht wieder mit zurückgehen und wird daher gleichmäßig über den vorderen Rand des Speisetisches abgeschoben. Bei entsprechender Geschwindigkeit des Speisetisches, die der Geschwindigkeit des Förderers angepaßt sein muß, wird das Material dem Stetigförderer vollständig gleichmäßig zugeführt. Der Tisch läuft entweder auf Rollen, wie in Abb. 213 angegeben, oder wird an Zapfen drehbar aufgehängt. Hierbei wird dann aber das Fördergut bei der Bewegung des Tisches abwechselnd etwas angehoben und gesenkt.

Bei Anwendung solcher Zuteilvorrichtungen können die Schieberverschlüsse mit großen Öffnungsweiten ausgeführt werden, da eine Regulierung des Materialstromes durch sie nicht notwendig ist. Die Zuteilung mittels Speisetisch erfolgt auch bei großstückigem Gut so gleichmäßig, daß eine besondere Bedienung nicht erforderlich ist.

Eine sehr ähnliche Arbeitsweise wie Speisetische weisen die Schwingrinnenzuteiler auf. Der Aufbau ist einfach, rotierende Teile sind überhaupt nicht vorhanden und das Gerät läßt sich direkt am Bunkerauslauf aufhängen (vgl. Abb. 200). Die Zuteilmenge läßt sich von Null bis zum Höchstwert am Vibrator einstellen. Eine weitere Regelung kann durch Verstellen der Rinnenneigung mit Hilfe einer kleinen Handwinde erreicht werden.

Zu bemerken ist weiter, daß die Rinnen für die Zuteilung mit wechselnd feuchtem und stark haftendem Fördergut mit PVC-Folien von 2 mm Stärke ausgelegt sind, die den Fördervorgang begünstigen. Diese Auskleidungen werden fest mit dem Blech verklebt und bedingen dadurch eine Dämpfung des Schwingungsvorganges. Ihr Verschleiß ist null bei waagerechter Einstellung der Rinne, da hierbei das Fördergut nur hüpfend vorwärtsbewegt wird. Bei Abwärtsneigung (maximal 13°) ist der Fördervorgang ein kombiniertes Hüpfen-Gleiten, wobei als Maß für den Abrieb der Folien etwa 1 mm pro 60000 Mp Kohle aus den bisherigen Erfahrungen angegeben werden kann. Bei geringerer Neigung ist der Abrieb kleiner. Die Rinnen können also jahrelang in Betrieb bleiben, wenn man sie durch die rechtzeitig erneuerte Auskleidung schützt.

Diese Abzugsrinnen sind unter dem Bunkerauslauf in Gummiklötzen gelagert, die verschieden stark eingespannt werden können, so daß sich eine gewünschte Koppelung der Rinne mit dem Auslauftrichter einstellen läßt. Durch eine solche Koppelung ist es in manchen Fällen möglich, auch den Bunkerauslauf in Schwingungen zu setzen, wodurch ein gleichmäßiges Nachlaufen des Gutes erreicht und Brückenbildungen im Auslauf nahezu vollständig vermieden werden. Zumeist wird die Koppelung dann so gewählt, daß der Auslauftrichter etwa mit einem Drittel der Schwingbreite der Rinne gerüttelt wird. Bei einer derartigen Anordnung wird meist eine zusätzliche Rüttelung des Bunkers selbst überflüssig.

Die erwähnten Vibrationsförderrinnen verbrauchen bei gleicher Förderleistung nur etwa 1/50 der Antriebsenergie wie die Drehteller. Ihr Anschaffungspreis liegt bei 25% der Aufgabeteller. Dazu kommt der Vorteil des praktisch verschleiß- und wartungslosen Betriebes. Muß einmal ein Vibrator nachgestellt oder gereinigt werden, dann entstehen keine langen Betriebsausfallzeiten. Der Block wird lediglich von seinen Halteschrauben gelöst, ein neuer Block angesetzt und die elektrischen Zuleitungen angeklemmt.

Bemerkenswert ist neben der einfachen Förderregelung, daß die Rinnen keinen Nachlauf haben. Sofort beim Unterbrechen der Stromzufuhr stoppt auch der Fördergutstrom. Die Bunkersäule wird vollständig abgefangen und drückt nicht nach.

Von der Firma Schenck wurde ein sog. Wuchtspeiser entwickelt, der auch in der oben geschilderten Weise arbeitet. Durch geeignetes Regulieren der Erregermaschine läßt sich der kontinuierliche Materialstrom auf eine gewünschte Fördermenge pro Zeiteinheit hinsteuern. Beim Beschicken von Waagen kann man den Nachlauf so klein halten, daß alle praktisch vorkommenden Wägegenauigkeiten erreicht werden. Der Materialstrom wird dabei im Bereich von $\pm$ 3—5% je nach Schüttgewicht eingeengt. Außerdem kann der Schwingaufgeber mit einer Siebstrecke ausgerüstet werden; eine elegante Lösung, die bei anderen dem gleichen Zweck dienenden Fördermitteln nicht möglich ist. Durch das Sieben des Materials wird das Gut sofort am Bunker nach Kornklassen getrennt, so daß unter Umständen nachgeschaltete Arbeitsmaschinen entlastet werden (Abb. 214 und 215). Der Schwingrinnenspeiser hat geringes Gewicht und kann daher an allen Bunkerausläufen leicht angebracht werden, entweder federnd an Seilen aufgehängt oder auf frei schwingenden Stützen gelagert. Da der Speiser die Bunker nach unten schließt, d. h. bis zu gewissen Grenzen den stationären Druck des über ihm lagernden Bunkerinhaltes

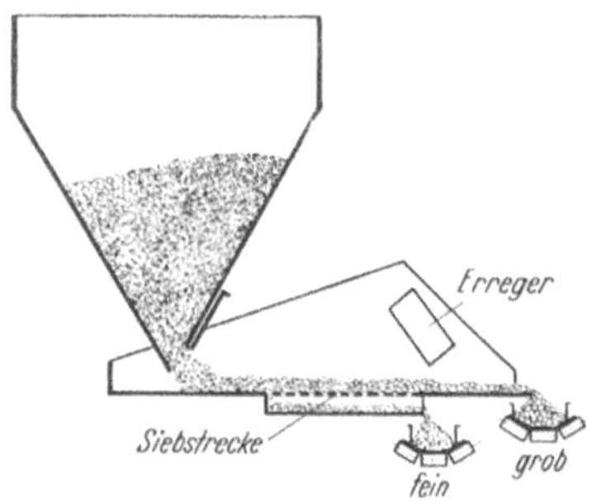

Abb. 214. Schwingaufgebersieb für Beschickung darunterliegender Förderbänder.

Abb. 215. Vibrationsaufgeber mit Siebrost für 400 Mp/h Hochofenschlacke, 0—50 mm (Wedag).
Stufenroste je 750 mm lang, Spaltweite 40 mm.

aufnimmt, wird es möglich, diesen Förderer auch unter negativ konischen Bunkern zu benützen (Abb. 216). Die Förderleistung beträgt 0—500 Mp/h und mehr bei Stückgrößen bis 500 mm. Vibrationsspeiser werden ausgeführt in Breiten von 100—2000 mm und lassen je nach Materialbeschaffenheit eine Steigung bis etwa 10° zu.

Die Großverbraucher fester Brennstoffe, d. h. vor allem Kraftwerksbetriebe, sind bestrebt, die Stromgestehungskosten durch Verwendung von Abfallkohle zu senken. Vor dem Verbrauch der Kohlen ist eine Mischung erforderlich. Dieses geschieht meist, indem die Kohle in Schichten den Vorratsbunkern entnommen und mittels Paddelwelle durchmischt wird. Die Schichthöhen lassen sich durch Regler einstellen. Wird auf besonders intensive Durchmischung der dosierten Kohlensorten Wert gelegt, dann sind den Mischapparaten noch Doppelwellenmischer nachzuschalten, wie es der Abb. 217 zu entnehmen ist. Sollen mehr als drei verschiedene Kohlensorten gemischt werden, so wird die Aufstellung von zwei Mischanlagen einander gegenüber empfohlen, die auf ein gemeinsames Band bzw. Wellenmischer fördern. Bei Neuplanungen von Kraftwerken mit Mühlenfeuerung, die Abfallkohle verbrauchen, wird zweckmäßig vor dem Kesselhaus eine Mischanlage mit großer Leistung aufgestellt. Von hier aus werden die anfallenden Sorten als Fertiggemisch den Kesselhausbunkern zugeführt.

Mit absolut anders gearteten Austragvorrichtungen sind grobe und stark schleißende Fördergüter zu behandeln. In Abb. 218a wird beispielsweise ein Kettenaufgeber veranschaulicht, der gewissermaßen als bewegter Kettenvorhang zu bezeichnen ist. Er besteht aus mehreren lose nebeneinander angeordneten Rundgliederketten, die auf einer Trommel hängen und durch diese in Bewegung versetzt werden können. Die Ketten sind so schwer auszulegen, daß sie im Ruhezustand den ausfließenden Materialstrom in der Bewegung hindern können. Ein Einziehen der Seitenwände der Auslaufschurre kann dabei unterstützend wirken. Auch sollte der Kettenvorhang breiter als die Schurre gewählt werden, so daß sich die Ketten auch von der Seite her auf das auslaufende Material legen und damit bremsen können.

Soll das grobstückige Material auch schon vorklassiert werden, so empfiehlt sich der Einsatz eines Aufgebers, der eine Kombination zwischen Wanderrost und Kettenaufgeber darstellt (Abb. 218b). Bei dieser Ausführung wird der Stabrost bewegt und ermöglicht den Durchfall des feineren Materials, das durch eine Schurre seitlich abgezogen werden kann. Eine Selbstreinigung der Roststäbe erfolgt beim Umlauf und Auskippen.

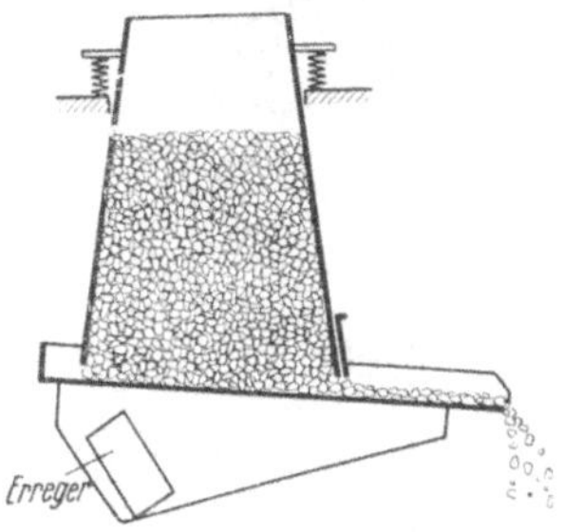

Abb. 216. Schwingrinnenspeiser für schwierige Schüttgüter, negativ konische Bunker; Materialdruck wird vom Speiser aufgenommen.

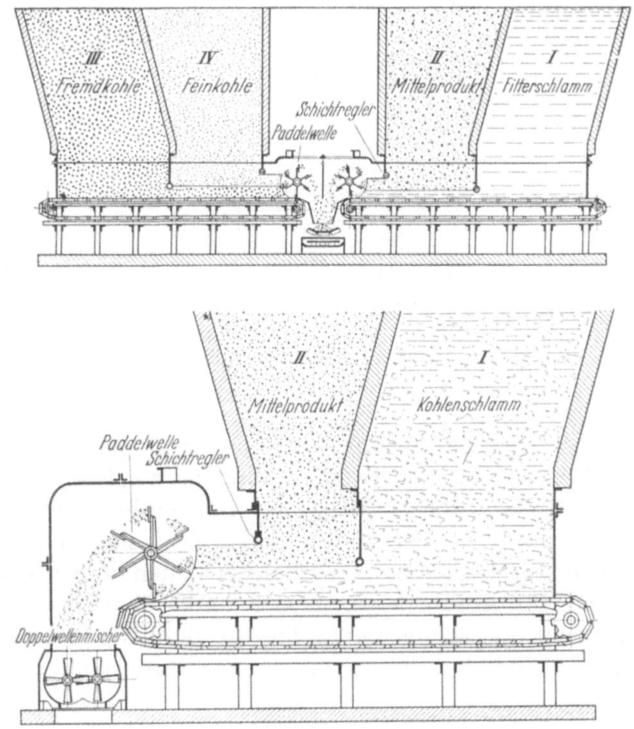

Abb. 217. Kohlenmischanlagen.

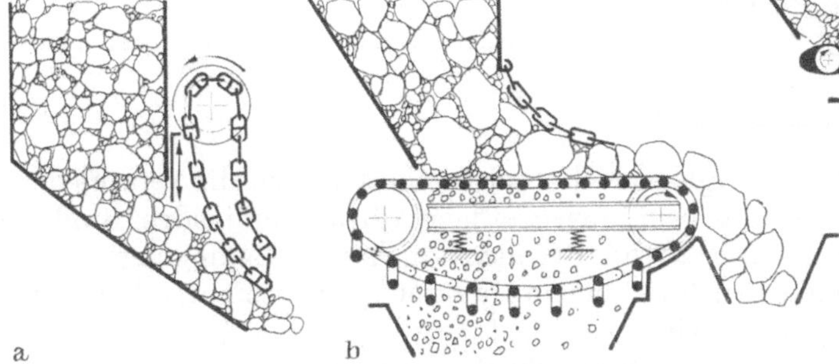

Abb. 218.
a Kettenaufgeber; *b* vorklassierender Aufgeber als Kombination eines Kettenaufgebers mit einem Wanderstabrost.

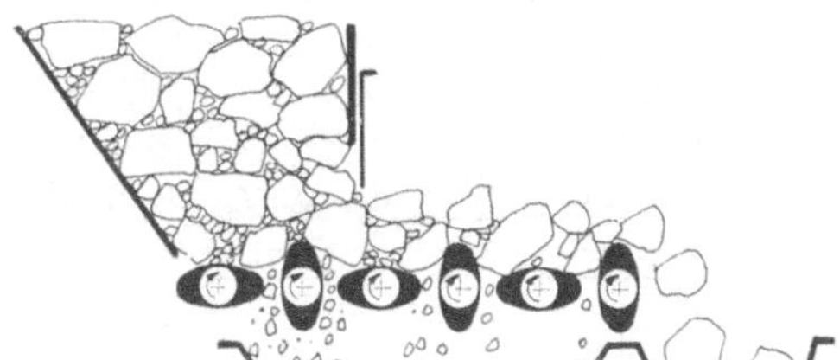

Abb. 219. Rollenrost.

Ein Rollenrost nach Abb. 219 ist ebenfalls in der Lage, grobstückiges Material abzuziehen und eine Vorklassierung vorzunehmen. Die Rollen werden meist nockenförmig ausgebildet und so auf die Antriebswellen aufgekeilt, daß sich durch das ungleichmäßige Heben und Senken der ineinandergreifenden Rollen eine Mischbewegung im Fördergut ergibt. Infolge dieser Arbeitsweise werden derartige Rollenaufgeber meist zur Aufgabe von stark verunreinigtem Material in Brechanlagen benutzt.

Bei einem Austrag aus langen Bunkern ist ein durchlaufender Schlitz unten am Bunker besonders vorteilhaft. Der Bunkerschlitz kann beliebig lang sein. Ein längs verfahrbarer Entleerungswagen holt sich durch ein horizontal umlaufendes Flügelrad von dem als unterer Bunkerboden ausgebildeten Tisch das vorgeböschte Bunkergut heraus und streicht es über die vordere Tischkante auf das darunter liegende Band. Das Schaufelrad des Bunkerräumwagens ist auf dem Wagen angeordnet, der auf dem Gerüst eines Längsförderers verfahren wird. Das Rad liegt knapp oberhalb des waagerechten Bunkertisches,

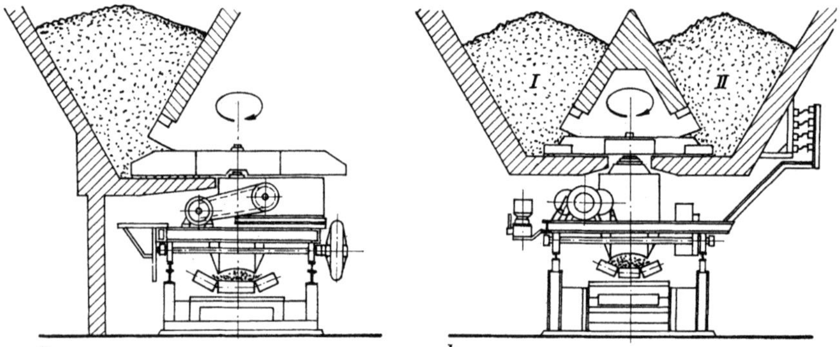

Abb. 220. Schlitzbunkergrundbauformen mit den dazugehörigen Entleerungswagen.
a einseitiger Austrag; *b* zweiseitiger Austrag (Möglichkeit der Mischung).

der meist einen verschleißfesten Belag trägt. Derartige Vorrichtungen sind praktisch für jedes Fördergut, das nicht zum Schießen neigt, vor allem aber für schwer austragbare, klebrige Stoffe, wie Erzschlick usw. verwendbar. Anlage- und Betriebskosten sind natürlich sehr hoch; der Verschleiß beschränkt sich gewöhnlich auf die Schleißkanten des Schaufelrades, liegt aber im Verhältnis zu den hohen Anlagekosten in durchaus tragbarem Rahmen. Die Austragleistung wird durch Verändern der Schaufelraddrehzahl und der Fahrgeschwindigkeit geregelt. Ist im Bunker ein sattelförmiger Boden vorhanden, so kann das Material beidseitig aus einem Bunkerschlitz abgezogen werden. Wird auf den

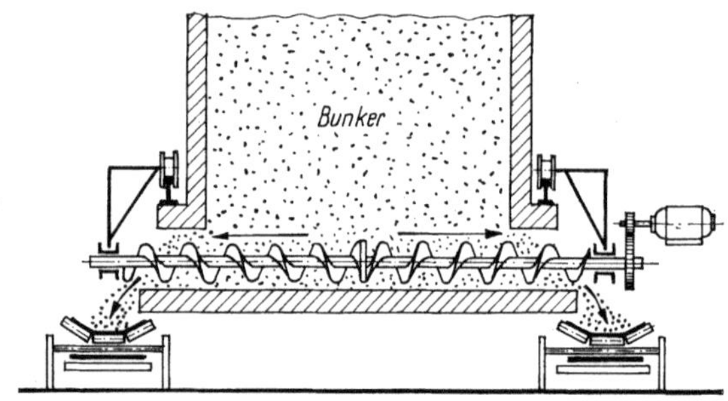

Abb. 221. Verfahrbarer Schneckenräumer.

Sattel eine Trennwand aufgesetzt, so ergeben sich zwei Bunkertaschen, die verschiedene Materialien aufnehmen können, so daß beim gleichzeitigen Abzug aus beiden Bunkern eine Materialmischung stattfindet (Abb. 220b). Bei nicht zu harten Bedingungen kann der Austrag aus einem Schlitzbunker auch mit einem Räumpflug erfolgen, der durch eine ortsfeste Seilwinde hin- und hergezogen wird.

Ebenso wie Trogkettenförderer können Schneckenförderer direkt am Boden eines Bunkers montiert und mit mehreren Ein- und Auslauföffnungen versehen werden. Der Einbau ist denkbar einfach und meist raumsparend. Kraftbedarf und Verschleiß sind allerdings hoch. Wenn auch Schneckenförderer für das Austragen staubförmiger Güter gut geeignet sind, können sie doch bei Fließneigung des Gutes Schwierigkeiten ergeben. Dann ist es zweckmäßig, eine Zellenradschleuse vorzuschalten. Schneckenaufgeber sind, da sie zwangsläufig gewissermaßen wie Fräser arbeiten, auch für Schüttgüter geeignet,

Tabelle 53. *Schüttgüter und die für sie geeigneten Aufgabegeräte*

	Böschungswinkel	Plattenbandaufgeber	Bandaufgeber	Trogkettenförderer	Schneckenaufgeber	Schwingaufgeber	Walzenaufgeber	Zellenradaufgeber	Hängekettenaufgeber	Schubaufgeber	Telleraufgeber	Drehkratzer	Schwierigkeitsgrad
Aluminiumoxyd	30°			×	×			×					4–5
Ammonsulfat	30–60°		×			×						×	6–8
Asche (trocken)	40–60°		×	×	×	×		×					2–3
Asche (naß)	45–60°		×								×		5–7
Baryt	30–45°	×	×	×		×							2–5
Bohnen	30–45°		×	×		×							2
Dolomit	30–45°	×	×			×			×	×	×	×	2–5
Eisensulfat	30–45°		×			×							6
Erze (schwer)	40–50°	×				×			×	×	×	×	4
Erze (leicht)	40–50°	×		×		×	×			×			4–5
Fischmehl	45–60°		×	×	×	×							5–6
Flugasche (trocken)	20°			×	×			×					7–8
Getreide	45°			×	×	×							1–2
Gips	30–45°		×	×	×								2–5
Hochofenschlacke	30–45°		×			×	×				×		1,5–3
Holzspäne	45–60°			×	×								9,5–10
Kalk (gelöscht)	35°		×	×	×	×						×	6
Kalkhydrat	5°/60°							×					8–10
Kalkstein	30–45°	×	×			×			×	×	×	×	2–4
Kies	30–45°		×			×	×				×		1,5–2,5
Kohle (normal)	35–45°	×	×	×	×	×				×	×	×	3
Kohle (stark schleißend)	35–45°	×	×			×				×	×		4
Kohlenschlamm	—	×	×	×	×	×							5–6
Kohlenstaub	30–60°			×				×					6
Koks	30–45°	×	×			×						×	4–5
Magnesit	30–45°	×	×			×			×	×	×	×	3
PVC (körnig)	30–45°		×			×							2
PVC (Pulver)	30–60°				×			×					3–6
Rohmehl (Zement)	30–45°			×	×			×					6–8
Ruß	15–30°			×	×			×					7–9
Sägemehl	45–60°		×	×	×								5–7
Salz (stückig)	30–45°	×	×			×				×	×	×	2–4
Salz (Kochsalz)	30–45°		×			×	×	×				×	3
Sand (trocken)	30–45°		×			×	×			×	×	×	2
Sand (feucht)	45–60°		×			×	×				×	×	3–6
Schamotte	30–45°		×		×	×		×			×		2–5
Talkum (gebrochen)	30–45°	×	×			×	×		×	×	×	×	2–4
Talkum (Puder)	30–45°		×	×	×	×		×					4–6
Titanoxyd	45–60°				×			×					6
Ton (Lehm)	45–60°	×	×			×					×	×	7,5–10
Waschberge	38–45°	×	×			×			×	×	×	×	4
Zement	5°/60°			×	×			×					6–8
Zementklinker	30–45°	×	×			×					×		2–3
Zinkweiß	30–60°				×			×					6–8
Zucker (körnig)	30–45°		×	×	×	×	×	×			×		2–3
Heißgut		×				×				×	×		3–5,5
hygroskopische Stoffe			×								×	×	5–9
klebende Stoffe				×	×							×	6–8,5
körnige Stoffe			×	×	×	×			×	×		×	1–3
Staub					×			×					5–8,5

die zum Verfilzen neigen. Vielfach werden deshalb Bunker mit nahezu senkrechten Wänden und über den ganzen Bunkerboden reichenden Austragorganen gebaut, um ein Nachfließen des Fördergutes in den Arbeitsbereich der Austrageinrichtung zu gewährleisten.

Die hierzu erforderlichen großflächigen Austrageinrichtungen werden aber in der Regel sehr teuer. Es wurde daher eine spezielle Bunkerräumschnecke entwickelt, die quer zu ihrer Fördereinrichtung, d. h. in Bunkerlängsrichtung, verfahrbar ist (Abb. 221). Der Bunker wird meist als zweiseitiger Schlitzbehälter ausgebildet, wobei die Schlitze unterhalb der Bunkerlängswände eine Abböschung des Schüttgutes auf dem Bunkertisch gestatten. Die Förderschnecke ragt nun quer durch den Bunker und ist in der Stahlkonstruktion des verfahrbaren Wagens beidseitig gelagert. Wird nun eine Hälfte der Schnecke rechtsgängig und die andere linksgängig ausgeführt, so wird das Material von der Mitte her nach beiden Seiten gleichmäßig aus dem Bunker ausgetragen. Bei schmalen Bunkern erfolgt der Austrag mit einer einfachen nicht unterteilten Schnecke nur nach einer Seite.

Bezüglich Zuteilvorrichtungen für Pendelbecherwerke, die das Ladegut in bestimmten Mengen in die einzelnen Becher überleiten, sowie Zuteilvorrichtungen für hydraulische und pneumatische Förderer sei auf die entsprechenden Abschnitte dieses Buches hingewiesen, in denen diese Födereinrichtungen näher beschrieben wurden.

Bei Besprechung der verschiedenen Verschluß- und Zuteileinrichtungen konnten nur die hauptsächlichsten Ausführungsformen Erwähnung finden. Da ein sehr großer Bruchteil aller Anstände, die bei Förderanlagen eintreten, auf unsachgemäße und nicht entsprechende Konstruktion der Schieberverschlüsse, Ladeschurren und Zuteilvorrichtungen zurückzuführen ist, kommt diesen Bauteilen und ihrer richtigen Anordnung Bedeutung zu. Aus diesem Grunde sei besonders auf die Tab. 53 hingewiesen, da sie für ein bestimmtes Fördergut die Auswahl des zweckmäßigsten Aufgabegerätes erleichtert. Wie bekannt, ergeben sich durch Anhaften und Brückenbildung beim Austragen und Aufgeben von Schüttgütern sehr häufig Schwierigkeiten. Nach einem Vorschlag von TAUBMANN werden 10 Schwierigkeitsgrade unterschieden, wobei er mit 10 das Material mit den unangenehmsten Eigenschaften bezeichnet. Für Schwierigkeitsgrade über 5 ist daher besondere Sorgfalt bei Ausbildung der Bunker bzw. Verwendung von Austraghilfen erforderlich.

e) Wiegevorrichtungen

Die Wiegevorrichtungen bilden oft einen wichtigen Teil in der Gesamtförderanlage. Sie sollen entweder eine genaue gewichtsmäßige Unter- bzw. Zuteilung des Fördergutes bewirken oder eine ständige Kontrolle der Leistung der Förderanlage über gewisse Zeiträume ermöglichen. Dabei darf durch den Wiegevorgang der Strom der Förderung nicht störend beeinflußt werden.

Die neuen Waagenbauarten entsprechen diesen Forderungen in weitgehendem Maße. Sie werden dabei vielfach mit automatischer Arbeitsweise geliefert, so daß nicht nur Kosten vermieden werden, die durch menschliche Bedienung entstehen würden, sondern auch jede Unzuverlässigkeit menschlicher Messung ausgeschaltet wird.

In den Grundzügen bestehen fast alle Bauarten genau arbeitender Waagen aus einem doppelarmigen Hebel, an dessen einem Ende das Gewicht und an dessen anderem die Last hängt. Je nach den vorliegenden Umständen wird die durch eine Zuteilvorrichtung oder aus einem teilweise geöffneten Schieber zugeführte Ladung dem jeweils festgelegten Grundgewicht angepaßt, indem z. B. der Zustrom abgeschlossen wird, sobald das Gewicht erreicht ist, wie in Abb. 222a und b schematisch angedeutet, oder es wird das Gewicht oder die Gewichtswirkung veränderlich gemacht, um eine Einstellung entsprechend der jeweiligen Last, z. B. der Ladung eines Förderwagens, zu bewirken. Dies geschieht bei den stark verbreiteten automatischen Rollbahnwaagen und Hängebahnwaagen, die in den Betrieben häufig verwendet werden. Abb. 222a zeigt den geöffneten Zuflußschieber und das Wiegegefäß in Beladestellung. Während vielfach der Meßbehälter als Kippgefäß ausgebildet wird, wie auch in Abb. 222 angegeben, sucht man in anderen Fällen das Kippen zu vermeiden und öffnet, sobald das Grundgewicht erreicht ist, eine Verschlußklappe des Ladegefäßes. Auch die Zufuhr wird in verschiedener Art geregelt. Neben der am häufigsten verwendeten Abschlußklappe gibt es auch Ausführungen, bei denen in dem zweiteilig ausgebildeten Wiegegefäß eine Klappe vorhanden ist, die, sobald die eine Waagenhälfte das erwünschte Gewicht erhalten hat, durch eine kleine Bewegung des Meßgefäßes umgelegt wird, so daß dann das Ladegut in die noch leere Hälfte des Wiegegefäßes fließt und jede Stockung der Zufuhr vermieden wird.

Da insbesondere bei sehr großstückigem Ladegut der Abschluß des Materialstromes nicht so genau erfolgen kann, als es für die Wiegung erwünscht ist, wird auch bei einigen Waagentypen, ähnlich wie schon hinsichtlich der Rollbahnwaagen erwähnt, eine Gewichtseinstellung vorgesehen, so daß nach erfolgter Absperrung der Zufuhr die im Wiegegefäß vorhandene Ladung genau gemessen wird. Dieses Einstellen des Gewichtes auf die vorhandene Ladung geschieht ebenfalls auf verschiedene Weise, z. B. durch Neigen eines Hebels oder Verschieben eines Laufgewichtes auf dem Wiegebalken, wobei die Einstellung

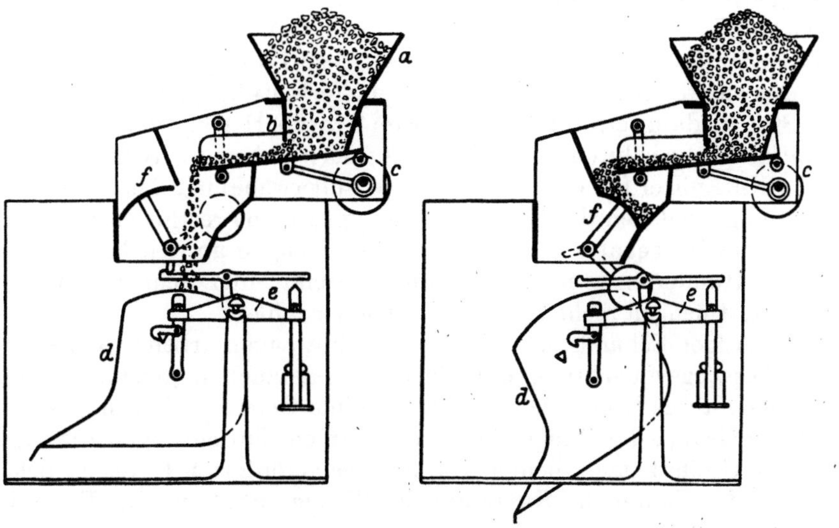

Abb. 222. Schema einer vollautomatischen Waage.
a Füllrumpf; *b* Zuteiltisch bewegt von Exzenter *c*; *d* Kippwiegegefäß; *e* Waagebalken; *f* Stauklappe.

durch ein Pendel bewirkt wird, bis Gleichgewicht mit der Last erzielt ist. Das auf diese Weise festgelegte Gewicht wird automatisch auf ein Zählwerk übertragen und fortlaufend addiert, in manchen Fällen, insbesondere bei Rollbahnwaagen, auch auf Karten oder auf einen fortlaufenden Papierstreifen gedruckt.

Die angedeutete verschiedenartige Durchführung der genauen Gewichtseinstellung ist von dem Zweck abhängig, dem die Waage dienen soll, bzw. maßgebend für die Verwendung der Waage. Die Neigungswaage ermöglicht wohl eine schnellere Einstellung als das Verstellen des Laufgewichtes, diese Waagetypen erfordern aber zur Durchführung ihrer Funktion eine gewisse Zeit. Aus diesem Grunde läßt man beim Abwiegen von Fahrzeugen diese möglichst auf der Waage stillstehen.

Für Bergbaubetriebe werden vornehmlich robust gebaute selbsttätige Wiegeapparate verwendet. Meist wird vor der Waagenbrücke eine Bremse zum Auffangen der im Gefälle anrollenden Förderwagen eingebaut. Ein Bedienungsmann steuert den Zu- und Ablauf an der Waage, falls nicht im Takt arbeitende Einrichtungen — wie Kreiselwipper o. ä. — dazu verwendet werden können. Auch beim Übertagebetrieb auf der Hängebank werden solche Waagen verwendet. Zweckmäßig wird dann je eine vor und hinter dem Kreiselwipper zur Ermittlung der Brutto- und Tara-Gewichte eingesetzt, damit die tatsächliche Fördermenge sich daraus errechnen läßt. Es ist aber auch eine Sonderausführung möglich, bei der der ganze Wipper auf der Waage angeordnet wird, damit die Förderwagen von ein und derselben Waage vor und nach dem Entleeren gewogen werden und damit das Nettogewicht direkt ermittelt wird. Auswiegen und Gewichtsaddition gehen vollkommen selbsttätig vor sich. Der Bedienungsmann hat lediglich einen Druckknopf zu betätigen; die Zuteilung der Fahrzeuge erfolgt durch die Wipperbewegung.

Nicht immer können die Fahrzeuge im Stillstand verwogen werden. Bei mäßiger Geschwindigkeit ist ein Verwiegen während der Fahrt durchaus möglich. Die Brückenlänge in m bestimmt sich dann aus der zur Wiegung benötigten Zeitdauer in s, multipliziert mit der Fahrgeschwindigkeit in m/s, zuzüglich dem Radstand des Fahrzeuges. Wo eine solche längere Brücke eingebaut und der dadurch bedingte kleinste Fahrzeugabstand sicher eingehalten werden kann, ist diese Verwiegungsart möglich. Dafür gibt es auch verschiedene Wiegeapparate, je nachdem, ob eine fortlaufende Addition der Einzelgewichte genügt oder ob die Gewichte einzeln auf einen Streifen gedruckt werden müssen. Sonderausführungen sind möglich, allerdings sollte man Sonderwünsche nur auf das Notwendigste beschränken, weil jede Komplizierung den Wiegeapparat verteuert und unter Umständen das Wiegespiel verlängert.

Das Gleiche gilt für Hängebahn-Waagen. Auch bei Hängebahnen ist zu prüfen, ob man die Hängebahnkübel im Stillstand, also vor dem Einkuppeln verwiegt oder während der Fahrt. Das richtet sich nach den örtlichen Verhältnissen, weil in jedem Falle eine horizontale Strecke dafür erforderlich ist. Beim Transport von Kohle, Kali, Steinen usw. sind selbsttätige Hängebahnwaagen schon seit vielen Jahren in Betrieb; sie sind ein unentbehrliches Hilfsmittel für die genaue Betriebsüberwachung. Auch hier ist eine Tara-Waage notwendig, weil sich die Kübel beim Kippen nicht restlos entleeren und je nach Beschaffenheit des Wiegegutes noch beträchtliche Mengen an den Kübelwänden kleben. Bei den vielen Hunderten von Kübeln, die während einer Schicht verwogen werden, ergeben diese Restmengen recht ansehnliche Tonnenzahlen.

Diese selbsttätigen Schmalspur- und Hängebahnwaagen arbeiten je nach der Art der verwendeten Auswiegevorrichtung mit einer eichgesetzlichen Genauigkeit oder falls es sich nur um eine interne Kontrolle handelt, mit einer Genauigkeit von $\pm$ 0,5%.

Ebenfalls zur Gruppe der Hängebahnwaagen zählen Einrichtungen, die zum Verwiegen von Hängebahn-Greiferkatzen dienen. Die Art des geförderten Gutes ist belanglos. Zum Verwiegen muß der Fahrer die Katze auf der Waage anhalten. Das Ende der Wiegung wird ihm durch Lichtsignal angezeigt.

Häufig werden auch in vielen kleinen Handhängebahnen, die in den verschiedensten Industriezweigen anzutreffen sind, einfache Hängebahnwaagen eingebaut, die entweder für Handauswiegung oder mit selbstanzeigender Auswiegevorrichtung geliefert werden können. Das zu verwiegende Gut, das entweder mittels Elektrozug oder einfacher Handrolle bewegt wird, wird auf der Waage angehalten und von Hand verwogen, oder das Gewicht wird unmittelbar an der Zeigerscheibe oder am Leuchtbild abgelesen. Auch direkter Abdruck des Gewichtes auf Wiegekarten durch einfachen Druckknopf ist möglich. Diese Art findet sich häufig in Schlachthöfen und Papierfabriken. Auch diese Waagen sind eichfähig.

Schließlich kann in diesem Zusammenhang noch der Schrägaufzug genannt werden. Auch dafür stellt die Waagenindustrie geeignete Wiegeeinrichtungen zur Verfügung. Man braucht nur den Aufzugsfuß vom übrigen Teil zu trennen und auf einer Waagenbrücke anzuordnen. Letztere wird in Lenkern geführt. Auftretende Stöße werden durch geeignete Mittel vom Meßwerk ferngehalten, damit die Wiegegenauigkeit erhalten bleibt. Das Zugseil muß beim Wiegen lose hängen. Zweckmäßig wird auch hier die selbsttätige Waage verwendet, die beim Erreichen der eingestellten Sollmenge den Materialzulauf selbst abschaltet, verwiegt und durch Lichtsignal dem Aufzugführer den Vollzug der Wiegung meldet.

Wichtig ist bei Rollbahnwaagen auch die Schaffung einer Sicherheit gegen zweimaliges Wiegen der Wagen. Man kann dies durch Einfügen einer Ausweiche mit Einbruchsschiene in der Anordnung erreichen, wie in Abb. 223 an einem Beispiel gezeigt wird. Im nicht belasteten Zustand der Waage ist die Abfahrt durch einen hochstehenden Riegel versperrt, die Auffahrt jedoch frei. Sobald ein mit dem vorgeschriebenen Mindestgewicht

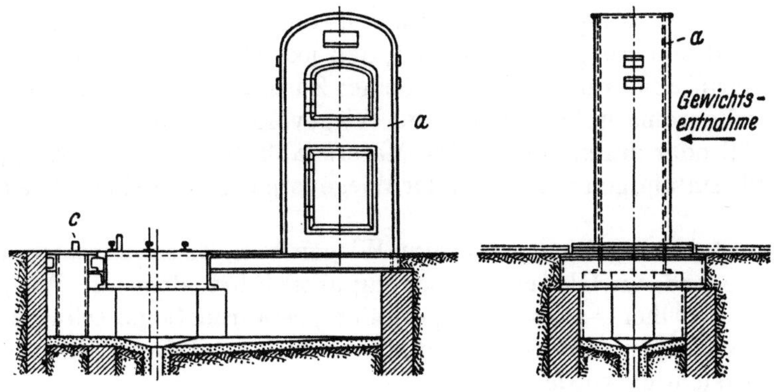

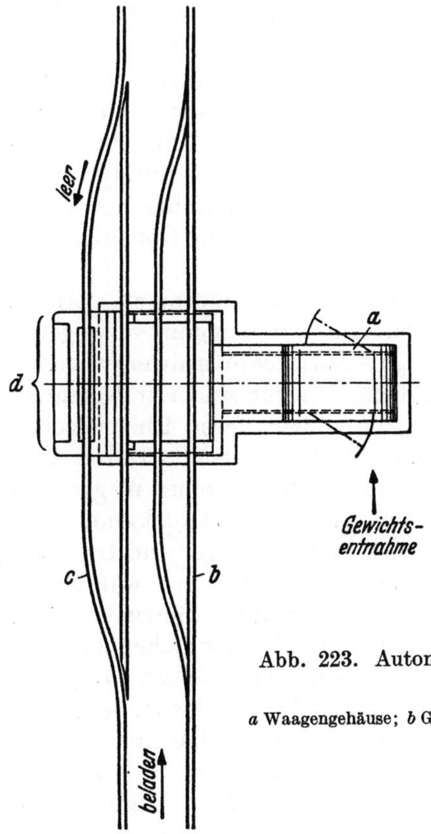

Abb. 223. Automatische Rollbahnwaage mit Einbruchschiene (Schenck).

a Waagengehäuse; *b* Gleis für beladene Wagen; *c* Rückfahrgleis für leere Wagen; *d* Einbruchstrecke auf dem Leergleis.

beladenes Fahrzeug aufgefahren ist, hebt sich hinter diesem ein zweiter Riegel und versperrt die Rückfahrt, so daß das Fahrzeug zwischen den beiden Riegeln festgehalten ist. Nun beginnt der Wiegeapparat auszuwiegen und erst dann, wenn die Wiegung beendet ist, senkt sich der Riegel an der Abfahrtseite, so daß das Fahrzeug ablaufen kann. Der Riegel an der Auffahrtsseite senkt sich erst, nachdem das Fahrzeug die Brücke verlassen hat. Zu gleicher Zeit hebt sich der Riegel an der Abfahrtseite wieder, so daß das Fahrzeug nicht zurückgefahren werden kann und der ursprüngliche Zustand wieder hergestellt ist. Jeder Wagen muß also unbedingt gewogen werden. Damit er aber auch nicht auf dem Umwege über das Leergleis noch einmal gewogen werden kann, ist für die Rückfahrt der leeren Wagen, soweit eine solche überhaupt in Frage kommt, eine Ausweiche eingebaut. Die vollen Wagen können über diese Leerstrecke nicht zurückgefahren werden, wenn in dieselbe eine Einbruchschiene eingeschaltet wird, die sich unter der Last der belastenden Fahrzeuge senkt und erst wieder durch Aufschließen des Apparates von dem Kontrollbeamten in die alte Lage gebracht werden kann.

Die automatischen Waagen werden als voll- oder halbautomatische Waagen gebaut. Die Letzteren sind dadurch gekennzeichnet, daß jeder Wiegevorgang erst durch einen besonderen Handgriff, z. B. durch Ziehen an einer Zugstange, eingeleitet werden muß, während bei der vollautomatischen Waage der Wiegevorgang durch das zurückschwingende leere Wiegegefäß oder durch eine in den Materialabfluß eingebaute Klappe automatisch eingeleitet wird. Im übrigen spielt sich der Wiegevorgang der beiden Waagen in derselben Weise ab.

Seit einigen Jahren werden auch zum Wiegen von Eisenbahnwaggons Gleiswaagen ohne Entlastung und mit Gleisunterbrechung ausgeführt, doch die Waagenbrücke wird — im Gegensatz zu früher — stets in Wiegestellung befahren. Sogar schwerste Lokomotiven dürfen derartige Waagen in Wiegestellung überfahren, weil diese Belastung bei der Konstruktion berücksichtigt wurde.

Durch den Wegfall des zeitraubenden Auf- und Abwindens der Waagenbrücke wurde das Wiegegeschäft zeitlich sehr verkürzt. Brückenlänge und Tragfähigkeit können den örtlichen Verhältnissen angepaßt werden. Die normalen Längen liegen bei 8—12 m, doch macht es keine Schwierigkeiten, auch Waagen mit 20 m Länge und darüber herzustellen, was zum Wiegen unterschiedlicher Waggonlängen während der Fahrt erforderlich wird. Die gebräuchlichsten Wiegefähigkeiten liegen zwischen 50 und 100 Mp. Die Wiegestufen sind meistens von 20:20 kp aufgeteilt. Es sind aber für Spezialfahrzeuge auch schon Waagen mit 200 und 300 Mp Wiegefähigkeit ausgeführt worden. Die Genauigkeit der Waagen beträgt 0,2—0,4‰ der Höchstlast.

Der Verkürzung der Wiegezeit kommt besondere Bedeutung zu, vornehmlich bei Stoßbetrieben, wo oft in wenigen Stunden mehrere hundert Waggons verwogen werden müssen. Deshalb hat die Waagenindustrie selbsttätige Auswiegeapparate entwickelt, die ein sicheres Auswiegen in wenigen Sekunden ermöglichen. Hierfür sind nur Neigungs- oder Pendelwaagen, besonders die Leuchtbildwaagen, brauchbar, deren Einspielzeit bei fast aperiodisch gedämpfter Schwingung nur 2 s oder weniger beträgt. Durch Verwendung eines Zahlendruckers ist es dann möglich, sofort nach Auffahren eines Waggons auf die Waagenbrücke dessen Gewicht durch einfaches Betätigen eines Druckknopfes auf eine Wiegekarte zu drucken. Ja, es ist sogar infolge der kurzen Wiege- und Druckzeit möglich, das Gewicht eines Waggons bei langsamer Fahrt, etwa bis 2 m/s während der Fahrt über die Waage zu ermitteln. Diesen Vorteil haben sich manche Betriebe in der Form zunutze gemacht, daß sie einen ganzen Zug langsam über die Waage ziehen und dabei das Gewicht eines jeden Waggons feststellen. Hierbei muß lediglich beachtet werden, daß der Druckvorgang erst dann eingeleitet wird, wenn sich alle Achsen des zu verwiegenden Waggons, und nur diese, auf der Waagenbrücke befinden. Für derartige Anlagen muß die Brückenlänge sehr sorgfältig bestimmt werden, weil für sie nicht nur die Radstände der verschiedenen Waggons, sondern auch die Längen der Waggons über Puffer maßgebend sind. Bei bunter Folge verschieden langer Waggons wird diese Aufgabe natürlich schwierig. Es läßt sich aber für viele Fälle eine Lösung finden, besonders dann, wenn man die Verbundwaage wählt, eine Waage mit zwei Brücken, von denen jede einzeln oder beide zusammen auf eine Auswiegevorrichtung geschaltet werden können. Die Brücken können dabei unterschiedlich lang sein. Es wird bequem mittels Handhebel umgeschaltet. Die Fahrtgeschwindigkeit wird natürlich für diesen Fall zwangsläufig kleiner. Werden die Unterschiede der Waggonlängen jedoch zu groß, so ist das Verfahren mit der Verbundwaage auch nicht mehr anwendbar, so daß man bei den verhältnismäßig seltenen Waggons mit größten und kleinsten Abständen auf ein Wiegen im Zugverband verzichtet.

Ein genaues Wiegen bei unterschiedlichen Waggonmaßen ist vom Bedienungsmann abhängig, denn der Zeitpunkt des Erfassens der richtigen Wiegestellung des Waggons und damit das Schalten des Druckautomaten wandert entsprechend den jeweiligen Fahrzeugmaßen. Bei gleichen oder ähnlichen Fahrzeuglängen ist eine weitere Automatisierung möglich, wie beispielsweise durch Betätigen des Druckers durch einen Schienenkontakt.

Die angegebenen Einschränkungen entfallen sofort, wenn die Fahrzeuge nicht im Verband, sondern einzeln während der Fahrt über die Waagebrücke gewogen werden. Hierfür eignet sich als betriebliches Hilfsmittel am besten der Ablaufberg. Jedes Fahrzeug wird für sich allein während des Rangierens in die Ordnungsgleise gewogen. Für das Wiegen wird praktisch überhaupt keine zusätzliche Zeit vergeudet. Auch werden keine zusätzlichen Gleisstrecken für den Wiegevorgang benötigt; lediglich die Ablaufstrecke des Berges wird um 40 m vorgezogen, um Platz für die Waage zu erhalten. Alle Waggontypen, die im Bereiche der Berechnung liegen, können selbsttätig gewogen werden. Dabei muß noch hervorgehoben werden, daß das Verfahren eichfähig ist. Wie oben schon angegeben, muß auch hier eine Waage vorausgesetzt werden, die das Gewicht mit größter Schnelligkeit ermittelt und abdruckt. Die Fahrzeuge müssen zum Wiegen so abgelassen und durch ein entsprechendes Gefälle des Ablaufberges auseinandergezogen werden, daß für jedes die erforderliche Einspielzeit — 2 s zuzüglich 1 s Reserve — und die Zeit für den Druckvorgang zwischen der Waggonfolge ausreicht.

Um diese Forderung zu erfüllen, müssen die Fahrzeuge mit einer höheren Geschwindigkeit über die Waage rollen. Dies bedingt wiederum ein Verlängern der Waagenbrücke. Durch die erhöhte Fahrtgeschwindigkeit steigern sich aber auch die Störkräfte, die beim Befahren auf die Waage übertragen werden, ganz erheblich. Auf der einen Seite soll die Waage zwar rasch einspielen, also eine hohe Eigenfrequenz besitzen, andererseits soll sie auch wieder unempfindlich gegenüber jenen Störschwingungen sein, welche die Eigenfrequenz überlagern. Die Hauptaufgabe des Konstrukteurs ist es daher, die optimale Lösung zu finden, die den beiden gegensätzlichen Forderungen gerecht wird.

Lange Zeit hindurch war man gezwungen, die mit den Stetigförderern verschiedener Art geförderten Lademengen in der Weise zu wiegen, daß man das Ladegut durch eine automatische Waage mit Meßgerät leitete. Dies erforderte ein Umladen für die Zwecke der Wiegung und war beim Fördern empfindlicher Materialien stets mit einer gewissen Entwertung des Fördergutes durch Abrieb verbunden. Außerdem war es auch aus räumlichen Gründen oft sehr schwer, die Waage in den Fördervorgang einzuschalten. In dieser Hinsicht wurde ein sehr bedeutender Fortschritt durch die Einführung des selbsttätigen Wiegens bei Stetigförderern erzielt, das eine Feststellung des auf dem laufenden Band befindlichen Fördergewichtes ermöglicht. Die Waagen sind für die verschiedenen Förderer grundsätzlich einander gleich.

In Abb. 224 ist eine derartige selbsttätige Bandwaage für einen waagerecht laufenden Bandförderer dargestellt. Die Waage kann in derselben Art, nur mit geringer Einbauänderung, auch für geneigte Bänder benutzt werden. Sie wird derart in die Bahn des Förderbandes eingeschaltet, daß eine Anzahl Stützrollen, die das Transportband tragen, auf einem U-Eisenrahmen der Waagenbrücke *a* befestigt sind. Diese Waagenbrücke *a* ist vermittels der Gehänge *b* an dem übersetzten Traghebel *c* waagerecht aufgehängt. Letztere übertragen den durch die Belastung auftretenden Zug durch die Stange *e* unmittelbar auf den Hebel *d*, den Balken einer Neigungswaage, dessen Schwingungen durch eine Flüssigkeitsbremse *f* gedämpft werden. Je größer der in *e* auftretende Zug ist, desto mehr wird sich der Hebel *d* auf der rechten Seite der Drehachse senken. Bei wechselnder Belastung bewegt sich der Hebel *d* fortwährend, wobei der Ausschlag der jeweiligen Belastung entspricht. Die verschiedenen, der jeweiligen Beladung des Bandes entsprechenden Stellungen des Hebels *d* werden mit der nachstehend beschriebenen Einrichtung zur Registrierung des Fördergewichtes benutzt. Das leer zurücklaufende Förderband wird über eine Rolle *g* geführt, die mittels Welle und Kegelräder die Welle *h* antreibt. Auf der Welle *h* sind zwei Kurvenscheiben *i* und *k* befestigt. Der Waagebalken *d* soll periodisch in seiner jeweiligen Stellung für einen Augenblick festgehalten und dann wieder freigegeben werden. Das Gewicht soll in dem Augenblick bestimmt werden, in dem der Hebel festgehalten ist, also immer in gewissen Zeiträumen, abhängig von der Bewegung des Bandes. Zum Festhalten des Waagebalkens *d* dient ein Hebelwerk *m* unter dem Einfluß des Gewichtes *l*. In der Regel ist das Hebewerk *m* am Festhalten des Waagebalkens *d* gehindert, weil sich eine mit *m* verbundene kleine Rolle gegen die Kurvenscheibe *i* legt. Nur immer für eine kurze Zeit läßt die Kurvenscheibe *i* die Bewegung des Hebels *m* und damit das Festhalten des Waagebalkens *d* zu und zwar einmal bei jeder Umdrehung der Welle *h*, also abhängig von dem Förderweg des Bandes. Sobald der Waagebalken *d* festgehalten ist, dreht sich das Segment *n*, dessen Bewegung von der auf der Welle *b* befestigten Kurvenscheibe *k* abhängig ist, nach rechts, bis es an den Waagebalken *d* anstößt. Kurz bevor die Arretierung des Balkens *d* aufhört, wird auch das Segment *n* wieder vermittels der Kurvenscheibe *k* in seine äußerste Stellung nach links zurückgedreht. Je größer die Belastung auf dem Transportband bzw. auf der Brücke *a* ist, desto höher steht der Waagebalken *d* und um so größer ist auch die Winkelbewegung des Segmentes *n*. Der

Segmenthebel n trägt zum Zwecke der Registrierung Sperrklinken o, welche in das Sperrad p eingreifen und dieses jedesmal beim Rückgang um einen entsprechenden Winkel weiterschalten. Die Anlagefläche des Segmentes n gegen den Hebel d ist kurvenartig so ausgebildet, daß die Winkelbewegung des Segmentes genau der Belastung auf der Brücke a entspricht, so daß die Registrierung dementsprechend erfolgt. Die Drehung des Sperrades p wird durch eine Kette und Zahnradvorgelege auf eine in 100 Teile geteilte Zählerscheibe q weitergeleitet und von dieser auf einen mehrstelligen Zähler r übertragen. Ein zweites Sperrad s wird durch Exzenter t und Stange u von der Welle h aus in eine dem Sperrad p entgegengesetzte Drehung versetzt, und zwar macht das Sperrad s bei jeder Umdrehung der Welle h ebenfalls eine bestimmte Winkelbewegung. Diese entspricht den Eigengewichten von Transportband, Rollen usw. auf der Brücke a und wird ebenfalls auf die Zählerscheibe q übertragen und registriert, aber in negativem Sinne. Das Sperrad p schaltet also bei jeder Wiegung das Bruttogewicht vorwärts, während das Sperrad s das Taragewicht durch Differentialgetriebe rückwärts schaltet, also sofort in Abzug bringt, so daß jederzeit das Nettogewicht, das über die Waage gegangen ist, auf dem Zähler r und der Zählerscheibe q abgelesen werden kann. Der Zähler r gibt das geförderte Gewicht in Mp an, während die Zählerscheibe q das Gewicht von 10 zu 10 kp anzeigt.

Bei der geschilderten Bandwaage wird also der Materialstrom in n einzelne Stücke zerlegt, deren Gewicht G_i einzeln bestimmt und addiert wird. Mathematisch läßt sich die Arbeitsweise dieser addierenden Bandwaage wie folgt ausdrücken:

$$G_{\text{ges}} = \sum_{i=1}^{n} \Delta G_i .$$

Dabei ist ΔG_i von der Brückenlänge L, und n von der Bezugszeit T abhängig. Es gilt: $n = v\,T/L$. Setzt man nun für die Brückenlänge $L = k\,v$ ein, so ergibt das $n = T/k$ (k = Maschinenkonstante mit Dimension s; v = Bandgeschwindigkeit in m/s).

Der geschilderten addierenden Bandwaage steht die sog. integrierende Waage gegenüber. Ihr Arbeitsprinzip läuft nach folgender Formel ab:

$$G_{\text{ges}} = \int_0^T g_x \cdot dx .$$

Der Bandweg dx ergibt sich für ein Zeitintervall zu $v\,dt$, so daß die Gleichung die Form annimmt:

$$G_{\text{ges}} = \int_0^T v_t \cdot g_t \cdot dt .$$

g_t soll hierin die Bandbelegungsfunktion in Abhängigkeit von der Zeit darstellen.

Unschwer ist zu erkennen, daß bei beiden Bandwaagensystemen die Bandgeschwindigkeit in die Wiegung eingeht. Es muß also bei der Konstruktion für eine Korrekturmöglichkeit gesorgt werden, die der veränderlichen Bandgeschwindigkeit Rechnung trägt.

Es ist interessant festzustellen, daß in der Entwicklung der Bandwaagen auf dem Kontinent vorwiegend nach dem addierenden Prinzip gearbeitet wurde, während die angelsächsischen Länder ausschließlich den Weg der Integration beschritten. Erst in neuerer Zeit wurde diese Trennung durchbrochen. Abb. 225 zeigt den schematischen Aufbau des „Weightometers“ von MERRICK. Von der Waagenbrücke, die bei den integrierenden Waagen meist zu einer einzigen Meßrolle zusammenschrumpft, wird die Belastung auf einen Schwenkrahmen übertragen, dessen Neigung sich proportional zur Bandbelastung einstellt. In dem Rahmen ist eine Scheibe gelagert, die an ihrem Umfange kleine tangential gelagerte Rollen trägt. An dieser Scheibe wird ein Treibband vorbeigeführt, dessen Geschwindigkeit der Geschwindigkeit des Förderbandes verhältnisgleich ist. Steht die Rollenscheibe senkrecht, so wird von dem Band nur die jeweils mit ihm in Verbindung stehende Randrolle angetrieben, die Scheibe selbst bleibt in Ruhe. Je nach der Neigung ist die Mitnahme stärker oder schwächer, d. h. die Drehzahl der Integratorscheibe stellt sich proportional dem Produkt aus Bandbelastung und Bandgeschwindigkeit ein. Die Scheibe treibt das Zählwerk an, das die in einem bestimmten Zeitraum über das Band gegangene Materialgewichtsmenge anzeigt.

Eine andere, technisch sehr interessante Lösung arbeitet ebenfalls mit mechanischer Messung und Übertragung. Die „Adequate“-Bandwaage verwendet als Meßorgan ebenfalls eine Neigungswaage, als Übertrager ein Getriebe, das aus einer konischen und einer zylindrischen Walze besteht, die über eine magnetisch angedrückte verschiebbare Kugel gekuppelt sind. Die zylindrische Walze wird synchron mit der Bandgeschwindigkeit angetrieben. Die Stellung der Kugel ist durch die jeweilige Bandbelastung bestimmt, d. h. sie wird von der Waage her eingestellt. Je nach Kugelstellung ändert sich das Übersetzungsverhältnis,

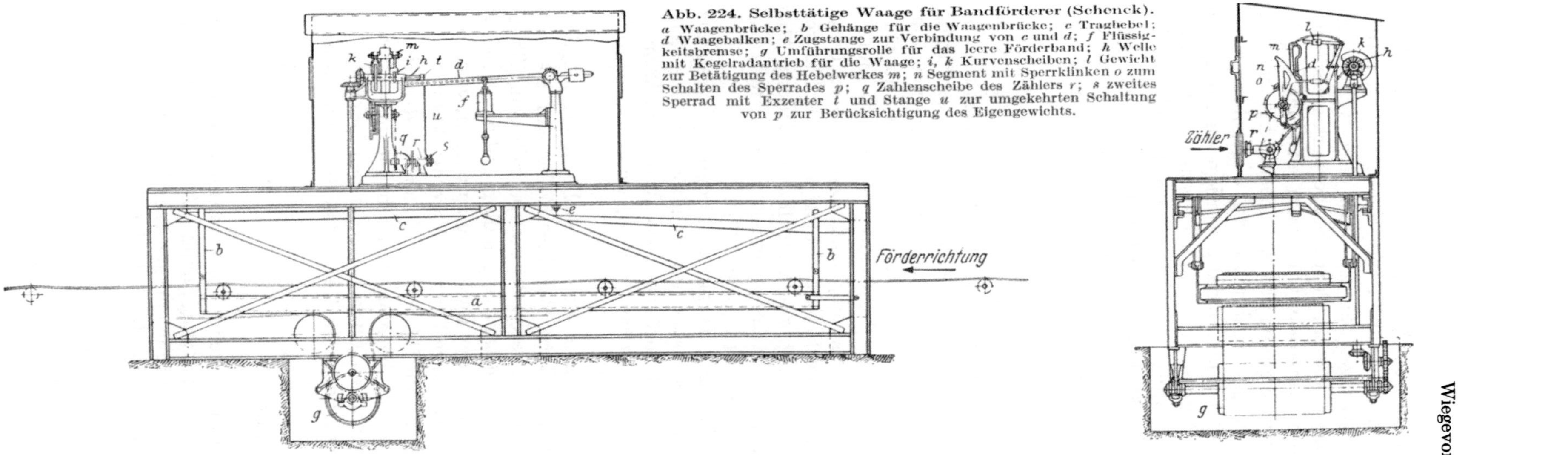

Abb. 224. Selbsttätige Waage für Bandförderer (Schenck). *a* Waagenbrücke; *b* Gehänge für die Waagenbrücke; *c* Traghebel; *d* Waagebalken; *e* Zugstange zur Verbindung von *c* und *d*; *f* Flüssigkeitsbremse; *g* Umführungsrolle für das leere Förderband; *h* Welle mit Kegelradantrieb für die Waage; *i*, *k* Kurvenscheiben; *l* Gewicht zur Betätigung des Hebelwerkes *m*; *n* Segment mit Sperrklinken *o* zum Schalten des Sperrades *p*; *q* Zahlenscheibe des Zählers *r*; *s* zweites Sperrad mit Exzenter *t* und Stange *u* zur umgekehrten Schaltung von *p* zur Berücksichtigung des Eigengewichts.

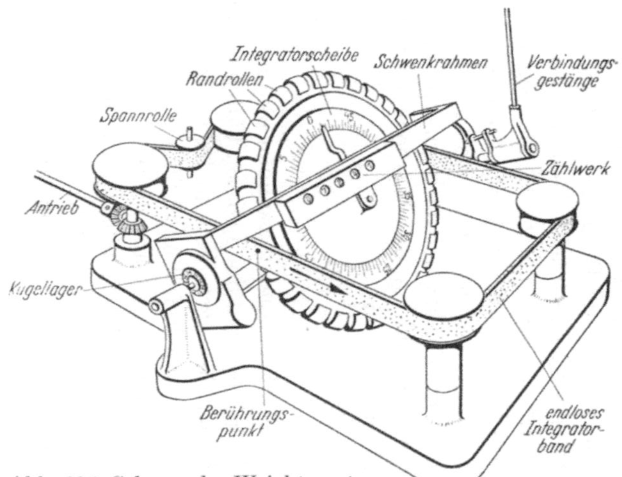

Abb. 225. Schema des Weightometers.

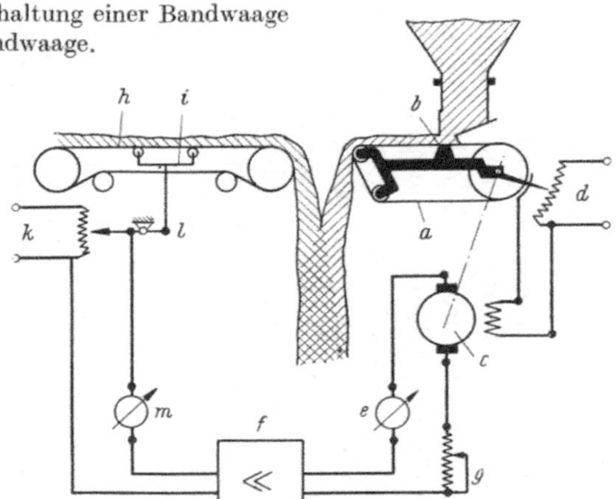

Abb. 226. Schema für Zusammenschaltung einer Bandwaage mit einer Dosierbandwaage.

a schwenkbares Wiege- und Abzugsband der Dosierbandwaage; *b* Drehpunkt; *c* Drehzahlregelbarer Antriebsmotor; *d* Potentiometerabgriff für den Schüttgewichtsausgleich (*y*-Regelung); *e* Anzeige der Leistung der Dosierbandwaage; *f* Verstärker; *g* Potentiometer zum Einstellen des Gewichtsverhältnisses; *h* Gurtförderer; *i* Bandwaage; *k* Potentiometerabgriff für Nachsteuerung der Dosierbandwaage; *l* Übertragungshebel; *m* Anzeige der Leistung des Gurtförderers.

so daß die Drehzahl der konischen Walze, die über ein Differentialgetriebe das Zählwerk antreibt, proportional dem Produkt aus Bandbelastung und Bandgeschwindigkeit wird.

Die hier für ein Förderband dargestellten Waagen können auch ohne weiteres zur Bestimmung des durch einen Gliederbandförderer oder ein Pendelbecherwerk geförderten Gewichtes benutzt werden. Der Antrieb des Wiegeapparates wird dann entweder von den Umführungsrollen oder von einem in die Kette eingreifenden Antriebsrad bewirkt. Der Fehlergrad der Bandwaagen und Becherwerkswaagen wird mit 1—2% angegeben.

Die Anordnung der Waagen ist entsprechend den mannigfaltig vorliegenden Aufgaben außerordentlich vielgestaltig. So treffen wir nachstehende Kombinationen an: a) Messung und Übertragung mechanisch, b) Messung mechanisch, Übertragung elektrisch, c) Messung elektrisch, Übertragung mechanisch, d) Messung und Übertragung elektrisch.

Dem Betriebs- oder Planungsingenieur fällt die Aufgabe zu, für jeden Fall jeweils das am besten geeignete Gerät auszuwählen. Diese Aufgabe ist nicht immer leicht und wohl auch in vielen Fällen nicht eindeutig lösbar.

Während die Bandwaage den Zweck hat, einen willkürlich anfallenden Materialstrom gewichtsmäßig zu erfassen, kann an anderer Stelle die Forderung gestellt sein, einen Materialstrom von konstantem Gewicht pro Zeiteinheit zu erzeugen. Hierfür braucht man die Dosierwaage. Für alle Arten Schüttgut verwendet man zweckmäßig das geschwindigkeitsgesteuerte Abzugs- und Wiegeband. Die Geschwindigkeitsänderungen erreicht man auf elektrischem Wege. Die Bedeutung dieser Waagen ist dort augenfällig, wo die Güte eines Erzeugnisses von der richtigen Zusammensetzung des Gemisches abhängt und für dieses Gemisch gewichtskontante Materialströme notwendig sind. Dabei ist es durch eine sinnvolle Steuerung durch einfaches Drehen eines Schalters möglich, selbst bei verschiedenen Materialkomponenten deren Stundenleistung proportionell zu verändern. Aber auch jede einzelne Materialkomponente kann nach Bedarf geändert werden, falls eine andere Zusammensetzung des Gemisches notwendig wird (Abb. 226).

In anderen stetigen Förderern, wie Schnecken und Trogkettenförderern, lassen sich Wiegeeinrichtungen nicht einbauen, weil dort im Gegensatz zum Bandförderer eine Relativbewegung zwischen Schüttgut und Förderelement vorhanden ist. Außerdem kann an den Wandungen der Fördertröge zuviel Schüttgut haften bleiben, wodurch zu große Wiegefehler entstehen können.

Dagegen ist der Einbau von Waagen in Rollenbahnen und Schaukelförderern möglich. Hier handelt es sich um die Verwiegung von Stückgütern. Bei einer Rollenbahn kann an einer geeigneten Stelle eine Waage vorgesehen werden, deren Brücke ebenfalls einige Tragrollen erhält. Zum Wiegen wird der betreffende Gegenstand angehalten und das Gewicht abgelesen oder gedruckt. Es ist aber auch möglich, in der Bewegung zu wiegen, wenn der Abstand der Stückgüter dem zulässigen Wiegungsintervall angepaßt werden kann.

Im Rahmen dieser Ausführungen würde es zu weit führen, auf Sonderkonstruktionen einzugehen, vielmehr muß sich die Darstellung auf die hauptsächlichsten und mit den Hebe- und Förderanlagen besonders eng verbundenen Ausführungsformen beschränken, um nur ein Bild von den Möglichkeiten zu geben, die für die Gewichtsfeststellung vorhanden sind.

f) Ladegeräte

Obwohl die Lademaschinen im eigentlichen Sinne keine Fördermittel sind, haben sie doch mit ihnen in den meisten Fällen gemeinsame Berührungspunkte. Aus diesem Grunde und auch deswegen, weil sie der vorstehenden Betrachtung eine gewisse Abrundung geben, sollen sie hier Erwähnung finden. Die Ladegeräte haben die Aufgabe, dem Menschen die schwere Ladearbeit abzunehmen und die Ladezeit zu verringern. Sie werden verwendet im Gesteins- und Abbaustreckenvortrieb und auch für Beladearbeiten auf Lagerplätzen, Baustellen, Umschlagplätzen des Kraftwagen-, Eisenbahn- und Schiffsgüterverkehrs.

Bei den Verladegeräten unterscheidet man stetig und unstetig arbeitende Maschinen. Zu den stetig arbeitenden Geräten gehören die trag- und fahrbaren Sonderbauarten der

Stetigförderer verschiedener Art und zu den unstetig arbeitenden die Schaufellader sowie verfahrbare und selbstfahrende Hochhubwagen bzw. Stapler.

In gewissem Sinne können alle fahr- und tragbaren Stetigförderer (Gurt-, Kratzer- und Gliederbandförderer) zur Hilfe bei der Verladearbeit herangezogen werden. Sie nehmen dem Arbeiter den Zwischentransport bis zum eigentlichen Fördermittel und vor allem die zu leistende Hubarbeit ab, da sich der Aufgabetrichter meist nur wenig über dem Erdboden befindet.

An dieser Stelle soll aber das Augenmerk mehr auf die ausgesprochenen Stetiglader gerichtet werden, die das Fördergut auch selbsttätig aufnehmen. Bei ihrer Arbeitsweise sind zwei Vorgänge zu unterscheiden, und zwar das Heranschaufeln oder Schöpfen des Schüttgutes vom Erdboden oder von einer Plattform sowie die meistens mit dem Heben auf eine gewisse Höhe verbundene Übergabe auf Fahrzeuge, Bunker, Halden und Stetigförderer.

Die verschiedenen Bauarten lassen sich zunächst nach der Arbeitsweise beim Aufnehmen des Ladegutes unterscheiden. Außer diesem eigentlichen Materialaufnahmegerät sind als weitere Hauptbauteile eines Stetigladers noch zu unterscheiden:

a) das eigentliche Fördermittel, das meistens als Kratzer bzw. Bandförderer oder als Becherwerk ausgebildet ist und zuweilen gleichzeitig als Aufnahmegerät dient,

b) der schwenkbare Abwurfausleger in Form eines Bandförderers oder einer Schurre,

c) das Fahrwerk auf Rädern oder Gleitschlitten.

Den einfachsten Aufbau zeigen die Stoßschaufellader, die durch eine flache, seitlich schwenkbare Schaufel gekennzeichnet sind. Die Stoßschaufel wird auf dem Boden gleitend von vorn unter das Haufwerk gestoßen und bewegt das Ladegut nach Art der Schüttel-

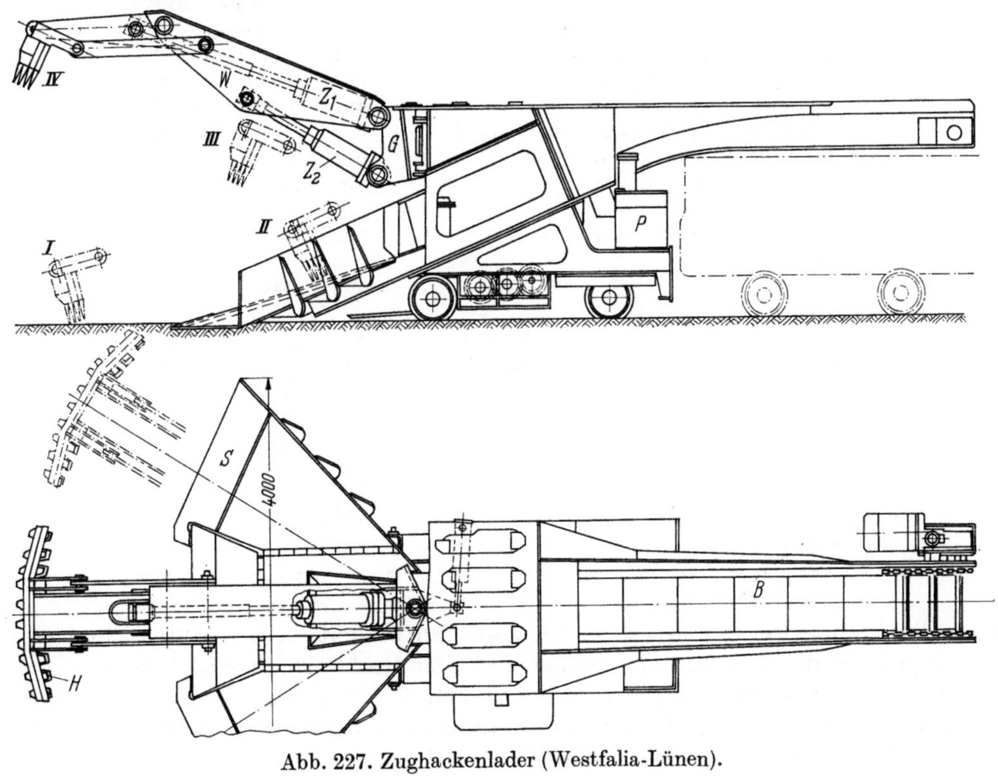

Abb. 227. Zughackenlader (Westfalia-Lünen).

rutsche leicht steigend rückwärts. Der Antrieb muß also den Vorstoßhub mit großer Kraft erzeugen und dann die Schüttelbewegung mit ihren charakteristischen, von der Schüttelrutsche bekannten Beschleunigungen und Verzögerungen hervorrufen. Ein Vorläufer dieser Lademaschinenart ist der Eickhoff-Entenschnabel, der vor eine normale Schüttelrutsche gesetzt und von dieser angetrieben wird. Der Entenschnabellader ist ein ausgesprochener

Flachlader, denn die Rutsche kann nur wenig geneigt aufwärts fördern und bei ihrer geringen Länge keine Höhe gewinnen. Er kann also nur in Verbindung mit einem Zwischenförderband als Hochlader arbeiten und Fahrzeuge beladen.

Die Erkenntnis, daß Material leichter mit einer Kratze herangeholt als durch Unterschieben einer Schaufel aufgenommen wird, führte zur Entwicklung des Zughackenladers nach Abb. 227.

Die Zughacke ist über ein Parallelogrammgestänge mit einer Wiege W verbunden, die wiederum drehbar am Hauptrahmen G gelagert ist. Zur Betätigung dienen zwei Hydraulikzylinder Z_1 und Z_2. Über das Parallelogrammgestänge wird erreicht, daß die Hacke immer senkrecht in das Haufwerk eindringt, so daß dieses Ladeprinzip selbst bei nassem und lettigem Haufwerk nicht versagt. Es kann Material mit einem Querschnitt von 50·50 cm hereingenommen werden. Die Hacke holt das Material über eine Länge von 3,5 m heran und zieht es auf einen Kratzer (Stellung I–II), der es dann aufwärtsfördert und untergeschobenen Förderwagen übergibt. Die Ladeschaufel wird dann angehoben, ausgestreckt und wieder abgesenkt, um erneut zu kratzen. Der gesamte Bewegungsverlauf ist in Abb. 227 durch die Stellung I–IV dargestellt. Die Zughacke hat in ausgestreckter Stellung eine Reißkraft von etwa 2,5 Mp, die beim Anziehen bis auf 3,8 Mp wächst. Von oben nach unten kann sie mit einer Kraft von 1,7 Mp in das Haufwerk eingeführt werden.

Während die in Abb. 227 dargestellte Type ZL S 10 auf Gleisen fahrbar ist, wurde die Type ZL R 1 mit einem Raupenfahrwerk ausgerüstet. Der Greifbereich und auch die Schaufelbreite konnten kleiner gehalten werden, da dieses Gerät die ganze Breite des Haufwerkes freizügig angehen kann. Die Hauptdaten der beiden geschilderten Zughackenlader sind in Tab. 54 zusammengefaßt.

Tabelle 54.
Hauptdaten der Zughackenlader (Gewerkschaft Eisenhütte) Westfalia, Lünen

Typ			ZL S 10	ZL R 1
Länge bei ausgestreckter Zughacke		mm	10800	8390
Höhe bei niedergelegter Zughacke maximal		mm	2450	1880
Höhe bei niedergelegter Zughacke minimal		mm	2250	1880
Höhe in höchster Lage der Zughacke minimal		mm	2685	2120
Breite bei niedergelegter Schaufel		mm	4000	2700
Breite bei angehobener Schaufel		mm	1500	2059
Greifbereich der Zughacke, seitlich		mm	5000	3100
Greifbereich nach vorn vom Gleisende		mm	3700	
(vor Schaufel)		mm	—	900
Hackenbreite		mm	1900	1500
lichte Höhe unter dem Ausleger				
(ohne Schurre)	maximal	mm	2100	2535
	minimal	mm	1900	1025
Spurmaß	maximal	mm	770	1754
	minimal	mm	570	
Installierte Leistung für hydraulische Anlagen		kW	42	55
für Förderer		kW	15	15
Gesamtgewicht (ohne Umsetzplatte)		Mp	14,6	16,3
Ladeleistung		m^3/h	80	80
Fahrgeschwindigkeit		cm/s	10	25

Von der Demag wurde der sog. Rechenlader entwickelt, dessen Aufbau und Hauptabmessungen aus der Abb. 228 zu ersehen sind. Das Gerät erhielt seinen Namen von der Form des für diese Einrichtung charakteristischen 3—5 m langen Ladearmes, der durch eine kreisende Bewegung das Haufwerk faßt, ohne es zu verdichten, zur Seite schiebt und auf ein in Vortriebsrichtung, also senkrecht zum Rechen angeordnetes Förderband aufgibt.

Der Rechen wird durch zwei Kurbeltriebe in die kreisende Bewegung versetzt. Der Antrieb erfolgt über einen 20 PS starken Motor. Die beiden Kettenraupen haben unabhängig voneinander arbeitende umsteuerbare 6-PS-Motore. Die Eigenart des Rechens, der im Fahrwerk höhenverstellbar gelagert ist, gibt die Möglichkeit, den Streckenboden eben oder mit Gefälle zu planieren. Die Höhenverstellung erfordert eine Leistung von 3 PS.

Eine völlig stoß- und erschütterungsfreie Arbeitsweise und eine kontinuierlich fließende Aufnahme und Abförderung des Ladegutes wird mit dem Salzgitter-Frässcheibenlader nach Abb. 229 erreicht. Er wird vor allem für die Haldenrückverladung bis etwa 300 mm Stückgröße des Schüttgutes eingesetzt.

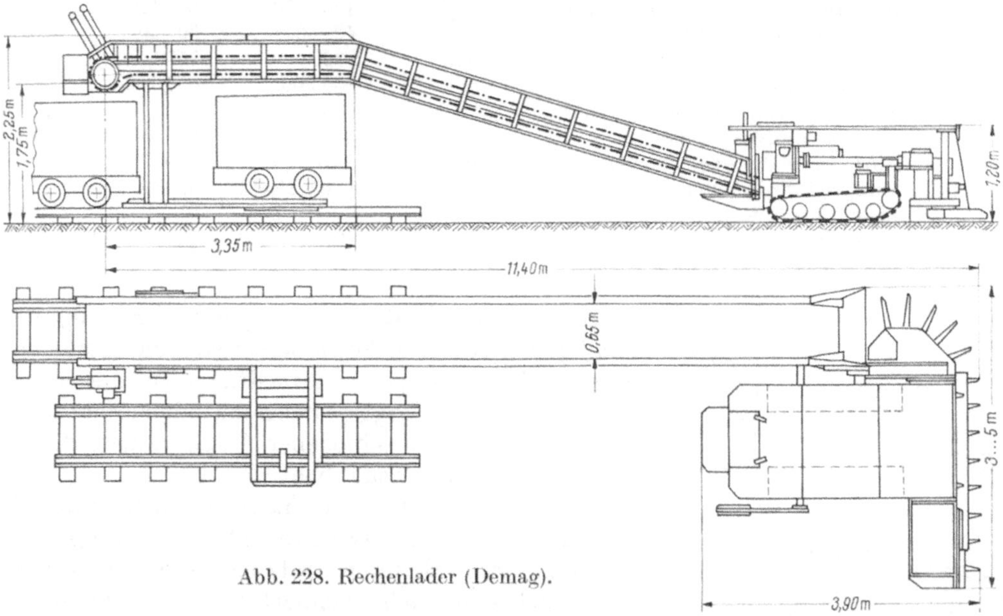

Abb. 228. Rechenlader (Demag).

Beim Ladevorgang wird eine sich drehende Frässcheibe durch das angetriebene Fahrwerk in das Haufwerk hineingedrückt. Dabei lockert sie das Material auf und nimmt es durch Reibung mit. Eine gleichfalls rotierende oberhalb und exzentrisch zur Frässcheibe angeordnete Leit- und Abstreiftrommel leitet das Material dann auf das ansteigende Förderband und von dort auf ein höhenverstellbares und im Halbkreis schwenkbares

Abb. 229. Salzgitter-Frässcheibenlader.

Austragband. Der Ladearm mit der Frässcheibe ist höhenbeweglich und kann ölhydraulisch bis unter die Fahrsohle abgesenkt werden. Das Fahrwerk des Laders kann mit Reifen oder Raupen ausgerüstet sein je nach den Betriebsverhältnissen und der Bodenbeschaffenheit des Geländes. Der Bodendruck läßt sich bis auf 1 kp/cm^2 senken.

Bei einer größeren Type werden zur Erhöhung der Ladeleistung am Kopf der Maschine zwei gegenläufig rotierende Ladescheiben angeordnet (Abb. 229). Das nachgeschaltete höhen- und seitlich schwenkbare Austragband kann auch mit einem geriffelten Gurt be-

Tabelle 55. *Hauptdaten der Salzgitter-Frässcheibenlader*

Typ		FL 200	FL 1
Anzahl der Frässcheiben		2	1
Mittlere Ladeleistung im Dauerbetrieb	m^3/h	125–250	60–120
Maximale Korngröße des Ladegutes	cm	40–50	30–40
Räumbreite	mm	2300	1500
Arbeitshöhe über und unter Sohle	mm	800/300	650/160
Schwenkbereich des Austragbandes		180°	180°
Länge des Austragbandes	m	8	6
Abwurfhöhe des Austragbandes	m	1–5	1–4
Fahrgeschwindigkeiten	m/min	5, 10, 21, 42	5, 29
Installierte Motorenleistung	kW	72	27,5
Gesamtgewicht	Mp	22	7,5

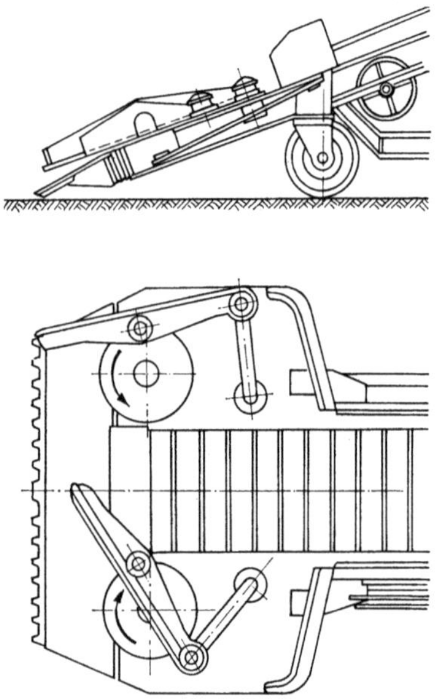
Abb. 230. Hebelgreifer-Lader.

stückt werden, so daß eine ansteigende Förderung bis 30° möglich ist. In dieser Form eignet sich das Gerät besonders zum Haldenstapeln, wie im dritten Teil dieses Buches im Abschnitt über Lagerplätze noch näher erläutert wird. Die Hauptdaten verschiedener Ausführungen der Frässcheibenlader veranschaulicht Tab. 55.

Anstelle der profilierten Frässcheiben kann das Material auch durch irgendwelche anderen Zubringerorgane dem aufwärts fördernden Kratzband zugebracht werden, wie seitlich angebrachte Schnecken oder Paddel. Abb. 230 zeigt eine Ausführung mit zwei an umlaufenden Scheiben gelenkig befestigten Hebelgreifern, die das Fördergut von der Seite her zuführen.

Abb. 231 zeigt das für schleißende Schüttgüter und gewachsenen Boden geeignete Verladebecherwerk mit Gleiskettenfahrwerk. Das Gerät hat an den Zähnen der Becher etwa die Reißkraft eines Löffelbaggers. Die Umlenkung der Becherkette über zwei untere Kettenturasse ermöglicht eine saubere Räumung und Planierung des Bodens, wobei auch die Abtragung verschiedener Erd-

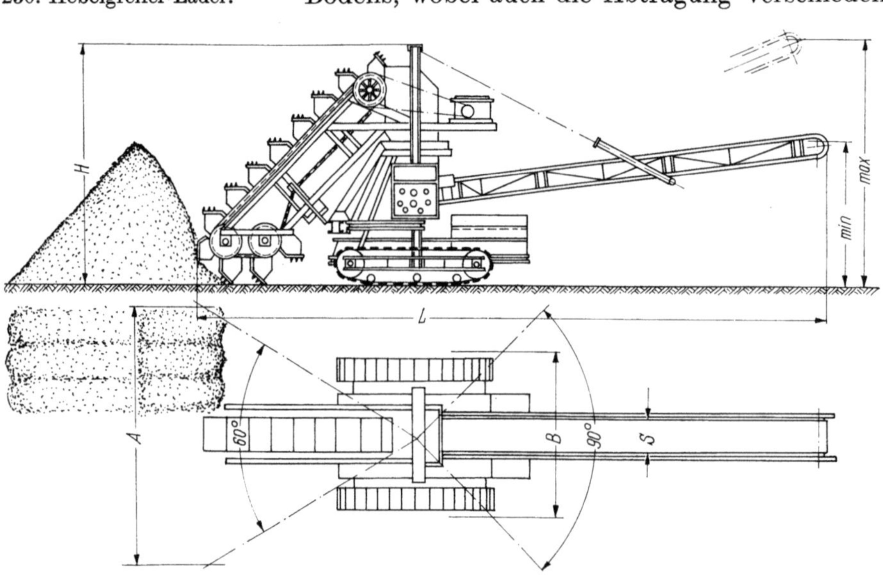

Abb. 231. Becherwerkslader (Wieger).

oder Gesteinsablagerungen nacheinander möglich ist. Die Becherleiter ist heb- und senkbar und hat eine automatische Schwenkvorrichtung. Das Material kann bis zu einer Breite von 6 m aufgenommen werden. Das von den Bechern abgeworfene Material wird von einem heb-, senk- und schwenkbaren Gurtbandförderer aufgenommen und abgesetzt. Die Hauptdaten für derartige Verladebecherwerke sind in Tab. 56 zusammengestellt, wobei die Bezeichnungen der Abb. 231 zur Erläuterung dienen.

Tabelle 56. *Hauptdaten für Verladebecherwerke* (*Wieger*)

Becherwerksaufnahme-Leistung pro h bis		120 m³	200 m³	300 m³
Gesamtlänge L	m	10,00	12,00	15,50
Gesamthöhe H	m	3,40	4,20	4,50
Gesamtbreite B	m	2,40	2,80	2,80
Arbeitsbreite A	m	4,00	5,00	6,50
Gewicht ohne Aggregat	Mp	8,0	13,6	15,8
Gewicht mit Aggregat	Mp	9,6	15,6	17,2
Schienenfahrgeschwindigkeit	km/h		10	–30
Becherwerk				
Becherinhalt	Liter	20–30	36–75	36–75
Bechergeschwindigkeit	m/s	0,42	0,66	0,66–0,9
Motorstärke	PS	7,5	15	15–20
Gurtförderer				
schwenkbar SG		90°	90°	180°
Förderlänge	m	7,50	7,50–10,00	10
Gurtbreite S	mm	500	650	1000
Gurtgeschwindigkeit	m/s	1,3	1,3–2,0	2,1
Abwurfhöhe maximal	m	4,00	5,00	5,00
Abwurfhöhe minimal	m	1,60	2,20	3,40
Motorstärke	PS	3	5	15
Raupenfahrwerk				
Fahrgeschwindigkeit	m/min	5–10	5–10	5–10
Bodendruck	kp/cm²	0,6	0,75	0,55
Motorstärke insgesamt	PS	10	15	20

Die Fahrbewegungen und damit Gerätespielzeiten sind je nach Bauart verschieden. Die Fahrbewegungen sind beim Frontlader am größten, beim Überkopflader kleiner und beim Schwenklader am geringsten. Entgegengesetzt verhalten sich in etwa die Gerätespielzeiten, die beim Frontlader am geringsten sind. Die Führung der Schaufel, d. h. der eigentliche Ladevorgang, ist bei allen Ausführungsarten, wenn die gleiche Leistungsgröße vorausgesetzt wird, in etwa gleich. Die Arbeitsweise eines Frontladers dürfte von Baustellen her allgemein bekannt sein. Er nimmt das Material bei abgesenkter Schaufel durch Vorwärtsfahrt auf, hebt dann die Schaufel, fährt den gewünschten Transportweg und entleert die Schaufel durch Heben und Kippen.

Wesentlich aufwendiger in der Bauart und damit auch höher in den Anschaffungskosten sind die Überkopflader. Enge Platzverhältnisse, die ein Manövrieren des Radladers im Arbeitsspiel unmöglich machen, sichern dieser Bauart trotzdem breite Anwendung. Dieses trifft zu im Streckenvortrieb verschiedenster Abbaubetriebe sowie im Tunnelbau. Auf diesem Sektor hat sich vor allem der Salzgitter-Wurfschaufellader durchgesetzt. Er wird mit der Schaufel von vorn in das Haufwerk eingefahren, um das Ladegut aufzunehmen. Das Heben und Übergeben des Gutes an den Förderer geschieht aber in einem Arbeitshub, wie aus der Abb. 232 zu erkennen ist.

Im Unterwagen ist der Fahrantriebsmotor F untergebracht, der die gleiche Größe wie der Hubmotor H besitzt und austauschbar ist. Die Leistung schwankt je nach Größe des Laders zwischen 8 und 18 PS. Die Schaufel *Sch* ist zwischen zwei Wangen W befestigt, deren Kurvenbahn sich auf dem Oberteil abwälzt und dadurch die Schaufelbewegung bestimmt. Die Wangen werden durch zwei Seile geführt und zusammen mit der Schaufel über die Laschenkette *K* gehoben, die von der vom Hubmotor angetriebenen Kettentrommel *T* aufgewickelt wird. Beim Erreichen der Endstellung II wird die Schaufel durch Pufferfedern *P* plötzlich abgebremst und das Ladegut abgeworfen. Das Oberteil des Laders ist auf dem Fahrgestell um 30° nach rechts und links schwenkbar angeordnet. Eine Rückholvorrichtung *R* bringt aber auch beim seitlichen Aufnehmen des Materials während des Hubvorganges der Schaufel das Oberteil wieder in Mittelstellung, so daß die Entleerung der Schaufel immer an der gleichen Stelle stattfindet. Zur Erhöhung der Ladeleistung durch schnellsten Wagenwechsel dient eine Abstoß- und Kuppelvorrichtung *A*, die von einem Zylinder Z_1 betätigt wird. Beim Entkuppeln wird der Haken gesenkt und der Puffer der Abstoßvorrichtung vorgedrückt.

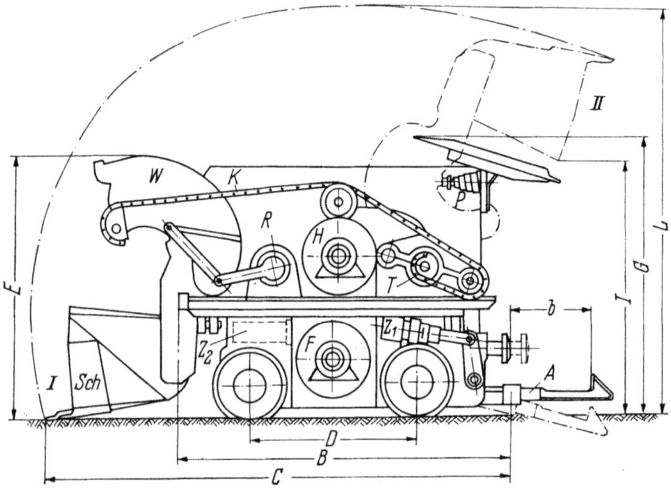

Abb. 232. Wurfschaufellader (SMG).

Die theoretische Ladeleistung sowie die Hauptabmessungen der verschiedenen Baugrößen sind der Tab. 57 zu entnehmen, wobei die Bezeichnungen der Abb. 232 zur Erläuterung dienen.

Tabelle 57. *Hauptdaten von Salzgitter-Wurfschaufelladern*

Typ			HL 100	HL 220	HL 300	HL 400
Größte Länge der Maschine	*C*	mm	2125	2450	3050	3100
Kleinste Länge der Maschine	*B*	mm	1310	1400	1980	1980
Breite der Maschine mit Steuereinrichtung		mm	880	990	1370	1370
Kleinste Höhe	*E*	mm	1300	1475	1650	1650
Höhe bei Schaufelmittellage		mm	1350	1600	1700	1700
Transporthöhe	*G*	mm	1295	1500	1770	1770
Größte Höhe	*L*	mm	1980	2410	2650	2700
Auswurfhöhe der Schaufel	*J*	mm	1150–1220	1500	1350–1500	1370–1520
Greifweite der Ladeschaufel		mm	2100	2500	2200–3600	2400–3600
Radstand	*D*	mm	750	850	1000	1000
Schienenspur		mm	450–750	450–845	485–1210	485–1210
Radspurweite		mm	440–740	440–835	475–1200	475–1200
Inhalt der Ladeschaufel		m^3	0,1–0,12	0,22	0,3	0,4
Zeitdauer eines Schaufelspiels		s	5	4	7	8
Anzahl der Motoren			2	2	2	2
Reine Ladeleistung je nach Füllung		m^3/min	0,6–0,9	1,0–1,8	1,5–2,0	2,0–2,5
Gewicht des Laders		kp	2600	3000	5600	6500

Um beim Einsatz von Wurfschaufelladern auch Großraumförderwagen bzw. lange Stollenkipper beladen zu können, werden als Übergabeeinrichtung fahrbare Ladebänder verwendet.

Ein solches Ladegerät stellt das Salzgitter-Gummipanzerladeband dar. Das Fördergut wird von einem kräftigen Bunkertrichter mit 1,5 m^3 Fassungsraum aufgenommen, an ein elastisch gegen Stöße gelagertes und von Rollen getragenes 710 mm breites Gummi-Panzerband weitergegeben und über das freitragende Abwurfende in den Förderwagen geschüttet. Der Ausleger ist beiderseits um 8° schwenkbar und kann am Bandende von der normalen Ladehöhe 1550 mm aus um 500 mm in der Höhe verstellt werden.

Beim Schwenkschaufellader lassen sich durch die Schwenkbarkeit der Schaufel (etwa 180—360°) die Fahrbewegungen auf ein Mindestmaß reduzieren. Durch die große Schwenkbarkeit des Schaufelauslegers gestattet dieses Gerät die universellste Arbeitsweise eines Radladers. Er kann im Stand arbeiten. Gegenüber einem normalen Frontlader besitzt ein Schwenkschaufellader eine aufwendigere Konstruktion und damit auch höhere Anschaffungskosten. Seine Wirtschaftlichkeit ist in der Regel dort gegeben, wo seine universelle Arbeitsweise voll ausgenutzt wird. Als Nachteil muß noch erwähnt werden, daß beim Einsatz mit der normalen Ladeschaufel eine zufriedenstellende Schaufelfüllung bei schweren Bodenarten nur mit Hilfe der Schubkraft des Gerätes zu erreichen ist, d. h. die Schaufel muß beim Ladevorgang in Fahrtrichtung stehen.

Auch die selbstfahrenden Stapler sind bei der Durchführung von Verladearbeiten in zahlreichen Wirtschaftszweigen weit verbreitet. Als Anbaugerät mit einer Schaufel ausgerüstet sind sie auch in der Lage, Verladung und Transport von Schüttgütern zu übernehmen. Ihre Hauptaufgabe ist aber wohl in der Durchführung des innerbetrieblichen Transportes zu suchen, so daß diese Fördergeräte nicht hier, sondern ausführlicher im nächsten Abschnitt über die gleislose Förderung behandelt werden.

B. Wagenförderung

1. Gleislose Förderung

Die gleislose Förderung braucht nur der Vollständigkeit halber erwähnt zu werden, weil sie uns auf Schritt und Tritt begegnet und daher so bekannt ist, daß eine Einzelbeschreibung sich nicht lohnt. Ganz besonders gilt das von den kleinen Fahrzeugen, die als Fördergeräte ohne Gleisanlage in verschiedenen Teilen der Werkstätten und auf kleinen Arbeitsplätzen gebraucht werden.

Diese einfachsten Formen werden niemals durch kraftangetriebene Wagen oder Fahrzeuge ersetzt werden, obgleich man auch in der Beziehung bei weiterer Ausnutzung des elektrischen Stromes und des Dieselantriebes ständig Fortschritte macht.

Dennoch haben sich für den Transport größerer Stückgewichte vor allem elektrisch betriebene Fahrzeuge durchgesetzt. Bei diesen gleislosen Batteriefahrzeugen unterscheidet man in der Hauptsache drei Gruppen: Elektro-Wagen, Elektro-Karren, Elektro-Roller.

Elektro-Wagen sind Lastkraftwagen mit Führerhaus, bestimmt für den Verkehr auf öffentlichen Straßen, für alle erforderlichen Nutzlasten und Aufbauten. Der Fahrbereich beträgt je nach der Kapazität der eingebauten Batterie 50—80 km, auf volle Nutzlast bezogen, bei einer Geschwindigkeit von normal 20—30 km/h. Derartige Elektro-Wagen werden vorzugsweise für die Lebensmittel- und Brennstoffzufuhr innerhalb der Städte, für Transporte zwischen Fabriken und Güterbahnhöfen, zwischen Groß- und Kleinhandelsbetrieben, von Bahn und Post, Spediteuren sowie Kommunalbetrieben verwendet. So sind derartige Elektro-Fahrzeuge als Müllsammelwagen, als Kehr- und Sprengmaschinen, als Spezialfahrzeuge mit kippbarem Schlammsaugaufbau, mit Kanalreinigungsaufbau, mit Feuerwehrleitern, mit Kastenaufbau für Montagearbeiten, mit ausfahrbarem Turm für Oberleitungsreparaturen und viele andere Zwecke verwendet worden.

Elektro-Karren sind Lastfahrzeuge ohne Führerhaus, mit Fahrerstand oder Fahrersitz, hauptsächlich für innerbetrieblichen Verkehr, je nach dem Verwendungszweck ausgebildet als einfache Plattformkarren mit Zweirad- oder Vierradlenkung, wie in Abb. 233 zu sehen. Neben diesen üblichen Plattformkarren, die als Universaltransportmittel gelten können, kommen immer mehr Spezialkarren mit Hub- und Sondereinrichtungen aller Art in Gebrauch, weil man erkannt hat, daß zur Rationalisierung der innerbetrieblichen Transporte nicht nur die horizontale sondern auch die vertikale Bewegung der Lasten mechanisiert und motorisiert werden muß (Abb. 234).

Das zu transportierende Material wird planmäßig auf Ladetische, Ladebänke oder Transportrahmen (Paletten) gestellt, so daß diese entweder durch Niederhub- oder Hochhubkarren unterfahren und mechanisch bzw. hydraulisch angehoben oder durch die Gabeln oder Arme eines Gabelkarrens erfaßt, gehoben und erforderlichenfalls gestapelt

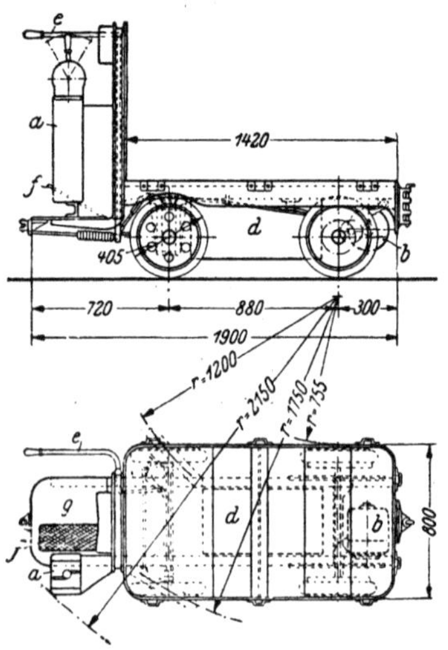

Abb. 233. Elektro-Plattformkarren.

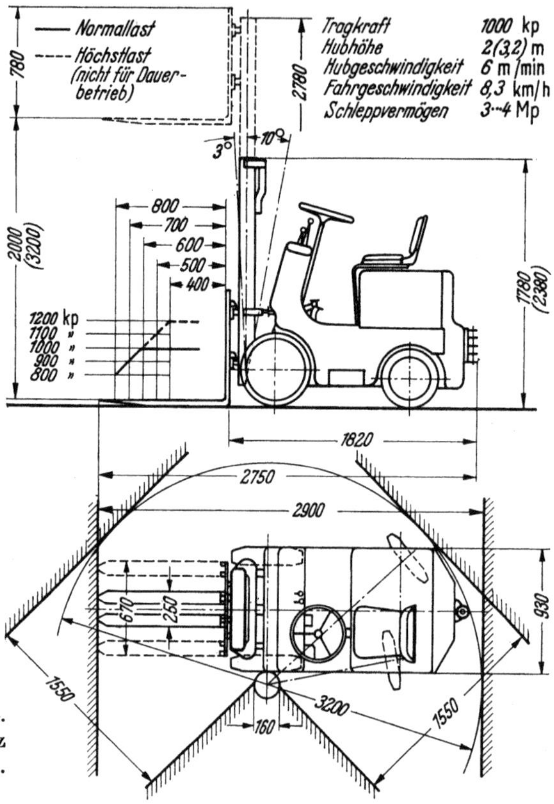

Abb. 234. Gabelstapler mit Fahrersitz (Bauart Steinbock).

werden können. Spezialkarren können auch mit Vorrichtungen ausgerüstet werden, welche in allen Richtungen beweglich sind. (Schaufel, Dorne, Greifer, Preßarme, Verschiebezangen, Verschiebegabeln, Behälter usw.) Vgl. auch Abb. 235. Niederhub- und Hochhubkarren sowie Stapler lassen sich auch für schwerste Lasten bauen. Zur Zeit beträgt die höchste Nutzlast 45 Mp. Kranwagen werden sowohl als einfache Plattformkarren mit aufmontiertem Schwenkkran verwendet, als auch in der Bauweise weitausladender Spezialkrankarren.

Elektro-Roller sind Lastfahrzeuge für innerbetriebliche Transporte ohne Fahrerplatz, welche von einer vor dem Fahrzeug schreitenden Bedienungsperson an einer Deichsel gelenkt und geschaltet werden. Roller werden für Nutzlasten von 0,5—10 Mp gebaut und sowohl als Roller mit fester oder beweglicher Plattform, als auch als Spezialtype mit mechanischen oder hydraulischen Einrichtungen zum Aufnehmen und Absetzen der Last ausgebildet. Der Fahrbereich beträgt 12—25 km bei Schrittgeschwindigkeit. Der Elektro-Roller hat sich in der kurzen Zeit seines Bekanntwerdens in Deutschland ein großes Verwendungsfeld erobern können. Sein Entstehen nach ausländischen Vorbildern verdankt er der Erkenntnis, daß in den meisten Werkstätten und Lagern nur ein sehr schmales und wendiges Fahrzeug mit sehr kleiner Geschwindigkeit verwendbar ist. Man hat daher die Rollgeschwindigkeit auf Schrittgeschwindigkeit erniedrigt, aber die Roller mit hydraulischen Hubeinrichtungen und auch als Gabelstapler ausgerüstet. Die kleine Geschwin-

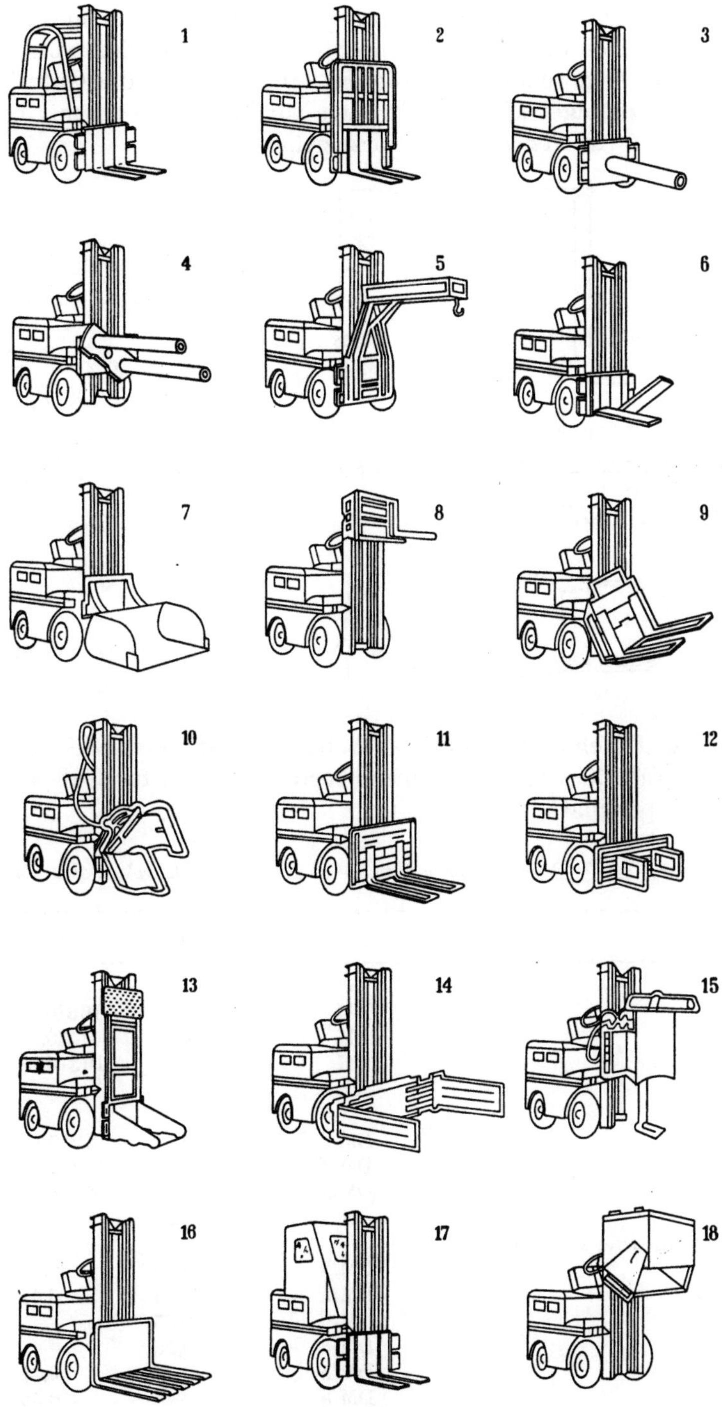

Abb. 235. Vorsatzgeräte für Gabelstapler.

1 Fahrerschutzgitter; *2* Ladegitter; *3* Tragdorn; *4* Doppeldorn, drehbar; *5* Kranvorsatz; *6* Gabelverlängerung; *7* Schaufel; *8* „Hi-Lo-Stack". *9* Drehgabel; *11* Rollenklammer, drehbar; *11* Gabel, seitwärts verschiebbar; *12* Ballenklammer; *13* Kistengreifer; *14* Schwerlastklammer; *15* Rollengreifer; *16* Ziegelgabel; *17* Fahrerkabine; *18* Klappbodenbehälter.

digkeit und der Wegfall des Fahrerstandes und noch weitere Vereinfachungen haben den Roller auch für Kleinbetriebe erschwinglich gemacht und seine Betriebskosten auf ein Maß gesenkt, welches nicht nur im Hinblick auf die möglichen Einsparungen an Personal und Zeit relativ, sondern auch absolut klein ist (Abb. 236).

Es gibt kaum eine innerbetriebliche Transportaufgabe, die nicht von oben beschriebenen Elektro-Fahrzeugen rationell gelöst werden könnte. Sie sind wohl die elegantesten und in Fabriken viel angewendeten gleislosen Fahrzeuge für die Güterbewegung, doch sind Diesel- und benzinangetriebene Fahrzeuge für Dauerbetrieb mit besonders hohen Anforderungen an das Arbeitsvermögen vorzuziehen.

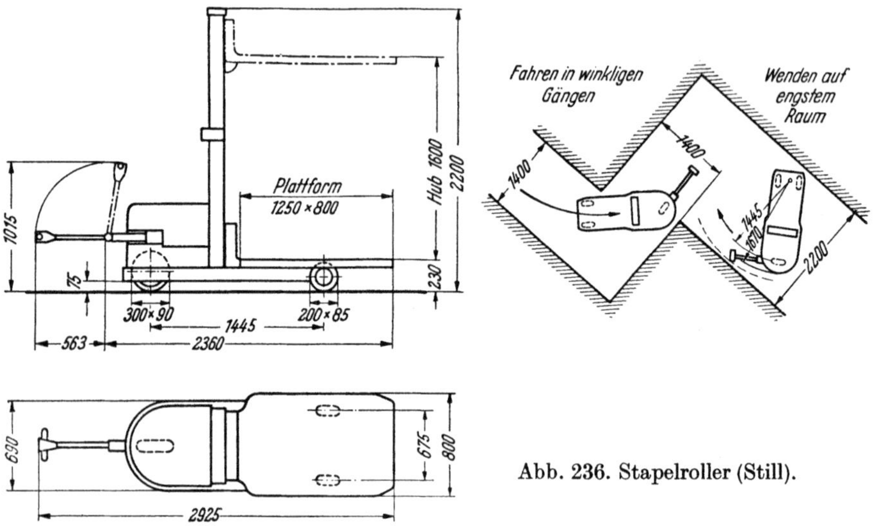

Abb. 236. Stapelroller (Still).

Wie sich die stündlichen Betriebskosten bei den unterschiedlichen Antriebsarten verhalten, soll die Tab. 58 zeigen, die einen Kostenvergleich für Gabelstapler mit einer Tragkraft von 1,5 Mp bringt.

Tabelle 58. *Vergleich der Gesamtkosten je Stunde von 1,5-Mp-Gabelstaplern ohne Fahrerlöhne*

Fahrzeugarten		Elektro	Diesel	Benzin
Anlagewert				
Stapler	DM	16695,—	16610,—	17550,—
Batterie/Motor	DM	4100,—	2700,—	1450,—
gesamt	DM	20795,—	19310,—	19000,—
Lebensdauer (VDI)	Jahre	10	8	8
Feste Kosten				
Abschreibung (Stapler)	DM/Jahr	1669,—	2076,—	2194,—
Zinsen (8%)	DM/Jahr	833,—	722,—	760,—
Gesamt	DM/Jahr	2502,—	2798	2954,—
bei 2000 h/Jahr	DM/Jahr	1,25	1,40	1,48
Bewegliche Kosten bei mittlerer Beanspruchung				
Reparaturlöhne	DM/h	0,20	0,30	0,50
Ersatzteile	DM/h	0,20	0,45	0,45
Batterie	DM/h	0,65	—	—
Ladung	DM/h	0,25	—	—
Motor	DM/h	—	0,24	0,17
Kraftstoff	DM/h	—	0,55	0,80
Wartungslöhne	DM/h	0,15	0,15	0,15
Schmiermittel	DM/h	0,01	0,15	0,15
gesamt	DM/h	1,46	1,84	2,22
Gesamtkosten ohne Fahrerlohn	DM/h	2,71	3,24	3,70

Der Einsatz von gleislosen Flurförderzeugen kommt dann in Frage, wenn bei sehr verzweigten Förderwegen und verhältnismäßig geringer Gütermenge das Anwenden stetiger Förderer, Gleisförderer, Hängebahnen und Krane unzweckmäßig bzw. unwirtschaftlich ist. Daher sollte der Einsatz von Flurförderzeugen das Ergebnis einer planmäßigen Analyse des Betriebsprozesses sein. Man muß sich Klarheit darüber verschaffen, welche Geräte zweckmäßig zum Einsatz kommen und wie die Zusammenarbeit mit anderen Fördermitteln zu gestalten ist. Ferner sollte der Einfluß des Transportgutes und die baulichen Gegebenheiten auf die Flurförderzeuge untersucht werden. Zur Erleichterung dieser Prüfung seien nachstehend noch einige Gedanken aufgeführt.

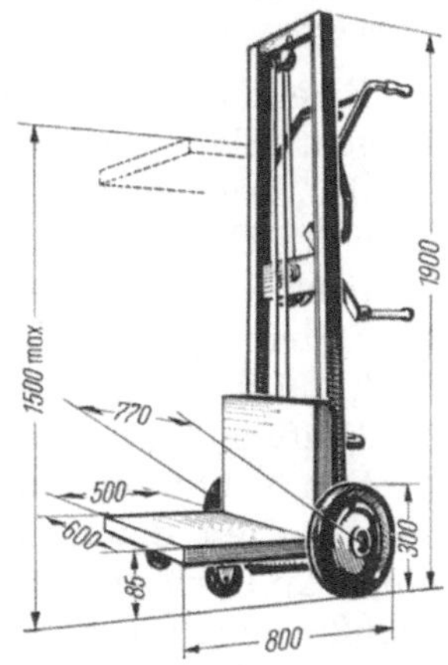

Abb. 237. Handstapler für 250 kp Tragkraft und 1500 mm Hubhöhe (Loc).

a) Zuerst ist die erforderliche Transportrichtung genau zu untersuchen. Ein Rundverkehr ist zweckmäßig, wenn mehrere Bedarfsstellen gleich oft angefahren werden müssen. Bei unterschiedlicher Anfahrhäufigkeit ist vielleicht der Sternverkehr günstiger, obwohl meist eine Wegstrecke ohne Erfüllung einer Transportaufgabe zurückzulegen ist. Als letztes Grundsystem wäre noch der Linienverkehr zu nennen, bei dem die einzelnen Bedarfsstellen linienartig hintereinandergeschaltet sind. In den meisten Fällen wird eine Kombination der aufgeführten Grundsysteme die beste Lösung sein. Bei unregelmäßig auszuführenden Sondertransporten hat sich auch der Punktverkehr bewährt, bei dem von einer Zentrale aus über Funk verschiedene Flurförderzeuge zu den einzelnen Bedarfsstellen geleitet werden. Beim Einsatz von Flurförderzeugen ist aber immer zu beachten, daß die Fahrzeuge nicht zweckentfremdet werden. Beispielsweise ist ein Gabelstapler vorwiegend zur Bewältigung von Stapelaufgaben bestimmt und läßt sich weniger vorteilhaft als Zugmaschine oder Transportfahrzeug einsetzen. Die Fahrstrecken für Gabelstapler sollten nicht größer als 60 m sein.

b) Die Ladeflächengröße eines Flurförderzeuges kann von entscheidender Bedeutung für die Einsatzmöglichkeit des betreffenden Gerätes sein, denn eine zu große Plattform beeinträchtigt die Wendigkeit erheblich.

c) Sind palettisierte Güter zu transportieren, so sollte man darauf achten, die Paletten möglichst hoch auszulasten. Die Belastungsgrenze von Normalpaletten liegt bei 1000 kp, während die durchschnittliche Auslastung nur 250 kp beträgt. Werden Stückgüter frei zusammengestapelt, so sollte immer danach getrachtet werden, möglichst die Abmessungen der üblicherweise zur Anwendung gelangenden Normpaletten nicht zu überschreiten.

d) Für die Wahl der Antriebsart ist das Gewicht und die zu überwindenden Steigungen von Bedeutung. Für den ebenen Transport von Gütern mit einem Gewicht bis zu 1,2 Mp ist der Einsatz von handverfahrbaren Geräten durchaus noch vertretbar (Abb. 236 und 237). Bei größeren Gewichten sind motorisch getriebene Fahrzeuge vorzuziehen.

e) Bei der Bestimmung der Tragfähigkeit der Fördergeräte sollte ein möglichst hoher Auslastungsgrad angestrebt werden, da nur dann die Transportkosten minimal gehalten werden können. Sind z. B. jährlich nur 5 mal Lasten von 10 Mp zu bewegen und beträgt das Gewicht der sonst zu bewegenden Lasten durchschnittlich nicht mehr als 6 Mp, so sollte auf jeden Fall ein Flurförderzeug mit der geringeren Tragfähigkeit eingesetzt und für die seltenen größeren Lasten eine andere Lösung des Transportproblems gesucht werden.

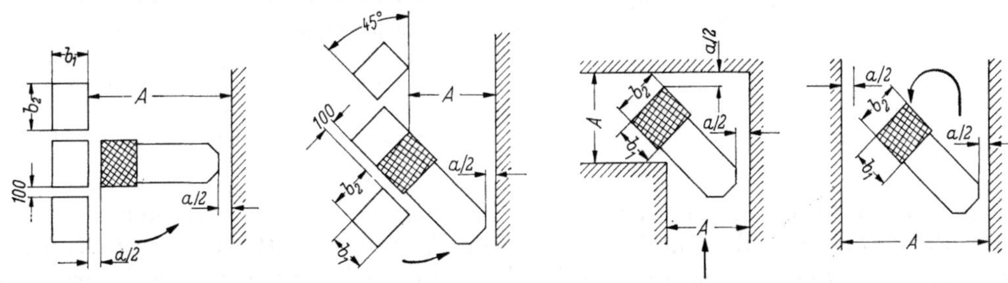

Abb. 238. Arbeitsgangbreiten für Gabelstapler bei 90°-Stapelung, 45°-Stapelung, rechtwinkliger Abzweigung sowie beim Wenden (von links nach rechts).

A Arbeitsgangbreite; a Sicherheitsabstand (200 mm); b_1 Palettenbreite; b_2 Palettenlänge.

f) Bei der Zusammenarbeit mit Stetigförderern entsteht ein Übergang von kontinuierlicher zur diskontinuierlichen Förderung oder umgekehrt. Hier läßt sich durch Einbau von Pufferstrecken ein gewisser Ausgleich schaffen. Eine Schwierigkeit ergibt sich, wenn das Flurförderzeug die aufzunehmende Last von einem bewegten Förderer übernehmen oder ihm übergeben soll. Eine Auslaufvorrichtung in Form von Röllchenleisten oder der Einbau von pneumatischen oder hydraulischen Ab- bzw. Übergabeeinrichtungen kann hier Abhilfe schaffen. Auch können unempfindliche Kleinteile vom Stetigförderer einem Sammelbehälter zugeführt werden, der dann vom Flurförderzeug übernommen wird.

g) Schutzmaßnahmen für den Fahrer sind durch Anbringung von Schutzgittern zu ergreifen, wenn das Transportgut auf den Fahrer herabfallen kann. Sind heiße Güter zu transportieren (Gießpfanne), so wird gegebenenfalls ein Hitzeschirm erforderlich. Andererseits können aber auch empfindliche Transportgüter wie Glas-, Keramik oder Werkstücke mit hoher Oberflächengüte ein schonendes Transportieren erfordern (ruckfreies Fahren, Luftbereifungen).

h) Transportwege sind für reine Transportvorgänge freizuhalten entsprechend der Fahrzeugbreite mit einem Sicherheitsabstand. Anders liegen die Verhältnisse beim Gabelstapler, der in den Gängen meist noch manipulieren muß. Dreiradstapler haben wegen ihrer größeren Wendigkeit und meist kürzeren Baulänge einen geringeren Gangbreitenbedarf als Vierradstapler (Abb. 238).

Eine mit vielen Steigungen versehene Fahrbahn verteuert den Betrieb mit Flurförderzeugen. Elektrofahrzeuge können normalerweise für Steigungen bis 11% eingesetzt werden, bei ungünstigeren Werten empfiehlt sich die Ausrüstung mit Spezialgetrieben oder der Einsatz von Fahrzeugen mit Dieselmotorantrieb, die Steigungen bis 35% bewältigen. Beim Gabelstaplerbetrieb ist darauf zu achten, daß beim Befahren von Gefällen oder Steigungen die Last stets bergseitig geführt wird. In diesem Zusammenhang sei noch auf die ausreichende Standsicherheit der Fahrzeuge hingewiesen. Vorschriften für die Prüfung der Fahrzeuge auf Standsicherheit wurden in DIN 15138 festgelegt.

Den Traditionen des Fahrzeugbaus gemäß wurden zunächst nur Vierradgabelstapler gebaut. Diese Bauform hat sich auch bis heute für die Tragfähigkeitsklassen von 2000 bis 45000 kp bewährt. Für kleinere Tragkräfte hat er aber seine beherrschende Stellung eingebüßt. Beim Einsatz eines Staplers zum Beschicken eines Lagers wird ein Teil der Grundfläche als Verkehrsfläche benötigt, die entsprechend der Tab. 59 je nach Stapelart und Bauform des Staplers bis zu 61% der Gesamtfläche betragen kann. Aus diesem Grunde war es verständlich, daß bei Neukonstruktionen immer wieder eine Verminderung des

Abb. 239.
Seitenstapler mit doppelt ausfahrbarem Gerüst (Irion).

Tabelle 59.
Verkehrsflächenanteile beim Stapeln von Poolpaletten

Trag-fähigkeit kp	Art der Stape-lung	Verkehrsfläche a %	b %	c %	d %	e %
800	quer	61	60	59	58	53
800	längs	55	54	53	52	48
1000	quer	63	62	61	59	54
1000	längs	57	56	55	53	49

a = Vierradgabelstapler
b = unechter Dreiradgabelstapler mit Frontantrieb
c = echter Dreiradstapler mit Heckantrieb
d = Dreiradstapler mit Radvorschub
e = Dreiradstapler mit Schubgerüst

Verkehrsflächenanteils gefordert wurde. Diese Forderung ließ sich erreichen durch Verkürzung der Fahrzeuge oder durch Erhöhung der Wendigkeit. Hierbei wurde durch die Entwicklung des Dreiradstaplers ein großer Vorteil erreicht. Eine weitere Ersparnis an Verkehrsfläche brachte die Einführung des Schubgerüstprinzips. Es beruht auf einem Rückzug der Last nach Aufnahme vor den Vorderrädern in das Fahrzeug hinein, wodurch der Stapler inklusive Last um eine halbe Palettenlänge verkürzt wird. Zugleich wird hierdurch auch eine gleichmäßigere Lastverteilung auf die Räder und eine Vergrößerung der Standsicherheit erzielt.

Zum Transport besonders langer Güter, wie Stämme, Bohlen, Bretter, Rohre, Profileisen und viele andere sperrige Materialien wurde der Seitenstapler entwickelt. Nach dem Aufnehmen wird die Last während des Transportes auf die Plattform gelegt, so daß selbst längere Strecken ohne Schwierigkeit mit hoher Geschwindigkeit zurückgelegt werden können. Seitenstapler werden bis zu einer Tragkraft von 20 Mp gebaut. Besonders interessant ist die Ausführung nach Abb. 239 mit doppelt ausfahrbarem Hubgerüst, die es möglich macht, beiderseits der Fahrbahn zwei hintereinander stehende Stapelreihen zu bedienen. Zur Erzielung ausreichender Standsicherheit werden besondere, abgestützte Teleskopschienen ausgefahren, die als Laufbahn für das Hubgerüst dienen. Mit diesen Staplern ist es auch möglich, einen Waggon über die ganze Breite von einer Seite aus zu bedienen.

Eine Weiterentwicklung des Langgutstaplers ist der Universalgabelstapler, der die Vorteile des Langgutstaplers mit denen des Frontstaplers vereinigt.

Das in Abb. 240 gezeigte Gerät verdient deshalb besondere Aufmerksamkeit, weil es ohne anzuhalten, aber während einer Kreisbogenfahrt, aus der Seitenfahrt in die Vor- oder Rückwärtsfahrt des Frontstaplers oder umgekehrt übergehen kann (Abb. 241). Diese Fähigkeit wird dadurch erreicht, daß außer dem Zwillingslenkrad und dem Antriebsrad auch das eine der Räder unter den Stützarmen hydraulisch um 90° gedreht werden kann, wobei sich das als freies Schwenkrad ausgebildete andere Stützrad beim Fahren selbsttätig in die neue Fahrtrichtung einstellt. Der 3-PS-Antriebsmotor erteilt dem Fahrzeug eine Geschwindigkeit von 6 km/h.

Abb. 240.
Vierwege-Front- und Seitenstapler (BT-Transporttechnik).
Tragkraft: 2000 kp bei 400 mm Lastschwerpunkt, Hubhöhe 4000 mm.

Abb. 241.
Arbeitsweise eines Universalstaplers nach Abb. 240.

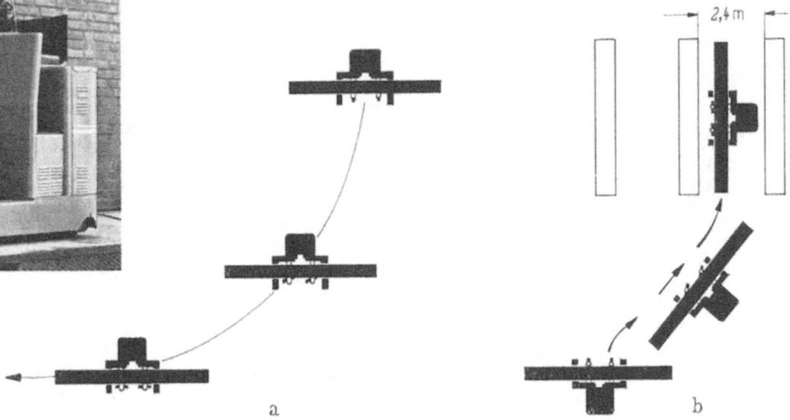

Da der elektrische Antrieb bei Gabelstaplern überaus stark vertreten ist, hat man bei Weiterentwicklungen auch der Energiequelle Batterie besondere Aufmerksamkeit geschenkt. Ihre Kapazität hängt stark von der Stromentnahme ab. Sie leidet stark bei häufig auftretenden starken Stromstößen, die als Einschalt- und Anfahrstromstöße im Kurzstreckenverkehr häufig auftreten. Die Bestrebungen der Konstrukteure laufen deshalb einerseits darauf hinaus, ein häufiges Ein- und Ausschalten der Motore zu vermeiden und andererseits versuchen sie, Energievernichtung in Widerständen durch andere Methoden der Drehzahlregelung zu ersetzen.

Aus diesem Grunde wurde für den Antrieb eines Elektro-Gabelstaplers die Kombination eines Gleichstrommotors mit einem hydrostatischen Getriebe benutzt, so daß hierüber die Geschwindigkeitsregelung bis herab zur Geschwindigkeit Null vorgenommen werden kann bei durchlaufendem Motor. Weiterhin wurde die Reihen- und Parallelschaltung bei zwei Antriebsmotoren und die Feldschwächung des Fahrmotors der letzten Fahrstufe als Mittel der Energieeinsparung angewendet. Diese Maßnahme ergibt in den unteren Stufen einen Stromverbrauch von nur 70% des Stromes der maximalen Geschwindigkeit. Vor einigen Jahren begannen auch bei verschiedenen Firmen ausgedehnte Versuche mit der Impulssteuerung. Durch eine Kombination von elektrischen Schaltelementen mit steuerbaren und nichtsteuerbaren Gleichrichtern sowie mit Drosselspule und Kondensator wird der Batterie ein intermittierender Gleichstrom entnommen, dessen Zeitintervalle so geregelt werden, daß die Wirkung der einer Gleichspannungsregelung mit ganz geringen Verlusten entspricht. Auch im untersten Geschwindigkeitsbereich wird durch diese Schaltung ein fast ruckfreies, konstantes Fahren erzielt. Bei richtiger Auslegung kann die Impulssteuerung eine Energieeinsparung gegenüber einer normalen Widerstandsanfahrsteuerung bis 40% bringen.

Als letzte Sonderbauform von Staplern ist der Lkw-Begleitstapler zu erwähnen. Das Gerät besitzt eine Tragkraft von 1000 kp und gehört den Elektro-Geh-Typen an. Es läßt sich unter Benutzung seiner Hydraulik so zusammenklappen, daß seine Außenmaße in

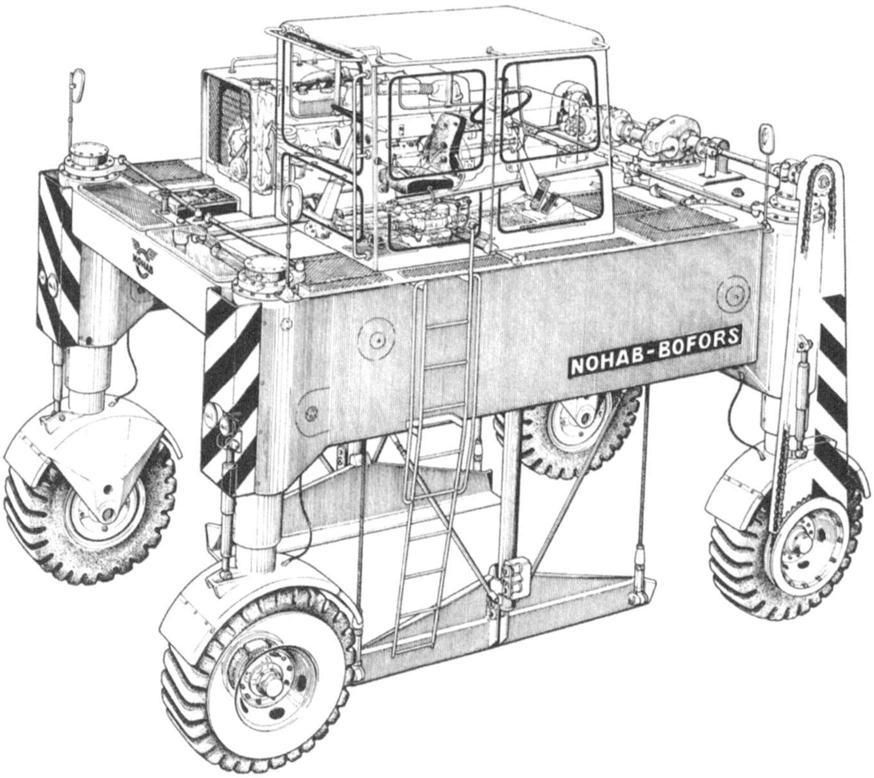

Abb. 242. Portalhubwagen für Lang- und Schwerguttransport über größere Strecken (Nohab).

der Höhe 700 mm, in der Breite 950 mm und in der Länge 2360 mm betragen. Über eine Schrägrampe, die sich aus einem Kasten unter der Ladefläche des Lkw herausziehen läßt, wird der Stapler in den Kasten eingefahren und dieser dann verschlossen. Zwei Minuten werden nur benötigt, um den Stapler einsatzbereit zu machen.

Überall dort, wo Lang- oder Schwergut über größere Strecken transportiert werden muß, ist der Einsatz eines sog. Portalhubwagens sinnvoll (Abb. 242). Er ist ein hochbeiniges Fahrzeug, dessen Rahmen mit dem Fahrwerk ein Portal bildet, in dem die Nutzlast während der Fahrt gehalten wird. Zwei in Fahrtrichtung angeordnete Winkelschienen dienen als Lastträger. Sie können hydraulisch seitlich unter die Last geschwenkt und dann mit ihr gehoben werden. Die Lasthubhöhe beträgt je nach Geräteausführung 400 bis 1800 mm, so daß sich andere gelagerte Güter überfahren lassen bzw. ein Verladen auf Waggons möglich ist. Je nach Einsatzfall ist demzufolge auch die lichte Weite des Portales zu bemessen. Als besonderer Vorteil ist zu nennen, daß bei allen Lastzuständen das Gewicht fast gleichmäßig auf alle vier Räder verteilt ist. Im Normalfall wird die Nutzlast auf einem Bolster (Palette) abgelegt. Auch Behälter in Kasten-, Kessel- oder Kübelform werden verwendet. Wichtig ist nur ein einheitliches Maß für den Breitenabstand und den

Rücksprung der Aufnahmeleisten- oder kanten, an denen die Winkelschienen des Lastträgers angreifen können. Entwickelt wurden Geräte von 5—30 Mp Tragkraft (maximaler Raddruck 11,5 Mp) mit Geschwindigkeiten bis zu 60 km/h.

Die Idee des Portalhubwagens ist nicht neu. Die zahlreichen von finnischen, englischen und amerikanischen Firmen hergestellten Baumuster zeigen, daß sie sich im innerbetrieblichen Transportwesen ausgezeichnet bewähren. Zunehmende Bedeutung gewann der Portalhubwagen in Deutschland aber erst mit dem Aufkommen des Containerverkehrs.

Bei Wirtschaftlichkeitsberechnungen müssen vor allem folgende Kosten berücksichtigt werden: der Einkaufspreis des Wagens, Betriebs- und Unterhaltungskosten, der Einkaufspreis der Transportgestelle, Betriebs- und Unterhaltungskosten der Gestelle, Kosten der Lagerplätze sowie Änderungs- und Unterhaltungskosten der Straßen und Tore.

Während sich der Preis eines Portalhubwagens leicht ermitteln läßt, ist es schwieriger, die Betriebs- und Unterhaltungskosten festzustellen. Die Wirtschaftlichkeit ist von ihnen oft mehr als vom Einkaufspreis abhängig.

Die übrigen oben genannten Kosten sollten nicht nur dem Portalhubwagen aufgebürdet werden, da sie meist auch anderen Fördermitteln zugute kommen. Macht man nun einen Kostenvergleich mit anderen Fördermitteln, so zeigt sich, daß einerseits die Stundenkosten des Portalhubwagens höher als die der anderen Geräte liegen (Tab. 60); andererseits sind aber die Transportkosten viel geringer (Abb. 243). Diese Tatsache wird wohl durch die großen Tragkräfte erreicht im Gegensatz zu den Gabelstaplern, die meistens für den innerbetrieblichen Transport auch schon mit weit geringeren Tragkräften das

Tabelle 60. *Stundenkosten einiger Transportmittel einschließlich Lohn für den Bedienungsmann*

	Tragkraft Mp	Stundenkosten DM/h
Frontstapler	1,5–2,9	15,—
	3,0–5,4	17,—
	5,5–10,0	20,—
Seitenstapler	4,0–5,0	18,—
Zugmaschine		14,—
Lastwagen	< 2,9	12,—
	3,0–7,9	14,—
	8,0–16,0	22,—
	17,0–20,0	30,—
Autokran	3,0–5,0	21,—
Lokomotive		25,—
Portalhubwagen	23,0	33,—

Auslangen finden. Portalhubwagen haben außerdem durch das schnelle Be- und Entladen und ihre beträchtliche Geschwindigkeit eine sehr hohe Transportkapazität. Für Überschlagsberechnungen können folgende Werte dienen:

Aufnehmen der Last 0,5—1,5 min, Absetzen der Last 0,35—1,0 min, Durchschnittsgeschwindigkeit mit Last 10—35 km/h, ohne Last 15—40 km/h, Zeitzuschlag 20—40%. Diese Zeitangaben sowie die Abb. 243 und 244 stammen aus statistischen Ermittlungen in schwedischen Stahl- und Walzwerken.

Noch keineswegs abgeschlossen ist die Entwicklung der Automatisierung von Flurförderzeugen mit eigenem Antrieb. Diese Fahrzeuge sind auf einer festgelegten Bahn automatisch zu lenken oder können vorher programmierte Fahrten ausführen oder lassen sich vom Leitschienensystem wegnehmen und von einem Bedienungsmann führen. Für die automatische Lenkung sind drei verschiedene Systeme bekannt geworden:

a) das elektromechanische System, mit Lenkung durch eine Leitrolle, die in einer Nut im Boden geführt wird,

b) das elektronisch-optische System, mit einem hellen Leitstreifen, der auf den Boden gemalt oder aus Kunststoff aufgeklebt und von Fotorelais abgetastet wird,

c) das Hochfrequenzsystem, mit einem, meist im Boden verlegten Leitdraht, der ein elektromagnetisches Feld ausstrahlt, das von Induktionsspulen erfaßt wird.

Das mechanische System arbeitet relativ einfach und auch die Fahrzeuge liegen niedrig in den Anschaffungskosten. Es ist aber nur zu verwenden, wenn eine Änderung des Fahrkurses nicht zu erwarten ist. Bei starker Verschmutzung der Fahrbahn ist es auch nicht zu empfehlen. Hierfür bietet sich dann das optische System an, da der aufgemalte

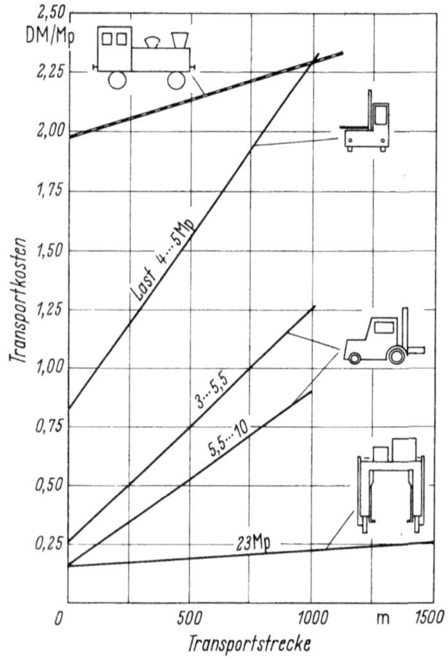

Abb. 243. Transportkostendiagramm.

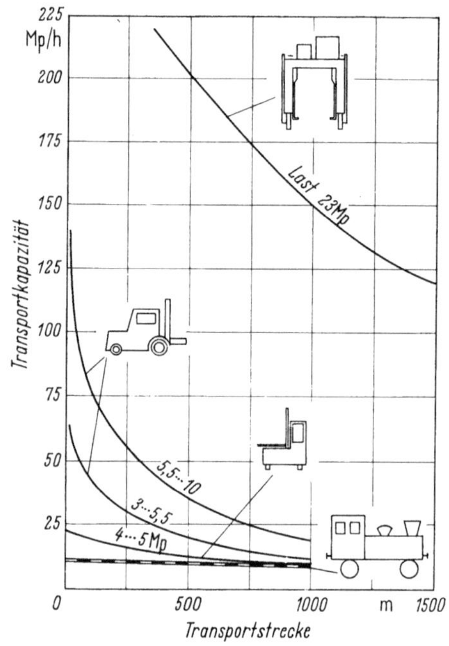

Abb. 244. Transportkapazitätsdiagramm.

oder aufgeklebte weiße Leitstreifen wesentlich leichter zu reinigen ist. Auch ist jederzeit ohne viel Aufwand eine Kursänderung möglich. Die Fahrzeuge sind jedoch aufwendiger infolge des erforderlichen optischen Tastgerätes. Letztlich ist das Hochfrequenzsystem völlig unempfindlich gegen Schmutz und eignet sich daher auch für den Einsatz im Freien. Doch muß die Bodenbeschaffenheit eine Drahtverlegung unter Flur zulassen. Da komplizierte Steuerprogramme möglich sind und ein Blocksystem keinen hohen zusätzlichen Aufwand erfordert, sind dichte Fahrzeugfolge oder erforderliche Kreuzungen mit Vorfahrtbeachtung die gegebenen Einsatzfälle für dieses System.

Bei allen drei Systemen wird die Sicherung gegen Zusammenstöße durch einen Tastbügel vorgenommen, der das Fahrzeug stillsetzt, sobald der Federbügel gegen ein Hindernis stößt. Weitere Erläuterungen über die automatisch gesteuerten Flurförderzeuge und deren Einsatzmöglichkeiten sind im Teil III dieses Buches im Abschnitt über Lager und deren Einrichtungen aufgenommen.

Wie schon erwähnt, ist der Einsatz von automatisch gesteuerten Flurförderzeugen nur sinnvoll, wenn die Fahrzeuge häufig auf bestimmten Strecken zu verkehren haben. In solchen Fällen ist auch der Einsatz von Schlepp-Kettenförderern zu überlegen, die die zu transportierenden Güter entweder direkt selbst tragen oder aber die lasttragenden Wagen ziehen. Diesbezüglich ist der Schlepp-Kettenförderer konstruktiv sehr verwandt mit den auf S. 77ff. beschriebenen Wandertischen. Auch beim Schlepp-Kettenförderer werden senkrecht, waagerecht oder auch räumlich laufende Ketten benutzt, die aber keine Platten mehr tragen, sondern lediglich Mitnehmer, Bolzen, Haken oder Zugstangen, um die Güter mitzunehmen, die auf einer Roll- bzw. Gleitbahn fortbewegt werden sollen. Bei einer Rollbahn können die Güter entweder eigene Fahrwerke haben (z. B. bei der Endmontage von Fahrzeugen) oder aber auf Rollwagen gesetzt werden (Abb. 245). Weit mehr Bedeutung als für Fließbandanlagen hat der Schlepp-Kettenförderer auf Zechen zum Transport von Förderwagen und zum allgemeinen innerbetrieblichen Transport gewonnen. Hier ergeben sich insbesondere dann schwierige Probleme, wenn verschiedenartige Fördergüter umzuschlagen sind. Auch dann, wenn z. B. Schüttgüter, Flüssigkeitsbehälter oder Stückgüter in den verschiedensten Ausmaßen und Gewichten transportiert

Abb. 245. Rollwagen von Unterflur-Schleppkettenförderer angetrieben (Stotz).

werden müssen, stellt in den meisten Fällen ein Unterflur-Schleppkettenförderer im Zusammenhang mit normalen, lenkbaren Handkarren die rationellste und wirtschaftlichste Lösung des innerbetrieblichen Fördersystems dar. So können Lasten auf mittleren und langen Entfernungen von 100 m bis zu mehreren Kilometern transportiert werden. Dabei lassen sich Güter an Stellen, die im voraus feststehen oder die bei jedem Arbeitsgang verschieden sein können, mitnehmen oder wieder abgeben. Auf diese Art lassen sich Arbeitskräfte und -plätze im gleichmäßigen Rhythmus versorgen, wodurch eine regelmäßige Produktion ermöglicht wird. Es spielt dabei keine Rolle, ob auf diesen Strecken Kurven mit einem Radius von 1—2,40 m zu durchfahren oder Steigungen bis 20° zu überwinden sind. Außerdem können die Rollkarren über automatische oder von Hand betätigte Weichen auf verschiedene Gleise geleitet werden. Hierdurch wird zum Beispiel die Zusammenstellung von Kommissionen erleichtert, indem ein einziger Rollkarren pro Versandpartie verwendet wird. Ein weiterer Vorteil ist darin zu sehen, daß die Förderung von Werkstücken durch Räume, die aus Sicherheitsgründen von Menschen nicht betreten werden dürfen, (z. B. Farbspritzkabinen, Trockenkammern), zu erzielen ist.

Für horizontal angeordnete Schlepp-Kettenförderer ohne Steigerungen im Linienverlauf können Buchsenförderketten eingesetzt werden, die in Anlehnung an DIN 8165 gefertigt sind. Die auf den Buchsen laufenden Rollen dienen zur seitlichen Führung. In Abb. 246 sind neben der Kette auch zwei Querschnitte des Förderers dargestellt, wobei die linke Darstellung für Normalbetrieb mit geringem Staubanfall zu berücksichtigen ist und die rechte für Montagebetrieb, wobei die Förderkette mit Abdecklaschen zum Schutz gegen herabfallende Teile versehen ist. In Tab. 61 sind die wichtigsten Daten des Förderers aufgeführt, wobei die Bezeichnungen in der Abb. 246 zum besseren Verständnis mit heranzuziehen sind.

Tabelle 61. *Hauptdaten eines Schleppkettenförderers mit Buchsenketten*

Kettenbruchlast Mp	4,5	6,3	7,8	9,0	12,5	18,0
Buchsenförderkette						
Kettenteilung t	160	160	200	200	200	250
		250	250	250	250	315
					315	400
l	40	48	55	60	70	80
m	18	20	22	26	30	36
n	40	50	50	60	60	70
o	t/2	t/2	t/2	t/2	t/2	t/2
p	20	20	20	20	20	35
r	30	35	40	45	50	60
s	60	60	70	70	70	80
u	22	25	30	35	45	55
v	4	5	6	6	8	8
Minimale Radien						
bei Kettenteilung						
160	1000	1000	—	—	—	—
200	—	—	1000	1000	1000	—
250	—	1500	1500	1500	1000	1000
315	—	—	—	—	1500	1500
400	—	—	—	—	—	2500
Querschnitt						
a	154	132	160	170	214	240
b	89	94	114	114	131	170
c	44	52	60	64	74	84
g	24	22	30	30	34	40
h_{max}	15	15	22	22	25	35

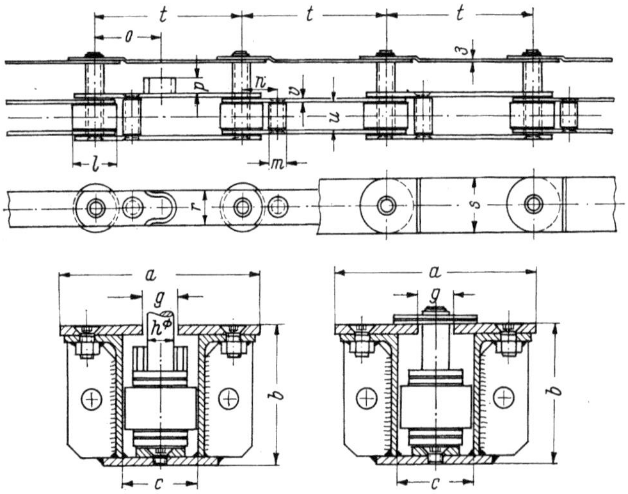

Abb. 246. Büchsenketten für horizontale Verlegung als Schleppkettenförderer.

Wenn innerhalb der Förderstrecke Steigungen zu überwinden sind, so ist der Einsatz von Steckketten erforderlich. Aus Gründen der Betriebssicherheit soll der Steigungswinkel nicht größer als 20° sein. Die Übergangsradien der Vertikalbögen sind abhängig vom Achsabstand der Transportwagen. Entgegen einem Schlepp-Kettenförderer mit

Buchsenförderkette müssen bei der Steckkette Rollenbögen in den Horizontalkurven eingebaut werden. Zur Verwendung kommen meist Stützrollen, die nicht geschmiert werden, um kostenaufwendige Zentralschmiereinrichtungen zu umgehen. Die Konstruktion- und Einbaumaße einer Ausführung eines Förderers mit Steckkette zeigt Abb. 247. Die Mitnehmerwagen, welche die an den Rollkarren angebrachten Mitnehmerbolzen mitnehmen, sind fest mit der Kette verschraubt. Der Wagenkörper besteht aus einem Stück. An ihm sind die gehärteten und kugelgelagerten Rollen, die in den Laufschienen geführt werden, angebracht. Die Abstände, in denen die Mitnehmerwagen angeordnet werden, sind abhängig von der Anzahl der mitzunehmenden Rollkarren sowie von der gewünschten Förderleistung.

Jeder Rollkarren mit zwei Schwenkrädern kann transportiert werden. Dazu muß lediglich ein sog. Mitnehmerbolzen an den Wagen anmontiert werden. Der Mitnehmerbolzen wird durch einen Handgriff oder Fußhebel betätigt. Die Verbindung mit der Kette

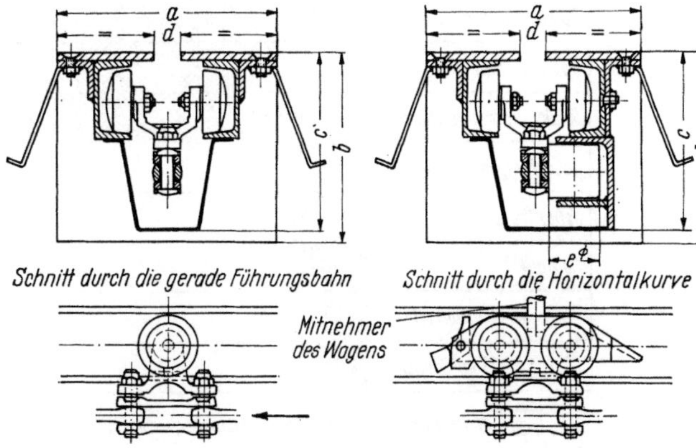

Abb. 247. Steckketten für raumbewegliche Verlegung eines Förderers.

kann an jeder Stelle des Förderkreises hergestellt werden, indem man den Mitnehmerbolzen in den Führungsschlitz der Laufbahn einführt. Der nächste Mitnehmerwagen läßt den Mitnehmerbolzen selbstständig einrasten und nimmt den Wagen mit. Zum Ausklinken des Wagens wird der Mitnehmerbolzen einfach hochgezogen, wodurch der Wagen wieder frei beweglich wird. Durch einfache Vorrichtungen kann des Ausklinken auch automatisch vorgenommen werden. Herumliegende Abfälle, die durch den schmalen Förderschlitz in die Laufbahn eindringen, werden von der Kette mitgenommen und leicht zugänglichen Reinigungskästen zugeführt.

Durch den Einbau von Weichen- und Transferförderern ist eine Verkettung mehrerer unabhängig voneinander arbeitender Schlepp-Kettenförderer möglich, wobei mit unterschiedlichen Transportgeschwindigkeiten gefördert werden kann. Durch den Einbau einer Zielsteuereinrichtung können die Transportwagen automatisch zu einer bestimmten Stelle gefördert werden. Die Transportwagen erhalten eine Vorrichtung, mit der das entsprechende Ziel vorgewählt wird.

Es gibt Fälle, wo der Einbau eines Unterflur-Schleppkettenförderers Schwierigkeiten bereitet. Die Schleppkette wird in diesem Fall nach oben gelegt, so daß sie über Kopf läuft. Eine beliebige Anzahl Mitnehmervorrichtungen ist an der Kette angebaut, an der nach Bedarf herkömmliche Wagen angehängt werden können, die auf diese Weise von der umlaufenden Kette mitgenommen werden. Bei dieser Einrichtung handelt es sich um eine Art Kreisförderer, der aber die Güter nicht trägt, sondern auf dem Boden mitschleppt.

Ein weiteres nicht zu unterschätzendes Einsatzgebiet für die gleislose Förderung ist der Erdbau. So werden die meisten Erdbewegungen heute beim Straßenbau bei der Herstellung des Untergrundes und des Unterbaues erforderlich. Auf solchen Baustellen hat die Maschine die Handarbeit fast völlig verdrängt. Der Anteil der Transportkosten an den gesamten Gestehungskosten eines Bauwerkes kann je nach der Beschaffenheit einer

Baustelle bis zu 85% der Kosten für die produktiv eingesetzten Arbeitskräfte betragen. Daher haben Fördermittel und Hebezeuge einen entscheidenden Einfluß auf die Baukosten.

Zum Abtragen von Hoch- und Tiefschnitten an Böschungen eignen sich auf Grund der großen Reißkräfte vor allem die Raupen- und Radbagger. Während der Abtransport des Aushubes von den Baggern nach den Anschüttstellen früher über gleisgebundene Förderung erfolgte, findet man heute vor allem freizügige, geländegängige Lastwagen, Autoschütter oder Schürfwagen.

Grundsätzlich ist zu beachten, daß die einzelnen Fördermittel nur im Bereich bestimmter Grenzen wirtschaftlich sind. Zum Beispiel wird von vornherein für ihre Auswahl

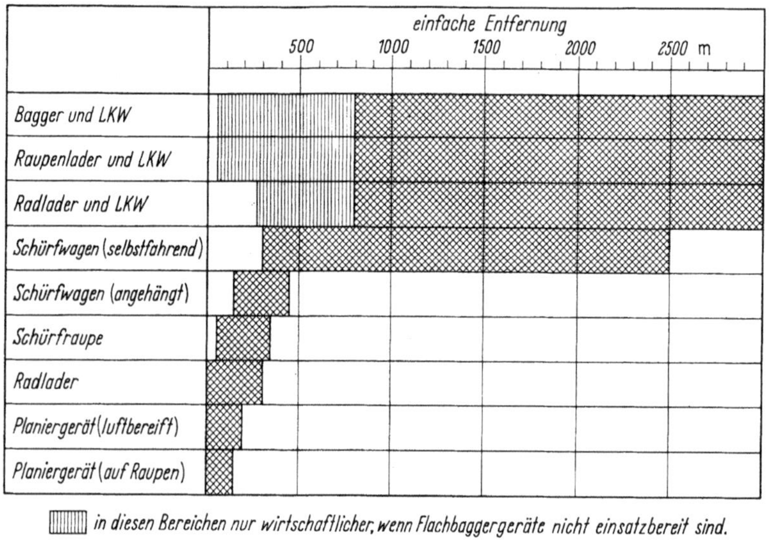

Abb. 248. Wirtschaftliche Einsatzbereiche von gleislosen Fördergeräten.

der Transportweg, die zu transportierende Menge und die Zeit maßgebend sein. Weiterhin sind die Bodenbeschaffenheit, örtliche Besonderheiten und Witterungseinflüsse für die Bestimmung des Fördermittels von Bedeutung. Allgemein gültige Rezepte gibt es nicht. Es wird immer eine Entscheidung für den jeweiligen Bedarfsfall zu treffen sein. Die Darstellung in Abb. 248 soll die Auswahl des zweckmäßigsten Transportmittels erleichtern. An verschiedenen Geräten und Gerätekombinationen ist in Abhängigkeit von der Transportentfernung die Rentabilität zueinander dargestellt. Sind nach dieser Darstellung mehrere Geräte für einen bestimmten Einsatzfall gleichermaßen gut geeignet, hilft nur eine genauere Analyse der örtlichen Bedingungen an der Baustelle weiter.

Entsprechend der Aufstellung sind demnach Lastwagen bis 3 km Entfernung wirtschaftlich einzusetzen. Die schweren geländegängigen Lastwagen (Tab. 62) besitzen sehr

Tabelle 62. *Geländegängige Lastwagen zum Zusammenarbeiten mit Baggern*

Hersteller		Carl Kaelble				Friedr. Krupp			Prengel			Faunwerke	
Inhalt der Mulde	m³	8,5	9,5	10	15,5	6,3	8,15	10	6	8–9	10–11	6	10–14
Nutzlast	Mp	16	20	22	30	11	16	19	10	15	18–20	10	20
Motorleistung	PS	180	180	200	300	150	185	210	125	170	250	125	170–250
Anzahl der Achsen		2	2	3	3	2	2	2	3	3	3	2	2
Anzahl der Gänge vorwärts		6	6	6	10	6	6	6	2·5	2·6	2·6	6	6
Fahrgeschwindigkeit vorwärts	km/h	36,5	39	35	43	59,5	51,2	48,2	70	60	50	50	50
Eigengewicht	Mp	12	12,7	14	20	10,6	12,9	15	9	11	12,5	10	12,5–14

häufig Breiten von mehr als 2,5 m, so daß diese Fahrzeuge auf Straßen nicht zugelassen sind. Auch die Antriebe der Räder und die Übertragungsmittel der Schubkräfte von den Rädern auf die Rahmen weichen wesentlich von denen der straßengängigen Lastwagen ab. Einige Ausführungen haben starre Antriebsachsen und ungefederte, auf besondere Art aufgehängte Achsen. Außerdem wird die stark verrippte Kippermulde nach vorne verlängert, um dem Führerhaus einen Schutz zu bieten bei der Beladung durch Bagger (Abb. 249).

Aus Gründen der Rationalisierung und Vereinfachung des Transportwesens werden seit einigen Jahren in zunehmendem Maße anstelle von Lastwagen mit fester Ladefläche solche mit Absetzkippern verwendet. Neben der Vereinfachung der Be- und Entlade-

Abb. 249. 300-PS-Muldenhinterkipper mit einem Fassungsvermögen von 18 m³ bei einer Nutzlast von 34 Mp (Kaelble).

arbeit wird eine weitgehende Rationalisierung u. a. dadurch erreicht, daß für einen Lastkraftwagen verschiedene Behälter verwendet werden können. Wenn eine Mulde durch die Wippe hinten abgesetzt worden ist, kann sie ohne Wartezeit für den Lastwagen beladen werden. Er kann zwischenzeitlich andere Transportaufgaben durchführen. Zum Entleeren läßt sich die Mulde nach rückwärts kippen. Mulden werden in Größen bis 20 m³ Inhalt gefertigt, d. h. geeignet zum Aufsetzen auf Fahrgestelle bis 35 Mp Nutzlast.

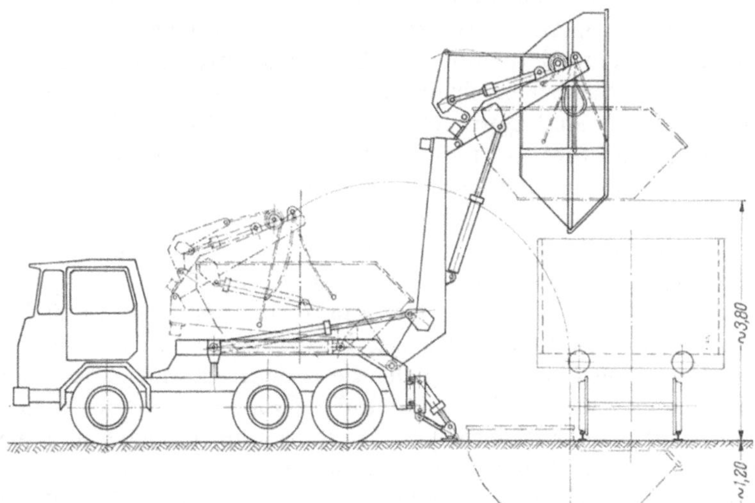

Abb. 250. Zwei-Etagen-Absetzkipper zum Entleeren von Material bis zu 3,5 m Höhe (Meiller).

Der Absetzkipper wurde noch weiterentwickelt und mit einer Hubbühne kombiniert. Diese erhöht den Anwendungsbereich von Absetzkippern beträchtlich, da er dann auch noch einen Kranwagen ersetzt. Die Kippmulde bis 10 m³ wird hierbei nicht direkt auf das Fahrgestell aufgesetzt, sondern auf einen über Schwenkarme geführten Zwischenrahmen.

Dieser läßt sich durch zwei zusätzliche Hubzylinder bis auf 3,5 m anheben, wie es auch die Abb. 250 veranschaulicht. Mit diesem Gerät können dann ohne Hilfsmittel Eisenbahnwaggons, Hochbunker usw. direkt beschickt werden.

Für Erdbauarbeiten haben sich auch die amerikanischen Ein- und Zweiachsschlepper eingeführt, auf denen anstelle von Schürfkübeln Hinterkippmulden oder Bodenentleerer aufgesattelt werden. Die Inhalte der Hinterkippmulden reichen z. T. bis über 20 m³ (Abb. 251).

Bei den Bodenentleerern sind Größen bis 38 m³ bekannt. Die Sattelgeräte haben den Vorteil, daß die großen Radschlepper auch zum Zusammenarbeiten mit Baggern verwendet werden können.

Wirtschaftlich sind die Autoschütter (Abb. 252) über Transportstrecken von etwa 1 km Länge. Zum Entleeren kippen die Mulden infolge Schwerpunktverlagerung durch die Nutzlast nach Auslösen einer Raste von selbst und richten sich auch ebenso wieder auf. Sie werden mit Muldengrößen von 2—5,5 m³ gefertigt und besitzen eine Motorleistung von 30—90 PS. Die Fahrgeschwindigkeiten liegen meistens zwischen 20 und 30 km/h, einzelne Typen bis 40 km/h. Am Autoschütter kann auch ein Räumschild oder eine Plattform angebracht werden. Außerdem lassen sich Geräte mit größerer Tragkraft mit einer Absetz- und Kippeinrichtung für Mulden ausrüsten.

Weit verbreitet sind die Schaufellader, von denen es mit den englischen und amerikanischen Bauarten etwa 70 Größen und Ausführungen gibt. Hauptsächlich werden mit ihnen Massengüter umgeschlagen. Einige Bauarten können außerdem die Funktion eines Flach- oder Hochlöffelbaggers übernehmen, wenn die Schaufel bis unter Planum greift. Schaufellader dieser Art wurden sogar zum Ausheben von Baugruben mit Erfolg eingesetzt, wobei sie sich durch flache Schnitte nach unten arbeiten und die Schaufelinhalte auf Fahrzeuge oben auf dem Grubenrand unter Zwischenschalten eines Förderbandes verladen (Abb. 253).

Die Planierraupen mit Quer- oder Schwenkschilden in etwa 50 Ausführungen mit Motorleistungen von 10 bis 2·200 PS und Gewichten von 0,7—31,5 Mp transportieren den Abtrag über wirtschaftliche Strecken von 50—70 m.

Flache Schnitte nehmen auch die Schürfkübel ab. In der Form von Anhängeschürfkübel hinter Raupenschleppern transportieren sie den Abtrag über Strecken bis etwa 500 m und ebnen ihn beim Entleeren ein. Leistungsfähig sind die Motorschürfwagen (Tab. 63), bei denen die Schürfeinrichtung auf einem Ein- oder Zweiachsschlepper aufgesattelt ist. Diese Geräte sind typisch für eine heutige Straßenbaustelle. Sie arbeiten meist im Rundverkehr mit drei gleichen Geräten zusammen mit einer Schubhilfe, so daß zusammen vier Fahrer erforderlich sind. Würde man dieselbe Arbeit durch Löffelbagger und Lastwagen ausführen, so wäre der 4- bis 5fache Personalaufwand nötig. Ein Vergleich mit der früheren Methode Bagger-Zugbetrieb ist kaum möglich.

Eine Sonderform eines Motorschürfwagens ist die Schürfkübelraupe von Menck & Hambrock GmbH (Abb. 254). Dieses Spezialfahrzeug vereinigt in sich Schürfkübel-Wagen und Planierraupe. Es ist in der Lage, Förderweiten von 0—400 m wirtschaftlich zu überbrücken. Der Schürfkübel ermöglicht die bodenfreie und daher widerstandsarme Massenbewegung über mittlere Förderweiten und das Planierschild den bodengebundenen, verzugslosen Transport über kurze Strecken. Hierdurch macht sich ein derartiges Spezialfahrzeug unentbehrlich beim Planieren einer Anschüttung oder beim Ebnen von welligem Gelände. Um die leere Rückfahrtzeit abzukürzen, ist die Fahrgeschwindigkeit rückwärts bis 10,6 km/h größer als vorwärts bis 8 km/h. Eine Baustelle mit einem Schürfkübel oder einer Schürfkübelraupe ist ebenfalls menschenleer.

Alle Fördermittel zum Erdbau verfolgen dasselbe Ziel: möglichst kleiner Aufwand an Personen und möglichst große Förderleistung mit Verringerung der Leerzeiten. Ganz ähnliche Überlegungen werden auch in Kohlen- und Erzgruben angestellt, so daß man zum Transport der Massengüter Fahrzeuge mit immer größerer Aufnahmefähigkeit konstruierte. So wurde im amerikanischen Tagebau einer Kupfermine ein Hinterkipper

Tabelle 63. *Kenndaten verschiedener Motorschürfwagen*

Hersteller		Euclid				Le Tourneau-Westinghouse				Caterpillar			Allis Chalmers		Internat. Harvester		Menck & Hambrock
Motorleistung	PS	143	200	275	2·200	140	211	297	211	186	300	300	176	300	165	200	150
Anzahl der Achsen		2	3	3	3	2	2	2	2	3	3	2	2	2	2	2	Raupen
Fassungsvermögen gestrichen	m^3	5,3	9,1	11,8	12,7	4,5	9,3	13,8	15	7,6	13,7	13,7	7,6	11,5	7,6	10,6	6,5
Schürfbreite	m	2	2,9	3	3	2,13	2,59	2,9	3,05	2,59	3,14	3,52	2,59	2,94	2,76	2,95	1,9
Mittel zum Entladen		S	S	S	S	SE	SE	SE	SE	S	S	S	S	S	SK	SK	D
Fahrgeschwindigkeit vorwärts bis	km/h	39,6	44,8	45,1	39,5	45,7	48,2	45,4	48,3	38,6	51,6	32,9	35	32	37,1	39,6	8
Gesamtbreite	m	2,4	3,3	3,45	3,45	2,51	3,2	3,53	3,66	3.14	3,98	3,9	3,3	3,45	3,26	3,5	3,08
Gewicht	Mp	21,3	28,7	24,8	29,8	10,9	17,5	28,4	19,4	19,2	25,9	26	18	22,2	16,9	23,3	19,3

S = Seilzüge, SE = Seilzüge und elektrische Einzelantriebe, SK = Schwenken und Kippen der Rückwand, D = Druckölzylinder.

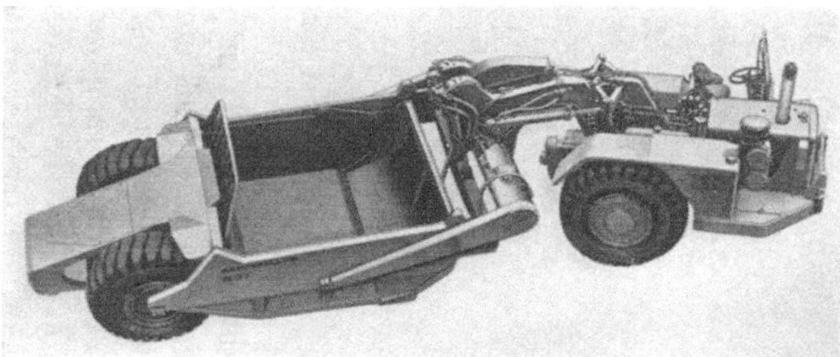

Abb. 251. Motorschürfzug 621 mit 15,3 m^3 Fassungsvermögen bei 23600 kp Eigengewicht. Motorleistung 300 PS für eine Geschwindigkeit bis 49 km/h. Wendekreis 11,1 m (Caterpillar).

Abb. 252. 4,5 m^3 Autoschütter (90 PS) beim Beladen durch einen Bagger (Ohrenstein Koppel).

Abb. 253. Schaufellader L 800 (Zettelmeyer).

in der Ausführung entsprechend der Abb. 249 eingesetzt, dessen Abmessungen jedoch besonders erwähnenswert sind.

Die Fahrzeuglänge beträgt 16,8 m und seine Breite 4,9 m. Bei einem Eigengewicht von 145 Mp kann er eine Nutzlast von 220 Mp befördern. Das Fahrzeug wird von 18 Reifen mit einem Durchmesser von 1,8 m getragen, wovon allein 16 unter der Kippmulde laufen.

Ein weiteres Mammutfahrzeug wurde von der Caterpillar Tractor Co. entwickelt (Abb. 255). Es ist ein Kohletransportfahrzeug mit einer Tragfähigkeit von 240 Mp. Die Antriebsleistung beträgt 1800 PS, Fahrzeuglänge 29,2 m, Breite 4,6 m, Höhe 4,7 m,

Abb. 254. Schürfkübelraupe als Kombination eines Transportwagens und einer Planierraupe (Menck & Hambrock).

maximale Fahrgeschwindigkeit 64 km/h, Leergewicht des Fahrzeuges 86260 kp. Das Fahrwerk hat 16 Doppelreifen, der Wendekreis ist 26 m. Die Verwendung von zwei Traktoren mit Doppelkabine und Doppellenkung macht einen Pendelbetrieb möglich, ohne daß die ganze Einheit wenden muß. Die Entladung erfolgt über hydraulisch betätigte Bodentüren, die eine größte Öffnung von 2670 mm haben. Zum Aufschütten kann der ganze Fahrzeugbau um 760 mm über seinen normalen Bodenabstand von 510 mm gehoben werden. Bei der Entladung können die beiden Traktoren unabhängig voneinander schräg gestellt werden und bei gehobener Karosserie das Fahrzeug in Seitwärtsbewegung verfahren. Dabei wird das Material in 1,27 m Höhe und 10,1 m Breite aufgeschüttet.

Abb. 255. 240-Mp-Kohletransporter.

Länge: 29,2 m; Motorleistung: 1800 PS; Fahrgeschwindigkeit: 64 km/h (Caterpillar).

Für den gleislosen Transport insbesondere in Untertageräumen wurde von der Firma Salzgitter Maschinen AG ein sehr flach bauender sog. Bunker-Pendelwagen entwickelt. Er dient zum Transport von klein- und grobstückigen Schüttgütern und wird an der Gewinnungsstelle vorzugsweise mit Hilfe eines Frässcheibenladers beladen (vgl. auch Abb. 256), indem der Pendelwagen mit der Trichterseite unter den Ladeausleger fährt und der Aufgabetrichter angehäuft beladen werden kann.

Die Verteilung des Ladegutes aus dem Trichter auf die gesamte Länge des 8 m³ fassenden Bunkers erfolgt durch einen am Bunkerboden angeordneten Doppelketten-Kratzerförderer. Dieser wird vom Fahrer variabel je nach Aufgabemenge so gesteuert ($v = 0{,}04$ bis 0,36 m/s), daß der Bunker des Pendelwagens in seiner ganzen Höhe und Länge voll beladen wird.

Danach fährt der Pendelwagen zur Entladestelle, wo die Entladung durch Weiterbewegen des Kratzbandes mit der gewünschten Schnelligkeit erfolgt. Der entladene Pendelwagen fährt nunmehr wieder zur Beladestelle zurück.

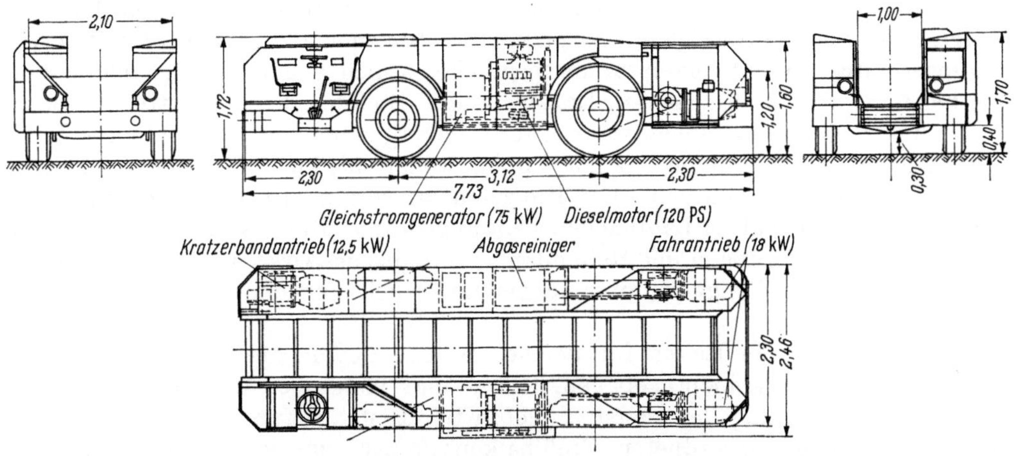

Abb. 256. Bunker-Pendelwagen (SMG).

Nutzinhalt: 8 m³; Ladegewicht: 14 Mp; Leergewicht: 15,5 Mp.

Um einen kontinuierlichen Arbeitsablauf zu erzielen, kommen zwei Bunker-Pendelwagen zum Einsatz. Der Zeitraum, den ein Pendelwagen benötigt, um beladen zur Entladestelle und leer zurückzufahren, wird nun zum Beladen des zweiten Wagen benutzt, so daß ein ununterbrochener Abtransport des Gutes gewährleistet ist. Die beiden Fahrmotoren an den Hinterrädern werden mittels Fußpedal in ihrer Drehzahl gesteuert und

Tabelle 64. *Bodenauflageflächen und spez. Bodenpressungen verschiedener Reifenausführungen*

Reifenbezeichnung Typ		Normalreifen 13,00-24 EM	Übergröße 14,00-24 EM	Breitreifen 17,5–25 EM
		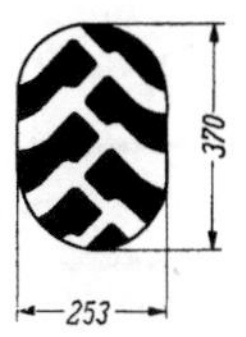	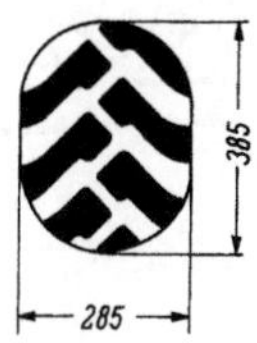	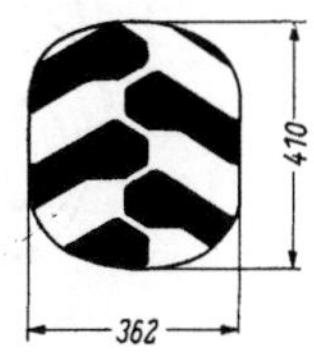
Belastung	kp	3750	3825	3800
Luftdruck	atü	4.5	3,5	2,5
Auflagefläche	cm²	774	860	1205
spez. Bodendruck	kp/cm²	4,84	4,45	3,15

erlauben eine Fahrgeschwindigkeit von 10 km/h ohne Beladung und etwa 8 km/h unter voller Last. Die Steuerpedale sind für beide Fahrtrichtungen vorhanden, so daß ein Wenden in den engen Räumen nicht erforderlich ist. Der Wenderadius beträgt innen 6 m und außen 10 m.

Bei den bisher geschilderten Geräten für den Erdbau interessieren im Rahmen dieses Buches natürlich in erster Linie die Angaben über mögliche Transportkapazitäten (Nutzlast, Fahrgeschwindigkeit sowie Einsatzbereiche). Eine nicht zu unterschätzende Bedeutung kommt in diesem Zusammenhang aber auch den Reifen der neuzeitlichen Erdbewegungsgeräte zu (Tab. 64).

So wird man erstaunt sein, zu erfahren, daß etwa 20—25% der Anschaffungskosten eines 4rädrigen Schürfkübelwagens von 15 m³ Nutzinhalt auf das Reifenfahrwerk entfallen, während dieser Wert bei einem normalen Personenwagen nur bei etwa 5% liegt. Man wird diese Tatsache aber verstehen, wenn man bedenkt, welche Aufgaben das Reifenfahrwerk moderner Erdbaugeräte zu erfüllen hat. Die Ausführung der Reifen hängt ab von der Art des zu gewinnenden oder des zu fördernden Bodens und von der Art des Einsatzes oder der erforderlichen Einsatzkombinationen und von der Bauart des Erdbewegungsgerätes. So sind Reifen für ausgesprochen abrasive, harte, felsige oder Schotterböden bekannt, also für Einsätze in Erdtagebauen, Steinbrüchen, Schotterwerken, aber auch für untertägige Tunnelfelsvortriebe, für Salzbergwerke usw. Die für diese Einsatzfälle geeigneten Reifen besitzen besonders hohe Stollen mit im Verhältnis zu ihrer Breite kleinen Abständen. Um ein seitliches Rutschen zu verhindern, sind die Stollen pfeilförmig oder auch diagonal zur Laufflächenebene angeordnet. Durch starke seitliche Gummiauflagen soll Beschädigungen der Reifenflanken entgegengewirkt werden. Zur Erzielung einer hohen Belastungsfähigkeit unter hohem Luftdruck dient ein starker Gewebeunterbau.

Demgegenüber stehen Reifen für weiche, bindige Böden, also für die Verwendung beispielsweise in Braunkohlentagebauen, Lehm- und Tongruben usw. Im Gegensatz zu der Laufflächengestaltung der zuerst aufgeführten Reifengattung ist der Abstand der ebenfalls pfeilförmig angeordneten Profilbalken größer, um so eine besonders große Griffigkeit zu erzielen. Die Profile selbst sind etwas schmäler gehalten und zur Reifenmittelebene stärker abgewinkelt, wodurch eine leichtere Selbstreinigung erreicht wird.

Da man von Erdbaugeräten im allgemeinen eine geringe spezifische Bodenpressung erwartet, wurden auch sog. Breitstreifen entwickelt, die zugleich auch noch die zu übertragenden Zugkräfte steigern. Durch Einsatz von Breitreifenfahrwerken will man die Erdbaugeräte auch universeller gestalten und damit die Anwendungs- und Wirtschaftlichkeitsgrenzen gegenüber den unterhaltsaufwendigen Raupenfahrwerken verschieben. Nicht unerwähnt bleiben sollte an dieser Stelle, daß das Gewicht eines Erdbaugerätes

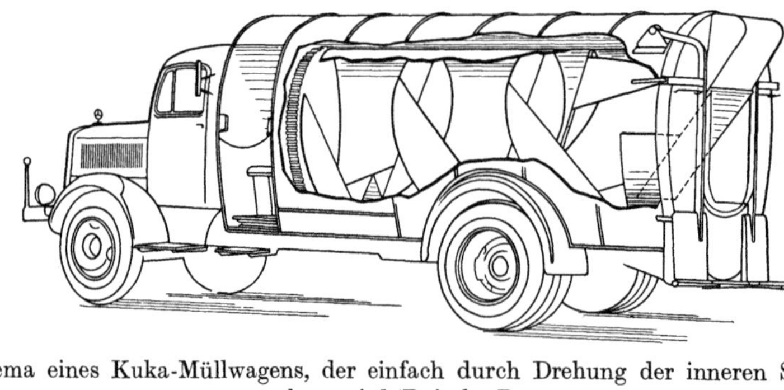

Abb. 257. Schema eines Kuka-Müllwagens, der einfach durch Drehung der inneren Schneckentrommel entleert wird (Daimler Benz).

durch den Einsatz eines Reifenfahrwerkes um 10—30% gesenkt werden kann gegenüber einer Ausführung mit Raupenfahrwerk. Interessant ist auch noch die Tatsache, daß der Kraftschlußbeiwert eines Reifenfahrwerkes durch eine Wasserfüllung mit etwa 75—90 Vol.-% und die Auflage von Ketten weiter erhöht werden kann. Durch Ketten will man allerdings nicht nur den Kraftschlußbeiwert erhöhen, sondern auch den sehr wertvollen und teuren Reifen gegen Beschädigungen beim Befahren von scharfkantigen Fahrbahnflächen schützen.

Über den Rahmen der geschilderten gleislosen Fahrzeuge für den innerbetrieblichen Transport und den Erdbau hinaus bleibt natürlich an dieser Stelle noch die Erwähnung der allgemein bekannten Liefer- und Lastwagen. Diese und andere weitverbreitete Fahrzeuge als Fortbewegungsmittel bedürfen keiner weiteren Beschreibung mehr und eine besondere Darstellung in diesem Buche kann nur noch gerechtfertigt werden, wenn besondere Bedingungen erfüllt werden müssen. Als Beispiel hierfür sei in Abb. 257 ein Spezialmüllwagen gezeigt. Die Entladung des schneckenartigen Behälters erfolgt durch Öffnen des Klappdeckels, welcher durch Druckluft vom Fahrerhaus aus bedient wird, durch Drehen der Trommel, ohne daß der Aufbau gekippt werden muß.

Abb. 258. Transportmischer für 10 m³ Beton als Sattelauflieger (Henschel).

Ein anderes, heute weit verbreitetes Spezialfahrzeug ist der sog. Transportmischer (Abb. 258). Er nimmt im Werk die erforderlichen Zuschlagstoffe auf und mischt sie während der Fahrt zur Baustelle. Die Mischtrommel liegt unter einem Winkel von 15° zur Waagerechten und ist in einem geschweißten Rahmen dreipunktgelagert. Etwaige Verwindungen des Fahrgestelles werden durch diese Konstruktion ausgeglichen. Der Antrieb der Trommel erfolgt von einem eigenen Dieselmotor mit einer Leistung von 40—50 PS.

Abb. 259. Selbsttragender Auflieger mit zwei stehenden Behältern mit je 10 m³ Inhalt bei 20 Mp Nutzlast für leicht fließende Güter (Kässbohrer).

Obwohl vom wirtschaftlichen Standpunkt her gesehen ein möglichst großer Trommelinhalt anzustreben ist, wurde bisher bei 5,5 m³ Trommelinhalt eine Grenze gesetzt. Erst bei größeren Transportwegen als heute allgemein üblich würde sich eine größere Trommel rentieren. Die kritische wirtschaftliche Größe dürfte sich dabei aus dem Verhältnis von Fahrtzeiten zu Standzeiten ergeben, denn wichtig ist, daß der Mischer auf der Baustelle seine Ladung schnell entleeren kann. Da auf Großbaustellen die Forderung in den meisten Fällen erfüllt werden kann, wurde auch ein neuer Mulden-Großmischer nach Abb. 258 entwickelt mit einem Fassungsvermögen von 9—10 m³. Er ist als Sattelauflieger mit eigenem Mischerantrieb, Starterbatterie und Kraftstofftank gebaut, so daß er auf der Baustelle abzusatteln ist und das Zugfahrzeug für die Fahrt mit einer zweiten Mischereinheit frei wird.

Die Forderung der Verlader und Transporteure nach großem Transportvolumen und hoher Nutzlast wird in jüngster Zeit auch von den Herstellern der Silofahrzeuge weitgehend erfüllt. Dazu bieten die beiden mit einer stabilen Konstruktion verbundenen selbsttragenden Kessel für den Zementtransport und ähnlicher sehr leicht fließender Güter die Garantie absoluter Restlosentleerung nach unten über eine Sammelleitung (Abb. 259). Findet keine gute Entleerung statt, so kann es zu unerwünschten und geradezu gefährlichen Vermischungen verschiedener Güter oder Sorten kommen. Besonders

Abb. 260. Kippbarer Siloauflieger mit 23 m³ Inhalt für schwer fließende Güter, Nutzlast 19 Mp (Kässbohrer).

für Silogüter wie Kalk, Sand, Getreide, Mehl, Futtermittel usw. verlangt der Transportfachmann kippbare Auflieger. Beim Fahrzeug nach Abb. 260 wird der Kessel mit einem Inhalt bis zu 26 m³ durch einen an der Stirnseite angebrachten Heber gekippt. Infolge des großen Kippwinkels wird auch schwer fließendes Transportgut aufgelockert und restlos entleert.

2. Gleisgebundene Förderung

a) Standbahnen mit Ketten- oder Seilbetrieb

Das Anwendungsgebiet dieser Bahnen ist sehr vielseitig. Sie arbeiten unter und über Tage bei oft sehr schwierigen räumlichen oder geländemäßigen Verhältnissen und sind besonders auch in Aufbereitungsanlagen und bei großen Lager- und Arbeitsplätzen industrieller Werke häufig vertreten. Im Bergbau werden sie allerdings mehr und mehr durch den Lokomotivbetrieb und durch die Bandförderung ersetzt. Die Bedeutung des Ketten- und Seilantriebes für den Transport über Tage ist aber fast unvermindert geblieben. Ob dabei Kette oder Seil als Antriebsmittel verwendet wird, richtet sich im wesentlichen danach, ob die Steigung nur gering ist und sich in den Grenzen von etwa 0—10% hält, oder ob sie größer ist. Im ersten Fall wird das Seil wegen seines geringen Gewichtes im allgemeinen vorgezogen werden, wenn es sich nicht um ganz kurze Entfernungen handelt, bei denen die Kettenbahn infolge ihrer einfachen Antriebs- und Betriebsweise im Vorteil ist. Dagegen kommt die Kettenbahn allgemein in Anwendung, wenn große Steigungen zu überwinden sind und die Strecke häufig abwechselnd fällt und steigt. Unter derartigen Verhältnissen kann bei Kettenbetrieb die dauernde Kupplung des Zugorgans mit den Wagen sicherer und einfacher erreicht werden als beim Seilbetrieb.

Bei Kettenbahnen unterscheidet man im allgemeinen drei Arten: die Bahn mit einfacher Oberkette, die Bahn mit Unterkette und die Bahn mit Oberhakenkette.

Die weitaus größte Verbreitung hat die Standbahn mit einfacher Oberkette erhalten. Die Wagen werden dabei von der ständig umlaufenden Kette dadurch mitgenommen, daß die Kette sich infolge ihres Gewichtes in eine mit der Endwand des Wagens fest verbundene

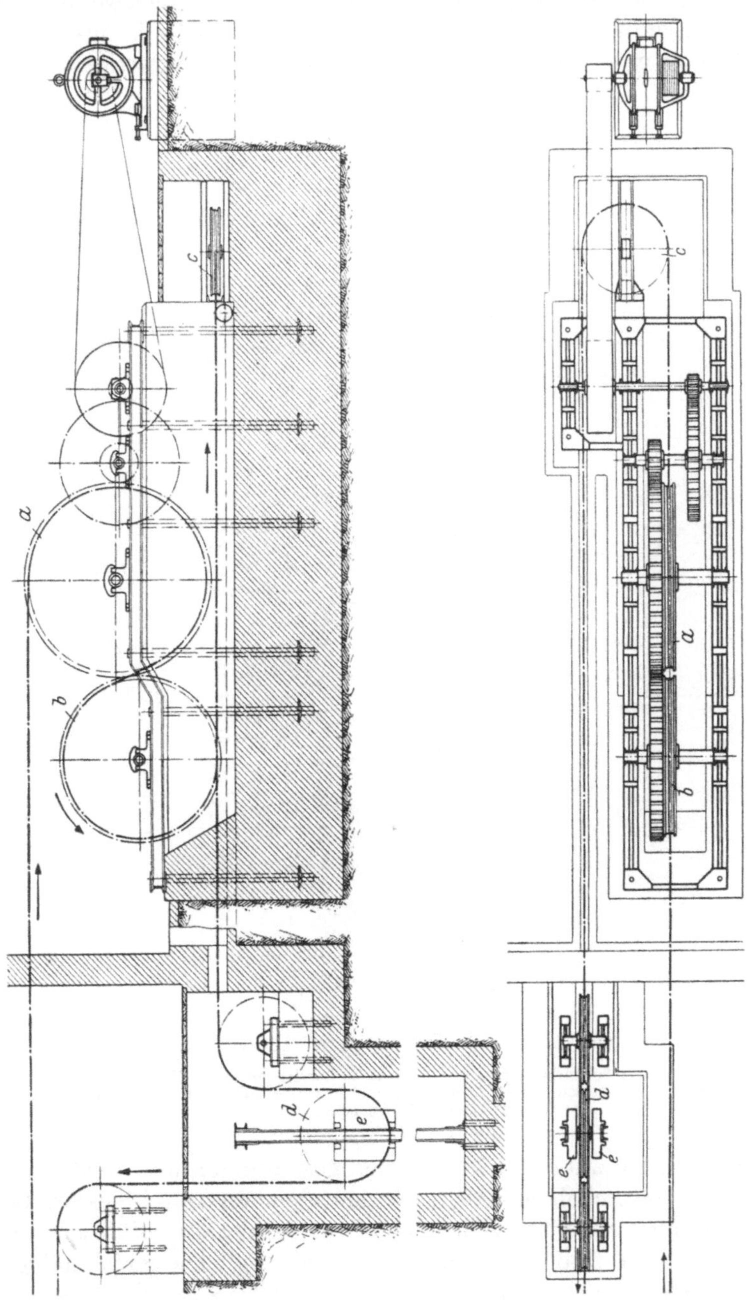

Abb. 261. Antriebsstation mit Reibungsantrieb für Oberkette und mit Kettenspannvorrichtung.
a erste Antriebsscheibe 3000 mm Durchmesser; *b* zweite Antriebsscheibe 2720 mm Durchmesser; *c* feste Umführungsscheibe; *d* Spannscheibe; *e* Spanngewicht.

stiefelknechtartige Gabel legt. Der Antrieb der ständig umlaufenden Kette erfolgt meistens durch eine Mitnehmer- oder Greiferscheibe. Diese Antriebscheiben, die in der Regel jedes fünfte Glied der Kette fassen, werden in verschiedenen Ausführungsformen hergestellt. Die Mitnehmer der Kettenscheiben werden wegen der Kettenlängung oft verstellbar gebaut, in neuerer Zeit aber meistens einfach in Stahlguß gegossen, da die

Ketten neuerdings härter und mit geringerem Verschleiß hergestellt werden. Es ist jedoch nicht möglich, die Bahn nachträglich zu verlängern, da in diesem Falle zu der vorhandenen, mehr oder weniger verschlissenen Kette, der man sich durch Verstellen der Mitnehmer anpassen könnte, ein Stück neuer Kette hinzukommen würde, für das die auf die alte gedehnte Kette eingestellte Greiferscheibe nicht paßt. Läßt sich eine einmalige oder mehrmalige Änderung der Bahnlänge nicht vermeiden, wie beispielsweise bei den Flügelbahnen in Tagebauen, dann muß der Antrieb der Kette durch Reibungsscheiben bewirkt werden. Abb. 261 zeigt eine gebräuchliche Anordnung einer derartigen Antriebstation.

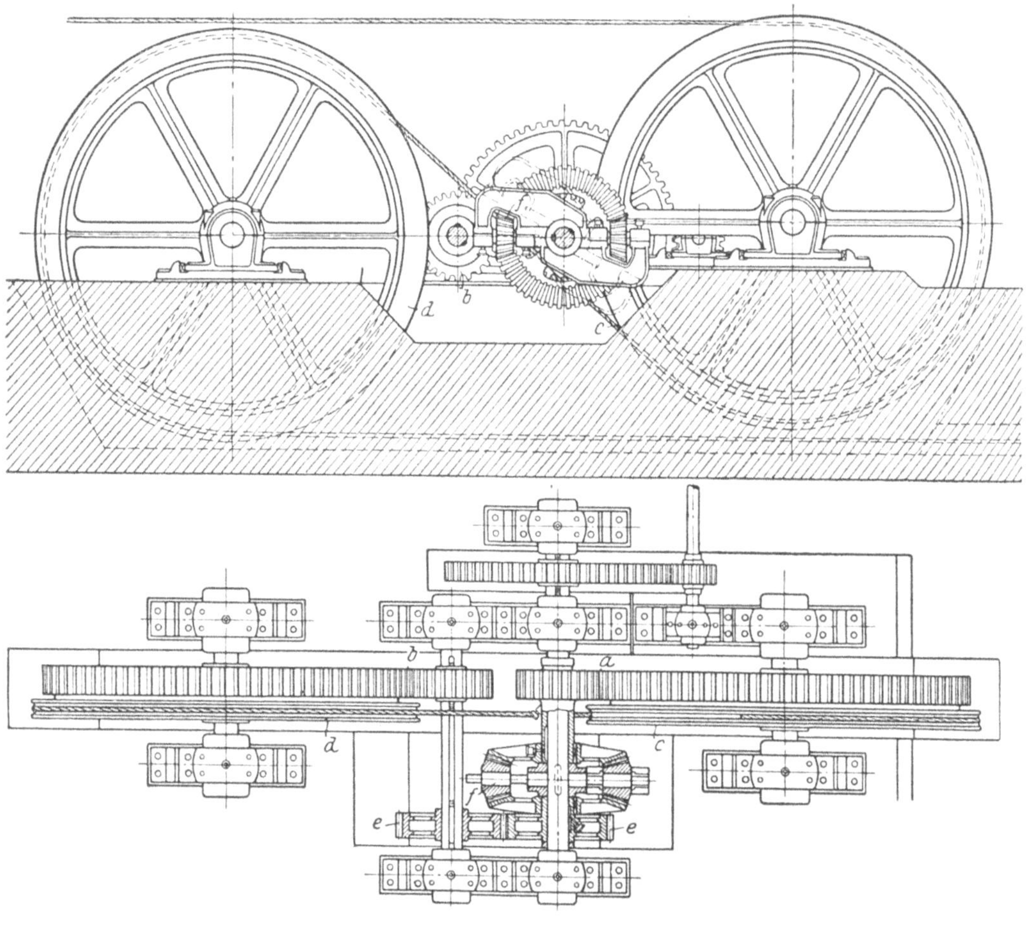

Abb. 262. Ausgleichsvorrichtung nach OHNESORGE.

a und *b* Rädervorgelege zum Antrieb der Seiltriebrollen *c* und *d*; *e* Räderübertragung von Welle *a* zu Welle *b*; *f* Zwischenräder zum Ausgleich der Geschwindigkeit bei verschiedenen Umdrehungszahlen von *d* und *c* und zur Erzielung eines gleichmäßigen Antriebes beider Scheiben.

Die Kette ist in S-Form um zwei Antriebscheiben geschlungen und wird durch Reibung mitgenommen. Die beiden Scheiben haben oft den gleichen Durchmesser. Bei dem abgebildeten Antrieb ist aber die hintere Scheibe etwas kleiner ausgeführt als die vordere. Damit soll erreicht werden, daß beide Scheiben sich möglichst gleichmäßig abnutzen. Da der Druck der Kette auf der ersten Scheibe größer ist als auf der zweiten, so würde die letztere bei gleichem Durchmesser langsamer verschleißen und es würden mit der Zeit starke Zerrungen in der Kette entstehen. Wenn die zweite Scheibe etwas kleiner ausgeführt wird und bei entsprechender Anordnung der Zahnrädervorgelege um so viel schneller umläuft, dann wird die Abnutzung angenähert gleich stark sein. Diese Anordnung wird mitunter auch für den Antrieb der später beschriebenen Standbahnen mit Seilantrieb angewendet, bei denen das Seil durch in der Rille gefütterte Scheiben angetrieben wird, die bei ungleicher Umfangsgeschwindigkeit verhältnismäßig schnell verschleißen würde. Auf die geschilderte Art kann man dem Übelstand, daß durch ungleich starke Abnutzung der Antriebsscheiben Zerrungen im Zugorgan entstehen, aber nur notdürftig begegnen. Sicherer wird der Fehler durch Anwendung der Ausgleichsvorrichtung nach OHNESORGE behoben.

Bei diesem Antrieb wird, wie in Abb. 262 angegeben, zwischen den beiden durch die Vorgelege *a*, *b* mit gleicher Umfangsgeschwindigkeit angetriebenen Antriebsscheiben *c* und *d* ein Ausgleichsgetriebe eingeschaltet, das aus zwei Kegelrädern besteht, die miteinander durch kleine konische, in einem drehbaren Ring gelagerte Zwischenräder *f* gekuppelt sind. Durch diese Ausgleichsgetriebe werden die beiden Antriebscheiben unbedingt so bewegt, daß die übertragene Arbeit bei beiden Scheiben gleich ist und schädliche Zerrungen mit Sicherheit vermieden werden (vgl. Doppeltrommelantriebe für Gurtbandförderer).

In der Nähe des Antriebes ist, wie in Abb. 261 schon dargestellt, meistens noch eine Spannvorrichtung zum Spannen der Kette durch ein Gewicht vorgesehen. Bei langen Bahnen ist auch oft die Kettenumführung am anderen Ende als Spannvorrichtung aus-

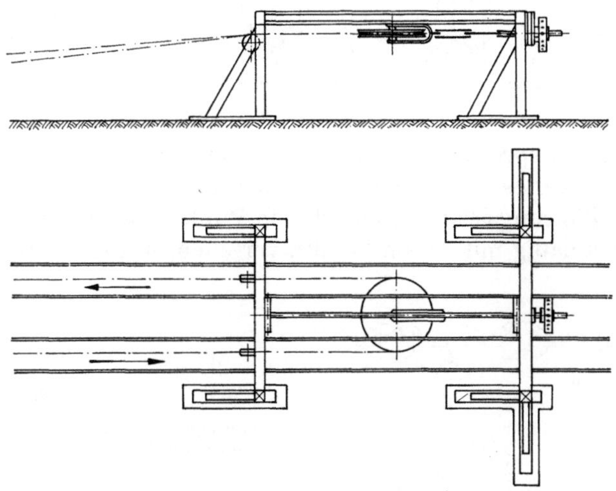

Abb. 263. Umkehrstation einer Kettenbahn mit Oberkette.

gebildet, jedoch erfolgt das Spannen an dieser Stelle in der Regel nicht durch Gewicht, sondern durch eine Schraube. Die Kette wird bei der Umkehrstation und in den Kurven auf glatten Rollen geführt. Infolge der Art der Kupplung, die durch eine breite Gabel erfolgt, in die sich die Kette hineinlegt, können die Wagen beim Antrieb durch Oberkette in den Kurven und Endumführungen nicht mit der Kette gekuppelt bleiben. Sie werden kurz vor der Kurve entkuppelt, laufen dann infolge ihrer kinetischen Energie und bei geeignetem Gefälle selbsttätig um die Kurve herum und werden hinter der Kurve wieder eingekuppelt. Das Auskuppeln kann in einfachster Weise durch Anheben der Kette geschehen, das Einkuppeln erfolgt ohne weiteres, wenn die Kette sich wieder auf den Mitnehmer des Wagens herabsenkt, was hinter der Kurvenführungsrolle von selbst erfolgt. Das Ansteigen der Kette am Ende der Bahn, durch welches das Aus- und Einkuppeln bewirkt wird, ist auch aus der Darstellung der Umkehrstation (Abb. 263) erkennbar.

Der Betrieb mit Oberkette ist im übrigen unter allen Verhältnissen anwendbar, auch wenn Steigung und Gefälle unmittelbar aufeinander folgen. Die Kette hat immer genügend Durchhang, um mit dem Wagen fest gekuppelt zu sein. Die Leistungsfähigkeit der Bahn ist fast unbeschränkt. Die Kette hängt bei sehr großer Wagenzahl auf den Wagen. Die zwischen den Schienen angeordneten Tragrollen, durch die die Kette getragen werden soll, wenn sie sich zwischen den Wagen bis in Schienenhöhe absenkt, kommen bei großer Wagenzahl während des Betriebes meistens gar nicht zur Benutzung. Die Geschwindigkeit kann bis zu 1,5 m/s gesteigert werden, sie beträgt in der Regel etwa 1 m/s. Allerdings wird die Kette bei großer Leistung und großer Förderlänge sehr schwer und dadurch ist dann doch praktisch eine Grenze gegeben, besonders hinsichtlich der Länge der Bahn, wie später noch näher ausgeführt wird.

Mitunter wird die Kette nicht oberhalb der Wagen angeordnet, sondern darunter zwischen den Schienen, wie z. B. in Abb. 264 bis 267 dargestellt. Diese Anordnung hat vor der obenliegenden Kette den Vorzug, daß ein Überschreiten der Bahn an beliebigen Stellen möglich ist. Dagegen ist das Kuppeln der Kette mit den Wagen schwieriger und kann nur erfolgen, indem die Kette in gewissen Abständen mit besonderen Mitnehmern

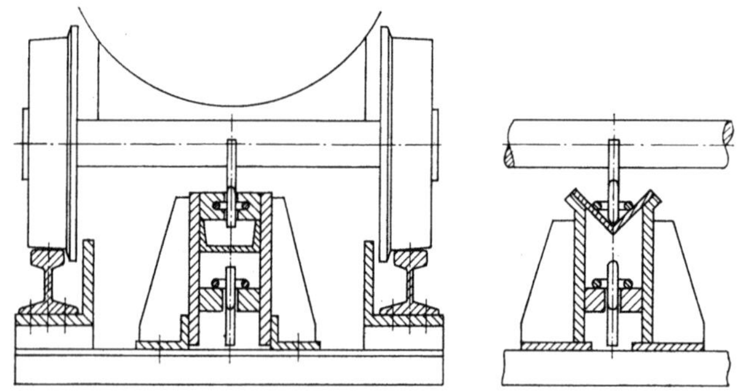

Abb. 264. Querschnitt einer Kettenbahn mit Unterkette.

versehen wird, die in entsprechende Vorsprünge oder Ringe der Förderwagen eingreifen. Ziehendes und unbelastetes Trum der Mitnehmerkette laufen übereinander, das obere Trum in gehärteten Führungsleisten oder offen in Winkeleisen (Abb. 264). Die Mitnehmerglieder werden zweckmäßig mit einem Schlitz versehen, um sich bei Stillstand der Kette

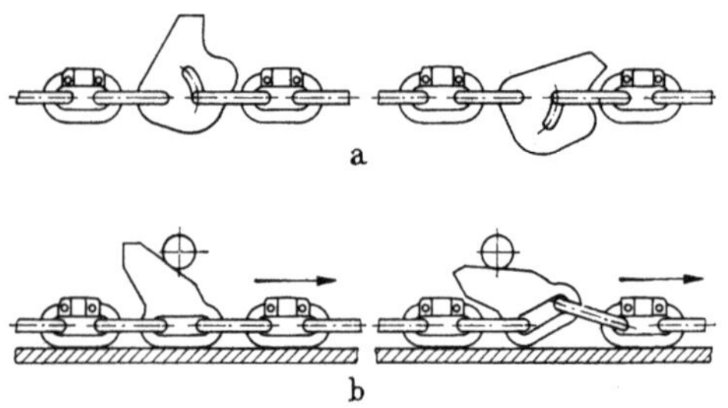

Abb. 265.

a Mitnehmerglieder, absenkbar; *b* Mitnehmer, aufgerichtet beim Mitnehmen des Wagens (links) und wegtauchend beim Blockieren des Wagens (rechts).

umlegen zu können, wenn ein Wagen in Förderrichtung darüberrollt (Abb. 265a). An der Antriebskettennuß richten sich die Mitnehmer beim Wiederanlaufen der Bahn selbsttätig auf. Kettenverbindungsglieder vor und hinter jedem Mitnehmer gestatten seinen schnellen Austausch.

Werden die Kettenbahnen speziell zum Vorziehen von Wagen vor Schächten, Kippstellen usw. eingesetzt, so wird der Mitnehmer so ausgebildet, daß er unter der Achse blockierter Förderwagen hinwegtauchen kann. Auf diese Weise ist die Bunkerung von Förderwagen bei laufender Mitnehmerkette möglich. Nach Abb. 265b werden die Mitnehmer dann so gestaltet, daß sie die Achse des zu ziehenden Wagens auf dem Rücken mitnehmen. Auf diese Weise kann er dann bei Blockierung der Wagenreihe kippen und unter der Achse herlaufen.

Ein Nachteil dieser Kettenbahnen zeigt sich bei eintretendem Gefälle, da sich die Wagen dann leicht lösen und voreilen. Ist dieses nicht gewünscht, so sind die Mitnehmer umzudrehen. Die Wagenachse legt sich dann gegen die Stirnfläche der Mitnehmer und wird am Voreilen gehindert. Vorzieh-Kettenbahnen der erläuterten Bauform werden mit Zugkräften bis 6000 kp gebaut.

Bei sehr kurzen Bahnen und starken Steigungen (möglich bis 1:3) wird an Stelle der Gliederkette mitunter auch eine Gelenkkette verwendet. Über die Anordnung derselben beim Betrieb der Bahn ist nichts besonderes zu vermerken, nur daß sie sich ausschließlich für gerade Strecken eignet (Abb. 266). Die Wagen werden bis an die Steigung von Hand durch Schwerkraft oder auf andere Weise herangefahren, dann von der Kette selbsttätig erfaßt und am Ende der Bahn ohne weiteres wieder freigegeben. Die Kette kann sich, wenn erforderlich, unterhalb der zwischen den Schienen angeordneten Bühne bewegen und braucht nur mit ihren Mitnehmern aus einem schmalen Schlitz herauszuragen.

Bei Verwendung von Gliederketten erfolgt der Antrieb auch bei diesen Bahnen meistens durch Greiferscheiben, die in der Regel einen etwas kleineren Durchmesser erhalten als die Greiferscheiben für längere Bahnen mit Oberkette. Bei den Bahnen mit Unterkette können die Wagen beim Durchfahren von Kurven mit dem Zugmittel gekuppelt bleiben und die Kurven in beliebiger Richtung maschinell durchfahren werden, wie aus Abb. 267 besonders deutlich ersichtlich ist.

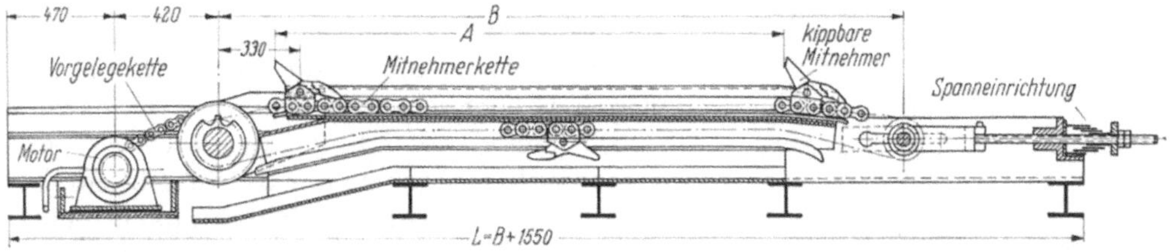

Abb. 266. Niedrige Kettenbahn mit hydraulischem Antrieb (Hauhinco).

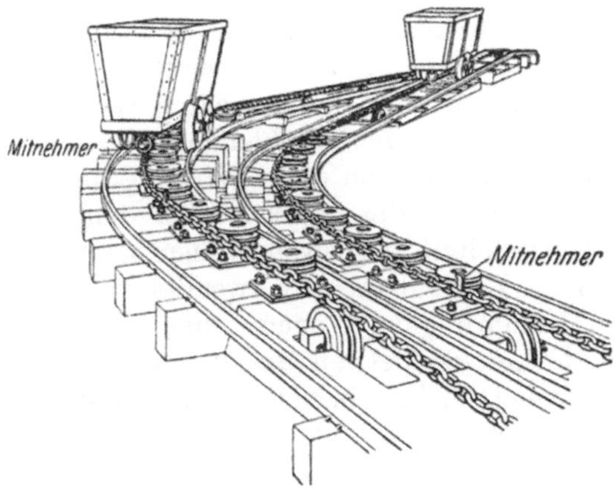

Abb. 267. Kurvenführung einer unten liegenden Gliederkette.

Die Kettenbahn mit untenliegender Gliederkette wird besonders angewendet, wenn es sich um kurze Bahnen mit viel Krümmungen handelt. Sie wird daher viel zur Beförderung der Grubenwagen auf der Hängebank und in ähnlichen Fällen benutzt. Der Unterkettenantrieb hat allerdings den Nachteil, daß die Wagen auf der Strecke die Bahn nicht gut verlassen können. Man muß die Kette in diesem Falle zunächst durch Rollen nach unten führen und kann dann erst die Wagen durch Weichen oder Drehscheiben nach der Seite ableiten. Nur am Ende können die Wagen die Kettenbahn in einfacher Weise verlassen, da die Kette hier ohnehin nach unten abgesenkt wird.

In Fällen, bei denen eine Abzweigung der Wagen an verschiedenen Stellen der Bahn erforderlich ist, wie z. B. bei Wipperböden in den Aufbereitungsanlagen, wird mitunter ein anderer Kettenbetrieb verwendet, die sog. Oberhakenkette. Man benutzt dabei eine Kette, die zwischen zwei U-Eisen oder Winkeleisen so geführt ist, daß nur die mit der Kette verbundenen Mitnehmer frei hervorragen. Diese Mitnehmer werden so eingerichtet, daß sie die Wagen in der Bewegungsrichtung der Kette erfassen und mitnehmen, daß sie aber umklappen, wenn der Wagen der Kette vorauseilen will oder wenn er mit größerer Geschwindigkeit auf die Kettenstrecke aufläuft. Bei dieser Anordnung können die Wagen die Kettenbahn ohne Schwierigkeit an jeder Stelle verlassen. Im übrigen ist die Betriebsweise dem Betrieb mit Unterkette ziemlich ähnlich, denn auch mit der Oberhakenkette kann man beliebige Kurven mit angekuppelten Wagen durchfahren. Sie eignet sich aber ebenso wie der Unterkettenbetrieb infolge der großen Anlagekosten und wegen des großen Arbeitsverbrauches nur für kurze Bahnen.

Bei Standbahnen mit Seilbetrieb ist die Übertragung der Kraft auf das ständig umlaufende Zugorgan nur durch glatte Scheiben mit Reibungswirkung möglich. Hierfür genügt eine einfache Umspannung der Antriebscheibe um 180° nur bei geringen Förderlängen und Leistungen. In den meisten Fällen muß eine Anordnung mit mehrfacher Umschlingung vorgesehen werden zur Vergrößerung der Reibungswirkung der Antriebskraft auf das Seil. Die Gesamtanordnung ist dann ähnlich den in den Abb. 261 und 262 für den Antrieb von Kettenbahnen dargestellten Antriebsstationen.

Abb. 268. Schuhkettenantrieb, mit dessen Hilfe die in ein Seil einzuleitende Kraft durch doppelte Seilumschlingung zu vergrößern ist (Pohlig).

Bei Seilbahnen benutzt man neuerdings häufiger eine andere Anordnung mit doppelter Umschlingung um eine einzige Scheibe, die man als Schuhkettenantrieb bezeichnet, wie es in Abb. 268 dargestellt ist. Das Seil, das von links auf die breite Antriebscheibe aufläuft, umspannt die Scheibe mit einem Winkel von 360° und läuft dann nach rechts ab. Diese Umspannung von 360° erzeugt genügend Reibung für den Antrieb des Seiles. Die Seilführung wird dadurch ermöglicht, daß das Seil durch eine lose, um die Scheibe mitlaufende Kette so weit zur Seite gedrückt wird, daß die beiden Windungen sich nicht berühren und beschädigen. Die Ausführung ist einfach und von guter Wirkung und wird auch zum Antrieb des Zugseiles bei den weiter hinten behandelten Seilschwebebahnen benutzt und ist auch bei Kettenbahnen verwendbar.

Die Umführung der Wagen in den Kurven der Standbahn mit Seilbetrieb erfolgt ähnlich wie bei den Kettenbahnen bei Oberseil durch einzelne große Umführungsscheiben nach Abb. 269 oder bei Unterseil durch kleine Umführungsrollen, weil die großen Scheiben zwischen den Schienen keinen Platz haben (vgl. Abb. 270).

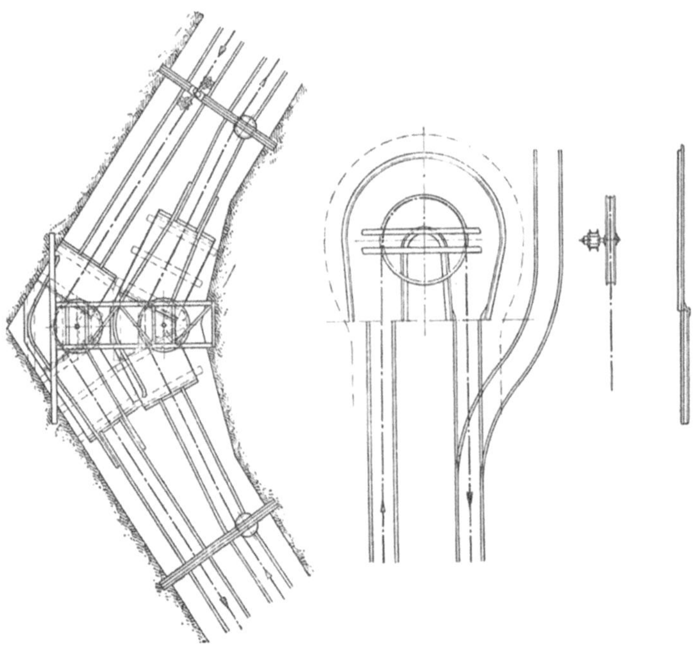

Abb. 269. Kurvenführung mit Oberseil und großen Umführungsscheiben.

Unterseil verwendet man nur in besonderen Fällen aus denselben Gründen, die schon bei der Kettenbahn angegeben wurden.

Bei Oberseil erfolgt die Kupplung des Seiles mit den Wagen in der Regel mit Hilfe exzentrisch am Wagen befestigter drehbarer Gabeln in der Weise, daß das Seil sich an der betreffenden Stelle der Bahn entweder infolge des einfachen Durchhanges in die Seilgabel einlegt oder durch Druckrollen nach unten gedrückt wird. Die Gabel muß dann durch Winkeleisen so geführt werden, wie in der Abb. 271 angegeben. Dieselben Druckrollen werden außerdem auch auf der Strecke angewendet und zwar dort, wo die Bahn einen Knick nach unten zeigt. An dieser Stelle würde sich andernfalls das Seil aus der Kupplung herausheben. Oft verwendet man zum Herunterdrücken des Seiles auch einen sternförmig ausgebildeten Rollenkranz, der beim Vorbeigang der Gabel um je eine Rolle

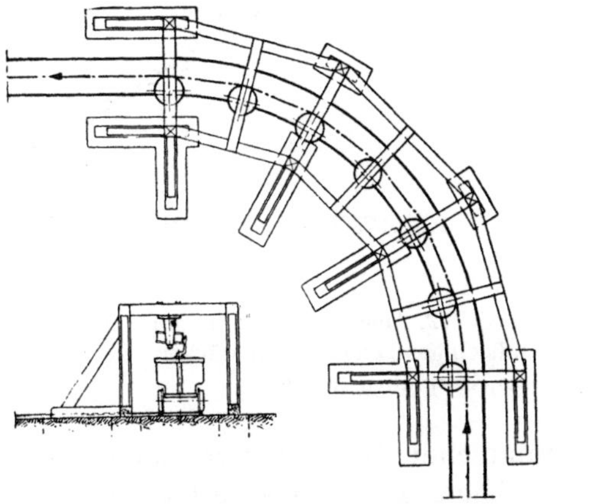

Abb. 270. Kurvenführung mit Oberseil und kleinen Umführungsscheiben.

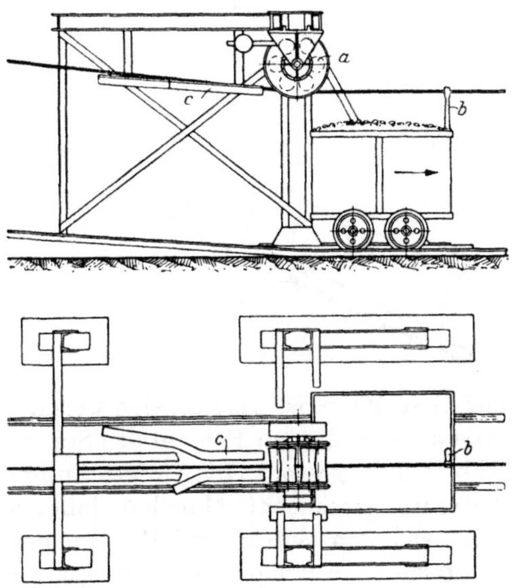

Abb. 271. Anschlagvorrichtung durch Druckrollen.
a sternförmiger Rollenkranz zum Herunterdrücken des Zugseils; *b* Kupplungsgabel des Förderwagens; *c* Führung für die Kupplungsgabel.

weitergedreht wird. Die Gabel wird meistens, um ein Festklemmen zu verhindern, so gelagert, daß sie nach unten nachgeben kann und durch Federn hochgedrückt wird. Das Mitnehmen der Wagen durch die Gabel erfolgt in der Weise, daß das Seil, wenn es dem ruhenden oder langsam laufenden Wagen gegenüber vorzueilen strebt, die Gabel infolge der bestehenden Reibung etwas verdreht und sich dadurch in ihr festklemmt. Das Auskuppeln erfolgt, indem das Gleis an der entsprechenden Stelle etwas in Gefälle verlegt wird, so daß hierdurch der Wagen vor dem Seil vorauseilt. Dadurch wird die Verdrehung der Gabel aufgehoben und das Seil kann durch entsprechend angeordnete Tragrollen nach oben angehoben werden. Diese Art der Kupplung des Förderseiles mittels Gabel läßt erkennen, daß die Antriebsweise nicht für Bahnen geeignet ist, die auf einzelnen Strecken in Gefälle liegen. Beim Auffahren auf die abfallende Strecke würde der Wagen dem Seil vorauseilen und damit die Verdrehung der Gabel und die Klemmwirkung aufhören, so daß das Seil nun durch irgendwelche Umstände leicht aus der Gabel herausgehoben werden könnte. Diesen Mangel der Gabelkupplung suchte man dadurch zu vermeiden, daß man in gewissen Abständen einige Kettenglieder in das Seil einschaltete und die Kupplung ähnlich ausführte, wie bei Kettenbahnen gebräuchlich. In dieser Weise vereinigte man die Sicherheit der Kettenkupplung mit dem geringen Gewicht der Seile und ist auch in der Lage, ebenso wie bei Kettenbahnen, starke Steigung zu nehmen. Abb. 272 zeigt eine derartige Anordnung. Damit die Wagen bei der großen Steigung und dem starken Seilzug nicht kippen, sind über den Rädern Gegenschienen angeordnet. Bei dieser Kupplung braucht die Gabel nicht drehbar zu sein, sondern wird gerade ausgeführt.

Zur Sicherheit ordnet man bei derartigen starken Steigungen im allgemeinen zwischen den Schienen Fangvorrichtungen an, die in der Fahrtrichtung des Wagens nachgeben können, im übrigen aber so weit aus der Schienenebene herausragen, daß sie einen unter Umständen entkuppelten und zurückrollenden Wagen auffangen.

Mitunter verbindet man auch den Seilbetrieb in der Weise mit dem Kettenbetrieb, daß man an den Wagen Kupplungseinrichtungen für beide Betriebe, also Ketten- und Seilgabel, anbringt.

Bei Unterseil kann man bei vorhandenem starken Seilzug die Wagen auch durch Schraubenkupplungen an dem Seil befestigen. Diese Kupplung ermöglicht das Durchfahren von Strecken mit abwechselnd steigender und fallender Neigung. Das Kuppeln

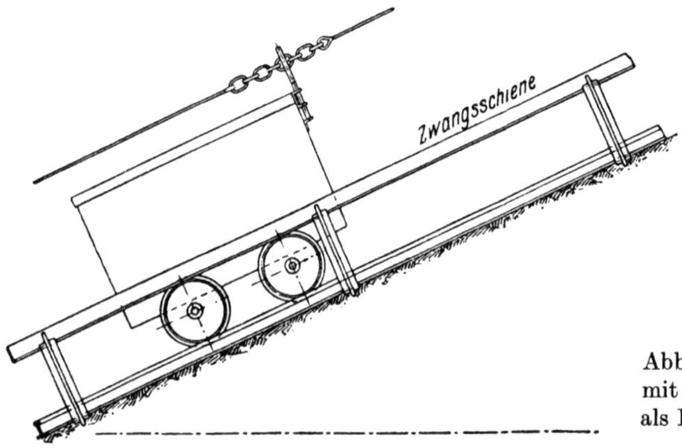

Abb. 272. Ansteigende Seilbahn für Oberseil mit eingesetzten Kettenstücken als Kupplungsglieder.

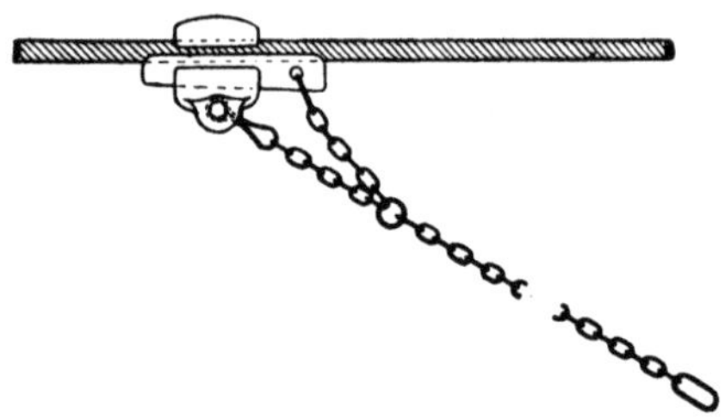

Abb. 273. Kupplung durch Mitnehmerschloß.

auf diese Weise ist aber an sich wesentlich umständlicher. Es wird etwas einfacher, wenn man auch in diesem Falle in das Seil einzelne Stückchen Kette einschaltet, wie bereits in Abb. 272 dargestellt. Die Unterteilung des Seiles in viele einzelne Stücke ist jedoch nicht besonders erwünscht. Man hat daher auch auf verschiedenen anderen Wegen versucht, einen sicheren Betrieb auf Bahnen mit abwechselnd steigenden und fallenden Strecken zu erzielen, so beispielsweise mit besonderen Ketten, die an dem Wagen befestigt sind und mit dem Seil verbunden werden, indem sie mehrere Male um das Zugseil herumgeschlungen werden, ferner durch Anwendung sog. Mitnehmerschlösser (Abb. 273), wie sie in ähnlicher Weise auch vielfach für Wagenschiebeanlagen benutzt werden. Bei dieser Kupplungsart kann man auch mehrere Wagen zugleich mit dem Seil kuppeln, also in gewissem Sinne eine zugweise Förderung einrichten, die in manchen Fällen erwünscht ist.

Auf der Strecke wird das Seil durch einzelne Tragrollen getragen, die bei Unterseil in einfachster Form als gewöhnliche Rollen zwischen den Schienen angeordnet werden können, ähnlich wie bei den Kettenbahnen. Bei Oberseil müssen die Rollen aufklappbar sein, wie in Abb. 274 angegeben, oder es werden zwei sternförmige, hintereinander liegende Tragrollen verwendet, wie aus Abb. 275 ersichtlich. Als aufklappbare Tragrollen nach Abb. 274 werden zwei nebeneinander liegende konische Rollen benutzt, von denen die eine ausschwenkbar, die andere fest gelagert ist. In der Regel stützt die bewegliche sich an der festen Rolle. Beide wälzen sich mit ihrem Rande aufeinander ab und tragen das über den Rollen liegende Seil. Beim Vorbeifahren eines Wagens wird das Seil durch die Seilgabel abgehoben und die drehbar gelagerte Rolle wird durch die Gabel zur Seite gedrückt, bis sie die Rolle passiert hat. Dann legen sich die Rollen wieder gegeneinander und können das Seil wieder aufnehmen. Bei der Tragkonstruktion nach Abb. 275 ist der untere Rand der Rollen mit Einschnitten versehen, in die sich die Seilgabel beim Vorbeifahren der Wagen hineinlegt. Diese Rollen sind auch sehr geeignet, das Seil in kleinen waagerechten Kurven der Bahn zu tragen. In stärkeren Kurven kann man allerdings auch einfache Rollen verwenden, da dann der Rand der Rolle nicht so groß zu sein braucht, um das Seil vor dem Hinunterfallen zu schützen. Die Seilgabel kann sich dann in einfachster Weise gegen den Rand der Rolle legen. Die Notwendigkeit, die Seiltragrollen auf Hochgerüsten anzubringen, bedingt eine Verteuerung der Seilbahnen gegenüber den Kettenbahnen. Die dort verwendeten einfachen Tragrollen in Schienenhöhe sind bei Seilbahnen mit hochliegendem Seil nicht gut zu verwenden, weil das Seil mit Rücksicht auf den Betrieb so straff gehalten werden muß, daß bei dem kleinen Eigengewicht ein Durchhang bis in Schienenhöhe nur bei großem Wagenabstand eintreten würde. Wollte man aber das Seil auf so große Entfernungen nicht stützen, so würden bei den geringsten Belastungsänderungen starke Schwingungen auftreten, die den Bahnbetrieb stören.

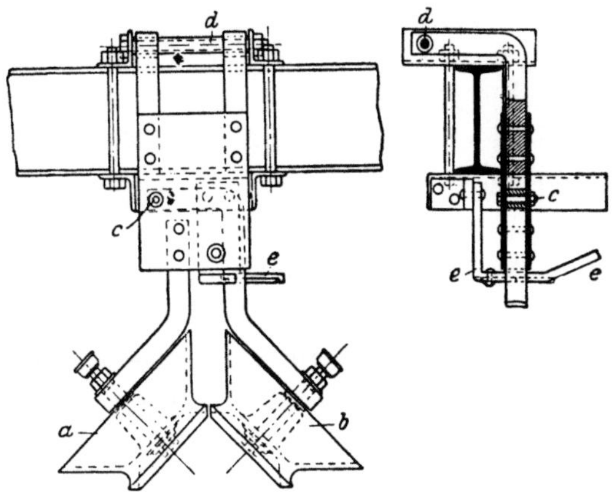

Abb. 274. Aufklappbare Seiltragrolle für die Strecke.

a feste Seiltragrolle; *b* aufklappbare Rolle, drehbar um Bolzen *c*; *d* Drehachse für das ganze Rollengestell für den Fall, daß der beladene Wagen an die Rollen anstößt; *e* Führung zum Öffnen der Rolle *b*, falls das Rollengehänge sich um *d* dreht und das Öffnen nicht durch die Seilgabel des Förderwagens geschehen kann

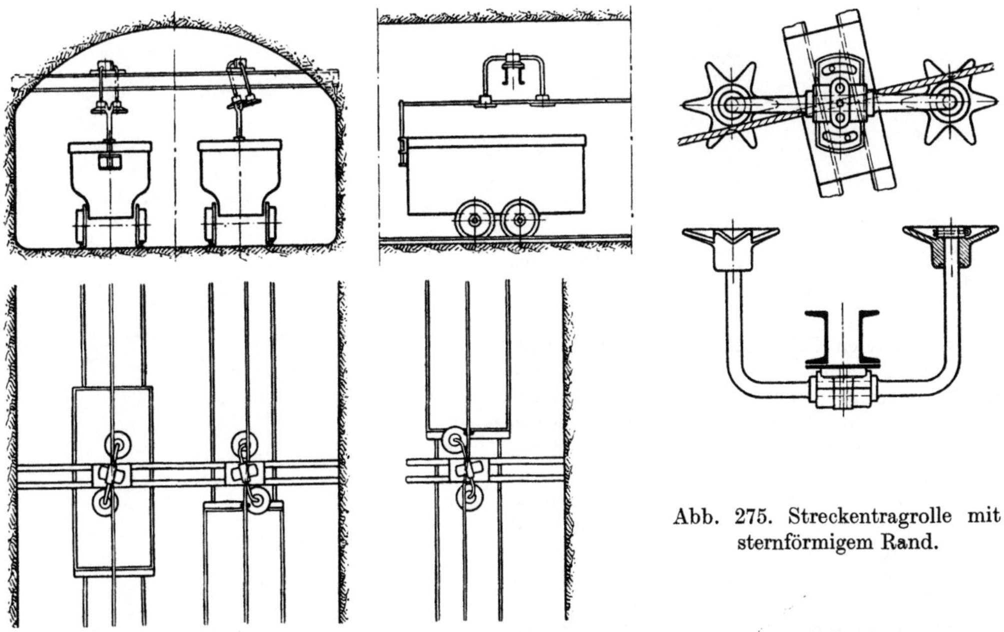

Abb. 275. Streckentragrolle mit sternförmigem Rand.

Die Berechnung der Antriebskräfte ergibt außer der Erkenntnis, daß der Antrieb der Kettenbahn wesentlich einfacher ist als der Antrieb mit Seil, die Tatsache, daß die Kettenbahn wegen des größeren Gewichtes der Ketten mehr für kurze Förderlängen geeignet ist, während der Seilantrieb mehr für größere Förderlängen in Frage kommt. Den Einfluß der Länge der Bahn unter gleichen Verhältnissen kann man vergleichsweise an einem Beispiel festlegen:

Für 1000 m Förderlänge, 40 m Hubhöhe und 80 Mp/h Kohlenförderung bei 0,8 m^3 Wageninhalt, für Braunkohle mit 0,75 Mp/m^3 Schüttgewicht und 1,2 m/s Fahrgeschwindigkeit bei 300 kp Wagengewicht, ist der Arbeitsverbrauch 51 PS bei Kettenbetrieb und 35 PS bei Seilbetrieb.

Eine Wagen-Vorzieheinrichtung, ebenfalls mit einem Seil als Zugelement, jedoch für begrenzte Strecken, stellt nachstehend beschriebene Anlage dar, die auch durch Abb. 276 veranschaulicht wird.

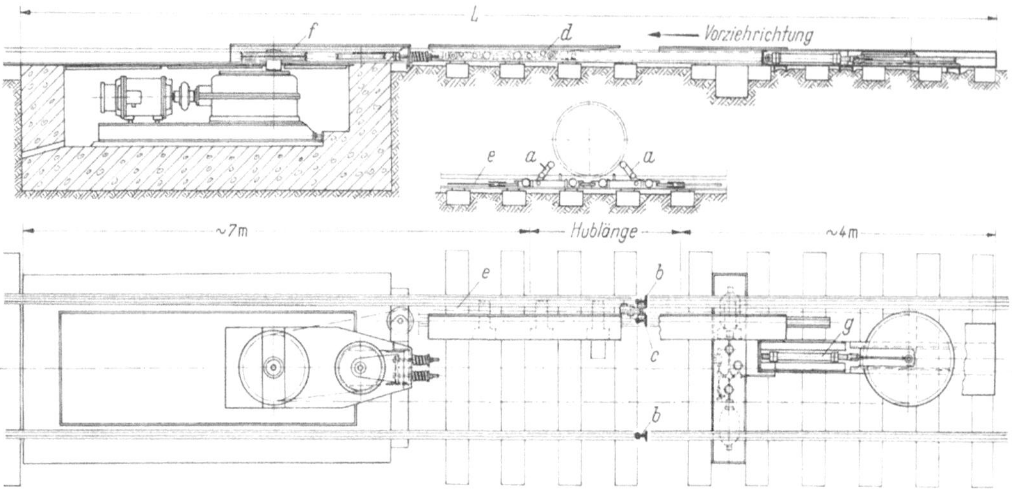

Abb. 276. Waggon-Vorzieher für 3000 kp Zugkraft (Hauhinco).

a Mitnehmerwagen; *b* Fahrschienen für den Waggon; *c* Führungsschiene; *d* Steuerschienen; *e* Zugseil; *f* Antrieb; *g* Spanneinrichtung für das Zugseil.

Abb. 277. Mitnehmerwagen für den Vorzieher nach Abb. 276.

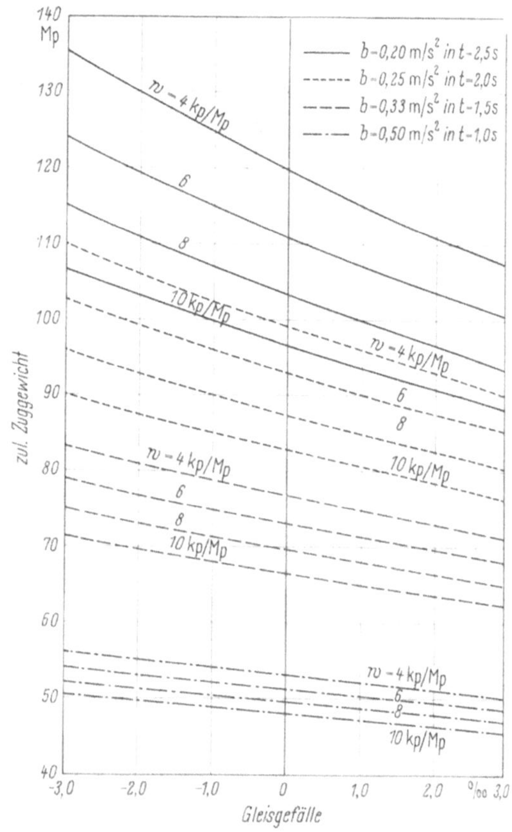

Abb. 278. Zulässige Zuggewichte für Waggontransporteinrichtung.

Zugkraft: 3000 kp; Geschwindigkeit: 0,5 m/s; *w* Verschiebewiderstand; *b* Beschleunigung; *t* Anfahrzeit.

Im vorliegenden Fall besteht das aktive Transportelement aus einem vierräderigen Mitnehmerwagen *a* (Abb. 277), in dem ein um einen Drehpunkt schwenkbarer, federbelasteter Mitnehmer gelagert ist, der in Ruhestellung, d. h. in abgeklapptem Zustand, durch einen Verriegelungsmechanismus gesichert ist.

Soll die Verschiebeanlage in Tätigkeit treten, so kann sie über einen Schienenkontakt oder von Hand eingeschaltet werden. Dabei verläßt der Mitnehmerwagen die Verriegelungsschiene *d*, wodurch der Mitnehmerarm hochklappt. Der Mitnehmerwagen wird entsprechend Abb. 276 zwischen zwei Schienen geführt und nimmt den Waggon am Spurkranz des Rades mit. Infolge der begrenzten Festigkeit der Radlagerungen ist die übertragbare Kraft auf 3000 kp begrenzt. Da andererseits der Mitnehmerwagen den Spurkranz auch nur 140 mm über Schienenoberkante erfaßt, würde er bei größerer Kraftübertragung auch unter dem Rad wegtauchen. Wird nun ein zweiter Mitnehmerwagen in spiegelbildlicher Ausführung vor dem bereits vorhandenen Wagen gekuppelt (Abb. 276), so wird es möglich, einen Waggon oder einen Zug genau zu verfahren, ohne daß die Wagen nach Abschalten und Abbremsen der Anlage nachlaufen. In diesem Fall übernimmt der eine Mitnehmerwagen die Funktion des Zugelementes und der andere der Bremse. Eine derartige Anlage wird besonders dort Verwendung finden, wo ein genauer Verzug, z. B. an Ladestellen, Waagen usw. oder zum Transport in beiden Richtungen gefordert wird.

Wird die auf das Waggonrad übertragbare Schubkraft, wie schon vorher erwähnt, auf 3000 kp begrenzt, so ist in Abhängigkeit des Verschiebewiderstandes *w* (Gleit- oder Wälzlagerung der Waggonräder) und der Beschleunigung *b* beim Anfahren ein bestimmtes begrenztes Zuggewicht zu verschieben, wie Abb. 278 auch zeigt. Das Diagramm gilt auch für Spillanlagen, deren Haken in seitlich am Waggon vorhandene Ösen eingreifen. Auch diese Ösen sind für eine maximale Zugkraft von 3000 kp ausgelegt.

Für die Verschiffung der Eisenerze aus Kiruna wurde der Hafen Lulea in Schweden ausgebaut. Hierbei wurden besondere Probleme dadurch aufgeworfen, daß der in der Nähe des Polarkreises liegende Hafen nicht immer eisfrei ist und nur an 150 Tagen im Jahr benutzt werden kann. Der Erzabbau hingegen wird nicht durch die Jahreszeiten beeinflußt, so daß etwa die Hälfte der Jahresförderung im Hafengebiet eingelagert werden muß. Um die geforderte Entladeleistung erreichen zu können, müssen die in kurzer Folge ankommenden Erzzüge möglichst schnell entleert werden. Hierfür hat die Firma Hasenclever spezielle Waggon-Vorzieheinrichtungen entwickelt, die auch in Abb. 279 wiedergegeben sind.

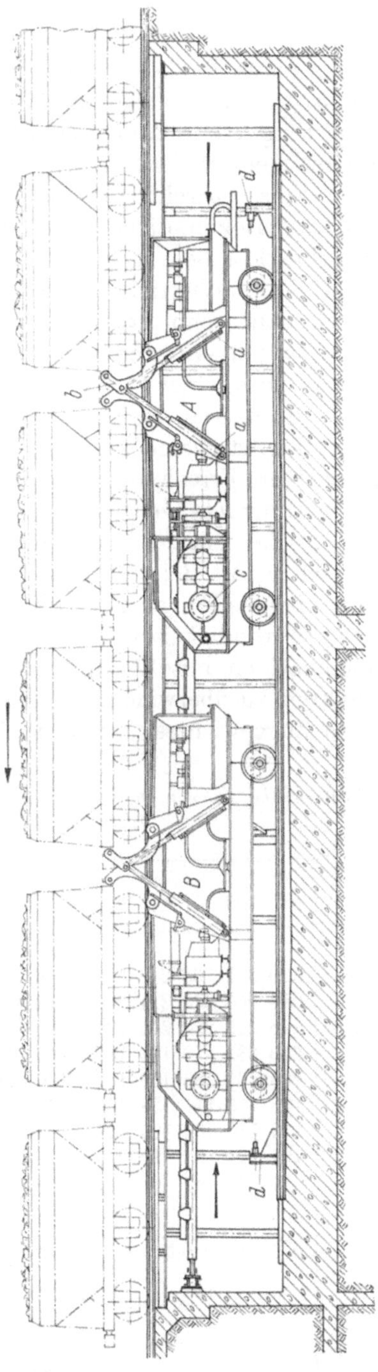

Abb. 279. Vorziehanlage für 70 Wagen je 75 Mp Gewicht (Hasenclever).

Die Anlage fährt von *A* nach *B* und zieht dabei den Zug um zwei Wagenlängen vor. Schubkraft des Mitnehmers beim Anfahren: 38 Mp, bei Vollgeschwindigkeit 27 Mp; Geschwindigkeit beim Vorlauf: 0,43 m/s; beim Rücklauf: 0,86 m/s; Arbeitsspieldauer: 86 s.

a Hubzylinder für Mitnehmer; *b* Mitnehmer; *c* Triebstockritzel auf beiden Wellen des Getriebes; *d* Prellböcke.

Jede Anlage besteht aus einem unter Flur laufenden Vorziehwagen, der den zu verschiebenden Zug zwischen zwei Waggons erfaßt und automatisch um zwei Wagenlängen vorzieht.

Der Vorziehwagen ist mit einem Eigenantrieb ausgerüstet und läuft auf Schienen, die in der Wagengrube verlegt sind. Zur Übertragung der Antriebskraft dienen zwei Zahnstangen, von denen je eine rechts und links an den Seiten der Wagengrube angeordnet ist. In diesen Zahnstangen wälzen sich die entsprechenden Zahnräder des Wagenantriebs ab und bewegen so den Vorziehwagen kraftschlüssig hin und her. Als Antriebsmotor ist ein Gleichstrommotor mit Leonard-Regelung vorgesehen, der sich ebenfalls im Innern des Wagens befindet und der auch das elektrische Bremsen des in Bewegung befindlichen Zuges übernimmt.

Der Vorziehwagen trägt vier Mitnehmerhebel, die für den Rücklauf hydraulisch abgesenkt und in der Ausgangsstellung des Wagens wieder gehoben werden. Als Angriffsflächen der Mitnehmer an den Erzwagen sind die Stirnseiten der Fahrgestellrahmen gedacht.

Nachdem ein Erzzug zugestellt und die Lokomotive abgekuppelt ist, kann der Bedienungsmann das Gerät einschalten und die Mitnehmerhebel ausfahren und in Arbeitsstellung bringen. Dann wird der komplette Zug um zwei Wagenlängen vorgeschoben. Die Entleerung der beiden über den Bunkern stehenden Erzwagen geschieht während des Rücklaufes der Verschiebeanlage. Die Rücklaufzeit der Verschiebeanlage ist so bemessen, daß die Anlage bei Beendigung der Waggonentleerung für das nächste Arbeitsspiel wieder betriebsbereit ist.

b) Standbahnen mit Lokomotivbetrieb

Im Rahmen dieses Buches interessieren an erster Stelle Lokomotiven für Schmalspurbahnen und da vor allem solche, die für den Untertagebetrieb geeignet sind, da sie sowohl bei großer Leistung kleine Baumaße aufweisen, als auch den besonderen Grubenbetriebsvorschriften genügen müssen.

Nach dem Einsatzbereich unterscheidet man drei Bauarten, und zwar Abbaulokomotiven, Zubringerlokomotiven und Hauptstreckenlokomotiven. Ein anderes Unterscheidungsmerkmal ist die Antriebsform. So werden Elektrolokomotiven für Oberleitungs-, Batterie- und Verbundbetrieb eingesetzt wie auch Diesellokomotiven. Von Verbundbetrieb spricht man, wenn die Lokomotive ihre Fahrenergie wahlweise aus einer Oberleitung oder einer mitgeführten Batterie entnimmt. Alle Lokomotiven müssen mit mindestens einer Bremse, einer Signalvorrichtung und einem Sandstreuer ausgerüstet sein. Der maximale Bremsweg darf bei Abbaulokomotiven 40 m, bei Zubringerlokomotiven 60 m und bei Hauptstreckenlokomotiven 80 m nicht überschreiten.

Zur allgemeinen Errechnung der Brutto-Anhängelasten geht man von der Motorleistung aus und berücksichtigt etwa 10—12 kp Anfahrwiderstand je Mp Zuggewicht auf horizontaler Strecke. Für zu durchfahrende Kurven und Steigungen sind entsprechende Abzüge zu machen. Als Beispiel seien in Tab. 65 die maximalen Anhängelasten bei einer 90-PS-Lokomotive als Funktion von Krümmungsradien und Steigungen aufgeführt.

Die Fahrgeschwindigkeiten sind begrenzt für Abbaulokomotiven mit 5,5 km/h, für Zubringerlokomotiven mit 11 km/h und für Hauptstreckenlokomotiven mit 14,5 km/h. Der beim Fahren zu überwindende Widerstand beträgt, wie schon oben erwähnt, etwa 10 kp/Mp des Zuggewichtes. Dabei ist Rollenlagerung der Förderwagen vorausgesetzt,

Tabelle 65. *Brutto-Anhängelasten in Tonnen auf Steigungen und in Krümmungen einer 90-PS-Lokomotive bei einem Rollwiderstand von* 10 kp/Mp

Krümmungsradien[1]) R m	∞	100	50	40	30	∞	100	50	40	30	∞	100	50	40	30	∞	100	50	40	30
Steigungen																				
1:∞ = Ebene	350	302	266	246	228	256	220	194	179	166	148	127	111	102	94	124	106	92	85	78
1:500 = 2 ‰	289	256	228	214	200	211	186	166	155	145	121	106	94	87	81	101	88	78	72	67
1:400 = 2,5‰	276	246	220	206	194	202	179	160	150	140	116	102	90	84	79	96	85	75	70	65
1:300 = 3,3‰	259	232	210	196	185	189	168	152	142	134	108	95	85	80	75	90	79	71	66	61
1:200 = 5 ‰	228	206	188	178	168	166	150	136	128	121	94	84	76	71	67	78	70	63	59	55
1:100 = 10 ‰	168	156	144	138	131	121	112	103	98	94	67	61	56	54	51	55	50	46	44	41
1: 60 = 16,6‰	123	116	109	105	101	87	82	77	75	71	47	44	41	39	37	39	35	33	31	30
1: 50 = 20 ‰	107	101	96	93	90	76	72	68	66	63	40	37	35	34	32	32	30	28	27	25
1: 30 = 33,3‰	70	67	65	63	61	48	46	44	43	42	23	22	21	20	19	18	17	16	15	14
angenommene Fahrgeschw.	3,3 km/h = 0,9 m/s					6 km/h = 1,7 m/s					10 km/h = 2,8 m/s					14 km/h = 3,9 m/s				
entspr. Hakenzugkraft auf gerader horizontaler Strecke kp	3500					2560					1480					1240				

[1]) $R = \infty$ bedeutet gerade Strecke.

was bei einem modernen Fahrpark auch zutrifft. Für Gleitlagerung ist der Widerstand mit 15 kp/Mp einzusetzen. Das bedeutet mit anderen Worten ausgedrückt, daß der Widerstand 1,0 bzw. 1,5% des Zuggewichtes beträgt oder ein Wert von $\mu = 0{,}01$—$0{,}015$ in die Rechnung einzusetzen ist. In den Kurven nimmt die Widerstandszahl etwa um $0{,}15/R$ zu (R = Kurvenradius in m), was aber nicht viel ausmacht, da sich bei kleinem Kurvenradius nur wenige Wagen in der Kurve befinden.

Der Vollständigkeit halber seien an dieser Stelle aber auch die Widerstandswerte genannt, die beim Ziehen ganzer Züge der Vollspurbahnen zu berücksichtigen sind. Hierbei liegen die Werte wesentlich niedriger aufgrund der größeren Raddurchmesser, besseren Gleisverlegung, saubereren Strecken usw.

Nach STRAHL errechnet sich der Güterwagenwiderstand in kp/Mp des Zuggewichtes auf gerader, ebener Strecke zu:

$$w = 2 + (0{,}007 + \mathrm{m}) \cdot \left(\frac{V + 15}{10}\right)^2.$$

Für gewöhnliche Güterzüge mit gemischter Zusammensetzung ist $m = 0{,}05$, für Kohlen- und Erzzüge $= 0{,}032$ und für Leerwagenzüge $= 0{,}1$. Die Geschwindigkeit V ist in km/h einzusetzen.

Der Steigungswiderstand beträgt w_s kp/Mp $= s$ ‰.

Ist s in ‰ das Gefälle, so ist s in kp/Mp die Gefällkraft.

Der Bogenwiderstand in kp/Mp errechnet sich zu

$$w_b = (233{,}2 + 103{,}4\,a) : R.$$

Hier ist R der Bogenhalbmesser und a der Achsabstand der Wagen, beide Angaben in m. Für zweiachsige Wagen mit einem Achsstand von 4,5 m gilt: $w_b = 700 : R$ kp/Mp.

Die Hakenzugkraft der Lokomotive hängt einerseits von ihrer Leistung und Geschwindigkeit ab und ist andererseits begrenzt durch die vom Lokomotivgewicht abhängige Haftreibungskraft zwischen den Lokomotivrädern und der Schiene. Man rechnet im allgemeinen mit einer Haftreibungszahl $\mu = 0{,}16$—$0{,}22$, so daß also 16—22% des Lokomotivgewichtes als Zugkraft am Haken zur Verfügung stehen kann. Sollte das Gleis an einigen Stellen schlüpfrig sein, so kann die Haftreibung zwischen Rad und Schiene durch Streuen von trockenem Sand erhöht werden.

Eine sehr günstige Ausnutzung der zur Verfügung stehenden Hakenzugkraft der Lokomotive läßt sich erreichen, wenn die Förderstrecke zum Schacht hin etwas Gefälle aufweist. Ein gewisser Leistungsausgleich für die Lokomotive wird dann dadurch erreicht, daß der voll beladene Zug talwärts leichter läuft und demzufolge weniger Zugkraft erfordert, andererseits aber der leere Zug dann bergauf gezogen werden muß.

In Tab. 66 sind einige leistungsfähige Schmalspurlokomotiven unterschiedlicher Betriebsart gegenübergestellt.

Tabelle 66. *Technische Daten von Schmalspurlokomotiven*

		I	II	III	IV	V	VI	VII
Betriebsart		Fahrdraht	Fahrdraht	Batterie	Verbund (Batterie/ Fahrdraht)	Diesel	Diesel	Diesel
Betriebsspannung	V	220	600	216	110	—	—	—
Batteriekapazität	kWh	—	—	(180)	(365)	—	—	—
Motorleistung	kW	2·50	2·64	52	4·15	30	60	90
Betriebsgewicht	Mp	18	23	17	20	6,3	9,6	14
Zugkraft am Haken	kp	2400	3000 (6500)	1750	1950	1350–380	2400–780	3500–1240
Fahrgeschwindigkeit	km/h	14,5	30 (15)	12,5	12	4,3–14	4,0–14	3,25–14
Achsstand	mm	2300	1800	2000	je 1300	850	1000	1450
Raddurchmesser	mm	810	900	780	650	550	550	550
Spur	mm	750	900	500–630	500–630	490–750	490–720	490–760
Länge über Puffer	mm	6500	6490	6760	8800	3800	4385	5350
Breite über alles	mm	1200	1450	1020	1000	920	900	1000
Höhe (bei niedrigster Fahrdrahtlage)	mm	1550	2400	1750	1750	1515	1660	1685
Kleinster Kurvenradius	m	18	20	16	13	8,5	10	15
mittlerer Brennstoffverbrauch	kp/h	—	—	—	—	2,6	5,9	8,5
Tankinhalt	l	—	—	—	—	65	80	140

In Abb. 280 ist eine Fahrdraht-Lokomotive im Einsatz auf einer Zeche der Rheinpreußen AG wiedergegeben. Sie wird angetrieben durch zwei Motoren von je 35 kW Leistung und entwickelt eine Fahrgeschwindigkeit von etwa 14 km/h. Sie zieht eine Reihe von Großraumwagen mit 3200 kp Lade- und 1250 kp Eigengewicht. Der Achsabstand beträgt 1,7 m. Neben der gezeigten Fahrdrahtlok sind auch Akkumulatoren-Maschinen im Einsatz. Der wesentliche Vorteil dieser Loks im Einsatz unter Tage ist der absolute Schutz gegen Explosionen bei Schlagwettergefahren. Sie sind Fahrdraht-Lokomotiven

Abb. 280. Fahrdrahtlock mit 2 · 35 kW Antriebsleistung und 3-Mp-Großraumwagen.

auch dann vorzuziehen, wenn die Verlegung der Oberleitung Schwierigkeiten macht, was bei niedrigen Strecken oder drückendem Gebirge der Fall ist. Akku-Loks sind robust gebaut und benötigen wenig Wartung. Wirtschaftliche Vorteile ergeben sich insbesondere dann, wenn der zum Nachladen der Batterien erforderliche elektrische Strom im betriebs-

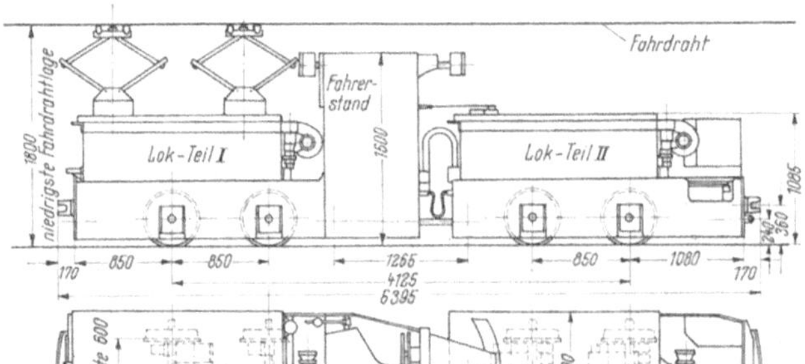

Abb. 281. Schlagwettergeschützte Elektro-Grubenlok für Fahrdraht und Akku-Betrieb.

eigenen Kraftwerk anfällt. Als Stromspeicher dienen Blei- und Stahlakkumulatoren. Die Berechnung der jeweils erforderlichen Akku-Leistung hängt von den Betriebsbedingungen ab, wobei der Fahrwiderstand der Förderwagen und die gewünschte Fahrgeschwindigkeit von Bedeutung sind. Die Betriebsdaten der Maschinen in Tab. 66, Spalte III, weisen Akku-Lokomotiven als zu den Stärksten ihrer Art gehörend aus.

Nach der Anordnung der Fahrerstände kann man zwei grundsätzliche Bauformen der Akku-Loks unterscheiden. Lokomotiven mit Fahrerstand an jedem Ende (Abb. 280) und solche mit zentral angeordnetem Fahrerstand (Abb. 281). Bei diesen sollten die Vorbauten mit den treppenförmig eingesetzten Batteriezellen geneigt ausgeführt werden, so daß die Mindestsichtweite auf die Schienen verkürzt wird.

In Untertagestrecken, in denen eine Oberleitung aus den schon skizzierten Gründen abschnittsweise nicht verlegt werden kann, haben sich Verbundlokomotiven für Fahrdraht-Akkumulatorbetrieb gut bewährt. Abb. 281 zeigt eine solche Ausführung. Auf Teilstrecken ohne Oberleitung wird der Fahrstrom den in den Aufbauten untergebrachten Batteriezellen entnommen. Die elektrische Ausrüstung ist in allen Teilen nach den deutschen Schlagwetter-Schutzvorschriften ausgeführt, so daß die Lokomotive unbedenklich überall eingesetzt werden kann. Konstruktiv gesehen wäre es noch günstiger, die beiden Lokomotivhälften vollkommen gleich auszuführen, d. h. auch beide mit einem Fahrerstand. Die eine Hälfte wäre dann für Fahrdrahtbetrieb und die andere für Batteriebetrieb gedacht. Jede Lokomotivhälfte könnte auch für Einzelfahrt benutzt werden, doch dann nur mit halber Antriebsleistung.

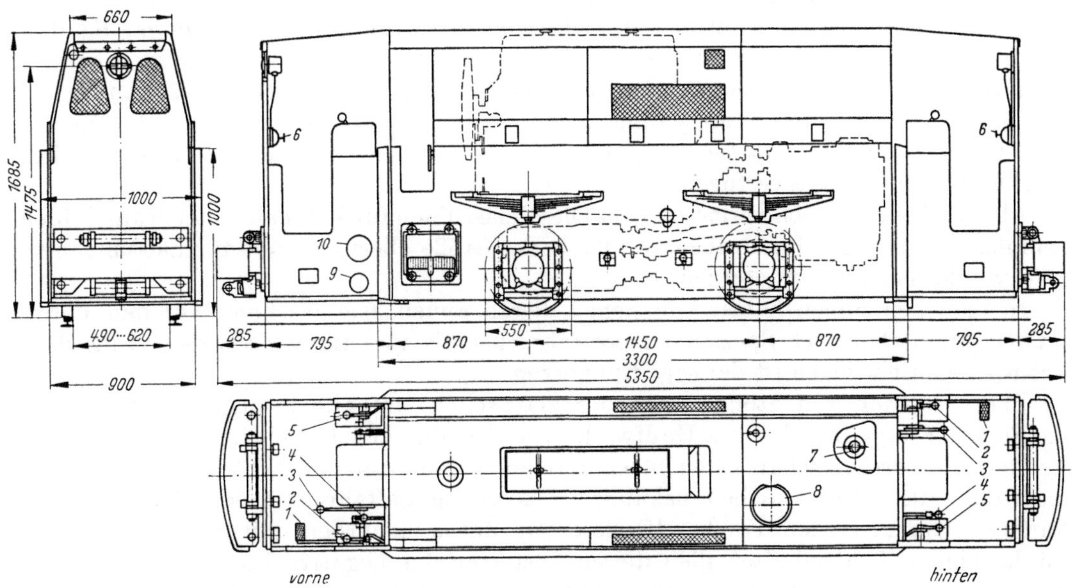

Abb. 282. 90-PS-Grubendiesellokomotive (Deutz).

1 Fußhebel zur Sandstreuvorrichtung; *2* Handhebel zum Läutewerk (Signal); *3* Handhebel zur mechanischen Bremse; *4* Fahrtrichtungshebel; *5* Fahrhebel, kombiniert mit Öldruckbremse; *6* Lichtschalter; *7* Einfüllung für Dieselöl; *8* Einfüllung für Einspritzwasser; *9* Kohlensäure-Löschanlage; *10* Handfeuerlöscher. — Geschwindigkeitsmesser. — Manometer für Bremsdruck. — Manometer für Motor-Schmieröl. Hauptbedienungsorgan ist der Fahrhebel (*5*), der mit der rechten Hand betätigt wird. Er wirkt sowohl auf die Motordrehzahl als auch auf die hydraulische Bremse ein und gibt außerdem dem hydraulischen Getriebe den Steuerimpuls. Der Fahrhebel ist abnehmbar; er wird beim Wechsel des Führerstandes umgesteckt.

Sehr oft findet auch der Dieselantrieb Verwendung. Je nach zu ziehender Last findet man bei den Maschinen Antriebsleistungen von 9, 30, 50, 60, 75 und auch 90 PS bei einem Dienstgewicht der Lokomotive von 2,7 bis 14 Mp. In Tab. 66 sind auch einige Hauptdaten von Dieselmaschinen aufgeführt.

Abb. 282 zeigt in groben Zügen den Aufbau einer 90 PS dieselhydraulischen Grubenlok. Das meist zweistufige Strömungsgetriebe bei Maschinen mit über 60 PS regelt automatisch die durch Anhängelast und Gleisverhältnisse mögliche Fahrgeschwindigkeit, wodurch ein stoßfreies Anfahren und eine Beschleunigung ohne Zugunterbrechung erreicht wird.

Auch in schlagwettergefährdeten Strecken können die Diesellokomotiven dank ihrer einwandfreien Konstruktion eingesetzt werden. Die Einsaugeluft wird vom Motor durch zwei Ölbad-Luftfilter angesaugt, die neben ihrer Aufgabe, die Ansaugeluft zu reinigen, auch wegen der großen wärmeabführenden Flächen einen zusätzlichen Schutz gegen Funken bilden. Kurz vor dem Einlaßventil des Motors ist ein vorschriftsmäßiger Plattenschutz aus 50 mm tiefen Stahlplatten mit Spaltweiten von 0,8 mm eingebaut. Er verhindert, daß Schlagwettergase, die aus irgendwelchen Gründen in der Saugleitung des Motors zur Entzündung gekommen sind, nach außen durchschlagen.

Das Auspuff-Sammelrohr ist wassergekühlt. Am Ende dieses Sammelrohres wird Wasser durch eine Düse eingespritzt, wodurch die Motorabgase stark abgekühlt werden. Sie passieren dann zwangsläufig ein mit Prallwand versehenes Wasserbad, das durch das Einspritzwasser selbsttätig auf dem gleichen Wasserstand gehalten wird. Mitgerissene Schmieröldämpfe und unverbrannte Rohölteilchen werden hier ausgewaschen und dadurch die Abgase gereinigt und weiter abgekühlt. Der Auspuffplattenschutz, ebenfalls aus 50 mm tiefen Platten mit Spaltweiten von 0,8 mm aufgebaut, ist aus nichtrostendem Stahl gefertigt, um Anfressungen durch die in den Abgasen enthaltenen Säuren zu vermeiden. Selbst bei Versagen von Wassereinspritzung und Wasserbad kühlt der Plattenschutz etwa in der Auspuffleitung auftretende Funken mit Sicherheit ab. Die auf weniger als 70 °C abgekühlten Abgase treten nach beiden Seiten in den Wetterstrom aus.

Die Wassereinspritzung in das Auspuffrohr wird durch einen besonderen Kontrollapparat überwacht, der die Kraftstoffzufuhr zum Motor sofort unterbricht, sobald aus irgendwelchen Gründen eine gewissenhafte Nachfüllung des Wasservorrats nicht erfolgt. Der Motor wird dadurch zwangsläufig außer Betrieb gesetzt. Es braucht wohl kaum erwähnt zu werden, daß derartige Diesellokomotiven natürlich auch über eine entsprechend geschützte Lichtanlage verfügen.

Abschließend sei noch vermerkt, daß Dieselmaschinen für Feldbahnbetrieb auf Schmalspurgleisen diejenigen für Grubenbetriebe in der Größe überragen und für Leistungen von 200 PS und mehr gebaut werden.

In manchen Fällen haben sich neben diesen reinen Zugmaschinen für den Förderwagenbetrieb aber auch Spezialtransportfahrzeuge als zweckmäßig erwiesen. Eine dieser Transporteinrichtungen ist der sog. Bunkerzug.

Beim Vortrieb von Stollen nach der klassischen Methode beansprucht gewöhnlich die Schutterung (Aufladen des Haufwerks vor Ort) die längste Zeit im Abschlagszyklus. Es sind die verschiedenartigsten mechanischen Hilfsmittel und zahlreiche Systeme für die Organisation dieser Arbeit bekannt (gleislose Spezialfahrzeuge oder Kratzerkettenförderer, Gummi- oder Trogbandförderer in Zusammenarbeit mit schienenfahrbaren Förderwagen). Leider haftet allen diesen Systemen das negative Element des relativen Zeitverlustes für den Wagenwechsel hinter der Lademaschine an. Eine Ausschaltung der großen Verlustzeiten erreicht man durch den Einsatz eines Bunkerzuges. Die Konstruktion dieses Zuges entstand aus der abgeleiteten Grundidee des Bunkerpendelwagens, der bereits in Zusammenhang mit Abb. 256 beschrieben wurde. Der Bunkerzug besteht aus drei Hauptteilen, die voneinander abhängig sind: dem Ladewagen mit einem kurzen, geneigten Aufgabeband und einer pneumatischen Stopfvorrichtung zur Erzielung einer vollständigen Verfüllung des Wagenquerschnittes; dann einer Reihe stirnwandloser Bunkerwagen (Wagenelemente) mit gelenkig ineinanderübergehenden Seitenwänden, welche durch Kreuzgelenkkupplungen miteinander verbunden sind. Diese stirnwandlosen Wagen bilden einen einzigen langen Kanal (Abb. 283), auf dessen Boden eine 3strängige Kratzerkette mit regulierbarer Geschwindigkeit das Ladegut bis zum Austragende des Antriebswagens fortbewegt. Die maximale Kettengeschwindigkeit beträgt bei 4 atü Luftdruck 3 m/min. Somit können bei vollständig ausgenutztem Wagenquerschnitt bis zu 3 m^3 Haufwerk/min aufgenommen und ausgelagert werden. Die Anzahl der Wagen richtet sich nach der zu transportierenden Haufwerksmenge. Die maximale Lademenge je Bunkerzug beträgt etwa 100 Mp verdichtetes Haufwerk. Als letztes Bauteil ist noch der Antriebswagen an der Entladeseite zu nennen, der den Antriebsmotor und das Untersetzungsgetriebe für den Antrieb der Kratzerkette aufnimmt. Es ist eine Leistung von etwa 50 PS installiert. Das Ladeband erfordert weitere 12 PS und die Stopfvorrichtung 15 PS. Der gefüllte Zug kann mit einer max. Geschwindigkeit von 20 km/h verfahren werden. In

Kurven empfiehlt sich, Schrittgeschwindigkeit einzuhalten. Als minimale zu durchfahrende Kurvenradien werden genannt für Horizontalkurven 25 m und für Vertikalkurven 45 m. Die Verlegung der Gleise sollte mit großer Sorgfalt erfolgen. Die Spurweite kann je nach Bedarf zwischen 540 und 915 mm gewählt werden. Für das Gleis reichen Schienen mit 80—90 mm Höhe (12—15 kp/m) aus.

Das Be- und Entladen eines Bunkerzuges konnte zunächst nur durchgeführt werden, wenn der Zug in seiner ganzen Länge in einer Geraden stand. Eine Weiterentwicklung gestattet nun auch das Entladen in Kurven mit einem kleinsten Radius von 70 m. Dabei

Abb. 283. Der Bunkerraum eines Bunkerzuges mit der dreisträngigen Kratzerkette (SMG).

Abb. 284. Unimog als Gleisrangierfahrzeug (Daimler Benz/Gleısspur-Gerät von Fa. Schneider).

werden die drei letzten Wagen untereinander seitlich verriegelt, so daß der ganze Bunkerzugkomplex starr erscheint und das richtige Funktionieren des Kratzerförderers gewährleistet wird.

Es sollte an dieser Stelle auch ein Hinweis auf neuzeitliche Rangiermittel für Vollspurbahnen nicht fehlen. In Verbindung mit einem Daimler-Benz-„Unimog" und einem Ford-„Transit" mit kurzem Radstand wurde ein neues Gerät entwickelt, mit dem es beiden Fahrzeugen möglich ist, auf Gleisen zu fahren (Abb. 284).

Abb. 285. Trackmobile, ein kombinierter Straßen- und Schienenschlepper (Intra).

Für diesen Einsatz sind an den Achsen der Fahrzeuge Spurhalteeinrichtungen angebaut, die in abgesenktem Zustand unmittelbar vor und hinter den Fahrzeugrädern über das Gleis greifen und mit 40 mm Eintauchtiefe das Fahrzeug führen wie sonst die Spurkränze der Waggonräder. Das Aufsetzen der Fahrzeuge auf die Schiene kann an jedem schienengleichen Bahnübergang oder an einer ähnlich verbreiterten Stelle der Gleise vorgenommen werden. Das Fahrzeug ist von der Bundesbahn abgenommen, muß jedoch beim Rangieren von mehr als einem Waggon eine zusätzliche Druckluftbremse erhalten. Für den „Unimog“ wurde mit einer Anhängelast von 300 Mp eine Steigfähigkeit von 5‰ und für 50 Mp Anhängelast eine Steigfähigkeit von 30 ‰ angegeben. Die maximale Geschwindigkeit in der Ebene beträgt 20 km/h.

Gleich schnell im Rangierbetrieb ist das für Europa neue „Trackmobil“ 4 TMC, das in den Vereinigten Staaten bereits vor mehr als 15 Jahren eingeführt wurde. Das in Abb. 285 gezeigte Schleppgerät fährt mit dem gummibereiften Straßenfahrwerk rechtwinklig über ein versenkt liegendes Bahngleis und läßt sich hydraulisch auf zwei angetriebene Gleisachsen mit Spurkranzrädern absenken. Als Ausgleich für ein fehlendes großes Eigengewicht ist das Gerät mit einer hydraulisch ferngesteuerten Lastübernahmegabel ausgerüstet, mit der man am Kopfträger des angekuppelten Waggons eine Last von etwa 9 Mp übernehmen kann, so daß die erforderliche Haftreibung beim Rangieren von Waggongruppen bis zu einem Gesamtgewicht von etwa 300 Mp zur Verfügung steht.

c) Hilfseinrichtungen für den Verladebetrieb

Das Streben nach Mechanisierung möglichst jeder gröberen Handarbeit beim Massenguttransport hat sich begreiflicherweise auch auf das Entladen der Wagen erstreckt. Mit Hilfe sog. Kreiselwipper läßt sich eine Entladung von Förderwagen in einfachster Weise erreichen. Ein Wipper besteht aus einem ringförmig ausgebildeten drehbaren Gestell, in das die Wagen hineingefahren werden, so daß ihr Schwerpunkt ungefähr im Mittelpunkt des Ringes liegt. Der Ring kann dann auf den ihn stützenden festen Rollen leicht gedreht werden und der Wagen entleert sich dabei nach unten. Der Kreiselwipper nach Abb. 286 arbeitet mit zwei Verschiebeanker-Feingangmotoren mit hoher Drehgeschwin-

Abb. 286. Kreiselwipper für Förderwagen mit teilweise abgenommener Abdeckung (Demag).

Abb. 287. Schrägboden-Seitenentleerer am Entladebunker beim Passieren eines Anschlages (Halstrick).

digkeit und fährt dennoch genau in die Beschickstellung ein. Je nach Größe der Anlage besitzen die Motore eine Leistung von 8,0/2,0 kW bzw. 12,0/3,0 kW. Das Drehzahlverhältnis zwischen dem Schnell- und Feingang beträgt 1:4. Damit der Wagen bei der Drehung seine Lage im Ring unverändert beibehält, wird er an seiner Oberkante und an den Rädern durch entsprechend angeordnete Führungswinkel gehalten. In der Regel ist der Wipper fest in einem Gleis installiert, so daß die Wagen an einem Ende in den Wipper einlaufen und ihn am anderen Ende verlassen. Für größere Entladeleistungen und zum Beschütten eines größeren Platzes baut man die Wipper aber auch fahrbar und eingerichtet zum gleichzeitigen Entladen einer größeren Anzahl von Wagen. Zur Beschleunigung der Entladearbeit können im Wipper auch Ausziehvorrichtungen für die leeren Wagen eingebaut werden. Eine andere Möglichkeit für den automatischen Auslauf der leeren Wagen ist das einseitige Anheben des Gleises im Wipper. Wenn in einer Anlage eine große Anzahl von Wagen erforderlich ist, so ist der Betrieb mit Wipper meist billiger als die Verwendung von Selbstentladern (vgl. Abb. 537).

Dennoch haben sich Selbstentladewagen, durch die örtlichen Verhältnisse bedingt, in vielen Fällen als die zweckmäßigste Lösung erwiesen.

Schon seit einigen Jahren ist man vielerorts bestrebt, die kleinen Förderwagen bis zu etwa 1500 Liter Füllvolumen gegen Großraumwagen von 3000—4000 Litern auszutauschen. Hierdurch sollte eine Verringerung der Belade- und Förderzeit erreicht werden. In neuerer Zeit wird jetzt in verstärktem Maße auch Wert auf die schnelle Entladung der Wagen gelegt.

Bei den heute eingesetzten Großraumwagen kann man im Grunde drei verschiedene Typen unterscheiden:

a) Wagen, die mit einer besonderen Kippvorrichtung einzeln entleert werden müssen, wie schon im Zusammenhang mit Abb. 286 erläutert wurde.

b) Wagen, bei denen durch eine von Hand betätigte Hebelvorrichtung eine oder beide Seitenwände geöffnet werden können. Zu dieser Gruppe zählen die sog. Schrägboden-Seitenentleerer entsprechend Abb. 287. Diese Wagen haben einen feststehenden Wagenaufbau mit 42° geneigtem Schrägboden. Die Bodenneigung kann aber zur Vergrößerung des Wageninhaltes und zur Erhöhung der Standfestigkeit noch verringert werden, wobei dann das Bodenblech zur Verbesserung der Rutschfähigkeit mit einem Kunststoffüberzug versehen wird. Da die Wagen nicht entkuppelt zu werden brauchen, können sie in Pendelzügen fahren, wodurch die Umlaufgeschwindigkeit wesentlich erhöht wird. Eine Weiterentwicklung dieser Seitenentleerer schaltet die manuelle Bedienung der Entladeklappen aus, so daß nun das Verriegelungsgestänge auch durch seitlich am Gleis angeordnete Anschläge geöffnet und auch wieder geschlossen werden kann.

c) Wagen, die vollständig automatisch entleert werden können. Zu dieser Gruppe ist der sog. Granby-Wagen zu zählen. Dieser hat seinen Namen nach einer gleichnamigen Grube in Nordamerika, wo er bereits zu Beginn dieses Jahrhunderts entwickelt und erstmalig eingesetzt wurde. In Deutschland konnte er sich nur zögernd durchsetzen, wird aber in den letzten Jahren in steigendem Maße zum Transport von Erz, Versatzgut sowie zum Abtransport beim Tunnel- und Straßenbau verwendet. Seine Vorteile gegenüber dem Seitenentleerer liegen darin, daß er sich an vorbestimmten Entladepunkten selbsttätig entleert, ohne daß die Fahrt unterbrochen wird und ohne zusätzliches Bedienungspersonal in Anspruch zu nehmen. Die Wagen können je nach Bühnensteigung mit einer Geschwindigkeit von 1—1,5 m/s über die Entladebühne gezogen werden. Dadurch wird eine enorme stündliche Kippleistung erreicht (z. B. bei Wagen mit 4 m^3 Inhalt ungefähr 2500 m^3/h an einer Kippstelle).

Der Kippvorgang geht wie folgt vor sich (Abb. 288):

Der am Wagenkasten *1* drehbar gelagerte Kipphebel *10* mit seiner Kipprolle *11* wird durch die Auflaufzunge *12* bis in die senkrechte Stellung *13* gebracht und in dieser Stellung auf die Kippbühne *14* gezogen, wodurch der Kasten seine erforderliche Kippstellung *1'* erreicht. Gleichzeitig wird die bewegliche Seitenwand *5* (Klappe) durch das Gestänge *7*, das in Punkt *8* mit dem Untergestell und in Punkt *9* mit der Klappe *5* drehbar verbunden ist, hochgezogen (Stellung *5'*) und gibt auf der gesamten Kastenlänge die Seite zum Ausrutschen des Ladegutes frei.

Beim Ablaufen von der Bühne *14* wird die Kipprolle *11* durch das Rückstell-Moment des Kastens *1'* und der Klappe *5'* auf den ablaufenden Teil der Kippbühne *14* gedrückt und dadurch ein langsames Senken des Kastens *1'* und ein zwangsläufiges Schließen der Klappe *5'* erreicht.

Der schwenkbare Kipphebel *10* wird durch eine Feder *15* nach Ablauf von der Kippbühne *14* sofort wieder zurückgezogen, so daß er nicht über das Wagenprofil hinausragt. Dadurch wird es möglich, daß der Granby-Wagen bei zurückgestellter Auflaufzunge *11* ohne zu kippen an der Bühne *14* vorbeifahren kann. Gleichzeitig wird durch den einziehbaren Kipphebel *10* erreicht, daß bei engen Querschnitten der Wagenkasten so breit wie möglich gebaut werden kann, da die Rolle *11* nicht über das Kastenprofil hinausragt.

Der Kippwinkel des Granby-Wagens beträgt max. 48 Grad und wird durch die Höhe der Kippbühne *14* bestimmt.

Der ansteigende Teil der Kippbühne *14* hat, je nach Raumverhältnissen an der Entladestelle und Größe der Wagen, eine Steigung von 15—30°, der abfallende Teil ein Gefälle von 60—30°.

Da die Granby-Wagen in den Hauptabmessungen den normalen Großraumwagen sehr ähnlich sind, sollen in Tab. 67 die technischen Daten für verschiedene Größen aufgeführt werden. Zur Veranschaulichung der Hauptabmessungen dient Abb. 288.

Laufen Förderwagen oder Eisenbahnwaggons auf einer Gefällestrecke unter Einwirkung der Schwerkraft ab, so erfahren sie eine Beschleunigung, die entsprechend der

Tabelle 67. *Hauptabmessungen (vgl. auch Abb. 288) von Granby-Seitenentleerer-Wagen (Maße gelten auch für normale Großraumwagen)*

Hauptmaße		Kohle und Berge		Kali, Erz und Stollenbau				
		3 m³	4 m³	2 m³	2,5 m³	3 m³	4 m³	5 m³
A	mm	2950	3960	2200	2700	3250	3250	4100
B	mm	1138	1138	1238	1238	1238	1238	1234
C	mm	940	940	800	800	800	1040	1020
D	mm	540/600	600	600	600	600	600/750	600/750
E	mm	1800	1800	1400	1400	1800	1800	1800
F	mm	3300	4300	2550	3050	3600	3600	4450
H	mm	1450	1450	1300	1300	1300	1550	1550
J	mm	350	350	350	350	350	350	350
Boden-/Seitenbleche		8/6	8/6	8/6 10/8	8/6 10/8	8/6 10/8	8/6 10/8	10/8
Gewicht etwa	kp	2100	2300	1800 1950	2000 2150	2150 2300	2300 2500	3100

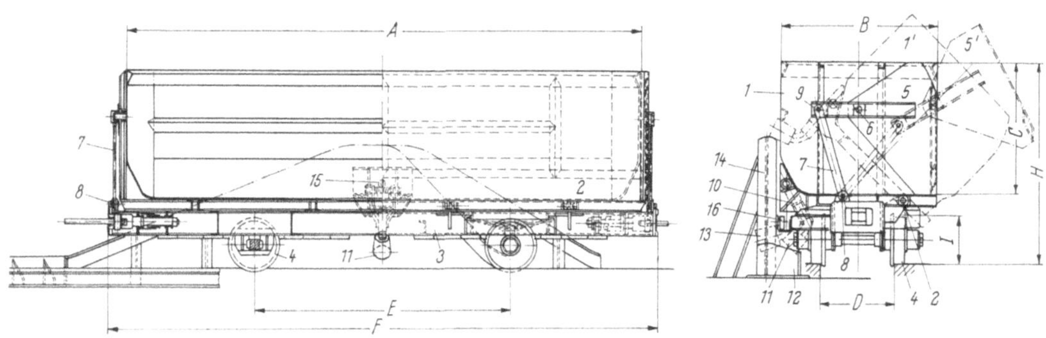

Abb. 288. Granby Seitenentleerer-Wagen (SMG).

1 Wagenkasten; *2* Kipplager des Wagenkastens; *3* Tragrahmen; *4* Radsätze; *5* klappbare Seitenwand (*5'* geöffnet); *6* Drehpunkt der Seitenwand am Wagenkasten; *7* Kippgestänge; *8* und *9* Drehpunkte von *7*; *10* Kipphebel (eingezogene Lage); *11* Kipprolle am Hebel *10*; *12* Auflaufzunge; *13* Kipphebel (senkrechte Lage); *14* Kippbühne; *15* Feder, die Kipphebel einzieht; *16* Niederhalterollen für den Tragrahmen.

Laufeigenschaften der Wagen verschieden groß ist. Da das Gleisgefälle außerdem meist nach dem schlechtesten Läufer (Gleitlagerung) ausgelegt ist, um ein Wiederanlaufen der Wagen zu gewährleisten, erreichen die gut laufenden, wälzgelagerten Fahrzeuge oft eine unerwünscht hohe Geschwindigkeit. Diese unterschiedlichen Geschwindigkeiten können zu einem Zusammenprall der Wagen führen, wobei Fördergut überläuft oder sogar Entgleisungen auftreten. Diese Nachteile können durch den Einsatz von sog. Hydra-Bremsen vermieden werden. Es sind kleine am Schienensteg anzubringende Brems-

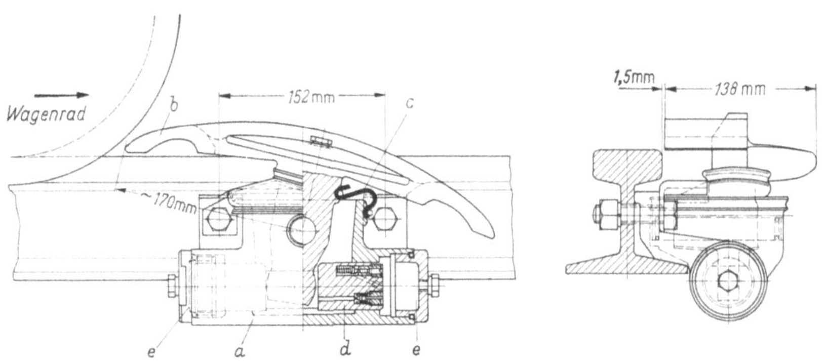

Abb. 289. Hydra-Bremse (Hauhinco).

a Gußgehäuse; *b* Überlaufhebel; *c* Manschette; *d* Doppelkolben; *e* Zylinder.

einrichtungen (Abb. 289), die nach dem Prinzip des Stoßdämpfers arbeiten. Sie werden in gewissen Abständen in die Ablaufstrecke eingebaut. Das Gleisgefälle der Ablaufstrecke muß dabei so bemessen sein, daß auch der schlechteste Läufer aus dem Stand wieder anläuft. Betätigt werden diese Bremsen vom Spurkranz der Wagenräder, der über den Überlaufhebel *b* läuft. Schneller laufende Wagen werden dabei stärker, langsam laufende schwächer abgebremst.

Die mittlere Ablaufgeschwindigkeit soll nicht größer als 0,8 m/s sein. Laufen Wagen bereits mit höherer Geschwindigkeit in die Gefällstrecke ein, so muß der Abstand der Hydra-Bremsen entsprechend enger gewählt werden. Die Einlaufgeschwindigkeit sollte aber einen Wert von 2,5 m/s nicht übersteigen. Der normale Einsatzbereich dieser Bremsen liegt innerhalb eines Gleisgefälles von 1:80 (1,25%) bis 1:40 (2,5%). Bei größeren Gefällen ist der Einsatz meist unwirtschaftlich. Die Arbeitsaufnahme beim Bremsen beträgt bei einer kleinen Ausführung für Förderwagen etwa 75 kpm und bei dem großen Typ für normale Waggons etwa 600 kpm.

Für eine kurze Beschreibung der Arbeitsweise dieser Bremsen soll Abb. 289 zur Erläuterung dienen. In einem Gehäuse *a* wird bei der Betätigung des Überlaufhebels *b* ein mit Bohrungen und Düsen versehener Doppelkolben *d* in zwei gegenüberliegenden Zylindern *c* hin und her bewegt. Bei jedem Kolbenhub tritt durch Bohrungen und Düsen im Kolben Öl von dem einen in den anderen Zylinder über. Je größer nun die Geschwindigkeit ist, mit der die Kolben hin und her bewegt werden, um so mehr Widerstand wird dem Öl beim Durchfluß durch die Düsen entgegengesetzt und demzufolge eine unterschiedlich große Bremskraft erzeugt. Bei Einwirkung eines Rades auf den doppelarmigen Überlaufhebel *b* wird dieser zweimal betätigt, d. h. ein zweiachsiger Wagen wird insgesamt viermal abgebremst. Bei der als Anhaltevorrichtung ausgebildeten Bremse wird durch ein zusätzliches, von Hand ferngesteuertes Ventil der Durchfluß von Öl durch die Bohrungen absolut verhindert, so daß die Bremse dadurch blockiert wird und die Wagen festhält. Beim Öffnen des Ventils laufen die Wagen im Gefälle wieder an, und die Bremse arbeitet dann wieder wie oben beschrieben.

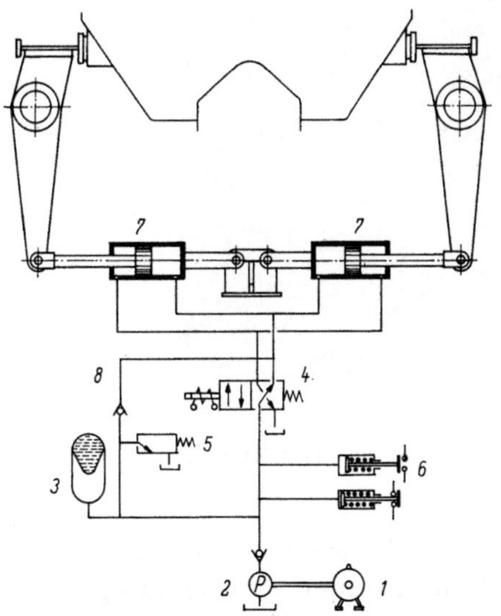

Abb. 290. Arbeitsschema einer Wagenbremse nach dem Prinzip der hydropneumatischen Federung (Bremse geschlossen).

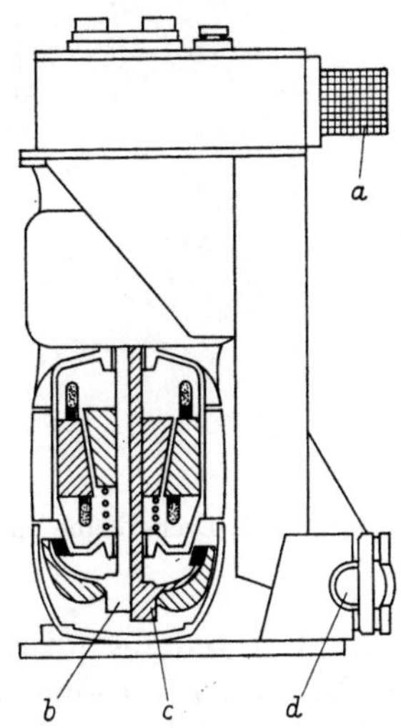

Abb. 291. Reibradstation zum Antreiben und Bremsen von Förderwagen.
a Reibrad; *b* Motorbremse (aufliegend); *c* Motorbremse (gelüftet); *d* Schwenkpunkt der Station.

Schon länger bekannt sind mechanisch, pneumatisch oder hydraulisch betriebene Balkenbremsen, die bei Förderwagen am Wagenkasten und bei Eisenbahnwaggons auf der Innenseite der Radreifen angreifen. Neuerdings sind diese Bremsen verbessert worden, indem durch Zwischenschaltung eines Speichers mit einem gasförmigen Medium ein elastischer Bremsdruck erzielt wird.

Der Aufbau und die Arbeitsweise des Antriebsaggregates gehen aus Abb. 290 vor. Bei der Inbetriebnahme füllt das Pumpenaggregat *1* und *2* die Anlage über Rückschlagventile und Vierwegesteuerschieber *4* bis zu einem Druck von 45—55 atü auf. Die Kolbenstangen der Arbeitszylinder *7* fahren aus und schließen die Bremsleisten. Der elastische Druckspeicher *3* hält den statischen Druck, nimmt die Stöße elastisch auf, gleicht Ungenauigkeiten der Förderwagenabmessungen aus und beschleunigt die Öffnungs- und Schließbewegungen. Aus Sicherheitsgründen laufen die Förderwagen immer in die geschlossene Bremse ein, die nur für den Moment des Ablaufs geöffnet wird. Beim Einlaufen eines Wagens wird das Öl aus den Zylindern gleichzeitig über den Steuerschieber und die Entlastungsleitung *8* in den Speicher *3* gedrängt. Stoßspitzen werden durch ein Überdruckventil *5* abgefangen. Sinkt der Ölverbrauch in der Anlage auf den eingestellten Minimalwert ab, so schaltet der Druckschalter *6* die Pumpe vorübergehend ein. Die Bremse kann als Kasten- und Radbremse verwendet werden.

Einen besonders materialschonenden Betrieb beim Bewegen von Förderwagen ermöglichen Reibradstationen nach Abb. 291 und 293. Sie können Förderwagen sowohl aus dem Stillstand beschleunigen, mit konstanter Geschwindigkeit treiben, auf kurzem Wege abbremsen und in bestimmter Stellung fixieren. Das Reibrad a wird hydraulisch an die Wagenkästen oder an die Bremswinkel der Wagen angedrückt, indem die ganze Station um den Drehpunkt *d* geschwenkt wird. Der Antrieb des Reibrades erfolgt durch einen Verschiebeläufermotor mit eingebauter Bremse. Diese Geräte eignen sich vorzüglich zum Heranbringen der Wagen, zum Aufschieben und zum Fixieren sowie anschließendes Abschieben bei Drehscheiben, Schiebebühnen, Waagen, Wipper usw.

Bei beengten Platzverhältnissen lassen sich, wenn auch mit Unterbrechung der Fahrt, einzelne Fahrzeuge auf Drehscheiben durch Drehen, auf Schiebebühnen durch Parallelverschieben und auf Drehschiebebühnen durch Drehen und Parallelverschieben von

Abb. 292. Drehscheibe mit tangentialem Wagenzu- und -ablauf (Hauhinco).

einem Gleis auf ein anderes überleiten. Für Feld- und Baustellenbahnen gibt es außer den Drehscheiben auch fest eingebaute Wendeplatten mit oder ohne Prellring und Auflegedrehscheiben, die sich an jeder Stelle auf das Gleis auflegen lassen.

Bei den normalen Drehscheiben kennt man Ausführungen mit tangentialem und zentralem Zulauf der Wagen. Der zentrale Zulauf erfolgt bei eingleisigen Drehscheiben in radialer Richtung, bei zweigleisigen Geräten dagegen einer Kreissehne folgend (Abb. 293). Bauarten mit tangentialer Wagenzuführung entsprechend Abb. 292 bieten den Vorteil des kontinuierlichen Betriebes. Bei ihr sind jedoch einige Probleme kinematischer Art zu lösen, da zwischen den ein- bzw. auslaufenden Wagen und der mit konstanter Drehzahl umlaufenden Scheibe eine Relativbewegung entsteht, die zu erhöhtem Verschleiß führt.

Durch Einsatz von Schiebebühnen können Wagenumläufe ohne gebogene Gleistrakte in Form eines Rechteckes angelegt werden. Schiebebühnen sind fahrbare Plattformen zur Aufnahme eines oder mehrerer Wagen. Zum Bewegen sind hydraulische Zylinder mit langem Hub und stationäre Getriebemotoren verwendet worden, die die Antriebskraft über Ketten übertragen. Aber auch Eigenantrieb der Schiebebühnen ist möglich, wobei aber die Energiezufuhr und Steuerung über Schleppkabel oder Schleifleitungen vorzunehmen ist. Wird das Gleisstück auf der Schiebebühne kippbar gestaltet, so können die Wagen an der gewünschten Stelle in einfacher Weise zum Abrollen gebracht werden. Schiebebühnen sind aber auch mit eingebauter Hebevorrichtung bekannt, die z. B. innerhalb einer Beschickeinrichtung hochgefahren wird und so das in einem Kurzwagenumlauf zwar kleine aber meist unvermeidbare Gefälle überbrückt. (Abb. 294)

Abb. 293. Zweigleisige Drehscheibe und Reibradstationen im Füllort eines Steinkohlenbergwerks (Demag).

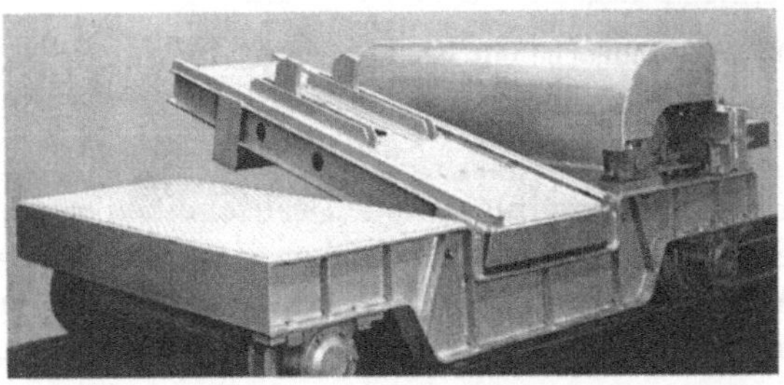

Abb. 294. Schiebebühne mit kippbarer Gleisbühne.

Besonders augenfällig werden die Vorteile des Einsatzes von Schiebebühnen bei einem Einsatzbeispiel in einer Schachthalle zur Förderkorbbeschickung entsprechend Abb. 295. Die Förderkörbe werden dort mit jeweils nur einem Wagen von etwa 5000 kp Erzgewicht beschickt. Aufstellgleise waren deshalb im Wagenumlauf nicht erforderlich. So konnte der gesamte Umlauf auf einen Raum von etwa 100 m² zusammengedrängt werden trotz einer Schachtkapazität 2200 Mp/Tag bei zweischichtigem Betrieb.

Auch für Vollspurbahnen sind Schiebebühnen gebräuchlich, um Lokomotiven und Wagen zwischen gleichlaufenden Gleisen von Ausbesserungswerkhallen, Lokomotiven außerdem zwischen solchen rechteckiger Lokomotivhallen und den Verkehrsgleisen zu bewegen. Schiebebühnen werden als Träger auf zwei, drei oder vier Stützen in versenkten, halbversenkten und unversenkten Bauarten hergestellt.

Versenkte Schiebebühnen finden hauptsächlich Verwendung in Werkstätten und Wagenhallen, vor allem für die Behandlung von schweren Lasten, z. B. Lokomotiven. Voraussetzung muß jedoch sein, daß die örtlichen Verhältnisse räumlich eine Fundamentgrube zulassen. Versenkte Schiebebühnen haben den Vorteil, daß die Anschlußgleise niveaugleich liegen mit den Fahrgleisen auf der Schiebebühne. Unversenkte Schiebebühnen werden für kleinere und mittlere Lasten dort eingesetzt, wo sich Fundamentgruben nicht anlegen lassen oder aber wenn die Schiebebühnen Verkehrsgleise zu kreuzen haben, denn diese dürfen nach Bundesbahnvorschrift nicht unterbrochen werden. Schwach versenkte Schiebebühnen werden als Kompromiß oftmals dort eingesetzt, wo einerseits auf zu kreuzende Verkehrsgleise und andererseits auf die Bodenfreiheit von verschiedenen Fahrzeugtypen Rücksicht genommen werden muß und somit ein Aufziehen auf nicht versenkte Schiebebühnen nicht zulassen.

Für Lokomotiven hat die Bundesbahn eine 26 m lange Einheitsschiebebühne mit 350 Mp Tragfähigkeit aus geschweißten Vollwandträgern mit zwei Gelenken eingeführt. Die Grubentiefe ist 760 mm. Die Bühnen fahren auf vier Laufbahnen mit 16 Laufrädern, von denen die 8 äußeren zur Führung der Bühnen doppelte Spurkränze besitzen.

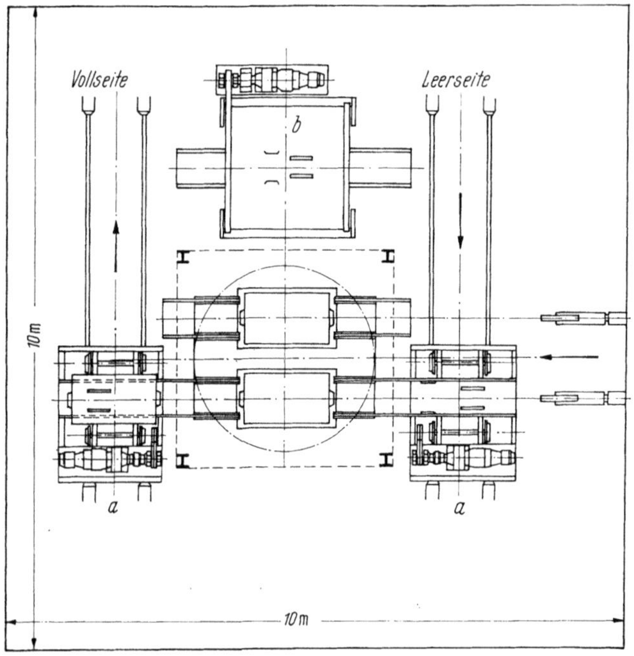

Abb. 295. Schachthalle von 100 m² Grundfläche mit Kurzwagenumlauf.

a Schiebebühnen (vgl. Abb. 294); *b* Förderwagen-Kreiselwipper (vgl. Abb. 286).

Zum Aufziehen der Waggons auf die Schiebebühnen und Drehscheiben sowie als Rangierhilfe für alle übrigen Fälle, in denen Waggons zu verschieben sind, werden häufig angetriebene Spillrollen entsprechend Abb. 296 benutzt. Eine Übersicht über die erforderliche Zugleistung und den Kraftbedarf derartiger Anlagen gibt Tab. 68 wieder. Außer-

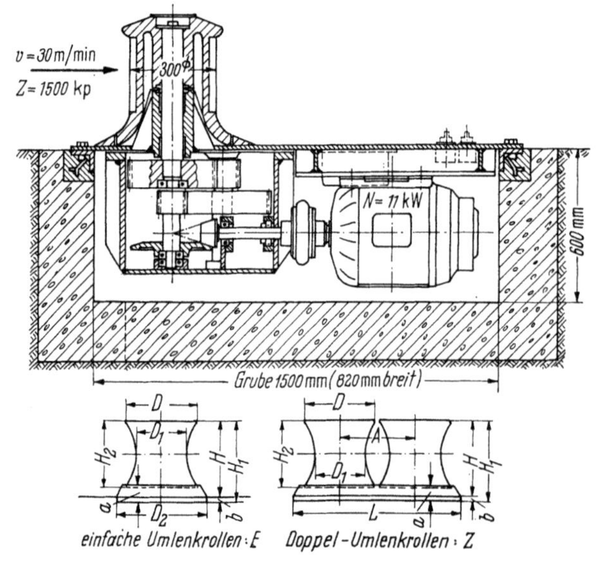

Abb. 296. Rangierspillrolle für 1500 kp Zugkraft bei 30 m/min und lose Seilumlenkrollen (Abmessungen vgl. Tab. 68) (Vögele).

dem sind hierin auch die Abmessungen für lose Seilumlenkrollen aufgeführt, die zur Vervollständigung einer Rangieranlage immer erforderlich sind (vgl. Abb. 278).

Tabelle 68. *Zugleistung und Kraftbedarf für Rangierspille auf gerader und ebener Strecke sowie Abmessungen loser Umlenkrollen (Abb. 296)*

Rangierbedarf je Waggon =30 Mp Last	mittlere Zugkraft kp	Motorleistung ($v = 0{,}5$ m/s) etwa PS	Seilstärke nach DIN mm	lose Umlenkrollen Gewicht E kp	Z kp	Abmessungen D	D_1	D_2	H	H_1	H_2	L	R	a	b	d	A sämtlich: mm
3 Waggon	500	5	8	24	51	215	150	270	254	270	225	500	100	50	16	22	230
5 Waggon	1000	10	10														
8 Waggon	1500	15	13	44	91	275	200	350	282	300	250	645	130	55	18	22	225
10 Waggon	2000	20	13														
15 Waggon	3000	30	16	69	141	330	250	405	310	330	275	755	155	60	20	28	350
20 Waggon	4000	40	18	111	225	385	300	470	338	360	300	880	180	65	22	28	410
25 Waggon	5000	50	20														

Der Oberbau muß die statischen und dynamischen Fahrzeugbelastungen aufnehmen und auf den Unterbau übertragen sowie die Fahrzeugräder sicher führen. Für die Ausführung des Oberbaus und die Auswahl der geeigneten Schienen ist daher die Belastung der Gleise maßgebend. Die Tab. 69 soll Richtwerte angeben.

Tabelle 69. *Richtwerte für Gleisbelastung*

Spur	mm	1400–1600 1. Ord.	2. Ord.	3. Ord.	1000	750	600
maximal zulässiger ruhender Achsdruck	Mp	20	18	16	12	10	7,5
zulässige Schienenspannung	kp/cm²	1500	1650	1800	1800	2000	2000

In der Praxis können die senkrechten Belastungen der Schienen infolge von Schwankungen der Tragfedern, Fliehgewichten an den Lokomotivtreibrädern, Unebenheiten der Fahrbahn, Unterbrechungen der Laufflächen und Flachstellen an Rädern das 2,0- bis 2,4fache des ruhenden Raddruckes erreichen. Das entspricht Flächendrücken bis zu 9200 kp/cm² an den Berührungsstellen von Rad und Schiene. Die Seitendrücke aus Führungsdruck und Seitenstößen betragen im allgemeinen bis zum 1,6fachen des ruhenden, senkrechten Raddruckes. Außerdem führt das rollende Rad gleitende Quer- und Längsbewegungen aus trotz der vorhandenen kegelförmigen Laufflächen. Den Betriebsbelastungen entspricht am besten die Breitfußschiene, deren Hauptabmessungen für verschiedene Schienengrößen und Verwendungszwecke in Tab. 70 wiedergegeben sind.

Die Spurweite eines Gleises ist das lichte Maß zwischen den Schienenköpfen senkrecht zur Gleisachse gemessen. Ihr Grundmaß ist bei Vollspurbahnen 1435 mm, bei den deutschen Schmalspurbahnen des allgemeinen Verkehrs meist 1000 oder 750 mm. Die Bauwirtschaft verwendet die Spurweiten 900 und 600 mm, der Bergbau außerdem 500 mm. In Gleisbögen wird Spurerweiterung gegeben, damit sich die Fahrzeuge nicht zwängen und der Anlaufdruck der führenden Achsen vermindert wird. Die Größe der Spurerweiterung richtet sich nach der Art der auf der Strecke verkehrenden Fahrzeuge. Im Feldbahnbau gibt man im allgemeinen nicht über 10 mm Spurerweiterung, während bei Vollspurbahnen der Maximalwert in Abhängigkeit vom Gleisradius bei 20 mm liegt.

Tabelle 70. *Gebräuchliche Breitfußschienen*

Lfd. Nr.	Verwendungsbereich	Bezeichnung			Gewicht G	Höhe H	Breiten b Fuß	K Kopf	Steg-dicke	J_x	W_x	F	Regel-längen	σ_z	Bemer-kungen
					kp/m	mm	mm	mm	mm	cm^4	cm^3	mm^2	m	kp/mm^2	
1	Vollspurbahnen	Reichsb. Oberbau	S 64	—	64,70	172	150	74	16	3260	358	8241	—	70	
2		Reichsb. Oberbau	S 49	DIN 5902 S 49	49,07	148	125	67	14	1795	239	6251	30; 45; 60	70	
3		Reichsb. Oberbau	S 41	DIN 5902 S 41	40,95	138	125	67	12	1368	196	5216	15; 30	70	
4		Preußen	15	—	45,22	144	110	72	14	1583	217	5760	15	—	
5		Preußen	8	—	41,38	138	110	72	14	1352	193	5271	15	—	
6		Südd. Einheitsform		—	43,80	140	125	65	14	1457	202,4	5580	15	—	
7		Bayern	IX	—	34,87	135	105	58	13	1072	161	4442	15	—	
8		Sachsen	VI	—	46,30	147	130	66	14	1700	230	5907	15	—	
9		Württemberg	D	—	33,80	130	104	58	13	978	149	4350	15	—	
10		Oldenburg	D	—	42,30	140	125	65	12	1495	205	5385	15	—	
11	Schmalspurbahn	Preußen	6	DIN 5902 S 33	33,47	134	105	58	11	1040	155	4264	15; 30	70	
12		Preußen	5	DIN 5902 S 24	24,43	115	90	53	10	569	97,3	3112	15; 30	70	
13	Grubenbahnen	—		DIN 20501 S30	30,03	108	108	60,3	12,3	606	108,5	—	9; 12; 15	—	= am.
14		100/20		DIN 5901 S 20	20,0	100	82	44	10	346	66,8	—	5–12	55	A.S.C.
15		93/18,3		DIN 5901 S 18	18,3	93	82	43	10	278	58,1	—	5–12	55	E. 60 lbs.
16	Feldbahnen	80/14		DIN 5901 S 14	14,0	80	70	38	9	154	36,9	—	5–9	55	
17		80/12		DIN 5901 S 12	12,0	80	65	34	7	141	33,9	—	5–9	55	
18		70/10		DIN 5901 S 10	10,0	70	58	32	6	85,7	24,4	—	5–9	55	
19	amerikanisch	A.S.C.E. 80 lbs.		—	39,80	127	127	63,5	13,9	1098	165	—	—	—	= brit.
20	französisch	Standardform S 33		—	46,30	145	134	62	15	1588	204	—	—	—	B.S.S.
21	dänisch	Staatsbahnprofil		—	60,08	172	156	70	16	3095	331	7653	—	—	80 lbs.

Nr. 1–18: deutsche Formen, Nr. 19–21: ausländische Formen, von deutschen Werken gewalzt.

Über die in Gleiskrümmungen zu verwendenden kleinsten Radien sind ebenfalls Vorschriften erlassen worden. So soll bei Vollspurbahnen 180 m und bei Nebenbahnen, wenn keine Hauptbahnfahrzeuge übergehen, 100 m nicht unterschritten werden. In Werksanlagen, Privatanschlußgleisen usw. ist der kleinste zulässige Halbmesser 35 m. Bogengleise von Schmalspurbahnen des allgemeinen Verkehrs müssen bei 1000 mm Spurweite Mindesthalbmesser von 50 m erhalten, während für Feldbahngleise von 500 und 600 mm Spurweite Radien bis herab zu 5 m zulässig sind.

Sollen Züge mit höherer Geschwindigkeit betrieben werden, so ist in den Kurven auch eine entsprechende Überhöhung des Gleises vorzusehen, um eine ausreichende Standsicherheit der beladenen Fahrzeuge auch in der Kurve zu gewährleisten. Dabei ist die Gleisüberhöhung so zu wählen, daß die auf die bewegten Fahrzeuge wirkende Fliehkraft mit der nach innen gerichteten Komponente der Erdbeschleunigung im Gleichgewicht ist. Dieses trifft zu bei Erfüllung der Beziehung

$$\ddot{u} = S\, v^2/127\, R$$

mit S = Spurweite in mm, v = Fahrgeschwindigkeit in km/h, R = Bahnkrümmungsradius in m. Für durchgehende Hauptgleise, die mit verschiedenen Geschwindigkeiten befahren werden, hat die Bundesbahn die Regelüberhöhung festgesetzt auf $\ddot{u}_r = 8\, v^2/R$ mm.

Bei der Bundesbahn sind die größten Überhöhungen 150 mm. Regelüberhöhungen unter 20 mm werden nicht hergestellt. Bei Schmalspurbahnen geht man mit der maximalen Überhöhung über 80 mm nicht hinaus. In Feldbahngleisen kann bei $R \geqq 5$ m auf Überhöhung verzichtet werden, so lange die Fahrgeschwindigkeit 5 km/h nicht übersteigt.

Jede Änderung der Überhöhung ist durch eine Überhöhungsrampe zu vermitteln. In gleicher Weise ist auch bei Veränderung der Gleiskrümmungsradien zu verfahren, da beim direkten Übergang von einem zum anderen Gleisradius bzw. von der Geraden auf einen Radius ein Stoß auf das Fahrwerk ausgeübt würde.

Die Längsneigung auf freier Strecke darf in der Regel auf Hauptbahnen 25‰ (1:40) und auf Nebenbahnen 40‰ (1:25) nicht überschreiten. Die Anwendung einer stärkeren Neigung bedarf der besonderen Genehmigung. Die größten Steigungen als reine Reibungsbahnen werden von elektrisch betriebenen Straßenbahnen überwunden. So sind etwa 25 verschiedene Linien bekannt mit Steigungen von 75‰ bis 127‰. Die steilste Strecke wird in Lausanne betrieben. In der Regel werden aus Sicherheitsgründen schon bei wesentlich kleineren Steigungen Triebfahrzeuge verwendet, die sich zur Fortbewegung entweder gar nicht oder nicht ausschließlich der Reibung zwischen Rad und Fahrbahn, sondern anderer Einrichtungen bedienen. Hierzu gehören Bahnen mit glatter Mittelschiene, Zahnradbahnen und Standseilbahnen.

Bei Bahnen mit glatter Mittelschiene preßt das Fahrzeug von beiden Seiten liegende Räderpaare gegen die Mittelschiene, welche ebenso wie die auf den Laufschienen sich bewegenden Räder angetrieben sind. Die künstlich vermehrte Reibung ermöglicht auch, auf bedeutenden Steigungen beträchtliche Lasten zu befördern. Die Wagen sind ebenfalls mit liegenden Räderpaaren versehen, welche aber nur Bremszwecken dienen. Derartige Bahnen werden für Steigungen bis 120‰ bei Gleiskrümmungen bis 40 m und Fahrgeschwindigkeiten bis 20 km/h betrieben.

Für noch größere Steigungen finden Zahnradbahnen Anwendung. In eine gezahnte Mittelschiene greifen ein oder mehrere am Triebfahrzeug angebrachte und von diesem angetriebene Zahnräder ein. Die Zahnräder können stehend oder liegend angeordnet sein. Die Wagen sind meistens mit bremsbaren Zahnrädern ausgerüstet. Man unterscheidet reine Zahnradbahnen mit durchgehender Zahnstange über die gesamte Betriebsstrecke. Bei diesen Fahrzeugen werden nur die Zahnräder angetrieben. Demgegenüber benutzen gemischte Zahnrad- und Reibungsbahnen nur in einzelnen steilen Bahnabschnitten eine Zahnstange. Die Triebfahrzeuge hahen dann für die Zahnräder und die auf den Fahrschienen sich bewegenden Räder ein gemeinsames Triebwerk oder voneinander unabhängige Antriebe.

Für Triebfahrzeuge mit stehenden Zahnrädern ist eine maximale Steigung von 250 ‰ zugelassen. Bei liegenden, seitlich in die Zahnstange eingreifenden Zahnrädern ist sogar eine Steigung von 480 ‰ angewendet worden. Bei Zahnradbahnen beträgt die Geschwindigkeit in der Regel nicht mehr als 12 km/h.

Beim Betrieb von gleisgebundenen Fahrzeugen muß sichergestellt sein, daß die zu transportierenden Güter so geladen sind, daß sie nicht mit den angrenzenden Bauwerken in Berührung kommen können. Aus diesem Grunde hat man zwei Begrenzungsprofile festgelegt. Auf der einen Seite gibt das sog. Regellichtraumprofil die Begrenzung des lichten Raumes an, in den keinerlei Bauwerke irgendwelcher Art hineinragen dürfen

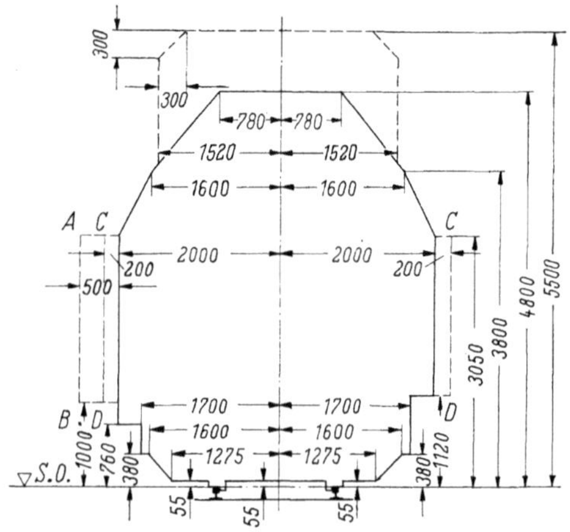

Abb. 297. Regellichtraumprofil für $R \geqq 250$ m.

Freizuhaltende Seitenräume: *AB* für freie Strecken mit Ausnahme der Kunstbauten, wenn sie auch von Personenzügen befahren werden; *CD* bei allen übrigen Gleisen und für Bahnhöfe und Kunstbauten auf freier Strecke. Der obere gestrichelte Teil ist nur freizuhalten bei Strecken mit Oberleitungsbetrieb mit 15 kV Fahrdrahtspannung.

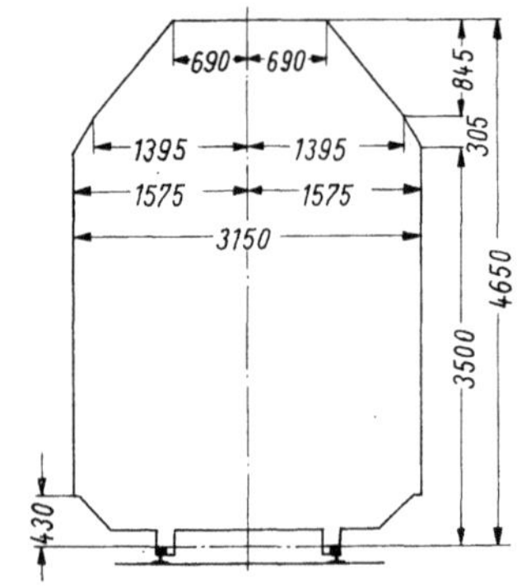

Abb. 298. Lademaß der deutschen Eisenbahnen.

(Abb. 297). Es ist gültig für Bögen mit einem Radius größer als 250 m. Auf Strecken mit Oberleitung ist der frei zu haltende Raum im oberen Teil noch etwas vergrößert. Dem Regellichtraumprofil gegenüber steht eine Begrenzungslinie, die eine Ladung bei Stellung des Wagens im geraden Gleis nicht überragen darf. Diese Umgrenzung nennt man das Lademaß (Abb. 298). Da es nicht für alle Länder gleich festgelegt wurde, ist für Ladungen mit Übergang auf fremde Bahnen eine besondere Begrenzung (Transit-Lademaß) zu beachten.

Bei offenstehenden Toren von Lokomotiv- und Wagenschuppen muß bei bestehenden Anlagen eine lichte Weite von mindestens 3,35 m, bei Neubauten von mindestens 4,0 m vorhanden sein.

3. Gleisloser und gleisgebundener Gütertransport und Kombination beider Arten

Hier soll vorwiegend die Förderung auf Normalspur-Gleisfahrzeugen und Lastkraftwagen behandelt werden. Die Bauart der Wagen kann im allgemeinen als bekannt vorausgesetzt werden. Außerdem gibt es für beide Fahrzeuggruppen soviel Bauarten, daß es unnötig und unmöglich ist, sie hier einigermaßen lückenlos zu behandeln. Eine besonders dringende Frage ist nur die, wie man das Arbeitsgebiet der Gleisförderung und der Straßenförderung gegeneinander abgrenzen kann und wie beide Förderungsarten miteinander verbunden werden können. Die gestellte Aufgabe ist wohl die dringendste der gegenwärtigen Zeit.

Zu der gegenseitigen Arbeitsabgrenzung haben die Verwaltungen und die Parlamente angesichts der ständig wachsenden Unfallgefahr oft und von verschiedenen Gesichtspunkten aus Stellung genommen, ohne zu einer befriedigenden Lösung zu kommen, und die gefaßten Beschlüsse sind meistens nur unvollkommen ausgeführt worden. Hier soll vom technischen Standpunkt aus versucht werden, die Möglichkeiten der Zusammenarbeit und ihre Bedeutung für die Milderung der Unfallgefahr noch einmal zu behandeln, obgleich auch technische Lösungsversuche in verschiedenen Richtungen vorliegen, die einen Vergleich ermöglichen.

Die Förderung auf Gleisbahnen hat schon immer das größte Interesse der Öffentlichkeit gefunden, da hierdurch große Gütermengen in verhältnismäßig kurzer Zeit und mit wenig Personalaufwand transportiert werden können. Außerdem ist seit der Entstehung des Eisenbahnverkehrs größte Aufmerksamkeit auf alle denkbaren Schutzmaßnahmen gegen Unfall und Schadeneinwirkung gelenkt worden. So ist bis heute das Sicherungswesen schon in Details ausgereift, sowohl innerbetrieblich als auch gegen den angrenzenden Straßenverkehr. Demgegenüber ist es bis heute noch nicht vollkommen gelungen, zufriedenstellende Sicherungsmaßnahmen im Straßenverkehr zu schaffen. Es ist zu verhindern, daß mit dem immer noch zunehmenden Straßenverkehr auch die Zahl der Unfälle weiter steigt. Fast einmütig ist wohl die Erkenntnis durchgedrungen, daß die Ablenkung des Straßentransportverkehrs auf die Schienenbahn der wirksamste Weg zur Verringerung der Unfälle sein kann und daß dieses Ziel mit allen Mitteln verfolgt werden muß.

Bei der gegenwärtigen Lage haben die Straßenfahrzeuge einen sehr großen Vorteil vor den Schienenfahrzeugen, da sie das Ladegut nicht nur zum Besteller bringen, sondern es hier im allgemeinen auch durch Selbstentladung entladen können und die Beförderung des Ladegutes von Haus zu Haus durchführen. Es ist die Frage, ob der Schienenverkehr noch Änderungen erfahren kann, die eine Überladung der Schüttgüter zwischen Straßenfahrzeugen und Schienenfahrzeugen so erleichtern, daß die Eisenbahnwagen den Fernverkehr von Stadt zu Stadt, die Lastkraftwagen dagegen den Verkehr innerhalb der Städte ausführen können. Die Bundesbahn hat inzwischen verschiedene Lösungen für den Verkehr von Haus zu Haus erprobt, die nachstehend beschrieben werden sollen.

Ein Versuch der Bundesbahn, die beladenen Eisenbahnwagen auf ein besonderes Straßenfahrzeug mit gummibereiften Rädern in den Städten vom Bahnhof zum Besteller zu fahren, ist zwar von dem Schöpfer dieses Straßenrollers, Reichsbahn-Oberrat CULEMEYER, technisch vorbildlich gelöst, aber dieser Verkehr bleibt wohl auch weiterhin begrenzt, da dieses zusätzliche Fahrzeug sehr viel Anschaffungskosten erfordert und auch die Zeit für das Aufnehmen der Eisenbahnwagen erheblich ist. Außerdem ist der Verkehr des Culemeyer-Fahrzeuges mit dem aufstehenden Eisenbahnwagen in engen Straßen nicht überall durchführbar und wirkt im heute immer noch steigenden Straßenverkehr hindernd. Im Schwerlastverkehr bleiben die Vorteile des Straßenrollers jedoch bestehen, kann doch die schwere oder sperrige Last leicht auf die Schiene umgeladen und im Anschluß an die Schienenbeförderung mit dem Straßenroller wieder zugeführt werden. Durch Koppelung mehrerer Straßenroller unter Verwendung von Ladebrücken und Sonderaufbauten wird außerdem die Beförderung von besonders schweren oder großen Lasten (Transformatoren, Turbinen, Kessel, Papierglättzylinder, Brückenträger, Schiffe usw.) ermöglicht.

Eine andere technische Lösung, den Vorteil des Straßenfahrzeuges, den Verkehr von Haus zu Haus, auch bei Ferntransporten zu ermöglichen, ist der vor einigen Jahren eingeführte sog. Huckepack-Verkehr. Dabei sollen die aus Normalspurwagen bestehenden Gleiszüge während der Nachtzeit möglichst ohne Aufenthalt von einem Verkehrsknotenpunkt zu einem anderen fahren, der dem Bestimmungsort möglichst nahegelegen ist. Die auf dem Eisenbahnzug stehenden beladenen Straßenfahrzeuge mit eigenem Antrieb haben dann nur noch die nicht mehr langen Reststrecken zum Bestimmungort auf der Landstraße mit eigener Kraft zu fahren.

Diese Lösung ist eingeführt worden, hat aber bisher noch keine weitgehende Ausnutzung und keine durchgreifende Änderung gebracht. Zunächst steht dem Plan wohl die Abneigung der Lastkraftwagenbesitzer entgegen, da sie den an sich selbständigen Lastkraftwagen lieber seiner Bauart entsprechend mit eigener Kraft ausnutzen möchten, um dadurch eine höhere Verdienstspanne zu erzielen. Andererseits ist natürlich auch die wirtschaftlich nutzbare Tragkraft der Eisenbahnwagen geringer, wenn sie die Ladung einschließlich Lkw tragen müssen, anstatt nur die reine Förderlast. Eine Verbesserung wird erreicht, wenn nicht komplette Lastkraftwagen, sondern nur die Auflieger von Sattelfahrzeugen verladen werden.

Wegen Profilschwierigkeiten (schlechte Ausnutzung des vorgegebenen Lademaßes vgl. Abb. 298) können die Straßenfahrzeuge in Deutschland im allgemeinen nicht auf normalen Eisenbahnwagen befördert werden. Vielmehr führt man den Huckepack-Verkehr durch Beförderung von Spezial-Straßenfahrzeugen auf normalen Eisenbahnwagen oder gewöhlichen Straßenfahrzeugen auf Spezial-Eisenbahnwagen (z. B. Niederflurwagen mit abgesenkter Plattform) durch. Bei der Bundesbahn wird der Huckepack-Verkehr z. Z. noch mit eigenen Sattelkraftfahrzeugen im Regieverkehr abgewickelt. Die verwendeten Sattelanhänger haben eine Ladelänge von 10 m und eine Nutzlast von 17 Mp. Alle Sattelanhänger können zum Ein- und Ausladen von Gütern mit Gabelstaplern befahren werden.

Bei der Verladung — über Rampen — auf den Eisenbahngüterwagen werden die Sattelanhänger hydraulisch abgesenkt, so daß keinerlei Profilschwierigkeiten auf der Eisenbahn entstehen. Die Hinterachsen werden dabei unter dem Wagen weggezogen, bleiben jedoch mit dem Anhänger verbunden. Die abgesenkten Sattelanhänger-Aufbauten ruhen auf einer Länge von etwa 5 m auf dem Güterwagenboden, so daß keinerlei weitere Befestigung nötig ist.

Für die Beförderung normaler Straßenfahrzeuge auf der Eisenbahn wurden von der Bundesbahn Huckepack-Niederflurwagen (SSis) entwickelt. Es handelt sich um mehrgliedrige Einheiten mit einer Fußbodenhöhe (Ladefläche) von nur 650 mm über Schienenoberkante. Die Be- und Entladung kann sowohl über Kopf als auch über Seitenrampen erfolgen. Sattelanhänger sind nach dem Absatteln mittels Hilfs-(Dolly)-Achse verfahrbar zu machen. Der zulässige Radstand der Sattelanhänger beträgt 7800 mm. Für die Festlegung der Straßenfahrzeuge sind besondere Radvorleger zu verwenden. Die Lastgrenze der viergliedrigen Einheit beträgt 110 Mp, je Einzelglied 27,5 Mp. Die Wagen dürfen in schnellfahrenden Güterzügen ($v_{\max} = 100$ km/h) an beliebiger Stelle laufen.

Es ist verständlich, daß durch die Sonderbauformen einerseits der Straßenfahrzeuge und andererseits der Niederflurwagen der Huckepack-Verkehr nur mit verhältnismäßig großem Kostenaufwand betrieben werden konnte und ein durchschlagender Erfolg dem System des Huckepack-Verkehrs bisher versagt blieb.

Parallel zu den Bestrebungen im Huckepack-Verkehr hat die Bundesbahn aber auch noch einen anderen Weg beschritten zur Lösung der anstehenden Frage zur Entlastung des Straßenverkehrs. So wurde der Transport mit Leihbehältern aufgenommen, die dem Verfrachter für billiges Entgelt zur Verfügung gestellt werden. Über die Anfänge dieses Behälterverkehrs mit Leihbehältern hat in Verbindung mit der Bundesbahn Herr Dr. Krummel im Jahre 1937 eine Dissertation verfaßt, in der die Ergebnisse der ersten Jahre untersucht wurden. In dieser Dissertation wurde angegeben, daß das mittlere Gewicht des Behälterinhaltes rund 370 kp beträgt. Das war zu wenig, denn für eine volle Waggonladung waren dabei rd. 50 Behälter erforderlich, und so war ein Erfolg zunächst nicht möglich. Die Bundesbahn hat sich bei weiterer Verfolgung desselben Gedankens für größere Behälter entschieden, wobei die kleineren natürlich auch weiter mitbenutzt wurden.

So kommt es, daß der Güterverkehr auf Schiene und Straße, zur See und in der Luft sich vor allem seit Kriegsende in einem Umstellungsprozeß befindet, der heute noch nicht abgeschlossen und dessen Ende auch noch nicht absehbar ist.

Es handelt sich dabei um eine Entwicklung, die beeinflußt wurde durch den Umstand, daß während des Krieges der Transport riesiger Mengen von Nachschubgütern aller Art zu bewältigen war, eine Aufgabe, deren Lösung nur dadurch gelang, daß völlig neuartige Transportmittel entwickelt wurden und sich bewährt haben. Nach dem Krieg hat diese Methode auch in anderen Ländern Eingang gefunden.

Das neue Verfahren besteht darin, daß die zu befördernden Güter nicht mehr wie früher völlig ungeordnet als Einzelladungen, Kollis, Kisten, Säcke, Fässer usw. befördert werden, sondern daß man sie vor dem Versand auf Stapelplatten und, wie schon erwähnt, in Behältern zu sog. Einheitsladungen zusammenstellt, die zusammen vom Absender zum Empfänger durchlaufen können.

Für den Transport der erwähnten Einheitsladungen sind dann neuartige Fördergeräte entwickelt worden, von denen Gabelstapler und Gabelhubwagen die bekanntesten sind (vgl. S. 222ff.). Soll nun mit Hilfe der neuartigen Behälter und Fördergeräte eine wirtschaftliche, schnelle Förderung der Güter erreicht werden, so müssen besonders nachstehende Voraussetzungen geschaffen werden:

a) An den Umschlagplätzen für Einheitsladungen müssen die geeigneten Transport- bzw. Umladegeräte in genügender Anzahl vorhanden sein.

b) Stapelplatten und Behälter müssen international genormt sein, um an allen Stellen des Verkehrsnetzes eine schnelle Weiterleitung der Güter sicherzustellen.

c) Die Behälter müssen eine dauerhafte Einrichtung sein, also eine ausreichende Widerstandsfähigkeit zwecks wiederholter Verwendung besitzen.

d) Die Behälter müssen dazu eingerichtet sein, den Transport von Waren ohne Bruch des Füllgutes zu erleichtern.

e) Die Behälter müssen mit Vorrichtungen versehen sein, durch die die Bedienung beim Umladen von einer Transporteinrichtung auf die andere erleichtert wird.

f) Die Behälter müssen außerdem leicht beschickt und entleert werden können.

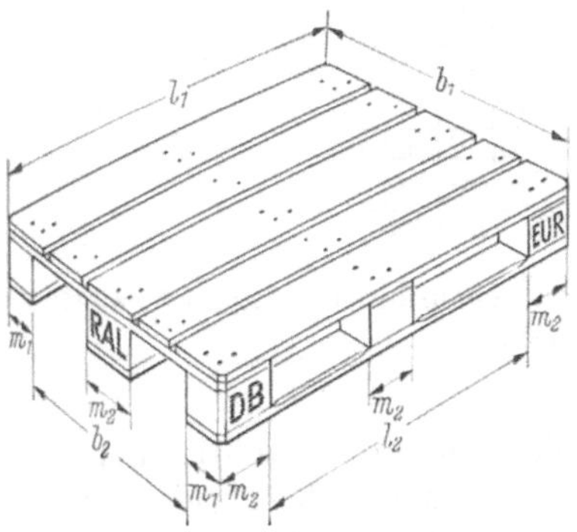

Abb. 299. Flachpaletten nach DIN 15146; D 12 = europäische Pool-Palette (RAL RG 993).

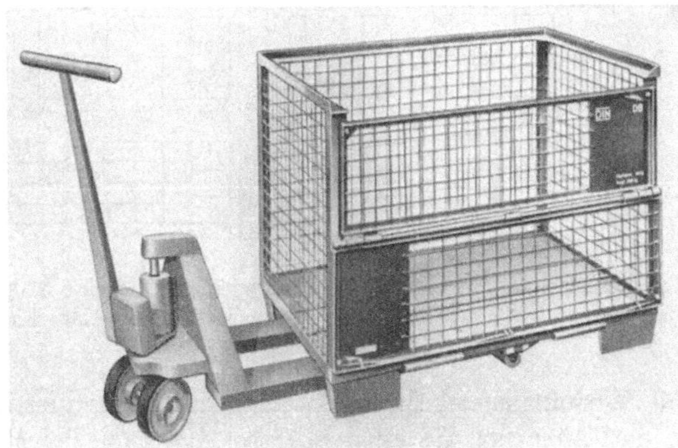

Abb. 300. Tauschfähige Gitterboxpalette nach DIN 15155 (Metallwerke Saar).

Als großer Fortschritt kann auf diesem Gebiete die Gründung des europäischen Paletten-Pools, dem 12 Länder angehören, angesehen werden. Es ist eine Vereinbarung, die Verkehrsträger Schiene und Straße mit den Dachverbänden von Industrie, Spedition und Landwirtschaft zu dem Zweck, mit den genormten Pool-Flach- und Boxpaletten eine ununterbrochene Transportkette vom Verwender über den Transporteur zum Empfänger zu erreichen. Für die Einheitspalette wurde über die Normung des Grundmaßes mit 800·1200 mm hinaus auch die Gesamthöhe mit 144 mm und die Einfahrhöhe mit 100 mm festgelegt. Das Eigengewicht beträgt 30 kp. Die Tragfähigkeiten sind 1000 kp auf der Gabel des Hubgerätes und 4000 kp im Stapel (Abb. 299). Die Haupteigenschaften der Bauweise müssen strikt eingehalten werden, damit die Paletten sowohl auf nationaler als auch auf internationaler Ebene freizügig untereinander ausgetauscht werden können. Die vom deutschen Paletten-Pool verwendete Gitterboxpalette nach DIN 15155 ist in Abb. 300 dargestellt. Namhafte europäische Wirtschaftskreise tendieren dazu, die Abmessungen dieser Palette auch für den europäischen Paletten-Pool zu übernehmen, da sie ohnehin schon vielfach als Sonderpalette im grenzüberschreitenden Verkehr Verwendung gefunden hat.

Um den Einsatzbereich der Pool-Paletten möglichst groß zu gestalten, ist es auch zweckmäßig, die Verpackungsgrößen einzelner Waren so zu wählen, daß die zusammengestellten Palettenladungen nicht das Palettenmaß überragen, andererseits aber eine möglichst restlose Ausnutzung der Palettenfläche sichern. Eine 100%ige Ausnutzung der Pool-Palettenfläche (800·1200 mm) ergibt sich für Packmittel, deren Abmessungen und Stapelart in Abb. 301 dargestellt sind.

Zum vollautomatischen Stapeln von Stückgut auf Paletten können auch Palettier-Automaten eingesetzt werden, denen man je nach Größe der Anlage auch ein gewünschtes Stapelschema nach Abb. 301 aufgeben kann. Man unterscheidet drei Grundarten von Palettierautomaten, nämlich solche für Kisten, Kartons, Bierkästen oder sonst festumschnürte Stückgüter (Leistung etwa 2400 Stück/h), dann für Sackgut (Leistung etwa 1400 Sack/h), und letztlich für Eimer, Fässer und Kanister (Leistung etwa 1000 Stück/h).

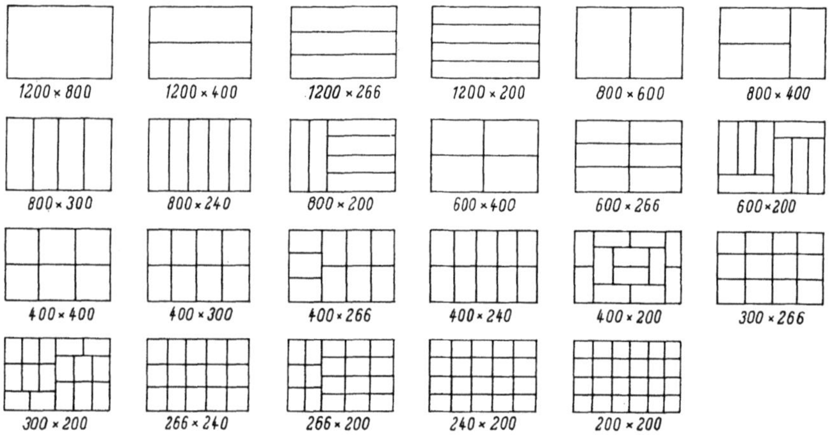

Abb. 301. Verpackungsgrößen und Stapelarten die eine 100%ige Flächenausnutzung der Pool-Paletten mit den Maßen 800·1200 mm gestatten.

Die Wirkungsweise dieser Ausführungsformen ist in großen Zügen betrachtet fast gleich, so daß hier nur die aufwendigste Art zum Palettieren von Säcken beschrieben werden soll. Da der von der Packmaschine kommende Sack lebt, muß er in den meisten Fällen noch vorbereitet werden, in dem das Material gleichmäßig verteilt und in eine kastenförmige Form gebracht wird.

Der Sack-Palettomat nach Abb. 302 arbeitet folgendermaßen: Die Säcke gelangen über ein Transportband an den Palettomaten. Bei A wird der Sackinhalt durch ein Rüttelgerät gleichmäßig verteilt, und die Säcke werden dort ausgerichtet. Mittels elektronischer Steuerung werden die Säcke durch eine Zuteilwalze B in exakter Zeitfolge in das Glättband C eingeführt und gezählt. Danach werden die Säcke nach Bedarf für die Verbandstapelung bei D gedreht und laufen zur Bereitstellung E. Ein Abschieber befördert die Säcke auf den Transportteppich F, bis eine fertige Lage entstanden ist. Der Teppich wird dann unter der Lage weggezogen, so daß die Säcke exakt und ohne Verformung auf die Palette kommen. Nach der Beladung senkt sich die Hebebühne unter der Palette um Sackhöhe, damit für die nächste Lage Platz geschaffen wird. Zur festeren Stapelung wird jede Sacklage durch Aufwärtsfahren der Palette gegen ein Druckblech festgedrückt. Die volle Palette wird automatisch von einer Leerpalette aus dem Palettenmagazin G abgeschoben. Anschließend fährt die Leerpalette mittels Hebebühne in die oberste Beladestellung. Inzwischen ist bereits eine neue Packlage fertiggestellt, die sofort wieder abgelegt wird, so daß durch den Palettenwechsel keine Zeit verlorengeht.

Außer den Pool-Paletten sind in Deutschland auch noch die Größen 800·1000 und 1000·1200 mm gebräuchlich. Für schwere Beanspruchung werden die kastenartigen Paletten aus Stahlprofilen geschweißt. Mit Gabeleingriffen versehen können sie zum Entladen umgekehrt werden. Profilgerippe mit Wänden aus Stahlblech, Holz oder Drahtgewebe werden in fester und zusammenlegbarer Form gefertigt. Besonders in der Textilindustrie haben sich Behälter aus Aluminium oder auch aus Fiber bewährt, weil die Fäden an den glatten Wänden nicht hängen bleiben und bei beiden Werkstoffen keine Rostgefahr besteht. Wichtig ist für alle Behälter, daß sie stapelbar ausgeführt werden sollen und wenn sie mit Kranen bewegt werden können, vermehrt das ihre Einsatzmöglichkeit.

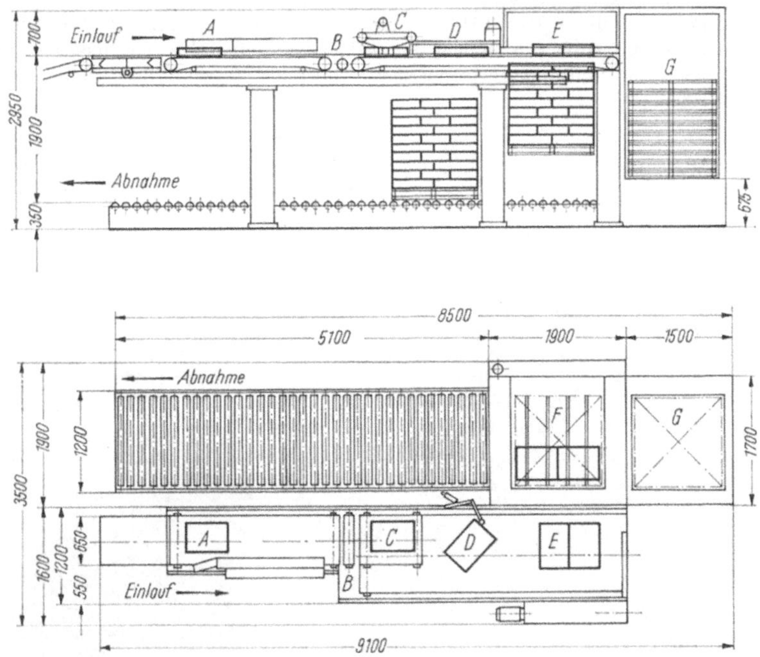

Abb. 302. Schema eines Sack-Palettier-Automaten für Verbandstapelung.

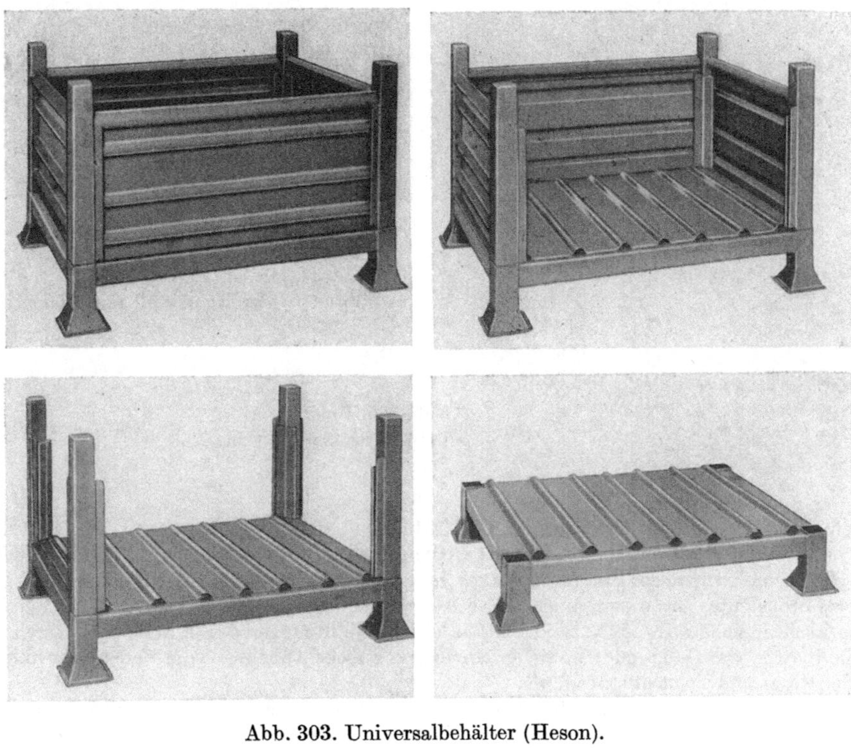

a b

c d

Abb. 303. Universalbehälter (Heson).

a als Stapelbehälter; *b* und *c* als Boxpalette; *d* als Flachpalette.

Wie aus dem Gesagten schon hervorgeht, beschränkt sich die Bezeichnung „Behälter" keineswegs auf kastenförmige Behälter jeder Größe oder gar nur auf Versandbehälter. Vielmehr werden allgemein alle Geräte darunter verstanden, die zur Bildung von Transport- und Lagereinheiten geeignet sind.

Im Sinne dieser Definition kann man unter dem Begriff Behälter zusammenfassen:

a) Stapelplatten (Paletten), die in DIN 15141 und 15146 genormt sind, erfüllen ihre Aufgabe durch Aufnehmen stapelfähiger Güter mit Hilfe von Gabeln und ähnlichen Greifwerkzeugen niedriger Bauhöhe in Verbindung mit Gabelstaplern, Gabelhubwagen, Kranen usw., wobei das Stapelgut die Druckbelastung des Stapels aufnehmen muß (Abb. 299).

Abb. 304.
Stapelbares Spezialgestell zum Transport und Lagern von gelochten Gußteilen, Drahtringen usw. (Heson).

Abb. 306. Montagegestell mit Kleinstbehältern.

Abb. 305. Lager- und Transportkastensystem.

b) Stapelplatten mit Aufbau (Boxpaletten, DIN 15155, vgl. auch Stapelbehälter DIN 15142 und 15155). Sie besitzen auf der Platte entsprechend Abschnitt a einen Aufbau, der das Stapelgut von der Druckbelastung befreit und Auswechselbarkeit des Stapelgutes auch im Stapel gestattet. Gleichzeitig übernimmt der Aufbau den Schutz des Stapelgutes gegen mechanische Beschädigungen (Abb. 300 u. 303).

c) Ladepritschen, siehe DIN 15132, sind Platten mit Unterstützungen durch Füße oder Kufen von solcher Höhe, daß die Platten von Hand- oder Motorhubfahrzeugen zwecks Abhebens vom Boden unterfahren werden können. In der Regel sind sie nicht stapelfähig.

d) Rollpritschen sind Ladepritschen, bei denen eine Seite von Rollen unterstützt wird. An der Gegenseite können sie durch Hebelroller oder Niederhub-Motorfahrzeuge angehoben und dann als Handfahrzeuge oder Anhänger benutzt werden.

e) Ladegestelle ohne und mit Rädern — Boden nicht erforderlich — dienen der Bildung von Ladeeinheiten zu Transport-, Montage- und Lagerzwecken und sind dadurch gekennzeichnet, daß sie der Form des aufzunehmenden Gutes besonders angepaßte Trag- und Halteorgane besitzen, ohne das Gut mit geschlossenen Wandflächen zu umgeben. (Beispiele: Rungengestelle für Drahtringe, Autoreifen u. dgl.; fahrbare Behältergestelle für auswechselbare Kleinstbehälter, Dornplatten u. ä.; Spezialgestelle für Blechteile der Automobilindustrie; Gestelle mit Tragarmen für Rohre, Stangen, Wellen usw.; Transportregale für Montagezwecke) (Abb. 304).

f) Stapelbehälter fest oder zusammenlegbar, nach DIN 15142 sind kastenförmige, durch mechanische Fördermittel stapelbare Behälter, deren Größe und Gewicht eine Handhabung durch die Muskelkraft einer Person ausschließt. Zu ihnen gehören nach Art des tragenden Elementes Profilkantbehälter, Wannenbehälter, Gewebebehälter.

g) Kastenförmige Kleinstbehälter stapelbar oder nicht, ohne Räder, nicht zusammenlegbar, zu deren Handhabung die Muskelkraft einer Person ausreicht (das Ziel, auch solche Behälter in Stapel, auf Stapelplatten, in Ladegestellen u. dgl. mechanisch zu bewegen, wird durch diese Charakterisierung nicht berührt) (Abb. 305 u. 306).

h) Rollbehälter sind solche feste oder zusammenlegbare Behälter ohne Rücksicht auf die Form, die zum Zweck des innerbetrieblichen Transportes mit Rädern ausgestattet sind, und den Gruppen d und e nicht angehören.

i) Dauerfaltkisten sind kistenförmige Dauertransportbehälter, deren Wände, Böden und Deckel so miteinander verbunden sind, daß sie durch Zusammenklappen im Leerzustand auf einen Bruchteil ihres im aufgeklappten Zustand erforderlichen Raumbedarfes gebracht werden können.

j) Traffic-Container (T-Container). Unter dieser Bezeichnung sollen künftig in Deutschland nur diejenigen Verkehrsbehälter verstanden werden, die den „Technischen Bedingungen für im internationalen Verkehr zu verwendende Behälter“ entsprechen. Diese Behälter sind aufzuteilen in nachstehende Gruppen:

A. T-Groß-Container mit einem Laderaum über 3 m³:

1. gewöhnliche T-Groß-Container offener oder geschlossener Bauart, die keine Sondereinrichtung infolge der Art des zu befördernden Gutes oder zum Zwecke der Anpassung an bestimmte Verkehrsmittel besitzen. Für die einzelnen Gattungen sind bestimmte Grenzmaße vorgeschrieben. Höchstgesamtgewicht (Behälter und Ladung) 5 Mp, bei besonderer Vereinbarung zwischen den beteiligten Verkehrsträgern 7 Mp (Abb. 307 u. 308).

Abb. 307.
T-Klein- und T-Groß-Container.

2. Sonder-T-Groß-Container:

α) T-Container in Kesselbauart (Abb. 308 u. 309).

β) T-Groß-Container mit Sondereinrichtung, z. B. Kühlbehälter und Wärmeschutzbehälter.

B. T-Klein-Container besitzen einen Laderaum von mindestens 1 m³ und höchstens 3 m³, sind mit vierrädrigem Fahrwerk ausgestattet und müssen in geschlossene Waggons verladen werden können. Das Höchstgesamtgewicht wird auf 1,5 Mp begrenzt. Es wird eine Vorrichtung gefordert, die sie auf dem Boden des Beförderungsmittels in Längs- und Querrichtung festhält (Abb. 307).

1. gewöhnliche T-Klein-Container zur Beförderung beliebiger Güter müssen geschlossene Bauart mit Vollwänden oder Lattenwänden besitzen.

2. Sonder-T-Klein-Container können geschlossener, offener Bauart oder Kesselbehälter sein.

k) Spezialverkehrsbehälter sind solche Behälter, die den Container-Bedingungen nicht entsprechen, die aber auf die Bedürfnisse bestimmter Verkehrsträger oder die besonderen Anforderungen bestimmter Güter für den außerbetrieblichen Transport zugeschnitten sind.

A. Spezialverkehrsbehälter für Lkw-Transport und gebrochenen Verkehr, d. h. Übergang in beliebiger Folge von Straße zu Schiene, Wasser- oder Luftweg und umgekehrt, z. B. zusammenlegbare Behälter.

B. Spezialverkehrsbehälter für den Transport mit Wasserfahrzeugen

1. auf Binnenwasserstraßen,

2. für Überseetransport.

C. Spezialverkehrsbehälter für Luftverkehr.
D. Schienengebundene Spezialverkehrsbehälter.
E. Transportgefäße ohne und mit Fahrgestell für Schüttgüter und Flüssigkeiten.

Von seiten der Bundesbahn ist die Einführung des Behältersystems sehr begrüßt worden. Sie hat als größere Einheiten vor allem die Traffic-Container gefördert. Bei dem von der Bundesbahn angenommenen pa-System werden jeweils drei oder vier Groß-Container von 5 Mp Ladegewicht auf einem Behältertragwagen befördert (Abb. 308). Der

Abb. 308. Verschiedene Container des pa-Großbehälter-Systems der Bundesbahn verladen auf einem Behältertragwagen der Gattung BTmms (DB-Bildarchiv).

Straßentransport der Behälter vom und zum Bahnhof geschieht durch Spezialanhänger an Sattelschleppern. Eine hydraulische Hub- und Kippvorrichtung ermöglicht das Abziehen der Behälter vom Waggon, das Absetzen nach beiden Seiten und nach hinten auf Straßenhöhe bzw. das Wiederaufnehmen in umgekehrter Richtung, sowie das Kippen der Behälter nach drei Seiten (Abb. 309).

Abb. 309. Spezialwagen für Behältertransport auf der Straße.

Ein anderes neuentwickeltes Spezialfahrzeug gestattet sogar das Absetzen von Behältern in Gruben bis 1350 mm unter Flur. Außerdem ist auch ein Kippen nach allen Seiten bis 60° Neigung möglich, ebenso das Überladen auf andere Fahrzeuge (Abb. 310). Zur Erhöhung der Standsicherheit lassen sich vier Stützbeine hydraulisch ausfahren. Derartige Geräte werden für Belastungen von 5, 7 und 9 Mp gebaut.

Im Wettbewerb der drei Behälter-Systeme, nämlich Hub-, Roll- und Fahr-Container ist für die Überseebehälter eine Synthese der beiden erstgenannten Systeme gefunden worden durch die Trennung des Container-Rollbocks vom Behälterkasten. Dadurch können die Behälter dann im Schiff gestapelt werden und besitzen dort niedrige Bauhöhe und wenig Totlast, während sie für den Bahntransport in das pa-System eingegliedert werden können. Die Unterteilung in zwei Behälter von je 2,5 Mp auf einen Rollblock war dadurch ebenso möglich, wie die Einbeziehung ausländischer Hubbehälter in das pa-System.

Durch diesen Behälterverkehr kann die eingangs verlangte Entlastung der Fernverkehrsstraßen, die große Unterhaltungskosten fordern, erzielt werden. Auf den Abstellbahnhöfen ist lediglich ein Kran erforderlich, um auch die nicht rollbaren Behälter in kürzester Zeit auf einen Lkw umladen zu können.

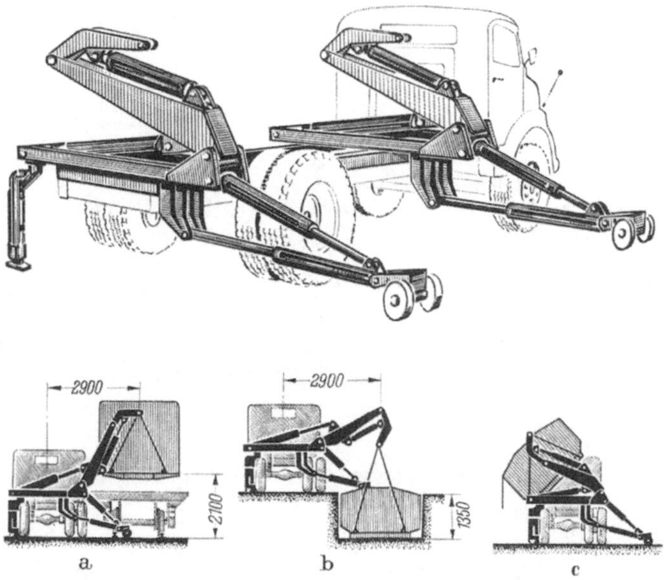

Abb. 310. Auf normales Lastkraftwagen-Chassis zu montierendes Hubgerät zum Behandeln von Behältern. *a* Umsetzen auf Waggon; *b* Absetzen in Gruben; *c* Kippen zwecks Entladung.

Seit Ende 1958 betreibt die Bundesbahn ferner Huckepack-Verkehr mit Fahrzeugen, die von dem Unternehmer Wortmann entwickelt worden sind. Dabei handelt es sich um Sattelzüge, bei denen die kompletten Aufbauten der Sattelanhänger von dem Fahrgestell getrennt werden. Die Aufbauten werden auf der Ladestraße von der Seite auf einen normalen R-Wagen verladen und ohne das Fahrgestell befördert (vgl. Abb. 310). Damit hat die Bundesbahn sich den amerikanischen Erfahrungen des COFC-Dienstes (container on flat car) zunutze gemacht, bei dem der Wagenkasten ebenfalls vom Fahruntersatz getrennt auf normalen Flachwaggons befördert wird. Die Container können auf den Waggons einfach und sicher befestigt werden. Außerdem liegt der Schwerpunkt tiefer; die Sicherheit wird erhöht und das Eisenbahnprofil kann besser ausgenutzt werden. Da die Container außerdem noch gestapelt werden können, benötigen sie im Lager und auch an Bord von Schiffen weniger Raum.

Die wirtschaftlichen Vorteile des Gleistransportes wachsen mit zunehmender Transportentfernung. So ist z. B. bei einer Entfernung von über 1600 km der Huckepack-Verkehr im Vergleich zum Straßentransport um rund 25% billiger. Hinzu kommt noch eine große Zeitersparnis, da die Eisenbahn auf langen Strecken eine weitaus höhere Reisegeschwindigkeit erreichen kann als die Lastzüge auf der Straße. Auch wird die Eisenbahn durch Witterungseinflüsse nicht so schnell beeinträchtigt.

Der kombinierte Verkehr ist in den USA wesentlich weiter verbreitet als in Deutschland. In Europa kann wohl England als Schrittmacher auf diesem Gebiet angesehen werden durch Einführung der sog. Liner Trains zum Güterumschlag in Containern. Nach diesem System verkehren fahrplanmäßig Schnellgüterzüge zwischen bestimmten Bahnhöfen. An den Endpunkten werden die Container auf Straßenfahrzeuge oder auf Züge einer anderen Fahrtrichtung umgeladen. Da Rangierarbeiten vollkommen entfallen, kann der teure, schnellfahrende Waggonpark ungewöhnlich günstig ausgenutzt werden.

Abb. 311. Luftbereifter, frei verfahrbarer Spezial-Portalkran als Umsetzgerät für Container bzw. Sattelauflieger zwischen Waggon und Straßenfahrzeug (Paceco).

Tragkraft: 40 Mp; Hubgeschwindigkeit: 3 m/min; Fahrgeschwindigkeit 15 m/min.

Abb. 312. Einsatzbeispiele für Container-Umsetzkrane.

a einfachste Form, schon geringe Hubhöhe reicht aus, Gerät sollte Schrägstellen des Behälters um 30° erlauben; *b* Größere Hubhöhe erforderlich zum Überheben eines Behälters über einen noch beladenen Waggon, Anlage erlaubt auch Umladung zwischen Gleisfahrzeugen; *c* gleiche Hubhöhe wie für *b* erforderlich, Anlage gestattet beidseitige zügige Zugentladung, Straßenfahrzeuge hindern sich nicht so sehr beim Rangieren; es sollte ein Drehwerk mit 360° Schwenkbereich vorhanden sein

Zur Verwirklichung des Gedankens vom Liner Train wurden aber auch leistungsfähige Umsetzgeräte erforderlich. Als gleislose Krane sind sie unter den Bezeichnungen „Travelift" und „Transtainer" bekannt geworden. Ein derartiger Spezialkran kann in wenigen Minuten einen Container umladen, wobei er absolut pendelfrei hebt und transportiert. Er kann die Container in der vertikalen Ebene kippen und in der horizontalen Ebene schwenken und die empfindlichen Behälter millimetergenau und stoßfrei aufsetzen (Abb. 311). Nach Ansicht der Bundesbahn können auch in Deutschland bis zu 25% des gesamten Güterfernverkehrs auf diese Weise transportiert werden. Diese Verkehrsform erscheint besonders interessant für Transportentfernungen über 400 km. Es bleibt jedoch noch zu untersuchen, auf welchen Strecken die Einführung besonderer, fahrplanmäßig verkehrender Container-Züge günstig erscheint. Die Streckenplanung sollte jedoch nicht nur unter dem Gesichtspunkt des Verkehrsvolumens, sondern auch dem der flächenmäßigen Erfassung der Einzugsgebiete erfolgen. Zweckmäßig ist der Ausbau von Schwerpunktbahnhöfen, um hier ein reibungsloses Umladen der Container zwischen den auf festgelegten Routen verkehrenden Zügen zu ermöglichen und ebenso das Umsetzen auf Straßenfahrzeuge.

Für den Container-Umschlag können gleislose ebenso wie gleisgebundene Portalkrane eingesetzt werden. Je nach Größe der Umschlagkapazität bieten sich verschiedene

Ausführungen von Umsetzgeräten an (Abb. 312). Die einfachste Anlage a überspannt nur ein Gleis und den Fahrweg des Flurfahrzeuges. Bei der größeren Bauart b, die das gleichzeitige Behandeln von zwei Gleisen gestattet, muß die Hubhöhe so groß gewählt werden, daß der zu transportierende Container noch über einen beladenen Waggon zu

Abb. 313. Drott-Travelift mit zwei unabhängig verfahrbaren Hubwerken (Mannesmann).

heben ist. Sehr zweckmäßig ist die zusätzliche Ausrüstung der Krankatze mit einem Drehwerk, um ein Schwenken und Absetzen der Container neben dem Gleis in Fischgrätmuster zu erlauben. Die Schrägstellung der Container unter einem Winkel von etwa 30° zur Gleisachse ermöglicht es den Straßenfahrzeugen, jeden gewünschten Behälter aus der Reihe herauszugreifen. Der Einbau eines zusätzlichen Drehwerkes erübrigt sich jedoch, wenn beim Entladen langer Aufsatzkästen Krane mit zwei getrennten Laufkatzen zum Einsatz kommen, die ein unabhängiges Fahren voneinander zulassen. Auch auf diese Art kann die gewünschte Schrägstellung erzielt werden (Abb. 313).

Die hier aufgeführten luftbereiften Umsetzgeräte werden auch noch in verschiedenen anderen Ausführungen gebaut. Eine Übersicht über die verschiedenen Typen und Verwendungseinsätze, eine Rentabilitätsrechnung und Kostenaufstellung ist im Teil II dieses Buches im Abschnitt über Portalkrane zu finden.

Zusammengefaßt erzielt man durch die Umstellung des Einzelguttransportes auf Sammelladungen mit Hilfe von Behältern folgende Vorteile:

a) Die Fernverkehrsstraßen können sehr stark entlastet werden und haben lediglich noch den Nahverkehr über etwa 100 km zu bewältigen.

b) Vor allem die Schwertransporte können von der Straße weggezogen werden, wodurch die Straßenunterhaltungskosten erheblich gedrückt werden können.

c) Der Straßenverkehr kann störungsfreier, ungefährlicher und schneller gestaltet werden.

d) Das zeitraubende Be-, Ent- und Umladen der Einzelgüter kann beschleunigt und damit die Standzeit der Wagen erheblich abgekürzt werden.

e) Der Gesamtpersonalbedarf, der zur Beförderung gleicher Gütermengen notwendig ist, wird erheblich geringer.

f) Es können große Summen für Verpackungsmaterial und Packerlohn eingespart werden.

g) Der Transport ist weniger von der Witterung und damit von den Straßenverhältnissen abhängig.

Die Rationalisierung des Transportwesens durch Einführung des Großbehälterverkehrs hat auch an den Kaimauern der Häfen nicht haltgemacht und im umschlagsintensiven Seeverkehr immer mehr an Boden gewonnen. Sein zunehmender Einfluß auch auf den Schiffbau hat sogar zur Konstruktion spezieller Behälterschiffe geführt.

Im Mai 1966 nahm die Sea Land Service Inc., New York, ihren regelmäßigen wöchentlichen Dienst von den Häfen der USA-Ostküste nach Rotterdam, Bremen und Hamburg auf. Das erste Schiff, das Bremen anlief, hatte 226 Groß-Container an Bord. Weitere Gesellschaften folgen mit regelmäßigen Container-Transportdiensten.

Um die Konkurrenz der Container-Dienste wirksamer bekämpfen zu können, schlossen sich mehrere Großreedereien zur Arbeitsgemeinschaft *Conship* zusammen. Mit von der Partie sind der Norddeutsche Lloyd, die Hapag, die United States Line, die (norwegische) Meyer Line und die Finnline. Die Vereinigung traf Fahrplan-Vereinbarungen und verpflichtet sich gegenüber den Spediteuren, ihre Ladungen zum gleichen Preis wie die Container-Reeder zu übernehmen. Diese Bekämpfung des Container-Dienstes wird aber von beschränkter Dauer sein, und zwar so lange, wie die Behälter noch mit den jetzt vorhandenen aber unzureichenden Entladeeinrichtungen an Bord der Schiffe bzw. auf den Kaianlagen umgeschlagen werden. Immer mehr Häfen richten sich auf den Container-Umschlag ein und erstellen Spezialkrane mit großer Tragkraft und beachtlichen Arbeitsgeschwindigkeiten. In der Praxis wird das dann dazu führen, die Hafenliegezeiten der Schiffe, die in den meisten überseeischen Fahrtgebieten zwischen 50 und 65% der gesamten Reisezeit beanspruchen, drastisch zu verkürzen und damit die Wirtschaftlichkeit der Schiffe zu erhöhen. Automatisch wird dann auch die Eisenbahn zum Weitertransport der Behälter in das Landesinnere stärker herangezogen. Sie sollte das Kernstück für den zukünftigen, schnellen und wirtschaftlichen Güteraustausch im kombinierten Verkehr über ein weitmaschiges Güterzug-Knotenpunkt-Netz mit anschließender Flächenverteilung und Zuführung der Güter durch Lastkraftwagen werden.

Die vorstehend angestellten Überlegungen haben nichts zu tun mit der Entladung normaler offener Eisenbahnwagen, die auf einer Normalspurbahn vom Absender zum Empfänger verfahren werden, die beide einen Gleisanschluß besitzen. Hier ist ein Überladen nicht erforderlich, sondern nur wie bisher ein möglichst schnelles Entladen am Gleisanschluß des Empfängers. Besonders auf die Schnelligkeit legt die Bundesbahn großen Wert, um den Wagenumlauf beschleunigen zu können.

Eine gewisse Erleichterung und Zeitverkürzung des Handbetriebes bedeutet das Entladen mit der mechanisch bewegten *Schrapperschaufel*, die von einer Winde mit Seil gezogen und von Hand gesteuert wird. Das Seil wird von der Winde über Führungsrollen geleitet, die so angeordnet sind, daß es von der einen oder anderen Seite der Wagentür in den Wagen geleitet wird, so daß die Schaufel den größten Teil des Wagens bestreichen kann, ohne daß das Seil an den Türkanten scheuert. Die Winde ist mit einer Kupplung versehen, die ausgerückt wird, wenn die Schaufel an der Wagentür angekommen ist und wieder eingerückt wird, nachdem der Arbeiter die Schaufel wieder zurückgezogen und neu eingesetzt hat. Durch diese Einrichtung kann die Entladezeit stark verkürzt und bei körnigem oder mehligem Ladegut, für welches die Schaufel hauptsächlich in Anwendung kommt, eine Leistung bis zu 50 Mp/h erreicht werden, allerdings ohne Berücksichtigung der Arbeit, die noch zum Herauskratzen des letzten Restes der Ladung erforderlich bleibt.

Bei offenen Wagen und größeren Entlademengen kommen andere Entladevorrichtungen in Frage. Bei dem sog. Heinzelmann-Entlader wird das Ladegut durch eine Schnecke von beiden Seiten nach der Mitte geschoben und geht hier in ein Becherwerk über. Von dem Becherwerk kann das Ladegut dann beliebig weitergeleitet werden. Es ist allerdings im Einzelfall zu überlegen, ob das Gut durch das Zusammenkratzen mit der Schnecke und das Umladen in das Becherwerk und evtl. durch abermaliges Umladen auf ein Förderband oder dgl. nicht zu sehr beschädigt wird.

Eine andere Entlademöglichkeit ist durch den Einsatz von *Selbstgreifern* gegeben. Sie kommen hauptsächlich dann in Frage, wenn das Ladegut auf einem größeren Lagerplatz verteilt oder gemischt und von dort wieder entnommen werden soll. Der Greifer hat gegenüber dem vorher beschriebenen Entlader den Vorteil, daß er auch bei stückigem Ladegut noch verwendet werden kann. Er erfordert aber etwas sorgfältigere Bedienung durch den Maschinisten, damit die Wagen nicht beschädigt werden, was besonders bei großen Greifern etwa über 1,5 m^3 Inhalt leicht geschieht. Am vorteilhaftesten arbeitet die Anlage bei der Kohlenentladung und ähnlichen leicht faßbaren Materialien. Bei Kies und Erz wird das Greifergewicht so groß, daß Beschädigungen der Eisenbahnwagen unumgänglich sind. Bei leicht verletzbarem Ladegut wie Koks und Rüben verbietet die Art des Fördergutes die Verwendung des Greifers von vornherein.

Wesentlich besser verhält es sich bei *Selbstentladewagen*, wobei das geförderte Massengut nach Öffnen eines Schiebers oder einer Platte infolge der Schwerkraftwirkung aus dem Wagen herausgleitet. Um derartige Wagen aber wirtschaftlich einsetzen zu können, müssen Wege gefunden werden, um ohne oder mit nur geringem Mehrgewicht gegenüber einem normalen Kastenwagen auszukommen. Jedes nennenswerte Mehrgewicht des Wagens, wie es bei den verstellbaren Böden oder zu öffnenden Seitenwänden mit ihren zahlreichen Gelenken unvermeidlich ist, macht den Wagen durch die geringere Nutzlast, bezogen auf das Gesamtgewicht, unwirtschaftlich, ganz abgesehen von den größeren Anschaffungskosten der Wagen und den größeren Unterhaltungskosten: Einwirkung des Ladegutes auf die Gelenke und beweglichen Wagenteile.

Da die Selbstentladewagen ohne weiteres nicht zum Transport für Stückgüter zu verwenden sind, kommen die vermehrten Ausgaben für Leerläufe hinzu. Letztere besonders können den Vorteil der Wagen, nämlich eine schnelle Entladung, nicht mehr wettmachen. Selbstentladewagen müssen daher in geschlossenen Verbänden als Pendelzüge auf möglichst kurzen Strecken verkehren, damit ihr Vorteil auch voll ausgenutzt werden kann. Dieses geschieht vor allem in größeren *Hüttenwerken*, die meist einen eigenen derartigen Wagenpark unterhalten.

Will man die Anschaffung von Selbstentladewagen oder teilweise unwirtschaftliche Transportgebühren umgehen, so bleibt nur der Einsatz von *Eisenbahnwagen-Kippern*. Es ist ohnehin die einfachste Art, ein Gefäß zu kippen, wenn man es zu entleeren wünscht. Dieses Prinzip hat auf die Entleerung von Fahrzeugen aber erst verhältnismäßig spät Anwendung gefunden, da sie nur mit mechanischen Einrichtungen zu kippen sind, deren Wirtschaftlichkeit erst dann gegeben ist, wenn eine gewisse Mindestzahl von Wagen je Tag umzuschlagen ist.

Sollen die Wagen um eine Längsachse bis 135° hochgeschwenkt oder auch um 360° gedreht werden, so daß das Fördergut ohne Öffnen einer Wand von oben aus den Wagen ausläuft, so sind *Seiten-* oder *Kreiselkipper* zu verwenden. Dem Einsatz derartiger Kipper stehen in Deutschland jedoch strenge Bau- und Betriebsvorschriften der Bundesbahn hindernd im Wege, so daß sie bisher kaum Eingang gefunden haben und die schnelle Entladung von normalen Eisenbahnwagen dem Stirnkipper vorbehalten bleibt. Der Firma Aumund-Fördererbau GmbH ist es gelungen, zur Verringerung der Anschaffungskosten einen Plattform-Stirnkipper zu entwickeln, der nur durch Variation des Unterbaues in verschiedene Typen umgewandelt werden kann (Abb. 314a—d).

Das Grundbauelement in Form eines einfachen Stirnkippers ist die billigste Bauart überhaupt (Abb. 314a). Er wird fest auf dem Betonfundament installiert und setzt voraus, daß alle Wagen in richtiger Stellung (Bremshaus hinten) ankommen. Dieses kann bei immer gleicher Zugfolge sichergestellt werden. Andernfalls müssen verkehrt stehende Wagen auf einer Fremddrehscheibe gewendet werden. Vollkommen unabhängig von der Stellung der ankommenden Wagen wird der Kipper, wenn er selbst auf eine Drehscheibe aufgesetzt wird. Man verwirklicht diese Ausführung durch Benutzung einer zweireihigen Kugeldrehverbindung, die sowohl Axial-, wie auch Kippkräfte aufnehmen kann, oder aber durch Einbau von kreisförmig angeordneten Laufrädern im Grundrahmen des Kippers (Abb. 314d).

Trotz veränderter Antriebsleistung kann bei dieser Ausführung zwecks Erhöhung der Kippleistung nach dem Aufziehen eines Wagens schon während des Drehvorganges die Bühne gehoben werden und eine Entleerung in ringförmig angeordnete Bunker oder auch in Gleisrichtung erfolgen. Anfahren und Ablaufen der Wagen auf verschiedenen Gleissträngen ist ebenfalls möglich. Aufgewecktes Bedienungspersonal erzielt daher die gleiche Leistung wie beim ortsfesten Kipper.

Die Wagen können mit einer auf dem Kipper eingebauten Verholwinde über Weichen auf den Kipper aufgezogen werden und von dem mit geringer Überhöhung eingebauten Kipper nach Entladung frei ablaufen, ohne daß dafür eine besondere Verschiebearbeit erforderlich wäre. Da der Drehscheibenkipper die Bremshauswagen nach links und rechts

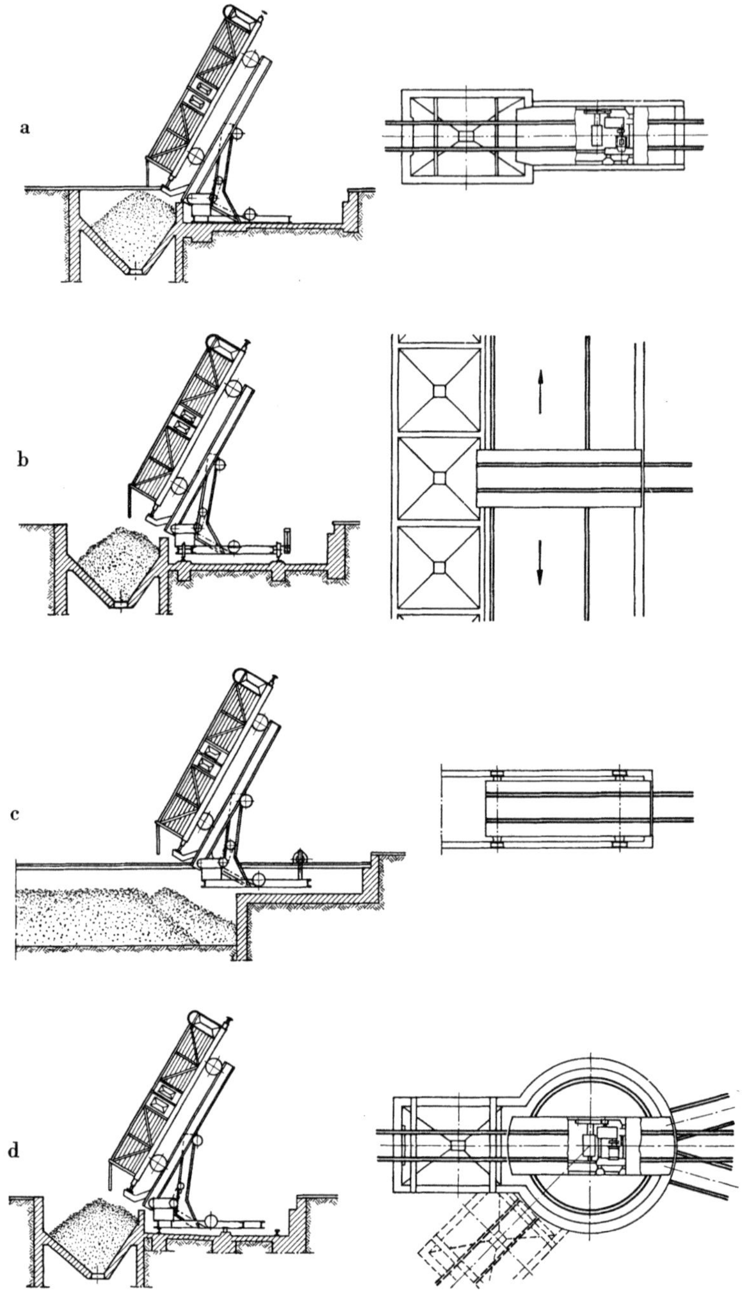

Abb. 314. Waggon-Stirnkipper in den Ausführungen *a–d* als Plattform sowie *e* und *f* als Scherenkipper.

a ortsfester Kipper; *b* Schiebebühnenkipper; *c* Tieflagerkipper; *d* Drehscheibenkipper; *e* zweiseitiger Scherenkipper; *f* fahrbarer Drehscheiben-Scherenkipper.

entladen kann, ersetzt er gewissermaßen zwei einfache Kipper, welche die Wagen nur in einer Richtung entladen können. Für die Bedienung sind nur zwei Arbeiter erforderlich. Die Fundamentkosten sind gering, da schon eine Grubentiefe von nur 1,75 m ausreicht. Einzige Voraussetzung für den Einbau dieses Kippertyps ist ausreichender Platz neben dem Gleis, um die Wagen auch drehen zu können (Fundamentdurchmesser etwa 10 m).

Kann ein Drehscheibenkipper im Gleisverband infolge seitlichen Platzmangels nicht eingebaut werden, so bietet sich der zweiseitige Scherenkipper nach Abb. 314e an. Dieser Typ besitzt zwei ineinander geschachtelte Hubscheren, die es in gestreckter Lage gestatten, die Wagen einzeln oder zugweise über den Kipper hinwegzufahren.

Zur Verlängerung der Hubscheren beim Kippen kann der je nach Kippseite zugehörige Einhängeträger gekuppelt werden. Jede Hubschere nimmt eine Seilrollenbatterie des

e

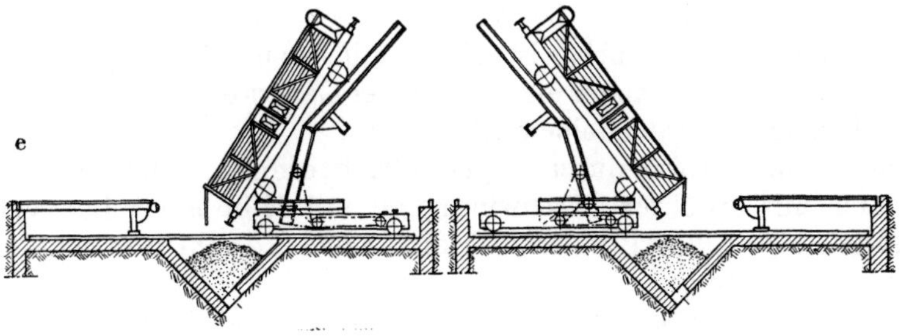

f

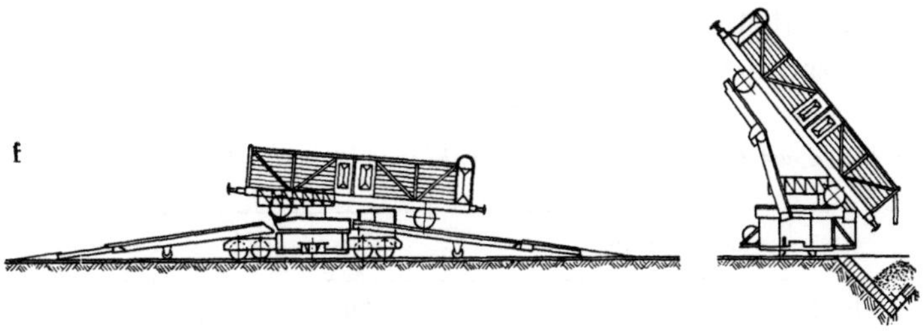

zu Abb. 314.

Seilflaschenzuges auf. Indem vor dem Kippen die nicht benutzte Hubschere am Unterwagen festgelegt wird, kann durch Aufwinden der beiden parallelen Hubseile die andere Hubschere angehoben werden. Ebenso wird beim Kippen zur anderen Seite verfahren. Auf diese Weise kann man je nach Lage des Bremshauses alle Wagen kippen, und zwar in einen unter der Mitte des Kippers angeordneten Füllrumpf. Das Festlegen der einen oder anderen Hubschere ist einfach durch Verschieben eines Bolzens auszuführen, damit wird gleichzeitig der zugehörige Einhängeträger gekuppelt.

Besteht die Aufgabe, einzelne Materialien in verschiedene, nebeneinander liegende Bunker zu entladen, so kann ein Schiebebühnen-Kipper (Abb. 314b) eingesetzt werden, der als Grundbauelement wiederum den einfachen Kopfkipper besitzt und nur zusätzlich mit einem Fahrwerk versehen ist. Es werden zweckmäßig zwei Anschlußgleise vorgesehen, so daß der Kipper an dem einen Gleis die vollen Wagen aufnehmen und am anderen die leeren nach dem Entladevorgang wieder absetzen kann. Bei der Bestimmung der stündlichen Entladeleistung muß natürlich die Fahrzeit berücksichtigt werden. Die Fahrgeschwindigkeit beträgt normalerweise etwa 0,5 m/s.

Wird das Fahrwerk um 90° versetzt, d. h. nach Abb. 314c eingebaut, so entsteht ein Tieflagerkipper, der in der Lage ist, einen Längsbunker gleichmäßig zu füllen. Hierbei arbeitet der Waggonkipper gleichsam als Fähre, indem er an der einen Seite des Bunkers den vollen Waggon aufnimmt, mit ihm zur Entladestelle fährt und ihn dann am anderen Bunkerende wieder absetzt.

Die vollendetste aller Bauarten stellt schließlich aber doch der fahrbare *Drehscheiben-Scherenkipper* (Abb. 314f) dar, der mit eigenem Fahrwerk ausgerüstet ist, das aus zwei getrennt angetriebenen, normalspurigen Drehgestellen mit 1,8 m Radstand besteht. Die Entladung von Wagen kann an jeder beliebigen Stelle rechts oder links vom Normalgleis oder von Hochbahngleisen erfolgen. Die Arbeitsweise des Kippers ist dieselbe wie beim ortsfesten Drehscheibenkipper. Die Kippbühne liegt 1,95 m über Schienenoberkante. Dementsprechend sind schräge Auflauframpen an beiden Enden des Kippgerüstes erforderlich, über die das Auffahren und Ablaufen der Wagen erfolgt. Es sei besonders erwähnt, daß diese Auflauframpen unterteilt und gelenkig miteinander verbunden sind, so daß auch in Kurven bis 100 m Radius ein Aufziehen der Wagen und Kippen derselben ermöglicht wird.

Infolge der hohen Anschaffungskosten kommt dieser Kipper natürlich nur in Betracht, wo ein Entladen an *verschiedenen* Stellen unbedingt gefordert werden muß, z. B. auf den Hochbahnen von Hüttenwerken, Werftanlagen, Anschüttung von Dämmen usw.

Dort ist die Anlage, die so gebaut ist, daß sie alle Wagen unabhängig von der Art des Bremshauses entladen kann und dazu noch fahrbar ist, ein handliches und leistungsfähiges Entlademittel. Wird der Kipper noch mit einem eigenen Diesel-Generator-Aggregat ausgerüstet, so ist er auch unabhängig von irgendeinem Stromnetz.

Während das Verfahren normalerweise durch Eigenantrieb erfolgt, kann er beim Wechsel des Einsatzortes auch mit erhöhter Geschwindigkeit mit Hilfe einer Lok verfahren werden. Alle diesbezüglich von der Bundesbahn erlassenen Vorschriften wurden schon bei der Konstruktion berücksichtigt.

In Tab. 71 sind die wichtigsten Daten für ortsfeste Stirnkipper mit mechanischem und hydraulischem Hubwerk aufgeführt. Tab. 72 gibt einen Überblick über die Bewegungsgeschwindigkeit von ortsfesten und fahrbaren Drehscheibenkippern. Bezüglich der Leistung des Hubwerkes gelten die Daten der Tab. 71.

Tabelle 71. *Technische Daten von ortsfesten Waggon-Stirnkippern (Aumund)*

Hubwerk		mechanisch	hydraulisch
normaler Kippwinkel	Grad	55	55
größter Kippwinkel	Grad	62	65
Hubzeit (0°–55° normal)	s	60	60
Senkzeit	s	47	30
Kraftbedarf bei 40 Mp Wagengewicht	kW	41	43
Huborgane		2 parall. Seile 22 mm Dmr. DIN 655 Ausführung B	2 Zylinder 190 mm Dmr. Druck 180 atü
maximale Bauhöhe (Ruhestellung)	mm	1750	2700
Spurweite	mm	1435	1435
größter Radstand	mm	6000	6000
größter Pufferüberhang	mm	2450	2450
Tragfähigkeit beim Kippen	Mp	40 (Überlastung bis 55 Mp)	40 (Überlastung bis 55 Mp)
Tragfähigkeit beim Überfahren		Lastenzug S (1950)	Lastenzug S (1950)
Gesamtgewicht	kp	etwa 20000	etwa 19000

Tabelle 72. *Technische Daten von Drehscheiben-Stirnkippern (Aumund)*

		fahrbar	ortsfest
Fahrgeschwindigkeit	m/s	0,5	—
Antriebsleistung (Fahrwerk)	kW	2·11	—
Drehzeit	U/min	2,3	1,7
Antriebsleistung (Drehwerk)	kW	5	4
Spillgeschwindigkeit	m/s	0,4	0,4
Antriebsleistung (Spillwerk)	kW	40	10
Seildurchmesser nach DIN 655	mm	22	13
Gesamtgewicht	kp	etwa 90000	etwa 36000
Anzahl der Laufräder		12	4
Gesamtbaulänge	m	30	9
Gesamtbauhöhe (Ruhestellung)	mm	1950	1850

Liegen besonders ungünstige Bodenverhältnisse vor, die eine Ausführung von Fundamentgruben nicht zulassen, so kann das Windwerk der Waggonkipper neben der Plattform oder auf einem Gerüst über dem Durchgangsprofil der Waggons angeordnet werden.

Für die Umladung von Massengütern aus Waggons in Schiffe oder gleislose Fahrzeuge, zur Beschickung von Lagerplätzen oder Bunkern werden Kipperkatzen verwendet. Die Waggons werden auf eine mit vier Seilsträngen an einer Laufkatze hängende Kipperplattform gezogen. Nach Heben der Kipperplattform wird das Schüttgut zumeist in einen Zwischenbunker gekippt, aus dem es über Schurren, Füllrumpfverschlüsse oder stetige

Förderer abgezogen wird (Abb. 315). Kipperanlagen für große Umschlagleistungen werden vor allem bei Schiffsbeladeanlagen gefordert. Sie bestehen aus einer Verladebrücke mit Drehkran, der die Gehänge-Kipperplattform trägt, und einer Niedertragevorrichtung (Abb. 316). Die Brücken überspannen eine Anzahl von Eisenbahngleisen. Die Waggons können nach Bedarf aus den Vollzügen auf die Kipperplattform gezogen werden. Nach Entleerung werden sie auf ein Leergleis abgestellt. Mit diesen Anlagen können Umschlagleistungen bis zu 600 Mp/h erreicht werden.

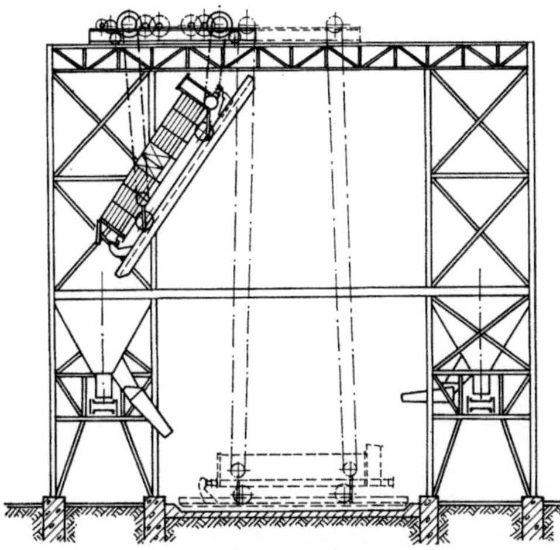

Abb. 315. Kipperkatzen zum Umladen von Massengütern.

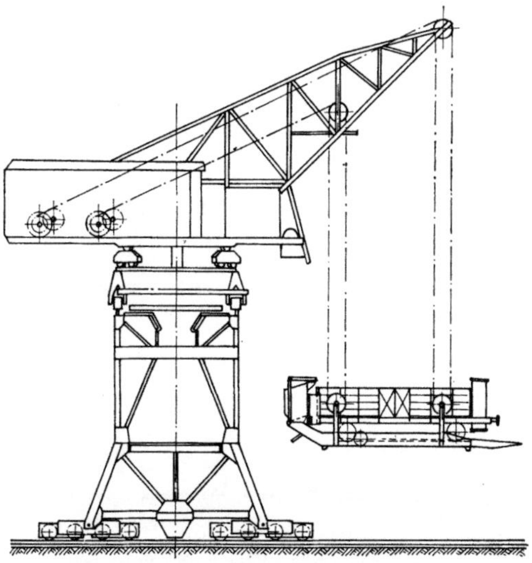

Abb. 316. Verladebrücke mit Drehkran und Gehängekipperplattform.

4. Hängebahnen

a) Bahnen mit Handbetrieb

Die Kraft zum Fortbewegen der Hängebahnwagen ist allgemein etwas geringer als die zum Fortbewegen der Standbahnwagen, da einmal die hochliegenden Schienen nicht durch herabfallendes Material verschmutzt werden können, zum anderen aber auch wegen der Verwendung nur einer einzigen Schiene, auf denen die Wagen weniger zum Ecken neigen. Die Schienen werden durchweg in mindestens 2 m Höhe angeordnet, so daß man unter ihnen frei verkehren kann. Mitunter wird als Schienenprofil ein I-Träger verwendet, um dessen unteren Flansch die Laufrollen des Wagens herumgreifen, wie in Abb. 317 dargestellt. Meistens werden aber besonders für diesen Zweck gewalzte Schienenprofile benutzt, auf deren wulstförmigem Kopf die Wagen laufen, wie aus den Abbildungen der Weichen und Drehscheiben zu erkennen ist. Die aus I-Trägern gebildeten Schienen finden besonders für den Transport in Schlachthofanlagen Verwendung, da es sich hier um kleinere Gewichte handelt. Dagegen hat sich diese Anordnung für den Transport von Massengütern nicht eingeführt, da die Wagen bei den durch die beschränkte Trägerhöhe bedingten kleinen Rädern zu schwer laufen. Bei Anwendung der Doppelkopfschienen mit oben fahrendem Laufwerk sind auch die Weichenanordnungen einfacher als bei den durch I-Träger gebildeten Gleisen. Die Weichen können dabei entweder als stumpfe Weichen ausgeführt werden, wie in Abb. 318 dargestellt, oder als Auflaufweichen, bei denen der eine Schienenstrang mit geringer Überhöhung über den anderen herübergreift. Diese letztere Anordnung kommt besonders in Frage, wenn der eine Schienenstrang in der Längenrichtung des anderen verschiebbar sein soll, um einen größeren Platz mit der Hängebahn vollständig zu bestreichen, eine Anordnung, die bei Verwendung von I-för-

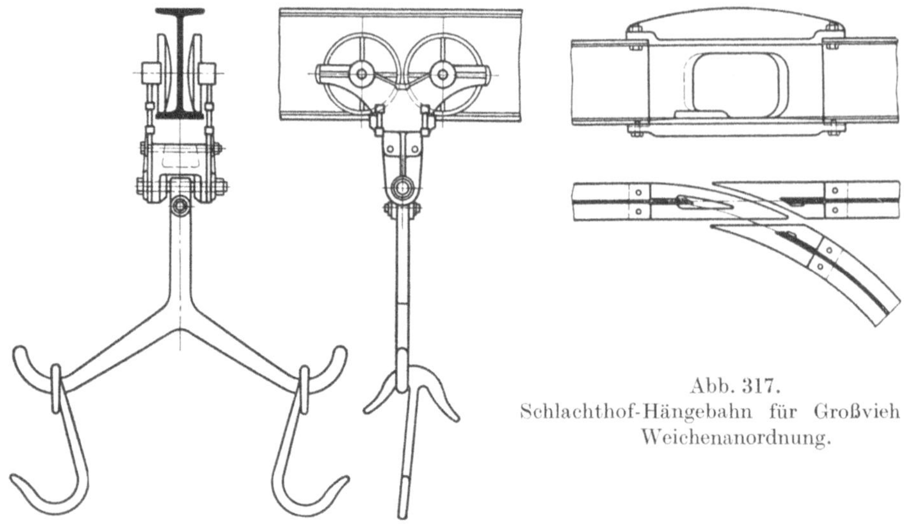

Abb. 317.
Schlachthof-Hängebahn für Großvieh mit Weichenanordnung.

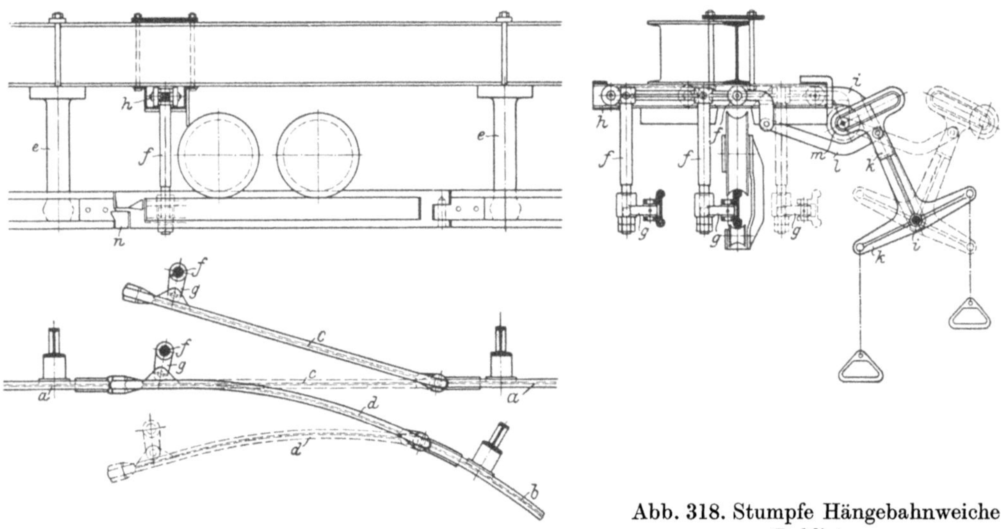

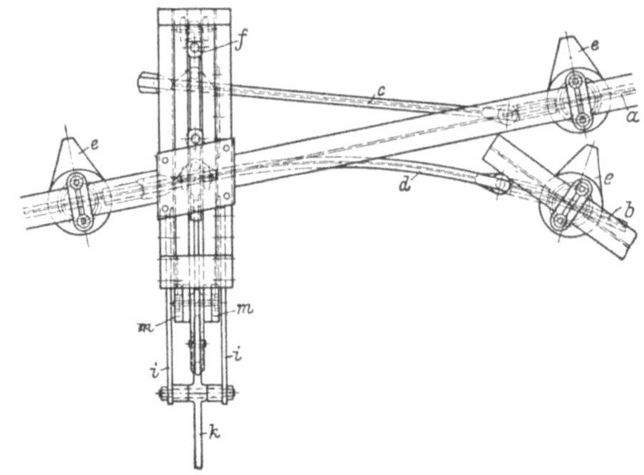

Abb. 318. Stumpfe Hängebahnweiche (Pohlig).

a durchgehendes gerades Gleis; *b* anschließendes gebogenes Gleis; *c* gerade Weichenschiene; *d* gebogene Weichenschiene; *e* Hängebahnschuhe zum Aufhängen der festen Schienen; *f* fahrbare Aufhängung für die Weichenschienen *c* und *d*; *g* drehbarer Anschluß der Weichenschienen *c* und *d* an die Aufhängung *f*; *h* Fahrbahn für die Aufhängung *f*; *i* fester Ausleger, mit *h* verbunden, zum Stützen des Bedienungshebels *k*; *k* Bedienungshebel mit zwei Zugstangen zum Einstellen der Weiche; *l* Zugstange zum Fortbewegen der Aufhängung *f* durch Hebel *k*; *m* zwei Gewichtsscheiben zur Sicherung der Weichenstellung in der einen oder der anderen Lage vermittels der Langlochführung des Hebels *k*; *n* Auflager der Hängebahnschienen zur Entlastung der Aufhängung *f*.

migen Schienen nicht möglich ist. Die Hängebahn kann ebenso wie die Standbahn in beliebigen Kurven geführt werden, jedoch kann der Radius der Kurven wesentlich kleiner sein und beträgt meistens 2 m. Ferner können, wenn erforderlich, an beliebigen Stellen des Gleises Gleiskreuzungen und Drehscheiben eingefügt werden. Eine durch den Wagen vollkommen selbsttätig einstellbare Gleiskreuzung ist zu erreichen, wenn die Wagenräder unter ein Schaltlineal laufen, es anheben und dadurch ein bis dahin hochgeklapptes Gleisstück in die Fahrbahnebene einschwenken. Es kann dann vom Fahrwerk des Hängebahnwagens überrollt werden und schwenkt unter der Wirkung eines Gegengewichtes

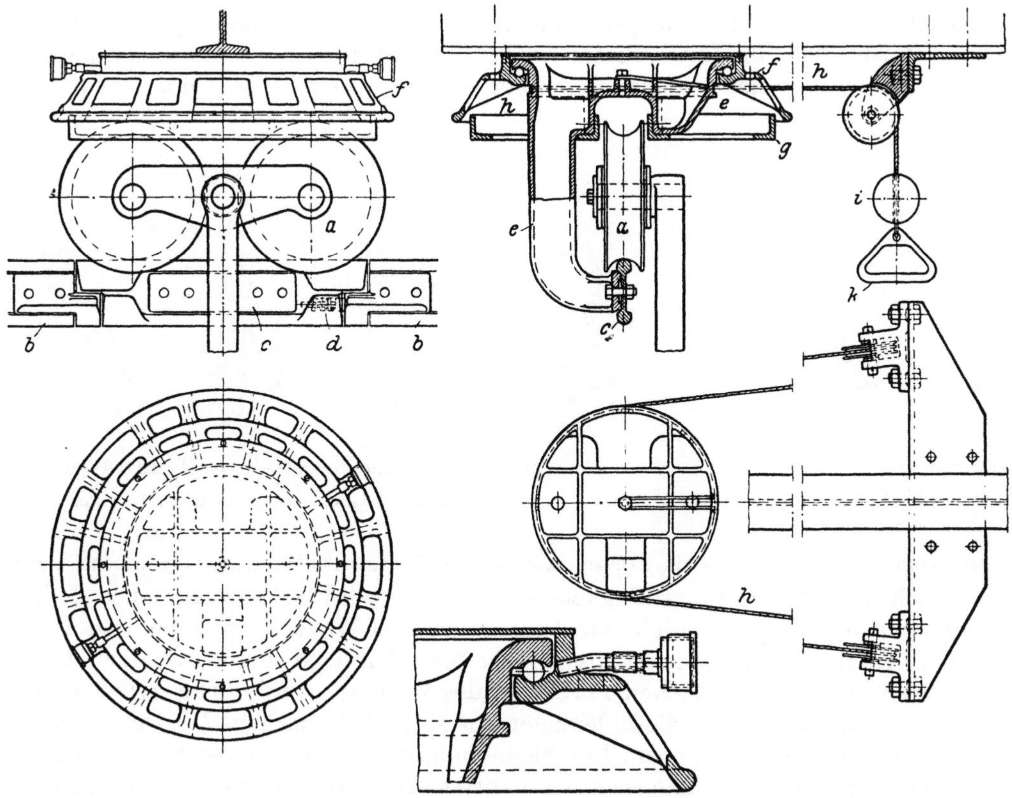

Abb. 319. Drehscheibe für Hängebahnen (Pohlig).

a Laufwerk des Hängebahnwagens; *b* fester Schienenanschluß; *c* drehbares Schienenstück der Drehscheibe; *d* Feder zum Festhalten der Drehscheibe in der Gleisrichtung; *e* Drehscheibenteller, auf Kugellager drehbar; *f* feste Aufhängung der Drehscheibe am Traggerüst und Sicherung gegen Abfahren des Wagens während des Drehens; *g* Winkeleisen als Sicherung gegen das Auffahren des Wagens bei nicht richtig eingestellter Drehscheibe; *h* Seil zum Drehen der Drehscheibe; *i* Gewichte zum Anspannen der Seile *h*; *k* Handgriffe zum Drehen der Scheibe.

wieder hoch. In gleicher Weise wird mit der an dieser Stelle kreuzenden Bahn verfahren. Eine derartige automatische Verstellung ist nur bei Hängebahnen möglich. Bei Standbahnen würde das Gewicht der beiden miteinander zu verbindenden Schienen des Gleises zu groß werden, um durch den fahrenden Wagen bewegt zu werden. Die Drehscheiben der Hängebahnen bestehen aus einem kurzen Schienenstück, das an geeigneter Aufhängung um einen oberen senkrechten Zapfen schwenkbar ist und leicht gedreht werden kann, indem man entweder an dem auf der Schiene stehenden Wagen angreift oder die Drehscheibe durch ein besonderes Seil einstellt (Abb. 319).

Die Schienen werden meistens in einem Abstand von etwa 4 m unterstützt und die Aufhängung wird dabei entweder mit den Gebäude- oder Dachkonstruktionen verbunden oder es werden besondere hölzerne oder schmiedeeiserne Böcke vom Fußboden aus aufgeführt. Die Wagen werden in ganz verschiedenen Formen gebaut, deren Darstellung im einzelnen hier zu weit führen würde. Für den Transport von Massengütern werden einfache Kästen verwendet, die in einem Gehänge drehbar eingehängt sind und durch eine um das Gehänge herumgreifende Haltevorrichtung in aufrechter Lage gehalten werden. Nach dem Lösen dieser Haltevorrichtung kippen und entladen die Kästen ihren Inhalt von selbst und können nach der Entleerung von Hand wieder in die aufrechte Lage zurückgebracht werden. Die Hängebahnwagen sind bei der beschriebenen Anordnung gegen Entgleisen und Herabfallen sehr sicher. Sie können ohne Gefahr einer Entgleisung pendeln und laufen in den Kurven kaum schwerer als auf gerader Strecke. Die Betriebssicherheit der Hängebahnen ist so groß, daß sie sogar häufig in Gießereien zum Transport flüssigen Eisens verwendet werden, wofür sie wegen der hier auf dem Boden vorhandenen zahlreichen Hindernisse besonders gut geeignet sind. Die Laufrollen werden je nach der Last meistens mit 250—300 mm Durchmesser hergestellt und mit Gleit- und Wälzlagern versehen. Bei Anwendung der letzteren kann ein Arbeiter einen Wagen mit einem Inhalt

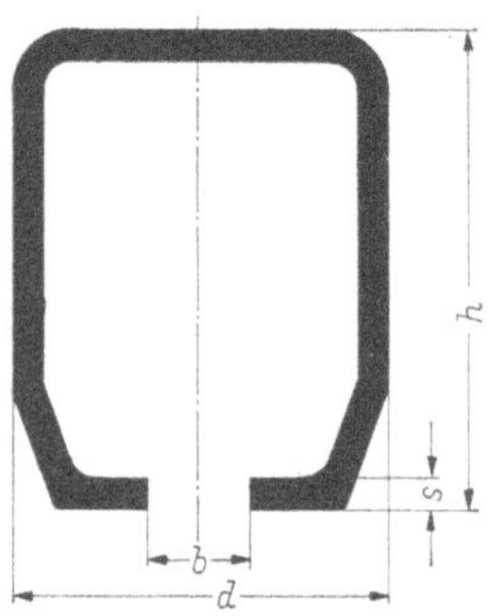

Abb. 320. Geschlossene Handhängebahn-Profilschienen.

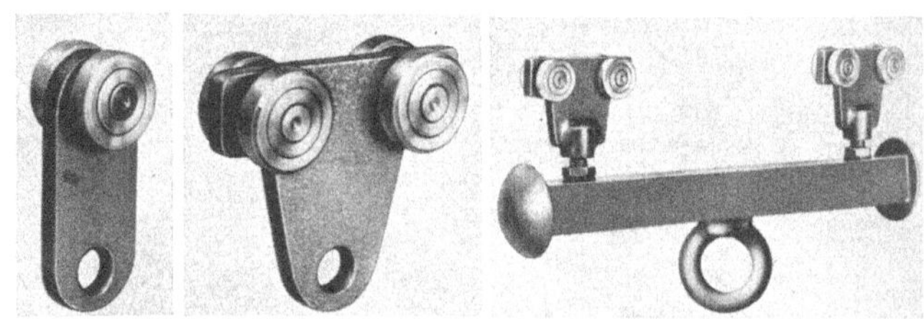

Abb. 321. Hänger für Handhängebahnen (Hespe & Woelm).
a einpaarig; *b* doppelpaarig; *c* doppelpaarig mit Traverse.

von 500—1000 kp noch gut fortbewegen, während bei Standbahnen die Grenze mit etwa 600 kp erreicht ist. Die Leistungsfähigkeit des Arbeiters wird insbesondere auch dadurch vergrößert, daß infolge der pendelnden Aufhängung des Wagenkastens bei den Hängebahnen das Anschieben leichter ist als bei der Standbahn. Während bei der letzteren beim Anfahren die zum eigentlichen Fortrollen des Wagens erforderliche Arbeit im gleichen Augenblick um die für das Beschleunigen der Masse erforderliche Leistung vermehrt wird, erfolgt bei der Hängebahn die Beschleunigung des Gehänges mit Kasten teilweise dadurch, daß zunächst das Gehänge in der Fahrtrichtung auspendelt und dann erst das Laufwerk nachfolgt. Die beiden Arbeitsleistungen erfolgen also zum Teil zeitlich hintereinander und verringern dadurch den erforderlichen Kraftaufwand.

In den letzten Jahren sind Handhängebahnen mit geschlossenen Profilschienen (Abb. 320) und passenden kugelgelagerten Hängern (Abb. 321) immer mehr eingesetzt worden. Die erforderliche Profilstärke wird durch die Tragfähigkeit der Hänger bestimmt. Entsprechende Hinweise sind der Tab. 73 zu entnehmen.

Bei der Festlegung der Aufhängungsabstände muß beachtet werden, daß die maximale Durchbiegung 6 mm nicht überschreitet. Das genaue Maß kann örtlich durch Versuch unter Berücksichtigung der Durchbiegung ermittelt werden. Aus schwingungstechnischen Gründen soll der Muffenabstand im Höchstfall 3 m betragen. Der normale Abstand liegt zwischen 1—1,5 m. Die Aufhängung der Profile erfolgt allgemein durch Übersteck- oder Klemmuffen. Es ist zu empfehlen, in der Wahl des Laufschienenprofils großzügig zu sein, da derartige Anlagen einer sehr robusten Behandlung bzw. Überbelastung ausgesetzt sind.

Durch einfaches, zweckentsprechendes Zusammenfügen von Normteilen nach dem Baukastenprinzip kann praktisch fast jede Anlage hergestellt werden. Auch Erweiterungen und Änderungen bereiten kaum Schwierigkeiten. Verbindungen einzelner Schienensysteme bzw. Abzweigungen in erforderlicher Weise lassen sich durch Weichen oder Drehscheiben sehr einfach herstellen, wie als Beispiel Abb. 322 zeigt. Die Laufschienen können

Tabelle 73. *Abmessungen von Profil-Hängebahnschienen nach Abb. 320*

Profil-Nr.		300	400	500	600	700
h	mm	35	43,5	60	75	110
d	mm	40	48,5	65	80	90
b	mm	10	15	18	22	25
s	mm	3	3,5	4	5	7
W_x	cm³	1,80	4,81	5,75	21,20	52,0
Gewicht etwa	kp/m	2,7	3,8	6,1	9,5	16,8
Tragkraft[1])	kp	200	300	500	1000	1600
Tragkraft der Hänger nach Abb. 321						
einpaarig	kp	30	60	150	300	500
doppelpaarig	kp	50	100	250	500	800
einpaarig mit Traverse	kp	60	120	300	600	1000
doppelpaarig mit Traverse	kp	100	200	500	1000	1600

[1]) Muffenabstand etwa 750 mm.

ohne weiteres horizontal oder vertikal gebogen werden. Die Radien sind genormt bei den Profilgrößen 300, 400 und 500 mit $R = 650$ mm; beim Profil 600 mit $R = 800$ mm und beim Profil 700 mit $R = 1000$ mm.

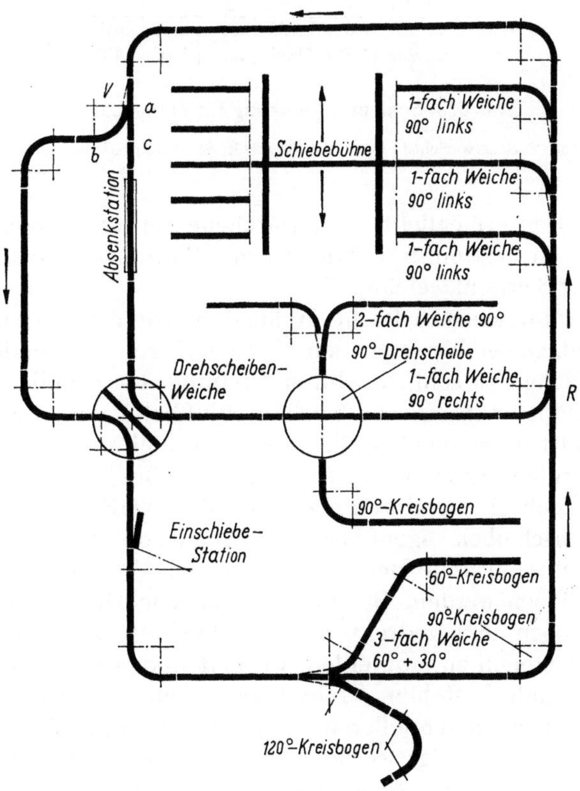

Abb. 322. Durch Kombination einzelner Baukastenteile lassen sich alle erforderlichen Bahnführungen bei Hängebahnen bilden.

Für Abzweigungen sind Schwenkweichen zu empfehlen aufgrund ihrer einfachen soliden Ausführung. Bei 3fach-Weichen ist gegenüber der Zungenweiche nur ein Betätigungsgestänge erforderlich. Zungenweichen haben allerdings gegenüber den Schwenkweichen kleinere Einbaumaße, was für kurz hintereinanderliegende Abgänge wichtig ist. Ein Umstellen der Weichen ist bei einem Rücklauf der Hänger nicht erforderlich, da die Zunge durch den Hänger zurückgedrückt wird. Soll die Weiche von der Zungenspitze her immer in einer Richtung befahren werden, so wird die Zunge unter einseitigen Federdruck gestellt. Auch sind automatisch wechselnde Weichen als Verteilerweichen bekannt. Nach dem Durchlauf eines Hängers stellt sich die Zunge automatisch auf die zweite Fahrtrichtung um, so daß die nacheinander ankommenden Hänger abwechselnd in die rechte oder linke Fahrbahn eingeschleust werden. Schwenk- und Zungenweichen können sowohl mit Hand-, wie auch mit elektrischer Magnetbetätigung ausgerüstet werden.

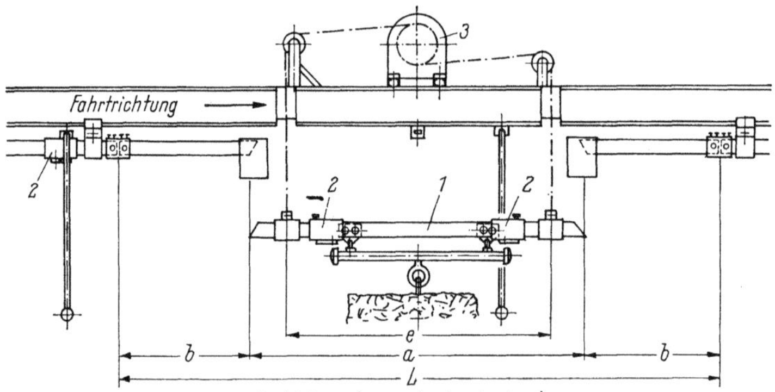

Profil Nr.	a	b	L	e
300/400	1000	500	2000	700
500/600/700	1500	750	3000	1100

Abb. 323. Schienenabsenkung für Hängebahnen.

1 absenkbare Schiene; *2* Sperrvorrichtung mit Auslösegestänge; *3* angetriebene Seiltrommel als Hubgerät.

Die Einschiebestation ermöglicht das zusätzliche Einführen oder das Herausnehmen der Transporthänger an bestimmten Punkten der Bahn. Die Einschiebestation arbeitet nach dem Prinzip der Schwenkweiche.

Drehscheiben auf Kugellagern leicht drehend, werden durch ein Gestänge betätigt. Sie haben den Vorteil, gegenüber einer den gleichen Zweck erfüllenden Weichenkonstruktion wesentlich einfacher zu sein, da durch Drehung der Scheibe einschließlich Transporthänger dieser mühelos in eine andere Anschlußbahn geschoben werden kann. Die Schwenkmöglichkeit ist unbegrenzt, d. h., es können mehrere Abzweigungen vorgesehen werden. Ein Herauslaufen der Hänger aus den Anschlußbahnen bzw. der Drehscheibe ist nicht möglich. Der Drehscheibendurchmesser ist den NORM-Hängern angepaßt. Nachteilig wirken sich Drehscheiben gegenüber Weichen aus, da diese keine fließende Verschiebung des Transportgutes zulassen. Bei Verwendung von Weichen können mehrere Hänger hintereinander verschoben werden. Bei Verwendung von Drehscheiben kann jeweils nur ein Hänger eingeschoben und gedreht werden. Deshalb ist in der Regel der Einsatz von Drehscheiben an Stellen zu empfehlen, wo Zeit und Anzahl der Transporthänger in einem bestimmten Verhältnis stehen. Drehscheibenkreuze gestatten ein Überkreuzfahren und ermöglichen damit einen schnelleren Arbeitsablauf gegenüber normalen Drehscheiben. Sie müssen nur dann betätigt werden, wenn aus der immer durchgehenden Hauptbahn der Hänger in eine andere Anschlußbahn geschoben werden soll. Drehscheibenweichen haben gegenüber normalen Drehscheiben den Vorteil, eine fließende Verschiebung der Hänger zu ermöglichen. Da außerdem die Verwendung als Drehscheibe besteht, ergeben sich vorteilhaftere Einsatzmöglichkeiten.

In jede Handhängebahn-Anlage können Schienenabsenkungen eingebaut werden (Abb. 323). Sie gestatten ein müheloses Absenken und Heben eines Hängers zur Aufnahme oder zum Absetzen des Transportgutes. Außerdem lassen sich durch diese Einrichtung in verschiedenen Höhenebenen liegende Hängebahnen verbinden. Automatische Sperren verhindern ein Wegrollen und Nachrollen der Transporthänger während des Absenkvorganges.

Soll in einem bestimmten Bereich jeder Punkt durch die Transportwagen der Hängebahn erreichbar sein, so sind Schiebebühnen einzusetzen. Sie lassen sich durch Drücken gegen die Last leicht verschieben. Für die Profilschienen nach Abb. 320 und Tab. 73 werden Schiebebühnen bis zu einer maximalen Belastung von 1000 kp und bis zu einer Breite von 6 m gefertigt. Zur Aufnahme der seitlich wirkenden Schubkräfte werden in den Fahrwerken der Schiebebühnen quer liegende Kugellagerrollen angeordnet. Die Länge der Schiebebühnenfahrwerke beträgt je nach Profilgröße 350—600 mm. Werden Schiebebühnen mit Anschlußbahnen verbunden, so müssen die Zwischenräume durch Winkel- oder Flacheisen geschlossen werden, um ein Herauslaufen der Transportanhänger zu verhindern. Jede Anschlußbahn ist mit einer Arretierung zu versehen, um eine einwandfreie Verbindung zwischen Bahn und Schiebebühne zu gewährleisten.

Durch Schrägmontage der Laufschienen kann ein selbständiges Abwärtsrollen der Hänger durch Weichen und Kurven erreicht werden. Der Neigungswinkel richtet sich nach dem Gewicht des Transportgutes, wobei 2° im allgemeinen genügen. Durch Einbau von Schrägaufzügen kann das Transportgut auch ohne Schwierigkeiten sicher aufwärts gefördert werden. Die Mitnahme der Hänger erfolgt automatisch durch eine Schleppkette. In dieser Ausführung gleichen die Hängebahnen den sog. „power-and-free-Förderern", die bereits im Abschnitt über Kreisförderanlagen beschrieben wurden.

Wirtschaftliche Ermittlungen der Förderkosten einschl. Kapitaldienst haben ergeben, daß die Hängebahn mit Handbetrieb bei kleinen Leistungen gegenüber der Schienenbahn mit Handbetrieb um einen geringfügigen Betrag im Nachteil ist. Bei mittleren Leistungen stellt sie sich aber mit ihr gleich und bei größeren Leistungen sogar günstiger, so daß dann besonders mit Rücksicht auf die eingangs erwähnten Vorteile, wie Freihalten des Bodens und Vermeiden von Verschmutzungen der Schienen, ihre Anwendung zu empfehlen ist.

b) Bahnen mit Elektrobetrieb

Bei größeren Leistungen und Förderlängen wird in neuerer Zeit vielfach elektromotorischer Antrieb verwendet. Die Anordnung der Einzelteile, d. h. der Wagen, Gleise, Weichen usw., bleibt dabei dieselbe wie bei den Hängebahnen mit Handbetrieb. Natürlich gilt das nicht für Hängebahnen mit Fahrwerken, die in geschlossenen Hohlprofilschienen laufen. Bei diesen ist lediglich eine Mitnahme der Hänger durch eine Schleppkette möglich. Im anderen Fall wird an dem offen geführten Laufwerk des Wagens lediglich ein kleiner Getriebemotor angeordnet, der die Laufräder direkt antreibt und den Strom von einer Schleifleitung entnimmt. Diese Betriebsart wurde schon vor dem Jahre 1900 von Professor Jenkins in England unter dem Namen Telpherbahn in den Verkehr gebracht, und zwar in verhältnismäßig vollkommener Anordnung mit Blockiereinrichtungen zum Vermeiden von Zusammenstößen der einzelnen Wagen. Aber die elektrischen Maschinen und Apparate, die erst zu Beginn dieses Jahrhunderts in größerem Umfange für die Förderanlagen benutzt wurden, waren noch nicht genügend entwickelt. Die Telpherbahnen gelangten daher, wenn sie auch ständig gebaut wurden, doch lange Zeit zu keiner weitgehenden Verwendung. Bei der großen Verbreitung des elektrischen Stromes und bei der Vollkommenheit und zuverlässigen Arbeitsweise der elektrischen Apparate hat aber nunmehr dieses Fördermittel für den inneren Betrieb der Fabriken große Bedeutung erlangt. Im Hinblick auf die durch die Hängebahn gebotenen Vorteile, daß nämlich der Fußboden frei von Schienengleisen ist, die Gleise nicht verschmutzen und die Hängebahnschienen mit kleinem Krümmungshalbmesser bis herab auf 2 m verlegt werden und sich somit den örtlichen Verhältnissen im Innern der Werkstätten gut anpassen können, dürfte sich das Anwendungsgebiet der Elektrohängebahn noch wesentlich vergrößern lassen, wenngleich auch hier der Elektroflurwagen stark in Wettbewerb tritt.

Der Betrieb der Elektrohängebahnen kann fast als automatisch bezeichnet werden, denn die Wagen können ohne Führer beliebige Bahnstrecken durchfahren und an beliebiger Stelle ohne weitere Bedienung entladen werden. Wenn mehrere Wagen auf derselben Strecke fahren, so wird durch eine geeignete Blockiereinrichtung Vorsorge getroffen, daß kein Zusammenstoß erfolgen kann, aber doch ein ständiger Betrieb gesichert ist. Diese Blockierung gestaltet sich bei Elektrohängebahnen besonders einfach, weil bei den infrage kommenden Wagengewichten von durchweg etwa 1,3—3 Mp nur kleine Motoren erforderlich sind, die mit Kurzschlußanker ausgeführt und ohne Vorschaltwiderstände durch einen einfachen Schalter ein- und ausgeschaltet werden können. Die Antriebsmotoren besitzen meistens eine Stärke von etwa 0,5—0,75 PS. Bei kleineren Lasten und waagerechter Bahn genügt ein Motor, der das eine der beiden Laufräder antreibt, bei größeren Lasten und besonders auch bei einer Steigung der Schienenführung, die bis zu 6 %

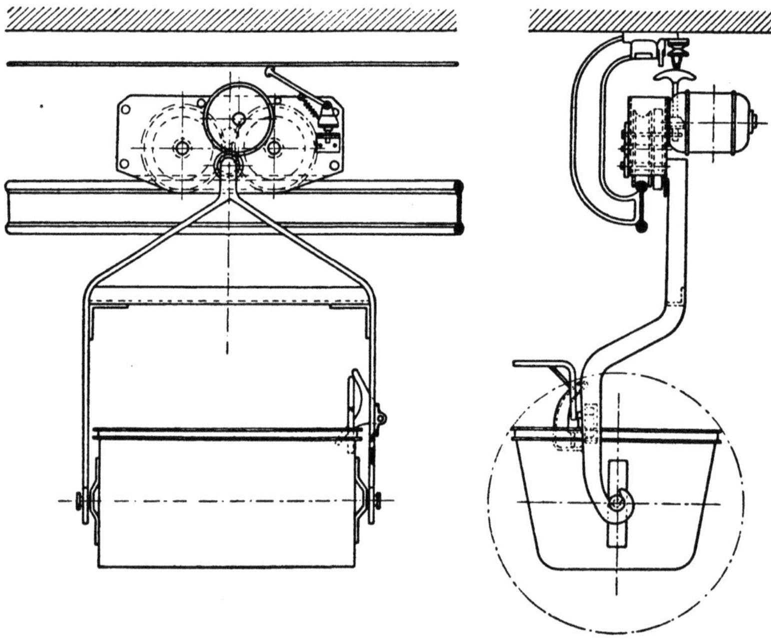

Abb. 324. Elektrohängebahnwagen mit Antrieb beider Laufräder.

durch einfache Schienenreibung überwunden werden kann, verwendet man dagegen oft zwei derartige Motore und zwar je einen für eins der beiden Tragräder des Laufwerkes. Man kann aber auch mit einem Motor durch geeignete Zahnräderanordnung beide Laufräder antreiben. Abb. 324 zeigt einen derartigen Wagen, wie er in ähnlicher Form von allen Herstellerfirmen für Elektrohängebahnen gebaut wird. Die Kraft wird durch einfaches Rädervorgelege auf das Laufrad übertragen, das mit einem Zahnkranz fest verbunden und auf der feststehenden Achse drehbar gelagert ist. Durch ein Zwischenrad wird auch das in gleicher Weise ausgebildete zweite Laufrad angetrieben. Das Ritzel auf der Motorachse ist fliegend angeordnet und der Motor mittels Flansch am Laufwerk befestigt. Irgend welche besonderen schweren und teueren Lagerungen werden also durch elektrischen Antrieb am Laufwerk nicht erforderlich. Zum schnellen Anhalten des Wagens bei ausgeschaltetem Strom wird meistens eine kleine Magnetbremse eingebaut, die entweder auf das Laufrad oder die Schiene wirkt. Noch einfacher ist wohl der Einsatz von Bremsmotoren. Sie werden mit eingebauter Bremse mit Verschiebeläufer gebaut oder erhalten auf dem zweiten Wellenende eine Lamellenbremse, die durch Magnetkraft gelüftet wird. Für die Stromzuführung zu den Hängebahnwagen können bei begrenzter Bahnlänge und Reversierbetrieb der Wagen Hängekabel verwendet werden, die an kleinen Kabelwagen (an einer besonderen Schiene geführt) hängen. Normalerweise verkehren die Hängebahnwagen jedoch auf gekrümmten in sich geschlossenen Bahnen. In diesen Fällen, wird der Strom über Fahrdrähte oder Schleifleitungen zugeführt, wobei offene und verkleidete Ausführungen je nach Einsatzort bekannt sind. Das Gleiche gilt auch für evtl. erforderliche Steuerleitungen. Da die Bahnen bisher durchweg für Gleichstrom 110 oder 220 V ausgeführt werden und die geerdete Laufschiene als Rückleitung benutzt wird, so genügt für die Stromzuführung ein einziger blanker Schleifdraht, der über der Laufschiene isoliert zu befestigen ist. Für den Einbau der Blockiereinrichtung kommen allerdings meistens noch drei weitere Stromführungen hinzu, die aber als isolierte Leitungen in beliebiger Weise verlegt werden können und den Betrieb daher nicht weiter ungünstig beeinflussen.

Die Blockschaltung wird von den einzelnen Firmen in verschiedener Weise ausgeführt. Die Weichensicherung ist in einer allgemeinen Anordnung gezeigt, welche die Möglich-

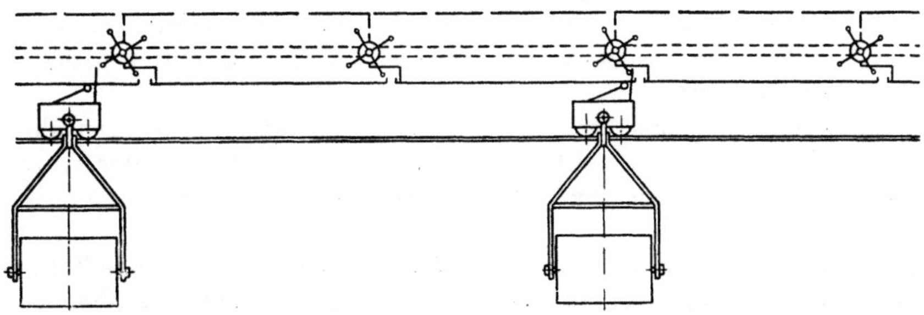

Abb. 325. Leitungsführung einer Elektrohängebahn mit Unterteilung der Bahn in einzelne Blockstrecken.

keit der vollkommen selbsttätigen Steuerung dieser Elektrohängebahnen aufzeigen soll. Als Beispiel einer solchen Hängebahnsicherung ist eine Schienenführung nach Abb. 322 angenommen, die außer geraden und gekrümmten Strecken eine Vorwärtsweiche *V* und eine Rückwärtsweiche *R* enthält und von mehreren Wagen in der Richtung der Pfeile durchfahren wird. Abb. 325 gibt die Leitungsführung und Schalteranordnung auf der geraden Strecke an, wobei die Schleifleitung ausgezogen, die Speiseleitung lang gestrichelt ist und die Hilfsleitungen durch kurze Strichelung gekennzeichnet sind. Die ganze Bahn ist in mehrere Blockstrecken eingeteilt. An dem Teilpunkt je zweier Blockstrecken ist ein Schalter in die Hilfsleitungen eingebaut, dessen Drehkreuz bei jedem Vorbeigang eines Wagens durch einen mit dem Wagen verbundenen Anschlag um 90° gedreht wird (Abb. 325). Durch die Schalter wird die Stromzuführung zur Schleifleitung so geregelt, daß immer hinter jedem Wagen eine Blockstrecke stromlos ist, damit der folgende Wagen nicht auf den voranfahrenden auflaufen kann. Tritt der in Bewegung befindliche Wagen auf eine andere Blockstrecke über, so werden die rückwärtigen Blockstrecken entsprechend umgeschaltet, so daß immer nur die unmittelbar hinter dem Wagen befindliche Strecke stromlos ist. Bleibt nun auf der Strecke ein Wagen stehen, so werden automatisch auf den voranliegenden Blockstrecken alle nachfolgenden Wagen ebenfalls gestoppt. Sobald der erste Wagen nach Behebung der Störung wieder anläuft und damit seine derzeit befahrene Blockstrecke frei gibt, laufen auch alle anderen Hänger nacheinander an.

Die Steuerung der in Abb. 322 dargestellten Vorwärtsweiche V ist einfach. Sie wird mit der Hand ein- und ausgerückt. Der Wagen schaltet die von ihm durchfahrenen Blockstrecken in derselben Weise, wie soeben für die einfache Strecke beschrieben, einerlei, ob er sich in dem kleinen oder großen Kreis bewegt. Außerdem wird die vor der Weiche liegende Strecke so von der Stellung der Weiche abhängig gemacht, daß sie stromlos ist, wenn die Weiche nicht vollständig ein- oder ausgerückt ist. Hierfür eignen sich Endlagenschalter. Sie können aber auch durch einen Drehschalter ersetzt werden, der von dem Drehzapfen der Weiche aus betätigt wird. Schließlich muß noch dafür gesorgt werden, daß der Wagen, nachdem er die eingerückte Weiche durchlaufen hat, die beiden Weichenstrecken *a—b* und *a—c* stromlos macht, weil es sonst bei der geringen Länge der Weiche vorkommen könnte, daß ein Wagen, der kurz hinter *c* stehen bleibt, von einem anderen Wagen, der über die mittlerweile eingelegte Weiche auf Strecke *a—b* fährt, angefahren wird.

Weniger einfach gestalten sich die Verhältnisse bei der Rückwärtsweiche, für die die Forderung gestellt werden muß, daß sie durch den Wagen selbst ein- oder ausgerückt wird, je nachdem der Wagen aus dem kleinen oder großen Schienenkreis (Abb. 322) an die Weiche herankommt. Das Aus- und Einrücken kann der Wagen ohne weitere Bedienung durch Umlegen eines Gewichtes bewirken, das die Weiche in der einen oder anderen Lage festhält, oder auch durch einen entsprechenden elektrischen Schalter und Elektromagneten. Durch einen einfachen Kontakt oder einen entsprechenden Drehschalter kann leicht bewirkt werden, daß bei ausgerückter Weiche die vor der Weiche liegende Strecke stromlos wird, um bei etwaigem Versagen des Weichenschalters zu verhindern, daß der vom kleinen Schienenkreis kommende Wagen von der Weiche abläuft. Gleichzeitig wird dadurch diese Strecke auch ausgeschaltet, wenn ein Wagen über den großen Schienenkreis durch die Weiche fährt.

Es muß ferner durch elektrische Schaltung Vorsorge getroffen werden, daß von zwei Wagen, die über die beiden Schienenkreise etwa zu gleicher Zeit an der Weiche ankommen, der eine so lange wartet, bis der andere die Weiche befahren hat und dann erst seine Fahrt fortsetzt.

Man hat in einzelnen Fällen bei sehr hohen Förderleistungen die große Zahl der kleinen Wagen durch wenige größere ersetzt, bei denen dann allerdings die oben beschriebene automatische Blockschaltung nicht mehr anwendbar ist, da zum Antrieb stärkere Motoren erforderlich sind, die nicht mehr durch einen einfachen Schalter ohne Widerstandsbenutzung ein- und ausgeschaltet werden können. So wurden für eine sehr große Kohlenförderanlage Elektrohängebahnen mit Wagen von mehr als 2 m^3 Inhalt verwendet, die mit Führerstand versehen sind und von zwei Motoren bei einer Fahrgeschwindigkeit von etwa 180 m/min angetrieben werden. Damit die größeren Motoren das Laufwerk bei leerem Wagen nicht zu sehr zur Seite neigen, sind sie am Kopf des Laufwerks eingebaut. Die Bauart dieser Transportwagen ähnelt mehr der Form von Kranlaufkatzen, mit denen man die Last nicht nur verfahren, sondern auch an jeder Stelle heben kann.

Häufig werden in Stahlwerken zur Konverterbeschickung aber auch verhältnismäßig große Hängebahnwagen mit 2,2 m^3 Inhalt bei einer Tragfähigkeit bis zu 3,2 Mp in Form von Bodenentleerern eingesetzt, die ohne Begleitperson fahren und dennoch an der gewünschten Stelle entladen. Vor der Beladung werden die Wagen über ein etwa in Wagenmitte angebrachtes Handrad geschlossen, mit dem man den Verschluß betätigt, der aus zwei Bodenklappen gebildet und in geschlossener Stellung durch ein Kniehebelgelenk festgehalten wird. Das Handrad kann nun in 24 verschiedene Positionen gebracht werden und dient also als Zeilmarkierung. An jeder möglichen Entladestelle befindet sich ein Anschlag, der das Handrad beim Passieren des Hängebahnwagens um eine Einheit zurückdreht. Bei der letzten Betätigung, der Zielstelle, öffnen dann die Bodenklappen.

Da der Antrieb von der Reibung zwischen Laufrad und Schiene abhängig ist, so liegt die Grenze für die Neigung der Elektrohängebahn, wie schon erwähnt, bei etwa 6%. Bei größeren Neigungen sind hier und da Zahnstangen angewendet worden, die neben den Schienen gelagert sind und in die die Wagen mit einem Zahnrad eingreifen, so daß dann eine größere Steigung genommen werden kann, die nur durch die Stärke des Motors begrenzt ist. Diese Anordnung arbeitet vollkommen zufriedenstellend, besonders wenn die Zahnstange an den Enden federnd und nachgiebig gelagert ist, so daß das Eingreifen des mit dem Wagen verbundenen Zahnrades ohne Stoß erfolgt.

Speziell für Hängebahnen mit Steigungen bis 35° und Fahrgeschwindigkeiten bis 55 m je min bei einer Zugkraft von 250 kp ist ein besonderer Antrieb entwickelt worden. Ein Motor treibt ein Neopren-Reibrad an, das durch eine verstellbare Feder (bis 125 kp) gegen die Unterseite des Laufbahnträgers gedrückt wird. Hierdurch wird ein Durchrutschen der Räder vermieden und die enorme Steigfähigkeit und das schnelle Erreichen der Höchstgeschwindigkeit erreicht. Die eingebaute Motorbremse hält das Aggregat auch mit Last auf Steigungen sicher fest.

Wenn auf einer Bahn eine größere Zahl von Wagen arbeitet, so werden die Mehrkosten infolge des bei jedem Wagen erforderlichen größeren Motors bedeutend, und in diesem Falle ist die Anordnung vorzuziehen, bei welcher die Wagen nur auf der waagerechten Strecke mit eigenem Motorantrieb laufen, während sie auf der ansteigenden Strecke durch ein ständig umlaufendes und von einem besonderen Motor angetriebenes Seil bewegt werden. Das Schema dieser Anordnung ist in Abb. 326 angegeben. Die Elektrohängebahnwagen erhalten dann außer dem motorischen Antrieb einen Seilkupplungsapparat für das selbstständige An- und Entkuppeln, wie in Abb. 327 angegeben.

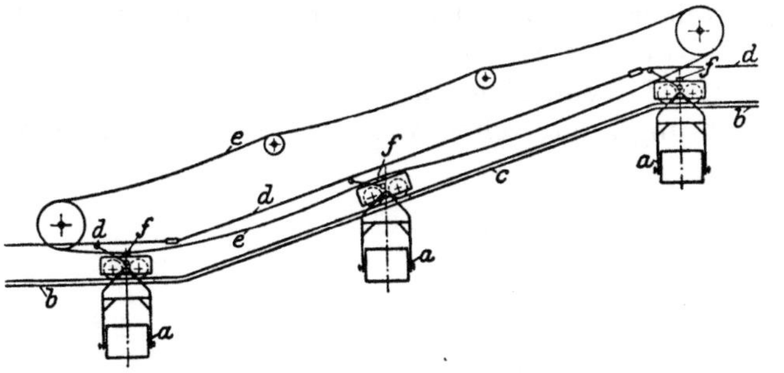

Abb. 326. Verbindung von Elektrohängebahn und Seilbahn.

a Hängebahnwagen mit Elektromotor und Seilkupplungsapparat; *b* waagerechte Hängebahnschiene für elektrischen Betrieb; *c* geneigte Hängebahnschiene für Seilbetrieb; *d* Schleifleitung; *e* ständig umlaufendes Seil; *f* Oberseilkupplungsapparat.

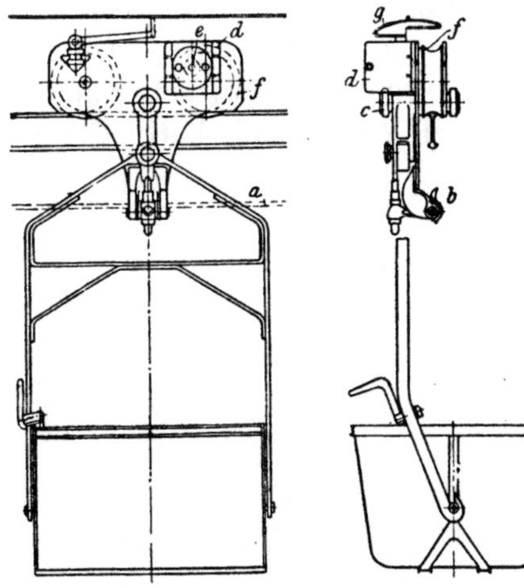

Abb. 327. Wagen für vereinigten Elektrohängebahn- und Seilbahnbetrieb.

a umlaufendes Zugseil; *b* Seilkuppelapparat; *c* Stützrolle zum Anheben des Wagengehänges zum Entkuppeln des Zugseiles; *d* Elektromotor als Flanschmotor; *e* Ritzel auf der Motorwelle; *f* Zahnrad mit Innenverzahnung im Eingriff mit *e*; *g* Stromabnehmer.

Zum gleichen Zweck kann eine Seilstrecke auch mit einer zusätzlichen Kettenbahn ausgerüstet werden, die zum Aufwärtsziehen der Hängebahnwagen dient. Die Kettenstrecke besteht aus einer ständig umlaufenden Förderkette, die am oberen Ende durch die Antriebstation und am unteren Ende der Schrägstrecke durch die Spannstation läuft. Bei schweren Zugketten erfolgt der Antrieb durch eine Scheibe mit am Umfang verteilten Greifern. Diese können in gewissen Zeitabständen entsprechend den Längungen der Kette verstellt werden. Am Laufwerk der Hängebahnwagen ist seitlich eine Mitnehmergabel angebracht, an der die Förderkette anfaßt. Diese Gabel ist so ausgebildet, daß sich die Kette an der Kuppelstelle während der Fahrt von oben einlegen und an der Entkuppelstelle von selbst aus ihr herausheben kann.

Die Elektrohängebahn arbeitet bei kleinen Längen und Leistungen teurer als die Hängebahn mit Handbetrieb, bei größeren Leistungen und Längen dagegen billiger. Gegenüber den Motorwagen auf Standbahnen ist sie allerdings auch bei größeren Leistungen und Förderlängen im Nachteil. Handelt es sich jedoch um Hochbahnen von größerer Höhe, so erfordert das Gerüst für eine Standbahn mit den zu einem Gleis gehörenden Schienen eine schwerere Unterkonstruktion, als das Gerüst für eine Hängebahn. In solchen Fällen kommt bei der Hängebahn eine Ersparnis an Baumaterial für die Gerüste in Betracht, die im allgemeinen bewirkt, daß die Hochbahn für Hängebahnbetrieb billiger ist als die Hochbahn für Standbetrieb. Dies gilt ganz besonders für die Elektrohängebahn, bei der keine Laufbühne erforderlich ist, die bei der Hängebahn mit Handbetrieb vorhanden sein muß. Die Gerüstkosten der letzteren nähern sich daher mehr denen für Standbahnen.

5. Seilschwebebahnen

a) Zwei-Seilbahnen

An der Entwicklung der Fördertechnik hat auch der Seilbahnbau durchaus teilgenommen. Vor allem in Ländern, die noch im industriellen Aufbau begriffen sind, wird mit Drahtseilbahnen manches Förderproblem auf einfache und wirtschaftliche Weise gelöst. Eine einzige Drahtseilbahn bewältigt bei Förderwegen von mehreren Kilometern heute bereits Leistungen von 500 Mp/h. Die Anschaffungskosten liegen bei sehr kurzen Bahnen verhältnismäßig hoch. Sie nehmen aber bis zu einem Förderweg von etwa 10 km stark ab und bleiben darüber hinaus nahezu konstant niedrig. Die Betriebskosten verhalten sich ähnlich.

Die Zwei-Seilbahnen wurden vom Freiherrn v. Dücker erfunden, der sie schon 1861 beschrieb und auch eine kleine Versuchsbahn in Oeynhausen herstellte. Er bildete dann um 1870 diese Bahn weiter aus und baute 1872 eine Bahn zum Bau eines Forts bei Metz, die rd. 2 km Länge hatte. Diese Ausführung zeigte schon alle Merkmale der später be-

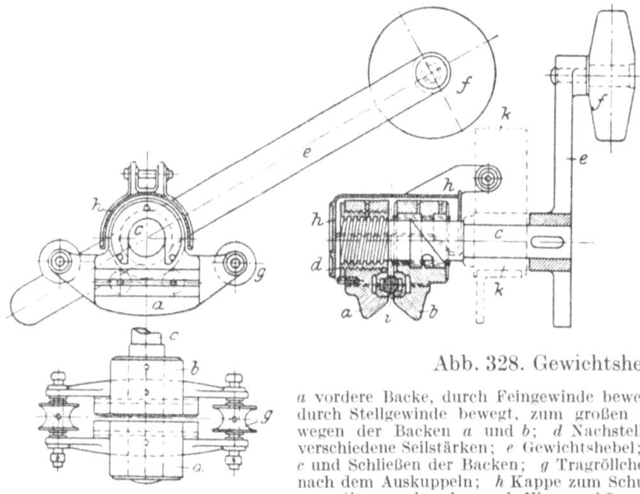

Abb. 328. Gewichtshebelkupplung (Pohlig).

a vordere Backe, durch Feingewinde bewegt, zum festen Anziehen; *b* hintere Backe, durch Stellgewinde bewegt, zum großen Öffnen und Schließen; *c* Spindel zum Bewegen der Backen *a* und *b*; *d* Nachstellmutter zum Einstellen des Apparates für verschiedene Seilstärken; *e* Gewichtshebel; *f* Gegengewicht zum Anziehen der Spindel *c* und Schließen der Backen; *g* Tragröllchen für das Zugseil vor dem Einkuppeln und nach dem Auskuppeln; *h* Kappe zum Schutz des Apparates; *i* Stahlbacken mit Befestigungsschrauben; *k* Wagengehänge, an dem der Apparat befestigt wird.

sonders von den Ingenieuren Bleichert, Otto und Pohlig weiter ausgebildeten Bahnen. Sie hatten besondere Trag- und Zugseile, das letztere ständig umlaufend mit Antrieb, durch Umführungsscheiben, und zwar unter Anwendung einer besonderen Spannvorrichtung. Ferner hatte sie lösbare Kupplungsapparate, um die Wagen an den Endstationen zum Füllen vom Seil trennen zu können. Bei der weiteren Ausbildung sind dann, abgesehen von einer weitgehenden Vervollkommnung aller Einzelteile, im wesentlichen verschiedene Formen von Kupplungsapparaten entstanden, die den wichtigsten Unterschied in den Seilbahnbauarten der verschiedenen Firmen darstellen, aber ihre Arbeitsweise nicht grundsätzlich beeinflussen, wenn auch die Bauart des Kupplungsapparates für die Sicherheit des Betriebes und für die Lebensdauer des Zugseiles von Bedeutung ist. Mit dem Ziel, das Seil zu schonen und weiterhin die Wagen möglichst in gleichem Abstand auf der Seilbahn fahren zu lassen, wurde eine Schraubenkupplung entwickelt und so vervollkommnet, daß durch geeignete Führungen an der Bahn nicht nur das Entkuppeln der Wagen, sondern auch das Kuppeln derselben mit dem Seil vollkommen automatisch erfolgte. Und zwar wurde, wie in Abb. 328 dargestellt, zum Kuppeln ein an einem Hebel befestigtes Gewicht verwendet, welches durch die festen Führungen umgelegt wird. Die Schraube des Kupplungsapparates wird in dieser Weise immer mit derselben Kraft angezogen und die Wagen werden stets gleich fest mit dem Seil verbunden. Durch Anwendung eines steil- und eines flachgängigen Gewindes wird bewirkt, daß beim Einkuppeln die weit voneinander abstehenden Backen durch die Bewegung auf dem steilgängigen Gewinde zunächst schnell einander genähert werden, daß dann aber bei der weiteren Bewegung des Kupplungshebels das flachgängige Gewinde in Tätigkeit tritt und hierdurch die Backen bei mäßigem Schließgewicht mit genügend großem Druck auf dem Seil festgeklemmt werden. Abb. 329 zeigt die Führungen zum Umlegen des mit der Schraubenkupplung verbundenen Gewichtshebels bei vorwärts fahrendem Wagen, und zwar sowohl das Einkuppeln als auch das Auskuppeln.

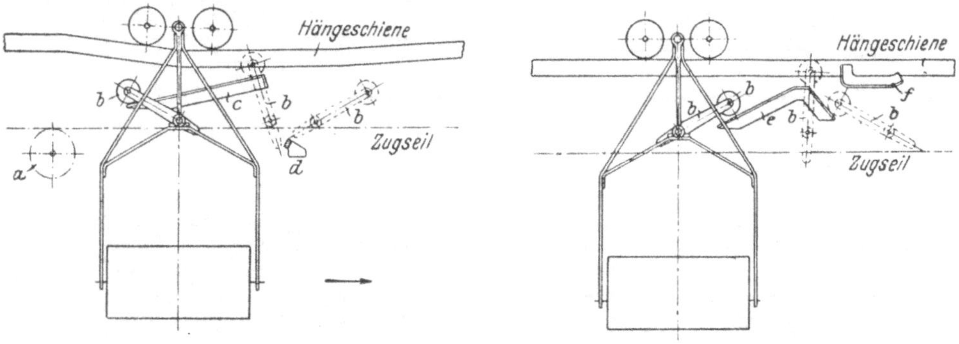

Abb. 329. Führungen für die Kupplung durch Gewichtshebel (Pohlig).

a Seiltragrolle am Ausgang der Station; *b* Gewichtshebel des Kupplungsapparates; *c* Führungswinkel zum Anheben von *b* beim Beginn des Einkuppelns; *d* Anschlag zum Umlegen von *b* zur Beendigung des Einkuppelns; *e* Führungswinkel für *b* bei Beginn des Auskuppelns; *f* Anschlag zum Umlegen von *b* zur Beendigung des Auskuppelns.

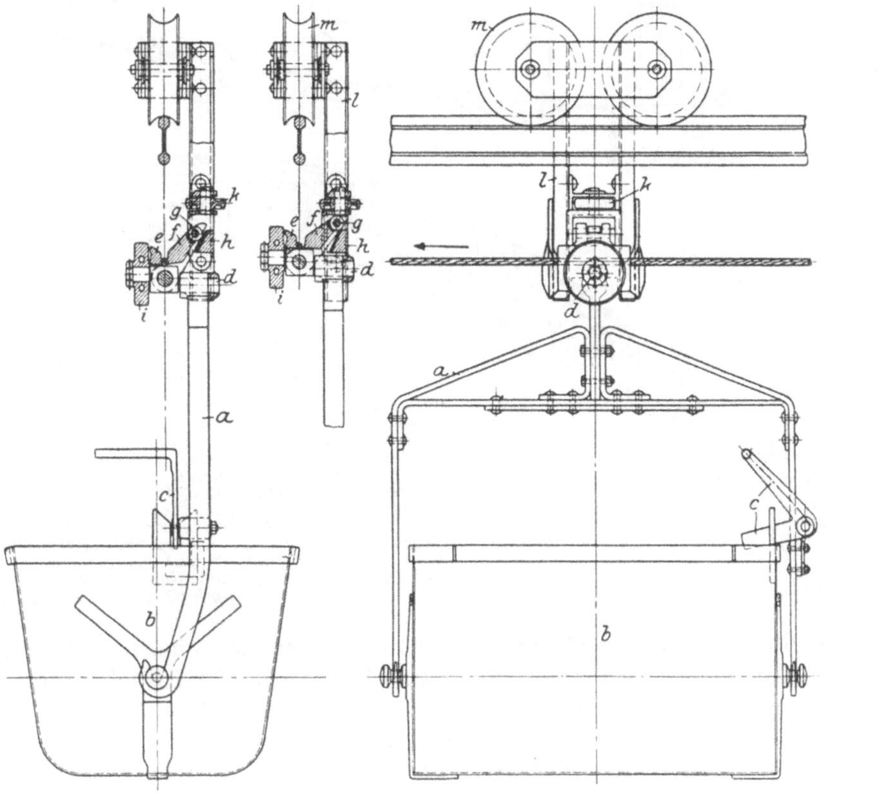

Abb. 330. Seilbahnwagen mit Unterseil für beliebige Kurvenrichtung

a Gehänge; *b* Wagenkasten; *c* Haltevorrichtung; *d* Aufhängebolzen für *a*; *e* feste Backe des Kuppelapparates; *f* bewegliche Backe des Kuppelapparates; *g* Rolle zum Schließen des Kuppelapparates; *h* schräge Gleitbahn zum Schließen des Kuppelapparates; *i* Stützrolle für das Ein- und Auskuppeln; *k* Führungsrolle für Kurven; *l* Laufwerksgestell; *m* Laufrollen

Während bei diesem Apparat der Kupplungsdruck stets gleich groß bleibt, wird bei anderen Kupplungsarten das Gewicht des Wagens selbst für die Betätigung der Kupplung benutzt. Der Kupplungsdruck wird also vom Wagengewicht abhängig gemacht. Dies kann in einfacher Weise geschehen, indem das Wagengehänge in einer mit dem Laufwerk verbundenen Führung verschiebbar angeordnet wird und bei dieser Verschiebung durch entsprechende Hebelübersetzung das Schließen der Zugseilklemme bewirkt. Dieses Prin-

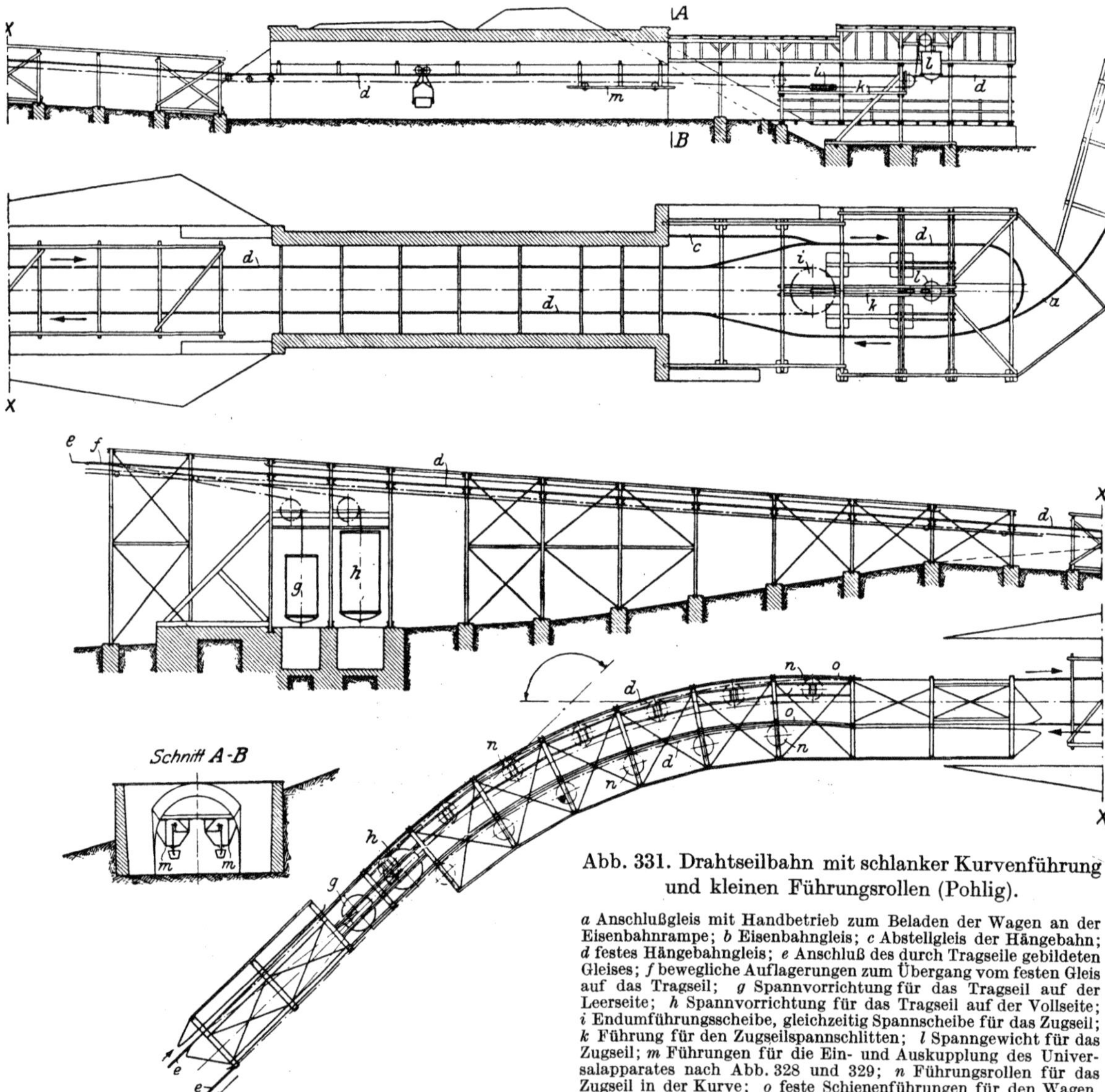

Abb. 331. Drahtseilbahn mit schlanker Kurvenführung und kleinen Führungsrollen (Pohlig).

a Anschlußgleis mit Handbetrieb zum Beladen der Wagen an der Eisenbahnrampe; *b* Eisenbahngleis; *c* Abstellgleis der Hängebahn; *d* festes Hängebahngleis; *e* Anschluß des durch Tragseile gebildeten Gleises; *f* bewegliche Auflagerungen zum Übergang vom festen Gleis auf das Tragseil; *g* Spannvorrichtung für das Tragseil auf der Leerseite; *h* Spannvorrichtung für das Tragseil auf der Vollseite; *i* Endumführungsscheibe, gleichzeitig Spannscheibe für das Zugseil; *k* Führung für den Zugseilspannschlitten; *l* Spanngewicht für das Zugseil; *m* Führungen für die Ein- und Auskupplung des Universalapparates nach Abb. 328 und 329; *n* Führungsrollen für das Zugseil in der Kurve; *o* feste Schienenführungen für den Wagen, der sich mit einer Druckrolle gegen die Führungen legt.

zip ist im Laufe der Zeit in verschiedenen Formen von den einzelnen Seilbahnfirmen zum Kuppeln der Wagen verwendet worden und liegt auch dem Kupplungsapparat nach Abb. 327 zugrunde. Zum Entkuppeln wird das Gehänge gegenüber dem Laufwerk in der Führung angehoben, und zwar durch Vermittlung von kleinen, mit dem Gehänge verbundenen Rollen *c*, die auf eine Schiene auflaufen, so daß das Laufwerk entlastet wird. Die Seilklemme ist dann geöffnet. Wenn dagegen das Wagengehänge frei hängt, ohne daß es durch die seitlichen Rollen gestützt ist, werden die Backen des Kupplungsapparates durch das Gewicht des Gehänges mit Kasten fest auf dem Seil zusammengepreßt. Beide Apparatsysteme, Hebelkupplung wie Wagengewichtskupplung, werden sowohl für sog.

Unterseil ausgeführt, bei dem der Kupplungsapparat unterhalb des Laufwerkes liegt, als auch für Oberseil, wobei der Kupplungsapparat oberhalb des Laufwerkes liegt. Die erstere Ausführungsform war früher allgemein üblich und hat vor dem Oberseil insofern einen gewissen Vorteil, als die Seilbahnwagen durch das Zugseil etwas mehr vor Pendelbewegungen geschützt bleiben. Ausschlaggebend für die Verwendung des Oberseiles war zunächst bei dessen Einführung das Bestreben, Bahnkurven mit beliebiger Krümmungsrichtung umfahren zu können. Das war bei den früher allgemein verwendeten breiten Wagengehängen, wie in Abb. 329 angegeben, nicht möglich, weil das Gehänge bei Kurvenführungen, bei denen es zwischen Zugseil und Umführungsscheibe liegt, nicht Raum

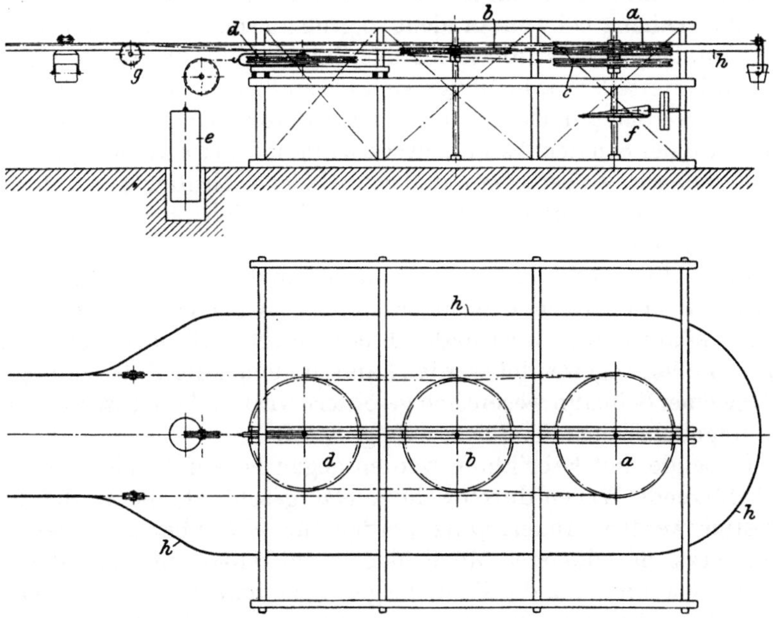

Abb. 332. Schema des Antriebes einer Seilschwebebahn.

a doppelrillige gefütterte Antriebsscheibe von 2000 mm Durchmesser; *b* Umführungsrolle, 1750 mm Durchmesser; *c* Umführungsscheibe, 2000 mm Durchmesser; *d* Spannscheibe, 1750 mm Durchmesser; *e* Spanngewicht für das Zugseil; *f* Kegelradantrieb; *g* Seiltragrollen für das Zugseil am Eingang und Ausgang der Station; *h* Hängebahnschienen für die Umführung der Wagen um den Antrieb in der Station.

hatte. Neuerdings ist diese Überlegung nicht mehr von solcher Bedeutung, nachdem zuerst von Heckel und nachher von anderen Firmen gemäß Abb. 330 das Gehänge so ausgebildet wurde, daß es an der Stelle, wo der Kupplungsapparat befestigt ist, nur eine geringe Breite hat.

In den Kurven wird das Zugseil im allgemeinen durch große Umführungsscheiben geführt. Mitunter, aber selten, verwendet man für die Zugseilführung in den Kurven an Stelle einzelner großer Scheiben auch mehrere kleine Seilumführungsrollen (Abb. 331), die dann eine schlanke Kurve bilden. Abgesehen von der mehr oder minder guten Eignung der verschiedenen Kupplungen für die eine oder die andere Art der Kurvenführung hat die Seilumführung mit kleinen Rollen, wenn auch teurer als die Bauart mit einzelnen großen Führungsscheiben, den Vorteil, daß der Übergang der Wagen von der einen in die andere Fahrtrichtung bei großer Fahrgeschwindigkeit ruhiger erfolgt, zumal diese schon bis auf 2,5 m/s gesteigert worden ist. Bei kurzen Bahnen mit geringer Geschwindigkeit wird, wie bei den Standbahnen mit Seilbetrieb, fast nur die Kurvenführung mit einzelnen großen Scheiben angewendet, die dann oft einen Durchmesser von 4 m erhalten. Die Seilumführungsrollen im Antrieb und in der Endstation besitzen meistens einen Durchmesser von etwa 1,75—2 m. Der Antrieb wird durch Reibung bewirkt, häufig in der Anordnung wie in Abb. 332 dargestellt wurde.

Das Lösen der Wagen vom Zugseil bei der Durchfahrt durch die Stationen ist aber auch bei dieser Anordnung erforderlich, doch ist der Weg um die Station, auf dem die Wagen von Hand geschoben werden müssen, nicht so lang.

Das Zugseil wird stets als sog. Litzenseil ausgeführt und zwar mit Drähten von reichlich 1 mm Stärke bei 120—160 kp/mm² Bruchfestigkeit. In der Regel hat es sechs Litzen von je sieben Drähten und je einer Hanfseele in jeder Litze sowie in der Mitte des Seiles. Bei dem großen Durchmesser der Umführungsscheiben ist die vorhandene Biegsamkeit vollkommen ausreichend. Auf der Strecke wird das Seil durch kleine Tragrollen getragen. Abb. 333a zeigt eine Stütze aus Holz mit Zugseiltragrollen für Unterteil, Abb. 333b eine Seilbahnstütze in Stahlkonstruktion mit Tragrollen für Oberseil. Bei letzterer Ausführung braucht der Seildurchhang bei weitem nicht so groß zu sein, bis das Zugseil auf den Tragrollen aufliegt. Infolgedessen ist die durch das Zugseil bewirkte Belastung des Tragseiles geringer als beim Unterseil. Stahl-Stützen sind bis zu 85 m Höhe ausgeführt worden. Derartige Stützhöhen werden jedoch nur durch besondere Geländeverhältnisse bedingt. Auf ebener Strecke wird der Stützenabstand zweckmäßig mit etwa 70 m angenommen und die kleinste Stützenhöhe wird so bemessen, daß ein beladener Erntewagen unterhalb der Bahn entlangfahren kann. Bei gebirgigem Gelände ergeben sich allerdings unter Umständen Stützweiten bis über 1200 m.

Die Seilbahn ist also fast unabhängig von der Form des Geländes und hat den weiteren Vorteil, daß Grundstücke fremder Besitzer mit verhältnismäßig geringer Störung überschritten werden können. Dies wird dadurch erleichtert, daß nach dem Gesetz das Enteignungsrecht in Fällen angewendet werden kann, in denen die Entwicklung der Industrie durch die Anlage einer Seilbahn wesentlich gefördert wird und die Interessen der Zwischenlieger nicht in ungebührlichem Maße geschädigt werden.

Bewohnte Gebäude und Fabrikhöfe werden gegen herabfallende Materialstücke oder auch gegen abstürzende Wagen durch Schutznetze geschützt, die an den Stützen durch Tragseile befestigt werden. Andererseits werden für Wegeüberführungen vielfach feste Schutzbrücken verwendet, die nach Möglichkeit unmittelbar unterhalb der Fahrbahn des Wagens angeordnet werden, um die Fallhöhe gering zu halten. Abb. 334 zeigt das gesamte Profil einer Seilbahn mit ziemlich bedeutenden Steigungen und Gefällen sowie einer großen Spannweite von 1115 m. Zwischen den einzelnen Stützen hängt das Tragseil in der Form einer Parabel durch. Diese Durchhangkurve ist für die Anordnung und Höhenbemessung

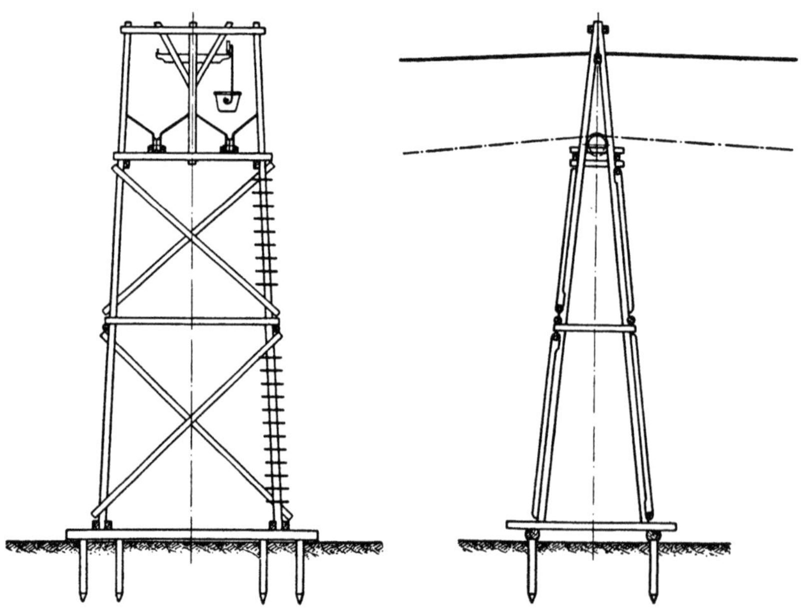

Abb. 333a. Seilbahnstütze aus Holz mit Unterseilführung

der einzelnen Stützen maßgebend, wenigstens insoweit, als in den Einsenkungen die Stützen bis an die Parabel reichen müssen, wenn ein Abheben des Seiles von den Stützen vermieden werden soll.

Die Konstruktion und Stärke des zu verwendenden Tragseiles richtet sich nach der Belastung der Bahn und den vorkommenden Spannweiten. Allgemein wird es aus kräftigen Drähten hergestellt, entweder als einfaches sog. Spiralseil (Abb. 335a, b) oder aus runden und profilierten Drähten als sog. halbverschlossenes Seil (Abb. 335c, d, e) oder als verschlossenes Seil (Abb. 335f). Gleichzeitig sind auch die in den Stationen gebräuchlichen Hängebahnschienenprofile wiedergegeben.

Die Verbindung der Seile erfolgt gemäß Abb. 336 in der Regel durch Muffen in der Weise, daß die Seile in eine nach außen erweiterte konische Hülse gesteckt, dann die Drähte auseinander gebogen und die Zwischenräume ausgegossen werden. Die Hülsen

Abb. 333b. Seilbahnstütze aus Stahl mit Oberseilführung

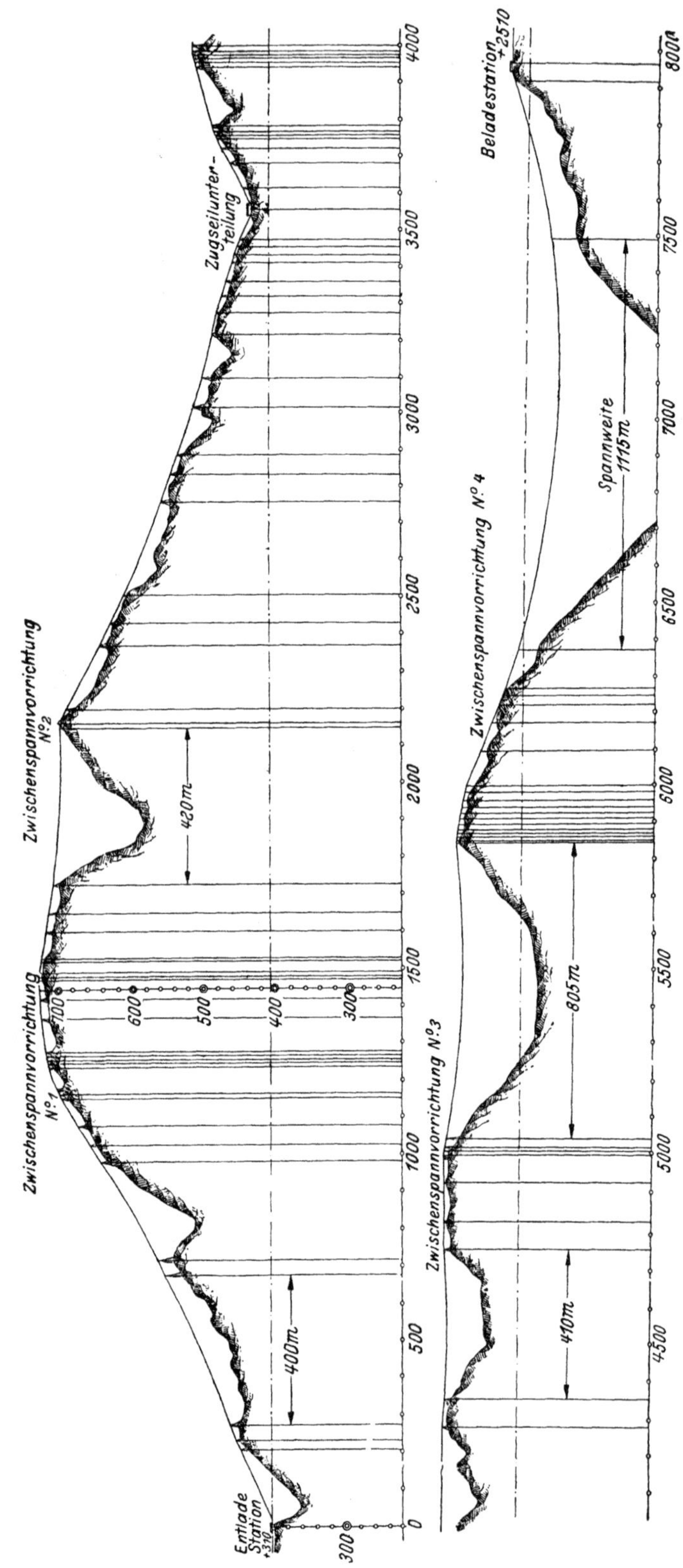

Abb. 334. Längenprofil einer Seilschwebebahn.

Maßstäbe: Länge 1:20000; Höhe 1:10000.

ihrerseits werden durch ein Zwischenstück miteinander verschraubt. Besonders einfach gestaltet sich die Muffenverbindung bei den Simplexseilen, die nur aus einer Reihe profilierter Drähte bestehen (Abb. 335f). Man schraubt in das Innere des Seiles einen konischen Dorn ein und drückt dadurch die Drähte auseinander, so daß man einfach die äußeren Muffenhälften aufsetzen kann, die durch eine Verschraubung miteinander verbunden werden. In Abb. 336a ist auch eine Endmuffe für Spiral- und verschlossene Seile dar-

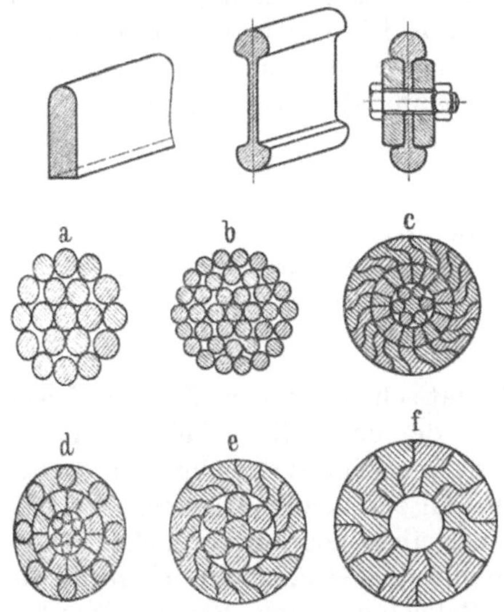

Abb. 335. Schienen- und Tragseilquerschnitt für Hänge- und Seilbahnen.

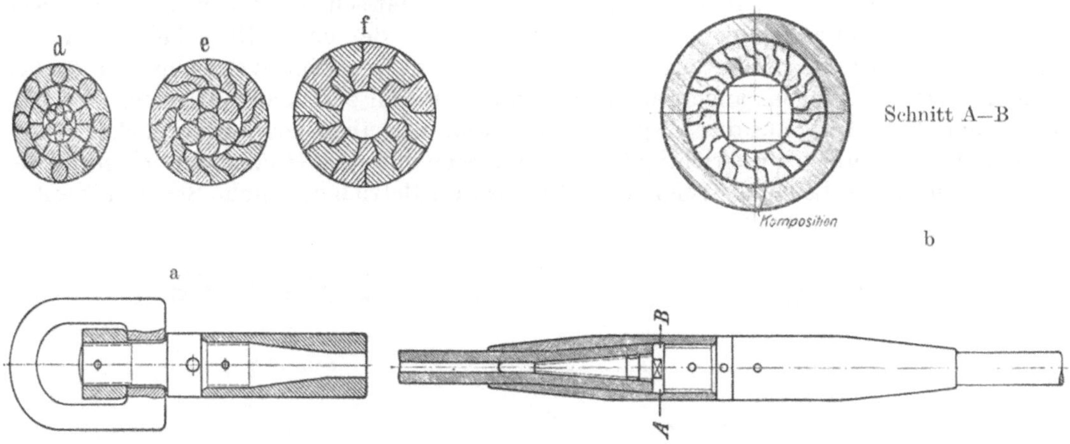

Abb. 336. Muffenverbindung für Tragseile (Pohlig).

a Endmuffe für Spiralseile und verschlossene Seile; *b* Zwischenmuffe für Simplexseile.

gestellt, deren Anordnung grundsätzlich dieselbe ist wie bei der Zwischenmuffe. Die Simplexseile bestehen, wie erwähnt, nur aus einer Lage profilierter Drähte. Dadurch soll vermieden werden, daß im Kern Drähte reißen, ohne daß man es bemerkt, was sonst leicht möglich ist, weil die Spannung in den inneren und den äußeren Drähten nicht gleichmäßig zu halten ist. Die Seile verschlossener Konstruktion müssen sehr sorgfältig gelagert und gespannt werden. Andererseits brechen die Drähte, da sie sich infolge ihrer Profilierung viel schwerer gegeneinander verschieben können als die runden Drähte beim Spiralseil. Das letztere hat in viel größerem Maße Seilcharakter und ist infolge der größeren Verschiebbarkeit der Drähte viel unempfindlicher. Es hat allerdings den Nachteil, daß die Oberfläche nicht glatt ist und daß auch die Laufwerke sowie das Seil selbst sich schneller abnutzen. Den Seilverschleiß sucht man dadurch zu verringern, daß man das Seil umdreht, wenn die Drähte an der einen Seite in gewissem Grade abgenutzt sind. Im allgemeinen wird ein Tragseil als auswechslungsbedürftig bezeichnet, wenn auf einer Länge von 30 m mehr als die Hälfte der äußeren Drähte gebrochen sind. Die Seile der Leerseite erhalten vielfach 20—30 mm Durchmesser, die auf der Vollseite 30—40 mm Durchmesser bei 120—160 kp/mm² Bruchfestigkeit.

Die Auflagerung des Seiles auf den Stützen erfolgt in der Regel durch drehbar befestigte sog. Auflagerschuhe, wie in Abb. 337 dargestellt. Durch die Drehbarkeit soll erreicht werden, daß der Knick des Tragseiles vor den Stützen möglichst gering wird, indem bei Annäherung eines Wagens an die Stütze der Auflagerschuh sich der Lage des Seiles möglichst anpaßt. In den Stationen werden statt der Seile feste Hängebahnschienen verwendet, die sich durch in senkrechter Richtung drehbare Auflaufzungen an das Seil anschließen. Die Tragseile werden durch Gewichte so gespannt gehalten, daß sie auf etwa ein Fünftel bis ein Achtel ihrer Zugfestigkeit angestrengt sind. Im allgemeinen hat sich eine stärkere Spannung als vorteilhaft erwiesen, da hierbei die Durchbiegungen über den Stützen geringer sind. Bei längeren Bahnen sind auch auf der Strecke in Abständen von etwa 1500—2000 m sog. Zwischenspannvorrichtungen einzuschalten, bei der die durch Gewichte angespannten Enden der Tragseile in einer Spannstation vereinigt sind.

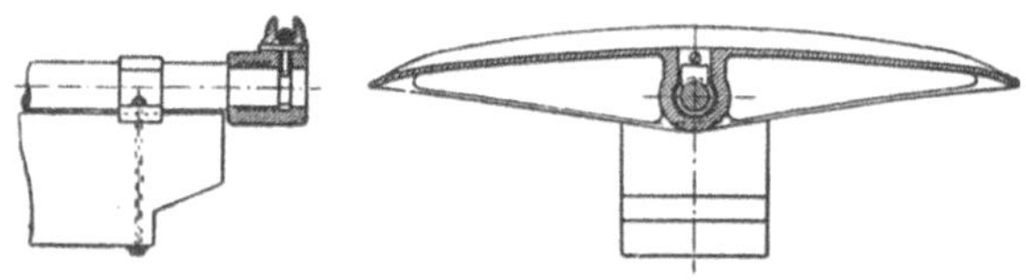

Abb. 337.
Drehbarer Auflagerschuh (Pohlig).

Die Tragseile werden zum Schutz gegen Rost automatisch eingefettet. Zu dem Zwecke fährt ein besonderer Schmierwagen über die Strecke, der einen Druckbehälter mit Öl trägt. Eine im Druckbehälter angeordnete Pumpe wird über eine Welle vom sich drehenden Laufrad des Wagens angetrieben und pumpt das Öl zum Fahrwerk hoch. Es fließt durch eine feine Düse auf das Tragseil und verteilt sich über dessen Oberfläche. Bei der beschriebenen Bauart sowie richtiger Pflege der Seile und der Gehänge erreichen die Seilbahnen eine große Leistungsfähigkeit und weisen im Betrieb eine hohe Sicherheit auf.

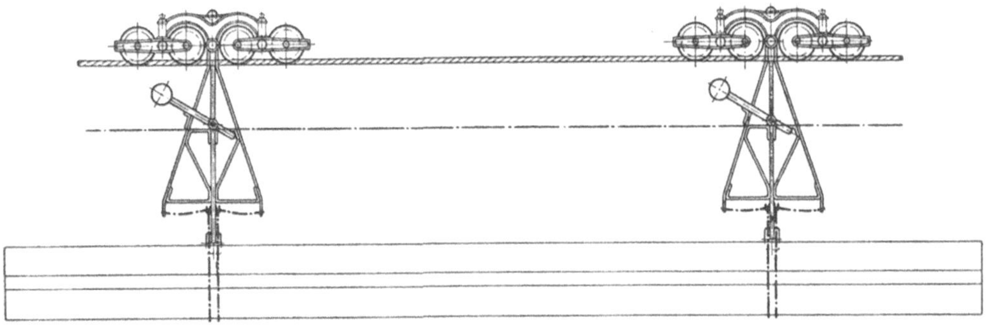

Abb. 338. Langholztransport mit zwei vierrädrigen Laufwerken (Pohlig).

Die Bauart der Wagen wird den jeweilig vorliegenden Bedürfnissen angepaßt und ist daher außerordentlich mannigfaltig. Die gewöhnliche Form ist die Kastenform, bei der der Förderkasten an unterhalb seines Schwerpunktes liegenden Drehzapfen aufgehängt ist und in gefülltem Zustand durch eine um das Gehänge herumgreifende Falle gehalten wird. Die Entleerung kann an beliebiger Stelle in einfachster Weise erfolgen, indem auf dem Seil verschiebbar ein Anschlag aufgehängt wird, der die Falle zum Halten des Kastens löst und dadurch das Kippen verursacht. Für den Transport von Ziegelsteinen benutzt man vielfach mehrstufige Plattenwagen, für die Beförderung von Kisten und Fässern dienen einfache Plattformwagen mit geeigneten Haltevorrichtungen. Für Langholzbeförderung werden oft zwei Gehänge miteinander verbunden und das Langholz mit entsprechenden Ketten daran befestigt. Wenn die Hölzer besonders schwer sind, so werden die Gehänge ebenso wie die Einzelgehänge für größere Gewichte mit vierrädrigen Laufwerken ausgerüstet, wie in Abb. 338 dargestellt. Eine Vereinigung von zwei Gehängen wird unter Umständen auch für den Transport von großen Grubenwagen verwendet.

Einen wesentlichen Beitrag, Personal zu sparen, leistet eine vollautomatisch arbeitende Beladevorrichtung mit einem Drehtrichter. Er wird im hinteren Teil der Beladestation eingebaut, und zwar dort, wo die Wagen in einer Kurve in die Gegenrichtung geleitet werden. Der Drehtrichter besitzt drei Taschen mit je einem Auslauf (Abb. 339). Vor der Beladestelle sollte mindestens ein Wagen in Wartestellung sein. Er wird von einem der drei Ausläufe erfaßt, durch die Kurve geschoben und dabei zugleich beladen. Derartige Beladevorrichtungen sichern auch bei kurzer Wagenfolge von etwa 12 s und Stückgrößen von 350 mm eine ordnungsgemäße Beladung. Ferner regelt der Drehtrichter die Wagenabstände, da seine Drehzahl der jeweiligen Förderleistung angepaßt wird.

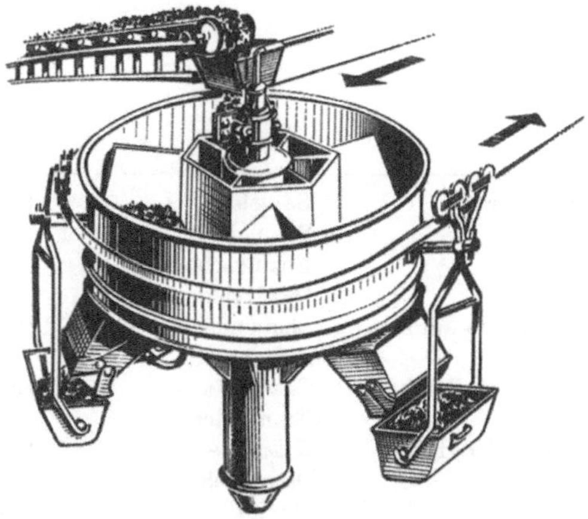

Abb. 339. Prinzipskizze und Ansicht eines Drehtrichters als Beladeautomatik für Seilbahnwagen.

Abb. 340. Schema einer Haldenseilbahn (Vollert).

Lagermenge: etwa 150000 Mp, Leistung: 50—60 Mp/h.

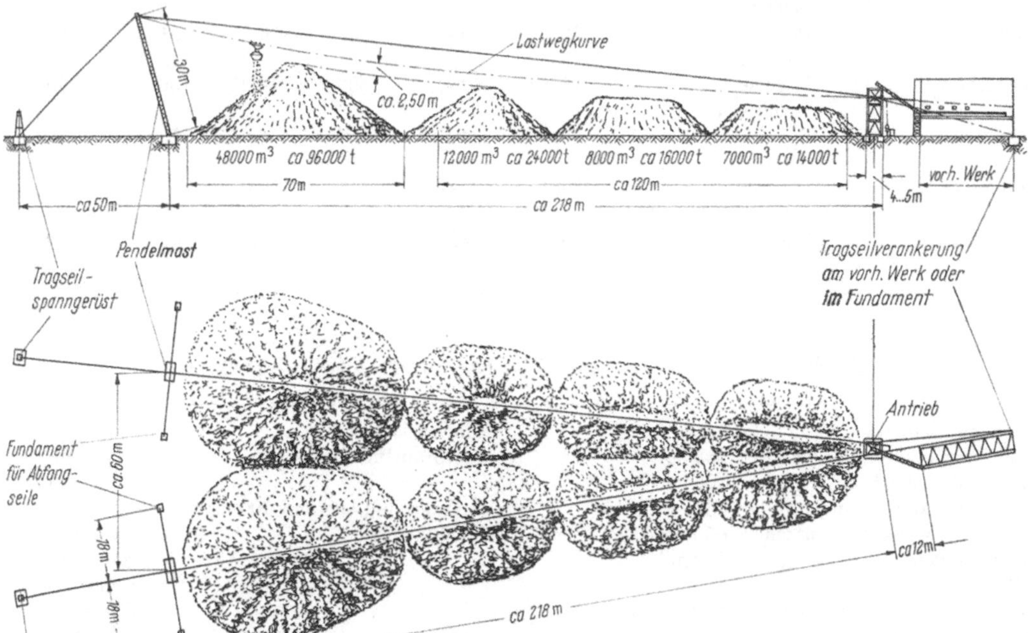

Bei den meisten Stein- und Erdenbetrieben gewinnt das Haldenproblem immer mehr an Bedeutung. Aus den verschiedensten Gründen sind Vorratshalden anzulegen oder Abfallprodukte, wie Abraum usw. abzulagern. Bei der Stapelung größerer Mengen auf gegebenem Raum bei gleichzeitiger Sortenunterteilung kann eine Haldenseilbahn nach Abb. 340 gute Dienste leisten. Der verlangten Leistung kann man sich durch Wahl geeigneter Kübelgrößen anpassen, die heute schon bis 6 m³ Inhalt zur Verfügung stehen.

Diese großen Kübel werden an zwei oder vier Tragseilen aufgehängt, wo sie von insgesamt 8—32 Laufrollen getragen werden. Die großen Kübel verfügen über automatische Bodenentleerung, die so einstellbar ist, daß die Entleerungszeit für das jeweilige Material zu regeln ist. Auch ist noch ein Fernauslösewerk zu erwähnen, das in die Laufkatze eingebaut werden kann. Mit Hilfe dieser Einrichtung ist es möglich, auf der Seilstrecke einen beliebigen Kippunkt zu wählen.

Tabelle 74. *Großkabinen-Personen-Seilbahnen (Pohlig-Heckel-Bleichert)*

Aufstellungsort		Baujahr	Fahrbahnlänge m	Höhenunterschied m	Fahrgeschwind. m/s	Personen/Kab.	Personen/h in beiden Richtungen
Montserrat	Barcelona Spanien	1929	1350	550	5,0	36	600
Stubach	Enzingerboden Österreich	1951	4400	840	6,0	25	225
Aiguille du Midi I	Chamonix Frankreich	1953	2523	1278	7,2	80	1360
Aiguille du Midi II	Chamonix Frankreich	1953	2869	1472	10,2	46	1000
Kitzbühler Horn	Kitzbühel Österreich	1955	2164	688	7,0	45	800
Dinant	Dinant Belgien	1956	123	87	3,5	15	1000
Jakobshorn	Davos Schweiz	1957	2087	661	6,0	51	820
Rochebrune	Mégève Frankreich	1959	1950	602	10,25	36	900
Zugspitze	Ehrwald Österreich	1960	3402	1587	6,0	28	580
Vallugagrat	St. Anton Österreich	1961	2997	557	10,0	50	840
Zugspitze	Eibsee-Zugspitze Deutschland	1962	4460	1957	10,0	45	600

Tabelle 75. *Technische Daten der Personen-Seilbahn Eibsee—Zugspitzgipfel*

Länge der Seilbahn	4460 m	Motorleistung	100 kW
Größte frei gespannte Seillänge	2635 m	Motorausführung	Drehstrom-Schleifringläufer
Höhenunterschied	1950 m		
maximale Bahnneigung	46°	2 Tragseile (Abstand 700 mm)	46 mm Dmr.
Höhen der beiden Seilstützen	65 und 85 m	Ausführung	Runddraht-Spiralseile mit geschlossener Oberfläche
maximale Seilhöhe über dem Erdboden	240 m		
Fassungsraum einer Kabine	45 Personen		
Transportleistung	600 Personen/h	Seilbruchlast	260 Mp/Seil
reine Fahrzeit	488 s	Gewicht eines Seiles	55 Mp
Gesamtzeit für ein Fahrspiel	10 min	Spanngewicht für ein Tragseil	46,5 Mp
Daten des Hauptantriebes		2 Zugseile (endlos verspleißt)	28 mm Dmr.
Fahrgeschwindigkeit	10 m/s	Ausführung	Seale-Machart
Motorleistung	276 kW	Seilbruchlast	66,5 Mp/Seil
Motorausführung	Gleichstrom-Nebenschluß	Gewicht eines geschlossenen Seilringes	26 Mp
Daten des Hilfsantriebes		Spanngewicht für ein Zugseil	35 Mp
Fahrgeschwindigkeit	3,5 m/s		

Es lassen sich Plätze von 50—1000 m überspannen und je nach Höhe der Ausgangsstelle bis 500000 m^3 lagern mit Leistungen bis 200 Mp/h. Die Fördergeschwindigkeit liegt dabei zwischen 2 und 5 m/s. Für die Anschaffungskosten muß mit 0,5—1,5 DM/m^3 Lademenge gerechnet werden.

Außer den Materialseilbahnen kommt aber auch den Personenbahnen für Umlauf- oder Pendelbetrieb eine große Bedeutung zu. Eine Übersicht nennenswerter Bahnen gibt Tab. 74 wieder.

Eine der größten Anlagen ist wohl die 1962 in Betrieb genommene Pendelseilbahn Eibsee-Zugspitzgipfel, deren Trassenführung Abb. 341 zeigt. Die wichtigsten technischen Daten sind in Tab. 75 zusammengefaßt.

Im Gegensatz zur häufigeren Ausführung mit nur je einem Trag- und Zugseil pro Kabine hängt bei der neuen Pendelbahn jede Kabine an zwei Tragseilen und wird auch von zwei Zugseilen gezogen. Man erreicht hierdurch in dem großen überspannten Feld zwischen Stütze II und dem Gipfel einen geringeren Durchhang, so daß man an Stützenhöhe sparen konnte. Zwischen den beiden Tragseilen werden in dieser Strecke in Abständen von 700 m Aufhängevorrichtungen angebracht, über die die Zugseile laufen. Damit wird auch deren Durchhang verringert und die Seilbahnfahrt stabilisiert. Darüber hinaus kann die doppelte Anordnung der Seile als ein zusätzlicher Sicherheitsfaktor angesehen werden. Die beiden Seilstützen tragen weit ausladende

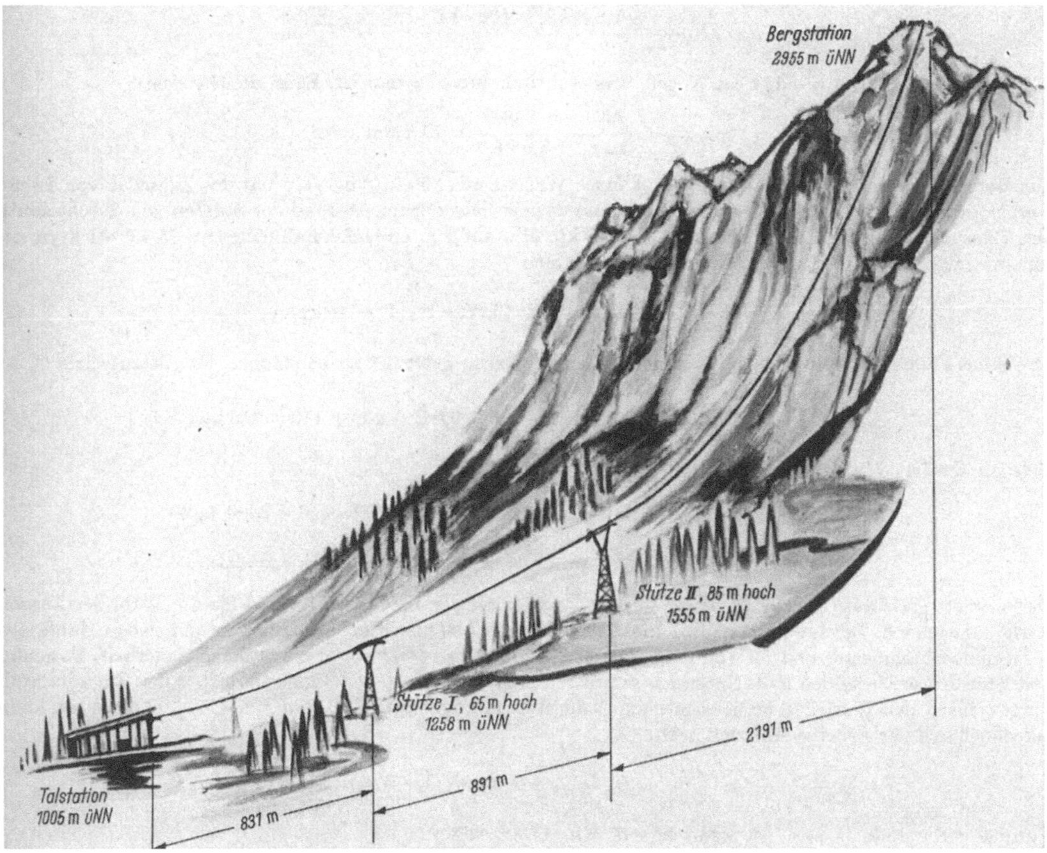

Abb. 341. Trassenführung der Eibsee-Zugspitzgipfel-Seilschwebebahn.

Seilschuhe mit einem Krümmungsradius von 60 m. Dieser große Radius wurde erforderlich, um auch bei der hohen Fahrgeschwindigkeit von maximal 10 m/s einen stoßfreien und gleichmäßigen Überlauf der Kabinen zu erreichen. Die Tragseile ruhen in geschweißten Seilschuhen mit Hartbronzeausfütterung, die wegen der Bewegung zwischen Seilschuh und Tragseil bei der Kabinenüberfahrt geschmiert werden müssen. Die an den Stützen angebrachten Schmiereinrichtungen werden bei der Überfahrt der Kabinen betätigt, indem man die sich ergebenden vertikalen Seilbewegungen für die Betätigung ausnutzt. Besonders erwähnenswert ist noch die

Tatsache, daß die Kabinen nicht wie bisher üblich, durch eine unnachgibige Zugseilvergußkupplung befestigt wurden, sondern durch ein einstellbares federgespanntes Klemmbackensystem. Hierdurch wird beim Blokkieren eines Laufwerkes das Abreißen des Zugorgans vom Laufwerk oder sogar der Bruch des Zugseils selbst verhindert. Es kann allenfalls ein Durchrutschen des Seiles durch die Klemmbacken erfolgen.

Die Grundsätze für die Berechnung von Zugseilspannung und Arbeitsverbrauch sind bei Seilschwebebahnen dieselben wie bei den Hängebahnen mit Seilbetrieb und ähnlich wie bei den Standbahnen mit Seilbetrieb. Nur die Reibungsverluste der Förderwagen sind bei den Schwebebahnen im allgemeinen geringer, weil bei der einfachen Schiene ein Ecken der Wagen besser vermieden wird und weil bei den zwei Rädern, die an die Stelle von vier Rädern bei Standbahnen treten, die Lagerung der Achsen ohne zu große Mehrkosten sorgfältiger durchgeführt werden kann. Bei längeren Bahnen ist daher unter Verwendung von Kugellagern mit einem durchschnittlichen Reibungswert von $\mu_g = \mu_f = 0{,}01$—$0{,}005$ zu rechnen.

Im nachfolgenden Berechnungsbeispiel soll eine Förderung in abfallendem Gelände angenommen werden. Dieser Fall kommt für Seilbahnen beispielsweise in Steinbrüchen sehr häufig in Frage. Bei einer Länge der Bahn von 2000 m betrage die Höhendifferenz 150 m und die Leistung 50 Mp/h Kalkstein. Der Inhalt des Wagens sei 0,4 m³ Fassungsraum bei 720 kp unter Annahme eines Schüttgewichtes von $\gamma = 1800$ kp/m³. Die Fahrgeschwindigkeit sei $v = 1{,}5$ m/s. Dann ist mit den Bezeichnungen auf S. 4

$$a = \frac{3{,}6 \cdot I \cdot v \cdot 1{,}8}{Q_t} = \frac{3{,}6 \cdot 400 \cdot 1{,}5 \cdot 1{,}8}{50} = 77{,}7 \text{ m},$$

d. h. es fährt alle $77{,}7/1{,}5 = 52$ s ein Wagen, was praktisch durchführbar ist. Es ist die Nutzlast

$$G_g = \frac{50}{3{,}6\, v} = \frac{50}{3{,}6 \cdot 1{,}5} \approx 10 \text{ kp/m}.$$

Zur Berechnung von G_f werde das Gewicht eines Wagens mit 250 kp, das Gewicht des Zugseiles von 18 mm Durchmesser mit rd. 1 kp/m einfache Länge und das Gewicht der im Abstand der Stützen von durchschnittlich 77 m angeordneten Zugseiltragrollen mit 75 kp, also auf 1 m einfache Bahnlänge zu $75/77 \approx 1$ kp/m angenommen. Dann ist für beide Bahnstränge zusammen

$$G_f = 2 \cdot \left(\frac{250}{77} + 1 + 1\right) = 2 \cdot (3{,}25 + 1 + 1) \approx 11 \text{ kp/m}$$

In diesem Falle sind aufwärts- und abwärtslaufender Strang getrennt zu behandeln. Es gilt aufwärts $G_g = 0$ und

$$Z = \frac{G_f}{2}\,(H_f + L_f \cdot \mu_f) = 5{,}5 \cdot (150 + 2000 \cdot 0{,}01) = 830 + 110 = 940 \text{ kp},$$

dagegen abwärts $G_g = 10$ kp/m und

$$Z = G_g \cdot (-H_g + L_g \cdot \mu_g) + \frac{G_f}{2} \cdot (-H_f + L_f \cdot \mu_f) = 10\,(-150 + 2000 \cdot 0{,}01)$$

$$+ 5{,}5\,(-150 + 2000 \cdot 0{,}01) = -1500 + 200 - 830 + 110 = -2020 \text{ kp}.$$

Der abwärts gerichtete Seilzug ist also wesentlich größer als der Zug aufwärts und für die Wahl der Zugseilstärke maßgebend. Bei 140 kp/mm² Bruchfestigkeit hat ein Litzenseil mit sechs Litzen und sieben Hanfseelen bei 18 mm Durchmesser und 1,1 kp/m eine Bruchlast von etwa 16000 kp, also achtfache Sicherheit. Es genügt daher für den vorliegenden Fall. Unter der Voraussetzung, daß man den Reibungsverlust in den Zugseilumführungen durch den Wert $5\,\mu_u$ berücksichtigen (s. die Ausführungen auf S. 6) und mit $\mu_u = 0{,}02$ einsetzen kann, berechnet sich der Arbeitsverbrauch nach:

$$N = \frac{v}{75 \cdot \mu_A}\left[-\frac{G_g\, H_g}{1 + 5\mu_u} + (G_g\, L_g\, \mu_g + G_f\, L_f\, \mu_f)\,(1 + 5\,\mu_u) + G_g\, H_g\, \mu_u + G_f\, H_f\, \mu_u\right].$$

Für das vorliegende Beispiel ist, wenn man $\mu_g = \mu_f = 0{,}01$ setzt:

$$N = \frac{1{,}5}{75 \cdot 0{,}8}\left[-\frac{10 \cdot 150}{1 + 0{,}1} + (10 \cdot 2000 \cdot 0{,}01 + 11 \cdot 2000 \cdot 0{,}01)\,(1 + 0{,}1)\right.$$

$$\left. + 10 \cdot 150 \cdot 0{,}02 + 11 \cdot 150 \cdot 0{,}02\right],$$

$$N = 0{,}025\,(-1364 + 220 + 244 + 30 + 33) \approx -21 \text{ PS}.$$

Es sind also 21 PS abzubremsen. Eine weitere Rechnung ergibt, daß der Arbeitsverbrauch gleich Null wird, die Bahn also gerade anfängt, ohne Arbeitsaufwand zu laufen, wenn $H_g = 70$ m ist, d. h. wenn eine Neigung von rd. 1:30 besteht. Dieses Ergebnis wird auch durch die praktische Erfahrung für Wagen mit Gleitlagern bestätigt.

Die Anlagekosten derartiger Seilbahnen schwanken je nach den örtlichen Verhältnissen und sind von den erforderlichen Spannweiten und manchen anderen Umständen abhängig. Jedoch ist die Abhängigkeit bei weitem nicht so groß als bei gewöhnlichen Bahnen. Allgemein stellt sich die Seilschwebebahn bei ebenem Gelände durchweg teurer als die Standbahn. Es hat also, wenn der Grunderwerb keine Schwierigkeit und hohe Kosten verursacht, keinen Wert, bei ebenem Gelände Seilschwebebahnen zu projektieren, wenn nicht besondere örtliche Verhältnisse den Ausschlag für die Seilbahn geben. Ganz anders liegen die Dinge aber, sobald das Gelände irgendwie uneben ist. Denn in diesem Falle ist die Seilbahn auf Grund ihrer Bauart und charakteristischen Eigenschaften das brauchbarste Fördermittel.

b) Ein-Seilbahnen

Diese sind, wie erwähnt, nur für geringere Lasten verwendet worden. Immerhin haben sie, besonders in den spanischen Erzgebieten, ziemliche Verbreitung gefunden, und man hat auch sogar ziemlich große Spannweiten bis zu 600 m damit zu überbrücken vermocht. Während des Krieges haben sie wegen ihrer einfachen Bauweise und schnellen Aufstell-

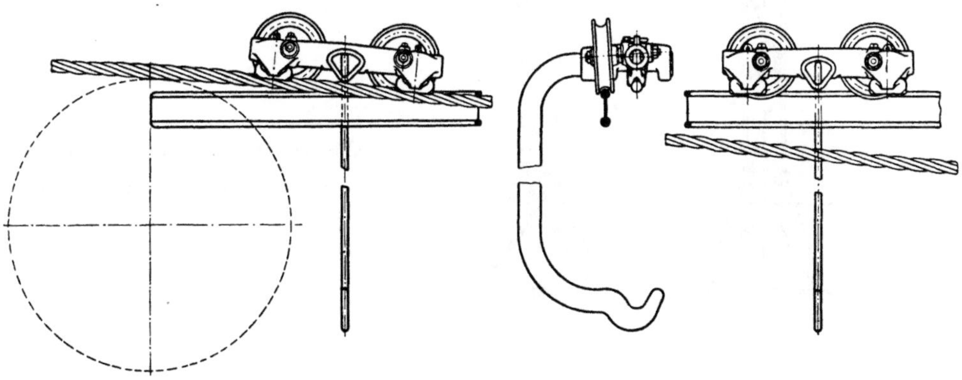

Abb. 342. Gehänge und Laufwerk einer Ein-Seilbahn (Roeschen).

barkeit auch in Deutschland eine große Verbreitung gefunden für die Zuführung von Heeresmaterial aller Art an sonst schwer zugänglichen Stellungen, und alle Seilbahnbaufirmen haben solche Bahnen in großer Zahl ausgeführt. Trotzdem sind sie nach dem Kriege in Deutschland ziemlich wieder in den Hintergrund getreten, und ihre Bedeutung ist nicht erheblich größer geworden, als sie vorher war. Das angewendete Prinzip ist außerordentlich alt und wurde unter Benutzung von Hanfseilen schon im Jahre 1644 von Adam Wybe für eine Seilbahn beim Festungsbau in Danzig verwendet. Die einzelnen Förderkästen wurden auf das Hanfseil aufgeklemmt, das durch Rollen auf verschiedenen Stützen gelagert war und in ständigen Umlauf versetzt wurde. Unter Verwendung von Drahtseilen wurden derartige Bahnen später von verschiedenen Seiten geplant. In dieser Beziehung sei z. B. verwiesen auf das englische Patent Nr. 1786 von Robinson aus dem Jahre 1856. Die Patentschrift enthält im wesentlichen die Anordnung, die ein Jahrzehnt später von dem Engländer Hodgson häufiger ausgeführt wurde, der gegen 1870 eine Anzahl Bahnen dieser Art erbaute. Um 1890 wurden sie besonders von Roe wesentlich vervollkommnet und nun von einer größeren Anzahl von Firmen in verschiedenen Bauarten ausgeführt.

Hodgson benutzte für die Fortbewegung der Wagen einfach die Reibung zwischen Wagengehänge und Seil. Dadurch wurde die größte zulässige Neigung des Seiles auf etwa 1:6 bis 1:7 beschränkt. Das bedingte wieder geringen Stützenabstand und kleine Lasten, so daß diese Bahnen bei unebenem Gelände sehr teuer wurden und auch nur geringe Leistungen erzielten. Roe benutzte den Drall der Litzenseile für die Kupplung, indem er das Aufhängejoch mit zwei Stahlbacken versah, die mit gewindeartigen Erhöhungen in die Zwischenräume zwischen den Litzen eingreifen.

Abb. 342 zeigt das Gehänge und das Laufwerk einer ROEschen Ein-Seilbahn. Mit dem Gehänge sind Laufräder verbunden, die zur Fortbewegung der Wagen in den Stationen dienen. Die Laufräder sind so befestigt, daß der Wagen möglichst dieselbe Lage behält, einerlei, ob er auf dem Seil hängt oder auf den Rädern läuft. Die Geschwindigkeit dieser Bahnen ist steigend bis etwa zu 2,5 m/s. Das Wagengewicht erreicht einen größten Wert von 500 kp, während es bei den Zwei-Seilbahnen schon bis auf 10000 kp gesteigert worden ist. Durch die Aufhängung des Wagens an zwei Stellen wurde das Seil

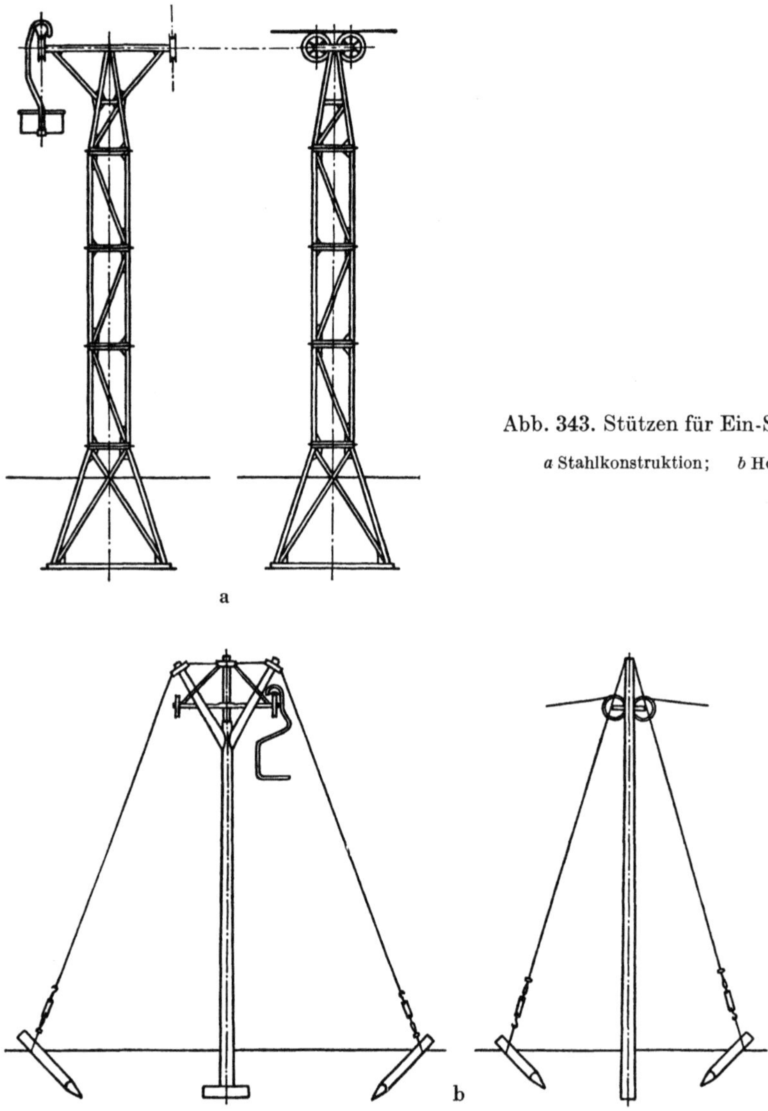

Abb. 343. Stützen für Ein-Seilbahnen.
a Stahlkonstruktion; *b* Holzstütze.

bedeutend geschont, und außerdem wurde die Seillebensdauer noch dadurch vergrößert, daß an den Stützen nicht eine einfache Tragrolle angeordnet wurde, sondern 2—4 Tragrollen hintereinander in einem drehbaren Gestell. Die Rollenauflagerung kann sich dann der jeweiligen Seillage gut anpassen. Die Bauart der Stützen ist aus Abb. 343a und b zu erkennen.

Der Antrieb des Seiles erfolgt in derselben Weise wie der Antrieb des Zugseiles bei den Zwei-Seilbahnen, nur sind die Spannungen im Zugseil stärker als bei den Zwei-Seilbahnen. Dafür fallen aber die Befestigungen und Spannvorrichtungen der Tragseile fort, und alle Teile können bei mäßiger Länge der Seilbahn erheblich leichter gehalten werden als bei den Zwei-Seilbahnen. Das geht so weit, daß vom Verfasser ein erfolgreicher Versuch gemacht werden konnte, für bestimmte Zwecke die Antriebstation auf einem einfachen schweren Transportwagen aufzubauen, um sie leicht von einer Stelle zur anderen zu befördern. Der Antrieb erfolgt sehr häufig durch einen Getriebemotor, der die Antriebsseilscheibe direkt oder über ein Vorgelege in Drehung versetzt. Bei den Spannstationen wird das Seil oft durch eine Winde gespannt, anstatt, wie bei den Zwei-Seilbahnen, durch Gewichte. Die Bahnen nach dieser Bauart sind in den Anlagekosten billiger als die Zwei-Seilbahnen mit getrenntem Zugseil und Tragseil. Die Unterhaltungskosten sind aber infolge des schnelleren Verschleißes des stark angespannten Zugseiles etwas größer. Mit Rücksicht hierauf und auf die hohe Leistungsfähigkeit der Zwei-Seilbahnen ist die Verwendungsmöglichkeit der letzteren größer als die der Ein-Seilbahnen.

Abb. 344. Antrieb einer Kleinkabinen-Umlaufbahn (Ein-Seilbahn); die übersichtliche Anordnung der Maschinenteile gestattet eine einfache Wartung (PHB).

Die enorme Steigerung des Urlaubs- und Touristenverkehrs hat die Aktualität der Ein-Seilbahn aber erneut bewiesen. Sie vermittelt die Schönheit der Natur aus der Vogelperspektive — erschließt neue, schwer erreichbare Landschaftsgebiete und führt vor allem die Touristen schnell aus den Ballungsräumen der Ferienorte in die Stille der Natur. Seilbahnen bieten auch die Möglichkeit, den Touristenstrom in bestimmte Richtungen zu lenken und zu zerstreuen. Durch Fortfall zeitraubender Anmarschwege erlauben sie außerdem eine Vielzahl von Bergtouren während einer Urlaubsperiode und erreichen damit eine längere Bindung an den Urlaubsort. Für den Skisport sind Seilbahnen das zeitraffende Fördermittel, die Pisten möglichst oft am Tage zu befahren. Sie sind oft auch die einzige Möglichkeit, gutes Skigelände zu erschließen. Darüber hinaus sind Messe- und Ausstellungsbahnen ein immer wieder gern benutztes Fördermittel.

Bei diesen Personenbahnen sind die Sitzgehänge oder bei Skiliften die Zugbügel meist in bestimmten Abständen fest mit dem Seil verbunden und werden von den Fahrgästen während der Fahrt bestiegen und verlassen. Außerdem sind aber auch Kleinkabinenbahnen mit Ein-Seilbetrieb bekannt, bei denen die zwei- oder viersitzigen Gondeln vom Seil zu lösen sind. Es werden dabei nur die für die jeweilige Förderleistung erforderlichen Kabinen an das Seil gehängt. Die nicht benutzten Gondeln gelangen auf ein Bereitstellungsgleis. Ein automatischer Abstandsregler besorgt in der Station die gleichmäßigen Abfahrten der Kabinen und verhindert damit örtliche Überlastungen des Tragseiles.

II. Hebeanlagen

1. Allgemeines über Hubförderer

In der folgenden Behandlung der Hubförderer sind die Sonderkonstruktionen, die für die Förderanlagen im Eisenbahn- und Schiffstransportwesen sowie im Berg- und Hüttenwesen verwendet werden, in ihren zahlreichen Ausführungsformen nur insoweit berücksichtigt, als damit grundsätzliche Fragen des Hebezeugbaues zusammenhängen. Zur besseren Übersicht sind die Hubförderer in einzelne Gruppen eingeteilt, und zwar werden zunächst die Winden und Aufzüge mit einfacher Lastbewegung, dann die Windwerke und Krane mit zusammengesetztem Lastweg und schließlich die Vorrichtungen zum Aufnehmen der Förderlasten beschrieben. Wenngleich auch die Bauarten der einzelnen hier genannten Gruppen ohne strenge Abgrenzung ineinander übergehen, besonders die Winden und Aufzüge mit einfacher und die mit zusammengesetzter Lastbewegung, so können doch gewisse allgemeine Unterschiede festgestellt werden. Bei den Winden und Aufzügen mit einfacher Lastbewegung ist der Weg der Last genau vorgeschrieben, nur die Hubhöhe wechselt. Die Steuerung der Antriebsmaschinen kann daher durchweg automatisch ausgeführt werden. Bei den Windwerken und Kranen mit zusammengesetzter Lastbewegung kann dagegen der Förderweg meistens in ganz beliebiger Weise gestaltet werden. Daher ist hier eine automatische Steuerung nur selten möglich und in der Regel geschieht die Steuerung von Hand.

Die Bauart der Hubförderer ist in hohem Maße von der Art und besonders von dem Gewicht der zu fördernden Einzellasten sowie vom vorgeschriebenen Arbeitsgebiet abhängig. Ferner haben die örtlichen Verhältnisse und die erforderliche Leistungsfähigkeit bestimmenden Einfluß auf die Gesamtanordnung, die Tragfähigkeit und die Fördergeschwindigkeit. Die Wahl der anzuwendenden Bauart ist also von sehr vielen Vorbedingungen abhängig. Daher lassen sich bei den Hubförderern bei weitem nicht so fest umrissene Grenzen der Wirtschaftlichkeit und Anwendungsmöglichkeit der verschiedenen Anlagen geben, wie es bei den Stetigförderern möglich ist. Oft kann auch kaum von einer eigentlichen Wirtschaftlichkeit des Förderers gesprochen werden. Häufig besteht nur die Notwendigkeit, eine Arbeit, wie z. B. das Heben sehr schwerer Stücke, überhaupt mit Sicherheit durchführen zu können und man ist unter Umständen zur Anlage schwerer Krane veranlaßt, die nur selten gebraucht werden, aber doch nicht zu entbehren sind. Ähnliche Überlegungen sind auch bei der Einrichtung vieler Krane für den Werkstättenbetrieb ausschlaggebend. Hier handelt es sich darum, den Betrieb der übrigen Maschinenanlagen und der ganzen Werkstätte möglichst flott und ohne Störung durchzuführen. Wenn dabei auch der Kran an sich gegenüber anderen Transportmöglichkeiten mitunter nicht wirtschaftlich erscheint, so wird seine Einführung doch oft dadurch gerechtfertigt, daß die Arbeiten schnell und sicher vonstatten gehen und daß alle anderen Maschinen besser ausgenutzt werden. Das sind Richtlinien, die für die Frage der Beschaffung von Krananlagen große Bedeutung haben, die sich aber doch nicht einheitlich und allgemeingültig nach bestimmten Regeln festlegen lassen. Es kann sich daher bei der Beurteilung der Hubförderer im allgemeinen nur darum handeln, die verschiedenen für dieselbe Arbeit geeigneten Bauarten untereinander zu vergleichen. Hierbei ist allerdings außer der Betriebssicherheit meistens die Höhe der Anlagekosten ausschlaggebend. Mitunter kommen auch die Bedienungskosten wesentlich in Betracht, verhältnismäßig selten dagegen die Kosten des Arbeitsverbrauches.

Die Ausscheidung der im Berg- und Hüttenwesen sowie in Häfen gebräuchlichen Konstruktionen rechtfertigt sich durch die für dieses Arbeitsgebiet meistens erforderlichen besonderen Ausführungsformen, deren Berücksichtigung in besonderen Abschnitten dieses Buches erfolgen soll.

Bei der Schiffsverladung handelt es sich neben der Wirtschaftlichkeit der Verladeanlagen an sich im wesentlichen um die Steigerung der Schiffsausnutzung. Die Geschwindigkeit der Abfertigung stellt hier ein Maß für die Wirtschaftlichkeit der Anlage dar, so daß dem Container-Umschlag besondere Aufmerksamkeit zu widmen ist (vgl. auch S. 278ff.).

Bei den Verladeanlagen im Eisenbahnbetrieb können für die Wirtschaftlichkeit der Transporteinrichtungen genauere Regeln aufgestellt werden als bei den Hubförderern für allgemeine Verwendung. Besonders gilt dies für das Verladen von Massengütern durch Wagenkipper, da hierbei stets dasselbe Höchstgewicht in Frage kommt und die Tragfähigkeit der verschiedenen Bauarten von Kippern ohne weiteres festgelegt ist. Deshalb wird ein Vergleich in weit höherem Maße möglich, als es sonst bei den allgemeinen Hubförderern der Fall ist.

Wie schon früher erwähnt, wird die überwiegende Mehrzahl der Hebeanlagen elektrisch betrieben. Seltener wendet man Dampf- oder dieselmotorischen bzw. dieselelektrischen Antrieb an. Hydraulische Kraftübertragungsvorrichtungen als Mittel zur Bewegungserzeugung werden dagegen bei neuen Anlagen ebenfalls seltener benutzt. Die Beispiele sind daher auch vorwiegend mit elektrischem Antrieb dargestellt.

Bei jeder Konstruktionsaufgabe für ein Hebezeug ist die richtige Aufgabenstellung die erste Voraussetzung für die zweckmäßige Lösung. Damit soll gesagt sein, daß für die Beurteilung eines Kranes nicht nur die hauptsächlichen technischen Daten wie Tragkraft, Spannweite und Hubhöhe bestimmend sind, sondern auch eine Vielzahl weiterer Einzelheiten.

Es mag seltsam klingen, ist jedoch Tatsache, daß im Kranbau 1 Mp nicht immer 1000 kp sind. So entspricht z. B. bei der Stückgut-Verladung das Stückgewicht der tatsächlichen Kranbelastung. Dagegen entstehen beim Umschlag von Schüttgütern Stoßbelastungen, die ein Vielfaches der Nutzlast ausmachen können und daher bei der Konstruktion entsprechend zu berücksichtigen sind. Es ist also für die richtige Auslegung eines Kranes in erster Linie der Einsatzzweck bestimmend.

Weiterhin sind die Arbeitsgeschwindigkeiten von Wichtigkeit, denn sie beeinflussen die konstruktive Gestaltung der gesamten Anlage und sind für die optimale Nutzung von entscheidender Bedeutung. Durch die jeweilige Verlade-Situation kann es sein, daß eine der Kranfunktionen ausgesprochen stark beansprucht wird. Typisch hierfür ist die Schiffsentladung. Die Ladeebene liegt meistens weit unterhalb der Kranfahrbahn, woraus zwangsläufig ein sehr langer Hub- und Senkweg resultiert. In diesem Fall sollte daher die Hubgeschwindigkeit extrem schnell ausgelegt werden. Ähnliche Verhältnisse können sich bei anderen Anlagen für die Kran- oder Katzfahrt ergeben.

Nicht zuletzt ist die Einsatzhäufigkeit eines Kranes hervorzuheben, die besonders für die Lebensdauer-Berechnung der Triebwerke ausschlaggebend ist. Es gelten daher für Krananlagen, die im mehrschichtigen Dauerbetrieb arbeiten, höhere Maßstäbe als für gelegentlich eingesetzte Krane, wie für Montage und Reparaturzwecke.

Für den Bau von Krananlagen ist eine Vielzahl von Vorschriften zu berücksichtigen, welche die Erstellung eines Kranes bis in das kleinste Detail erfassen. Insbesondere gilt jedoch für die Berechnung die DIN 120 und 15018, die zur Erfassung der Stoß- und Schwingbelastungen vorschreibt, daß die der Bemessung zugrunde gelegten und ruhend gedachten Lasten mit Faktoren ψ und φ zu multiplizieren sind. Da die Beanspruchung der Krane außer von der Tragkraft auch von der Art des Betriebes her gesehen unterschiedlich ist, sind die Krane in verschiedene Krangruppen eingeteilt (vgl. Tab. 76 und 77), für die nachstehende Ausgleichszahlen ψ gelten. Der Schwingbeiwert φ ist nur von der Fahrgeschwindigkeit und den Laufschienenstößen abhängig, wie nachstehend gezeigt ist:

Schienenstöße vorhanden $v \leqq 1$ m/s: $\varphi = 1{,}1$; $v > 1$ m/s: $\varphi = 1{,}2$,
Schienenstöße nicht vorhanden $v \leqq 1{,}5$ m/s: $\varphi = 1{,}1$; $v > 1{,}5$ m/s: $\varphi = 1{,}2$.

Tabelle 76. *Die Krangruppen*

Gruppe	bezogene Betriebsdauer	bezogene Belastung	Stöße	Ausgleichszahl ψ
I	klein	klein	klein	1,2
II	groß klein klein	klein groß klein	gewöhnlich gewöhnlich stark	1,4
III	groß groß klein	groß klein groß	gewöhnlich stark stark	1,6
IV	groß	groß	stark	1,9

Bezogene Betriebsdauer $= \dfrac{\text{Betriebszeit ohne Arbeitspausen}}{\text{Betriebszeit mit Arbeitspausen}}$	Verhältnis größer als 0,5 = groß
Bezogene Belastung	Die Hälfte aller Arbeitsspiele mit weniger als $^2/_3$ Höchstlast = klein
Stöße	Die Stärke der Stöße aus der Bewegung der Last hängt von dem Einsatzzweck und der Arbeitsgeschwindigkeit eines Kranes ab.

Tabelle 77. *Einstufungsbeispiele von Krananlagen*

Kranart	Gruppe I	II	III	IV
Kleinkrafthebezeuge und Handkrane	●			
Maschinenhauskrane	●	●		
Lokomotivhebekrane		●		
Werkstatt- und Lagerplatzkrane				
kleinerer Tragkräfte		●	●	
desgl., mit großer Tragkraft		●		
Aufstellkran	●	●	●	
Gießereikrane		●	●	
Nietkrane		●	●	
Hellingkrane		●		
Schwerlastkrane	●	●		
Dreh-, Tor-, Schwimmkrane				
Stückgutbetrieb		●		
Greifer- und Magnetbetrieb			●	●
Träger von Verladebrücken				
Hängebahnen und dergleichen				
Stückgutbetrieb		●		
Greiferbetrieb		●	●	
Kipperbrücken			●	
Turmkrane für Hoch- und Tiefbau	●	●		

Die Fahrgeschwindigkeiten haben einen direkten Einfluß auf die Stoßbelastungen des Kranes und sind daher für die statische Auslegung der Krankonstruktion zu berücksichtigen. Bei Fahrgeschwindigkeiten von Kran und Katze über 1,5 m/s müssen die resultierenden Stöße als groß angenommen werden.

Da hohe Arbeitsgeschwindigkeiten eine wesentlich höhere Beanspruchung der Triebwerke und Bremseinrichtungen hervorrufen, müssen diese entsprechend dimenisoniert werden. Der Mehraufwand kann sehr erheblich sein, so daß die Arbeitsgeschwindigkeiten nicht unnötig hoch angesetzt, sondern den tatsächlichen Erfordernissen angepaßt werden sollten.

Arbeitet die Katze nicht vorwiegend an einer Seite, dürfen bei der Berechnung der Kranbahnen die von den Kranlasten hervorgerufenen Kräfte und Momente mit einer Ausgleichszahl multipliziert werden, die eine Gruppe niedriger liegt als die des Kranes. Das gleiche gilt für die Berechnung von Bauteilen, die außer anderen Lasten auch Kranlasten tragen.

Werden Unterstützungen der Kranbahnträger von mehr als einem Kran belastet, so darf die Ausgleichszahl um zwei Gruppen niedriger sein als die des Kranes. Als Mindestgröße aber ist die Ausgleichszahl $\psi = 1,2$ anzunehmen. Zu berücksichtigen ist jedoch die Ausgleichszahl bei der Berechnung der Kantenpressung in den Fugen der stählernen und eisernen Lagerkörper und unter Auflagersteinen und die Ausgleichszahl bei der Berechnung der Auflagersteine selbst und der Fundamentanker.

In den folgenden Abschnitten sind die Hebezeuge nach der Art ihrer Arbeitsmöglichkeiten unterteilt. Da besonders bei den Bezeichnungen für Hebezeuge mit zusammengesetzter Lastenbewegung immer wieder Mißverständnisse aufgetreten sind, wurden die Benennungen der Bauarten in DIN 15001 festgelegt. Als Vorbemerkung ist hierin auch eine Definition für die Begriffe Kran und Bagger zu finden, da beide Begriffe in der Praxis vielfach durcheinander verwendet werden. Hiernach ist ein Kran ein Hebe- und Transportgerät, bei dem die Last an einem Tragmittel, meist einem Seil hängt, gehoben und in einer oder mehreren Richtungen bewegt werden kann. Demgegenüber versteht man unter einem Bagger ein Gerät zum Loslösen und anschließendem Bewegen von gewachsenem Boden und dergleichen. Allerdings kann z. B. ein Greifbagger nach Auswechseln des Greifers gegen ein anderes Lastaufnahmemittel auch als Kran arbeiten. Bei den Benennungen der Krane ging man früher sowohl von der Bauart als auch von dem Verwendungszweck aus, wodurch Überschneidungen entstanden. Nach der neuen Einteilung ist nun nur noch die Bauart für die Benennung ausschlaggebend.

Demnach werden die Hebezeuge mit zusammengesetzter Lastenbewegung wie folgt unterteilt.

a) Brückenkrane. Dieser Begriff wurde neu gebildet und umfaßt die bisherigen Benennungen „Laufkrane" und „auf Hochbahnen laufende Verladebrücken", zwischen denen eine Abgrenzung nicht möglich ist. Bei der Benennung sind zusätzlich anzugeben:

1. Bedienung vom festen Führerhaus, beweglichen Führerhaus, ohne Führerhaus, also mit Flur- oder Fernsteuerung;
2. Brückenausführung: Fachwerkträger, Vollwandträger, Kastenträger oder Profilträger, wobei alle Ausführungen als Einträger- oder Zweiträger-Brückenkrane ausgeführt werden können;
3. Kragarm: ohne Kragarm, mit einem oder zwei Kragarmen in fester, hochklappbarer oder verschiebbarer Ausführung;
4. Ausbildung des mit dem Brückenkran eingesetzten Hebezeuges: festaufgesetzter Auslegerkran, festaufgesetzter Drehkran, fest unter der Brücke angeordneter drehbarer Ausleger, fahrbar aufgesetzter Auslegerkran, fahrbar aufgesetzter Drehkran, Schienenlaufkatze in stehender Ausführung oder in hängender Ausführung bei einem Deckenkran (Hängekran).

b) Portalkrane. Diese Gruppe enthält die bisher unter den Benennungen „Portalkrane", „Verladebrükken" und „Bockkrane" bekannten Ausführungen. Für alle Ausführungsformen wurde nun der Oberbegriff Portalkrane gewählt und der genauere Verwendungszweck durch nähere Angabe der Ausführungsform und Zusatzeinrichtungen bezeichnet, wie bereits bei den Brückenkranen erläutert. Entfällt auf einer Kranseite die sonst tragende Stütze, so daß das Fahrwerk unmittelbar unter der Brückenkonstruktion angeordnet ist und auf einer hochliegenden Bahn läuft, so spricht man von einem Halbportalkran.

c) Schienenlaufkatzen. Da Schienenlaufkatzen sowohl als selbständige Krane als auch als Teile von Brükken- und Portalkranen vorkommen, werden sie in einem besonderen Abschnitt behandelt.

d) Auslegerkrane und Drehkrane. Sie unterscheiden sich nur dadurch, daß bei den letzteren der Ausleger drehbar angeordnet ist, so daß sie sonst zu einer Gruppe zusammengefaßt werden können. Bei den Drehkranen ist zwischen Ausführungen mit begrenzt oder unbegrenzt drehbarem Ausleger zu unterscheiden. Die Benennung „Turmdrehkrane" soll nach der neuen Definition ausschließlich den im Baubetrieb verwendeten Kranen vorbehalten sein, bei denen sich das Drehwerk unter dem Turm befindet. Die bisher ebenfalls als Turmdrehkrane bezeichneten Anlagen mit nicht drehbarem Turm, wie sie z. B. auf Werften verwendet werden, sollen je nach Bauart als „Vollportal-Drehkran mit turmartigem Traggerüst" benannt werden. Als zusätzliche Bezeichnung dieser Krangattung wird die Bauart der Ausleger herangezogen:

1. fester Ausleger (Ausladung unveränderlich);
2. Einstellausleger (Ausladung nur ohne Last veränderlich), Auslegerlänge unveränderlich),
3. Einziehausleger (Ausladung auch unter Last veränderlich, Lastweg nicht waagerecht, Auslegerlänge unveränderlich),
4. Wippausleger (Ausladung unter Last veränderlich, Lastweg nahezu waagerecht, Auslegerlänge unveränderlich),
5. Aufsteckausleger (Ausleger, der durch Aufstecken von Teilstücken bei außer Betrieb gesetztem Kran verlängert werden kann),
6. Teleskopausleger (Ausleger, dessen Länge auch während des Betriebes verändert werden kann),
7. Katzausleger (fester Ausleger mit Laufkatze).

Zur weiteren Bezeichnung der Krane können Hinweise auf die verschiedenen Bauarten der Fahrgestelle erfolgen: ortsfeste Anlagen, auf Raupenfahrgestell oder auf gummibereiftem Fahrgestell mit getrennten Motoren für Fahr- und Kranbewegungen oder mit schienengebundenem Fahrgestell.

e) Schwimmkrane. Hierbei sind nahezu alle Ausführungen der Gruppen b und d möglich.

f) Kabelkrane. In diesem Abschnitt sind die wichtigsten Bauarten der ortsfesten Kabelkrane und der fahrbaren Anlagen mit fahrbaren Stützen oder Wagen sowie die Portal-Kabelkrane behandelt.

2. Winden und Aufzüge mit einfacher Lastenbewegung

a) Schraubenwinden, Zahnstangenwinden und Hebeböcke

Die einfachste Hebevorrichtung stellt die Schraubenwinde dar, bei der eine Druckschraube aus einem festen Gehäuse herausgeschraubt und dadurch die Last angehoben wird. Diese Schraube wird allgemein mit flachgängigem Gewinde ausgeführt, wie in

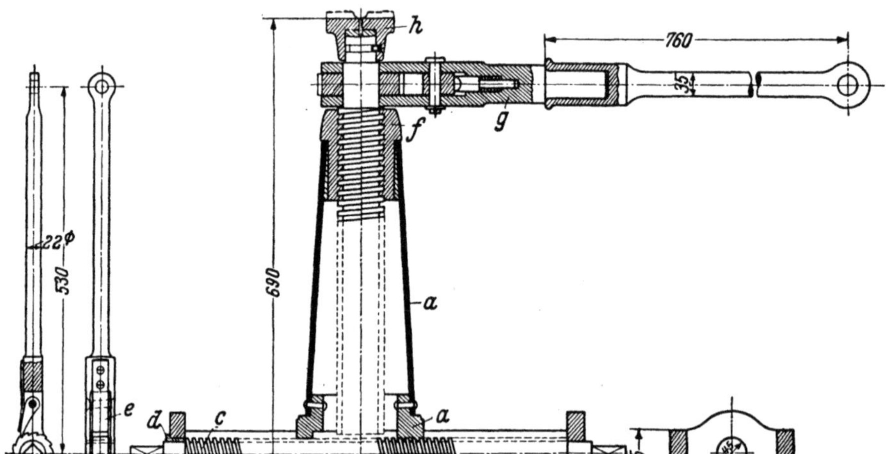

Abb. 345. Schraubenschlittenwinde für 500 kp Tragkraft.

a Schraubenfuß; *b* Schlitten mit Schraube *c*; *d* Rotgußbüchse, um das Ein- und Ausbauen der Schraube *c* zu ermöglichen; *e* Handhebel zum Bewegen der Schraube *c* mit einseitigen Sperrklinken an dem einen oder anderen Ende der Schraube aufzusetzen; *f* Rotgußeinsatz als Mutter für die Hubspindel; *g* Handhebel mit zweiseitiger Sperrklinke; *h* drehbarer Windenkopf mit Stahlplatte und Führungsschraube.

Abb. 345 dargestellt, wobei der Querschnitt des Gewindes rechteckig oder trapezförmig sein kann. Letzteres hat vor dem Gewinde mit rechteckigem Querschnitt den Vorzug eines größeren Biegungs- und Abscherwiderstandes. Man verwendet durchweg eingängiges Gewinde, um stets Selbsthemmung zu haben und die Last in jeder Höhenlage festhalten zu können, ohne daß besondere Bremseinrichtungen erforderlich sind. Durch die Selbstsperrung ist allerdings ein sehr niedriger Wirkungsgrad von nur etwa 30—40% bedingt. Diese Winden sind daher im allgemeinen nur dort angebracht, wo es sich mehr um ein Abstützen der Lasten als um ein Heben derselben handelt, oder dort, wo das Heben nur ausnahmsweise in Frage kommt. Das Drehen der Spindel geschieht entweder mit einer durch den Spindelkopf hindurchgesteckten Stange oder durch einen Hebel mit Sperrklinke. Die letzte Anordnung hat den Vorteil, daß die Hand ständig am Griff des Hebels bleiben und ununterbrochen eine hin- und hergehende Bewegung ausführen kann.

Häufig werden die Winden auch in waagerechter Richtung durch eine Schraube in einem Schlitten verschiebbar angeordnet, wie in Abb. 345 angegeben.

Für beide Bauarten sind die hauptsächlichsten Daten aus der Tab. 78 zu entnehmen, aus deren Angaben auch zu ersehen ist, daß die Hubhöhe bei Normalausführungen in den Grenzen von etwa 240—370 mm liegt.

Tabelle 78. *Hauptmaße von Schraubenwinden*

Windenart		Einfache Schraubenwinde				Schraubenschlittenwinde			
Tragkraft	Durchm. der Spindel	Kleinste Windenhöhe	Hub	Gewicht mit Sperrklinke	Gewicht mit durchlochtem Kopf	Kleinste Windenhöhe	Hub	Horizontalverschiebung auf Schlitten	Gewicht
kp	mm	mm	mm	kp	kp	mm	mm	mm	kp
5000	51	450	240	21	21	—	—	—	—
8000	58	460	240	28	24	520	260	180	55
10000	62	570	290	32	27	620	285	230	62
12000	64	585	310	36	31	650	315	300	70
15000	70	620	330	40	35	660	325	300	80
18000	80	645	355	52	39	675	340	400	90
20000	88	660	370	60	44	685	365	400	100

Bei größeren Lasten sind entweder mehrere Arbeiter oder sehr lange und unhandliche Hebel erforderlich, um bei der normalen Ganghöhe der Schraube eine genügend große Übersetzung herbeizuführen. Man hat in einzelnen Fällen versucht, dieses Übersetzungsverhältnis durch Anwendung von Differentialschraubengewinden zu vergrößern. Dadurch wird aber der Wirkungsgrad noch weiter herabgedrückt und kann dann nur mit etwa 12—22% angenommen werden. Diese Winden werden daher verhältnismäßig selten und nur in besonderen Fällen angewendet, vornehmlich, wenn es darauf ankommt, die Spindel auf sehr geringe Länge zusammenschrauben zu können. Abb. 346 zeigt eine derartige Winde in ausgeschraubtem Zustand. Die Hebel zur Betätigung der Winde können so angeordnet werden, daß nur die untere Schraube gedreht wird oder daß beide Schrauben zu gleicher Zeit und durch eine einzige Handhabung bewegt werden. Bei der in Abb. 346 angegebenen Anordnung des Gewindes werden bei der Drehung der unteren Schraube beide Schrauben entweder gehoben oder gesenkt. Bei umgekehrter Steigung des einen Gewindes würde die eine Schraube angezogen werden, während die andere herausgeschraubt wird. Auf diese Weise kann bei entsprechender Abstufung der Steigungen jede beliebige Differentialwirkung der Gewinde, also eine sehr große Übersetzung, erzielt werden. Im allgemeinen ist es aber im Hinblick auf einen möglichst guten Wirkungsgrad besser, eine etwa erforderliche größere Übersetzung durch Verwendung von Rädervorgelegen zu erreichen, die der Schraubenspindel vorgeschaltet werden. Die gebräuchlichsten Winden in derartiger Ausführung tragen bis zu etwa 70 Mp.

Wenn keine Selbstsperrung und keine große Übersetzung erforderlich sind, kann man mit Zahnstangenwinden einen günstigeren Wirkungsgrad erzielen. Die oben mit einem drehbaren Knopf, unten mit einem seitlichen, fest angeordneten Fuß zum Aufnehmen der Last versehene Zahnstange wird durch ein einfaches oder doppeltes Rädervorgelege gehoben. Das Rädervorgelege ist entweder in einem hölzernen Schaft gelagert oder in einen aus Stahlblech gebogenen, seitlich abgeschlossenen Kasten eingebaut. Außen am Schaft ist eine Sperrklinke befestigt, die in ein auf der Kurbelwelle angeordnetes Sperrrad eingreift und dadurch ermöglicht, die Last festzuhalten. Zur Erzielung einer großen Übersetzung bei geringem Gewicht werden die Ritzel mit nur 4 Zähnen ausgeführt. Dies kann im Hinblick auf die im allgemeinen seltene Benutzung derartiger Winden zuge-

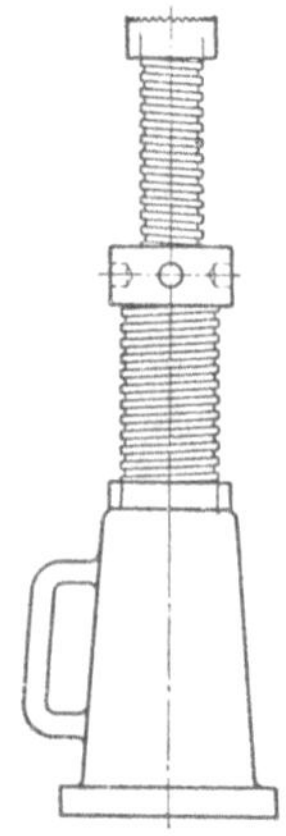

Abb. 346.
Ausziehbare Schraubenwinde
(Duplex-Schraubenwinde).

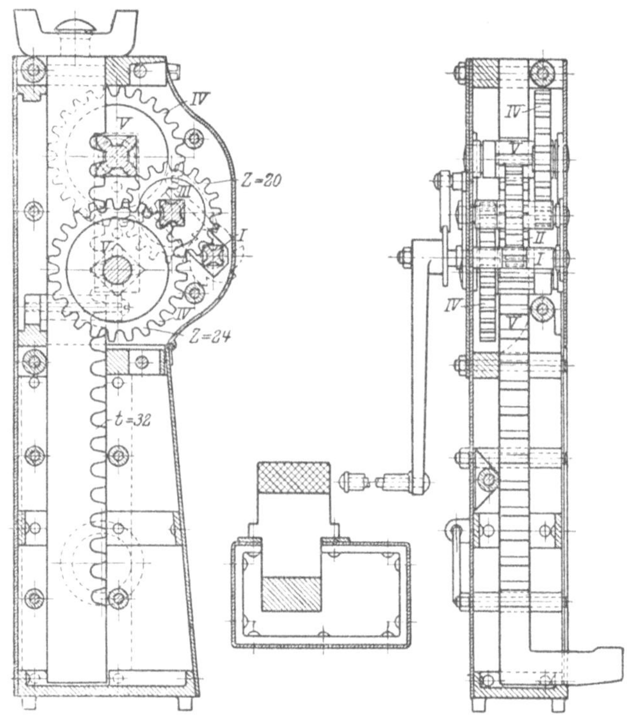

Abb. 347.
Zahnstangenwinde mit
doppeltem Rädervorgelege.

lassen werden, denn der Verschleiß ist hierbei nicht groß. Die Winden werden bis zu etwa 6 Mp Tragkraft mit einfacher Übersetzung, für größere Lasten mit doppeltem Vorgelege geliefert. Die Ritzel und Zahnstangen, die sehr hoch beansprucht werden, bestehen in der Regel aus hochwertigem Stahl, um die Abmessungen und das Gewicht der Winden klein halten zu können. Mitunter vergrößert man die Sicherheit gegen Bruch der Zähne dadurch, daß man bei größeren Lasten die einzelnen Vorgelegeräder doppelt ausführt. In solchen Fällen kann auch gleichzeitig die Teilung etwas kleiner gewählt werden, wodurch der Gang der Winde leichter und stoßfreier wird. Eine derartige Anordnung ist in Abb. 347 dargestellt.

Das Senken der Last kann bei diesen Winden nur durch Zurückdrehen der Kurbel bei entsprechendem Gegendruck geschehen. Bei der im allgemeinen in Frage kommenden geringen Hubhöhe ist dies in der Regel zulässig. Es werden allerdings auch Zahnstangenwinden mit Sicherheitskurbel geliefert, die ein Festhalten der Last ohne Benutzung der Sperrklinke ermöglichen sollen. Doch erscheint bei der Verwendungsart dieser Winden der Verlaß auf die Sicherheitskurbel im allgemeinen kaum empfehlenswert und die Verwendung einer gewöhnlichen Kurbel durchweg zuverlässiger.

Die Gewichte für Zahnstangenwinden verschiedener Bauarten sind in der Tab. 79 zusammengestellt. Aus dem Vergleich dieser Liste mit der für die Schraubenwinden geht hervor, daß die letzteren wesentlich leichter sind als die entsprechenden Zahnstangenwinden, jedoch darf der sehr starke Unterschied der Wirkungsgrade nicht unberücksichtigt bleiben.

Tabelle 79. *Zahnstangenwinden*

Tragkraft	Mp	1,5	3	5	10	15	20
Bauhöhe	mm	725	725	725	800	775	760
Hub	mm	350	350	300	300	350	350
Hub je Kurbelumdrehung	mm	14	8	4	4	2,3	3,4
Niedrigste Klauenhöhe	mm	65	70	75	80	90	90
Kurbeldruck, etwa	kp	25	25	25	50	50	65
Gewicht, etwa	kp	13	20	27	43	58	62

Durch Anwendung hochwertigster Werkstoffe und gewichtsparende Formgebung des Windengehäuses lassen sich die Gewichte der Winden mit Stahlmantel noch um etwa 30% niedriger halten. Handelt es sich um das Heben sehr großer Lasten, so wird die erforderliche Übersetzung mitunter durch Anwendung einer Druckpumpe erzielt und das Heben hydraulisch bewirkt. Als Flüssigkeit verwendet man im allgemeinen Wasser, bei großer Kälte in einer Mischung von etwa 2 Teilen Wasser und 1 Teil Glyzerin, um ein Einfrieren zu verhindern. Bei solchen hydraulischen Hebeböcken können ohne Schwierigkeiten sehr große Lasten von nur einem Arbeiter bei einem Wirkungsgrad von etwa 60—70% bewältigt werden. Dagegen ist der Wirkungsgrad bei den selbstsperrenden Schraubenwinden stets kleiner als 50%. Abb. 348 zeigt einen hydraulischen Hebebock als Schiffshebebock

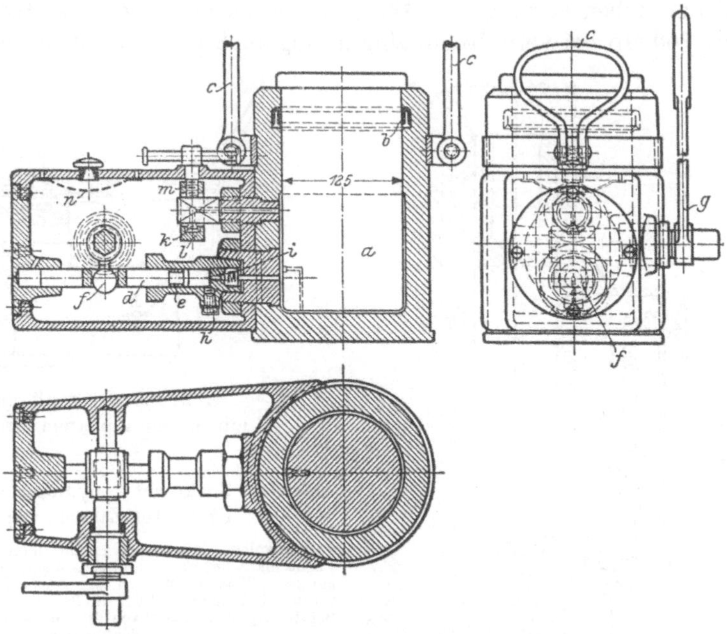

Abb. 348. Hydraulischer Schiffshebebock für 50 Mp Last.

a Tauchkolben; *b* Lederstulpdichtung; *c* Handgriffe zum Tragen der Winde; *d* Pumpenkolben; *e* Lederdichtung für *d*; *f* Hebel zum Bewegen von *d*; *g* Handhebel; *h* Saugventil; *i* Druckventil; *k* Kegelspitze zum Abschluß der Austrittsöffnung; *l* Ring zum Halten von *k*; *m* Schraube zum Regulieren der Senkbewegung; *n* Sieb zur Reinigung des Füllwassers.

in besonders niedriger Bauart, wie er zum Ausrichten von Schiffen auf der Werft und auch zum Anheben von schweren Lasten bei Montagen gebraucht wird. Die Wirkungsweise ist aus der Abbildung leicht zu erkennen. Der Druckkolben ist als Tauchkolben ausgebildet und ruht in einem mit Ledermanschette oder dgl. abgedichteten Zylinder, dem das Druckwasser von der Seite zugeführt wird. Gehoben wird durch Hin- und Herbewegung eines kleinen Kolbens mit Hilfe eines seitlich an dem Wasserkasten angebrachten Hebels. Der Kolben saugt bei seiner Bewegung die Flüssigkeit aus dem Kasten durch ein Saugventil heraus und drückt sie durch ein Druckventil in den Zylinder. Die beiden Ventile werden durch Federn auf ihren Sitz gedrückt, so daß die Hebeböcke in jeder Lage benutzt werden können. Das Entleeren des Druckzylinders erfolgt durch Lösen einer Schraube, die sich oberhalb des Wasserkastens befindet und beim Lösen eine Öffnung freigibt, durch die die Druckflüssigkeit aus dem Zylinder wieder in den seitlichen Kasten fließt, um von neuem benutzt zu werden. Die Hebeböcke arbeiten mit sehr hohem Druck von etwa 400 at. Das Übersetzungverhältnis kann außerordentlich groß gemacht werden. Bezeichnet man den Durchmesser des kleinen Pumpenkolbens mit d, den Durchmesser des Druckkolbens mit D, die Länge des Hebels vom Drehpunkt bis zum Angriff am Kolben mit a, die Länge des Hebels vom Drehpunkt bis zum Handgriff mit b, so ist das Gesamtübersetzungsverhältnis

$$i = \frac{d^2}{D^2} \frac{a}{b}.$$

Nimmt man z. B. $d = 1{,}8$ cm, $D = 12{,}7$ cm, $a = 3{,}5$ cm, $b = 100$ cm und die Handkraft am Griff mit 50 kp im Maximum an, so beträgt die Druckkraft des Tauchkolbens ohne Berücksichtigung der Verluste

$$P = \frac{50}{i} = 50 \cdot \frac{161{,}3}{3{,}24} \frac{100}{3{,}5} = 72000\ \text{kp}.$$

Der Wirkungsgrad kann mit etwa 70% angenommen werden, so daß also bei dem angegebenen Übersetzungsverhältnis, das noch leicht vergrößert werden kann, ein Arbeiter $72 \cdot 0{,}7 = 50$ Mp zu heben vermag. Die Winden werden normalerweise bis zu einer Tragkraft von etwa 200 Mp bei verhältnismäßig geringem Eigengewicht ausgeführt.

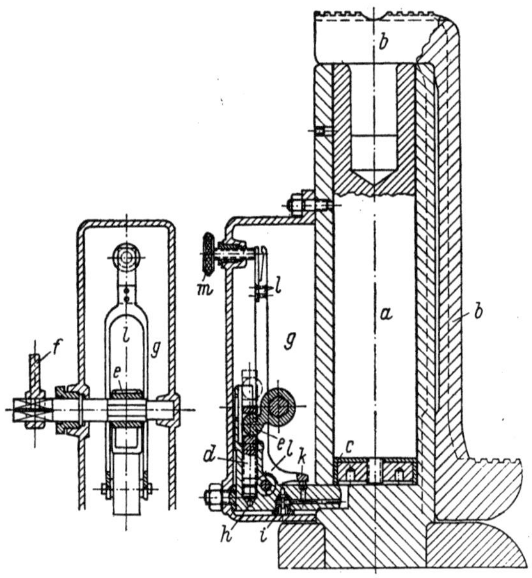

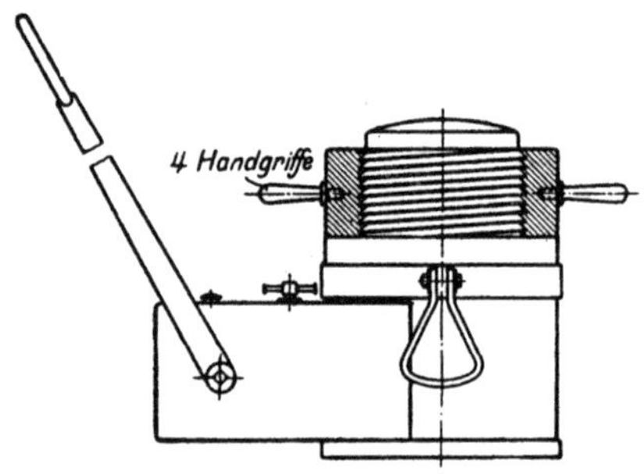

Abb. 350. Hydraulische Winde mit einschraubbarem Druckstempel.

Abb. 349. Senkrechter hydraulischer Hebebock als Ersatz für Zahnstangenwinden.

a Druckkolben; *b* Klauenträger mit oberer und seitlicher Klaue; *c* Ledermanschette; *d* Pumpenkolben; *e—f* Hebel der Handpumpe; *g* Wasserkasten; *h* Kugelventil als Saugventil; *i* Druckventil; *k* Auslaßventil für die Senkbewegung; *l* Hebel für die Betätigung des Auslaßventils; *m* Regulierschraube für die Senkbewegung.

Hydraulische Hebeböcke mit angebauter Handpreßpumpe in der Ausführung entsprechend Abb. 348 werden bis zu einer Tragkraft von 100 Mp gebaut. Bei größeren Tragkräften wird die Preßpumpe vom Hebebock getrennt, um leichter zu transportierende Einheiten zu erhalten.

Eine ähnliche Anordnung wird nur für senkrecht stehende hydraulische Hebeböcke verwendet, von denen Abb. 349 eine Ausführungsform darstellt. Die Arbeitsweise ist nach der Erläuterung des Schiffshebebockes ohne weiteres verständlich. Die Hauptabmessungen von Hebeböcken entsprechend Abb. 348 sind in Tab. 80 zusammengefaßt.

Auch bei den Hebeböcken gibt es eine große Anzahl verschiedener Ausführungsformen. Hier sollen nur zwei erwähnt werden. Die Winde in Abb. 350 unterscheidet sich

Tabelle 80. *Hydraulische Hebeböcke*

Tragkraft	Mp	25	50	100	200	315	400	500
Bauhöhe	mm	250	280	300	330	355	380	400
Hubhöhe	mm	160	160	160	160	160	160	160
Zylinderdurchmesser	mm	140	180	250	330	400	450	500
Kolbendurchmesser	mm	90	125	180	250	300	340	380
Flüssigkeitsbedarf, etwa	Liter	1	2	4	8	12	15	18
Hebebockgewicht etwa	kp	30	55	115	215	340	450	600

von derjenigen in Abb. 348 dadurch, daß der Kolben durch Benutzung einer Verschraubung schnell so eingestellt werden kann, daß er die zu hebende Last berührt. Man erspart dadurch ziemlich viel Zeit, die sonst für das langsame Heben des Kolbens durch die Pumpe erforderlich ist, bis mit dem Heben der Last begonnen wird.

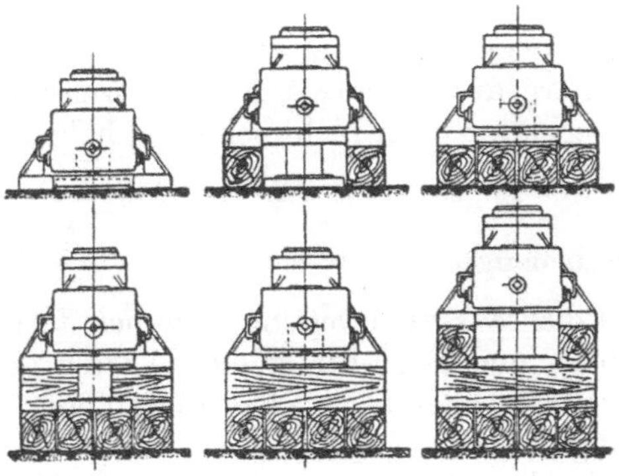

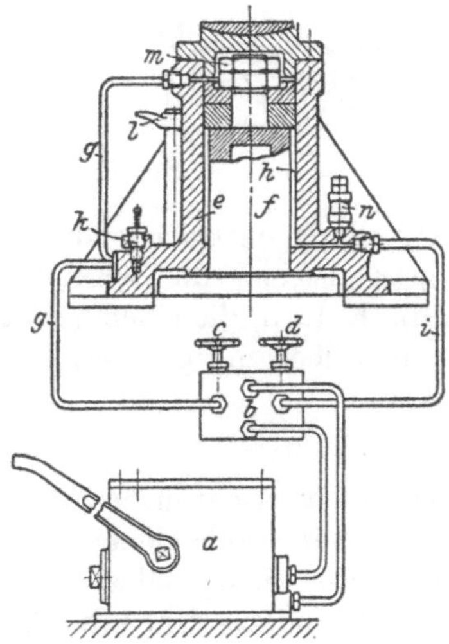

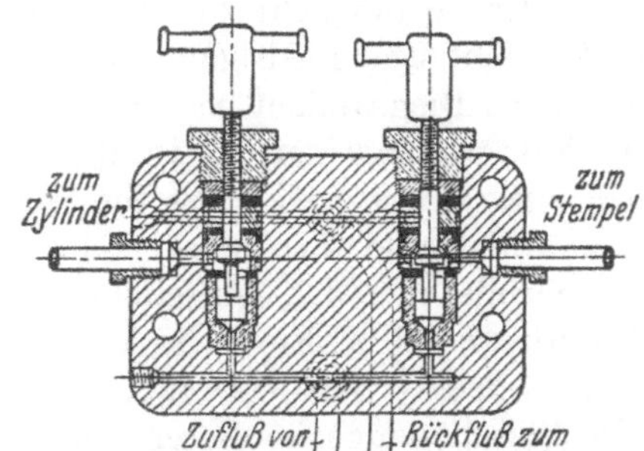

Abb. 351. Hydraulischer Hebebock (Bauart Sommerstadt).

a Pumpe; *b* Ventilkasten; *c*, *d* Ventile; *e* Zylinder; *f* Stempel; *g* Druckleitung; *h* Zylinderraum; *i* Rückleitung; *k* Hubbegrenzungsventil (für den Zylinder); *l* Begrenzungshebel; *m* Zylinderraum; *n* Sicherheits- und Hubbegrenzungsventil (für den Stempel).

Eine andere Winde besonderer Bauart ist der hydraulische Hebebock nach Abb. 351. Er ist für das Heben schwerer Lasten auf große Höhen geeignet, indem durch abwechselndes Unterbauen des Stempels und des Zylinders das Unterbauen des zu hebenden Gegenstandes in Fortfall kommt. Diese Hebeböcke werden bei elektromotorischem Antrieb für eine Tragkraft bis zu 1000 Mp gebaut.

Die hydraulischen Winden werden nur zum Heben schwerer Lasten benutzt und bieten hierfür ein ausgezeichnetes Hilfsmittel. Durch die Inkompressibilität der Arbeitsflüssigkeit wird die Last in jedem Augenblick vollkommen in ihrer Lage festgehalten.

Handelt es sich um das Heben sehr großer Lasten von besonderer Ausdehnung, wie z. B. Gasometerglocken und dgl., so kann dies durch Verwendung einer großen Anzahl derartiger Winden in sehr zuverlässiger Weise, z. B. unter Einschaltung der Steuerungseinrichtung von HOPPE nach Abb. 352 geschehen. Die Einrichtung beruht darauf, daß der Wasserzufluß für alle Treibkolben durch Schraubenspindeln, die mit gleicher Geschwindigkeit gedreht werden, so eingestellt wird, daß alle Kolben sich nur um ein der Schrau-

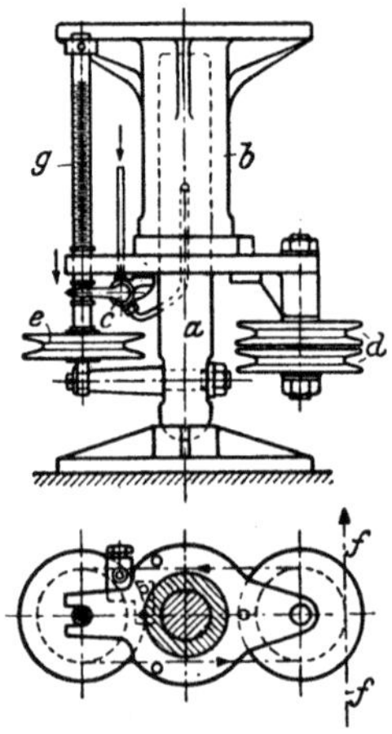

Abb. 352. Steuerung für gleichmäßiges Anheben mit mehreren hydraulischen Hebeböcken.

a Druckkolben; *b* Druckzylinder; *c* Steuerapparat mit Wasserzu- und -ableitung; *d* Umlenkrollen für ein Seil, das in gleicher Weise um alle Hebelblöcke herumgeleitet ist; *e* Seilrolle als Antriebsrolle einer Schraubenspindel *g* zum Einstellen des Steuerapparates *c*; *f* Seil zum gleichmäßigen Bewegen der Stellschraube *g* bei sämtlichen Hebeböcken; *g* Schraubenspindel zum Verstellen des Steuerapparates *c* entsprechend der Bewegung des Steuerseils *f*.

Wenn ein Zylinder sich schneller heben will als die anderen, so wird der davon abhängige Steuerapparat abgesperrt und erst wieder geöffnet, wenn die Schraubenspindel entsprechend gedreht wird, was bei allen Hebeböcken durch ein durchlaufendes Seil gleichmäßig geschieht.

benverstellung entsprechendes Stück heben können, daß dann aber der Wasserzufluß abgesperrt ist, bis die Schrauben wieder weitergedreht sind. Auf diese Weise können auch die Kolben, die einen geringeren Druck erhalten, sich nicht schneller heben als die anderen Kolben mit größerer Belastung.

b) Handflaschenzüge

Als Hebevorrichtungen für einfache senkrechte Hubbewegung kommen ferner die Flaschenzüge verschiedener Bauart in Betracht, und zwar für kleinere Lasten einfache Faktorenflaschenzüge oder auch Flaschenzüge mit Differentialrollen, für größere Lasten fast ausschließlich solche mit Räderübersetzung.

Die einfachen Faktorenflaschenzüge gemäß Abb. 353 werden vielfach mit Hanfseilen geliefert. Das ermöglicht die Verwendung kleiner Rollendurchmesser und damit geringes Gewicht und niedrigen Preis. Für das Heben von Hand ist das Hanfseil infolge seiner großen Biegsamkeit besonders gut geeignet.

Die Faktorenflaschenzüge werden im allgemeinen höchstens mit vier Rollen im festen Kloben ausgeführt, weil sonst die Arbeitsverluste zu groß werden. Man erreicht demnach maximal eine theoretisch achtfache Übersetzung. Bei einem Wirkungsgrad einer jeden Seilrolle von 0,95 einschließlich Seilbiegungswiderstand beträgt der Gesamtwirkungsgrad etwa 70%. Ein Arbeiter kann demnach selbst bei 50 kp Zugkraft nur ungefähr $50 \cdot 8 \cdot 0{,}7 = 280$ kp heben. Daraus ergibt sich von selbst die bereits angeführte Tatsache, daß die Flaschenzüge in dieser Form als eigentliche Hebevorrichtung nur für geringe Lasten brauchbar sind.

Bei größeren Lasten verwendet man meistens Kettenflaschenzüge. Der Grund dafür liegt außer in der größeren Handlichkeit der Kette darin, daß mit ihr leichter eine größere Übersetzung zu erreichen ist. Der älteste und einfachste dieser Kettenflaschenzüge ist der Differentialflaschenzug gemäß Abb. 354, wie er schon 1859 von WESTON ausgeführt wurde. Der obere feste Rollenkloben besteht aus zwei zusammengegossenen gezahnten Kettenrädern, von denen das eine etwas größer als das andere ist. Unten befindet sich eine einfache Kettenumführungsrolle mit glatter Rille. Die Hubkette führt von der oberen großen Kettenrolle über die untere lose Rolle zur kleineren oberen Kettenrolle und dann über eine lose hängende Schleife wieder zur großen oberen Rolle zurück. Beim Anziehen der lose hängenden Kette wird die Last dadurch gehoben, daß die Kette auf die große feste Rolle aufgewunden wird. Sie läuft gleichzeitig von der kleinen Rolle ab. Bei einer

Umdrehung der oberen Kettenrollen wird die Last um die halbe Differenz ihres Umfanges gehoben. Ist z. B. die obere größere mit 12 Zähnen, die kleinere jedoch nur mit 11 Zähnen versehen, so beträgt das Übersetzungsverhältnis $0{,}5 \cdot 1/12 = 1/24$. Der Wirkungsgrad dieser Flaschenzüge ist aber sehr gering, weil die Kette und die Kettenräder für verhältnismäßig geringe Hubhöhe einen sehr großen Weg zurückzulegen haben. Er beträgt nur etwa 30%. Rechnet man mit diesem Wirkungsgrad, so ergibt sich, daß ein Arbeiter mit 50 kp Zug an der Kette bei den vorliegenden Verhältnissen etwa $0{,}3 \cdot 50 \cdot 24 = 360$ kp heben kann.

Ein Vorteil der Differentialflaschenzüge ist der, daß sie ohne weiteres selbsthemmend sind. Die Radien der beiden oberen Rollen, an denen die Last wie an einem doppelarmigen Hebel hängt, sind so wenig voneinander verschieden, daß die Zapfen- und Ket-

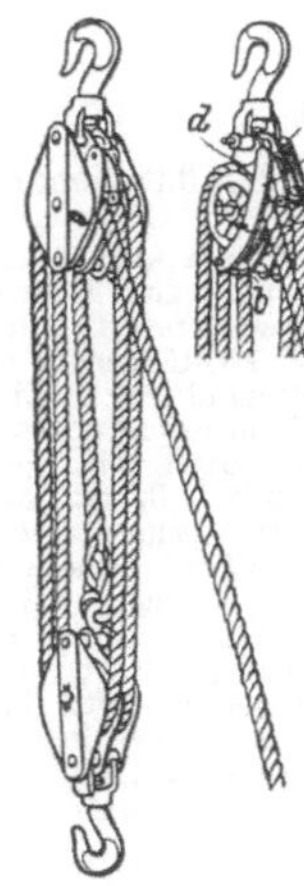

Abb. 353. Hanfseilflaschenzug mit Sperrvorrichtung.

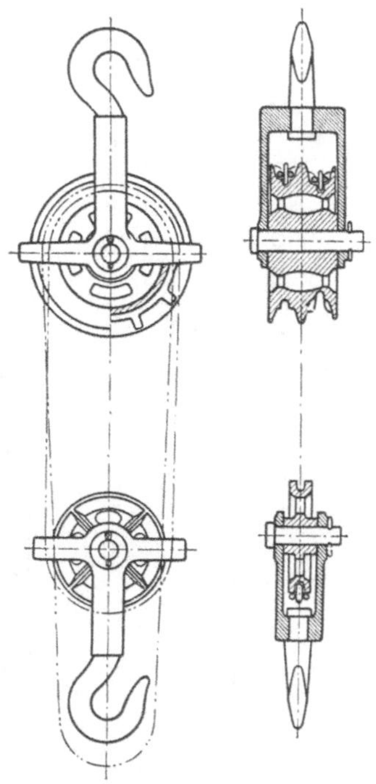

Abb. 354. Westonscher Differentialflaschenzug.

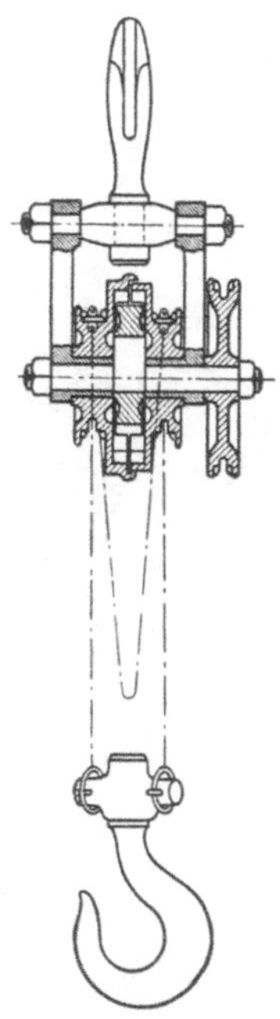

Abb. 355. Moorescher Differentialflaschenzug.

tenreibung genügt, um die Last in jeder Höhenlage festzuhalten. Ein Nachteil ist der geringe Wirkungsgrad und vor allen Dingen auch die große Abnutzung der Hubkette, die beim Heben der Last einen sehr großen Weg um die Kettenrollen zurückzulegen hat, Wenn sie sich aber durch Abnutzung etwas gelängt hat, entstehen leicht Schwierigkeiten, indem die Kette nicht mehr genau in die Vertiefungen des oberen Rollenblockes hineinpaßt.

Durch andere Bauarten von Differentialflaschenzügen werden die angeführten Nachteile wohl etwas gemildert, aber doch nur zu einem kleinen Teil beseitigt. So wird beispielsweise beim Mooreschen Flaschenzug nach Abb. 355 wohl die starke Kettenreibung umgangen, dafür aber eine große Zahnreibung in Kauf genommen. Die Differentialwirkung entsteht hier in folgender Weise: Mit dem Handkettenrad wird eine Welle mit Exzenter gedreht. Auf der Welle ist in der Mitte ein lose laufendes Zahnrad gelagert, das seinerseits in zwei Zahnräder mit Innenverzahnung eingreift. Jedes dieser beiden Räder, deren Zähnezahl nur wenig voneinander verschieden ist, trägt seitlich je eine Kettennuß. Infolge der verschiedenen Zähnezahlen verschieben sich die beiden äußeren, gemeinsam über das Ritzel fassenden Zahnräder etwas gegeneinander und diese gegenseitige Verdrehung wird zum Aufwickeln der Hubkette, also zum Lastheben, benutzt. Durch geeignete Wahl der Zähnezahlen kann man eine große Übersetzung schaffen. Dafür müssen aber die Räder dementsprechend oft gedreht werden, wodurch ein großer Arbeitsverlust entsteht. Der Wirkungsgrad bleibt daher auch bei dieser Bauart immer bedeutend unter 0,5. Aus diesem Grunde wurden die Differentialflaschenzüge mehr und mehr durch andere Konstruktionen verdrängt und sind fast vollständig aus den Betrieben verschwunden.

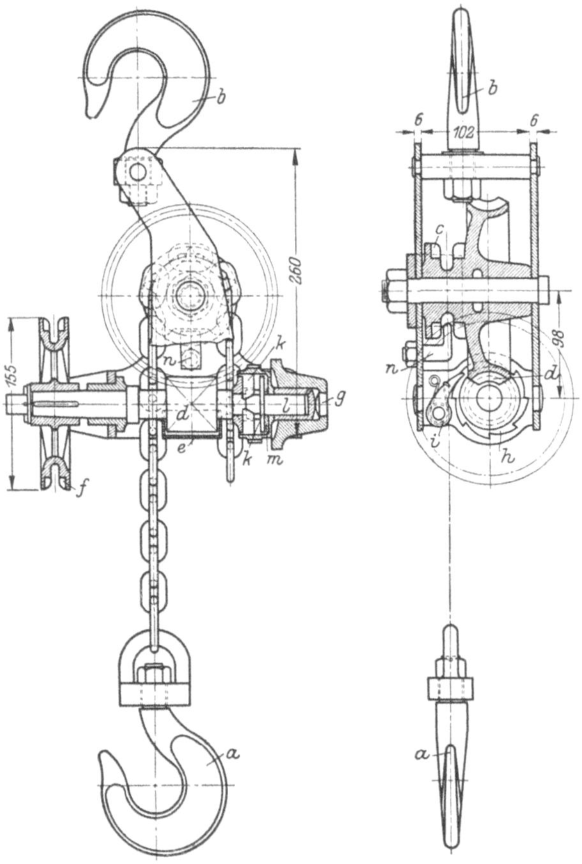

Abb. 356. Schraubenflaschenzug.

a Lasthaken; *b* Haken zum Aufhängen des Flaschenzuges; *c* Kettennuß zum Aufwickeln der Hubkette; *d* Schneckenrad und doppelgängige Schnecke; *e* Ölfänger für die Schnecke; *f* Handkettenrad; *g* Stahlplatte zum Aufnehmen des Schneckendruckes beim Lastheben; *h* Bremstrommel mit Sperrad-beim Heben frei drehend; *i* Sperrzahn zum Festhalten des Sperrades *h* beim Lastsenken; *k*, Klauenkupplung zwischen Schneckenradwelle und Bremsscheibenbolzen; *l* Bremsscheibenbolzen mit Bremsscheibe und Kupplungshälfte zur Verbindung mit *k*; *m* Friktionsscheibe zur Vergrößerung der Bremskraft; *n* Hakenschraube zum Verhindern des Mitnehmens der Kette durch die Kettennuß *c*.

Als besserer Ersatz für die Differentialflaschenzüge kamen zunächst die Schraubenflaschenzüge in Betracht, die um 1870 zuerst von BECKER gebaut wurden. Bei ihnen wird die Kette durch eine Kettennuß aufgewickelt, die mit einem Schneckenrad verbunden ist. Das Schneckenrad wird dabei im allgemeinen durch eine doppelgängige Schnecke gedreht, deren Anordnung aus Abb. 356 zu ersehen ist. Der Antrieb durch die doppelgängige Schnecke ermöglicht einen Wirkungsgrad des Schneckengetriebes von etwa 65%, so daß unter Berücksichtigung der übrigen Verluste der Gesamtwirkungsgrad mit etwa 50—60% angenommen werden kann, wobei aber bei entsprechender Zähnezahl des Schneckenrades eine große Übersetzung erzielt werden kann. Bei n Zähnen des Schneckenrades beträgt die Übersetzung wegen der Zweigängigkeit der Schnecke $n/2$. Die gesamte Übersetzung kann noch durch Verwendung einer losen Rolle für den Haken und eines entsprechend großen Handkettenrades vergrößert werden. Diese Flaschenzüge werden daher auch für große Lasten ausgeführt. Die Tab. 81 gibt eine Übersicht über die Gewichte und Hauptdaten für die in Frage kommenden Lasten. Die Gewichte dieser Flaschenzüge sind etwas größer als die der Differentialflaschenzüge. Dafür ist aber die Abnutzung viel geringer und der Wirkungsgrad wesentlich höher. Im allgemeinen wird bei Lasten bis zu 500 kp die untere lose Rolle nicht angewendet und die Last an einem einfachen Haken aufgehängt. Bei Lasten von 20 Mp an werden Gallsche Gelenkketten an Stelle der kalibrierten Rundglieder-Ketten benutzt.

Tabelle 81. *Schraubenflaschenzüge mit Selbsthemmung*

Tragkraft	Mp	0,5	1	1,5	2	3	5	7,5	10	15	20
Anzahl der tragenden Stränge		1	2	2	2	2	2	2	2	3	2[1]
Baulänge (Innen- bis Innenkante Haken)	mm	400	600	680	730	850	1050	1300	1650	2000	2000
Hub bei 30 m Handkettenabwicklung	mm	1760	880	535	505	345	315	235	177	118	41
Handkettenzug in eingelaufenem Zustande (55–65% Wirkungsgrad)	etwa kp	44 bis 52	44 bis 52	48 bis 57	52 bis 62	53 bis 63	81 bis 96	90 bis 106	91 bis 107	91 bis 107	87
Gewicht bei 3 m Hub	etwa kp	20	28	40	48	65	105	160	295	440	730
Gewicht je m Mehrhub	etwa kp	2,3	3,7	4,8	6,4	8,6	13,1	19,5	25,5	37,5	65

[1]) Gallkette.

Eine besondere Konstruktion ist erforderlich, um bei dem hohen Wirkungsgrad bei Anwendung doppelgängiger Schnecken eine Selbsthemmung des Getriebes zu erreichen. Zu diesem Zweck wird eine Lastdruckbremse eingebaut, die mit den ersten Schraubenflaschenzügen auch zuerst von Becker, später in etwas abgeänderter, in der Wirkung aber gleicher Form auch von anderen Firmen ausgeführt wurden. Hierbei wird der durch die Last auf die Schnecke ausgeübte Längsschub in Richtung der Schneckenwelle zum Bremsen benutzt. Dieser Schub wird beim Heben der Last durch einen Spurzapfen aufgenommen, so daß möglichst geringe Reibung entsteht. Sobald aber die Last sich senken will, greift ein Sperrzahn in ein Sperrad ein. Dadurch wird bewirkt, daß ein Drehen der Schneckenwelle in der Richtung der Abwärtsbewegung der Last nur erfolgen kann, indem das auf dieser Welle festgekeilte Druckstück sich vor einer durch das Sperrad festgehaltenen Reibfläche verschiebt. Durch geeignete Wahl des Durchmessers und des Materials für die Reibfläche kann man eine große Reibung erzielen, welche die Schnecke an der Drehung und damit die Last am Absenken hindert. Zum Senken der Last muß demnach ein gewisser Zug an der Handkette in Richtung der Abwärtsbewegung ausgeübt werden. In dieser Weise wird also die Reibung beim Aufwärtsgang der Last möglichst verkleinert, beim Abwärtsgang dagegen eine Selbsthemmung durch Erzeugung einer Reibung erzielt, die der jeweiligen Last entspricht.

Die soeben beschriebene Anordnung wird, wie schon erwähnt, grundsätzlich bei allen Bauarten von Schraubenflaschenzügen verwendet. Die Unterschiede bestehen im wesentlichen nur darin, daß die Reibflächen verschieden gestaltet sind und in der Art, wie das Zwischenstück zur Aufnahme der Reibung beim Lastsenken mit dem auf der Welle festgekeilten Druckstück verbunden ist und wie der Druck auf den beim Heben der Last benutzten Spurzapfen übertragen wird. Zum Teil wird die Reibung beim Senken der Last durch konische Reibflächen erzeugt.

Im Verlauf der weiteren Entwicklung wurden die Schraubenflaschenzüge zum Teil durch Flaschenzüge mit reiner Stirnradübersetzung ersetzt, die mit noch besserem Wirkungsgrad von etwa 70—80% arbeiten. Abb. 357 zeigt die Anordnung eines derartigen Stirnradflaschenzuges für 500 kp Last am einfachen Haken bzw. für 1000 kp an loser Rolle. Die Übersetzung erfolgt außer durch die etwa verwendete lose Kettenrolle nur durch ein Stirnräderpaar und durch ein Kettenrad mit Handkette, das einen größeren Durchmesser als die Kettennuß zum Aufwickeln der Lastkette aufweist. Um das Gewicht der Flaschenzüge niedrig zu halten, werden die Zahnräder aus besonders widerstandsfähigem Material, im vorliegenden Fall aus Chromnickelstahl, mit schräg geschnittenen Zähnen von kleiner Teilung und großer Breite ausgeführt, die infolge einer sorgfältigen Lagerung in einem geschlossenen Guß- oder Stahlgehäuse anwendbar ist. Der bei der vorliegenden Schrägverzahnung entstehende Längsschub wird benutzt, um die Last mit Hilfe einer Lamellenbremse in jeder Lage festzuhalten, während der Längsschub bei der Hubbewegung durch ein Kugellager möglichst reibungslos aufgenommen wird. Die Sicherung gegen Senken der Last beruht also auch hier auf ähnlichen Grundsätzen wie bei den Schraubenflaschenzügen. Da das Gewicht des Flaschenzuges wesentlich niedriger und

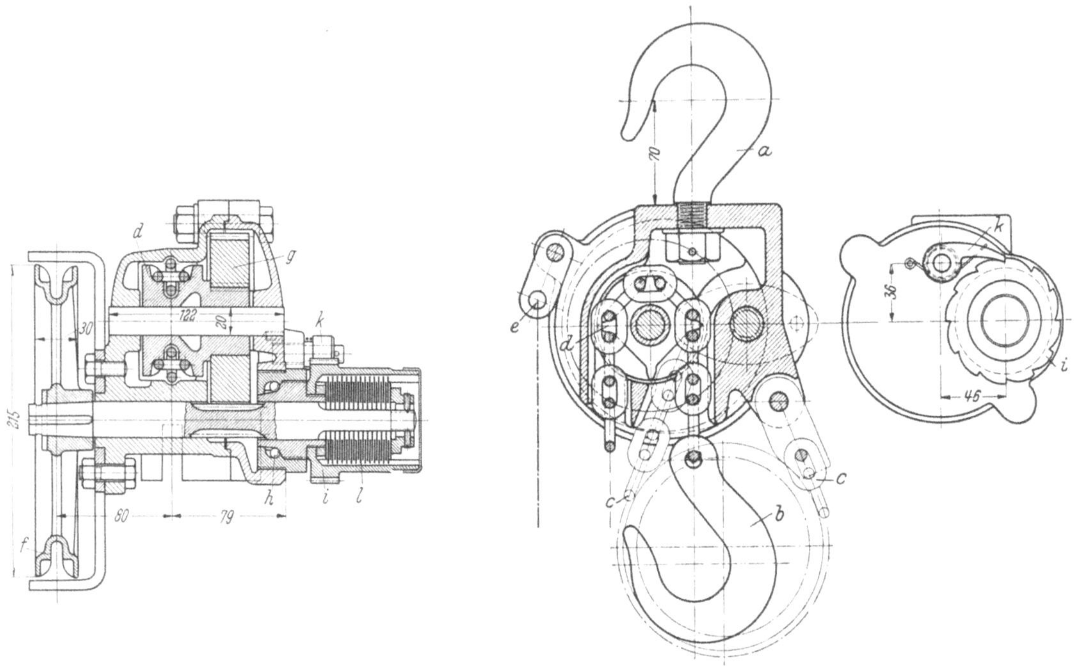

Abb. 357. Stirnradflaschenzug.

a Haken zum Aufhängen des Flaschenzuges; *b* Lasthaken zum Heben von 500 kp Last; *c* lose Rolle, beim Heben von 1000 kp Last an Stelle des Lasthakens anzubringen; *d* Kettennuß zum Aufwinden der Hubkette; *e* Befestigung der lose herabhängenden Kettenschleife; *f* Handkettenrad; *g* Stirnrädervorgelege mit schrägen Zähnen; *h* Kugellager zum Aufnehmen des Längsschubes; *i* Bremstrommel mit Sperrad beim Heben frei mitlaufend; *k* Sperrzahn zum Festhalten der Bremstrommel beim Lastsenken; *l* Lamellenbremse, Platten zur Hälfte mit der Bremstrommel, zur Hälfte mit der Ritzelwelle verbunden, zum Bremsen beim Lastsenken.

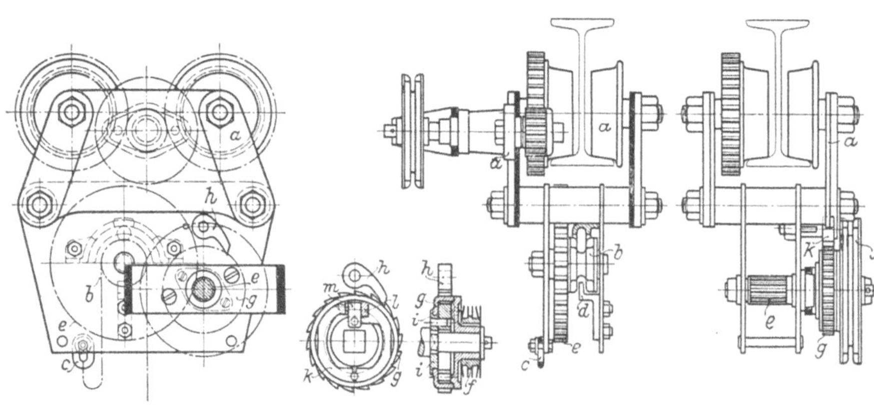

Abb. 358. Stirnradflaschenzug für 750 kp Tragkraft.

a Fahrwerk zum Tragen des Flaschenzuges; *b* Kettennuß zum Aufwickeln der Hubkette; *c* Befestigung der Hubkette am Flaschenzug; *d* Abstreifer für die Hubkette; *e* Zahnrädervorgelege des Hubwerks; *f* Handkettenrad für das Hubwerk; *g* Sperrrad, lose drehbar gelagert; *h* Sperrzahn, nur gegen Lastsenken sperrend; *i* Scheibe mit Zapfen, mit der Vorgelegewelle fest verbunden; *k* Bremsbacken, im hohlen Sperrad *g* gelagert; *l* Mitnehmer, mit dem Handkettenrad *f* verbunden; *m* Hebel, von *l* gedreht, zum Mitnehmen von *i* und zur Kupplung mit dem Sperrad *g* durch Spreizen, von *k*.

der Preis kaum höher als bei den Schraubenflaschenzügen von gleicher Tragfähigkeit ist, so hat diese Bauart eine große Verbreitung gefunden. Die Flaschenzüge mit reiner Zahnradübersetzung werden daher auch in einer sehr großen Zahl verschiedener Ausführungen hergestellt. Eine Bauart mit besonderer Senksperrbremse ist in Abb. 358 dargestellt. Der Flaschenzug wird mit einfacher oder mehrfacher Räderübersetzung gebaut, geeignet für Lasten von 300—10000 kp. Die Zähne besitzen bei diesem Flaschenzug Geradverzahnung, so daß also ein Längsschub, der für die Erzeugung der Selbsthemmung benutzt werden könnte, nicht entsteht. Daher ist für diese Züge eine besondere Bremskupplung an-

Tabelle 82. *Stirnrad-Schnellflaschenzüge*

Tragkraft		Mp	0,5	1	1,5	2	3	5	7,5	10
Anzahl der tragenden Stränge			1	2	2	2	2	2	2	2
Baulänge (Innen- bis Innenkante Haken)		mm	390	560	600	670	750	850	1085	1250
Hub bei 30 m Handkettenabwicklung		mm	1620	810	745	445	330	296	206	184
Handkettenzug in eingelaufenem Zustand	etwa	kp	34	35	48	40	44	66	69	82
Gewicht bei 3 m Hub	etwa	kp	24	34	41	58	79	149	218	302
Gewicht je m Mehrhub	etwa	kp	2,3	3,7	4,8	6,4	8,6	13,1	19,5	25,5

gewendet, deren Anordnung aus Abb. 358 ersichtlich ist. Die Abwärtsbewegung kann immer nur so weit erfolgen, als es durch Drehen des Handkettenrades auf der Welle ermöglicht wird. Die Last ist in jeder Höhenlage gehalten, kann aber durch leichten Zug an der Handkette gesenkt werden und beim Lastheben tritt kein ungünstiger Reibungsverlust auf. Deshalb ist auch bei diesen Flaschenzügen ein hoher Wirkungsgrad von etwa 70% vorhanden, der wesentlich besser ist als bei den Schraubenflaschenzügen. Wenn man den leeren Haken schnell senken will, so kann dies unter Umständen durch Ausrücken der Sperrklinke geschehen, durch die der bremsende Teil der Lastdruckbremse sonst festgehalten ist. Hauptabmessungen und Gewichte von Stirnrad-Schnellflaschenzügen gibt Tab. 82 wieder.

Abb. 359. Elektro-Kleinflaschenzug (Demag).

Bei kleinen Lasten kann man das zeitraubende Haspeln an der Handkette zum Senken des Hakens auch dadurch vermeiden, daß man die beiden Enden der Hubkette mit Haken versieht, so daß die Last in den jeweils unten hängenden Haken eingehängt werden kann. Da die Last dabei in verschiedenen Richtungen wirkt, je nachdem, ob sie an dem einen oder anderen Haken hängt, so muß auch die Senkbremsvorrichtung doppelt und nach beiden Richtungen wirkend ausgeführt werden. Derartige Flaschenzüge kommen nur für geringe Lasten bis 250 kp vor.

Durch Elektromotor betriebene Flaschenzüge werden als Schrauben- oder als Stirnradflaschenzüge gebaut, wobei ihre Bauart und Anordnung kaum von der beschriebenen abweicht. Damit die Züge trotz Verwendung des Elektromotors möglichst leicht werden, wird oft das Motorgehäuse gleichzeitig als Flaschenzuggehäuse ausgebildet. Abgesehen von der Einsparung an Gewicht wird dadurch auch eine gedrängte Konstruktion und geringe Bauhöhe erreicht, was beides von großer Bedeutung ist. Diese Elektroflaschenzüge sind zu großer Vollkommenheit entwickelt worden und weisen auch hinsichtlich der Steuerung eine große Sicherheit auf. Abb. 359 zeigt ein Ausführungsbeispiel eines solchen Elektroflaschenzuges. Da diese Elektroflaschenzüge unter Verwendung eines geschlossenen Stahlgußgehäuses hergestellt werden, so sind sie von oben und von den Seiten vollkommen regendicht und ebenfalls staubdicht und stellen daher auch unter ungünstigen Betriebsverhältnissen ein zuverlässiges und dauerhaftes Hebezeug dar (Tab. 83). Eine sichere Bremsung kann durch Einsatz eines Verschiebeankermotors mit nachstellbarer Bremse erreicht werden. Auch sind zwei Hubgeschwindigkeiten möglich für ein rationelles Arbeiten mit dem Haupthub und feinfühliges Absetzen und Anheben mit dem Feinhub. Indem der Flaschenzug an ein Hand- oder Elektrofahrwerk gehängt wird, erweitert man noch seinen Einsatzbereich. Für größere Tragkräfte sind Elektro-Seilflaschenzüge gebräuchlich, die auf S. 335ff. behandelt werden.

Tabelle 83. *Hauptdaten von Elektro-Kleinflaschenzügen* (*Demag*)

Bauart		PK 1-1 F	PK 1-2 F	PK 2-1 F	PK 2-2 F
Traglast	kp	125	250	250	500
Anzahl der Laststränge		1	2	1	2
Haupthubgeschwindigkeit	etwa m/min	8	4	10	5
Feinhubgeschwindigkeit	etwa m/min	2	1	2,5	1,25
Hubmotor (30% ED)	etwa kW	0,2/0,05	0,2/0,05	0,5/0,13	0,5/0,13
Nur für Drehstrom, Spannung (50 Hz)	V	220/380 290/500 240/420	220/380 290/500 240/420	220/380 290/500 240/420	220/380 290/500 240/420
Hakenweg (normal 3 m)	m	3, 4, 6	2, 3	3, 4, 6, 8	2, 3, 4
Bauhöhe C	mm	380	415	470	500
Breite b	mm	200	200	250	250
Länge l	mm	225	225	265	265
Gewicht (bei 3 m Hakenweg)	kp	16	17	32	34

c) Handseilwinden

Die Handwinden werden mit Rücksicht auf die sehr mannigfaltigen Anordnungen und Verhältnisse in den verschiedensten Ausführungsformen gebaut. Hier sollen nur einige Bauarten besprochen werden, lediglich um eine Übersicht über die wesentlichsten Überlegungen zu geben, die bei der Verwendung dieser Winden zu beachten sind (Tab. 84).

Tabelle 84. *Hauptmaße und Gewichte von Handmontagewinden nach Abb. 360* (*Schiess-Defries*)

Zugkraft in 1. Seillage 6. Seillage	Mp Mp	1,25 0,8	2 1,25	3,2 2	5 3,2	8 5
Trommeldurchmesser in Seilmitte	mm	180	200	250	315	420
Trommellänge	mm	450	500	600	700	850
Trommelranddurchmesser	mm	320	375	475	595	770
Seildurchmesser nach DIN 15020	mm	10	12,5	16	20	25
Seilaufnahme in 1. Lage	m	23	23	27	31	39
6 Lagen	m	190	190	225	265	325
Hub je Kurbelumdrehung in 1. Seillage						
Normalgang für Vollast	mm	42	42	22	16	12
Schnellgang für kleine Lasten	mm	92	107	88	48	43
Zugkraftverhältnis der beiden Geschwindigkeiten		1:2,2	1:2,53	1:4	1:3	1:3,6
Kurbeldruck an jeder Kurbel	kp	15	20	20	20	25
Größter Kurbelradius	mm	350	400	400	400	400
Kurbelgrifflänge	mm	250	400	400	400	400
Kurbelwellenhöhe	mm	560	640	775	900	975
Mittenabstand der Ankerlöcher						
Parallel zur Trommel	mm	790	850	980	1010	1200
Quer zur Trommel	mm	260	350	500	560	2×450
Durchmesser der Ankerlöcher	mm	22	22	25	25	25
Gewicht ohne Seil, etwa	kp	160	210	325	500	850

Eine sehr einfache Windenform ist die sog. Kabelwinde, wie sie häufig für Bauzwecke verwendet wird. Die Windentrommel wird entweder mit kleinem Durchmesser und hohem Rand zur Aufnahme von mehreren Lagen Seil oder Kette, wie z. B. in Abb. 360 angegeben, ausgeführt oder mit großem Durchmesser für das Aufwickeln in einer Lage. Bei Handwinden werden die Trommeln ohne Rillen ausgeführt, weil damit gerechnet wird, daß die Seile und Ketten in mehreren Lagen übereinander aufgewickelt und außerdem im Gebrauch oft lose werden und sich dann leicht schräg über die Trommel legen. Bei Winden

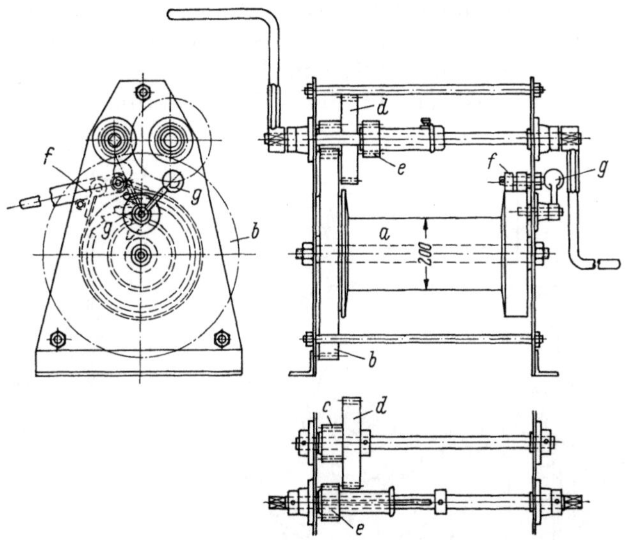

Abb. 360. Handkabelwinde mit dünner Trommel, mit ausrückbarem Vorgelege und einfacher Bandbremse.

a Kabeltrommel ohne Rillen für Seil in mehreren Lagen; *b* Hauptantriebrad, mit Trommel *a* verschraubt; *c—d* Räder auf der Zwischenvorgelegewelle; *e* Ritzel auf der Kurbelwelle, von Hand verschiebbar und mit *d* oder *b* zusammenarbeitend; *f* Handhebelbremse als Schließbremse; Bremsscheibe mit der Trommel vereinigt; *g* Sperrklinke, durch Gewichtshebel ausrückbar.

mit mechanischem Antrieb werden die Trommeln dagegen durchweg mit Rillen ausgeführt, die man möglichst in einer derartigen Windungszahl anordnet, daß die Seile oder Ketten nur in einer Lage und so aufgewickelt werden, daß sie stets einigermaßen straff bleiben und sich daher regelmäßig um die Trommel herumlegen. Mitunter, aber verhältnismäßig selten, werden bei den Kabelwinden Seilaufwickelführungen angewendet. Die mechanischen Teile der Kabelwinden werden in der Regel zwischen Schildern oder Rahmen in Stahlschweißkonstruktion montiert, die neuerdings auch bei Handwinden fast ausschließlich an Stelle der früher verwendeten gußeisernen Schilder ausgeführt werden. Sie sind nicht teurer als die letzteren, aber leichter und bieten größere Sicherheit gegen Bruch. Je nach der Größe der Last verwendet man eine einfache oder mehrfache Räderübersetzung, die so eingerichtet ist, daß in Fällen, in denen oft auch kleine Lasten gehoben werden sollen, die Kurbelwelle oder das Ritzel auf der Kurbelwelle verschiebbar ist und je nach Bedarf mit einfachem oder doppeltem Vorgelege gearbeitet werden kann. Die Kurbelwelle wird dann durch eine Falle in der eingestellten Lage festgehalten.

Der wichtigste Teil an den Winden ist die Bremse zum Festhalten der Last. Im folgenden sollen die hauptsächlichsten Ausführungsformen, die für einfache Winden in Betracht kommen, in ihren Grundzügen angedeutet werden. Bei der Winde nach Abb. 360 ist die einfachste Bauart, die gewöhnliche Handhebelbremse in Verbindung mit Sperrkranz und Sperrklinke, dargestellt. Diese Anordnung wird oft bei Handwinden angewendet, erfordert aber eine sehr aufmerksame Bedienung. Einerseits kann die Sperrklinke nur gelöst werden, solange man noch die Kurbel in der Hand hat und mit ihr die Trommel so weit dreht, daß die Sperrklinke frei herausgehoben werden kann, andererseits muß man aber auch die Kurbel solange in der Hand behalten, bis man die Bremse mit der Hand fest angezogen hat. Will man dann mit der Bremse die Last herunterlassen, so dreht die Kurbel sich mit herum und richtet leicht Schaden an. Man kann dies wohl vermeiden, indem man das auf der Kurbelseite befestigte kleine Zahnrad außer Eingriff bringt. Aber für alle diese Arbeiten hat der Arbeiter nur eine Hand zur Verfügung, da er mit der anderen die Kurbel halten muß. Es ist daher große Aufmerksamkeit anzuwenden, damit die Last nicht herunterfällt. Die gewöhnliche Handhebelbremse ist aus diesem Grunde allenfalls dort als zulässig anzusehen, wo nur der leere Haken oder höchstens das leere Fördergefäß zu senken ist, wo also die abzusenkende Last nicht groß ist. Wenn damit ausnahmsweise eine große Last gesenkt werden soll, so wird das am besten durch Gegendruck an der Kurbel ohne Benutzung der Bremse geschehen.

Eine größere Sicherheit bildet die in Abb. 361 dargestellte Lösungsbremse. Sie ist als sog. Sperradbremse ausgebildet, um beim Aufwärtsgang nicht hindernd zu wirken. In der dargestellten einfachsten Form besteht diese Bremsvorrichtung aus einer Vereinigung von Sperrad und Bremse in der Weise, daß das Sperrad mit dem Zahnrad des Windwerkvorgeleges bzw. mit der Trommel verbunden ist, die Sperrklinke dagegen mit der Bremsscheibe. Diese ist lose auf der Welle angeordnet und während des Hebens der Last durch

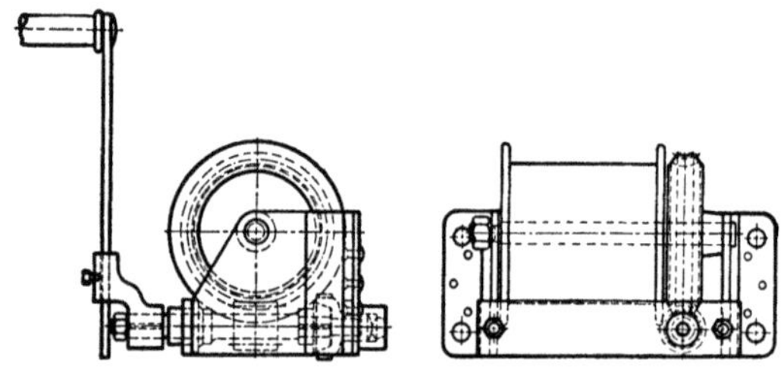

Abb. 362. Wandwinde mit verstellbarer Kurbel.

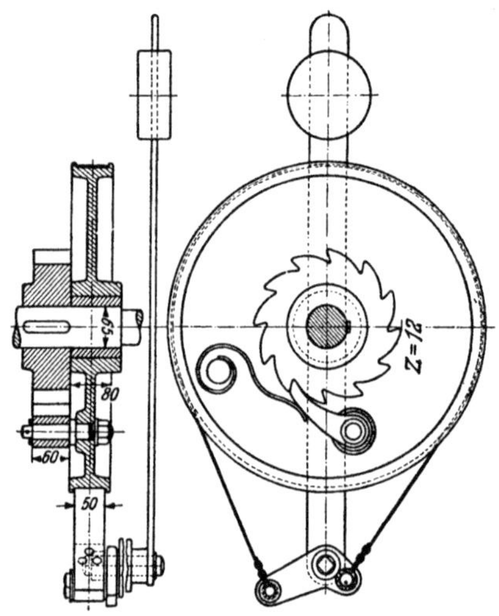

Abb. 361. Einfache Senksperrbremse.

das Bremsgewicht festgehalten. Beim Heben der Last hat das Zahnrad bzw. die Trommel die Möglichkeit, sich frei zu drehen. Sobald aber die Kurbel losgelassen wird, tritt die mit der Bremsscheibe verbundene Sperrklinke in Tätigkeit und hält die Last fest. Diese kann erst gesenkt werden, wenn das Bremsgewicht durch Anheben des Handhebels gelüftet wird. Die Sperrklinke braucht hier also nicht ausgehoben zu werden, sie bleibt vielmehr durch eine Feder oder durch andere Einflüsse beständig eingerückt, und sobald man den Bremshebel wieder losläßt, ist die Last durch die Wirkung des Bremsgewichtes sofort festgehalten. Dadurch erhält man eine weitgehende Unabhängigkeit von der Aufmerksamkeit des Arbeiters. Da die durch diese Anordnung bedingten Mehrkosten der Winden nur gering sind, so sollte diese Bremse gegenüber der einfachen Handhebelbremse überall dort vorgezogen werden, wo durch Herabfallen der Last ein Schaden entstehen kann.

Bei Anwendung einer Feder zum ständigen Eindrücken der Sperrklinke in das Sperrrad klappert die Sperrklinke beim Lastheben über die Zähne des Sperrades hinweg. Das ist bei Handwinden wohl zulässig und wird hier der Billigkeit wegen vielfach ausgeführt. Bei schneller laufenden Winden wendet man verschiedene andere Anordnungen an, um die Sperrklinke während des Lasthebens auszurücken, sie aber eingreifen zu lassen, sobald die Last sich senken will.

Das Schleudern der Kurbel bei Handwinden kann leicht vermieden werden, wenn das Zahnrad auf der Kurbelwelle vor Benutzung der Bremse ausgerückt wird. Bei Verwendung einer sog. Lastdruckbremse ist das Schleudern der Kurbel von vornherein ausgeschlossen. Diese Bremsen werden in der verschiedensten Weise ausgeführt. Beispiele dafür bieten die in Abb. 356—358 abgebildeten Flaschenzüge. Bei Übertragung dieses Grundsatzes auf die Kurbel wird die Last gesenkt, indem das Windwerk mit leichtem Druck rückwärts gedreht wird. Die Handhabung ist die denkbar einfachste. Die Anordnung ist dort zu empfehlen, wo ein schnelles Senken nicht verlangt wird, denn die Senkgeschwindigkeit ist von der Kurbelbewegung abhängig. Eine gewisse Schwierigkeit bildet bei dieser Anordnung unter Umständen die Lösung der Aufgabe, auf derselben Winde mit einem oder zwei Vorgelegen zu arbeiten, denn bei der Anordnung nach Abb. 360 kehrt sich die Bewegungsrichtung der Trommel um, wenn man mit einem Vorgelege arbeitet bzw. bei gleicher Trommeldrehung muß die Kurbel in entgegengesetztem Sinne gedreht werden. Die Umkehrung der Trommeldrehrichtung ist bei Verwendung der als Klemmgesperre wirkenden Lastdruckbremse nicht zulässig und es muß daher durch Anordnung geeigneter Zahnradvorgelege dafür gesorgt werden, daß die Trommel stets gleichbleibende Drehrichtung behält. Die Lastdruckbremse kann bei Antrieb durch eingängige Schneckenvorgelege vollkommen fortfallen. Hierbei ist aber der Wirkungsgrad sehr schlecht. Wenn man ihn verbessern will und doppelgängige Schnecken anwendet, so muß man ebenfalls Senksperrbremsen vorsehen, wie bei der Wandwinde in Abb. 362 gezeigt.

Bei Handwinden ohne veränderliche Vorgelege kann man bei kleinen Lasten auch kleine Wege für die Kurbel schaffen, indem man eine verstellbare Kurbel anwendet, bei der der Hebelarm geändert werden kann, wie gleichfalls aus Abb. 362 ersichtlich. Diese Anordnung wird aber nicht sehr oft benutzt, da das rückwärts überstehende Ende der Kurbel beim Drehen unbequem ist.

Lastdruckbremsen sind im allgemeinen nur bei Winden anwendbar, bei denen entweder die zu senkende Last oder die Senkgeschwindigkeit nicht groß ist oder bei denen nicht viele Hübe hintereinander ausgeführt werden, da andernfalls die Absenkung und die Wärmeabführung Schwierigkeiten verursachen.

Wenn man die Senksperrbremse mit der Kurbel verbindet, bezeichnet man diese Anordnung auch als Sicherheitskurbel, die oft auch so ausgebildet ist, daß das Senken der Last nicht durch ein Zurückdrehen sondern lediglich durch ein geringes Lockern der

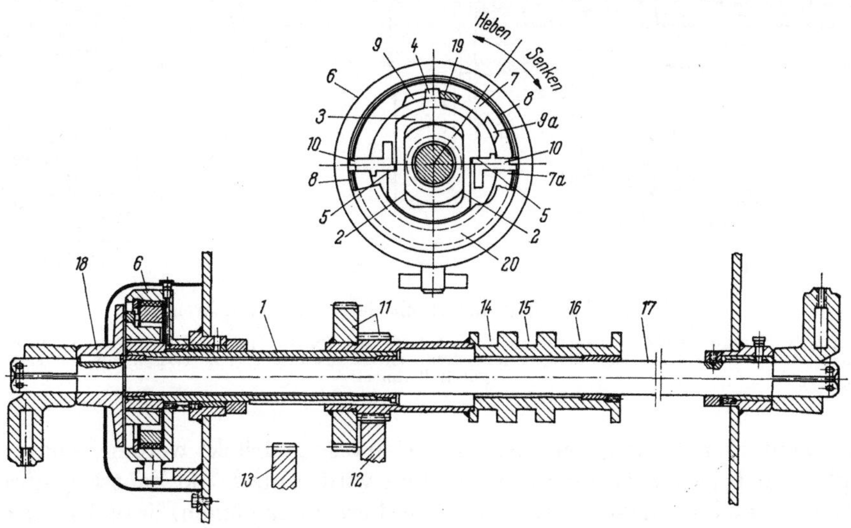

Abb. 363. Rückschlagfreie Sicherheitsbrems-Kurbel, bei der das Bremsmoment von der Last her durch Hebelwirkung erzeugt wird (Schiess-Defries).

Kurbel herbeigeführt wird, um die Last dann mit beliebiger Geschwindigkeit absenken zu können. Hierfür gibt es eine große Anzahl verschiedener Ausführungsformen. Sie ermöglichen einen sehr bequemen Betrieb der Winden bei großer Senkgeschwindigkeit. Es ist aber zu bemerken, daß bei den zum größten Teil vorhandenen kleinen Bremsflächen leicht die Gefahr entsteht, daß der Arbeiter die Last aus seiner Gewalt verliert. Diese Sicherheitskurbeln sollten daher zum Absenken der Last in der Regel nur benutzt werden, wenn noch außerdem eine Bremse an der Winde vorhanden ist, durch die der Arbeiter im Notfall die Last halten kann.

Nachstehend sei noch eine vollkommen rückschlagfreie und sehr sicher arbeitende Bremskurbel beschrieben, die als Hauptbremse bei Handmontagewinden eingesetzt wird und durch Abb. 363 veranschaulicht ist.

Heben: Dreht man die Kurbelwelle *17* mittels der Kurbeln, so dreht sich gleichfalls der Mitnehmerteller *18*. Beim Heben legt sich hierbei der Ansatz *19* gegen den Finger *4* und dieser gegen den Ansatz *9*. Dabei wird über die Abflachungen *2* gleichzeitig das Rohr *1* und damit das Zahnräderpaar *11* im Hubsinne gedreht. Die gesamte Bremse läuft hierbei im Leerlauf innerhalb des Gehäuses *6* mit. Wird die Drehbewegung der Kurbeln im Hubsinne angehalten, so versucht die Last, das Rohr *1* entgegengesetzt zu drehen. Hierdurch werden aber die beiden Hebel *10* zwischen den Bremsbacken *7* und *7a*, ähnlich wie zwei Brechstangen, durch die Knaggen *5* verkantet, so daß die Bremsbacken *7* und *7a* mit ihrem Belag *8* radial gegen das nichtdrehbare Bremsgehäuse *6* gepreßt werden. Durch das dabei entstehende Bremsmoment wird die Last gehalten und schwebt frei. Ein Rückschlag der Kurbeln ist ausgeschlossen, da die radiale Spreizung der Bremsbacken augenblicklich nach Anhalten der Hubbewegung einsetzt.

Senken: Beim Drehen der Kurbelwelle im Senksinne legt sich der Ansatz *19* des Mitnehmertellers *18* gegen den Ansatz *9a* der Bremsbacke *7*. Dadurch wird der Überschuß des Bremsmomentes innerhalb der Bremse überwunden, d. h. die Last senkt sich. Unterbleibt die Drehbewegung der Kurbeln im Senksinne, so ist automatisch der Überschuß des Bremsmomentes wieder vorhanden, d. h. die Last wird sofort gehalten. Auch beim Senken ist also ein Rückschlag der Kurbeln ausgeschlossen.

Mitunter werden die Handwinden mit einer Sicherheitskurbel und zugleich mit einer Zentrifugalbremse ausgerüstet. Eine derartige Anordnung ist in Abb. 364 dargestellt. Die Wirkung der Zentrifugalbremse beruht darauf, daß Bremsbacken, die bei geringerer Drehgeschwindigkeit der Winden durch Federn angezogen sind, bei größerer Geschwindigkeit

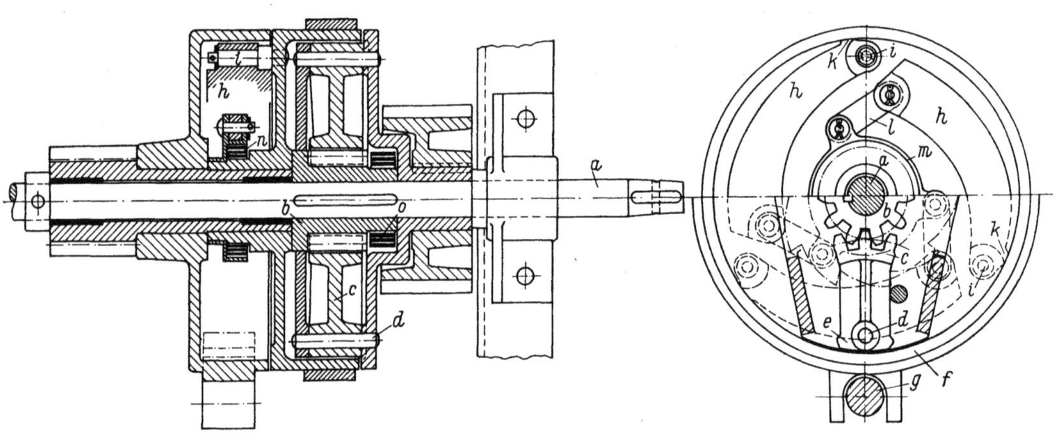

Abb. 364. Sicherheitskurbel mit Geschwindigkeitsbremse.

a Kurbelwelle; *b* Ritzel auf *a* aufgekeilt; *c* Zahnsegment mit Achse *d* und Bremsfläche *e* zum Abbremsen am Gehäuse *f*, das mit Bolzen *g* festgestellt ist; *h* drei Bremsklötze drehbar um Bolzen *i* mit Bremsfläche *k*; *l* Zugstangen zum Lüften von *h* mit Hilfe von Haltering *m*.

infolge der Zentrifugalkraft gegen ein festes Gehäuse gedrückt werden, wodurch die Geschwindigkeit in bestimmten Grenzen gehalten wird. Durch die Zentrifugalbremse wird also die Höchstgeschwindigkeit festgelegt. Um diese zu erreichen, braucht nur die Sicherheitskurbel etwas zurückgedreht zu werden, so daß sie nicht bremst. Sie kann während des Lastsenkens still stehen bleiben, ein Schleudern der Kurbel kommt also nicht in Frage. Man kann aber auch mit der Kurbel bremsen und die Last jederzeit vollständig festhalten. Bei der Anordnung nach Abb. 364 wirkt die Zentrifugalkraft in den Bremsklötzen an einem sehr langen Hebelarm, so daß der Anpressungsdruck gegen das Gehäuse recht groß wird. Die Sicherheitskurbel wirkt so, daß ein auf der Achse festgekeiltes Zahnrad in ein Zahnsegment eingreift, das bei Bewegung der Kurbel im Hubsinne nicht mit dem äußeren Gehäuse in Berührung kommt, bei Bewegung im entgegengesetzten Sinne aber mit einer Bremsfläche gegen das Gehäuse gedrückt wird und dadurch bremst. Ein gewisser Nachteil aller direkt wirkenden Zentrifugalbremsen ist darin zu sehen, daß die größte Senkgeschwindigkeit von der Größe der zu senkenden Last abhängig ist. Gerade bei großen Lasten, die langsam abgesenkt werden sollen, wird aber die Geschwindigkeit am größten. Besonders aus diesem Grunde sind die Zentrifugalbremsen nicht sehr viel angewendet worden und man kann wohl sagen, daß es zweckmäßiger und sicherer ist, wenn die Last durch eine gute Senksperrbremse abgesenkt wird, als wenn man Sicherheitskurbeln und Zentrifugalbremsen benutzt.

Wird bei Handwinden die Sicherheitskurbel in Verbindung mit einer Lösungsbremse vorgesehen, die als Senksperrbremse ausgebildet ist, so können alle Anforderungen einwandfrei erfüllt werden. Man kann die Last durch Benutzung der Sicherheitskurbel langsam senken und man kann sie andererseits durch Benutzung der Senksperrbremse mit beliebiger Geschwindigkeit ablassen. Diese Anordnung ist daher am meisten zu empfehlen, wenn man sich nicht mit einer einfachen Senksperrbremse begnügen will.

Die vorstehend erläuterten Grundsätze hinsichtlich Gestaltung und Anordnung der Handwinden sind auch auf Wandwinden anwendbar. Bei ihnen ist nur die Form des Gestelles etwas geändert und die Konstruktion möglichst zusammengedrängt, damit die Winden gut an der Wand befestigt werden können. Um die Abmessungen klein zu halten, werden hier auch vielfach Schneckenwinden verwendet, die man mit Rücksicht auf den besseren Wirkungsgrad meistens doppelgängig ausführt, wie bereits in Abb. 362 dargestellt wurde (Tab. 85).

Tabelle 85. *Sicherheitswandwinden mit Schneckengetriebe* (*Schiess-Defries*)

Zugkraft in 1. Seillage		Mp	0,25	0,25	0,5	0,5	1	2	3,2	5
Trommellänge		mm	70	140	80	150	160	200	200	225
Trommeldurchmesser		mm	110	110	125	125	150	180	250	312
Trommelranddurchmesser		mm	165	165	180	180	230	300	380	475
Seildurchmesser		mm	6	6	8	8	10	13	16	20
Seillänge in der ersten Lage	etwa	m	3,0	6,0	3,5	7,0	6,5	8,0	7,0	8,0
Aufwickelbare Seillänge	etwa	m	13	27	14	26	26	40	29	32
Hub je Kurbelumdrehung		mm	40	40	38	38	28	10	8,9	5,9
Größter Kurbelradius		mm	350	350	350	350	400	400	375	375
Kurbeldruck	etwa	kp	12	12	15	15	18	15	30	30
Entfernung der Befestigungslöcher										
waagerecht		mm	220	290	220	290	320	384	410	490
senkrecht		mm	100	100	100	100	140	210	295	415
Entfernung von der Wand bis Vorderende Kurbelgriff		mm	520	520	530	530	650	780	845	965
Gewicht der Winde	etwa	kp	14	16	18	20	41	75	125	240

d) Elektrozüge

Es ist häufig unwirtschaftlich, zum Heben kleinerer und mittlerer Lasten Krane zu benutzen, da sich in den seltensten Fällen mehrere Krane in einer Werkhalle befinden und diese im Bedarfsfall oft mit anderen Arbeiten besetzt sind, so daß an den Wartestellen große Verlustzeiten entstehen. Es sollten deshalb Hebezeuge für die Maschinen- und Arbeitsplatzbedienung zur Verfügung stehen, die sich in ihren Abmessungen und Leistungen den jeweils geforderten Verhältnissen anpassen. Aus dieser Sicht rücken Elektrozüge für Traglasten von 500—16 000 kp und bei einigen Ausführungen sogar bis 32000 kp in den Vordergrund.

Die Duisburger Maschinenfabrik AG und die Benrather Maschinenfabrik AG haben sich schon seit der Jahrhundertwende mit der Herstellung elektrisch betriebener Hebezeuge befaßt. Um eine möglichst kleine Bauhöhe zu erreichen, benutzte man damals als Lastorgan eine Rundgliederkette. Durch ungenügende Materialqualitäten und dadurch hervorgerufene Verformungen einzelner Kettenglieder ergaben sich aber Schwierigkeiten und starke Abnutzung von Kette und Kettennuß. Man benutzte dann eine Gallsche Kette als Lastorgan, was für die damaligen Verhältnisse zweifellos die bessere Lösung darstellte. Im Jahre 1911 wurde dann der erste Elektrozug mit Drahtseil als Lastorgan gebaut. Er besaß auch als erste Ausführung den Motor und das Getriebe in der Seiltrommel. Als Antrieb wurden über Kontroller gesteuerte Gleichstrom- oder Drehstromschleifringläufermotoren verwendet.

Ab 1927 wurden die Elektrozüge bis zu 1 Mp Tragkraft mit Verschiebeläufermotoren ausgerüstet, die über Winkelhebel die federbelastete Bandbremse betätigten. Zu dieser Zeit wurde auch durch den Einsatz von Kurzschlußläufermotoren die Druckknopfschalter-Steuerung eingeführt. Auch die Seilführung stellte man auf die heute noch verwendete Form von Gewinde- und Druckring um. Mit der Entwicklung des Modells K paßte man sich 1930 den Forderungen der Zeit an und vergrößerte die Hubgeschwindigkeiten trotz geringerer Abmessungen und Gewichte. Grundlegende Verbesserungen brachte die Verwendung des Verschiebeläufermotors mit konischer Bremse. Beim Einschalten des Motors wird der konische Läufer gegen die Wirkung der Bremsfeder in das Magnetfeld des Ständers gezogen und dadurch gleichzeitig die Kegelbremse gelüftet. Beim

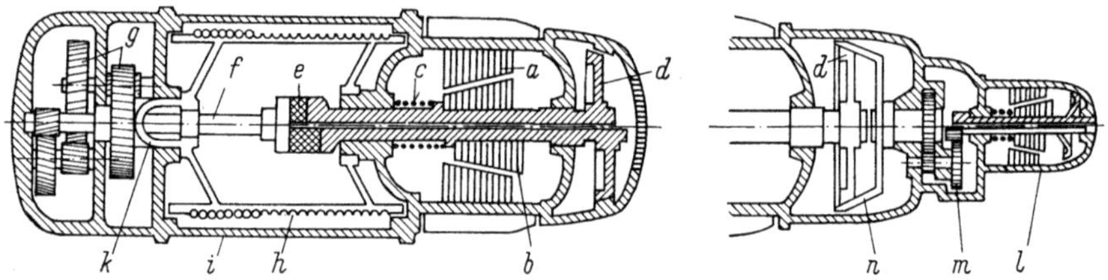

Abb. 365. Schnittbild eines Elektrozuges

Obere Bildhälfte mit Verschiebeläufer in Arbeitsstellung; unten in Bremsstellung. *a* Ständer; *b* Verschiebeläufer; *c* Bremsfeder; *d* Brems- und Lüfterscheibe; *e* Kupplung; *f* Antriebswelle; *g* Getriebe; *h* Seiltrommel; *i* Mantel; *k* Hohlwelle; *l* Feingangmotor mit Feinganggetriebe; *n* Feingangkupplungsscheibe.

Ausschalten schiebt die Bremsfeder den Läufer mit der Bremsscheibe in die Bremse. Durch den Anbau eines zweiten Verschiebeläufermotors mit vorgeschaltetem Getriebe ergab sich auch die Möglichkeit einer Feinhubgeschwindigkeit ($^1/_{10}$ vom Haupthub); die besonders bei der Bedienung von Werkzeugmaschinen erforderlich ist. Im Laufe der Jahre stiegen die Anforderungen an serienmäßige Hebezeuge, insbesondere auch hinsichtlich Einschaltdauer, Schalthäufigkeit und Eignung auch für schwere Einsätze. Diesen Erfordernissen wird das neue Modell P (Abb. 365), das seit 1959 gebaut wird, gerecht.

Das Drehmoment des Verschiebeläufermotors wird durch eine dreh- und axialelastische Kupplung auf das Getriebe übertragen. Die Kupplung dämpft Belastungsspitzen, die beim Ein- und Ausschalten auftreten. Gleichzeitig gewährleistet die Kupplung die ungehinderte Axialverschiebbarkeit des Läufers und sichert damit das volle Bremsmoment. Eine aus dem Getriebe herausgeführte Hohlwelle mit Evolventen-Verzahnung treibt die Seiltrommel zentrisch an. Die Hohlwelle ruht auf kräftigen Wälzlagern und bildet gleichzeitig eine der beiden Trommellagerungen. Auf der Gegenseite stützt sich die Trommel über ein Wälzlager auf den Lagerschild des Motors ab. Die tragende Verbindung zwischen Motor und Getriebe wird durch geschmiedete Tragflansche mit Füßen und einen Mantel aus kräftigem Stahlblech hergestellt. Die Tragflansche sind in ihrer Stellung zum Getriebe, zum Mantel und zum Motor verstellbar. Durch einfachen Umbau können 8 verschiedene Fußstellungen (je 45°) und 8 Seilabläufe erstellt werden. Das Getriebe bleibt jeweils in der Grundstellung, damit eine einwandfreie Schmierung gewährleistet bleibt.

Bei der normalen Ausführung ist die Seiltrommel einrillig geschnitten, so daß bei einem Lasthaken am einfachen Strang die Trommelumfangsgeschwindigkeit gleich der Hubgeschwindigkeit ist. Durch zweifache, dreifache oder vierfache Einscherung des Lastseiles wird die Tragkraft am Haken entsprechend der vorhandenen tragenden Strangzahl vermehrt, jedoch im gleichen Verhältnis die Hubgeschwindigkeit und die mögliche Hubhöhe verringert (Abb. 366). Bei Einscherungsformen mit gerader Strangzahl (2-, 4-, 6- oder 8facher Einscherung) wird das freie Seilende normalerweise an einem Festpunkt angeordnet.

Es ist aber auch möglich, dieses freie Seilende wiederum auf eine Seiltrommel eines zweiten Elektrozuges zu wickeln, so daß beide Elektrozüge auf die gleiche Unterflasche arbeiten und hierdurch ein sog. Zwillingshubwerk entsteht. Durch diese Anordnung kann gegenüber einem einfachen Elektrozug die Hubgeschwindigkeit und ebenso auch der mögliche Hakenweg verdoppelt werden, wie es ebenfalls in der Abb. 366 auch bildlich veranschaulicht ist. In der Zwillingsanordnung werden Elektrozüge bis zu einer Tragkraft von 63 Mp bei 8facher Einscherung eingesetzt. Bei einfachen Elektrozügen liegt die obere Grenze meistens bei 32 Mp, da andernfalls die sich ergebende Hubgeschwindigkeit und der mögliche Hakenweg bei größerer Tragkraft zu klein wird. Der Einsatz von Zwillingshubwerken bietet automatisch den Vorteil einer zweistufigen Hubgeschwindigkeit

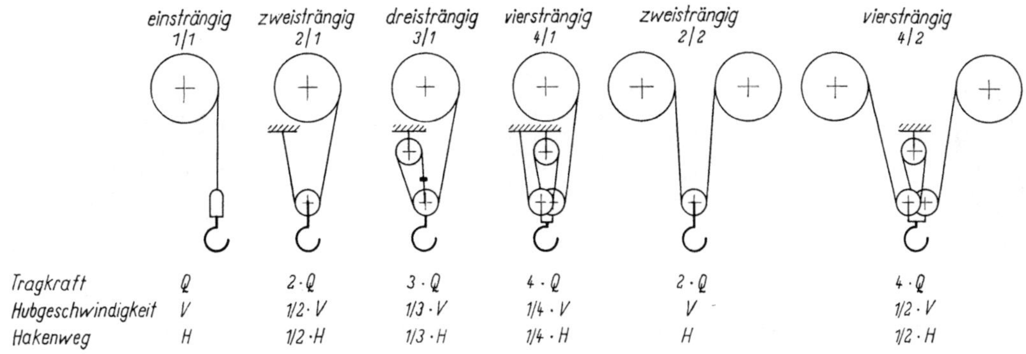

Abb. 366. Einscherungsarten bei einrilliger Trommel (vgl. auch Abb. 371).

1—4 Einfachhubwerk; 5—6 Zwillingsanordnung.

Tabelle 86. *Leistungsdaten Demag-Elektrozug Modell P*

Die in der Spalte „Hakenweg", in Klammern angegebenen Werte sind durch verlängerte Seiltrommeln zu erreichen. Durch Einfügung des möglichen Hakenweges bei 2-strängiger Einscherung wird die Baugrößenbezeichnung vervollständigt. Zur Erläuterung der Baugröße vgl. Abb. 366.

Traglast	Hakenweg	Hubgeschwindigkeit		Motorleistung		% ED	FEM	Baugröße
		N	*L*	*N*	*L*		Gruppe	*P*
kp	m	m/min	m/min	kW	kW			
500	7 (17)	10	15	1,6	2,3	50	III	125···2/1
	14 (34)	—	20	—	2,0	30	Ib	150···1/1
800	7 (17)	8	12	1,4	2,0	30	Ia	140···2/1
	14 (22–40)	16	24	2,8	4,0	30	Ia	208···1/1
1000	7 (17)	—	10	—	2,0	30	Ib	150···2/1
	14 (22–40)	—	20	—	4,0	30	Ib	210···1/1
1600	3,5 (8,5)	4	6	1,4	2,0	30	Ia	140···4/1
	7 (11–20)	8	12	2,8	4,0	30	Ia	208···2/1
	14 (22–44)	16	24	5,6	8,0	40	Ia	416···1/1
2000	3,5 (8,5)	—	5	—	2,0	30	Ib	150···4/1
	7 (11–20)	—	10	—	4,0	30	Ib	210···2/1
	14 (22–44)	—	20	—	8,0	40	Ib	420···1/1
2500	16 (26–52)	16	24	8,0	12,5	40	Ia	625···1/1
3200	3,5 (5,5–10)	4	6	2,8	4,0	30	Ia	208···4/1
	7 (11–22)	8	12	5,6	8,0	40	Ia	416···2/1
	16 (26–52)	—	20	—	12,5	40	Ib	632···1/1
4000	3,5 (5,5–10)	—	5	—	4,0	30	Ib	210···4/1
	7 (11–22)	—	10	—	8,0	40	Ib	420···2/1
	24 (40–60–80)	16	24	12,5	18,5	40	Ia	1040···1/1
5000	8 (13–26)	8	12	8,0	12,5	40	Ia	625···2/1
	24 (40–60–80)	—	20	—	18,5	40	Ib	1050···1/1
6300	3,5 (5,5–11)	4	6	5,6	8,0	40	Ia	416···4/1
	8 (13–26)	—	10	—	12,5	40	Ib	632···2/1
8000	3,5 (5,5–11)	—	5	—	8,0	40	Ib	420···4/1
	12 (20–30–40)	8	12	12,5	18,5	40	Ia	1040···2/1
10000	4 (6,5–13)	4	6	8,0	12,5	40	Ia	625···4/1
	12 (20–30–40)	—	10	—	18,5	40	Ib	1050···2/1
12500	4 (6,5–13)	—	5	—	12,5	40	Ib	632···4/1
	12 (20–30–40)	8	12	2C	30	40	Ia	1663···2/1
16000	6 (10–15–20)	4	6	12,5	18,5	40	Ia	1040···4/1
	12 (20–30–40)	—	10	—	30	40	Ib	1680···2/1
20000	6 (10–15–20)	—	5	—	18,5	40	Ib	1050···4/1
25000	6 (10–15–20)	—	6	—	30	40	Ia	1663···4/1
32000	6 (10–15–20)	—	5	—	30	40	Ib	1680···4/1

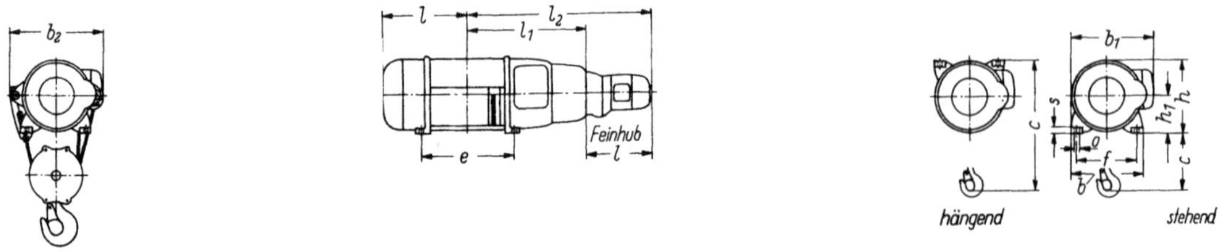

Tabelle 87. *Abmessungen und Gewichte von Demag-Elektrozügen* (*vgl. auch Abb.* 365 *u.* 366)

Baureihe	P 100	P 200	P 400	P 600	P 1000	P 1600
Seilstränge	1/1 2/1 4/1	1/1 2/1 4/1	1/1 2/1 4/1	1/1 2/1 4/1	1/1 2/1 4/1	1/1 2/1 4/1
stehend C mm	430 410 385	445 500 485	515 650 550	570 745 700	745 900 850	790 1085 1160
hängend C mm	700 680 655	775 830 830	815 1050 950	1030 1205 1160	1345 1500 1450	1555 1850 1925
Länge l mm	320	390	500	590	750	870
Länge l_1 mm	410	460	660	695	800	985
Länge l_2 mm	640	720	955	1035	1255	1515
Lochentf. e mm	365	425	500	600	810	895
Lochentf. f mm	225	265	315	375	460 und 600	590 und 750
Breite b mm	275	325	385	460	740	900
Breite b_1 mm	340 340	390 390	455 455	530 530	785	980
Breite b_2 mm	380	450	520	600	—	—
Höhe h mm	265	325	390	450	565	710
Höhe h_1 mm	135	165	200	230	300	382
Loch∅ o mm	18	23	27	33	27	33
Fußstärke s mm	9	11	16	18	20	25
Gewicht o. Feinhub = kp	105 105 125	170 175 200	330 330 390	440 445 540	720 815 965	1490 1560 1790
Feinhub = kp	25	25	40	65	90	160

im Verhältnis 2:1, wenn die beiden Elektrozüge getrennt schaltbar angeschlossen werden. Durch zusätzlichen Anbau eines Feinhubwerkes ist dabei sogar noch eine dritte Geschwindigkeitsabstufung möglich.

Für die Tragwerke von Kranen und für die Seiltriebe (Seile, Trommeln und Rollen) von Kranhubwerken gibt es schon seit längerem Berechnungsregeln, mit denen man versucht, die Hebezeuge nach den jeweiligen Betriebsbedingungen in Gruppen einzustufen, wie auf den S. 315ff. und 343ff. auch erläutert wird. In den letzten Jahren hat nun die FEM[1]) Richtlinien für die Anpassung von Elektrozügen an möglichst alle in der Praxis vorkommenden Betriebsbedingungen erarbeitet, die sich in den 6 Einstufungsgruppen der Abb. 367 wiederspiegeln. Grundgedanke war, die dynamisch beanspruchten Teile des E-Zuges, welche eine begrenzte Lebensdauer haben (z. B. Getriebeteile, Wälzlager, Seile, Motoren usw.), so auszulegen, daß sie über eine angemessen lange Betriebszeit zuverlässig arbeiten können, ohne jedoch unnötig stark dimensioniert zu sein. Zur richtigen Auswahl eines E-Zuges muß zunächst die Belastungsart (leicht, mittel oder schwer) und die mittlere Laufzeit je Arbeitstag in Stunden ermittelt werden, um dann aus Abb. 367 die erforderliche Baureihe zu bestimmen. Innerhalb der Baureihen wird man dann durch die Wahl einer bestimmten Motorgröße, Getriebeuntersetzung und Einscherungsart auf die gewünschte Baugröße hingeführt. Die Auswahl eines E-Zuges dürfte anhand der Abb. 367 im Zusammenhang mit Tabelle 86 keine Schwierigkeit bereiten. Die Tabelle kann noch entsprechend den Ausführungen zu Abb. 366 für größere Tragkräfte ergänzt werden oder aber durch die Anordnung von Zwillingshubwerken in bezug auf die Hubgeschwindigkeit und den Hakenweg eine Erweiterung erfahren.

[1]) FEM-Fédération Européenne de la Manutention

Werden E-Züge für eine höhere FEM-Gruppe ausgewählt, so wird der Motor nur weniger stark ausgelastet, so daß die zulässige Einschaltdauer (%ED) infolge der weniger starken Erwärmung erheblich ansteigt. Als Richtwert kann man etwa sagen, daß die Züge nach FEM-Gruppe Ia bzw. Ib bei Verringerung des Gewichtes am Haken auf 50% der Nennlast praktisch im Dauerbetrieb gefahren werden können.

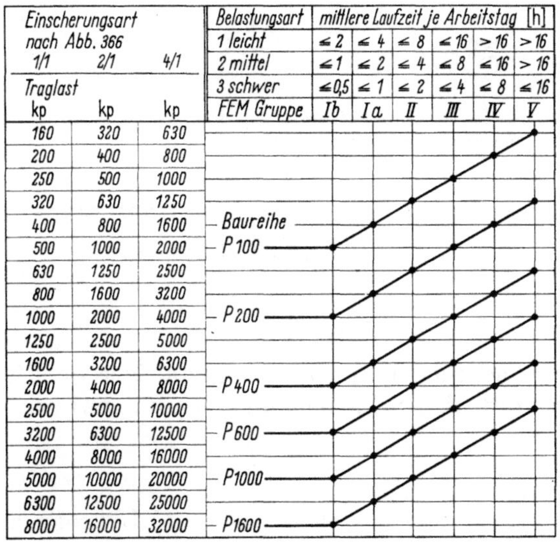

Abb. 367. Einstufungsdiagramm für 6 Elektrozugbaureihen (Demag).

Belastungsarten:

1 leicht = Elektrozüge, die selten die höchste Traglast und meistens kleinere Teillasten heben.

2 mittel = Elektrozüge, die etwa gleichmäßig die höchste Traglast sowie größere und kleinere Teillasten heben.

3 schwer = Elektrozüge, die hauptsächlich Lasten in der Nähe der höchsten Traglast heben.

Mittlere Laufzeit/Tag =

$$= \frac{2 \cdot \text{mittl. Hakenweg} \cdot \text{Spielzahl/Std.} \cdot \text{Arbeitszeit/Tag}}{60 \cdot \text{Hubgeschwindigkeit}}$$

Wenn auch die Fa. Demag den größten Marktanteil mit ihren Elektrozügen besitzt, und auch als erste Firma im Frühjahr 1969 ihr Bauprogramm auf die neuen FEM-Richtlinien umstellte, so muß dennoch auch auf die übrigen Hersteller gleicher Hebezeuge hingewiesen werden. So hat die Süddeutsche Windenfabrik (SWF) und auch die Fa. Stahl ein gleichwertiges Programm in bezug auf die Hubgeschwindigkeiten und möglichen Hakenwege zu bieten. Auch die Hauptabmessungen und Gewichte der Geräte unterscheiden sich kaum voneinander, so daß für Planungsarbeiten die Angaben der Tab. 87 als allgemeingültige Richtwerte zu verwenden sind.

Normalerweise können die Hubmotore bis zu einer Leistung von 2,5 kW im Hauptstromkreis geschaltet werden. Für größere Leistungen ist eine Schützensteuerung erforderlich. Die Motoren der Elektrozüge werden normal in Isolationsklasse E für eine höchstzulässige Dauertemperatur von 120 °C ausgeführt. Das Isoliermaterial und die Imprägnierung sollen die Wicklung auch bei hoher Luftfeuchtigkeit und gegen chemisch wirksame Gase und Dämpfe schützen. Bei Tropenklima sowie bei Betrieb in Werkräumen mit besonders starken schädlichen Gasen und Dämpfen können die Motoren mit einer verstärkten Isolation (Es) ausgelegt werden. Die normale Schutzart ist P 33, so daß ohne besondere Maßnahmen Elektrozüge auch im Freien aufgestellt werden können.

Werden Elektrozüge so eingebaut, daß das ablaufende Seil noch über eine festangeordnete Seilrolle umgelenkt wird, so ist darauf zu achten, daß diese Rolle einen bestimmten Mindestabstand a nicht unterschreitet. (Abb. 406) Rechnerisch ergibt sich $a_{\min} = 20\,w$, wobei w die halbe Seilwanderung auf der Trommel ist. Zur Veranschaulichung dient auch die Abb. 368, die ein Einsatzbeispiel eines Elektrozuges zum Heben von langen Gütern zeigt. Für derartige Fälle finden Elektrozüge mit zweirillig geschnittener Trommel und somit zwei getrennt ablaufenden Seilen Verwendung. Mit den beiden Lasthaken in einem gewissen Abstand lassen sich selbst Baumstämme gleichmäßig heben, auch wenn die Schwerpunktlage nicht genau berücksichtigt wurde. Das Heben von Langeisen und Paletten mit großflächigen Gütern wie Bleche oder Spanplatten ist ein weiterer Anwendungsbereich.

Durch Anhängen eines Elektrozuges an ein Einschienenfahrwerk oder durch Aufsetzen auf den Rahmen einer Zweischienen-Laufkatze werden diese Geräte auch orts-

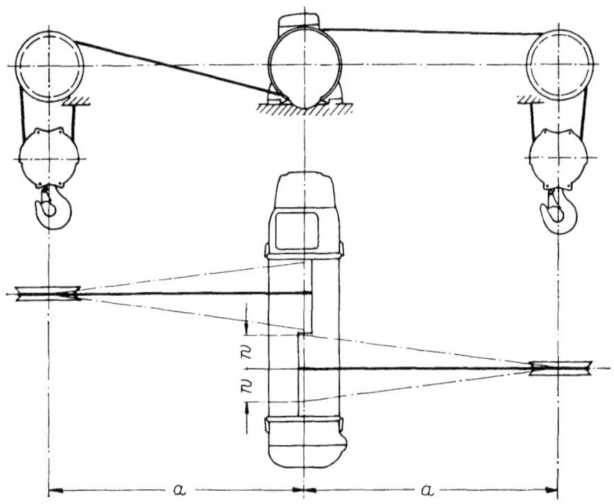

Abb. 368. Elektrozug mit zwei ablaufenden Seilen zum Heben langer Güter.

Der Abstand a_{min} der Rolle vom E-Zug ist als Funktion von w zu beachten; $a_{min} = 20\,w$.

veränderlich und noch vielgestaltiger im Einsatz. Diesbezüglich sei auch auf den Abschnitt über Schienenlaufkatzen hingewiesen.

e) Eintrommelwindwerke

Unter Eintrommelwindwerken versteht man komplette Hubeinheiten, die motorisch angetrieben werden und für Montagezwecke Verwendung finden oder als geschlossene Einheiten in Krane eingebaut werden. Außer dem eigentlichen Verwendungszweck als Hubwerk sind sie auch als Antrieb für Seilzugkatzen oder für Einziehwerke bei Kranen mit beweglichem Ausleger oder bei klappbaren Verladebrücken zu verwenden. Werden sie selbst auf ein Fahrgestell gesetzt, so entstehen Schienenlaufkatzen, die meist besonderen konstruktiven und räumlichen Bedingungen unterliegen und in einem besonderen Abschnitt behandelt werden.

Abb. 369. 10-Mp-Montagewinde mit Umschaltgetriebe (Schiess-Defries).

Die einfachste Bauform von Windwerken stellen die motorisch angetriebenen Montagewinden entsprechend Abb. 369 dar. Auf einem stabilen Grundrahmen ist der Antriebsmotor, die Doppelbackenbremse mit elektrischem Bremslüftgerät, das Unter-

Tabelle 88. *Leistungsdaten von Elektromontagewinden (Schiess-Defries) in der Bauart nach Abb. 369*

Zugkraft in 1. Seillage	Mp	1	2		3,2		5		8		10			12,5		16
6. Seillage	Mp	0,7	1,4		2		3,2		5		6,4			8		10,5
Drahtseil-Mindestdmr. nach DIN 655 B	mm	9	13		16		20		27		29			33		35
Seilaufnahme: in 1. Lage	m	36	40		52		58		55		55			67		64
in 6 Lagen	m	280	300		400		450		420		440			510		520
Trommeldurchmesser	mm	190	240		320		370		460		520			560		620
Trommelranddurchmesser	mm	330	440		560		670		860		980			1030		1180
Trommellänge	mm	600	700		850		1000		1000		1000			1200		1200
Ausführung I																
Seilgeschwindigkeit in 1. Seillage, etwa	m/min	25	12,5	25	16	30	10	20	6	12	5	10	15	5,7	11,5	7
6. Seillage, etwa	m/min	37	19	38	24	44	15	31	9	18,5	7,8	15	22,5	8,9	18	10,5
Motorstärke	kW	5	5	10	10	20	10	20	10	20	10	20	30	15	30	20
Fertiggewicht ohne Seil, etwa	kp	510	650	750	950	1200	1350	1650	1950	2250	2300	2400	2700	3000	3500	4000
Ausführung II																
Seilgeschwindigkeit in 1. Seillage, etwa	m/min	37	18	37	25	45	15	30	9	18	7,5	20		7,6		10
6. Seillage, etwa	m/min	55	27	55	37	67	22	45	14	28,5	11,5	30		11,9		15
Motorstärke	kW	7,5	7,5	15	15	30	15	30	15	30	15	40		20		30
Fertiggewicht ohne Seil, etwa	kp	540	680	800	1000	1300	1400	1750	2000	2500	2350	2800		3200		4100

setzungsgetriebe, die Seiltrommel und das elektrische Schaltgerät (Kontroller) montiert. Die Doppelbackenbremse hält die Last in ausgeschaltetem Zustand in jeder Lage sicher fest. Das Senken von Lasten ist mit Hilfe des Motors möglich. Zwischen Seiltrommel und Getriebe ist eine Schaltkupplung angeordnet, die ein Abtrennen der Seiltrommel vom Getriebe ermöglicht, um im Leerlauf das Hakengeschirr ohne Last besonders schnell senken zu können. Eine Abbremsung erfolgt dann durch eine über Fußpedal betätigte Bandbremse. Der zusätzliche Einbau eines Umschaltgetriebes für zwei Geschwindigkeiten findet Anwendung bei Normalgeschwindigkeiten zum schnelleren Heben kleinerer Lasten bzw. bei Hochleistungswinden zur Herabsetzung der Geschwindigkeit zum Einfahren der Montageteile. Die Anordnung des Umschaltgetriebes zwischen Motor und Bremse macht auch die Umschaltung bei schwebender Last möglich. Die Seiltrommel besitzt keine eingedrehten Seilrillen, da auf ihr ohnehin mehrere Seillagen aufgewickelt werden sollen. Entsprechend der Zunahme des Trommeldurchmessers bei der Wicklung mehrerer Lagen verändert sich die Winden-Zugkraft und in Abhängigkeit davon auch die Seilgeschwindigkeit. Dieser Zusammenhang und weitere Leistungsdaten sind der Tab. 88 zu entnehmen.

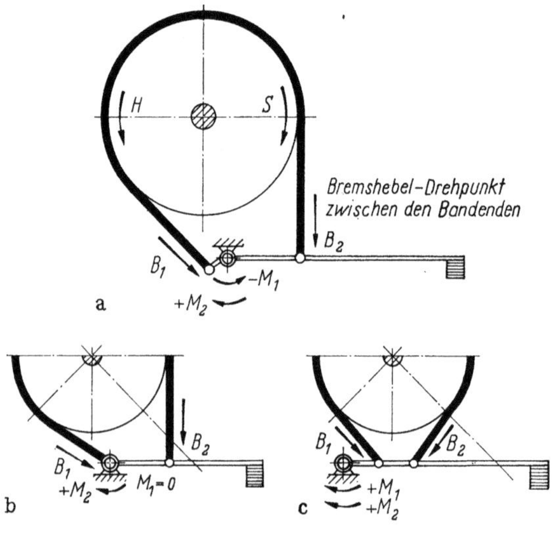

Abb. 370.

a Differentialbremse; *b* Band- oder Schlingbandbremse; *c* Summenbremse.

Im Gegensatz zu den elektrisch betriebenen Winden mit ihren Umsteuermöglichkeiten kann bei Hubwerken, die mit dauernd durchlaufenden Antriebsmaschinen, meist Diesel-Motoren, angetrieben sind, die Umsteuerung von Heben auf Senken nicht durch Änderung des Motordrehsinnes erreicht werden. Zum Senken der Last muß man hier entweder den Kraftschluß zwischen Antrieb und Last unterbrechen oder eine Umkehreinrichtung schaffen. Dabei steht die Last dauernd oder zeitweilig unter der Wirkung des freien Falles, und es müssen Vorkehrungen getroffen werden, daß sie nicht herabstürzen kann. Als Beispiel sei auf den Einsatz einer Bandbremse hingewiesen, die bei ihren beiden Drehrichtungen ein Bremsmomentverhältnis von 5:1 aufweist. Das größere Bremsmoment wird dabei der Senkrichtung der Winde zugeordnet. Die Verbindung von Motor und Winde erfolgt über eine Schaltkupplung. Für Kupplung und Bremse steht ein gemeinsamer Bedienungshebel mit einem Langloch zur Verfügung. Zum Einschalten der Hubtrommel wird zunächst durch Betätigung des Hebels die Kupplung eingerückt, so daß die Bremsscheibe unter dem Bremsband durchrutscht. Erst bei weiterer Auslenkung des Schalthebels wird dann auch die Bremse vollkommen gelüftet.

Eine Verbesserung dieser Sicherheitsbremse durch Verringerung des Reibungsverlustes beim Heben erfolgt durch Einbau einer Bremse mit doppelter Umschlingung als Schlingbandbremse. Bei ihr ist das Verhältnis der Bremswirkung vom Senk- zum Hubsinne sogar 25:1. Noch ein weiterer Fortschritt ist in der Differentialbremse (Abb. 370a) zu sehen. Bei ihr sind im Gegensatz zu der einfachen oder Schlingbandbremse beide Bandenden derart am Bremshebel befestigt, daß die Spannkräfte des Bremsbandes jeweils entgegengesetzte Hebelarme zum Bremshebeldrehpunkt haben. Hierdurch wird erreicht, daß in der Drehrichtung im Hubsinne das Bremsmoment auch ohne Lüften der Bremse fast verschwindet, während sich die Bremse in umgekehrter Drehrichtung ohne äußere Krafteinwirkung am Bremshebel selbsttätig zuzieht. Erst beim Lüften der Bremse durch Betätigen des Bremshebels kann die Seiltrommel zurücklaufen, allerdings bleibt dann ein geringes Bremsmoment wirksam, das verzögernd auf die Senkgeschwindigkeit wirkt.

Im Gegensatz zu den Montagewinden ist bei Kranhubwerken der Auswahl der einzelnen Bauelemente besondere Beachtung zu schenken. So gehören die Drahtseile zu denjenigen Triebwerksteilen, die dem stärksten Verschleiß ausgesetzt sind. Daher sind bei der Konstruktion schon alle Maßnahmen zu treffen, die geeignet sind, die Lebensdauer des Seiles zu erhöhen. Nachstehende Punkte sollten daher besonders beachtet werden:

a) Der Einsatz von rillenlosen, also glatten Trommeln, sollte im Kranbau möglichst vermieden werden, da das Seil sonst eine sehr ungünstige Auflagerung mit großer spezifischer Flächenpressung hat. Außerdem besteht die Gefahr, daß sich benachbarte Windungen beim Auf- bzw. Abwickeln gegenseitig beschädigen. Beim Drehen der Seilrillen ist ein Ausrundungsradius $r = (0{,}54 - 0{,}63) \cdot d$ zu berücksichtigen, wobei d der Seildurchmesser ist.

b) Das Seil sollte immer nur in einer Lage aufgewickelt werden, da sonst jede neue Lage unter dem Einfluß der Seilspannung zwischen die Windungen der vorhergehenden Lage geklemmt wird.

c) Bei der Anordnung von Seilumlenkrollen ist darauf zu achten, daß das Seil immer nur in der gleichen Richtung gebogen wird.

d) Ist eine seitliche Seilablenkung nicht zu vermeiden, so darf diese maximal 4° betragen ($\delta = 1/15$). Mit Rücksicht auf die geringe Rillentiefe in den Seiltrommeln sollte hier die Ablenkung möglichst nicht mehr als $1/40$ betragen (vgl. Abb. 368).

e) Alle Seilrollen sind mit Schutzbügeln zu versehen, um ein Herausspringen von unbelasteten Seilen zu verhindern.

f) Es sollte eine gute Relation zwischen dem Wert der zu hebenden Last und der Baugröße des Hubwerkes angestrebt werden. Bei größeren Lasten ist es auf jeden Fall wirtschaftlicher, die Last auf mehrere Seilstränge zu verteilen, d. h. einen Flaschenzug einzuschalten. Man vermeidet dadurch dicke Seile, große Trommeldurchmesser und große Lastmomente.

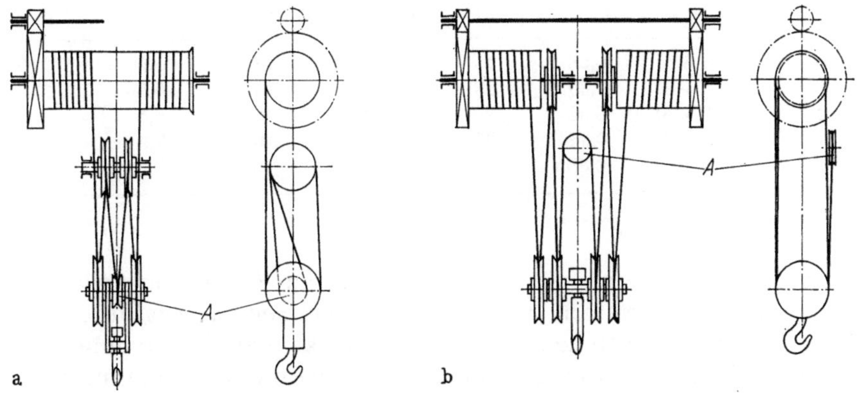

Abb. 371. *a* 6-strängiger Zwillingsflaschenzug (6/2) mit Ausgleichsrolle in der Unterflasche; *b* 8-strängige Anordnung (8/2) mit obenliegender Ausgleichsrolle (*A*).

Der Aufbau von einfachen Flaschenzügen wurde bereits im Zusammenhang mit Abb. 366 bei der Arbeitsweise von Elektrozügen behandelt. Als nachteilig ist anzusehen, daß die Last beim Heben und Senken seitlich wandert, also nicht genau senkrecht gehoben wird. Durch Anordnung von Zwillingsflaschenzügen kann dieser Nachteil behoben werden. Beim Einsatz von Elektrozügen werden die beiden freien Seilenden meistens auf zwei parallel zueinander liegende Trommeln aufgewickelt. Bei Windwerken werden die beiden erwähnten Trommeln zu einer vereinigt (Abb. 371a) oder zumindest mit ihren Achsen fluchtend angeordnet (Abb. 371b). Diese Ausführung ist heute die üblichere, da sie zu einer wesentlich kürzeren Bauhöhe führen kann. Hierzu wird die Ausgleichrolle mit pendelnder Aufhängung neben oder unter der Trommel eingebaut. Die Unterflasche läßt sich dann bis dicht unter die Winde ziehen. Wird außerdem der Kranhaken in die Unterflasche eingezogen, so läßt sich ein Maximum an Hubhöhe erzielen.

Für Lasten bis etwa 25 Mp ist der Zwillingsrollenzug mit vier tragenden Strängen mit einer durchgehenden Trommel (Abb. 371a) und neben der Trommel angeordneter Ausgleichrolle ähnlich Abb. 371b üblich. Die beiden Seile werden an den Trommelenden befestigt und laufen entsprechend der rechts- bzw. linksgängig geschnittenen Trommelhälfte beim Aufwickeln der Seile zur Mitte hin. Der rillenlose Raum in Trommelmitte ist grundsätzlich gleich dem Mittenabstand der beiden Umlenkrollen in der Unterflasche, damit bei höchster Hakenstellung keine Seilablenkung auftritt.

Die Seilgeschwindigkeit an der Trommel errechnet sich nach

$$v_s = v_H \cdot i_{Fl},$$

wenn v_H die Hubgeschwindigkeit und i_{Fl} die Flaschenzugübersetzung (Zahl der tragenden Seilstränge/Zahl der angezogenen Seilstränge) ist.

Die Dauer der Haltbarkeit des Seiles hängt im wesentlichen von der Häufigkeit der Lastspiele ab. Um nun eine gewisse Abhängigkeit zwischen der Aufliegezeit der Seile und der Beanspruchung des jeweiligen Hubwerkes zu erhalten, ist in der DIN 15020 für die Bemessung der Seile eine Gruppeneinteilung nach der bezogenen Spielzahl vorgenommen worden, die in Tab. 89 wiedergegeben ist. Unter Spiel versteht man einen abgeschlossenen Vorgang, d. h. Heben und Senken. Elektrozüge unterliegen der Triebgruppe 2. Für alle höheren Triebgruppen ist die Verwendung von Windwerken oder eine Reduzierung der zul. Tragkraft des Elektrozuges erforderlich.

Tabelle 89. *Seiltriebgruppen und ihre Kennwerte*

Triebgruppe	Spielzahl je h	Drahtseile nach DIN 655 oder 656 k	D/d Trommel	D/d Umlenkr.	D/d Ausgleichr.	Seilsicherheit abgerundet[1])
0	< 6	0,28	15	16	14	4,5
1	6–18	0,30	18	20	14	5,5
2	18–30	0,32	20	22	15	6,5
3	30–60	0,35	22	24	16	7,5
4	> 60	0,38	24	26	16	8,5

[1]) Bei $\sigma_B = 160$ kp/mm².

Die gesamte Beanspruchung eines Drahtseiles ist auf Grund des komplizierten Aufbaues nur sehr schwer zu erfassen. Sie setzt sich zusammen aus Zug durch die Last, aus Biegung beim Lauf über die Rollen bzw. beim Aufwickeln an der Trommel und aus Verdrehung beim Flechten. Hinzu kommt ständige Abnutzung durch die innere Seilreibung auf Grund der dauernden Verschiebungen der einzelnen Drähte gegeneinander. Bei der Seilberechnung wird nur die maximale Seilzugkraft zahlenmäßig erfaßt, außerdem aber angestrebt, durch versuchs- und erfahrungsmäßig festgelegte Faktoren alle diejenigen Einflüsse zu berücksichtigen, die maßgebend für die Lebensdauer eines Seiles sind.

Bei der Bestimmung des Seilzuges S ist außer der Nutzlast P auch das Gewicht der Unterflasche Q zu berücksichtigen. Es beträgt erfahrungsgemäß bis zu 3% der Nutzlast. Außerdem erhöht sich der Wert in Abhängigkeit von der Zahl der tragenden Seilstränge z infolge der erforderlichen Umlenkrollen (Wirkungsgrad η_F). Bei Benutzung der nachstehenden Werte läßt sich der Seilzug für den meist gebräuchlichen Zwillingsrollenzug in kp vereinfacht berechnen nach

$$S = \frac{P\,Q}{z\,\eta_F} = \frac{P \cdot 1{,}03}{z\,\eta_F} = P\,x\,.$$

Werte für x

Anzahl der trag. Seilstränge	4	6	8	10	12	14	16
Gleitlagerung	0,263	0,179	0,137	0,112	0,095	0,083	0,074
Wälzlagerung	0,260	0,175	0,133	0,107	0,090	0,048	0,049

Der Seildurchmesser errechnet sich in mm zu

$$d = k \cdot \sqrt{S}.$$

Der Wert k für diese Formel ist der Tab. 89 zu entnehmen.

Entsprechend dem errechneten Wert für d ist aus der Tab. 90 der nächst größere Seildurchmesser zu wählen. Im allgemeinen ist für den Kranbau ein Drahtseil nach DIN 655 mit rechtsgängigem Kreuzschlag, Bauart B mit 160 kp/mm² Festigkeit zu verwenden. Muß mit stärkerer Beanspruchung gerechnet werden, weil z. B. größere äußere Abnutzung wegen schlechter Rillenausführung der Rollen und Trommeln oder andere ungünstige Betriebsverhältnisse zu erwarten sind, nehme man besser ein Seil der Bauart A. Die Drahtzahl dieser Bauart ist bei gleichem Seildurchmesser geringer, die Einzeldrähte hingegen dicker und widerstandsfähiger. Gute Betriebserfahrungen sind bei ungünstig gelagerten Fällen auch mit Drahtseilen nach DIN 656 gemacht worden. Diese Seile sind in Parallelschlag aufgebaut, wobei die Drähte einer Lage jeweils in den Rillen der vorhergehenden Lage liegen. Die Drähte berühren sich auf der ganzen Länge und weisen keine Kreuzungsstellen mehr auf, so daß die gegenseitige Flächenpressung wesentlich geringer ist.

Tabelle 90. *Drahtseile für Hebezeuge nach DIN 655*

Ausführung	Anzahl der Litzen	Anzahl der Drähte in 1 Litze	Anzahl aller Drähte	Seil-Nenn-dmr. d mm	Draht-dmr. δ mm	Met. Seil-quer-schnitt mm²	Gewicht kp/m	Rechn. Bruchbelastung des Seiles bei 130 kp/mm² Zugfestigkeit kp	160 kp/mm² kp	180 kp/mm² kp
6·19 = 114 Drähte + 1 Fasereinlage = Bauart A	6	19	114	6,5	0,4	14,3	0,135	1860	2300	2550
				8	0,5	22,4	0,21	2900	3600	4050
				9,5	0,6	32,2	0,30	4200	5150	5800
				11	0,7	43,9	0,41	5700	7000	7900
				12,5	0,8	57,3	0,54	7450	9150	10300
				14	0,9	72,5	0,68	9450	11600	13050
				16	1,0	89,5	0,85	11650	14300	16100
				17	1,1	108,3	1,02	14100	17350	19500
				19	1,2	128,9	1,22	16750	20600	23200
				20	1,3	151,3	1,43	19650	24200	27250
				22	1,4	175,5	1,66	22800	28050	31600
6·37 = 222 Drähte + 1 Fasereinlage = Bauart B	6	37	222	9	0,4	27,9	0,26	3650	4450	5000
				10	0,45	35,3	0,34	4600	5650	6350
				11	0,5	43,6	0,41	5650	7000	7850
				12	0,55	52,7	0,50	6850	8450	9500
				13	0,6	62,8	0,59	8150	10050	11300
				14	0,65	73,7	0,70	9600	11800	13250
				15	0,7	85,4	0,81	11100	13650	15350
				16	0,75	98,1	0,93	12750	15700	17650
				18	0,8	111,6	1,06	14500	17850	20100
				20	0,9	141,2	1,34	18350	22600	25400
				22	1,0	174,4	1,65	22650	27900	31400
				24	1,1	211,0	2,00	27450	33750	38000
				27	1,2	251,1	2,38	32650	40200	45200
				29	1,3	294,7	2,80	38300	47150	53050
				31	1,4	341,7	3,24	44400	54650	61500
				33	1,5	392,3	3,72	51000	62750	70600
				35	1,6	446,4	4,24	58050	71400	80350
				37	1,7	503,9	4,78	65500	80600	90700
				40	1,8	564,9	5,36	73450	90400	101700
				42	1,9	629,1	5,97	81800	100700	113300
				44	2,0	697,4	6,62	90650	111600	125550

Der minimale Durchmesser für die Seilrollen, Ausgleichsrollen und Seiltrommeln wird für den ermittelten Seildurchmesser d gefunden, indem d mit einem je nach Seiltriebgruppe verschieden großen Faktor D/d multipliziert wird. Auch dieser Faktor ist in Tab. 89 enthalten. Läuft das gleiche Seilstück über mehr als zwei Rollen oder wird es gegensinnig (s-förmig) gebogen, so sind die D/d-Werte um 2 zu erhöhen. Der errechnete Wert soll den Rillengrunddurchmesser ergeben, und zwar ist jeweils der nächst größere Normdurchmesser zu wählen. Die genormten Seilrollendurchmesser sind: 225; 280; 315; 355; 400; 450; 500; 560; 630; 710; 800; 900 und 1000 mm.

Die Seiltrommeldurchmesser sollten, wenn möglich, ebenfalls nach dieser Normreihe ausgewählt werden. Sie erhalten zusätzlich Bordscheiben, die das seitliche Ablaufen des Seiles sicher verhindern sollen. Die Bordscheiben müssen daher so hoch sein, daß bei aufgewickeltem Seil noch mindestens der 1,5fache Seildurchmesser bis zum Außenrand frei bleibt (d. h. 2,5facher Seildurchmesser über dem Rillengrund).

Auch die Hubgeschwindigkeiten wurden in Abhängigkeit von der Tragkraft des Windwerkes genormt (vgl. Tab. 100). Entsprechend den für das Heben und Senken der Lasten üblichen niedrigen Seilgeschwindigkeiten dreht sich die Seiltrommel mit kleiner Umdrehungszahl. Für die Antriebsmaschine strebt man eine möglichst hohe Drehzahl an, um die Baugröße des Motors klein zu halten. Hierdurch ergeben sich für das zwischengeschaltete Getriebe verhältnismäßig große Untersetzungen zwischen An- und Abtrieb. Wird ein Windwerk in einer verhältnismäßig sauberen Atmosphäre eingesetzt (Maschinenhäuser, Montagewerkstätten usw.), so wird häufig die letzte Untersetzungsstufe noch als offenes Vorgelege ausgeführt. Hierbei wird das Vorgelegestirnrad an der Seiltrommel angeflanscht und das zugehörige Ritzel auf die Getriebeausgangswelle aufgekeilt. Ein ruhiger Lauf bleibt auch bei dieser Ausführung noch gewährleistet, da die frei liegenden Räder nur mit verhältnismäßig kleinen Drehzahlen umlaufen. Für Windwerke, die jedoch starker Verschmutzung ausgesetzt sind, wird die gesamte Untersetzung von einem mehrstufigen Getriebe erbracht. Dabei sind hauptsächlich zwei- und dreistufige Untersetzungsgetriebe in Anwendung. Verschiedene Drehzahlen für die Seiltrommeln werden über polumschaltbare Antriebsmotore oder Schaltgetriebe erreicht. Mit Schieberädern und Schaltgestänge erhält man die einfachste Ausführung. Aber auch Getriebe mit elektromagnetisch schaltbaren Kupplungen sind üblich. Zum Halten der Last beim Umschaltvorgang sitzt auf einer aus dem Getriebe geführten Zwischenwelle die Bremse. Werden größere Untersetzungen verlangt, so bieten sich Umlaufgetriebe mit Doppel-Planetenrädern an, bei denen die große Untersetzung durch feste Kupplung zweier Planetenräder gering unterschiedlicher Zahnzahlen erreicht wird. Weit interessanter ist aber der Einsatz von Planetengetrieben mit zwei Antrieben zur Erzielung verschiedener Geschwindigkeiten. Hierbei bilden das äußere und innere Sonnenrad die Antriebe und der Planetenträger den Abtrieb. Die Einleitung der Drehbewegungen auf das äußere Sonnenrad erfolgt innerhalb eines Standgetriebes. Hierfür ist das Sonnenrad auch außen verzahnt. Durch Mitdrehen, Stillsetzen oder Gegendrehen des inneren Sonnenrades lassen sich drei verschiedene Abtriebsdrehzahlen am Steg einstellen. Um in Sonderfällen besonders platzsparend zu bauen, kann das Planetengetriebe auch in die Seiltrommel hineingelegt werden.

Bei normalen Ausführungen hingegen wird die Seiltrommel auf den Ausgangswellenstumpf des Getriebes aufgesetzt. Hierzu wird der Wellenstumpf als Vielkeilwelle gefräst und die Trommelnabe als entsprechendes Gegenstück ausgebildet. Eine saubere Ausrichtung der gegenüberliegenden Trommellagerung ist natürlich erforderlich, da an sich eine statisch unbestimmte Dreipunktlagerung vorliegt. Außerdem werden bei Fluchtungsfehlern, die durch Montageungenauigkeiten, Durchbiegung der Träger oder hohen Verschleiß eines Lagers auftreten können, in der Welle erhebliche Zusatzkräfte wirksam. Um bei Hubwerkstrommeln zu einer statisch bestimmten Lagerung zu kommen und damit ein Auftreten der erhöhten Biegemomente zu verhindern, wurden gelenkige Spezialkupplungen entwickelt (Abb. 373). Dieses Einbaugelenk besteht aus einer Kupplungsscheibe, die an ihrem Außendurchmesser mit halbrunden Ausnehmungen versehen ist, und einem Gehäuse, das an seinem inneren Durchmesser Ausnehmungen in gleicher Form aufweist. Als kraftschlüssiges Übertragungselement dienen gehärtete, tonnenförmige Stahlkörper, die mit Laufsitzpassung in die aus den halbrunden Ausnehmungen gebildeten Bohrungen eingesetzt werden. Das Einbaugelenk ist drehstarr und gelenkig. Durch die Gelenkigkeit können Winkelverlagerungen bis $\pm 1° 30'$ ausgeglichen werden. Je nach Kupplungsgröße werden axiale Verschiebungen von ± 2 bis ± 8 mm aufgenommen.

Die Antriebsmotoren der Winden werden als Drehstrommotoren meist mit Schleifringläufer ausgeführt, um ein Heben mit verschiedenen Geschwindigkeiten durchführen zu können. Beim Senkvorgang kann mit der untersynchronen Senkbremsschaltung auch

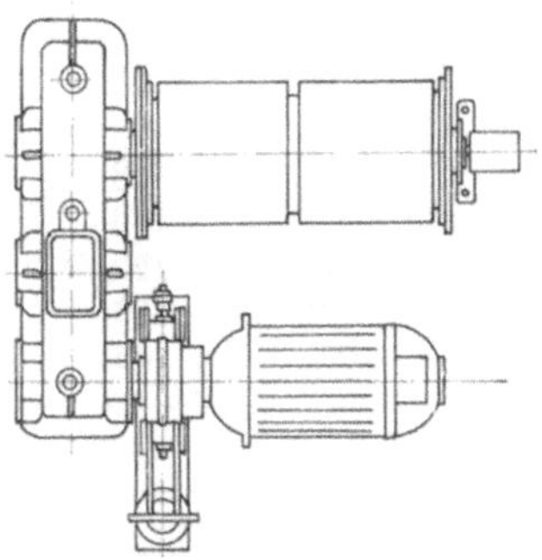

Abb. 372.
Eintrommelwindwerk in Kompaktbauweise.

Abb. 373. Einbaugelenk für statisch unbestimmte Wellenlagerungen. Die Bohrung gehört auf die Getriebewelle, der Flansch wird mit der Seiltrommel verschraubt (Malmedie).

ein elektrisches Bremsen vorgenommen und hierdurch die mechanische Doppelbackenbremse geschont werden. Bei Motorleistungen bis zu etwa 20 kW können aber auch direkt geschaltete Kurzschlußläufermotoren zum Einsatz kommen, die in polumschaltbarer Ausführung ebenfalls eine Geschwindigkeitsabstufung ermöglichen. Ein feinfühliges Arbeiten ist mit diesen Motoren jedoch nicht möglich. Wird auf eine Geschwindigkeitsabstufung keinen Wert gelegt, z. B. bei Einziehwerken für klappbare Ausleger an Verladebrücken, Fallwerkskranen, Eisenbahnwaggonkippern usw., läßt sich auch bei größerer Antriebsleistung mit Erfolg ein Kurzschlußläufermotor einsetzen mit nachgeschalteter hydraulischer Anlaufkupplung. Da ein motorisches Abbremsen bei diesen Ausführungen aber nicht mehr möglich ist, muß eine starke Beanspruchung der Bremsen in Kauf genommen werden. Einen Ausweg bildet jedoch der zusätzliche Einbau einer Wirbelstrombremse, deren Arbeitsweise im Abschnitt über elektrische Einrichtungen näher beschrieben ist. Mit dieser Einrichtung läßt sich durch einfache Veränderung der Felderregung jedes gewünschte Bremsmoment einstellen und damit jede beliebige Hub- oder Senkgeschwindigkeit erreichen.

Für motorisch angetriebene Winden kommen außer den Senksperrbremsen noch Doppelbacken- und Bandbremsen in Frage. Die einfache Bandbremse ist früher bevorzugt worden, weil sich das Band beim Schließen der Bremse allmählicher anlegt, als die Backen einer gewichtsbelasteten Doppelbackenbremse. Das Abbremsen geht deshalb sanfter und weniger schlagartig vor sich. Nachteilig ist dagegen, daß die einfache Bandbremse nur für Abbremsen nach einer Richtung brauchbar ist. Beide Nachteile treffen für die Doppelbackenbremse neuerer Konstruktion nicht mehr zu. Doppelbackenbremsen, die durch eine Feder geschlossen werden, arbeiten ebenfalls stoßfrei. Darüber hinaus können verschiedene Bremslüftgeräte mit Öffnungs- und Einfallverzögerung eingesetzt werden, so daß sich Doppelbackenbremsen wohl den meisten Betriebsbedingungen anpassen lassen. Abb. 374 zeigt eine Normbremse, die eine Kombination mit allen bekannten Bremslüftgeräten und Bremssystemen, z. B. hydraulische Fußbetätigung, Eldro-Gerät mit abc-Feder, Magnet usw., ermöglicht. Die verschiedenen Bremsgrößen mit ihrem zugehörigen einstellbaren Bremsmomentenbereich zeigt Tab. 91.

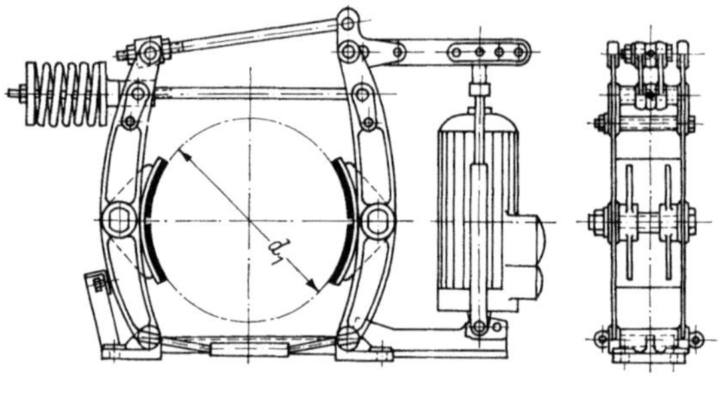

Abb. 374.
Doppelbackenbremse zur Kombination mit allen Bremslüftgeräten. Besitzen die Lüftgeräte selbst Bremsfedern, kann die außen liegende Feder entfallen.

Tabelle 91.
Kenndaten für Doba-Doppelbackenbremsen

Größe d_1 mm	Einstellbares Bremsmoment bei Reibwert 0,32 kpm	Breite der Bremsscheiben mm	Gewicht etwa kp
200	9 – 11,2	75	20
250	13,2– 31,5	95	25
315	21,2– 71	118	35
400	47,5– 90	150	52
500	75 –180	190	83
630	150 –400	236	130
710	190 –450	265	175

f) Zweitrommelwindwerke

Der Umschlag von unverpackten Massengütern, z. B. Kies, Kohle, Getreide, Erz, Schrott usw., erfolgt hauptsächlich über Greifer in entsprechender Bauweise. Daneben finden auch Kippkübel und Klappkübel Verwendung. Das Schließen (Beladen) und Öffnen (Entladen) der Transportgefäße wird durch zwei Seile vorgenommen, die auf zwei getrennt steuerbaren Seiltrommeln auflaufen. Um die verschiedenen Arbeitsbewegungen des Greifers oder Klappkübels durchführen zu können, müssen die Schließ- und Halteseile und damit auch die zugehörigen Trommeln ganz bestimmte teils gleichlaufende, teils gegenläufige Bewegungen ausführen, die der schematischen Übersicht in Abb. 375 zu entnehmen sind.

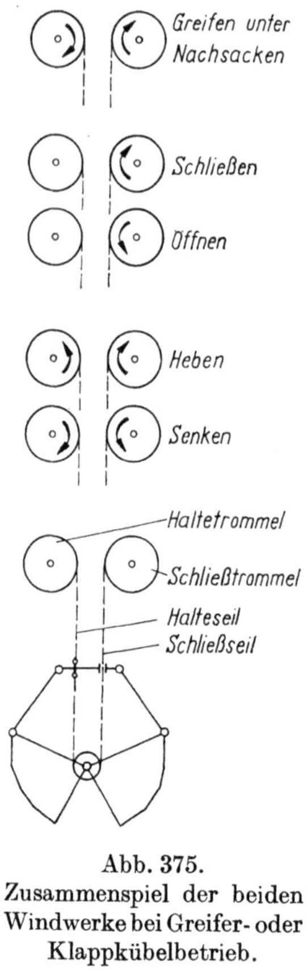

Abb. 375.
Zusammenspiel der beiden Windwerke bei Greifer- oder Klappkübelbetrieb.

Der Greifer hängt an den Halteseilen und Schließseilen (auch Hubseile genannt), wobei die Halteseile unmittelbar am Greifer angeschlossen sind, während die Schließseile einen Flaschenzug zwischen Greiferkopf und Greifertraverse bilden. Durch gemeinsame oder Relativbewegung beider Seile lassen sich die gewünschten Greiferbewegungen beherrschen. Zum Füllen des Greifers wird dieser geöffnet auf das Fördergut aufgesetzt. Er muß ein großes Eigengewicht haben, um sich in das Fördergut eingraben zu können, um sein maximales Füllvermögen zu erreichen. Um sich gut zu füllen, muß der Greifer unter Nachsacken des Greiferkopfes in das Fördergut eindringen können, d. h. das Halteseil muß automatisch oder vom Kranführer manuell betätigt nachgelassen werden können, ohne aber vollkommen freien Lauf zu erhalten. Soll nämlich am Hang gegriffen werden, so würde sich der Greifer bei nicht gehaltenem Greiferkopf überschlagen. Auch beim Greifen aus fast geleertem Waggon oder Schiff pflegt man zur Schonung des Bodens bei gehaltenem Greiferkopf zu schließen. Ein gutes Eingraben des Greifers wird erfahrungsgemäß erzielt, wenn das Eigengewicht des Greifers etwa gleich seinem Füllgewicht ist. Wird das Schließseil angezogen, nähern sich obere und untere Traverse, und die Greiferschalen werden geschlossen. Bei weiterem Anziehen des Schließseiles wird der Greifer gehoben. Um Schlaffseilbildung im Halteseil zu vermeiden, muß dieses dann ebenfalls im Hubsinn bewegt werden.

Bei den verschiedenen Seiltrommelbewegungen ist auch die Gewichtsverteilung auf die Seile sehr unterschiedlich. Das ist nicht nur für die Bemessung der Schließ- und Halteseile sowie der dazugehörigen Triebwerksteile wichtig, sondern auch für die grundsätzliche Ausbildung des Windwerkes wesentlich. Beim Heben und Senken des geschlossenen Greifers ist die Lastverteilung auf Schließ- und Halteseile statisch unbestimmt. Zunächst wird das Gesamtgewicht von den Schließseilen getragen. Beim Einschalten der Halteseiltrommel ist deren Motor zunächst unbelastet und wird mit einer etwas erhöhten Drehzahl laufen, so daß er nach und nach einen Teil der Last vom Schließseil her übernimmt. Es kann dabei ohne weiteres bis zu einer Lastübernahme von 50% kommen. Trotz dieser gleichmäßigen Lastverteilung öffnet sich der Greifer nicht, da in den Schließseilen zusätzlich der Flaschenzug eingeschaltet ist. Anders ist es beim Klappkübelbetrieb, bei dem der Flaschenzug fehlt und daher auf mechanischem oder elektrischem Wege dafür zu sorgen ist, daß die Halteseile möglichst nicht mehr als 1/3 der Gesamtlast übernehmen. Beim Öffnen wird das Schließseil nachgelassen. Das Halteseil hält die obere Traverse fest. Bei diesem Vorgang müssen die Halteseile kurzzeitig die gesamte Last übernehmen. Jedoch beginnt mit dem Öffnen des Greifers sofort der Entladevorgang, so daß die Belastung der Halteseile sehr schnell abnimmt.

Unter Berücksichtigung der geschilderten Belastungsverhältnisse muß das Schließseil mit zugehörigem Antrieb stets für das ganze Gewicht des vollen Greifers bemessen werden. Für die Halteseile mit ihrem Antrieb reicht dagegen eine Berücksichtigung von etwa 70% der Tragkraft beim Greiferbetrieb und 50% beim Klappkübelbetrieb aus. Da bei Greiferwindwerken im Gegensatz zu Stückgutwinden sehr häufig mit der Höchstlast gefahren wird, ist bei der Auslegung der Drahtseile bzw. Rollendurchmesser nach Tab. 89 der k-Wert der nächst höheren Gruppe zu wählen. Bei Seiltriebgruppe 4 ist mit $k = 0{,}41$ bzw. 0,44 zu rechnen. Für Seilrollen in Greifern wird empfohlen, den Wert $D/d = 16$ nicht zu unterschreiten. Im übrigen gelten die angestellten Überlegungen für Eintrommelwindwerke unverändert auch für den Bau von Zweitrommelwindwerken. Auch für den Greiferbetrieb haben sich Seile nach DIN 655 bewährt. Bei Mehrzweckgreifern sind sowohl bei den Schließ- wie auch bei den Hubseilen jeweils ein Seil rechtsgängig und ein Seil linksgängig gewählt, damit der Drall der beiden Seile sich gegenseitig aufhebt und der Greifer sich nicht dreht.

Bereits eingangs wurde festgestellt, daß für den Betrieb von Greifern und Klappkübeln Windwerke mit zwei Trommeln vorhanden sein müssen, deren Bewegung gemeinsam und auch getrennt zu steuern sind. Es ist daher verständlich, daß im Laufe der Entwicklung eine große Zahl verschiedenartiger Greifer-Windwerke gebaut wurden, von denen sich aber heute hauptsächlich drei grundsätzliche Bauarten durchgesetzt haben: das Einmotoren-Windwerk, das Zweimotoren-Windwerk mit und ohne Kupplung, das Zweimotoren-Windwerk mit Umlaufgetriebe.

Die aufgezeigte Reihenfolge der verschiedenen Windenbauarten darf aber keineswegs als Wertmaßstab angesehen werden. Den besonderen Vorzügen einer jeden Bauart stehen stets auch gewisse Nachteile gegenüber, so daß ein Urteil nur nach Abwägung aller Betriebserfordernisse im Einzelfall abgegeben werden kann. In bezug auf die Betriebssicherheit dürfte die Zweimotorenwinde der Einmotorenwinde überlegen sein, da diese noch besondere Verriegelungsvorrichtungen gegen ungewolltes Öffnen des Greifers benötigt. Hierdurch wird auch die Betätigung etwas erschwert und das flüssige Kranspiel gehemmt, so daß insbesondere bei größerer Tragkraft die Leistung und Spielzahl einer Einmotorenwinde gegenüber der Zweimotorenwinde zurückstehen muß. Durch den einfacheren Aufbau ist natürlich die Einmotorenwinde in der Anschaffung billiger. Wird jedoch eine Wirtschaftlichkeitsüberlegung auf längere Zeit angestellt, so sind auf jeden Fall auch die Verschleißkosten mit zu berücksichtigen. In diesem Fall zeigt sich eine Überlegenheit der

Zweimotorenwinde ohne Kupplung und der Zweimotorenwinde mit Umlaufgetriebe gegenüber der Einmotorenwinde und der Zweimotorenwinde mit Kupplung, da Kupplung und Rutsche doch einem erheblichen Verschleiß ausgesetzt sind.

Nach dieser kurzen Betrachtung ist verständlich, daß Einmotorenwinden vornehmlich für kleinere Tragkräfte Verwendung finden und wenn keine volle Ausnutzung der Umschlagkapazität gefordert wird. Durch die stetige Weiterentwicklung und Vervollkommnung der Motorgreifer in den letzten Jahren haben diese in Zusammenarbeit mit einem einfachen Eintrommelwindwerk der Einmotoren-Zweitrommelwinde das Feld streitig gemacht. Dieses nicht allein durch die Gesamtanschaffungskosten, sondern vor allem auch durch die einfachere Bedienung und die schnellere Umrüstung zum Stückgutumschlag durch einfaches Aushängen des Motorgreifers aus dem immer vorhandenen Kranhaken. Für sehr angestrengten Betrieb jedoch bei großen Umschlagleistungen und den meistens damit verbundenen größeren Tragkräften kommen beim heutigen Stand der Entwicklung fast auschließlich Zweimotorenwinden mit Umlaufgetriebe oder Differentialschalter zur Anwendung.

Nachstehend soll eine kurze Beschreibung der einzelnen Windenbauarten folgen, so daß damit jedem einzelnen eine Auswahl der optimalen Ausführung für den Einzelfall erleichtert wird.

Der Aufbau und die Arbeitsweise einer Einmotoren-Zweitrommelwinde wird durch Abb. 376 veranschaulicht. Sie eignet sich besonders zum Behandeln von Kübeln. Von den beiden Windentrommeln zur Betätigung der Kübel braucht nur die eine, die zum Heben des Kübels dient, von dem Rädervorgelege angetrieben zu werden. Die andere Trommel sitzt lose auf der Achse und wird durch eine Reibungskupplung mitgenommen, die nur so stark angespannt ist, daß das Entleerungsseil straff gehalten wird. Während der Entleerung wird die

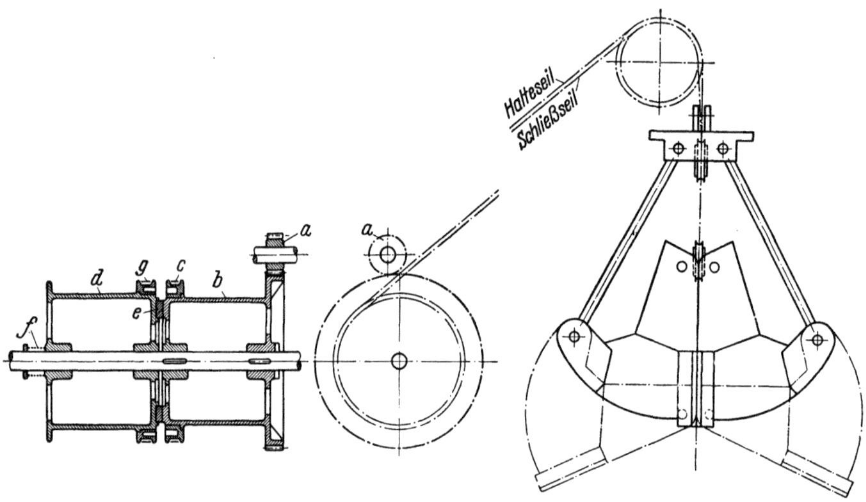

Abb. 376. Schema eines Windwerks für Klappkübel und Zweiseilgreifer.

a Antrieb; *b* Hubtrommel; *c* Bremse der Hubtrommel zum Festhalten der Last und zum Regeln der Senkgeschwindigkeit; *d* Haltetrommel; *e* Reibungskupplung zum Mitnehmen der Trommel *d* und zum Straffhalten des Halteseiles; *f* einstellbare Feder zum Anpressen der Reibungskupplung *e*; *g* Bremse zum Festhalten der Trommel *d* während des Entleerens.

Trommel für das Entleerungsseil durch eine Bremse festgehalten und die Hubtrommel wird gelöst. Die Entleerung des Kübels kann dabei, da sie vom Windwerk aus erfolgt, in jeder beliebigen Höhenlage ausgeführt werden. Bei der Behandlung von Greifern sei darauf hingewiesen, daß die beiden Trommeln allgemein so bemessen sind, daß das Halteseil um einen geringen Bruchteil schneller aufgewickelt wird als das Hubseil. Das ist auch schon aus dem Schema (Abb. 376) ersichtlich, indem die Haltetrommel einen etwas größeren Durchmesser als die Hubtrommel hat. Dadurch soll vermieden werden, daß das Halteseil aus irgendeinem Grunde nicht vollständig angespannt bleibt. Wenn es einmal schlaff werden sollte, so wird es durch den größeren Durchmesser der Haltetrommel nachträglich wieder straff angespannt. Wenn das nicht geschähe, so würde der Greifer sich bei der Entleerung erst um ein entsprechendes Stück senken und sich dann erst öffnen. Das vorübergehende Schlaffwerden des Halteseiles, das also in dieser Weise beseitigt werden soll, entsteht leicht dadurch, daß die Haltetrommel nach beendigter Schließbewegung des Greifers nicht schnell genug beschleunigt wird, weil die

Reibungskupplung so leicht wie irgend möglich eingestellt worden ist, damit der Greifer während des Schließens nicht durch das Halteseil aus dem Fördergut herausgehoben wird.

Diese einfache Winde besaß aber bereits zwei bemerkenswerte Betriebseigenschaften: beim Greifen sackt der die Rutschkupplung überwindende Greiferkopf nach, und nach dem Schließen geht der Greifer ohne eine zusätzliche Steuerbewegung zum Heben über, da die Kupplung jetzt die Halteseile mitnimmt. Demgegenüber muß aber ein schwerwiegender Mangel dieser Bauart angeführt werden. Da die Rutschkupplung den Greifer nicht zu halten vermag, ist es nicht möglich, den offenen, also an den Halteseilen hängenden Greifer zu heben oder zu senken. Vielmehr muß er zuvor geschlossen werden. Wird dies versäumt und bei offen hängendem Greifer die Haltebremse gelöst, so fällt er frei herab und schlägt in die Schließseile. Diese können dabei überbeansprucht werden und reißen.

Dieser erhebliche Mangel kann durch den Einbau einer sog. Offensenk-Vorrichtung, d. h. einfach einer parallel zur Rutschkupplung angeordneten Schaltkupplung behoben werden. Diese Kupplung muß so stark bemessen sein, daß sie den offen hängenden Greifer in der Schwebe halten und auch heben oder senken kann. In der Steuerung muß dafür gesorgt werden, daß diese zusätzliche Haltekupplung und die Haltebremse in ihrer Arbeitsweise einander zügig ablösen, so daß in keinem Moment beide geöffnet sind und dann der Greifer frei

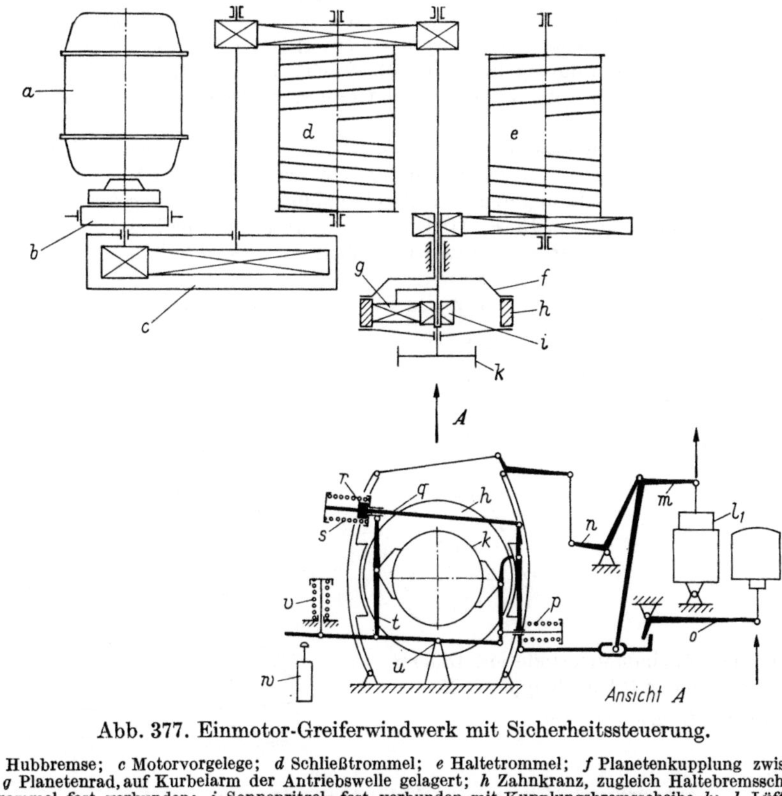

Abb. 377. Einmotor-Greiferwindwerk mit Sicherheitssteuerung.

a Hubmotor; *b* Hubbremse; *c* Motorvorgelege; *d* Schließtrommel; *e* Haltetrommel; *f* Planetenkupplung zwischen Schließ- und Haltetrommel; *g* Planetenrad, auf Kurbelarm der Antriebswelle gelagert; *h* Zahnkranz, zugleich Haltebremsscheibe mit Antriebsritzel der Halterommel fest verbunden; *i* Sonnenritzel, fest verbunden mit Kupplungsbremsscheibe *k*; l_1 Lüfter zur freifallosen Umschaltung von Kupplungsbremse auf Haltebremse, wird auf Stellungen „Öffnen" und „Schließen" eingeschaltet; l_2 Lüfter zum Entlasten der Kupplungsbremse, kann nur nach Anspringen eines Selbstschaltschützes auf Stellung „Greifen" eingeschaltet werden. Das Schütz fällt auf den Stellungen „Öffnen" und „Heben" ab, es springt auf den übrigen Stellungen nur bei nicht eingedrücktem Verriegelungskontakt *w* an; *m* Winkelhebel zum Lüfter l_1, am Winkelhebel *n* drehbar gelagert; *n* Winkelhebel zur Haltebremse; *o* Winkelhebel zum Lüfter l_2; *p* Hauptfeder; *q* Zugstange zur Kupplungsbremse, in dem einen Bremsbackenhebel verschieblich gelagert; *r* Bund an Zugstange *q*, bei belasteter Kupplungsbremse anliegend; *s* schwache Feder, erzeugt Rutschmoment bei entlasteter, schleifender Kupplungsbremse; *t* momentenmessendes Bremsgestänge der Kupplungsbremse, in Punkt *u* drehbar gelagert und von Maßfeder *v* in Ruhelage gehalten; *w* Verriegelungskontakt in Anspringleitung des Selbstschalteschützes zum Lüfter l_2.

fallen kann. Aus diesem Grunde läßt man die Wirkungsbereiche von Kupplung und Bremse ein kurzes Stück überdecken, wodurch die Winde allerdings kurzzeitig während des Umschaltens blockiert wird. Um die damit verbundene Überlastung des Motors und erhöhten Verschleiß der reibenden Teile zu vermeiden, wird zweckmäßig nur im Stillstand umgeschaltet.

Bei einer rein mechanischen Verriegelung erfolgt die Bedienung des Greifers mittels zweier Hebel. Wird anstelle der mechanischen Verriegelung ein elektrisches Bremslüftgerät verwendet, das so auf ein Differentialgestänge arbeitet, daß Bremse und Kupplung freifallos umschalten, dann kann der Greifer mit einem einzigen Hebel, der in zwei Ebenen arbeitet, gesteuert werden. Bei dieser besseren Umschaltvorrichtung wird eine exakte Einstellung des Bremslüftgerätes vorgenommen, bei der das Bremsmoment in dem Verhältnis verkleinert wird, in dem das Kupplungsmoment zunimmt.

Eine weitere Verbesserung der Einmotorenwinde wurde durch die Weiterentwicklung einer Planetenkupplung erreicht. Dadurch konnte man ihr neben der Aufgabe als Haltekupplung noch diejenige der Rutschkupplung und des Seilspannungsmessers übertragen, so daß nur noch die Bremsen zu warten sind.

Zur Beschreibung der Wirkungsweise soll Abb. 377 als Erläuterung dienen. Zum Heben und Senken des Greifers muß die Kupplungsbremse *k* fest und die Haltebremse los sein. Diese Stellung ist auch in der Abbildung gezeichnet. Die Schließtrommel *d* ist mit der Haltetrommel *e* durch das Zahnrad *h* und das Planetenrad *g* über die Antriebswelle verbunden. Soll der Greifer geöffnet oder geschlossen werden, drückt Lüfter l_1 in Pfeilrichtung, so daß sich Winkelhebel *m* über das Langloch zunächst an Feder *p* abstützt und über Winkelhebel *n* die Haltebremse anlegt. Im weiteren Verlauf stützt sich Hebel *m* an Hebel *n* ab, belastet unter Zusammendrückung der Feder *p* die Haltebremse und entlastet durch Lüften von Anschlag *r* die Kupplungsbremse, auf die nur noch Feder *s* wirkt. Zieht Lüfter l_2 in Pfeilrichtung an, so wird bei gelüfteter Haltebremse auch die Kupplungsbremse entlastet. Hierdurch wird ein Greifen unter Nachsacken erreicht, wobei die schleifende Kupplungsbremse Schlappseilbildung verhindert und nach Schließen des Greifers das Halteseil mitnimmt.

Die geschilderten Mängel der verschiedenen Bauarten von Einmotoren-Greiferwinden, die Betriebssicherheit und Umschlagleistung des Greiferbetriebes unter Umständen empfindlich herabsetzen, weisen die Zweimotorenwinden nicht auf. Die einfachste Ausführung ist die kupplungslose Zweimotorenwinde, die praktisch aus zwei selbständigen, symmetrisch zueinander angeordneten Eintrommelwindwerken besteht. Die Motoren der beiden Windwerke sind dabei gleich stark ausgeführt. Die Relativbewegungen der beiden Seiltrommeln werden auf rein elektrischem Wege durchgeführt und überwacht. Durch getrenntes Steuern der Hubwerke lassen sich alle Greiferbewegungen sowohl bei gehaltenem Greiferkopf, als auch beim Heben und Senken ausführen.

Im Vergleich mit der Einmotoren-Zweitrommelwinde ist vor allem das Fehlen jeglicher Gefahrenstellen hervorzuheben, denn die Last wird wie bei jedem Hubwerk stets entweder vom Motor oder von der Bremse gehalten. Außerdem fehlen die Schaltkupplungen, Rutschkupplungen und Verriegelungen, die begreiflicherweise im Betrieb nicht geschätzt werden. Diese Windenbauart gestattet gleichzeitig den Einsatz dieser Winde als Universalmaschine sowohl für Greifer- als auch für Hakenbetrieb.

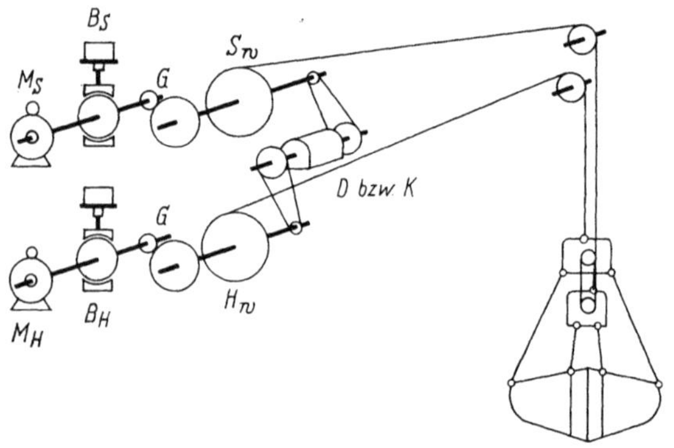

Abb. 378. Schema einer Zweimotorenwinde mit Differential-Getriebe-Endschalter *D* bzw. Kupplung *K*.

Zeichenerklärung wie Abb. 379.

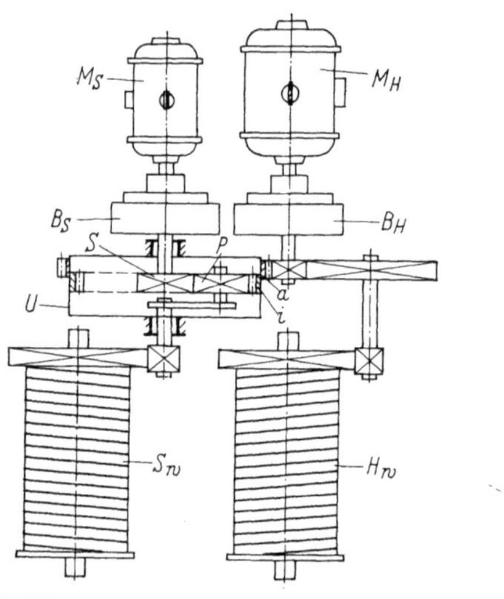

Abb. 379. Zweimotoren-Greiferwinde mit Planetengetriebe.

M_H Haltemotor; M_S Schließmotor; B_H Haltebremse; B_S Schließbremse; *a* äußerer Zahnkranz; *i* innerer Zahnkranz; *U* Umlaufgetriebe; *S* Sonnenrad; *P* Planetenrad; S_W Schließwinde; H_W Haltewinde; *G* Getriebe.

Da Stückgüter im allgemeinen geringeres Gewicht als Greiferladungen haben, wird beim Hakenbetrieb nur mit einer Trommel gearbeitet. Bei Greiferbetrieb wird zum Öffnen und Schließen ohne Hub- oder Senkbewegung nur der Motor der Schließtrommel im entsprechenden Drehsinn eingeschaltet, während die Haltewinde abgebremst ist. Beim Heben und Senken des Greifers laufen beide Motoren synchron jeweils im selben Drehsinn. Hat der Greifer auf das Fördergut aufgesetzt, wird der Haltemotor abgeschaltet. Der Schließmotor zieht dann bei Einschaltung im Hubsinn den Schließflaschenzug des Greifers zusammen. Damit er tiefer in das Fördergut eindringen kann, wird die Haltebremse gelüftet, so daß die Haltetraverse nachsinken kann. Sobald der Greifer geschlossen ist, geht der Schließvorgang in den Hubvorgang über. Der Haltemotor muß im richtigen Augenblick zugeschaltet werden, um Schlaffseilbildung zu vermeiden. Beim Heben des geöffneten Greifers bleibt der belastete Haltemotor gegenüber dem unbelasteten Schließmotor in der Drehzahl etwas zurück. Dies würde bei entsprechender Hubhöhe zum Schließen des Greifers führen. Es wird ein Nachsteuern durch den Kranführer erforderlich. Bei geringen Hubhöhen ist dieses Schließen nicht von Bedeutung. Eine einfache Gleichlaufschaltung der beiden Motoren kann gesichert werden durch elektrische Parallelschaltung der beiden Läufer über ein Schütz (vgl. Abb. 375).

Bei Anwendung eines Differential-Getriebe-Endschalters, dessen Antrieb durch die beiden Trommelwellen erfolgt, werden die Motoren so überwacht und nachgesteuert, daß der Greifer entweder ganz geschlossen oder ganz geöffnet ist. Ein manuelles Nachsteuern durch den Kranführer entfällt. Die elektrische Steuerung wird entsprechend den örtlichen Erfordernissen gewählt und oft für beide Antriebsmotoren gleich ausgelegt. Es genügt aber, die Haltemotorsteuerung entsprechend den Betriebsverhältnissen auszuführen (z. B. e h), während die Schließmotorsteuerung eine normale Fahrschaltung (a k) ist. Der schematiche Aufbau einer derartigen Zweimotorenwinde mit Gleichlaufsteuerung über einen Differential-Getriebe-Endschalter wird in Abb. 378 gezeigt.

In Abb. 378 kann anstelle des gezeigten Differential-Getriebe-Endschalters auch eine Kupplung zur mechanischen Verbindung der beiden Seiltrommeln treten. Eine derartige Zweimotorenwinde mit Kupplung wird vornehmlich dort eingesetzt, wo absoluter Gleichlauf der beiden Trommeln erfolgen muß (Klappkübelbetrieb). Ebenso findet sie Anwendung bei Greifern, die übersynchron absenken können, wobei die beiden Seile mit absolut derselben Geschwindigkeit ablaufen müssen, um ein ungewolltes Schließen des Greifers zu vermeiden. Es werden dabei zusätzliche Anforderungen an die elektrische Steuerung gestellt. Der Aufwand macht sich aber durch eine erhebliche Erhöhung der Umschlagleistung bezahlt.

Als dritte große Gruppe bleibt die Zweimotoren-Greiferwinde mit Planetengetriebe zu erwähnen. Auch dieser Windentyp besitzt zwei Motoren, wobei der Haltemotor zum Heben und der Schließmotor zum Schließen des Greifers verwendet wird. Der Schließmotor wird dabei mit einer Leistung von 60% der Leistung des Haltemotors ausgelegt. Abb. 379 zeigt die vereinfachte Darstellung dieser Greiferwinde. Der Haltemotor treibt die Haltetrommel und über das Umlaufgetriebe die Schließtrommel an. Das Getriebe ist so ausgelegt, daß sich bei laufendem Haltemotor und stehendem Schließmotor die beiden Seiltrommeln synchron drehen. So kann der Greifer gehoben oder gesenkt werden, ohne daß durch eine Relativbewegung der Trommeln der Greifer ungewollt aufgeht oder geschlossen wird.

Das Öffnen und Schließen des Greifers wird durch Einschalten des Schließmotors erreicht. Dabei besteht die Möglichkeit, den Greifer sowohl im Stillstand als auch während des Hebens oder Senkens zu öffnen bzw. zu schließen. Durch diese Überlagerungsmöglichkeit kann also der Greifer bei voller Senkgeschwindigkeit geöffnet und geschlossen werden. Wird nach beendigtem Schließvorgang der Schließmotor nicht abgeschaltet, so wird der Greifer von den Schließseilen gehoben, während die Halteseile schlaff werden. Beim Zuschalten des Haltemotors würden die Halteseile nur aufgetrommelt werden, ohne eine Last zu übernehmen. Um dieses zu vermeiden, wird die Schließtrommelbremse so eingestellt, daß sie bei etwa 50% der Nennlast durchzurutschen beginnt. Wird nun der Haltemotor zu- und der Schließmotor abgeschaltet, so rutscht die Bremse der Schließtrommel so lange durch, bis die Halteseile straff sind und ihren Belastungsanteil übernommen haben.

Nach den örtlichen Erfordernissen wird für den Haltemotor eine Schaltung ak, eh usw. gewählt. Für den Schließmotor genügt eine normale Fahrschaltung. Gelegentlich wird zusätzlich die Schaltung der Haltemotorbremse so ausgelegt, daß sie vom Kranführer manuell gelüftet werden kann, ohne den Motor einzuschalten. Hierdurch kann der Greifer beim Greifen zusätzlich abgesenkt werden und sich besser in das Fördergut eingraben. Im Vergleich zum Zweimotorenwindwerk ohne Kupplung ist die Greiferwinde mit Planetengetriebe in ihrer Wirkungsweise einfacher und klarer, in ihrem mechanischen Aufbau jedoch komplizierter. Auch die Bearbeitung in der Werkstatt erfordert mehr Aufwand.

g) Schrägaufzüge

Die Schrägaufzüge sind hinsichtlich der Arbeit des Hubwerkes den bereits beschriebenen Trommelwindwerken fast vollständig gleich insofern, als auch bei den Schrägaufzügen nur ein einfaches Anziehen und Nachlassen des Hubseiles auszuführen ist, und die Seitwärtsbewegung der Last durch die schräg angeordnete Fahrbühne ohne weiteres herbeigeführt wird. Die Schrägaufzüge werden je nach dem vorliegenden Zweck (Aschenaufzüge, Koksaufzüge, Kupolofenaufzüge, Gichtaufzüge, Lastenaufzüge usw.) ganz verschieden ausgeführt. Dieses gilt nicht nur hinsichtlich der allgemeinen Anordnung, sondern auch in bezug auf die Einzelausführung, die sich den vorliegenden Zwecken stark anpassen muß. Mitunter sind die Schrägaufzüge auch als Umlaufaufzüge ausgeführt mit einer geschlossenen Seilschlaufe und einer Seilscheibe an jedem Ende der Bahn mit kontinuierlicher Lastenbewegung. Bei kürzeren Entfernungen kann anstelle des Seiles eine Kette treten (vgl. Abb. 71).

Schrägaufzüge in einfachster Ausführung nach Abb. 380 werden zur Lastenbeförderung zwischen einzelnen Stockwerken benutzt. Dabei wird die lastentragende Plattform mit vier Laufrollen auf einer Führungsbahn aus Stahlprofilen geführt. Als Huborgan kann ein Elektrozug dienen. Derartige Aufzüge werden bis zu Tragkräften von 5000 kp ausgeführt. Bis zu einer Last von 2500 kp kann die Aufzugplattform am einfachen Seilstrang befestigt werden. Bei größeren Lasten wird eine zweisträngige Einscherung erforderlich, wobei in der Plattform eine Umlenkrolle angeordnet und das freie Seilende am oberen Ende der Führungsbahn befestigt wird. Die Aufzuggeschwindigkeiten sind entsprechend der lieferbaren E-Zug-Typen wählbar (vgl. Tab. 86). Schrägaufzüge entsprechend Abb. 380 wurden auch für Personenbeförderung eingesetzt. So eignen sie sich z. B. zur Verbindung von Häusern, die am Hang gelegen sind, mit der tiefer liegenden Zufahrtsstraße. Dabei besteht der Aufzug aus einer Stahlkabine mit Verglasung und Selbstfahrersteuerung in der Kabine und außen von den Haltestellen zum Holen und Senden des Aufzuges.

Ein weiteres interessantes Einsatzgebiet für Schrägaufzüge ist der Lastentransport z. B. zu Kraftwerken, die an Berghängen gelegen sind und keinen direkten Bahnanschluß haben.

Als Beispiel sei das Kraftwerk Weiher der Saarbergwerke AG. angeführt, das etwa 30 m tiefer liegt als das Bahnanschlußgleis. Lasten bis zu einem Gewicht von 250 Mp werden durch einen Schrägaufzug abgesenkt. Außerdem werden beladene Waggons sowie Lastkraftwagen hin- und hertransportiert. Zu überwinden ist eine

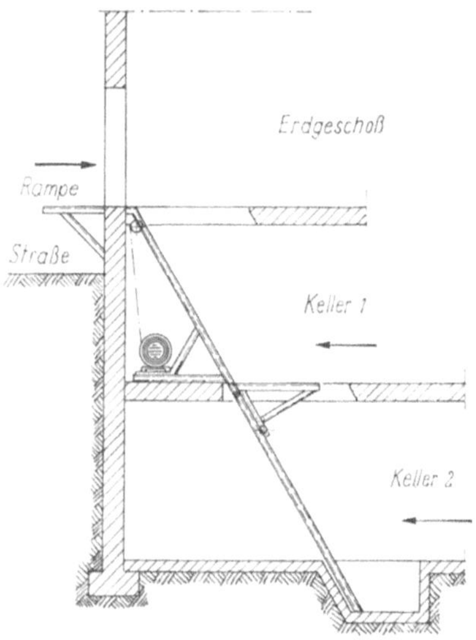

Abb. 380. Lastenschrägaufzug zur Verbindung einzelner Geschosse, die Sicherung der Bodenluke ist nicht dargestellt.

Abb. 381. Lastenschrägaufzug von 250 Mp Tragkraft für 200 m Bahnlänge und 33,6 m Höhenunterschied; im Detail ist Absetzvorrichtung an einer Beladestelle gezeigt (PHB).

Strecke von 200 m Länge, bei einem senkrechten Höhenunterschied von 33,6 m und einem Gefälle von 17%. Die Transportbühne ist 14,5·4,9 m groß, hat ein Eigengewicht von 46 Mp und verfährt auf 2 Fahrschienen mit 11,9 m Spurbreite (Abb. 381). Die Antriebswinde steht dicht oberhalb des Anschlußgleises. Die Transportbühne ist eine vollständig geschweißte Vollwandkonstruktion mit zwei Haupt-Längsträgern mit aufgeschweißten Fahrschienen. Auf jeder Seite stützt sich die Bühne auf zwei schwenkbar in den Kopfträgern gelagerte Wippen mit je zwei Laufrädern 800 mm Durchmesser auf den Fahrschienen (Kranschienen Type A 120) ab. Die Führung der Bühne auf der Schrägstrecke erfolgt über die Doppelspurkränze der Laufräder.

Der Antrieb der Bühne erfolgt über zwei Eintrommelwindwerke mit je 4facher Seileinscherung (4/2). Bei einem Zugseildurchmesser von 26 mm besitzen die Trommeln einen Durchmesser von 2 m und werden durch einen 79-PS-Drehstrommotor mit Schleifringläufer angetrieben. Die Motordrehzahl wird durch ein 3stufiges Schaltgetriebe und ein offenes Stirnradvorgelege reduziert. Drei Fahrgeschwindigkeiten können erreicht werden, und zwar verfährt die Bühne bei Lasten bis 30 Mp mit 16 m/min, bei Lasten bis 100 Mp mit 8 m/min und bei Lasten bis 250 Mp mit 4 m/min. Zur Sicherheit der Anlage dient eine elektrisch geregelte Steuerbremse und bei beiden Trommeln eine Sicherheits-Backenbremse. Beim Einfallen dieser Bremse wird ein Hauptstromschalter betätigt, der die Anlage stromlos macht.

Der Schrägaufzug hat außer an der Berg- und Talstation noch auf der Strecke am Maschinenhausgleis eine Haltestelle. An diesen Haltestellen müssen die Schienenoberkanten der Zufahrtsgleise mit den Schienen der Transportbühne auf genau gleicher Höhe liegen. Mit den Seilen kann die Transportbühne zwar in die richtige Lage gefahren werden, jedoch würden die einseitigen Belastungen beim Auf- und Abschieben der Lasten Veränderungen hervorrufen. Es sind daher zusätzliche Aufsetzvorrichtungen vorgesehen, gegen die sich der Schrägaufzug bei entlasteten Seilen während des Beladevorganges an zwei in etwa 10 m Entfernung liegenden Punkten abstützt. Die Aufsetzvorrichtungen der Talstation sind zwei feste Widerlager. An den anderen Stationen sind die Vorrichtungen als Schwingen ausgebildet, die sich über ein Handrad aus- und einschwenken lassen. Vor der Talfahrt wird die Bühne erst ein wenig bergwärts gefahren und dann die Schwingen umgelegt (Abb. 381 Detail).

Schrägaufzüge sind aber nicht nur für den Transport von Stückgütern, sondern auch für die Massengutförderung geeignet. Als Beispiel sei auf eine Doppel-Schrägskipförderung hingewiesen. Die Transportwagen mit einer Spurweite von 2200 mm haben ein Fassungsvermögen von 9 m³ (14 Mp) und dienen zum Gesteinstransport in tonnlägigen Schächten. Für beide Schrägaufzüge konnte die gleiche Windwerksausführung mit 350 PS verwendet werden und erzielen damit eine Förderleistung von 140 Mp/h. Dieses wurde auf Grund der vorliegenden unterschiedlichen Bahnlängen und Neigungen möglich. Der eine Fahrweg besitzt eine Länge von 570 m bei einem Einfallen von 7° und wird mit einer Geschwindigkeit von 320 m/min befahren, während für die andere Strecke bei einer Länge von 226 m bei 25° Einfallen eine Geschwindigkeit von 100 m/min berücksichtigt wurde. Um die Anlage zu vereinfachen und die Stollenquerschnitte möglichst klein halten zu können, wurde auf Gegengewichtswagen verzichtet und der höhere Energieverbrauch in Kauf genommen.

Abb. 382. Schrägskip für ein Fassungsvermögen von 9 m³ (14 Mp) in Entladestellung (PHB).

Spurweite: 2200 mm, Fahrgeschwindigkeit: 320 m/min.

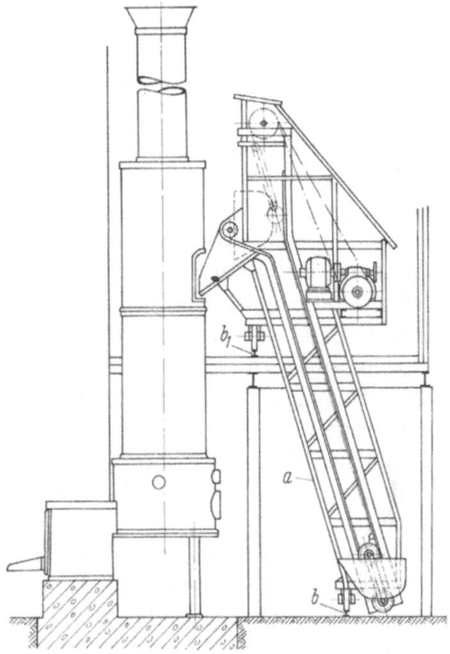

Abb. 383.
Fahrbarer Kupolofen-Schrägaufzug.

Die Transportwagen nach Abb. 382 bestehen aus dem Fahrgestell und dem auf ihm außermittig in Drehzapfen gelagerten Kübel. Dieser wird durch eine Hakenverriegelung festgehalten. An den Entladepunkten wird die Verriegelung durch äußere Anschläge aufgehoben, nachdem die Fahrgeschwindigkeit auf etwa $^1/_{10}$ verringert worden ist. Der Kübel senkt sich mit Hilfe von zwei Laufrädern auf eine Entladerampe ab, durch die er in seine Kippstellung geführt wird. Er entleert sich, wird beim Weiterfahren durch eine Schließrampe wieder angehoben und verriegelt, so daß er sofort wieder zur Abwärtsfahrt bereit ist (vgl. Plattenführung in Abb. 50).

Während die geschilderte Skipanlage ihr Gefäß um eine senkrecht zur Förderrichtung liegende Achse zwecks Entleerung kippt, sind auch Anlagen bekannt, bei denen die Kippachse parallel zur Förderrichtung liegt. Das Skipgefäß kann dann an der Entladestelle durch eine einseitig vorhandene Rolle in Kippstellung angehoben werden. Die Arbeitsweise gleicht dann der der Granby-Förderwagen entsprechend Abb. 288.

In leichterer Ausführung werden Kippkübel-Schrägaufzüge auch zur Beschickung von Kupolöfen eingesetzt. Zwei nebeneinander stehende Öfen können durchaus über einen gemeinsamen Schrägaufzug unter Zwischenschaltung einer Hosenschurre mit Schwenkklappe beschickt werden. Sind jedoch mehrere nebeneinander stehende Kupolöfen zu bedienen, so ist meistens durch einen fahrbaren Schrägaufzug entsprechend Abb. 383 die wirtschaftlichste Lösung gegeben. Der Kopf des Schrägaufzuges kann auch geknickt ausgeführt werden, so daß sich eine Zentralbegichtung vornehmen läßt.

Ein weiteres Hauptanwendungsgebiet für Schrägaufzüge liegt in den Begichtungsanlagen für Hochöfen, wie sie auf Grund der Konstruktionen des Verfassers in verschiedenen Ausführungsformen für zahlreiche Hüttenwerke ausgeführt worden sind. Eine nähere Beschreibung ist im Teil III dieses Buches zu finden.

Abschließend sei noch auf den Einsatz von Schrägaufzügen in Bekohlungsanlagen hingewiesen. Hier werden sehr häufig mit Kohle beladene Eisenbahnwagen auf der kippbaren Plattform eines Schrägaufzuges verriegelt und so bis über die Kohlenbunker hochgezogen. Die Plattform kippt durch zweckentsprechende Kurvenführung der Schienen und der Eisenbahnwagen entlädt.

h) Senkrechtaufzüge

Die bisher beschriebenen Winden werden in der Regel nur für das Heben von Lasten angewendet, die entweder frei oder auf schräger Bahn oder mittels kranartiger Hebevorrichtungen mit Ausleger bewegt werden. Handelt es sich um den Betrieb von eigentlichen Aufzügen, so müssen die Vorschriften der Unfallverhütung beachtet werden, die weitgehende Sicherheitsvorrichtungen, besonders bei Personenaufzügen, verlangen. In der Verordnung sind unter anderem Endschalter vorgeschrieben, die den Fahrkorb in den Endstellungen mit Sicherheit zum Stillstand bringen. Beim Lastenaufzug genügt zum Tragen des Fahrkorbes ein Seil. Ein weiteres Seil ist meistens für das Gegengewicht vorgesehen, welches das Gewicht des Fahrkorbes ausgleicht. Wenn bei dem Aufzug Führerbegleitung oder Personenförderung in Frage kommt, so wird verlangt, daß der Fahrkorb zwei Bremseinrichtungen besitzt und mindestens an zwei Zugorganen aufgehängt ist, die so mit einer Fangvorrichtung zu verbinden sind, daß diese schon bei größerer Dehnung eines der Zugorgane in Tätigkeit tritt. Auch muß die Winde mit einer Schutzvorrichtung gegen Hängeseil versehen sein, die meistens auch bei einfachen Lastenaufzügen angewendet wird. Diese sog. Schlaffseilvorrichtung besteht im allgemeinen aus zwei Rollen, die durch einen mit Gewicht belasteten Hebel gegen das Seil gedrückt werden und die den Aufzug bei Schlaffwerden der Seile durch Herunterfallen des Gewichtshebels stillsetzen.

Die Winden für Aufzüge werden heute zum größten Teil durch einen unmittelbar über eine Kupplung mit dem Getriebe verbundenen Elektromotor angetrieben (Abb. 384). Die Bremsen der Aufzugswinden werden in der Regel elektrisch in der Weise betätigt, daß ein Elektromagnet das Bremsgewicht lüftet, solange die Maschine arbeitet, das Gewicht aber wirken läßt und die Winde sperrt, sobald der Strom unterbrochen wird. Ein großer Teil der neueren Aufzugsanlagen weist statt der Seiltrommel eine Treibscheibe auf, wie aus Abb. 384 erkennbar ist, die entweder mit Keilrillen oder mit unterschnittenen Kreisrillen versehen ist, deren Form in Abb. 385b dargestellt ist. Die Kraft wird lediglich durch Reibung von der Scheibe auf die Seile übertragen. Der Betrieb mit einer mehrrilligen Treibscheibe bietet als wesentlichen Vorteil neben der Vereinfachung der Aufzugswinde an und für sich die Möglichkeit, ohne Vergrößerung der Baulänge der Winde eine größere Anzahl unabhängig voneinander laufender Seile nebeneinander zu verwenden. Durch die Anordnung von 6—8 Seilen wird eine große Sicherheit gegen Unfälle durch Seilbruch geschaffen. Bei Benutzung mehrerer Seile kleineren Durchmessers kann auch die Treibscheibe klein gehalten werden. Infolgedessen sinkt bei festgelegter Geschwindigkeit des Aufzuges die erforderliche Übersetzung zwischen Antriebsmotor und Treibscheibe, wodurch sich kleinere Abmessungen des Getriebes ergeben.

Im Gegensatz zur Seiltrommelwinde laufen die Tragseile, wie schon erwähnt, lose über die Treibscheibe und tragen auf einer Seite den Fahrkorb und auf der anderen das Gegengewicht. Ein Geschwindigkeitsbegrenzer in Verbindung mit Reglerseil, Reglerrolle und Sperrklinke betätigt bei zu hoher Fahrgeschwindigkeit (z. B. Tragseilriß) die Fangvorrichtung bei gleichzeitiger Abschaltung des Antriebsmotors. Fangvorrichtungen müssen an allen Aufzügen vorhanden sein, die zur Personenbeförderung benutzt werden

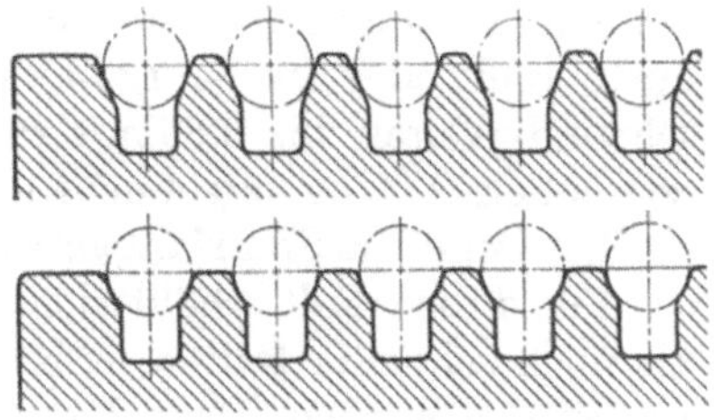

a

b

Abb. 385. Rillenform bei Treibscheiben von Aufzugwinden.

a Keilrillen; *b* unterschnittene Keilrillen.

Abb. 387. Geschwindigkeitsbegrenzer für Fahrgeschwindigkeiten > 4 m/s, nach dem Fliehkraftsystem arbeitend (Haushahn).

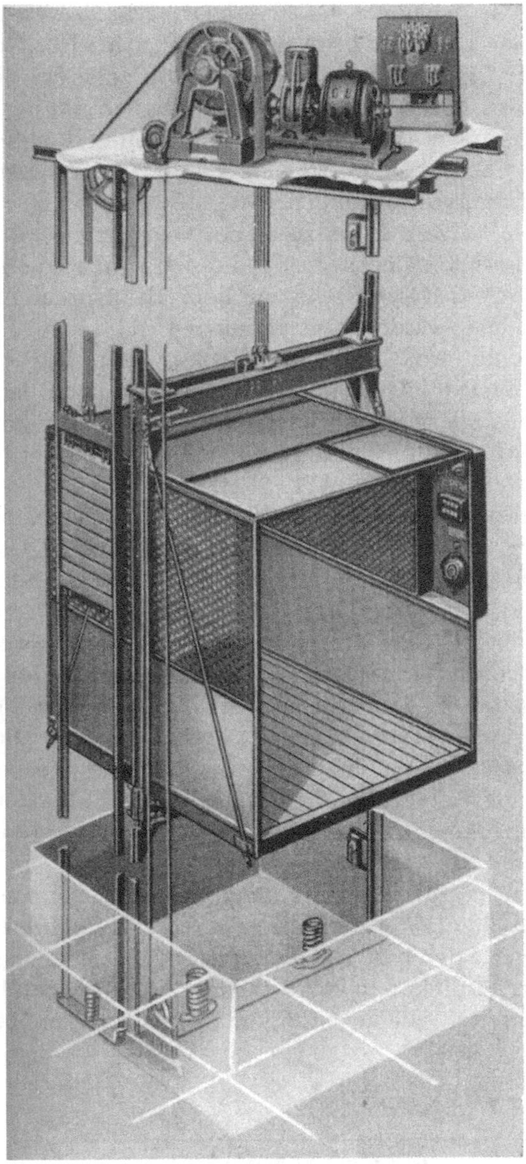

Abb. 384.
Anordnung eines Treibscheibenaufzuges (Otis).

a b

Abb. 386. Fangvorrichtungen für Personenaufzüge (Haushahn).

a Sperrfangvorrichtung für $v \leqq 1{,}25$ m/s; *b* Bremsfangvorrichtung für $v > 1{,}25$ m/s.

können. Sie sollen den Fahrkorb an den Führungsschienen festklammern, falls das Tragmittel reißt oder die Fahrgeschwindigkeit einen unzulässig hohen Wert erreicht. Für Geschwindigkeiten bis 0,85 m/s sind Sperrfangvorrichtungen nach Abb. 386a zulässig. Sie setzen den Aufzug mit einem harten Stoß fest. Eine Ausnahme wird lediglich dann gemacht, wenn die Sperrfangvorrichtung durch Stoßdämpfer mit dem Fahrkorb verbunden ist. Für diesen Fall erhöht sich die zulässige Fahrgeschwindigkeit auf 1,25 m/s. Aufzüge, die noch schneller fahren, müssen mit Bremsfangvorrichtungen entsprechend Abb. 386b ausgerüstet werden. Diese Fangvorrichtungen besitzen Bremsbacken, die gegen die Führungsschienen gepreßt werden und den Fahrkorb verzögern. Der Fahrkorb wird also erst nach einem längeren Weg zum Stillstand kommen. Harte Stöße und hohe Beanspruchungen, wie sie Sperrfangvorrichtungen verursachen, werden also vermieden.

Die Fangvorrichtungen werden ausgelöst durch Geschwindigkeitsbegrenzer. Die für kleinere Geschwindigkeiten arbeiten nach dem Pendelsystem, die für größere nach dem Fliehkraftsystem (Abb. 387). Die Geräte werden über eine in sich geschlossene Seilschlaufe angetrieben, die am Fahrkorb befestigt ist und oben über den Geschwindigkeitsbegrenzer und in der Schachtgrube über eine Seilspannrolle läuft (vgl. Abb. 384).

Das Gegengewicht kann hinter dem Fahrkorb, aber auch seitlich, d. h. in der Nähe der Fahrkorbführung, wie in Abb. 384 gezeigt, installiert werden. Diese Anordnung ist am vorteilhaftesten, gleichgültig, ob sämtliche Schachttüren an einer Seite übereinander liegen, oder von vornherein Schachttüren an gegenüberliegenden Seiten vorkommen. Auf jeden Fall kann auch zu späterer Zeit bei Bedarf die Rückwand des Fahrkorbes herausgenommen werden, um dann ohne großen Kostenaufwand auch eine Durchladung bzw. ein Besteigen der Körbe von beiden Seiten zu ermöglichen. An frei zu haltenden Räumen ist neben dem Fahrkorb für die Führungen etwa 200 mm zu berücksichtigen und für die Schachtgrube bis zu einer Tragkraft von 1000 kp eine Tiefe von 1200 mm und bei größerer Tragkraft 1400 mm. Die freizuhaltende Schachtkopfhöhe (Oberkante Fußboden der obersten Etage bis zur Unterkante der Maschinenraumdecke) sollte mindestens 3300 mm betragen.

Für Einplanungen von Aufzuganlagen seien in Tab. 92 in Abhängigkeit verschiedener Tragkräfte die üblichen Abmessungen der Kabine mit zugehörigem Schacht aufgeführt. Die lichte Kabinenhöhe beträgt in der Regel 2100 mm. Bei Personenaufzügen ist das Mindestmaß 2 m. Die zulässige Nutzlast darf in Abhängigkeit von der Fahrkorbgrundfläche bestimmte Mindestwerte nicht unterschreiten. Sie liegen in der Regel zwischen 300 und 500 kp/m².

Tabelle 92. *Abmessungen von Aufzugsanlagen*

Trag-kraft	Gegengewicht seitlich Kabine		Schacht		Gegengewicht hinten Kabine		Schacht	
	Breite	Tiefe	Breite	Tiefe	Breite	Tiefe	Breite	Tiefe
kp	mm	mm	mm	mm	mm	mm	mm	mm
300	900	1100	1400	1300	1100	900	1500	1400
450	1000	1500	1500	1700	1200	1250	1600	1800
600	1000	2000	1600	2200	1300	1500	1700	2100
750	1100	2300	1700	2500	1500	1650	1900	2300
1000	1400	2500	2100	2700	1600	2200	2000	2900

Die Schaltanlage für einen Aufzug wird in einem geschlossenen Schaltschrank untergebracht, der sicheren Schutz gegen Berührung, Feuchtigkeit und Staub bietet.

Neben dem Schaltschrank im Maschinenraum befinden sich im Fahrschacht zusätzliche Schaltelemente, wie Schachtend-, Feinfahrt-, Absinkverhinderungsschalter usw., sowie die erforderlichen Steuerkurven, Magnetverriegelungskurven usw. Kabinen- und Außendrucktableaus vervollständigen die Schaltanlage, wobei je nach Ausstattung noch eine Fotozellensteuerung oder ähnliche Elemente hinzutreten können. Der Umfang der jeweiligen Schaltanlage richtet sich nach den Erfordernissen der gewählten Steuerungsart sowie den jeweiligen besonderen Bedingungen des Aufstellungsortes des Aufzuges.

Die am häufigsten gebrauchten Steuerungsarten sind:

a) Anholsteuerung: Aufzug kann in die jeweils gewünschte Haltestelle geholt werden;

b) Anhol- und Sendesteuerung: Aufzug kann in die gewünschte Haltestelle geholt und gesendet werden;

c) Einknopf-Sammelsteuerung: Aufzug sammelt Steuerkommandos und führt sie in der Reihenfolge der eingeschlagenen Fahrtrichtung aus;

d) Zweiknopf-Sammelsteuerung: Aufzug sammelt Steuerkommandos getrennt nach Auf- und Abwärtsfahrt.

In größeren Gebäuden, in denen ein einzelner Aufzug den Verkehr nicht mehr zu bewältigen vermag, werden die Steuerungen zusammenliegender Aufzüge zu einer Gruppensammelsteuerung zusammengefaßt.

Bis zu einer Fahrgeschwindigkeit von 2 m/s werden für den Antrieb von Aufzügen eintourige und auch polumschaltbare Drehstrommotoren verwendet, bei denen durch eine geeignete Steuerung die unvermeidbaren langen und lastabhängigen Kriechwege so weit wie möglich reduziert werden. Ein absolut ruckfreies Anfahren und Halten bei hoher Haltegenauigkeit sowie angenehmes Beschleunigen wird durch einen Gleichstrom-Leonard-Antrieb erzielt. Aufzüge mit Geschwindigkeiten über 2 m/s erhalten für die meist getriebelosen Antriebsmaschinen eine stufenlose Geschwindigkeitsregelung. Sie arbeitet unabhängig von der Belastung, Temperatur und Netzschwankung, so daß mit ihr eine optimale Ausnutzung der Förderleistung erzielt werden kann.

Als bemerkenswerter leistungsfähiger Personenaufzug kann die Anlage im Stuttgarter Fernsehturm genannt werden. Hier laufen zwei Aufzüge von 1200 kp Tragkraft (entsprechend 16 Personen) mit einer Fahrgeschwindigkeit von 4 m/s über eine Höhe von 154 m. Im Neubau des 520 m hohen Fernsehturmes in Moskau werden drei Aufzüge mit einer Förderhöhe von 350 m und einer Betriebsgeschwindigkeit von 7 m/s eingebaut, die wohl derzeit an der Spitze der Entwicklung im Aufzugbau stehen werden. Sie sind ausgelegt für eine Tragkraft von 1050 kp. Beim Bau der Aufzüge muß auch die Schwankung des Turmes mitberücksichtigt werden. Auf Grund der Statistik wird die Turmspitze unter Einwirkung des Windes alle zwei Jahre bis etwa 3 m und alle 30 Jahre bis zu 7 m von der senkrechten Turmachse wegbewegt. Das entspricht für den etwas tiefer gelegenen Maschinenraum etwa 1 m bzw. 3,5 m. Da bei den zuerst genannten Schwankungen die Aufzüge noch betrieben werden sollen, wird für die Stromzuführung z. B. kein Hängekabel verwendet, da die Gefahr zu groß ist, daß es an die Schachtwände schlägt und dabei zerstört wird. Die elektrische Energie für die verschiedenen Verbraucher in der Kabine wird aus Batterien entnommen, während die Fahrwünsche, das Telefonieren usw. über Funk übertragen werden.

Kleinlastenaufzüge dienen, wie aus der Bezeichnung zu entnehmen ist, dem vertikalen Transport kleiner Lasten. Da für diese Aufzugsgattung vereinfachte Ausführungsbestimmungen bestehen, sind sie überall wirtschaftlich einzusetzen, wo die zu transportierenden Lasten in bezug auf Gewicht und Abmessung den Vorschriften nicht widersprechen. Danach handelt es sich um Aufzüge zur Beförderung von Lasten von höchstens 100 kp, die nicht betretbar sind, und deren Schacht nicht mehr als 1 m^2 Querschnitt besitzt. Die Fahrkorbgrundfläche darf nicht größer als 0,8 m^2, die Tiefe nicht mehr als 1,0 m und die Höhe des Korbes nicht über 1,2 m betragen. Fangvorrichtungen für den Korb werden nicht gefordert. Kleinlastenaufzüge werden normalerweise für eine Geschwindigkeit von 0,4—0,5 m/s gebaut. Zugelassen sind Geschwindigkeiten bis 1,5 m/s, die jedoch in der Praxis nicht angewendet werden, da der dazu nötige elektrische und mechanische Mehraufwand sich im Vergleich zum Gewinn an Förderleistung nicht lohnt.

Die Förderleistung hängt vor allem von der Anzahl der zu bedienenden Stockwerke ab. Aus dem Diagramm in Abb. 388 ersieht man deutlich, in welchem Umfang die Förderleistung bei Kleinlastenaufzügen mit steigender Haltestellenzahl sinkt. Bei etwa 15 Stockwerken dürfte die Grenze der vertretbaren Förderleistung liegen, falls die Anforderung nicht sehr minimal ist. Der Kleinlastenaufzug ist eine der weitest verbreiteten Aufzugsarten, besonders wenn man die elektrisch betriebenen und diejenigen für Handbetrieb zusammenrechnet, da sie als Küchenaufzüge in Hotels, wie auch für moderne, durchorganisierte Lager-, Büro- oder Krankenhaus-Betriebe ein unentbehrliches Fördermittel sind.

Die Betrachtungen über Seil-Aufzüge sollen nicht abgeschlossen werden, ohne noch einmal zusammenfassend Vorteile zu nennen, die Treibscheiben-Aufzüge bieten: Wirtschaftlichkeit bei geringen Tragkräften und großen Hubhöhen, eine nahezu unbegrenzte Hubhöhe, hohe Hub- und Senkgeschwindigkeiten, Einsatz auch bei ungünstigen Bodenverhältnissen.

Im Laufe der letzten Jahre hat sich durch stete Weiterentwicklung aber auch der Aufzug mit hydraulischem Antrieb immer mehr in den Vordergrund gedrängt. Bis zu einer Förderhöhe von 20—25 m bietet der hydraulische Aufzug besondere Vorteile. So kann

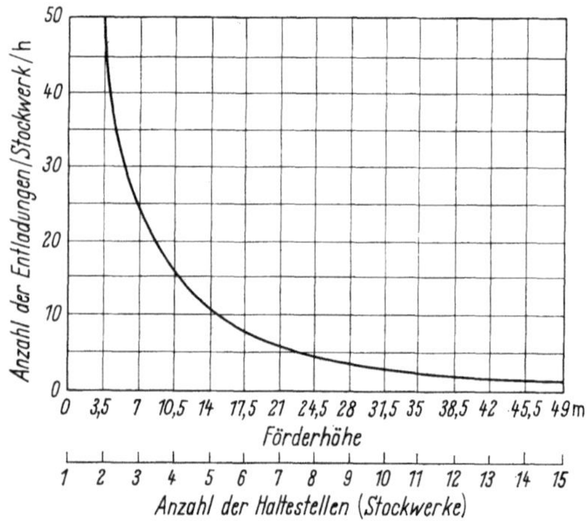

Abb. 388. Förderleistungsdiagramm für Kleinlasten-Aufzüge.

Der Berechnung lagen als Mittelwerte zugrunde: Fahrgeschwindigkeit: 0,5 m/s; Haltestellenabstand: 3,5 m; Be- und Entladezeit: je 25 s; Anfahr- und Bremsverluste je Fahrt: 3 s.

z. B. die gesamte Schachtkonstruktion für den hydraulischen Aufzug in leichterer Bauweise ausgeführt werden, da die ganze Last von der Schachtsohle aufgenommen wird, und die Schachtwände weitgehend unbelastet bleiben. Für sonst über Hydraulik mit geringen Dimensionen nicht erreichte Schubhöhen werden Einfach- und Mehrfach-Teleskopzylinder eingesetzt.

Auf Grund der mit Hochdruck betriebenen Anlagen kann kleinräumig gebaut werden. Knickjoche, am Kopf der Teleskope befestigt, an den im Fahrschacht befindlichen Führungsschienen geführt und zwangsläufig mit ausgefahren, geben Kolbenstangen und Teleskopen die erforderliche Knicksicherheit. Außerdem bietet der hydraulische Aufzug die Möglichkeit, Lasten bis über 20 Mp zu befördern. Mit den Hubgeschwindigkeiten geht man allerdings nur bis zu Werten von 1,5 m/s.

Ein besonderer Triebwerksraum erübrigt sich, wenn das Pumpenaggregat und die Schaltanlage in einem Stahlschrank oder dgl. in der Nähe des Schachtes untergebracht sind. Die Wartungskosten liegen bei hydraulischen Aufzügen besonders niedrig, da alle wesentlichen Teile in Öl laufen und das Antriebsaggregat nur während der Aufwärtsfahrt in Tätigkeit ist bzw. beansprucht wird. Bei der Abwärtsbewegung wird lediglich der Ölrücklauf durch ein Steuerventil geregelt. Durch den Einbau einer Senkdrossel in die Ölrücklaufleitung wird die Sicherheit dahingehend erhöht, daß der Fahrkorb selbst bei einem etwa eintretenden Rohrleitungsbruch langsam absinkt und sich auf einen Bock setzt. Moderne hydraulische Steuerungen gewährleisten stufenloses Beschleunigen und Verzögern, sowie lastunabhängig absolut bündige Haltegenauigkeit.

Kernstück der Geschwindigkeitsregelung ist ein hydraulisches Steuerorgan in Form eines motorisch betätigten Drehschiebers. Bei Erteilung des Fahrkommandos über einen Drucktaster wird der Motor des Pumpenaggregates eingeschaltet. Das von der Pumpe geförderte Drucköl wird in das Steuerorgan geleitet, und zwar zunächst in eine kleine, einstellbare Feinfahrtbohrung. Hierdurch setzt sich der Fahrkorb sofort sanft in Bewegung. Gleichzeitig läuft der Steuermotor des Drehschiebers an und öffnet kontinuierlich das Hauptventil, wodurch der Ölstrom vergrößert und eine Beschleunigung des Fahrkorbes erreicht wird. Die Beschleunigungszeit kann am Steuerorgan im Bereich von etwa 0,8 bis 3,8 s eingestellt werden. Beim Einfahren in die angewählte Haltestelle erfolgt eine entsprechende Umkehrung des Steuervorgangs, bis schließlich nur noch Öl durch die Feinfahrtbohrung fließt. Über einen Endschalter an der Haltestelle wird dann der Pumpenmotor abgeschaltet. Bei Abwärtsfahrt verläuft der Steuervorgang analog, nur erfolgt anstelle des Einschaltens des Aufzugmotors ein Öffnen des Senkventils. Zur Erzeugung des Öldruckes werden Schraubenspindelpumpen verwendet, die nach dem heutigen Stand der Technik die geräuschärmsten Flüssigkeitspumpen darstellen.

Ein Personen- und Lastenaufzug für Baustellenbetriebe, der weder durch eine Seilwinde gehoben, noch durch einen hydraulischen Stempel hochgedrückt wird, sondern sich vielmehr an einer Zahnstange mit eigenem Antrieb hochwindet, wird von der Firma Alimag (Schweden) gefertigt. Sein Traggerüst, der Mast, besteht aus einer quadratischen Rohrgitter-Konstruktion mit einer Kantenlänge von etwa 70 cm. An einer Seite befindet sich die Zahnstange für den Antrieb. Die 1,5 m langen Mastsektionen von 110 kp Gewicht werden mit nur vier Mastverbindungsschrauben zusammengesetzt. Zur Montage wird der Grundrahmen unter dem Mast mit diesem in die Schachtgrube gefahren und mit vier Ankerschrauben befestigt, sodann kann durch Aufsetzen und Verschrauben der Mastsektionen aufgestockt werden. Daraufhin kann der Aufzug unmittelbar betrieben werden.

Der Fahrkorb ist 3,0 m lang, 1,3 m breit und 2,7 m hoch. Er hat an beiden Schmalseiten geteilte Vertikal-Schiebetüren, die elektrisch und mechanisch verriegelt sind. Das Fahrkorbdach besteht aus Stahlblech, die Wände und Türen aus 20-mm-Maschendraht. Der Antrieb besteht aus zwei Elektromotoren von je 10 PS Dauerleistung. Die Motorkräfte werden über zwei Spezialschneckengetriebe und über die auf der Ausgangswelle sitzenden Ritzel auf die Zahnstange übertragen. Die beiden Scheibenbremsen sind an den Motoren angeflanscht und lüften elektromagnetisch. Der Aufzug kann ohne Gegengewicht sich selbst und eine Zusatzlast von etwa 400 kp heben. Dieser große Vorteil wird während der Aufstockung des Mastes angewandt, um die aufzusetzenden Mastsektionen nach oben zu bringen. Sie werden auf dem Dach des Fahrkorbes befördert. Ein vorübergehend auf dem Dach befestigter Schwenkarm erleichtert die Montage der Mastbauteile. Um den Sicherheitsvorschriften zu genügen, wird bei derartigen Montagearbeiten auf dem Fahrkorbdach ein Schutzgeländer aufgesteckt. Nach Beendigung der Montagearbeiten wird für den Normalbetrieb mit voller Leistungsfähigkeit das Seil des Gegengewichtes am Förderkorb befestigt. Zur Verdoppelung der Förderkapazität eines Baustellenaufzuges kann das Gegengewicht auch durch einen zweiten Fahrkorb ersetzt werden, so daß der Aufzug mit zwei Körben im Pendelbetrieb arbeitet. Die Fahrgeschwindigkeit beträgt 0,65 m/s. Die maximale Hubhöhe wird mit 200 m angegeben. Bei größeren Höhen sind natürlich seitliche Verankerungen für den Aufzugsmast erforderlich, die normalerweise aus leiterartigen Verstrebungen bestehen und mit zwei Ankern am Gebäude befestigt werden. Der auf das Gebäude ausgeübte Zug bzw. Druck beträgt nicht mehr als 1200 kp. Die seitlichen Verankerungen sind etwa alle 9 m erforderlich.

In den Rahmen der hier beschriebenen Aufzüge fallen natürlich auch die Schachtförderanlagen für den Bergbau. Da es sich hierbei aber um Spezialanlagen handelt, sind sie im diesbezüglichen Abschnitt im dritten Teil dieses Buches näher behandelt.

i) Hebebühnen

Sicherheit ist besonders da anzustreben, wo es gilt, Arbeiten über Flur und an schwer zugänglichen Stellen auszuführen. Soll jedoch bei der Planung von Industrieanlagen schon von vornherein auf alle Möglichkeiten Rücksicht genommen werden (z. B. Wartungsbühnen für Krananlagen, Aufstiege, Laufstege und Podeste), so wird der Arbeitsaufwand der Planer und Architekten erheblich höher. Fest eingebaute Einrichtungen dieser Art sind vielfach eher hinderlich als nützlich; so können z. B. bei flurbedienten Kranen die Flächen unter den fest angebrachten Arbeitsbühnen nicht in den Arbeitsbereich der

Krane einbezogen werden. Für solche Fälle wurden fahrbare, höhenverstellbare Arbeitsbühnen entwickelt, die in verschiedenen Baugrößen hergestellt, eine Last bis zu 300 kp auf 11 m heben können. Unter Berücksichtigung der Körpergröße der auf der Plattform gehobenen Personen ergeben sich mögliche Arbeitshöhen von über 12 m. Der teleskopartig ausfahrbare Mast wird gehoben entweder durch eine Handwinde, einen elektrischen

Abb. 390. Hebetisch (Trepel).

Tragkraft: 5 Mp; Nutzhub: 2500 mm; Plattformgröße: 4000 1500 mm; Bauhöhe eingefahren: 450 mm, Hubzeit: 55 s; Kraftbedarf: 2,2 kW.

1 schwere, innenliegende Trag- und Mitlaufscheren, verwindungssteif; *2* innen versteifter Torsionskasten mit Kolbenlager ergibt Zwangssynchronisation der Scheren und Zylinder; *3* Kreuzverband der Tragscheren zur Aufnahme der Diagonalkräfte; *4* Zylinder, selbstreinigend, nur axial belastet. *5* Motorkolbenpumpe, Elektrosteuerung, Hydraulik, auf Montageplatte eingebaut (Steuerung listenmäßig durch Druckknopftaster an 4 m Kabel); *6* Abstandsbolzen gegen Quetschgefahr, Kontaktleisten und weitere Sicherheitsvorrichtungen auf Wunsch; *7* schwerer Grundrahmen, zur Aufnahme aller Kräfte ohne Verankerung ausgelegt, *8* verripter Oberrahmen mit schwerem Deckblech für Punktbelastung; *9* Doppellaufrollen mit Führung zur Aufnahme auch starker Seitenschubkräfte, wartungsfrei.

Abb. 389.
Hocharbeitsbühne mit seitlich ausziehbarer Plattform (VFW).

Kettenzug, über eine angetriebene Spindel, die die mittlere Mastsektion bewegt und über zwei voneinander unabhängig wirkende Ketten den oberen Mast mit der Plattform betätigt. Natürlich sind auch Hebebühnen mit hydraulisch betriebenem Teleskopzylinder gebräuchlich.

Besonders hervorzuheben ist eine Arbeitsbühne nach Abb. 389 mit seitlich ausziehbarer Nebenbühne, die den Ausleger auf 4,5 m zu verlängern erlaubt. Haupt- und Nebenbühne sind zusammen in eingefahrenem Zustand nur 2,5 m lang. Mit ausgefahrener Nebenbühne ergibt sich ein Arbeitsbereich von rd. 10 m im Umkreis. Die Nebenbühne kann dabei noch mit 150 kp belastet werden. Die Hubhöhe der Bühne beträgt 13,75 m und kann in einer Zeit von 110 s erreicht werden. Die Senkzeit beträgt nur 80 s, die Ausfahrzeit der Nebenbühne etwa 15 s. Im eingefahrenen Zustand besitzen die Bühnen noch eine Transporthöhe je nach Baugröße von 2—3 m. Der Grundrahmen ist meist mit Lenkrollen ausgerüstet und erhält durch ausschwenkbare Pratzen mit Stützspindel in Arbeitsstellung seine ausreichende Standfestigkeit. Für den Straßentransport über größere Entfernungen erhält der Grundrahmen eine Anhängevorrichtung und ein luftbereiftes Fahrwerk. Diese Typen werden als fahrbare Arbeitsmaschinen angesprochen und sind daher steuer- und zulasssungsfrei.

Eine andere Bauart von Hebebühnen, auch Hebetische genannt, werden in vielen Ausführungen für Tragkräfte von 0,5—50 Mp gebaut. Sie können einseitige, rollende Beanspruchung mit auch großen Raddrücken aufnehmen, ohne daß ihre Plattform sich irgendwie schräg stellt. Bühnen dieser Art erhalten Plattformen, deren Abmessungen sich nach den örtlichen Verhältnissen richten. Abb. 390 zeigt einen Hebetisch, der als Verladebühne,

Aufzug oder Stapeltisch einzusetzen ist. Die Parallelführung der Bühne ist auf dem Bild klar zu erkennen. Die schweren, doppelseitig gelagerten Stahlscheren sind in der Mitte der Plattform, die bei großflächiger Ausführung auch quadratisch gemacht wird, durch eine dreiteilige, doppelschnittige Schere ergänzt. Ein eingeschweißter Torsionskasten mit Kolbenaufhängung sowie Zugkreuze synchronisieren zwangsweise die Scheren miteinander. Diese und ähnliche Hebetische werden auch mit einem Fahrwerk ausgerüstet, d. h. mit zwei kräftigen Rollen an einem Ende der Bühne und einen anhängbaren Hubroller am anderen Ende. Das Heben der Tische in der Konstruktion nach Abb. 390 erfolgt hydraulisch. Die Steuerung geschieht über ein eingebautes Magnetventil durch einen Druckknopftaster oder bei den kleineren Typen auch durch Fußtaster. Pumpe und Antriebsmotor arbeiten nur während des Hebens der Plattform. Das Absenken erfolgt unter der Eigenlast, ist aber beliebig regelbar. Der Hub kann nach der Art der Ausführung der Bühnen verschieden sein und wird normalerweise bis maximal 2,5 m ausgeführt. Der sog. Hochhubtisch, eine Übereinanderlagerung von zwei einfachen Tischen, kann z. B. bis zu 4 m und mehr heben. Zur Anpassung der Hebetische an die jeweiligen Verwendungszwecke können oben auf die Plattform mitlaufende und auch angetriebene Rollenbahnen sowie Drehscheiben oder schrägstellbare Plattformen montiert werden.

Abb. 391. Hebetisch als Kraftfahrzeug-Wartungsbühne, Hubaggregat arbeitet nach dem Prinzip des Verdrängerwagens (Schröder).

Wenn die Plattform bodengleich befahren werden muß, ohne die Möglichkeit zu haben, die Anlage in einer Grube zu versenken, insbesondere in Stockwerken, Gegenden mit hohem Grundwasserspiegel, oder wo immer eine häufige Umstellung erforderlich ist, läßt sich eine Spezialausführung einsetzen. Bei dieser Konstruktion werden die beiden Scheren mit ihren Hubzylindern seitlich neben der Plattform angeordnet. Lediglich am Kopfende ist eine aussteifende Verbindung zwischen den Scheren vorhanden. Die Hubaggregate liegen also oberhalb des Bodens und die dazwischen liegende abgesenkte Plattform bodengleich.

Bei den bisher beschriebenen Hebetischen greift der hydraulische Arbeitszylinder direkt an den Hubscheren an. Die aufzuwendende Kraft ist über den Hubweg veränderlich. Wird nach dem Prinzip eines Verdrängerwagens gearbeitet (Abb. 391), so wird die Kraft des Druckzylinders indirekt zum Heben benutzt, indem ein Verdrängerwagen zwischen zwei Führungsbahnen verschoben wird und die nachgiebig befestigte Führungsbahn (Hublenker) anhebt. Durch geeignete Ausbildung der Kurvenführung der Bahnen kann sowohl die aufzubringende Kraft vom Hubaggregat wie auch die Hubgeschwindigkeit vollkommen konstant gestaltet werden. Das gleiche Prinzip wird auch bei Eisenbahnwaggonkippern angewendet (vgl. Abb. 399). Die Bewegung des Verdrängerwagens kann durch Einsatz eines hydraulischen Arbeitszylinders erfolgen oder durch eine Stahlspindel mit selbsthemmendem Gewinde, die in einer Bronzemutter läuft und durch einen Getriebemotor angetrieben wird. Bei der Berechnung der erforderlichen Hubleistung ist bei einer rein hydraulischen Anlage ein Gesamtwirkungsgrad von 0,65 bis 0,7 einzusetzen und beim Spindelantrieb ein Wert von 0,3 unter der Voraussetzung, daß der Antrieb über ein Stirnradgetriebe erfolgt. Wird ein Schneckengetriebe eingesetzt, so erzielt man nur einen Gesamtwirkungsgrad von etwa 0,24.

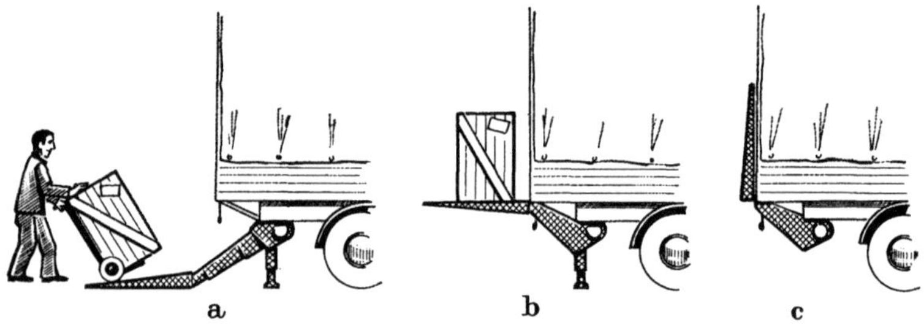

Abb. 392. Hydraulisch betriebene Ladebrücke (Toussaint & Hess).
a Beladestellung; *b* Brücke angehoben; *c* Brücke als Wagenkastenabschluß.

In den Rahmen dieser Hebebühnen gehören natürlich auch hydraulisch oder pneumatisch betriebene Einstempel-Kraftfahrzeugbühnen für Tankstellen und Reparaturbetriebe. Da sie wohl allgemein bekannt sein dürften, sollen sie an dieser Stelle nicht weiter beschrieben werden.

Im Verteiler- oder Zubringerdienst für Stückgut eingesetzte Lastkraftwagen können im Einsatz wirtschaftlicher gestaltet werden durch zusätzlichen Anbau einer kraftbetriebenen Ladebrücke. Sie sparen beim Be- und Entladen Arbeitszeit und Arbeitskraft (Abb. 392). Die Ladebrücke wird am Motorwagen oder Anhänger anstelle der hinteren oder seitlichen Wagenkasten-Bordwand angebracht. Die Ladebrückenklappe wird wie die

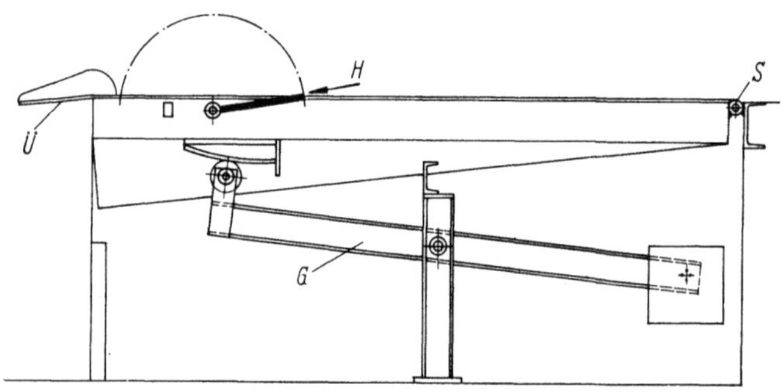

Abb. 393.
Höhenverstellbare Laderampe.
G Gegengewichtseinrichtung; *H* Hebe- und Blockiervorrichtung; *S* Scharnier; *Ü* Überfallblech zur Auflage auf die Ladefläche des Lastkraftwagens.

normale Bordwand verriegelt und kann in waagerechte Lage geschwenkt werden. In dieser Lage wird sie heb- und senkbar als Hubplatte benutzt. In der Klappstellung, also auch bei waagerechter Lage und bei gleicher Höhe der Hubplatte zum Fahrzeugboden, ist diese mit dem Fahrzeugkasten durch automatisch einrastende Sperrklinken verbunden. Die Ladebrückenklappe ist über Hebelarme in Parallelogrammanordnung an den Fahrzeugrahmen angelenkt. Die oberen Hebelarme sind durch ein im Tragrahmen gelagertes Rohr verbunden. Über eine Kurbelschwinge und über dieses Rohr wird die Hubkraft eines im Tragrahmen gelagerten Zylinders über die Hebelarme auf die Ladebrücke übertragen. Die unteren Hebelarme halten die Ladebrückenklappe in jeder Hubstellung in waagerechter Lage. Ladebrücken für größere Hublasten und bei größerem Rahmenüberhang werden mit verstellbaren Klappstützen ausgerüstet. Der Antrieb der Ladebrücke erfolgt über eine Hydraulikpumpe, die direkt an den Fahrzeugmotor angeschlossen wird oder aber einen elektrischen Antrieb erhält. Auch Handpumpenbetätigung findet bei Anhängern Verwendung.

Bei Beladung von Lastkraftwagen von einer Rampe aus zeigt sich sehr häufig die unterschiedliche Pritschenhöhe als nachteilig. Mit Rücksicht auf ein schnelles Be- und Entladen sollten die Verladerampen hinsichtlich der Ladehöhe anpaßbar sein. Ein Konstruktionsbeispiel wird durch Abb. 393 veranschaulicht. Derartige Rampen erfordern keine Zusatzteile und sind infolge ihres Ausgleichs durch Gegengewichte unabhängig von jeder Stromzufuhr. Neigung und Hubhöhe richten sich nach der Rampengröße. Dabei sollte die maximale Neigung nicht über 10% und die Hubhöhe nicht über 10% der Plattformlänge liegen. Die Rampen werden zweckmäßig aus Riffelblech hergestellt und durch Stahlprofile verstärkt. Das Überfallblech zum Auflegen auf die Ladefläche des Fahrzeuges

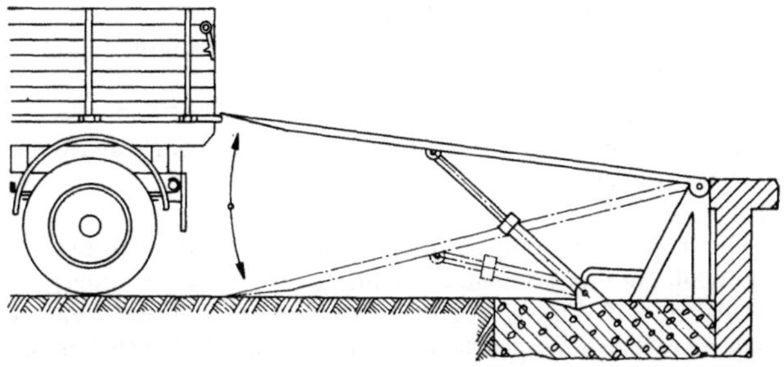

Abb. 394. Überladebrücke, die zugleich auch als Auffahrt für Stapler dienen kann; die Neigung sollte 8% nicht überschreiten.

ist entweder fest oder durch Scharniere beweglich angebracht. Über einen Hebel, der die Blockiervorrichtung betätigt, läßt sich die Rampe heben oder senken. Am zweckmäßigsten wird die Anpaßbühne in einer Grube innerhalb der Rampe montiert. Anstelle des Gegengewichtsausgleiches kann der Hub- bzw. Senkvorgang natürlich auch durch hydraulische Arbeitszylinder erfolgen.

Abschließend sei als Einsatzbeispiel für Hebebühnen noch auf die sog. Achssenken hingewiesen. Mit ihnen werden beschädigte Achsen und Drehgestelle aus Eisenbahnwagen und Lokomotiven ausgebaut. Nachdem das Fahrzeug mit der auszuwechselnden Achse auf die Schienenbrücke der Achssenkgrube gefahren ist, wird die Achse mit der Tragbrücke, die an den Spurkränzen angreift, etwas angehoben. Ist das Fahrzeug unterbockt, werden die Schienenbrücken seitwärts verschoben und dann die vom Fahrzeug gelöste Achse mit der Senke abgelassen. Sodann kann die fahrbar ausgebildete Achssenkvorrichtung seitlich verfahren werden bis zu der Stelle, wo die Achse durch einen Kran zu entnehmen ist. Als Huborgan für die Tragbühne dienen vier Spindeln, die auf dem Grundrahmen senkrecht stehend angeordnet sind und über Kegeltriebe durch einen gemeinsamen Antrieb in Bewegung gesetzt werden. In der Bühne selbst sind an den Ecken Muttern vorgesehen, die sich auf den drehenden Spindeln nach oben oder unten bewegen und somit die Bühnenbewegung herbeiführen. Häufig wird das Hubgetriebe schaltbar im Verhältnis 1:4 ausgeführt, um die Achssenke bei Leerfahrt mit erhöhter Geschwindigkeit (meist 1,5—2,0 m/min) betreiben zu können. Je nach Verwendungszweck werden die Achssenken für eine Tragkraft von 20 Mp für einzelne Wagenachsen, 30 Mp für Lokomotivachsen und 40 Mp für Drehgestelle ausgeführt. Die Hubhöhe der Geräte beträgt in der Regel 2700 mm. Wird eine Achssenke ausschließlich für einzelne Wagenachsen benutzt, so reicht auch eine Hubhöhe von 1200 mm aus.

k) Eisenbahnwaggonkipper

Allgemeine Überlegungen über eine zweckmäßige Entladung von Schüttgut aus Eisenbahnwagen wurden bereits auf den S. 282ff. angestellt. Diesem Abschnitt sollen zunächst die Vorschriften der Bundesbahn über die Ausführung von Waggonkippern auszugsweise vorangestellt werden, so daß die nachfolgende Erläuterung verschiedener

Kipperbauarten in bezug auf die Einsatzmöglichkeit in Einzelfällen leichter überprüft werden kann.

Auszug aus der DV 976 vom 1. 4. 1965 des Bundesbahn-Zentralamtes Minden/Westf. (2705 MfdK) für den Bau, die Zulassung und den Betrieb von Eisenbahn-Wagenkippern bei nicht bundeseigenen Bahnen und in Privatgleisanschlüssen . . .

2. Bauarten

Mit Rücksicht auf die unterschiedliche Beanspruchung der Fahrzeuge beim Kippvorgang wird in diesen Richtlinien, unabhängig von der sonstigen Ausführung, nach folgenden Kipperbauarten unterschieden:

a) Stirnkipper

Mit ihnen werden solche offene Güterwagen durch Kippen über die Stirnwand entladen, die mit Stirnwandklappen ausgerüstet sind. Es gibt Abarten der Stirnkipper, z. B. solche, bei denen

1. beide Radsätze des Wagens auf einer Plattform stehen und beim Kippvorgang auf dieser verbleiben, und solche, bei denen
2. nur ein Radsatz auf einer Plattform steht und mit dieser gehoben wird, der andere aber auf einem waagerechten Gleisstück verbleibt, oder
3. die Kippeinrichtung an beiden Achsen angreift und die Radsätze beim Kippvorgang vom Gleis abhebt.

b) Seitenkipper

Mit ihnen werden offene Güterwagen um ihre Längsachse um 135° und mehr gedreht und über eine Seitenwand entleert.

9. Größenbemessung

Zur Zeit genügen Kipper, die so bemessen sind, daß zweiachsige offene Güterwagen bis 6 m Achsstand behandelt werden können. Ob künftig kippfähige vierachsige Güterwagen gebaut werden, liegt noch nicht fest. Wenn auf Wunsch der Besteller Kipper für zweiachsige Wagen so gebaut werden sollen, daß sie später auch vierachsige Wagen behandeln können oder nach Umbau dazu geeignet sein sollen, sind Wagen mit einem Gesamtachsstand bis zu 12 m zugrunde zu legen.

11. Kippwinkel

a) der größte Kippwinkel soll für Wagen mit Gleitlagern möglichst nicht mehr als 45° tragen; bei steilerem Winkel läuft Öl aus den Achslagern.

b) Größere Kippwinkel bis 65° sind für schwer rutschendes Schüttgut zulässig. Bei Wagen mit Gleitlagern kann hierbei ein Schmierölverlust eintreten; dieser ist nach dem Kippen zu ergänzen.

Anmerkung: Für die Gleitlager der Wagen sind verschiedene Ölsorten, und zwar für Bedarfs- und Dauerschmierlager sowie je nach Jahreszeit Winter- und Sommeröl zu verwenden.

Sonstige besondere Bau- und Betriebsvorschriften für Stirnkipper

12. Halten der Wagen beim Kippen

a) Bei den Plattformkippern gemäß 2a1 dürfen die Wagen nur an den Puffern gehalten werden.

b) Bei den Kippern mit Plattform gemäß 2a2 ist es zulässig, die Wagen an der Vorderachse mit Achswellenhaken zu halten. Die Achswellenhaken müssen abgefedert und so durchgebildet sein, daß

a) sie sich erst anlegen lassen, wenn der Wagen im Kipper zum Stillstand gekommen ist,

b) die haltende Radachse in der Kippstellung nicht überbeansprucht wird.

c) Bei den sonstigen Stirnkippern gemäß 2a3 müssen die Wagen an den Puffern gehalten werden. Ausgenommen sind nur Kipper, bei denen die Kraftkomponente, die den Wagen beim Kippen am Abrollen hindert, in ausreichender Weise auf beide Radachsen verteilt wird; bei ihnen ist das Halten mit Achswellenhaken oder mit an den Achswellen angreifenden Tragpratzen gestattet, wenn die unter 12b für Achswellenhaken angegebenen Bedingungen erfüllt sind.

Bei der Bauart nach 2a2 und bei entsprechender Ausführung, auch bei der Bauart nach 2a3 ist die von einer Radachse und den zugehörigen Achshaltern aufzunehmende Kraftkomponente, die den Wagen am Abrollen hindert, kleiner als bei der Bauart 2a1, wenn bei dieser Achswellenhaken Verwendung finden.

13. a) Das Kippen muß in der Regel zwangsläufig verhindert sein, wenn die für das Festhalten der Wagen bestimmten Einrichtungen nicht ordnungsgemäß in Haltestellung gebracht sind. Sollen leere Wagen nach dem Kippen selbsttätig ablaufen, ist folgende Ausführung zugelassen: Die Kippbewegung muß zwangsläufig aufhören, wenn bei nicht in Haltestellung gebrachten Festhalteeinrichtungen ein bestimmter, zum Abrollen der Wagen erforderlicher Hub zurückgelegt ist.

b) Drehscheibenkipper müssen in der Grundstellung, in der sie befahren werden, verriegelt sein.

17. Sonstige besondere Bau- und Betriebsvorschriften für Seitenkipper

a) Halten der Wagen beim Kippen

1. Seitenkipper jeder Bauart (z. B. auch Rund- und Kreiselkipper) dürfen vorläufig nur als Versuchsanlagen zugelassen werden, und zwar im Benehmen mit dem BZA Minden (W).
2. Die Wagen sind in den Kipper so fest einzuspannen, daß sie sich beim Kippen von den Gleisen nicht abheben können. Mit den Einspanneinrichtungen dürfen weder Wagenteile noch Anstrich beschädigt werden.

   Ein Lösen der Einspanneinrichtungen muß verhindert werden, solange der Kipper nicht in der Grundstellung verriegelt ist.

3. Die Seitenwände der Wagenkästen sind so abzustützen, daß sie unter dem Gewicht des Schüttgutes keine Formänderung erfahren; die Einspannung darf den Anstrich nicht beschädigen. Seitenkipper sind in der Grundstellung, in der sie befahren werden, mit den Zufahrgleisen zu verriegeln. Das Kippen darf nur nach dem Entriegeln des Kippers eingeleitet werden können.
4. Das Kippen darf erst eingeleitet werden, wenn die Einspannungs- und Abstützungseinrichtungen ordnungsgemäß in die für das Kippen erforderliche Stellung gebracht sind. Nach dem Schließen der Halteeinrichtung erfolgt das Entriegeln des Kippers, und es darf ein Öffnen der Halteeinrichtung danach nicht mehr möglich sein. Erst jetzt darf der Kipper geschwenkt bzw. gedreht werden.

b) Schmierölverlust

Bei allen Wagen mit Gleitlagern muß nach jedem Kippen der Ölvorrat ergänzt werden; Seitenkipper sind daher nur dann zuzulassen, wenn Gewähr dafür besteht, daß diese Bedingungen eingehalten werden.

Das einfachste Verfahren, Massengut aus Eisenbahnwagen zu entladen, besteht darin, die Eisenbahnwagen so zu neigen, daß das Ladegut aus den geöffneten Seitentüren oder Endklappen herausgleitet. Dieses Verfahren ist bei allen Schüttgütern anwendbar und erfordert die geringste Handarbeit. Diese Kippentladung setzt allerdings voraus, daß die Wagen so gebaut sind, daß das Ladegut aus dem geneigten Wagen herausgleiten kann, oder daß der Wagen vollständig herumgekippt werden darf (Fettschmierung der Radlager), so daß das Ladegut oben aus dem Wagen herausfällt.

In Abb. 395 ist ein Seitenkipper dargestellt, der die Schwerkraft zur Erzeugung der Kippbewegung ausnutzt. Da die Wagen, wie schon erwähnt, mit Rücksicht auf das Auslaufen von Öl aus den Lagern nur um etwa 30° geneigt werden können, und da außerdem die Türen meistens nicht über die ganze Länge des Wagens reichen, so bleibt bei dieser Ausführung noch verhältnismäßig viel Handarbeit übrig. Das gleiche Kipperprinzip ist auch bei Stirnkippern angewendet worden. Die Konstruktion ist so eingerichtet, daß der gemeinsame Schwerpunkt des beladenen Wagens und der Plattform sich vor der Drehachse befindet, so daß der Wagen unter dem Einfluß der Schwerkraft kippt, während sich der leere Wagen mit der Plattform von selbst wieder aufrichtet, da der Schwerpunkt nun hinter der Drehachse liegt. Die Beherrschung der Kippbewegung kann in der Regel mit Bremsen erfolgen. Ein zusätzlicher Handantrieb ist nur vorgesehen, den Kipper auch bei evtl. Verklemmungen wieder in die Normallage bringen zu können. Alle Schwerkraftkipper haben den Nachteil, daß sie unter Flur kippen, also eine verhältnismäßig tiefe Schüttgrube erfordern.

Für das vollständige Herumdrehen des Wagens ist die Vorschrift in bezug auf die Schmierung der Radachsen zu beachten. Außerdem müssen die Wagenkästen entsprechend stabil ausgebildet sein, um den Wagen ohne Schaden so weit nach der Seite drehen zu können, daß das Ladegut über die Seitenwände vollständig herausläuft. Man dreht dabei die Wagen entweder in einem Kreiselkipper vollständig um 360° (Abb. 396) oder doch so weit, daß das Ladegut bei der seitlichen Kippung des Wagens vollständig entladen wird. Dabei müssen die Wagen natürlich entsprechend gegen Abheben von den Schienen gesichert werden. Soll mit einem Kipper immer nur die gleiche Waggontype entladen werden, so ist die Konstruktion der Halteeinrichtungen verhältnismäßig einfach zu gestalten. Wesentlich schwieriger wird sie, wenn die verschiedensten Waggonbreiten und -höhen zu berücksichtigen sind.

Der Kreiselkipper nach Abb. 396 ist für einen Kippwinkel von 360° geeignet. Er besteht aus zwei Rotationsscheiben *a*, die durch einen torsionssteifen Hauptträger *f* miteinander verbunden sind. Die Halterung des Waggons beim Kippen erfolgt durch die seitlichen Stützbalken *c* und durch die Tragbalken *d*. Diese Arretierungen werden vor dem Kippvorgang an den Waggon herangefahren und verriegelt. Der Kipper stützt sich auf acht Laufräder *e* ab, die jeweils paarweise in Schwingen eingebaut sind. Zur Erzeugung der Drehbewegung können diese Laufräder angetrieben werden. Wesentlich häufiger findet man jedoch die Ausführung mit seitlich angeordnetem Antrieb *b*, dessen Ritzel in eine Verzahnung der Rotationsscheiben eingreift. Durch elektrische Verriegelung ist natürlich dafür gesorgt, daß der Drehvorgang erst eingeleitet werden kann, wenn der Waggon im Kipper durch die Stützbalken *c* und *d* festgelegt ist. Andererseits lassen sich diese erst wieder öffnen, wenn der Kipper in seiner Normallage wieder verriegelt ist. Mit derartigen Kreiselkippern lassen sich Entladeleistungen von 20–25 Wagen/h erreichen. Die Kippleistung ist noch zu vergrößern, wenn nur einheitliche Wagen entladen werden sollen, die mit Drehkupplungen ausgerüstet sind, so daß ein Entkuppeln der Wagen zum Entladen entfällt. Dabei hat natürlich die Drehachse des Kippers in gleicher Höhe mit den Kupplungen zu liegen. Eine weitere Vergrößerung der Kippleistung ist durch gleichzeitiges Kippen von zwei Wagen zu erzielen. Sehr aufwendig wird bei dieser Konstruktion allerdings das Fundament und die Kippergrube aufgrund der erforderlichen Länge.

Die gleichen Überlegungen gelten auch für einen Seitenkipper nach Abb. 397. Der Gesamtaufwand für die Erstellung des Fundamentes kann günstiger ausfallen, da der Auffangbunker nicht unterhalb des Kippers, also tief in der Erde, sondern neben dem Kipper angeordnet ist. Beim Kippvorgang wird durch den Antrieb *b*

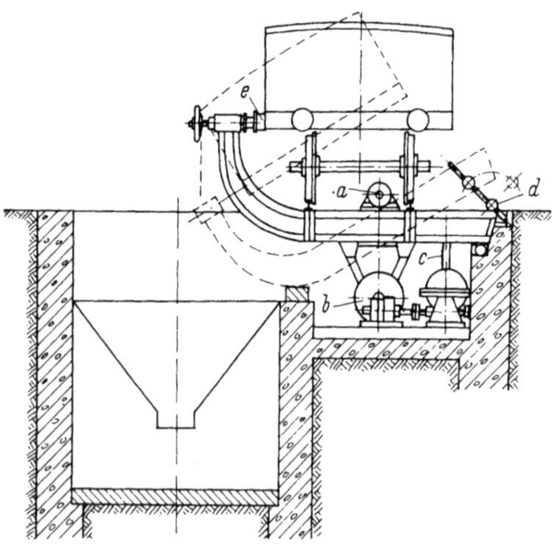

Abb. 395. Seitenkipper, der die Schwerkraft für die Kippbewegung ausnutzt.

a Drehachse der Kipperplattform; *b* Gegengewicht; *c* Kipperantrieb mit Kurbel und Schubstange; *d* Verriegelung; *e* einstellbarer Abstützbalken.

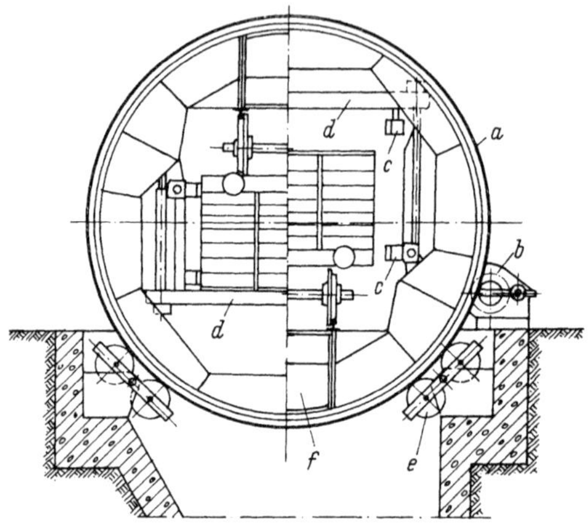

Abb. 396. Kreiselkipper für 360° Kippwinkel.

a Rotationsscheiben an den beiden Kipperenden mit Zahnkranz oder Triebstockverzahnung; *b* Antrieb; *c* seitliche Stützbalken; *d* obere Stützbalken; *e* Tragrollen in Schwingen eingebaut; *f* torsionssteifer Hauptträger.

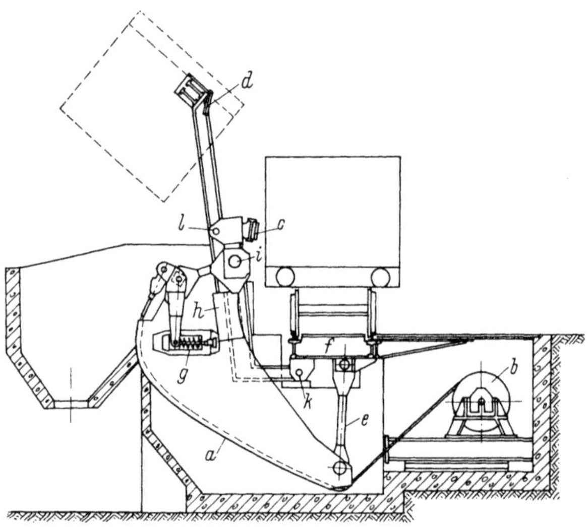

Abb. 397. Seitenkipper für 140° Kippwinkel.

a Hubwippe mit Seilführungsrinne; *b*, *c*, *d* und *f* wie Abb. 396; *e* Ausgleichsarm; *g* Hubendschaltersystem; *h* Gegengewicht für *d*; *i* Drehpunkt der Hubwippe; *k* Drehpunkt zwischen Hauptträger *f* und Tragarmen der seitlichen Stützbalken *c*; *l* Schwenkpunkt des Gegenhalterahmens *d*.

ein Seil aufgewickelt, das über den Rücken einer Hubwippe *a* geführt und am Ende unter Zwischenschaltung einer Endschaltereinrichtung befestigt ist. Beim Einschalten des Hubwerkes wird die Wippe *a* um ihren Drehpunkt *i* geschwenkt und hebt dabei den Bühnenhauptträger *f* an. Die Bühne *f* dreht sich zunächst um den Punkt *k*, bis die Waggonseitenwand am Stützbalken *c* zur Anlage gekommen ist. Beim weiteren Anheben geht der Schwenkvorgang im Punkt *i* vor sich. Bevor für den Waggon die Gefahr des Abhebens von den Laufschienen auftritt, gelangt der Waggonkasten an den oberen Stützbalken *d*. Dieser schwenkt nun um den Drehpunkt *l* weiter mit und hält den Waggon infolge des anhängenden Gegengewichtes *h* auf den Schienen fest. Beim Erreichen der maximalen Kippneigung wird über einen Winkelhebel ein Endschalter betätigt, der das Hubwerk abschaltet. Der Senkvorgang geht in umgekehrter Folge vor sich. Sobald der Drehpunkt *k* sich auf eine Konsole des Fundamentes aufgelegt hat, ist der Schwenkvorgang um *i* beendet. Für den letzten Teil des Absenkvorganges dreht sich die Bühne *f* um den Punkt *k*, wodurch der Waggon sich vom seitlichen Stützbalken *c* löst.

Auf Grund der geltenden Vorschriften sind in Deutschland vor allem die Stirnkipper zu großer Leistungsfähigkeit und zu vielseitiger Anwendungsmöglichkeit entwickelt worden. Sie können unter fast allen vorkommenden Verhältnissen angewendet werden, wenn nur die Entlademenge groß genug ist, um die Aufbringung des erforderlichen Anlagekapitals zu rechtfertigen, ein Umstand, der bei einfachen Kipperbauarten bereits bei fünf Wagen je Tag gegeben ist. Die Größe des Anlagekapitals spielt daher für die Beurteilung der Stirnkipper eine sehr große, oft ausschlaggebende Rolle. Für eine richtige Beurteilung ist es weiterhin wichtig, nicht nur die Anlagekosten des Kippers an sich zu berücksichtigen, sondern auch die Kosten für den Einbau des Kippers und für die Bunker zur Aufnahme des Ladegutes. Da in dieser Beziehung die grundsätzlich verschiedenen Bauformen der einzelnen Firmen von großer Bedeutung sind, sollen nachstehend einige Betrachtungen folgen.

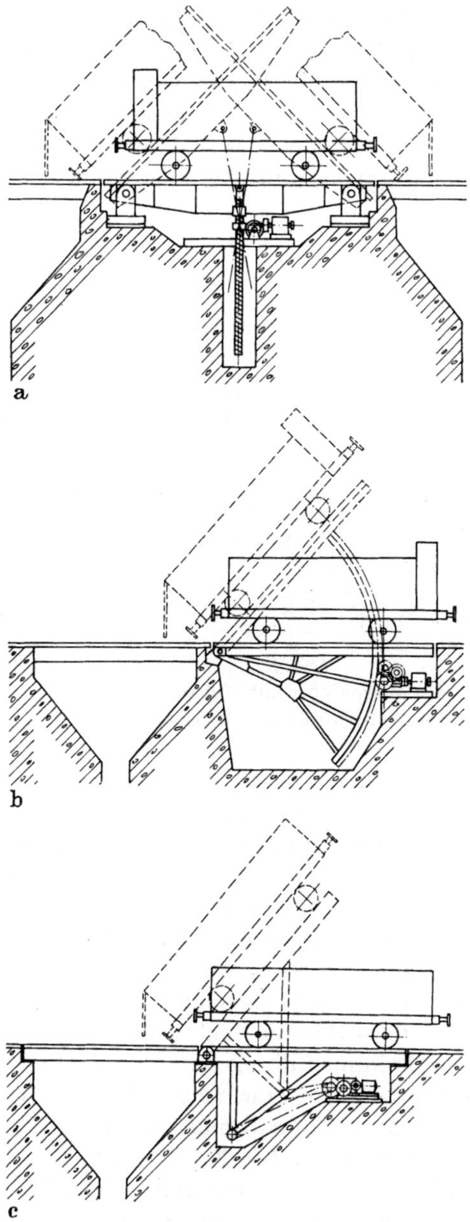

Abb. 398. Kipperbauformen, die tiefes Fundament erfordern.

a Kipper mit senkrechter Hubspindel und beidseitiger Kippmöglichkeit; *b* Hubantrieb über Zahnsegment; *c* Hubantrieb über Seilflaschenzug, der an einem Winkelhebel angreift.

Die Stirnkipper wurden zunächst allgemein als Plattformkipper gebaut, bei denen der Eisenbahnwagen auf eine Plattform gestellt und durch Neigen der Plattform in die für das Entladen des Wagens erforderliche Schräglage gebracht wird. Sie waren in dieser Weise durchweg ortsgebunden. Vor Einführung des elektrischen Betriebes wurden im wesentlichen sog. Schwerkraftkipper verwendet, die bereits im Zusammenhang mit Abb. 395 erwähnt wurden. Wenn auch der Kipper selbst sehr einfach im Aufbau ist, so liegt der große Nachteil in der erforderlichen Fundamenttiefe von 9—10 m, da beim Neigen der Kipperplattform ihre Vorderkante 2—2,5 m unter Schienenoberkante gelangt. Der Füllrumpf muß also sehr tief angeordnet werden.

Wesentlich geringere Bauhöhen erfordern motorisch angetriebene Plattformkipper. Bei ihnen ist die Plattform in der Regel am vorderen Ende drehbar gelagert und wird zwecks Entleerung des auf ihr befindlichen Wagens angehoben. Dieses Anheben der Plattform geschieht in mannigfach verschiedener Weise, durch hydraulische Arbeitszylinder, durch Schraubenspindeln, durch Ketten oder Seilzüge.

Bei der Konstruktion eines Kippers oder auch bei der Auswahl für einen bestimmten Einsatzzweck sollten folgende Hauptgesichtspunkte maßgebend sein: geringe Anlagekosten, geringe Fundamentkosten durch kleine Bautiefe, hohe Betriebssicherheit durch in Bedienung und Wartung einfachen, übersichtlichen und anspruchslosen Aufbau, einfache Reparaturmöglichkeit. Diesen Punkten folgend, ist man auch von Kippern mit senkrecht stehenden Hubspindeln, Zahnsegmenten oder Winkelhebeln (Abb. 398) abgekommen und bevorzugt heute Bauarten mit flacher Kippergrube.

Bei der in Abb. 399 gezeigten Ausführungsform wird das Heben der vorne drehbar gelagerten Plattform in der Weise erreicht, daß ein durch eine Spindel angetriebener Verdrängerwagen zwischen die scherenartig gelagerte Plattform und ihre Unterstützung geschoben wird. Durch zweckmäßige Ausführung der Krümmungskurven ist eine gleichmäßige Hubgeschwindigkeit über den gesamten Kippbereich und auch eine konstante Antriebsleistung zu erzielen (vgl. S. 363). Anstatt durch eine Spindel kann der Verdrängerwagen auch durch eine Kette oder einen Seiltrieb bewegt werden.

Eine andere, niedrig bauende Ausführungsform wird in den Abb. 314a—d auf S. 284 dargestellt. Bei diesem Plattformkipper wird die Bühne durch einen kippbaren Winkelhebel (auch Hubschere genannt) angehoben.

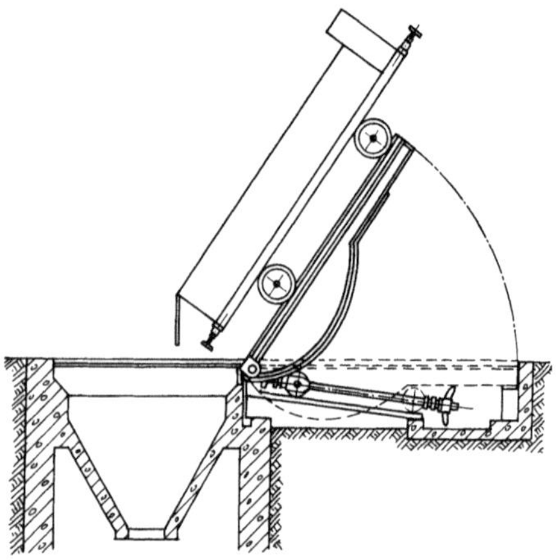

Abb. 399.
Plattformkipper mit Hubantrieb nach dem Verdrängerwagenprinzip.

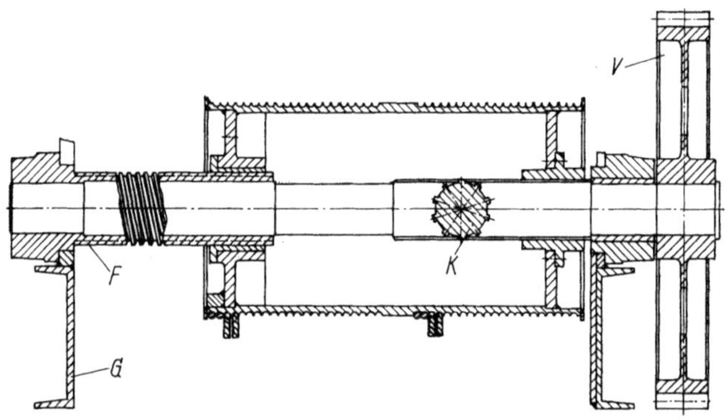

Abb. 400. Querschnitt einer automatisch geführten Windwerkstrommel zur Verhinderung einer seitlichen Seilablenkung (Aumund).

V Antriebsvorgelege; *K* Keilwelle; *G* Kippergrundrahmen; *F* Führungsgewindebüchse.

Der Kipper besteht aus einem Grundrahmen, der im vorderen Teil die schwenkbar verlagerte Kipperbühne trägt und in der Mitte die Lager für die sog. Hubschere aufnimmt. Wie zu erkennen, ist zwischen dem Grundrahmen und der Hubschere ein mehrfacher Flaschenzug angeordnet, dessen freie Seilenden auf eine motorisch angetriebene Hubseiltrommel aufgewickelt werden können. Zur Erzielung eines einwandfreien Aufwickelvorganges müssen, wie von Kranhubwerken bekannt, die Seile geführt werden, was aber bei den kurzen Abständen eine starke seitliche Seilablenkung zur Folge hat. Aus diesem Grunde wurde die Seiltrommel so angeordnet, daß sie sich zwangsläufig mit Veränderung der Trommelfüllung seitlich verschiebt. Wird die Steigung des Führungsgewindes gleich der des Kordelgewindes auf dem Trommelumfang gewählt, so wird eine Seilablenkung beim Aufwickeln absolut verhindert. In der Abb. 400 ist der Schnitt einer Hubseiltrommel wiedergegeben. Die Krafteinleitung erfolgt vom Untersetzungsgetriebe aus über ein Vorgelege auf die Antriebswelle, die auf der rechten Seite als Vielkeilwelle ausgebildet ist und so trotz leichter seitlicher Verschiebbarkeit der Trommel das erforderliche Drehmoment übertragen kann. Auf der anderen Seite wird die Welle durch eine am Grundrahmen befestigte Gewindehülse umgeben, auf der sich die Trommel mit Hilfe ihrer Gewindebüchse verschiebt, sobald sie in Drehung versetzt wird.

Durch die Wahl von zwei parallel geführten Seilen an Stelle eines einzelnen stärkeren Seiles sind die Durchmesser der Seilumlenkrollen sowie der Hubseiltrommel äußerst gering zu halten, wodurch erst die sehr niedrige Gesamtbauhöhe des Kippers von nur 1750 mm erreicht werden konnte. Durch Aufwickeln der Seile des Flaschenzuges wird die lose Seilrollenbatterie der Hubschere auf die im Grundrahmen befestigte zubewegt, so daß sich die Hubschere um ihre Lager im Grundrahmen dreht und dabei mit ihren Rollen unter die Bühne greift und diese mit anhebt.

Auf Grund des Hebelgesetzes ergibt sich beim Anheben der Bühne aus der Nullage die größte Beanspruchung der meisten Bauteile, da die erforderliche Hubkraft bei zunehmender Bühnenneigung mit dem Kosinus des Winkels abnimmt. Im Gegensatz hierzu nimmt die Beanspruchung der Pufferhalter bis zur maximalen Kippstellung zu und erreicht ihren Höchstwert, wenn das zu entladende Material infolge Frosteinwirkung bzw. hohem Feuchtigkeitsgehalt nicht aus dem Wagen ausläuft und erst bei größter Bühnenneigung plötzlich aus dem Wagen herausschießt.

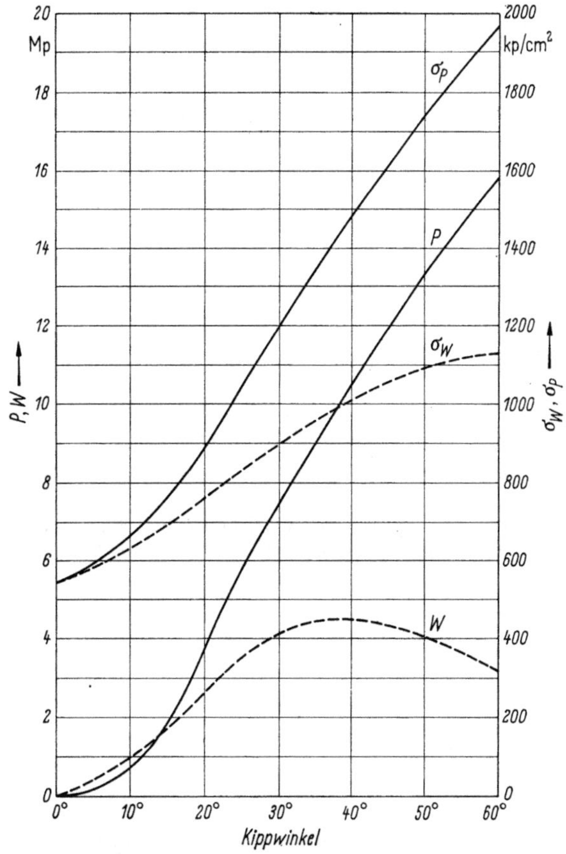

Abb. 401. Vergleich der beim Kippen eines Waggons auftretenden Kräfte und Beanspruchungen unter der Voraussetzung, daß sich der Waggon bis zur maximalen Kippneigung noch nicht entleert.

P = Achshakenbeanspruchung beim Plattformkipper; W = Haltekraft der Achshaken eines Scherenkippers; σ = Biegespannung der Wagenachsen infolge P bzw. W.

Bei dem bisher geschilderten Plattformkipper steht der zu entladende Wagen mit beiden Radsätzen auf der Plattform, d. h. in gekipptem Zustand auf einer schiefen Ebene. Auf Grund der sich hierbei ergebenden großen Hangkomponente müssen die Waggons bei dieser Konstruktion durch besondere Böcke an den Puffern gehalten werden. Diese Vorschrift gilt nicht für sog. Scherenkipper System Aumund entsprechend den Abb. 314e und f. In diesen Bildern sind zwar Sonderkonstruktionen (zweiseitig arbeitender bzw. fahrbarer Scherenkipper) dargestellt, doch wird das gleiche Prinzip auch bei ortsfesten Anlagen angewandt. Für den Aufbau und die Arbeitsweise des Hubwerkes gilt das gleiche, wie zuvor für den Plattformkipper nach Abb. 314a—d gesagt. Bei der ScherenkipperAusführung entfällt jedoch die Plattform. Der Waggon steht vielmehr mit dem vorderen Radsatz auf dem festen Kippergestell und mit seinem hinteren Radsatz direkt auf der verlängerten Hubschere.

Vergleicht man die beiden Ausführungen genauer, so wird man leicht feststellen, daß beim Scherenkipper der Schwerpunkt des zu entladenden Wagens weniger angehoben werden muß, wodurch die erforderliche Hubleistung etwa 30 % niedriger liegt. Auch ist bei dieser Ausführung das Halten des Wagens mit Haken an der Achse zulässig, da die Beanspruchung wesentlich geringer ist. Beim Anheben des hinteren Radsatzes wird eine Schubkraft erzeugt, die vom vorderen Radsatz aufzunehmen ist. Aufgeteilt wird die senkrechte Komponente dieser Kraft direkt vom Kippergrundrahmen aufgenommen, so daß die Achshaken nur der waagerechten Komponente das Gleichgewicht halten müssen. In früheren Jahren war die Haltung der Wagen mittels Achswellenhaken auch bei Plattformkippern gestattet. Eine Überbeanspruchung der Achsen und ihrer Lagerung war aber die Folge, was nach Betrachtung der Kräftegegenüberstellung in Abb. 401 auch leicht zu verstehen ist. Als Nachteil des Scherenkippers ist zu erwähnen, daß die Puffer beim Kippvorgang bis unterhalb der Gleisoberkante gelangen, so daß normalerweise dieser Kipper nur am Ende eines Gleises eingesetzt werden kann oder in der Sonderausführung als Drehscheibenkipper, da er dann in der Lage ist, auch seitlich neben dem Gleis zu entladen, wo die Gleisstränge nicht mehr stören.

Zusammenfassend läßt sich aus den Darlegungen die vorteilhaftere Arbeitsweise des Scherenkippers feststellen. Es wird nicht nur der Eisenbahnwagen infolge der günstigeren Abfangung der Kräfte geschont, sondern auch eine Werkstoffersparnis durch Wegfall der Bühne und auch bei der Ausführung der Schere und des Grundrahmens erzielt, so daß der Scherenkipper selbst in der Vereinigung mit einer Drehscheibe auf Fahrgestell oder Schiebebühne bei mäßiger Beanspruchung aller Teile eine verhältnismäßig leichte Gesamtkonstruktion darstellt.

In Abb. 314d wurde gezeigt, wie sich durch Aufsetzen eines Kippers auf eine Drehscheibe eine Beschickung von kreisförmig angeordneten Bunkern ermöglichen läßt. Soll dieser Vorteil nicht ausgenutzt und nur in Gleichrichtung gekippt werden, so kann man

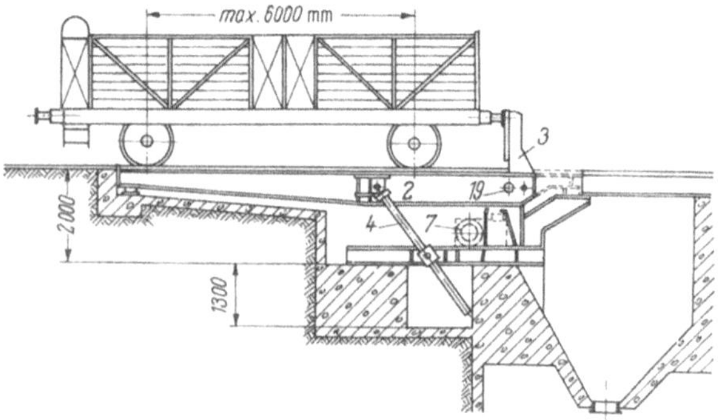

Abb. 402. Hydraulisch betriebener Plattformkipper mit im Gleis versenkbarer Pufferhalterung (Aumund).

Abb. 403. Kippeinrichtung für Straßenfahrzeuge (Schmidt).

sich auch von der Lage des Bremshauses am zu kippenden Wagen unabhängig machen, indem eine Drehscheibe oben in die Kipperbühne eingebaut wird. Da die Drehscheibe bei dieser Ausführungsform mitgehoben werden muß, ist eine starke Belastung der Drehscheibenverlagerung und der Bühnenlager sowie eine Vergrößerung der erforderlichen Hubkraft und damit der Antriebsleistung in Kauf zu nehmen.

Die beim Plattformkipper erforderlichen Pufferhalter sind mit der Kipperbühne verbunden und lassen sich zur Freigabe des Regellichtraumprofiles zum Durchfahren der Wagen seitlich ausschwenken oder aber nach unten absenken. Die zweite Ausführung wird in Abb. 402 an einem hydraulisch betriebenen Kipper gezeigt. In Ruhestellung stellen die Pufferhalter 3 mit ihren aufgelegten Gleisstücken einen Teil der Bunkerüberbrückungskonstruktion dar. Vor Beginn des Kippvorganges werden sie durch einen hydraulischen Zylinder um den gemeinsamen Drehpunkt 19 mit der Bühne in die senkrechte Lage hochgeschwenkt und automatisch mechanisch verriegelt. Durch Einschaltung des Pumpenaggregates 7 fahren dann zwei parallel liegende Arbeitszylinder 4 aus und drücken die Bühne hoch. Der maximale Kippwinkel beträgt 65°.

Vereinzelt sind auch durch hydraulische Arbeitszylinder gehobene seitliche Kippbühnen bekannt geworden, um auch eine Entladung gedeckter Güterwagen zu erleichtern. Seither haben sich derartige Kippeinrichtungen allerdings zum Entladen von Straßenfahrzeugen durchgesetzt, die nicht mit einer eigenen Kippeinrichtung versehen sind. Als Beispiel sei nur an landwirtschaftliche Fahrzeuge erinnert, die nach der Rübenernte in Zuckerfabriken in großer Anzahl zu entladen sind. Diese Kippeinrichtungen (Abb. 403) werden ortsfest eingebaut und in sechs verschiedenen Größen für Tragkräfte von 4000 bis 16000 kp bei jeweils 1000 mm Hub hergestellt. Das zulässige Gesamtgewicht des anzukippenden Fahrzeuges darf jeweils das Doppelte der Bühnentragkraft betragen. Die Tragbrücke mit aufgelegten Flacheisen verleiht der angehobenen Fahrzeugseite die erforderliche Rutschsicherheit. Sie selbst wird durch eine bzw. zwei ölhydraulische Arbeitszylinder so weit angehoben, daß sich am Wagenboden ein Winkel bis 32° ergibt. Dabei sind die hydraulischen Zylinder pendelnd gelagert, so daß die Tragbrücke der Teilkreisbewegung der angehobenen Fahrzeugseite folgen kann, ohne daß die Standräder einer Zugbelastung unterliegen.

Weitere Waggonkipperbauarten, die vor allem zum Beladen von Schiffen geeignet sind, wurden bereits im Zusammenhang mit den Abb. 315 und 316 auf S. 287 beschrieben.

3. Hebezeuge mit zusammengesetzter Lastenbewegung

a) Schienenlaufkatzen

Diese Art der Hebevorrichtungen ermöglicht in einfacher Weise ein Heben der Last und ein gleichzeitiges oder anschließendes waagerechtes Fortbewegen derselben. Sie hat sich in ständig steigendem Maße zu der jetzigen großen Bedeutung entwickelt, nachdem die Elektrizität als Kraftübertragungsmittel Eingang im Hebezeugbau gefunden hatte. Vorher war man im wesentlichen auf den Handbetrieb beschränkt, denn Dampf- und Druckwasserantrieb sind für den Betrieb von Laufkranen und Katzen fast unverwendbar.

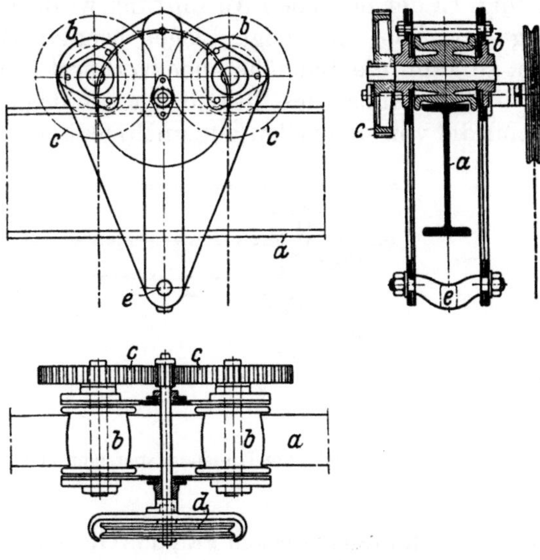

Abb. 404. Laufkatze für 10 Mp Last zum Einhängen von Flaschenzügen mit Fahrvorrichtung für Handbetrieb.

a I-Träger als Fahrbahn; *b* Laufrollen; *c* Zahnrädervorgelege zum Antrieb beider Laufrollen; *d* Kettenrad mit Handkette; *e* Querbolzen zum Einhängen des Flaschenzuges.

Mit den geringsten Anlagekosten wird die Aufgabe der senkrechten und waagerechten Lastenverschiebung unter Zuhilfenahme sog. Laufkatzen gelöst, wie in Abb. 404 an einem Beispiel dargestellt. In diese Laufkatzen werden Flaschenzüge irgendwelcher Art eingehängt. Laufkatzen ohne besondere Bewegungsvorrichtung sind im allgemeinen nur bis 1000 kp Belastung zu empfehlen. Bis zu 2000 und 3000 kp Belastung kann man mit einem einfachen Handrad mit Kette auskommen. Bei größeren Gewichten sind Zahnradvorgelege erforderlich. Meistens ist der Flaschenzug unmittelbar mit dem Fahrwerk zusammengebaut bzw. durch zwei Bolzen unbeweglich damit verbunden. Die Anordnung bedarf keiner weiteren Darstellung. In Abb. 405a und b ist eine Laufkatze mit Elektrozughubwerk gezeigt, die auf den unteren Flanschen eines I-Trägers verfahren werden kann. Die Drahtseile sind symmetrisch angeordnet, um keine einseitige Belastung zu erhalten, die bei der geringen Spurweite leicht zu einem seitlichen Kippen der Katze führen würde. Die Fahrbewegung wird durch einen Elektromotor von 0,6—1,0 PS über ein Stirnradvorgelege bewirkt, und zwar derart, daß zwei Laufrollen angetrieben werden. Die Fahrgeschwindigkeit kann je nach Polzahl des angebauten Motors in drei verschiedenen Größen gewählt werden, und zwar etwa 18 oder 25 oder 38 m/min. Die Steuerung der Elektrozug-Laufkatzen erfolgt in der Regel über eine Pendeldruckknopftafel mit Schützen-

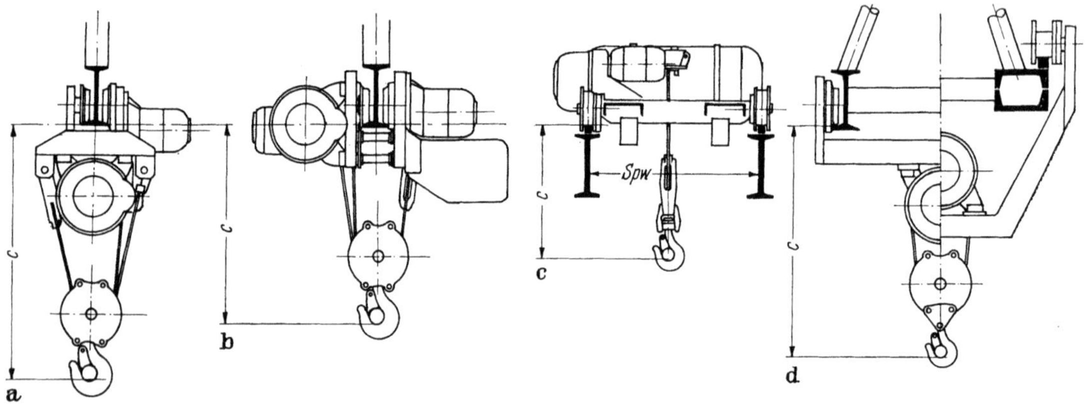

Abb. 405. Elektrozug-Laufkatzen.

a Einschienenkatze, normale Bauhöhe; *b* Einschienenkatze, kurze Bauhöhe; *c* Zweischienenkatze, stehend; *d* Zweischienen-Hängelaufkatze mit E-Zug hängend bzw. stehend.

steuerung. In der normalen Ausführung wird der Elektrozug mittig unter das Fahrwerk gehängt, wie Abb. 405a zeigt. Liegen beengte Höhenverhältnisse vor, z. B. in niedrigen Hallen, so kann die Bauhöhe auch verkürzt und ein günstigeres Maß C erzielt werden durch direkten Anbau des Elektrozuges an das Seitenschild des Laufwerkes (Abb. 405b). Während die von den Seilen aufzunehmenden Lasten wieder symmetrisch zur Laufbahn

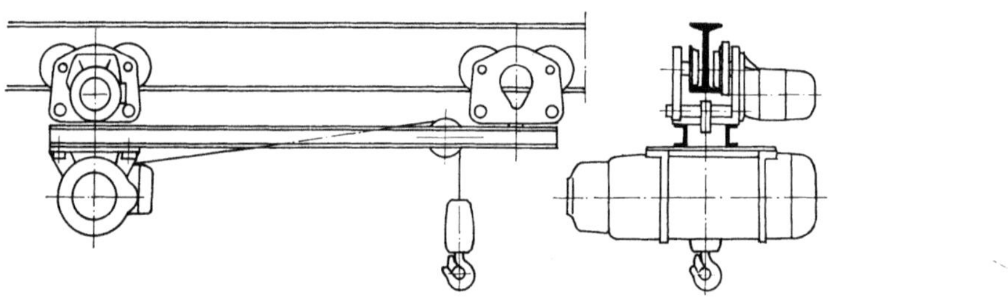

Abb. 406. Sog. „lange Katze" zum Transport sperriger oder heißer Güter, sie besitzt geringe Bauhöhe (Demag).

angeordnet sind, muß in diesem Fall das Gewicht des Elektrozuges durch einen mit Schrott zu füllenden Gegengewichtskasten auf der anderen Seite ausgeglichen werden. Ebenfalls eine sehr kurze Bauhöhe wird durch die sog. lange Katze (Abb. 406) erzielt. Es ist eine Sonderausführung, die dem jeweiligen Einsatzfall angepaßt wird. Sie besteht aus zwei Unterflanschfahrwerken, die gelenkig mit einem langen Katzrahmen verbunden sind. Das Seil vom Elektrozug wird über eine Umlenkrolle des benachbarten Laufwerkes geführt. Diese Ausführungsform ist besonders geeignet zur Beförderung sperriger oder heißer Lasten, da der Elektrozug in größerer Entfernung vom Lasthaken liegt. In der Regel wird nur ein Fahrwerk angetrieben. Auch mit der langen Katze sind noch schlanke Kurven zu durchfahren. Mit der normalen kurzen Katze allerdings sind je nach Baugröße des Elektrozuges Krümmungen mit einem kleinsten Halbmesser von 2—4 m zu bewältigen.

Die Elektrozugkatzen mit Unterflansch-Laufwerk baut man im allgemeinen bis zu Tragkräften von 10 Mp. Bei größeren Lasten gestaltet sich die Druckaufnahme durch die Laufrollen, die auf dem schrägen unteren Flansch des I-Trägers laufen, zu ungünstig, und der Flansch selbst erfährt zu große Biegebeanspruchung. Für das Heben größerer Lasten verwendet man daher besser Zweischienenkatzen nach Abb. 405c, die auf zwei getrennten Fahrbahnen beweglich sind. Diese auch für kleinere Tragkräfte eingesetzten Zweischienenkatzen sind mit einem Elektrozug bis zu 20 Mp und mit zwei Elektrozügen in Zwillingsanordnung oder Traversenbetrieb auch bis 40 Mp zu finden. Der Einsatz von zwei Elektrozügen ist auch erforderlich, wenn Greifer-, Klappkübel- oder Kippkübelbetrieb durchgeführt werden soll.

Für Portalkrane sind Zweischienenkatzen aber auch als Hängekatzen bekannt. Für kleinere Lasten und begrenzte Geschwindigkeiten werden die Laufräder mit einseitigem Spurkranz wieder auf dem Unterflansch eines I-Trägers geführt. Schwerere und schnelle Katzen finden jedoch mit ihren Doppelspurkranzrädern an einer auf dem Träger aufgeschweißten Schiene bessere Führung und verhindern eine zu starke Biegebeanspruchung des Trägerflansches. (Abb. 405d)

Wie schon an anderer Stelle dieses Buches erwähnt, können Elektrozüge als Kleinhebezeuge angesprochen werden. Sind größere Lasten zu bewältigen und werden größere Geschwindigkeiten verlangt, so werden Eintrommelwindwerke auf Zweischienenlaufkatzen

Abb. 407. Windwerkskatze in Blockbauweise mit zwei getrennten Katzfahrantrieben (Demag).

aufgesetzt. Für mittlere Tragkräfte zwischen 3 und 25 Mp hat die Demag Windwerkskatzen normalisiert und fertigt sie in moderner zweckmäßiger Blockbauweise aus abgekannteten Blechen (Abb. 407). Günstige Bauhöhe und kleine Anfahrmaße kennzeichnen diese Konstruktion, bei der Getriebekasten und Schützenschrank organisch in die tragende Konstruktion einbezogen sind. Der Katzrahmen ist begehbar und mit stirnseitigem Geländer versehen. Der Katzfahrantrieb erfolgt über zwei angeflanschte Getriebemotoren direkt auf zwei Laufräder der Katze mit 24 m/min. Alle Lagerstellen der Hub- und Katzfahrantriebe sind wälzgelagert. Für das Hubwerk finden Kurzschlußläufermotore mit Verschiebeanker und einer Leistung von 22 kW Verwendung, die in Abhängigkeit der Tragkraft zu einer Hubgeschwindigkeit zwischen 4,5 und 11 m/min führen. Bei einem Laufraddurchmesser von 315 mm und einem Radstand von 1550 mm werden Anfahrmaße von 725 bzw. 1275 mm erreicht.

Die bei vorstehend beschriebener Katze angewandte Normalisierung wird heute auch auf Katzen größerer Tragkraft allgemein angewendet, um immer wiederkehrende Konstruktionsarbeiten zu umgehen und Standardbauteile verwenden zu können. Die Trommel wird meist für die größte Hubhöhe passend ausgeführt und bei kleineren Hubhöhen nur zum Teil ausgenützt. Bei anderen Konstruktionen wird das Zwischenstück zwischen den Laufradträgern in seiner Länge entsprechend der Hubhöhe verändert. Die Arbeitsgeschwindigkeiten werden durch Variation der Getriebeuntersetzung ohne Änderung der Konstruktion angepaßt. Wenn auch durch Anwendung von Leichtmetall für Katzrahmen, Getriebekästen und Seiltrommeln in besonderen Fällen Gewichtsersparnisse bis zu 40% erzielt werden können, so gelten für Normalkonstruktionen Durchschnittsgewichte, die in Abb. 408 zusammengefaßt sind.

Zum Transport langer Teile ist es vorteilhaft, zwei Aufhängepunkte für die Last zu haben. Teilweise kann man dies durch einen in den Lasthaken eingehängten Tragbalken (Traverse) erreichen, doch bleibt hierbei die Einzelaufhängung im Lasthaken. Man kann auch eine Katze mit zwei Seilabgängen vorsehen, die einen bestimmten Abstand voneinander haben (Abb. 368 u. 409). Dies erreicht man durch ein gemeinsames Hubwerk mit entsprechender Seilführung oder mit zwei getrennten Hubwerken, die dann allerdings gleiche Geschwindigkeit besitzen müssen. Auch ist es möglich, zwei getrennte Katzen anzuordnen, die einmal zusammen und synchron gesteuert werden und im Bedarfsfall getrennt zu bedienen sind. Hierbei ergibt sich noch der Vorteil eines variablen Katz- und Hakenabstandes (vgl. auch Abb. 313 auf S. 281).

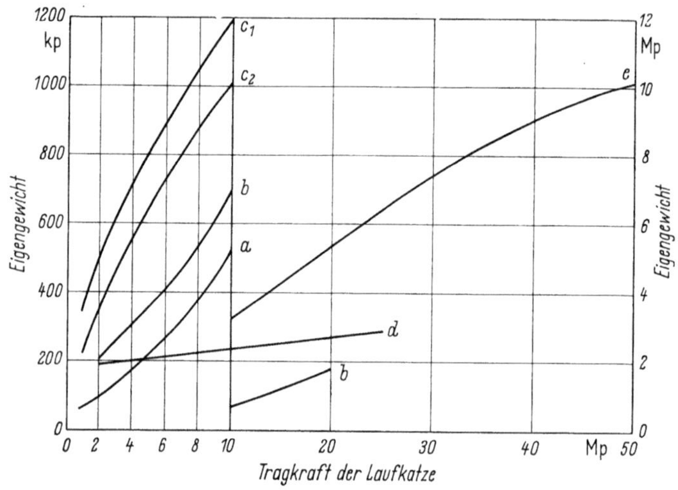

Abb. 408. Eigengewichte von Schienenlaufkatzen verschiedener Bauart.

a Einschienen-Planetenrad-Hebezeug (handbetrieben); *b* Zweischienen-Stirnrad-Hebezeug (handbetrieben); *c* Einschienen-Elektrozugkatzen, c_1 mit großer Hubgeschwindigkeit, c_2 mit mittlerer Hubgeschwindigkeit; *d* Zweischienen-Laufkatzen mit einfachem Windwerk Seiltriebgruppe *2*; *e* wie *d*, jedoch Seiltriebgruppe *3*.

Oft ist es auch erwünscht, längere Werkstücke horizontal zu drehen. Wenn sie in der Mitte gefaßt sind, kann dies von Hand erfolgen, da die Lasthaken allgemein drehbar angeordnet sind. Eine an zwei Haken aufgehängte Last kann durch direktes Drehen des Hubwerkes durchgeführt werden. Hierzu ist das Hubwerk auf einer Drehscheibe angeordnet, die elektrisch bewegt wird (Abb. 409, 553, 563 u. 564).

Abb. 409. Drehlaufkatze für Traversenbetrieb mit zwei Seiltrommeln, Ausführung des Drehwerkes mit Rollen oder Kugeldrehverbindung (Schiess-Defries).

Der Katzrahmen ist mit besonderer Sorgfalt zu konstruieren. Er hat die Kräfte der darauf aufgestellten Maschinenteile aufzunehmen und auf die Laufräder zu übertragen. Eine genaue Berechnung des Katzrahmens ist sehr schwierig, da es sich meist um ein statisch unbestimmtes System handelt, das auf vier Laufrädern auch äußerlich statisch unbestimmt gelagert ist. In der Regel geht man bei der Berechnung so vor, daß man den Katzrahmen so weit aufteilt, bis man letztlich Träger auf zwei Stützen erhält, die sich leichter berechnen lassen. Man erhält natürlich so nur Überschlagswerte, die aber als ausreichend sicher anzusehen sind, da sie tatsächlich nicht als frei aufliegende Träger beansprucht werden, sondern im Gesamtsystem durch Verschweißungen eingespannt sind. Aus diesem Grunde kann man bei St 37 ohne Berücksichtigung der Ausgleichszahl Beanspruchungen von 800—900 kp/cm² zulassen. Häufig wird jedoch bei der Konstruk-

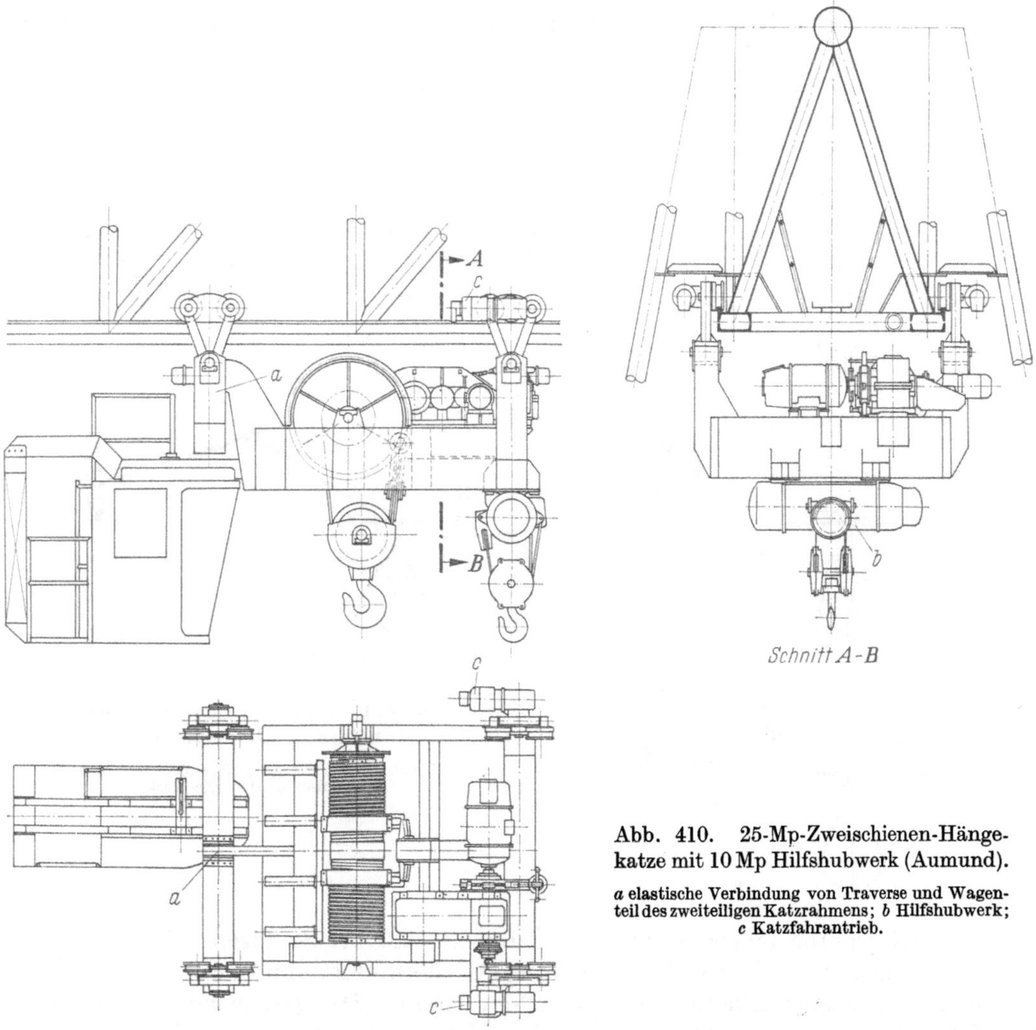

Abb. 410. 25-Mp-Zweischienen-Hängekatze mit 10 Mp Hilfshubwerk (Aumund).
a elastische Verbindung von Traverse und Wagenteil des zweiteiligen Katzrahmens; *b* Hilfshubwerk; *c* Katzfahrantrieb.

tion allzu vorsichtig zu Werke gegangen und ein viel zu steifer Katzrahmen erzielt. Soll eine derartige Katze auf einer unebenen Bahn laufen, so wird sie sich nicht den Erfordernissen entsprechend verwinden und sich der Bahn anpassen. Geschilderte Bahnunebenheiten treten sehr leicht bei Einträger-Fachwerkkonstruktionen mit großer Spannweite auf, wie sie für Portalkrane bekannt sind. Eine interessante Konstruktion einer Hängekatze nach Abb. 410 weist diesen Nachteil trotz schwerer Konstruktion nicht auf. Der Rahmen wurde zweiteilig gefertigt, wie vom Pferdewagen her bekannt. Er besteht aus einer stabilen Traverse mit seitlich angeordneten Rädern und einem steifen Wagenteil, der nur punktartig in der Mitte der Traverse a aufliegt. So wird eine Dreipunktverlagerung mit absolut gleichmäßiger Lastverteilung zu den vier Laufwerken erreicht. Doppelradschwingen verteilen die Last auf jeweils zwei Räder, wodurch nicht nur die örtliche Beanspruchung der Fahrbahnträger und der Schienen verkleinert, sondern auch der Einsatz leichter, genormter Laufräder möglich wird.

Wird für einen bestimmten Zweck eine ausgesprochene Greiferlaufkatze benötigt, so ist die Schienenlaufkatze mit einem Zweitrommelwindwerk zu bestücken. Vielfach erhalten die Katzen auch ein angebautes Führerhaus und werden dann als selbständige Hebezeuge meist in Form von Ober- oder Unterflanschkatzen angewendet, z. B. für den Transport von Kohle vom Lagerplatz oder Anfuhrgleis in die Kesselhausbunker oder für ähnliche Aufgaben. Die Einschienenkatzen können dann weit verzweigte Gleisanlagen befahren, auf fahrbare Krane oder Verladebrücken übergehen und räumlich ausgedehnte Lagerplätze bedienen. Zum Befahren von Kurven werden die Räder in Drehgestellen angeordnet. In dieser Ausführung stellen sie dann Hängebahnen dar und werden z. T. mit Geschwindigkeiten bis 240 m/min betrieben.

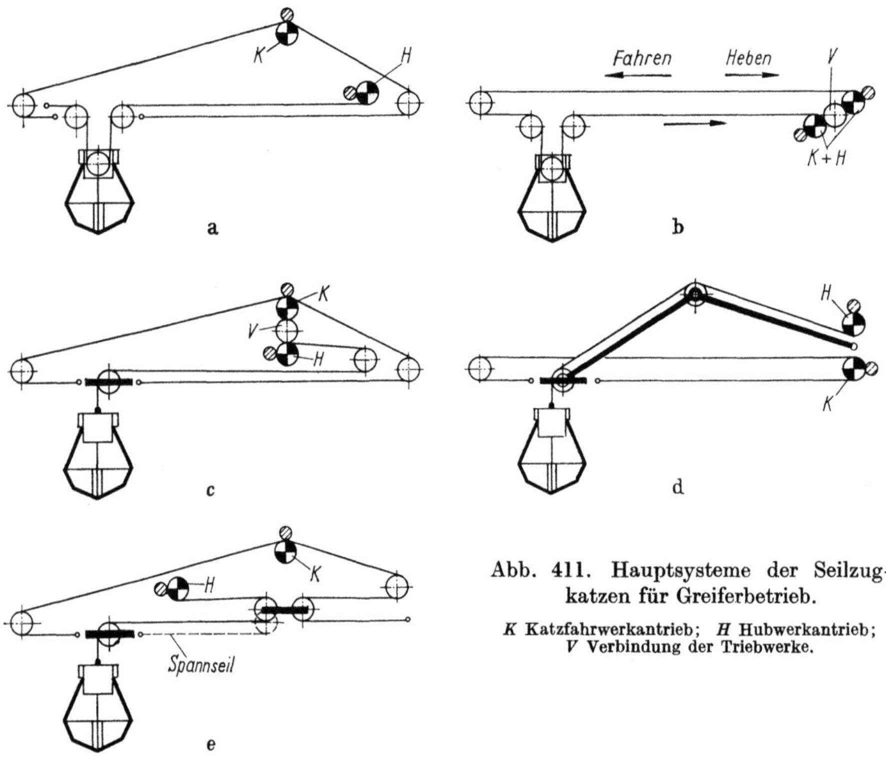

Abb. 411. Hauptsysteme der Seilzugkatzen für Greiferbetrieb.

K Katzfahrwerkantrieb; *H* Hubwerkantrieb; *V* Verbindung der Triebwerke.

Die wohl größten fahrbaren Greiferwindwerke sind bei Schiffsentladern angewendet worden. Aufgrund der hier verlangten großen Greiferinhalte und Bewegungsgeschwindigkeiten (größte bisher bekannte Anlage: 50-Mp-Greifer, Hubgeschwindigkeit 150 m/min, Katzfahrgeschwindigkeit 200 m/min) ergeben sich für die Triebwerkteile enorme Eigengewichte. Es wäre unwirtschaftlich, die Antriebe mit den Seiltrommeln im Katzrahmen einzubauen und immer mit zu verfahren, da hierdurch sowohl die Raddrücke des Kranfahrwerkes erheblich ansteigen würden, wie auch eine Begrenzung der Katzfahrbeschleunigung auftritt. Es wurde daher versucht, das Eigengewicht der Greiferkatzen zu verringern durch Trennung der Triebwerke für Hubwerk, Schließwerk und Katzfahrwerk vom beweglichen Katzrahmen. Wie von Ausleger-Drehkranen her bekannt, werden die Triebwerke fest am hinteren Ende der Kranbrücke installiert und dienen hier zugleich als Gegengewicht zur belasteten Katze auf dem Ausleger. Die Antriebskräfte für die einzelnen Bewegungen werden dann durch Seile auf die Katze übertragen. Wegen der formschlüssigen Übertragung der Antriebskräfte für das Katzfahren kann mit angemessenen Beschleunigungen gearbeitet werden, da auf den Reibungsschluß zwischen Katzlaufrad und Schiene keine Rücksicht mehr zu nehmen ist.

Wichtige Gesichtspunkte bei der Konstruktion derartiger Seilzugkatzen sind eine günstige Seilführung mit dem Ziel geringen Seilverschleißes, leichte Auswechselbarkeit des Greifers, möglichst geringe zu installierende Leistung und guten Wirkungsgrad. Aus der Praxis ist bekannt, daß die Seile unmittelbar über dem Greifer besonders stark beansprucht und auch leicht beschädigt und damit unbrauchbar werden. Da es unwirtschaftlich ist, immer die gesamten Seile zu erneuern, ist eine Möglichkeit für den Austausch der beschädigten Stellen vorzusehen. Hierzu können die unteren Seilstücke leicht austauschbar durch Seilschlösser angekuppelt werden. Andererseits können die beschädigten Seilstücke einfach abgeschnitten werden, wenn aus Speichertrommeln die erforderliche Seillänge nachgeführt werden kann. Dieser Vorteil ist bei den Seilzugkatzen nach Abb. 411a und b nicht gegeben, da die Seile durch den Greifer hindurchgeführt werden und die Beschädigung an Lukenrändern usw. an jeder beliebigen Stelle der Seillänge auftreten kann. Bei dem System nach Abb. 411a ist zudem die Lebensdauer der sich auch während des Katzfahrens durch den Greiferkopf bewegenden Seile beeinträchtigt. Dieser Nachteil ist bei der Ausführung Abb. 411b nicht vorhanden infolge der mechanischen Verbindung von Greiferwindwerk und Katzfahrwerk, jedoch müssen bei jeder Bewegung alle Triebwerkteile in Drehung versetzt werden.

Bei den beiden Systemen d und e kommt zu den bisher als vorteilhaft erkannten Eigenschaften — Greiferwechsel, Seilverschleiß — die Unabhängigkeit der rotierenden Massen bei den verschiedenen Bewegungen hinzu. Sie unterscheiden sich durch die Art des Seilausgleiches für den horizontalen Lastweg, der bei System d wie bei Wippkranen durch Seilführung über ein Lenkersystem und bei System e durch eine zwangsläufig angetriebene Seilschleife zwischen Katze und Zwischenwagen geschieht.

Bei dem System nach d wird wohl die geringste Leistung für das Katzfahren erforderlich. Demgegenüber ist aber der konstruktive Aufwand durch den erforderlichen Lenker bei dieser Ausführung am größten. Außerdem ergeben sich auch Schwierigkeiten, wenn der Schiffsentlader beidseitig mit einem Ausleger versehen werden soll. In der Praxis wird am häufigsten das System e angetroffen, woraus zu entnehmen ist, das dieses wohl die meisten Vorzüge in sich vereinigt. Auch läßt sich bei dieser Ausführung verhältnismäßig einfach eine Greiferdrehvorrichtung einbauen, die im Schiff eine bessere Arbeitsweise des Greifers zuläßt.

b) Brückenkrane

Im Abschnitt über Schienenlaufkatzen wurden fahrbare Hebezeuge beschrieben, die durch Einsatz von gekrümmten und evtl. über Weichen miteinander verbundene Bahnen zu vielen Orten eines Betriebsgeländes gelangen können. Das Ziel, ein großes Lager oder eine Fertigungshalle ganz bestreichen zu können, ist nur durch Verwendung von fahrbaren Brückenkranen (früher Laufkrane genannt) zu erreichen, bei denen nicht nur die Bewegung der Schienenlaufkatze, sondern auch die Bewegung des Kranes für die Ortsveränderung der Last mitbenutzt wird. Bei diesen Anlagen wird der Kranträger mit seinen Kopfträgern auf zwei hochgelegenen Fahrbahnen geführt. Die Hallenstützen können zugleich auch als Kranstützen eingesetzt werden, wenn sie nur Konsolen erhalten zur Aufnahme der Fahrbahnträger. Falls sich die Errichtung der erforderlichen Hochbahnen außerhalb von Hallen nicht lohnt oder zu aufwendig ist, verlegt man die Fahrbahnen auf Flur, wodurch sich die Bauart als Portalkran ergibt, bei dem der Kranträger zusammen mit den beiden Stützen eine brückenartige Konstruktion bildet. Auf diese Bauart wird im nächsten Abschnitt noch näher eingegangen. Preisvergleiche verschiedener Anlagen haben ergeben, daß sich die beiden Ausführungsformen bei einer Laufbahnlänge zwischen 25 und 30 m in etwa das Gleichgewicht halten. Bei kürzeren Längen ist der Brückenkran mit hochliegender Fahrbahn preislich im Vorteil und bei größeren Längen meist der Portalkran. Dennoch kann es notwendig werden, auch bei größeren Bahnlängen dem Brückenkran den Vorzug zu geben, wenn bauliche oder betriebliche Gegebenheiten ein Verfahren des Kranes auf dem Boden nicht zulassen.

Die besonderen Vorteile des Transports mit Krananlagen gegenüber gleislosen Flurförderern liegen darin, daß der Transportraum über dem Fertigungsraum liegt und zugleich auch infolge der möglichen größeren Stapelhöhe als Lagerraum ausgenutzt werden kann (Stapelkrane). Der Raum in der dritten Dimension ist in den meisten Fällen ausreichend vorhanden, aber auch in niedrigen Produktionsräumen lassen sich moderne

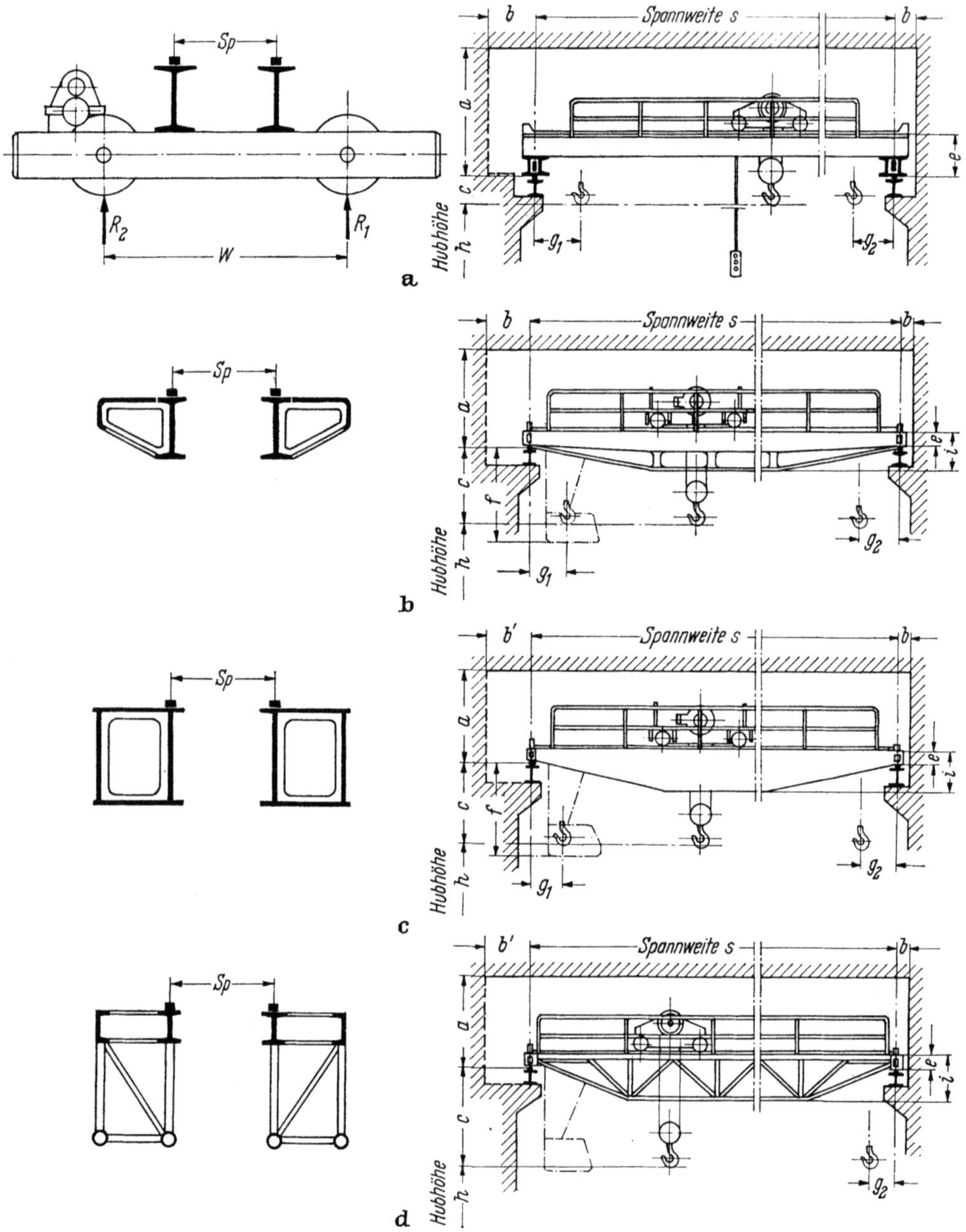

Abb. 412. Verschiedene Ausführungsformen der Kranträger bei Brückenkranen.
a zwei einfache Profilträger; *b* Vollwandträgerkonstruktion; *c* Kastenträgerkonstruktion; *d* Fachwerkausführung.

Krane mit geringer Bauhöhe einbauen (Hängekrane), so daß der umbaute Raum wegen der Krananlage nur selten höher geplant werden muß. Der Transport mittels Brückenkranen ist nicht behindert durch Flächenbelegung, Niveauunterschiede und sonstige Bodenverhältnisse. Da die Verkehrswege außerdem noch schmal zu halten sind, ist eine

Einsparung an Bodenfläche möglich. Schwere Lasten und sperrige Güter sind allgemein wohl nur mit Kranen zu bewältigen.

Die Ausführungsformen von Brückenkranen sind sehr mannigfaltig. Alle Bauarten bestehen aber grundsätzlich aus den Kopfträgern mit der Lagerung der Kranlaufräder und einem oder mehreren Längsträgern als Fahrbahn für die Schienenlaufkatze. Bei kleiner Spannweite bzw. seltenem Betrieb und begrenzter Tragkraft genügt ein Einträger-

Tabelle 93. *Hauptabmessungen von Zweiträger-Brückenkranen* (*Bezeichnungen entsprechend Abb. 412*)

Tragkr. Mp	s m	a[1]) mm	b mm	c mm	e mm	f mm	g_1 mm	g_2 mm	i mm
1,5	8	2100	200	400	250	1500	800	590	bei Vollwand- und Kastenträger ≈ $^1/_{18}$ der Spannweite; bei Fachwerkausführung $^1/_{10}$–$^1/_{12}$ der Spannweite.
	14	(1300)		400	250	1500			
	20			350	300	1700			
	28			350	300	1950			
3,0	8	2100	200	500	250	1500	900	690	
	14	(1300)		500	250	1600			
	20			450	300	1800			
	28			450	300	2000			
5,0	8	2200	230	630	250	1500	900	720	
	14	(1500)		580	300	1600			
	20			480	400	1800			
	28			480	400	2000			
7,5	8	2200	230	530	300	1700	1000	820	
	14	(1500)		530	400	1800			
	20			430	500	2000			
	28			430	500	2100			
10,0	8	2300	250	530	350	1700	1000	820	
	14	(1700)		480	400	1800			
	20			380	500	2000			
	28			380	500	2100			
15,0	8	2400	300	750	400	1800	1300	1150	
	14	(1800)		650	500	1950			
	20			550	600	2100			
	28			550	600	2200			
20,0	8	2400	300	580	400	1900	1300	1150	
	14	(1800)		480	500	2000			
	20			400	600	2150			
	28			400	600	2250			

[1]) Die Klammerwerte gelten für flurbediente Krane.

Brückenkran, wie er von zahlreichen Herstellern mit genormten Abmessungen angeboten wird. Der Einsatz ist möglich bis zu Tragkräften von 6000 kp und Spannweiten bis zu 17 m. Bei kleineren Spannweiten kann für den Hauptträger ein einfacher Profilträger verwendet werden. Bei den größeren Spannweiten ist die geschweißte Kastenträgerbauart vorherrschend. Als Hubaggregat dienen Elektrozüge, die auf der unteren verstärkten Lamelle des Hauptträgers laufen. Von den vier Laufrädern wird an jeder Kranseite ein Laufrad durch einen Getriebemotor mit einer Geschwindigkeit von 40 m/min angetrieben. Durch Einsatz von polumschaltbaren Motoren läßt sich eine Geschwindigkeitsabstufung von 10/40 m/min erzielen. Für den Einbau eines derartigen Einträgerkranes ist oberhalb der in Längsrichtung verlaufenden Kranschienen ein Raum von 450 mm Höhe freizuhalten und seitlich neben den Kranschienen 200 mm. Für die zu erzielenden Hubhöhen sind die Daten der eingesetzten Elektrozüge maßgebend (vgl. S. 337 u. 338).

Bei größerer Spannweite und größerer Tragkraft ist die Verteilung der Wanderlast auf zwei Kranträger vorzuziehen. Bis zu einer Tragkraft von 20 Mp sind zwei Schienenkatzen mit aufgesetzten Elektrozügen verwendbar. Bei größeren Tragkräften oder bei verlangten größeren Hubgeschwindigkeiten finden Hochleistungswinden Anwendung. In den meisten Fällen wird auch das Fahrwerk der Krane elektrisch angetrieben, so daß dann von den Kranhauptträgern nicht nur die vertikalen Lasten aufzunehmen sind, sondern auch Seitenkräfte, die sich beim Beschleunigen bzw. Bremsen des Kranes ergeben. Aus diesem Grunde ist der Einsatz von zwei einfachen Profilträgern entsprechend Abb. 412a auch nur bei begrenzten Spannweiten und mäßiger Kranfahrgeschwindigkeit anzuraten. Andernfalls werden außer den Hauptträgern noch ein bzw. zwei Seiten- oder Nebenträger vorgesehen, die durch waagerechte Querverbände in Ober- und Untergurtebene und außerdem durch Diagonalversteifungen mit dem Hauptträger verbunden werden. Am einfachsten und billigsten ist es, für Haupt- und Nebenträger genormte schmal- und breitflanschige I-Profile zu verwenden. Reichen diese fertigen Profile aber nicht aus oder werden sie zu schwer, so setzt man Träger aus Blechen, Winkeln oder Rohren zusammen. Die früher, besonders bei größeren Spannweiten, wegen ihres leichteren Gewichtes bevorzugte Fachwerkausführung (Abb. 412d) wird heute mehr und mehr durch die herstellungsmäßig günstigere Vollwandkonstruktion (Abb. 412b) und vor allem durch die Kastenträgerkonstruktion (Abb. 412c) abgelöst. Diese Entwicklungsrichtung wurde noch dadurch begünstigt, daß zur Zeit geschweißte Fachwerke für die Krangruppen III und IV noch nicht zugelassen sind.

Zweifellos hat das Fachwerk im Ingenieurbau seine Rolle noch längst nicht ausgespielt. In neuzeitlichen Variierungen, z. B. als Rohrkonstruktion oder räumliches Fachwerk wird es in vielen Bereichen auch weiterhin vorherrschen vor allem, wenn es gilt, ruhende Lasten bei großen Stützweiten aufzunehmen. Ein weiteres Ärgernis für den Konstrukteur von Profileisenfachwerken waren die Knotenbleche. Vom Standpunkt der Werkstoffausnutzung gesehen, sind sie denkbar unrationell. Je nach den verwendeten Profilen für die Konstruktion erfordern sie 20% und mehr des Konstruktionsgewichtes. Ausgehend vom ebenen Fachwerk als der bisherigen Trag- und Stützkonstruktion lag es nahe, in der Ebene der Vertikallasten die Stäbeverbindungen zwischen Ober- und Untergurt durch einen vollwandigen Steg zu ersetzen, der an Bauhöhe sparte. Mit den Flanschen wurde der Steg vollständig verschweißt. Die Horizontalkräfte müssen durch Versteifungen oder Windverbände aufgefangen werden. Um der seitlichen Instabilität zu begegnen, muß ferner der auf Druck beanspruchte Obergurt des Biegungsträgers horizontal ausgesteift werden. Leider sind die Aussteifungen und Windverbände für die stoßweise auftretenden Größtbeanspruchungen zu bemessen. Der dafür aufgewendete Werkstoff ist für die vertikalen Hauptkräfte aber nur schlecht ausgenutzt.

Will man den eingesetzten Werkstoff sowohl in vertikaler wie auch in horizontaler Richtung voll ausnutzen, so bedarf es einer in allen Richtungen gestaltfesten Form, die sich als Kastenträger anbietet. Als zweites Moment zugunsten dieser Bauweise wirkt die geringere Bauhöhe und die damit erreichbare gute Raumausnutzung auch bei beschränkter Hallenhöhe. Da sich Brückenkrane in ihrer Grundform nicht wesentlich unterscheiden, welchen Verwendungszwecken sie auch dienen mögen, ließen sie sich ohne große Schwierigkeiten typisieren. Selbst im Vergleich mit den anderen in Abb. 412 gezeigten Trägerbauarten ergeben sich so viele gemeinsame Punkte, daß es möglich war, die Tab. 93 zusammenzustellen mit Hauptabmessungen von Brückenkranen in Abhängigkeit der gebräuchlichsten Tragkräfte und Spannweiten. Durch die Standardisierung sollen nicht nur allein die Herstellungskosten gesenkt, sondern vielmehr auch die Zusammenstellung allgemein gültiger Unterlagen für die Einplanung von Krananlagen in Hallenbauten ermöglicht werden. Leider wird aber immer wieder sogar beim Bau neuer Hallen auf die einzubauenden Krane viel zu wenig Rücksicht genommen, so daß das Durchgangsprofil zu knapp gewählt wird. Beim späteren Einbau eines Kranes bleibt dann dem Hersteller meist nur noch der Weg über eine teure Sonderkonstruktion. Aufgrund der baulichen Voraussetzungen (verfügbarer Raum oberhalb der Kranbahn) kann der Kran durch unterschiedliche Anbringung der Kopfträger noch in bestimmten Grenzen maßlich angepaßt werden (Abb. 413).

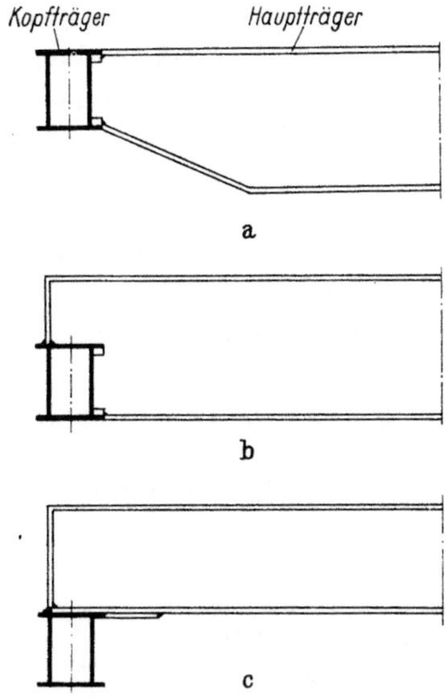

Abb. 413. Anschlußformen für die Hauptträger an den Kopfträgern.

a eingestoßener Hauptträger; *b* halbaufgesattelter Träger; *c* aufgesattelter Träger.

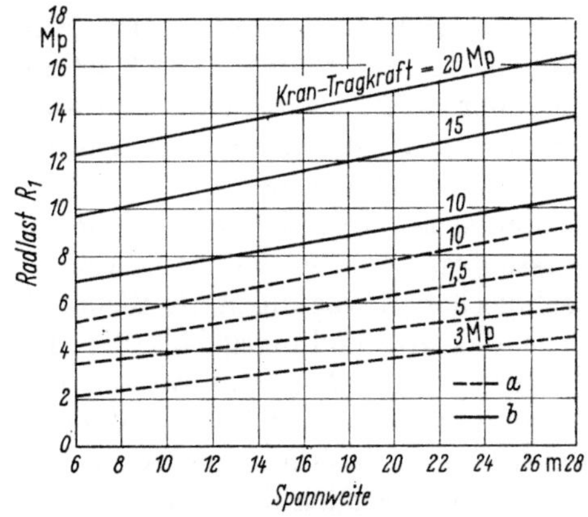

Abb. 414. Radlasten von Brückenkranen in Vollwandträgerkonstruktion.

a mit E-Zugkatzen; *b* mit offenen Windwerken

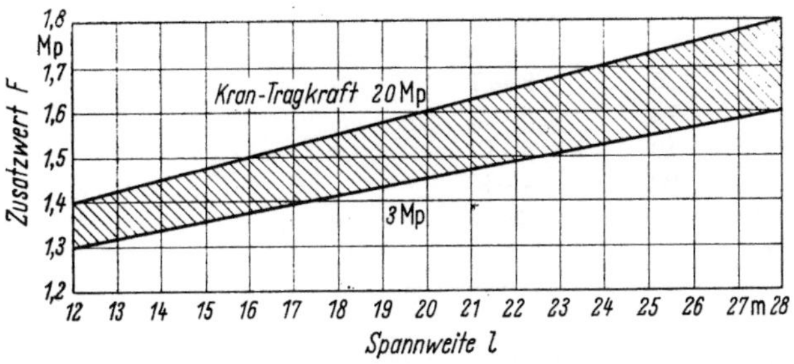

Abb. 416. Radlast-Zusatzwert, der das Gewicht des Kranfahrantriebes berücksichtigt.

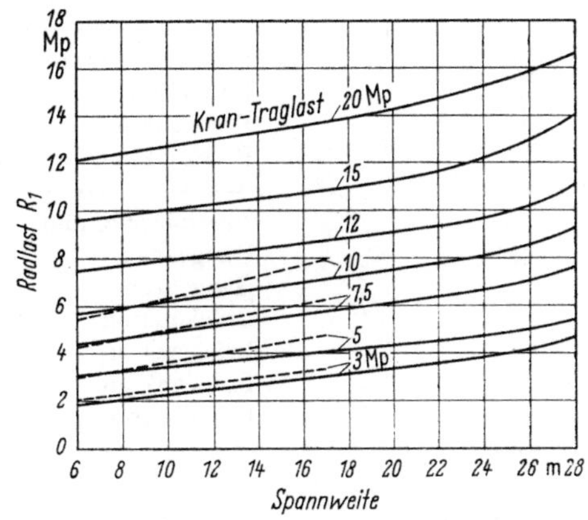

Abb. 415. Radlasten für Brückenkrane.

----- Profilträgerausführung;

——— Kastenträgerkonstruktion.

Ein weiterer wichtiger Punkt bei der Planung von Hallen ist die Kenntnis der auftretenden Radlasten zur Bemessung der Kranbahnträger und Stützen. Richtwerte können den Abb. 414 und 415 entnommen werden.

Die abgelesenen Werte der Radlasten R_1 gelten für die nicht angetriebenen Laufräder (vgl. Abb. 412a). Die Raddrücke R_2 auf der Antriebsseite werden durch Addition eines Zusatzwertes F (Abb. 416) erhalten. Für Krane mit Kastenträgern und Einzelantrieb der Fahrwerke, d. h. ohne durchgehende Bühne zur Verlagerung des Antriebes und der Welle kann die Radlast R_1 fast gleich dem Wert R_2 gesetzt werden, da lediglich der Getriebemotor einen Lastunterschied herbeiführt. Die in den Abb. 414 und 415 angegebenen Radlasten beziehen sich auf flurgesteuerte Krane. Bei Führerkorbsteuerung ist, entsprechend der Anordnung der Kabine (sie kann in der Mitte, seitlich oder auch verfahrbar angebracht werden), für diese ein Zuschlag von 1000 kp zu machen.

Ein Vergleich der Radlasten verschiedener Krantypen zeigt auch sehr deutlich die zweckmäßige, leichte Bauweise der Kastenkonstruktion. Damit soll aber nicht gesagt sein, daß die Blechbauweise eine Generallösung für alle Fälle darstellt. Bei Kranbrücken sowie bei großen Drehkranen wird der Kastenbauweise ein Halt geboten sowie gewisse Grenzen bei Tragfähigkeit und Spannweite oder Ausladung überschritten werden. Biegungsträger müssen, damit die nach den Vorschriften zulässige Durchbiegung nicht überschritten wird, eine bestimmte Steifigkeit haben, was auch beim Kastenträger eine bestimmte Bauhöhe erfordert. Die Stützweite eines Kranträgers schreibt also bestimmte Höhen- und Breitenmaße des Kastenprofils vor. Die zu verwendende Blechstärke ist dann nach der Größe der Belastung zu wählen. Bei relativ kleiner Belastung ergeben sich rechnerisch zu dünne Bleche, die sich einmal schwer verarbeiten lassen und zum andern zu leicht ausbeulen. Enger gesetzte Steifen können hier zwar Abhilfe schaffen, führen aber andererseits zu größerem Gewicht und verteuern die Konstruktion. Für geringbelastete Kastenträger mit großen Stützweiten müßte man also aus konstruktiven und fertigungstechnischen Erwägungen die Bleche dicker machen, als es die Lasten erfordern. Demnach liegt das Anwendungsgebiet der Kastenträger bei kleinen Spannweiten und großen Lasten. Bei großen Spannweiten unterstützt man die Träger durch ein engmaschiges Sprengwerk oder greift zu großmaschigen Fachwerken, bei denen die Druckstäbe aus knicksicheren Hohlprofilen (Rund- oder Vierkantrohr) gefertigt werden.

Einen Überblick über die zweckmäßigen Einsatzbereiche verschiedener Bauarten von Brückenkranen gibt Tab. 94.

Tabelle 94. *Einsatzbereiche der Brücken- und Hängekrane (Demag)*

	Ausführung	Tragkraft Mp	Spannweite m
Einträger-Krane			
Hängekran		5	4–16
Brückenkran	Profil	6	4–14
Brückenkran	Kasten	6	4–20
Zweiträger-Krane			
Hängekran		6	8–17
Hängekran		10	8–23
Brückenkran	Profil	10	4–17
Brückenkran	Kasten	100	4–35
Brückenkran	Vollwand	20	12–30
Brückenkran	Fachwerk	50	>12

Beim Streben nach Leichtbauweise kann man im Stahlbau Gewichtseinsparungen, z. B. durch Verringern der Wanddicken, Berücksichtigen des Kraftflusses, Anordnen des Materials an den äußeren Querschnittsrändern und Verwenden besonderer Profilformen erreichen. Als letztes Beispiel zweckmäßiger Gestaltung sei auf den Übergang vom Zwei- zum Einträger-Brückenkran hingewiesen. Diese Bauweise mit aufgesetzter Winkelkatze bietet vor allem bei großen Spannweiten und Tragkräften wesentliche Gewichtsvorteile. Erstmalig hat die Firma MAN einen derartigen Einträgerkran zusätzlich aus einer gut schweißbaren Aluminiumlegierung hergestellt und konnte einen vorhandenen Kran mit 20 Mp Tragkraft ersetzen durch einen Kran mit 30 Mp Hubkraft, ohne die Kranbahn stärker zu belasten.

In Abb. 417 sind die verschiedenen, ausgeführten Entwicklungsstufen der Katzrahmen mit außermittiger Last dargestellt: Die Ausführung a, z. B. bei Führerstands-Greiferkatzen angewendet, benötigt ein hohes Eigengewicht, da die Resultierende aus Eigengewicht und Last stets zwischen den Schienen liegen muß. Der erforderliche Laufsteg muß

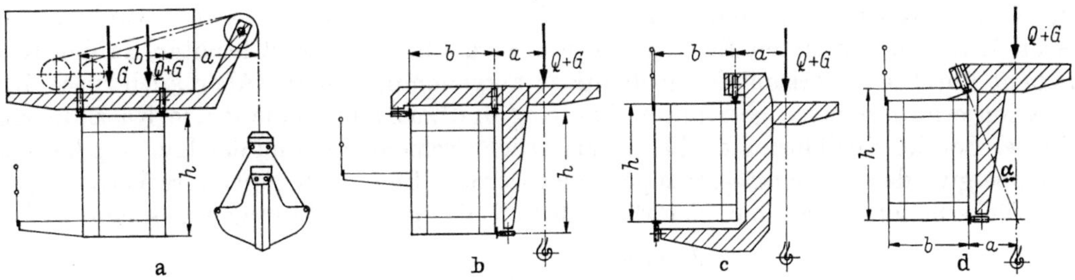

Abb. 417. Bauformen von Spezialkatzen für Einträger-Kastenkrane.

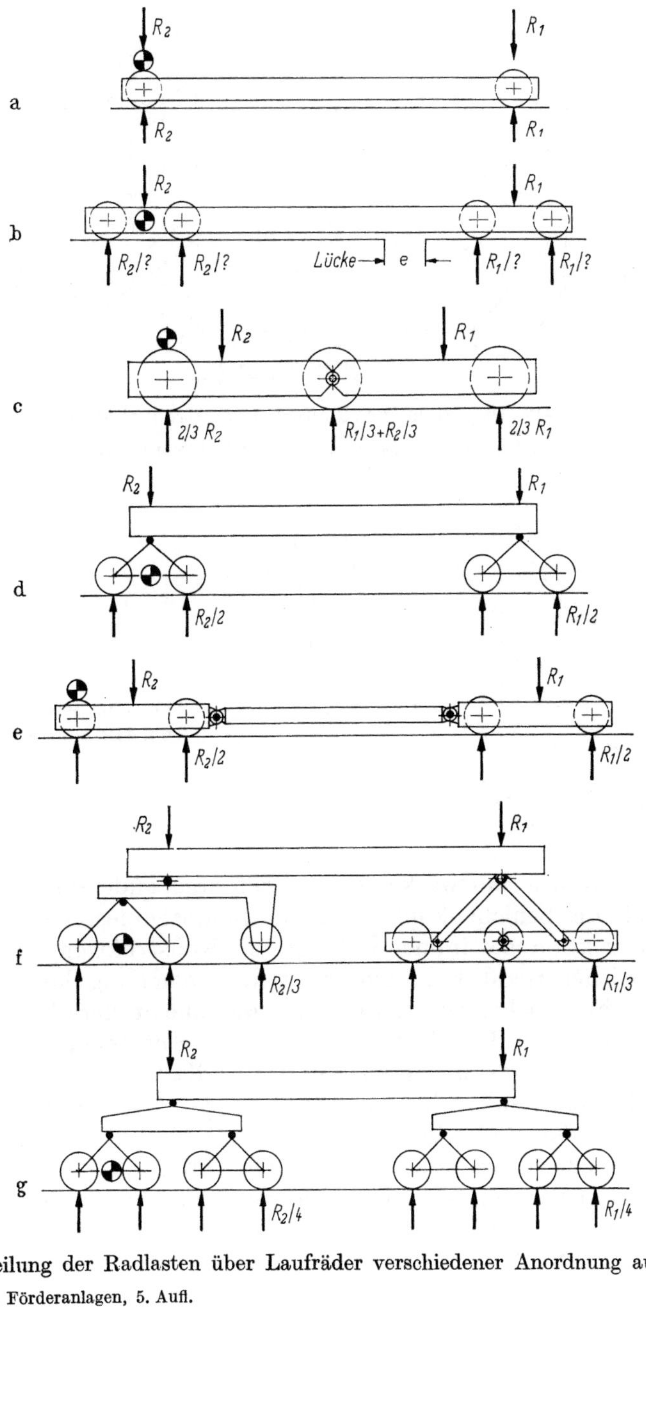

Abb. 418. Verteilung der Radlasten über Laufräder verschiedener Anordnung auf die Schienen.

seitlich am Kranträger zusätzlich angebracht werden. Die Winkelkatze b wurde von der Firma MAN bei den ersten Einträgerkranen ausgeführt. Sie wird leichter, da das Kippmoment durch ein horizontales Rollenpaar aufgenommen wird. Aber auch diese Konstruktion erfordert einen getrennten Laufsteg und zusätzlich eine dritte Katzfahrbahnschiene. Bei der Ausführung c fällt die zusätzliche Schiene fort und der Laufsteg kann auf dem Obergurt des Kastenträgers angeordnet werden. Eine noch günstigere Verteilung der Raddrücke bietet die Form d, so daß sie derzeit als optimale Lösung angesehen wird.

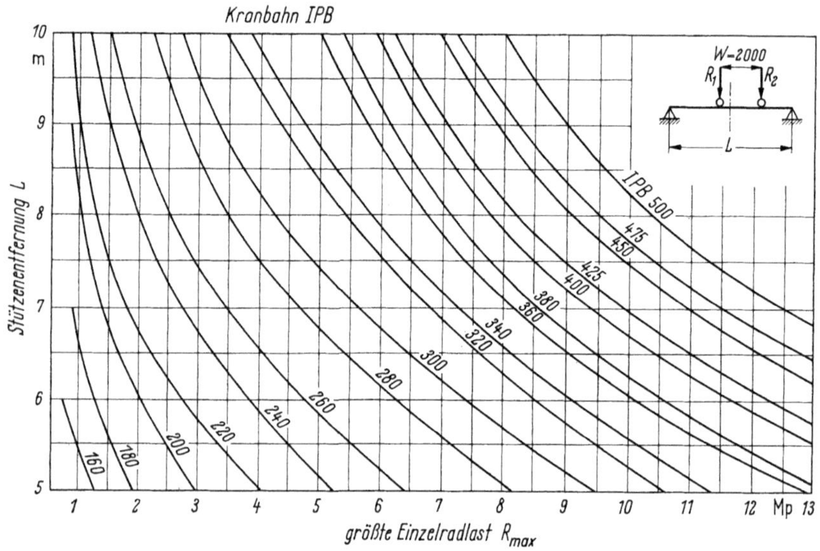

Abb. 419. Diagramm zur Ermittlung von Kranbahnträgern.

Der Berechnung wurde zugrundegelegt: Lastfall II; Ausgleichszahl $\Psi = 1{,}2$; Kippsicherheit $\nu_K = 1{,}71$; Durchbiegung $f = 1/500$; Radstand $w = 2000$ mm.

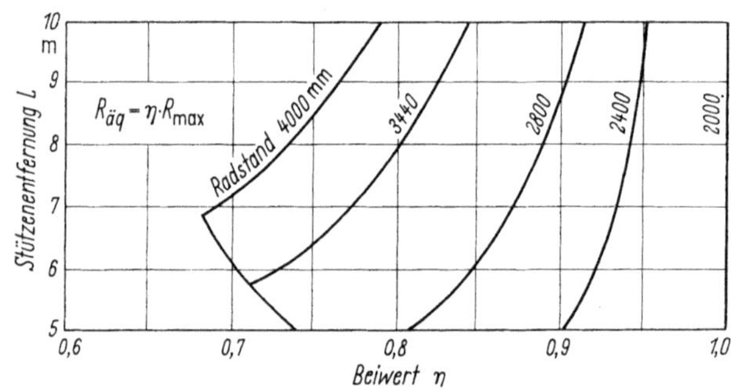

Abb. 420. Beiwert zu Diagramm nach Abb. 419 zur Berücksichtigung eines abweichenden Radstandes.

Für die Ausbildung des Fahrwerkes ist die sich ergebende Radlast, die vorhandene oder gewählte Breite des Schienenkopfes, der Laufraddurchmesser und die Tragfähigkeit der Kranbahnkonstruktion bestimmend. Liegt die Konstruktion des Kranes und der Fahrbahn in der gleichen Hand, kann eine Kostenuntersuchung darüber entscheiden, ob eine geringere Radzahl bei schwererer Kranbahn oder eine größere Radzahl bei leichterer Kranbahn wirtschaftlicher ist. Im allgemeinen wird diese Entscheidung durch die Gegebenheiten und die damit vorhandene Begrenzung der Radlasten vorweggenommen. Für die Konstruktion des Kopfträgers ist dann die Zahl der je Stützpunkt anzuordnenden und gleichmäßig zu belastenden Räder bestimmend.

Die gebräuchlichste Form des Fahrwerkes wird in Abb. 418a dargestellt. An den beiden Enden der Kopfträger ist jeweils ein Laufrad angeordnet. Werden in gleicher Weise zwei Laufräder vorgesehen, so kann dieser Kran nahezu stoßfrei über erhebliche Kranbahnlücken fahren. Hierbei erfolgt aber eine statisch unbestimmte Umlagerung der Radlasten, wobei jedes der beiden Räder keine oder im Grenzfall die volle Last aufnehmen muß. Zur gleichmäßigen Verteilung der Lasten ist diese Ausführung absolut nicht geeignet. Will man bei drei im Kopfträger angeordneten Rädern eine gleichmäßige Verteilung der Last erzielen, so ist im Bereich des mittleren Rades der Kopfträger mit einem Gelenkpunkt zu versehen (Abb. 418c). Die Anordnung von vier Laufrädern erfolgt in zwei Radschwingen an den Enden des Kopfträgers (Abb. 418d) oder in einem getrennten Kopfträger, wobei jeder Abschnitt einen Brückenträger aufnimmt. Die Verbindung der beiden Einheiten erfolgt über eine Kuppelstange (Abb. 418e). Mit gleichen Überlegungen wird dann auch verfahren, wenn noch eine größere Anzahl von Rädern zur Ableitung der Kraft erforderlich wird.

Zur Ermittlung des Radstandes sei noch erwähnt, daß zwecks guter Führung des Kranes auf der Bahn das Verhältnis Radstand zur Spannweite 1:4 bis 1:7 gewählt wird.

Maßgebend für die Kranbahnberechnung ist DIN 120. Wenn die Schienenlaufkatze nicht überwiegend an einer Seite der Kranbrücke arbeitet, kann die Kranbahn bei Kranen der Krangruppe II bis IV in die nächst niedrigere Gruppe eingeordnet werden.

Um die Ermittlung der erforderlichen Bahnträger für die gängigste Krangruppe II zu erleichtern, sei auf Abb. 419 hingewiesen. Bei der Berechnung der Kurven wurde die Ausgleichszahl $\psi = 1{,}2$ und die Kippsicherheit $\nu_k = 1{,}71$ und eine größte Durchbiegung $f = 1/500$ zugrunde gelegt. Die Querschnitte sind ausgelegt für den Lastfall II (Haupt- und Zusatzkräfte). Die Kranbahn ist als Träger auf zwei Stützen berechnet. Wie rechts oben in der Abbildung gezeigt, gilt das Diagramm für einen Kranradstand von $w = 2000$ mm. Bei anderen Rad-

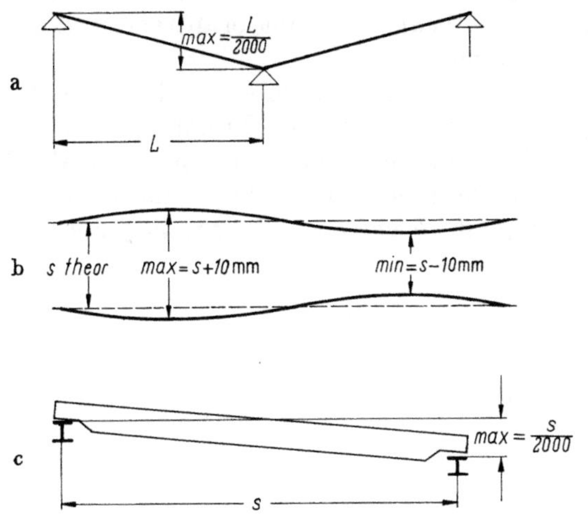

Abb. 421.
Zulässige Abweichungen bei der Erstellung von Kranbahnen.

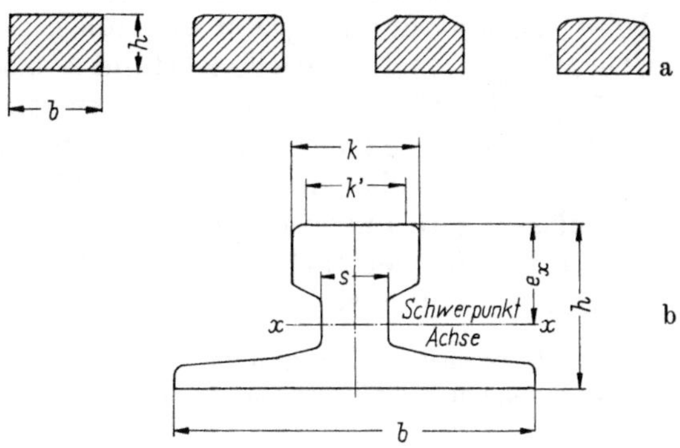

Abb. 422. Schienenprofile für Brückenkrane.
a Flachschienen; *b* Kranschienen.

Tabelle 95.
Flacheisenschienen nach Abb. 422a

b h	mm	50·30	50·40	60·30	60·40
Gewicht	kp/m	11,8	15,7	14,1	18,8

Tabelle 96. *Kranschienenabmessungen nach Abb. 422b*

Kurzzeichen neu	alt	Hauptmaße *k* mm	*k'* cm	*h* mm	*b* mm	*s* mm	Querschnitt cm²	Gewicht kg/m	J_x cm⁴	W_x cm³	e_x cm
A 45	KS 22	45	3,7	55	125	24	28,3	22,2	91	27,5	3,31
A 55	KS 32	55	4,5	65	150	31	40,7	32,0	182	46,9	3,88
A 65	KS 43	65	5,3	75	175	38	55,4	43,5	327	73,7	4,44
A 75	KS 56	75	5,9	85	200	45	72,1	56,6	545	109	5,00
A 100	KS 75	100	8	95	200	60	95,6	75,2	888	170	5,21
A 120	KS 101	120	10	105	220	72	129,0	101,3	1420	249	5,70

ständen ist vor Benutzung der Abb. 419 in Abb. 420 ein Beiwert η zu ermitteln, mit dem die Radlast zunächst zu multiplizieren ist.

Berechnungsbeispiel. Bestimmung der Kranbahn für einen Kastenträger-Brückenkran mit einer Tragkraft von 10 Mp bei 20 m Spannweite. Die Kransteuerung erfolgt vom Boden aus. Die Stützenentfernung der Kranbahn beträgt 7 m.

Nach Abb. 415 ergibt sich eine Radlast $R_1 = 7500$ kp, $R_{max} = R_2 = R_1 + F$ (aus Abb. 416) $= 7500 + 1500 = 9000$ kp.

Fahrwerkausführung nach Abb. 418a mit einem Radstand $w = 20000/7 = 2850$ mm.

Damit ergeben sich nach Abb. 420 ein Beiwert $\eta = 0{,}865$ und $R_{äq.} = 9000 \cdot 0{,}865 = 7785$ kp.

Mit dieser Radlast ergibt sich bei einer Stützentfernung von 7 m nach Abb. 419 ein erforderlicher Bahnträger von I PB 360.

Nur gut verlegte Kranbahnen gewährleisten einwandfreies Fahren des Brückenkranes. Die Lebensdauer der Fahrwerke und ihrer Verschleißteile erhöhen sich erheblich. Aus diesem Grunde sind bei der Montage einer Kranbahn genau einzuhalten:

Höhendifferenz zwischen zwei Kranbahnauflagern 1/2000 der Stützenentfernung L (Abb. 421a), Maßabweichung von der theoretischen Spannweite des Kranes $\pm$ 10 mm (Abb. 421b), Höhendifferenz zwischen den beiden Kranbahnen 1/2000 der Spannweite (Abb. 421c).

Als eigentliche Lauffläche für den Kran werden auf die Profilträger Flacheisenschienen nach Tab. 95 oder Kranschienen entsprechend Tab. 96 aufgebracht.

Sollen die Schienen auf Betonfundamente oder Schwellen in Schotterbettung verlegt werden, so zieht man Eisenbahnschienen nach Tab. 69 vor infolge des größeren Widerstandsmomentes in der Vertikalebene. Bei Verlegung der Schienen auf Schwellen wird deren Abstand nur aufgrund der zulässigen Schienenbeanspruchung ermittelt nach der Überschlagsformel: Schwellenabstand $= 5000\, W_x/R$ cm.

Liegt die Schiene dagegen auf ihrer ganzen Länge und Breite auf einem Betonfundament, so ist neben der Biegebeanspruchung der Schiene auch die Pressung zwischen Schiene und Fundament zu berücksichtigen. Bei gutem Beton kann mit $p = 20$ kp/cm² als zulässig gerechnet werden. In diesem Wert ist bereits berücksichtigt, daß sich die Pressung nicht gleichmäßig über die Schienenfußbreite b verteilt, sondern in Schienenmitte wesentlich höhere Werte erreicht, als am Rand.

Für die rechnerische Überprüfung stehen als Näherungsformeln zur Verfügung:
Pressung unter der Schiene in kp/cm²

$$p = 0{,}28 \cdot \frac{\sqrt[4]{R^3}}{b}\,\eta,$$

Schienenbeanspruchung in kp/cm²

$$\sigma = 0{,}5 \cdot \frac{\sqrt[2]{R^5}}{W_x}\,\frac{1}{\eta}.$$

$$\eta = \sqrt[4]{\frac{2}{3}\,\frac{b^2 p\, E_B}{I_x E}}.$$

Hierin sind: R = Raddruck in kp, b = Schienenfußbreite in cm, E_B = E-Modul von Beton $0{,}14 \cdot 10^6$ in kp/cm², E = E-Modul von Stahl $2{,}1 \cdot 10^6$ in kp/cm², p_{zul} für guten Beton = 20 kp/cm².

Mit Hilfe dieser Gl. lassen sich für die verschiedenen Schienentypen die maximal zulässigen Raddrücke ermitteln. Richtwerte sind in Tab. 97 zusammengestellt. Würde man die zulässigen Raddrücke ins Verhältnis setzen zum aufgewendeten Materialgewicht, so wird man eine Überlegenheit der normalen Eisenbahnschienen von 35—50% in wirtschaftlicher Hinsicht feststellen. Bei der Verlegung der Schienen ist besonders zu beachten, daß nach dem Ausrichten ein sorgfältiges Untergießen in einer Mindeststärke von 30 mm mit hochwertigem Beton stattfindet. Andernfalls wird der Verguß durch die stetigen Bewegungen der Kranschiene zerdrückt und ein Ausbröckeln hervorgerufen. Um dieses Übel zu umgehen, hat man vielfach in Längsrichtung des Fundamentes Profilträger mit eingegossen oder aber in bestimmten Abständen kurze Trägerstücke, wodurch sich Schienenstühle zur Befestigung ergeben. Zwischen diesen Auflagerstellen bleibt dann eine freie Beweglichkeit der Schiene erhalten, so daß die Belastungsverhältnisse denen

Tabelle 97. *Zulässige Radlasten bei auf Beton verlegten Schienen*

Schienenform	R_{zul} kp	Schiene mit Lamelle mm	R_{zul} kp
A 45	7600	180·10	11900
A 55	10700	200·10	15500
A 65	14500	250·12	20800
A 75	18750	300·16	30700
A 100	22000	320·16	37800
A 120	26200	340·20	46600
Preußen 6 = S 33	14800	200·12	28200
Preußen 8 = S 41	16900	220·14	32300
S 49	20250	250·18	43200

der Schwellenverlagerung gleichkommen. Die Schienenstühle sind mit gewölbter Oberfläche zu versehen, so daß unerwünscht hohe Kantenpressungen bei der elastischen Verformung der Schiene vermieden werden. Auch elastische Unterlagen können den gleichen Zweck erfüllen.

Bisher wurde nur betrachtet, inwieweit die Verlegung einer Schiene auf einem Fundament zur Begrenzung der übertragbaren Radlast führt. Ebenso wichtig ist aber auch die Beziehung zwischen Laufraddurchmesser D und der Schiene, um hier die Flächenpressung in zulässigen Grenzen zu halten.

Die übertragbare Radlast wird in kp berechnet nach

$$R \leqq p_{zul}\, c_2\, c_3\, D\, k'.$$

Hierin bedeuten:

c_1 = Werkstoff-Beiwert,
c_2 = Drehzahl-Beiwert,
c_3 = Betriebsdauer-Beiwert,
D = Laufraddurchmesser in cm,
k' = nutzbare Schienenkopfbreite in cm,
p_{zul} = zulässige Pressung zwischen Rad und Schiene in kp/cm².

Die notwendigen Werte sind der Tab. 98 zu entnehmen. Bei Verwendung der Kenn-Radlast R_0 kann die zulässige Radlast vereinfacht unter Benutzung der Tab. 99 auch berechnet werden nach der Formel

$$R \leqq R_0\, c_1\, c_2\, c_3.$$

Werden Laufräder mit Gleitlagerung verwendet, so ist auch diese mit einer zulässigen Flächenpressung von 85 kp/cm² zu überprüfen. Die entsprechende Kenn-Radlast R_{0L} ist der Tab. 99 zu entnehmen.

Tabelle 98. *Beiwerte c zur Laufradberechnung*

Werkstoff	p_{zul} kp/cm²	c_1
C 35	50	0,89
GS 52	50	0,89
GS 60	56	1

Betriebsdauer des Fahrantriebes bezogen auf 1 h	c_3
< 16%	1,25
16–25%	1,12
25–40%	1
40–63%	0,9
> 63%	0,8

D mm	c_2 für v in m/min 16	20	25	32	40	50	63	80	100	125	160	200	250
315	1,09	1,06	1,03	1	0,97	0,94	0,91	0,87	0,82	0,77	0,72	0,66	—
400	1,11	1,09	1,06	1,03	1	0,97	0,94	0,91	0,87	0,82	0,77	0,72	0,66
500	1,13	1,11	1,09	1,06	1,03	1	0,97	0,94	0,91	0,87	0,82	0,77	0,72
630	1,14	1,13	1,11	1,09	1,06	1,03	1	0,97	0,94	0,91	0,87	0,82	0,77
710	1,14	1,13	1,12	1,1	1,07	1,04	1,02	0,99	0,96	0,92	0,89	0,84	0,79
800	1,15	1,14	1,13	1,11	1,09	1,06	1,03	1	0,97	0,94	0,91	0,87	0,82
900	1,16	1,14	1,13	1,12	1,1	1,07	1,04	1,02	0,99	0,96	0,92	0,89	0,84
1000	1,17	1,15	1,14	1,13	1,11	1,09	1,06	1,03	1	0,97	0,94	0,91	0,87

Tabelle 99. *Rad-Kennlasten als Funktion verschiedener Schienengrößen und Raddurchmesser*

D	R_0 kp bei Laufrädern (DIN 15074 und 15075) Form S und SG für Kranschienen				Form B und BG für Kranschienen					R_{0L} bei p_{zul} = 85 kp/cm²
	A 45	A 55	A 65	A 75	A 55	A 65	A 75	A 100	A 120	
mm	KS 22	KS 32	KS 43	KS 56	KS 32	KS 43	KS 56	KS 75	KS 101	kp
315	6500				7900					6450
400	8300	10100			10100	11900	13200			10900
500	10400	12600			12600	14800	16500			13800
630		15900	18700			18700	20800	28200		17000
710			21100	23500			23500	31800	39800	20600
800			23700	26400			26400	35800	44800	26600
900			26700	29700			29700	40300	50400	33400
1000			29700	33000			33000	44800	56000	43600

Noch vor wenigen Jahren begnügte man sich mit Kranfahrgeschwindigkeiten zwischen 20 und 40 m/min. Heute werden oft Geschwindigkeiten von 100 m/min und mehr gefordert. Nicht immer ist diese Forderung gerechtfertigt, da sich die Umschlagleistung keineswegs proportional der Geschwindigkeitserhöhung steigert. Oft werden durch die höhere Fahrgeschwindigkeit die Anlauf- und Fahreigenschaften von Kranbrücke und Katze verschlechtert und zum andern muß bei voller Ausnutzung der Fahrgeschwindigkeit bei kurzen Fahrstrecken mit erheblichen Beschleunigungen und Verzögerungen gearbeitet werden. Hierdurch wird man sehr leicht gezwungen, zusätzliche Laufräder anzutreiben, wenn man ein Durchrutschen der getriebenen Räder verhindern will.

Für die Berechnung der erforderlichen Antriebsleistung ist zunächst der Fahrwiderstand W in kp zu ermitteln. Dabei ist $f = 0{,}05$ cm der Hebelarm der rollenden Reibung, μ der Reibwert der Zapfenreibung ($\mu_{\text{Gleitlagerung}} \approx 0{,}08$, $\mu_{\text{Wälzlagerung}} = 0{,}0015$). Der Laufraddurchmesser D und der Zapfendurchmesser d sind in cm einzusetzen. Der Beiwert c berücksichtigt die Spurkranz- und Nabenreibung sowie Annahmeungenauigkeiten. Er wird bei Gleitlagern mit 1,15 und bei Wälzlagern mit 1,6 berücksichtigt. Verwendet man Laufräder ohne Spurkränze und anstelle dieser Stützrollen, dann können die Werte für c um 20% reduziert werden. Unter ΣG ist das Gewicht des Kranes, der Katze und der Last gemeinsam zu verstehen. Es ist

$$W = \frac{\Sigma G}{D/2}\left(f + \mu\,\frac{d}{2}\right); \quad W_{ges} = Wc.$$

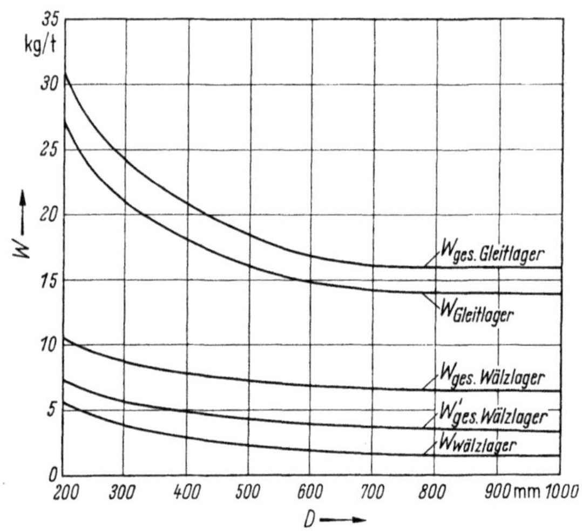

Abb. 423. Fahrwiderstand als Funktion vom Kranlaufrad-Durchmesser.

W nur Rollreibung; W_{ges} Rollreibung + Spurkranz- und Nabenreibung; W'_{ges} Räder ohne Spurkränze und Führung durch Stützrollen.

Hiernach ermittelte Fahrwiderstandswerte, bezogen auf ein Einheitsgewicht, sind in Abhängigkeit vom Laufraddurchmesser in Abb. 423 grafisch zusammengestellt. Die Kurven zeigen sehr deutlich die Überlegenheit der Wälzlagerung, insbesondere bei kleineren Raddurchmessern. Der Wert der Spurkranzreibung kann auch durch Vergrößerung des Radstandes günstiger gestaltet werden. Bei im Freien eingesetzten Kranen erhöht sich der Fahrwiderstand noch durch den auf den Kran einwirkenden Wind. Nach Vorschrift ist bei Betrieb ein Staudruck von 25 kp/m² der dem Wind ausgesetzten Kranfläche zu berücksichtigen. Dieser Wert ist außerdem noch zu multiplizieren mit einem Widerstandsbeiwert, der die Form der einzelnen Kranbauteile berücksichtigt. Für Vollwand- und Fachwerkträger beträgt der Beiwert 1,6; für Krankabinen, abgedeckte Flächen und Gegengewichte 1,2 und für Rohrfachwerke je nach Größe der eingesetzten Rohre 0,7–1,2.

Brückenkrane wurden bis vor etwa 10 Jahren fast ausschließlich mit zentraler Antriebseinheit (Motor, Bremsscheibenkupplung, Getriebe) einer Welle zu den Rädern, offenen Laufradvorgelegen und meist gleitgelagerten Rädern ausgerüstet. Heute wird immer mehr ein wartungsarmer Kranantrieb angestrebt, bei dem die Räder wälzgelagert und sehr häufig achsangetrieben sind, mit gelenkigen Endwellen und oft geschlossenen Laufradvorgelegen. Neben dem Mittenantrieb wird aber in letzter Zeit auch sehr häufig der Einzelradantrieb angewendet. Die Möglichkeit, Einzelradantriebe unabhängig von den baulichen Gegebenheiten für alle erfahrungsgemäß vorkommenden Leistungen und Geschwindigkeiten vorsorglich zu konstruieren, hat den Trend zu diesem rationellen Antriebssystem noch weiter gefördert. Für normale Krane sind in besonderen Fällen einfache oder polumschaltbare Kurzschlußläufer-Motoren oder solche mit vorgeschalteter Turbokupplung, in der Regel jedoch Schleifringläufermotoren im Gebrauch. Eine lastunabhängige Beschleunigung kann durch Vergrößern der Motorschwungmasse mittels schwerer Bremsscheibe oder Zusatzschwingmasse in der Kupplung oder auch durch Wahl eines Motors mit hoher synchroner Drehzahl erzielt werden. Für Fahrantriebe wählt man daher schwere Bremsscheiben und wenn möglich, zweipolige Motoren.

Für einen Einmotoren-Kranfahrantrieb errechnet sich die Motorleistung in kW aus

$$N = \frac{W \cdot v}{\eta \cdot 60 \cdot 102}$$

Hierin ist der Fahrwerkswirkungsgrad η mit 0,8 anzunehmen. Bei Mehrmotorenantrieben darf die errechnete Antriebsleistung nicht einfach durch die Anzahl der Motoren dividiert und etwa jeder Motor für die so erhaltene Teilleistung ausgelegt werden. Vielmehr erhöht sich bei einseitig stehender Katze der Leistungsbedarf des einen Motors um N_{max}/N_{mittel}. Für einen Zweimotorenantrieb können die Leistungsverhältnisse in Abhängigkeit vom Verhältnis des Kraneigengewichtes zum Gewicht der Katze und Last aus der Abb. 424 entnommen werden. N_{mittel} ist dabei die errechnete Antriebsleistung N nach obiger Gl.

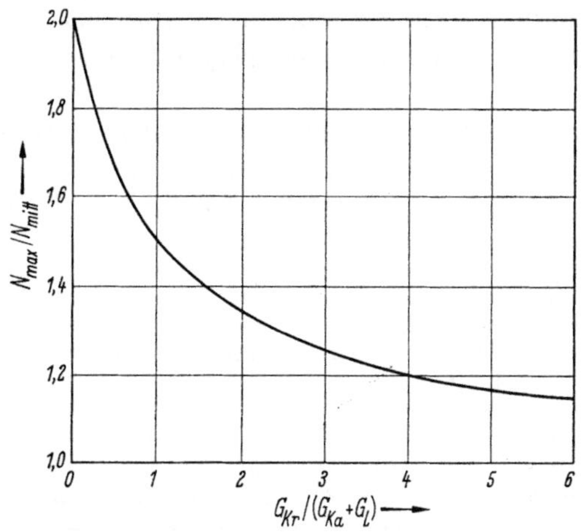

Abb. 424. Leistungsverhältnis N_{max}/N_{mittel} für Zweimotorenantriebe in Abhängigkeit vom Verhältnis des Kraneigengewichtes G_{Kr} zum Gewicht der Katze G_{Ka} und Last G_L.

Für die Bedienung von Brückenkranen stehen verschiedene Möglichkeiten zur Auswahl:

a) über eine Pendeldruckknopftafel, die über ein Kabel mit der Krankatze verbunden ist (gestattet nur bei Kran- und Katzfahrgeschwindigkeit unter 63 m/min),

b) über eine Pendeldruckknopftafel, die mittels Kabelwagen an einer besonderen Schiene entlang des Brückenträgers frei verfahren werden kann (gestattet nur bis zu einer Kranfahrgeschwindigkeit von 63 m/min),

c) von einer Führerkabine, die entweder einseitig am Brückenträger oder in Kranmitte unter einem Brückenträger befestigt ist,

d) von einer Führerkabine aus, die an der Zweischienenkatze befestigt ist und mit ihr verfahren wird,

e) von einer unabhängig von der Zweischienenkatze an einem Brückenträger verfahrbaren Kabine (entsprechend Abb. 425).

Im Interesse einer weitgehenden Normung der Antriebsteile sollten auch die Antriebsgeschwindigkeiten bei Neukonstruktionen möglichst einheitlich gestaltet werden. In DIN 15022 sind hierüber Richtlinien enthalten, die auszugsweise auch in Tab. 100 wiedergegeben sind.

Wie schon eingangs erwähnt, haben Brückenkrane eine bestimmte Arbeitsfläche, die von der Spurweite der Kranbahn und der Fahrbahnlänge bestimmt ist, wobei jedoch die Anfahrmaße von Kran und Katze abzuziehen sind. Wenn auch die Anfahrmaße in ge-

Abb. 425. Kastenträger-Brückenkran mit Führerkorb, der unabhängig von der Katze am Untergurt eines Kranträgers verfahren werden kann (Demag).

wissem Umfang häufig an die betrieblichen Forderungen angepaßt werden können, so sind hier doch Grenzen gesetzt. Es kann gewünscht werden, daß manchmal Lasten seitlich außerhalb des Fahrbahnbereiches abgesetzt oder abgeholt (Zwischenlager) werden sollen. In diesem Fall ist der Arbeitsbereich eines Kranes dadurch zu vergrößern, daß die Lauf-

Tabelle 100. *Antriebsgeschwindigkeiten für Brückenkrane mit Lasthakenbetrieb nach DIN 15022*

Kran- oder Triebwerksgruppe		I (leichter Betrieb)					II (normaler Betrieb)				III IV (angestrengter Betrieb)				
Größte Spielzahl h		< 18					< 30				< 60 (und höher)				
	Tragkraft Mp	Arbeitsgeschwindigkeiten m/min													
Katzfahren		16	20	25	32		20	25	32	40	25	32	40	50	63
Kranfahren		25	32	40	50	63	50	63	80	100	63	80	100	125	160
Heben	2	6,3	*8*		10		12,5	*16*		20	25		*32*	40	
	3,2	5	*6,3*		8		12,5	*16*		20	25		*32*	40	
	5	5	*6,3*		8		12,5	*16*		20	25		*32*	40	
	8	4	*5*		6,3		10	*12,5*		16	20		*25*	32	
	10	4	*5*		6,3		10	*12,5*		16	20		*25*	32	
	12,5	4	*5*		6,3		10	*12,5*		16	20		*25*	32	
	16	4	*5*		6,3		8	*10*		12,5	16		*20*	25	
	20	3,15	*4*		5		6,3	*8*		10	12,5		*16*	20	
	32	2,5	*3,15*		4		5	*6,3*		8	10		*12,5*	16	
	50	1,6	*2*		2,5		3,15	*4*		5	6,3		*8*	10	

katze von der auf der Kranbrücke befindlichen Katzfahrbahn auf eine andere Katzfahrbahn überfahren kann, entweder auf eine feste Bahn oder auf einen anderen Kran. Hierzu muß natürlich die Katzfahrbahn der Brücke tiefer liegen als die Kranfahrbahn, ein Konstruktionsmerkmal, das bei Hängekranen immer vorhanden ist. Bei Brückenkranen, die auf einer normalen Schienenfahrbahn laufen, bereitet es jedoch auch keine Schwierigkeit, die Katzbahn auf die entsprechende Höhe zu legen.

Besonders erwähnenswert ist das Demag-Hängebahn-Hängekran-System, das im Laufe von über 30 Jahren immer wieder verbessert und ergänzt wurde, so daß heute ein komplettes, vielseitiges Baukastensystem zur Verfügung steht. Für immer größer werdende Belastungen reichen die bisher üblichen Laufbahnen nicht mehr aus. Neuentwickelte

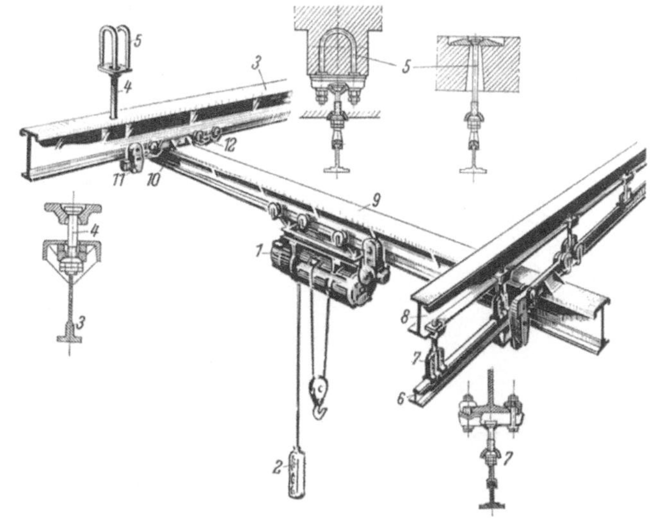

Abb. 426.
Hängekransystem (Demag).

1 Hängekatze; *2* Druckknopftaster für Steuerung; *3* Hängebahnträger; *4* Hängestange mit Kugelköpfen; *5* Spezial-Kugelpfanne mit Bügelschrauben und Bodenplatten für Betonkonstruktionen; 6 Wulstschiene; *7* pendelnde Bahnaufhängung mit Klemmbefestigung für I-Träger; *8* Obergurt; *9* Kranträger, gleichartiges Profil wie Hängebahnträger *3*; *10* Kopfträger; *11* elektrisches Hängekranfahrwerk; *12* Drehgestelle.

Spezial-Walzprofile aus St 60 erfüllen hinsichtlich Beanspruchung und Verschleißfestigkeit die geforderten Ansprüche. Charakteristisch ist die Aufhängung der Bahnen an Hängestangen, die eine allseitige Pendelbewegung ermöglichen. Die Stangen werden somit nur auf Zug beansprucht. Lastangriff erfolgt am Unterflansch der Bahnen. Die Abb. 426 zeigt den Grundaufbau eines Hängekranes. Hängekrane werden als Einträger-, Zweiträger-, in Sonderfällen auch als Vierträgerkrane gebaut. Normalausführung: Tragfähigkeit maximal 10 Mp, Spannweite maximal 25 m. Sonderausführungen lassen auch größere Werte zu. Die Konstruktion der Kranträger gleicht den Bahnträgern für Hängebahnen. Fünf geometrisch abgestufte Trägergrößen haben für jeden Bedarfsfall das richtige Leistungsgewicht.

Hängekrane in nebeneinander liegenden Hallenschiffen sind entweder direkt oder, falls eine Säulenreihe die einzelnen Hallen voneinander trennt, durch fest angeordnete Überfahrstücke verriegelbar. Außerdem können die Katzen mit Last vom Kran auf Stichbahnen oder Einbahnsysteme überfahren. Die leichte Bauweise des Hängebahnsystems ergibt eine geringe Gebäudebelastung und ermöglicht den Einbau in leichte Gebäudekonstruktionen. Konsolen für Laufbahnen sind überflüssig. Die Krananlagen fügen sich mit ihrer geringen Bauhöhe harmonisch in ein modernes Raumbild und begünstigen die Anwendung von Hallen mit großer Spannweite. Je nach Trägerlänge können die Krane auf zwei oder mehreren Bahnen laufen. Während bei Geschwindigkeiten bis 63 m/min Flursteuerung der Hängekrane erlaubt ist, wird bei höheren Fahrgeschwindigkeiten entsprechend der Vorschrift Führerhaussteuerung vorgesehen. Die Hängekatzen durchfahren Krümmungen von nur 1,2 m Radius. Für den Wechsel der Förderwege stehen Weichen und Drehscheiben zur Verfügung. Derartige Ausführungsbeispiele wurden bereits im Abschnitt über Hängebahnen beschrieben (Abb. 427).

Um größere Steigungen mit Last durchfahren zu können, wurden für die Hängekrane Reibradfahrwerke entwickelt. Durch ein vorgespanntes Tellerfederpaket wird zusätzlich zu den vier oben laufenden Laufrädern ein fünftes angetriebenes Rad von unten gegen den Unterflansch der Bahn gedrückt. Bei einer Steigung von 30 % und einer Fahrgeschwindigkeit von 25 m/min können auf diese Art noch Lasten bis zu 1000 kp bergauf gefördert werden. Für größere Lasten wird eine zweite Ausführung eingesetzt, bei der alle fünf Laufräder angetrieben werden. Der hohe Reibschluß ermöglicht dann den Transport von Lasten bis zu 2100 kp bei sonst gleichen Bahnverhältnissen.

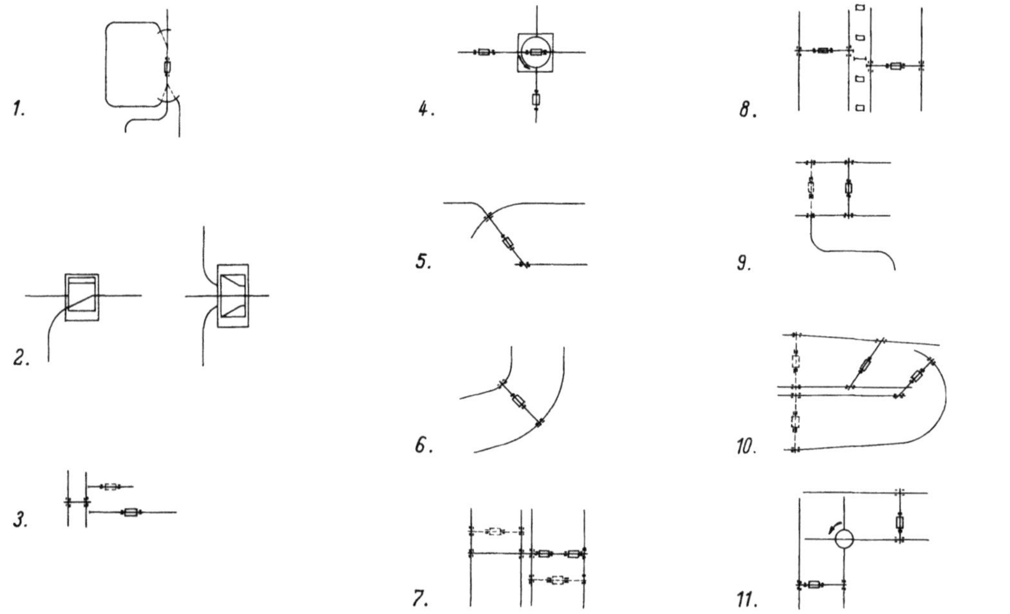

Abb. 427. Variable Förderwege für Hängekrane (Demag).

1 Kurve über Zweiweg- und Dreiweg-Schwenkweiche angeschlossen; *2* Zweiweg und Dreiweg-Schiebeweiche; *3* Schiebebühne; *4* Drehscheibe; *5* Kurve mit einer geraden und einer gebogenen Bahn; *6* Kurve mit zwei gekrümmten Bahnen; *7* Kranverriegelung untereinander; *8* Überfahrstücke zwischen Hallenstützen; *9* Abzweigung; *10* schräglaufender Hängekran auf schräglaufender bzw. gekrümmter Bahn; *11* sich kreuzende Bahnen.

Reibrad-Fahrwerke in oben beschriebener Form können auch für nicht angetriebene Hängebahnen als Traktor benutzt werden, um angehängte Lasten über lange Steigstrecken oder Neigungen zu fördern oder um ein sanftes Anfahren schwerer Lasten zu erreichen.

Als Sonderausführungen der Hänge- bzw. Brückenkrane sind diejenigen mit geführter Last anzusehen. Bei ihnen wird der Hubvorgang zwar in allgemein bekannter Form durchgeführt, doch wird zusätzlich ein seitliches Lastpendeln durch einen starren Mast, eine Teleskopsäule oder eine Stabilisierungsschere verhindert. Derartige Geräte finden Verwendung in Hütten- und Walzwerken (Stripperkrane, Magnetkrane zum Blechtransport), in der Holz- und Papierindustrie (Transport von Paletten mit Spanplatten, Faserplatten) und allgemein als Stapelkrane zur Lagerbedienung jeglicher Art. Für diesen Zweck werden sie meist als Hängekrane ausgeführt, da sie in dieser Form auch die Möglichkeit der Überfahrt zu anderen Kranen oder Stichbahnen besitzen. Die am Kran geführte Stapelkatze besteht aus Katzrahmen mit Fahrwerk und Hubeinrichtung, der drehbar angeordneten Stapelsäule und dem daran fahrbar angeordneten Hubwagen zur Aufnahme der Last. Die auf der Hubwagenvorderseite sitzenden Lastgabeln sind weitgehend den DIN-Normen angepaßt, wodurch auch der Austausch gegen andere Lastaufnahmemittel möglich wird, wie z. B. Aufnahmedorne für Drahtrollen, Sondergabeln für Rundmaterial oder Greifeinrichtungen zum Transport und zur Lagerung von Papierrollen oder ähnlichem

(Abb. 428). Bei Rampen- oder Fahrzeugbedienung werden Teleskopsäulen vorgesehen. Normalausführungen bis 4 Mp Tragkraft und Stapelhöhe bis 10 m. Unter 5 m Stapelhöhe ist eine Flursteuerung noch angebracht, darüber auf jeden Fall Führerhaussteuerung. Da das Führerhaus mit auf- und abfährt, wird eine gute Sicht für den Kranfahrer erreicht und dadurch sichere und schnelle Regalbedienung. Eine feinfühlige Lastaufnahme wird durch Einsatz von polumschaltbaren Motoren ermöglicht. Sehr häufig wird für Kran und Katze eine abgestufte Geschwindigkeit von 8/33 m/min gewählt. Sind vor allem kurze

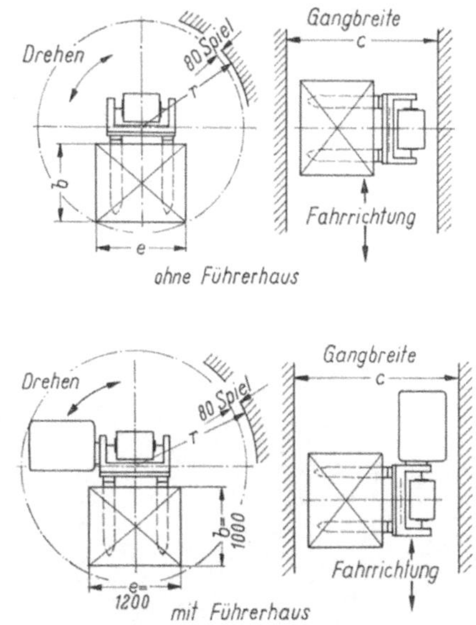

Abb. 429. Gangbreiten und Drehkreise für Stapelkrane ohne Teleskopsäule, Abmessungen vgl. Tab. 101 (Demag).

Abb. 428. Stapelkran mit drehbarer Teleskopsäule in einem Drahtlager (Demag).

Tabelle 101. *Gangbreiten und Drehkreise für Stapelkrane ohne Teleskopsäule (DEMAG)*

bis Tragfähigkeit kp	ohne Führerhaus (bis h = 5,0 m) Gangbreite c mm	Drehkreisradius r mm	h m	mit Führerhaus Gangbreite c mm	Drehkreisradius r mm
1000	$b + 780$	$\sqrt{\left(\frac{e}{2}\right)^2 + (b + 145)^2} + 80$	8,0	$b + 1090$	1445
2500	$b + 860$	$\sqrt{\left(\frac{e}{2}\right)^2 + (b + 170)^2} + 80$	10,0	$b + 1130$	1560
4000	$b + 930$	$\sqrt{\left(\frac{e}{2}\right)^2 + (b + 190)^2} + 80$	10,0	$b + 1240$	1650

h = höchste Gabelstellung (Flur bis Unterkante Last), e = Länge der Last, b = Breite der Last.
Bei der Bestimmung der Formel größte zugrundegelegte Behälter- oder Lastgröße: e = 1200 mm, b = 1000 mm, Behälterhöhe = 800 mm.

Abb. 430. Stapelkran mit Lastführung durch Scheren (Aumund).

Wegstrecken zu befahren, so wird eine Abstufung von 6/25 m/min vorgezogen. Wählt man als Hubwerk einen Elektrozug, so stehen Hubgeschwindigkeiten nach Tab. 86 zur Verfügung, die durch Anbau eines Feinhubwerkes noch verringert werden können. Die Drehgeschwindigkeit der Säule beträgt etwa 1,4 U/min. Bei der Festlegung der Beschleunigungs- und Bremszeit von Krananlagen mit geführter Last ist eine Standsicherheit der Katze bei niedrigster Laststellung zu überprüfen. Ist ein Abheben der Laufräder zu erwarten, ist eine Oberführung vorzusehen.

Besonders erwähnenswert ist bei den Stapelkranen auch noch die günstige Raumausnutzung durch schmale Gänge bei großen Stapelhöhen. In dieser Beziehung sollen für Planungsarbeiten durch die Abb. 429 zusammen mit der Tab. 101 Richtwerte gegeben werden.

Die wandlungsfähigste Konstruktion ist die Teleskopsäule. Bei voll ausgenutzter Hubhöhe werden größere Bodenfreiheiten erzielt. Die automatisch einziehbare Teleskopsäule trägt den Hubwagen und ist an der festen Säule geführt. Ist ein fahrbar angeordnetes Führerhaus vorhanden, wird neben dem Hubwagen auch die Teleskopsäule mit einer Fangvorrichtung ausgerüstet. In dieser Form kann mit einem Stapelkran wesentlich schneller gearbeitet werden, da Hindernisse am Boden jederzeit frei überfahren werden können, was auch für Rampen und zu beladende Fahrzeuge zutrifft.

Die Forderung, Lagerflächen restlos auszunutzen, führte zur Entwicklung von Stapelkranen mit Teleskoprohrführungen bzw. mit Scherenführungen (Abb. 430). Mit diesen Einrichtungen ist bei Blockstapelungen des Stapelgutes beste Flächennutzung möglich, da Bedienungsgänge vollkommen entfallen. Die Paletten werden an ihren Aufnahme-

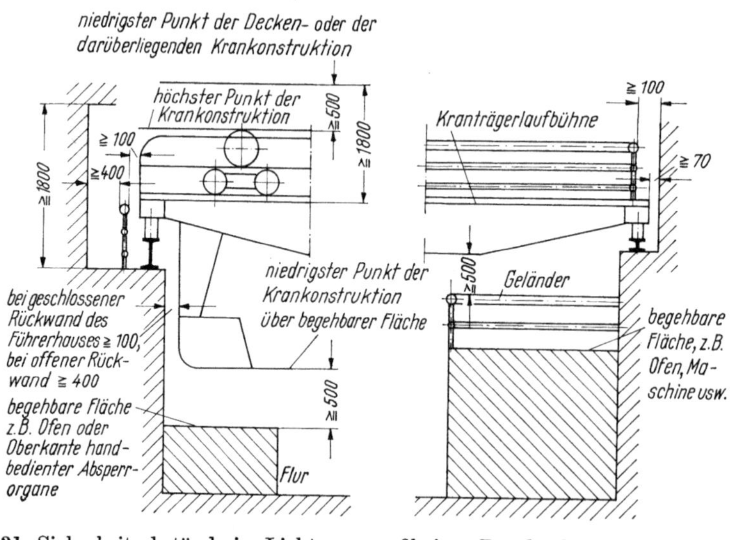

Abb. 431. Sicherheitsabstände im Lichtraumprofil eines Brückenkranes mit Führerhaus.

nocken von der Traverse gefaßt und transportiert. Die von den Stabilisierungsscheren geführte Hakentraverse ist an den vom Hubwerk herabhängenden Seilen aufgehängt. Das Führerhaus ist fest am Katzrahmen angebracht und gestattet durch seine Lage einen guten Überblick über den gesamten Lagerraum.

Wird ein Kran in eine Halle eingebaut, so soll er im Rahmen der Gebäudeabmessungen einen möglichst großen Arbeitsbereich haben. Dies führt dazu, daß die Abstände zwischen dem Kran und den angrenzenden Gebäudeteilen möglichst klein gehalten werden. Sofern aber Menschen zu den Bereichen Zutritt haben, in denen der Kran dicht an festen Teilen vorbeifährt, besteht eine Unfallgefahr durch Quetschen. Die Sicherheitsbestimmungen, die je nach Kranbauart die Gebäudeabmessungen unterschiedlich beeinflussen, sind in den Unfallverhütungsvorschriften des Hauptverbandes der gewerblichen Berufsgenossenschaften „8c Brückenkrane" (VBG 8c) festgelegt. Man sollte diese erlassenen Vorschriften nicht als hinderlich betrachten, sondern in ihrer Erfüllung zugleich auch eine Vereinfachung der Wartungsarbeit sehen. Die Wartung einer Krananlage ist nämlich genauso wichtig wie die sachgemäße Bedienung, einmal im Hinblick auf eine ständige Betriebsbereitschaft ohne unvorhergesehene Störungen und zum anderen mit Rücksicht auf die Unfallverhütung, da schlecht gewartete Krane leicht Schäden erleiden, die zu Unfällen führen. Es würde den Rahmen dieser Abhandlung sprengen, wollte man die Unfallverhütungsvorschriften an dieser Stelle wiedergeben. Durch die Abb. 431 sollen dem Planer nur die wichtigsten Sicherheitsabstände im Lichtraumprofil eines Brückenkranes mit Führerhaus vor Augen geführt werden.

c) Portalkrane

Nach DIN 15001 sollen unter der Bezeichnung Portalkrane alle Krane verstanden werden, die ein portalartiges Traggerüst besitzen. Nach dieser Überlegung müßten auch die Ausleger- und Drehkrane mit portalartig ausgebildetem Unterbau, die vornehmlich zum Materialumschlag in Häfen anzutreffen sind, in diesem Abschnitt behandelt werden. Da bei dieser Krangattung dem Ausleger und dem Drehwerk aber wesentlich mehr Bedeutung zukommt, sollen sie auch im nächsten Abschnitt mit den Kranen gleicher Merkmale näher betrachtet werden. Als ausgesprochene Portalkrane sollen die gelten, die ihr eigentliches Arbeitsgebiet im Portalbereich liegen haben. Früher bezeichnete man derartige Anlagen mit kleiner Tragkraft und Spannweite auch als Bockkrane und diejenigen mit größerer Spannweite zum Umschlag von Massengütern zwischen Schiff, Eisenbahn, Lastwagen und Lagerplatz als Verladebrücken.

Während Brückenkrane vorwiegend als Hallenkrane zu finden sind, wobei die Hallenkonstruktion zugleich als Unterstützung für die hochliegende Kranlaufbahn dient, setzt man im Freien vor allem Portalkrane ein. Bei diesen Kranen können die Laufschienen direkt auf dem im Boden liegenden Fundament verlegt werden. Wenn dieser Vorteil nicht uneingeschränkt ausgenutzt werden kann, weil die Laufbahn auf einer Seite über eine Maschinenanlage oder ein Gebäude hinweggeführt werden muß, so greift man oft zu einer Kompromißlösung, nämlich dem Halbportalkran. Die Möglichkeit, einen Portalkran zusätzlich in einer Halle einsetzen zu können, ist bis heute noch wenig bekannt geworden. Wenn auch durch die auf dem Boden laufenden Fahrwerke die nutzbare Hallenbreite etwas geschmälert wird, so ist andererseits eine wirtschaftliche Hallenleichtbauweise anzuwenden, da keinerlei Krankräfte die Halle belasten. Andererseits ist auch ein späterer, zunächst nicht geplanter Kraneinsatz in der bereits vorhandenen Halle möglich. Sehr häufig wird in diesen Fällen jedoch eine besonders niedrige Kranträgerform erforderlich, weil bei vorgegebener lichter Hallenhöhe ein Maximum an Hubhöhe gewünscht wird. Hierzu wird die Kranbrücke zweckmäßig aus zwei getrennten Kastenträgern gebildet, die an beiden Enden durch Kopfträger miteinander verbunden und von Stützen getragen werden. Die Katze wird zwischen den beiden Trägern geführt, und es ist kein zusätzlicher Höhenraum erforderlich. Dabei ist es gleichgültig, ob die Katze in hängender Ausführung oben auf den Trägern läuft oder aber von Konsolträgern des Untergurtes getragen wird (Abb. 432).

Nachdem sich schon seit Jahren in der Entwicklung der modernen Brückenkrane immer stärker die standardisierte Form durchgesetzt hat, wurde etwa 1965 der gleiche Schritt für Portalkrane gemacht. Bis dahin erfüllte man bei der Wahl der Abmessungen alle Wünsche der Kunden. Diese typische Einzelfertigung konnte zugunsten einer beschränkten Serienfertigung aufgegeben werden. Der Konstruktionsaufwand sank, außerdem ergaben sich gleiche Baukastenelemente für verschiedene Kranbauarten, so daß man als Resultat verkürzte Lieferzeiten und verminderte Fertigungskosten buchen konnte. Damit wurde auch kleineren Betrieben der Einsatz eines Kranes ermöglicht.

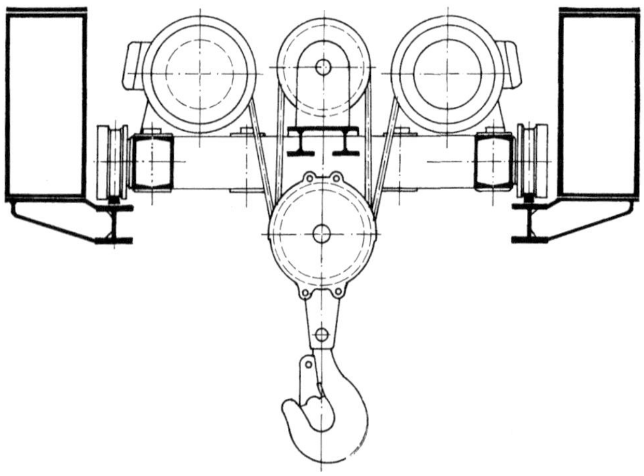

Abb. 432. Kastenträgerbrücke mit innenlaufender Katze auf konsolartig angebauter Katzlaufbahn.

Da die überwiegende Mehrzahl der Portalkrane für den Lagerplatz und Fertigungsbetrieb im Bereich der Traglasten bis 10 Mp bei Spannweiten bis 35 m und Hubhöhen zwischen 6 und 8 m liegt, wurde die Standardisierung auch auf diesen Bereich begrenzt. Nach Abb. 433 wird diese Konstruktion ohne, mit einseitigem, oder doppelseitigem Ausleger gefertigt. Ist man beim Entwurf vom Zwang örtlicher Gegebenheiten frei, so kann man bei bestimmtem Katzfahrweg mit zwei Kragarmen den geringsten Gewichtsaufwand erzielen, wenn man die nutzbare Ausladung gleich etwa 25—30 % der Spannweite ausführt, da dann die Lastmomente über der Stütze und in der Mitte der Spannweite gleich sind. Die genormten Werte für Spannweite und Auslegerlängen sowie die zugehörigen Radlasten bei Nutzlasten von 3; 5; 7,5 und 10 Mp sind der Tab. 102 zu entnehmen. Zwischengrößen für Spannweite und Auslegerlängen sind in Sprüngen von 700 mm möglich. Für die Auswahl einer geeigneten Kranschiene sei auf die Tab. 97 verwiesen.

Die Rohrkonstruktion der Kranbrücke wird entsprechend Abb. 433 wahlweise in Einschienen- oder Zweischienenform ausgeführt zur Aufnahme einer Laufkatze nach Abb. 405a, b oder d. Bei der Zweischienenausführung sind auch Laufkatzen mit Windwerk und evtl. eingebautem Drehwerk einzusetzen. Für die Bedienung vornehmlich der Einschienenausführung ist eine Flursteuerung, von der Katze herabhängend oder unabhängig von der Laststellung verfahrbar, vorgesehen. Für die Zweischienenbrücke wird auf Grund der meist größeren Fahrgeschwindigkeiten eine Steuerung von einer mitlaufenden Führerkabine aus vorgezogen. Die Kranfahrt erfolgt über zwei getrennte Getriebebremsmotoren, die außerhalb der Stützen direkt auf die Radböcke aufgesetzt sind. Beim Einschienenkran ist die Fahrgeschwindigkeit zweistufig (11/44 m/min) regelbar, während beim Zweischienenkran eine vierstufige Geschwindigkeitsregelung vorgesehen ist, wahlweise mit einer Maximalgeschwindigkeit von 40; 63; 80 oder 100 m/min. Bei allen Ausführungen erfolgt in der ersten Stufe ein weiches Anfahren, um einen sauberen Verladebetrieb zu ermöglichen. Die Traversen zwischen den Stützen sind besonders niedrig angeordnet, um ein Übersteigen für den Bedienungsmann zu erleichtern. Das Pendelstützenportal kann durch Einschaltung einer Querbrücke in der lichten Weite zusätzlich

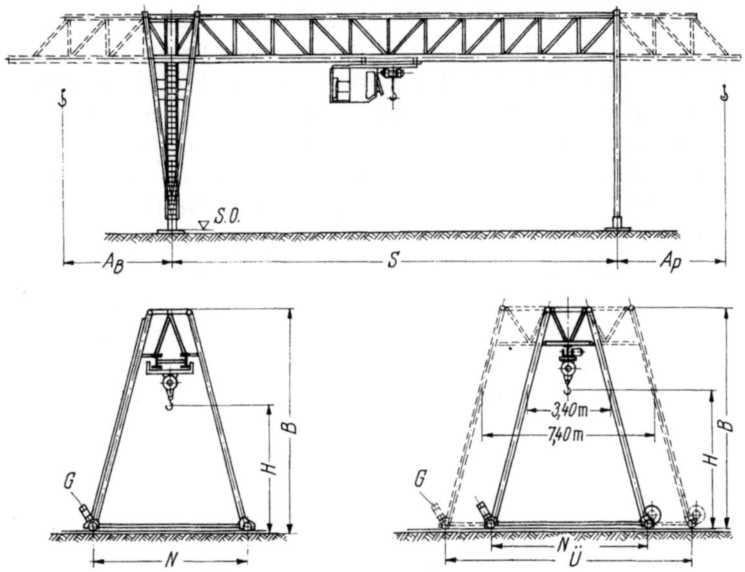

Abb. 433. Standardisierter Portalkran in Rohrkonstruktion.

S Spannweite; A_B, A_P nutzbare Auslegerlänge an der Breit- bzw. Pendelstützenseite; N Normalradstand; $Ü$ Überbreite = $N + 4$ m; H Hubhöhe; B Bauhöhe; G Getriebemotor.

Tabelle 102. *Genormte Spannweiten und Auslegerlängen sowie Radlasten von Portalkranen (Aumund-Fördererbau GmbH)*

Nutzbare Auslegerlängen (ein- oder beidseitig) m				Genormte Spann-weite	Radlast Mp Kran ohne Ausleger bei Nutzlast Mp				Radlast Mp Kran mit maximalem Ausleger bei Nutzlast Mp			
8,4	6,3	4,2	2,1	S (m)	3	5	7,5	10	3	5	7,5	10
				14	8,0	10,1	12,1	14,0	11,2	13,8	16,8	19,8
				16,1	8,2	10,4	12,4	14,4	11,2	13,8	16,9	19,9
				18,2	8,3	10,6	12,6	14,9	11,3	13,9	17,1	20,1
				20,3	8,5	10,8	12,9	15,3	11,3	13,9	17,2	20,3
				22,4	8,7	11,2	13,2	15,6	11,4	14,0	17,3	20,5
				24,5	8,9	11,5	13,5	16,5	12,3	15,2	18,6	22,1
				26,6	9,1	11,7	13,8	16,9	12,5	15,4	18,8	22,3
				28,7	9,4	11,9	14,1	17,2	12,7	15,6	19,0	22,5
				30,8	9,7	12,2	14,7	17,6	12,9	15,9	19,3	22,7
				32,9	10,1	12,4	15,3	17,9	13,1	16,2	19,6	22,9
				35,0	10,6	12,7	15,7	18,2	13,3	16,4	19,8	23,1

	Einschienenbrücke Hubhöhe = Hakenhöhe			Zweischienenbrücke Hubhöhe = Hakenhöhe		
H	6 m	7 m	8 m	6 m	7 m	8 m
B	9,70	10,70	11,70	10,90	11,90	12,90
$Ü$	11,00	11,50	12,00	12,00	12,50	13,00
N	7,00	7,50	8,00	8,00	8,50	9,00

um 4 m verbreitert werden zum Quertransport besonders sperriger Güter. Im Hinblick auf eine schnelle Montage dieser Portalkranausführung werden die ebenfalls aus nahtlosen Stahlrohren gefertigten Stützen an die nur wenig aufgebockten Brückenträger beiderseitig gelenkig angeschlossen, die Fußpunkte durch einen Flaschenzug mit Handwinde verbunden und zusammengezogen, wobei der Kran sich aufrichtet. Nach dem Hochziehen werden die Stützen unten durch die einschraubbare, stabile Traverse verbunden und oben mit der Brücke verschraubt. Danach können die Winden abgenommen werden. Getragen wird der Kran von zwei Breitstützen und zwei Pendelstützen. Die Breitstützen dienen zur Übertragung der Querkräfte auf das Fundament, während die Pendelstützen ihrer Bezeichnung entsprechend gelenkig am Kran befestigt werden, um die durch Wärmeausdehnung der Kranbrücke oder Fundamentverschiebungen hervorgerufenen Spurveränderungen aufnehmen zu können. Bei größerer Tragkraft und Hubhöhe des Kranes verstärkt man den Flachverband durch eine räumliche Dreikantausführung, wodurch die notwendige Knickfestigkeit der Stützen erreicht wird.

Bei einem Vergleich zwischen Profilstahl und Rohren sieht man, daß Rohre bei erheblich geringerem Gewicht vor allem bei Druckbelastung gleiche Festigkeitswerte aufweisen wie Profilstahl. Das sich bei der Rohrbauweise ergebende um 30—40% geringere Krangewicht führt insbesondere mit ansteigender Spannweite zu geringeren Gestehungskosten, ganz abgesehen von den kleineren Radlasten, die wiederum die Gesamtkosten

Abb. 434. Portalkran in Rohrleichtbauweise mit verdoppelter Tragkraft und vergrößerter Hubhöhe gegenüber vorhandener Anlage auf gleicher Bahn (Aumund).

und manchmal überhaupt die technische Aufstellungsmöglichkeit einer Krananlage beeinflussen (auf angeschüttetem Gelände, an Uferböschungen usw.). Außerdem hat das Rohr von allen bekannten Profilstäben den günstigsten Windwiderstandsbeiwert, so daß sich die Windbeanspruchung nur verhältnismäßig gering auf die Vergrößerung der Radlasten auswirkt. Ebenso günstig verhält es sich mit der zur Überwindung des Windwiderstandes erforderlichen zusätzlichen Motorleistung der Fahrantriebe.

Häufig läßt sich eine Leichtbauweise in Rohrkonstruktion auch günstig für die Vergrößerung der nutzbaren Tragkraft bei einem bereits vorhandenen Unterbau auswerten. Ein derariger Sonderfall wird durch Abb. 434 gezeigt. Hier handelt es sich um eine Kombination aus Portal- und Brückenkran. Die Kranbahn war ausgelegt für einen Zweischienen-Brückenkran in schwerer Profileisenkonstruktion mit einer Zweischienenkatze für 5 Mp Tragkraft. Von einem neuen Kran erwartete man eine Vergrößerung der Stapelhöhe um 2,5 m sowie eine Verdoppelung der nutzbaren Tragkraft, also auf 10 Mp bei einer Spannweite von 26 m. Die Anlage wurde als Einschienenbrücke in Rohrkonstruktion erstellt, und zwar ohne Verstärkung der Kranbahn. Es wurden lediglich alle Schienenstöße verschweißt und egalisiert, um zusätzliche dynamische Belastungen auszuschließen. Weitere interessante Einsatzbeispiele sind auf S. 543 beschrieben.

Portalkrane in Rohrkonstruktion wurden für Tragkräfte bis 40 Mp, Spannweiten bis 80 m, Auslegerlängen bis 40 m und Hubhöhen bis 40 m gefertigt. Für größere Anlagen ist die einfache Einschienenbrücke nach Abb. 433 jedoch nicht mehr ausreichend. Dreht man den dreikantförmigen Kranträger so, daß eine breite Basis unten liegt, so bietet er sich für eine Zweischienenbrücke an. Bis zu Tragkräften von 10 Mp werden die unteren Ecken durch längslaufende I-Träger gebildet, so daß sich auf den außen frei liegenden Unterflanschen eine Hängekatze führen läßt (vgl. Abb. 405d, linke Bildhälfte). Bei größeren Tragkräften und vor allem bei schneller Katzfahrgeschwindigkeit ist eine Katzführung mit Doppelspurkranzrädern auf ausgesprochenen Kranschienen anzuraten, die auf Kastenträgern aufgeschweißt sind (vgl. Abb. 405d, rechte Bildhälfte, und Abb. 410). Bei großen Spannweiten wird häufig aus statischen Gründen anstelle der Dreikantform für den Brückenträger eine Vierkantausführung vorgezogen.

Beim Transport von Langmaterial empfiehlt sich die Anwendung einer Traverse, an die das Material schaukelfrei befestigt werden kann. Hierzu ist natürlich vorteilhaft ein Hubwerk mit zwei in einem bestimmten Abstand angeordneten Unterflaschen oder aber zwei getrennte Hubwerke (evtl. Elektrozüge). Sie werden zweckmäßig an einem drehbar angeordneten Katzrahmen aufgehängt, um so die Traverse in jede beliebige Richtung drehen zu können. So kann auch Material ohne Schwierigkeiten eingelagert werden, das auf den Zulieferfahrzeugen quer zur Lagerrichtung angefahren wird.

Für die Krangruppen III und IV waren nach DIN 120 geschweißte Rohrfachwerkkonstruktionen bis 1967 noch nicht zugelassen. Daher hat sich die geschlossene Kastenbauweise (meist Trapezform) bei hochbeanspruchten Anlagen immer mehr das Feld erobert, wobei auch die Einträgerform hier und da anzutreffen ist. Sie ist das Ergebnis einer systematischen Weiterentwicklung aus dem Einträger-Normalbrückenkran für Hakenbetrieb, wie er etwa 1956 zum erstenmal von der Firma MAN gebaut wurde, und ein interessanter konstruktiver Beitrag auf dem Wege zu gewichtssparenden Krankonstruktionen. Auf diesem Gebiet kann Prof. Ernst wohl als Pionier angesehen werden.

Als Beispiel seien in Abb. 435 zwei Greiferverladebrücken in Einträgerbauweise mit Winkelkatze gezeigt. Die Katze ist im Prinzip nach Abb. 417d ausgebildet. Die Stahlkonstruktion des Kranes, bestehend aus dem festen Träger, dem klappbaren Ausleger, den Zugbändern, dem Pylon und den Stützen, ist als vollwandige Schweißkonstruktion ausgebildet. Das System ist statisch bestimmt. Der Brückenträger ist mit der Pendelstütze durch zwei Gelenke verbunden, die so konstruiert sind, daß die durch die Katze hervorgerufenen außermittigen Kräfte am Klappausleger eindeutig in die Pendelstütze übergeleitet werden. Das Auslegereinziehwerk besitzt eine Kegeltrommel, um annähernd gleiche Drehmomente während eines Arbeitsganges zu erhalten. Vor den Endstellungen wird die Arbeitsgeschwindigkeit vermindert, so daß Anfahrstöße vermieden werden.

Eine andere Ausführungsform, für die sich eine Einträgerbrücke anbietet, ist eine Verladebrücke mit aufgesetztem Drehkran. Auch diese Anordnung kommt besonders häufig in Hafenanlagen für Massengüterumschlag zur Anwendung. Oft kann dabei ein Ausleger der Verladebrücke selbst entfallen, wenn die Auslegerlänge des Drehkranes ausreichend bemessen ist. Auf Grund des größeren Gewichtes vom Drehkran wird er meist nur mit einer kleineren Fahrgeschwindigkeit gegenüber den Laufkatzen betrieben, so daß die Verladebrücke mit aufgesetztem Drehkran bei großen Förderwegen etwas benachteiligt ist. Bei kurzen Förderwegen hingegen kann die geringere Fahrgeschwindigkeit durch die Schwenkbewegung meistens mehr als kompensiert werden. Von den mannigfachen Anlagen soll hier nur ein Beispiel abgebildet werden, das insbesondere das Zusammenarbeiten von verschiedenen Fördersystemen erläutert. Bei der in Abb. 436 dargestellten Anlage wird die zu verladende Kohle durch einen fahrbaren Wagenkipper, dessen Bauart hier keine Rolle spielt, in eine an der Seite des Gleises angeordnete Grube gekippt. Der auf einem Brückengerüst fahrbare Kran entnimmt die Kohle aus dieser Grube mit einem Selbstgreifer und verteilt sie auf den Lagerplatz. Er kann die Kohle mit demselben Greifer auch vom Platz entnehmen und in Füllbehälter entladen, die in dem Brückenträger angeordnet sind und aus denen die Kohle in eine Elektrohängebahn abgezapft wird, um mit dieser zum Ofenhaus zu gelangen. Wenn die Kohle unmittelbar verbraucht und nicht erst gelagert werden soll, dann kann sie auch von dem Kran sofort von der Kippergrube in die Füllbehälter abgegeben werden.

Die Hängebahnschienen sind seitlich am Hauptträger der Verladebrücke auf Konsolen verlagert. Die eigentliche Hängebahn verläuft parallel zur Fahrbahn der Verladebrücke und besitzt an deren Ende eine Umkehrstation. Die Hängebahnwagen werden über

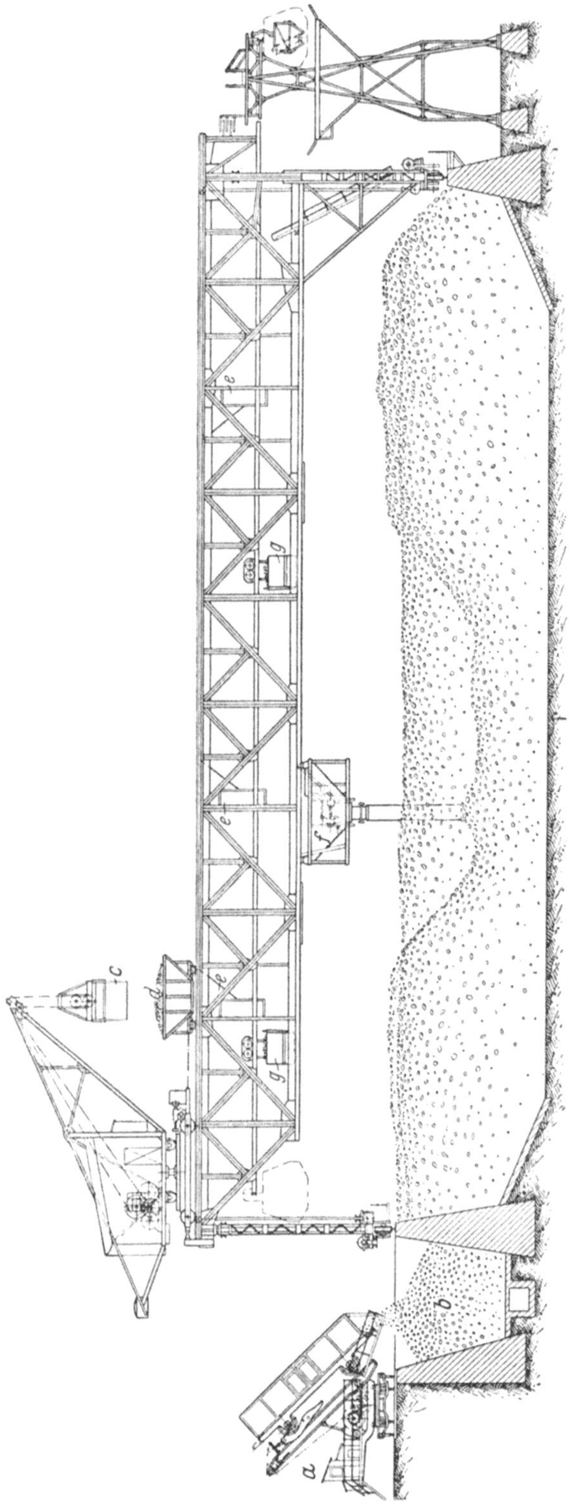

Abb. 436. Verladebrücke mit Drehkran und Elektrohängebahn in Verbindung mit Wagenkipper.

a Wagenkipper; *b* Kohlengrube wird gefüllt durch Kipper *a*; *c* Greifer zur Entnahme der Kohle aus *b*; *d* fahrbarer Trichter zum Füllen der Bunker *e*; *e* Bunker mit Schurren zum Füllen der Hängebahnwagen *g*; *f* fahrbarer Trichter mit Ausziehrohr zum Laden auf Lagerplatz; *g* Hängebahnwagen.

Abb. 435. Einträger-Verladebrücke (MAN).

Tragkraft (Greifer und Inhalt): 25 Mp; Hubhöhe: 29 m; Umschlagleistung im Mittel: 1000 Mp/h; angenommene rechnerische Arbeitsspieldauer: 46 s; Heben: 100 m/min; Schließen: 100 m/min; Senken: 150 m/min; Katzfahren: 200 m/min; Brückenfahren: 20 m/min; Kragarm Einziehen: etwa 5 m/min; Spannweite: 50 m; seeseitige Kragarmlänge: 42 m; landseitige Kragarmlänge: 39 m.

Auflaufweichen aus der Hauptbahn abgezweigt und auf die Verladebrücke übergeleitet. Der Rücklauf geschieht in gleicher Weise.

In neuerer Zeit sind Anlagen erstellt worden, bei denen an Stelle der Hängebahn Bandförderer zum Einsatz kamen. Auf dem Bandgerüst wird zusätzlich ein fahrbarer Zuteilbunker mit Aufgabeband installiert, der mit der Verladebrücke gekuppelt ist und somit synchron verfährt. Der Zuteilbunker kann entweder wieder durch den fahrbaren Trichter *d* in Abb. 436 oder aber durch einen in der Verladebrücke eingebauten Bandförderer beschickt werden.

Eine weitere Variation von Verladebrücken ist die Ausführung mit einer innen laufenden Drehlaufkatze. Sie besitzt durchweg ein angebautes Führerhaus und ist mit einem Ausleger von etwa 5 m Länge versehen. Ohne die Verladebrücke verfahren zu müssen, kann somit in der Schiffsluke ein Bereich von etwa 10 m Breite bestrichen werden. Auch läßt sich mit dieser Katze der Greifer sehr leicht in Ecken des Schiffsraumes bringen. Als Nachteil dieser Drehlaufkatze und auch des aufgesetzten Drehkranes gegenüber einer normalen Schienenlaufkatze ist das größere Eigengewicht zu erwähnen und vor allem die zusätzliche Torsionsbeanspruchung des Brückenträgers bei außermittig hängender Last. Da die Auslegerlänge der Drehlaufkatze nur von untergeordneter Bedeutung ist, muß die Verladebrücke selbst einen entsprechend langen Ausleger besitzen, der in der Regel hochklappbar ausgeführt wird.

Sollen zwei nebeneinander arbeitende Verladebrücken gleichzeitig benachbarte Schiffsluken bedienen, so ist das ohne weiteres nur bei Anlagen mit aufgesetztem Drehkran möglich, da die Brückenträger auf Grund der Fahrwerksbreite einander nicht beliebig genähert werden können. Eine Ausnahme bilden Verladebrücken, bei denen der Brückenträger mit den Stützen drehbar verbunden ist, so daß eine gewollte Schrägstellung der Brücke zu erreichen ist. Ein weiterer Vorteil der gewollten Schrägstellung kann darin gesehen werden, daß man durch geeignete Stellung der Brücke die Schiffsluke mit der Abwurfstelle über dem Lagerplatz direkt verbindet und damit auch bei Anlagen mit Schienenlaufkatzen jegliche Brückenfahrt entfällt. Eine Steigerung der Umschlagleistung wird zweifellos hierdurch erreicht.

Über die zu erreichenden Umschlagleistungen lassen sich nur sehr schwer genaue Angaben machen. Die Tragkraft und die Arbeitsgeschwindigkeiten sind natürlich die bestimmenden Größen. Sollen Eisenbahnwagen oder in Binnenhäfen kleinere Schiffe entladen werden, so wird durch die Waggongröße bzw. Lukengröße der möglichen Tragkraft schon bald eine Grenze gesetzt. Eine Leistungssteigerung ist dann nur noch durch Vergrößerung der Arbeitsgeschwindigkeiten zu erreichen. Aber auch hier sind durch die Wirtschaftlichkeit Grenzen gesetzt, wenn nur kurze Fahrwege zu überbrücken sind. Als letzte Komponente bleibt dann noch die Arbeitsweise des Kranführers zu erwähnen. Durch geschickte Überlagerung der einzelnen Kranbewegungen kann er den Wirkungsgrad erhöhen. Aus diesem Grunde sollte auch für ein möglichst ermüdungsfreies Arbeiten des Kranführers gesorgt werden, was durch Leichtgängigkeit der Steuergeräte wie auch durch gute Sichtverhältnisse in normaler Sitzposition zu erreichen ist.

Tabelle 103. *Übliche Tragkräfte in Mp beim Umschlagbetrieb mit Greifern*

Umschlagleistung	γ	klein	mittel	groß	maximal
bei	$< 1{,}5$	5	10	16	20
Schiffsentladung	$> 1{,}5$	8	12,5	20	32
bei	$< 1{,}5$	3	5		8
Waggonentladung	$> 1{,}5$	5	8		10

Tabelle 104. *Richtwerte für Arbeitsgeschwindigkeiten bei Verladebrücken*

Förderweglänge		kurz	mittel	lang
Heben	m/min	40	70	100
Katzfahren	m/min	100	160	220
Drehkranfahren	m/min	63	125	160
Drehen Drehkran	U/min		1,5–2,0	
Drehlaufkatze	U/min		2,5–3,0	
Brückenfahren	m/min	16	32	60

Aus einer Vielzahl von ausgeführten Anlagen konnten Mittelwerte für die Arbeitsgeschwindigkeiten festgelegt werden, die sich in Abhängigkeit der zu überbrückenden Wegstrecken als günstig erwiesen haben. Sie sind in den Tab. 103 und 104 zusammengefaßt und sollen die nicht immer einfachen Planungsarbeiten wenigstens erleichtern.

Die Ausbildung der Fahrwerke für Portalkrane kann in ähnlicher Weise wie für Brükkenkrane erfolgen. Bei zu großer Stützenlast erfolgt eine Reduzierung der Radlast entsprechend den Beispielen der Abb. 418. Auch über die Bemessung der Schienen gilt hier nichts Besonderes zu erwähnen.

Während bei älteren Portalkranen noch häufiger ein Einzelantrieb zu finden ist, von dem aus die Antriebskraft über Wellen und Kegelradtriebe den beidseitigen Fahrwerken zugeleitet wird, trifft man bei neueren Anlagen nur noch Einzelantrieb an. Im Vergleich zu Brückenkranen ist die Richtkraftwirkung der Brücke infolge der zusätzlich vorhandenen Stützen wesentlich geringer. Man betrachtet sie allgemein nur als ausreichend, wenn die Kranspannweite den vierfachen Wert des Radstandes nicht überschreitet. In allen anderen Fällen sind Synchronisierungseinrichtungen für die Fahrantriebe bzw. Schräglaufsicherungen durch Gleichlaufschaltungen vorzusehen. Leider ist das Problem durch eine Synchronisierung der beidseitigen Fahrantriebe mit Hilfe der elektrischen Welle noch nicht vollkommen gelöst. Tritt aus irgendeinem Grunde einseitig stärkerer Laufradverschleiß auf, so kommt es im Laufe der Zeit zu unterschiedlichen Raddurchmessern und damit zwangsläufig zu einem Schrägfahren der Brücke. Andererseits kann auch Rutschen eines Fahrwerkes beim Bremsen auf verschmutzter Schiene zu einer Schrägstellung führen. Auf Grund dieser Überlegungen ist die Anwendung eines der bekannten brückenstandsabhängigen Schräglauf-Korrektursysteme weit empfehlenswerter als die konstruktiven Versuche zur Verhinderung des Schräglaufs. Es würde zu weit führen, an dieser Stelle die einzelnen Systeme näher zu erörtern. Aus diesem Grunde sei auf eine zusammenfassende Veröffentlichung „Geradfahreinrichtungen an Verladebrücken", erschienen in der Zeitschrift „fördern + heben", Heft 2/56, hingewiesen.

d) Ausleger- und Drehkrane

Die Materialförderung in Hallen ist das Hauptanwendungsgebiet der bereits beschriebenen Brückenkrane (Laufkrane). Die Tragkraft und Arbeitsgeschwindigkeit der Krane werden durch die größte zu befördernde Last bestimmt. In vielen Fällen wird die Größtlast aber nur selten ausgenutzt, so daß man die Krankatzen häufig mit einem Hilfshubwerk versieht oder aber mit einem Schaltgetriebe, um einen besseren Wirkungsgrad zu erzielen. In jedem Fall bleibt aber der Nachteil erhalten, beim Transport einer verhältnismäßig kleinen Last eine schwere Kranbrücke bewegen zu müssen. Günstiger verhält sich in solchen Fällen der Einsatz von zwei Kranen mit halbierter Tragkraft, die normalerweise vollkommen unabhängig voneinander einzusetzen sind und gegebenenfalls die größere Last gemeinsam unter Zwischenschaltung einer Traverse heben können. Diese Lösung ist aber meistens nur dann zweckmäßig, wenn es sich um Hallen mit größerer Länge handelt, wo sich die Krane ohne allzu spürbare gegenseitige Störung in den Förderbereich teilen können. Kann eine Einschränkung des Kranfahrweges nicht in Kauf genommen werden, so bietet sich der Einsatz eines Brückenkranes und beidseitig darunter angeordneten Wandlaufkranen (Konsolkranen) als Ausweich an. Mit auf dem Obergurt laufender Krankatze gleichen sie in ihrer Arbeitsweise den Brückenkranen, überspannen aber in der Regel nur ein Drittel der Hallenbreite, so daß die maximale Ausladung meist unter 10 m liegt (Abb. 437). Wandlaufkrane werden an der Längsseite der Gebäudekonstruktionen auf einer Fahrbahn geführt, die aus drei Schienen besteht. Auf eine Schiene werden durch zwei senkrecht angeordnete Laufräder mit Spurkränzen die Stützkräfte übertragen, während je zwei waagerechte obere und untere Laufrollen das durch die vorkragende Anordnung des Kranes auftretende Kräftepaar auf zwei weitere Fahrbahnen mit seitlich liegendem Schienenkopf übertragen. Da der Höhenabstand dieser seitlichen Stützschienen meist kleiner ist als die nutzbare Ausladung, treten beachtliche Raddrücke auf, so daß der Fahrwiderstand im Vergleich zu einem Brückenkran gleicher Last und gleichen Gewichtes, insbesondere bei Gleitlagerung der Laufräder größer wird. Aus diesem Grunde fördern Wandlaufkrane hauptsächlich leichte Lasten (bis 10 Mp), jedoch mit hohen Geschwindigkeiten (bis 200 m/min). Auf Grund der freiauskragenden Bauweise kann bei der Aufstellung der statischen Berechnung das Eigengewicht eines Wandlaufkranes gleichgesetzt werden dem eines Brückenkranes mit doppelter Tragkraft, dessen Spannweite ebenfalls doppelt so groß ist wie die Ausladung des Wandlaufkranes, da dann das größte Last- und Eigengewichtsmoment etwa gleich groß sind.

Im Gegensatz zu zwei übereinander laufenden Brückenkranen bietet der Einsatz von Konsolkranen den Vorteil, daß sie in der Mitte ein freies Feld lassen, in dem der darüber angeordnete Brückenkran Lasten fördern kann, ohne sie über die Konsolkrane hinwegheben zu müssen. Eine noch größere Freiheit kann dem Brückenkran durch Konsoldrehkrane gegeben werden, deren Ausleger drehbar angeordnet ist und bei Bedarf aus dem Arbeitsfeld des Brückenkranes fast völlig herausgeschwenkt werden kann. Als Nachteil

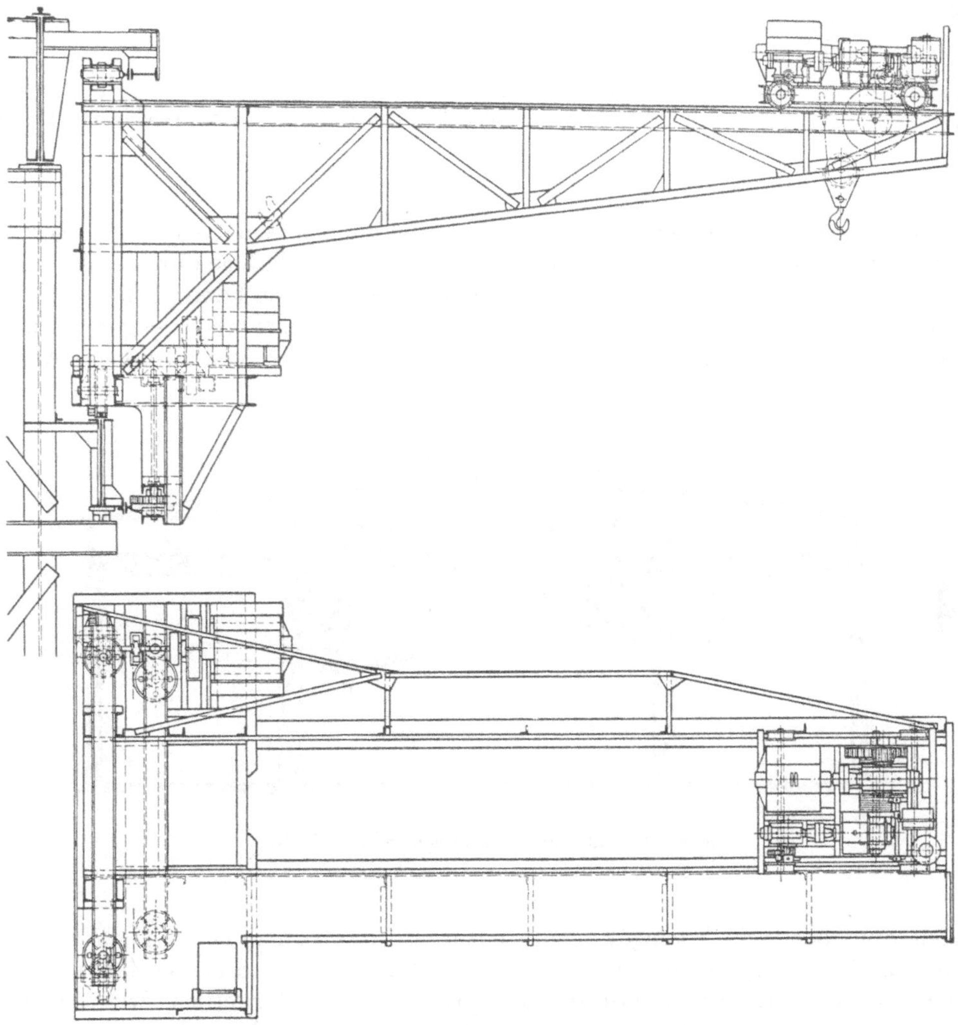

Abb. 437. Wandlaufkran (Konsolkran) in Fachwerkausführung.

Tragkraft: 7 Mp; nutzbare Ausladung: 7 m.

der Wandlaufkrane ist ihr höheres Eigengewicht zu erwähnen und die zusätzliche Beanspruchung der Gebäudekonstruktion durch die aufzunehmenden waagerechten Kräfte. Oft wird auch die verhältnismäßig große Durchbiegung des Kranes unter Last als störend empfunden. Diese Durchbiegung rührt aber nicht allein von der elastischen Formänderung des Kranträgers her, sondern auch von der Durchbiegung der Fahrbahnen, insbesondere durch die waagerecht angeordneten Laufräder, die sich summieren und den Hebelverhältnissen entsprechend meist vergrößert auf die Auslegerspitze übertragen werden.

Wandlaufkrane und auch Brückenkrane haben eine bestimmte Arbeitsfläche, die von der Fahrbahnlänge und der Spurweite der Kranbahn bzw. der Auslegerlänge des Konsolkranes bestimmt ist, wobei jedoch die Anfahrmaße abzuziehen sind. Manchmal möchte man allerdings auch seitlich außerhalb des Fahrbahnbereiches Lasten absetzen. Um diesem Wunsch gerecht zu werden, hat man Verschiebeträgerkatzen entwickelt, die teleskopartig seitlich ausfahren können. Voraussetzung ist, daß die Katzfahrbahn der Kranbrücke tiefer liegt als die Kranfahrbahn, damit die Katze unter der Kranbahn durchfahren kann. Auf der Katzfahrbahn der Brücke fährt dann ein Wagen mit Kragarmen, die über den Rad-

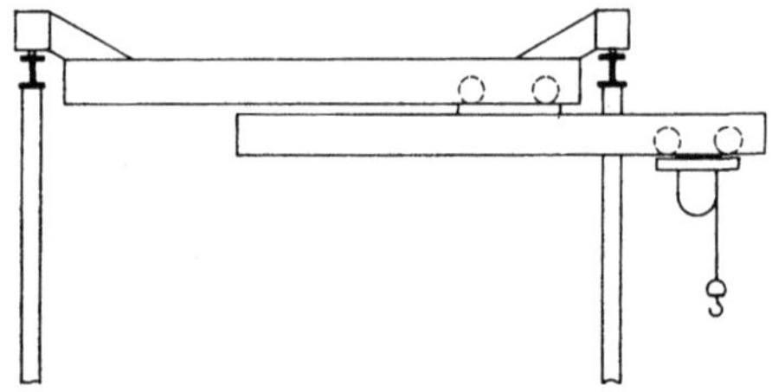

Abb. 438. Brückenkran mit verschiebbarem Ausleger.

stand des Wagens hinausragen, wie es die Abb. 438 auch schematisch zeigt. Dieser fahrbare Ausleger nimmt seinerseits nun die Krankatze auf, so daß sie durch einseitiges Verfahren über die Kranbahn hinaus in die Nachbarhalle gelangen kann. Daß entsprechende Führungen erforderlich sind, die ein Kippen des seitlich fahrbaren Auslegers verhindern, ist wohl selbstverständlich. Zweckmäßig ist eine symmetrische Ausführung des Auslegers,

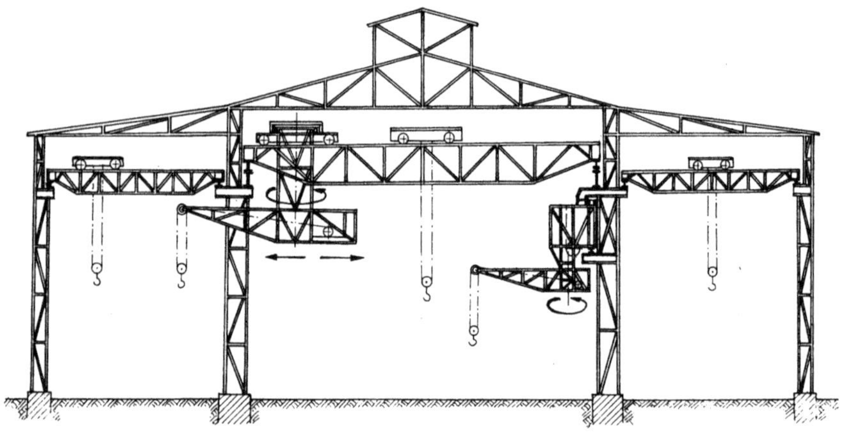

Abb. 439. Querförderung in benachbarte Hallen.
Links: mit Drehlaufkatze; rechts: Konsoldrehkran.

wodurch zumindest sein Eigengewicht in bezug auf das Fahrwerk ausgeglichen ist. Bei Ausführung der Auslegerlänge gleich der Hallenspannweite wird ein Verfahren des Auslegers beim Kranbetrieb innerhalb der Haupthalle nicht erforderlich. Die Arbeitsweise unterscheidet sich dann nicht von der eines normalen Brückenkranes.

Eine andere Möglichkeit der Querförderung in ein benachbartes Hallenschiff wird durch den Einsatz einer Drehlaufkatze auf einem Brückenkran geboten, wie es auch in Abb. 439 in der linken Bildhälfte gezeigt wird. Es handelt sich hierbei um eine Katzbauform, die auch bereits im Zusammenhang mit Verladebrücken auf S. 402 beschrieben wurde. In der rechten Bildhälfte der Abb. 439 wird schematisch ein Konsoldrehkran mit vollem Schwenkbereich gezeigt, der in derselben Weise zwischen den Hallenstützen in das Nachbarschiff hinüberreichen und somit Quertransporte durchführen kann. Konstruktiv gesehen besteht ein Konsoldrehkran aus dem Fahrgestell eines Wandlaufkranes (vgl. Abb. 437) mit angebautem drehbaren Auslegerarm. Da der Drehkran schon durch Drehung des Auslegers jeden Punkt der Bodenfläche bis zur größten Ausladung bedienen kann, verzichtet man in der Regel beim Konsoldrehkran auf eine fahrbare Laufkatze und führt die Krane mit unveränderlicher Ausladung aus, wodurch sie auch meist leichter werden, als die eingangs beschriebenen Wandlaufkrane. Bei der Auslegerstellung senkrecht zur Kranfahrbahn ergeben sich die größten Belastungen für die waagerecht angeordneten Laufräder. Die Belastungsverhältnisse sind dann mit einem Wandlaufkran identisch. Bei der Auslegerstellung parallel zur Kranfahrbahn tritt für das senkrecht angeordnete Fahrwerk die größte Belastung auf. Auf Grund der sich hierbei einstellenden sehr starken unsymmetrischen Belastung sollten möglichst beide Laufräder angetrieben werden. Auch ist für diese Auslegerstellung die Standsicherheit des Kranes laut Vorschrift zu überprüfen. Notfalls ist eine über den Laufrädern angeordnete zusätzliche Schiene anzubringen. Auch die waagerechten Rollen sind zwischen zwei Schienen zu führen oder aber doppelt anzubringen, da die Richtung der waagerechten Rollendrücke je nach Stellung des Auslegers wechselt.

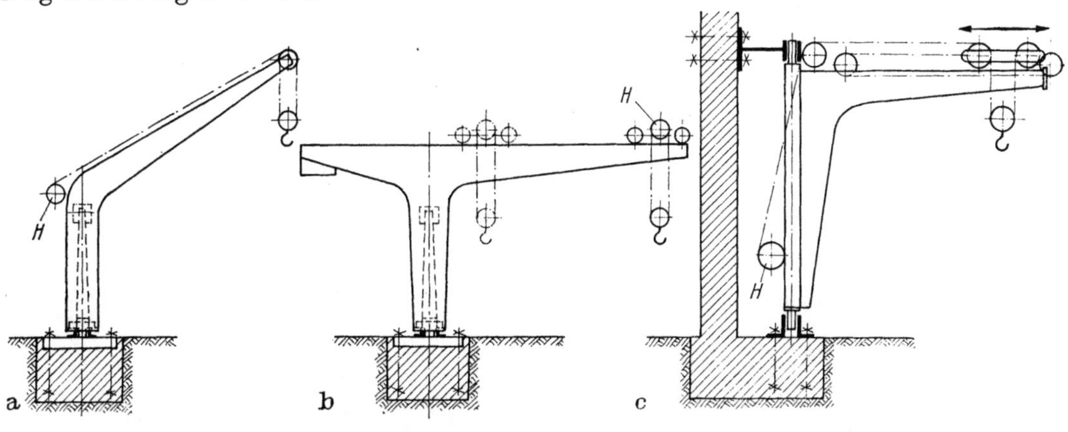

Abb. 440. Ortsfeste Drehkrane.

H Hubwerk; *a* mit veränderlichem Ausleger und fester Säule; *b* mit Katzausleger und Gegengewicht auf fester Säule; *c* mit drehbarer Säule und Seillaufkatze.

Wird in bereits vorhandenen Hallen nachträglich ein Quertransport gefordert, so können ortsfeste Säulendrehkrane entsprechend Abb. 440 in der Flucht der Hallenstützen montiert werden und sind dann in der Lage, die benachbarten Hallenschiffe zu verbinden.

Die Drehkrane sind wesentlich älter als die Brückenkrane. Dies ist wohl besonders darauf zurückzuführen, daß vor der Entwicklung des elektrischen Antriebes die waagerechte Bewegung von einer entweder vollständig feststehenden oder doch auf dem Kran fest eingebauten Maschine abgeleitet werden mußte, was am besten durch die Drehbewegung eines Auslegers geschehen konnte. Außerdem ist bei kurzen Entfernungen eine waagerechte Bewegung mit geringstem Reibungsverlust durch Drehen eines Auslegers durchzuführen.

Somit kann der Drehkran in einfachster Ausführung eine Kreislinie beschreiben. Durch Hinzufügen weiterer Bewegungen kann die Kreislinie in ein Bestreichungsfeld verwandelt werden, und zwar in eine Kreisringfläche, indem auf dem Ausleger eine fahrbare Katze installiert wird, oder aber der Ausleger selbst als Einzieh- oder Wippausleger ausgebildet wird. Drehkrane mit drehbarer Säule erhalten oben eine Wandbefestigung, so daß sie nur einen Kreisabschnitt bestreichen können. Bei Befestigung an Gebäudeecken wird ein maximaler Schwenkwinkel von 270° erreicht. Diese Beschränkung im Drehbereich weisen Drehkrane mit feststehender Säule nach Abb. 440a und b nicht auf. Auch sind vereinzelt Einschienen-Drehkrane, auch Veloziped-Krane genannt, bekannt geworden, bei denen die feste Säule auf einen fahrbaren Unterwagen aufgesetzt wird. In der Richtung der aus einer einzigen Schiene bestehenden, auf Flur liegenden Fahrbahn muß der Kran standfest sein. Senkrecht dazu stützt er sich mit Rollen gegen eine an der Dachkonstruktion bzw. an den Hallenstützen befestigte obere waagerechte Fahrbahn ab. Bei Einbau entlang einer Hallenwand gleicht er einem Konsol-Drehkran und ist ebenfalls in der Lage, einen Quertransport zwischen benachbarten Hallen zu übernehmen. Nur belastet er die

Hallenstützen weniger, da die in senkrechter Richtung auftretenden Hauptbelastungskräfte direkt in das Fundament abgeleitet werden. Auf Grund der größeren Unfallgefahr durch die auf Flur fahrenden Einschienen-Drehkrane sollte eine Kranfahrgeschwindigkeit von 100 m/min nicht überschritten werden.

Derrick-Krane werden vor allem als Bau- und Montagekrane, aber auch häufig in Steinbrüchen verwendet. Bei ihnen wird das obere Lager der drehbaren Säule sehr häufig durch ein Stützgerüst gehalten, während das untere Lager auf dem Fundament oder

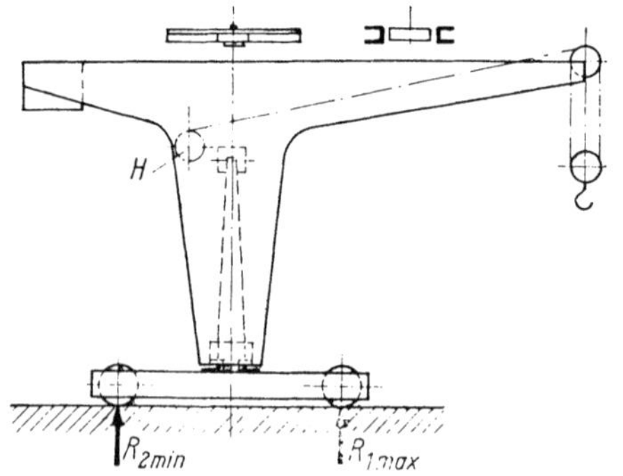

Abb. 441. Einschienendrehkran.

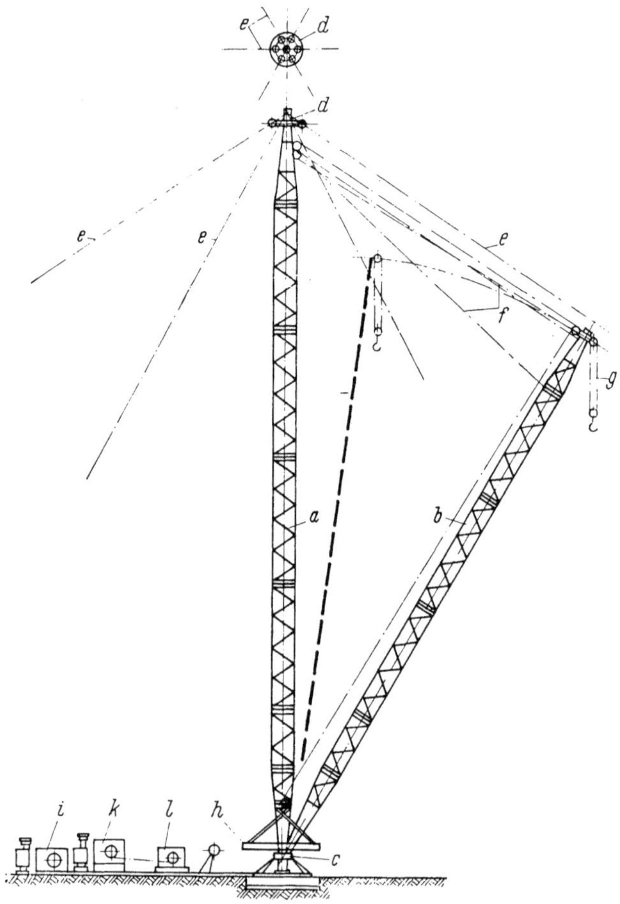

Abb. 442. Derrick-Kran mit Seilen verspannt.

a drehbare Säule (Mast); *b* Ausleger; *c* Kugelkopf; *d* oberes Lager für die Seilabspannung; *e* Abspannseile; *f* Einziehflaschenzug; *g* Hubflaschenzug; *h* Seilscheibe für Drehwerk; *i* Hubwerk; *k* Einziehwerk; *l* Drehwerk.

einer Kranplattform aufruht. Diese Form wird aber verhältnismäßig selten ausgeführt, weil der Schwenkbereich des Auslegers durch das Stützgerüst meistens eingeschränkt wird und die Preise bei großen Kranen nicht niedriger sind als bei Ausführungen mit Verspannung des oberen Mastlagers, auch Abspannstern genannt, durch mehrere Seile zur Erde, wodurch dann ein Schwenkbereich von 360° gewährleistet wird. Die Tragkraft der heute üblichen Derrick-Krane geht bis zu 20 Mp und 35 m Ausladung. Der Standmast mit dem Ausleger ist in einer Kugelpfanne am Mastfuß drehbar gelagert. Die Drehbewegung erfolgt bei größeren Kranen elektrisch, entweder über Seile, die um einen Profileisenring am Mastfuß geführt sind und durch Reibung die Drehbewegung durchführen, oder über Zahnradvorgelege und Triebstockritzel auf den am Mastfundament befestigten Triebstockring. Damit die Auslegerspitze nicht eine Kreislinie, sondern eine Kreisfläche bestreichen kann, ist der Ausleger heb- und senkbar angeordnet. Für den Antrieb der verschiedenen Bewegungen werden durchweg Drehstrom-Schleifringläufer-Motoren eingesetzt, um ein weiches, mehrstufiges Anfahren zu ermöglichen. Das gesamte Antriebsaggregat eines Derrick-Kranes ist meist auf einer Plattform untergebracht, die mit dem unteren Mastteil fest verbunden und als Windenhaus ausgebildet ist. Die Steuerung aller Arbeitsbewegungen wird vom Windenhaus oder von einem separat am Standmast in einer Höhe von etwa 10—15 m angeordneten Führerhaus vorgenommen.

Während Derrick-Krane in Steinbrüchen und zur Errichtung von Stahlbauten zur Durchführung von Montagearbeiten aller Art vornehmlich zu finden sind, so werden andererseits zur Ausführung von Hochbauten Turmdrehkrane herangezogen. Für die Ausbildung aller dieser Krane ist die Forderung bestimmend, daß sie sich leicht von einer zur anderen Baustelle bringen und schnell auf- und abbauen lassen. Schon Anfang unseres Jahrhunderts tauchten die ersten, unseren heutigen Baukranen bereits ähnlichen, ihrer Konzeption nach wohl an die damals üblichen Helling-Krane auf Schiffswerften angelehnten Konstruktionen auf. In den zwanziger und dreißiger Jahren strebte man eine Erhöhung des Lastmomentes an und erreichte Werte bis zu 90 Mpm.

Die eigentliche Entwicklung zum heute üblichen in Leichtbaukonstruktion ausgeführten, rasch auf- und abbaubaren und ohne großen Aufwand umsetzbaren Bau-Turmdrehkran vollzog sich erst in den letzten 15 Jahren. Die Art der Konstruktion sollte mit dazu beitragen, die Baustellenkosten auf einen Kleinstwert zu bringen, damit sich der Kran auch bei verhältnismäßig kleinen Bauaufgaben wirtschaftlich einsetzen ließ. Die Grenzen der Wirtschaftlichkeit des Turmdrehkraneinsatzes sind allerdings sehr schwer zu ermitteln, da ein Kran viele Arbeiten ausführen kann, die bei Verwendung eines Aufzuges Handarbeit erfordern würden, weil der Anteil dieser Arbeiten je nach der Gestaltung des Bauwerkes verschieden groß ist. Eine Vollbeschäftigung eines Kranes auf einer Baustelle ist nur in ganz bestimmten wenigen Fällen gewährleistet. Eine Untersuchung hat gezeigt, daß bei einem Hallenbau der Kraneinsatz bei 56% der gesamten Arbeitszeit lag. Vergleichsweise wurde der Einsatz der Betonmischanlage auf der gleichen Baustelle nur mit 31% angegeben.

Die Bauart der Turmdrehkrane ergibt sich aus ihrer Aufgabe, die in der Höhen- und Längsförderung der Baustoffe bei größeren Hochbauten besteht. Neben einer großen Höhe müssen diese Krane auch eine genügende Ausladung haben, um die Baustoffe an die Verwendungsstelle bringen zu können. Abmessungen und Tragkraft richten sich im allgemeinen nach der vorliegenden Bauaufgabe.

Das entscheidendste Konstruktionsmerkmal ist wohl die Art des Turmsystems. Der feststehende Turm mit oben liegendem Drehwerk und Gegengewichtsausleger erlaubt zwar eine verhältnismäßig primitive Kran-Unterkonstruktion, die ohne großen Aufwand auch als platzsparendes Portal ausgebildet werden kann, bedingt jedoch die Unterbringung des größten Teiles der gesamten Maschinenausrüstung sowie des Gegengewichtsausgleichs in großen Höhen und relativ schwierige, zeitraubende und damit kostspielige Montage und Demontage des Krans. Auch wird durch die großen Massenkräfte der Turm einer größeren Torsionsbeanspruchung unterworfen. Es können gefährliche Zusatzkippmomente durch Auswandern der Massenschwerpunkte in großen Höhen bei Gleisunebenheiten auftreten. In Deutschland ging man diesen Schwierigkeiten aus dem Weg, indem man Krane mit unten liegendem Drehwerk und mitdrehendem Turm bevorzugte. Hier hat man die Möglichkeit, die gesamte Maschinenausrüstung auf dem Unterwagen in Bodennähe unterzubringen. Die Drehverbindung muß dabei zwar größer ausgelegt werden, da sie auch die Wind- und Massenkraftmomente aufnehmen muß, aber niedrig liegender Gesamtschwerpunkt, relative Unempfindlichkeit gegen Gleisunebenheiten, einfache Wartung der Maschinenausrüstung in Bodennähe, einfacher Auf- und Abbau des Kranes und somit rascher Ortswechsel sind die offensichtlichen Vorteile dieser Bauart.

Bei den einfachsten Kranausführungen wird der Turm durch das Gewicht des Auslegers, der Hakenflasche und der Nutzlast auf Biegung beansprucht. Bei einem anderen System wird durch die Erzeugung belastungsabhängiger Gegenbiegemomente die Turmkonstruktion vorwiegend auf Druck beansprucht. Im Herstellungspreis liegen die beiden Ausführungen fast gleich. Wenn auch bei dem nur auf Druck beanspruchten Turm Material eingespart wird, so werden diese Kosten durch den erforderlichen mechanischen Aufwand wieder ausgeglichen. Vorteilhaft bleibt jedoch der Gewinn an Standruhe des schlanken Turmsystems, da jede Verringerung der auf den Turm wirkenden Biegemomente auch eine Verkleinerung der elastischen Turmausbiegung und der damit verbundenen Schwingungen mit sich bringt.

Ein weiteres markantes Baumerkmal der Turmdrehkrane ist der Ausleger. In Deutschland wird der Nadelausleger (Abb. 443) dem Laufkatzenausleger vorgezogen, da er die einfachste und leichteste Konstruktion darstellt und somit unter gleichen Vorausset-

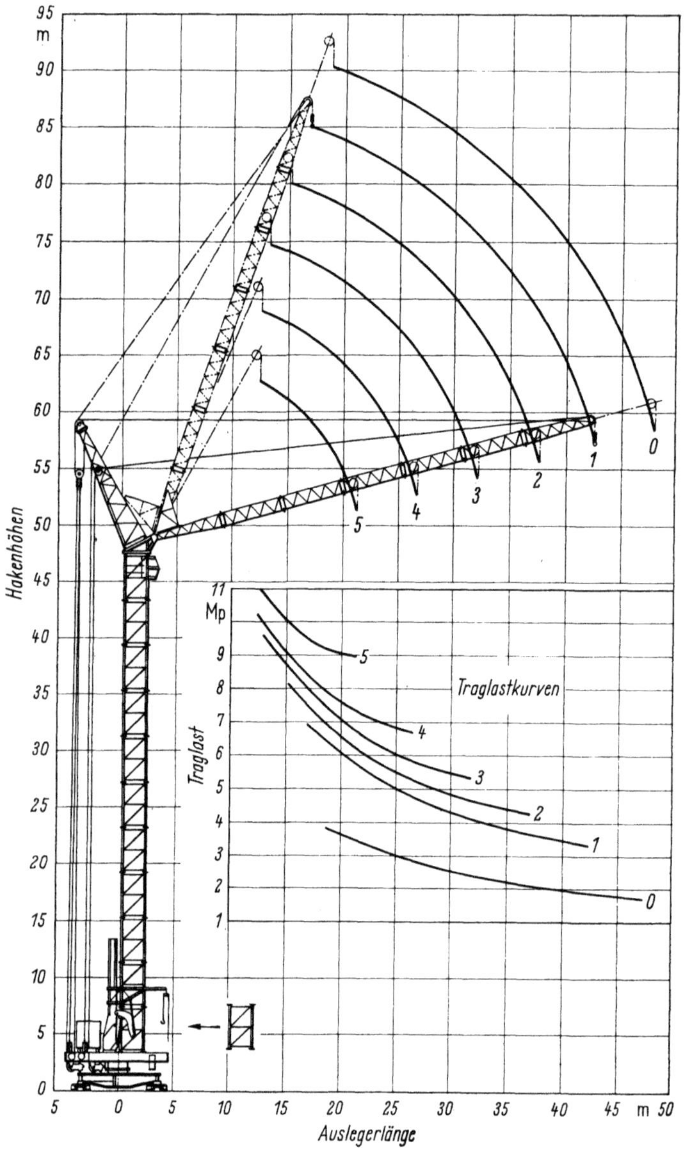

Abb. 443. Aufstock-Turmdrehkran Form 140/190 mit zugehörigen Traglastkurven (Krupp-Ardelt).

zungen größere Nutzlast erlaubt. Der Laufkatzenausleger, der eine durch die Laufkatze mit anhängender Last auf Biegung beanspruchte Kranbrücke darstellt, benötigt für sich gut das $1^1/_2$fache Gewicht des Nadelauslegers, und da außerdem das Laufkatzengewicht auch auf Kosten der möglichen Nutzlast geht, wird beim gleichen Grundkran eine Reduzierung der möglichen Nutzlast um etwa 20—25% gegenüber der beim Nadelausleger erforderlich. Dennoch ist der Kran mit Laufkatzenausleger immer dann vorzuziehen, wenn bei Veränderung der Auslegerlänge eine unveränderte Lasthakenhöhe gefordert wird, wie z. B. beim Montieren von Fertigbauteilen oder wenn z. B. Beton in Streifen einzubringen ist. Der Nadelausleger hingegen kann für sich buchen, daß er infolge seiner Einziehbarkeit hohen Hindernissen, wie Gebäuden oder Nachbarkranen ausweichen kann, daß er infolge seiner leichteren Konstruktion geringere Windangriffsflächen bietet, daß er Hubhöhen erlaubt, die ganz erheblich über dem Auslegeranlenkpunkt liegen. Aus der steilsten zulässigen Auslegerstellung ergibt sich allerdings eine Minimalablenkung, so daß eine bestimmte tote Kreisfläche nicht bestrichen werden kann, ohne nicht den Kran gleichzeitig zu verfahren.

Auch dem Problem des einfachen, raschen sicheren Auf- und Abbaues der sehr hohen Krantürme ist besondere Aufmerksamkeit zu schenken. Während bei kleinen und mittleren Kranen das Aufrichten der Türme in voller Größe noch nicht auf Schwierigkeiten stößt, wird dies mit noch größer werdenden Krantypen immer schwieriger, da bei sehr großen Kranen die für den Betrieb ausgelegten Drehverbindungen zum Aufrichten des Turmes nicht mehr ausreichen. Die gebräuchlichste Methode zur Verringerung des Aufrichtmomentes ist das teleskopartige Zusammenschieben des Turmes, wodurch das Aufrichtmoment um etwa 30—40% verkleinert werden kann.

Eine andere Möglichkeit ist das schußweise Aufstocken des stehenden Turms. Sie wird bei im Turm stehenden oben drehenden Kletterkranen generell angewendet und geschieht durch Aufsetzen der neuen Schüsse von oben her und anschließendes Hochklettern des Oberkranes. Auch kann man den Oberkran im Außenturm hochfahren mit anschließender Verlängerung des Außenturms durch Ansetzen von Turmelementen. Die nicht gerade gefahrlose Montage in großer Höhe kann bei einer anderen Methode nach Abb. 443 umgangen werden. Hier erfolgt das Einsetzen der neuen Schüsse unter den um eine Schußlänge angehobenen Kranturm.

Fahrbare Kletterkrane sind in ihrer Bauhöhe begrenzt, während ortsfeste Anlagen nach Erreichen einer bestimmten Höhe am Gebäude verankert werden. Der fahrbare Turmdrehkran ist zwar beweglicher als der Kletterkran, da er vor allem eine größere Fläche bestreichen kann. Seine Hakenhöhe ist jedoch begrenzt. Es gibt zwar Turmdrehkrane mit über 100 m Rollenhöhe, jedoch werden fahrbare Turmdrehkrane schon bei Turmhöhen über 40 m schwer und teuer. Dagegen ist die Hakenhöhe beim Kletterkran nahezu unbegrenzt, da er selbst nur eine begrenzte Bauhöhe hat und innerhalb des Hauses mit diesem in die Höhe klettert. Das angewandte Klettersystem ist sowohl beim Klettern im Bauwerk als auch im Außenmast identisch. An vier Punkten aufgehängte Kletterseile verhindern dabei ein Verkanten des Mastes. Der Kran klettert als Ganzes, wobei nur die unterste der Einspannungsdecken, die inzwischen schon abgebunden hat, belastet wird. Die Schemazeichnung in Abb. 444 veranschaulicht den Klettervorgang im Bauwerk. Zwei Kletterseile sind mit ihren Enden am Führungsrahmen h befestigt. Eine am Fußmaststück eingebaute Kletterwinde a zieht über den Rollenblock c das Kletterwindenseil b und damit den Rollenblock d an. Der mit diesem verbundene Block g hebt seinerseits die Kletterseile mittig an. Über vier Rollen im Fußmaststück e ziehen die Kletterseile den gesamten Kran bis zur folgenden Stockwerkshöhe.

Wenn auch die Turm- und Auslegersysteme im Laufe der Zeit viele Wandlungen erfahren haben, so trifft das für die Kran-Unterkonstruktionen nicht zu. Es sind heute fast ausnahmslos kurvenfahrbare Unterwagen bekannt, die zur Verringerung der Transportbreite zusammenklappbare Stützarme besitzen. Die Fahrwerke werden, mit Ausnahme kleiner Krane, in der Regel als um eine lotrechte Achse einstellbare Zweiradschwingen gebaut, die in Verbindung mit beweglichen Stützarmen des Unterwagens das Befahren engster Kurven erlauben, deren kleinster Innenradius bis zum $1^1/_2$fachen Wert der Spurweite heruntergehen kann.

Man kann sagen, daß mit einem Lastmoment von 40—45 Mpm der Normalbedarf an Turmdrehkranen aufhört. Dennoch werden auch größere fahrbare Turmdrehkrane, die sich auch selbst aufstellen, von vielen Herstellerfirmen gebaut, und zwar heute bis 500 Mpm. Da die Gewichte und Preise aber sehr stark ansteigen, wird man sich zur Anschaffung nur dann entschließen, wenn eine laufende Beschäftigung gewährleistet ist, z. B. beim Bau von Fertighäusern, wozu ein Lastmoment von 125—170 Mpm erforderlich ist.

Zum Beispiel sei auf die Neukonstruktion des Aufstockturmdrehkranes Form 140/190 der Firma Krupp-Ardelt hingewiesen, der in Abb. 443 mit Abmessungen und Traglastkurven dargestellt ist. Bei diesem in erster Linie für den Fertigteilbau aus vorgefertigten Elementen von etwa 4—10 Mp Gewicht, aber auch für Baustellen mit sehr großen einzuschüttenden Betonmengen konstruierten Krantyp kann der Rohrgitterturm aus 11

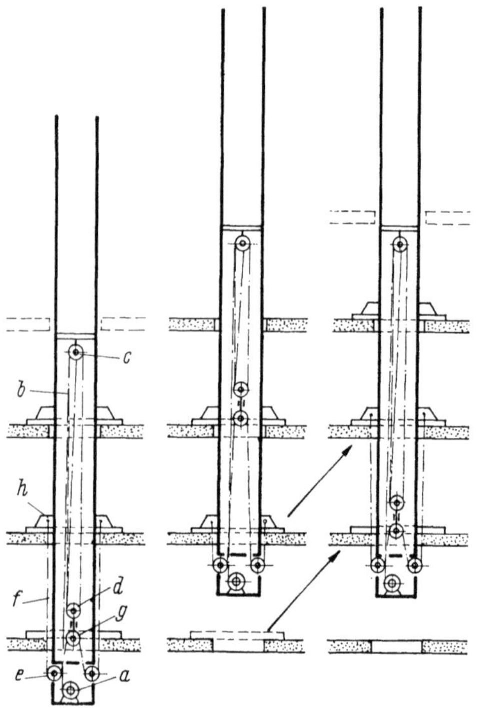

Abb. 444. Schema des Klettervorganges eines Kletterkranes in einem Gebäude.
links: Kletterbeginn; Mitte: Kletterende; rechts: vorbereitet zum neuen Klettern.

Tabelle 105. *Technische Daten der größten Turmdrehkrane*

		Krupp-Ardelt	Peiner
Form (Lastmomente)	Mpm	140/190	355/500
min. Kurvenradius (Innenschiene)	m	10	15
Spurweite	m	6,3	10
max. Turmhöhe	m	49	77
max. Hakenhöhe	m	90	118
max. Auslegerlänge	m	48	50
Tragkraft bei max. Ausleger	Mp	1,8	7,1
Hubmotorleistung	PS	60	160
Arbeitsgeschwind. Heben[1])			
großer Gang	m/min	63 (< 3,5 Mp)	128 (< 2,4 Mp)
mittlerer Gang	m/min	32 (< 7,4 Mp)	80 (< 8 Mp)
Kleiner Gang	m/min	16 (< 11 Mp)	12,5 (< 50 Mp)
Kranfahrgeschwind.	m/min	40	40
Ausleger einziehen	min	0,9	1,8
Krandrehen	U/min	0,8	0,5

[1]) Leichtlastgeschwindigkeit bis 1,0 Mp liegt jeweils 1,6fach höher.

gleichen Turmschüssen von je 4 m Länge bis zu einer maximalen Ausleger-Anlenkpunkthöhe von 49 m hydraulisch aufgestockt werden. Das Einsetzen der Turmschüsse geschieht unten auf der Drehbühne.

Der derzeitig wohl größte Turmdrehkran der Welt ist ein Peiner Kran, der 1966 für die Stahlbau-Montage in einem Hochofenwerk in Holland eingesetzt wurde. Er besitzt ein Lastmoment von 355 Mpm bei größter Ausladung und bei kleinster Ausladung 500 Mpm. Die wichtigsten technischen Daten der beiden hier aufgeführten Krane sind in Tab. 105 zusammengefaßt.

Neben dem schienengebundenen Turmdrehkran trifft man auf Baustellen in den letzten Jahren auch immer mehr straßenfahrbare Krane an. Sie werden in den verschiedensten Typen gebaut. Die maximale Tragkraft bei kleinster Ausladung (etwa 3,5 m) geht bis zu etwa 60 Mp, die Ausladung bei entsprechend kleinerer Last bis zu etwa 40 m. Die Ausleger, die bei kleinen Geräten etwa 10 m, bei großen Geräten etwa 15 m Länge haben, können durch Einsetzen von Zwischenstücken bis zu etwa 35 m verlängert werden. Sonderausführungen bieten Auslegerlängen bis 80 m. Da der Ausleger das Herzstück eines Autokranes ist, seien nachstehend die verschiedenen Konstruktionen aufgeführt, die speziell für Auto- und Mobilkrane entwickelt wurden:

a) gerade Ausleger in Profilstahl- oder Rohrkonstruktion,
b) Ausleger mit gekröpfter Spitze in Profilstahl- oder Rohrkonstruktion,
c) gerade Ausleger für große Höhen bis 80 m und zum Anbau zusätzlicher Spitzenausleger,
d) Schwerlastausleger in Kastenbauweise,
e) Teleskopausleger mit mechanischem oder hydraulischem Teleskopvorschub,
f) hydraulisch gesteuerte Wippausleger für Häfen,
g) Turmaufbau mit hydraulisch angelenktem Wippausleger für Seehäfen,
h) Turmaufbau mit waagerechtem Ausleger und Laufkatze für Montagen im Bauwesen.

Je nach Tragkraft werden ein- oder mehrachsige Fahrgestelle verwendet, wobei entweder einzelne oder alle Achsen angetrieben werden. Wird der Antriebsmotor des Kranes auch für den Antrieb des Fahrwerkes herangezogen (selbstfahrender Kran, auch Mobilkran genannt), so betrachtet man das Gerät als fahrbare Arbeitsmaschine, das nur mit einer Höchstgeschwindigkeit bis zu 20 km/h betrieben werden darf. Autokrane weisen Geschwindigkeiten bis zu 80 km/h auf. Hier wählt man zwei getrennte Motoren für das Fahrwerk und die Hubarbeit, da der Fahrmotor wegen der hohen Geschwindigkeit in seiner Leistung meist größer auszulegen ist. Die Federung des Fahrgestelles wird sowohl mechanisch, hydraulisch und pneumatisch arretiert, um ein ruhiges Arbeiten zu gewährleisten. Von ganz besonderer Bedeutung ist die Frage der Standsicherheit, die über Gegengewichte, Radstände und Spurweiten (bei Autokranen begrenzt) sowie Stützen und tiefe Schwerpunkte gelöst wurde. Stützen sind von Hand oder hydraulisch bedienbar. Sie werden geschwenkt, herausgezogen oder auf einer Kurvenbahn geführt.

Der Ausleger wird auf dem Unterrahmen meist durch eine doppelreihige Kugeldrehverbindung mit angeschnittenem Zahnkranz aufgesetzt. Bei der seitlichen Bewegung des Kranauslegers wird zwischen Drehen (beliebig oft um 360°) und Schwenken (stets kleiner als 360°) unterschieden. Das Hubwerk ist bei drehbaren Kranaufbauten auf dem Drehtisch montiert, während es bei schwenkbaren Kranen auch oft im Kranunterwagen eingebaut wird. Die Wippbewegungen des Auslegers werden entweder über einen Seiltrieb mechanisch als Nackenzug oder hydraulisch bewirkt. Im letzteren Falle werden ein oder mehrere Hydraulikkolben verwendet. Den Gleichlauf stellt eine starre Auslegerkonstruktion dar. In Abb. 445 ist ein auf zwei Achsen mit Gummirädern fahrbarer Mobilkran gezeigt, der mit einem baukastenartig aus einzelnen Schüssen bestehenden Ausleger versehen ist, dessen Länge von 8 auf 18 m bei 17 m Hubhöhe und 12 m Ausladung verändert werden kann und dessen Tragfähigkeit freistehend bis zu 5,5 Mp beträgt. In Abb. 446 ist eine schwerere Ausführung nach den gleichen Baugrundsätzen angegeben. Die hier gezeigten Mobilkrane sind in vielen Fällen Abarten von Mobilbaggern oder auch nur Mobilbagger mit Kranansätzen. So kann z. B. das für den in Abb. 445 dargestellten einfachen Drehkran verwendete Grundgerät mit einem eingebauten Dieselmotor von 42 PS auch als Hochlöffelbagger oder auch als Tieflöffelbagger eingesetzt werden oder schließlich mit Schleppschaufel oder Zweischalengreifer. Für diese verschiedenen Arbeiten sind auch die in Frage kommenden Hauptzahlenwerte in der Legende der Abb. 445 mit angegeben.

Die bisher behandelten Mobil- und Autokrane sind Straßenfahrzeuge, besitzen aber auf Grund ihrer Konstruktion keine eigene Ladefläche mehr. Es ist aber auch möglich, normale Lastwagen mit kranähnlichen Ladegeräten auszurüsten, die dann vor allem für den Be- und Entladevorgang des Fahrzeuges bestimmt sind. Im weitesten Sinne kann die in Abb. 392 dargestellte Ladebrücke in diesen Bereich mit einbezogen werden. Als ausgesprochener Ladekran ist die in Abb. 447 gezeigte Einrichtung anzusehen. Der Kran ist als Säulendrehkran ausgeführt und arbeitet vollhydraulisch. Er wird auf dem Lastkraftwagen normalerweise zwischen Führerhaus und Ladepritsche montiert und benötigt hierzu einen freien Raum von 625 mm. In Ruhestellung ist der Ausleger zusammengeklappt und rechtwinkelig zur Fahrtrichtung abgelegt. Mit dem von 3,7 auf 4,5 m hy-

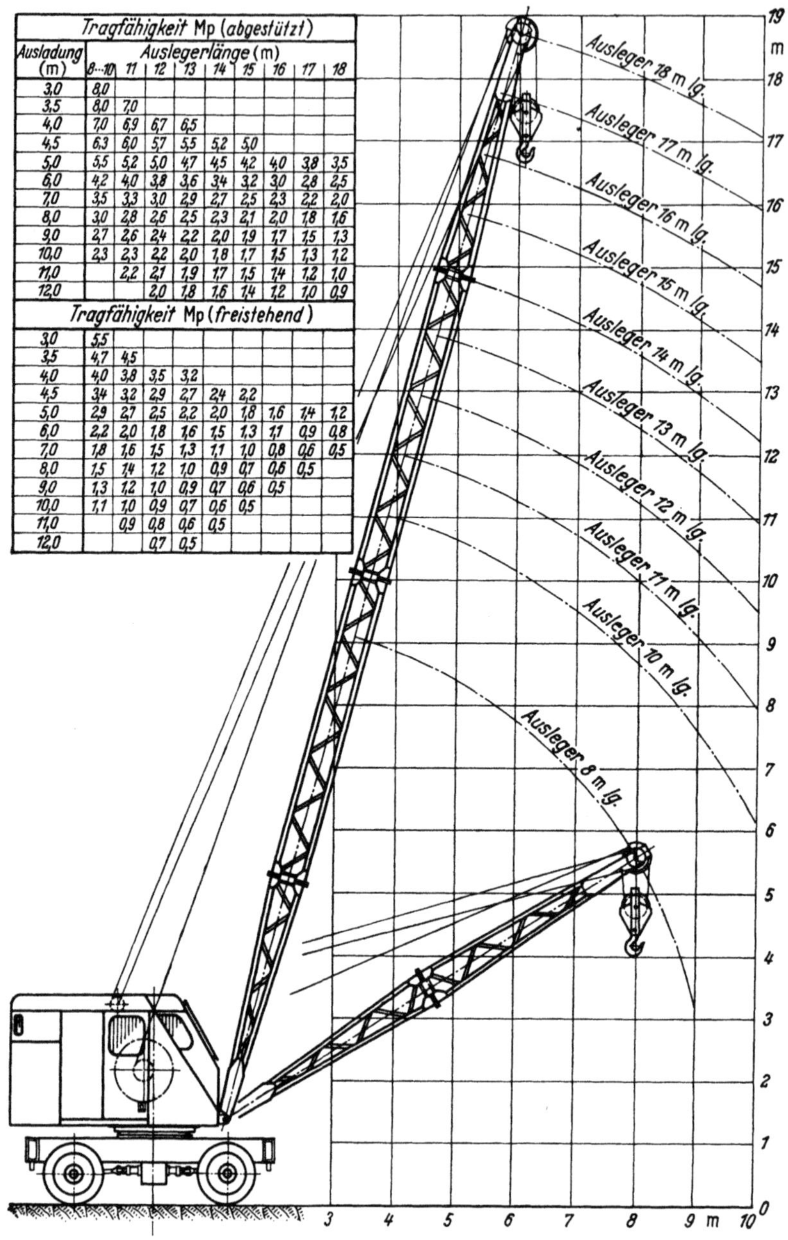

Ausladung (m)	Auslegerlänge (m) 8…10	11	12	13	14	15	16	17	18
Tragfähigkeit Mp (abgestützt)									
3,0	8,0								
3,5	8,0	7,0							
4,0	7,0	6,9	6,7	6,5					
4,5	6,3	6,0	5,7	5,5	5,2	5,0			
5,0	5,5	5,2	5,0	4,7	4,5	4,2	4,0	3,8	3,5
6,0	4,2	4,0	3,8	3,6	3,4	3,2	3,0	2,8	2,5
7,0	3,5	3,3	3,0	2,9	2,7	2,5	2,3	2,2	2,0
8,0	3,0	2,8	2,6	2,5	2,3	2,1	2,0	1,8	1,6
9,0	2,7	2,6	2,4	2,2	2,0	1,9	1,7	1,5	1,3
10,0	2,3	2,3	2,2	2,0	1,8	1,7	1,5	1,3	1,2
11,0		2,2	2,1	1,9	1,7	1,5	1,4	1,2	1,0
12,0			2,0	1,8	1,6	1,4	1,2	1,0	0,9
Tragfähigkeit Mp (freistehend)									
3,0	5,5								
3,5	4,7	4,5							
4,0	4,0	3,8	3,5	3,2					
4,5	3,4	3,2	2,9	2,7	2,4	2,2			
5,0	2,9	2,7	2,5	2,2	2,0	1,8	1,6	1,4	1,2
6,0	2,2	2,0	1,8	1,6	1,5	1,3	1,1	0,9	0,8
7,0	1,8	1,6	1,5	1,3	1,1	1,0	0,8	0,6	0,5
8,0	1,5	1,4	1,2	1,0	0,9	0,7	0,6	0,5	
9,0	1,3	1,2	1,0	0,9	0,7	0,6	0,5		
10,0	1,1	1,0	0,9	0,7	0,6	0,5			
11,0		0,9	0,8	0,6	0,5				
12,0			0,7	0,5					

Abb. 445. Leichter Mobilkran. Das Grundgerät ist auch für einen Löffelbagger, Eimerseilbagger oder Zweischalenbagger geeignet (Krupp-Ardelt).

Hochlöffel Reißkraft (0,45 m³): 12,0 Mp; Tieflöffel Reißkraft (0,4 m³): 8,8 Mp; Schleppschaufel Reißkraft (0,4 m³): 2,4 Mp; Schürfgeschwindigkeit: 31,0 m/min; Grabgreifer: 0,4 m³; Gewicht des gefüllten Greifers: 2,0 Mp; Hubgeschwindigkeit 62,0 m/min; Drehgeschwindigkeit des Oberwagens: 1,6—6,0 U/min; Fahrgeschwindigkeit: maximal 16 km/h; Bereifung: achtfach, 10,00—20—eHD; Dieselmotor im Baggeraufbau: 42 PS bei 1500 U/min; Gegengewicht (Schwerspat): 3,0 Mp; Dienstgewicht ohne Einrichtung: 13 Mp; Baggerleistungen: Hochlöffel 60—70 m³/h, Tieflöffel 45—55 m³/h, Grabgreifer 30—40 m³/h, Schleppschaufel 35—45 m³/h.

draulisch oder von Hand verschiebbaren Knickausleger kann man jeden Punkt der Ladefläche, selbst unmittelbar an der Kransäule erreichen. Alle Zylinder arbeiten doppelt wirkend, was besonders bei Greiferbetrieb insofern von Vorteil ist, als mit dem Kran Erdarbeiten ausgeführt werden können, so z. B. auch Baggerarbeiten. Der Antrieb des Kranes erfolgt über das Nebengetriebe des Fahrzeuges durch eine Hydraulikpumpe. Die hydraulischen Doppelstützen geben dem Fahrzeug eine sichere Standfestigkeit. Die Tragfähigkeit beträgt bei 1,6 m Ausladung 3000 kp und bei 4,5 m Ausladung 1000 kp.

Drehkrane mit turmähnlichem Gerüst und oben liegender Drehscheibe beherrschen vor allem das Gesicht der Häfen. Drehkrane mit starrem Ausleger werden vor allem im Zusammenhang mit Verladebrücken verwendet (vgl. Abb. 436). Da die Auslegerspitze beim Drehen nur eine Kreisbahn beschreibt, ist die günstigste Arbeitsweise, d. h. ohne Verfahren des Portales nur dann zu erreichen, wenn die Be- und Entladestelle auf einer

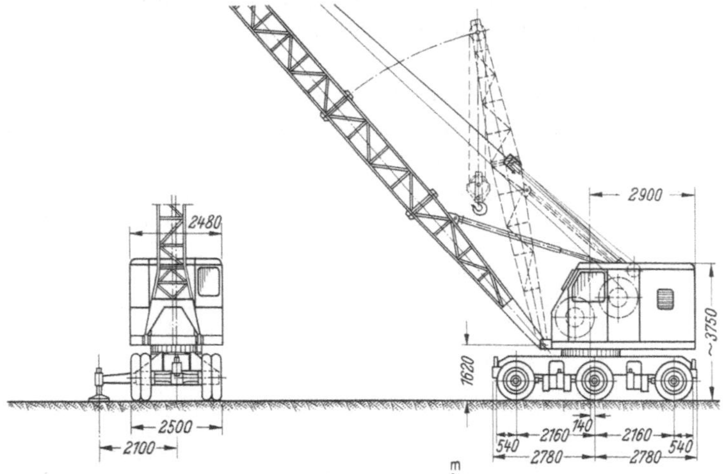

Ausladung (m)	abgestützt Auslegerlänge (m)					freistehend Auslegerlänge (m)				
	8,5	12,0	18,0	24,0	30,0	8,5	12,0	18,0	24,0	30,0
3,0	20,0					11,0				
3,5	20,0					8,7				
4,0	20,0	20,0				7,3	7,0			
4,5	20,0	20,0				6,2	5,8			
4,7	20,0	19,0				5,7	5,3			
5,0	19,0	18,2				5,3	5,0			
5,5	15,7	15,2	14,7			4,6	4,4	4,2		
6,0	13,6	13,3	13,0	12,5		4,1	3,9	3,7		
7,0	10,7	10,5	10,2	9,8	9,5	3,3	3,1	2,9	2,7	2,5
8,0	8,6	8,4	8,2	8,0	7,8	2,8	2,6	2,3	2,1	1,9
9,0		7,1	6,9	6,7	6,5		2,2	1,9	1,7	1,5
10,0		6,1	5,8	5,6	5,4		1,9	1,6	1,4	1,2
11,0		5,3	5,0	4,8	4,6		1,6	1,4	1,2	1,0
12,0		4,7	4,4	4,2	4,0		1,4	1,2	1,0	0,8
14,0			3,5	3,2	3,0			0,8	0,6	0,4
16,0			2,8	2,6	2,4			0,5	0,4	0,3
17,0			2,5	2,3	2,1					
18,0				2,1	1,9					
20,0					1,5					
24,0					1,0					

Nutzlastangaben in Mp

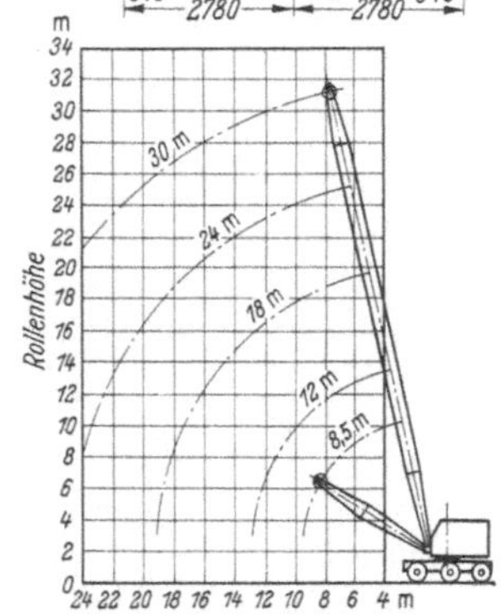

Abb. 446. Mittlerer Mobilkran, der nach Baukastenart schnell montiert werden kann (Krupp-Ardelt).

Abb. 447. Lastkraftwagen-Ladekran (Toussaint & Hess).

Tragkraft: 3000 kp (1000 kp) bei Ausladung von 1,6 m (4,5 m); Hubhöhe über Ladepritsche: 6,1 m, Gesamtgewicht der Anlage: 900 kp.

gemeinsamen Kreislinie liegen. Derartige Drehscheibenkrane haben auf dem fahrbaren Unterwagen einen Schienenring, auf dem der in Laufrollen gelagerte Kranteil ruht. Der Schienenring muß einen großen Durchmesser haben, da die Resultierende R aus dem Gewicht des drehbaren Teiles und der Last innerhalb des Schienenringes bleiben muß, wodurch sich eine große rückwärtige Ausladung für das Gegengewicht G ergibt (Abb. 448a).

Bei neueren Konstruktionen ist man von dieser Drehscheibenausführung abgekommen und verwendet heute vor allem doppelreihige Kugeldrehverbindungen bzw. Säulendrehverbindungen (Abb. 448b und c). Der Kran mit Kugeldrehverbindung hat ein niedriges Portal. Die rückwärtige Ausladung r ist gering, die Resultierende R kann auch außerhalb des Ringdurchmessers liegen, da die Kugeldrehverbindung einerseits mit dem Unterbau und zum anderen mit dem drehbaren Oberteil verschraubt ist. Die hohlen Portalbeine können mit Beton vergossen und als Gegengewicht herangezogen werden. Die Kugeldrehverbindung findet vor allem bei leichten Hafenkranen Verwendung, während die Säulendrehverbindung bei Schwerlastkranen, Schwimmkranen und Werftkranen überwiegt.

Ebenso wie die Kugeldrehverbindung ist auch die Säulendrehverbindung starrschlüssig und kann Kippmomente auf das Portal übertragen, wobei das Moment durch ein horizontales Kräftepaar in das Portal übergeleitet wird. Sie ermöglicht den Bau von Kranen mit geringer rückwärtiger Ausladung und die Verlagerung des Gegengewichtes in die hohlen Portalbeine. Am drehbaren Kranoberteil wird eine biegesteife Säule an-

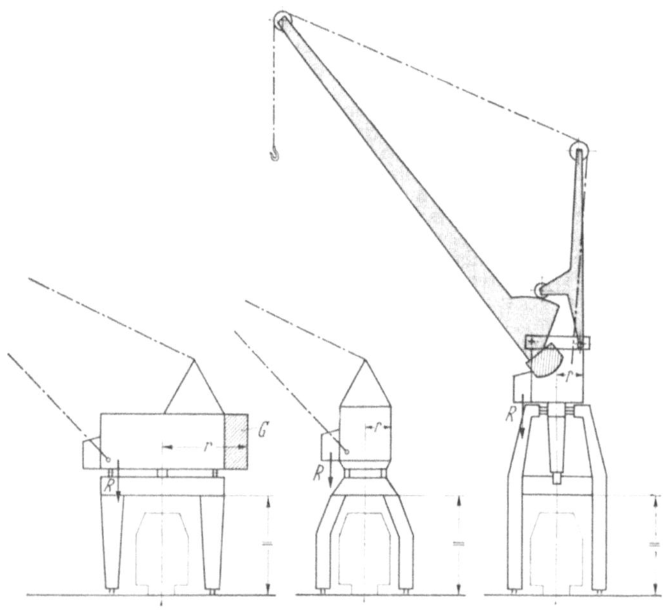

Abb. 448. Gegenüberstellung von Kranen mit unterschiedlicher Dreheinrichtung.

a Schienenring; *b* Kugeldrehverbindung; *c* Säulendrehverbindung an einem Kurvenlenkerkran.

gebracht und an zwei Stellen im Portal gelagert, wozu besondere Querriegel im Portal erforderlich sind. Die Horizontalkräfte sind umso geringer, je größer der Lagerabstand ist. Nur muß man dabei eine Erhöhung der Portalkonstruktion in Kauf nehmen. Wenn man aus Platzgründen die Säule nicht nach unten bauen kann, besteht noch die Möglichkeit, eine mit dem Portal fest verbundene Säule entsprechend nach oben in das drehbare Kranoberteil zu führen. Die Platzverhältnisse im Maschinenhaus werden dadurch allerdings ungünstig beeinflußt.

Die Konstruktionen der Hafenkrane aus den letzten 10 Jahren fallen auch durch ihre elegante und formschöne Linienführung auf. Hier wurden alle Möglichkeiten ausgeschöpft, die sich durch die geschweißte Blechbauweise und durch die bereits erwähnten modernen Drehverbindungen ergaben. Als Vorteile dieser Neukonstruktionen sind zu nennen:

a) schlanke Bauform der Krane und damit geringeres Behindern untereinander,

b) gefahrloser Innenaufstieg durch die Kugeldrehverbindung zum drehbaren Oberteil,

c) Verringerung des Konstruktionsgewichtes um 45%,

d) formschönere Ausführung der Blechbauweise gegenüber der herkömmlichen Nietkonstruktion.

Hafenkrane werden als Halbportalkrane (Abb. 449a) oder auch als Vollportalkrane mit vier oder drei Beinen gebaut. Bei kleiner Spurweite von etwa 6 m und gleich großem Radstand hat das Dreibein-Portal wegen seiner kleineren Standfläche ein um etwa 25%

größeres Gewicht und einen um etwa 70% höheren Eckdruck als das entsprechende Vierbeinportal. Dieser Umstand führt automatisch zu großen Mehrkosten der Kranbahn und der Gründung. Wesentlich günstiger sind die Verhältnisse bei Portalen mit extrem großer Spur. Hier ist der Abstand der Schwerachse von der Kippkante bei einem Dreibein-Portal nicht nennenswert geringer als bei einem Vierbein-Portal. Die Erhöhung des Eckdrucks gegenüber einem Vierbein-Portal beträgt nur noch etwa 30% und ist dann wirtschaftlich vertretbar. Die modernen Krane haben gegenüber den früheren Drehscheibenkranen eine geringere Kaiüberschattung und dadurch eine größere für den Kranbetrieb nutzbare Kaifläche. Die Krane in schmaler Bauweise können dicht nebeneinander arbeiten und eine große Kaifläche zum Umschlag von Lasten frei lassen. Durch den Einsatz mehrerer Krane am gleichen Schiff wird das Beladen oder Entladen beschleunigt, es vermindern sich die Totzeiten der Schiffe durch verkürzte Liegezeiten im Hafen sowie die mitunter hohen Hafengebühren. Weiterhin wird durch eine schmalhüftige Portalform ein breites Durchschwenkprofil zwischen unmittelbar nebeneinander arbeitenden Kranen erreicht, so daß sich auch sperrige Verladegüter zwischen den Portalen durchschwenken lassen. Die Tragkraft von Stückgutkranen beträgt fast durchweg 3 Mp und entspricht damit den Erfordernissen der Praxis. Größere Lasten werden an die Hakengeschirre zweier benachbarter Krane angeschlagen und durch geschicktes, gut aufeinander eingespieltes Manövrieren der beiden Kranführer umgeschlagen.

Die erwähnte besonders schmalhüftige Bauform ist bei Greiferkranen nicht so entscheidend, da sie nur selten dicht nebeneinander arbeiten. Um hohe Umschlagleistungen zu erreichen, baut man Greiferkrane ausschließlich für den Betrieb mit Mehrseilgreifern, d. h. mit Zweitrommelwindwerken. Durch Einbau eines Planetengetriebes lassen sich die Arbeitsbewegungen Heben/Senken und Öffnen/Schließen überlagern und mit einfachen Handgriffen mühelos steuern.

Die Auslegersysteme sind für die verschiedenen Einsatzgebiete der Hafenkrane von entscheidender Bedeutung. Neben der bereits erwähnten konservativen starren Auslegerform kommt dem Einfachlenker-Wippausleger große Bedeutung zu. Er ist mit seinem unteren Ende am drehbaren Kranteil angelenkt und beschreibt beim Wippen einen Kreisbogen. Um zu vermeiden, daß bei jeder Einziehbewegung des Auslegers die Last angehoben und dadurch das Wippwerk eine zusätzliche Hubleistung verrichten muß, sorgt man durch eine Seilspeicherung dafür, daß das Seil um die gleiche Länge nachgelassen wird, um die sich das Auslegerende anhebt. Ein sog. Seilausgleich sorgt für die Speicherung. Bei der in Abb. 449a gezeigten Seilführung erreicht man den korizontalen Lastweg während des Wippens durch dreifache Einscherung des Hubseiles zwischen Bockgerüst und Auslegerspitze. Für Greiferkrane mit ihren vier Lastseilen ist dieser Seilausgleich weniger geeignet, da 12 Seilstränge auf einer über 20 m langen Strecke zwischen Bockgerüst und Auslegerspitze nebeneinander liegen würden; auch müßte man am Auslegerende acht Seilrollen vorsehen, deren Anordnung Schwierigkeiten bereiten und den Ausleger kopflastig machen würden. Man legt daher den Rollenzug zwischen das Bockgerüst und die Mitte des unteren Auslegerdrittels entsprechend Abb. 449b. Dadurch liegen die acht Seilstränge auf einer Strecke von nur etwa 5 m nebeneinander, auch braucht die Auslegerspitze nicht mehr als vier Umlenkrollen zu tragen. Allgemein kann jedoch gesagt werden, daß diese Ausführungsform im Greiferbetrieb nicht allzu beliebt ist und nur weniger häufig eingesetzt wird.

Eine andere Lösung ist die Bauart als Schwinghebelkran nach Abb. 449c. Mit dem Ausleger ist über Zugstangen ein Schwinghebel mit Seilumlenkrollen gekoppelt, der beim Absenken des Auslegers nach oben schwingt. Dabei wird eine Seillänge zwischen den Umlenkrollen über dem Hubwerk und der Schnabelrolle am Auslegerende gespeichert, die der Strecke entspricht, um die sich der Ausleger beim Wippen senkt.

Eine andere Führung beim Kurvenlenkerkran zeigt Abb. 448c. Mit dem Ausleger ist eine Kurvenbahn verbunden, auf die sich eine Steilschwinge mit Seilumlenkrolle abstützt. Die Schwinge ändert während des Wippens ihre Neigung und speichert dabei die für den horizontalen Lastweg erforderliche Seillänge. Ein allerdings nur angenähert horizontaler Lastweg ergibt sich durch Einschalten des Hubwerkes während des Wippens, wobei die Hubtrommel etwa die gleiche Seillänge abläßt oder aufnimmt, um die sich das Auslegerende beim Wippen hebt oder senkt. Der Antrieb für die Wippbewegungen des Auslegers erfolgt durch Spindelantrieb oder hydraulischen Antrieb, durch Zahnsegmente, Zahnstangen oder durch Seilzug. Da die Last beim Wippen nicht angehoben wird und das Auslegersystem gewichtsmäßig ausgeglichen ist, braucht das Wippwerk nur die Massenkräfte, die Reibung und die Winddrücke zu überwinden. In früherer Zeit vorherrschend und heute auch noch nicht verdrängt ist der Doppellenker-Wippkran für den Greiferbetrieb. Er eignet sich ebenfalls für schwere Stückgutkrane, vor allem in Werftbetrieben beim Transport großer Sektionen.

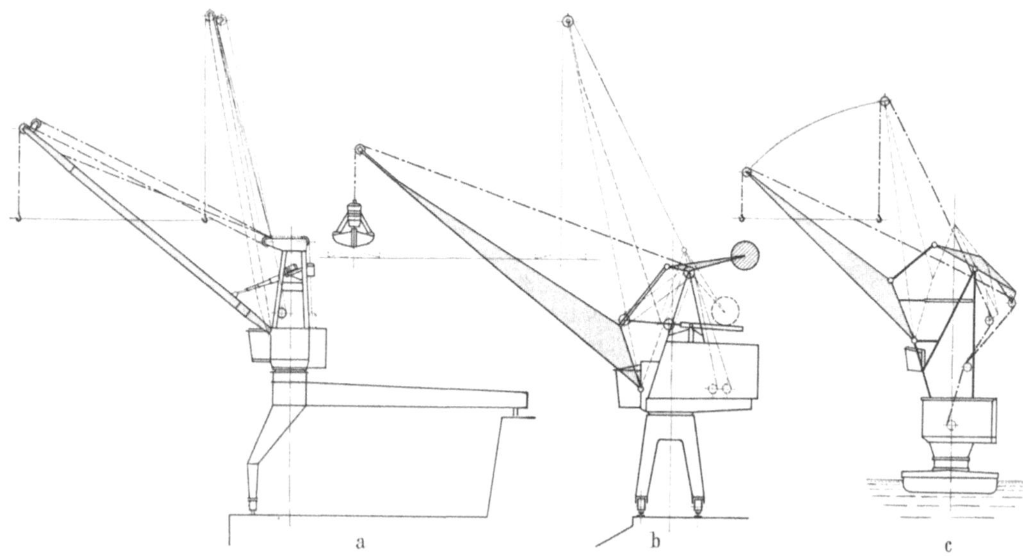

Abb. 449. Einfachlenkersysteme.

a Halbportalkran für Stückgutumschlag mit Seilschleife zwischen Bockgerüst und Auslegerspitze; *b* Vollportalkran für Greiferbetrieb mit Seilschleife zwischen Bockgerüst und unterem Auslegerdrittel; *c* Schwimmkran mit Schwinghebel zum Seilausgleich.

Das Doppellenker-System setzt sich aus drei Teilen zusammen, wie die Abb. 450a auch zeigt. Der Grundlenker ist unten im drehbaren Kranteil gelagert, während das Bockgerüst oben drehbar den Zuglenker aufnimmt. Beide zusammen tragen am oberen Ende den Spitzenausleger. Die Hub- und Schließseile des Greifers werden über Umlenkrollen entlang des Zuglenkers und des Spitzenauslegers geführt. Der Grundlenker wird von der Last her auf Druck, der Zuglenker auf Zug und der Spitzenausleger auf Biegung beansprucht. Ein verdrehsteif ausgebildeter Grundlenker ist in der Lage, auch die beim Drehen auftretenden horizontalen Massenkräfte aufzunehmen, so daß der Zuglenker nur Zugkräfte zu übertragen braucht. Beim Wippen des Doppellenkers beschreibt das Ende des Spitzenauslegers eine Doppelkurve, die bei der richtigen Wahl der Anlenkpunkte im nutzbaren Bereich der Wippbewegungen angenähert zur horizontalen wird.

Im Gegensatz zum Einfachlenker mit Seilspeicherung bleibt die Seillänge zwischen Trommel und Schnabelrolle während des Wippens unverändert, so daß sich auch die Last auf einer Horizontalen bewegt. Eine Gegengewichtsschwinge ist über Koppelstangen derart mit dem Grundlenker verbunden, daß sich in allen Auslegerstellungen das Eigengewicht des Auslegers annähernd ausgleicht. Vorteilhaft wirkt sich bei dieser Konstruktion aus, daß die Pendellänge der Seile in allen Auslegerstellungen konstant bleibt, was das Arbeiten besonders über Schiffsluken oder Bunkern erleichtert. Außerdem werden die Seile geschont, da man sie nicht, wie beim Einfachlenker, mehrfach 180° umzulenken braucht. Darüber hinaus läßt der Doppellenkerkran bei Verladearbeiten an Schiffen mit hohen Aufbauten ein großes Lichtraumprofil frei.

Ein anderes, häufig verwandtes Auslegersystem ist der Parallelogrammlenker entsprechend Abb. 450b. Diese Konstruktion führt zu einem absolut genau horizontalen Lastweg bei gleichbleibender Pendellänge. Grundlenker, Zuglenker, Spitzenausleger sowie die Verbindungslenker zwischen Zug- und Grundlenker bilden in allen Auslegerstellungen ein Parallelogramm, wobei sich das System mit Druckrollen am unteren Ende des Grundlenkers auf eine vertikale Gleitbahn abstützt.

Die konstruktive Gestaltung der Ausleger selbst unterlag in den letzten Jahren einem erheblichen Wandel. Der genietete Fachwerkausleger wurde verdrängt durch geschweißte Winkelkonstruktionen, geschweißte Rohrausleger und Kastenkonstruktionen. Bei großen

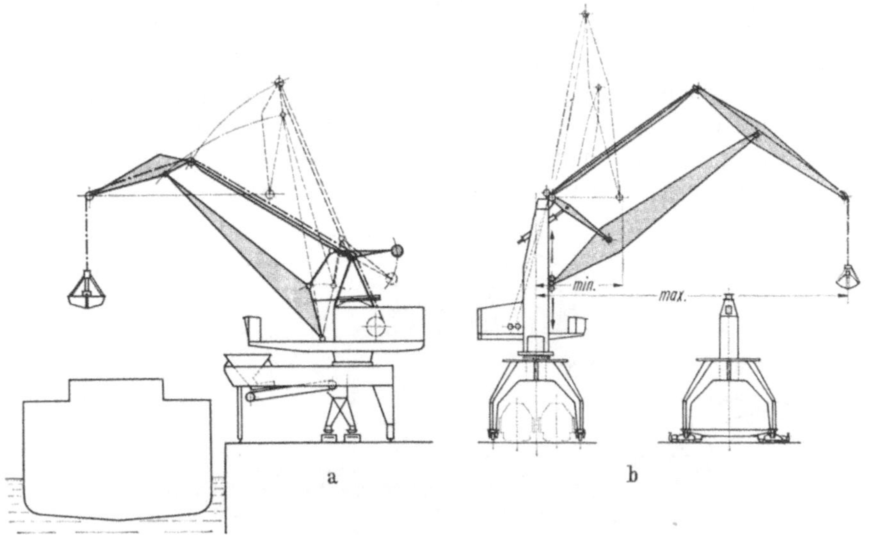

Abb. 450.

a Doppellenkerkran in Känguruh-Bauweise; *b* Parallelogrammlenkerkran ergibt absolut genaue Horizontalführung der Last.

Auslegerlängen wird man dem geschweißten Rohrausleger gegenüber einer geschweißten Winkelkonstruktion immer den Vorzug geben müssen, da das Rohr eine ärodynamisch günstigere Form und eine höhere Knicksicherheit besitzt.

Es würde an dieser Stelle zu weit führen, für die verschiedensten Kranbauformen alle technischen Ausführungsdaten aufführen zu wollen. Es sollen daher nur Hinweise auf die allgemein gebräuchlichen Geschwindigkeiten gemacht werden. Kranfahren 20 m/min, Wippen 50—90 m/min, Drehen 1,25—2,0 U/min, Hubgeschwindigkeit bei Stückgutkranen 40—50 m/min und bei Greiferkranen 63—80 m/min. Die Hakenwege liegen zwischen 40 und 60 m, wobei etwa $^2/_3$ über der Schienenoberkante und $^1/_3$ unterhalb der Fahrbahn liegt. Gebräuchliche Auslegerlängen findet man zwischen 25 und 45 m.

Zur Erzielung einer hohen Umschlagleistung finden im Hafen-Umschlagbetrieb auch sehr häufig Känguruh-Krane Verwendung (Abb. 450a). Beim Einziehen des Auslegers gelangt das aufgegriffene Fördergut zu einem dem Kran vorgebauten Bunker, wird in diesen abgeworfen und über ein Abzugband einem Förderband zum Weitertransport zugeführt. Da durch den zwischengebauten Bunker der Abstand von der Kranachse bis zur Kaikante größer sein muß als bei den üblichen Hafenkranen, wird das Kranführerhaus zur Verbesserung der Sicht vorgebaut.

Die bei Hafenkranen in geschweißter Blechbauweise gewonnenen Erkenntnisse lassen sich nicht ohne weiteres auf Schwerlastkrane übertragen, so daß man neben reinen Blechkonstruktionen auch Kombinationen von Blech- und Fachwerkbauweise anwendet. Schwerlastkrane sind auf Werften zur Versorgung von Hellingen oder Trockendocks, als Krane für die Schiffsausrüstung und als Schwimmdockkrane anzutreffen. Kennzeichnend für die in den letzten Jahren gebauten Hellingkrane ist eine wesentliche Steigerung ihrer Tragkraft und Ausladung. Während früher eine Tragkraft von etwa 20 Mp in den meisten Fällen genügte, wurde dieser Wert in den letzten Jahren ständig erhöht, so daß heute Krane von 60 Mp Tragfähigkeit und mehr keine Ausnahme bilden. Die Tendenz zu immer größeren Kraneinheiten ist verständlich, wenn man berücksichtigt, daß die Größe der in den letzten Jahren aufgelegten Schiffe ständig zunahm und sich die Werften immer mehr auf den Sektionsbau umstellen. Dabei werden möglichst große Schiffsteile in den Werkstätten vorgefertigt, zu den Hellingen gefahren, mit Hilfe von schweren Kranen zum Schiffskörper gebracht und dort zusammengebaut. Natürlich erhöhte sich auch die Breite der Schiffe mit steigender Tonnage. Der Wert des erforderlichen Lastmomentes lag bei früheren Hellingkranen etwa bei 400 Mpm und ist inzwischen auf den 5fachen Wert gestiegen.

Ausrüstungskrane sind meist ortsfest und sorgen auf besonderen Ausrüstungskais für den Aus- und Einbau von Maschinen, Kesselanlagen und Einrichtungen in die vom Stapel gelassenen Schiffskörper bzw. in reparaturbedürftige Schiffe. Um die Arbeiten im Freien zu verkürzen, werden möglichst große Maschinenteile umgeschlagen, so daß Tragfähigkeiten von 150 Mp und mehr erforderlich sind (vgl. Abb. 451).

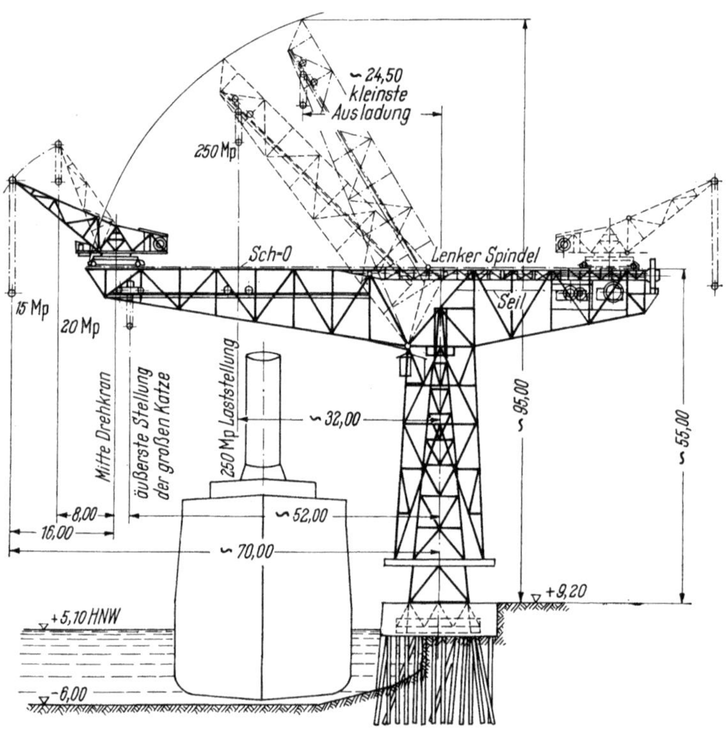

Abb. 451. Hammerdrehkran von 250 Mp Tragkraft mit Seillaufkatze und zusätzlich aufgesetzten fahrbaren Drehkran, der Ausleger ist einziehbar.

Schwimmdockkrane arbeiten auf den verhältnismäßig schmalen Seitenwänden der Docks, die nur eine geringe Spurweite von etwa 3 m zulassen. Der Standsicherheit ist daher besondere Aufmerksamkeit zu schenken, insbesondere da auch der Krängung, also der Abweichung von der Horizontalen, die mit maximal 6° zugelassen ist, Rechnung getragen werden muß. Die Krane haben durchweg eine Tragkraft von 5—15 Mp und werden als Einfachlenkerkrane mit Seilausgleich entsprechend Abb. 449a ausgeführt. Die Verbindung zwischen Portal und drehbarem Teil erfolgt meist durch eine Kugeldrehverbindung.

Bei den Kranen für größere Lasten ist die Doppellenkerausführung (Abb. 450) und auch der Hammerkran anzutreffen. Zur Aufnahme der wesentlich größeren Lastmomente dient vorwiegend eine Säulendrehverbindung (Abb. 448c). Hammerdrehkrane haben einen weit ausladenden, um 360° drehbaren horizontalen Ausleger, auf dem eine Katze verfährt. Um ihr Gewicht zu reduzieren, wird sie meist als Seillaufkatze ausgebildet, so daß die Maschinenteile im rückwärtig gelagerten Maschinenhaus untergebracht sind. Häufig wird auf dem Obergurt des Hammerdrehkranes zusätzlich noch ein verfahrbarer Drehkran aufgesetzt, der höhere Arbeitsgeschwindigkeiten zuläßt (Abb. 451). Beim Einsetzen hoher Masten kann bei manchen Ausführungen der Ausleger mit der an seinem Ende verriegelten Katze hochgeklappt werden. Der fahrbare Drehkran steht bei dieser Arbeitsoperation natürlich auf dem hinteren horizontal verbleibenden Auslegerteil. Früher baute man Hammerdrehkrane mit einer sich nach unten verjüngenden Drehsäule, so daß sich das Hauptdrucklager knapp über Flur befand. Diese Bauweise ist ungünstig, da sie eine große Fundamentfläche und damit auch einen größeren Abstand der Drehachse von der Kaikante erfordert. Bei neueren Konstruktionen ist das Stützgerüst eine sich nach oben verjüngende Säule, über die die Glocke des drehbaren Kranteiles gestülpt ist. Werden auf einer Werft mehrere Turmdrehkrane eingesetzt, so zeigen sie meist unterschiedliche Höhen der Ausleger, um Kollisionen untereinander zu vermeiden.

e) Schwimmkrane

Für das Versetzen von Hafenkranen oder das Auswechseln von großen Schiffsmaschinenteilen, für Bauarbeiten im Hafen oder das Verladen schwerer Stückgüter in Seeschiffe sowie auch das Bergen von gesunkenen Schiffen ist der Schwimmkran unentbehrlich. Bei neueren Konstruktionen hat man die Drehachse des Kranes derart aus der Mitte des Schwimmkörpers herausgerückt, daß die Ausladung über Fender nach allen drei Seiten die gleiche ist, wodurch sich in Längsrichtung des Schwimmkörpers eine große freie Deckfläche für das Absetzen von Lasten oder das Ablegen der Krankonstruktion zwecks Reduzierung der Schwerpunkthöhenlage für Überseefahrten ergab.

Bei den Schwimmkranen sind die verschiedensten Kranformen anzutreffen, angefangen vom nicht drehbaren Hebebock, dessen Ausleger nur in unbelastetem Zustand verstellt werden kann, über den nicht drehbaren Wippkran zum Wippdrehkran mit Einfachlenker und mit Doppellenker. Der Doppellenker-Wippausleger ist günstig bei Kranen von großer Ausladung und relativ geringer Hubhöhe. Der einfache Wippausleger wird gewählt, wenn eine große Hubhöhe verlangt wird, da er bei eingezogenem Ausleger eine größere Hubhöhe zuläßt als ein Doppellenker-Ausleger annähernd gleicher Konstruktionshöhe. Man muß sich allerdings mit dem Nachteil einer nicht gleichbleibenden Pendellänge abfinden.

Zu den wesentlichen Forderungen an die Konstruktion eines Schwimmkranes gehören niedriges Eigengewicht, kleine Windflächen und eine möglichst tiefe Lage des Schwerpunktes des Kranes und seiner Windangriffsflächen. Sie beeinflussen entscheidend die Größe des Schwimmkörpers, dessen Kosten wesentlich höher sind als die des Kranteiles, und die Auslegung seiner Antriebsanlage. Besonders wichtig sind diese Überlegungen, wenn der Kran auch für eine Fahrt über See geeignet sein muß. Die bisherige Entwicklung der Krane zeigt, daß diese Zusammenhänge früher nicht in genügendem Maße beachtet wurden.

Die bisher gebaute Grundform als Säulenkran mit übergestülpter Glocke wird durch Abb. 452 veranschaulicht. Die Nachteile dieser Ausführung, nämlich hochliegender Schwerpunkt des Kranes und seiner Windflächen, sollten bei der Konstruktion seegehender Krane vermieden werden. Die Firma MAN wandte das Prinzip der Blocksäulenlagerung mit seinen erheblichen Gewichtseinsparungen auch bei Schwimmkranen erstmalig an. Den Fortschritt dieser Bauart gegenüber der früheren Lösung bringt die Gegenüberstellung zweier ausgeführter Krane gleicher Tragkraft und ähnlicher Abmessungen deutlich zum Ausdruck. Die neue Bauweise mit 2700 Mpm Lastmoment brachte gegenüber der früheren Glockenbauweise mit 2200 Mpm Lastmoment eine Gewichtsverminderung des Kranes um rd. 40%. Dieser Vergleich wird noch eindrucksvoller, wenn man berücksichtigt, daß man für den neuen Kran die im allgemeinen schwere Vollwandbauart und einen niederlegbaren Ausleger wählte, der ja ebenfalls einen Mehraufwand erforderte.

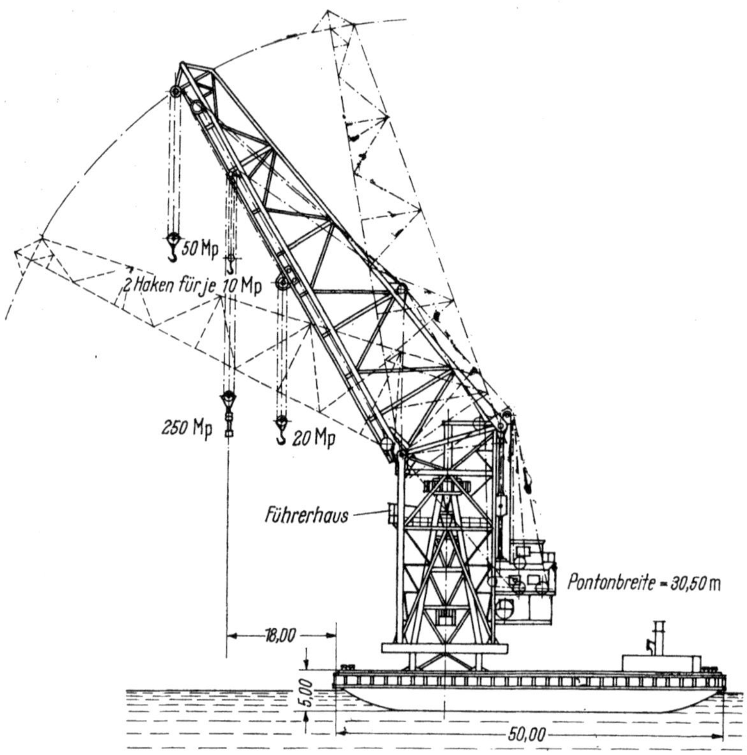

Abb. 452. Schwimmkran von 250 Mp Tragkraft mit Einfachlenker-Ausleger, Lastmoment: 8400 Mpm (Demag).

Der grundlegende Unterschied zur bisherigen Bauart besteht in dem Ersatz der fest mit dem Schwimmkörper verbundenen Säule durch eine in diesem drehbar gelagerte sog. Blocksäule (Abb. 453). Dies führt zu einer tieferen Lage der Einspannung des drehbaren Kranteiles. Die Auflagerkonstruktion des drehbaren Teiles mit Spur- und Halslager, die bei der Glockenbauart auf dem oberen Ende der festen Säule und der Glocke, also viele Meter über der Wasserfläche, angeordnet ist, befindet sich bei der Blocksäulenbauart unten auf dem Boden des Schwimmkörpers. Die Funktion der Glocke als Einspannelement übernimmt der Schwimmkörper selbst. Über die Deckaufbauten ragt dann nur noch die schlanke vollwandige Blocksäule empor, die eine viel kleinere Windfläche und auch ein geringeres Gewicht hat als die frühere Bauweise. Der Grundlenker ist dann unmittelbar über der Ebene des Schienenringes gelenkig befestigt, so daß auch der Schwerpunkt des Auslegersystems möglichst tief liegt.

Der Gedanke, das Niederlegen des Auslegers zu ermöglichen und dadurch die Schwimmeigenschaften des Kranes zu verbessern, sowie gegebenenfalls auch unter Brücken durchfahren zu können, beschäftigt die Konstrukteure schon seit über 15 Jahren. In Abb. 453 ist eine Möglichkeit aufgezeigt, die in einfachster Weise das Niederlegen des Doppellenker-Auslegers zeigt. Der Vorgang kann einschl. aller vorbereitenden Arbeiten in etwa 2 h durchgeführt werden.

Zum Ablegen des Auslegers muß das Spindelwippwerk *i* den Kran in die betriebsmäßig kleinste Ausladung bringen. Dann wird das bewegliche Gegengewicht *h* abgefangen und die Verbindung zwischen Gegengewichtsseil und Flaschenzug *f* gelöst. In der höchsten Lage der Hakenflasche des Hubwerkes legt man den oberen Teil des Hubseiles fest und löst die Seilverbindung zu dem unteren Teil des Seiles, das sich auf den Hubtrommeln befindet. Dieser untere Teil des Hubseiles wird mit dem Flaschenzug *f* verbunden, dann der Bolzen *k* entfernt, der die Wippwerkspindel und den Druckausleger verbindet und senkt den Ausleger mit Hilfe des jetzt an das Hubwerk angeschlossenen Flaschenzuges ab. Dabei klappt der Ausleger selbsttätig zusammen und legt sich schließlich auf den Bock *l* an Deck des Schwimmkörpers ab.

Der wohl zur Zeit größte Schwimmkran der Welt ist in Long Beach (USA) auf einer Werft eingesetzt. Die Ausladung ab Fender beträgt 18 m. Noch in einem Abstand von 64 m ab Drehachse ist der Kran in der Lage, 50 Mp am Haupthub und zusätzlich 10 Mp

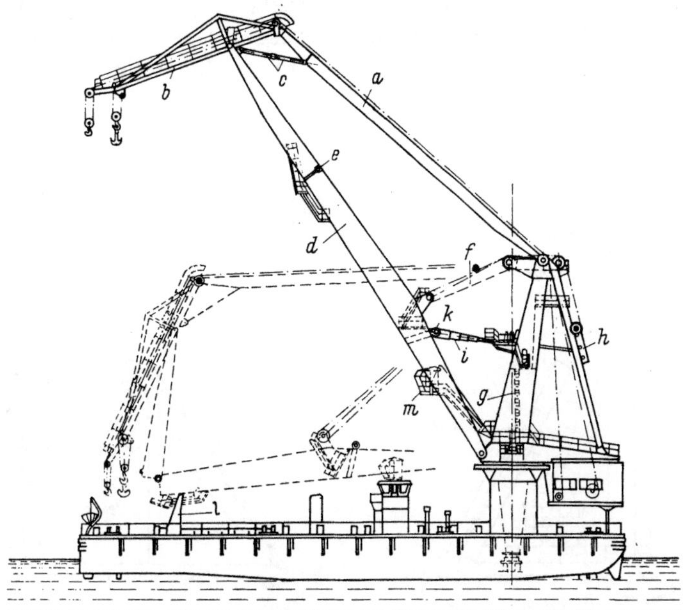

Abb. 453. Niederlegbarer Doppellenker-Wippausleger eines Schwimmkranes mit Blocksäulen-Drehverbindung (MAN).

Die gestrichelten Linien zeigen den Ausleger in niedergelegter Stellung; *a* Zuglenker; *b* Spitzenausleger; *c* zweigliedrige Gelenkkette; *d* Drucklenker; *e* Gelenk im Drucklenker; *f* Flaschenzug; *g* Kransäule; *h* bewegliches Gegengewicht; *i* Spindelwippwerk; *k* Bolzen zum Verbinden der Wippwerkspindel und des Drucklenkers; *l* Bock zum Abstützen des Auslegers an Deck des Schwimmkörpers; *m* Kranführerhaus.

am Hilfshub zu bewegen. Die Hubhöhe über Wasser in allen Auslegerstellungen beträgt etwa 50 m. Bei hochgetopptem Ausleger wird eine Höhe von 114 m über Wasser erreicht.

Schwimmkrane werden nur vereinzelt mit Schwimmkörpern ohne eigenen Fahrantrieb gebaut, so daß die Fahrbewegungen durch Schleppschiffe erfolgen müssen. In den meisten Fällen rüstet man Schwimmkrane mit eingebauten Fahrantrieben aus, fast ausnahmslos mit Voith-Schneider-Propellern am Heck und Bug des Schwimmkörpers, die in der Lage sind, auch unter ungünstigen Bedingungen hohe Anforderungen in bezug auf Wendigkeit und Manövrierfähigkeit zu erfüllen. Schwimmkrane besitzen auch eine eigene Energieanlage, um sich, unabhängig von Kabelanschlüssen, frei im gesamten Hafengebiet bewegen zu können.

f) Kabelkrane

Kabelkrane werden zur Lastenbeförderung auf ausgedehnten oder schwer zugänglichen Arbeitsplätzen verwendet (Bau von Staumauern im Flachland oder im Gebirge, auf Schiffswerften, Holzstapel- und Kohlenlagerplätzen usw.). Dabei liegt die untere wirtschaftliche Anwendungsgrenze der Kabelkrane bei etwa 80—100 m Spannweite. Es handelt sich also um einen Bereich, in dem Krane normaler Bauart nicht mehr ausreichen oder unwirtschaftlich sind.

Als Hauptdaten bereits ausgeführter Kabelkrane sind zu nennen:

Spannweite	80–1000 m,
Tragkraft	1–30 Mp,
	ausnahmsweise bis 150 Mp
Hubhöhen	$\leqq$ 275 m,
Förderleistung	$\leqq$ 360 Mp/h,
Heben und Senken	40–200 m/min,
Katzfahren	160–500 m/min,
Turmfahren	8–30 m/min.

Es werden grundsätzlich drei verschiedene Kabelkrantypen, entsprechend der Abb. 455, unterschieden: ortsfeste Kabelkrane stellen die preisgünstigste Ausführung dar, bestreichen aber nur einen schmalen, senkrecht unter dem Tragseil liegenden Arbeitsplatz. Das Trag-

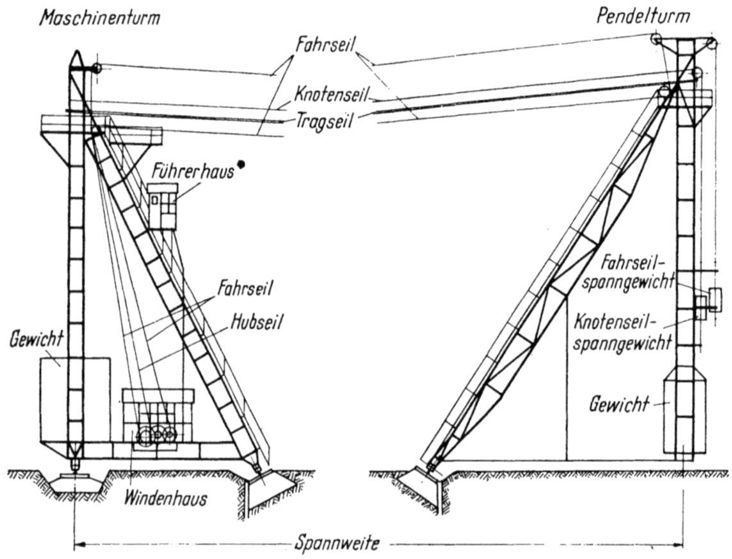

Abb. 454. Grundsätzliche Anordnung eines Kabelkranes mit fahrbaren Stützen.

seil ist auf beiden Seiten fest verankert. Als zweite Gruppe kennt man die schwenkbaren Kabelkrane, die sich von den ortsfesten lediglich durch seitliche Schwenkbarkeit der Masten unterscheiden. Sie werden vornehmlich für Arbeiten im Flachland angewendet, wenn ein breiterer Arbeitsplatz zu bestreichen ist. Infolge der im Flachland erforderlichen größeren Turmhöhen sind fahrbare Kabelkrane meist unwirtschaftlich, da sie zu schwere Türme, teuere Fahrbahnen und kostspielige Fundamente erfordern. Die durch das Mastschwenken erreichbare Arbeitsfeldbreite entspricht etwa der halben Masthöhe. Die Masten sind durch seitlich angeordnete Seile verspannt und werden über besondere Schwenkwinden bewegt. Schwerere Lasten als die zulässige Tragkraft des einzelnen Kranes werden bei Verwendung entsprechender Traversen von zwei Kranen gemeinsam bewältigt. Als letzte Baugruppe bleibt der fahrbare Kabelkran, der in erster Linie im Gebirge eingesetzt wird. Es können eine oder beide Seiten fahrbar sein (Abb. 455c und d). Je nach Ausführung ergibt sich eine dreieckige oder rechteckige Arbeitsfläche.

Die zu hebende Last wird von einer Seillaufkatze getragen, wobei sie durch ein Fahrseil hin- und hergezogen wird. Auch das Hubseil wird vom entfernt liegenden Windenhaus über Seilrollen der Hakenflasche zugeführt. Die Laufkatze wird wie bei Seilbahnen auf einem Tragseil geführt. Die Anzahl der erforderlichen Laufräder hängt von der Tragkraft der Anlage ab. Um ein zu starkes Durchhängen der Hub- und Fahrseile zu verhindern, werden bei großen Spannweiten kleine verschiebbare Tragrollen auf dem Tragseil angebracht, die bei der Vorwärtsbewegung der Laufkatze von dieser aufgefangen und mit genommen werden bei der Rückwärtsbewegung, aber in bestimmten Abständen auf dem

Tragseil hängen bleiben. Das kann durch ein besonderes, fest eingespanntes Seil mit Knoten von verschiedener Stärke oder durch ähnliche Einrichtungen bewirkt werden. Aus der Abb. 456 ist die Anordnung dieser Tragrollen in Verbindung mit der Laufkatze ersichtlich.

Eine andere Möglichkeit zum Hochhalten der Triebseile sind Klappreiter. Sie werden unter dem Tragseil befestigt und bestehen aus seitlich ausschwenkbaren Hebelarmen

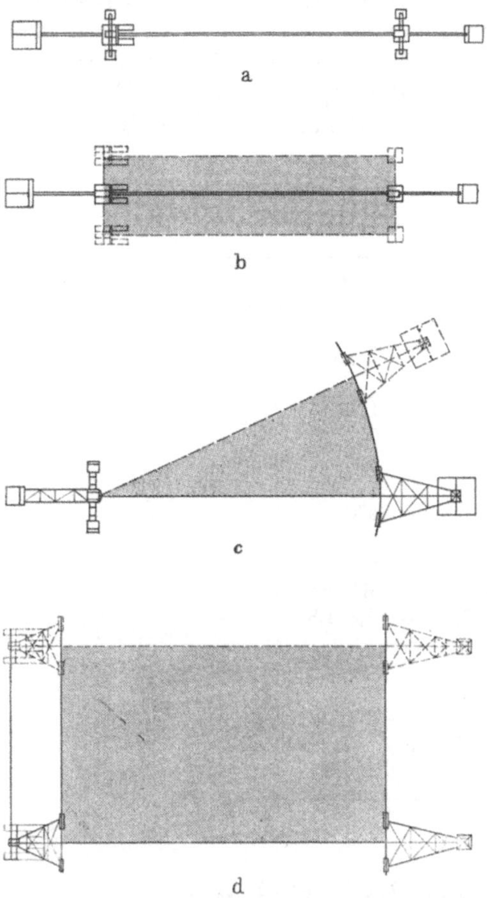

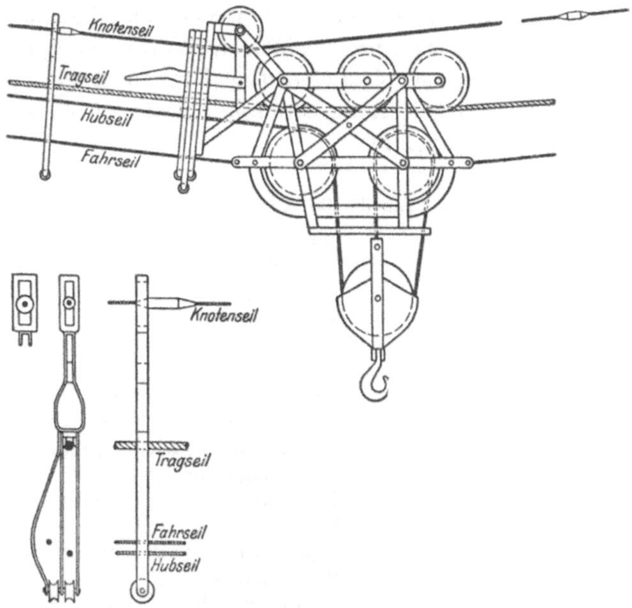

Abb. 456. Seillaufkatze für Kabelkrane.

Abb. 455. Verschiedene Ausführungsformen von Kabelkranen und deren Arbeitsflächen.

a beide Stützen ortsfest angeordnet; *b* beide Stützen ortsfest aber seitlich schwenkbar; *c* eine Stütze fest, eine radial verfahrbar; *d* beide Stützen parallel verfahrbar.

mit am unteren Ende befestigten Seiltragrollen. Beim Vorbeifahren der Katze drücken sog. Öffnungsschienen, die an der Katze unterhalb des Fahrwerkes angebracht sind, so gegen die Hebelarme der Klappreiter, daß sie sich öffnen, d. h. die Triebseile freigeben und die Durchfahrt der Katze gestatten. Außer der gebräuchlichen Seillaufkatze, die durch Seile hin- und hergezogen wird, sind auch Laufkatzen mit eingebauten Hub- und Fahrwerkantrieben sowie anhängendem Führerhaus bekannt. Infolge ihres großen Eigengewichtes bedingen solche Katzen größere Tragseilspannungen und damit gewöhnlich auch höhere Anlagekosten als Seillaufkatzen. Außerdem bereitet auch die Stromzuführung zur Katze bei großen Spannweiten Schwierigkeiten, so daß diese Ausführungsformen nur dann zum Einsatz kommen, wenn die Beobachtung und Steuerung der Last aus der Nähe ganz besonders wesentlich ist.

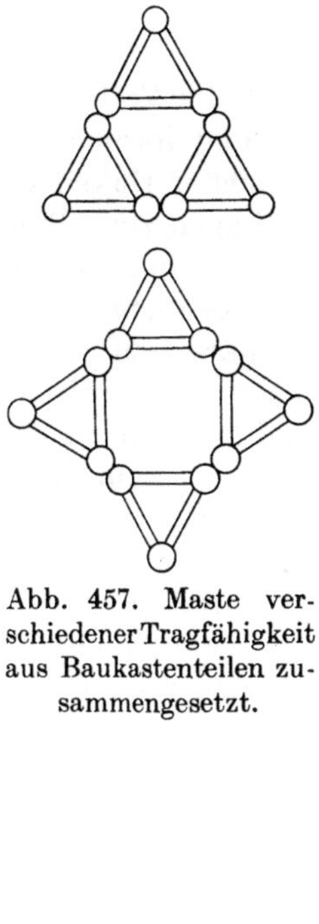

Abb. 457. Maste verschiedener Tragfähigkeit aus Baukastenteilen zusammengesetzt.

In den letzten Jahren sind neben den Kabelkranen für die Errichtung bestimmter Bauwerke auch standardisierte Typen speziell für die Bauwirtschaft entwickelt worden. Hierbei handelt es sich um

Anlagen mit ortsfesten, aber seitlich schwenkbaren Masten. Ein entscheidendes wirtschaftliches Problem bei diesen Kabelkranen ist ihre weitere Verwendung nach Abschluß der Arbeiten an der Baustelle, für die sie ausgelegt wurden. Das Tragseil wird daher über die Mastköpfe hinweggeführt und dann als Nackenseil um Seilpoller geschlungen. Dadurch ist es möglich, diesen Kran bei Wiederverwendung durch vorher eingeplante Seilreserven verschiedenen Spannweiten anzupassen. Auf der anderen Seite können die Masten nach dem Baukastensystem aus einzelnen 5 m langen dreistieligen Schüssen je nach Bedarf zu einem dreieckigen oder viereckigen Mast zusammengefaßt werden (Abb. 457). Diese Typisierung ermöglicht einerseits Vorausfertigung und Lagerhaltung vieler Teile und andererseits einen relativ leichten Umbau eines Kranes für andere Spannweiten und Traglasten. Die wichtigsten technischen Daten für standardisierte Kabelkrane sind in Tab. 106 zusammengefaßt.

Tabelle 106. *Technische Daten von Standard-Kabelkranen mit Schwenkmasten (Pohlig)*

Tragkraft	kp	3000		5000	
Spannweite	m	< 300	300–600	< 300	300–600
Masthöhe	m	< 45	< 65	< 65	
Arbeitsbreite = Schwenkbereich	m	< 24	< 35	< 35	
Kübelinhalt	m³	1.0		1,75	
max. Hubhöhe	m	50		50	
Hubgeschwindigkeit = Senkgeschw.	m/min	60		60	
Katzfahren	m/min	270		270	
Schwenken (in Höhe Tragseil)	m/min	5		5	
Reitersystem		Klappreiter		Klappreiter	
Mastaußenmaße (Querschnitt)	m	1,3 · 1,3	1,8 · 1,8	1,8 · 1,8	
Hubwinde	PS	41		65	
Fahrwinde	PS	53		65	
Schwenkwinden	PS	2 · 10,9		2 · 10,9	
Tragseil Machart		vollverschlossen		vollverschlossen	
Tragseildurchmesser	mm	29	36	36	40

4. Vorrichtungen zum Aufnehmen des Verladegutes

a) Haken und Zangen

Beim Verladen von Stückgütern geringerer Abmessung wird das Verladegut meistens auf Plattformen oder in geeignet geformten Kästen angesammelt und mit diesen vermittels einfacher Haken gehoben. Bei größeren und schweren Stücken werden Ketten und Seilschlingen zum Tragen der Lasten verwendet. In beiden Fällen ist die Handarbeit nicht zu entbehren und ein wesentlicher Grund für die Begrenzung der Leistungsfähigkeit der Verladeanlagen, die aus diesem Grunde auch bei größter Fördergeschwindigkeit und Tragkraft an gewisse von der Art der zu fördernden Stücke abhängige Grenzen gebunden bleibt. Mechanische Aufnehmevorrichtungen sind für Stückgüter nur selten anwendbar und kommen in Form von Hubmagneten für Stahlteile und von Pratzen und Zangen für einzelne stabförmige Transportgüter besonders im Hüttenwesen vor. Die Regel bildet die Verwendung des Hakens. Er hängt entweder unmittelbar an der Kette bzw. dem Seil oder an einer Unterflasche mit losen Seilrollen. Wenn keine lose Rolle verwendet wird, so muß oft das Gewicht des Hakens durch ein Zusatzgewicht vergrößert werden, damit er sich beim Nachlassen des Seiles von selbst senkt und das Seil, gegebenenfalls auch die Windentrommel, vom leeren Haken mit durchgezogen wird. Dieses Zusatzgewicht wird in verschiedener Form ausgeführt, häufig als Kugel, die oberhalb des Hakens auf dem Zugorgan festgeklemmt wird oder auch, wie in Abb. 458 angegeben, als ein Zylinder, der durch seine Wandung die in seinem Innern befindlichen Seilklemmen vor Beschädigung schützt.

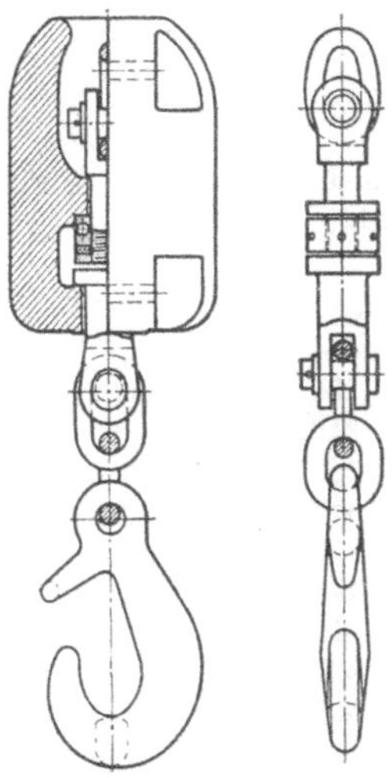

Abb. 458. Einfachhaken mit Belastungsgewicht.

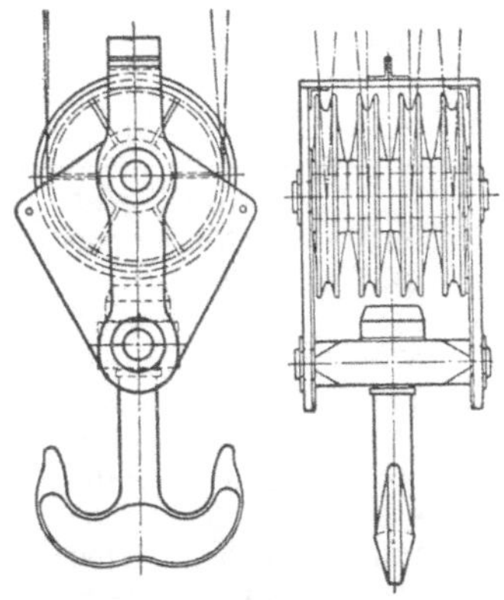

Abb. 459. Unterflasche mit Doppelhaken für eine Last von 35 Mp.

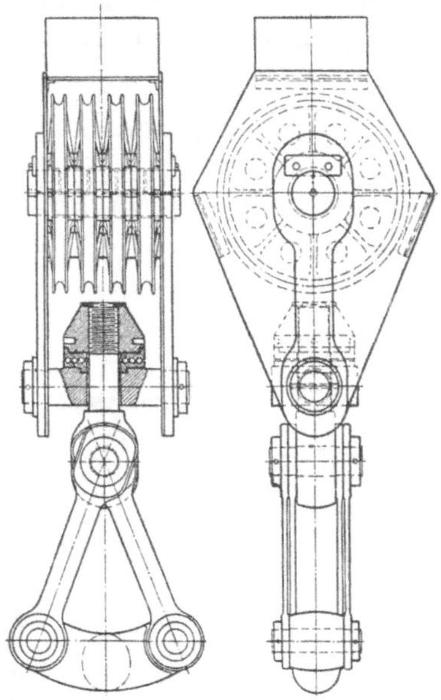

Abb. 460. Schäkelhaken für 130 Mp Last.

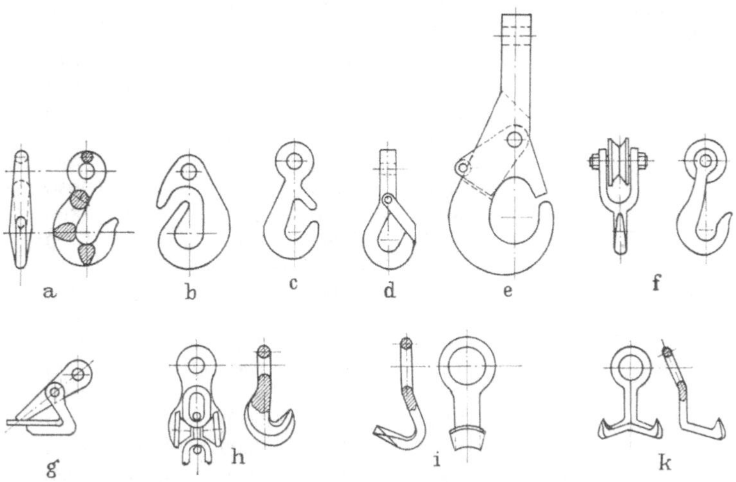

Abb. 461. Gebräuchliche Kettenhaken und Klauen.

a einfacher Haken; *b* Sicherheitsladehaken; *c* Sicherheitshaken mit Abweisdorn; *d* Schnepperhaken; *e* einfacher Sicherheitshaken; *f* Rollenhaken; *g* Haken mit Zwinge; *h* Klauenhaken; *i* Faßklaue breiter Form; *l* Stroppklauenhaken; *k* Teufelsklaue.

Die Haken werden bei Lasten bis zu 20 Mp meistens als einfache Haken ausgebildet. Bei Lasten von 20—50 Mp verwendet man je nach dem Zweck einfache oder Doppelhaken. Und über 50 Mp stets Doppelhaken. Bei Gewichten von mehr als 100 Mp werden die Haken zum größten Teil geschlossen ausgeführt, wobei der die Last tragende Querträger entweder aus einem Stück, wie in Abb. 460 gezeigt, oder aus Lamellen hergestellt wird. Die Grenzen für die Verwendung der verschiedenen angegebenen Konstruktionen sind jedoch nicht unbedingt festliegend, sondern abhängig von dem jeweiligen Zweck der Hebevorrichtung. Bei großen Lasten wird der Haken zur Milderung von Stößen vorteilhafter federnd aufgehängt, doch wird diese Ausführungsform oft auch schon bei kleineren Lasten angewendet, um eine größere Lebensdauer des Seiles oder der Kette zu erzielen. Eine Federung ist besonders erforderlich, wenn man Ketten verwendet, da diese nicht so elastisch wie Drahtseile sind. Die Last ist bequemer einzuhängen, wenn der Haken drehbar gelagert wird. Dabei genügt es für die Verladung von Stückgütern, wenn sich der

Tabelle 107. *Zulässige Gesamtbelastung von Rundstahlketten und Seilen zum Anschlagen von Gütern*

	Seildmr. bzw. Nenndicke	Zulässige Gesamtbelastung Einzelstrang	Doppelstrang mit Spreizwinkel 0°	45°	90°	120°
	mm	kp	kp	kp	kp	kp
Manilaseile	14	155	310	285	220	155
	16	210	420	390	300	210
	18	245	490	455	350	245
	20	315	630	580	445	315
	22	370	740	690	530	370
	24	440	880	820	630	440
	26	510	1020	950	730	510
	28	600	1200	1100	850	600
	30	680	1360	1250	960	680
	32	780	1560	1450	1100	780
	36	970	1940	1800	1370	970
	40	1150	2300	2150	1650	1150
	44	1390	2780	2550	1950	1390
Stahldrahtseile	7	270	540	500	380	270
	9	450	900	840	640	450
	10	570	1140	1040	800	570
	13	1000	2000	1840	1420	1000
	16	1350	2700	2500	1900	1350
	19	1850	3700	3300	2600	1850
	21	2400	4800	4400	3400	2400
	22	2850	5700	5100	4000	2850
	27	3800	7600	6800	5300	3800
	32	5450	10900	9800	7600	5450
Rundstahlketten	7	450	900	800	630	450
	8	630	1260	1130	880	630
	10	1000	2000	1800	1400	1000
	13	1600	3200	2900	2250	1600
	16	2500	5000	4500	3500	2500
	18	3150	6300	5600	4400	3150
	20	4000	8000	7200	5600	4000
	23	5000	10000	9000	7000	5000
	26	6300	12600	11300	8800	6300
	28	7500	15000	13500	10500	7500
	30	8500	17000	15300	12000	8500
allgemein gilt	%	50	*100*	90	70	50

Haken lediglich um eine senkrechte Achse leicht drehen kann. Für das Einhängen von Kübeln, die unter Umständen im Schiffsraum auch unter Deck verschoben werden müssen, ist jedoch eine doppelte Gelenkigkeit des Hakens vorzusehen, um ihn nach allen Seiten bewegen und in den Aufhängebügel der Kübel einhängen zu können. Zum bequemen Anfassen sind besondere Handgriffe vorgesehen. Der Haken selbst ist mit einer Sicherungsfalle auszurüsten (Abb. 461d und e), die für das Entladen von Massengütern aus Kübeln durchweg benutzt werden sollte und die, richtig ausgebildet, den Betrieb in keiner Weise erschwert.

Beim Einhaken von Stückgut mit Bindeketten ist die Verwendung von Hakensicherungen meistens mit einigen Schwierigkeiten verbunden. Die Sicherung ist in diesem Falle auch nicht so unbedingt erforderlich, da die Arbeiter nur mit dem Einhaken der Last beschäftigt sind und das richtige Einhängen besser überwachen können als bei Schüttgut, das sie in die Kübel füllen müssen. Sie können dabei den Haken nicht eher beobachten, als die Last angehoben wird. Mitunter findet man wohl auch bei Haken für Stückgutentladung am oberen Hakenteil einen kleinen Ansatz, wie in Abb. 458 zu erkennen ist, um das unbeabsichtigte Aushaken in gewissem Grade zu erschweren.

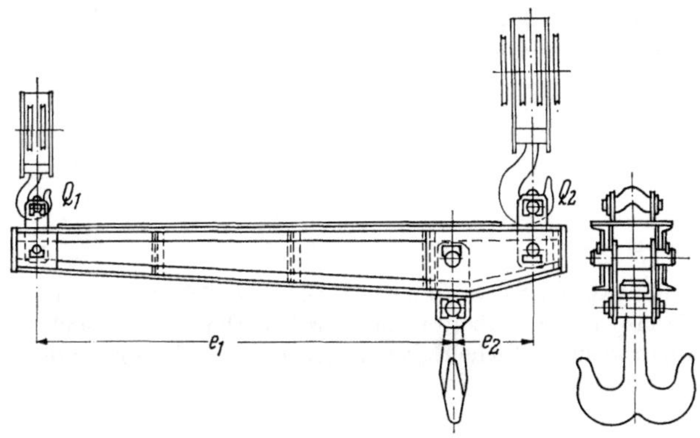

Abb. 462. Lasttraverse zur Beförderung schwerer Lasten durch zwei Krane verschiedener Tragkraft.

Beim Bewegen von Lasten mit Ketten dienen zum Heben Geschirre mit Klauen, wie sie in Abb. 461 gezeigt sind. Sie dürfen laut Vorschrift der Berufsgenossenschaft nur durchgeschoben benutzt werden, so daß der Kettenzug die Klauen klemmartig anzieht. Anschlagketten werden in Normalgüte und auch vergütet nach DIN 766 ausgewählt. Dabei ist der auftretende Spreizwinkel von großer Bedeutung, da sich mit zunehmendem Winkel die zulässige Belastung der Ketten ändert, wie auch aus Tab. 107 zu entnehmen ist. Bei Frost verringert sich die zulässige Gesamtbelastung ebenfalls. Die auch aufgeführten Anschlagseile gelten nach DIN 655 unabhängig von der Nenn-Zugfestigkeit des Einzeldrahtes, da bei der Berechnung die niedrigste Festigkeit zugrundegelegt wurde. Für dreilitzige Manilaseile in Trossenschlag Ausführung „natur" gilt DIN 83321 mit rotem Kennfaden entsprechend 75 kp Garn-Nenn-Reißkraft. Für Kabelschlagseile hat die Tabelle keine Gültigkeit, da deren zulässige Belastung bei gleichem Durchmesser wesentlich geringer ist.

In Werkstätten, in denen die Tragkraft eines Kranes zur Förderung schwerer Lasten nicht ausreicht, werden zwei auf derselben Fahrbahn befindliche Krane hierzu herangezogen. Diese Krane werden dann nach Abb. 462 durch einen Tragbalken verbunden, der in die beiden Kranhaken eingehängt wird. Die genaue außermittige Aufhängestelle des Lasthakens am Tragbalken wird durch die unterschiedliche Größe der Krantragkräfte bestimmt. Haben die Krane gleiche Tragkraft, so wird der Lasthaken auf der Mitte der Traverse angeordnet. Werden Lasten von verschiedener Breite mittels Traverse befördert, so ordnet man die Tragösen oder -haken am Balken verstellbar an (Abb. 463). Bei schweren Traversen wird die Entfernung der Haken oder Pratzen mechanisch durch eine Spindel mit Rechts- und Linksgewinde eingestellt.

Bleche werden je nach Größe und Stärke in waagerechter oder senkrechter Lage befördert. Im allgemeinen bevorzugt man den waagerechten Transport und bedient sich der in Abb. 464 dargestellten Gehänge. Bei langen Blechen ist dafür zu sorgen, daß sie nicht zu stark durchhängen, so daß zweckmäßig die gezeigten Gehänge zweifach oder mehrfach an einer Längstraverse befestigt werden. Außer diesen Gehängen werden zum Blechtransport auch Klemmen entsprechend Abb. 465 angewandt. Sind regelmäßig größere

Bleche zu befördern, so ist die Verwendung von Lasthebemagneten empfehlenswert, die in einem besonderen Abschnitt behandelt werden.

Im Zuge der steigenden Verwendung von Kranen zum Paletten-Umschlag ergibt sich mehr und mehr das Bedürfnis nach Geräten, die zwischen den Kranhaken und die Palette treten, um diese unverkantet, sicher und einfach mitsamt ihrer Stapellast aufnehmen zu

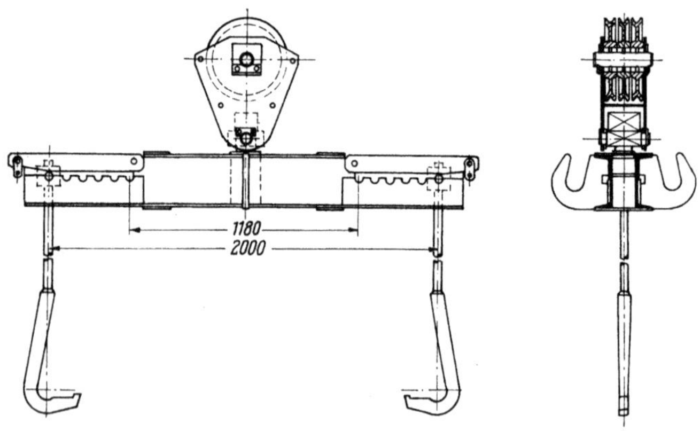

Abb. 463. Lasttraverse mit verstellbaren Gehängen zum Transport von Kabeltrommeln bis 3 m Durchmesser und 15 Mp Gewicht; seitliche Haken dienen zum Anschlag mit Seilen.

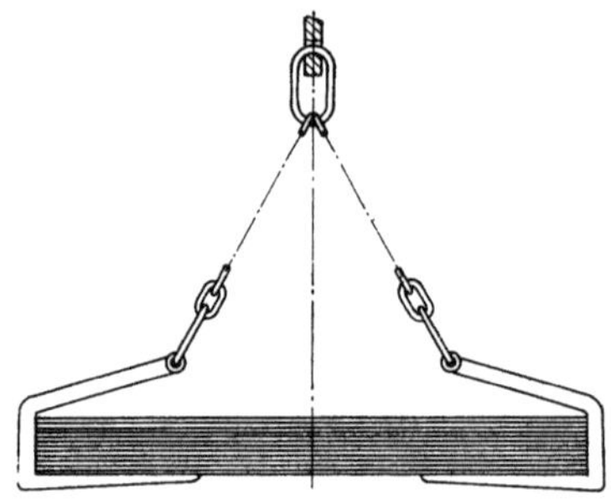

Abb. 464. Pratzengehänge zum Transport von Einzelblechen oder in Paketen.

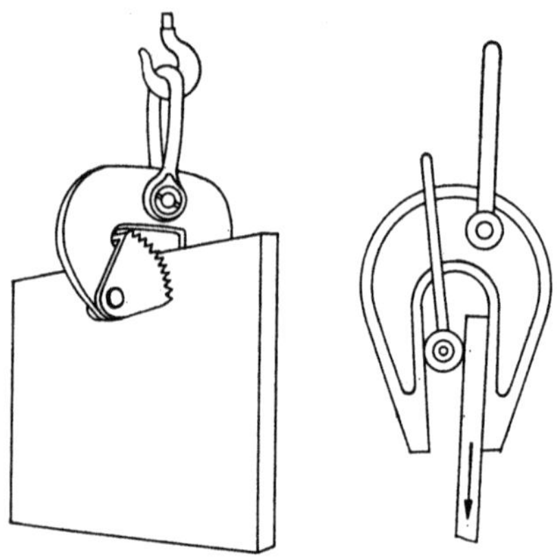

a b

Abb. 465. Blechklemmen.

a mit Exzenterwirkung; *b* mit Keilwirkung.

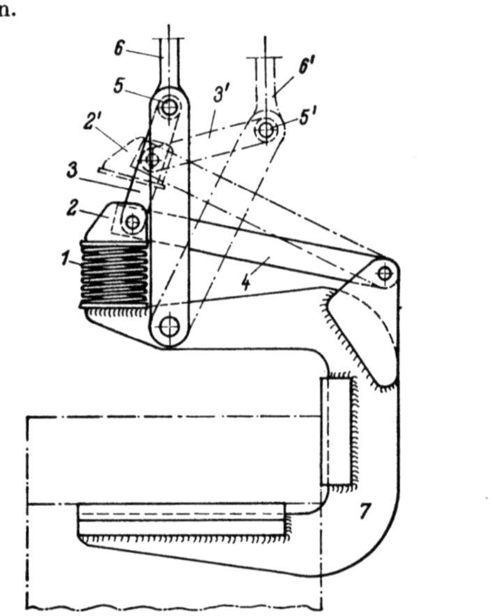

Abb. 466. C-Haken mit Gewichts-Ausgleichvorrichtung.

Die Feder *1* drückt gegen ein Gelenkstück *2*, das zwei Lenker *3*, *4* miteinander verbindet, von denen der eine *4* oberhalb des mittleren Teiles *7* des Hakens und der andere *3* in dem Gelenk *5* für den Aufhängebolzen *6* angelenkt ist. Auf diese Weise übt die Feder je nach Belastungsgröße des Hakens auf den Lenker *3* einen unterschiedlichen Druck aus, wodurch der Aufhängepunkt entsprechend seitlich verschoben wird.

können. Hier haben sich sog. C-Haken bewährt, die aber zweckmäßig mit einer Gewichts-Ausgleichsvorrichtung versehen sind, damit sie sowohl ohne Last als auch mit Last waagerecht hängen. Hierzu kann in einfachster Weise der obere Bügel des Hakens mit einer Zahnleiste versehen werden, so daß die Tragöse der jeweiligen Belastung entsprechend seitlich verschoben werden kann. Es sind aber auch automatisch arbeitende Ausgleichsvorrichtungen bekannt, die auch zum Transport von Drahtringen, Blechrollen, Radreifen usw. Verwendung finden. Die Vorrichtung nach Abb. 466 bringt mittels Druckfedern und eines am oberen Schenkel des Hakens angelenkten Gehänges den Aufhängepunkt im wesentlichen in die Vertikale des Schwerkraftmittelpunktes, der durch die Belastung mit dem Transportgut und dessen Absetzen verlagert wird, so daß der die Rolle aufnehmende Schenkel des Hakens waagerecht gehalten wird. Bezüglich der Arbeitsweise wird auf die Legende der Abb. 466 verwiesen.

Erwähnenswert ist in diesem Zusammenhang auch die Aufnahmevorrichtung für Spanplattenpakete entsprechend der Abb. 430, bei der an einem Rahmen vier C-Haken befestigt sind. Ein pendelfreies Verfahren kann durch Teleskoprohre oder Stabilisierungs-

Abb. 467. Pratzen-Drehlaufkatze mit Kippeinrichtung (Liesegang).

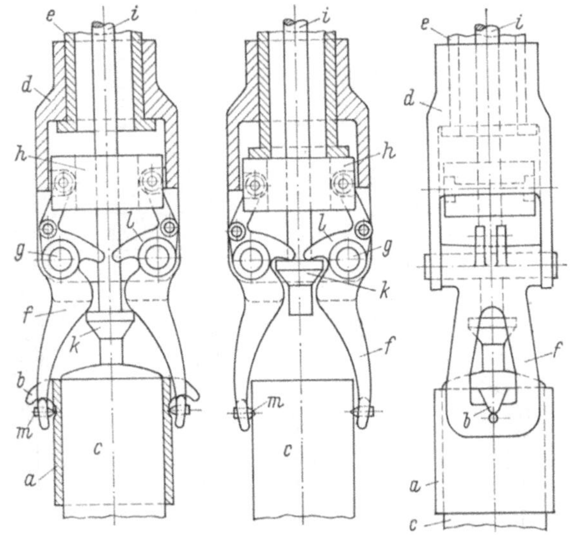

Abb. 468. Stripperzange auch als Blockzange verwendbar.

a Kokille mit seitlichen Nasen; *b*, *c* Block; *d* Gehäuse, an dem Rohr *e* aufgehängt; *f* Zangenhebel, unten ösenförmig gestaltet und die Kokille an den Nasen erfassend, *g* Drehbolzen der Zangenhebel; *h* Gewicht, die Zangenhebel zusammendrückend; *i* Druckstempel; *k* Bund am Druckstempel; *l* Nasen an den Zangenhebeln; bei Benutzung als Blockzange das Gehäuse *d* auf dem Druckstempelbund abstützend; *m* Körnerspitzen zum Erfassen der Blöcke.

scheren erreicht werden. Derartige Einrichtungen zur starren Führung der Last werden auch in Walzwerken bei Kranen mit hoher Geschwindigkeit sehr häufig angewendet, um das Pendeln der Last zu verhindern oder um ein exaktes schnelles Fassen der Last zu gewährleisten. Um möglichst allgemein anwendbar zu sein, sind diese Aufnahmevorrichtungen auch häufig drehbar angeordnet, wie es z. B. die Abb. 467 auch zeigt. Zur Aufnahme der Last mit den gezeigten C-Haken muß sie auf Vorlagen gestapelt sein, damit sie mit den Pratzen erfaßt und ohne Handarbeit aufgenommen werden kann, oder aber Ausnehmungen besitzen, wie z. B. Drahtringe, um ein Einführen des Dorns zu ermöglichen. Das Entladen erfolgt durch Kippen, indem man das hinten am Haken angebrachte Kippseil beim Senken des Hakens festhält, was beispielsweise mit einer einfachen Fußbremse erfolgt, mit der eine zusätzliche kleine Seiltrommel gegen die Wirkung einer Rutschkupplung festgehalten und somit vom Antrieb des Haupthubwerkes getrennt wird. Noch universeller ist natürlich der Einsatz von zwei getrennten Hubwerken. Zum Stapeln und Verladen von Trägern, Schienen und Stabeisen werden mehrere Haken entsprechend der Abb. 467 an einer Traverse befestigt, die als Ganzes kippbar gestaltet wird. Um ein Herabfallen der Stäbe zu vermeiden, können die Spitzen der C-Fanghaken auch hochgebogen werden.

Bei verlangten großen Leistungen wird die starre Führung der Last besonders bei Stahlwerks-Kranen gern angewendet, ganz abgesehen von der Bauart der Aufnehmevorrichtung. So ist z. B. auch bei der Einrichtung nach Abb. 468 eine starre Führung verwendet. Die Aufnehmevorrichtung ist hier als sog. Stripperzange ausgebildet. Die

Zangenschenkel können von dem Windwerk aus beliebig geöffnet und geschlossen werden, und zwar mit großer, fast beliebig zu steigernder Kraft. Die Wirkungsweise ist aus der Abbildung deutlich ersichtlich. Bei dieser Zangenform ist die starre Führung sogar Bedingung für ein richtiges Arbeiten. Derartige Krane werden im Stahlwerksbetrieb vielfach, z. B. als Tiefofenkrane, Blockkrane usw. benutzt. Andererseits aber werden selbstspannende Zangen auch oft in einfacher Form ohne starre Führung zum Aufnehmen der verschiedensten Gegenstände angewendet. Eine solche selbstspannende Zange ist in Abb.

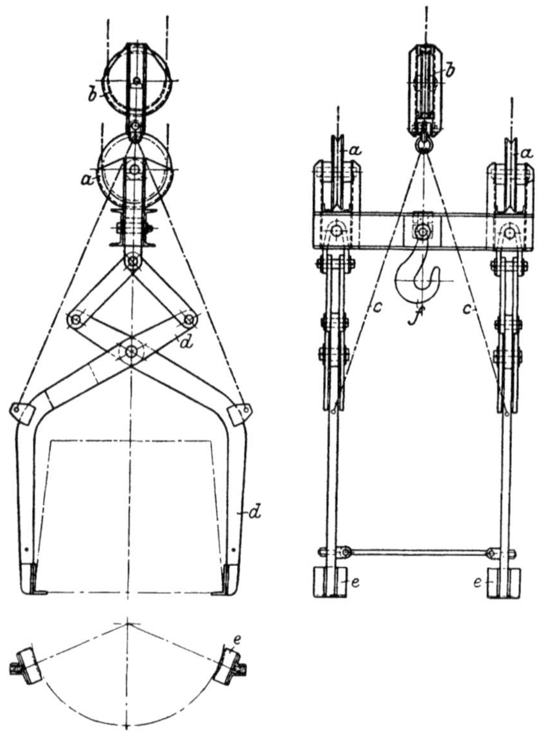

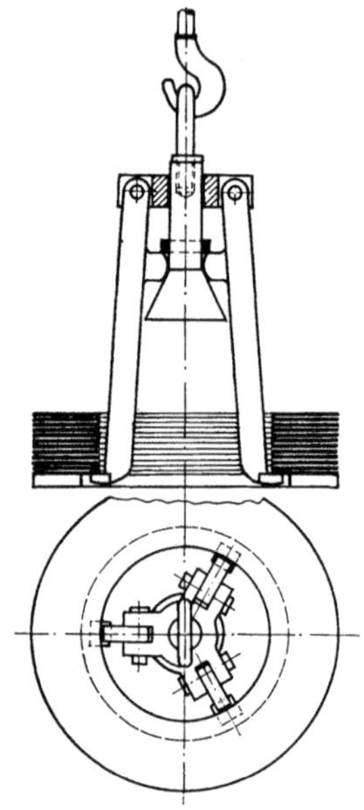

Abb. 470. Gehänge für gelochte Teile. Die mit Nocken versehenen Hebel werden beim Anheben durch den Kegel nach außen gedrückt.

Abb. 469. Selbstspannende Zange für Schlackenkuchen, Tragkraft: 12 Mp.

a Seilrollen für die Schließ- und Hubseile; *b* Seilrolle für das Entleerungsseil; *c* Entleerungsketten; *d* Zange, *e* Winkeleisen zum Erfassen des Schlackenkuchens; *f* Haken für etwaige andere Arbeiten.

469 dargestellt. Sie wird in ähnlicher Form zum Heben von Steinen und dgl. benutzt. Im vorliegenden Fall sollen gekühlte Schlackenkuchen von Plattformwagen abgehoben werden. Die Form der Zange ist diesem Zweck besonders angepaßt, das Anspannen erfolgt durch ein einfaches Anziehen des Hubseiles.

Selbstspannende Zangen werden heute auch vielfach mit einer automatisch arbeitenden Verriegelung ausgerüstet, die z. B. durch Aufsetzen des Greifers einklinkt und damit den Greifer ohne besonderes Hinzutun offen hält. Durch erneutes Aufsetzen des Greifers wird die Verriegelung gelöst, so daß sich die Zangen beim Anheben des Greifers automatisch schließen und das Material erfassen. Zum Transport von Paketen aus gestapelten Einzelsteinen werden die unteren Griffleisten *e* in Abb. 469 über die Länge des zu erfassenden Steinpaketes durchgeführt und mit gefederten Klemmstücken ausgerüstet. Hierdurch werden alle Steine mit gleichmäßigem Druck auch bei etwas unterschiedlicher Breite gefaßt. Gleiche Zangenkonstruktionen, jedoch mit unten halbrund geformten Zangenenden finden zum Transport von zylindrischen Körpern Anwendung. Mit scharfer Spitze sind sie auch zum Transport von Holzstämmen häufig anzutreffen.

Für den Transport gelochter Blechringe oder Gußteile haben sich ebenfalls Zangen bewährt, die jedoch nach außen spannen. Ein Ausführungsbeispiel ist in Abb. 470 dargestellt.

Speziell zum Fassen senkrecht stehender Rohre sind Klemmbacken bekannt geworden, die sich besonders durch die leichte Verstellbarkeit des Spannbereiches auszeichnen. Durch Umlenkung der Spannketten werden die Spannkräfte mit zunehmender Rohrwanddicke vergrößert. Die Anpassung erfolgt durch einfaches Verstellen einer Gewindespindel. Das Arbeitsprinzip wird in Abb. 471 gezeigt. Zum Aufnehmen eines Rohres wird ein Gehänge erforderlich, das aus drei der gezeigten Klemmbacken besteht, die unter 120° versetzt am Rohr angesetzt werden.

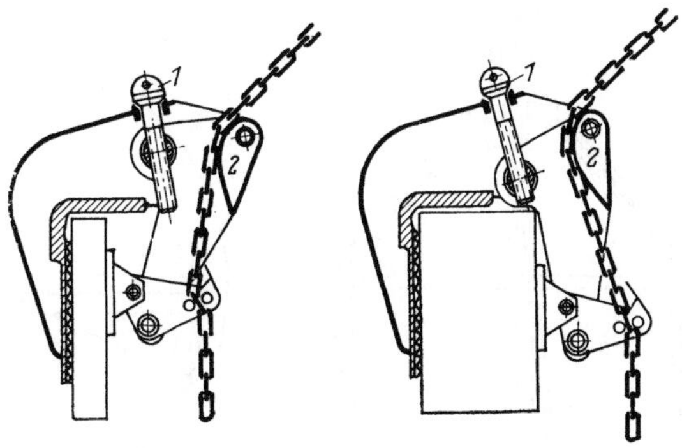

Abb. 471. Klemmbacken für Rohrgehänge (Gressbach).

Leichtes Einstellen des Spannbereiches durch den Gewindebolzen *1* und den schwenkbaren Bügelschenkel *2*; Spannbereich: 40—120 mm bzw. 50—180 mm bei 1,5—3 Mp Tragkraft je Gehänge.

b) Kübel und Greifer

Ein ähnliches Prinzip, wie oben für die Pratzen beschrieben, wird auch mitunter zum Entladen von Transportgefäßen verwendet, besonders für sehr schwere Fördermaterialien wie Roheisen, Kalkstein und dgl., dann allerdings meistens ohne Verwendung einer starren Führung. Das Fördergefäß hat dabei die Form einer einfachen Mulde und hängt mit seinen beiden Aufhängebügeln an den beiden losen Rollen der Hebeeinrichtung. Wenn die beiden Seile, die unabhängig von einander bewegt werden können, gleichmäßig angezogen werden, so tragen sie das Gefäß in aufrechter Lage. Wird das eine Seil mehr angezogen als das andere, so wird der Kübel gekippt und entleert.

Derartige Kübel werden in der Regel nur für sehr schweres Fördergut benutzt, bei dem die Ladung im Kübel nicht hoch angeschüttet wird. Im allgemeinen verwendet man für lose Schüttgüter Behälter, die an allen Seiten geschlossen sind und das Fördergut besser aufnehmen können. Das mechanische Entleeren wird in sehr verschiedener Weise ausgeführt. Die einfachste Form der Kübel ist ein viereckiger oder runder Kasten, der in einem Gehänge derart drehbar aufgehängt ist, daß der Drehpunkt unterhalb des Schwerpunktes liegt. Sobald die Haltevorrichtung, die den Kübel in gefülltem Zustande in der aufrechten Lage hält, gelöst wird, kippt der Kübel um und wird auf diese Weise entladen. Nach der Entleerung muß der Kübel von Hand wieder aufgerichtet werden, bevor er von neuem wieder gefüllt werden kann. Das von Hand erforderliche Aufrichten des Kastens erweist sich aber in vielen Fällen als sehr unbequem. Wenn nämlich der Kübel an einem Kran hängt, so muß der Kasten aufgerichtet werden, bevor er den Boden erreicht hat. Das Hubwerk muß also vorübergehend angehalten werden, wenn der Kübel sich unmittelbar über dem Boden befindet, da man nicht damit rechnen kann, daß der Arbeiter ihn während der Senkbewegung aufrichtet. Das Anhalten der Winde erfordert Zeit und Aufmerksamkeit. Daher werden diese Kübel bei Kranen nur selten angewendet. Sie kommen dagegen häufig bei Hängebahnwagen und dgl. vor, wo der Kasten jederzeit aufgerichtet werden kann, ohne daß das übrige Arbeiten der Anlage dadurch beeinträchtigt wird.

Für das unmittelbare Beladen von Eisenbahnwagen, besonders für Kiesbeladung und dgl., sind die Kübel mit zweiteiligem Boden gebräuchlich, weil bei dem Entladen durch den Boden des in Ruhe befindlichen Kübels das Fördergut nicht so leicht verstreut wird, als es beim Kippen der Fall ist. Abb. 472 zeigt einen derartigen Kübel, der besonders häufig für das Entleeren von Baggergut verwendet wird. Die Kübel haben viereckige Form und senkrechte Wände und können mit geschlossenen Bodenklappen in großer Zahl nebeneinander in den Prähmen zum Heranschaffen des Baggergutes aufgestellt werden. Der Kran trägt den gefüllten Kübel an einer durch seine Mitte geführten Aufhängestange. Diese ist mit Ketten oder Flacheisen mit den inneren Kanten des zweiteiligen, an der Außenwand des Kübels drehbar gelagerten Bodens verbunden. Der Kübel

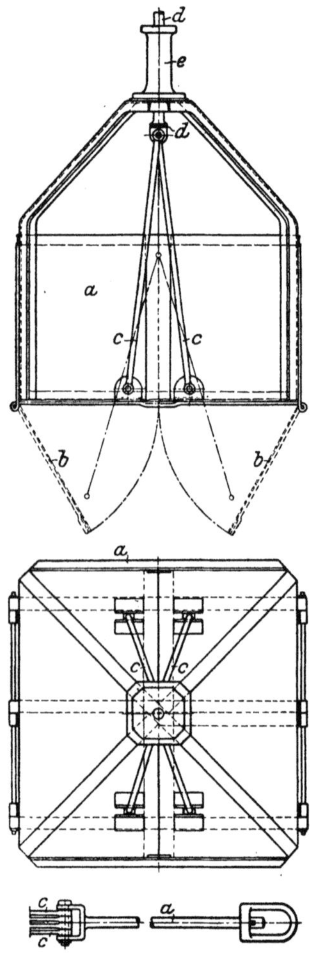

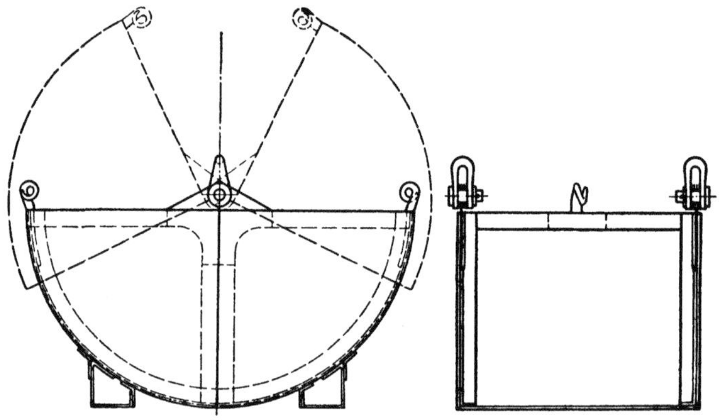

Abb. 473.
Zweiseitiger Klappkübel.

Abb. 472. Kübel mit zweiteiligem Boden, Inhalt 0,5 m³.
a fester Kübelkasten; *b* Bodenklappen; *c* Zugstangen zum Schließen der Bodenklappen: *d* zentrale Aufhängestange; *e* Führung für die Aufhängestange mit Kragen zum Tragen des Kübels während der Entleerung.

bleibt also geschlossen, solange er am Kran hängt. Er kann aber, wie aus Abb. 472 ersichtlich, in beliebig einstellbarer Höhe entladen werden, indem eine meistens am Kranausleger befestigte Gabel, die vorher durch ein kleines Handseil zurückgezogen war, um die mit den Seitenwänden des Kübels fest verbundene Führung der Aufhängestangen herumgreift und den Kübelkasten trägt, sobald der Kranhaken gesenkt wird. Dann werden also die Seitenwände des Kastens von der Gabel gehalten, die Bodenklappen können sich öffnen und das Ladegut fällt durch die geöffneten Bodenklappen nach unten.

Sollen die Kübel durch Einschaufeln von Hand im Schiff oder auf Lagerplätzen oder neben Eisenbahnwagen gefüllt werden, so erweist sich die Form nach Abb. 472 als nicht geeignet. Der viereckige Kasten ist verhältnismäßig wenig widerstandsfähig und kann auch nicht gut fortgeschoben werden, da die auf dem Boden aufruhenden Klappen leicht festhaken. In solchem Falle verwendet man oft zweiteilige Kübel von halbkreisförmigem Querschnitt, wie in Abb. 473 dargestellt. Die beiden Schaufelhälften sind in der Mitte des halbkreisförmigen Kübelquerschnittes drehbar miteinander verbunden. Wenn der Behälter beim Anheben im Drehpunkt der Schaufeln aufgehängt wird, so bleiben diese durch ihr Eigengewicht und durch das Gewicht der Ladung geschlossen. Das Öffnen und Entleeren erfolgt durch ein besonderes Seil, das in beiden Kübelhälften an ihrer Außenseite eingehakt wird. Sobald dieses sog. Entleerungsseil festgehalten und das im Drehpunkt der Kübelhälften angreifende Hubseil nachgelassen wird, öffnet sich der Kübel und läßt das Fördergut nach unten herausfallen.

Zur Betätigung der beiden für das Heben und für das Entleeren erforderlichen Seile, die unabhängig voneinander bewegt werden müssen, wird im allgemeinen eine Winde mit zwei Trommeln verwendet. Das erscheint zunächst umständlich und teuer. Jedoch ist das Zweitrommelwindwerk ohnehin bei den meisten Kranen erforderlich, wenn dieselben auch geeignet sein sollen, mit selbstfüllenden Fördergefäßen, den sog. Selbstgreifern, zu arbeiten. Die Arbeitsweise der Zweitrommelwindwerke wurde bereits in einem besonderen Abschnitt dieses Buches behandelt.

Abb. 474. Ältere Form des Priestmann-Greifers für große Steine, Inhalt 0,7 m³.

a zweiteilige Schaufeln mit geschmiedeten Zähnen; *b* Druckstangen zum Öffnen und Schließen der Schaufeln; *c* Querhaupt zum Bewegen der Druckstangen *b*; *d* Seil zum Öffnen des Greifers (Entleerungsseil); *e* Seil zum Schließen des Greifers (Schließseil); *f* Führungsrolle für das Schließseil *e*; *g* Trommel für das Schließseil; *h* Befestigungspunkt der inneren Schließseile am Querhaupt *c*; *i* Trommeln zum Aufwickeln der inneren Schließseile *h*, verbunden mit *g*.

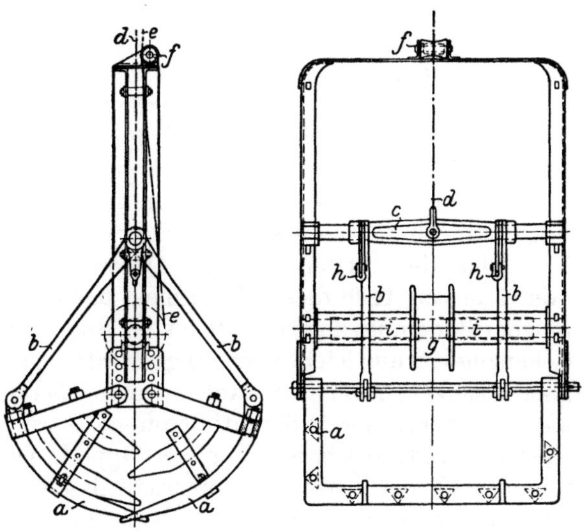

Die Kübel nach Abb. 473 werden für das Entleeren von Kohle und Erz mit Drehkranen benutzt, wenn nicht Greifer verwendet werden. Sie haben allerdings gegenüber den selbstentleerenden Kippkübeln den Nachteil, daß jedesmal vier bis sechs Haken eingehängt werden müssen, während bei den Kippkübeln nur ein Haken einzuhaken ist. Wenn es sich um Verladeanlagen von höchster Leistungsfähigkeit handelt, zieht man daher Kippkübel vor, während bei Kranen, die nur für mittlere Leistungen in Frage kommen, die Klappkübel nach Abb. 473 die Regel bilden. Sie werden im allgemeinen in denselben Größen verwendet wie die Kippkübel. In besonderen Fällen werden sie aber auch in sehr großen Abmessungen mit Inhalten bis 16 m³ ausgeführt. Die Kübel stehen dann auf einem besonders für diesen Transport gebauten Wagengestell. Bei dieser Verladeart wird empfindliches Ladegut in ausgezeichneter Weise vor Zerbröckelung bewahrt, da nicht nur jedes Umladen vermieden wird, sondern auch die Fallhöhe sehr klein gehalten werden kann.

Die Form der zuletzt beschriebenen Klappkübel und ebenso das zu ihrer Betätigung verwendete Windwerk leiten schon zu der am häufigsten verwendeten Form der Selbstgreifer über, den sog. Mehrseilgreifern, die sich von selbst füllen und also kein Schaufeln von Hand erfordern. Die einfachste Bauart schließt sich unmittelbar an die schon beschriebenen Klappkübel an. Dabei wird durch Anwendung eines geeigneten Flaschenzuges dafür gesorgt, daß der Greifer während des Schließens sich in das zu entladende Material selbsttätig eingräbt. Abb. 474 zeigt eine ältere Form eines solchen für Baggerzwecke vielfach verwendeten Greifers von Priestmann. Die beiden Schaufelhälften sind um zwei in der Mitte ihres Querschnittes dicht nebeneinander angeordnete Achse drehbar. Sie sind geöffnet, wenn das Entleerungsseil (Halteseil) festgehalten wird, das durch zwei Gelenkstangen *b* mit dem äußeren Rande der Schaufeln verbunden ist. Das Schließ- und Hubseil greift aber nicht im Drehpunkt der Schaufel an wie bei den Klappkübeln, sondern ist um eine Trommel geschlungen, die einen Differentialflaschenzug bildet. Auf den beiden seitlichen Teilen dieser Differentialtrommel sind auf kleinem Durchmesser besondere Seile aufgewickelt. Oben am Kopf des Greifers sind diese Seile an einem Querhaupt befestigt, auf dem auch die Stangen *b* gelagert sind, die nach dem äußeren Rande der Schaufeln führen. Bei geöffnetem Greifer ist dieses Querhaupt durch das Entleerungsseil in einer Gleitführung nach oben gezogen. Das Schließseil ist dann auf den mittleren Teil *g* der Differentialtrommel aufgewickelt und die beiden seitlichen Flaschenzugketten im Innern des Greifers sind abgewickelt. Beim Anziehen des Schließseiles wickelt dieses sich von seiner Trommel ab. Dadurch werden die kleinen Flaschenzugketten aufgewickelt und ziehen das obere Querhaupt des Greifers herunter. Sie drücken durch Vermittlung der Gelenkstangen den äußeren Rand der Schaufel und damit die Schneiden derselben kräftig nach unten, so daß sie mit großer Kraft in das Fördergut eindringen. Wenn die beiden Schaufelhälften vollkommen geschlossen sind, wird beim weiteren Anziehen des Schließseiles der gefüllte Greifer gehoben. Das Entleeren des Greifers kann durch Festhalten des Entleerungsseiles und Nachlassen des Schließseiles in jeder beliebigen Höhenlage erfolgen. Die Schließkraft wird also durch das Hubseil und durch den Hubmotor erzeugt. Die in diesem Seil vorhandene Zugkraft, deren größter Wert durch das Gewicht des Greifers mit seinem Inhalt gegeben ist, kann für die Greiferwirkung durch entsprechende Vergrößerung der im Greifer vorgesehenen Flaschenzugübersetzung beliebig verstärkt werden. In Abb. 474 hat der mittlere Teil der Differentialtrommel etwa den dreifachen Durchmesser der äußeren Teile dieser Trommel. Das genügt beim Baggern von weichem und schlammigem Boden, ist dagegen für festen Boden nicht geeignet. In solchen Fällen kann die Flaschenzugwirkung leicht vergrößert werden, indem die im Innern des Greifers liegenden Flaschenzugketten nicht einfach an dem oberen Querhaupt befestigt, sondern über eine Rolle zur Achse der Differentialtrommel zurückgeleitet werden. Dadurch wird die im Greifer vorhandene Übersetzung verdoppelt. Die bei Greifern dieser und ähnlicher Bauart gebräuchlichen Übersetzungsverhältnisse schwanken je nach der Art des Fördergutes von einer zwei- bis dreifachen Übersetzung bei Getreide und weichem Boden, bis zu einer sechs- bis achtfachen Übersetzung bei Kohle. Bei Erz wird je nach der Erzsorte eine noch größere Übersetzung angewendet. Neben der Größe des Übersetzungsverhältnisses des im Greifer vorhandenen Flaschenzuges ist für ein gutes Füllen außerdem noch das Gewicht des Greifers von Bedeutung. Die Greifer werden daher für schwer zu erfassende Materialien mit großem Eigengewicht ausgeführt, damit die Schaufeln schon zu Beginn der Schließbewegung möglichst gut greifen. Bei steinigem und hartem Fördergut ist aber trotzdem nicht immer zu erreichen, daß die Schaufeln sofort eindringen. Wenn sie beispielsweise zu Beginn der Bewegung gerade auf ein großes und hartes Stück treffen, müssen sie unbedingt abgleiten. Wenn dann der Drehpunkt der Schaufeln so angeordnet ist, wie in Abb. 474 angegeben, kann der Greifer sich während der weiteren Schließbewegung nicht mehr ganz füllen. Aus diesem Grunde werden bei großstückigem Fördergut die Schaufeln allgemein so gelagert, daß sie in geöffnetem Zustande möglichst weit öffnen. Während der Schließbewegung kratzen sie dann die Ladung auf mehr oder minder großer Strecke zusammen. Die Öffnungsweite und damit die Bewegung des Zusammenkratzens werden um so stärker ausgebildet, je großstückiger das Fördergut ist und je schwerer es gegriffen werden kann. In den Abb. 475a—c sind drei verschiedene Greiferausführungen mit gleichem Inhalt nebeneinander gezeichnet, um den Unterschied in der Öffnungsweite recht deutlich zu machen. Das Schema in Abb. 475a entspricht der soeben beschriebenen Ausführung nach Abb. 474. Es ist ohne weiteres erkennbar, daß dabei durch die in der Mitte verbundenen Schaufeln aus dem Boden ein zusammenhängendes Stück mehr oder minder glatt herausgeschnitten wird, während die Schaufeln mit außenliegender Drehachse nach Abb. 475b und c das Fördergut mehr zusammenkratzen. Die erstere Bewegungsart läßt sich nur bei einem Material verwenden, das lose geschüttet ist und bei dem die einzelnen Stücke leicht gegeneinander bewegt werden können. Aber auch im Falle einzelner Hindernisse sollen die Schaufeln bei feinem Schüttgut möglichst tief in das Ladegut eindringen. Das wird erreicht, wenn die Schaufelschneiden sich auf einem flachen Kreisbogen bewegen, dessen Mittelpunkt mit dem Drehpunkt der Schaufeln zusammenfällt. Eine solche Formgebung ist am leichtesten durchzuführen, wenn die Drehachsen der Schaufeln in der Mitte des Greifers liegen und zur Erzielung einer genügend weiten Öffnung der Schaufeln gemäß Abb. 475c so hoch wie angängig angeordnet werden.

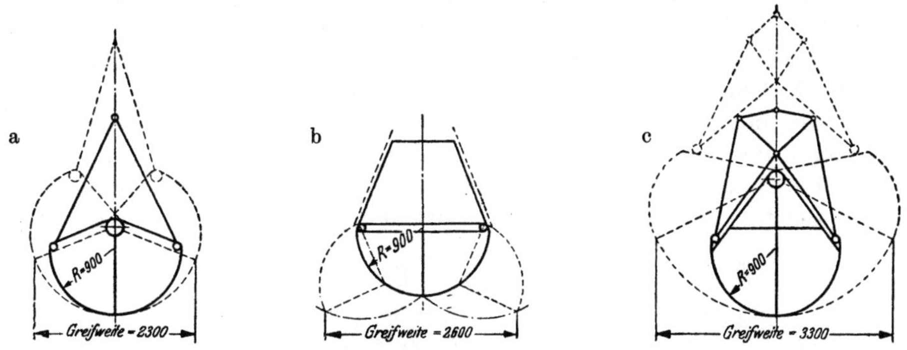

Abb. 475. Öffnungsweite verschiedener Greiferbauarten.

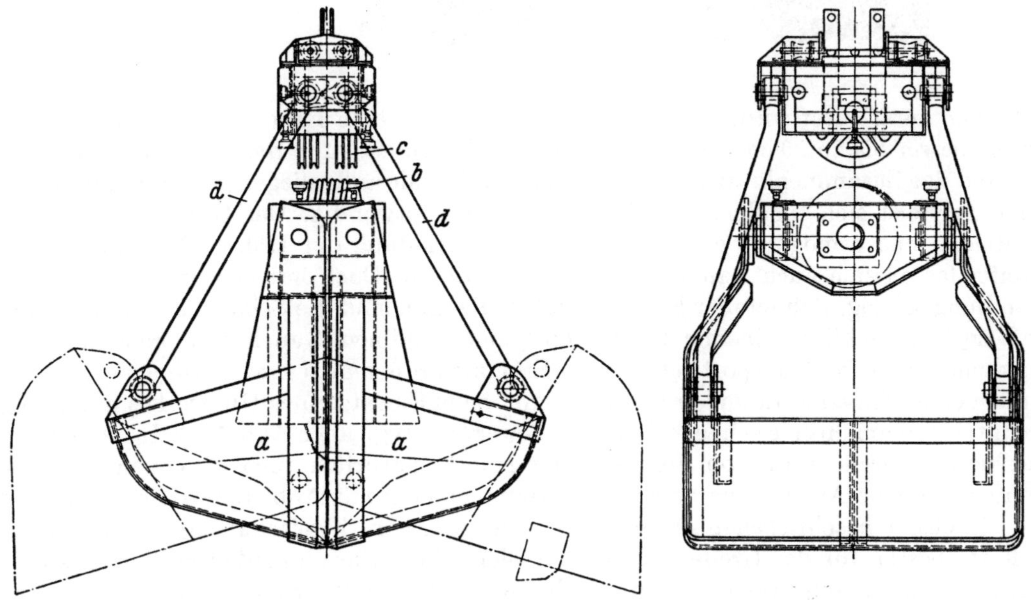

Abb. 476. Allgemeine Anordnung neuerer Zweischalen-Stangengreifer.
a Schalen; *b* unterer Flaschenzugblock; *c* oberer Flaschenzugblock; *d* Druckstangen.

Die im Greifer nach Abb. 474 eingebaute Differentialtrommel als Übersetzungsmittel zwischen der verhältnismäßig großen Schließkraft und dem Seilzug der Hubtrommel wird bei modernen Greifern durch einen Schließflaschenzug in Form eines Zwillingsrollenzuges ersetzt (Abb. 371 u. 476). Da die im Schließflaschenzug arbeitenden Seile schnell verschleißen, ist es zweckmäßig, sie mit den Hubseilen durch Seilschlösser zu verbinden, so daß immer nur das schadhaft gewordene Stück ausgewechselt zu werden braucht. Auch kann der Greifer dadurch in kurzer Zeit vom Kran abgenommen und durch eine Rollenunterflasche mit Haken oder eine Traverse ersetzt werden. In diesem Fall ist der Kran auch zur Förderung von Stückgütern verwendbar.

Bei dem Gewicht, das den Greifern im Hinblick auf genügende Widerstandsfähigkeit gegeben werden muß, genügt die Schließkraft in der Regel, um das Ladegut zu durchschneiden, vorausgesetzt, daß die Flaschenzugwirkung groß genug angenommen wird. Wesentlich ist auch, daß beim Beginn des Schließens, wenn das wirksame Greifergewicht noch nicht sehr groß ist, die Schließkraft durch geeignete Kniehebelwirkung möglichst erhöht wird. Aus diesem Grunde hat sich ziemlich allgemein die Bauart nach Abb. 476 eingeführt. Dieser Greifer unterscheidet sich von den vielen nach denselben Grundsätzen ausgeführten Konstruktionen auch insoweit, als die Verbindungshebel der Schaufeln nach innen gekröpft sind, so daß sie beim Hochziehen des Greifers bei Schiffsentladung nicht unter der Lukenöffnung festhaken können, was immerhin als ein gewisser Vorteil bezeichnet werden muß.

Wie weit man durch geeignete Anwendung der Flaschenzugwirkung die Schließkraft bei schwer zu fassenden Materialien steigern kann, zeigt unter anderem auch die Ausführung eines Greifers nach Abb. 477 zum Entladen von Rundholz, wie es in Zellstoff-

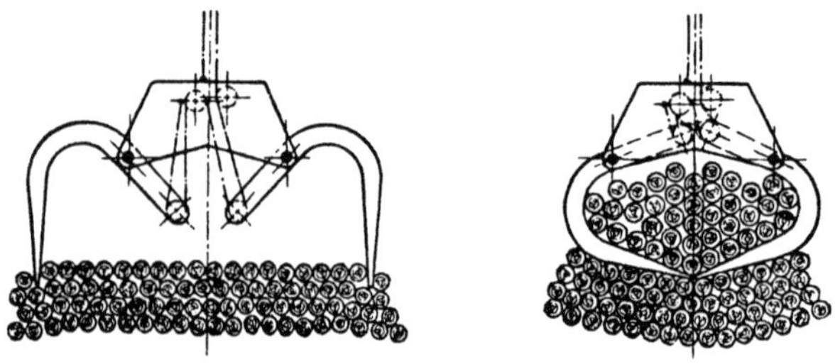

Abb. 477. Rundholzgreifer.

Fabriken verarbeitet wird. Die Hölzer haben sämtlich eine Länge von 1—2 m und einen Durchmesser bis zu 20 cm. Hier ist ein glattes Einschneiden in das Ladegut ausgeschlossen und das Zusammenkratzen, das bei dem Greifer mit außenliegendem Drehpunkt stattfindet, erweist sich für diesen Fall als unbedingt notwendig. Der Greifer füllt sich befriedigend und ermöglicht eine leistungsfähige Verladung der Hölzer. Mit dem gleichen Greifer lassen sich auch Baumstämme transportieren. Doch hat er sich in geringer Abwandlung als sog. Zahngreifer besser bewährt. Bei ihm sind die Schalen so ausgenommen, daß sie beim Schließen ineinander greifen können und somit auch dünnere Stämme fest einklemmen. Beim Transport sehr langer Stämme ordnet man zwei Stammgreifer an den Enden einer Traverse an und ermöglicht dann beim Einsatz eines Hubwerkes mit zwei getrennten Trommeln eine schaukelfreie Fortbewegung. (vgl. auch Abb. 563). In den Rahmen der hiermit bereits erwähnten Sondergreifer gehören natürlich auch allgemeine Stückgutgreifer, wie eine Ausführung bereits im Zusammenhang mit Abb. 469 beschrieben wurde.

Die bisher beschriebenen normalen Stangengreifer in Zweischalenausführung eignen sich am besten für das Greifen aus dem Vollen. Beim Zusammenkratzen des restlichen Fördergutes auf dem Boden eines Schiffes ergeben sie auf Grund der begrenzten Greifweite nur eine verhältnismäßig schlechte Füllung. Auf Grund der Überlegungen, die im Zusammenhang mit Abb. 475 angestellt wurden, entwickelte man sog. Trimmgreifer (Abb. 478), bei denen die Schalen *a* mit stielartigen Verlängerungen *b* am Greiferkopf *c* angelenkt sind. Die Schließseile *d* sind über Umlenkrollen im Greiferkopf zu dem Schließflaschenzug *e*, der hier zwischen den Schalen angeordnet ist, geführt und mit ihrem Ende an einer Ausgleichtrommel im Greiferkopf angeschlossen, die die Kräfte der beiden Seilflaschenzüge ausgleicht. Die Halteseile *f* laufen über eine Rolle *g* und sind mit ihrem Ende am Greiferkopf befestigt. Geht das Greifergewicht auf die Halteseile über, so wird die Rolle *g* an den Greiferkopf *c* herangezogen und die Schaufeln über die Stangen *h* auseinandergerückt. Zwecks Gewichteinsparung bei der enormen Baugröße werden die Trimmgreifer neuerdings auch in Leichtmetallkonstruktion ausgeführt.

Die Notwendigkeit, oft auch sehr schwer greifbares Gut, wie gewachsenen Boden, große Steine, Schrott und dgl. aufzunehmen, hat zu der Entwicklung der Mehrschalengreifer geführt. Es ist ein Stangengreifer, dessen Schalen in sechs oder acht Segmente aufgeteilt sind. Die einzelnen Schalensegmente sind allseitig beweglich mit dem unteren Greiferkopf und den zugehörigen Druckstangen verbunden. Bei aggressiven Gütern können die Schalen mit auswechselbaren Manganhartstahlspitzen versehen werden. Bei

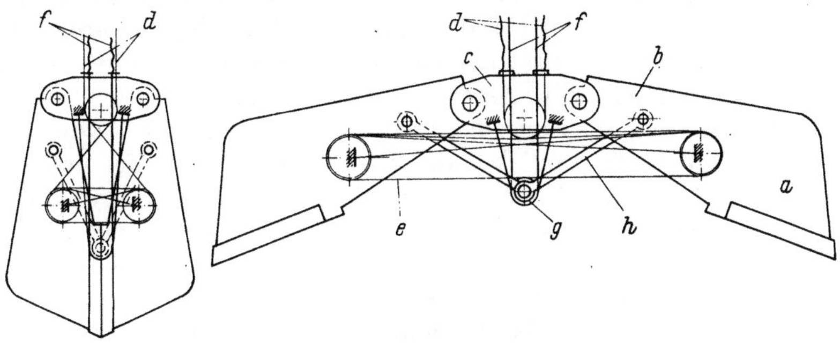

Abb. 478. Trimmgreifer.

a Schalen; *b* Schalenverlängerung; *c* Greiferkopf; *d* Schließseile; *e* Schließflaschenzug; *f* Halteseile; *g* Rolle für Halteseile; *h* Öffnungsstangen.

gemischt anfallenden Umschlaggütern kann die offene Bauart durch anschraubbare Einsatzbleche schnellstens in die halboffene oder geschlossene Bauart verwandelt werden. Diese Eigenschaft gibt dem Greifer vielseitige Einsatzmöglichkeiten bei Schrottumschlag, in Hüttenbetrieben, Gießereien, Steine- und Erden-Betrieben, Müllverwertungen und nicht zuletzt bei Unterwasserarbeit. In besonders schmal bauender Ausführung, und dann meist als Einseilgreifer, wird der Mehrschalengreifer auch beim Brunnenbau verwendet. Durch einfaches Auswechseln der Greiferschalen ist es möglich, mit der gleichen Greifergröße in mehreren Rohrprofilen zu arbeiten.

Alle Greiferbauarten können mit einer Dämpfungseinrichtung versehen werden, durch die die am Ende des Schließvorganges auftretenden Stöße aufgehoben werden. Durch mehrere Ölbremsen, die im Greiferkopf eingebaut sind, wird ein plötzliches Schließen, insbesondere beim Zerbeißen harter Fördergutstücke verhindert und ein sanftes Zusammenklappen erreicht. Die Schließkraft selbst wird durch diese Vorrichtung nicht beeinträchtigt.

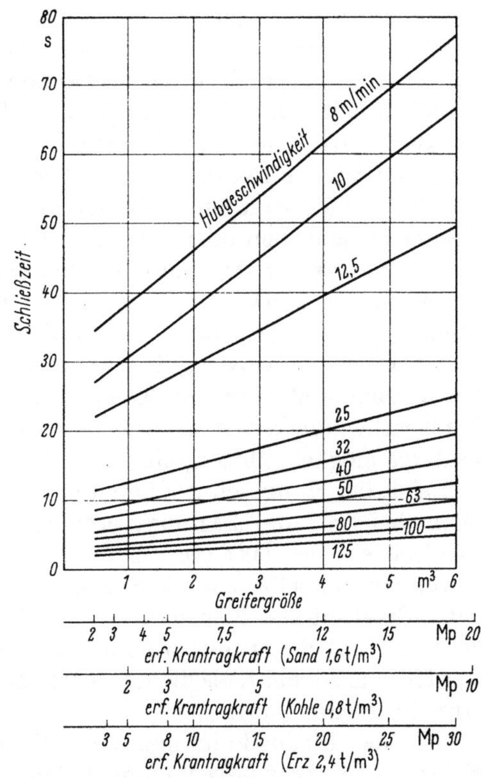

Abb. 479. Schließzeiten des Mehrseilgreifers in Abhängigkeit von Greifergröße und Hubgeschwindigkeit bei fünffacher Seileinscherung im Greifer.

Die Schließzeit für alle Greiferbauformen wird durch die Anzahl der Flaschenzüge, durch die Greifergröße und durch die Hubgeschwindigkeit des Kranes bestimmt. Aus Abb. 479 können für verschiedene Krantragkräfte, denen die entsprechenden Greifergrößen zugeordnet sind, für häufig vorkommende Hubgeschwindigkeiten die Schließzeiten entnommen werden. Bei der Aufstellung des Diagrammes wurde ein Vierseil-Zweischalen-Stangengreifer mit 5strängigem Flaschenzug zugrundegelegt. Bei 4strängigem Flaschenzug ist die gefundene Größe mit 0,8 und bei 6strängigem Flaschenzug mit 1,2 zu multiplizieren.

Bei allen Mehrseilgreifern wird die Schließkraft durch die Hubwinde mit Hilfe des Hubseiles ausgeübt. Man kann die Schließwirkung wohl durch Anwendung geeigneter Hebelwirkung und einer großen Zahl von Flaschenzugrollen in hohem Maße vergrößern, jedoch bleibt man immer abhängig von der Spannung im Zugorgan. Diese kann nur durch Erhöhung des Greifergewichtes vergrößert werden. Durch allzu großes Greifergewicht steigen aber nicht nur die Kosten für den Arbeitsverbrauch, sondern der Greifer wird auch im Betrieb unhandlich und für manche Zwecke ungeeignet. Außer dieser Abhängigkeit von der Zugspannung ist ein weiterer Mangel der beschriebenen Greiferkonstruktion darin zu sehen, daß der Zug des Zugseiles nur von oben ausgeübt werden kann. Das Seil muß am Kran befestigt werden und hat das Bestreben, den Greifer aus dem Fördergut herauszuheben. Je nach der Art des Fördergutes und der hierfür angepaßten Anordnung der Flaschenzüge wechselt dieser schädliche Einfluß des Zugseiles auf die zum Schließen ausgeübte Kraft desselben in einem Verhältnis von 1:2 bei Getreidegreifern, bis etwa 1:9 bei Greifern für harte Kohlen und Erze.

Und letztlich wirkt sich auch beim Mehrseilgreifer ungünstig aus, daß nach dem Schließkraft-Diagramm die Schließkraft dann am kleinsten ist, wenn sie groß sein müßte, d. h. gegen Ende des Schließvorganges. Alle diese Übelstände werden vermieden, wenn man die Kraft zum Schließen des Greifers nicht von der Hubwinde ableitet, sondern die Schließvorrichtung unmittelbar mit dem Greifer verbindet. Es ergibt sich der sog. Motorgreifer als Oberbegriff, denn die Ausübung der Schließkraft auf die Schalen innerhalb des Greifers kann auf verschiedene Art und Weise vorgenommen werden. So kann man zunächst den normalerweise vorhandenen Flaschenzug belassen und die Seile durch eine eingebaute Winde (Elektrozug) aufwickeln. Andererseits ist es aber auch möglich, die Schalen durch eine Gewindespindel zusammenzuziehen. Die gebräuchlichste Ausführung hingegen ist der hydraulische Antrieb, bei dem Arbeitszylinder entweder die Traverse mit den Schalendrehpunkten nach oben in Richtung auf den Greiferkopf ziehen, um den Greifer zu schließen oder aber die Arbeitszylinder werden anstelle der Druckstangen eingesetzt, so daß der Drehpunkt der Schalen unverändert bleibt. Die Arbeitszylinder werden durch eine elektrisch angetriebene Öl-Pumpe versorgt, die komplett einschließlich der Steueraggregate geschützt innerhalb des Greifers untergebracht sind. Der Kraft verzehrende Schließvorgang bestimmt durch die gewünschte Schließgeschwindigkeit die einzubauende Motorgröße. Es kann also die Schließgeschwindigkeit unabhängig von der Hubgeschwindigkeit den jeweiligen Einsatzverhältnissen angepaßt werden. Es ist ohne weiteres möglich, Motorgreifer mit einer Schließzeit von etwa 8 s zu bauen. Das bedeutet daß sich bei Hubgeschwindigkeiten von 40 m/min durch Einsatz eines Motorgreifers vor allem bei größeren Fassungsvermögen gegenüber Mehrseilgreifern noch ein Gewinn an Spielzeit erzielen läßt (vgl. Abb. 479). Sinnvoll ist dieses aber nur, wenn ein erheblicher Anteil der Schließzeit in die Spielzeit eingeht. Andernfalls kann man sich mit einer geringeren Spielzeit und demzufolge einer niedrigeren installierten Leistung begnügen. Ist eine geringe Hubhöhe zu überwinden, kann mit einer kleinen Hubgeschwindigkeit gearbeitet werden, um so mehr, als die erforderliche Spielzeit durch eine günstigere Schließzeit wieder erreicht werden kann.

Darüber hinaus kann man beim Motorgreifer einen den Füllungsgrad beeinflussenden Faktor außer Acht lassen, nämlich den Anteil des Eigengewichtes, der für die Schließkraft erforderlich ist. Daher ist es beim Motorgreifer einfach, wenn es das zu hebende Material zuläßt, Leichtbaukonstruktionen zu verwenden, wobei eine günstigste Bauform zur Erzielung eines optimalen Füllungsgrades berücksichtigt werden muß. Die Praxis hat gezeigt, daß der Motorgreifer, besonders mit größeren Tragkräften, mit einem geringeren Eigengewicht bei gleich gutem Füllungsgrad ausgeführt werden kann. Der Hauptvorteil eines Motorgreifers ist aber wohl darin zu sehen, daß er an jeden normalen Stückgutkran angehängt werden kann. Es ist lediglich eine zusätzliche Kabeltrommel für die Stromzuführung zum Greifer erforderlich. Ermittlungen haben gezeigt, daß besonders bei kleinen und mittleren Leistungen der Einsatz von Eintrommelwindwerken mit Motorgreifer in vielen Fällen wirtschaftlicher ist als Greiferwindwerke mit Mehrseilgreifer, vor allem dann, wenn auch Stückgüter mit umgeschlagen werden sollen. Nachteilig wirkt sich natürlich die erforderliche Stromzufuhr bei großen Hakenwegen aus, da dann an die Kabeltrommel und das Kabel selbst zu große Beanspruchungen gestellt werden. Auch bei Schiffsverladeanlagen ist das Kabel im Bereich der Lukenränder besonders zu schützen.

In Fällen, in denen mit einem Stückgutkran von Zeit zu Zeit nur geringe Mengen Massengüter umzuschlagen sind, kann auch ein Einseilgreifer zum Einsatz kommen, der ebenfalls in den Haken von Stückgutkranen eingehängt werden kann.

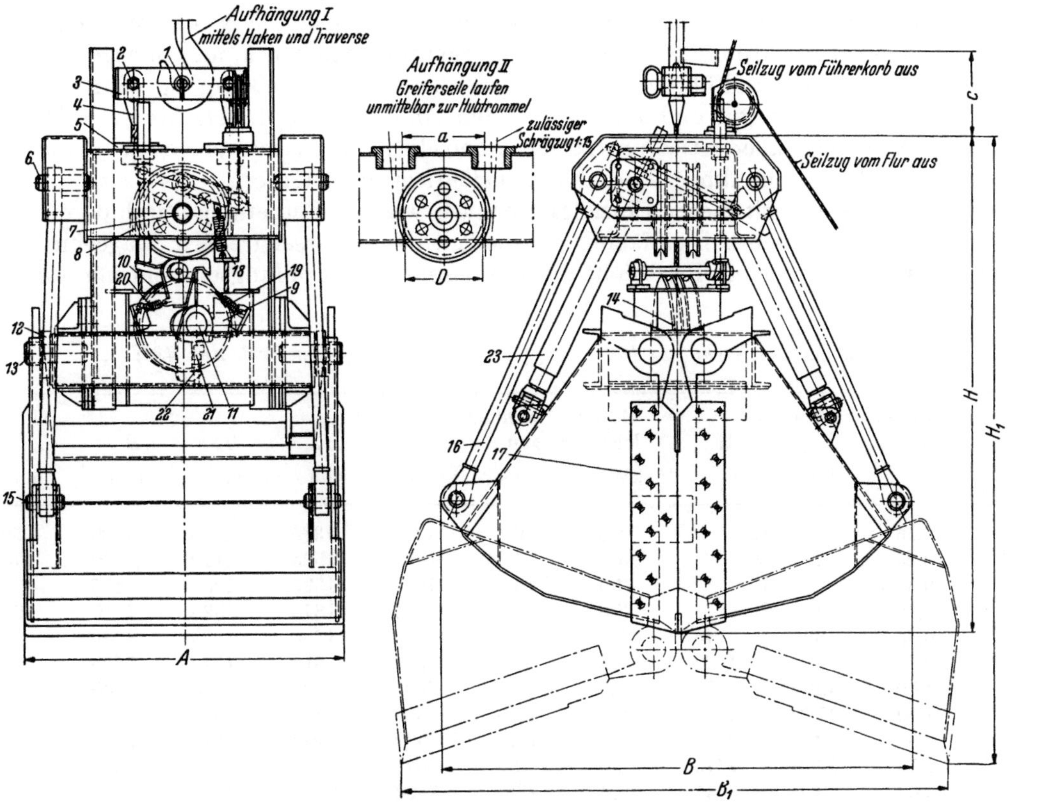

Abb. 480. Einseil-Ausklinkgreifer (Kampnagel).

1 Bolzen; *2* Bolzen; *3* Traverse; *4* Seil mit Bügel-Seilhülse; *5* Seilklüse; *6* Stangenbolzen im Kopf; *7* Achse im Kopf; *8* Seilführung im Kopf; *9* Ausgleichhebel; *10* Seilrolle; *11* Achse für die Unterflasche; *12* Ausgleichnabe; *13* Schalenbolzen; *14* Seilführung im Querträger; *15* Stangenbolzen-Schale; *16* Druckstangen; *17* Schneide; *18* Zugfeder *19* Zugfeder; *20* Zugfeder; *21* Druckstück; *22* Druckstück; *23* kompletter Ölpuffer.

Die Wirkungsweise dieser Greifer beim Schließen ist dieselbe wie bei den vorstehend beschriebenen Mehrseilgreifern. Das Zugorgan wird auch hier unter Vermittlung eines Flaschenzuges zum Zusammenziehen der Schaufeln benutzt. Die Greifer unterscheiden sich von den bisher beschriebenen nur dadurch, daß eine besondere Einrichtung für das Entleeren vorhanden ist, die in verschiedener Weise ausgebildet wird. Abb. 480 zeigt die Bauart eines Einseilgreifers mit Ausklinkung. Der Greifer kann entweder, wie bei „Aufhängung I" gezeigt, in einen Haken eingehängt werden oder aber unmittelbar gemäß „Aufhängung II" mit den in diesem Falle verlängerten Seilen in Zwillingsanordnung mit der Hubtrommel verbunden werden. Die Entleerung des Greifers wird dadurch bewirkt, daß der untere Rollenblock des Flaschenzuges vom Querträger, an dem die Schalen angelenkt sind, getrennt wird. Zu diesem Zweck ist zwischen dem Rollenblock und dem Querträger eine Ausklinkvorrichtung angebracht, die über einen Seilzug betätigt werden kann. Nach der Ausklinkung schwingen die Schalen infolge ihres Eigengewichtes aus und der Inhalt entleert sich. Danach kann der Greifer nur in geöffnetem Zustand gesenkt oder gehoben werden. Ein Schließen ist erst wieder möglich, nachdem der Greifer auf dem Ladegut aufgesetzt hat. Wird dann das Hubseil nachgelassen, so sinkt der untere Rollenblock durch sein Eigengewicht auf den Querträger herab und verklinkt sich mit diesem selbsttätig, so daß daraufhin beim Anziehen des Hubseiles das Schließen des Greifers erfolgt. Um den Fall der Schaufeln beim Öffnen zu mildern, sind hydraulische Puffer vorgesehen. Außer der geschilderten Entleerung durch Betätigung einer Abzugleine kann der Greifer, auch mit einer anderen Verriegelungseinrichtung ausgerüstet, durch abermaliges Aufsetzen geöffnet werden. Auch eine sog. Glockenentleerung ist möglich. Dabei trifft der zu entladende Greifer beim Heben gegen eine Glocke und verriegelt sich, so daß sich der Greifer beim Nachlassen der Hubseile öffnet. Durch erneutes Anheben kann entriegelt und der geöffnete Greifer zwecks Füllung abgesenkt werden. Der Schließvorgang wird nach dem Aufsetzen auf das Ladegut und darauffolgendem Anheben eingeleitet. Als letzte Möglichkeit bleibt noch die Hakenentleerung zu erwähnen, die in der Weise vor sich geht, wie schon im Zusammenhang mit Abb. 472 bei der Kübelentleerung erläutert.

Die Arbeitsweise mit diesen Einseilgreifern ist, was die Bedienung durch den Maschinisten anbelangt, wesentlich einfacher als die mit den Mehrseilgreifern. Dagegen ist der Preis der Einseilgreifer mit Rücksicht auf die besondere Kupplungseinrichtung höher als

Tabelle 108. *Technische Daten von Motor- und Einseilgreifern* (*vgl. Abb. 480*)

	Greifer-inhalt m³	Gewicht I kp	Gewicht II kp	Motor-leistung kW	Schließ-zeit s	Maße H mm	H_1 mm	B mm	B_1 mm	A mm
Motor-Zweischalengreifer	0,16	285		1,5	6,5	1330	1375	1000	1180	590
	0,25	360		3,0	7,0	1455	1525	1110	1320	750
	0,33	410		3,0	8,5	1610	1695	1235	1455	750
	0,50	500		3,0	9,5	1765	1870	1380	1610	910
	0,63	800	845	5,5	8,0	1790	1800	1520	1680	960
	0,75	980	1025	7,5	9,5	1870	1915	1570	1725	1060
	1,00	1200	1255	11,0	10,0	2090	2105	1755	1905	1170
	1,50	1750	1815	15,0	11,0	2330	2330	2010	2200	1370
	2,00	2200	2275	15,0	12,0	2500	2490	2100	2300	1580
	2,50	2500	2575	22,0	12,0	2675	2655	2300	2540	1680
	3.00	2950	3035	22,0	13.0	2800	2800	2410	2660	1780
	4,00	3900	3995	22,0	14,5	3080	2980	2640	2920	1980
	5,00	4850	4955	30,0	15.0	3190	3070	2830	3130	2200
	6,00	5700	5820	40,0	15,5	3400	3300	2970	3450	2400
Motor-Mehrschalen-greifer	0,25	800	880	4,0	6,0	1995	1965	1200	1880	
	0,33	1000	1100	5,5	6,5	2190	2205	1340	2070	
	0,50	1250	1360	7,5	9,0	2410	2370	1490	2320	
	0,75	2260	2400	11,0	10,5	2850	2745	1585	2880	
	1,00	3280	3600	15,0	12,0	3180	3110	1910	3130	
	1,50	3720	4100	18,5	14,0	3375	3315	1980	3320	
Motor-Holzgreifer	0,75	920		5,5	8,8	1990	1810	1400	2060	840
	1,00	1020		7,5	8,8	2165	1995	1720	2310	840
	1,50	1580		11,0	10,8	2610	2075	1970	2750	1060
	2,00	2100		15,0	10,8	2450	1910	2480	3640	1060
	3,00	3320		22,0	10,9	2880	2090	2900	4400	1060
Einseil-greifer	0,15	400			nach	3200	3550	1020	1100	650
	0,2	530			Hub-	3200	3550	1020	1100	750
	0,3	590			geschw.	3700	3950	1200	1220	750
	0,4	740			des	4400	4800	1390	1400	750
	0,5	820			Kranes	4400	4800	1390	1400	950

der für Mehrseilgreifer. Der einfacheren Arbeitsweise, welche eine größere Hubzahl ermöglicht, steht als Nachteil das höhere Gewicht des Greiferkopfes entgegen.

Die Auswahl eines Greifers richtet sich in erster Linie nach dem zu verladenden Material. Liegt die Greiferart fest, kann die Größe des Greifers nach der Schüttgutübersicht (Tab. 51) ermittelt werden. Das Greifersystem ist dann in Übereinstimmung mit dem vorhandenen Hebezeug zu wählen. In Anbetracht des rauhen Betriebes sollen mit Mobilkranen und Hubwerken, bestehend aus Elektrozügen, nur Materialien bis zu einem Schüttgewicht von maximal 2,0 Mp/m^3 umgeschlagen werden.

Die Leistungsfähigkeit und die Hauptabmessungen von Motor- und Einseilgreifern zum Einsatz an Stückgutkranen sind der Tab. 108 zu entnehmen. Die Bedeutung für die Kennzeichnung der Abmessungen sind mit Abb. 480 identisch. Grundsätzlich sei gesagt, daß für die Entleerung der Motorgreifer die Hälfte der angegebenen Schließzeit benötigt wird. Bei den Gewichtsangaben für Motor-Zweischalengreifer gilt das höhere Gewicht für die Ausführung mit zusätzlich angebrachten Zähnen. Bei der Mehrschalengreifer-Ausführung bezieht sich die Ausführung I auf offene und die Ausführung II auf geschlossene Schalen. Bis 0,75 m^3 sind 6 Schalen und über 1,0 m^3 dann 8 Schalen berücksichtigt.

c) Lasthebemagnete

Die Verwendung der Lasthebemangnete zum Aufnehmen und Fortbewegen der Materialien hat in den letzten Jahrzehnten große Ausdehnung angenommen. Ihr hauptsächlichstes Anwendungsgebiet liegt in den Hütten- und Walzwerken, z. B. für das Verladen von Masseln, Blechen und Schrott, während die Hubmagnete für die allgemeine Verladung weniger Verbreitung gefunden haben. Der Magnet kann entweder am Ausleger eines Drehkranes aufgehängt werden oder er wird an der Laufkatze eines Kranes befestigt. Die letztere Anordnung ist die häufigere. Die elektrische Leitung kann auf eine mit dem Windwerk verbundene Kabeltrommel aufgewickelt werden. Um unzulässig große Zugbeanspruchungen im Kabel zu vermeiden, wird die Kabeltrommel zweckmäßig nachgiebig mit dem Windwerk verbunden oder aber durch einen besonderen Elektromotor unter Zwischenschaltung einer Schlupfkupplung angetrieben. Bei kleinen Hubhöhen und nicht zu schwerem Kabel reicht manchmal auch ein Federantrieb aus.

Die Magnete selbst werden meist in Topfform ausgeführt, eingeschlossen in ein eisernes Gehäuse, das zwecks guter Wärmeabfuhr eine rippenförmige Oberfläche aufweist. Abb. 481 zeigt den Querschnitt eines runden Magneten in Topfform. Die Kraftlinien verlaufen vom inneren Kern durch das vom Magneten gehobene Eisen zum äußeren Rande, verteilen sich also ziemlich gleichmäßig über die ganze Fläche des Magneten. Dadurch wird auch bei unregelmäßiger Form des zu verladenden Eisens eine gute Wirkung erzielt. Die Magnete werden bis zu 40 Mp Tragkraft ausgeführt. Es muß aber bemerkt werden, daß sich diese Tragkraft nur auf das Heben massiver Eisen- oder Stahlblöcke mit glatten Flächen bezieht. Beim Heben von unregelmäßigen Körpern ist die Tragkraft wesentlich geringer. Sie beträgt z. B. bei Masseln durchschnittlich etwa 10—15%, bei Schrott und bei schmiedeeisernen Spänen nur 4—8% der größten Tragfähigkeit. Der Grund für die Verringerung dieser Tragkraft liegt im wesentlichen darin, daß die Kraftlinien in der Nähe des Magneten nur flach verlaufen und bei lockeren Körpern die weiter abstehenden Teile nicht genügend fassen.

Beim Heben von Eisenteilchen von besonderer Form geben entsprechend ausgebildete Magnete gute Ergebnisse. So werden z. B. zum Heben von Fallwerkskugeln oft Hufeisenmagnete mit besonders ausgebildeten Polschuhen verwendet, die sich an die Form der Kugeln anschließen und gleichzeitig Sicherheit gegen ein Zerdrücken der Magnetkonstruktion bieten. Zum Transport von Langmaterialien und Blechen verwendet man meistens rechteckige Magnete und zwar je nach der Länge des Ladegutes mehr oder weniger Magnete an einer Traverse. Mitunter werden die Pole der Magnete auch beweglich ausgeführt, damit sie sich unregelmäßigen Formen möglichst gut anpassen können. In anderen Fällen werden die Magnete in mehrere Einzelmagnete unterteilt, um verschiedene kleine Kraftlinienfelder zu erhalten, besonders wenn das Ladegut, z. B. dünnwandige Rohre, nicht geeignet ist, die dichten Kraftlinien eines starken Kraftlinienfeldes aufzunehmen. Abb. 482 zeigt einen Magneten in rechteckiger Form zum Transport von Blöcken und Abb. 483 einen solchen in Hufeisenform für Trägertransport. Der Magnet besitzt besonders schmale Pole, so daß U- und I-Träger gut gefaßt werden können.

Für die Wirkungsweise der Magnete ist es von besonderer Bedeutung, möglichst viele Windungen auf einem kleinen Raum unterzubringen, um dadurch ein möglichst konzentriertes Kraftlinienfeld zu erhalten. In den Lasthebemagneten werden Spezial-Spulen aus

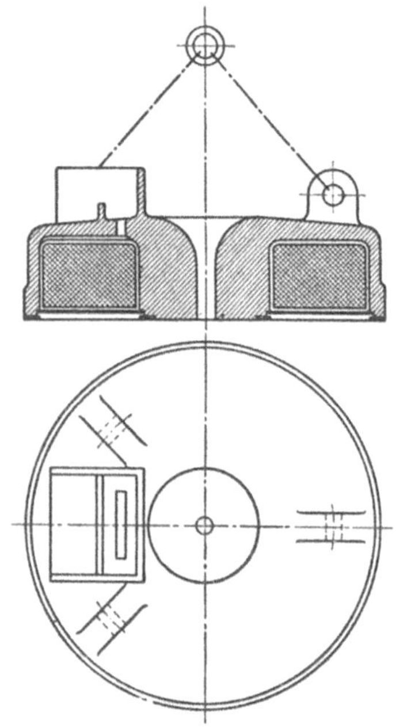

Abb. 481. Topfförmiger Lasthebemagnet.

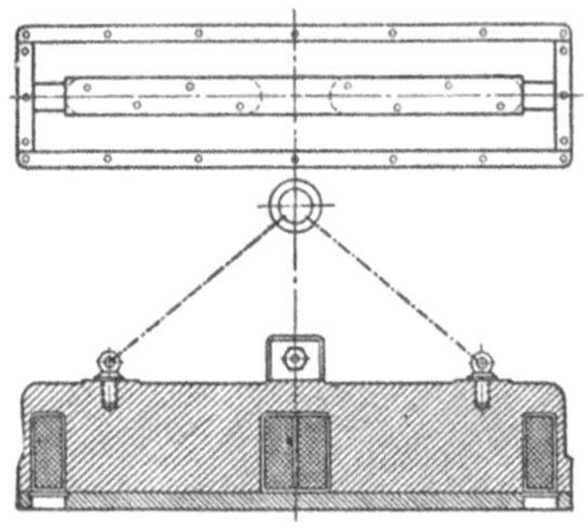

Abb. 482. Rechteckiger Magnet für Blöcke.

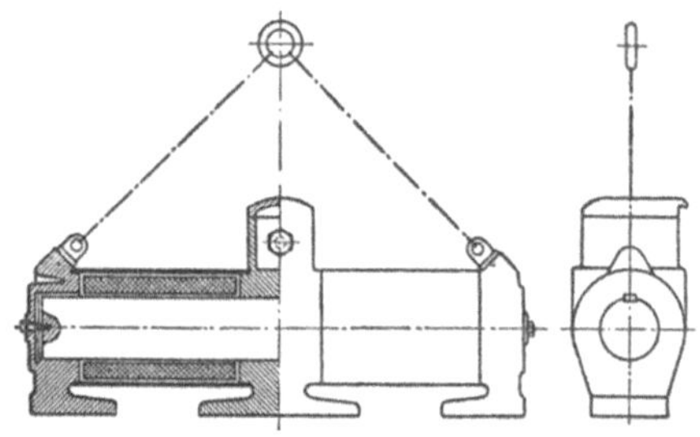

Abb. 483. Hufeisenförmiger Magnet für Trägertransport.

Aluminium-Vierkantdraht verwendet, der durch ein besonderes Verfahren oxydiert ist. Diese Spezial-Spulen haben den großen Vorteil, daß sie gegenüber Kupferdrahtspulen eine Gewichtsverminderung von 50—60% aufweisen und demzufolge die tote Last der Magnete weitgehend herabsetzen. Die Spule besitzt größte Unempfindlichkeit gegen Erwärmung infolge des blanken Aluminiumdrahtes, der lediglich durch Oxydschichten gegeneinander isoliert ist. Durch den Fortfall jeder Baumwoll-, Asbest- oder sonstiger Umspinnung ist eine ungehinderte Wärmeabstrahlung innerhalb der Spule möglich. Außerdem ist durch den Wegfall aller Isolierstoffe innerhalb der Wicklung jede Verkohlung der Isolierstoffe ausgeschlossen und weiterhin durch die Vierkantform des Aluminium-Drahtes eine Bildung von Hohlräumen zwischen den einzelnen Drahtwindungen nicht möglich. Die thermische Belastbarkeit dieser Hochleistungs-Lasthebemagnete ist durch den besonderen Spulenaufbau aus anodisiertem Aluminiumband sehr hoch, so daß 75% Einschaltdauer zulässig sind. Beim Verladen von heißem Material mit Temperaturen von etwa 500 °C muß selbstverständlich darauf geachtet werden, daß die von außen zugeführte Wärme nicht zu einer Zerstörung der Isolation führt. Die zulässige Erwärmung wird nur durch die für die Außenisolation zwischen Spule und Gehäuse zur Verfügung stehenden Isolierstoffe bestimmt, deren Dauertemperaturbeständigkeit nach dem Stand der Technik bei etwa 220 °C liegt.

Wichtig ist zu beachten, daß man die Leistungsfähigkeit eines Magneten nicht nur nach der aufgenommenen elektrischen Leistung oder der gemessenen Abreißkraft beurteilen sollte, sondern vielmehr nach seiner Umschlagleistung im Dauerbetrieb. Als Leistungsfähigkeit bezeichnet man allgemein das Verhältnis von Zugkraft zu Eigengewicht. Bei den meist verwendeten Rundmagneten kommt es vor allem auf hohe Zugkräfte bei allen zu transportierenden Materialien an. Da diese Materialien aber nicht ein-

Tabelle 109. *Technische Daten runder Hochleistungsmagnete für 220 V Gleichstrom (Steinert)*

Typ	Leistungsaufnahme (M. kalt) kW	Gewicht etwa kp	Magnetdmr. D_a mm	Magnethöhe h mm	Abreißkraft bei einem △ Luftspalt von $D_a/300$ (M. kalt) kp	$D_a/300$ (M. warm) kp	$D_a/20$ (M.warm) kp
LRS 10	7,7	1000	1000	300	24810	23160	2830
LRS 11	9,6	1500	1120	320	31540	29880	3640
LRS 13	12,5	2200	1320	350	45130	42990	5220
LRS 15	15,9	2100	1500	360	60160	56830	6900
LRS 17	20,6	4200	1700	380	80270	74490	9040
LRS 19	25,4	5200	1900	400	104300	94560	11480
LR Sup 16	23	4900	1650	466	85300	79650	9680
LR Sup 16 H	23,5	5500	1650	526	89500	83820	10260
LR Sup 18	27,2	6100	1820	476	107300	98340	11970
LR Sup 18 H	27,8	6800	1820	536	112500	103500	12680

Typ	Belastbark. des Kettengehänges kp	Tragfähigkeitswerte für den warmen Magneten Bramme Block kp	Fallkugel kp	Masseln kp	Gußbruch (Sorte3a) kp	Kernschrott (Sorte24) kp	Kurze Späne (Sorte40) kp
LRS 10	10000	11580	7000	600	550	500	200
LRS 11	10000	14940	9000	800	700	650	300
LRS 13	27000	21495	11000	1250	1100	1000	450
LRS 15	10000	28415	14000	1700	1500	1300	600
LRS 17	25000	37245	18000	2200	2000	1700	850
LRS 19	25000	47280	22000	2700	2400	2200	1100
LR Sup 16	25000	39825	20000	2300	2000	1800	850
LR Sup 16 H	25000	41910	22000	2400	2100	1900	900
LR Sup 18	25000	49170	22000	2900	2600	2400	1100
LR Sup 18 H	25000	51750	24000	3000	2700	2500	1200

deutig zu definieren sind, um vergleichbare Messungen zu erlauben, empfiehlt sich die Messung der Abreißkräfte bei verschieden großen Luftspalten, die, bezogen auf den Außendurchmesser D_a des Magneten, zwischen $D_a/300$ und $D_a/20$ liegen sollten. Durch derartige Messungen läßt sich leicht eine Aussage über die Verteilung Eigengewicht zu Spulengewicht machen. Magnete mit schwachem Eisenrücken sind leichter, und wegen des geringeren Materialpreises für das Spulenmaterial können sie auch billiger sein, zu universellem Einsatz eignen sie sich jedoch nicht. Erst ein genügend starkes Gehäuse garantiert neben größerer mechanischer Festigkeit auch bei Blechen, Blöcken usw. wirtschaftliche Transportleistungen.

Die Anwendbarkeit der Magnete ist auf eisenhaltige Körper beschränkt, und auch hierbei ist zu berücksichtigen, daß nicht alle Eisensorten gleich gut vom Magneten erfaßt werden. So ist z. B. der Mangangehalt des Eisens für die Magnetverladung sehr hinderlich. Eisen mit 7% und mehr Mangan kann im allgemeinen schon nicht mehr gehoben werden. Andere Beimengungen außer Mangan beeinflussen die Wirkung der Magneten verhältnismäßig wenig. Wie aus den Tab. 109 und 110 zu ersehen ist, und die auch zu-

Tabelle 110. *Rechteckige Magnete nach Abb. 482 (mit 4 Tragösen und Kettengehänge) (Bamag)*

Type	Polfläche		Leistungs-Aufnahme	Gewicht	Hubleistung Einzelblöcke	Abmessungen		
						Länge	Breite	Topfhöhe
Le	mm		kW	kp	kp	mm	mm	mm
5/2,5	500	250	0,7	162	3000	500	250	200
6/3	600	300	1,0	240	4150	600	300	250
8/4	800	400	1,7	450	5660	800	400	300
10/5	1000	500	2,4	930	9300	1000	500	300
12/5	1200	500	2,6	1000	11275	1200	500	300
15/5	1500	500	3,2	1260	13200	1500	500	300
17/6	1700	600	4,1	1750	15350	1700	600	300
20/6	2000	600	4,8	2015	18000	2000	600	320

gleich die Hauptabmessungen enthalten, erfordert der Magnetbetrieb nur verhältnismäßig geringen Strom, ist also wirtschaftlich nicht ungünstig.

Um die Leistungsfähigkeit zu vergrößern, den Stromverbrauch zu vermindern und gleichzeitig die Betriebssicherheit zu steigern, wird mitunter die Anordnung so gewählt, daß der Magnet nur zum Aufheben benutzt wird, daß aber für das weitere Transportieren

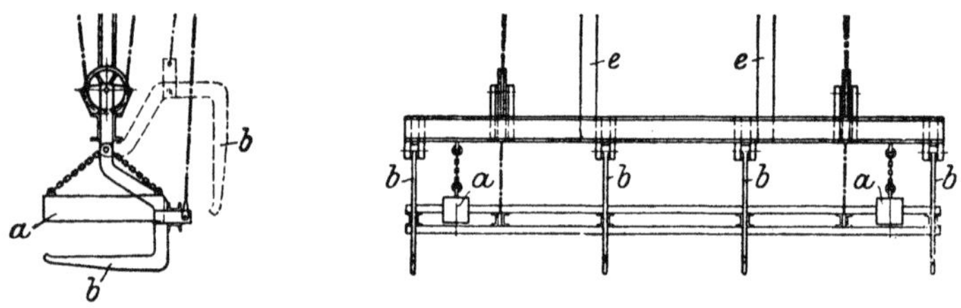

Abb. 484. Lastmagnet mit kippbaren Pratzen.

a Magnet zum Aufnehmen der Träger; *b* maschinell steuerbare Pratze, allein oder in Verbindung mit Magnet *a* zu benutzen; *c* starre Führung für Magnete und Pratze.

der Materialien Pratzen oder andere Sammelvorrichtungen verwendet werden, auf denen der Magnet das aufgenommene Ladegut ablegt. Eine derartige Ladevorrichtung, bei der der Magnet nur für das Aufnehmen des Ladegutes benutzt wird, während die Weiterbeförderung mittels Pratzen geschieht, ist in Abb. 484 dargestellt. Wenn die Verhältnisse es gestatten, benutzt man die Aufnehmevorrichtung auch als Sammelbehälter, um den

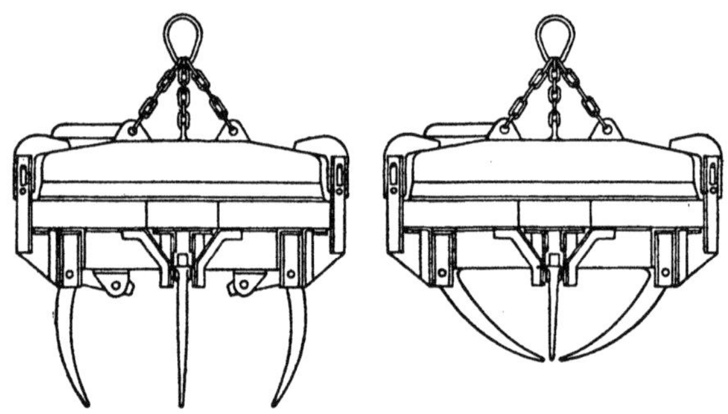

Abb. 485. Magnetgreifer.

Kran nicht so oft verfahren zu müssen. Oft soll aber auch nur eine Sicherheit geschaffen werden, daß bei plötzlicher Stromunterbrechung die Last nicht am ungeeigneten Ort herunterfällt. Diese Art ist auch die Arbeitsweise des in Abb. 485 dargestellten Magnetgreifers, bei dem der vom Magneten aufgenommene Shcrott durch eine Greifvorrichtung mit Zinken festgehalten wird. Bei dieser Konstruktion brauchte der Magnet das Ladegut nicht einmal voll aufzuheben, sondern nur aufzulockern, damit es vom Greifer gefaßt werden kann. Die Leistung der Aufnehmevorrichtung wird auf diese Weise erhöht.

Das rationelle und schonende Bewegen von Blechen erfordert ein spezielles Lastaufnahmemittel, welches im sog. Magnet-Blechstapler zur Verfügung steht. Grundelement dieses Blechstaplers ist ein Kleinmagnet von 250 mm Durchmesser mit direktem Netzanschluß an 220 V Wechselstrom. Die Magnete sind gekennzeichnet durch eine maximale Abreißkraft von 2500 kp bei horizontaler Polfläche. Ihr Eigengewicht beträgt dagegen nur 32 kp. Die Kleinmagnete werden mit Traversen zu Standardeinheiten zusammengefaßt. Je nach Größe der am häufigsten zu transportierenden Bleche werden 2—48 Kleinmagnete in ein-, zwei- oder dreireihiger Anordnung an die entsprechenden Traversen angehängt. Die Auslegung der Magnet-Blechstapler erfolgt nach Blechgröße und Blechdicke. Sie sind grundsätzlich für den Transport einzelner Bleche ab 4 mm Dicke vorgesehen. Ein Einzelmagnet und die Traversen mit 2—12 Magneten können mit wenigen Handgriffen an jeden Elektrozug oder Kran mit ausreichender Tragfähigkeit angehängt werden. Für Traversen mit 16 und mehr Magneten sind Krane mit Zweischienenkatzen in Sonderausführung zweckmäßiger. Die Kleinmagnete mit 250 mm Durchmesser finden darüber hinaus aber auch Verwendung als Lastaufnahmemittel insbesondere für unhandliche, schwere, massive Werkstücke, die sich mit anderen Geräten nur schwer fassen lassen. Auch als Schweißspannvorrichtung sind die Geräte nützliche Hilfsmittel zum Zurichten und Heften von Stahlkonstruktionen oder zum Ausrichten und Festhalten von stumpf aneinander zu schweißenden Platten.

Die bisher geschilderten Lasthebemagnete haben den Nachteil, daß die Nichteisenmetalle mit ihnen nicht transportiert werden können. Darüber hinaus baut sich das Magnetfeld bei eisenhaltigen Werkstoffen durch mehrere Tafeln oder Platten hindurch auf, so daß diese gleichzeitig angehoben werden. Diese Nachteile besitzen Vacuum-Saugnäpfe nicht. Die Schaltung (Ansaugen und Lösen der Werkstücke) erfolgt sekundenschnell, am zweckmäßigsten über Elektromagnet-Ventil und Druckknopfschalter. Es wird jeweils nur die obere Platte eines Stapels erfaßt. Die Saugnäpfe greifen auf der Oberfläche, die ja jedesmal frei ist, an. Ein Untergreifen mit vorherigem Anheben der Werkstücke ist also nicht erforderlich. Das Prinzip der Geräte besteht darin, daß zwischen einer Spannplatte, in die meistens ein Dichtungsring eingelassen ist, und der anzuhebenden Last ein Unterdruck erzeugt wird. Die Atmosphäre drückt dann die Last gegen die Auflage. Die Saugnäpfe werden mit 160 bzw. 250 mm Durchmesser gefertigt und weisen dabei eine Festhaltekraft von 100 bzw. 250 kp auf. Zum Anheben größerer Gewichte werden mehrere dieser Saugnäpfe in besonderen Hubrahmen befestigt, wie es von Kleinhebemagneten auch bekannt ist.

III. Anwendungen

1. Allgemeine Lagertechnik

a) Stückgutlager

Im Gegensatz zur Fertigung wurde dem großen Bereich der Materialwirtschaft, z. B. dem innerbetrieblichen Transport, der Verpackung und vor allem dem Lager lange Zeit wenig Beachtung geschenkt, und das in einer Zeit, in der die Fertigungstechnik schon lange mit wissenschaftlichen Methoden betrieben, erfaßt und gelehrt wurde. Immer wieder muß festgestellt werden, daß in zahlreichen Unternehmen ganz offensichtlich Unklarheit über die Möglichkeiten zu echten Kostensenkungen durch wirtschaftlichere Lagergestaltung, -organisation und -bedienung besteht. Nur so läßt sich die stiefmütterliche Behandlung aller mit dem Lager zusammenhängenden Probleme erklären. Man betrachtet das Lager als ein Übel, das aber nicht mehr ignoriert werden kann, weil es wichtige Ausgleichsfunktionen zu übernehmen hat. Es soll hier besonders erwähnt werden, daß gerade im Bereich der Lager und innerbetrieblichen Transporte noch Kostensenkungen möglich sind, die in anderen, bereits rationalisierten Betriebsbereichen keineswegs mehr erzielt werden können.

Als Ergebnis der bisherigen Bestrebungen, das Lagerwesen auch zu rationalisieren, kann gesagt werden, daß es zur Lösung der Lagerprobleme keine Universalrezepte gibt. Das Lager muß, ebenso wie der Betrieb, in jedem Fall individuell untersucht und beurteilt werden. Zwar gibt es einige grundsätzliche Forderungen, die für jedes Lager Gültigkeit haben, darüber hinaus spielen jedoch überaus viele Faktoren eine wesentliche Rolle, die von Branche zu Branche und von Betrieb zu Betrieb sehr unterschiedlich sein können. Auch ein Laie wird leicht einsehen, daß ein Zentralmagazin mit geringer durchschnittlicher Umschlagfrequenz nicht mit einem Werkstattlager hoher Umschlaghäufigkeit oder einem Verkaufslager mit stark differenzierenden Bereichen in der Ausführung und Bestückung der fördertechnischen Hilfsmittel gleichgesetzt werden kann. So muß jede Lagerplanung von einer sinnvollen Raumplanung ausgehen, die nicht nur den vorliegenden Flächen- und Raumbedarf berücksichtigt, sondern das Lager als Glied des Betriebsganzen erfaßt.

Nachstehend soll versucht werden, Hinweise zu geben, welche die wichtigsten Faktoren sind, die bei der Neuplanung oder Umgestaltung eines Lagers beachtet werden müssen. Grundsätzlich stellt das Lager ein Bindeglied zwischen Produktion und Markt bzw. zwischen zwei Fertigungsabschnitten dar. Saisonbedingte Marktschwankungen kehren in den meisten Branchen in ähnlichen Größen und zu ähnlichen Zeiten jährlich wieder. Nur selten wird es möglich sein, die Produktion diesen Marktschwankungen anzupassen, obschon dies unter gewissen Voraussetzungen wirtschaftlich sein könnte. Vielmehr wird man bestrebt sein, aus Gründen des Personal- und Maschineneinsatzes die Produktion das ganze Jahr lang gleichmäßig fertigen zu lassen. Dem Lager fällt dann die Aufgabe zu, in verkaufsschwachen Zeiten die Überproduktion aufzunehmen und in Zeiten des erhöhten Bedarfs diesen zu decken. Die Summe der Überproduktion und der Minderproduktion gegenüber den Marktbedürfnissen ist dann ein Maß für die Bemessung der maximalen Lagerkapazität.

Häufig werden Produkte nicht kontinuierlich hergestellt. Einer Zeit der Fertigung folgt eine Pause, in der die Fertigungsanlagen für die Herstellung anderer Erzeugnisse genutzt werden. Das Lager muß dann in der Lage sein, auch in diesen Pausen den Markt zu befriedigen. Die hierzu erforderlichen Lagermengen lassen sich ermitteln und stellen die zweite Bemessungsgrundlage dar. Diese Überlegung kann auch rein innerbetrieblich betrachtet werden, wenn man z. B. den Markt einem Endmontageband gleichsetzt. Auch hier müssen die Einzelteile zur richtigen Zeit am richtigen Ort in ausreichender Zahl zur Verfügung stehen.

Schließlich soll das Lager eine gewisse Gütermenge als Sicherheit gegen unvorhergesehene Ereignisse enthalten, die sowohl Störungen im eigenen Betrieb als auch nicht erwartete Marktveränderungen sein können. Das Sicherheitsbedürfnis sollte aber nicht übertrieben werden. Die extreme Einstellung, daß ein Lager immer voll sein muß, ist genau so falsch wie das andere Extrem, nämlich ständig leere Läger haben zu wollen. Aus

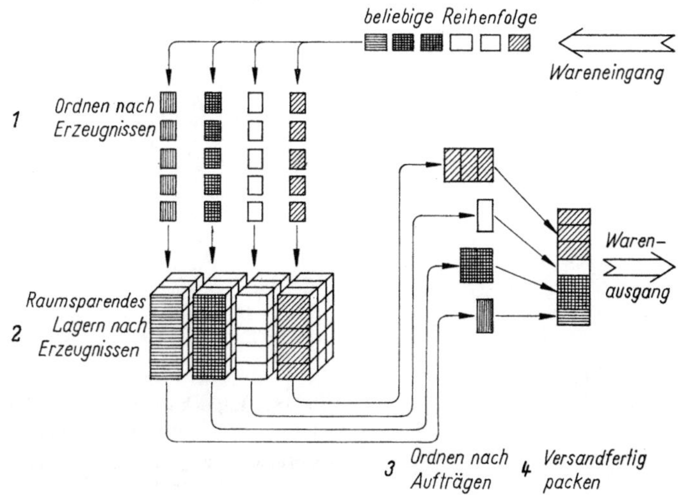

Abb. 486. Ablaufschema eines Lagers.

den oben erwähnten Bemessungsgrößen sollte eine wirtschaftliche Lagermenge ermittelt werden, die sich unter Umständen häufig ändert. Es ist zweckmäßig, die Untersuchungen nicht global für alle Produkte zusammen, sondern nach einzelnen Produkten oder Gruppen getrennt anzustellen und den Lagerraumbedarf für diese Produktgruppen zu den verschiedenen Zeiten zu ermitteln. Auf diese Weise kann der Lagerraumbedarf evtl. untereinander ausgeglichen werden. Voraussetzung ist allerdings eine bewegliche Lagerorganisation, so daß also nicht für jedes Produkt ein fester Lagerplatz vorhanden ist, sondern auch Raum zur Verfügung steht, der die Spitzenproduktion zu verschiedenen Zeiten aufnehmen kann. Das Lager von heute wird demzufolge anpassungsfähig im gleichen Maße, wie sich auch die Maschinen an wechselnde Bearbeitungsaufgaben anpassen müssen.

Damit erhält also das Lager völlig neue Eigenschaften, die neben den bekannten der Griffgünstigkeit der einzulagernden Güter, ihrer übersichtlichen Anordnung, sauberen Aufbewahrung usw. noch zusätzlich eine starke Wandlungsfähigkeit im gesamten Lageraufbau erlauben. Sie ist auch erforderlich, da man aus Zweckmäßigkeitsgründen unterscheidet nach: Eingangslager, Reservelager, Bereitstellungslager, Zwischenlager, Versandlager. Selbstverständlich können je nach der Art der Fertigung und der in einem Werk herrschenden Organisation die einzelnen Lager miteinander kombiniert werden oder aber noch eine weitere Aufteilung erfahren. Entsprechend der Abb. 486 haben aber alle Lager gemeinsam die Aufgabe, die Güter zu ordnen nach Erzeugnissen, Aufträgen oder nach Umschlagsfrequenz, um dann die Auftragszusammenstellung (Kommissionierung) in kürzester Zeit zu ermöglichen.

Ausgerichtet auf diese neuen Fähigkeiten umfaßt das moderne Lager auch Einrichtungen, die sich etwa in folgende Gruppen einteilen lassen:

a) Regale oder andere dem Lager gut anzupassende Behältnisse,

b) technische Hilfsmittel, die eine rasche Bedienung dieser Regale oder Behältnisse zulassen,

c) Transportmittel zum raschen Ein- und Auslagern aller Güter aus dem Lager an alle jene Maschinen bzw. Produktions- oder Verkaufsstätten, an denen sie benötigt werden.

Die hier verwendeten Transportmittel sollte man noch in zwei Gruppen unterteilen, nämlich in solche, die für die eigentliche Arbeit im Lager (Kommissionierung) gedacht sind und zum anderen die Zubringereinheiten zu den Werkstätten und Maschinen. Es sei noch erwähnt, daß eine Kommissionierung von Teilen nicht nur für Kundenaufträge erforderlich wird, sondern sehr häufig auch für Reperaturzwecke, in denen eine Vielzahl

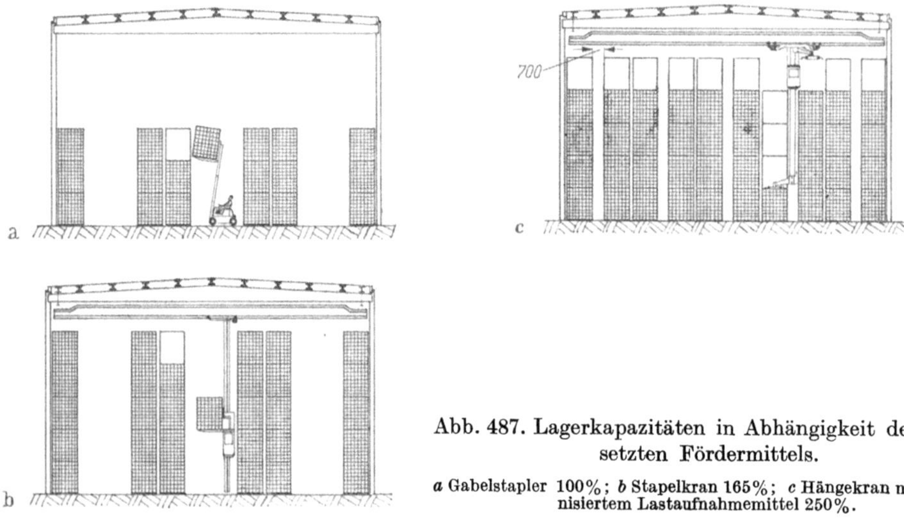

Abb. 487. Lagerkapazitäten in Abhängigkeit des eingesetzten Fördermittels.

a Gabelstapler 100%; *b* Stapelkran 165%; *c* Hängekran mit mechanisiertem Lastaufnahmemittel 250%.

unterschiedlicher Güter, wie Schrauben, Stifte, Nieten oder Teile des Fertiggutes gebraucht werden. Fallen Komissionierungsarbeiten sehr häufig an, so sollte man im Lager stationäre, mechanisierte Transportmittel einsetzen. Andernfalls können auch ortsveränderliche Flurfördergeräte vorteilhaft eingesetzt werden. Grundsätzlich sollte man sich der nach dem Baukastenprinzip erstellten Transporteinrichtungen bedienen, da sie den Vorteil haben, sich jedem Lager leicht anpassen zu lassen.

Wie vielerorts, so muß auch im Lager raumsparend gedacht werden. Aus diesem Grunde wird angestrebt, Lagereinheiten möglichst hoch zu bauen und in langen Zeilen anzulegen. Auch die Gänge zwischen den einzelnen Lagern werden möglichst schmal gehalten, um zu einem guten Lagerraum-Nutzungsgrad zu kommen, worunter das Verhältnis des vorhandenen Gesamtraumes zum effektiv zur Lagerung beanspruchten Raum verstanden wird. Über die zu erwartende Lagerkapazität bei gleich großem Hallenquerschnitt, aber unterschiedlichem Fördermitteleinsatz gibt Abb. 487 Aufschluß.

Zur Auswahl von Geräten für mechanische Lagerbedienung sollte man die Lager zunächst in zwei Kategorien unterteilen:

a) Lager, bei denen die eingelagerten Einheiten auch komplett wieder ausgelagert werden,

b) Lager, bei denen in größeren Einheiten eingelagert, jedoch in kleineren Mengen wieder ausgelagert wird, bei denen also eine sog. Einzelentnahme die Regel ist.

Mit der Mechanisierung der Bedienung von Lagern der ersten Gruppe, bei der also keine Einzelentnahme notwendig ist, hat man schon verhältnismäßig frühzeitig begonnen. Hier liegt die Domäne der Gabelstapler, die im Laufe vieler Jahre ihren Einsatzbedingungen immer besser angepaßt wurden. Spezialgeräte, die in besonderer Weise der Lagerraumnutzung dienen, gewinnen allerdings auch in dieser Lagerart zunehmend an Bedeutung. Zum Transport werden viele gleichartige Güter zu Ladeeinheiten zusammengefaßt. Zum Bilden derartiger Einheiten sind in der Regel Hilfsmittel erforderlich, die entweder das Gut, wenn es stapelfähig ist, wie Paletten unterstützen, oder aber bei nicht stapelfähigen Gütern diese wie Boxpaletten, Kästen und Behälter umschließen. Im Palettenlager müssen grundsätzlich zwei Lagerformen unterschieden werden, nämlich das Stapeln im Block und das Stapeln in Reihen. Beide Formen können und müssen in der Praxis vielfach kombiniert werden, um einmal eine gute Raumausnutzung zu erhalten oder andererseits eine jederzeit schnelle Zugänglichkeit jedes Stapels zu erreichen. Entsprechend Abb. 488a sind bei der Blockstapelung jeweils nur die obersten Paletten der vordersten Stapelsäulen einer jeden Reihe ohne Umladevorgänge greifbar. Jede Reihe soll deshalb nur das gleiche Gut lagern. Soll jedoch gleiches Gut verschiedener Fertigungsdaten getrennt werden, so muß für jedes eine neue Reihe zur Verfügung stehen, nur so kann das Prinzip „first in — first out" gewahrt werden. Bei der Block-Stapelung entsprechend der Vergleichsgröße der Abb. 488 wird die Lagerfläche zu 77% ausgenutzt. Sie eignet sich aber nur dann, wenn für jeden Typ des Lagergutes so viel vorhanden ist, daß die hintereinander angeordneten Reihen auch gefüllt sind. Andernfalls entstehen Raumverluste, oder aber es werden unterschiedliche Güter hintereinander gestellt und damit die Prinzipien der Ordnung und der Freizügigkeit durchbrochen. In solchen Fällen ist die Stapelung in Reihen oder aber eine Kombination zwischen Block- und Reihen-Stapelung zu wählen.

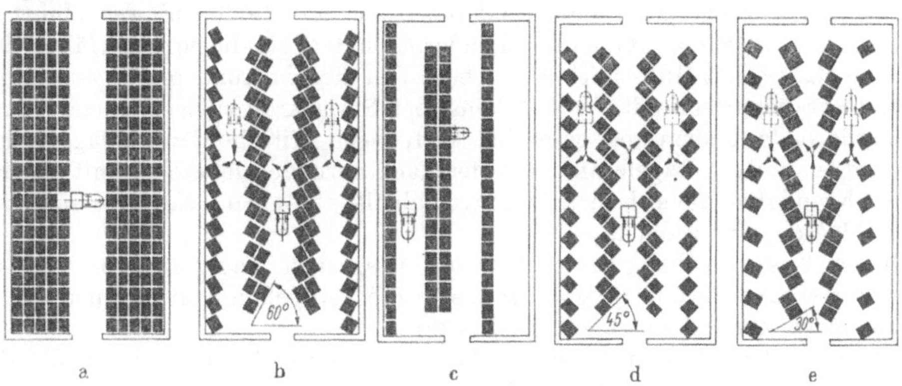

Abb. 488. Flächenausnutzung bei unterschiedlicher Stapelung, Lagergröße 13 · 26 m.

Tabelle 111.
Wirtschaftlichkeit verschiedener Paletten-Stapelformen bei einer Lagerfläche von 13·26 m entsprechend Abb. 488

Stapelungsart		im Block	Reihenstapel 60°	90°	45°	30°
		a	b	c	d	e
Stapelzahl		200	88	74	72	56
Flächennutzung	%	77	31	26	26	20
Lagerkosten	DM/t/J	25,—	58,—	69,—	70,—	90,—

Bei der Stapelung in Reihen stehen die einzelnen Säulen nebeneinander und sind in Abhängigkeit vom Winkel der Schrägstellung von einer oder sogar von beiden Richtungen aus freizügig erreichbar. Die sich ergebenden Flächennutzungsgrade und die damit verbundenen Umschlagkosten je Tonne und Jahr sind in Übereinstimmung mit Abb. 488 in Tab. 111 aufgeführt. Aber nicht nur die geforderte Zugänglichkeit der einzelnen Stapel, sondern auch ein schneller Umschlag fördern häufig die Reihenstapelung. Auf den ersten Blick könnte man hierin eine Platzverschwendung sehen. Bei genauem Hinsehen wird jeder Praktiker aber die Vergleiche anstellen mit den Fahrwegen und Arbeitsspielen, die er für die einzelnen Ladungen braucht. Hierüber wie auch über die Art des jeweiligen

Lagergutes muß freilich Klarheit herrschen. Weil alles, was auf der Temposeite mehr verlangt wird, unweigerlich auf der Lagerseite Kapazitätseinbußen bringt. Daß es sich lohnt, solche Beispiele durchzurechnen, zeigt schon die Betrachtung der großen Spanne zwischen den errechneten Lagerkosten pro Tonne im Jahr: sie reicht von 25,— DM bis 90,— DM, wenn man die beste Raumausnutzung (rechtwinkeliger Blockstapel, Abb. 488a) dem höchsten Arbeitstempo (Schräg-Reihenstapel 30°) gegenüberstellt. Die Stapelhöhe, die beim Einsatz von Gabelstaplern in der Regel bei 4 m begrenzt ist, blieb bei den vorangegangenen Überlegungen außer acht.

Zur Erzielung von Stapelhöhen bis zu 20 m bei Lasten bis 5 Mp kommen sog. Stapelkrane zum Einsatz. Die Bauelemente eines solchen Kranes sind eine Kranbrücke und die darauf laufende Stapelkatze. Je nach Zweckmäßigkeit für den Einzelfall kann die Kranbrücke in der Art des Hängekranes oder in der Art des Brückenkranes ausgeführt werden. Die Stapelkatzen besitzen meist ein Drehwerk für den an der Katze hängenden Stapelmast, der nach unten in das Lager reicht. An diesem Mast gleitet ein Hubschlitten auf und ab, er im Regelfall eine Führerkabine und das Lastaufnahmemittel trägt. Hierdurch befindet sich der Kranführer stets in unmittelbarer Nähe des zu bedienenden Regalfaches und kann so ohne jede Schwierigkeit das Ansteuern des Faches kontrollieren. Für Sonderfälle lassen sich aber auch der Hubschlitten und die Führerkabine völlig unabhängig voneinander höhenverstellbar anordnen. Da es sich bei diesen Stapelkranen um bodenfreie Geräte handelt, ergibt sich als weiterer recht nützlicher Vorzug, daß sie mit einem sog. Teleskopmast ausgerüstet über Hindernisse auf dem Boden hinweggeführt werden können. Sie übersteigen sozusagen das Hindernis, indem sie die untere Hälfte des telekopierbaren Mastes mit Hubschlitten anheben. Von dieser besonderen Eigenschaft macht man gern Gebrauch, wenn mit ein und demselben Stapelkran zugleich ebenerdiges Lager und höherliegende Laderampe oder Lastkraftwagen-Pritsche bzw. Waggonplattform bedient werden sollen. Stapelkrane sind demnach normale Hebezeuge mit speziell ausgerüsteter Krankatze, die sich in jede Universalhalle einbauen lassen. Sie sind für mittlere Umschlagfrequenz gedacht.

In diesem Zusammenhang sei auch noch auf spezielle Lagerkrane hingewiesen, die z. B. mit starrer Lastführung geeignet sind, eine Blockstapelung von Spanplattenpaketen, Walzdrahtringen usw. vorzunehmen (Abb. 430).

Kleinteile werden häufig in kleinen Behältern gelagert, die ihrerseits in Regalen eingeordnet sind. Die Gewichte solcher Behälter übersteigen selten 300 kp. In diesem Bereich geringer Lastgewichte lassen sich Regal-Stapelgeräte einsetzen. Sie bilden mit dem Regal gleichsam eine Einheit, laufen mit dem Fahrwerk oben auf dem Regal oder auf einer einzelnen Schiene am Boden und stützen sich oben seitlich am Regal ab (Abb. 489a und b). Es sind keine zusätzlichen Deckenbelastungen zu berücksichtigen. Die Lagereinrichtung ist demontierbar und damit die Halle ebenfalls universell verwendbar. Die Abb. 489c zeigt ein Gerät in der Bauart des Hängekranes, wobei die Regale das Gerät lediglich führen, um ein Pendeln zu vermeiden. Hier ist bei der Bauart der Regale kaum konstruktiv auf das Bedienungsgerät Rücksicht zu nehmen. Der Dachbinder muß jedoch für die zusätzliche Belastung ausgelegt sein. Zur Erzielung von Stapelhöhen bis 25 m läßt sich die gleiche Anordnung ebenfalls verwenden. Aus Gründen der größeren Stabilität bilden die Regale dann aber zugleich die Stützkonstruktion für das Dach. Die Wände können mit der Regalkonstruktion fest verbunden werden. Es handelt sich praktisch um einen Regalblock in Form eines Einzweck-Lagerbaues, der nur noch von einer Witterungsschutzhülle umgeben wird.

Differiert die Entnahmemenge von Kommission zu Kommission, so erscheint es zur Lösung des Problems zweckmäßig, die eigentliche Entnahme aus dem jeweiligen Regalfach weiterhin einer Person anzuvertrauen. Wichtig ist es, dieser Person die Arbeit zu erleichtern und zu versuchen, den Kommissionierungsprozeß insgesamt zu beschleunigen. Dazu scheinen Regal-Bedienungsgeräte sehr geeignet, die auf der Hubplattform den Geräteführer mitnehmen und schnell von Fach zu Fach bringen. Der Bedienungsmann wird von dem Ablagetisch umgeben, der somit zugleich die Absturzgefahr bannt. Die Ausführung der Geräte entspricht etwa der Abb. 489b. Zum bequemen Ein- und Ausstieg wird der Ablagetisch bis auf das am Boden laufende Fahrwerk abgesenkt. Die Steuerung des Regal-Bedienungsgerätes erfolgt durch Druckknopftaster, die so angeordnet sind, daß beide Hände die Tastknöpfe bedienen müssen, um das Gerät in Bewegung zu setzen. Dadurch wird vermieden, daß während der Fahrt in die Regale gegriffen wird.

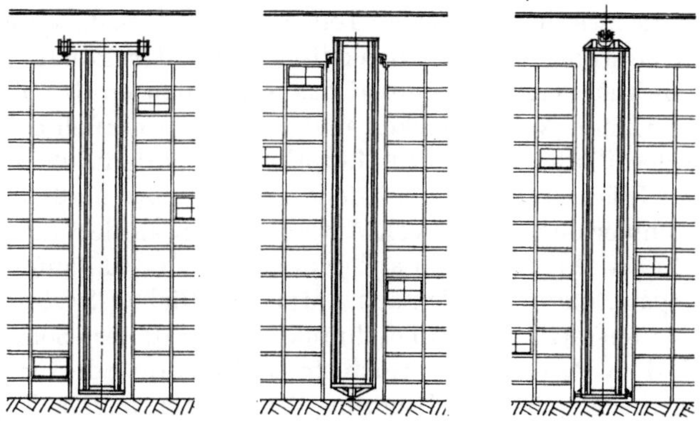

a b c

Abb. 489. Regalbedienungsgeräte für eine Tragkraft von 150–300 kp.

Erforderliche Gangbreite: 900 mm; Stapelhöhen: bei *a* 10 m; bei *b*, *c* 5 m; maximale Fahrgeschwindigkeit: bei *a* 150 m/min; bei *b*, *c* 60 m/min.

Man wird angesichts der Vielfalt der Lagerarten und Lagermethoden kaum von einer schlechthin allgemein gültigen Lösung für Lagerprobleme sprechen können. Um dennoch für den jeweiligen praktischen Bedarfsfall möglichst optimale Rationalisierungsmöglichkeiten in Vorschlag zu bringen, ist der Konstrukteur gezwungen, Geräte zu entwickeln, die eine Kombination der Einsatzmerkmale der oben genannten Geräte darstellen, wobei in dem einen Falle die Einzelentnahme stärker betont, in dem anderen Falle die Entnahme geschlossener Einheiten bevorzugt berücksichtigt wurde.

Bei der konsequenten Durchführung des Grundsatzes „first in — first out" sind sog. Durchlaufregale dienlich (Abb. 490). Sie bringen mit verhältnismäßig einfachen Mitteln eine gewisse Automatisierung in den Lagervorgang und sichern vor allem eine gute Flächen- und Raumnutzung. An die Stelle des herkömmlichen Lagerregales üblicher Tiefe tritt ein Regal mit leicht geneigten Fachböden beliebiger Tiefe, das von hinten beschickt wird, während an der vorderen, tiefer liegenden Stirnseite das Gut entnommen wird. Das eingelagerte Gut gleitet selbsttätig über eine Neigung von etwa 2° bis zu einem vorderen Anschlag. Wird eine Lagereinheit entnommen, so rückt der gesamte Lagerinhalt nach. Zu diesem Zweck müssen die eingelagerten Güter selbst runden Querschnitt aufweisen, z. B. Fässer, oder die Fachböden sind mit Rollen, Röllchen oder Röllchenleisten versehen, auf denen das Gut gleitet. Das Durchlauflager setzt natürlich eine gewisse Einheitlichkeit des Gutes in Art und Abmessungen voraus. Bei dem beschriebenen Durchlaufregal übernimmt ein Stetigförderer die Lagerfunktion. Dieses trifft auch zu bei der fließenden Lagerung, dem wandernden Lager, wie es vorwiegend in der Fließfertigung zweckmäßig ist. Förder- und Lagervorgänge sind hier vereint, so daß sich die idealste Eingliederung der Lagerung in den Materialfluß ergibt. Anwendung kann dieses Prinzip allerdings nur für Zwischenlagerung finden, bei der größter Wert auf absolut zuverlässige und termingerechte Zuführung des Materials oder der Teile zum Fertigungsbereich gelegt wird. Als

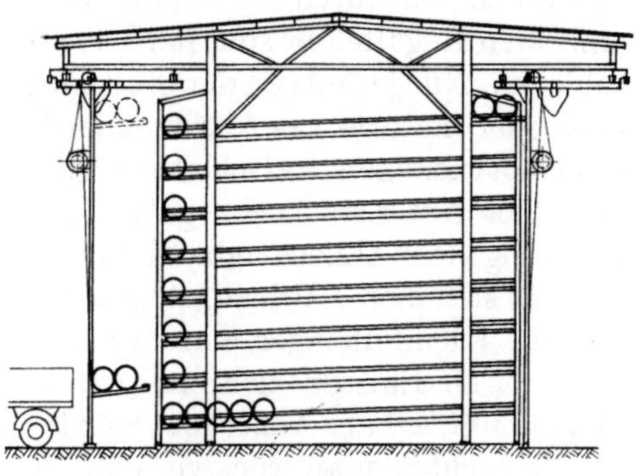

Abb. 490. Durchlaufregal für Fässer mit beidseitiger mechanischer Bedienung.

Fördermittel kommen bevorzugt Kreisförderer, Schleppkettenförderer, Band- und Gliederbandförderer zur Verwendung, deren Lagerkapazität allerdings begrenzt ist. Je nachdem, ob es sich um viele verschiedenartige oder im wesentlichen gleichartige Teile handelt, läßt man den Förderer stetig oder im Takt arbeiten. Im Falle der Taktarbeit bei gleichartigen Lager- und Fördergütern kann die Abgabe am Bestimmungsort mit verhältnismäßig einfachen Mitteln selbsttätig erfolgen. Bei stetigem Betrieb mit verschiedenartigem Gut müssen für die Abgabe ausgesprochene Zielsteuerungen vorgesehen werden, sofern man die zwischengelagerten Teile nicht nach Bedarf von Hand aus dem Umlauf nimmt.

Weiterreichende Möglichkeiten bietet der Power- and Free-Förderer. Er erlaubt für die Zwischenlagerung einmal das Ausschleusen der Teile aus dem Hauptförderstrang in abzweigende Nebenstrecken und zum andern auch das Speichern im Hauptstrang, ohne daß der Förderablauf des Hauptkreislaufs dadurch beeinflußt wird. Erreichen läßt sich dieser Effekt durch verschiedene konstruktive Maßnahmen, z. B. Verwenden von Federmitnehmern oder auch von Auflaufkurven an den Lastgehängen.

Zu erwähnen bleiben auf dem Gebiet der umlaufenden Lagerung noch die sog. Wanderregale, die ebenfalls nach unterschiedlichen Systemen gebaut werden. Auch hier gilt als Voraussetzung eine beschränkte Lagerdauer. Solche Wanderregale werden entweder nach dem Paternoster-Prinzip in senkrechter oder waagerechter Form verwendet (Abb. 154). Speziell für die Lagerung von Druckwalzen, Teppichen, Stoff- oder Papierballen wird in Abb. 153 ein Anwendungsbeispiel wiedergegeben. Aber auch Auto-Parkhäuser werden nach diesem Prinzip errichtet, wie Abb. 152 zeigt. Andere Ausführungsformen von Auto-Parkhäusern wenden das System der Stapelkrane an, indem sie die Wagen aufnehmen und sie in eine Box, d. h. ein Fach eines Großregales bringen. Ähnlich dem Paternoster-Prinzip arbeiten Schieberegale. Hierbei sind zwei Regalreihen übereinander angeordnet. Jede Regalreihe ist mit Rollen ausgerüstet, wobei die Regale der oberen Reihe auf den unteren Regalen laufen. Hydraulische Hub- und Senkeinrichtungen an den beiden Endpunkten der Regalreihen heben die Einzelregale von der unteren in die obere Reihe bzw. umgekehrt, so daß ein Kreislauf entsteht. Die Schubbewegung in horizontaler Richtung wird an den beiden Endpunkten durch horizontale hydraulische Schubzylinder ausgeübt.

Auch ohne die Ausnutzung der zweiten Ebene sind derartige Verschieberegale bekannt. Mit ihnen soll durchweg eine bessere Ausnutzung der vorhandenen Fläche erfolgen. Die einzelnen Regalfelder sind fahrbar angeordnet und lassen sich zu einem Block zusammenschieben. Nur jeweils an der Stelle, an der das Regal bedient werden soll, wird durch manuelles oder motorisches Auseinanderdrücken der Reihen ein Gang gebildet. Sieht man von dem notwendigen Verschiebevorgang ab, so erhält man eine freizügige Bedienung der einzelnen Güter sowie eine gute Flächenausnutzung. Ihre Grenzen finden Verschieberegale mit steigender Umschlaghäufigkeit, d. h. mit steigender Anzahl der Bedienungsvorgänge. So läßt sich dieses Prinzip sehr gut verwenden für eine Aktenregistratur, nicht aber z. B. für ein Kleinteilelager eines großen Industriebetriebes, das sehr schnell umgeschlagen wird durch Einsatz mehrerer Arbeiter. Hier wären die Zeiten für das Verschieben der Regale untragbar. Außerdem würden die Arbeiter sich ständig gegenseitig behindern.

Betrachtet man rückwirkend noch einmal die aufgeführten Fördergeräte in einem Lager, so muß man die in einem Lagerbereich universell einsetzbaren Geräte trennen von denen, die auf spezielle Aufgaben zugeschnitten sind. Zum Bereich der erstgenannten Fördermittel gehört zweifellos der Gabelstapler in seinen verschiedenen Bauformen.

Er ist in der Lage, alle auftretenden fördertechnischen Funktionen durchzuführen. Dennoch kann ein universeller Einsatz oft sehr unwirtschaftlich sein und ist im allgemeinen nur dann gerechtfertigt, wenn es sich um Lager kleinerer Größenordnung oder um größere Lager mit verhältnismäßig geringem Umschlag sowie um kurze Förderwege handelt. Er sollte möglichst für Hubarbeiten ausgenutzt werden. Für reine Transportaufgaben stehen Elektro- oder Diesel-Plattformwagen sowie automatisch gesteuerte Flurförderer oder Unterflur-Schleppkettenförderer zur Verfügung, die bereits im Teil II dieses Buches näher erläutert wurden.

b) Massengutlager

Schon immer war der Mensch bestrebt, für seine wichtigsten Verbrauchsgüter mehr oder minder große Vorräte anzulegen. Dieses Streben hat sich auch auf die rationell denkende Wirtschaft übertragen und ist als eine Selbstverständlichkeit nicht mehr wegzudenken. Über den Gedanken einer allgemeinen Vorratshaltung hinaus können aber auch andere Gründe für die Anlegung eines Lagers bestimmend sein, wie aus nachstehenden Beispielen zu ersehen ist.

a) In Vorratslagern von Industrien, die Rohstoffe ununterbrochen verarbeiten, wie Hüttenwerke, Kraftwerke, chemische Industrien usw., wird die Bevorratung erforderlich, um einen ununterbrochenen Betrieb auch in Krisenzeiten zu gewährleisten. Darüber hinaus müssen evtl. unterschiedliche Qualitäten vorhanden sein und nicht zuletzt kann ein zeitbedingter günstiger Einkaufspreis für die Größe eines Lagers bestimmend sein.

b) Zur Kostensenkung in den Abbaubetrieben werden immer größere Gewinnungsmaschinen eingesetzt, wodurch die Qualitätsunterschiede der gelieferten Materialien ganz im Gegensatz zu den Forderungen der verarbeitenden Betriebe immer größer geworden sind. Die Rohstoffe können nicht mehr generell im Zustand der Anlieferung weiterverarbeitet werden, so daß Lager anzulegen sind zwecks Mischung der Materialien.

c) Zechen werden häufig gezwungen, die im Übermaß geförderte Kohle aufzuhalden, wenn Angebot und Nachfrage nicht im Einklang stehen.

d) Pufferlager, die aber sehr schnell umgeschlagen werden, bestimmen mit zunehmender Umschlagkapazität das Bild von Binnen- und Seehäfen. Hier wird das Lager erforderlich, um kostspielige Wartezeiten für die zu- oder abfördernden Transportmittel unterschiedlicher Größe (Seeschiff, Binnenschiff, Waggon) zu vermeiden.

e) Große Lagerplätze können aber auch aus klimatischen Gründen erforderlich werden, wie Erzumschlagplätze in nordischen Ländern gezeigt haben, wenn im Untertagebau das Erz ganzjährig gewonnen, aber im Hafen nur im Sommerhalbjahr abtransportiert werden kann.

f) Auch für Sonderaufgaben können Lagerplätze erforderlich werden. Als Beispiel sei auf Schrottlagerplätze hingewiesen, die zum Sortieren des Materials und damit zur Veredelung dienen.

Allgemein ist bekannt, daß das Lagern von Massengütern, insbesondere von Kohle und Erz einen erheblichen Kostenfaktor darstellt, da diese Lager meistens mit kostspieligen Geräten ausgerüstet sind. Handelt es sich dabei um ein kurzfristiges Zwischenlager, wie z. B. in einem Umschlaghafen für Erz, so sind diese Geräte stark genutzt, wodurch der Kapitaldienst, bezogen auf die Mengeneinheit des durchgesetzten Gutes gering erscheint. Da ein solches Lager aber nur zum Ausgleich saisonaler Bedarfs- und Zufuhrschwankungen, z. B. für die Vorratshaltung von Kohle in Kraftwerken dient und das Lager nur einmal im Jahr oder in noch größeren Zeiträumen umgeschlagen wird, steigt der Anteil der Kapitalkosten an den gesamten Lagerungskosten erheblich an. In solchen Fällen wird man bestrebt sein, die Investitionskosten klein zu halten, auch wenn dadurch der umschlagabhängige Teil der Betriebskosten anwächst. Eingehende Untersuchungen haben gezeigt, daß bei der Neuplanung von Lagerplätzen die einzulagernde Menge, die Umschlagzeit, die Anordnung der Halden wie auch die Bauform und Arbeitsweise der zu verwendenden Ein- und Auslagerungsgeräte gleichzeitig zu betrachten und abzuwägen sind. Aus diesem Grunde sollen zunächst die Arbeitsweisen der einzelnen Fördermittel und ihre Leistungsfähigkeit kurz aufgeführt werden.

Verfolgt man die Entwicklung der Lagerplatzgeräte bis zu den ersten Anfängen zurück, so findet man die Anwendung der Verladebrücke mit der einfachen Greiferlaufkatze oder mit aufgesetztem Drehkran (Abb. 435 und 436) schon sehr frühzeitig. Dieses klassische Gerät ist in seiner ersten Ausführungsform heute noch in vielen Umschlaganlagen zu finden. Mit diesen Verladebrücken wurden Seeschiffe entladen und das Material direkt in einen parallel dazu liegenden Leichter, in einen in Bereitschaftsstellung gefahrenen

Eisenbahnzug oder auf ein Zwischenlager geworfen. Die stündliche Leistung ist abhängig von der Tragfähigkeit und dem Fahrweg der Greiferkatze. Auf Grund des diskontinuierlichen Arbeitens sind daher auch nur Umschlagleistungen bis maximal 600 m³/h zu erreichen. Zur Verkürzung des Fahrweges kann in der Stütze ein Aufnahmebunker angeordnet werden zur Übergabe des Gutes auf einen Bandförderer. An die Festigkeit des Aufnahmebunkers werden allerdings hohe Anforderungen gestellt, da beim Öffnen des Greifers die herausfallende Menge mit einem Schlag freigegeben wird. Weiterhin ist der Wirkungsgrad zu berücksichtigen, da mit zunehmender Lagerräumung die Greiferfüllung abnimmt und andererseits auch grobes, scharfkantiges Material die Greiferfüllung nachteilig beeinflussen kann. Ist die Oberfläche einer Halde im Winter gefroren, so kann der Greifer mit seiner Grabwirkung diese Schichten von oben leicht lösen, was bei anderen

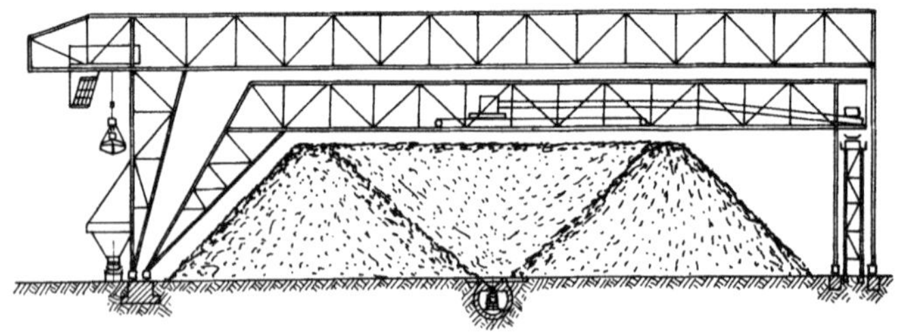

Abb. 491. Kombinierter Einsatz von Greiferbrücke und Bandabwurfbrücke.

Geräten meist nicht der Fall ist. Die Greiferbrücke gestattet die Bearbeitung eines großflächigen Lagers und eine gleichzeitige Einlagerung und Rückverladung von verschiedenen Materialien, die einzeln zu lagern sind. Sehr ungünstig fallen jedoch Betrachtungen über die dauernd bewegten Totmassen aus. Der Greifer wiegt annähernd soviel wie seine Nutzlast. Erst neuere Leichtbauweisen konnten dieses Verhältnis von Nutzlast zu Eigengewicht günstiger gestalten, so daß moderne Trimm-Greifer heute den Wert 3:2 aufweisen. Die Führerstandskatze wiegt rd. das 2,5fache ihrer Tragkraft, d. h. das 5fache der Nutzlast. Diese Massen müssen spielmäßig beschleunigt und verzögert werden. Schließlich wird die Katze von einer Brücke getragen, deren Gewicht stark von der Spannweite abhängt und ein Mehrfaches des Katzgewichtes beträgt und innerhalb des Ladevorganges häufig verfahren werden muß.

Dies alles erscheint auf den ersten Blick außerordentlich unwirtschaftlich und durch den technischen Fortschritt überholt zu sein. Jedoch trifft dies nicht in jedem Fall zu, da man heute Kombinationen von Umschlaggeräten gefunden hat, die eine Leistungssteigerung mit sich bringen. So läßt sich in eine weitere fahrbare Brücke ein reversierbares und verfahrbares Verteilerband anordnen, das die Beschickung des Lagers übernimmt. Die Greiferbrücke selbst hat dann nur noch die Rückverladung zu übernehmen (Abb. 491). Der Aufbau der Geräte läßt ein Übereinanderfahren zu, so daß sehr häufig bei Erweiterungsbauten die vorhandenen Fahrbahnfundamente der Greiferbrücken mitbenutzt werden können. Die Höhe der Abwurfbrücke richtet sich nach der verlangten Stapelhöhe des Lagers. Diese bedingt wiederum eine gewisse Höhe des Lagerzuführungsbandes, das dann meistens auf einer Brückenkonstruktion an einer Seite des Platzes entlang läuft. Ein Übergabewagen, an die Brücke gekoppelt, führt das Zuführungsband in einer Schleife und bewirkt so die Übergabe des Gutes auf das Verteilerband. Nachteilig ist die große Abwurfhöhe, da hierdurch oft eine unerwünschte Zerkleinerung und Entmischung des Materials sowie Staubbildung eintritt. Durch absenkbare Bänder könnte die Fallhöhe verringert werden, aber der ziemlich große Aufwand verhindert eine allgemeine Anwendung. Bei den meist großen Spannweiten ist bei jeder Brücke unbedingt eine mehr oder weniger komplizierte Gleichlaufsteuerung der Fahrwerke erforderlich und eine Kollisionssicherung, wenn eine reibungslose Zusammenarbeit bei hohem Arbeitstempo gewünscht wird.

Besteht die Möglichkeit, bei der Planung eines Lagerplatzes keine Rücksicht auf die Begrenzung des Platzes in der Länge zu nehmen, so wird man ohne Zweifel den im Gewicht leichteren Bandabsetzer der Bandabwurfbrücke vorziehen (Abb. 492). Die Lagerfläche wird infolge der geringen Reichweite des Auslegers zwar schmaler, kann aber auf zwei Halden verteilt werden, zwischen denen die Fahrbahn des Absetzers angeordnet ist. Es ist aber auch ohne weiteres möglich, mit Hilfsgeräten (Planierraupen) einen der Fläche nach größeren Platz zum Lager zu schaffen, wie es des öfteren mit gutem Erfolg getan worden ist. Der Bandabsetzer hat infolge seiner Bauart ein kleineres Fahrwerk als eine Bandabwurfbrücke. Die Spurweite und der Radstand sind so klein, daß eine Gleichlaufsteuerung der Fahrantriebe entfällt. Auf dem Fahrwerkoberbau ist der Bandausleger mit dem Gegengewicht drehbar gelagert und besitzt meist einen Schwenkbereich von mehr als 360°. Die Abwurfhöhe des Auslegers ist veränderlich, so daß das Gut in einer äußerst

Abb. 492. Bandabsetzer und Schaufelradlader mit einseitiger Haldenanordnung (Ohrenstein-Koppel).

schonenden Weise auf dem Lagerplatz abgelegt wird. Das Lagerzuführungsband liegt immer in der Fahrbahnmitte und benötigt keine besondere Brückenkonstruktion oder Fundamentierung. Am Bandabsetzer angekoppelt ist der Übergabewagen mit der Bandschleife für den Abwurf des Gutes auf das Auslegerband. Die Übergabestelle läßt sich auch so ausbilden, daß das Material über eine Rutsche dem Zuführungsband hinter der Bandschleife wieder zugeführt wird, um einen zweiten Bandabsetzer auf der gleichen Fahrbahn zu bedienen. Auch kann über eine Hosenschurre eine Materialaufteilung vorgenommen werden, so daß beide Bandabsetzer gleichzeitig in Funktion sind. Wird die Fahrbahn des Absetzers mit dem Zuführungsband auf ein höheres Niveau gelegt, so läßt sich hierdurch die Lagerplatzkapazität noch vergrößern. Andererseits steigen aber die Investititionskosten, so daß durch eine genaue Untersuchung die Grenze der Wirtschaftlichkeit festzustellen ist.

Die Rückverladung des Materials vom Lager kann, wie schon geschildert, durch Greiferlaufkatzen erfolgen. Bei schmalen, durch Bandabsetzer aufgeschüttete Halden ist aber auch der Einsatz von Greiferdrehkranen mit angehängten Aufnahmebunkern möglich. Es handelt sich hierbei um Geräte entsprechend der Abb. 449 oder noch häufiger mit starrem Ausleger. Diese Krane fahren oft auf denselben Gleisen, wie die für die Haldenbeschickung verwendeten Bandabsetzer. Infolge des begrenzten Auslegers ist der Aktionsradius meist mit dem des Bandabsetzers gleich. Der Leistungsfähigkeit ist durch die Größe des Greifers und der Hubkraft des Kranes bei etwa 400 m^3/h eine Grenze gesetzt. Ebenso wie bei der Greiferbrücke setzt gegen Ende der Lagerräumung ein erheblicher Leistungsabfall durch geringere Greiferfüllung ein. Soll das Lager restlos geräumt werden, ist die Hilfe einer Planierraupe anzuraten. Arbeiten der Bandabsetzer und der Portaldrehkran auf einer gemeinsamen Fahrbahn, so ist durch Vorgabe eines genauen Programmes dafür zu sorgen, daß beide Geräte sich nicht gegenseitig behindern. Für größere Umschlagleistungen werden zwei getrennte Bandförderer für die Zu- bzw. Abförderung des Materials erforderlich, oder aber ein im Zusammenhang mit Abb. 50 beschriebenes Schleppplattenband, das zur gleichen Zeit die Materialförderung in beiden Richtungen zuläßt.

Schaufelradbagger waren früher nur im Tagebaubetrieb für Kohle- und Erzgewinnung anzutreffen. Seit knapp einem Jahrzehnt zeichnen sich Schaufelradlader aber auch in der Lagertechnik aus durch große Beweglichkeit infolge ihrer Raupenfahrwerke. In Verbindung mit ebenfalls auf Raupen fahrenden Bandwagen kann der Schaufelradlader jede größere Lagerfläche abräumen (Abb. 492). Durch die kontinuierliche Arbeitsweise des Ladeorgans bauen die Geräte im Verhältnis zu den Greifergeräten leichter und sind daher auch in der Anschaffung billiger als diese. Ihr wirtschaftlichster Leistungsbereich liegt zwischen 200 und 2000 m^3/h. Größere Einheiten bis 10000 m^3/h werden dann zu umfangreich und näheren sich der Größenordnung der Großbaggergeräte. Die Eimerzahl je Rad variiert zwischen 6 und 12, die Grabgeschwindigkeit an der Messerkante von etwa 1,0—etwa 4,0 m/s und die Schüttungszahl von 30—120 Schüttungen/min. Es sind Geräte im Einsatz mit einem Eimerinhalt ab 25 Liter. Das größte bisher eingesetzte Gerät ist seit 1962 in Betrieb und besitzt einen Eimer-Nenninhalt von etwa 10000 Liter. Sechs solcher Eimer sind am Rad angebracht. Die garantierte Förderleistung beträgt 11500 m^3/h. Mitunter werden die Schaufelradladegeräte auch auf Räder gesetzt, die auf den gleichen Schienen wie der Platzbelader fahren. Hierbei wird zwar das aufwendige Raupenfahrwerk gespart, jedoch muß andererseits der nachteilige geringe Aktionsradius durch größere Ausleger und Gegengewichte wieder ausgeglichen werden.

In den letzten Jahren hat in der Umschlagtechnik auch der Bunkerentleerungswagen Eingang gefunden, ein Gerät, das seine Leistungsfähigkeit bei Bunkeranlagen seit längerer Zeit vollauf bewiesen hat. Der Lagerplatz wird in seiner Längsrichtung von einem oder mehreren Gräben oder Tunnels aus Beton durchzogen, die nach unten durch einen Tisch abgeschlossen sind. Auf diesem Tisch böscht sich das Schüttgut auf und kann von den Schaufeln des Bunkerentleerungswagens, der auf den Laufschienen eines Förderbandgerüstes läuft, entnommen werden. Natürlich kann ein zu hoher Grundwasserspiegel dieser Ausführungsform hindernd im Wege stehen. Die Eigenart der Tunnelanordnung bedingt lange und schmale Plätze. Weiterhin wird hier zum restlosen Leerräumen des Platzes ein Räumgerät benötigt. Andererseits wurde vorgeschlagen, den Erdaushub von der Tunnelherstellung als seitliche Böschungen zu benutzen. Derartige Bunkerentleerungswagen sind auch bei kleineren Leistungen ab etwa 80 m^3/h zu vertreten. Die obere Leistungsgrenze für einen Wagen liegt bei etwa 2000 m^3/h. Größere Leistungen werden im Umschlagbetrieb nur selten benötigt. Sollte dennoch eine größere Leistung verlangt werden, so kann man in einem Schlitztunnel zwei oder mehrere Wagen fahren lassen bei entsprechend größerer Auslegung des Bandförderers. Der Hauptvorteil der Bunkerentleerungswagen ist ihr völlig selbsttätiges Arbeiten, das zu vollautomatischen Anlagen ohne menschliche Bedienung geführt hat. Der Energieverbrauch ist sehr niedrig, da das horizontale Schaufeln des Gutes von der Bunkertischkante nicht viel Energie benötigt und die Fahrgeschwindigkeit sehr gering ist. Hier wird weitgehend die potentielle Energie des Fördergutes ausgenutzt, das durch sein Eigengewicht auf den Bunkertisch nachrutscht und nach dem Abstreifen auf den darunter liegenden Bandförderer fällt.

Eine Kombination verschiedener Ausführungsformen wurde für einen Erzverschiffungshafen in Schweden angewendet, der nur 150 Kalendertage im Jahr eisfrei ist. Auf dem Lagerplatz wird das Material ganzjährig eingelagert und soll aus wirtschaftlichen Gründen mit einer Leistung von 4000 Mp/h zu jedem der beiden Schiffsbelader rückverladen werden. Es ergaben sich zwei Lagerplätze mit einer Breite von je 90 m über eine Länge von 850 m bei einer Stapelhöhe von 25 m. Ein Schaufelrad-Ladegerät hätte diese Leistung nach der heutigen Erkenntnis ohne weiteres bewältigt, doch fehlten damals die Betriebserfahrungen mit diesen Geräten und man befürchtete, daß Eimer möglicherweise in das teilweise gefrorene Erz nicht eindringen würden. Auch der Einsatz von Baggern wurde als unzureichend betrachtet, sowohl in bezug auf die zu bewältigende Leistung, als auch in bezug auf die vorhandene Lagerhöhe. Man hätte die Böschung nicht in ihrer vollen Höhe abtragen können, so daß sich eine Gefahrenquelle ergab durch das unkontrollierbare Hereinbrechen der oberen Schichten.

Unterflurförderer mit Bunkerentleerungswagen würden zwar die ausreichende Leistung erbringen, sind aber, wie schon erwähnt, nicht in der Lage, den Bunker vollkommen zu räumen. Bei einem angenommenen Böschungswinkel von 40° würde nach Abb. 491 nur etwa $^1/_3$ des gesamten Lagervolumens ohne fremde Hilfe abzufördern sein. Darüber hinaus wurden Betriebserfahrungen mit der Rückverladung eines Erzlagers am Orinoco gemacht. Hier stellte sich heraus, daß der Böschungswinkel der Ruhe keineswegs nur 40—50° beträgt, sondern daß er auf 90° ansteigen kann, d.h. daß sich senkrechte Wände bilden, manchmal sogar ein Überhang. Es ist also unumgänglich, noch ein besonderes Gerät einzusetzen, das das seitlich lagernde Material auch dem Auslaufschlitz zuführt. In Schweden entschied man sich zum Einsatz einer Hochleistungs-Greiferbrücke, welche die Aufgabe hat, die Randhalde zur Mitte hereinzuholen und im Bereich des Schwerkrafteinfalls abzuwerfen. Das Arbeitsspiel sieht dann so aus, daß der Greifer auf einer Randhalde das Erz aufnimmt; unmittelbar nach Beendigung des Schließvorgangs fährt die Katze zur anderen Lagerseite und wirft den Greiferinhalt beim Überfahren der Einwurföffnung ab. Erst auf der anderen Lagerseite kommt die Katze zum Stillstand und greift nun Material von der anderen Materialhalde auf, welches bei der Rückfahrt in gleicher Weise abgeworfen wird. Ein derartiges Doppelspiel dauert etwa 54 s. Die Tragkraft der Brücke beträgt 45 Mp, so daß sich bei einem Greifergewicht von 19 Mp eine Nutzlast von 26 Mp ergibt. Damit kann eine Leistung von 3500 Mp/h erreicht werden.

Es ist nun interessant, für die wichtigsten und am meisten eingesetzten Lagerplatzgeräte einen wirtschaftlichen Vergleich der zueinander gehörenden und miteinander arbeitenden Geräte anzustellen. So werden zweckmäßig Geräte für eine große Lagerplatzbreite und andererseits die Geräte für schmale, aber lange Halden zu untersuchen sein.

Für den Vergleich von Bandabwurfbrücken mit Greiferbrücken, Bandabsetzern mit Greiferdrehkranen, Bandabsetzern mit Schaufelradladern und Bandabsetzern mit Bunkerentleerungswagen sollen die gleichen, nachfolgend aufgeführten Annahmen getroffen werden: Haldenvolumen 20000 m³, Haldenhöhe 10 m, Schüttgut Förderkohle mit einem Schüttgewicht von 1,0 Mp/m³, Umschlagleistung 200 Mp/h. Als Zu- und Abfördergeräte sollen Bandförderer mit 800 mm Breite und einer Fördergeschwindigkeit von 1,05 m/s vorhanden sein. Für den Brückenbetrieb ergibt sich eine Haldenbasis von 50 m und eine Lagerlänge von ebenfalls 50 m. Der Bandabsetzer und Greiferdrehkran wird in die Mitte zwischen zwei Halden mit je einer Fußbreite von 20 m gesetzt, so daß sich eine Gesamt-Haldennutzbreite von 40 m ergibt bei einer Lagerlänge von 100 m. Die gleiche Anordnung einer Doppelhalde ist auch für die Rückgewinnung mit Schaufelrad oder Unterflurförderer zweckmäßig. Durch eine andere Untersuchung konnte ermittelt werden, daß bei der Anordnung von nur einer Halde, aber doppelter Länge, die spezifischen Umschlagkosten bei Rückverladung mit einem Schaufelradlader um etwa 26% höher liegen und bei Rückverladung mit einem Unterflurförderer etwa 12% höher. Das Ergebnis der Wirtschaftlichkeitsuntersuchung für die einzelnen Gerätegruppen in Abhängigkeit der je Tag verfahrenen Schichten gibt das Diagramm der Abb. 493 wieder.

Aus den Versuchsdetails, die hier nicht näher aufgeführt sind, kommt man zu der Erkenntnis, daß eine Verdoppelung der Umschlagleistung bei geringfügiger Mehranschaffung eine erhebliche Kosteneinsparung herbeiführen kann. Aus diesem Grunde sollen auch die Ergebnisse dieser Untersuchung noch folgen. Wie sich gezeigt hat, kann der Betrieb mit Bunkerentleerungswagen ohne großen Mehraufwand auf die doppelte und höhere Leistung gesteigert werden. Das gleiche gilt auch für den Schaufelradlader. Als Stapelgerät hat sich in der Praxis für hohe Leistungen der Bandabsetzer mittlerweile durchgesetzt. Alle anderen Rückladegeräte lassen eine Leistungssteigerung auf über 500 Mp/h nicht mehr oder nur mit sehr großem konstruktiven und finanziellen Aufwand zu, so daß sie für den Vergleich einer Hochleistungs-Umschlaganlage nicht mehr berücksichtigt werden sollen und demzufolge im Kostendiagramm der Abb. 494 fehlen.

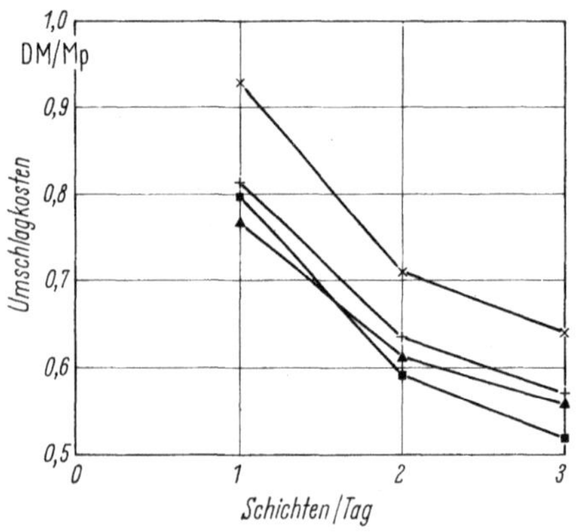

Abb. 493. Umschlagkosten mit Schaufelradlader und Bunkerentleerungswagen an einer Doppelhalde mit einer Umschlagleistung von 200 Mp/h.

× = Brücken; + = Kran; ▲ = Schaufelradlader; ■ = Bunkerentleerungswagen.

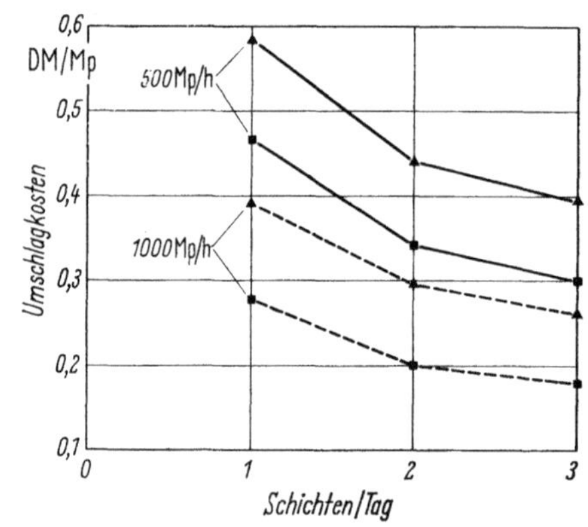

Abb. 494. Umschlagkosten mit Schaufelradladern und Bunkerentleerungswagen bei Umschlagleistungen von 500 und 1000 Mp/h.

▲ = Schaufelradlader; ■ = Bunkerentleerungswagen.

Bei der Planung neuer Anlagen sollten die gewonnenen Erkenntnisse berücksichtigt werden. So ist die Anordnung der Halde von außerordentlicher Wichtigkeit für die Wirtschaftlichkeit der Anlage. Es hat sich gezeigt, daß bei einem gleislosen Betrieb lange einseitige Halden möglichst zu vermeiden sind. Die langen Förderer und Fahrbahnfundamente der Beschickungsgeräte erhöhen die Anschaffungs- und Betriebskosten ganz erheblich. Es sollte überhaupt immer darauf geachtet werden, die Förderwege so kurz wie möglich festzulegen. Natürlich hängt die Länge der Halde in erster Linie von der zu stapelnden Menge ab. Soll die Halde als Großspeicher dienen, der einen Verarbeitungsvorrat einer längeren Zeitperiode lagern soll, so sind für die Ausbildung des Lagers andere Regeln maßgebend. Für derartige saisonbedingte Reservelager kann auch ein Frontlader wirtschaftliche Vorteile ergeben; er steht darüber hinaus für andere Aufgaben zur Verfügung. Das Schaufelrad-Ladegerät und der Unterflurförderer bieten die günstigsten Betriebskosten und sind überall dort einzusetzen, wo größere Mengen von Massengütern gleicher Beschaffenheit von der Halde aufzunehmen sind. Die Verladebrücke hingegen bietet auch bei begrenzten Raumverhältnissen die Möglichkeit, ohne Beeinträchtigung ihrer Leistung eine große Anzahl getrennt zu haltender Sorten in beliebiger Reihenfolge zurückzuverladen. Dabei sind die Betriebskosten bei guter Nutzung der Anlagen durchaus angemessen.

Ein weiterer wichtiger Punkt in der Planung eines Lagerplatzes ist die Frage der zur Verfügung stehenden Arbeitskräfte. Wenn möglich, sollte man keine Geräte investieren, die einen hohen und qualifizierten Personalbestand erfordern. Sie führen zu hoher Lohnkostenbelastung und sind obendrein in Zeiten der Vollbeschäftigung noch knapp. Aber auch die Lebensdauer einer Umschlaganlage spielt in der Auswahl der zum Einsatz gedachten Geräte eine wichtige Rolle. Bei kurzlebigen Umschlaganlagen wird man selbstverständlich auf große Betonbauwerke verzichten und den ganzen Betrieb möglichst gleislos gestalten. Aber schon bei Anlagen, die für 5 oder 8 Jahre gedacht sind, ist zu überlegen, ob die Errichtung eines Betonbauwerkes mit den dazugehörigen Geräten im Endeffekt nicht billiger kommt. Vor allen Dingen ist bei einer langlebigen Anlage unbedingt auf die Automatisierung hinzuarbeiten.

Besonders im Hinblick auf die Automatisierung hat sich ein kreisförmig angelegter Lagerplatz ausgezeichnet, der nachstehend kurz beschrieben werden soll. Zur Erläuterung soll die Abb. 495 dienen. Die Kohle wird über eine hochgelegene Bandbrücke 1 zum Zentrum des Lagerplatzes 6 gefördert und von dort mit Hilfe eines Bandabsetzers 2 zu einer Kreishalde 3 aufgebaut. Beim Rücktransport wird das Gut über ein Schaufelrad-Aufnahmegerät 4 dem Platzmittelpunkt wieder zugeführt und auf das tiefliegende Rückführband 5 übergeben. Der sog. Pol 6 bildet nicht nur die Abstützung der Hochbandbrücke, sondern nimmt auch die drehbare Lagerung des Absetzers auf. Auch die Stromversorgung

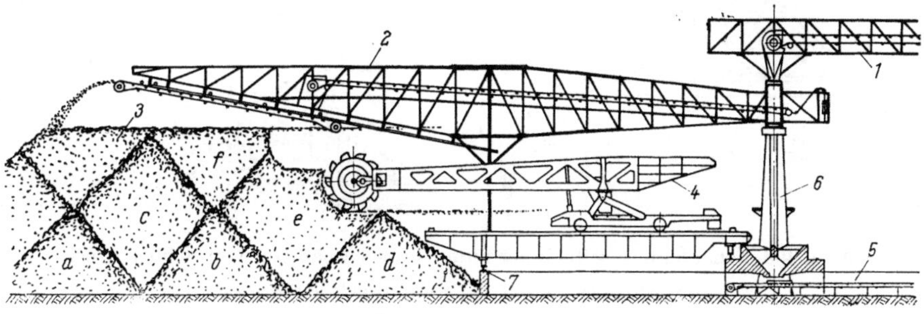

Abb. 495. Konstruktionsschema einer Kreislagerplatzeinrichtung (Babcock).

1 Hochbandbrücke; *2* Bandabsetzer; *3* Kreishalde; *4* Schaufelradaufnahmegerät; *5* Rückführband; *6* Pol; *7* äußere Kreisschiene; *a—f* Aufbaufolge der Halde durch horizontal nacheinander gelegte Schichten zwecks Materialmischung.

der Geräte erfolgt über den Pol mit Hilfe von Kabelschleppkette und Schleifringkörper. In seinem unteren Teil ist eine Kreisschiene kleineren Durchmessers verlagert, auf der die Bandbrücke des Schaufelradladers verfährt. Das andere Fahrwerk wird gemeinsam mit dem des Bandabsetzers von der äußeren Fahrschiene 7 geführt, die ebenfalls kreisförmig, jedoch mit wesentlich größerem Durchmesser um den Pol angeordnet ist. Der Schienenaufwand ist beim Kreislagerplatz minimal.

Der Bandabsetzer und der Schaufelradlader sind in der Lage, völlig unabhängig voneinander arbeitend gleichzeitig die Halde in einem Bereich aufzubauen und das Material an einer anderen Stelle zu entnehmen. Dies ist besonders wichtig, wenn das Lagern und Entnehmen verschiedener Materialsorten in einzelnen Haldensektoren erfolgen soll, um einen guten Mischeffekt zu erzielen. Die Praxis hat gelehrt, daß der beste Effekt einer Materialvergleichmäßigung erzielt wird, wenn das Gut in horizontalen Schichten eingelagert und in vertikalen Schichten dem Lager entnommen wird. Bei den Geräten nach Abb. 495 ist der Absetzer ohne weiteres in der Lage, bei unveränderter Auslegerlänge nur durch eine Schwenkbewegung z. B. die Schicht a zu legen. Nun wird einmal die Auslegerlänge verstellt und in gleicher Weise die Schicht b eingelagert. Bei der Rückverladung mit dem Schaufellader ist nun nur darauf zu achten, daß möglichst mehrere Schichten in zeitlich kurzer Folge angeschnitten werden.

Einen noch besseren Mischeffekt erreicht man durch Einsatz eines Spezial-Schaufelladers, einem sog. Schaufelrohr-Aufnehmer entsprechend Abb. 496. Dieses Gerät wird vor Kopf der Halde angesetzt, die nach dem gleichen Schema, wie bereits in Abb. 495 gezeigt, aufgebaut ist. Das Gerät besteht aus einem Rohr mit einem Durchmesser von etwa 5 m, dessen Außenwand mit gegeneinander versetzten Schaufeln versehen ist und sich mit einer Drehzahl von 3 U/min bewegt. Außerdem gehört zu der Einrichtung eine zweiteilige Kratzeinrichtung, die die kopfseitige Böschung der Halde überdeckt. Das Schaufelrohr reicht über die ganze Breite des Haldenfußes hinweg und dreht sich mit konstanter Geschwindigkeit. Ein zweiteiliger Rechen bewegt sich hin und her. Seine Neigung ist verstellbar und wird größer als der natürliche Böschungswinkel des Haldenmaterials gewählt. Die Zinken der beiden Rechen kratzen ständig horizontale Furchen in die Böschungsfläche der Halde. Hierdurch rieselt ein dünner Schleier Material über die Haldenböschung zum Fuß der Halde herab. Das sich hier sammelnde Materialgemisch wird von den Schaufeln des Schaufelrohres aufgenommen und einem nach beiden Seiten verfahrbaren und reversierbaren Förderband zugeführt, das im Inneren des Schaufelrohres untergebracht ist. Um den Schaufelrohr-Aufnehmer für zwei parallel nebeneinander liegende Halden oder auch für mehrere verwenden zu können, muß jeweils am Ende einer Halde eine Schiebebühne in die Gleisanlage der abzubauenden Halde eingefahren werden können.

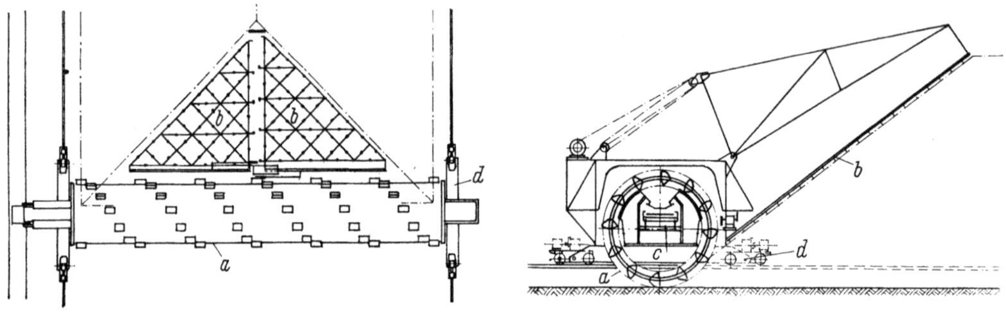

Abb. 496. Schaufelrohr-Aufnehmer zum Vergleichmäßigen von Schüttgütern.
a Schaufelrohr; *b* Kratzer; *c* Förderband; *d* Fahrwerk.

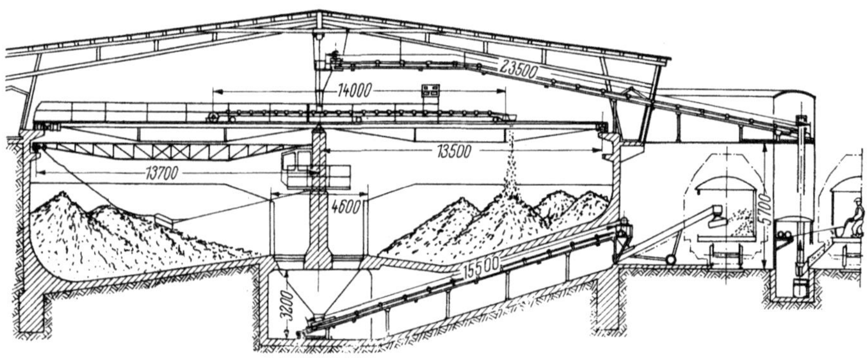

Abb. 497. Schematische Darstellung eines Rundsilos.

Kreisförmige Lagerplätze finden auch für empfindliche Güter, die unter Dach zu lagern sind, Anwendung, wie ein Beispiel in Abb. 497 zeigt. Das Rundsilo enthält Transportanlagen für die Ein- und Auslagerung. Das Material wird aus dem Waggon mit Handschrapper auf einen Gurtbandförderer übergeben. Durch einen Übergabetrichter in der Mitte des Silos in einer Höhe von etwa 9 m gelangt es dann über einen rund- und längsverfahrbaren Gurtbandförderer in getrennte Boxen. Ein Schrappwerk mit Auslegerschrapper bringt dann das gelagerte Gut über einen Einwurftrichter, unter dem das Austragband montiert ist, in den Waggon. Sollen gedeckte Waggons beladen werden, so wird ein Schleuderband eingesetzt.

Auch Zuckerrüben werden in Zuckerfabriken gerne auf Rundlagerplätzen gelagert. Die Beschickung des Platzes erfolgt durch Bandförderer in der oben geschilderten Form. Die Entnahme geschieht durch im Boden strahlenförmig angeordnete Kanäle, durch die die Rüben mittels Druckwasser zum zentralen Abzugtrichter gelangen. Die hierbei verwendeten Druckwasserdüsen sind auch wieder in einer kreisförmig beweglichen Brücke angeordnet und bestreichen so jeden Punkt des Rundlagers.

2. Hebe- und Förderanlagen im Tagebaubetrieb

a) Materialaufnahmegeräte

In der Entwicklung der Bagger- und Fördergeräte für die Erdbautechnik haben sich zwei grundlegende Entwicklungsrichtungen herausgebildet. Es sind dies einmal die diskontinuierlich, also intermittierend grabenden, und zum andern die kontinuierlich, mit stetigem Förderfluß arbeitenden Baggergeräte. Der Schwerpunkt der Entwicklung der diskontinuierlich arbeitenden Geräte, Löffel- und Schürfkübelbagger, liegt in den USA, England und Rußland. Die Entwicklung dieser Geräte wurde in diesen Ländern durch Bauaufgaben, wie Kanal-, Straßen- und Industriebauten sowie durch die Forderung, Steinkohle und Erze im Tagebau nach dem sog. Strip-Mining-Verfahren abzubauen, bestimmt. Bei diesen Geräten dient das Grabwerkzeug, d. h. beim Löffelbagger der Löffel und beim Seilbagger der Schürfkübel, auch zum Transport der gebaggerten Massen von der Baggerfront zur Verlade- oder Abwurfstelle. Löffelbagger arbeiten vom gleichen Standort aus so lange im Kreis, wie es die Reichweite des Löffels gestattet. Erst danach fährt der Bagger näher an die Abbauböschung heran. Durch diese Arbeitsweise ergeben sich verhältnismäßig steile Böschungen.

Zur Füllung des verhältnismäßig großen Grabgefäßes muß ein großer Spanquerschnitt aus der Abbaufront gelöst werden, der die Bereitstellung einer großen Grabkraft erfordert. Die intermittierende Belastung des Gerätes bedingt eine schwere und robuste Konstruktion und eine große installierte Antriebsleistung, bezogen auf die stündliche Förderleistung. Besonders die sehr ungleichmäßige Stromaufnahme wirkt sich nachteilig aus. Trotz allem sind zur Zeit in den USA zum Umsetzen von Deckgebirgen in Tagebauen Geräte mit Löffelinhalten bis 88 m^3 eingesetzt.

Die Gruppe der kontinuierlich arbeitenden Geräte mit stetigem Förderfluß, bei dem ständig mehrere Grabwerkzeuge am Baggervorgang beteiligt sind, werden mechanisch wesentlich weniger beansprucht und erfordern auch eine wesentlich kleinere installierte Leistung, bezogen auf die stündliche Förderleistung. Die Grundtypen Eimerkettenbagger und Schaufelradbagger für die Gewinnung und Absetzer für die Wiederverstürzung der Massen kann als ausgesprochen deutsche Entwicklungsrichtung der Baggergeräte bezeichnet werden. Sie wurde maßgeblich durch den deutschen Braunkohlenbergbau beeinflußt, wo es galt, geringwertige Braunkohlenflöze mit niedrigem Heizwert wirtschaftlich zu erschließen, zu gewinnen und zu fördern.

Um später einen Vergleich der Geräte anstellen zu können, sei zunächst die Arbeitsweise der einzelnen Baggergeräte kurz geschildert.

Bei den Löffelbaggern ist als eigentliches Baggergefäß bei den ältesten, wie bei den neuesten Ausführungen eine geschlossene Schaufel, auch Löffel genannt, zu finden, die beim Hochbagger durch eine zu öffnende Bodenklappe entleert werden kann. Um ein langsames Entleeren des Löffels zur Schonung der Transportwagen zu ermöglichen, wird entweder als Boden ein in Führungen beweglicher Schieber verwendet oder aber eine Pendelklappe, die durch eine Bremse verzögert wird. Der Löffel ist beim Hochbagger an einem Stiel befestigt und kann in der Richtung dieses Stieles vorwärts und rückwärts verschoben und um einen Punkt des drehbaren Baggers allmählich in senkrechter Ebene gehoben und gesenkt werden. Das Vorwärts- und Rückwärtsschieben des Löffelstieles geschieht in der Regel durch ein Zahnritzel, das in eine am Stiel befestigte Zahnstange eingreift. Die Arbeitsweise ist außerdem auch sehr gut der schematischen Abb. 498a zu entnehmen. Ganz ähnlich arbeitet auch der Löffeltiefbagger, wie die entsprechende Abb. 498b erkennen läßt.

Das Füllen findet in der Weise statt, daß der Löffel an der abzugrabenden Böschung entlang geschoben und gleichzeitig gegen die Böschung gedrückt wird. Er gräbt sich dabei mit seiner meistens mit Zähnen versehenen Schneide in die Böschung ein, kratzt die Ladung los und füllt sich in dieser Weise vollkommen. Die Löffel bestehen, um der starken Be-

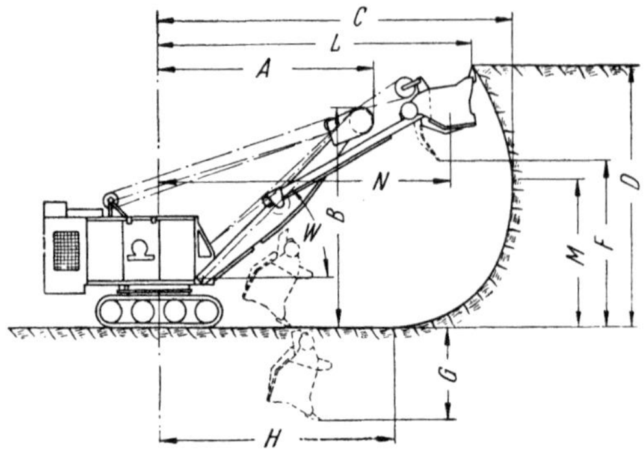

Abb. 498a.

Tabelle 112. *Löffelhochbagger*

Löffelinhalt		1,5 m³			0,75 m³		
Gewicht etwa		38000 kp			22000 kp		
Dieselmotor		125 PS			92 PS		
Fahrgeschw.		0,9 km/h			1,2 km/h		
Raupenbreite		680 mm			600 mm		
Flächendruck		1,0 kp/cm²			0,7 kp/cm²		
W	Grad	30	45	60	30	45	60
A	mm	7400	6400	5040	5950	5150	4150
B	mm	5100	6500	7500	4200	5200	6000
C	mm	10700	10150	9500	8500	8050	7500
D	mm	4950	7250	9250	4100	5850	7250
F	mm	3000	5000	6800	2900	3800	5000
G	mm	2300	1700	1200	1750	1300	900
H	mm	5950	5600	5050	5250	5050	4650
L	mm	10400	9200	7150	8000	7000	5600
M	mm	3200	3850	4350	2550	3100	3500
N	mm	9750	8850	7350	7500	6800	5600

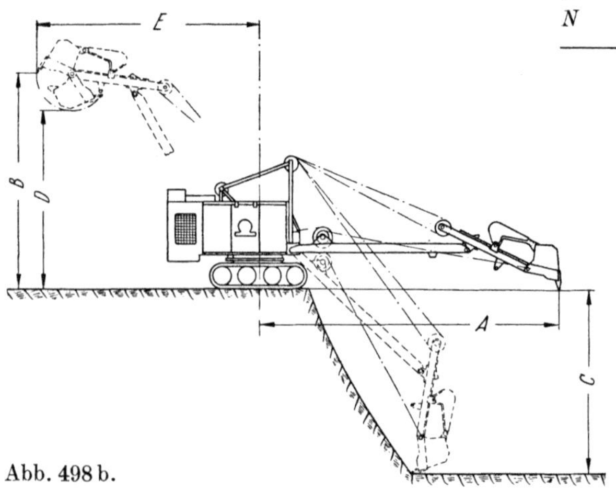

Abb. 498b.

Tabelle 113. *Löffeltiefbagger*

Löffelinhalt	m³	1,5	0,6
A	mm	12200	10100
B	mm	8200	6500
C	mm	7600	5800
D	mm	6550	5000
E	mm	9250	7700

anspruchung gewachsen zu sein, aus starken Stahlplatten mit angeschweißter Mangan-Hartstahl-Vorderwand und leicht auswechselbaren Hartstahlzähnen.

Da diese Bagger meist auf unebenem Boden eingesetzt werden, ist zur Fortbewegung ein Raupenfahrwerk vorgesehen. Der Auflagedruck kann hierdurch sehr gering gehalten werden und liegt meist nur bei etwa 1 kp/cm². Für sehr weichen Boden läßt sich der Bodendruck durch ein überlanges Fahrwerk mit besonders breiten Raupen noch weiter verringern.

Löffelbagger eignen sich besonders zum Aufnehmen von schweren Materialien, wie Erz und steiniges Erdreich. Sie werden in verschiedenen Abmessungen hergestellt, und zwar kleinere Typen, z. B. zum Ausheben von Baugruben, Trümmerbeseitigung usw. und die großen Typen (Löffelinhalt bis 88 m³) zum Aufnehmen der im Tagebau gewonnenen Materialien. In der heutigen Bauart findet man die Löffelbagger häufig als Variation der Universalbagger, die sich verwandeln lassen in Löffelhoch-, Löffeltief-, Eimerseil- sowie Greifbagger. Aber auch als Hochbaukran finden sie oft Verwendung. (Abb. 498a bis d, Tab. 112—115, vgl. S. 414).

Im Gegensatz zu den kleinen einmotorigen Baggern werden solche für größere Leistungen meist mit Einzelantrieb für jede Bewegung ausgeführt. Der Antrieb geschieht elektrisch, dieselmotorig oder auch sehr oft dieselelektrisch, da dann auf ein Stromnetz am Einsatzort verzichtet werden kann und hierdurch vor allem bei häufigem Stellungswechsel (z. B. bei kleineren Baggern für Baustellen) keine Einsatzschwierigkeiten auftreten.

Als neueste Entwicklungsstufe im Baggerbau kann wohl der vollhydraulische Bagger (Abb. 499) angesehen werden. Hierbei ist besonders bemerkenswert, daß sämtliche Be-

Tabelle 114. *Eimerseilbagger*

Eimerinhalt	m^3	1,7		0,65	
Auslegerlänge	mm	11000		12000	
W	Grad	25	40	25	40
A	mm	11600	10160	12450	10750
B	mm	6400	8820	6600	9250
C	mm	4100	3900	5100	4850
D	mm	14230	13730	15400	15000
E	mm	7000	6100	8050	7300
F	mm	13760	12620	15000	13800

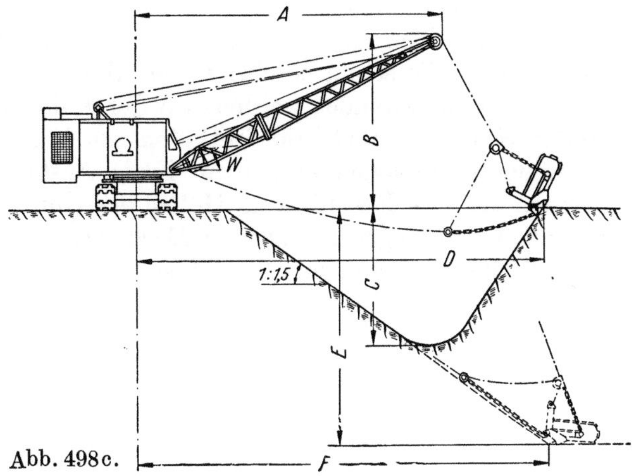

Abb. 498c.

Tabelle 115. *Greifbagger*

Greiferinhalt	m^3	1,2		0,6	
a	mm	2280		1810	
b	mm	2500		1930	
W	Grad	45	65	30	65
A	mm	12500	8150	9550	5450
B	mm	12600	15500	6150	9960
C	mm	12400	8050	9450	5400
D	mm	13600	9250	10350	6250
E	mm	8100	11000	2600	6400
F	mm	6100	3300	4650	1950
H	mm	2000	2000	1600	1600

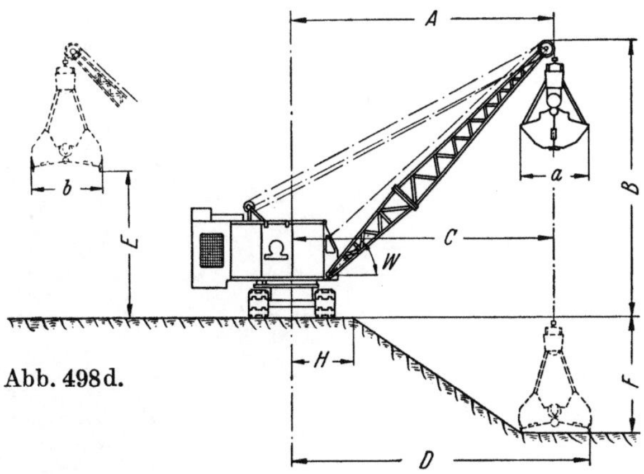

Abb. 498d.

Abb. 498.
a Löffelhochbagger; *b* Löffeltiefbagger; *c* Eimerseilbagger; *d* Greifbagger.

wegungen, also auch das Fahren, über hydraulische Antriebe ausgeführt werden. Wie leicht einzusehen, bringt der Fortfall der Hauptverschleißteile an normalen Baggern, der Kupplungen, Bremsen, Getriebe und Seile sowohl geringeren Ersatzteilverbrauch als auch weniger Betriebsunterbrechungen durch Reparaturen mit sich. Da die Hydraulikpumpen des Baggers (Radialkolbenpumpen von Pittler) auf konstante Leistung geregelt sind, ergibt sich eine Art Leonard-Charakteristik für die Arbeitsbewegungen: große Kraft bei kleiner Geschwindigkeit und kleine Kraft bei großer Geschwindigkeit, ohne hierzu ein mehrstufiges Getriebe einsetzen zu müssen. Hierdurch wird ein schnelles Füllen des Löffels ohne mehrmaliges Ansetzen bei fast gleichmäßiger Motorbelastung erreicht. Diese Tatsache gibt auch die Erklärung für die 30—40% größere Leistung dieses Baggers gegenüber gleich großen anderen Typen. Bei Überschreitung der zulässigen Grabkraft (etwa 180 atü) sorgen Sicherheitsventile vor einer Überlastung aller mechanischen Teile. Alle Geschwindigkeiten können, wie schon erwähnt, von 0 bis zum Maximalwert stufenlos verändert werden.

Es sei noch besonders erwähnt, daß die Besorgnisse bezüglich der Störanfälligkeit hydraulisch angetriebener Baugeräte durch langandauernde Einsätze derartiger Arbeitsmaschinen heute nicht mehr groß zu sein brauchen.

Vergleicht man die Arbeitskosten von Löffelbaggern mit den Kosten der Arbeit einfacher Kettenbagger, so ergibt sich bei gewöhnlichem Boden für den Kettenbagger von gleicher oder größerer Leistungsfähigkeit eine bessere Wirtschaftlichkeit. Die Löffelbagger kommen daher auch nur in Frage, wenn die Beschaffenheit des Bodens die Verwendung von Eimerkettenbaggern nicht zuläßt. In solchen Fällen ergeben sich aber verhältnismäßig niedrige Betriebskosten. Sie arbeiten bei größeren Leistungen wesentlich günstiger als die schon beschriebenen, durch Kran betätigten Selbstgreifer, die nur dort mit Vorteil angewendet werden, wo der Löffelbagger nicht brauchbar ist, das heißt bei großen Hubhöhen und beim Entladen aus Lagerräumen und Schiffen.

Eimerkettenbagger ähneln in ihrem Aufbau einem Becherwerk. Nur ist bei diesen Geräten der Zweck weniger im Heben des Gutes zu suchen, als im Lösen und Aufnehmen desselben. Im Gegensatz zu den Becherwerken sind die Bagger allgemein fahrbar und wesentlich schwerer gebaut, so daß sie in der Lage sind, auch gewachsenen Boden zu lösen

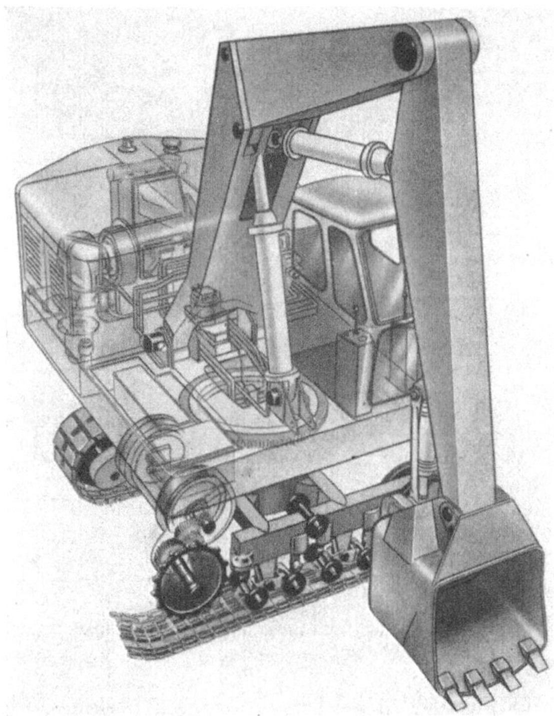

Abb. 499. Vollhydraulik-Bagger B 504 (Demag).

und aufzunehmen, und zwar bis zu Leistungen von 1200 m^3/h. Am nächsten verwandt mit dem gewöhnlichen Becherwerk ist der sog. Hochbagger mit geschlossenen Bechern, wie ihn Abb. 500 darstellt. Die Anordnung ist wenig verschieden von dem schrägen Becherwerk ohne Umhüllungskasten.

Der Ausleger, der die Becherkette trägt, wird meistens in senkrechter Ebene drehbar angeordnet, um den Boden in verschiedener Höhe bis zu etwa 5 m gleichmäßig fortnehmen zu können.

Der Antrieb erfolgt ebenso wie bei den gewöhnlichen schrägen Becherwerken durch einen 4—6eckigen Antriebsstern, der bei den Eimerkettenbaggern mit dem Namen „Turas" bezeichnet wird. Für die untere Umführung wird meistens eine runde Umführungsscheibe verwendet, die durch Schraubenspindeln angespannt werden kann. Die Hochbagger mit geschlossenen Bechern werden da angewandt, wo mäßig unebenes Gelände vorhanden ist und wo Erhöhungen des Bodens weggenommen werden sollen. Man hat bei ihrer Verwendung den Vorteil, daß die Schienen für das Verfahren des Baggers auf dem abgebaggerten ebenen Boden liegen. Mit dem Bagger können auch Einschnitte hergestellt werden, wenn man den eigentlichen Bagger auf dem Unterwagen um eine senkrechte Achse drehbar anordnet, so daß er das Erdmaterial sowohl an der Seite als auch vor dem Wagen aufnehmen kann. Für derartige Einschnittarbeiten sind allerdings der noch weiter hinten beschriebene Schaufelradbagger besser geeignet. Der Kettenhochbagger mit drehbarem Oberteil für Einschnittarbeit kommt daher nur selten zur Anwendung.

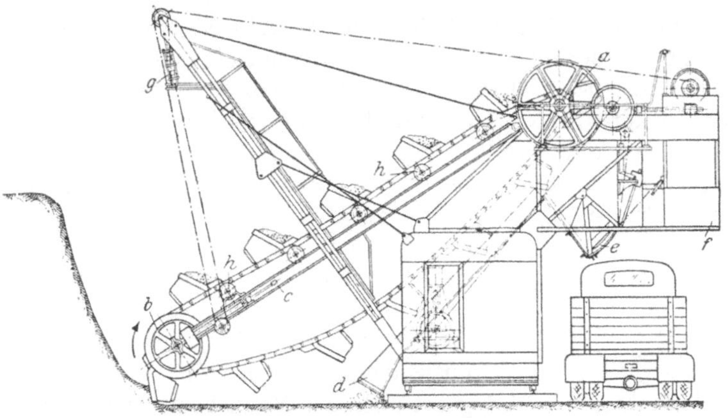

Abb. 500. Hochbagger mit geschlossenen Bechern.

a fünfeckiger Antriebsstern; *b* runde untere Umführung mit Spannvorrichtung; *c* aufklappbare Ausleger; *d* Blechrutsche unterhalb der Kette zum Ableiten von verstreuter Erdmasse; *e* Entladeschurre; *f* Gegengewicht; *g* federnde Aufhängung des Auslegers; *h* feste Tragrollen für den oberen Kettenstrang.

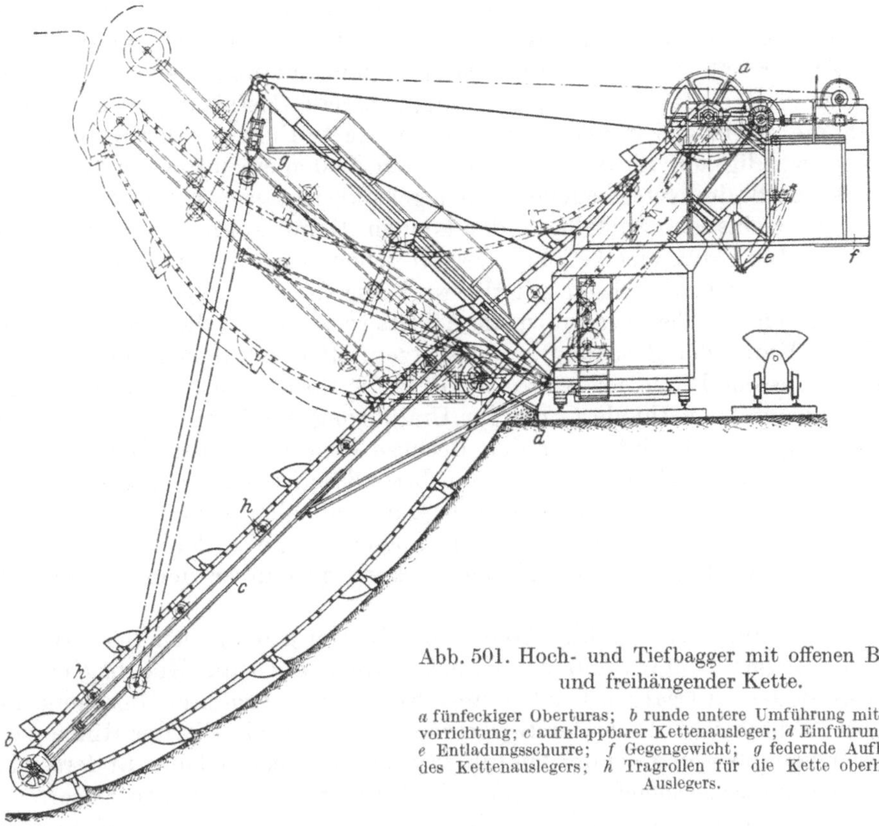

Abb. 501. Hoch- und Tiefbagger mit offenen Bechern und freihängender Kette.

a fünfeckiger Oberturas; *b* runde untere Umführung mit Spannvorrichtung; *c* aufklappbarer Kettenausleger; *d* Einführungsblech; *e* Entladungsschurre; *f* Gegengewicht; *g* federnde Aufhängung des Kettenauslegers; *h* Tragrollen für die Kette oberhalb des Auslegers.

Bei Erdarbeiten liegen die Verhältnisse oft so, daß man den Bagger oben laufen lassen und die Erde aus einer Grube herausbaggern will. Das ist mit dem eben beschriebenen Hochbagger nicht möglich, und man muß den sog. Tiefbagger anwenden, wie z. B. in den Abb. 501 dargestellt. Diese Tiefbagger können aber auch zum Teil zum Abbaggern hochgelegener Erdmassen benutzt werden, wie in Abb. 501 punktiert angedeutet. Sie sind also allgemeiner anwendbar als die Hochbagger und kommen häufiger vor als diese, um so mehr, als auch noch verschiedene andere Eigenschaften eine vielseitigere Verwendung ermöglichen.

Bei den Tiefbaggern werden nämlich in der Regel sog. offene Becher verwendet, bei denen das Fördergut an der einen Seite in den Becher ein- und an der anderen Seite aus dem Becher wieder austritt. Während die Becherkette bei dem in Abb. 500 dargestellten Hochbagger sich an der unteren Kettenumführung von unten nach oben bewegt, läuft sie bei den in Abb. 501 dargestellten Tiefbaggern mit offenen Bechern von oben nach unten. Die Becher kratzen dabei über die abzubaggernde Böschung hinweg und füllen sich auch bei verhältnismäßig ungünstigem Boden, besonders wenn, wie in Abb. 501 angenommen, die Kette auf ihrem unteren Strange frei durchhängt. Die Becher schneiden infolge ihres Gewichtes in den Boden ein, können aber bei auftretenden Hindernissen, Steinen und dgl. nach oben ausweichen. Das ist ein Vorteil dieser Ausführung gegenüber der Bauart, bei der auch der unten angeordnete, aufwärtslaufende Kettenstrang mittels Rollen am Ausleger geführt wird. Bei steinigem und unreinem Boden werden daher fast durchweg Tiefbagger mit freihängender Kette verwendet.

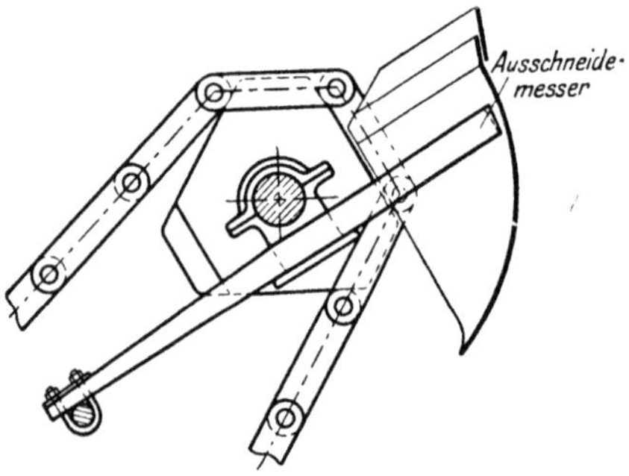

Abb. 502. Ausschneidevorrichtung für offene Becher.

Bei mehr gleichmäßigem Boden ist es zulässig, die Kette an einem Ausleger in bestimmter Lage zu führen. Dadurch kann man einerseits der Ausbaggerung durch entsprechende Gestaltung der Auslegerführung eine bestimmte Form geben, andererseits ist die feste Führung der Kette bei zäherem Tonboden notwendig, um die Becher besser in den Boden einzudrücken. Oft ist die Leiter aus mehreren, z. B. drei verschiedenen Teilen gelenkig zusammengesetzt, so daß die einzelnen Teile gegeneinander verstellt werden können. Damit kann man dann der Böschung der ausgebaggerten Grube eine beliebige Gestalt geben. Natürlich muß auch die Kettenleiter im ganzen durch einen Ausleger mit Hubwerk angehoben und gesenkt werden können.

Bei allen Arten von Tiefbaggern ist die Arbeitsweise so, daß die Becher das Fördergut bis zur oberen Kante der Böschung herauskratzen. Hier treten sie in eine unten und an der Seite geschlossene Rinne ein, welche als Führung für die Kette dient und ein Herausfallen des Baggergutes verhindert. Bei der Umführung der Kette um den oberen Turas fällt das Fördergut nach hinten aus den Bechern heraus. Bei lehmigem Boden werden mitunter zur besseren Entleerung der Becher besondere feststehende Messer angewendet, die den festgeklebten Boden aus den Bechern herausschneiden (Abb. 502). Dadurch können die Becher auch bei dem zähesten Boden mit Sicherheit gut entleert werden. Das ist ein weiterer Vorteil des Baggers mit offenen Bechern gegenüber dem mit geschlossenen Bechern.

Wie schon weiter oben erwähnt, können die Bagger mit offenen Bechern, die in der Regel als Tiefbagger benutzt und bezeichnet werden, auch als Hochbagger verwendet werden. Das Bodenmaterial wird dabei zunächst von der erhöhten Böschung heruntergekratzt bis an das untere Ende der Baggerrinne. Dann wird es in der Rinne wie bei der Tiefbaggerung gehoben und bei der Umführung um den oberen Turas in derselben Weise entladen, wie eben beschrieben. Bei Benutzung des Baggers mit offenen Eimern als Hochbagger ist man auch imstande, größere Höhen bis zu 15 m auf einmal abzutragen, während bei den Hochbaggern mit geschlossenen Eimern nach Abb. 500 nur etwa 5—6 m Höhe bewältigt werden können. Die Möglichkeit, größere Höhen auf einmal abzubaggern, bedeutet unter Umständen einen wesentlichen Vorteil, denn die Arbeit des Schienenverlegens, die beim eventuellen Abbaggern in mehreren Stufen häufiger erforderlich ist, verursacht ziemlich große Kosten.

Das Abladen des Baggergutes in die Förderwagen erfolgt allgemein bei stillstehendem Zuge, an dem der Bagger entlangfährt. Die Fahrgeschwindigkeit des Baggers ist daher so zu bemessen, daß die hintereinanderstehenden Wagen das Baggergut entsprechend der Fortbewegung des Baggers aufnehmen können. Das Fördergut fällt meistens unmittelbar von der Becherkette über entsprechende Rutschen in die Wagen. Es ist nur erforderlich, die Rutschen während der Zeit zu schließen, wo ihre Öffnung sich zwischen zwei Wagen befindet. Mitunter werden auch zweiteilige Auslaufrutschen verwendet, so daß der eine Auslauf sich schon über dem folgenden Wagen befindet, während der andere Auslauf den vorangegangenen Wagen verläßt. Dann braucht nur eine Drehklappe umgelegt zu werden, durch welche das Baggergut auf die eine oder die andere Rutsche geleitet wird. Außer diesen beiden Arbeitsbewegungen, nämlich der Bewegung der Becherkette und der des ganzen Baggers, kommt nur noch ein zeitweises Anheben und Senken der Auslegerleiter in Frage, das durch entsprechende Kupplungen leicht ausgeführt werden kann. Die einfache Arbeitsweise mit einem Motor ist daher auch bei Einführung des elektrischen Antriebes noch vielfach beibehalten worden. In neuerer Zeit ist aber bei elektrischem Antrieb für jede Arbeitsbewegung ein besonderer Motor vorgesehen. Dadurch werden die Anlagekosten für den elektrischen Teil höher; aber die einzelnen Konstruktionsteile werden billiger, da sie nicht stärker ausgeführt zu werden brauchen, als es der Stärke des verwendeten Motors entspricht, während bei Verwendung eines einzigen Motors Rücksicht darauf genommen werden muß, daß bei eintretenden Hindernissen evtl. die ganze Kraft des für alle Bewegungen vorgesehenen starken Motors für jede einzelne der verschiedenen Bewegungsvorrichtungen aufgewandt werden kann.

Die Bagger werden bei Tiefbaggerung in der Regel für eine größte Tiefe von etwa 15 m ausgeführt, wenn eine häufigere Verwendung des Baggers an verschiedenen Stellen in Betracht gezogen werden soll. Bagger, die immer an derselben Verwendungsstelle bleiben, und die deshalb für die besonderen Zwecke konstruiert werden können, sind dagegen schon für wesentlich größere Baggertiefen, bis zu 48 m, ausgeführt worden. Wenn die auszuhebende Grube tiefer ist als die Baggertiefe des Baggers, so hilft man sich mit einem Abbaggern in mehreren Stufen.

Entsprechend der Leistung und der Länge der Kettenleiter wird auch das Gerüst des Baggers in verschiedenen Formen ausgeführt. In den Abbildungen ist das Gerüst immer in derselben Weise auf einfachen Schienen fahrbar dargestellt, um zu zeigen, daß dasselbe Baggergerüst durch Einbau verschiedener Eimerleitern für die verschiedensten Zwecke benutzt werden kann. Bei den schwersten Baggern für große Tiefen wird das Gerüst zur Erzielung der nötigen Standsicherheit oft portalartig ausgebildet. Das Baggergerüst wird rückwärts mit einem Gegengewicht versehen, das mitunter verstellbar ausgeführt wird, je nach der Neigung der Kettenleiter und dem dadurch ausgeübten Kippmoment. Bei portalartigem Gerüst können die zu füllenden Wagen natürlich unter dem Bagger entlang geführt werden. Meistens fahren die Wagen auf besonderen Gleisen hinter dem Bagger vorbei.

Mitunter kann man das Baggergut unmittelbar hinter dem Bagger ablagern und benutzt dazu oft einen in einen rückwärtigen Ausleger eingebauten Förderer, auf den das Fördergut von der Baggerkette abgeworfen wird, und der es dann auf geeignete Entfernung weiterbefördert. Daß man je nach Bedarf, besonders bei Kiesbaggerung, das Baggergut auch gleich im Anschluß an die Förderung durch eine in das Baggergerüst eingebaute Sortiereinrichtung bearbeiten und für die weitere Verwendung vorbereiten kann, braucht kaum erwähnt zu werden. Die Baggerkette bewegt sich je nach der verlangten Leistung mit 0,5—1 m/s. Die Fahrgeschwindigkeit des ganzen Baggers beträgt im Mittel etwa 1,5—2,5 m/min und wechselt mitunter noch mehr, je nach der Leistung und der vorhandenen Baggertiefe bzw. -höhe. Die Eimer werden aus kräftigem Blech von 6—7 mm Stärke hergestellt und am Rande durch kräftige Stahlschneiden eingefaßt, die bei festem Boden vielfach auch zahnartig ausgebildet sind.

Daneben bestehen noch manche Baggerformen für besondere Zwecke. So werden mitunter Bagger verwendet zum Ausheben schmaler Kanäle für Rohrleitungen bei Straßenbauten und für ähnliche Zwecke (Abb. 503). Andererseits bilden die Schwimmbagger eine besondere Gruppe für sich, die das Baggergut unter der Wasseroberfläche aufnehmen und hier in ihren Einzelheiten nicht behandelt werden können.

Die stetige Arbeitsweise des Eimerkettenbaggers mit der verhältnismäßig großen Beweglichkeit des Löffelbaggers in einem Gerät unter Ausnutzung der mit dem Eimerkettenbagger gemachten Betriebserfahrungen zu vereinigen, gab den Anstoß zum Bau von Schaufelradbaggern, die seit 1930 eine sehr stürmische Entwicklung zum Großgerät durchmachten. Die Entwicklung dieser Großgeräte mit Tagesförderleistungen von über 200000 m^3 gewachsenen Bodens und Abtraghöhen bis zu 75 m mit einem Gerät ist noch nicht abgeschlossen.

Der Gedanke, mit rotierenden Rädern, die mit mehreren Schaufeln besetzt sind, das Fördergut zu graben und unmittelbar auf ein seitlich angeordnetes Förderband aufzugeben, ist schon mehrere Jahrzehnte alt. Bereits im Jahre 1913 wurde ein Patent auf eine

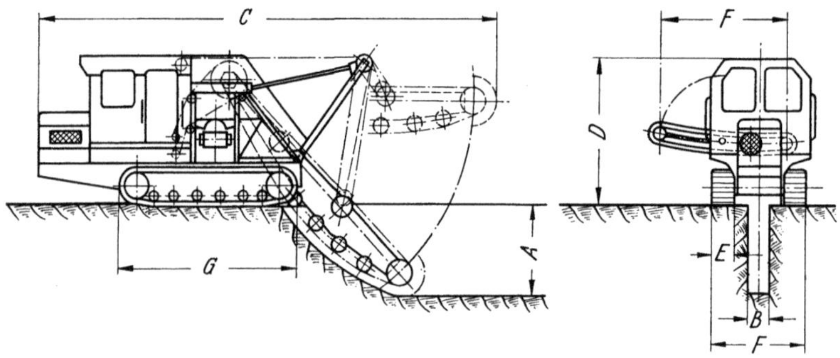

Abb. 503. Grabenbagger mit seitlich austragendem Förderband (Weserhütte).

A größte Grabentiefe: 2000 mm; *B* Grabenbreite 400—500—600—700 mm; *C* Länge über alles: 10440 mm; *D* Höhe: 3100 mm; *E* Breite der Raupenbänder: 500 mm; *F* Querförderer: 2900 mm; *G* Länge der Raupenbänder: 4100 mm; Motorleistung: 40 PS; Eimerinhalt: 14 Liter; Baggergeschwindigkeit: 27—120 m/h; Marschgeschwindigkeit (vorwärts und rückwärts): 2,5—3,5—4,5 km/h; Konstruktionsgewicht 12 Mp; Bodendruck: 0,35 kp/cm^2.

Konstruktion erteilt, die bereits die Grundzüge des Zellenschaufelrades erkennen läßt. 1916 wurde dann das erste Gerät eingesetzt, jedoch nicht mit großem Erfolg. Grund hierfür war die mangelhafte konstruktive Durchbildung der einzelnen Baugruppen. Als man dann etwa 10 Jahre später versuchte, Schaufelradbagger einzusetzen, hatte dieser Baggertyp es sehr schwer, sich gegenüber dem im Laufe von Jahrzehnten hochentwickelten Eimerkettenbagger durchzusetzen. Es stellte sich aber bald heraus, daß die einmaligen Anlagekosten nicht höher als bei einem Eimerkettenbagger annähernd gleicher Förderleistung waren, die laufenden Betriebskosten durch den geringeren Verschleiß der Grabwerkzeuge und der Fördermittel aber wesentlich unter dem der Eimerkettenbagger lagen. Der grundlegende Unterschied der beiden Systeme der kontinuierlich arbeitenden Baggergeräte besteht darin, daß beim Eimerkettenbagger, ähnlich wie beim Löffelbagger, sowohl zum Fördern und Heben des gelösten Gutes dasselbe Maschinenelement dient. Die Eimer müssen das Material lösen, transportieren und am oberen Umkehrpunkt der Eimerkette einwandfrei entleeren. Beim Schaufelradbagger sind diese Funktionen getrennt. Die Schaufel dient lediglich als Element zum Lösen des Fördergutes und als Schurre zum Ableiten des Materials. Der Weitertransport bis zur Verladung wird jedoch den ihrer Wirtschaftlichkeit wegen bekannten Bandförderern zugewiesen.

Mit den vielseitigen Verwendungsmöglichkeiten zum Abtragen von Böschungen, Geländeerhebungen, Halden, zum Herstellen von Einschnitten und Kanälen, sowie zum Anlegen von Trassen für Straßen und Bahnen können die neuentwickelten kleineren Schaufelradbaggertypen auf allen Erdbaustellen als Bagger oder auf Lagerplätzen als Lader für Schüttgüter eingesetzt werden, wo Wert auf einen kontinuierlichen Förderfluß gelegt wird.

Der Ausleger mit dem sich drehenden Schaufelrad kann auf dem Raupenfahrwerk horizontale Schwenkbewegungen durchführen. Auf diese Art kann der Schaufelradbagger zur getrennten Gewinnung von nutzbaren oder weniger nutzbaren Schichten eingesetzt werden. Durch die kontinuierliche Höhenverstellbarkeit des Auslegers ist auch dann eine saubere Trennarbeit zu erreichen, wenn die einzelnen Schichten geneigt oder in der Mäch-

Abb. 504. Schaufelradbagger im Einsatz (Lübecker Maschinenfabrik).

tigkeit wechselnd abgelagert sind (Abb. 504). Hiermit sind auch wichtige Vorteile des Schaufelradbaggers gegenüber dem Eimerkettenbagger aufgezeigt, da letzterer den Anforderungen unter schwierigen Abbauverhältnissen, wie gespaltene oder verworfene Flöze usw. nicht mehr oder nur noch unvollkommen gerecht wird.

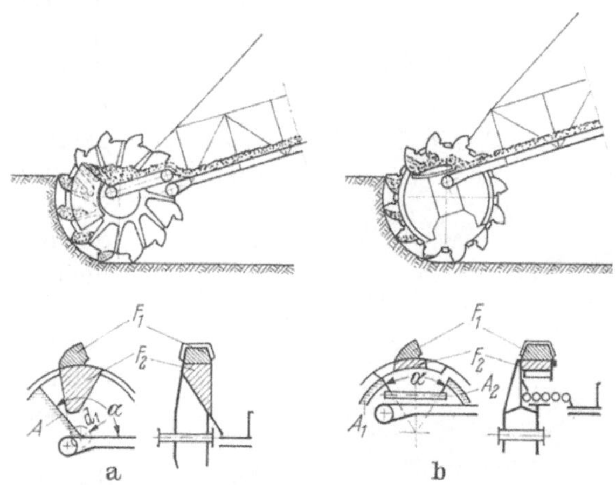

Abb. 505. Arbeitsweise eines Schaufelrades mit Austragzellen *a* und eines zellenlosen Rades *b*.

Die ursprüngliche und bisher bewährte Ausführung des deutschen Schaufelrades ist das Eimerrad mit Entleerungszelle für jeden der Eimer, die auf ein seitlich neben dem Schaufelrad befindliches Förderband entleeren (Abb. 505a). Bis zur Entleerungslinie sind die Zellen F_2 durch seitliche Schürzen A abgedeckt. Die Förderleistung ist deshalb nicht nur durch den Inhalt des Eimerteiles F_1, sondern durch die Füllung von $F_1 + F_2$ begrenzt. Die Schurrenneigung der eingebauten Zellen beträgt je nach Art des Fördergutes 50—60°. In den letzten Jahren hat sich das zellenlose Rad (Abb. 505b) eingeführt. Es ist verständlich, daß die Umfangsgeschwindigkeit bei dem Zellenrad begrenzt ist durch die Forderung, daß auch klebendes Material die umlaufenden Kammern noch rechtzeitig verläßt, bevor durch die Weiterdrehung des Rades und somit der Zellen eine Überleitung des gebaggerten Materials auf das Schaufelradband nicht mehr möglich ist. Je nach dem Durchmesser des Zellenrades und der Beschaffenheit des Baggermaterials liegen die Umfangsgeschwindigkeiten zwischen 0,9 und 1,8 m/s.

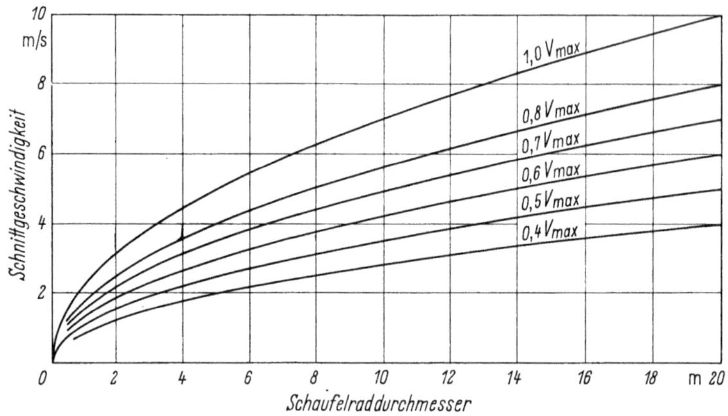

Abb. 506. Zusammenhang zwischen der Umfangsgeschwindigkeit und dem Durchmesser von Schaufelrädern, der praktische Arbeitsbereich liegt zwischen 0,4 v_{max} und 0,6v_{max}.

Demgegenüber sind bei den zellenlosen Rädern wesentlich höhere Umfangsgeschwindigkeiten zuzulassen, da durch das Fehlen der Kammern der Entleerungsvorgang nicht mehr an die Drehbewegung des Schaufelrades gebunden ist. Das Material kann sich nach Verlassen der Schaufeln über Rutschen oder bessere Austragvorrichtungen, wie Rollenrost, Drehteller oder Austragband frei in Richtung des Abförderbandes bewegen. Theoretisch ist die maximale Umfangsgeschwindigkeit so hoch anzusetzen, daß eine Entleerung der Schaufeln unter Berücksichtigung der Zentrifugalkraft gerade noch gewährleistet ist. Praktische Werte liegen bei 40—60 % der Maximalgeschwindigkeit und übersteigen aus Gründen des Verschleißes an den Schneidmessern der Schaufeln in der Regel nicht die Umfangsgeschwindigkeit von etwa 5 m/s. Graphisch wird der Zusammenhang zwischen den Umfangsgeschwindigkeiten von Schaufelrädern in Abhängigkeit vom Durchmesser in Abb. 506 wiedergegeben. Bei v_{max} findet eine Entleerung der Eimer nicht mehr statt, da das Materialgewicht gleich groß wird der Zentrifugalkraft. Bei Zellenrädern muß eine mittlere Entleerungszeit der Kammern von 6,5 s und bei zellenlosen Rädern von 3,5 s berücksichtigt werden.

Abb. 507. Schaufelrad mit Bechern von 3,6 m³ Inhalt (Lübecker Maschinenfabrik).

Ergänzend sollen auch noch die Sonderausführungen von Schaufelradbaggern erwähnt werden, die sowohl im Hochschnitt für Arbeiten oberhalb des Fahrplanums als auch für den Tiefschnitt, d. h. für Arbeiten unterhalb seiner Standfläche, eingesetzt werden können. Das Abtragsverhältnis Hochschnitt zum Tiefschnitt beträgt im allgemeinen fast 2 : 1. Für die Baggerarbeiten im Tiefschnitt werden die Schaufeln jeweils umgedreht und die Drehrichtung des Rades umgeschaltet. Der Neigungswinkel der Bandanlagen im Schaufelradausleger beträgt normalerweise 20—23°. Würde man im Tiefschnitt diesen Neigungswinkel beibehalten, müßte der Ausleger extrem lang werden. Aus diesem Grunde wird bei Arbeiten im Tiefschnitt das normale gemuldete Band durch ein sog. Deckband beschwert und dadurch Steigungswinkel bis 35° ermöglicht (vgl. Abb. 14). Beim Arbeiten mit normalen Steigungswinkeln kann das Deckband abgehoben werden.

Als Beispiel sei an dieser Stelle auf einen der größten Schaufelradbagger der Welt hingewiesen, der im Großtagebau „Fortuna" der Rheinischen Braunkohlenwerke AG bei Bergheim an der Erft seine Arbeit verrichtet. Er hat zunächst ein 100 m mächtiges Deckgebirge wegzuräumen, um dann die Braunkohlenvorräte abzubauen. Er besitzt Eimer mit einem Inhalt von $F_1 = 3{,}6$ m³ ohne Berücksichtigung des im Schaufelrad selbst liegenden Füllraumes F_2. Das Schaufelrad selbst besitzt einen Durchmesser von 17,5 m (Abb. 507). Der Bagger ist in der Lage, gemessen vom Fahrplanum im Hochschnitt einen Baggerstoß von 52 m Höhe und eine Blocktiefe von 25 m abzutragen. Das bedeutet eine Gesamtabtraghöhe von 77 m. Die Auslegerlänge beträgt 95 m. In ausgefahrener Stellung des Beladewagens ist die gesamte Anlage etwa 210 m lang. Der Bagger mit einem Gesamtgewicht von 7500 Mp fährt, angetrieben von 2100 PS, auf 15 Raupenfahrwerken. Jede Raupe ist 12 m lang, über 3 m breit und 3 m hoch. Das Fahrwerk verteilt das Gewicht des schweren Baggers durch ein entsprechendes Stützsystem so, daß der mittlere Bodendruck nur 1,4 kp/cm² beträgt.

Tabelle 116. *Vergleich verschiedener Baggertypen*

	Eimerinhalt a m³	max. Förderleistung b m³/h	max. Abtraghöhe c m	Liefergewicht[1]) d Mp	Vergleichsgröße $d/b\,c$ kph/m⁴
Löffelbagger	1,5	155	10,1	42,6	27,2
	2,3	215	12,1	63,6	24,5
	13,8	1030	28,3	655	22,4
	30,6	1530	32,4	1220	24,6
	46	3300	27,5	2050	22,6
	87,3	6800	46,0	6500	20,8
Schürfkübelbagger	7,64	298	58	460	26,6
	15,3	900	58	1380	26,4
	23	840	58	1120	23
	30,5	1450	63	1800	19,6
Eimerkettenbagger	0,4	575	32,5	460	24,3
	0,65	780	26	570	28,3
	0,8	1070	40	890	20,9
	1,4	1720	36	1430	23,0
Schaufelradbagger	0,1	330	10,5	683	19,4
	0,15	840	19,0	240	14,7
	0,25	1150	12,6	180	12,5
	0,85	3180	29,5	1290	13,8
	1,35	4200	30,5	1560	12,1
	1,5	4300	33	1820	12,8
	4,0	8500	55	4530	9,7

[1]) Mechanischer und elektrischer Teil.

Im Laufe der Jahre wurden auch Meßergebnisse über den Energieverbrauch bei verschiedenen Baggerarten veröffentlicht. Für mittlere Böden betragen die Durchschnittswerte für Löffelbagger 0,6—0,75 kWh/m³, für Eimerkettenbagger 0,4—0,55 kWh/m³, für Schaufelradbagger 0,25—0,4 kWh/m³. Der Grund für diese großen Unterschiede liegt in der unterschiedlichen Arbeitsweise der Geräte. Beim Schaufelradbagger werden die großen Spitzen und Schwankungen der Antriebsleistung und die erforderliche große Grabkraft vermieden, die bei der diskontinuierlichen Baggerung der Löffelbagger auftreten. Der

Eimerkettenbagger verbraucht mehr Energie zur Überwindung der Eigenreibung der Eimerkette, die gleichzeitig zum Transport der Massen dient, während beim Schaufelradbagger die Weiterbeförderung der Massen über Bandförderer erfolgt. Die Erfahrung zeigt darüber hinaus, daß der Schaufelradbagger besonders für größere Förderleistungen und für größere Abtragbereiche einen besonders geringen Konstruktionsaufwand erfordert im Vergleich zu anderen Baggertypen, wie Tab. 116 veranschaulicht.

b) Förderanlagen

Im inneren Tagebaubetrieb wurde die Braunkohle früher in einfache Förderwagen übergeladen, ähnlich wie sie im Bergwerksbetrieb allgemein gebräuchlich waren. Diese Wagen wurden mit einer Oberkettenbahn auf schräger Ebene aus der Grube bis in die Brikettfabrik geschleppt und hier mit Kreiselwippern entladen, wie es auch auf der Hänge-

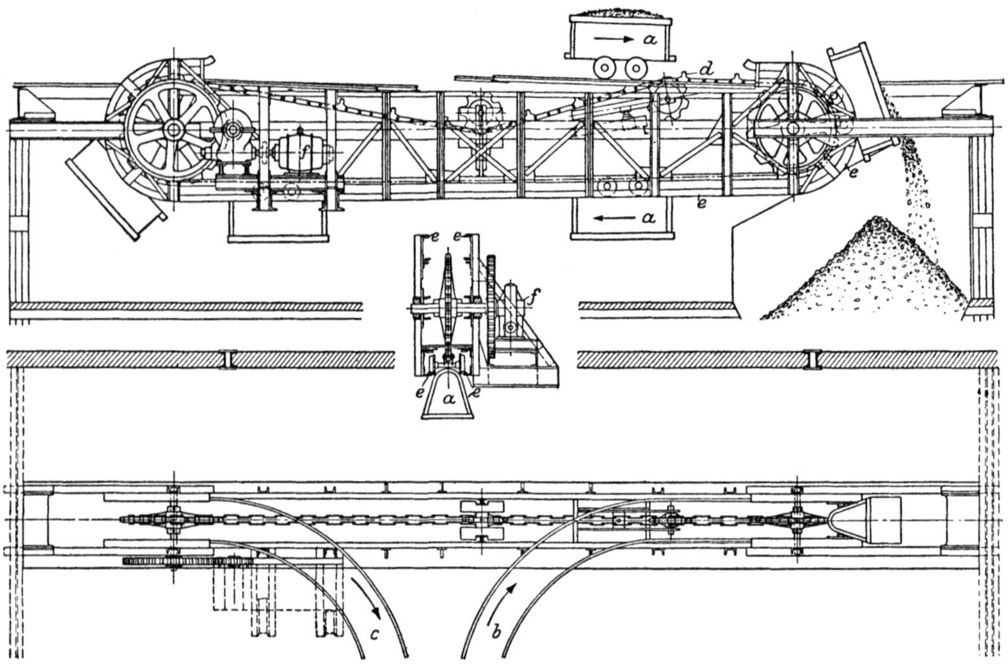

Abb. 508. Automatischer Wagenentleerer.

a Förderwagen; *b* Zufuhrgleis; *c* Abfuhrgleis; *d* Mitnehmerkette; *e* Führung während und nach dem Kippen; *f* Antrieb.

bank der Schachtförderanlagen geschah. Schon vor längerer Zeit ist für das Entladen der Förderwagen eine sehr zweckmäßige Lösung eingeführt, bei der die Wagen ohne Anhalten in zwangsläufigem Umlauf entladen werden, so daß jeder Aufenthalt mit Sicherheit vermieden wird. Abb. 508 zeigt eine derartige Entladeanlage, die natürlich ebensogut für Steinkohle, Erz usw. als für Braunkohle verwendet werden kann. Die Wagen werden von der Unterkette mitgenommen und in senkrechter Ebene um eine Schienenschlaufe herumgeführt, so daß sie vollständig umgekippt und dabei entladen werden.

Trotz dieser einfachen und sicheren Arbeitsweise machte sich aber doch bald das Bestreben geltend, zu größeren Wagen überzugehen, zur sog. Großraumförderung, bei der meistens Selbstentlader verwendet werden, ähnlich wie sie als Selbstentlader im Eisenbahnbetrieb gebräuchlich sind.

Dieser Betrieb erfordert aber, wenn auch das Entladen der Wagen vollkommen ohne Handarbeit geschieht, doch eine ausgedehnte Gleisanlage, die häufig gerückt werden muß. Zur Erleichterung wurden stetig arbeitende Gleisrückmaschinen gebaut, die übrigens erstmalig beim Bau des Panama-Kanals eingesetzt wurden.

Die Gleisrückmaschine besteht in der Hauptsache aus einem auf zwei Drehgestellen gelagerten fahrbaren Brückenträger, der in der Mitte einen quer verschiebbaren und hebbaren Rahmen trägt. Dieser Rahmen wird zu Beginn der Rückarbeit so eingestellt, daß das Gleis in Brückenmitte etwas angehoben und etwas seitlich ausgebogen wird. Wird die Rückmaschine nun, durch eine Lokomotive oder den Bagger fortbewegt, über das Gleis hinweggefahren, so wird das Gleis stetig fortschreitend angehoben und seitwärts gerückt, so daß die beiden Drehgestelle der Rückmaschine also dauernd etwas gegeneinander versetzt werden.

In neuerer Zeit kann man Wirtschaftsberichten aus allen Teilen der Welt immer wieder Nachrichten über erneute Abbausteigerung im Braunkohlen- bzw. Erztagebau entnehmen. Leider sind aber inzwischen die leicht zugänglichen Lagerstätten in den meisten Industrieländern abgebaut. Wir werden also gezwungen, uns den tiefer liegenden und den ärmeren Lagerstätten zuzuwenden oder aber verkehrsmäßig ungünstiger liegende Lagerstätten aufzuschließen. Während bisher schon eine Vergrößerung der Gewinnungsgeräte eine Steigerung der Abbaumenge ermöglichte, wird in der Zukunft dem Förderproblem des Abraumes eine ebenso große Beudetung zukommen. Bei der Planung von Tagebauen mit einer großen Förderkapazität muß daher auf die Bestimmung des „geeigneten“ Transportmittels größte Sorgfalt verwendet werden.

Für den Transport großer Massen stehen zur Auswahl die gleislose Förderung, die Bandförderung und die gleisgebundene Förderung. In Amerika ist die gleislose Förderung die bevorzugte Transportart. Daher ist auch der hohe Entwicklungsstand dieser Fördergeräte, wie Lastwagen, Schlepper mit Raupen oder luftbereift, Motorschürfwagen, Erdhobel, Kleinbagger, Grabenbagger usw. zu verstehen. In bezug auf die Preise der Geräte und Betriebsstoffe sowie die Beschaffenheit der Tagebaustätten hinsichtlich der Teufe liegen in Europa andere Verhältnisse vor. Aus diesem Grunde bevorzugte man auch vor allem die gleisgebundene Förderung und seit etwa 1954 in wachsendem Maße auch die Bandförderung. Diese Entwicklung wurde vor allem auch durch den Bau der Großschaufelradbagger unterstützt. Die geforderte Transportleistung wird durch die Abbauleistung der Bagger angegeben und liegt heute bei etwa 8000—8500 m^3/h. Diese Leistung ist sowohl von Bandförderern wie auch von der gleisgebundenen Förderung zu erreichen, so daß die Vor- und Nachteile der einzelnen Förderungsarten gegeneinander abzuwägen sind, um für den Einzelfall die optimale Lösung zu finden können.

Starke Leistungsschwankungen sind zweifellos bei der gleislosen Förderung durch Veränderung der Zuglänge oder durch zusätzlichen Einsatz von Zügen leichter auszugleichen als bei Bandförderern. Andererseits sind diese aber wesentlich leichter zu verlegen, auch bei Steigungen bis 1:3, dazu mit geringer Bodenpressung im Gegensatz zum Zugbetrieb, bei dem nur eine Steigung von 1:50 zu bewältigen ist bei erheblichen Bodenbelastungen. Ein Fördergutwechsel und Abförderung zu verschiedenen Bedarfsstellen ist wiederum beim Zugbetrieb leichter zu bewerkstelligen, da beim Bandbetrieb umfangreiche Umschaltungen erforderlich sind und andererseits zusätzliche Bandstrecken als Verbindungen vorhanden sein müssen, die unter normalen Bedingungen kaum betrieben werden und infolge der hohen Anlagekosten der Betrieb daher sehr unwirtschaftlich ist. Zur Abrundung müßte hier erwähnt werden, daß die Anlagekosten des Bandbetriebes teilweise das dreifache derjenigen des Zugbetriebes ausmachen.

Aus diesen geschilderten Vor- und Nachteilen der Band- und Zugförderung sind auch für beide Förderarten die Einsatzbereiche weitgehend abgesteckt. Teilen wir den Tagebau auf in zwei Bereiche:

a) Die Bandförderung eignet sich vor allem für den engeren Tagebaubereich mit der Förderung von der Gewinnungsstelle bis zur Rasensohle, womit meistens auch eine Steilförderung verbunden ist.

b) Die gleislose Förderung für den weiteren Tagebaubereich mit der Förderung auf der Rasensohle, mit schwachem Gefälle oder Steigung bis zur Verwertungsstelle oder bis zur Außenkippe.

Während die Bandförderung heute schon einen beachtlichen Entwicklungsstand erreicht hat, kann man die Förderleistung bei der gleislosen Förderung nicht ohne weiteres durch Verlängerung der Züge erreichen. Hierdurch werden auch die einzelnen Blockabschnitte vergrößert und damit zugleich auch die Zugfolgezeit. Einer räumlichen Vergrößerung der Waggons wird aber durch die zulässige Achsbelastung eine Grenze gesetzt. Wenn auch durch die Einführung eines größeren Schienenprofils S 64 Achsbelastungen bis 32 Mp zugelassen werden können, so ist ein weiterer Ausweg nur über das Vierfachgleis zu finden. Symmetrisch zur Gleiskörpermitte sollten aber wenigstens zwei Gleise die

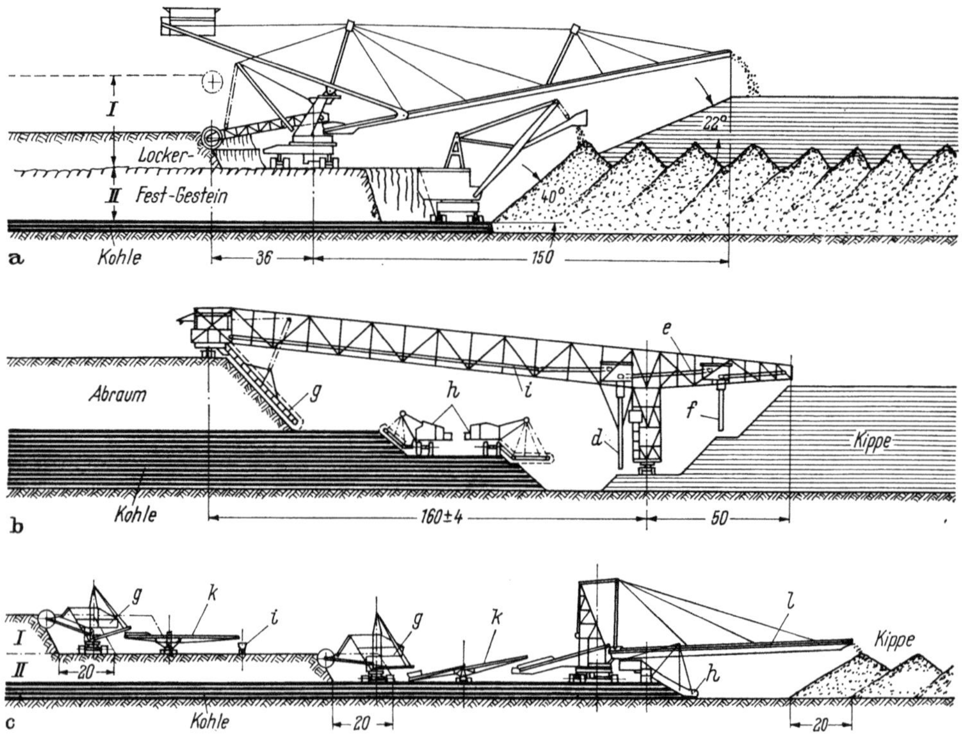

Abb. 509. Ausführungsformen für Direktversturz von Abraum.

a Bagger und Absetzer bilden eine Einheit; *b* Abraumförderbrücke; *c* Förderstraße gebildet aus Bandwagen und Absetzer; *d*, *f* Schüttrohre; *i*, *e* Bandförderer; *g* Abraumbagger; *h* Kohlenbagger; *k* Bandwagen; *l* Absetzer.

alte Normalspur von 1435 mm behalten, so daß weiterhin normale Lokomotiven zum Einsatz kommen können, da Sonderausführungen zu kostspielig sein würden. Über die Entwicklungstendenzen beim Zugbetrieb ist zu sagen, daß in den kommenden Jahren mit größeren Zuginhalten trotz gleichbleibender Zuglänge, mit größerem Gesamtgewicht und gleichzeitiger Verkleinerung des Verhältnisses Tot-/Nutzlast sowie größeren Zuggeschwindigkeiten auf langen Strecken und höheren Zugdichten zu arbeiten ist. Diese Entwicklung wird zu bewältigen sein durch Einführung neuer Wagengrößen bis 180 m^3, zugkräftigerer Lokomotiven oder Mehrfachtraktionen und des automatischen Zugbetriebes bei Zuggeschwindigkeiten von 50—80 km/h.

Im engeren Tagebaubetrieb hat das häufige Verlegen von Gleisen trotz Einsatz der arbeitskräftesparenden Gleisrückmaschinen noch viele Nachteile, vor allem beim angestrebten Direktversturz des Deckgebirges. Ein Direktversturz kann ausgeführt werden durch konstruktiv mit dem Grabgerät eine Einheit bildende Auslegerförderer (Abb. 509a), durch den Tagebau überspannende Förderbrücken und Kabelbahnen (Abb. 509b), durch nur fördertechnisch mit dem Grabgerät verbundene Absetzer oder für noch größere zu überbrückende Strecken durch ein oder mehrere zwischengeschaltete Bandwagen (Abb. 509c).

Wie aus Abb. 509b hervorgeht, ist die ganze Abbaugrube von einer fahrbaren Brücke überspannt. Eine Stütze fährt auf dem gewachsenen Boden und ist mit dem Abraumbagger *a* verbunden. Der gebaggerte Abraum wird von einem schräg ansteigenden Bandförderer auf ein über die Brücke führendes Band *c* entladen. Dieses Band endet kurz vor der zweiten Brückenstütze, wirft das Ladegut durch ein Rohr *d* ab und schafft dadurch ein Planum für das in Richtung des Abbaus vorrückende Gleis für diese Stütze. Der größere Teil des Abraumes geht über eine Verlängerung des Bandförderers *e* bis an das äußere Ende der Brücke oder wird durch ein Schüttrohr *f* abgeworfen. Wenn auch für das Gleis der unteren Stütze ein möglichst ebenes Bett angeschüttet wird, läßt es sich doch nicht vermeiden, daß Veränderungen in der gegenseitigen Höhenlage der Gleise für die beiden Stützen vorkommen, und es ist daher nötig, daß die Brücke auf den Unterwagen so gelagert ist, daß diese Unterschiede ausgeglichen werden können. Auch ist es in vielen Fällen erwünscht, die beiden Stützen in der Gleisrichtung gegeneinander zu verschieben, so daß eine Beweglichkeit nach allen Richtungen erforderlich wird.

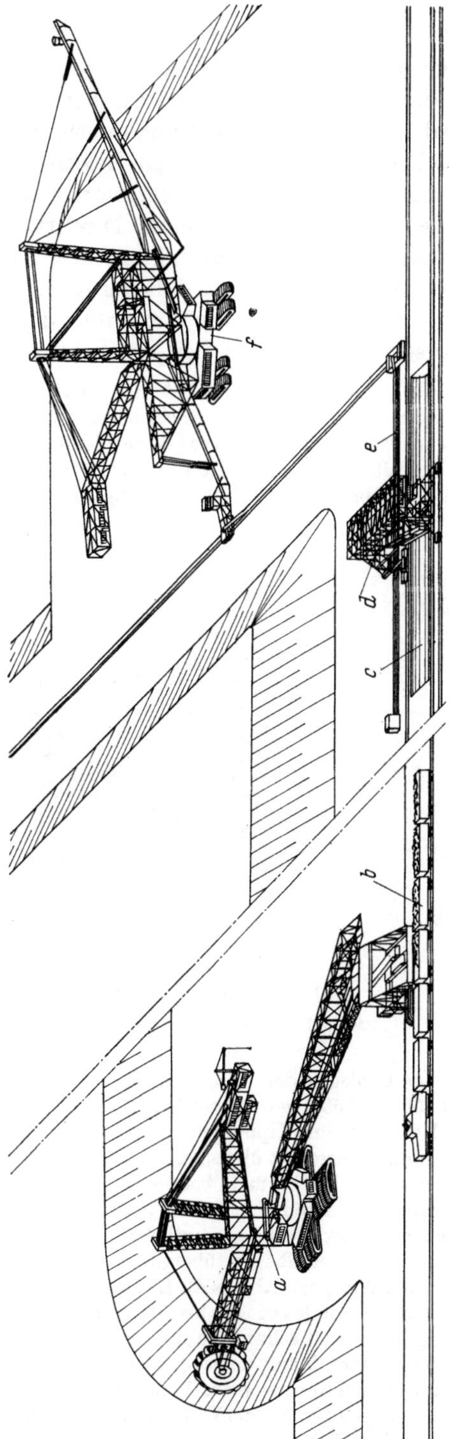

Abb. 510. Schema eines Abraumbetriebes.

Derartige Geräte wurden bereits kurz nach 1920 eingesetzt und erbrachten eine Leistung von 800 m³/h. Der Einsatz von Abraumförderbrücken setzt aber eine mehr oder minder söhlige Mineralablagerung, zur Bildung standfester Kippen geeigneten Abraum, ungestörten Feldverlauf und eine möglichst unveränderliche Mineralförderleistungsplanung voraus. Die Anlage muß nach genauer Kenntnis der erdmechanischen Eigenschaften der Abraumdecke für den Endzustand projektiert werden. Diese Grundlagen sind aber im Bergbau vielfach nicht gegeben. Die Nichtbeachtung der für die Anwendung von Direktversturz gegebenen Grundsätze kann zu schweren Rückschlägen Anlaß geben. Besteht das Deckgebirge aus Schichten verschiedener Festigkeit, so sollte beim Aufbau der Kippe das tragfähigere Gestein auch wieder in der untersten Schicht liegen. Entsprechend Abb. 509a wird dann das Deckgebirge in zwei Schichten abgetragen. Im gezeigten Beispiel wird die untere Schicht durch einen übergroßen Löffelbagger direkt versetzt, während das lockere Gestein durch einen direkt am Schaufelradbagger befestigten Bandausleger aufgeschüttet wird. Da dieser lockere Abraum meist aus feinkörnigem Schieferton und darüber abgelagerten Sanden besteht und diese Materialien durch Wasserzutritt leicht schlammig werden können, muß die Ausladung des Abwurfbandes so groß sein, daß der angekippte Boden sich auf etwa 22° abböschen kann. Der unabhängig vom Bagger schwenkbare Abwurfausleger gestattet einen erdmechanisch einwandfreien Aufbau des aufgesetzten Kippenteiles. An den Strossenenden muß die Ein- und Ausfahrt für den Kohlentransport freigehalten werden können. Diese Abbaumethode ist im amerikanischen Kohlentagebau unter der Bezeichnung Tandem-System bekannt.

Eine für alle Fälle große betriebliche Beweglichkeit bietet der kombinierte Betrieb, in dem die Unterscheibe im Direktversturz beseitigt wird und in der Oberscheibe die Abraumbeseitigung durch rückbare Bandstraßen um den Tagebau herum durchgeführt wird (Abb. 509c). Diese Lösung kann sich in den Betriebskosten dem Gesamtdirektversturz nähern, wenn die Zunahme der Mächtigkeit der Abraumdecke den Einsatz des Oberscheibenbetriebes beispielsweise erst in späten Jahren erforderlich macht.

Als gutes Beispiel für ein Zusammenarbeiten der Bandförderung mit der gleislosen Förderung soll der Tagebau Fortuna-Nord der Rheinischen Aktiengesellschaft für Braunkohlenbergbau und Brikettfabrikation erwähnt werden, dessen abgesunkene Flözpartien unter Deckgebirgen bis zu 250 m Mächtigkeit liegen. Trotz des Verhältnisses Abraum:Kohle bis zu 250:50 = 5:1 ergibt sich mit Hilfe der neuzeitlichen Gewinnungsanlagen eine gegenüber anderen Energieträgern wettbewerbsfähige Kohle.

Abb. 511. Schaufelradaufnahmegerät für Kippgrabenentleerung (Lauchhammer).
Raddurchm: 13 m; Drehzahl: 5,16 U/min; Antrieb: 2·650 kW; Grabentiefe: 8 m; Spannweite: 25,5 m.

Das Freilegen der Kohle geschieht gemäß Abb. 510 folgendermaßen: Der mit Großschaufelradbaggern (Abb. 504 und 507) gewonnene Abraum wird im elektrischen Gleisbetrieb mit 100 m³ fassenden Abraumwagen *b* aus der Grube zum Kippengelände gefahren. Dort wird er in einen etwa 400 m langen Graben *c* geworfen, der vom Aufnahmegerät *d* überspannt wird. Das Schaufelrad dieses Gerätes nimmt das Material aus dem Grabenbunker auf (Abb. 511) und übergibt es der Bandanlage *e*. Dann erfolgt die Übernahme durch das Absetzgerät *f* mit Hilfe eines Bandschleifenwagens. Die Verkippung des Abraumes erfolgt in vortreibender Tief- und nachziehender Hochkippe bzw. umgekehrt.

Der Schaufelradbagger übergibt das aufgenommene Material über einen rückwärts angelenkten Ausleger direkt den Waggons (Abb. 504). Hierbei ergibt sich das Problem der Überbrückung der Wagenzwischenräume. Geräte mit Förderleistungen bis 500 m³/h werfen teilweise über die Endtrommel ab. Bei zweigleisigem Betrieb sind in jedem Fall schwenkbare Zweiwegeschurren mit Wendeklappen vorzusehen. Bei Förderleistungen von mehr als 2500 m³/h tritt an die Stelle der Zweiwegeschurre in jedem Fall das um 360° schwenkbare und in seiner Umlaufrichtung reversierbare Verladeband. Während bei Baggern mit Abtragshöhen bis etwa 25 m und Abbauböschungen von 50° die Verladeanlage an den Unterteil des Schaufelradbaggers angehängt ist, muß man bei größeren Blockbreiten dazu übergehen, die Verladeanlage als selbständiges Bauwerk auf besondere Raupen zu setzen und diese durch ein räumlich freibewegliches Verbindungsband mit dem Bagger zu koppeln. Die Abb. 512 zeigt schematisch eine Bandverladung für größere Förderleistungen in Züge. Wie zu ersehen, sind für die Ausbildung einer Zweigleisbeladung drei reversierbare Beladebänder notwendig. Der Beladevorgang erfordert ein häufiges Reversieren der einzelnen Bänder unter voller Last.

Die sich ergebende hohe Beanspruchung und der damit verbundene Verschleiß werden begreiflich, wenn man bedenkt, daß die Beladung eines Großraumwagens von etwa 100 m³ Fassungsvermögen in etwa 40 s erfolgt. Eine Verladeanlage mit einer Spezialschurre in Form eines Kreuzsattels (Abb. 513) verhindert den großen Verschleiß und die große Wartung.

Für den gesamten Beladevorgang wird bei dieser Einrichtung nur ein Gurtbandförderer benötigt. Dieser ist schwenkbar gelagert und zur Überbrückung der Waggonlücken und Gleisabstände in Förderrichtung verfahrbar. Die Wagen- und Gleisabstände werden durch die kreuzförmig angeordneten Sättel überbrückt. Dieser Kreuzsattel ist parallel zur Gleisrichtung verfahrbar, und durch die Überlagerung der Schwenkbewegung des Beladebandes mit der Fahrbewegung des Kreuzsattels wird eine kontinuierliche Beladung der Wagen erreicht. Der Beladewärter hat beim Beladevorgang nur zwei Bewegungen zum steuern und zu überwachen.

Die Großraumförderwagen sind als Selbstentlader gebaut und entleeren in den Kippgraben. Die Wiederaufnahme des Materials erfolgt durch das bereits erwähnte Schaufelradladegerät mit einer stündlichen Leistung von 11500 m³ Abraum, was einer effektiven Tagesleistung von 150000 m³ in 19—20 h entspricht. Jede seiner sechs Schaufeln besitzt ein den Ringraum einschließendes Aufnahmevermögen von fast 10 m³. Die Eimer entleeren in der obersten Stellung auf einen Rollenrost, der aus 4 mit 2,5 m/s in Förderrichtung umlaufenden Rollen mit einem Durchmesser von 650 mm und einer wirksamen Länge von 4 m besteht. Über ein Auslegerband gelangt das Fördergut mit 3,5 m/s zum Beladeband.

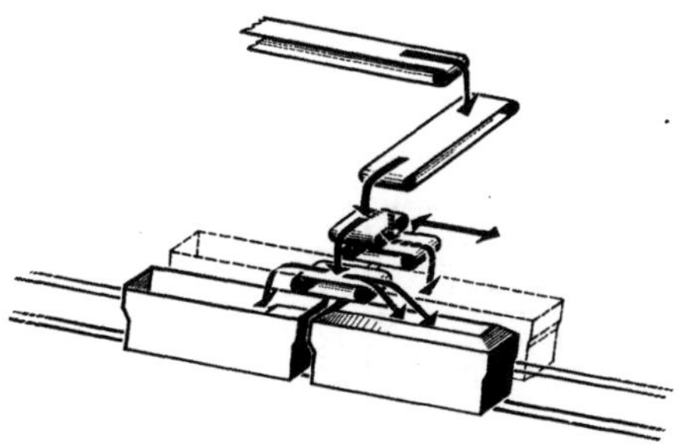

Abb. 512. Schematische Darstellung einer pausenlosen Zugbeladung.

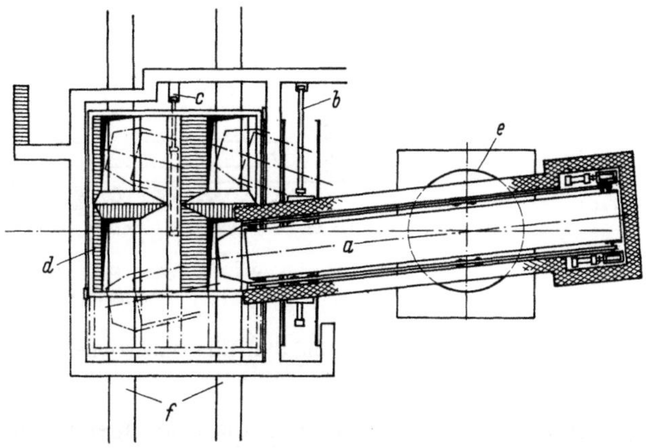

Abb. 513. Leistungsfähige Zugbeladung durch bewegliche Kreuzsattelschurre mit verfahrbarem, schwenkbaren Bandförderer.

a Beladeband längsfahrbar; *b* Schwenkantrieb für Band *a*; *c* Verschiebeeinrichtung für die Schurre; *d* Kreuzsattelschurre; *e* Drehtisch für Band *a*; *f* Verladegleise.

Das Absetzgerät läuft auf Raupen und verfährt während des Betriebes längs der Kippenstrosse. Die eingebauten Bandförderer besitzen eine Breite von 2,0 bzw. 2,4 m und laufen mit Geschwindigkeiten von 4,5 bis 6 m/s. Der Abwurfausleger ist ein elastisch an Seilen aufgehängter Durchlaufträger in geschweißter Rohrkonstruktion, der statisch äußerst günstig, gewichtssparend und ärodynamisch zweckmäßig ist. Die maximale Höhe der Abwurftrommel am Auslegerende beträgt 39,5 m, die größte Bandneigung 20°. Die Auslegerlänge vom Drehpunkt aus gemessen beträgt etwa 100 m.

Das Fahrwerk besteht aus drei Raupengruppen von je zwei Raupen, 13,25 m lang und 2,8 m breit. Es lassen sich Kurven mit einem Radius von 75 m befahren. Sämtliche Raupen sind über Planetengetriebe mit je 66 kW Schleifringläufermaschinen angetrieben. Die Fahrgeschwindigkeit beträgt bis zu 6 m/min. Die Raupenplatten sind so bemessen, daß ein mittlerer Bodendruck von 1,0 kp/cm² nicht überschritten wird.

Für andere Einsatzfälle sind Geräte mit noch größeren Leistungen geplant. Dazu werden die Bänder noch schneller und breiter auszuführen sein. Da man die Breite und Geschwindigkeit der Bänder nicht beliebig steigern kann, wird man in Zukunft Gurtmuldungen von 35 und 45° immer häufiger antreffen. Zur Reduzierung der Eigengewichte werden Baustoffe noch höherer Festigkeit bzw. geringeren spezifischen Gewichtes in die Projektierung einbezogen.

Im Zusammenhang mit Abb. 19 wurden Gummigurte mit verschiedenen Gewebeeinlagen bereits besprochen. Für lange Bandanlagen hat sich der Stahlseilgurt inzwischen bewährt. In Abb. 514 sind die mit den verschiedenen Gurten zu erreichenden Förderlängen und Hubleistungen übersichtlich dargestellt.

Bei langen Bandstraßen muß der Aufgabe des Fördergutes besondere Aufmerksamkeit gewidmet werden, um die langen Gurte zu schonen. Bei rückbaren Bändern erfolgt die Aufgabe nicht nur wechselnd als Längs-, Quer- oder Schrägaufgabe von einem Band zum anderen, sondern vielmehr wird auch ein Verfahren oder Verschieben der Aufgabestelle erforderlich, die dem Bagger folgen muß. Auf Grund der meist hohen Bandgeschwindigkeiten bis 6 m/s ist vor allem der Abwurfparabel (Abb. 27) besondere Beachtung zu schenken. Bei einer Bandübergabe besitzt das Material beim Auftreffen auf das nächst folgende Band in Förderrichtung eine Geschwindigkeit v_h. Durch die Geschwindigkeitsdifferenz des Materials und der Bandgeschwindigkeit wird eine mehr oder weniger große Turbulenz und damit ein Verschleiß des Gurtes hervorgerufen. Wenn auf Förderer mit hoher Bandgeschwindigkeit unter Änderung der Richtung des Fördergutstromes auf-

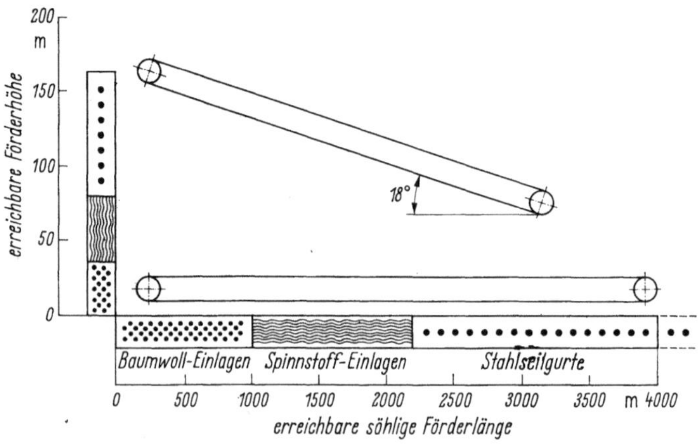

Abb. 514. Einsatzbereiche verschiedener Gurtarten.

gegeben wird, sollten sog. Beschleunigungsbänder mit starken Gummideckschichten eingeschaltet werden. Bei langen, hochwertigen Bändern ist der relativ große Aufwand durchaus gerechtfertigt (Abb. 515). Weitere Maßnahmen zur Gurtschonung wurden bereits in den Abb. 26, 28, 30 und 31 gezeigt. Muß die Aufgabestelle beweglich angeordnet werden, so faßt man die Aufgaberollen in einem Schlitten oder Wagen zusammen. Bis zu einer Muldung von 30° kann man die oberen Tragrollen als Auflage für die Kufen eines Schlit-

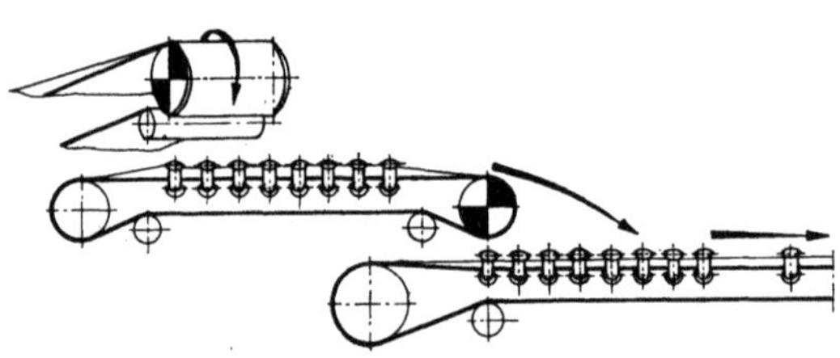

Abb. 515. Beschleunigungsband.

tens benutzen (Abb. 516a); bei auf 45° angestellten Seitenrollen empfiehlt sich die Anbringung seitlicher Schienen, über die an den Rahmen für die Aufgaberollen angeordnete Räder laufen (Abb. 516b). Der allmähliche Übergang von der Aufgabestelle zu den Tragrollen der Streckengerüste ist besonders wichtig in der Förderrichtung, um das Abspringen größerer Stücke des Fördergutes zu vermeiden. Die Muldung der Aufgabestelle sollte wenigstens 45° betragen. Die gegenüber früher oft stärkere Muldung des Obertrums einerseits und die Muldung des Untertrums andererseits haben gezeigt, daß auch nach dem Rücken schlecht ausgerichtete Bänder einwandfrei laufen. Bei stoßweiser Überladung z. B. durch Löffelbagger, empfehlen sich anstelle der in Abb. 516 gezeigten Einrichtungen Aufgabewagen mit einem zusätzlich eingebauten Austragband zur Schonung und besseren Verteilung des Fördergutes.

Die Gurte müssen während des Betriebes laufend gereinigt werden, weil das an der Tragseite anhaftende Fördergut auf die unteren Tragrollen, Druck- und Umlenktrommeln und teilweise auf die Antriebstrommeln übertragen wird und dieser Schmutz verkrusten kann. Hierdurch werden örtliche Überbeanspruchungen des Gurtes oder ein seitliches

Auswandern hervorgerufen. Zum Reinigen des Gurtes werden folgende Einrichtungen und Maßnahmen angewendet:

a) feststehende nachstellbare Abstreifer in Form einer Gummileiste dicht hinter der Antriebstrommel;

b) feststehende Abstreifer als Doppelabstreifer, die entweder einzeln oder über ein Gestänge durch nachstellbare Federn oder Gewichte an die Tragseite des Gurtes gedrückt werden;

c) rotierende Abstreifer mit sich drehenden, spiralförmig angeordneten Bürsten oder Gummistreifen (für den Austrag des abgestreiften Fördergutes muß die Drehrichtung entgegengesetzt der Laufrichtung des Gurtes sein, die Umfangsgeschwindigkeit der Bürsten soll die 2- bis 3fache Bandgeschwindigkeit haben);

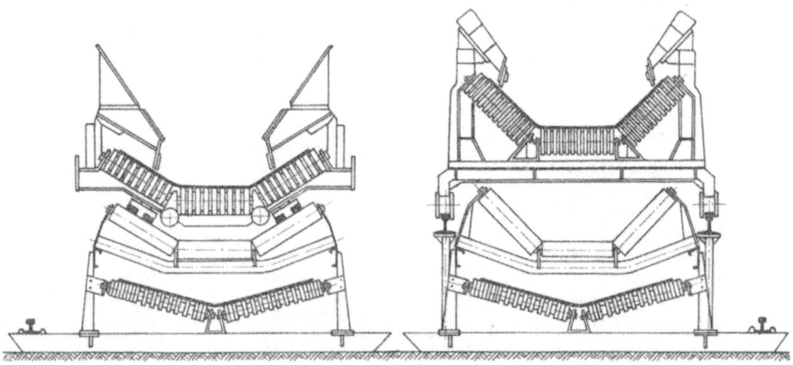

Abb. 516. Bewegliche Fördergutaufgabestellen für Bandförderer.
a Schlitten bis 30° Muldung möglich; *b* auf Schienen laufender Wagen.

d) Pflugabstreifer für das Leertrum, die den Gurt beim Einlauf in die Umkehrtrommel vor herabfallendem Fördergut schützen, das nach beiden Seiten ausgetragen wird;

e) Stahlabstreifer für die hinter der Antriebstrommel angeordneten Drucktrommeln, die entweder glatt oder als Rechen ausgebildet und oft verschiebbar angeordnet sind;

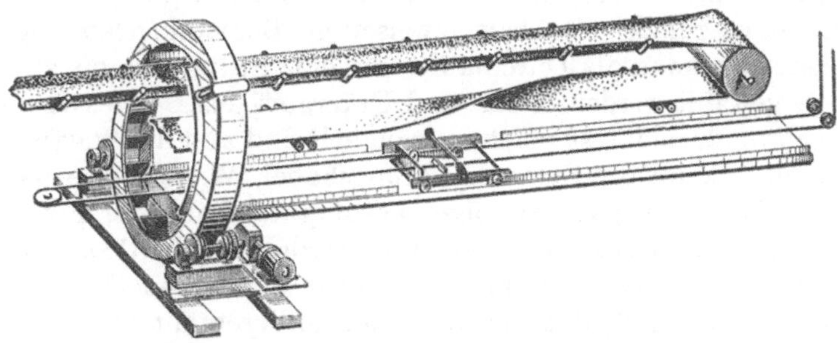

Abb. 517. Sammelrinne mit Kratzer und Hubförderer an der Umkehre eines Bandförderers mit gewendeltem Gurt.

f) Schrauben-Bandrollen, bestehend aus einer schneckenartig angeordneten Bandspirale, die sich selbst reinigt, so daß weitere Abstreifer überflüssig sind (diese Spezialrollen werden im Untergurt über die ganze Gurtbreite als gerade Rollen angeordnet, wie auch paarweise in Muldenform, wodurch zusätzlich der Geradlauf des Gurtes gefördert wird);

g) die Gurtwendung vermeidet die Berührung der verschmutzten Tragseite des Gurtes mit den Rollen. Das Band wird nach Verlassen der Abwurftrommel um 180° gewendet und vor Einlauf des Gurtes in die Umkehrtrommel wiederum gewendet. Zur Gurtwendung wird wie bei gekreuzten und geschränkten Riementrieben für Baumwollgurte eine Länge der etwa 10- bis 12fachen Gurtbreite und für Stahlcordgurte eine Länge der etwa 15- bis 20fachen Gurtbreite benötigt. Bei der Gurtwendung entstehen durch das schraubenförmige Verwinden in den Randzonen des Gurtes vorübergehend Dehnungen, die je nach Breite des Gurtes und der Wendungslänge bis zu 1 % betragen können. Unter den Wendestellen können Kratzer das Rieselgut zu Einrichtungen transportieren, die es wieder auf das Obertrum aufgeben. Ein Ausführungsbeispiel wird in Abb. 517 gezeigt. Durch diese Einrichtung werden folgende Vorteile erreicht: Einsparung von Reinigungskosten unter den Bandstrecken, Fortfall von Verschleiß an unteren Tragrollen, Einsatz einfacher, d. h. billiger Tragrollen im Untertrum.

Lange Bandstraßen, die z. B. von der Grube zum Kraftwerk führen, erfordern je nach örtlichen Verhältnissen und Fördergut eine Verlagerung in offene oder geschlossene Bandbrücken in Stahl- oder Betonkonstruktionen. Zuweilen wird auch die Bandstraße als selbsttragendes Bauteil in Profil- oder Rohrgitterkonstruktion ausgeführt. In jüngerer

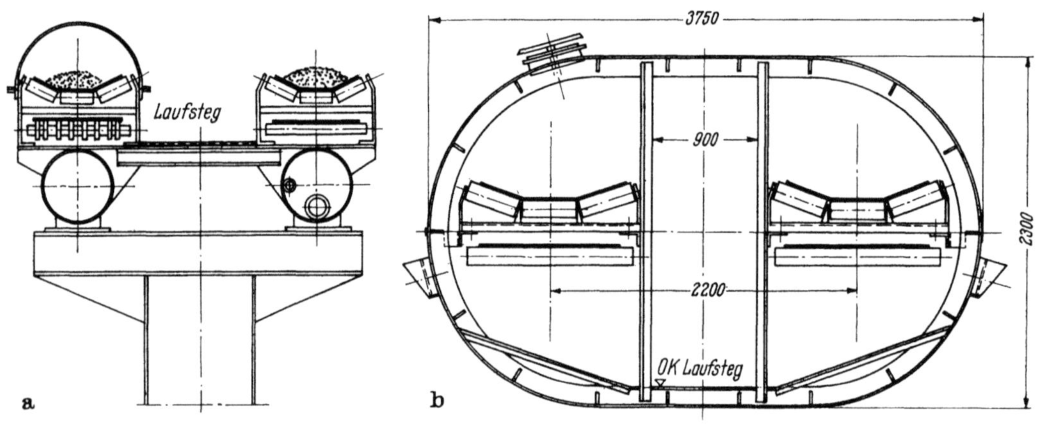

Abb. 518. Großrohr-Bandbrücken.
a zwei Bandsysteme getrennt auf gemeinsamen Stützen (links mit Staubschutz-Abdeckhaube); *b* innen liegende Förderer.

Zeit sind auch großflächige Großrohrkonstruktionen bekannt geworden, wobei die große Verwindungsfreiheit es zuläßt, ein- bzw. zweiseitige Bedienungslaufstege anzubringen. Bei langen Bandstraßen kann als Durchlaufträger eine Stützweite bis zum 40fachen des Rohrdurchmessers gewählt werden. Ober- und Untergurt des Bandes sind über der Tragkonstruktion angeordnet, so daß sie leicht zugänglich sind und die Wartung vereinfachen. Der Rohrträger selbst kann die Stromzuführungskabel, Wasserrohre usw. in einfacher Weise aufnehmen. Zum Transport staubiger Fördergüter kann der Förderer durch eine halbkreisförmige Haubenabdeckung geschützt werden (Abb. 518a). Von der Firma Klöckner-Humboldt-Deutz AG in Köln wurde aber auch eine Großraum-Bandbrücke entwickelt, die so geräumig ist, daß sie zwei Bandförderer mit 800 mm breiten Gurten in ihrem Innern aufnehmen kann (Abb. 518b).

3. Hebe- und Förderanlagen im Bergwerksbetrieb

a) Streckenförderung

Die Hebe- und Förderanlagen im Bergwerksbetrieb haben in dem vergangenen halben Jahrhundert, soweit die Förderung untertage in Betracht kommt, eine mehrfache Wandlung erfahren, so daß hier eine Entwicklung zu verzeichnen ist, wie wohl kaum auf einem anderen Zweige der industriellen Wirtschaft. Das mag damit begründet werden, daß die örtlichen Verhältnisse, die engen Querschnitte der Förderstrecken und ihre Abhängigkeit von der Lagerung der Flöze mit häufigem Wechsel von Ansteigen und Einfallen die

Förderung ganz besonders erschwerte und eine besondere Anpassung erforderte. Besonders erschwert wird die Durchführung der Förderarbeit auch dadurch, daß nicht nur die Abführung des gewonnenen Minerals, sondern auch das Ausfüllen der vom Mineral befreiten Räume mit Versatzmaterial erforderlich ist, um die sonst durch Bodensenkungen entstehenden Schäden zu vermeiden.

Bis zum Beginn des Jahrhunderts war noch der auf Schienen fahrende einfache Kastenwagen, kurz Förderwagen genannt, das vorherrschende Fördermittel in der ganzen Grube. Er wurde entweder von Hand, vorwiegend aber durch Lokomotiven auf den Gleisen bis zum Schacht gefahren, wo die mit großer Geschwindigkeit arbeitenden Aufzüge die Verbindung zwischen Untertage und Übertage herstellten. Diese Aufzugsgeschwindigkeiten wurden gesteigert bis zu 20 m/s und in besonderen Fällen sogar bis zu 30 m in der Sekunde.

Untertage ist der auf Gleisen fahrende Förderwagen, der durch Wippen entladen wird, zwar nicht vollständig verschwunden, aber doch von anderen stetig arbeitenden Fördermitteln sehr stark in den Hintergrund gedrängt worden.

An die Stelle des Förderwagens traten zu Anfang des Jahrhunderts zunächst die Förderrutschen, die, wo sie nicht einfach durch Gleiten auf der geneigten Unterlage fördern konnten, durch beschleunigte Hin- und Herbewegung mit Druckluftantrieb oder mit elektrischem Antrieb förderten. Nach ihrer ersten Einführung fanden die Förderrutschen großen Beifall und eine schnelle Verbreitung.

So einfach die Förderung mit den Schüttelrutschen erschien, so hat sie sich doch nur etwa ein Vierteljahrhundert behaupten können, da der Arbeitsverbrauch je nach der Neigung sehr groß war und die Anpassungsfähigkeit an verschiedene Neigungen zu gering. Die Länge einer Rutsche betrug im Mittel nur etwa 100 m.

Obgleich die Schüttelrutsche als Stetigförderer eine gute Ausschaltung der beim Lösen der Kohle erforderlichen Handarbeit ermöglichte, indem die Kohle unmittelbar und auf kürzestem Wege in die dauernd arbeitende Rutsche geworfen werden konnte, wurde sie doch gegen Ende des zweiten Jahrzehnts durch andere Stetigförderer in zunehmendem Maße abgelöst und zwar gleichzeitig durch Gurtbandförderer aus Textilstoffen (Hanf, Balata und Gummi) oder durch Stahlbänder aus dünn gewalztem biegsamen Stahl oder durch Trogbandförderer, bei denen die von Ketten gezogenen Platten über eine Rollenbahn mit fest eingebauten Tragrollen gezogen wurden in ähnlicher Weise, wie es bisher mit dem Gummigurt bei Bandförderern bekannt war.

Die damals bekannten Förderer konnten auf Grund ihrer hohen Reibungsverluste mit ausreichender Bruchsicherheit des Zugorgans nur in begrenzten Längen ausgeführt werden und waren außerdem sehr empfindlich gegenüber Verwindungen oder seitliche Verschiebungen der Traggerüste durch Arbeiten des Liegenden. In der flachen Lagerung war man imstande, die Strecken in der Kohle geradläufig mit mäßigem Ansteigen aufzufahren und ermöglichte damit einen verhältnismäßig wirtschaftlichen Einsatz dieser Förderer.

Um nun die Schwierigkeiten der Bandförderung erkennen zu können, muß man sich über den Zweck des Einsatzes Klarheit verschaffen.

Die Streckenförderung im Bergbau umfaßt die Förderung in den Abbaustrecken, Grund- und Teilsohlenstrecken und hat die an den eigentlichen Abbaubetriebspunkten gewonnene Kohle durch die Strecken bis zu einem Betriebspunkt zu fördern, an dem die Übernahme des Fördergutes durch von Lokomotiven bewegte Förderwagen möglich ist. In umgekehrter Richtung muß durch die Streckenförderbänder der Bergeversatz vom Ende der Lokomotivförderung zum Abbaubetriebspunkt transportiert werden.

Dieser einfach erscheinenden Forderung konnte aber mit den oben geschilderten Bändern infolge der begrenzten Längen nur selten nachgekommen werden. Wenn auch ein einzelnes Band reversierbar ist, so trifft das für eine aus mehreren Einzelförderern zusammengefügte Bandstrecke nicht mehr zu, da eine Bandübergabe nur in einer Richtung zu fördern vermag.

Auf eine weitere Schwierigkeit trifft man bei der steilen Lagerung, denn auch hier möchte der Bergmann aus wirtschaftlichen Gründen die Strecken in der Kohle auffahren, wobei er entweder im Tiefstpunkt einer Mulde oder aber im steilgelagerten Flöz der Kohle in ihrer Lage folgt. Hierdurch ergeben sich entweder oft sehr steil geneigte oder aber streichende, oft mit vielen Windungen aufgefahrene Flözstrecken.

Erst die Einführung eines neuartigen Stahlgliederbandes im Jahre 1948 durch Prof. Aumund erfüllte die Wünsche des Bergbaues, nämlich Unabhängigkeit vom Verlauf einer Strecke, Unempfindlichkeit gegen Arbeiten des Liegenden, unbegrenzte Bandlängen auch bei starkem Ansteigen, gegenläufige Förderung von Kohle und Versatz sowie Ausbaumaterial zur gleichen Zeit, leichte Montage bei großer Stabilität sowie kleine Baumaße.

Im Gegensatz zu den Stahlgliederbändern alter Ausführung wird die Banddecke der neuen Ausführungen in Abständen von etwa 2 m von Laufrollensätzen unterstützt und auf Schienen geführt. Infolge der Bandeigenlast sowie der Nutzlast entsteht zwischen den Laufrollen ein Banddurchhang, der nun nicht mehr von einer zur anderen Tragrolle wandert, sondern vielmehr zwischen den Rollen zu jeder Zeit in fast gleicher Größe verharrt. Die großen Reibungsverluste in den Ketten beim Lauf über die Stützrollen sind damit ausgeschaltet. Weit bedeutender ist aber die nun erzielte Unempfindlichkeit gegenüber einer verwundenen Laufbahn oder sogar leichte Abweichungen von der Förderrichtung. Im Banddurchhang ist nämlich ein gewisser Kettenvorrat aufgespeichert, der sich nutzbringend auswirkt, wenn das Band einer seitlichen Abweichung folgen soll. Eine sehr gute Lösung zur Vervollkommnung der Kurvenläufigkeit fand man durch die Unterbrechung der beiden Laschenketten an den Laufrollensätzen und Einschaltung eines sog. Kurvengelenkes (Abb. 57). Auf eine weitere Beschreibung der für den Untertagebetrieb geeigneten Trogbandförderer kann hier verzichtet werden, da sie bereits im Teil I dieses Buches erfolgte.

Über die Bewährung dieser Bänder schreibt Furtenhofer 1955: „Als etwa im Jahre 1949 das erste im Untertagebergbau brauchbare Stahlgliederband mit umlaufenden Rollen herauskam, mit dem Kurven bis zu 80 m Radius durchfahren werden konnte, war dieses Band den Gummitransportbändern eindeutig überlegen.“ Auf die weiteren ausführlichen Schilderungen Furtenhofers im Vergleich mit diesen Bändern soll hier nicht eingegangen werden und als Beweis für die überaus schnelle Entwicklung der Förderanlagen soll nur darauf hingewiesen werden, daß schon wenige Jahre später ein weiterer vollkurvengängiger Trogbandförderer mit einer mittig angeordneten Rundgliederkette auf den Markt kam. Allgemein kann gesagt werden, daß ein Antrieb für die Bänder mit mitlaufenden Rollen auf Grund des geringen Laufwiderstandes auf söhligen Strecken für Bandlängen bis über 1000 m ausreicht. Diese Bandlängen können ohne Umladung noch vergrößert werden durch den Einbau von Zwischenantrieben.

Bereits 1949 wurde ein Band in Betrieb genommen, das bei einer Gesamtlänge von 960 m eine seigere Höhe von 185 m überwindet und eine Leistung von 400 Mp/h Kohle erbringt. Das Band ist nun seit 19 Jahren bei 21stündigem Betrieb reibungslos und mit wenig Verschleiß eingesetzt. Es fördert gleichzeitig im Obertrum Kohle oder Personen und im Untertrum Holz oder andere Ausbaumaterialien. Weiterhin sei auch auf das zur Zeit wohl größte Plattenband Europas hingewiesen, das in einem tonnlägigen Schacht auf einer französischen Erzgrube bei einer Länge von fast 700 m eine seigere Höhe von 170 m überwindet und als mittlere Leistung 520 Mp/h grobes Erz mit einem Stückgewicht bis zu 1000 kp erbringt. Das Band ist als Schlepp-Plattenband ausgebildet (Abb. 50) und gestattet über Zwischenentladestationen die Verteilung des Materials in einen Bunker von 70 m Länge. Der Antrieb des Bandes erfolgt über sechs Zwischenantriebe.

Gegenwärtig werden die Zwischenantriebe auch für kurvenläufige Bänder ausgeführt und zwar bei geneigter Förderung und verlängerbaren Bändern so, daß der Zwischenantrieb zunächst als Kopfantrieb arbeitet und später ohne Umbau als Zwischenantrieb auf der weiter ansteigenden Strecke. Spannungsunterschiede in den Zugketten des Ober- bzw. Untertrums infolge ungleicher Kettenteilungen können dabei sogar 100%ig ausgeglichen werden.

Wie schon aufgezeigt, haben die neuen Trogbandförderer mit den möglichen großen Längen und ihrer Unempfindlichkeit auch bei schlechter Verlegung viele Wünsche des Bergmannes erfüllt. Seit Jahren liegen aus diesem Grunde die Gurtbandförderer in einem lebhaften Wettstreit mit den Trogbandförderern, die untertage meist als Stahlgliederbänder bezeichnet werden. Laut Statistik betrug das Verhältnis der eingesetzten Längen im Jahre 1938 6,5:1 und änderte sich bis 1956 auf 1,85:1. Danach herrschte der Gurtbandförderer damals immer noch vor, nahm jedoch langsam ab, was wohl in erster Linie darauf zurückzuführen war, daß immer weitere Fortschritte beim Bau kurvengängiger Stahlgliederbänder gemacht wurden. Außerdem wurde der Gurtbandförderer aus solchen Strecken verdrängt, für die er sich wegen seiner Geradläufigkeit wenig eignete. Dennoch wurden die Vorzüge des Gurtbandförderers nicht unterschätzt. Sein Gewicht ist gering, so daß beim Transport und beim Zusammenbau Arbeitsschichten eingespart werden. Die niedrige Bauhöhe erleichtert sein Beladen beim Wegfüllen des Haufwerkes im Abbaustreckenvortrieb. Er bewegt nur geringe Totlasten, besitzt eine gute Betriebssicherheit und läuft ziemlich geräuschlos. Es ist daher nicht verwunderlich, daß man den Gurtbandförderer trotz der starken Konkurrenz der Stahlgliederbänder nicht vernachlässigte. Um ihn auch für größere Bandlängen, vor allem auch bei ansteigender Förderung verwenden zu können, versuchte man, das Gummiband von den Zugkräften zu entlasten, indem zusätzliche Mittel- oder Seitenketten bzw. Seile mit ihm verbunden und unter Umständen anstelle der Tragrollen mitlaufende Räder, d. h. Laufrollen vorgesehen wurden. Bekannt wurde eine dieser Konstruktionen unter dem Namen „Cable-Belt". HÖSTERMANN schlug vor, anstelle der mittleren Tragrollensätze eine Zugkette anzuordnen, auf die sich der Gurt auflegt und mitgenommen wird, ohne selbst Zugkräfte übertragen zu müssen (Abb. 33).

In neuerer Zeit hat man aber wieder dem normalen Gurtbandförderer mit ortsfesten Tragrollenstationen den Vorzug gegeben, und zwar in dem Bestreben, die althergebrachten Textileinlagen durch Polyestergewebe oder eingebettete Stahlseile zu ersetzen. Ein Vorteil liegt nicht nur in ihrer großen Substanzfestigkeit, die bei hoher Beanspruchung eine geringere Anzahl von Einlagen gestattet, sondern auch in der völligen Unempfindlichkeit

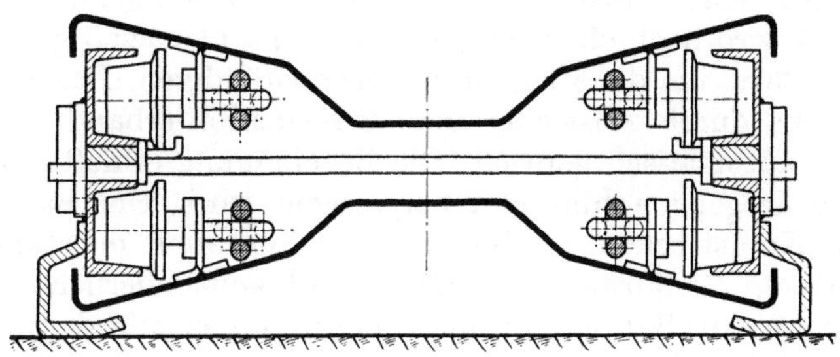

Abb. 519. Trogbandförderer mit niedriger Bauhöhe für den Strebeinsatz (ERBÖ).

gegen Feuchtigkeit und die damit verbundene gute Verrottungsbeständigkeit. Zumindest für den Bergbau untertage tritt damit wieder der mit Laufrollen und Zugmitteln versehene Gurtbandförderer in den Vordergrund, während Stahlgliederbänder mehr für spezielle Einsatzfälle verwendet werden.

Wie aus den Ausführungen über die Stahlgliederbänder hervorgeht, ist ein Hauptanwendungsgebiet dieser Förderer der Kohlenbergbau. So ist es auch nicht verwunderlich, daß man diese Förderer auch für den Transport in niedrigsten Streben verwenden wollte. Bisher war dieses infolge der zu großen Bauhöhe nicht möglich. Der Gurtbandförderer war hier immer noch überlegen. Doch gelang es bald, auch Stahlgliederbänder mit sehr geringer Bauhöhe herzustellen, wie Abb. 519 zeigt. Bei einer Breite von 700 mm konnte die Bauhöhe auf 230 mm gedrückt werden. Jedes Raupenglied besitzt ein Laufrollenpaar unterhalb der seitlich ausgebogenen Blechschilder. Die Rundgliederketten greifen an Zapfen an, die an den Böcken für die Rollen nach der Bandmitte sitzen. Als Laufbahn werden U-Eisen verwendet. Bei einer anderen Konstruktion wurden Ober- und Untertrum gegeneinander versetzt, um noch niedriger zu bauen. Auch die Strebbänder sind meist kurvenläufig und in großen Längen ausführbar, im Gegensatz zu den niedrig bauenden Gurtbandförderern. Bei diesen Bauarten wird der Obergurt oft nur von einer Mittelrolle getragen und schleift seitlich auf Abdeckblechen ebenso wie der Untergurt, der sogar bei manchen Ausführungen einfach auf dem Liegenden rutscht. Als niedrigstes dieser Bänder ist der Pendelgleitbandförderer anzusehen (Abb. 520), der nur aus einem Trum besteht. Das Flöz wird im zweiflügeligen Betrieb abgebaut, wobei in einer Mittelstrecke die gewonnene Kohle abgefördert wird. An den Strebenden aufgestellte Häspel ziehen

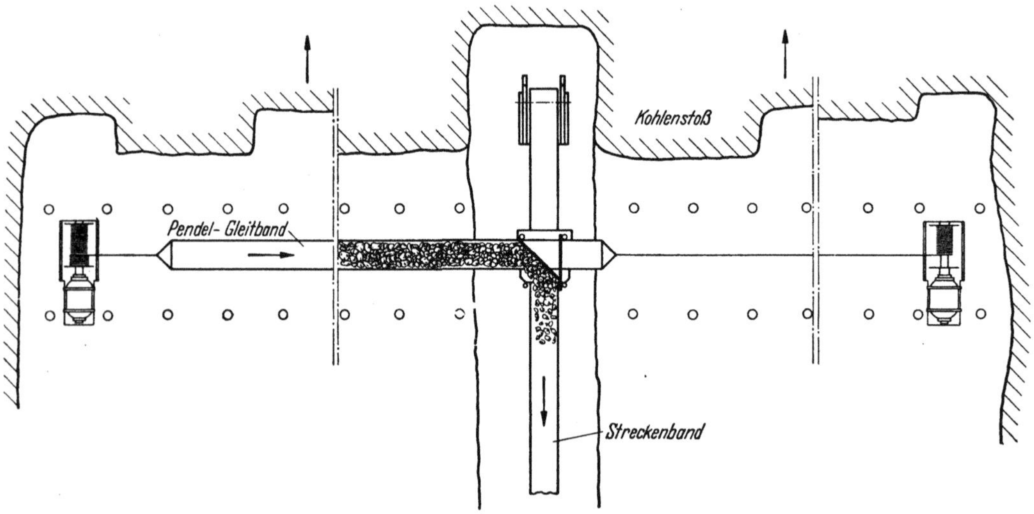

Abb. 520. Pendelgleitbandförderer (Demag).

mittels Seil ein Stück Förderband, das die Länge eines Bauflügels hat, hin und her. Das Band wird nach einer Seite gezogen und gleichzeitig beladen. In Endstellung verweilt es etwa 30 s, um die Füllung zu vervollständigen. Das Fördergut wird dann in der Mittelstrecke durch Abstreifer dem Streckenförderband zugeführt. Der Transportrhythmus wird automatisch geregelt. Die Bezeichnung erhielt der Förderer, da er unmittelbar auf dem Liegenden hin- und hergezogen wird. Die Bandlänge beträgt etwa 100—150 m. Für Kopfstrecken, wo Material und Fördergut meistens nur in geringen Mengen oder in größeren Zeitabständen anfällt, sind kontinuierliche Fördergeräte nicht wirtschaftlich einzusetzen. Man hat aus diesem Grund Spezialfördermittel entwickelt, zu denen auch die sog. Teilbandförderer gehören, bei denen ein oder mehrere relativ kurze Bandstücke eines normalen Trogbandförderers ein- oder zweitrümig durch Kette oder Seil hin- und herbewegt werden. Auch auf den Bandzug sei hingewiesen (Abb. 60—62).

Speziell für den Materialtransport ist die Einschienen-Hängebahn häufig anzutreffen. In geraden Strecken werden die Materialwagen mit Zugseilen und Häspeln gezogen. Da diese Lösung bei langen und kurvenreichen Strecken nicht befriedigt, wurde die Neuentwicklung einer Einschienenhängebahn-Lokomotive durch die Ruhrthaler Maschinenfabrik begrüßt. Mit diesem Gerät können nunmehr lange, kurvenreiche Strecken und Steigungen bis 30° mühelos durchfahren werden. Die Lokomotive wird von einem Fahrer bedient, der gleichzeitig das Be- und Entladen der angehängten Wagen durchführt. Auch Personentransport ist möglich (Abb. 521). Da der Bergbau immer nach kleinen Abmessungen verlangt, wurde die Hängelokomotive in zwei Teile aufgeteilt. Das eine Gehänge enthält einen 32-PS-Dieselmotor sowie den Pumpenantrieb des hydrostatischen Getriebes, während das zweite Gehänge die beiden mechanischen Untersetzungsgetriebe aufnimmt, die von einem hydrostatischen Motor angetrieben werden. Zur Vergrößerung der Kraftübertragung auf die Schienen dienen hydraulisch angepreßte Reibrollen. Das Getriebe arbeitet vollautomatisch, so daß der Fahrer mit nur einem Fahrhebel in beiden Fahrtrichtungen beschleunigen, fahren und abbremsen kann.

Neben der Gewinnungsarbeit kommt auch dem Wegfüllen des Haufwerkes eine große Bedeutung zu. Schälende, schneidende und kombinierte Gewinnungsmaschinen haben in der Vergangenheit jeweils besondere Führungen an den zugeordneten Strebförderern erfordert. In diesem Zusammenhang sei auch auf die nähere Beschreibung dieser Förderer auf S. 84ff. hingewiesen. Voraussetzung dafür, daß von einem Gewinnungsverfahren auf ein anderes der drei übergewechselt werden kann, ist eine einheitliche Ausbildung von Kettenführung für Hobelanlagen, Aufsetzblechen, Führungselementen für Gewinnungs-

Abb. 521. Hängelok im Einsatz (Ruhrthaler Maschinenfabrik).

maschinen und sonstigen Bauteilen, also der gesamten zusätzlichen Ausrüstung des Strebförderers. In Heft 5/1966 der Zeitschrift „Glückauf" wird eine Möglichkeit zur Vereinheitlichung der Zusatzausrüstung beschrieben, die zu geringerer Lagerhaltung an Ersatz- und Reserveteilen und damit zu geringeren Kosten führt.

Bei anderen Verfahren gelangt das gelöste Material nicht direkt auf einen Förderer, sondern muß von Hand oder maschinell aufgenommen und einem Förderer zugeleitet werden. Hierfür haben sich Lademaschinen, die bereits auf S. 214ff. beschrieben wurden, bewährt. Zur Vervollständigung sei an dieser Stelle der sog. Bunkerzug (Abb. 283) noch einmal erwähnt.

In diesem Zusammenhang soll auch noch einmal auf die Wagenumläufe in Schachthallen von Bergwerksbetrieben hingewiesen werden. Bei der Bemessung der Grundflächen kommt den Kurvenradien der Gleisanlagen besondere Bedeutung zu. Die Radien dieser Kurven richten sich nach den Achsabständen der Wagen. Das Umstellen von Schachtförderungen auf Großraumförderwagen bedingt deshalb häufig Erweiterungen der Gleisanlagen in den Schachthallen. Falls der ausreichende Platz nicht zur Verfügung steht, kann man sich auch durch Einsatz von Schiebebühnen und Drehscheiben helfen, wie bereits im Zusammenhang mit den Abb. 292—295 besprochen wurde. Allerdings hat die in Abb. 295 gezeigte Anordnung der Schiebebühnen auch einige Nachteile. Die Möglichkeit, Förderwagen zu stapeln, ist nur im beschränktem Maße vorhanden. Auch kurzzeitige Störungen an der Wipperanlage können daher einen Stillstand der Schachtförderung nach sich ziehen. Gegebenenfalls muß eine Ablaufmöglichkeit für volle Förderwagen auf der Rückseite der Schiebebühnen vorgesehen werden, die die fehlende Stapelmöglichkeit schafft und so diesen Nachteil aufhebt.

b) Schachtförderung

Die an sich schon alte Schachtförderung hat man schon frühzeitig mit allen Mitteln zu vervollkommnen gesucht, was aber erst in den letzten Jahrzehnten gelang. Sie soll als das für den Bergbau wichtigste Hebeverfahren noch etwas ausführlicher behandelt werden, obgleich sie sich von den normalen Aufzügen übertage in der Hauptsache nur dadurch unterscheidet, daß die Lasten und Geschwindigkeiten bedeutend größer sind und daß der Betrieb viel regelmäßiger erfolgen muß, als es bei gewöhnlichen Aufzügen durchweg der Fall ist. Diese Unterschiede haben aber eine wesentlich andere Ausgestaltung der ganzen Fördereinrichtung herbeigeführt, besonders auch aus dem Grunde, weil die erste Entwicklung im Untertagebetrieb zeitlich schon verhältnismäßig früh erfolgte.

Die Antriebsmaschinen für Seilförderanlagen in Hauptschächten werden auch einfach als Fördermaschinen bezeichnet. Bei diesen, nach Art der Pendelförderung arbeitenden Anlagen, werden bei einem Treiben gleichzeitig jeweils zwei an einem oder an mehreren Seilen hängende Lasten gegenläufig bewegt. Die Fördermaschinen können unterschieden werden nach der Art des Seilträgers (Treibscheibe, Trommel oder Bobine) wie in Abb. 522 gezeigt, oder nach Art ihrer Antriebsenergie Dampf, Druckluft oder elektrischer Strom.

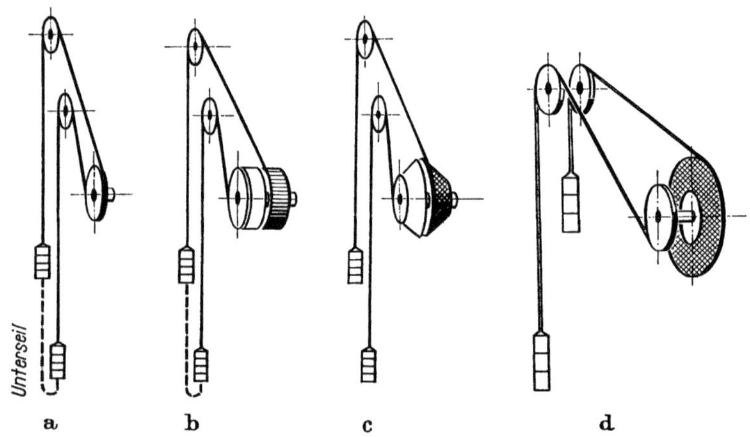

Abb. 522. Verschiedene Seilantriebe für Schachtförderanlagen.

a Treibscheibe; *b* zylindrische Trommel; *c* Spiraltrommel; *d* Bobine.

Beim Treibscheibenbetrieb läuft ein Seil, an dessen beiden Enden die Förderlasten hängen, über die Scheibe hinweg und wird lediglich durch die Reibung zwischen Seil und Scheibe mitgenommen. Die Beschleunigung und Bremsung ist so auszulegen, daß ein Durchrutschen der Treibscheibe unter dem Seil verhindert wird. Aus dem gleichen Grunde darf auch der Lastunterschied zwischen den beiden Trumen nicht zu groß werden. Eine Abhilfe kann durch zusätzliche Anordnung eines Unterseiles als Gewichtsausgleich geschaffen werden. Beim Trommel- und Bobinenbetrieb ist für die auf- und abwärts gehende Last je ein Seil vorhanden. Bei der Trommel wickelt sich das Seil in nebeneinander-, bei der Bobine in übereinanderliegenden Windungen auf. Die unterschiedliche Bewegungsrichtung beider Seile wird dadurch herbeigeführt, daß sich das eine Seil oberschlägig und das andere unterschlägig auf- bzw. abwickelt. Bei der oberschlägigen Wicklung läuft das Seil stets auf der höchsten Stelle des Seilträgers auf, bei der unterschlägigen Wicklung stets auf der tiefsten Stelle.

Bei den Fördermaschinen herrscht zur Zeit noch der Dampfbetrieb vor. Die Dampfmaschinen stammen zum Teil aus einer Zeit, in der die Dampfenergie am wirtschaftlichsten war. Besonders auf Zechen, die keine, oder nur ungenügende Eigenstromerzeugung besaßen. Außerdem ist zu erwähnen, daß der Wirkungsgrad für große Dampfförderanlagen natürlich auch weit höher liegt als bei kleinen Dampfhebezeugen, wie Dampfhaspel oder Dampfkrane.

Während man bei diesen kleinen Anlagen mit Zylinderfüllungen von 0,5—0,7 und noch darüber hinaus arbeitet, und die Maschinen ausschließlich als gewöhnliche Zwillingsmaschinen in der einfachsten Form, meistens mit einfachen Schiebersteuerungen baut, um sie billig und leicht herstellen zu können, arbeitet man bei den großen Schachtfördermaschinen allgemein mit sehr kleinen Füllungen und nutzt alle vorhandenen Hilfsmittel aus, um den Dampfverbrauch möglichst niedrig zu halten. Man baut die Maschinen je nach den vorliegenden Verhältnissen in den verschiedensten Anordnungen, als gewöhnliche Zwillingsmaschinen, als Gleichstrommaschinen in Zwillingsanordnung, als Zwillingsmaschinen mit Abdampfverwertung, als Zwillings-Verbundmaschinen und sehr häufig als Zwillings-Tandemmaschinen. Die Steuerungsorgane werden auf das sorgfältigste ausgebildet und in den verschiedensten Anordnungen ausgeführt.

Bei kleinen Fördermaschinen, z. B. für Bremsberge, für Förderung in Hilfsschächten usw., wird neben dem Dampfantrieb und dem elektrischen Antrieb auch häufig Druckluftbetrieb angewendet, der innerhalb der Gruben besser geeignet ist, als Dampf, weil die Luft nicht verschlechtert wird, und weil Druckluft ohnehin im Bergwerk vielfach gebraucht wird. Diese kleinen Druckluftmaschinen unterscheiden sich von den gewöhnlichen Dampfförderhaspeln nur wenig, so daß eine besondere Behandlung nicht erforderlich ist. Es soll nur darauf hingewiesen werden, daß die Druckluftzentralen in den meisten Bergwerken nicht leistungsfähig genug sind, und daß dadurch schon eine Grenze gesetzt ist.

Der Ausbau der Stromverbundwirtschaft hat in den letzten Jahren mehr und mehr die Verwendung elektrischer Maschinen mit sich gebracht. Einer Statistik des Ruhrgebietes kann entnommen werden, daß heute von den eingesetzten Fördermaschinen 53% mit Dampfantrieb, 45% mit Antrieb durch elektrischen Strom und 3% mit Druckluftantrieb arbeiten. Bei den elektrischen Antrieben muß noch zwischen Gleichstrom- und Drehstrommaschinen unterschieden werden. Auf Grund der besseren Regelbarkeit hat man dem Gleichstromantrieb immer den Vorzug gegeben. Will man die verschiedenen Antriebsarten der Fördermaschinen miteinander vergleichen, so sollte das sowohl in technischer wie auch in wirtschaftlicher Hinsicht erfolgen.

Bei elektrischen Maschinen ist die Drehbewegung des Seilträgers vollkommen gleichförmig. Bei Dampfmaschinen, insbesondere bei den langsam laufenden Zwillingsmaschinen, entsteht durch den Kurbelbetrieb infolge der dabei auftretenden wechselnden Tangentialkraft eine verhältnismäßig große Ungleichförmigkeit. Bei den schnell laufenden Getriebe-Dampfmaschinen ist die ungleichförmige Drehbewegung zwar wesentlich geringer, jedoch nicht ganz beseitigt. Das periodisch wechselnde Drehmoment der Dampfmaschine ist eine der Ursachen für das Auftreten von Seilschwingungen und insofern besonders unerwünscht, weil das aus den Massen der Förderanlage und dem elastischen Seil gebildete schwingungsfähige System bei den wiederkehrenden Drehzahlpendelungen durch Resonanz leicht zu größeren Amplituden aufgeschaukelt werden kann. Die Seile werden daher weniger geschont als bei elektrischem Antrieb und haben infolgedessen vielfach eine geringere Lebensdauer. Das bei Dampfmaschinen unruhige Fahren hat zu einer Beschränkung der höchst zulässigen Seilfahrtgeschwindigkeit (Personenfahrt) auf 8 m/s geführt, während bei elektrischen Maschinen 12 m/s zugelassen ist.

Mit allen Fördermaschinen sind entsprechende Vorrichtungen verbunden zur Regelung der Geschwindigkeit, zum Verhindern des Überfahrens über die Hängebank, zur Regelung des Auslaufweges und zum Schutz dagegen, daß der Maschinist den in höchster Stellung befindlichen Förderkorb aus Versehen noch weiter hebt, wobei er an die Umführungsscheiben des Fördergerüstes stoßen müßte. Diese Sicherheitseinrichtungen werden naturgemäß in den verschiedensten Anordnungen ausgeführt.

Die Maschine soll mit verschiedenen Geschwindigkeiten fahren, je nachdem, ob sie für die Güterförderung oder für die Seilfahrt benutzt wird. Damit verändern sich auch die Auslaufwege und der Zeitpunkt der Einwirkung der verschiedenen Sicherheitsvorrichtungen. Das wird dadurch berücksichtigt, daß zwei Hebel von verschiedener Länge angebracht sind, die sich mit ihren am Ende befindlichen Rollen auf den Auflaufkurven der Teufenscheibe abrollen. Je nachdem, ob die Maschine für Güterförderung oder für Seilfahrt arbeitet, wird der eine oder der andere Hebel benutzt. Hinsichtlich der Geschwindigkeitsregelung sind die mit Gleichstrom arbeitenden elektrischen Maschinen den Dampfmaschinen im allgemeinen überlegen. Das wird in den geltenden Vorschriften dadurch berücksichtigt, daß die Seilfahrt bei elektrischen Maschinen höher angenommen werden darf, als bei Dampfbetrieb.

Im übrigen verursachte der elektrische Antrieb lange Zeit große Schwierigkeiten, besonders dadurch, daß bei den großen Kräften eine Geschwindigkeitsregelung der Motoren durch Ein- und Ausschalten von festen Widerständen, wie es bei gewöhnlichen Hebezeugen geschieht, nicht durchführbar ist. Nur bei Verwendung von Drehstrom wurde eine Widerstandsregelung unter Benutzung von Flüssigkeitswiderständen ausgeführt.

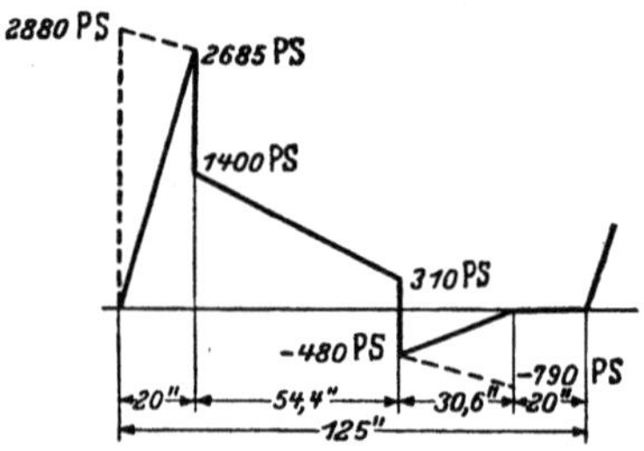

Abb. 523. Belastung einer Drehstromfördermaschine bei einem Treibvorgang.

Die plötzlichen und großen Schwankungen im Stromverbrauch können nur bei Zentralen zugelassen werden, die außer für den Fördermaschinenbetrieb noch sehr viele andere Arbeit abzugeben haben, so daß der Arbeitsverbrauch der Fördermaschinen im Verhältnis zur Gesamtarbeit klein ist. Schon dieser Umstand läßt den Drehstrombetrieb für große Leistungen nur in wenigen Fällen anwendbar erscheinen. Wie der Arbeitsverbrauch bei einer großen Fördermaschine während eines Hubes schwankt, zeigt Abb. 523.

Außerdem ist der Betrieb der Fördermaschinen bei Verwendung von Drehstrom auch an sich nicht günstig. Die Geschwindigkeitsregelung bleibt in hohem Maße von der Willkür des Maschinisten abhängig. Man kann die Geschwindigkeit nicht ohne weiteres automatisch regeln, weil sie nicht nur abhängig ist von dem eingeschalteten Widerstand, sondern auch von der Belastung. Mit veränderlicher Geschwindigkeit ändert sich der Auslaufweg, und das erschwert die Anwendung von Sicherheitsvorrichtungen sehr stark. So muß insbesondere das Einstellen der Maschine für kleinere Geschwindigkeiten bei Seilfahrt und bei Schachtuntersuchungen von Hand, evtl. durch Benutzung von Gegenstrom erfolgen, und ebenso verwendet man zum Abbremsen der Massen und zum Stillsetzen der Maschine vielfach Gegenstrom, um die Abnutzung der Bremsen zu verringern. Dadurch entsteht natürlich ein weiterer Arbeitsverlust und eine Unsicherheit im Betriebe.

Diese Nachteile können umgangen werden durch eine Gleichstrombremsung, die im Ausland schon länger gebräuchlich ist. Bei diesem Bremsverfahren wird die Ständerwicklung des Drehstrommotors beim Bremsbeginn mit einem Schütz vom Drehstromnetz getrennt und bei vorgeschaltetem Läuferwiderstand zweiphasig an eine Gleichstromquelle niedriger Spannung geschaltet. Beim Einhängen treibt die Last den Läufer, der sich nun in einem feststehenden Magnetfeld des Ständers dreht. Die Bewegungsenergie des Läufers wird hier in Wärme umgesetzt und dadurch der Motor gebremst. Anstelle von Gleichstrom kann die elektrische Bremsung des Drehstrommotors auch mit Wechselstrom sehr niedriger Frequenz vorgenommen werden. Wird die Ständerwicklung mit vorgeschaltetem Läuferwiderstand beim Bremsbeginn an eine Niederfrequenzstromquelle gelegt, so läuft der Motor als Generator und wird abgebremst, da er in bezug auf das niederfrequente Drehfeld übersynchron läuft. Die Bewegungsenergie wird zum größten Teil in den Läuferwiderständen vernichtet. Um mit einer verhältnismäßig kleinen Leistung bei der Niederfrequenzerregung auszukommen, wird eine sehr niedrige Frequenz von etwa 2,5 Hz gewählt. Gegenüber der verminderten Drehzahl wird dann nur etwa $^1/_{20}$ der Nennleistung notwendig. Wenn der Aufwand an Maschinen und Geräten für die Niederfrequenzbremsung auch umfangreicher ist, so kann bei ihr die Einhaltung einer Schleichgeschwindigkeit zu Seilrevisionsfahrten und Schachtbefahrungen sowohl im Einhängebetrieb wie auch beim Heben gesichert werden. Der motorische Betrieb mit Schleichgeschwindigkeit erlaubt außerdem das genaue Umsetzen und Bündigfahren, wobei auch die hierbei sonst eintretenden stoßartigen Netzbeanspruchungen gemildert werden.

Bei geregelten Drehstrommaschinen ist die Steuerfähigkeit besser als bei den normalen Schaltungen. Sie nähert sich derjenigen der Gleichstrommaschinen an, ist jedoch wegen der großen Lastabhängigkeit, insbesondere bei Teilgeschwindigkeiten nicht so vollkommen. Es besteht keine Proportionalität zwischen Fahrgeschwindigkeit und Steuerhebelauslage.

Bei der Dampfmaschine besteht ebenfalls bei verschiedenen Lasten keine Übereinstimmung zwischen Steuerhebelstellung und Fahrgeschwindigkeit. Die Energieaufnahme entsprechend dem aufzubringenden Drehmoment erfolgt nicht selbsttätig. Drehzahl und Drehmoment müssen entsprechend dem jeweiligen Bedarf durch Änderung der Füllung vom Maschinisten eingestellt werden. Die Ungleichförmigkeit wird bei niedrigen Geschwindigkeiten so groß, daß hier mit größerer Füllung gefahren werden muß, wobei dann eine Verkleinerung des Drehmomentes durch Drosseln des Dampfdrucks mit dem Fahrschieber erforderlich ist.

Legt man Wert auf eine besonders gute Regelbarkeit, so bleibt für den Betrieb der Fördermaschinen im wesentlichen nur der Gleichstrom übrig, der für Hauptschachtförderung meistens verwendet wird, und zwar in verschiedener Anordnung. Die am häufigsten verwendete Bauart ist die Steuerung durch Leonard-Schaltung.

Dabei wird die Regelung des als Nebenschlußmotors gewickelten Fördermotors nicht durch Vorschalten von Widerständen ausgeführt, die große Arbeitsverluste bedingen, sondern indem man durch einen besonderen Steuergenerator Strom von veränderlicher Spannung für den Fördermotor erzeugt. Die Veränderung der dem Motor zugeführten Spannung kann leicht und ohne wesentliche Verluste durch Veränderung der Feldregelung der Steuerdynamomaschine geschehen, also durch einen kleinen veränderlichen Widerstand, der in den Magnetstromkreis der Steuerdynamomaschine eingeschaltet wird. Da der Fördermotor als Nebenschlußmotor gewickelt ist, so ist seine Umlaufzahl proportional der ihm zugeführten Spannung, und zwar unabhängig von der Belastung. Einer bestimmten Hebelstellung des Maschinisten, der den Widerstand des Steuerdynamo verändert, entspricht also auch eine bestimmte Geschwindigkeit der Fördermaschine.

Die Steuerung ist bei der Leonard-Schaltung also sehr vollkommen. Insbesondere können die Sicherungsapparate recht vollkommen und automatisch wirkend ausgeführt werden. Die Fördermotoren können in den größten Abmessungen gebaut werden und ohne Schwierigkeit so langsam laufen, daß sie mit den Fördermaschinen direkt gekuppelt werden können.

Wenn auch eine stoßweise Stromentnahme entsprechend den Förderzügen des Aufzuges bestehen bleibt, falls man nicht die später zu besprechenden Ausgleichsvorrichtungen anwendet, so ist doch die stoßweise Stromentnahme bei weitem nicht so störend als beim einfachen Drehstrommotor, weil sie entsprechend der Hubgeschwindigkeit und der Arbeitsleistung allmählich einsetzt. Allerdings sind die meisten Zentralen doch nicht derartig groß, daß die wechselnde Stromentnahme nicht störend wirkt, wenn die Maschinen ohne einen weiteren Ausgleich angeschlossen werden.

Wenn Förderschacht und Zentrale genügend dicht beieinander liegen, so kann man den Betrieb oft in der Weise führen, daß man den Steuerdynamo unmittelbar durch eine Dampfturbine antreibt, wenn diese Turbine gleichzeitig auch zum Betrieb einer zweiten Dynamomaschine benutzt werden kann, die ständig große Stromstärken für andere Arbeitszwecke abzugeben hat. Wenn die Belastungsschwankungen der Dampfturbine in gewissen Grenzen bleiben, z. B. zwischen 6000 und 3000 PS, so ändert sich der Dampfverbrauch für die Pferdestärke nur um etwa 7—10 %, beispielsweise von 4,12 auf 4,42 kp/PSh bei 3000 Umdrehungen, und von 4,23 auf 4,6 kp/PSh bei 1500 U. Die Turbine reguliert innerhalb solcher Grenzen sehr gut und findet in der Kesselanlage einen leistungsfähigen Arbeitsspeicher. Immerhin muß man berücksichtigen, daß die an sich verhältnismäßig nicht starke Vermehrung des Dampfverbrauches auch für den übrigen ständigen Arbeitsverbrauch eintritt. Verbraucht die Fördermaschine 3000 PS, so beträgt die Gesamtstromabgabe 6000 PS.

Es gibt verschiedene Wege, den Steuerdynamo der Leonard-Schaltung anzutreiben, welche die Nachteile des eben beschriebenen unmittelbaren Antriebes mehr oder weniger vermeiden. Der wesentliche Nachteil, der die eben beschriebene Antriebsart in den meisten Fällen unmöglich macht, ist der Umstand, daß Zentrale und Schacht so dicht nebeneinander liegen müssen, daß die Übertragung durch Gleichstrom von nicht zu hoher Spannung keine zu großen Verluste gibt. Das läßt sich beseitigen, wenn man in der Zentrale Drehstrom erzeugt und am Schacht den Steuerdynamo durch einen Drehstrommotor antreibt, der unmittelbar mit dem Steuerdynamo gekuppelt wird. Dann ist man von der Entfernung so gut wie unabhängig. Die eben beschriebene ungünstige Rückwirkung auf die Maschinen- und Kesselanlage der Zentrale bleibt aber natürlich bestehen. Als Arbeitsverlust kommt der Verlust im Umformer hinzu. Wenn derselbe auch nicht so bedeutend ist, so hat diese Anordnung doch aus den verschiedenen Gründen eine häufige Anwendung nicht erfahren.

In den meisten Fällen sucht man einen anderen Ausgleich des Arbeitsverbrauches herbeizuführen. Um diesen Ausgleich herzustellen, benutzt man zunächst das seit langem bekannte Mittel, die Akkumulatorenbatterie. Eine solche Anlage wurde von den Siemens-Schuckert-Werken im Jahre 1902 zum ersten Male ausgeführt. Man hat dabei den Vorteil, daß auch nach Unterbrechung der Stromlieferung von der Zentrale noch eine Anzahl Züge ausgeführt werden können, wenn auch mit verminderter Geschwindigkeit. Große Verbreitung hat aber auch diese Anordnung nicht gefunden, besonders wegen der großen Kosten der Pufferbatterie und ihrer schnellen Abnutzung, und weil sich inzwischen ein anderer einfacherer Weg des Kraftausgleiches fand.

Meistens wird der Arbeitsausgleich bewirkt nach dem Ilgner-System, bei dem mit den Umformermaschinen der Leonard-Schaltung ein Schwungrad verbunden wird. Anordnung und Schaltung einer derartigen Anlage für große Leistungen, bestehend aus zwei Maschinen für eine Doppelschachtförderung, ist in Abb. 524 gegeben.

Die Anlage ist vorgesehen für eine Nutzlast von 5800 kp bei Kohlenförderung und 7870 kp bei Bergeförderung, für eine Teufe von 600 m und 20 m/s Geschwindigkeit. Die Fördermaschine ist mit Koepe-Scheiben ausgerüstet. Die Beschleunigung beträgt 0,91 m/s^2. Die Maschine hat bei der größten Belastung die beträchtliche Leistung von 2520 PS während des Beharrungszustandes und 4230 PS am Schlusse der Beschleunigung auszuüben.

Wie aus der Abb. 524 ersichtlich, hat man bei dieser großen Anlage zwei Fördermotoren vorgesehen, von denen jeder imstande ist, die halbe Last für sich allein zu ziehen. Beide Motoren sind dann stärker, als der ganzen Nutzlast entspricht, weil die Beschleunigungsarbeit in beiden Fällen fast dieselbe ist. Ebenso sind Steuerdynamos, die Umformmotoren und die Erregermaschinen doppelt ausgeführt, um auch hierfür volle Reserve zu haben. Die Steuerdynamos sind sogar noch für jeden Maschinensatz in zwei Maschinen unterteilt. Das in der Mitte der beiden Umformermaschinensätze liegende Schwungrad kann mit jeder Maschinenseite durch eine ausrückbare Kupplung verbunden werden.

Das Schwungrad wird während der Förderpausen durch den ständig umlaufenden Antriebsmotor, in dem dargestellten Beispiel Drehstrommotor, beschleunigt und gibt während des Förderzuges die aufgespeicherte Rotationsenergie an den Steuerdynamo ab. Bei der regelmäßigen Arbeitsweise der Fördermaschinen ist ein Kraftausgleich durch ein Schwungrad sehr gut durchführbar. Damit das Schwungrad nicht zu schwer wird, stellt man es aus Nickelstahl her und läßt es mit einer Umfangsgeschwindigkeit von 130 bis 150 m/s umlaufen. Das Schwungrad verbraucht zwar an Luft- und Lagerreibung bei großen Maschinen etwa 100 PS, aber die Beanspruchung der Zentrale wird sehr gleichmäßig, und der Arbeitsverbrauch der ganzen Anlage ist sehr gering. Damit der Arbeitsverbrauch des Schwungrades bei großen Förderpausen, wie z. B. an Sonn- und Feiertagen, in Wegfall kommt, wird die Verbindung zwischen Umformer und Schwungrad mitunter

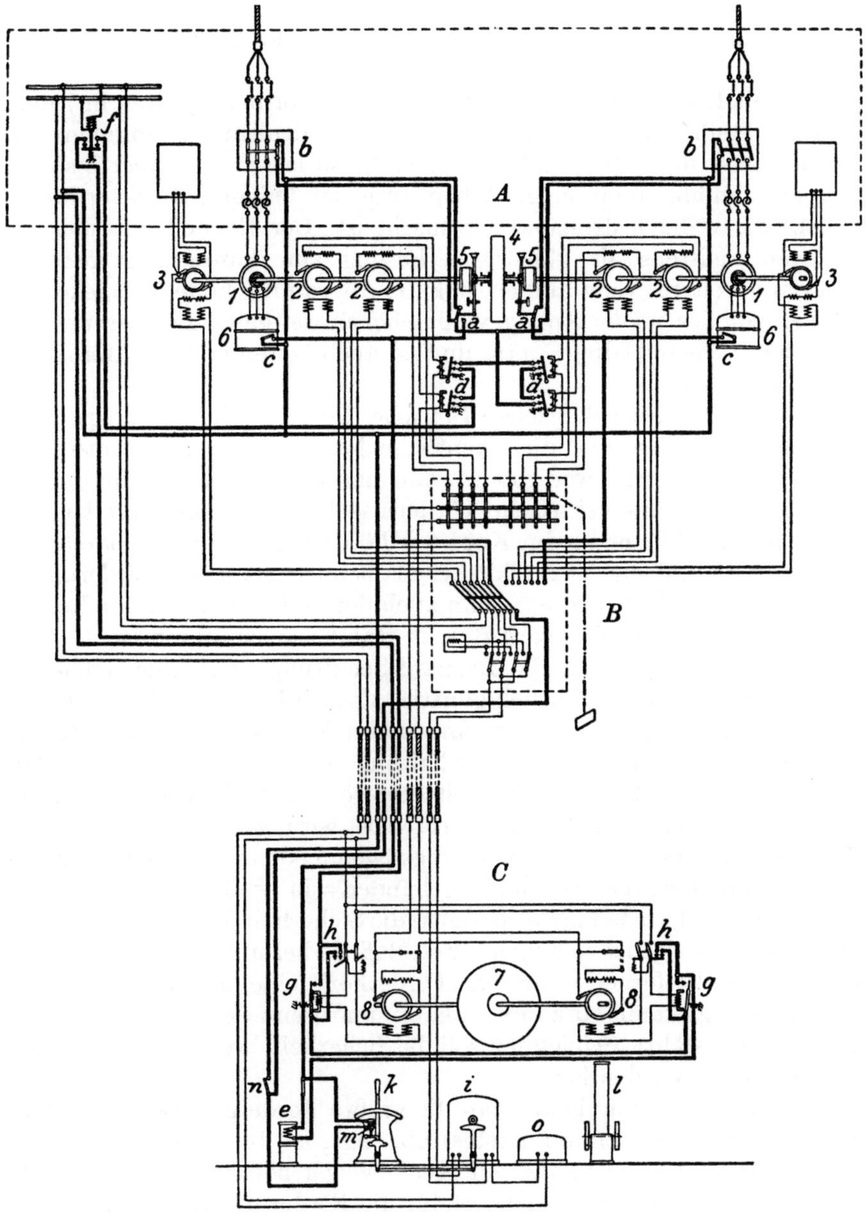

Abb. 524. Schaltschema einer Doppelschachtförderung mit Leonard-Schaltung und Ilgner-Umformer.

Manövrier- und Sicherheitseinrichtungen: *a* Hilfsschalter an den Ausrückhebeln der Schwungradkupplungen (Sperrung auf halbe Fördergeschwindigkeit beim Fahren ohne Schwungrad; *b* Hilfskontakt an den Hauptmotorschaltern (Abstellen der Fördermaschine bei Abschalten der Motoren, nur in Betrieb bei abgeschaltetem Schwungrad); *c* Endschalter an den Schlupfwiderständen (Sperrung auf halbe Fördergeschwindigkeit bei zu weit gehendem Sinken der Umformerdrehzahl); *d* Maximalrelais im Ankerstromkreis (auf Sicherheitsbremse wirkend); *e* Sperrmagnet am Ventil des Druckluftzylinders der Sicherheitsbremse; *f* Spannungsrelais an den Erregersammelschienen (bei zu weit gehendem Rückgang der Erregerspannung die Sicherheitsbremse betätigend); *g* Minimalrelais im Magnetstromkreis der Fördermotoren (bei Stromunterbrechung die Sicherheitsbremse betätigend); *h* Ausschalter zum Kurzschließen eines dieser Minimalrelais beim Fahren mit nur einem Fördermotor; *i* Steuerschalter; *k* Steuerbock; *l* Teufenzeiger im Sicherheitsapparat; *m* Sperrmagnet am Steuerbock; *n* Hängebankschalter zum Sperren auf Seilfahrtsgeschwindigkeit; *o* Notausschalter.

Maschineller Teil: *A* Umformeranlage; *B* Umschalteschrank; *C* Fördermaschine; *1* Drehstrommotoren; *2* Steuerdynamos; *3* Erregermaschine; *4* Schwungrad; *5* ausrückbare Kupplungen; *6* Schlupfwiderstände; *7* Koepe-Scheibe; *8* Fördermotoren.

durch eine ausrückbare Kupplung hergestellt. Man arbeitet dann bei den in den Betriebspausen erforderlichen wenigen Zügen, Untersuchungszügen und dgl. ohne Schwungrad und mit geringerer Geschwindigkeit.

Die Umdrehungszahl des Umformers kann durch einen als Flüssigkeitswiderstand ausgebildeten Schlupfwiderstand verändert werden. Wenn zwei Förderanlagen nebeneinander liegen, wie in Abb. 524 angenommen, so kann der Ausgleich noch dadurch verbessert werden, daß beide Umformer einschließlich ihrer beiden Schwungräder miteinander gekuppelt werden.

Die Anlage mit Leonard-Schaltung und Ilgner-Umformer arbeiten in jeder Beziehung günstig. Als Nachteile sind nur anzuführen die verhältnismäßig umfangreiche und verwickelte Anlage und die hohen Anlagekosten. Diese lassen sich aber bisher noch nicht umgehen, wenn man überhaupt einen Arbeitsausgleich haben will, wie er für die Betriebsweise der Zentrale vielfach dringend erwünscht ist. Der Ilgner-Umformer ist daher bei großen Anlagen meistens als günstigste Lösung zur Anwendung gekommen. Nach Abb. 524 ist ohne weiteres verständlich, daß die Anordnung hohe Anlagekosten erfordert, auch abgesehen von der bei der Anlage vorgesehenen weitgehenden Reserve. Diese Sicherheit ist natürlich nicht unbedingt nötig und ist auch bei einer Dampfförderanlage in der Regel nicht vorhanden.

Ein gewisser Vorteil des elektrischen Betriebes hinsichtlich der Anlagekosten ist unter Umständen darin zu sehen, daß die eigentliche Förderanlage verhältnismäßig leicht ist und wenig Raum beansprucht, wenigstens wenn man von der Reserve für den Fördermotor absieht. Man hat daher die elektrische Fördermaschine mitunter unmittelbar über dem Schacht in einem Maschinenhaus im Kopf des Förderturmes untergebracht. Die Anlagekosten dieser Anordnung sind etwas kleiner als beim Einbau der Fördermaschine in ein vom Schachtgerüst getrenntes Haus, wenn auch der Unterschied in der Regel wohl nicht bedeutend sein wird, da das Turmgerüst auch stabiler auszuführen ist.

Hinsichtlich des Betriebes ist die Leonard-Schaltung, wie schon früher angedeutet, auch in der Beziehung außerordentlich günstig, als sich bei der vollkommenen Steuerung die Sicherheitsvorrichtungen sehr gut und selbsttätig wirkend ausbilden lassen. Die Fördermaschine wird bei der Leonard-Schaltung wie bei allen anderen Bauarten mit einer Manövrierbremse und einer Sicherheitsbremse versehen. Beide werden in der Regel durch Druckluft betätigt. Die Manövrierbremse wird zwar wenig benutzt, weil die Geschwindigkeitsregelung durch die Spannungsregelung des Steuerdynamo sehr gut durchgeführt werden kann. Sie muß aber doch vorhanden sein, weil die Last auch bei Stillstand der Maschine halten soll, so daß nicht jedesmal die Sicherheitsbremse in Tätigkeit zu treten hat. Die Sicherheitsbremse ist so eingerichtet, daß sie bei unvorhergesehener Störung der Stromlieferung einfällt, ferner wenn der Förderkorb eine unzulässige Geschwindigkeit erreicht, was allerdings kaum vorkommen kann, und wenn der Förderkorb über die Höhe der Hängebank hinausfährt. Schließlich soll die Sicherheitsbremse auch vom Maschinisten zu jeder Zeit eingelegt werden können.

Bei der Leonard-Schaltung kann man die größte Fördergeschwindigkeit, die von der Hebelstellung des Maschinisten unmittelbar abhängig ist, für jede Lage des Förderkorbes durch Kurvenscheiben festlegen, die vom Teufenzeiger bewegt werden und die den Ausschlag des Steuerhebels begrenzen. Das ist für die Förderung von Wichtigkeit, weil man bei dieser Sicherheit ohne Überschreitung der zulässigen Beschleunigung bis an die Grenze der Beschleunigung und Verzögerung herangehen und auch die zulässigen Geschwindigkeiten, besonders bei Seilfahrt, steigern kann. Infolge der festgelegten und begrenzten Geschwindigkeit läßt sich aber auch die Sicherheitsbremse so einstellen, daß bei ihrer Wirkung allzu große Stöße vermieden werden, die das Seil gefährden und die es vor allen Dingen auf der Koepe-Scheibe verschieben würden. Die Maschine muß um so schneller stillgesetzt werden, je näher der Förderkorb sich an der Hängebank befindet. In der Mitte des Hubes ist der zulässige Auslaufweg größer. Die hiernach erwünschte verschiedenartige Wirkung der Bremse läßt sich sehr leicht durch eine vom Teufenzeiger beeinflußte, mehr oder weniger große Öffnung des Luftaustrittskanals der Druckluftbremse erzielen.

Gleichzeitig muß natürlich die Spannung des Steuerdynamos bis auf Null herabgemindert werden, so daß die treibende Kraft wegfällt und der Fördermotor auch auf elektrischem Wege gebremst wird. Ein derartiger Schalter kann leicht mit der Sicherheitsbremse gekuppelt werden.

Beim Ausbleiben des Stromes, sowohl zum Antrieb des Drehstrommotors als zum Antrieb des Fördermotors, kann die Sicherheitsbremse durch einen Magneten betätigt werden, der das Ventil der Druckluftbremse öffnet. Sollen während längerer Pausen einige Hübe ohne Schwungradausgleich mit kleiner Geschwindigkeit ausgeführt werden, so kann man die Anordnung so treffen, daß der Steuerhebel bei entkuppeltem Schwungrad derartig gesperrt ist, daß er entsprechend der vorgesehenen kleineren Geschwindigkeit nur einen kleineren Ausschlag ausführen kann.

Aus dem Vorstehenden erkennt man, daß die elektrisch betriebene Fördermaschine mit der Dampfmaschine hinsichtlich Betriebssicherheit und Leistungsfähigkeit gut wetteifern kann. Die Frage der Wirtschaftlichkeit hängt zu sehr von den jeweiligen örtlichen und inneren Verhältnissen der Gruben ab, als daß sie in kurzen Ausführungen allgemein geklärt werden könnte. So hat auch der von verschiedenen Verbänden eingesetzte Ausschuß zur Untersuchung des Arbeitsverbrauches an Förderanlagen die allgemeine Lösung dieser Frage als schwer durchführbar bezeichnet. Jedoch konnte ermittelt werden, daß sich die verschiedenen Maschinenarten hinsichtlich des Energieverbrauches nicht wesentlich unterscheiden.

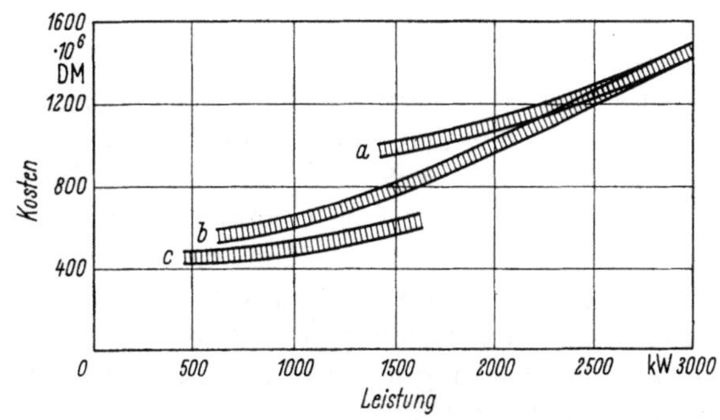

Abb. 525.
Anlagekosten für Fördermaschinen.

a Gleichstrom-Leonard (direkt); *b* Gleichstrom-Leonard (Getriebe); *c* Drehstrom (Getriebe).

Die Anlagekosten für elektrische Fördermaschinen bewegen sich größenordnungsmäßig nach den Richtwerten der Abb. 525. Die Kosten von direkt wirkenden Zwillings-Dampfmaschinen liegen noch unter denjenigen für Drehstrommaschinen, während diejenigen für schnellaufende Getriebemaschinen etwa die gleiche Höhe wie die für Gleichstrommaschinen erreichen.

Die Förderung einer Schachtanlage wird aus Gründen der Wirtschaftlichkeit möglichst in einem Hauptschacht zutage gehoben. In den letzten Jahren wurde häufig auch die Förderung mehrerer Einzelanlagen in einem Zentralschacht zusammengefaßt. In Hauptschächten ist wegen der meist großen Teufe und Fördermenge nur Pendelförderung mit Seil typisch. Zum Ausgleich der toten Last werden zwei Gestelle oder Gefäße (zweitrümige Förderung) oder ein Gestell oder Gefäß mit Gegengewicht (eintrümige Förderung) verwendet. Die zur Zeit größte Nutzlast beträgt für Gestelle etwa 22 Mp und für Gefäße 30 Mp. Wenn auch zunächst die Gestellförderung vorherrschte, so ist in den letzten Jahren die Gefäßförderung in vermehrtem Umfange zur Anwendung gekommen. Sie eignet sich vornehmlich zur Leistungssteigerung durch die kurzen Füll- und Entladezeiten im Zusammenhang mit der Automatisierung der Fördermaschinensteuerung. An Hand ausgeführter Anlagen konnte gemessen werden, daß im Mittel eine Leistungssteigerung zwischen 10 und 20% durch Automatisierung der Schachtförderung erreicht wird. Die erhöhten Investitionen sind durch die sich ergebende Leistungssteigerung gerechtfertigt.

Die bei der Gestellförderung große Totlast fordert starke Seile und Fördermaschinen. Das Verhältnis Totlast zu Nutzlast liegt im Mittel bei 1,6:1 im Gegensatz zur Gefäßförderung mit einem Mittelwert von 1,1:1. Der Schachtquerschnitt bedingt verhältnismäßig schmale Gestelle, die zur Unterbringung einer hinreichenden Nutzlast mehrere Tragböden haben müssen. Dadurch entstehen lange Förderpausen zum Auf- und Abschieben der Wagen. Die Förderleistung muß verständlicherweise kleiner als bei der Gefäßförderung sein. Außerdem erfordert die Gestellförderung die Einrichtung eines Wagenumlaufs übertage und deshalb einen größeren Wagenpark als die Gefäßförderung.

Bei der Gestellförderung müssen die Förderkörbe zur Erzielung einer ausreichenden Förderleistung für die Aufnahme mehrerer Wagen eingerichtet sein. Das ist bei alten, engen Schächten oft nicht möglich, ohne daß man eine große Anzahl von Etagen übereinander anordnet. Man hat schon Förderkörbe mit bis zu 12 Etagen ausgeführt. Dann sind aber unbedingt besondere Hilfseinrichtungen für das Einschieben und Aufschieben der Förderwagen erforderlich. Das häufige Einstellen des Förderkorbes für das Abziehen der Wagen aus den einzelnen Stockwerken würde sonst so viel Zeit wegnehmen, daß der Vorteil der vielen Etagen fast ganz verloren ginge. Solche Hilfseinrichtungen für das Beschicken der Förderkörbe sind im allgemeinen in Höhe der Hängebank ohne allzu große Schwierigkeiten einzurichten. Unten im Füllort ist es aber meistens nicht so einfach. Bei neueren Förderanlagen führt man daher die Schächte durchweg weiter aus, meistens mit einem Durchmesser von 5—6 m, und führt die Förderkörbe in der Regel zwei- oder vierstöckig aus. Man baut sie dann oft so, daß in jeder Etage vier Wagen Platz haben, zwei hintereinander und zwei nebeneinander. Die Verwendung von zwei übereinanderliegenden Etagen ist in der Regel dadurch geboten, daß man den Förderkorb auch zum Befördern von sperrigem Gerät benutzen will. Oft richtet man aber auch in einem neuen weiten Schacht zwei Förderungen nebeneinander ein und muß den Förderkorb dann natürlich möglichst schmal bauen. Für eine solche Doppelschachtförderung ist in Abb. 526 die Anordnung der Förderkörbe dargestellt. Die mittleren Förderkörbe dienen für die Hauptschachtförderung und werden nur für Kohlenförderung benutzt. Die äußeren kleineren Körbe der sog. Hilfsschachtförderung dienen der Beförderung von Menschen, Bergen und Materialien aller Art.

Die Förderkörbe sind mit den nötigen Führungen versehen, die meistens an der geschlossenen Seite des Förderkorbes angebracht sind. Die Anordnung der Führung an den Stirnseiten des Förderkorbes, wo die Förderkörbe aus- und eingefahren werden, hat wohl den Vorteil, daß damit gleichzeitig eine Sicherung gegen unbeabsichtigtes Herausfahren der Förderwagen gegeben ist: dafür müssen die Führungen aber dort, wo die Förderwagen herausgefahren werden sollen, unterbrochen werden. Die Gefahr des Herausfallens der Wagen während der Fahrt kann man aber auch durch entsprechende Sicherungen in anderer Weise beseitigen.

Für die Türsicherung, ebenso wie für die Fangvorrichtungen, die an jedem Förderkorb für den Fall eines Seilbruches angebracht werden müssen, werden die verschiedenartigsten Bauarten angewendet. Sie sind mehr oder weniger ähnlich den Einrichtungen, die schon von den gewöhnlichen Personen- und Lastenaufzügen bekannt sind. Hier soll daher von der Wiedergabe von Einzelheiten abgesehen werden. Natürlich muß bei der Ausbildung dieser Sicherungsvorrichtungen die im Vergleich zu den gewöhnlichen Aufzügen durchweg wesentlich größere Last und Geschwindigkeit entsprechend berücksichtigt werden.

In Abb. 526 ist auch eine Vorrichtung zum selbsttätigen Beladen und Entladen der Förderkörbe für die Hauptschachtförderung dargestellt. Die Hauptförderkörbe halten nur in einer Höhenlage. Den vier Etagen werden die Wagen durch je zwei Beschickförderkörbe entnommen und zugeführt. Diese können durch hydraulische Arbeitszylinder gehoben und gesenkt werden und können die leeren Förderkörbe aus den einzelnen Etagen in Hängebank- bzw. Füllorthöhe abgeben, sowie die vollen Wagen aufnehmen. Sowohl in den Beschickförderkörben als auch in den Hauptförderkörben sind die Fahrschienen geneigt. Die Förderwagen laufen daher von selbst in die Hauptförderkörbe hinein und aus ihnen heraus, sobald die Wagen nicht mehr durch die Haltevorrichtungen festgehalten werden. Die Hauptförderkörbe werden in der richtigen Höhenlage durch drehbare Aufsetznocken, sog. Cabs, gehalten. Je zwei Beschickförderkörbe sind durch eine über eine Rolle geführte Kette miteinander verbunden, so daß ihr Eigengewicht ausgeglichen ist.

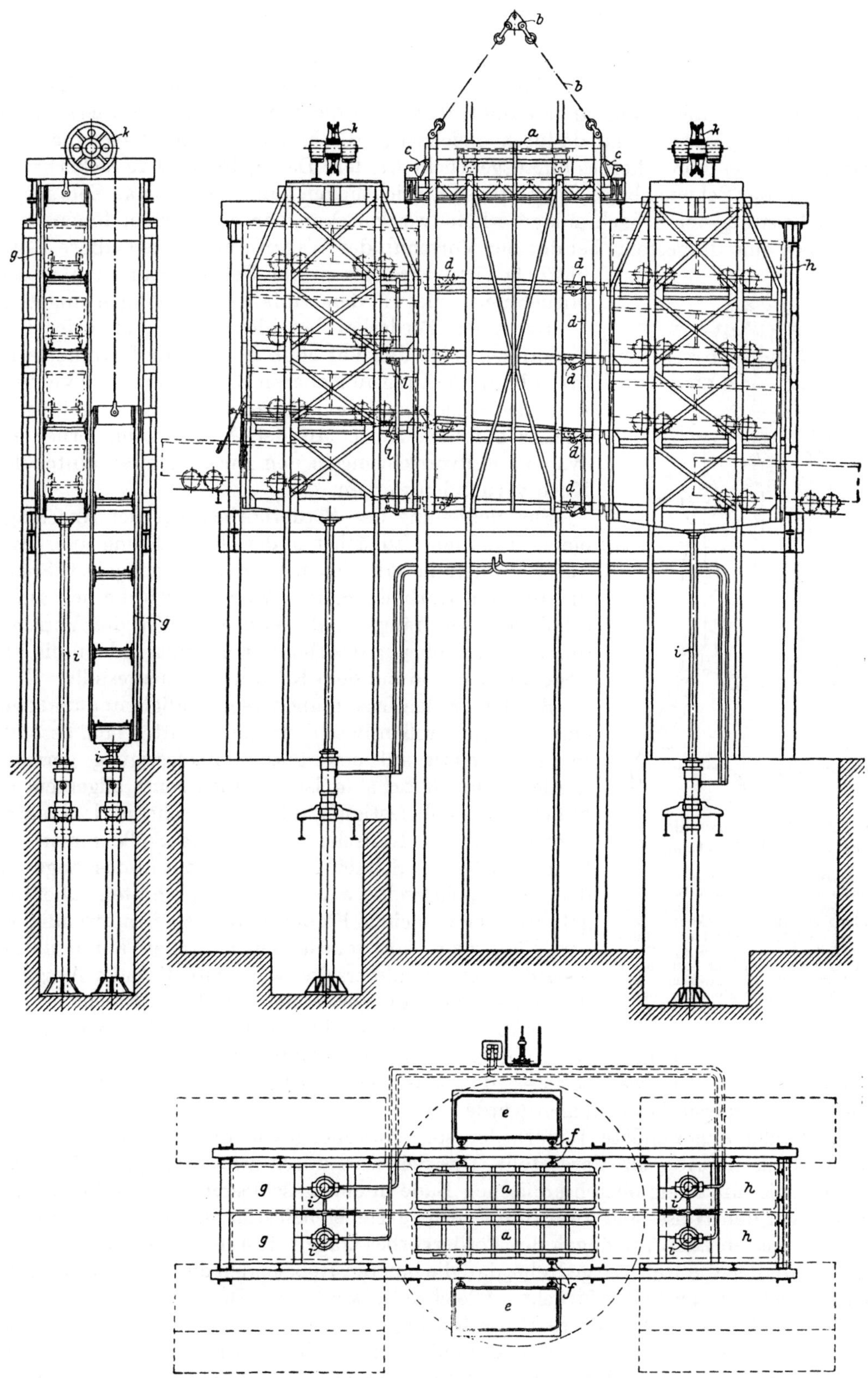

Abb. 526. Anordnung der Förderkörbe in Verbindung mit selbsttätiger Be- und Entladevorrichtung.

a Förderkorb der Hauptschachtförderung mit vier Etagen; *b* Zwischengeschirr; *c* Cabs zur Stützung des Förderkorbes in Hängebankhöhe; *d* Vorrichtung zum Festhalten der Förderwagen im Förderkorb; *e* Förderkörbe der Hilfsschachtförderung; *f* Schachtführungen; *g* Beschickförderkörbe für beladene Wagen mit vier Etagen; *h* Beschickförderkörbe für leere Wagen mit vier Etagen; *i* Druckwasserkolben zum Heben und Senken der Beschickförderkörbe; *k* Kettenrolle und Kette zum Gewichtsausgleich von je zwei Beschickförderkörben; *l* Haltevorrichtung für die Förderwagen in den Beschickförderkörben.

Während bei der in Abb. 526 dargestellten Anlage die Wagen nur infolge der Gleisneigung in den Förderkorb hineinlaufen, hat man in neuerer Zeit eine große Zahl von Konstruktionen erdacht und angewendet, durch die die Wagen in den Förderkorb mechanisch hineingestoßen und dadurch gleichzeitig die ankommenden Wagen nach der anderen Seite des Förderkorbes hinausgedrückt werden. Das bietet größere Sicherheit als die Neigung der Schienenbahn. Durch diese Einrichtungen kann erheblich an Zeit gespart und die Leistung der Schachtanlage erhöht werden. Von den zahlreichen Bauarten ist in Abb. 266 eine dargestellt, bei der der Vorschub der Wagen durch eine endlose Unterkette bewirkt wird mit in der Fahrtrichtung umlegbaren Mitnehmern, die an dem einfahrenden Wagen angreifen.

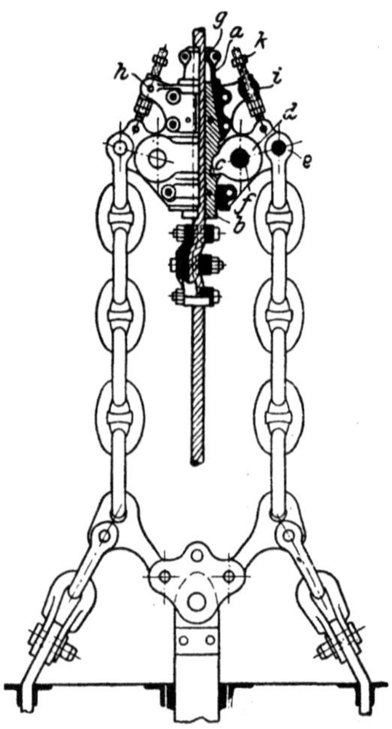

Abb. 527. Zwischengeschirr für Schachtförderkörbe (Demag).

a geschlossene Stahlgußhülse zum Zusammenklemmen der beiden Backen *b*; *c*—*d* doppelarmiger Hebel für die Befestigung der Tragketten im Punkt *e*; *f* Drehachsen für *c*—*d*, mit *a* verbunden; *g* Führung des Seiles gegen Ausknicken; *h* Drehachsen für die Muttern *i* der Schrauben *k* zur Sicherung der Klemmwirkung und zum Lösen der Seilverbindung durch Herunterdrücken der Hebelarme *c*.

Bei einer Förderkorbbeschickung ist für jedes Gleis vorhanden: eine den Vorschub besorgende Unterkette mit in der Fahrtrichtung umlegbaren Mitnehmern, eine Verriegelung des Gleises vor dem Schacht, eine Verriegelung des Gleises auf dem Korb. Mit der Anlage kann ferner eine Wagenabteilvorrichtung in den Auslaufgleisen hinter dem Korb verbunden werden.

Zur Bedienung des Förderkorbes legt der Anschläger einen Handhebel zunächst in der Gleisrichtung aus. Hierdurch werden die sämtlichen Verriegelungen gelöst. Sobald die auf dem Korb stehenden Wagen durch die neu aufgeschobenen verdrängt sind, wird zunächst der Vorschub durch Zurückführung des Hebels gehemmt, sodann die Verriegelung vor und auf dem Korb wieder hergestellt.

Bei den großen Lasten und Geschwindigkeiten und dementsprechend großen Beschleunigungskräften muß besonderes Augenmerk auf eine gute Seilbefestigung gerichtet werden. Am einfachsten ist die auch sonst allgemein gebräuchliche Seilbefestigung mit Seilkausche evtl. verstärkt durch über der Kausche angeordnete Seilklemmen. Sie kann aber bei der Schachtförderung nicht immer angewendet werden, einerseits, weil es, wie weiter hinten näher ausgeführt, bei manchen Förderanordnungen notwendig ist, den Förderkorb an verschiedenen Stellen auf dem Seil festzuklemmen, andererseits, weil man die zum Ausgleich des Seilgewichtes oft verwendeten Unterseile nicht an dem Förderkorb befestigen will, sondern unmittelbar an dem durch den Förderkorb hindurchgeführten Förderseil. Dann wird der Förderkorb nicht durch das schwere Unterseil belastet, das sonst sehr starke Konstruktion und großes Gewicht des Förderkorbes bedingen würde.

Eine häufig angewendete Bauart der sog. Zwischengeschirre zur Befestigung der Förderkörbe ist in Abb. 527 dargestellt. Das Seil wird durch zwei Stahlgußbacken festgeklemmt, die mit ihrem oberen konischen Ende in eine geschlossene Stahlgußhülse hineinragen. An der Hülse sind zwei doppelarmige Hebel befestigt, die an ihren äußeren Enden die Ketten zum Aufhängen des Förderkorbes tragen. Durch das Gewicht des Förderkorbes werden die Hebel so gedreht, daß die inneren Hebelenden die zweiteiligen Stahlgußbacken fest auf das Seil aufdrücken. Gleichzeitig werden die Backen mit ihrem oberen konischen Ende fest in die äußere Hülse hineingepreßt. Da außerdem auch das Seil an sich das Bestreben hat, die konischen Klemmbacken durch die zwischen Seil und Backen entstehende Reibung mit nach oben zu nehmen und in die konische Hülse hineinzuschieben, so wird es außerordentlich stark festgeklemmt. Die unterhalb der Reibungskupplung befindliche kleine mit Schrauben zusammengehaltene Klemme dient nur als weitere Sicherung besonders beim Einbauen des Zwischengeschirrs.

Diese Reibungskupplung ist auch für die Schonung des Seiles insofern günstig, als die Backen auf einer großen Seillänge gleichmäßig angepreßt werden. Damit das Seil an der Einspannstelle keine Biegungsbeanspruchung erfährt, die besonders beim plötzlichen Aufsetzen des abwärts fahrenden Förderkorbes leicht auftreten könnte, ist die äußere Hülse über die Reibungskupplung hinaus nach oben verlängert und bildet mit ihrem obersten Ende eine Führung, die an der Einspannstelle stets eine gerade Lage des Seiles sichert. Damit die Klemmwirkung bei eintretendem Hängeseil nicht aufhört, werden die doppelarmigen Hebel, die im allgemeinen durch das Gewicht des Förderkorbes angespannt sind, zur weiteren Sicherheit durch eine in der äußeren Hülse befestigte Schraube nach unten gepreßt. Diese Schraubensicherung kann auch gleichzeitig benutzt werden, um die Klemmverbindung zu lösen, wenn man das Seil nachziehen will. Man hat dann nur die unteren Muttern der Schrauben zu lockern und die oberen, sonst nicht benutzten Muttern anzuziehen. Dadurch wird das äußere Ende der Klemmhebel nach oben gezogen und die Klemmkupplung gelöst.

Als Seile werden gegenwärtig in Deutschland meistens runde Stahldrahtseile benutzt mit 120—200 kp/mm² Bruchfestigkeit. Mit zunehmender Teufe nimmt man im allgemeinen Material mit größerer Bruchfestigkeit, muß dann aber für große Krümmungshalbmesser sorgen. Die Drahtstärke wird mit 1,5—3 mm angenommen. Die Seile werden in der Regel als Litzenseile mit sechs Litzen und einer Hanfseele in der Mitte des Seiles geschlagen.

Die früher verwendeten Aloe- und Hanfseile, die spiralförmig auf die Trommel aufgewickelt sind nach Abb. 522d, sind in Deutschland fast ganz außer Gebrauch gekommen. In anderen Ländern werden sie dagegen noch oft angewendet. Diese Seile werden in der Form von Flachseilen benutzt, bestehend aus sechs bis acht nebeneinandergelegten Einzelseilen. Sie haben den Vorteil großer Elastizität, sind aber bei sehr großen Teufen nicht mehr anwendbar, da ihr Eigengewicht im Verhältnis zur Bruchfestigkeit zu groß ist. Andererseits hat das flache Hanfseil und das Aloeseil gegenüber dem runden Drahtseil den Vorteil, daß es sich spiralförmig auf eine schmale Trommel (Bobine) aufwickeln läßt. Es ermöglicht dabei einen einfachen und günstigen Ausgleich des Seilgewichtes. Flache Stahldrahtseile, die denselben Vorteil bieten könnten, haben sich nicht einzubürgern vermocht, weil die Lebensdauer dieser Seile infolge ungleichmäßiger Spannungsverteilung nicht genügend groß ist. Sie werden im wesentlichen nur als Unterseile zum Gewichtsausgleich angewendet und haben hierbei gegenüber den runden Seilen den Vorteil, daß sie die bei den Unterseilen auftretenden starken Biegungsbeanspruchungen besser aushalten können.

Die Seile leiden am meisten in der Nähe der Fahrkorbaufhängung, da sich hier der Einfluß der Beschleunigungen und Verzögerungen besonders stark geltend macht. Die dadurch hervorgerufene Mehrbelastung der Seile kann bis zu 75% der normalen Belastung ausmachen, besonders bei Verwendung von Aufsetzvorrichtungen. Weiter nach oben verschwindet der Einfluß der Stöße infolge der Elastizität des Seiles immer mehr. Ganz besonders gilt das Stauchen des Seiles beim Anhalten für die Lebensdauer des Seiles als schädlich. Es besteht daher die Vorschrift, daß die Förderseile nach Verlauf eines jeden Vierteljahres an der Befestigungsstelle des Förderkorbes um mindestens 3 m gekürzt werden müssen, und daß das obere Ende dieses abgehauenen Stückes einer Zerreiß- und Biegeprobe unterworfen wird.

Die Zerreißprobe erfolgt durch Zerreißen der einzelnen Drähte mit Ausnahme der Seelendrähte. Die Biegeprobe erfolgt durch Biegen der einzelnen Drähte nach entgegengesetzten Richtungen um 90° und um einen Radius von 5 mm. Die Zahl der erforderlichen Doppelbiegungen, die die Drähte aushalten sollen, beträgt acht bei Drähten unter 2 mm Durchmesser und geht herunter auf vier bei Drähten von 3 mm Durchmesser. Die Zerreißprobe soll die vorgeschriebene Bruchfestigkeit des Seiles ergeben, wobei Drähte, die weniger als 80% der durchschnittlichen Festigkeit zeigen, überhaupt nicht berücksichtigt werden.

Außerdem soll das Seil täglich bei einer Seilgeschwindigkeit von 1 m/s und wöchentlich bei einer Seilgeschwindigkeit von 0,5 m/s auf seine äußere Beschaffenheit geprüft werden.

Bei derselben Geschwindigkeit soll endlich alle sechs Wochen eine Prüfung des Seiles vorgenommen werden, nachdem es zuvor von allem anhaftenden Schmutz befreit ist.

Flachseile sollen nicht länger als ein Jahr aufliegen; Rundseile, die nicht gekürzt werden können, wie es z. B. bei der Förderung mit Treibscheibe der Fall ist, sollen in der Regel nicht länger als zwei Jahre aufliegen.

Die Vorschriften für die Seilstärke sind in den verschiedenen Bezirken verschieden. Eine häufig angewendete Regel für die Förderung mit Trommelmaschinen ist 6-fache Sicherheit bei der Produktenförderung bzw. 8-fache Sicherheit bei der Personenbeförderung, der sog. Seilfahrt. Bei letzterer wird die Sicherheit noch erhöht durch Verminderung der Stöße, indem die Seilfahrt-Geschwindigkeit nach den geltenden Vorschriften bei Verwendung von Dampffördermaschinen höchstens 8 m/s, bei Verwendung von elektrischen Fördermaschinen mit sorgfältiger Regelung der Anfahrgeschwindigkeit höchstens 12 m/s betragen darf.

Mit Rücksicht auf die im Betrieb eintretende Abnutzung nimmt man die neuen Seile etwas stärker und wählt in der Regel statt der 6- bzw. 8-fachen Sicherheit eine 7- bzw. 9-fache Sicherheit und geht sogar noch darüber hinaus bis zu 12-facher Sicherheit. Dabei wird allerdings angenommen, daß das Seil nur einfach auf Zug beansprucht ist; die Biegungsbeanspruchungen werden vernachlässigt.

Bei diesen Annahmen macht das Eigengewicht des Seiles bei großen Teufen einen beträchtlichen Teil der Gesamtbelastung aus. Es muß daher das Seilgewicht entsprechend ausgeglichen werden durch Verwendung eines Gegenseiles oder durch eine geeignete Bauart der Winden.

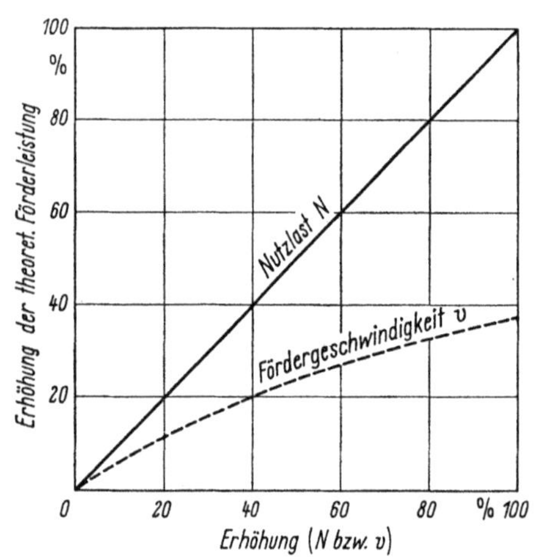

Abb. 528.
Einfluß der Nutzlast oder der Fördergeschwindigkeit auf die Schachtleistung.

Es ist für viele Bergbauzweige kennzeichnend, daß mit dem fortschreitenden Abbau der Lagerstätte die Abbaubetriebe in immer größere Teufen vordringen, so daß von der Schachtförderung eine größere Leistung verlangt wird. Sie läßt sich nun durch eine schnellere Fördergeschwindigkeit oder durch eine größere Nutzlast verbessern. Abb. 528 zeigt deutlich die wirksamere Verbesserung durch eine Erhöhung der Nutzlast als durch eine gleich große prozentuale Steigerung der Fördergeschwindigkeit. Entsprechend dieser Erkenntnis sind im Ruhrgebiet die maximalen Nutzlasten fortwährend vergrößert worden, während die Geschwindigkeiten nach anfänglicher bedeutender Steigerung zurückblieben. Ein anderer Grund für diese Entwicklung ist die stärkere Beanspruchung der Schachtführungen und Schachteinbauten und auch des Förderkorbes durch höhere Geschwindigkeiten, die zu vermehrten Reparaturarbeiten in den durch Abbaueinwirkung vielfach schiefgestellten oder geknickten Schächten führen würde. Auch für Neuanlagen wird heute eine maximale Geschwindigkeit von 16—20 m/s angenommen.

Ein Schritt auf dem Wege der Erhöhung der Schachtleistung war der Übergang zur

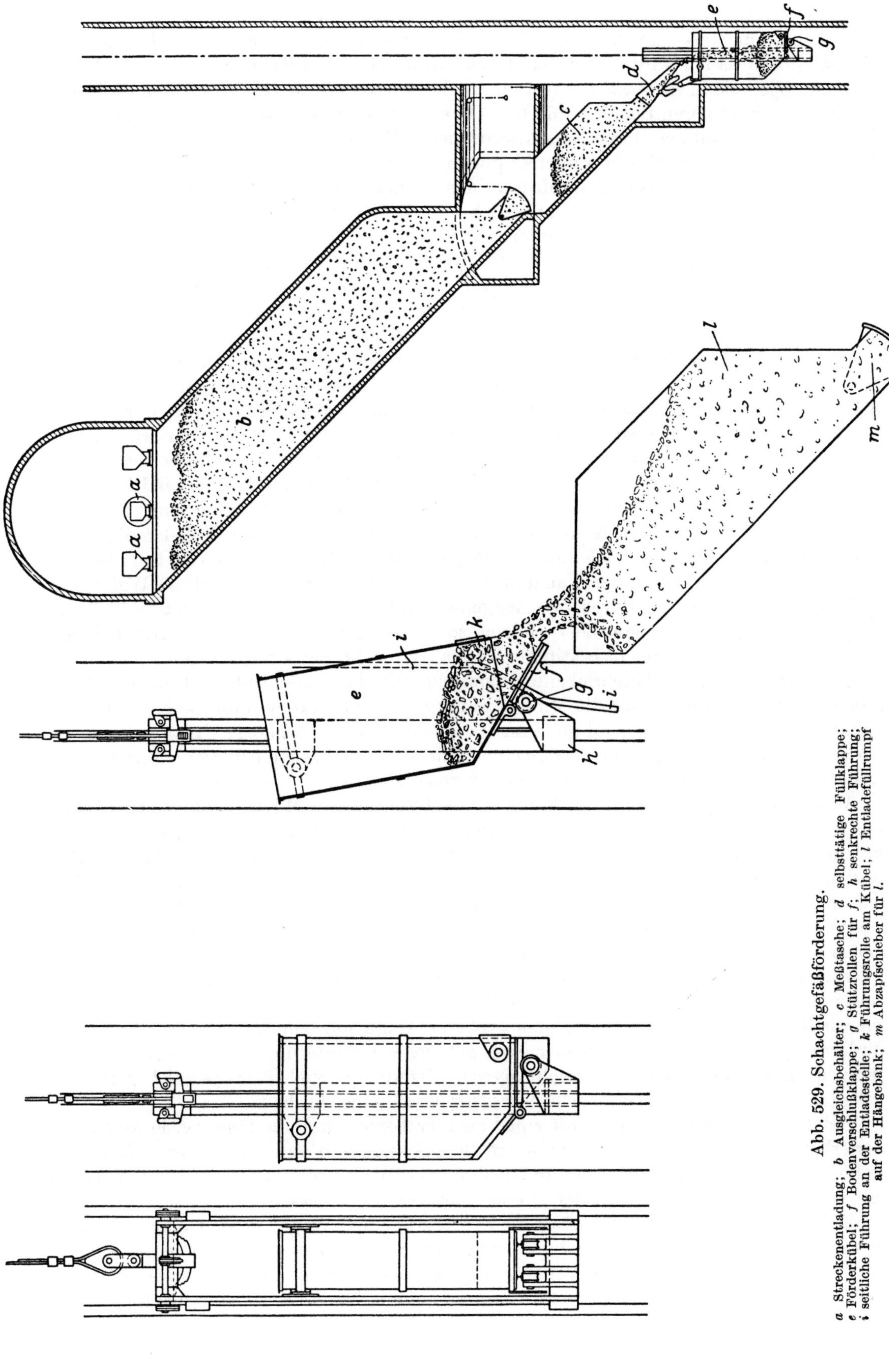

Abb. 529. Schachtgefäßförderung.

a Streckenentladung; *b* Ausgleichsbehälter; *c* Meßtasche; *d* selbsttätige Füllklappe; *e* Förderkübel; *f* Bodenverschlußklappe; *g* Stützrollen für *f*; *h* senkrechte Führung; *i* seitliche Führung an der Entladestelle; *k* Führungsrolle am Kübel; *l* Entladefüllrumpf auf der Hängebank; *m* Abzapfschieber für *l*.

Gefäßförderung. Man entleert die Grubenwagen unten in einen großen Füllrumpf, füllt aus diesem ein Aufzuggefäß, das mit der Fördermaschine gehoben und oben auf der Hängebank entladen wird, entweder durch Kippen des Förderkübels, oder durch eine Bodenklappe, wie in Abb. 529 dargestellt ist. Im letzteren Fall vermeidet man die starke Bewegung der schweren Behälter und braucht sie nur ein wenig nach der Seite abzulenken, damit sie in den auf der Hängebank angeordneten Füllrumpf entladen können. Nach der Anordnung Abb. 529 ist die Bodenklappe im allgemeinen durch Rollen gestützt und geschlossen. Erst wenn das Gefäß oben an der Entladestelle seitlich abgelenkt wird, wird die Bodenklappe freigegeben und kann sich senken und öffnen.

Der große Füllrumpf auf der Fördersohle sichert ein gleichmäßiges Arbeiten und eine große Unabhängigkeit zwischen Schachtförderung, Hauerleistung und Streckenförderung. Da von diesem großen Vorratsbehälter während der Hubzeit so viel Ladegut in die zum eigentlichen Füllen des Gefäßes benutzte Meßtasche abgezapft wird, daß das Gefäß durch einfaches Öffnen einer Klappe selbsttätig gefüllt werden kann, so ist die Bedienung sehr einfach und die Leistung größer als bei der Wagen- oder Gestellförderung. Hinzu kommt noch, daß die Totlast erheblich verringert, die Nutzlast also entsprechend erhöht und an Grubenwagen gespart werden kann. Zur Korbbedienung sind (bei der Gestellförderung) auf der Hängebank in jeder achtstündigen Schicht zehn Arbeiter erforderlich. Die gleiche Anzahl Arbeiter wird am Füllort zur Beschickung der Förderkörbe beschäftigt.

Es sind also erhebliche Vorteile zu verzeichnen, und es kann kein Zweifel bestehen, daß diese Förderung für Erz und Kali gegenüber der Gestellförderung einen enormen Fortschritt bedeutet. Bei der Kohlenförderung war früher das häufige Umladen ein Nachteil, weil man nicht so viel Kleinkohle erzeugen wollte. Mit der weiteren Entwicklung der Koksverwertung ist dieser Nachteil aber geringer geworden. Auf diese Weise fällt nicht nur der Zeitverlust durch den Wagenwechsel fort, sondern auch das Füllen des Skipgefäßes kann in kürzester Zeit erfolgen, so daß bei genügend großem Vorratsbehälter das Füllen des Skipgefäßes in bestimmten sehr kurzen Fristen erfolgen kann.

Da durch die oben beschriebene Steuerung mit der Leonard-Schaltung die Hubgeschwindigkeit ebenfalls auf die Minute genau festgelegt werden kann, konnte von den Siemens-Werken vor einigen Jahren zum erstenmal auf einer Zeche der Rheinpreußen AG ein vollständig bedienungsloser Betrieb einer Schachtfördermaschine durchgeführt werden, so daß jeder unvorhergesehene Aufenthalt vermieden wird.

Wenn auch mit Einführung der Treibscheibenförderung die Möglichkeit geboten wurde, aus größeren Teufen als bis dahin zu fördern, so wurde kaum 70 Jahre später doch erkennbar, daß auch die Treibscheibenförderung technisch und wirtschaftlich ihre Grenzen in den zunehmenden Seildurchmessern findet. So ist es nicht möglich mit einem Seil, das mehr als 80 mm Durchmesser haben müßte, aus einer großen Teufe eine Förderleistung zu erzielen, wie sie durch die natürlichen Verhältnisse und wirtschaftlichen Aufgaben des modernen Bergbaues gefordert wird.

Da mit einer Erhöhung der bisher üblichen Drahtfestigkeiten von maximal 200 kp/mm² wegen der zunehmenden Sprödigkeit des Werkstoffes vorerst nicht zu rechnen ist, stehen für die Förderung größter Lasten aus größerer Teufe nur zur Verfügung: die Gefäßförderung, Verwendung von Leichtmetall, gebrochene Förderung (Hintereinanderschaltung mehrerer Schachtfördereinrichtungen), Benutzung mehrerer parallel geführter Seile (Abb. 530), Verringerung der bisher geforderten Seilsicherheit.

Bei der Gefäßförderung geht mit zunehmender Teufe durch die längeren Förderzeiten der erhebliche Zeitgewinn durch schnellere Beschickung und Entleerung der Gefäße teilweise wieder verloren. Außerdem wird das günstige Verhältnis der Totlast zur Nutzlast mit zunehmender Seilstärke wieder zur ungünstigen Seite verschoben.

Die Verwendung von Leichtmetall für Förderkörbe und Wagen sowie Gefäße wurde in den letzten Jahren sehr stark in Augenschein genommen. Nach den vorliegenden Versuchen und Untersuchungen stehen der Verwendung von Leichtmetall wesentlich höhere Preise und vor allem erhöhte Korrosionsgefahr insbesondere in feuchten Schächten entgegen.

Die gebrochene Förderung wird umständlich und teuer durch Einrichtung und Unterhaltung der Maschinenkammern sowie Förder- und Umschlageinrichtungen auf den Zwischensohlen. Ohne Unterteilung der Gesamtförderhöhe würde die Seilsicherheit absinken, was bei den immer noch steigenden Förderlasten und Beschleunigungen nicht erwünscht ist.

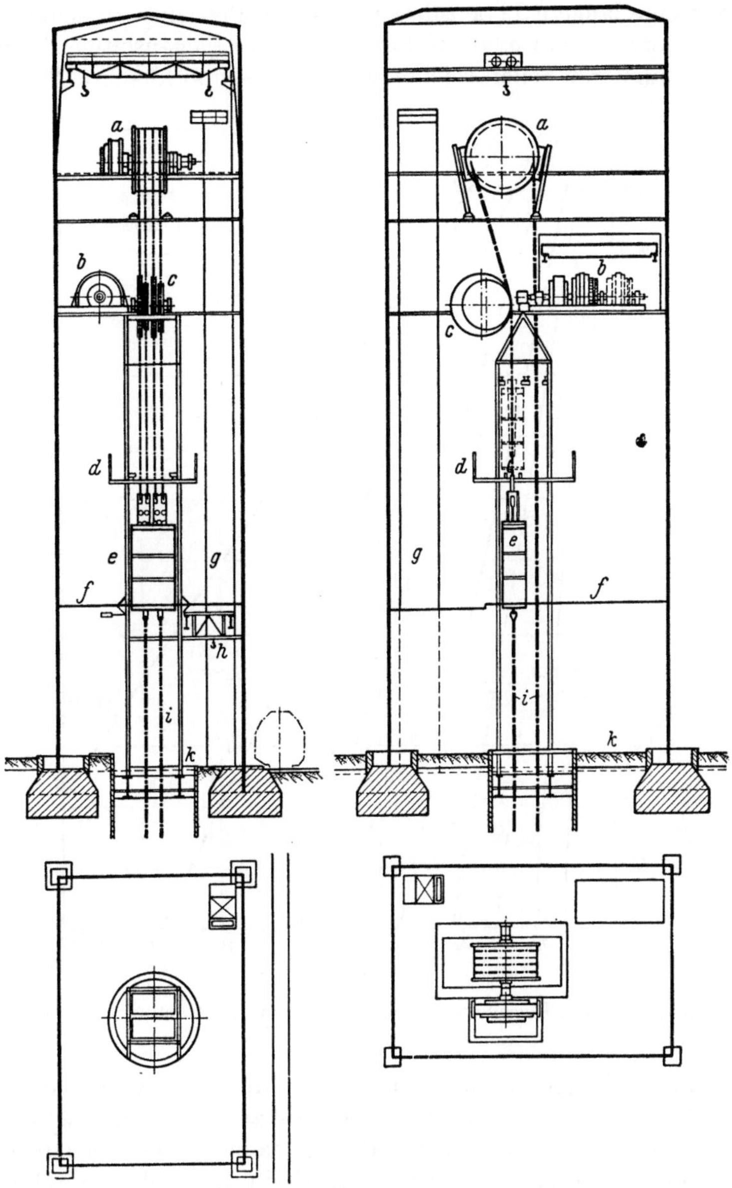

Abb. 530. Gesamtbild einer Vierseil-Förderanlage.

a Turmfördermaschine; *b* Umformeranlage; *c* Ablenkscheiben; *d* Fangstützen; *e* Förderkorb; *f* Hängebank; *g* Personenaufzug; *h* Förderkorb-Einbaukran; *i* Unterseile; *k* Rasenhängebank.

So zeigen die bisherigen Erfahrungen, daß die Mehrseilförderung das Vordringen in größere Teufen trotz Steigerung der Lasten ermöglicht und sie technisch und wirtschaftlich mit beachtlichen Vorteilen verbunden ist. Wenn auch schon kurz nach der Jahrhundertwende die erste Zweiseilförderung in einem 217 m tiefen Bergeschacht errichtet wurde, so kann als eigentlicher Fortschritt erst die Einrichtung der Hauptschachtförderung mit Mehrseilbetrieb auf der Kruppschen Zeche „Hannover“ und „Hannibal“ im

Jahre 1947 angesehen werden. Die errichtete Anlage förderte zunächst aus 750 m und später aus 950 m Teufe und ist sogar noch in der Lage, die tiefste vorgesehene Sohle bei 1400 m zu befahren. Der Anwendungsbereich der Einseil- und Mehrseilförderung in Abhängigkeit von Nutzlast und Teufe soll Abb. 531 wiedergeben.

Zugunsten der Mehrseilförderung sprechen verschiedene Punkte. So besitzen die dünneren Förderseile eine längere Lebensdauer, weil die Pressung zwischen Seil und Treibscheibenfutter kleiner ist, und weil die Schwächung durch gegenseitige Reibung der Drähte geringer wird. Bei dünneren Seilen reichen aber auch schon kleinere Treibscheibendurch-

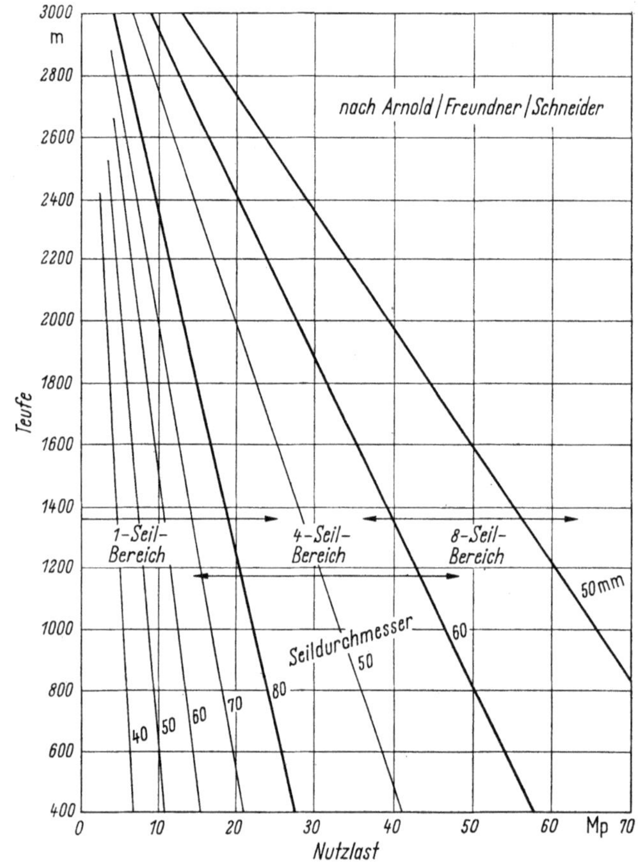

Abb. 531. Anwendungsbereiche der Einseil- und Mehrseilförderung in Abhängigkeit von Nutzlast und Teufe.

messer aus, die einmal billiger sind und andererseits durch die geringeren zu bewegenden Massen eine Erhöhung der Fördermaschinendrehzahl zulassen, wodurch die Abmessungen wiederum sinken. Allerdings kann man die Durchmesser der Treibscheiben nicht beliebig herabsetzen, da sich die vorhandenen Unterschiede in den Seillaufdurchmessern mit der Zahl der Treibscheibenumdrehungen addieren, was besonders bei großen Teufen unangenehm werden kann. Der vor allem in Schweden übliche Fortfall der Seilablenkscheiben bedeutet eine weitere Vereinfachung und Einsparung. Die dünneren Seile sind auch weniger steif und lassen sich somit beim Auflegen, Einbinden und Kürzen leichter handhaben. Für die Sicherheit ist noch von Vorteil, daß bei dünneren Seilen das für die Seilrevision wichtige Verhältnis von Seiloberfläche zu Seilquerschnitt günstiger ist. Die Verteilung der Last auf mehrere Seile erhöht außerdem allgemein die Sicherheit, so daß schon frühzeitig die Fangvorrichtungen entfallen konnten. Auch der Spurlattenverschleiß kann bei der Mehrseilförderung herabgesetzt werden, indem man jeweils paarweise Seile mit entgegengesetztem Drall auflegt.

Wie schon im Teil I des Buches kurz angedeutet wurde, hat man mehrfach versucht, die fließende Förderung durch die Stetigförderer auch für die Schachtförderung anzuwenden, hat dabei aber bisher noch keine durchschlagenden Erfolge erzielt.

Die Schachtförderung ist, wie schon angeführt wurde, mit Zunahme der Förderteufe zum Engpaß geworden, auf dem die Geschwindigkeit immer weiter gesteigert werden mußte, wenn man in der Form eines Hubförderers eine wirtschaftliche Leistung erzielen wollte. Man ist bisher, wie schon erwähnt wurde, bis zu Hubgeschwindigkeiten von 20 und sogar bis 30 m/s gegangen und hat technisch vollendete Schachtaufzüge konstruiert. Eine höhere Förderleistung wird aber doch wohl nur bewältigt werden können, wenn man erfolgreich die stetige Förderung mit heranziehen kann, die große Vorzüge aufweist, wie:

a) geringer Kraftbedarf, da keine Beschleunigung und Verzögerungen auftreten,

b) geringer Raumbedarf, Fortfall der Fördertürme.

Große Leistungen lassen sich mit kleinen Fördergeschwindigkeiten erzielen, der Betrieb läuft bei geringer Wartung sicher und zuverlässig, der Anschluß an kontinuierliche Fördereinrichtungen unter- und übertage läßt sich vorteilhaft gestalten. Als Nachteil läßt sich anführen, daß eine Seilfahrt sowie das Anhängen von sperrigen Lasten nicht möglich ist. Die Gestellförderung wird daher nicht überflüssig werden.

Der Gedanke, die stetige Förderung auf Zechenbetrieben anzuwenden, ist keineswegs neu. Schon kurz vor 1900 war auf einer englischen Kohlengrube eine umlaufende Förderung in Betrieb, bei der die Förderwagen an zwei parallel umlaufenden Ketten angehängt wurden.

In Deutschland wurden die ersten Anlagen zwar in Form von Festbecherwerken 1907 ausgeführt. Damals errichtete die Maschinenfabrik Buckau R. Wolf zwei Anlagen für die Grube Anna in Helmstedt und den Karolinenschacht bei Rositz, wobei seigere Höhen von 48 bzw. 38 m überwunden wurden. Weitere Daten der Rositzer Anlage: Antriebsleistung 25 PS, Becherinhalt 85 l, Fördergeschwindigkeit 0,6 m/s, Fördermenge 70 Mp/h.

Ab 1911 wurden auch Pendelbecherwerke für die Schachtförderung eingesetzt, so z. B. von der Firma Carl Schenck für die Braunkohlengrube „Gottlob II Theissen" in Halle mit folgenden Daten: Förderhöhe 42 m, Förderleistung 70 Mp/h, Becherinhalt 44,5 Liter, Fördergeschwindigkeit 0,37 m/s, Antriebsleistung 50 PS.

Auch die Firma Bleichert baute ähnliche Anlagen, so z. B. für die Niederlausitzer Kohlenwerke Deutzen. Hier wird die Braunkohle, die im Tagebau gewonnen wird, durch Großraumwagenzüge einem 34 m unter der Erde liegenden Bunker zugeführt, aus dem die Kohle in zwei Becherwerke geladen wird. Diese fördern die Kohle 70 m hoch über Tage. Die Anlage ist bemessen für eine Leistung von 5000 Mp in 16 h, d. h. 312 Mp/h. Mit den oben beschriebenen Anlagen sind jedoch keine Förderhöhen über 80 m zu bewältigen. Um den umlaufenden Förderbetrieb auch für größere Teufen benutzen zu können, sind zahlreiche Vorschläge gemacht worden, von denen jedoch keiner ausgeführt wurde. Davy bringt an einem stetig umlaufenden Kettenstrang pendelnde Haken an. In den Totpunktstellungen beim Übergang über die Umlenkrollen sollen an diesen Haken Förderwagen an- und abgehängt werden. Abgesehen davon, daß die Zeit für das Kuppeln der Wagen sehr kurz ist, dürfte eine derartige Anlage leistungsmäßig nicht mit modernen Schachtförderanlagen konkurrieren können. Um an Totgewicht zu sparen, wollte man nach einem anderen Vorschlag nur die Wagenkästen transportieren, die dann auf der Hängebank gekippt werden sollten.

Bei all diesen Anlagen konnte die Kettensicherheit jedoch nicht genügend hoch gehalten werden. Man war gezwungen, Zwischenantriebe vorzusehen. So versuchte Davy durch abgefederte Zwischentragscheiben das Kettengewicht auszugleichen. Die Tragscheiben waren frei drehbar angeordnet, so daß in deren Zähne die Glieder der auf- und absteigenden Kette eingreifen sollten. Schwidtal verbesserte diese Ausführung insofern, als er die Zwischentragscheibe antrieb. Ein sicherer Antrieb und damit eine sichere Entlastung der Ketten ist jedoch durch diese Zwischenantriebe nicht gewährleistet, da nur ein Umschlingungswinkel von etwa 15—20° vorliegt. Es hat sich in der Praxis bei der Verwendung von Zwischenantrieben bei Trogbandförderern immer wieder gezeigt, daß nur eine begrenzte Kraft auf diese Art in die Ketten eingeleitet werden kann und daß die Eingriffsdauer auf dem Antriebsrad größer als 1 sein muß.

Auf einem Umweg scheint das Ziel aber heute doch erreicht und bei den bisher in Frage kommenden Teufen eine Steigerung der Produktenförderung mit wirtschaftlichem Erfolg möglich. Das gibt Veranlassung, den Weg im Anschluß an die vorstehend behandelte stetige Förderung zu beschreiben.

Den Ausgang bildete die Aufgabe, in einem vorhandenen Schacht von 112 m Teufe neben einem vorhandenen Gestellaufzug eine Zusatzförderung einzubauen mit einer Spitzenförderung von rund 200 Mp/h Kohle. Man sah zu diesem Zweck ein Pendelbecherwerk vor, das die Hubhöhe in einem einzigen geraden Strang überwinden sollte. Eine Berechnung ergab jedoch Abmessungen der Laschenketten von 160 mm Laschenbreite und etwa 40 kp/m Eigengewicht, um die nötige Sicherheit gegen Kettenbruch zu erreichen. Das große Gewicht des Förderers ließ aber die Sorge aufkommen, ob diese schwere Kette nicht durch Schwingungen zu Bruchgefahren Veranlassung geben würde, auch wenn man die rechnerische Sicherheit der Kette wohl erreichen konnte. Auch stellten die hohen Anlagekosten, die durch eine derartig schwere Kette bedingt waren, den Einbau der Anlage in Frage.

Aus diesen Schwierigkeiten wurde durch eine Neukonstruktion ein Ausweg gefunden, deren Prinzip in Abb. 532 in Seitenansicht und im Querschnitt dargestellt ist. Danach ist der Becherwerksstrang zwar von der unteren Füllstelle bis an die obere Entladestelle als geschlossene Kette durchgeführt, aber durch zwei Zwischenantriebe in drei einzelne, fast gleiche Hubabschnitte unterteilt. Eine ähnliche Anlage wurde zwar schon früher gebaut. Im Gegensatz zu der schon erwähnten Zwischenantriebsform von Schwidtal wurde hierbei der Umschlingungswinkel auf etwa 90° vergrößert. Nach wenigen Überlegungen wird man jedoch einsehen, daß eine derartige Anlage nur bei vollständigem Gleichlauf der einzelnen Antriebe reibungslos arbeiten kann, da im anderen Falle ein unbestimmtes Spannungsverhältnis in den Ketten zwischen den einzelnen Antrieben auftritt. Bei den nun entwickelten Zwischenantrieben beträgt der Umschlingungswinkel am treibenden Kettenrad jedoch 180°, wie die Abb. 532 zeigt. Hinter dem treibenden Kettenrad der Antriebsstation wird eine Ausgleichstrecke eingeschaltet, über die die Kette einem Umlenkrad zuläuft. Infolge des großen Umschlingungswinkels von 180° ist ein sicherer Eingriff der Kette am Antriebsrad gewährleistet, so daß man mit Sicherheit sagen kann, daß der Antrieb die angehängte Last aufnimmt. Hinter dem Antriebskettenrad, d. h. am Umlenkrad wird die Kettenspannung dann sehr gering sein, da hier nur noch das Eigengewicht des kurzen Stranges mit dem Umführungsrad zu tragen ist. Der Übergang zum nächsten Hubabschnitt, der durch die besagte Ausgleichstrecke gebildet wird, fängt also mit einer geringen Spannung wieder an und steigt entsprechend der Länge der nächsten Hubstrecke gleichmäßig bis zur nächsten Antriebstation an. Die Antriebsmotoren der einzelnen Zwischenantriebstationen werden elektrisch miteinander gekuppelt, so daß ihre Drehzahlen nur vorübergehend etwas voneinander abweichen können. Da nun die Umlenkräder zwischen Federn gelagert sind, wird eine unzulässige Spannungserhöhung in den Ketten zwischen den Antrieben bei Voreilen des oberen Antriebsmotors unterbunden. Durch geeignete Ausbildung der Federung kann der zulässige Anstieg der Kettenspannung bestimmt werden. Zwischen Antriebsmotor und Untersetzungsgetriebe ist eine elastische Kupplung vorgesehen, um ein langsames Anfahren des Becherwerkes zu ermöglichen, wodurch die Kettenbelastungen infolge der sonst auftretenden Massenbeschleunigungskräfte in Grenzen gehalten werden.

Zur Verringerung des Totgewichtes können die Becher aus einer Aluminium-Legierung oder aus Kunststoff hergestellt werden. Bei der Verwendung von Leichtmetall ist darauf zu achten, daß eine absolut kupferfreie Legierung verwendet wird, um innere Korrosion auszuschalten. Ein Oberflächenschutz der Becher durch Eloxieren ist erfor-

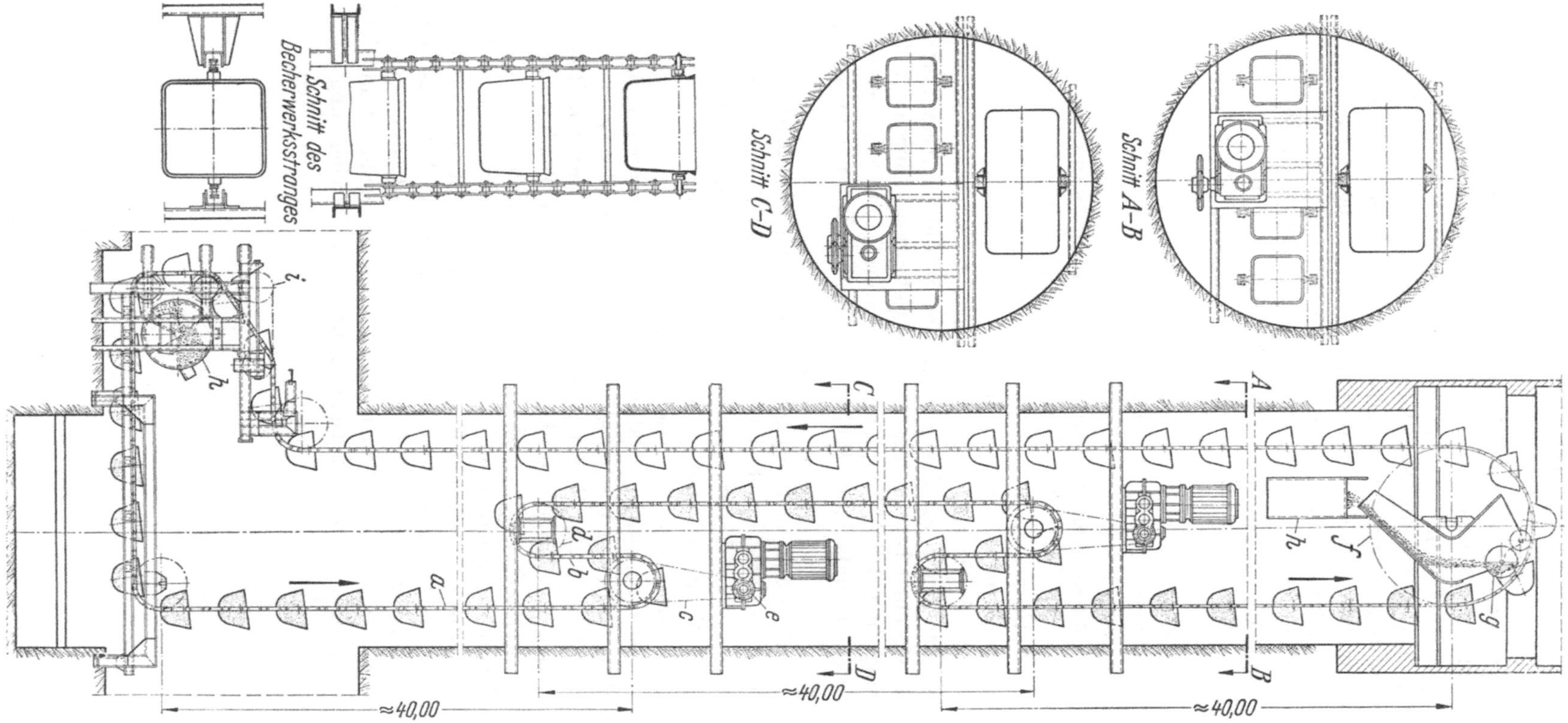

Abb. 532. Pendelbecherwerk zur kontinuierlichen Schachtförderung (Aumund).

a Becherwerkskette; 2 Ketten 160 · 45 mit 35 Mp Bruchlast je Kette; Becher 150 Liter Inhalt; *b* Kettenspeicherabschnitt (fast spannungslos); *c* Rollenkettentrieb; *d* federnd verlagerte Umlenkräder $Z = 18$; *e* Untersetzungsgetriebe mit Anfahrkupplung und Motor; *f* obere Umkehrräder $Z = 54$; *g* Kippscheiben zum Entladen der Becher; *h* oben: Entladungsschurre; *h* unten: Fülltrommel; *i* Kettenspannvorrichtung.

derlich. Außerdem ist eine Berührung der Aluminium-Legierung mit Eisenteilen durch Zwischenschalten von neutralen Stoffen zu verhindern.

Bei den im vorliegenden Fall eingehend auf ihre Festigkeit geprüften Kunststoffbechern ist die Verwendung von ungesättigten Polyesterharzen mit Glasfasereinlagen gewählt worden, die als zweckmäßige Lösung der Aufgabe empfohlen werden kann. Bei der vorher erwähnten Anlage werden Kunststoffbecher von 150 Liter Inhalt in einem Abstand von 0,96 m zwischen zwei Laschenketten 160·45, nach DIN 8175 mit 35 Mp Mindestbruchlast aufgehängt. Mit diesen Bechern läßt sich bei einer Fördergeschwindigkeit von 0,5 m/s die verlangte Spitzenleistung von 200 Mp/h erreichen.

Die Beladung der Becher geschieht, wie schon an anderer Stelle beschrieben, mit Hilfe einer Fülltrommel oder einer Trichterkette, während die Entladung an einer frei drehbaren Leitscheibe durchgeführt wird. In Abb. 532 ist der Kippvorgang schematisch eingezeichnet. Es ist dafür Sorge zu tragen, daß immer nur ein Becher an der Scheibe anliegt, da sonst die Scheibe an einer freien Drehung gehindert wird. Wenn man einen Becherabstand von sechs Kettenteilungen berücksichtigt, läßt sich die Stellung einzelner Becher zueinander beim Kippen leicht verfolgen (vgl. S. 147).

Bei der in der Abb. 532 gezeigten Becherwerksausführung kann das Leertrum bis zu einer Hubhöhe von 120—130 m frei durchhängen bei noch ausreichender Kettensicherheit. Soll eine größere Teufe überwunden oder evtl. auch zur gleichen Zeit abwärts gefördert werden, so sind auch im abwärtslaufenden Trum Zwischenantriebsstationen vorzusehen. Bei diesen Stationen arbeiten die Motoren dann im Generatorbetrieb und liefern entsprechend der abgebremsten Kraft den gewonnenen Strom ins Netz. Noch günstiger ist eine Verbindung jeweils einer Brems- mit einer Antriebsstation durch eine Rollenkette unter Zwischenschaltung einer Rutschkupplung, da hierdurch zwischen den aufwärts- und abwärtslaufenden Ketten in einfachster Weise der gewünschte Spannungsausgleich erreicht wird (vgl. S. 51).

Grundbedingung für ein dauernd störungsfreies Arbeiten ist natürlich eine richtige Auswahl der Kette, nicht nur hinsichtlich einer genügenden Bruchsicherheit, die wir oben schon angedeutet haben und das 10fache der höchsten Zugbeanspruchung betragen soll, sondern besonders auch hinsichtlich der Flächenpressung in den Gelenken wegen der häufigen Biegung beim Umlauf um die Antriebsräder.

In dieser Beziehung ist eine einfache Gallsche Kette durchaus ungeeignet und leider werden oft die einfachen Gallschen Ketten als die einzige Form der Gelenkketten angesehen. Eine einfache Gallsche Kette, bei der die Laschen sich auf den Bolzen drehen, ist aber für einen Betrieb von langen Förderbändern oder für Pendelbecherwerke mit großer Bauhöhe und mehreren Zwischenantrieben ungeeignet, weil die Flächenpressung zu groß ist, auch wenn man die Bolzenstärke durch eine Rolle als Büchse zu vergrößern sucht, wie es bei früheren Ausführungen geschehen ist. Für diesen Zweck ist wohl nur die Büchsenkette in der Konstruktion nach DIN 8175 verwendbar, bei der die Außenlaschen auf dem Bolzen und die Innenlaschen auf einer Büchse jeweils gegen Verdrehung gesichert angebracht sind. Die Bewegung in der Kette findet dann zwischen der Büchse und dem Bolzen statt, wodurch eine Vergrößerung der Gleitflächen und eine Verringerung der Flächenpressung erreicht wird.

4. Hebe- und Förderanlagen im Hütten- und Walzwerk sowie im Gießereibetrieb

a) Anfuhr und Umschlag der Rohstoffe

Die in den Hochofenwerken verarbeiteten Rohstoffmengen sind so bedeutend, daß die Anfuhr und Lagerung derselben in der Regel für die Anordnung des ganzen Hochofenwerkes maßgebend ist. In dieser Hinsicht hat sich mit Rücksicht auf den Materialdurchgang eine allgemeine Regel herausgebildet, nach der die Hochöfen in einer Reihe in Abständen von etwa 40—60 m, mitunter auch paarweise in dieser Reihe angeordnet werden. Die Anordnung ermöglicht eine einfache Vergrößerung der Gesamtanlage durch Verlängerung der Hochofenreihe. Die Rohstoffe werden an der einen Längsseite der Ofenreihe angefahren, während das aus den Öfen kommende Eisen nach der anderen Seite abgeführt wird. Diese Regel ist bei fast sämtlichen Anlagen auch bei verschiedener Rohstoffanfuhr befolgt worden.

Von den großen umzuschlagenden Rohstoffmengen erhält man ein ungefähres Bild, wenn man bedenkt, daß je Tonne zu erschmelzenden Roheisens noch vor 15—20 Jahren etwa 2500—3000 kp Erz und Zuschlagstoffe und je nach Roheisenqualität etwa 850 bis 1200 kp Koks eingesetzt werden mußten. Das waren im Mittel also 3800 kp Einsatzmaterial je Mp Roheisen. Durch die in den Nachkriegsjahren allgemein zu beobachtenden Bestrebungen mit zunehmender Anwendung verschiedenster Vorbereitungs- und Aufbereitungsverfahren zu einer qualitativen Verbesserung der Einsatzstoffe sowohl in chemischer als auch in physikalischer Hinsicht zu gelangen und teilweise durch verschiedene verfahrenstechnische Verbesserungen im Ofenbetrieb selbst, sind die obigen Zahlen auf Beträge herabgesunken, die heute bei etwa 1800 kp Möllerstoffen und bei 480—700 kp Koks je Mp Roheisen, und bei Sonderroheisen auch bis 1200 kp liegen.

Bedenkt man, daß selbst unter Berücksichtigung der verbesserten Einsatzzahlen ein mittleres Hochofenwerk mit täglich etwa 3000 Mp Roheisenerzeugung eine tägliche Materialmenge von etwa 7500 Mp zu bewältigen hat, wozu noch die abzuführenden Roheisen- und Schlackenmengen mit insgesamt etwa 4200—4500 Mp zu rechnen sind, so kann man ermessen, welche Bedeutung allein die Auslegung und Anordnung der Transport- und Umschlaganlagen bei der Gesamtplanung eines Hochofenwerkes haben.

Der Zubringer- und Abfuhrdienst für alle Materialien kann bei den heute üblichen Erzeugungsmengen und bei Berücksichtigung der heute erforderlichen Aufbereitungsverfahren daher nur auf vollmechanischem Wege erfolgen. Dieses gilt besonders für Länder mit hohem Lohnniveau.

Bei der Auslegung der Förderanlagen ist zu beachten, daß die oben angegebene Menge den Öfen in etwa 20 Arbeitsstunden zuzuführen ist. Sie muß aber in viel kürzerer Zeit aus den die Rohstoffe heranbringenden Fördereinrichtungen, wie Schiff oder Eisenbahn, entladen werden, da hierbei vielfach nur Tagesbetrieb in Betracht kommt, und weil auch Unregelmäßigkeiten in der Anfuhr zu berücksichtigen sind.

Oft werden also auf einem Werk täglich mehr als 15000 Mp Rohstoffe angefahren, die z. T. gelagert werden müssen, damit nicht durch etwaige vorübergehende Störungen in der Anfuhr die Arbeit des ganzen Hochofenwerkes gestört wird. Das muß ganz abgesehen von den Zeitverlusten schon mit Rücksicht auf die Erhaltung und den guten Betrieb der Öfen mit unbedingter Sicherheit vermieden werden.

Die für die Lagerung der Rohstoffe maßgebenden Gesichtspunkte sind sehr mannigfaltig. Die Anordnung der Lager, die Größe der verwendeten Lagerplätze usw. sind vielfach abhängig von den jeweils vorliegenden besonderen Verhältnissen und natürlich auch von der Größe des Hochofenwerkes. Immerhin können für die verschiedenen Arten der Anfuhr einige allgemeine Regeln aufgestellt werden. In Abb. 533 ist das Schema eines Hochofenwerkes dargestellt, bei dem die Anfuhr sämtlicher Rohstoffe durch Seeschiffe erfolgt. Die Anfuhr mit Seeschiffen erfolgt verhältnismäßig unregelmäßig. Die vielen verwendeten Erzsorten, bei Verarbeitung überseeischer Erze oft mehr als 12 an der Zahl, werden einzeln in großen Lieferungen von mehreren 1000 Mp herangebracht. Es ist daher nicht möglich, Hochbehälter in solchen Abmessungen anzulegen, daß darin der ganze täglich erforderliche Bedarf für längere Zeit aufgespeichert werden kann oder auch nur ein wesentlicher Teil, der für den regelmäßigen Betrieb ausreichen könnte. Wenn die Hochbehälter in solchem Fall auch an sich ihre Bedeutung nicht verlieren, die darin liegt, daß das Erz ohne weiteres durch die im Teil I des Buches behandelten Ladeschurren in die für die Zufuhr zur Gicht verwendeten Gefäße abgezapft werden kann, so sind sie bei den vorliegenden Verhältnissen doch nur in verhältnismäßig kleinem Umfang gerechtfertigt mit Rücksicht auf die dafür erforderlichen sehr großen Anlagekosten.

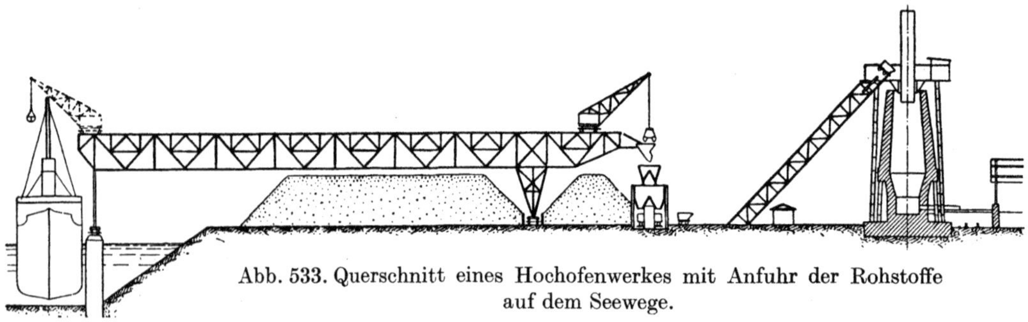

Abb. 533. Querschnitt eines Hochofenwerkes mit Anfuhr der Rohstoffe auf dem Seewege.

Man benutzt daher in solchen Fällen für die Lagerung der Rohstoffe durchweg offene Lagerplätze, die von fahrbaren Verladekranen überspannt werden. Diese Verladekrane werden in der Regel so angeordnet, daß sie die Rohstoffe aus dem Schiff entweder auf den offenen Lagerplatz oder unmittelbar in die Hochbehälter entladen, und daß sie ferner die Rohstoffe vom Lagerplatz entnehmen und in die Hochbehälter befördern können. In der Regel werden die Hochbehälter, ebenso wie die offenen Lagerplätze, parallel zu der ganzen Hochofenanlage angeordnet. Die Notwendigkeit, Rohstoffe mit Kran vom Lagerplatz wieder aufzunehmen, also 2mal verladen zu müssen, ist im vorliegendem Fall nicht so nachteilig, weil für die Schiffsentladung doch sehr leistungsfähige Verladeapparate notwendig sind, die in den Zwischenzeiten für die Entnahme des Fördergutes vom Lagerplatz zur Verfügung stehen und weil das Umladen dem Erz nicht schadet.

Die Hochbehälter brauchen dann nur für wenige Tage Rohstoffe zu fassen, etwa soviel, daß man an Sonn- und Feiertagen von der Arbeit möglichst frei ist und beim Füllen der Hochbehälter vom Lagerplatz im gewissen Maße unabhängig ist. Man führt diese Arbeit zweckmäßig in den Pausen zwischen der Entladung der einzelnen Schiffe aus, damit für die Hochbehälterbeschickung möglichst wenig besondere Verladeapparate notwendig sind. Das ist auch erwünscht, damit die Arbeiter möglichst gleichmäßige Beschäftigung haben, denn für den Hochofen ist es für ein gutes Arbeiten eine grundlegende Forderung, daß er Tag und Nacht und auch an Sonn- und Festtagen ohne Unterbrechung bedient wird. Hiernach ist die Bemessung der Hochbehälter oft das Ergebnis einer Vergleichsrechnung, bei der die Kosten der Behälteranlage auf der einen Seite, die Kosten der evtl. zu vergrößernden Verladeanlage und der vermehrten Arbeiterzahl — Schiffsentladung und Lagerplatzentladung gleichzeitig angenommen — auf der anderen Seite stehen.

Diese anzunehmende Vergleichsrechnung hat grundsätzlich auch in allen anderen Fällen bei Hochofenanlagen angenäherte Gültigkeit einerlei, ob es sich um die Anfuhr mit Seeschiffen oder mit Flußschiffen oder mit der Bahn oder mit anderen Fördermitteln handelt.

Beschränkt man sich vorläufig auf das vorliegende Beispiel, die Anfuhr mit Seeschiffen, so muß man die Anordnung natürlich so treffen, daß nicht nur jede auf dem Lagerplatz befindliche Verladeanlage zu jeder Zeit, wenn sie nicht zur Schiffsentladung benutzt wird, für das Füllen der Hochbehälter verwendet werden kann, sondern daß auch jede der verschiedenen Erzsorten zu jeder Zeit vom Lagerplatz entnommen werden kann.

Zu dem Zwecke ist über den Hochbehältern eine besondere Längsfördereinrichtung nötig. Diese Verteilungsanlage ist fast dauernd in Tätigkeit, denn auch bei unmittelbarer Beschickung der Hochbehälter vom Schiff aus ist es selten angängig, eine ganze Schiffsladung einer einzigen Erzsorte in eine große Zahl nebeneinander befindlicher Abteilungen der Hochbehälter zu entladen. Dadurch würde die Zufuhr der einzelnen Erzsorten zu den Hochöfen zu sehr erschwert.

Das Verteilen der Erze und Zuschläge in die einzelnen Abteilungen der Hochofenbehälter wird in der Regel mit Bahnförderern ausgeführt, schon weil durch die Art des Fördergutes für die Schiffsentladung und für die Entnahme vom Lagerplatz große Hubförderer bedingt sind, bei denen größere Lademengen in einzelnen Zeitabschnitten bewegt werden. Es ist zweckmäßig, diese Mengen möglichst entsprechend dem Ofenabstand in die Hochbehälter zu verteilen. Als Verteilungsbahn über den Hochbehältern werden in der Regel Standbahnen mit elektrisch betriebenen Selbstentladern verwendet, wie auch in Abb. 533 angedeutet wurde. Der Inhalt dieser Selbstentlader für die Standbahn über dem Bunker kann so groß gewählt werden, daß ein Arbeiter mit einem einzigen hin- und hergehenden Wagen oder höchstens zwei Arbeiter mit zwei Zügen die ganze erforderliche Fördermenge in die einzelnen Füllrumpfabteilungen verteilen können. Die Anlagekosten steigen mit der Größe dieser Wagen nur verhältnismäßig langsam, da der durch das Gewicht des Füllrumpfinhaltes bestimmte Unterbau doch kräftig genug ist, um ohne Vergrößerung seines Gewichtes auch die Schienenbahn zu tragen.

Bei anderen Hüttenwerken wird das Rohmaterial nur mit der Bahn angefahren, das Erz teilweise unmittelbar von den Erzgruben aus oder auch von einem in der Nähe angelegten Flußhafen, wo die Flußschiffe entladen werden und das Erz gelagert wird. In diesem Fall beschränkt sich die Bahnförderung auf eine kurze Bahnstrecke. Als Bahnwagen werden auch in diesem Falle zweckmäßig Selbstentlader verwendet, die von Hochbahnen aus in die Bunker entladen, unter denen die Gefäße für die Hochofenbeschickung gefüllt werden. Das Entladen der Selbstentlader über den Bunkern ist der einfachste Verteilungsweg zu den Hochöfen und hat Vorzüge vor der Kipperentladung, weil diese die Zufuhr und Abfuhr der mit Erz, Koks oder Kalkstein beladenen Wagen in ihrer Bewegung auf den Hochbahngleisen stört. Das hat bei Anlagen mit Bahnanfuhr mitunter dazu geführt, das Kippen der Eisenbahnwagen abseits von den Bunkern mit Hochkipperanlagen auszuführen und den unter den Kippern beladenen Selbstentladern die Verteilung auf die einzelnen Bunker zu übertragen.

Der in den letzten Jahren stark gestiegene Bedarf an Roheisen zwingt zur Verbesserung der Produktionsmethoden. Soweit diese im Bereich des Hochofenvorfeldes liegen, erkennt man die Tendenz, durch konsequentes Brechen und Sieben aller Möllerstoffe auf etwa Walnußgröße und durch Agglomeration des anfallenden Feinen zu möglichst selbstgehendem Sinter eine gleichmäßige Durchgasung im Ofenschacht zu erreichen. Dadurch wurde der Ofengang verbessert mit dem Ergebnis, daß bis zu 25% Koks erspart wurden bei einer gleichzeitigen Leistungssteigerung je Ofenraumeinheit, die bei 20% liegt. Zugleich sind aber auch größere Rohstoffmengen umzuschlagen, so daß für das Erzlager, die Mischbetten, die Brech-, Sieb- und Sinteranlage ein vernünftiger Zubringer- und Verteilerdienst wohl kaum ohne die Einschaltung von Transportbandanlagen zu erreichen ist.

Nur in der Beschickung des Ofens mit gut klassiertem Material und einem hohen Anteil an möglichst selbstgehendem Sinter liegt die Voraussetzung für alle betrieblichen Verbesserungen und vor allen Dingen für die Möglichkeit zum Betrieb von Groß-Hochöfen.

Da es sich bei der Möllerung der Sinteranlage wegen des kontinuierlichen Betriebes um einen gleichbleibend fließenden Materialstrom handelt, haben sich hierfür Transportbandanlagen mit entsprechend ausgelegten Wiegeeinrichtungen mehr und mehr durchgesetzt. Während für die Zufuhr zur Sinteranlage meist Gurtbandförderer zu finden sind, wird der Abtransport des heißen Gutes mit speziellen Trogbandförderern durchgeführt.

Für den Transport des heißen, aggressiven Sinters haben sich vor allem sog. Träger- und Schlepp-Plattenbänder (vgl. S. 48ff.) und Becherzellenbänder (vgl. S. 66) bestens bewährt.

In einzelnen Fällen durchlaufen die eingehenden Erze bereits im Seehafen eine Brech- und Siebanlage, insbesondere wenn eine Sinteranlage die Versorgung mehrerer Hüttenwerke übernimmt und dadurch die Sieberzverarbeitung räumlich von der Verbraucherstelle für Stückerz getrennt liegt. In der Regel wird jedoch die Sinteranlage mit dem Hochofenbetrieb zusammengefaßt, um eine Zerkleinerung des Sinters beim Zwischentransport zu vermeiden oder um warmen Sinter einzusetzen. Dann wird die Klassierung des Erzes

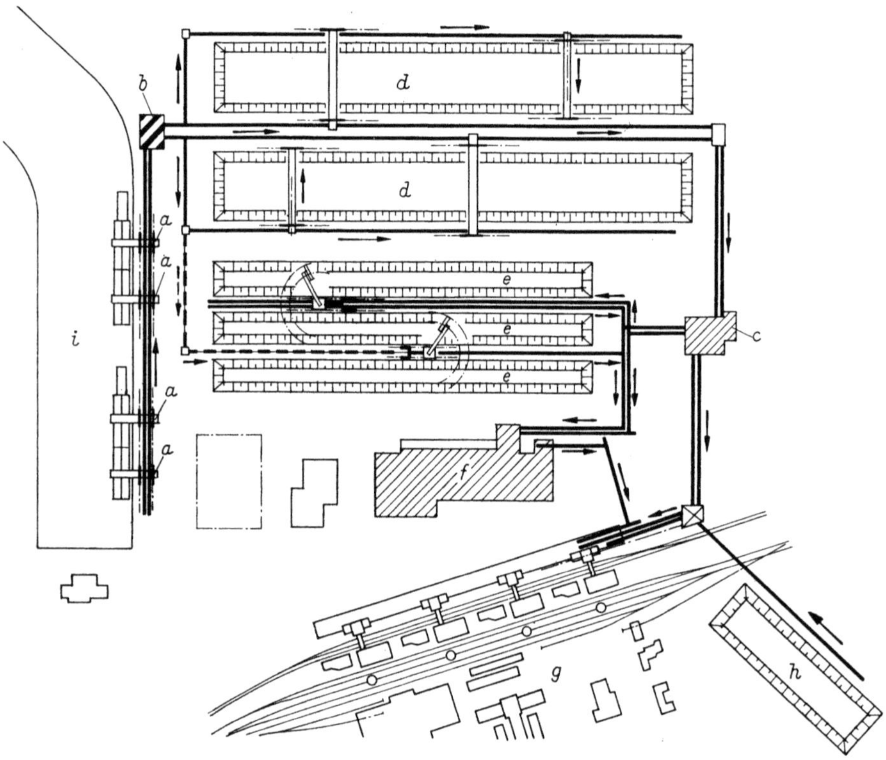

Abb. 534. Schematische Darstellung eines Hochofenlagerplatzes.

a Entlader für Binnenschiffe; *b* Probenahme; *c* Brech- und Siebanlage; *d* Lager für Groberz mit Abwurf- und Aufnahmebrücken; *e* Lager für Feinerz mit kombinierten Absetz- und Wiederaufnahmevorrichtungen; *f* Sinteranlage; *g* Hochofenanlage; *h* Lager für Koks; *i* Hafenbecken.

zweckmäßigerweise an der Empfangsstelle des Hüttenwerkes, also z. B. in einem Binnenhafen vorgenommen. Die schematische Darstellung einer zweckmäßigen Lagerplatzanordnung zeigt die Abb. 534. Wenn auch noch vor einem Jahrzehnt die Verladebrücke mit Greifer- oder Drehlaufkatze typisch für den Massengut-Empfangshafen war, so weisen in den letzten Jahren neu ausgerüstete Häfen zur Erzielung größerer Umschlagleistungen Schiffsentlader verschiedenster Gestalt auf, denen lediglich der kurze Weg des Greifers vom Schiff bis zu einem Bunker über einer abfördernden Bandanlage gemeinsam ist. Um bei diesen Aggregaten die bewegten Massen in Grenzen zu halten, wird heute anstelle üblicher Führerstandskatzen mit eingebauten Antriebsaggregaten für Heben und Fahren in verstärktem Maße die Seilzugkatze benutzt, wobei man durch geeignete Seilführungen den Seilverschleiß zu begrenzen bestrebt ist. Eine Beschreibung derartiger Geräte erfolgte bereits auf S. 378. Entsprechend Abb. 534 wird das Roherz von den Schiffsentladern einem Verteilerpunkt zugeführt, von wo es wahlweise zur Erzbrech- und Siebanlage, zum Hochofenbunker oder zum Lagerplatz geleitet werden kann. Sofern es sich um Feinerz handelt, kann dies auch auf das Pufferlager der Sinteranlage abgelegt werden. Nach der Wiederaufnahme vom Hauptlager durchläuft das Erz die Ausgangsverteilerstelle, von wo es wiederum den vorgenannten Stellen wahlweise zugeführt werden kann. In der Brech- und Siebanlage wird das Erz in zwei Fraktionen klassiert: das Stückerz gelangt zum Hochofen, das Sieberz zur Sinteranlage oder deren Pufferlager. Schließlich wird auch der Sinter dem Möllerbunker zugeführt, und zwar über eine Bandanlage oder bei größeren Entfernungen durch einen Eisenbahntransport.

Für die Wiederaufnahme des Erzes vom Lagerplatz stehen nach dem heutigen Stand der Technik neben Greiferbrücken und Flachbaggern in Zusammenarbeit mit Bandanlagen auch Schaufelradgeräte zur Wahl. Diesbezüglich sei auch auf die Abhandlung der Massengutlagerplätze hingewiesen.

Um auch beim Ausfall der Schiffsentlader bzw. beim Zufrieren der Wasserstraßen die Rohstoffversorgung des Werkes zu sichern, wird häufig eine leistungsfähige Waggonkippanlage angeschlossen, so daß der gesamte Rohstoffbedarf auch mit normalen Eisenbahnwagen angeliefert werden kann.

Abschließend seien noch einige fördertechnische Probleme aufgezeigt, die in den meisten Fällen nur unbefriedigend gelöst werden. Das Dosieren und Abziehen von Schüttgütern aus Bunkern mit relativ großen Querschnitten auf die nachfolgenden Förderaggregate mit engen Querschnitten gehört dazu. An diesen Betriebspunkten treten erfahrungsgemäß Störungen, bedingt durch Materialstauungen und Verstopfungen, am häufigsten auf. Grundsätzlich sind diese Übergangsstellen so auszuführen, daß die Schüttbewegung ungehindert vor sich geht, also Knickungen des Fördergutstromes und krasse Umleitungen vermieden werden. Bei scharfen Umleitungen von Materialströmen kommt es zu hemmenden Wirbelungen und bei abrasivem Material zu unerwünschten Abriebserscheinungen des Fördergutes und Verschleiß der Förderaggregate. Die Gefahr, daß in solchen Fällen bei feuchtem und klebendem Fördergut Anbackungen erfolgen und damit weitere Querschnittsverengungen und Verstopfungen auftreten, ist groß. Diese Engpässe bei der Förderung von vielen Teilströmen, besonders in der Aufbereitung zur Höhenüberwindung zwischen den einzelnen Maschinen, ebenso bei Rückführung des Materials und wiederholter Repetition müssen beim Neubau einer Anlage durch entsprechende Planung auf ein Mindestmaß reduziert werden. Beim Umbau bereits bestehender Anlagen ist eine gute Kompromißlösung zu suchen.

Andere Schwierigkeiten treten beim Übergang von einem engen auf einen breiten Querschnitt auf, etwa bei der Materialaufgabe von einem schmalen Förderband über Vibrationsrinnen oder einfache Rutschbleche auf relativ breite Arbeitsmaschinen. Leitstege oder Führungsleisten können den engen Materialquerschnitt zwar auf die Breite der Arbeitsflächen auseinanderziehen, bewirken aber nicht, daß die auf dem Förderband entstandene Entmischung des Schüttgutes nach der Korngröße aufgehoben wird, so daß die meist außen liegenden gröberen Kornfraktionen auch den nachgeschalteten Maschinen meist außen aufgegeben werden. Hierdurch wird oft die Leistung verringert und der Erfolg der Klassier- oder Sortierarbeit gemindert.

b) Hochofenbegichtung

Im Anschluß an die Rohstoffanfuhr soll die Begichtung der Hochöfen kurz behandelt werden. Die dabei in Frage kommenden Anforderungen sind für die Gestaltung der Fördereinrichtungen von ausschlaggebender Bedeutung. Für das gute Arbeiten der Hochöfen ist es erforderlich, Möller in gleichmäßiger Verteilung und in gleichmäßig starken Schichten und möglichst in gleichmäßiger Körnung in den Ofen hineinzubringen, damit die unten eingeblasene, in den Winderhitzern (Cowper-Apparaten) erhitzte Gebläseluft sich gleichmäßig auf den Ofenquerschnitt verteilt. Als Anhalt für die in Frage kommende Luftmenge kann gelten, daß das Gewicht der Luftmenge etwa eben so groß ist, wie das Gewicht des erblasenen Roheisens.

Zur Durchführung einer guten Begichtung sind zahlreiche Konstruktionen der Gichtverschlüsse angewendet worden, die in neuerer Zeit durchweg als Doppelverschlüsse ausgeführt werden, so daß damit die Einwurföffnung des Ofens oben abgedichtet wird, wenn das Rohmaterial in den Ofen hineingebracht wird. Hier sollen nur einige Konstruktionen in ihren Grundzügen behandelt werden.

Bei den ersten Hochofenanlagen wurden durchweg senkrechte Aufzüge angewendet, die oben durch eine Verbindungsbrücke mit der Gicht verbunden waren und auf denen Handbetrieb zum Schieben der Möllerwagen vorherrschte. Bald ging man aber doch zu

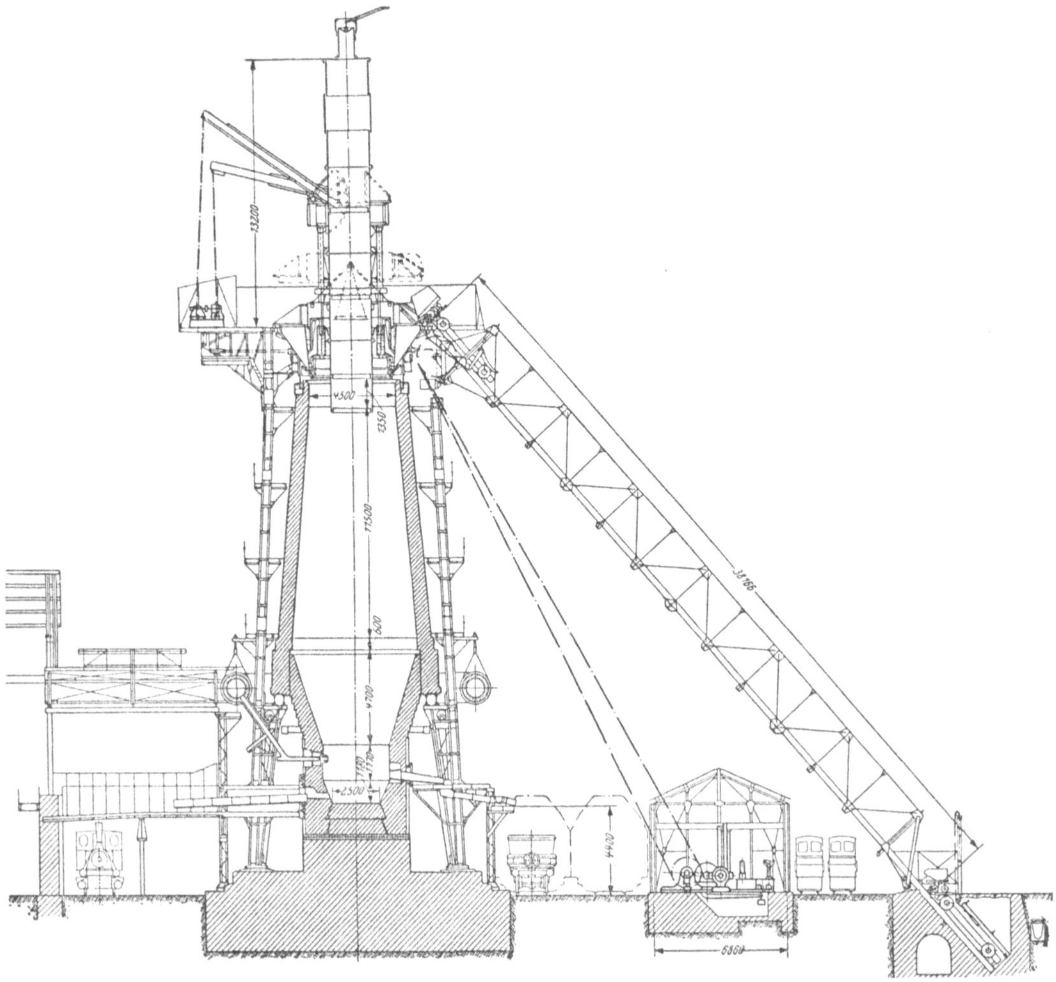

Abb. 535. Hochofen mit Schrägaufzug und Vorderkipper sowie drehbarem Verteilungstrichter.

Schrägaufzügen über. In Abb. 535 ist ein Querschnitt durch einen Hochofen mit Begichtung durch Vorderkipper und einen Schrägaufzug dargestellt, wie sie in den Abmessungen zu Beginn dieses Jahrhunderts als Regel angesehen werden konnten. Bei der dargestellten Anordnung entweicht das Gas oben durch ein senkrechtes Zentralrohr, während der Möller aus der den Ofen oben abschließenden Gichtschüssel in den ringförmigen Raum außerhalb des Zentralrohres geleitet wird. Mittlerweile hat sich der Durchmesser der Gicht von 4,5 m über 5—6 m vergrößert und gegenwärtig werden Öfen mit 7 m Durchmesser gebaut und mit 10 m Durchmesser projektiert.

Vom einfachen Gichtverschluß, der das Gichtgas in die freie Luft entweichen ließ, wenn er zum Gichten geöffnet werden mußte, ging man schon sehr bald zum doppelten Gichtverschluß über mit Flüssigkeitsabdichtung der einzelnen gegeneinander beweglichen Teile des Gichtverschlusses, wie auch aus Abb. 535 zu erkennen ist.

Die Art der Begichtung hat für den Betrieb des Hochofens wohl von allen Verladearbeiten im Hochofenbetrieb die größte Bedeutung. Die Wahl des für die Begichtung verwendeten Systems ist bestimmend für die Anordnung der meisten übrigen Verladeanlagen auf der Rohstoffseite einer Hochofenreihe, wenn auch die Lage der Hochbehälter und der offenen Lagerplätze an sich durch die Art der Anfuhr festgelegt ist.

Die besondere Bedeutung dieser als Hochofenbegichtung bezeichneten Verladearbeit liegt darin, daß es für den Betrieb des ganzen Hochofens von größter Wichtigkeit ist, wie das Fördergut, der Möller, auf den Querschnitt des Ofens verteilt wird und in welchem Maße er vor Beschädigung und Zerstückelung bewahrt wird.

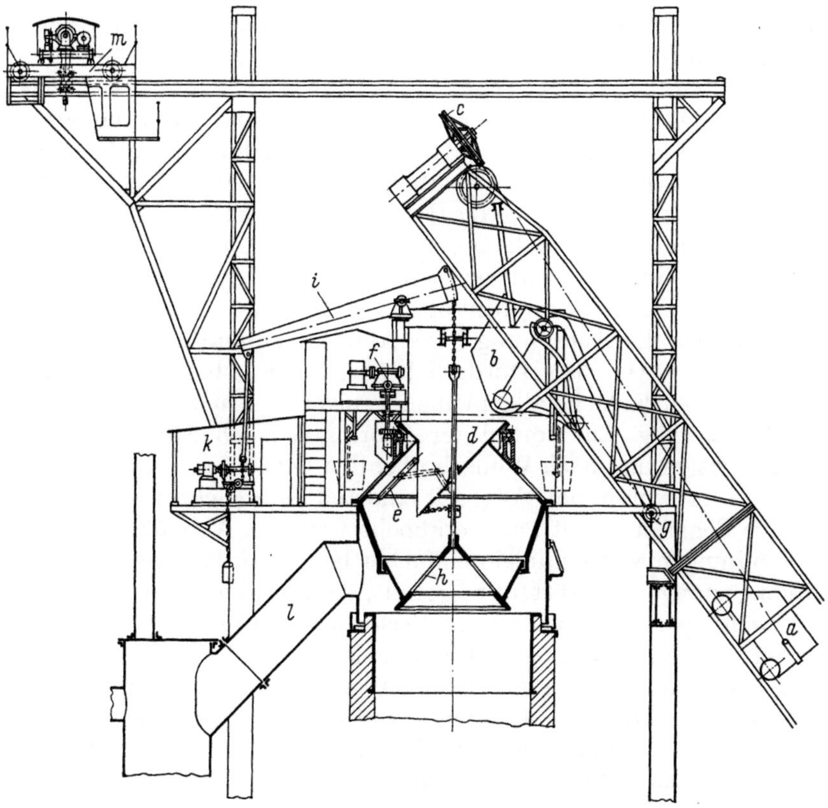

Abb. 536. Hochofenbegichtung mit Kippkübelaufzug und drehbarem Verteilungstrichter (Brown).

a Kippwagen auf der geneigten Bahn; *b* Kippwagen in der Gleisgabelung in Kippstellung; *c* Umführungsrolle für das Hubseil; *d* Drehbarer Verteilungstrichter mit Abschlußklappe *e*; *f* elektrisches Drehwerk für den Verteilungstrichter, bei jedem Hub gesteuert durch Rollenhebel *g*; *h* Parrytrichter als unterer Ofenverschluß; *i* Doppelhebel zum Bewegen von *h* mittels Gichtglockengewinde *k*; *l* seitliches Gasabzugrohr; *m* fahrbare Montagewinde.

Bei ungleichmäßiger Verteilung über den Ofenquerschnitt wird der regelmäßige Betrieb des Ofens gefährdet, indem die Gebläseluft an einzelnen Stellen mehr hindurchtritt als an anderen. Dadurch entstehen „Schiefhängen“ des Ofens, Rohgang, d. h. gestörter Schmelzvorgang und andere Störungen. Ein Zerreiben der Beschickung, insbesondere ein Zerreiben des Kokses führt nicht nur zu Verlusten an wertvollem Koks, der durch den Gebläsewind aus dem Ofen hinausgeblasen wird, sondern außerdem zu Schwierigkeiten durch Verschmutzen der Rohrleitungen usw. Die Verluste an Koks infolge entstehenden Abriebs sind aber allein schon sehr bedeutend. Um welche Beträge es sich bei dem Verlust an Koksabrieb handeln kann, zeigt die auf Vorschlag des Verfassers auf einem Hüttenwerk unmittelbar vor der Begichtung vorgenommene Absiebung des entstandenen Koksstaubes. In diesem Falle, in dem der mit der Bahn angefahrene Koks zunächst durch einen Hochbehälter ging, betrug die vor der Gicht abgesiebte Menge an Koksgrus etwa 8%

des gesamten Koksverbrauches. Der Gesichtspunkt der Schonung des Kokses ist daher auch mit Recht in den letzten Jahrzehnten für die Gestaltung der Begichtungsanlagen besonders maßgebend gewesen.

Im Laufe der Entwicklung ist nach amerikanischem Vorbild der Hochofenverschluß dann in vielen Fällen anders ausgeführt worden, wie in Abb. 536 dargestellt ist. Der Möller wird dabei durch einen über der Mitte des Hochofens angeordneten trichterförmigen Behälter aufgenommen, der unten durch den sog. Parrytrichter *h* abgeschlossen und mehr nach dem äußeren Rand des Ofenquerschnittes geleitet wird. Die Verteilung der Beschikkung geschieht durch einen drehbaren Behälter *d* mit einer unteren Verschlußklappe *e*, so daß dadurch die gleichmäßige Verteilung über dem Ofenquerschnitt wohl gesichert ist. Das Gichtgas wird nicht durch ein Zentralrohr, sondern durch seitlich angeordnete Rohranlagen *l* abgeführt. Als Beschickungswagen werden kippbare Beschickungskübel *b* verwendet. Die Verteilung der Möllerstoffe durch den drehbaren Trichterbehälter *d* ist bei der dargestellten Anordnung wohl genügend gleichmäßig, der drehbare Behälter hat aber den Nachteil, daß oben auf der Gicht, wo bei ungleichmäßigem Ofengang immerhin zeitweise eine starke Erhitzung der Eisenteile erfolgen kann, drehbare Teile benötigt werden, die sich unter der Einwirkung der Hitze verbiegen können. Es entstand daher eine ganze Reihe von Anordnungen, welche den drehbaren Verteiler zu vermeiden suchten, dabei aber oft andere Nachteile aufwiesen und weniger Verbreitung fanden, als die in Abb. 536 dargestellte einfachere Anordnung.

Der Koks wurde bei der Anordnung nach Abb. 536 einmal häufiger umgeladen als es bei der Anordnung nach Abb. 535 erforderlich war. Das war bei den amerikanischen Verhältnissen, bei denen der Koks im allgemeinen weniger zu Bruch neigt als in Deutschland, nicht besonders nachteilig. Ein Vorteil der Anordnung nach Abb. 536 ist der, daß man den Möller sehr wirksam und nach Wunsch über den Ofenquerschnitt verteilen kann.

In Deutschland hat sich in der Folgezeit eine andere Begichtungsart sehr stark eingeführt, nämlich die Begichtung mit Trichterkübeln, wie sie in Abb. 537 dargestellt ist. Nach mehrfachen Wandlungen wurde nun ein einfacher Kübel mit trichterförmigem Boden und mittlerer Aufhängestange auf Hüttenflur gefüllt, dann durch einen Schrägaufzug bis auf die Höhe der Gicht gehoben, hier automatisch auf die Gicht herabgesenkt und durch weiteres Absenken der Aufhängestange durch Senken des unteren Kegelverschlusses automatisch in den Ofen entladen, wie aus Abb. 537 und 538 zu ersehen ist. Dabei wird der Gasverlust während des Gichtens dadurch vermieden, daß auf der Aufhängestange des Trichterkübels eine Gasabschlußglocke auf die Gicht herabgesenkt wird, so daß dadurch das Entweichen von Gas während der Zufuhr des Möllers in den Ofen unmöglich wird. Dieser Gichtverschluß ist sehr einfach und widerstandsfähig gegen Hitze und die Steuerung des Aufzuges ist so einfach, wie die Steuerung eines einfachen Aufzuges.

Die Behandlung des Kokses ist sehr günstig, indem er, wenn er vor dem Koksofen gefüllt und mit der Bahn zum Hochofen gebracht werden kann, nur eine einmalige Umladung erfährt und zwar unmittelbar in den Hochofen, so daß ein Anlaß zu Staubbildung fast vollständig vermieden wird. Durch diese einfache Anordnung wurde in Europa zeitweilig fast ein Monopol für diese Beschickungsart geschaffen, das dann aber zu komplizierten Gesamtanordnungen verführte. Eine derartige Gesamtanlage einer Hochofenbegichtung ist in Abb. 537 dargestellt.

Mit welcher Sorgfalt die Begichtung trotz des großen Materialdurchganges mit den schweren Kübeln mit oft mehr als 12 Mp Inhalt durchgeführt wird, ist aus der in Abb. 539 wiedergegebenen Anordnung eines Zubringewagens für die Trichterkübel zu erkennen, der ausgerüstet ist mit Drehscheiben zur Sicherung einer gleichmäßigen Füllung des Kübelquerschnittes und mit Wiegevorrichtung zur Bemessung des vorgeschriebenen Gewichtes der Ladung von Erz und den verschiedenen Zuschlägen.

Wegen der hohen Beschaffungskosten derartiger Gesamtanlagen konnten diese im Wettbewerb gegen die einfache Bauart des amerikanischen Kippkübels nicht bestehen, so daß diese älteren Anordnungen z. Z. bei vielen Neuanlagen wieder bevorzugt werden. Das

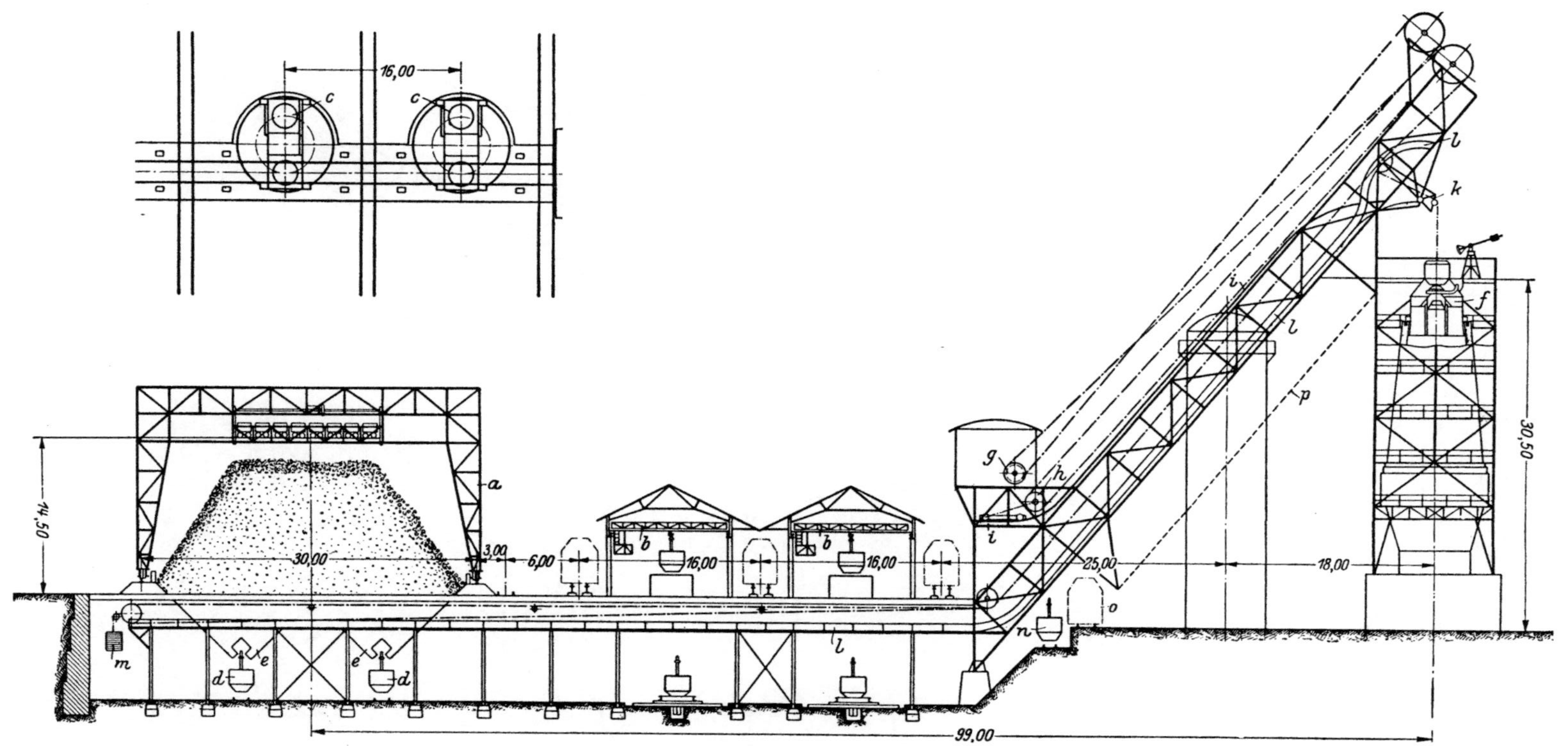

Abb. 537. Trichterkübelaufzug mit einer beliebigen Anzahl von Kübelaufnehmestellen (Aumund-Demag).

a fahrbarer Mehrkreiselwipper zum Ablagern des Erzes aus Grubenwagen; *b* Laufkran zum Aufnehmen der Kokskübel im Kokslager und Absenken derselben auf Drehscheiben *c* (im Grundriß gezeigt); *d* Zubringegleise für Erzkübel, die gefüllt werden aus Ladeschurren *e*; *f* Gasfang des Hochofens; *g* Aufzugwinde; *h* lose Rolle des Gegengewichtes; *i* Schienenführung für das Gegengewicht; *k* Lastkatze; *l* Schienenführung für die Lastkatze; *m* Spanngewicht für das Gegenseil der Lastkatze; *n* Zubringegleis für Kokskübel bei unmittelbarer Beladung vom Anfahrgleis *o*; *p* Schutznetz.

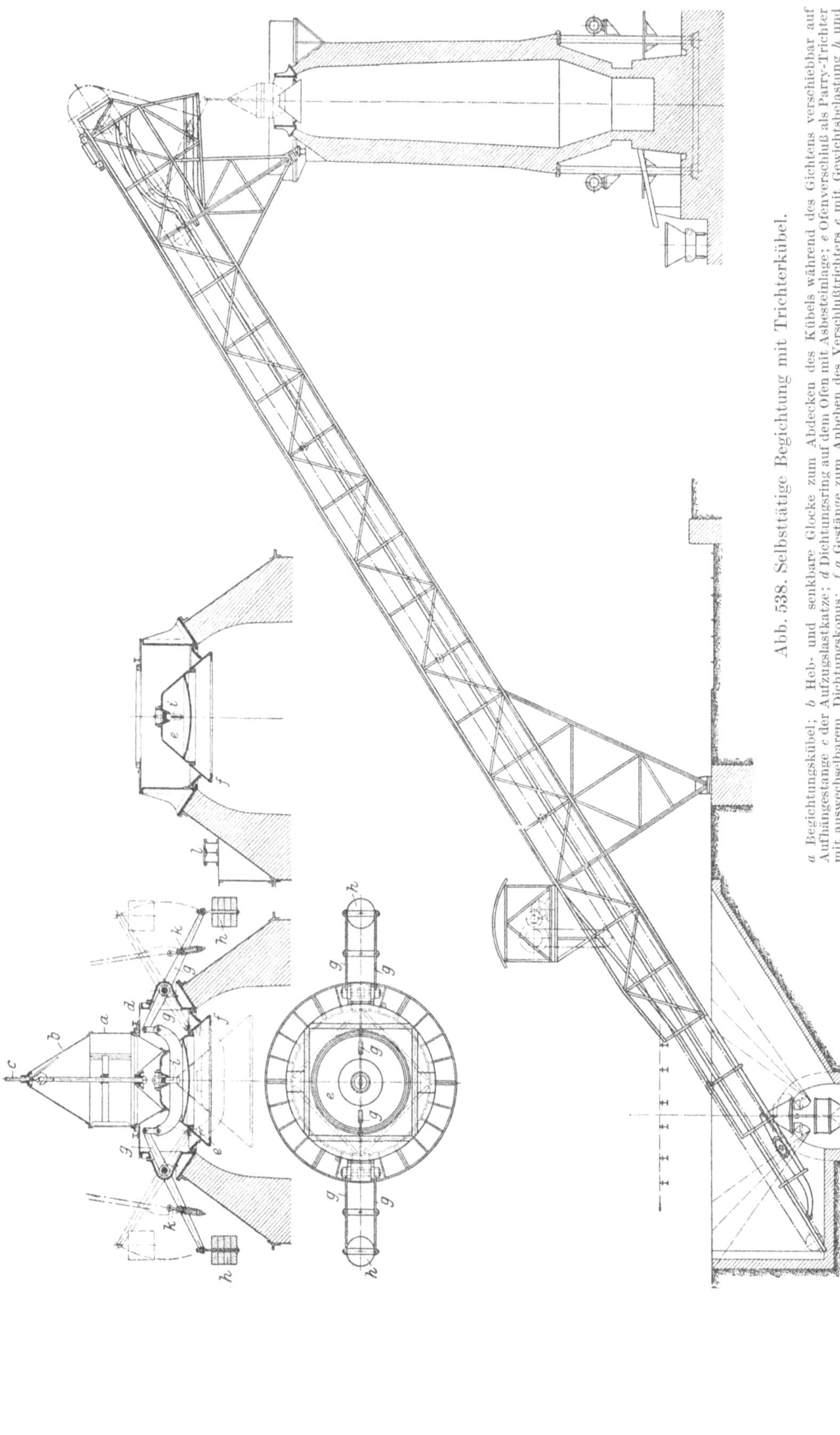

Abb. 538. Selbsttätige Begichtung mit Trichterkübel.

a Begichtungskübel; *b* Heb- und senkbare Glocke zum Abdecken des Kübels während des Gichtens verschiebbar auf Aufhängestange *c* der Aufzugslastkatze; *d* Dichtungsring auf dem Ofen mit Asbesteinlage; *e* Ofenverschluß als Parry-Trichter mit auswechselbarem Dichtungskonus; *f g* Gestänge zum Anheben des Verschlußtrichters *e* mit Gewichtsbelastung *h* und kugelförmigem Auflager *i*; *k* federnd befestigte Zugstange zum automatischen Öffnen des Ofens von der Laufkatze aus, sobald der Kübel auf den Ofen aufgesetzt ist.

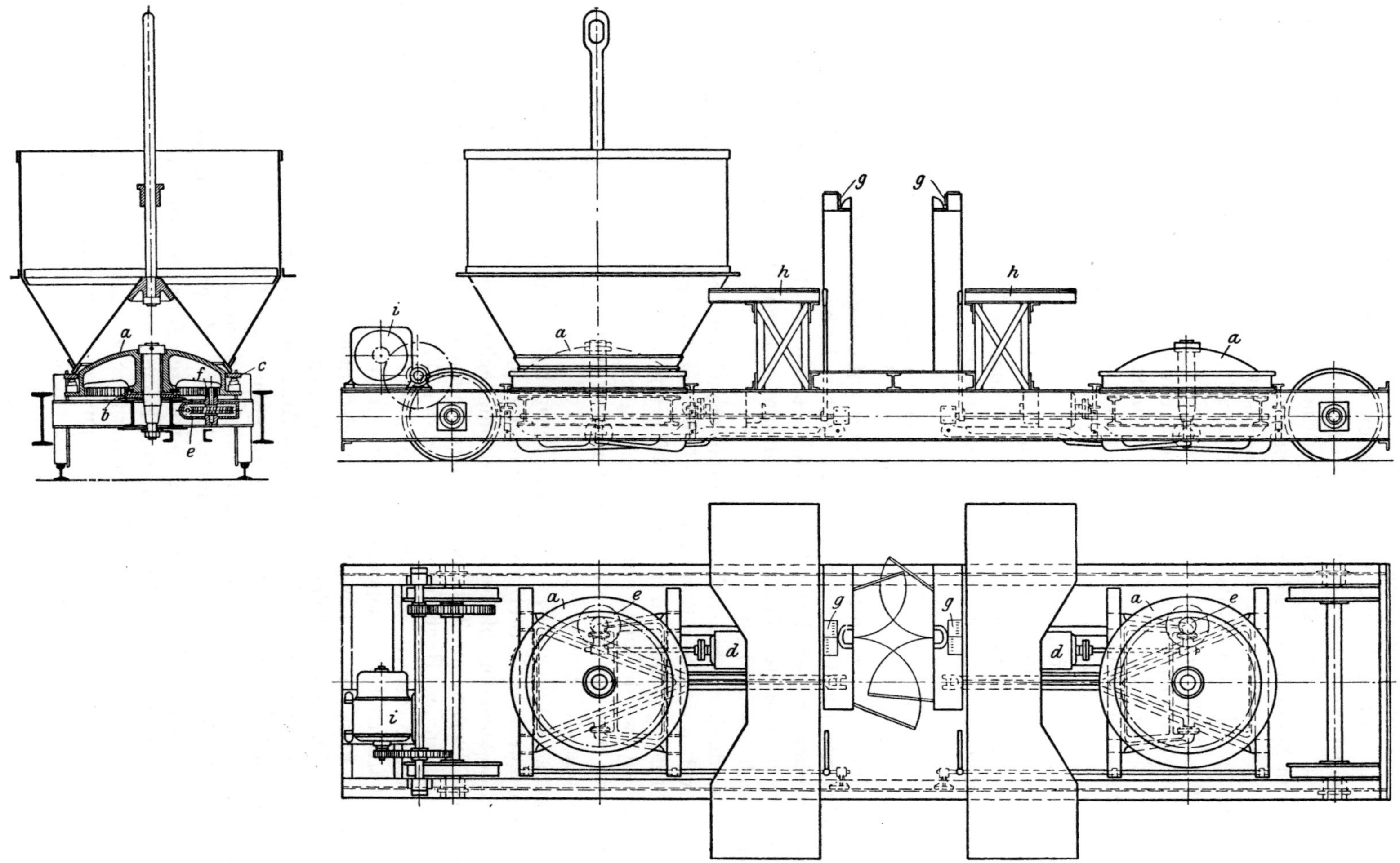

Abb. 539. Zubringewagen mit Drehscheibe und Wiegevorrichtung für Trichterkübelaufzüge (Demag).

a Drehscheibe mit Kugellagerung *b* und gefedertem Tragring *c*; *d* Antriebsmotor für die Drehscheiben mit Schneckentriebe *e* und Ritzel *f*; *g* Wiegevorrichtung; *h* Bedienungsbühnen; *i* Fahrmotor.

bedeutet allerdings in der Vollkommenheit der Begichtung hinsichtlich der Koksbehandlung wieder einen Schritt rückwärts.

Die hohen Beschaffungskosten vieler Anlagen in Deutschland und Frankreich, bei denen mit demselben Aufzug die Trichterkübel zunächst waagerecht unter oder auf dem Lagerplatz und dann schräg ansteigend bis über die Gicht gefördert wurden, konnten bei Aufzügen, die von Noelle in englischen Hochofenwerken ausgeführt wurden, erheblich dadurch gesenkt werden, daß der Aufzug in einfachster Form als Schrägaufzug geradlinig gebaut wurde, dem die Gichtkübel auf oder unter Hüttensohle mit Zubringerwagen zugeführt wurden. Dann konnten die Aufzüge mit Gewichtsausgleich für die zu hebenden Lasten gebaut werden, mit dünnen Hubseilen und einfachen Winden, und die schonende Behandlung des Möllers und des Koks wurde doch beibehalten. Die auf Hüttenflur verkehrenden Möllerwagen waren ohnehin nicht zu entbehren und sie brachten keine Betriebserschwerung, da das Ein- und Abhängen an die Lastkatze des Aufzuges vollständig automatisch unter dem Aufzug erfolgt.

Bei der Bewegung des Begichtungskübels durch die Winde des Aufzuges wird die Ladung des Kübels bei Koks vollständig und bei Erz zum größten Teil durch ein auf dem Obergurt des Aufzugsgerüstes mit Seilzug fahrbarem Gegengewicht ausgeglichen, welches so mit der Lastkatze verbunden ist, daß der Ausgleich auch bei der Kübelentladung durch Absenken des Kübels über der Gicht erfolgt. Durch diese einfache Ausführung erfolgt das Absenken ohne weiteres durch die Bewegung der Winde. Der Motor zum Antrieb der Winde arbeitet dann bei der Auffahrt und Abfahrt auf der ganzen Strecke des Aufzuges mit etwa gleicher Kraft und zwar mit der halben Kraft, die bei den in Deutschland gebauten Winden erforderlich war. Das ist besonders wichtig bei der Steigerung des Kübelinhaltes infolge der im letzten Jahrzehnt geforderten größeren Ofenleistung, die in dieser Weise leicht erzielt werden kann.

Das untere Ende des Aufzugsseiles ist am unteren Ende des Auslegers der Lastkatze befestigt. Das Aufzugsseil der Winde, das infolge der Gegengewichtsausgleichung nur etwa die halbe Last gegenüber den früheren Ausführungen zu tragen hat, kann verhältnismäßig dünn sein. Es würde auch ohne weiteres möglich sein, für das Aufzugsseil mehrere parallele Seile zu verwenden, wie es neuerdings bei senkrechten Aufzügen mit Treibscheibenantrieb ausgeführt wird (vgl. S. 502).

Bereits eingangs wurde erwähnt, daß zum Umschlag der großen Rohstoffmengen im Hochofenvorfeld zweckmäßig Stetigförderer zum Einsatz kommen. Wenn man nun noch berücksichtigt, daß auch der anfallende Sinterstrom, nachdem er eine Kühlanlage passiert hat, am zweckmäßigsten mit Transportbändern möglichst ohne viel Stürze und ohne längere Bunkerung zu dem Hochofen gebracht wird, so liegt nahe, die übrigen Materialien ebenfalls mit Stetigförderern zur Gicht zu bringen, zumal eine Bandmöllerung sich wegen der gleichartigen Betriebselemente leicht mit der Möllerung der Sinteranlage zusammenlegen und kombinieren läßt. Das ergibt wiederum eine Vereinfachung der Bedienung und Überwachung dieser Anlagen. Darüber hinaus ist ein kontinuierlicher Materialstrom feinfühliger zu regulieren und bei 100 %iger Automatisierung besser geeignet als die mit herkömmlichen Mitteln gewohnte unstete Aufgabe in den Ofen.

Abb. 540 zeigt schematisch die Wirkungsweise einer Band-Möller-Anlage. Die zu einem Gichtsatz gehörenden Materialien — Koks, Sinter, Erze und Zuschläge — werden aus Bereitschaftstaschen mit vorgewählten Gewichten in getrennten Fahrten über dem Bandweg zur Ofengicht geführt. Der direkt von der Sinteranlage kommende Sinter wird wechselweise in zwei Wiegetaschen gefüllt und soll nach Möglichkeit zur Schonung des Materials direkt den Öfen zugeführt werden. Nur die vom Ofen nicht abgenommene Sintermenge gelangt mittels Band zu einem Sintervorratsbunker. Ebenso wird der Koks aus den Bunkern nach vorheriger Absiebung über ein Band zu zwei abwechselnd zu füllenden Wiegetaschen gebracht.

Die Hauptförderbänder L können bei Ausführung als Gurtbandförderer nur mit einer maximal zulässigen Neigung von 18° zum Ofen geführt werden. Hierdurch ist die Entfernung der Möllerbunker vom Ofen durch die Ofenhöhe bedingt. Sie läßt sich aus der Höhe der Abwurfstelle oberhalb des Gichtverschlusses, dem Bandneigungswinkel und einer Zuschlaglänge für die horizontale Aufgabe und Übergabe am Steigeband errechnen und die Bandgeschwindigkeit festlegen. Weiterhin wird eine zeitliche Beschränkung dadurch vorgegeben, daß der Begichtungsvorgang nicht kontinuierlich abläuft. Auf den Zuführungsbändern müssen deswegen gewisse Leerlaufstrecken vorgesehen werden, die den Abstand zwischen den einzelnen Chargen so groß halten, daß der eigentliche Vorgang des Gichtens während dieser Zeit erfolgen kann. Ist das Material bis auf Gichthöhe transportiert, so wird es über eine Drehschurre oder Mehrwegeschurre den Verteilerbändern *N* aufgegeben.

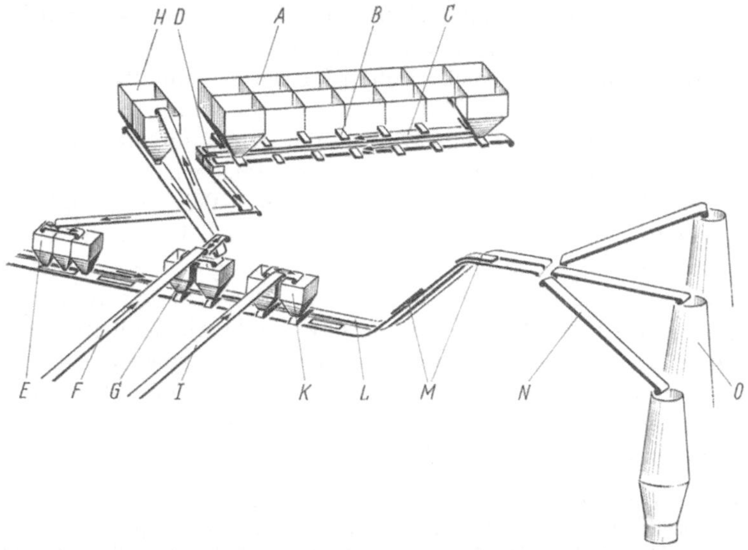

Abb. 540. Schematische Darstellung einer Band-Mölleranlage (Demag).

A Erzbunker; *B* Bunkeraustragseinrichtungen; *C* Erzsammelbänder; *D* Sortenwiegetaschen; *E* Erzmöller-Bereitschaftstaschen; *F* Sintertransportband; *G* Sinterwiegetaschen; *H* Sinterreservebunker; *I* Kokstransportband; *K* Kokswiegetaschen; *L* Hauptförderbänder zur Gicht; *M* Erzmöller-, Koks- oder Sinterladungen; *N* Gichttransportbänder; *O* Hochöfen.

Abb. 541. Steilförderung mittels Großplattenband, Anstieg 38° (Aumund).

Bei beschränkten Platzverhältnissen, wie sie z. B. beim nachträglichen Einbau einer Bandmöllerung vorliegen können, ist eine steilere Bandführung zur Hochofengicht durch Einsatz von Kastenbändern möglich (Abb. 50, 64 und 541). Mit diesen Anlagen werden Steigungswinkel bis 60° überwunden und wirtschaftliche Füllungsgrade bei Neigungen bis 45° erzielt. Für die Verteilung des Materials in Höhe der Gicht zu den einzelnen Hochöfen eignet sich vortrefflich auch ein Schleppplattenband entsprechend Abb. 50, das eine Zwischenentladung an den einzelnen Hochöfen ermöglicht. Erfolgt die Zuführung des Materials zum Verteilerband mittig, so wird sowohl das Ober- wie auch das Untertrum beschickt, um zur gleichen Zeit Material nach rechts und links abfördern zu können. Die erforderlichen Bandbreiten und Fördergeschwindigkeiten sind unter Zugrundelegung der Chargengrößen sowie deren notwendige Anzahl zu bestimmen. Auch die Zahl der gleichzeitig zu beschickenden Hochöfen spielt bei der Bandauslegung eine Rolle.

Die Investitionskosten einer Begichtungseinrichtung für drei Hochöfen mit einer Leistung von je 1000 Mp Roheisen wurden für eine klassische Skip-Begichtung ermittelt und einer Bandbegichtung gegenübergestellt. Eine Skip-Begichtung für die drei Öfen, enthaltend Aufzugsmaschinen, Förderhunte, Seilscheiben und Seile, den Maschinenhauskran, die Stahlkonstruktion für den Schrägaufzug und das Maschinenhaus sowie die elektrische Ausrüstung und die dazugehörigen Gichtverschlüsse, würde etwa 6,2 Mill. DM kosten. Demgegenüber beträgt der Preis für eine Bandbegichtung mit den erforderlichen Bändern, Bandbrücken, der elektrischen Ausrüstung und den drei Gichtverschlüssen einschließlich Ölhydraulik 3,9 Mill. DM.

Zur Bandbegichtung sind auf den Köpfen der Hochöfen drehbare Gichtverschlüsse aufgebaut (Abb. 542). Eine Begichtung des Hochofens wird immer dann erforderlich, wenn die Rohstoffhöhe im Ofen auf einen vorgegebenen Wert abgesunken ist. Der Impuls für den Beginn der Begichtung wird durch eine der Sonden 18, die der abnehmenden Höhe des Rohstoffes im Ofen folgen, ausgelöst. Ein Begichtungsvorgang dauert bei dem gezeigten ölhydraulisch betätigten Gichtverschluß 24 s. Gleichzeitig mit dem Beginn des Begichtungsvorganges wird durch den Impuls der Sonde die nächste Füllung des Gichtverschlusses eingeleitet. Der Bandförderer bringt die abgewogene Charge zum Gichtverschluß, dessen Füllklappe 12 geöffnet und der drehbare Teil 4 des Verschlusses gedreht wird. Soll das Material einem benachbarten Ofen zugleitet werden, so gelangt es nach Umschaltung der Wendeklappe in der Hosenschurre auf das weiterführende Band.

Zum besseren Verständnis soll der ölhydraulisch betätigte Gichtverschluß nach Abb. 542 kurz beschrieben werden: Der untere feststehende Teil *1* hängt im Aufsatzring des Hochofenkopfes *2* und wird durch die untere Glocke *3* verschlossen. Der drehbare Teil *4* des Verschlusses stützt sich über Tragrollenstationen *5* auf dem Ofenkopf ab. Er besteht aus einer Drehschüssel mit Einsatzring, die durch die obere Glocke *6* abgeschlossen wird. Die Abdichtung des Ofendruckes zwischen dem Teil *1* und dem drehbaren Teil *4* wird über ein mit Fett gefülltes Labyrinth *7* erreicht. Der obere Abschluß besteht aus einer zweiteiligen Haube *8*, die auf 4 Rohren *9* gelagert ist und gegen die Drehschüssel *4* mit einem Fettlabyrinth *10* abgedichtet ist. In der Haube befindet sich der Einfüllstutzen *11*, der während der Begichtung durch eine Klappe *12* verschlossen wird. Beim Füllen der Drehschüssel mit Möller oder Koks wird sie über einen Zahnkranz *13* durch einen Getriebemotor gedreht, um eine gleichmäßige Verteilung der über Band *14* ankommenden Rohstoffe zu erreichen. Die beiden Glocken *3* und *6* hängen über Stangen *15* am Zylinder *16* der ölhydraulischen Betätigung. Die obere Glocke *6* ist im Drehkopf *17* kugelgelagert. Der Antrieb besteht aus einem Hauptantriebszylinder *16*, einem kleinen Zylinder *19* für die Glockenverriegelung, einem Zylinder für die Füllklappe, einem Ölspeicher *20* und einem Luftspeicher *21*, einem Ölbehälter mit Ölpreßpumpe *22*, einem Kompressor *23* sowie die notwendigen Signal- und Schaltanlagen.

Im Zusammenhang mit dem bereits heute erreichten Stand des automatischen Betriebes von Hochöfen muß die Frage aufgeworfen werden, ob die Beibehaltung der ladungsweisen Aufgabe in den Ofen, wie es die bisher beschriebenen Gichtverschlüsse nur zulassen, noch sinnvoll erscheint. Diese Frage ist insofern berechtigt, als Glockenverschlüsse den Forderungen wenig gerecht werden, die von einem automatisch arbeitenden Hochleistungsofen der Zukunft gestellt werden. Als solche Forderungen sind zu nennen:

a) einwandfreie und weitmöglichst willkürliche Beherrschung der Schüttung auch bei großen Gichtquerschnitten;

b) möglichst gleichbleibende Beschickungshöhe statt der heute üblichen variierenden Schüttungshöhe, d. h. kontinuierliche Nachfüllung und damit restlose Anpassung an die Kontinuität der Bandtransporte und an die darin liegenden Möglichkeiten der Vollautomatik;

c) absolute Dichtigkeit auch bei hohen Gichtdrücken von 2—2,5 atü;

d) wirtschaftlich tragbare Haltbarkeit mindestens für die Zeit einer Ofenreise;

e) Möglichkeit zur automatischen Abtastung des gesamten Gichtquerschnittes in bezug auf Gastemperatur und Gasanalyse zur Erlangung brauchbarer Meßwerte für deren Verwendung bzw. Verarbeitung im Prozeßrechner.

Ein Versuch zur Lösung dieses Problems stellt die in Abb. 543 dargestellte Gichtverschluß- und Verteilerkonstruktion dar. Diese Konstruktion nimmt weitgehend auf die oben gestellten Forderungen Rücksicht. Mit dieser Konstruktion kann die Ofenfüllung in konstanter Höhe gehalten werden und zwar dadurch, daß der sich drehende Verteilerrüssel stets mit Material gefüllt bleibt. Die bisher übliche, zwischen einem Maximum und einem Minimum pendelnde Beschickungshöhe fällt damit fort. Die Nachfüllung des Verteilerrüssels geschieht ebenfalls automatisch. Zu diesem Zweck ist kurz über dem unteren Auslaßquerschnitt eine Strahlenquelle angebracht, die nach Absinken der Füllsäule im Verteilerrüssel auf einen Empfänger wirkt, von dem ein Impuls zu den ölhydraulisch betätigten Verschlußklappen gegeben wird. Außerdem ist mit dem sich drehenden Verteilerrüssel eine Methode gegeben, den gesamten Gichtquerschnitt hinsichtlich Gichttemperatur und Gasanalyse abzutasten.

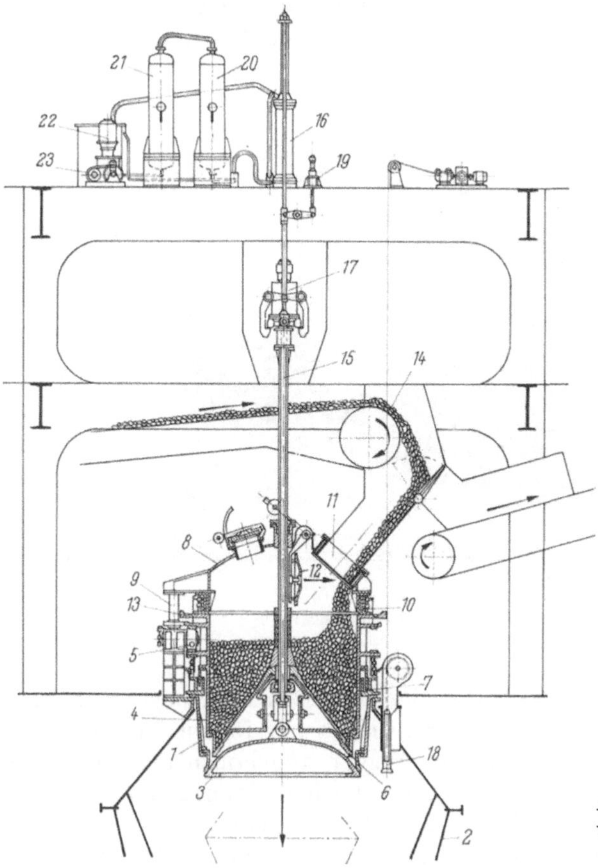

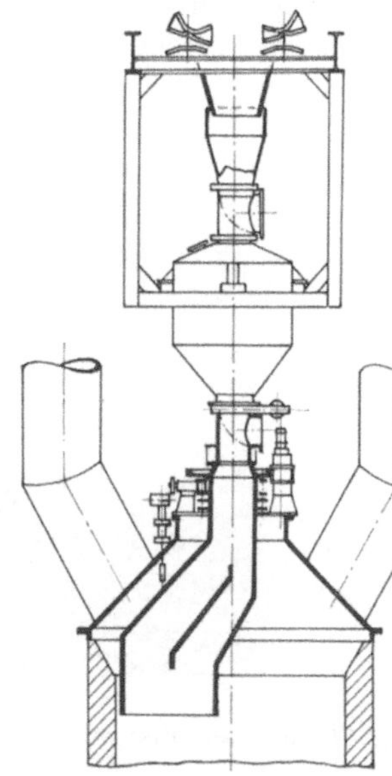

Abb. 543. Ofenbeschickung mit drehbarem Verteilerrüssel (Demag).

Abb. 542. Schnittbild eines drehbaren Gichtverschlusses für Bandmöllerung.

Mit Rücksicht auf den bei zukünftigen Großhochöfen nicht zu umgehenden Hochdruckbetrieb mit Gichtdrücken von mindestens 2 atü sind die ölhydraulischen Verschlußklappen kombiniert mit den für die Betätigung der Klappen erforderlichen Hochdruckarmaturen für den Druckausgleich und zum Ablassen des Druckes innerhalb des Raumes zwischen den beiden Klappen, die auf diese Weise als Schleuse wirken. Der Durchmesser der Klappen kann entgegen dem der heute üblichen Glocken von 5 m und mehr auf nur 1 m begrenzt werden, was für die Abdichtung und Haltbarkeit einen nicht zu übersehenden Vorteil darstellen dürfte. Eine im Verteilerrüssel angeordnete verstellbare Scheidewand, die ebenfalls mit der automatischen Steuerung kombiniert ist, ermöglicht eine weitgehende willkürliche Beherrschung der Schüttung im Ofen.

Die Praxis hat gezeigt, daß eine Bandbegichtung immer dann zu empfehlen ist, wenn eine Zusammenfassung der Transportwege zur Gicht für mehrere Ofeneinheiten möglich ist, oder wenn nur wenige Möllerkomponenten verarbeitet werden sollen, oder wenn es sich darum handelt eine Begichtung zu finden, die selbst bei schwierigsten Werks- und Geländeverhältnissen eine wirtschaftlichere Lösung im Vergleich zu herkömmlichen

Methoden sicherstellt. Besonders der Einsatz von steil fördernden Kastenbändern dürfte den Anwendungsbereich einer Bandbegichtung noch erheblich erweitern. Wenn sich eine stetige Förderung auch nicht in jedem Fall verwirklichen läßt, so dürfen in Zukunft bei der Planung von Hochofenanlagen die vielseitigen Vorteile, die mit der Verwendung von Stetigförderern als alleinigem Fördermittel zusammenhängen, nicht mehr unberücksichtigt bleiben.

Das im Hochofen erzeugte Roheisen wird zum größten Teil im Stahlwerk weiterverarbeitet und diesem im flüssigen Zustand zugeführt. Für den Transport von flüssigem Roheisen und flüssiger Schlacke in Hütten und Stahlwerken ist außerhalb von Kranbahnen das Schienenfahrzeug das geeignetste. Falls der Transport auch von einem Werk zum anderen, d. h. über eine öffentliche Eisenbahnstrecke läuft, sind auch die besonderen

Abb. 544. Roheisen-Mischerwagen zum Transport von 150 Mp Roheisen mit einer Geschwindigkeit von 40 km/h (Demag).

Gesamtgewicht: 340 Mp; Fahrgestell: 16 Achsen; Gesamtlänge: 31 m.

Vorschriften der Eisenbahnverwaltungen beim Bau der Roheisen-Fahrzeuge zu berücksichtigen. Die Roheisenwagen in der einfachsten Form dienen nur für die Pfannenbeförderung. Die Pfanne wird dann mit einem Kran vom Wagen abgehoben und durch den Kran auch gekippt und entleert. Die Transportwagen gleichen dann einem normalen Plattformwagen mit mittig angeordneter Öffnung. Die Gehängeschlaufen, in denen die Pfanne beim Krantransport und beim Kippen hängt, werden während der Bahnfahrt durch Sicherungsnasen in ihrer senkrechten Stellung gehalten. Die Pfanne wird mit einem Deckel verschlossen, der gegen Öffnen und Verschieben gesichert wird. Pfanne und Deckel sind ausgemauert. Temperaturmessungen haben ergeben, daß bei einer Verweilzeit des Roheisens in den Pfannen von etwa 3—4 h nur eine Abkühlung um etwa 60° erfolgt.

Die Firma Demag hat für ein belgisches Hüttenwerk mehrere Roheisen-Mischerwagen mit einem Roheiseninhalt von etwa 150 Mp gefertigt zum täglichen Transport von 1800—2400 Mp Roheisen über eine Strecke von 25 km. Das Gesamtgewicht des Wagens beträgt 340 Mp und muß zur Erzielung einer maximalen Achslast von 21 Mp von 16 Achsen getragen werden. Die maximale Fahrgeschwindigkeit beträgt 40 km in der Stunde. Im Gegensatz zur bisher üblichen Gefäßbauweise mit zylindrischem Querschnitt wurde aus verschiedenen Gründen eine vollkommen neue ovale Form gewählt. Nur so ist die optimale Ausnutzung des bei allen Staatsbahnen vorgeschriebenen Lichtraumprofils möglich. Zusätzlich bietet die zentrale Mittellage des zu transportierenden Roheisens bei kleiner Badoberfläche einen guten Schutz gegen Temperaturverluste. Auch eine gute Temperaturisolierung war vorzunehmen, da man an der Außenseite des Mischerwagens eine maximale Temperatur von 80 °C forderte. Das in Abb. 544 gezeigte Fahrzeug dürfte damit das schwerste Transportmittel sein, das regelmäßig auf einem öffentlichen Schienenweg verkehrt. Im Vordergrund der Abb. 544 ist die drehbare Verlagerung des Roheisenbehälters auf einem Fahrgestell zu erkennen. Am anderen Drehpunkt befindet sich auch der Antrieb zum Kippen des Behälters.

Bei der einfachen Kippbewegung des Roheisenbehälters nach Abb. 544 ist zu beachten, daß die Auslauföffnung bei der Kippbewegung sowohl in ihrer Höhe wie auch in seitlicher Richtung laufend ihre Lage verändert. Der Auffangbehälter muß demgemäß eine große Öffnung besitzen und nahe genug an den Transportwagen herangebracht werden können. Soll mit den Fahrzeugen direkt in Martinöfen mit festliegender Auslauföffnung eingefüllt werden, so ist eine besondere Ausbildung der Roheisenwagen erforderlich. Es sind verschiedene Konstruktionen bekannt, bei denen der Drehpunkt des Roheisenbehälters beim Kippvorgang zugleich seitlich verschoben wird und entsprechend der sich neigenden Auslaufschnauze auch eine Höhenanpassung stattfindet.

Roheisen, das vom Hochofenbetrieb direkt zu den Gießereien gelangt, wird in Masselformen gegossen. Masselformen wurden früher ausschließlich aus Sand gebildet, während sich später mehr und mehr Masselgießmaschinen einbürgerten. Die bekannteste Ausführung besteht aus einer Anzahl von Gießformen, die nach Art eines Stetigförderers zu einer in senkrechter Ebene umlaufenden Kette vereinigt sind. Das flüssige Roheisen wird durch eine mit zwei Ausläufen versehene Rinne in die Formen eingeleitet. Das Roheisen gibt seine Wärme an die schweren Gußformen ab und wird dadurch sehr schnell gekühlt, so daß es an der Endumführung der Kette in fester Form abgeworfen werden kann. Bei einer anderen Ausführung sind die Gießformen kreisförmig am Ende von zentrisch angeordneten Tragarmen angeordnet. Bei der kontinuierlichen Drehung des Gießrades erstarrt der Guß auf dem Wege zwischen der Gießmulde und der Entleerungsstelle. Durch Kippen der Formen fallen die Barren in eine Grube, von wo sie mit einem Stetigförderer zur Verladestelle gelangen. Damit die Masseln sich sicher lösen, ist ein Klopfwerk angebracht, das auf den Boden der gekippten Gießformen kurze Schläge ausführt.

Bei der Herstellung von Masseln in einem aus Sand gebildeten Gießbett wird dieses in geneigter Lage angeordnet, damit das Roheisen unmittelbar aus dem Hochofen in die Masselformen übertritt. Die Masselformen werden nach Aufbereitung des Sandbettes durch mechanisch geführte Formwalzen hergestellt. Beim Guß der Masseln entstehen zusammenhängende Kämme, die mittels Krananlagen zu Masselbrechern befördert werden. Der weitere Umschlag erfolgt mit Magnetkranen.

c) Fördereinrichtungen im Stahl- und Walzwerk

In diesen Betrieben gilt mehr als irgendwo sonst als erste Forderung, die an die Förderanlagen gestellt werden muß, das Verlangen nach unbedingter Sicherheit und nach weitgehender Anpassung an die besonderen Betriebsverhältnisse. Das wird einerseits dadurch bedingt, daß das Fördergut in einer einzigen Hitze in sehr kurzer Zeit fertiggestellt und von einer Fabrikationsstufe zur anderen befördert werden muß, andererseits dadurch, daß das heiße Fördergut die Handarbeit fast ausschließt. Die Förderanlagen müssen daher so gestaltet werden, daß sie das glühende, flüssige oder glühend feste Fördergut ohne irgendwelche Handarbeit sicher zu fassen vermögen.

Der angestrengte Tag und Nacht durchgehende Betrieb, ebenso wie das große Eigengewicht des Fördergutes stellen ferner an die Widerstandsfähigkeit der Anlagen besonders große Anforderungen. Die Stahlwerkskrane können daher schon in dieser Hinsicht meistens von den gewöhnlichen Kranen unterschieden werden, selbst wenn sie sonst keine Unterschiede zeigen sollten. Sie weichen aber auch in den Einzelheiten der Ausführung im Hinblick auf die großen Geschwindigkeiten und die geforderten sicheren Bewegungen von den gewöhnlichen Kranen mehr oder weniger wesentlich ab.

Man war früher lange Zeit der Ansicht, daß die sichere Steuerung der Stahlwerkskrane mit ihren vielseitigen und mit größter Genauigkeit auszuführenden Arbeitsbewegungen nur durch Anwendung des Druckwasserbetriebes in genügendem Maße gewährleistet sei. Diese Antriebsart hielt sich daher im Stahlwerk verhältnismäßig am längsten. Erst gegen Ende des ersten Jahrzehnts dieses Jahrhunderts wurde die Anwendung des elektrischen Betriebes im Stahlwerk ziemlich allgemein.

Nach der oben gegebenen Kennzeichnung der Stahlwerkskrane bzw. Stahlwerksförderanlagen haben wir es durchweg mit besonders dauerhaft ausgeführten Sonderkonstruktionen zu tun, die auch entsprechend höhere Preise erfordern als die Krane normaler Bauart für Montagezwecke in Maschinenfabriken und dgl. Die Anlagekosten kommen bei diesen Kranen aber erst in letzter Linie in Betracht. Sichere Arbeitsweise und dadurch gewährleisteter schneller und ungehinderter Materialdurchgang sind Anforderungen, die die Rücksichten auf den Anschaffungspreis bei weitem überragen.

Wenn das Roheisen weiter zu Stahl verarbeitet werden soll, so kann das sowohl im Thomas- wie auch im Siemens-Martin-Stahlwerk erfolgen. Nachstehend soll kurz der Materiallauf vom Roheisen zum Walzstahl an Hand der schematischen Darstellung in Abb. 545 aufgezeigt werden, um damit einen Überblick über das Zusammenarbeiten der verschiedenen Arten von Fördereinrichtungen zu geben.

Das vom Hochofen zum Stahlwerk zugeführte Roheisen wird meistens in flüssigem Zustand herangebracht und in der Regel unmittelbar in die drehbar gelagerten Birnen oder einen Roheisenmischer entleert. Im Thomas-Werk ist noch der für die Phosphorausscheidung erforderliche Kalk heranzubringen. Bei den im allgemeinen zur Verhüttung gelangenden neutralen oder basischen (kalkhaltigen) Eisenerzen wird der Schwefel während des Hochofenprozesses restlos von der basischen Schlacke aufgenommen. Bei der Verhüttung von sauren Erzen entsteht eine saure Schlacke, die praktisch keinen Schwefel aufnehmen kann. Der Schwefel geht damit in das Roheisen über, das dadurch brüchig und unbrauchbar wird. Um das zu verhindern, wird dem flüssigen Roheisen noch Soda zugegeben, womit der Schwefel durch Übergang in die entstehende Sodaschlacke dem Roheisen entzogen wird.

Im Siemens-Martin-Stahlwerk ist neben der Roheisenzufuhr die Schrott- und Erzzufuhr von großer Bedeutung. Sehr häufig werden die kippbaren Mischer auch gleichzeitig zum Vorfrischen benutzt. Es ist daher nicht nur das flüssige Eisen in die Mischer zu entladen, sondern es ist auch ein Zusatz von Erz und Kalk zu geben, nachdem das Eisen in den Mischer eingegossen ist. Dieser Zusatz wird durch fahrbare Beschickmaschinen in den Mischer eingebracht. Das vorgefrischte Roheisen wird in eine Gießpfanne entladen und durch einen besonderen Kran den Siemens-Martin-Öfen zugeführt. Von der anderen Seite erhalten die Siemens-Martin-Öfen den erforderlichen festen Einsatz, der im wesentlichen aus Schrott besteht. Auch hierfür finden wieder besondere Beschickungsmaschinen Anwendung. Häufig wird die Anordnung des Stahlwerkes so getroffen, daß der Schrottplatz parallel zum Ofenhaus liegt, so daß die auf dem Schrottplatz gefüllten Mulden durch Brückenkrane mit verschiebbaren Auslegern unmittelbar vom Lagerplatz in das Ofenhaus überführt werden können. In dieser Beziehung sind die Anordnungen aber sehr verschieden und richten sich nach den örtlichen Verhältnissen.

Für die Förderung des fertigen Stahls sind sowohl im Thomas-Werk wie auch im Siemens-Martin-Werk noch folgende Arbeiten auszuführen: Der in der Birne oder im Ofen fertiggestellte Stahl wird in Pfannen mit Bodenstopfen abgezogen und durch Gießwagen oder Gießkrane in Kokillen gegossen, die in Gruben oder auf Unterwagen stehend angeordnet sind. Aus den Kokillen werden die erstarrten Blöcke durch einen Stripperkran oder durch eine fest eingebaute Strippermaschine herausgedrückt und dann z. T. in geheizte, z. T. in ungeheizte Gruben und Tieföfen eingesetzt zum gleichmäßigen Durchkühlen und zum Zeitausgleich für das weitere Bearbeitungs- bzw. Walzverfahren. Für die Bedienung der Tieföfen werden besondere Krane gebaut, die meistens mit einer Deckel-Abhebevorrichtung für die Öfen verbunden sind. Bei sehr großen Anlagen wird das Abheben der Deckel von den Tieföfen auch wohl durch eine zusätzlich auf dem Kran angebrachte Katze oder aber durch besondere leichtere Krane besorgt, so daß der teure Tiefofenkran entlastet wird.

Für einige Arbeiten werden dann noch mannigfache besondere Kranausführungen gebaut, so für die Bedienung von speziellen Wärmeöfen, sog. Blockdrücker zum Einstoßen der Blöcke in die Öfen, oder Einsatzkrane zum Einsetzen und Entnehmen von

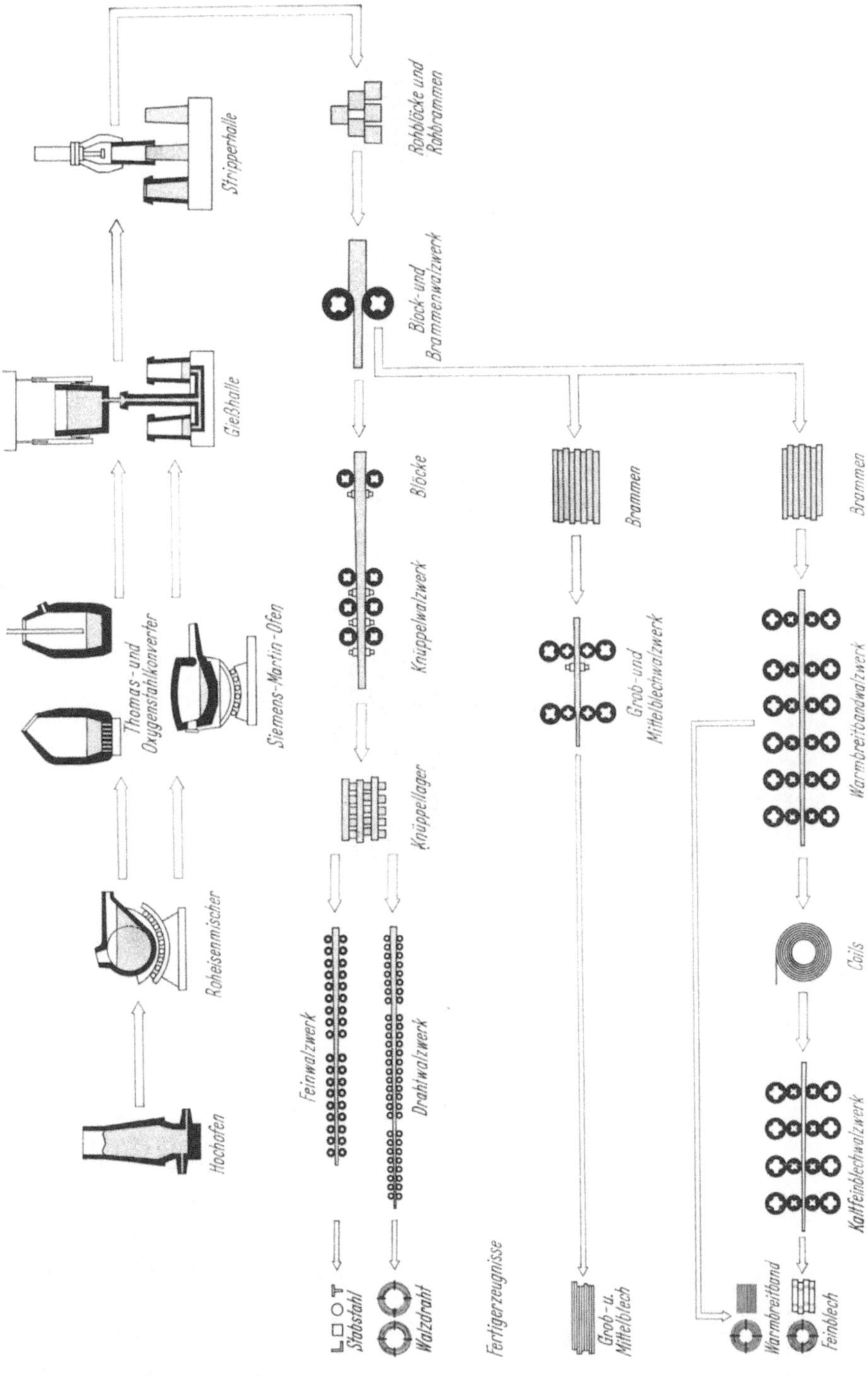

Abb. 545. Schematische Darstellung des Materiallaufes vom Roheisen zum Walzstahl.

Blöcken. Diese Einsatzkrane werden in sehr verschiedenartiger Form ausgeführt und der Art des zu erwärmenden Materials in weitestem Maße angepaßt.

Im Walzwerk ist als Hauptförderelement der angetriebene Rollgang zu finden, der bereits auf S. 103 beschrieben wurde. Als besonderes Hebezeug treffen wir z. B. die Blockkantvorrichtungen, die ein schnelles aber dennoch möglichst stoßfreies Wenden der Blöcke im Walzwerk vornehmen sollen. Weitere Hilfsapparate für die Walzwerkseinrichtungen, ebenso wie die mechanischen Kühlbetten und ähnliche Einrichtungen, gehören so in ge-

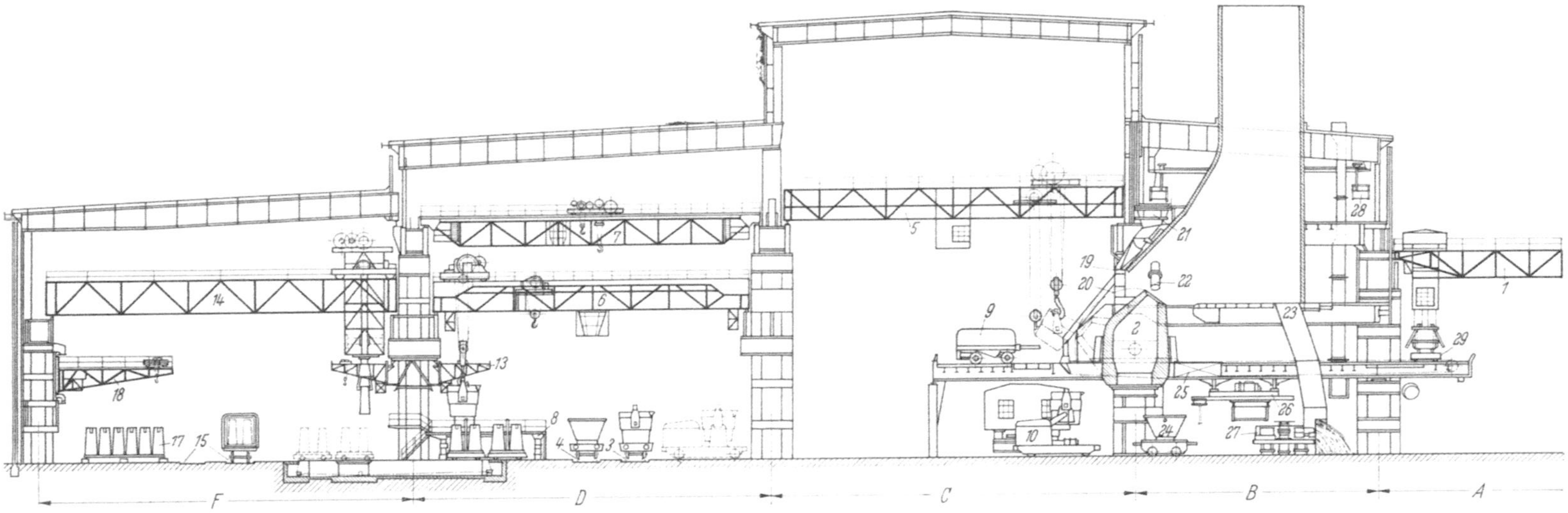

Abb. 546. Querschnitt durch ein Thomas-Stahlwerk.

A Schrottplatz; *B* Kaminschiff; *C* Konverterhalle; *D* Gießhalle; *F* Stripperhalle; *1* Muldentransport- und Schrottmagnetkrane; *2* Konverter; *3* Pfannentransportgleis; *4* Schlackengleis für Restschlacke; *5* Konvertereinsatzkrane 100/40 Mp; *6* Gießlaufkrane 80/25 Mp; *7* Pfannentransportkran; *8* Gießstände; *9* Auto-Chargiermaschine; *10* Stahlentnahmewagen; *13* Konsolkran 3 Mp; *14* Stipperkrane 15 Mp; *15* Blocktransportgleise; *17* Kokillenroste; *18* Konsolkrane; *19* Kalkschurre; *20* Schurre für Absteifkalk; *21* Wiegebunker für Erz; Kalksplit und Kalk; *22* Schurre für Erz und Kalksplit; *23* Konverterauswurfbunker; *24* Schlackenkübel; *25* Gleiswaage (20 Mp); *26* Laufkran; (23 Mp) *27* Konverterbodeneinsetzwagen; *28* Elektrohängebahn für Kalk-, Erz- und Granulattransport; *29* Muldenwagen für Einsatzschrott.

Abb. 547.
Plattenband zum Transport von Schrott zu Sammelbehältern (Aumund).

wissem Sinne mit zu den Fördereinrichtungen; sie sind aber so sehr mit den eigentlichen Arbeitsmaschinen verbunden, daß von einer Behandlung im Rahmen dieses Buches abgesehen werden soll. Aber auch normale Fördereinrichtungen finden im Walzwerk allerorts Verwendung, wie z. B. die Abb. 546 zeigt.

Nachfolgend werden als Beispiele noch einige Spezialkrane beschrieben, die in ähnlicher Form, wenn auch für unterschiedliche Tragkräfte, überall in Stahlwerken anzutreffen sind. Gegenüber früheren Ausführungen ist heute die Kastenträgerbauweise für alle Krane in Hüttenwerken charakteristisch.

Die Firma Demag lieferte vor einigen Jahren für das Siemens-Martin-Stahlwerk der August-Thyssen-Hütte in Duisburg-Hamborn zwei Gießkrane mit einer Tragkraft von 375/115/30 Mp, die wohl zu den größten Hüttenkranen zählen (Abb. 548).

Die 375-Mp-Hauptkatze hat den Transport der Gießpfanne durchzuführen. In den Seilen hängt das Pfannengehänge mit den beiden Lamellenhaken zur Aufnahme der Gießpfanne. Beim Füllen wird sie auf einem Aufstellbock abgesetzt und der Kran weggefahren, um ihn nicht der großen Ofenhitze auszusetzen. Bei ganz gefüllter Pfanne kann die Schlacke durch eine Rinne am oberen Rand der Pfanne in einen Schlackenkübel ablaufen. Bei einer Restfüllung wird durch Kippen mit Hilfe des 115-Mp-Hilfshakens abgeschlackt. Die Kon-

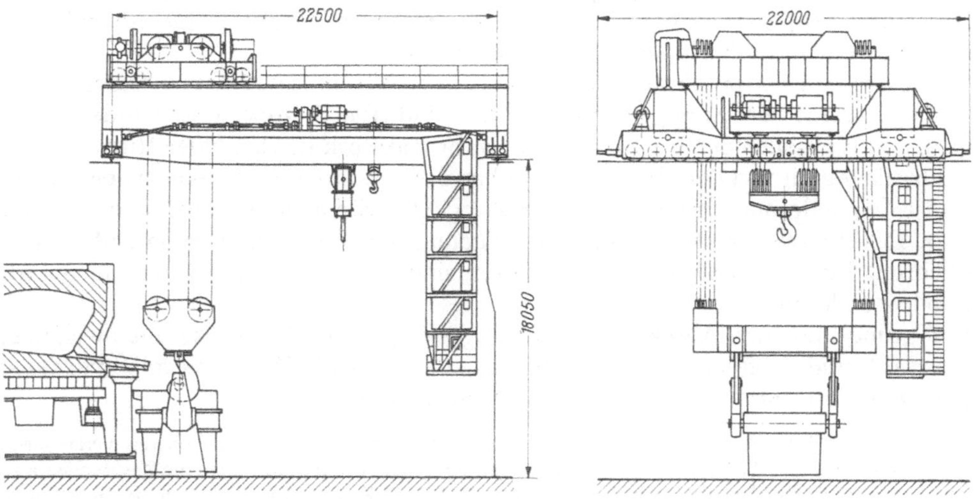

Abb. 548. Prinzipzeichnung eines 375-Mp-Gießkranes (Demag).

struktion der Haken gestattet ein Durchschlagen der Pfannen um 180°, was zu Reinigungszwecken usw. erforderlich ist. Da die Hilfskatze auf den Innenträgern unter der Hauptkatze durchfahren kann, ist ein Kippen der Gießpfannen nach beiden Seiten möglich. Beim Kokillenguß wird der Pfannenstopfen mechanisch gelöst und der Inhalt in die Kokillen gegossen, von denen je nach Größe bis zu vier Stück auf einem Kokillenwagen stehen. Nach beendetem Guß fahren die Kokillenwagen in die Stripperhalle, wo der Stripperkran die Kokillen abstreift. Außer zum Kippen der Gießpfannen dient die 115-Mp-Hilfskatze auch zum Transport von Schlackenkübeln. Sie haben ein Gewicht von etwa 60 Mp und werden mit Hilfe des 30-Mp-Hilfshubwerkes gekippt.

Im Interesse einer rationellen Fertigung sowie einer einfachen Ersatzteilhaltung wurden weitgehend gleiche Kranausrüstungsteile verwendet. So war es möglich, für den Kran und die beiden Katzen mit einer einzigen Laufradkonstruktion auszukommen. Die an einzelnen Stellen unterschiedlichen Radlasten werden durch eine entsprechende Anzahl von Laufrädern aufgenommen. Für die beiden Hubwerke von 375 Mp und 115 Mp wurden Seile gleicher Stärke verwendet, so daß auch die benötigten 46 Seilrollen alle den gleichen Durchmesser haben. Die Anpassung an die Tragkraft erfolgt durch unterschiedliche Einscherung. Auch die 6 Hubwerksbremsen der beiden Hubwerke sind von gleicher Bauart. Darüber hinaus wurde auf den Einsatz möglichst gleicher Motoren Wert gelegt, wie aus der Tab. 117 zu entnehmen ist.

Nach dem Gießen der Blöcke im Stahlwerk müssen die Kokillen nach einer gewissen Abkühlung abgestreift werden. Hierzu, sowie zum Transport der Blöcke und der leeren Kokillen, dienen die sog. Stripperkrane; mitunter verwendet man sie auch zum Einsetzen der Blöcke in die Tieföfen und zur Übergabe der Blöcke auf die Rollgänge des Walzwerkes.

Tabelle 117. *Geschwindigkeiten und Antriebsleistungen des Gießkranes nach Abb. 548*

		Heben Haupt-hub	Hilfs-hub I	Hilfs-hub II	Kran-fahren	Haupt-katz-fahren	Hilfs-katz-fahren
Geschw.	m/min	2,5/1,25	5	15	63	25	30
Antrieb	kW	2·160	160	100	2·160	52	30

Stripperkrane gehören zu den am meisten beanspruchten Hebezeugen im Stahlwerk und sind echte Produktionsmaschinen, über die die gesamte Fertigung von Stahlwerken geleitet wird, die keine Stranggießanlagen verwenden.

Die Kokillen haben eine schwach konische Form. In den europäischen Stahlwerken verwendet man meist normal konische Kokillen mit dem dicken Ende unten, bei denen sich der Block beim Anheben der Kokille entweder von selbst löst, oder, wenn dies nicht der Fall ist, von einem Strippstempel mit einer entsprechend großen Kraft ausgestoßen wird. Solche Stripperkrane baute man bisher mit einer Tragkraft bis zu 80 Mp (Block und Kokille) und einer Stripperkraft bis zu 600 Mp.

Die Katze des Stripperkranes hat ein starres Führungsgerüst mit Gleitschienen, in denen die Traversen des Stripperwerkes geführt sind. Das Stripperwerk mit den Traversen hängt in den Hubseilen der Katze und wird vom Hubwerk in vertikaler Richtung bewegt. Die Hubseile laufen von der Hubtrommel über die in der oberen Traverse gelagerten Seilrollen zu den federnden Seilaufhängepunkten. Das Stripperwerk ist in den Traversen drehbar. Der Drehwerksantrieb muß kräftig genug sein, damit man beim Aufnehmen von Kokillen mit Blöcken, die von unten gegossen sind, den Anguß vor vollständiger Abkühlung abdrehen kann.

Den grundsätzlichen Aufbau eines Gehänges zeigt Abb. 549, links mit mechanischem Stripperwerk und geöffneter Zange beim Fassen einer Kokille, rechts mit hydraulischem Stripperwerk und durch Stempelkraft geschlossene Zange.

Zum Öffnen wird der Strippstempel *b* hochgefahren, bis der Anschlag *m* an der oberen Verlängerung des Strippstempels die beiden Federgehäuse mit vorgespannten Federn *l* und damit auch die Zugstangen *k* anhebt. An deren unteren Enden befinden sich die Zuglenker *f*, die die Zangenstempel öffnen. Beim Absenken des Strippstempels schließen sich die Zangen durch ihr Eigengewicht und durch das Gewicht der Steuerung. Die Zangenschenkel haben an den Innenseiten Taschen *a*, die sich über die an der Kokille angebrachten Ohren legen, so daß die Kokille beim Anheben der Gehängesäule an den Ohren hängt. Beim Abwärtsfahren des Strippstempels legen sich die Zangenschenkel über die Ohren der Kokille. Der Stempel wird dann ohne Anhalten oder Umkehrung seiner Bewegung weiter abgesenkt, bis er den Block berührt und losdrückt, vorausgesetzt, daß sich dieser nicht vorher beim Anheben von selbst gelöst hat.

Wenn die Zange auch Blöcke transportieren soll, müssen die Zangenspitzen mit einer dem Blockgewicht entsprechenden Kraft zusammengepreßt werden. Auch dafür sorgt der Strippstempel. Er wird mit der vollen Kraft gegen seine oberste Stellung gefahren, wobei ein Druckstück *c* die oberen Enden der Zangenschenkel mitnimmt. Dadurch schließen sich die unteren Enden und pressen sich an den Block an. Um zu vermeiden, daß beim Zangenschließen durch Hochziehen des Strippstempels die Zugstangen *k* in öffnendem Sinn auf die Zangenschenkel wirken, sind die Zugstangen in den Federgehäusen *l* an vorgespannten Federn befestigt, die sich in der höchsten Stellung des Strippstempels zusammendrücken, so daß der Anschlag *m* wohl die Federgehäuse, aber nicht die Zugstangen mitnimmt.

Beim mechanischen Antrieb (Abb. 549 links) treibt der Motor *t* die Spindel *n* an. Seine Leistung wird von der geforderten größten Stempelgeschwindigkeit und der maximalen Strippkraft bestimmt, sofern nicht ein Getriebe für zwei Geschwindigkeiten vorgesehen ist, das die Stempelgeschwindigkeit bei verminderter Strippkraft oder beim Leerhub erhöht. Als Schutz gegen Überlastungen ist eine Rutschkupplung *s* eingebaut. Beim Blocktransport muß der Anpreßdruck auch bei abgeschaltetem Strippmotor *t* oder bei Stromausfall erhalten bleiben. Dafür sorgt eine Batterie von Schraubenfedern *r*, die nach dem Anlegen der Zangenspitzen an den Block gespannt wird.

In letzter Zeit hat sich der hydraulische Antrieb für den Antrieb eines Stripperwerkes eingebürgert. Er vermeidet dynamische Stöße und bietet einen zuverlässigen Schutz vor Überlastungen, ein wesentlicher Vorteil im Vergleich zum mechanischen Antrieb mit eingebauter Rutschkupplung. Auch kann die installierte Leistung etwa 40 % kleiner gehalten werden als beim Spindelantrieb. Durch Verwenden selbstregelnder Kolbenpumpen erhöht oder vermindert sich die Stempelgeschwindigkeit je nach der an Block und Kokille gerade benötigten Strippkraft, wobei die erforderliche Motorleistung konstant bleibt. Mit Hilfe einer besonderen Schnellgangschaltung wird der Leerhub des Stempels bis zum Auftreffen auf den Block mit einer Geschwindigkeit durchfahren, die mit einem mechanischen Stripperwerk kaum erreicht werden kann. Da für den Antrieb der Hydraulik Kurzschlußläufermotoren eingesetzt werden, vermindert sich der Aufwand an elektri-

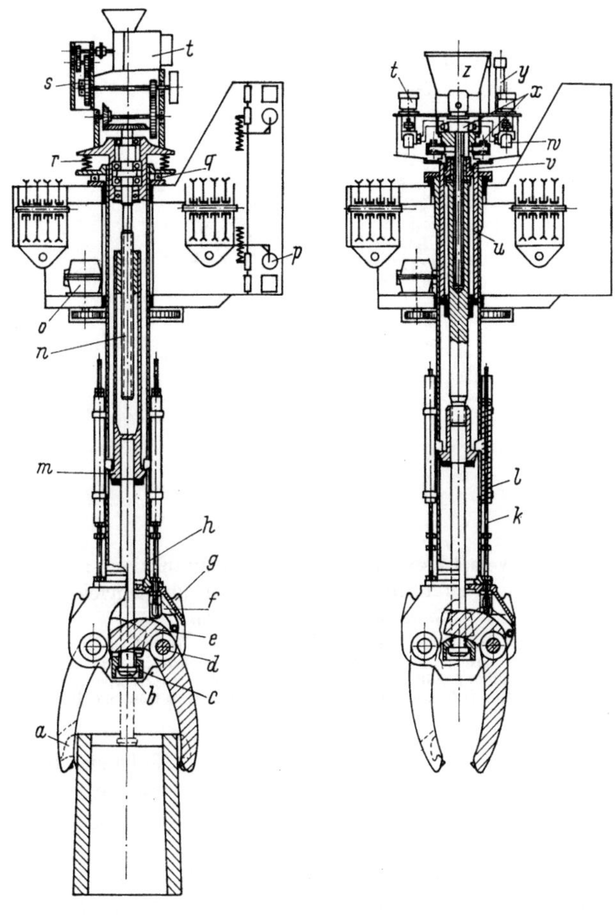

Abb. 549. Prinzipbild eines Stripperkranes, links mit mechanischem, rechts mit hydraulischem Stripperwerk (Demag).

a Taschen in den Zangenschenkeln; *b* Strippstempel; *c* Druckstück; *d* Drehpunkte der Zangenschenkel; *e* obere Hebelarme der Zangenschenkel; *f* Zuglenker zwischen Zangenschenkel und Zugstange *k* zum Öffnen der Zange; *g* Haken am Gehäuse zum Anschlagen von Lastketten; *h* Gehängesäule; *k* Zugstange; *l* Federgehäuse mit vorgespannter Feder; *m* Anschlag zum Mitnehmen der Federgehäuse; *n* Spindeltrieb; *o* Antrieb zum Drehen der Gehängesäule; *p* seitliche Führung des Gehänges durch gefederte Rollen; *q* Kugeldrehverbindung; *r* Schraubenfedern zum Speichern des Anpreßdruckes; *s* Rutschkupplung; *t* Antriebsmotor; *u* Hydraulik-Zylinder; *v* Hydraulik-Kolben; *w* Pumpen; *x* Steuerventile oder Schieber; *y* Druckspeicher; *z* Kabelkorb.

scher Steuerung und die Betriebssicherheit steigt. Die Betriebssicherheit wird durch die doppelte Auslegung aller Pumpenaggregate mit zugehörigen Schiebern und Ventilen wesentlich gesteigert. Beim Ausfall einer Einheit kann mit vollem Druck und entsprechend verringerter Geschwindigkeit weitergearbeitet werden. Infolge der geringen Bauhöhe des Antriebes eignen sich hydraulische Stripperkrane auch für niedrige Hallen, die für mechanische Stripper Schwierigkeiten bereiten. Die Funktion der Federbatterie, die im mechanischen Stripperwerk den Spitzendruck der Zange beim Blockfassen aufrecht erhält, übernehmen beim hydraulischen Stripperwerk zwei Druckölspeicher *y*.

Aus metallurgischen Gründen gießt man Qualitätsstähle auch in umgekehrt konische Kokillen, so daß der Stripperkran in der Lage sein muß, sowohl normale konische Blöcke auszudrücken, als auch umgekehrt konische Blöcke mit dem dicken Ende oben aus den Kokillen herauszuziehen. Solche Stripperkrane arbeiten mit einem Universal-Zangenwerk nach Abb. 550, mit dem man in beliebiger Reihenfolge normal konische und umgekehrt konische Blöcke strippen kann.

Das Zangenwerk hat eine Kokillenzange *g* in einer Bauart, wie sie auch bei Stripperkranen mit einfachem Zangenwerk verwendet wird. In der Ebene senkrecht dazu findet sich eine zweite Zange, die Blockzange *a*, mit einer Bauart ähnlich den selbstschließenden Zangen von Tiefofenkranen. Beim Herausziehen eines umgekehrt konischen Blockes faßt ihn die Blockzange *a* am verlorenen Kopf direkt über der Oberkante der Kokille, die Kokillenzange *g* stützt sich dabei mit ihren Ansätzen *f* auf dem Kokillenrand ab. Der Strippstempel *h* nimmt in seinem oberen Hubbereich das Zangenschild *d* über Anschläge mit. Dabei rutschen die oberen Hebelarme *c* der Blockzange in den Schlitzen nach unten und pressen die unteren Hebelarme *a* gegen den Block. Beim weiteren Anheben des Zangenschildes wird der Block aus der Kokille herausgezogen. Zum Ausdrücken eines normal konischen Blockes benötigt man nur die Kokillenzange *g*, in deren Taschen *e* die Kokille hängt. Der Block wird dann durch Absenken des Strippstempels *h* ausgedrückt.

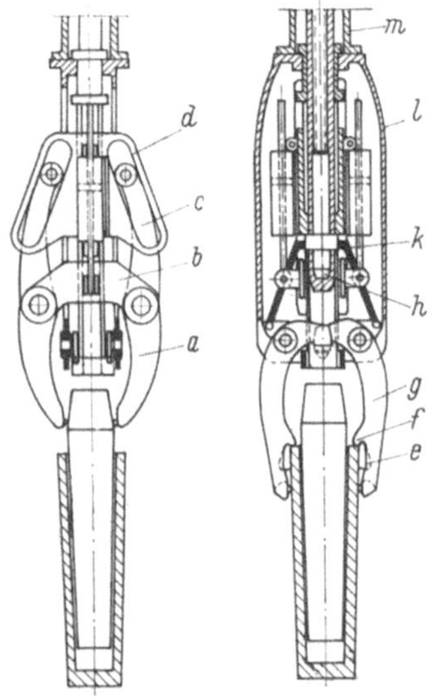

Abb. 550. Universal-Zangenwerk mit Doppelfunktion zum Ausdrücken und zum Herausziehen normal oder umgekehrt konischer Blöcke (Demag).

a Zangenschenkel der Blockzange; *b* Querhaupt; *c* obere Hebelarme der Zangenschenkel; *d* Zangenschild; *e* Taschen zum Anheben der Kokille; *f* Ansätze zum Aufstützen auf die Kokille; *g* Schenkel der Kokillenzange; *h* Strippstempel; *k* federnder Zuglenker zum Öffnen der Zange; *l* Zangengehäuse; *m* Gehängesäule.

Abb. 551. Strippvorrichtung zum Einhängen in den Lasthaken eines Brückenkranes (Demag).

Tragkraft an der Zange: 2,5 Mp (Block und Kokille); Strippkraft: 30 Mp.

Einhängbare Strippvorrichtungen eignen sich für Stahlwerke, in denen sich die meisten Blöcke beim Anheben der Kokillen von selbst lösen und nur ein kleiner Teil ausgestoßen werden muß. Auch setzt man sie neben Stripperkranen als Reserve oder im Falle einer plötzlich erforderlichen Leistungssteigerung ein. Solche Strippvorrichtungen verwandeln jeden Brückenkran oder Drehkran von genügender Tragkraft und Hubhöhe in einen Stripperkran. Einhängbare hydraulische Vorrichtungen werden gebaut für Tragkräfte von 10—45 Mp, bei Strippkräften von 50—450 Mp (Abb. 551).

Zum Strippen umgekehrt konischer Blöcke verwendet man neben Stripperkranen mit Universal-Zangenwerk auch feststehende Strippvorrichtungen, die in der gleichen Weise, wie oben beschrieben, arbeiten. Der Antrieb kann über oder unter Flur liegen und mechanisch oder hydraulisch erfolgen. Für den Weitertransport von Blöcken und Kokillen sorgen Blockzangenkrane und Kokillentransportkrane.

Im Walzwerk setzen Tiefofenkrane die Blöcke in die Öfen ein, ziehen sie aus den Öfen heraus und sorgen für den Weitertransport zu den Rollgängen. Sie werden außerordentlich hoch beansprucht, arbeiten meist im 3-Schichtenbetrieb und sind daher auch als wichtige Produktionsmaschine anzusehen. Der Ausfall eines Tiefofenkranes würde einen empfindlichen Verlust für die Fertigung bedeuten, da praktisch der Betrieb zum Erliegen käme. Diese Gegebenheiten kommen bereits darin zum Ausdruck, daß die Krantragwerke nach DIN 120 fast nur in Gruppe IV eingestuft werden und die Auslegung des Hubwerkes nach DIN 15020 Gruppe 4 erfolgt.

Ähnlich wie beim Stripperkran besitzt die Katze ein Führungsgerüst in dem der Zangenbaum mit Blockzange starr geführt wird. Es ist robust ausgebildet und kann auch ein Anstoßen der Zange an die Öfenwände beim Ein- und Ausfahren der Blöcke aus dem Tiefofen vertragen. Der Zangenbaum ist drehbar und wird mittels Traversen im Schachtgerüst geführt. Die Blockzange ist meist als Schlitzzange ausgebildet, bei der die oberen Arme der Zangenschenkel in schrägen Schlitzen geführt werden. Durch den Zangenbaum geht heb- und senkbar das Steuerungsgestänge bzw. die Steuerkette, die im Drehpunkt der Zangenschenkel angreift. Eine eingebaute Rutschkupplung vermeidet eine Überlastung der Steuerung.

Zum Fassen eines Blockes werden die Zangenschenkel durch das Steuerorgan angehoben, wodurch sich die Zange auf den gewünschten Wert öffnet. Beim Absenken des Steuergestänges legen sich die Zangenschenkel an den Block an. Erst beim Anheben des gesamten Zangenbaumes durch das Hubwerk bewirkt das Eigengewicht des Blockes, daß die Schenkel der selbstschließenden Zange in den Schlitzen nachrutschen und sich fest an den Block anpressen.

Eine konstruktive Aufgabe wurde durch die Forderung der Betreiber nach möglichst großer Spannweitendifferenz der Zangen gestellt. Mit der normalen Konstruktion kann man Differenzen in der Spitzenweite von etwa 500 mm erreichen (Abb. 552a). Um Spitzendifferenzen von 1000 mm und mehr überbrücken zu können, mußte die Konstruktion der Zange derart ausgeführt werden, daß die Zangenschenkel-Drehpunkte je nach Blockgröße verstellt werden können. Durch Umstecken der Bolzen lassen sich die Drehpunkte entweder näher oder weiter entfernt voneinander einstellen (Abb. 552b). Die Forderung,

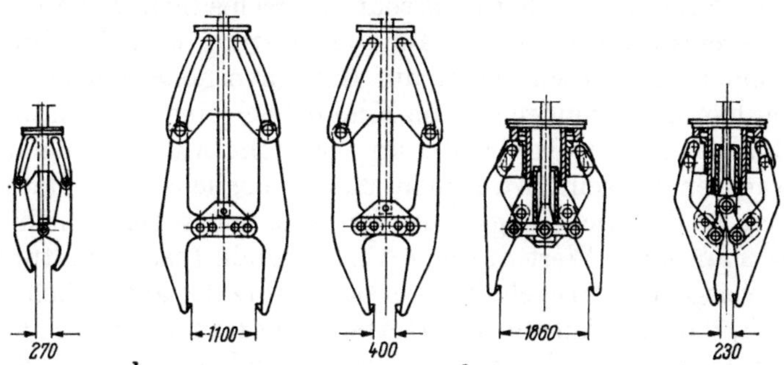

a b c

Abb. 552. Verschiedene Tiefofenzangen-Ausführungen mit unterschiedlicher Spitzendifferenz.

a nicht verstellbar, Spitzendifferenz: 270—770 mm; *b* Veränderung durch Bolzenversteckung, Spitzendifferenz: 400—1200 bzw. 1100—1900 mm; *c* kontinuierliche Veränderung über Hebelsystem, Spitzendifferenz: 230—1860 mm.

Blöcke mit verschiedener Abmessung mit Zangen zu fassen, ohne ein zeitraubendes Umstecken vornehmen zu müssen, führten zu einer Zangenkonstruktion, die ein kontinuierliches Verstellen der Zangenspitzen ermöglicht. Dies wurde erreicht, indem die Zangenschenkel mit ihren Drehpunkten nicht direkt in dem Herzstück, sondern über ein zweigliedriges Hebelsystem damit verbunden sind. Dieses Hebelsystem bildet einen nach unten offenen Winkel, der sich durch einen Verstellmechanismus leicht verändern läßt. Die größte Zangenöffnung wird demnach bei der Strecklage des Hebelsystems erreicht. Zum Öffnen und Schließen der Zange dient ein Motor, der auf der oberen Traverse aufgebaut ist und über eine Spindel das vorerwähnte Hebelsystem bewegt (Abb. 552c).

Neben Tiefofenkranen in der Bauart als normale Brückenkrane kommen auch Sonderbauarten vor, wie Halbportalkrane, Ausleger-Brückenkrane, Konsolkrane usw. Bei letzterem wird anstelle der senkrechten starren Führung meist eine sog. Lenkerführung für die Zange verwendet.

Wenn man nun die Entwicklung der Hüttenwerkskrane während des letzten Jahrzehntes betrachtet sowie die grundsätzlichen Änderungen und neuen Bauformen aufzeigt, die in ihrer weiteren Folge im Zusammenhang mit Leistungssteigerung zur Bezeichnung als Produktionsmaschinen führten, so erkennt man im wesentlichen fünf bestimmende Faktoren:

a) vollständige Wälzlagerung der maschinellen Teile in Verbindung mit Blockgetriebe-Konstruktionen für alle Triebwerke und damit Fortfall aller offenen Vorgelege;

b) Kastenträgerbauweise bei den Strahlkonstruktionen;

c) starke Weiterentwicklung und Perfektionierung der elektrischen Kranausrüstungen;

d) Einsatz von möglichst vielen gleichen Teilen zur Reduzierung der erforderlichen Ersatzteilhaltung (z. B. Kran- und Katzlaufräder gleich, Seildurchmesser und Seilrollen für Haupt- und Hilfshubwerk gleich usw.);

e) Einbau von doppelten Antrieben, so daß beim Ausfall eines Antriebes die Anlage, wenn auch mit verminderter Leistung, weiterbetrieben werden kann.

Werden die genannten Faktoren bei der Konstruktion neuer Krane beachtet, so ergibt sich der Vorteil einer Verkürzung der Stillstandszeit für Überholungen. Die Anzahl der Verschleißteile ist auf ein Minimum beschränkt, und sie können in kürzester Zeit ausgetauscht werden. Anpaß- und Ausrichtarbeiten sind hierbei kaum noch erforderlich, wenn eine übersichtliche Bauart, gute Zugänglichkeit und weitgehende Verwendung von Austauschteilen vorliegen. Auch das Zusammenfassen verschiedener Teile zu Baugruppen, die komplett auszubauen sind, ist zu empfehlen, da Überholungs- und Reparaturarbeiten in der Werkstatt einwandfreier und schneller ausgeführt werden können als auf dem Kran selbst.

Wie schon angeführt, wurden in den letzten Jahren Krane in Betrieb genommen, bei denen einzelne Bewegungen hydraulisch betätigt werden. Die Erfahrung mit den Hydraulikeinrichtungen an Kranen sind allerdings sehr unterschiedlich. Die aufgetretenen Schwierigkeiten sind interessanterweise selten auf die Leistung und den Funktionsablauf zurückzuführen, sondern im wesentlichen auf das unvorhergesehene Versagen einzelner Elemente. Die rauhen Bedingungen, die im Kranbetrieb eines Hüttenwerkes normal sind, stellen an eine hier eingesetzte Hydraulik anomal hohe Anforderungen. Um allen Überraschungen gewachsen zu sein, wird man daher möglichst die Hauptarbeitselemente doppelt ausführen, so daß die Anlage beim Versagen eines Teiles nicht direkt ganz ausfällt. Auch sollte man mehr Wert auf eine vorbeugende Instandhaltung legen, wodurch Überraschungen weitgehend ferngehalten werden. Trotz der anfänglichen Schwierigkeiten ist es verständlich, daß der Antrieb bei Hüttenwerkskranen jeweils für die geradlinigen Bewegungen, deren Ablauf in Kraft und Geschwindigkeit genau und sicher bestimmt werden muß, hydraulisch ausgeführt wird. Die natürlichen, günstigen Eigenschaften der Hydraulik bieten die besten Voraussetzungen, funktionsgerecht zu arbeiten und die Betriebskosten niedrig zu halten. Es ist in allen Fällen nur ein Zylinder erforderlich, dessen Kolbenhub durch eine entsprechend ausgelegte Hydraulik gesteuert wird. Bei den für die Hydraulik prädestinierten Antriebe handelt es sich im einzelnen um den Ausleger und die Verriegelungsstange beim Chargierkran, den Stempel und die Zugstange beim Stripperkran und die Zange bzw. das Herzstück beim Tiefofenkran.

Ein beachtlicher Teil an Arbeitsaufwand und nicht zuletzt an Kosten wird in einem Hochofenwerk wie auch in einem Stahlwerk für den Betrieb der notwendigen Nebenanlagen aufgewandt. Der reibungslose Arbeitsablauf dieser Anlagen, eingefügt im Rhythmus des gesamten Werkes, bestimmt oft weitgehend die Rentabilität der Gesamterzeugung des Betriebes.

Zu diesen Nebenanlagen zählt auch die Verwertung der im Schmelzbetrieb anfallenden Schlacke. Es handelt sich um ein Abfallprodukt der Stahlerzeugung, das jedoch unter dem Gesichtspunkt der nutzbringenden Weiterverwertung einen hervorragenden Rohstoff darstellt. Der Einsatz von Schlacke in der Bauwirtschaft als Schotter für den Straßenbau oder in der Form von Preßsteinen ist heute schon weitgehend bekannt. Um die anfallende Schlacke diesem Verwertungprozeß zuzuführen, ist eine oft weit verzweigte Aufbereitung notwendig, die bei der Arbeitsweise der heutigen Fertigungsanlagen weitgehend zu einem Förderproblem geworden ist.

Einen Beitrag zur Lösung dieses Problems stellt z. B. eine in einem Hochofenwerk errichtete Wagenförderung dar. Es handelt sich um eine sog. Unterseilbahn mit umlaufendem Seil, die die Beschickung einer Schlackenbrech- und Siebanlage in vollautomatischer Arbeitsweise vornimmt. Die noch flüssige Schlacke wird in Kübelwagen verladen und zugweise vom Hochofenwerk zu den sog. Gießbetten transportiert und dort entleert. In diesen Becken erkaltet die Schlacke und wird anschließend von Löffelbaggern in die Wagen, die an den Becken entlang geführt werden, übergeben. Diese im Ringbetrieb umlaufenden Trichterwagen, die an ein endloses Unterseil gekuppelt werden, beschicken die Bunker der Brechanlagen. Die schienengebundene Förderung hat sich infolge des außerordentlich hohen Verschleißes des Fördergutes und seiner sehr unterschiedlichen Stückgrößen vor der Aufbereitung dem Bandförderer als überlegen und wirtschaftlicher erwiesen. Bei den eingesetzten Trichterwagen handelt es sich um Schrägboden-Selbstentlader, bei denen die seitlichen Entladeklappen durch zwei unter Federdruck stehende Verschlußhebel mit den Stirnwänden des Wagens in der Schließstellung verriegelt sind. An den Sammelbunkern über der Brechanlage erfolgt die Entladung automatisch, indem durch einen am Bunker angebrachten Anschlag die Klappenverriegelung gelöst wird. Die Anlage erreicht bei 40 eingesetzten Wagen und zwei vollständigen Umläufen in der Stunde eine Förderleistung von 180 Mp.

Abb. 553. Hängekatze mit eingebautem Drehwerk und Doppelhubwerk zum Transport von 20 m langen Großrohren sowie Coils (Aumund).

In zwei anderen Stahlwerken des Ruhrgebietes hat man zur Entlastung des innerbetrieblichen Schienennetzes zum Abtransport der Schlacke von ihrem Entstehungsort gleislose Fahrzeuge eingesetzt. Hierbei handelt es sich um Spezial-Absetzkipper entsprechend der Abb. 250, die jedoch tiegelförmige Schlackenkübel aus Stahlguß aufnehmen. Aus der Weiterentwicklung der zuerst eingesetzten Schlackentransporter ist inzwischen eine komplette Baureihe von sechs Typen hervorgegangen, deren kleinster eine Schlackennutzlast von 5 Mp bei 5 Mp Kübelgewicht hat, während der größte Typ 50 Mp Schlacke im 15 Mp schweren Kübel aufnehmen kann.

d) Förder- und Hilfseinrichtungen im Gießereibetrieb

Der zunehmende Bedarf an Gußstücken, der Mangel an Arbeitskräften und der scharfe Wettbewerb erfordern in Gießereibetrieben eine fortschreitende Mechanisierung. Vorrichtungen und Maschinen übernehmen die Tätigkeit des Menschen und ermöglichen eine erhöhte, wirtschaftliche Produktion. Für das Herstellen und Transportieren von Sandformen, das Abgießen sowie das Entleeren der Formkästen lohnen sich maschinelle Einrichtungen. Der Grad ihrer Mechanisierung hängt vom Programm, der Seriengröße und Produktionsleistung ab. Derartige Einrichtungen eignen sich nicht nur für ein ausgerichtetes Gußprogramm mit relativ großen Stückzahlen, sondern auch für ein vielfältiges Programm einer Kundengießerei mit verhältnismäßig kleinen Stückzahlen.

Bei dem großen Umfang des Transportanteils im Fertigungsablauf der Gießerei hängt die Wirtschaftlichkeit des Betriebes weitgehend von der zweckmäßigen Lösung des innerbetrieblichen Transportes ab. Das im Betrieb umlaufende Material, wie Formkästen und Sand, beträgt etwa das 6fache des zu verarbeitenden Stoffes, wie Guß, Koks, Kalk usw. Angaben der Praxis kann man entnehmen, daß für die Fertigung von 1 Mp Fertigguß innerhalb des Gießereibetriebes die Förderung verschiedener Stoffe zu bewerkstelligen ist, die einem Gesamtgüterumschlag von etwa 150—350 Mp/h entspricht, wobei im Mittel etwa 50—60 Mp/h auf Formsand entfallen. Bei Kenntnis dieser enormen Werte ist es kaum zu verstehen, daß es noch sehr viele, vor allem kleinere Gießereien gibt, in denen der stetige Materialfluß noch keinen Eingang gefunden hat.

Sieht man von den Fällen ab, bei denen noch vor allem größere Formen auf dem Gießbett abgegossen werden, so findet man im Rahmen der Mechanisierung des Transportes fertiger Formen und des Rücktransportes leerer Kästen im wesentlichen zwei Grundformen,

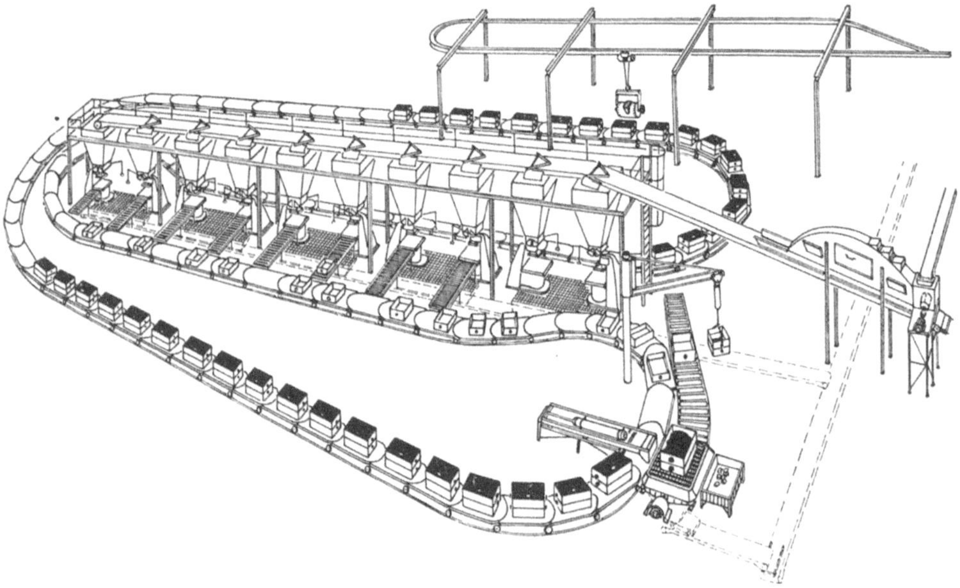

Abb. 554. Kontinuierlicher Transport von Formkästen auf Wandertischen und Rollenbahnen in einer Gießerei (Stotz).

nämlich der Transport auf Rollenbahnanlagen für mittlere Produktionszahlen und der Einsatz von Wandertischanlagen für größere Serien (Abb. 554). Wie zu ersehen, wandern die an der Ausschlagstelle mit Vibrationsrost entleerten Formkästen auf dem Wandertisch zu den Formstellen, wo sie über senkrecht dazu angeordneten Rollenbahnen den einzelnen Formmaschinen zugeleitet werden. Ober- und Unterkästen werden getrennt eingeformt und danach je nach Größe von Hand oder mit Hilfe von einem auf einer Schienenhängebahn verfahrbaren pneumatischen Abheber zu fertigen Formen zusammengesetzt und den Wandertischen wieder übergeben. Die Zuführung der Kerne zu den Formmaschinen erfolgt durch einen Kreisförderer. Auf den Wandertischen laufen die fertigen Formen dann zur Gießstelle. Hier wird zweckmäßig neben dem Wandertisch im Boden ein Plattenbandförderer eingebaut, der die gleiche Geschwindigkeit hat wie der Wandertisch, so daß sich keine Relativbewegung mehr zwischen den beiden Aggregaten ergibt und der Arbeiter von dieser Plattform aus ohne Schwierigkeit die Formen abgießen kann. Über die Kühlstrecke gelangen die Formen zur Ausschlagstelle, wo sie pneumatisch seitlich auf den Ausschlagrost abgedrückt werden. Der herausgeschlagene Formsand fällt durch die Roste auf die im Keller angeordneten Fördereinrichtungen (Bandförderer mit hitzebeständigem Gurt, Trogbandförderer, Schwingrinnen). Die heißen Gußstücke gelangen über eine Rutsche in einen Sammelbehälter oder noch zweckmäßiger auf einen im Keller installierten Trogbandförderer, der die Gußstücke zur Putzerei leitet, wobei sie sich gleichzeitig unterwegs weiter abkühlen. Um Formsandanhäufungen und Verschmutzung in der Formerei zu verhindern, sind unter den Formmaschinen im Boden ebenfalls Bandförderer eingebaut, die den durch vergitterte Bodenöffnungen neben jeder Formmaschine herabfallenden Sand abziehen. Dieser Sand wird zusammen mit dem ausgeschlagenen Altsand wieder der Sandaufbereitung zugeleitet.

Die Beschickung der Formmaschinen mit Formsand erfolgt von der Sandaufbereitungsanlage aus über einen Gurtbandförderer mit automatisch betätigten Abstreifern in Vorratsbunker über den Formmaschinen, aus denen der Sand jeweils durch einen hand- oder pneumatisch bedienten Verschluß entnommen werden kann. Neben der schleifenförmig angeordneten Wandertischanlage entsprechend Abb. 554 sind auch Ausführungen mit horizontalem Umlauf der Wagen bekannt. Bei ihnen erfolgt die Führung der Wander-

Abb. 555. Trogbandförderer zum Transport heißer Gußstücke (Aumund).

tischplatten in der Form, wie bereits in Abb. 74 gezeigt. Es ist lediglich durch entsprechende Schienenführung dafür zu sorgen, daß die einzelnen Platten beim Durchlaufen der Kehrstation eine fast waagerechte Lage beibehalten. Derartige vertikal umlaufende Anlagen sind in Gießereien seltener anzutreffen. Als Vorteil dieser Art ist aber anzuführen, daß sie wenig Platz benötigen, weil der freie Raum zwischen den Bahnen entfällt und die Rückführbahn unter Flur gelegt wird. Nachteilig wirkt sich aus, daß zweigeschossig gebaut werden muß. Kostenmäßig ist dieser Aufwand aber nicht so groß, wenn die Hinführbahn gewissermaßen in die erste Etage verlegt wird, so daß die gesamte Einrichtung über Flur liegt und auch bei Reparatur oder Störung besser zugänglich ist. Diese linienförmigen Anlagen werden gerade in jüngster Zeit wieder viel diskutiert. Vom Standpunkt des Materialflusses ergeben sich erhebliche Vorzüge, weil die Gieß- und Kerneinlegestrecke von beiden Seiten frei erreichbar sind, was sich in bezug auf den Antransport von Kernen, flüssigem Eisen usw. günstig auswirkt. Besonders vorteilhaft ist die linienförmige Führung der Anlagen, wenn kastenlos gearbeitet wird. Da meist eine Armierung der Ballen oder eine Bodenplatte vom Verfahren her entfällt, ist ein Rücktransport nicht erforderlich.

Sollen bestehende Gießereien durch nachträglichen Einbau von Transportanlagen rationalisiert werden, so ergeben sich häufig Erschwernisse infolge Platzmangels. Durch Einbau von kurvenläufigen Trogbandförderern (vgl. Abb. 56—58) lassen sich die an verschiedenen Stellen einer Gießerei liegenden Ausschlagroste leicht miteinander verbinden und sie transportieren das gesamte ausgeschlagene Material (Sand einschließlich der Gußteile) bis vor die Putzerei oder an einen sonst geeigneten Platz, wo über Schwingsiebe die Trennung des Sandes vom Gußstück stattfindet. Bei dieser Ausführung ist der Anfall des Altsandes an einer zentralen Stelle als vorteilhaft zu betrachten, da alle weiteren Sammelbänder entfallen können und der Sand direkt durch ein Becherwerk wieder der Aufbereitung zugeführt wird.

Für kleine Serien ist der Einsatz von Rollenbahnen zum Transport der Formkästen zweckmäßiger. Abb. 556 gibt verschiedene Ausführungsbeispiele wieder über die Rollen-

Abb. 556. Ausführungsformen von Rollenbahnanfängen.

a Kerne; *b* Unterteil-Formmaschinen; *c* Oberteil-Formmaschinen; *f* Ausschlagrost; *A* Übergabe auf die Einzelbahnrollen durch Schieberollenbahn, Übersetzen der leeren Kästen und Formteile mit Hebezeugen an einer Einschienenbahn; *B* Übergabe durch Hebezeug an einer kreisförmigen Einschienenbahn; *C* Übergabe der leeren Kästen durch Hebezeug an einem Schwenkarm, Übergabe der zusammengesetzten Formen auf die Einzelbahnen durch schwenkbares Rollenbahnsegment; *D* Abwandlung der Ausführung *A*.

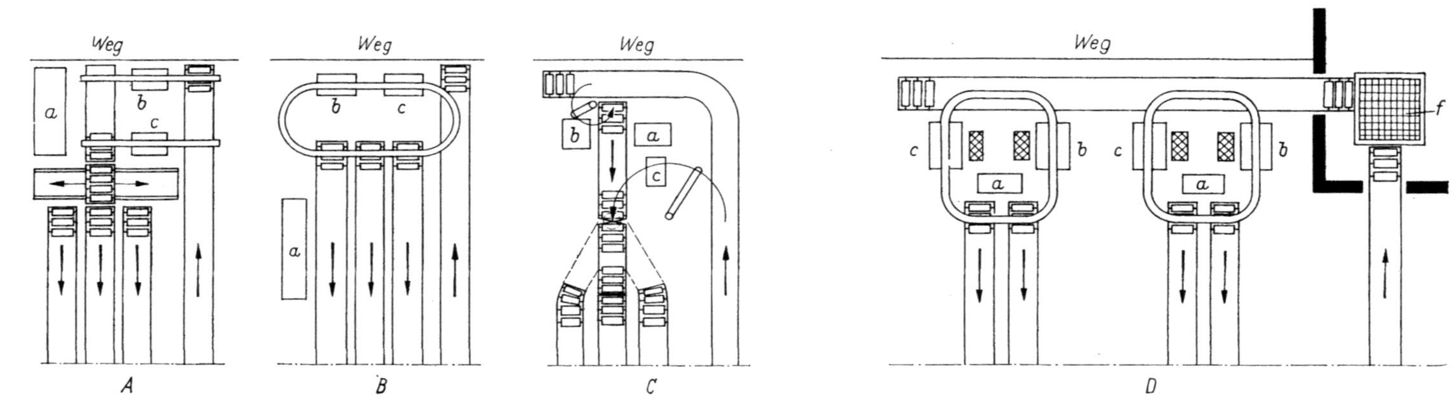

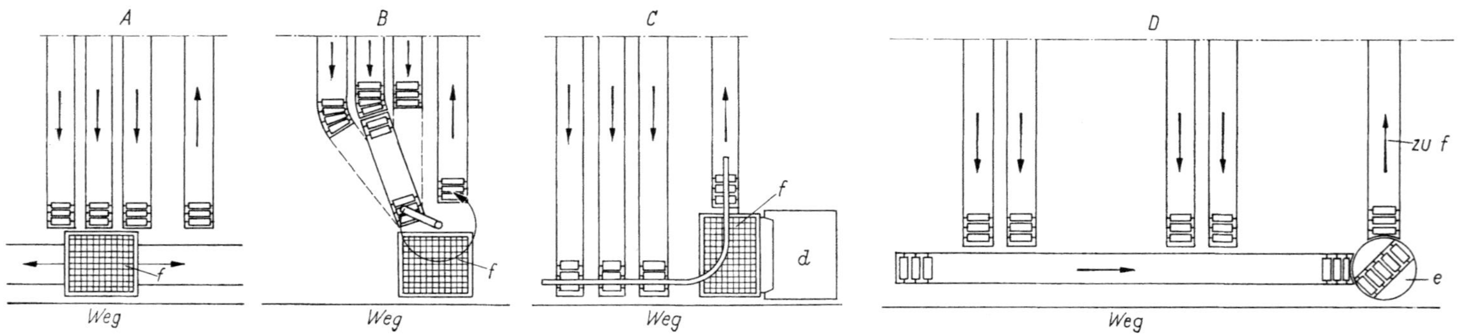

Abb. 557. Ausführungsformen von Rollenbahnenden.

A Ausschlagrost verfahrbar; *B* Ausschlagrost fest, schräger Zulauf über schwenkbares Rollenbahnsegment, Übersetzen durch Hebezeug am Schwenkarm; *C* Ausschlagrost fest, Gerade Bahnenden, Übersetzen durch Hebezeug an einer Einschienenbahn, Gußbehälter *d* erfordert breiten Gang; *D* Sammeln der Formen durch querliegende Rollenbahn, Eckumführung durch Drehscheibe *e* wie gezeigt oder bei ausreichendem Platz durch kurvenförmige Bahn, Ausschlagrost fest in abgetrenntem Raum (vgl. Anschluß in Abb. 556, D).

bahnführungen im Bereich der Formstationen, während Abb. 557 Ausführungsformen über das Ende der Rollenbahnen im Zusammenhang mit den Ausschlagrosten veranschaulicht. Fest eingebaute Ausschlagroste sind vorzuziehen, weil sich die Dunstabsaugung und auch ein evtl. erforderliches Hebezeug besser anbringen lassen als bei einem fahrbaren Rost. Auch kann der Rost gleich neben das Becherwerk zur Sandaufbereitung gelegt werden. Im Gegensatz zu Transportanlagen mittels Wandertischen ist bei Anordnungen mit Rollenbahnen ein Hebezeug nicht zu umgehen, da die Formkästen jeweils auf das höher liegende Ende der Rollenbahn aufgesetzt werden müssen, um eine Schwerkraftförderung überhaupt zu ermöglichen. Andernfalls sind besondere Steigestrecken mit angetriebenen Rollenbahnelementen zwischenzuschalten.

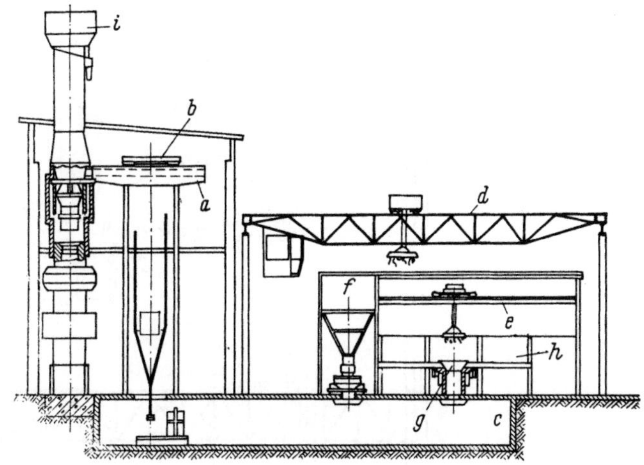

Abb. 558. Kupolofenbegichtung mittels Drehkran.

a Drehkran; *b* Aufzugschacht mit Drehpunkt des Krans; *c* Unterflur-Verbindungskanal zum Tageslager; *d* Hofkran zum Beschicken des Vorratslagers und zum Füllen des Tageslagers; *e* Gattierungskran mit Magnet; *f* Hochbunker für Koks und Kalk; *g* Einwurftrichter der fest eingebauten Gattierungswaage; *h* Tageslager mit Bunkerzellen als Gattierungsanlage; *i* Kupolofen.

Bei allen Planungen ist darauf zu achten, daß für die einzelnen Arbeitsgänge: Aufsetzen der leeren Kästen, das Ausfahren der fertigen Formteile, das Kerneinlegen und das Zudecken der Formen möglichst wenig Handarbeit und keine zusätzlichen Wege für die Bedienung nötig sind.

Außer den oben genannten Förderanlagen wird im Gießereibetrieb noch eine größere Anzahl weiterer Förderer und Hilfseinrichtungen verwendet, und zwar

a) in der Kernherstellung (Kreis- bzw. Schaukel- und Gurtbandförderer, Hängebahnen),

b) in der Trockenabteilung (Gurtbandförderer, Gurtbecherwerke, Telleraufgeber, pneumatische Förderer),

c) im Lager (Gurtbandförderer sowie Stahlbandförderer, Rollenbahnen, Hängebahnen, Gabelstapler),

d) in der Putzerei (Kreis- und Gliederbandförderer, Rollenbahnen),

e) auf dem Lagerplatz und an den Schmelzöfen (Portalkrane, Halbportalkrane, Brückenkrane, Schwenkkrane, Trogbandförderer, Becherzellenbänder, Schrägaufzüge).

Als Begichtungseinrichtung für Kupolöfen findet man vornehmlich Schrägaufzüge und Drehkrane, die als Steilaufzüge arbeiten. Der Drehkran gewinnt immer stärkeren Anklang. Dafür lassen sich wenigstens drei Gründe nennen:

a) Für den Senkrechtaufzug wird am wenigsten Raum benötigt, so daß der verfügbare Platz in der Nähe des Ofens größer wird.

b) Senkrechtaufzüge arbeiten von ihrer Konstruktion her zweckmäßig mit Kübeln mit Bodenentleerung.

c) Kranaufzüge lassen sich gut an einen Unterflurkanal anschließen, so daß die eigentliche Gattierungsstelle nicht mit der Übergabestelle auf den Kran zusammenfallen muß; man wird unabhängiger mit der Anordnung des Tageslagers.

Fest eingebaute Waagen werden für Gattierungsanlagen heute als vorteilhaft betrachtet. Wird das Tageslager rund um die Waage herum angeordnet und somit vom Monatsvorratslager getrennt, so kommt man in der Regel mit dem geringsten Bedienungspersonal aus, indem ein Mann an der Waage und ein zweiter zeitweise auf dem Hofkran beschäftigt wird. Dabei übernimmt der Hofkran die Entladung des Materials vom anliefernden Fahrzeug ebenso wie die Beschickung des Tageslagers vom Vorratslager her. Ein zweiter kleiner Kran über dem Tageslager sorgt für die Beschickung der Waage. Dieser kleine Kran ist als Brückenkran ausgebildet bei einem rechteckig angelegten Tageslager und als Schwenk- oder Drehkran bei einem halbkreisförmig angelegten Lager entsprechend Abb. 559. Bei kleinen Durchsätzen kann man auch auf einen zusätzlichen

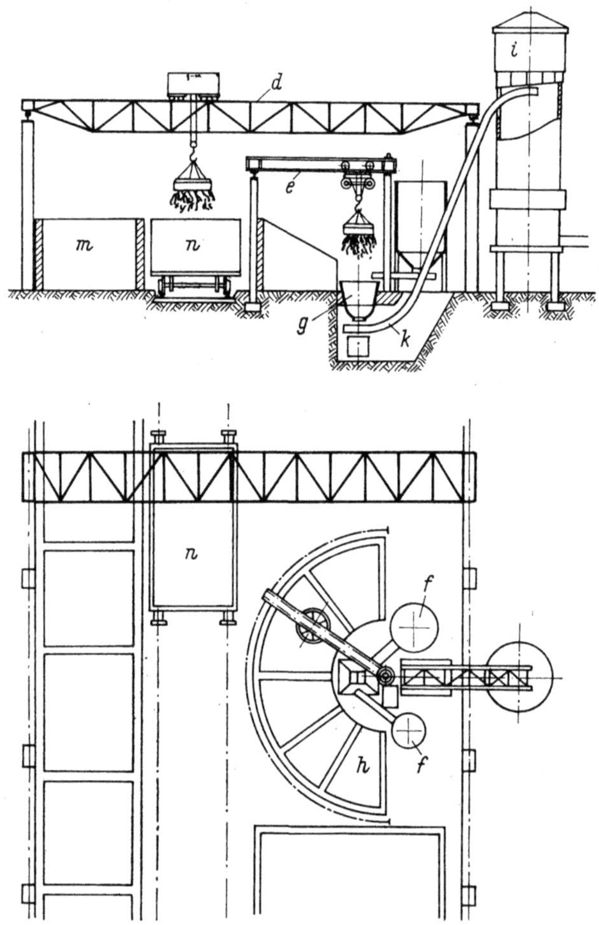

Abb. 559. Begichtung durch Schrägaufzug, Gattierung vom halbkreisförmigen Tageslager aus.

k Schrägaufzug; *h* Waggon; *m* Monatsvorratslager; vgl. Legende Abb. 558.

Kran verzichten und von Hand gattieren oder aber das Tageslager in Form von Tiefbunkern anordnen, aus denen das Material mit Bunkeraustragförderern zur Waage hin abgezogen wird. Bei im Boden angeordneten Bunkern ist auch eine direkte Beschickung durch die anliefernden Lastkraftwagen möglich.

Der Transport feuerflüssiger Massen in der Gießerei wurde bis vor einigen Jahren fast ausschließlich durch Krananlagen bzw. auf Schienen geführte Gießwagen durchgeführt. Gegenüber den Krananlagen für normalen Transport waren hier besondere Vorschriften zu beachten, wie z. B. doppelte Anordnung der Hubwerkbremsen, begrenzte Senkgeschwindigkeit und besonders robuste Ausführung des Hubwerkes. In den letzten Jahren wurden aber auch Gabelstapler zum Transport von feuerflüssigen Massen eingesetzt, für die dann aber auch besondere Vorschriften erlassen wurden, die nachstehend in Stichworten zusammengefaßt sind: sichere Aufnahmevorrichtung für die Pfannen, selbsttätige Nullstellung der Schalthebel für das Heben und Kippen, Senkgeschwindigkeit maximal 0,2 m/s, Fuß- und Beinschutz für den Fahrer, Luftbereifung nicht zugelassen, Kraftstofftank mit Sicherung gegen Hitzeeinwirkung, glatte, freie Transportwege, begrenzte Füllung der Transportgefäße, Fahrbewegungen nur mit Schrittgeschwindigkeit.

5. Hebe- und Förderanlagen in der Holzindustrie

a) Anlagen im Sägewerk

Jede Produktion ist mit Transportvorgängen verbunden. Nachdem jedoch Transporte nur unmittelbar an der Produktion beteiligt sind, gilt es, ihren Anteil am Gesamtzeitaufwand so weit wie möglich zu reduzieren und zu mechanisieren. Zu dieser grundlegenden Erkenntnis gelangte die holzbearbeitende Industrie Deutschlands aber erst Mitte der fünfziger Jahre. Bis dahin stand bei fast allen Holzmanipulationen die Handarbeit im Vordergrund. Dieses gilt für den Rundholzplatz ebenso wie für die Sägehalle und den Schnittholzplatz. Lediglich für den Stammtransport längs des Platzes bediente man sich sehr häufig der Gleisförderung mit von Hand bewegten Plattformwagen. Im Gegensatz zu unseren nördlichen Nachbarn sind aber weder die Sägeindustrie noch die ihr meist angeschlossenen Hobelwerke in einer günstigen Situation. Denn das meist teuer eingekaufte Rundholz muß in härtestem Wettbewerb mit weit stärkeren Exportländern eingeschnitten und abgesetzt werden. Durch Arbeitskräftemangel und Lohnkostenanstieg wurden alle, die überleben wollten, zur Mechanisierung gezwungen.

In dieser Zeit hat sich in vielen Sägewerken die Denkweise durchgesetzt, daß das Gatter die Leistungsfähigkeit des Betriebes bestimmt. Mit der Anschaffung eines leistungsfähigeren Gatters verspricht man sich regelmäßig auch eine höhere Betriebsleistung. Diese Einstellung ist nur dann zutreffend, wenn gleichzeitig mit der Aufstellung der neuen Säge auch die Materialzufuhr auf der Rundholzseite und die Materialabfuhr auf der Schnittholzseite beschleunigt worden sind. Vielfach kann der Fehler beobachtet werden, daß hier jedoch die Methoden beibehalten wurden, die für das langsame alte Gatter ausreichend waren. Der Mißerfolg bleibt nicht aus. Das neue Gatter ist dann nur wenige Stunden im Volleinsatz und muß bald gedrosselt werden, wodurch ein intermittierender Betrieb entsteht und die mögliche Volleistung des Gatters nie ausgeschöpft wird. Ein voller Erfolg ist nur dann zu erreichen, wenn gleichzeitig mit der Anschaffung eines schnelleren Gatters der gesamte Arbeitsablauf neu organisiert wird.

In den letzten Jahren haben daher der Portalkran in Stahlrohr-Leichtbauweise und der Gabelstapler in sehr hohem Maße die althergebrachte Arbeitsweise auf den Lagerplätzen der Sägewerke abgelöst und den Arbeitsanlagen ein völlig neues äußeres Bild verliehen. Eines dieser beiden genannten Geräte als besonders vorteilhaft herausstellen zu wollen, ist grundsätzlich nicht möglich, da eine volle Ausnutzung der Kapazität einzig und allein von den jeweiligen betrieblichen Gegebenheiten abhängt. Dieses gilt vor allem für die Klein- und Mittelbetriebe der Sägeindustrie, die meist zur vollen Ausnutzung das Fördermittel sowohl auf dem Rundholz- wie auch auf dem Schnittholzplatz einsetzen müssen. Daher ist jeder Einzelbetrieb einer individuellen Prüfung und Begutachtung zu unterziehen, da besonders die lokalen Raumverhältnisse für die Wahl des geeigneten Fördergerätes ausschlaggebend sind. Als Nachteil des Portalkranes ist hier die Ortsgebundenheit zu erwähnen. Liegt jedoch der Rundholzplatz, das Sägewerk und der Schnittholzplatz in einer Flucht und haben als ganze Einheit auch noch etwa rechteckige Form, so wirkt sich die Ortsgebundenheit nicht nachteilig aus. Der Kran wird nur ausreichend hoch gebaut, so daß er die Sägehalle überfahren kann und ist dann in der Lage, den Platz sowohl vor wie auch hinter der Säge zu bestreichen. Ist dies nicht zu erreichen, so wird der Gabelstapler auf Grund seiner größeren Beweglichkeit die auf dem Rundholzplatz überschüssigen Kapazitäten leichter anderweitig nutzen können und nicht brach liegen. Sehr häufig läßt man sich aber bei einer Betriebsumstellung zunächst durch den niedrigeren Anschaffungspreis eines Gabelstaplers beeinflussen. Zweifellos ist am Anfang nur das Kapital und ein geringer Beitrag für die ersten Bodenbefestigungen zu investieren. Doch wird man nicht umhin kommen, den ganzen Lagerplatz im Laufe der Zeit mit einem gut befestigten Wegenetz zu durchziehen, wodurch etwa 40% der Lagerfläche verlorengehen.

Mit eine entscheidende Rolle für die Wahl des Fördermittels spielen Länge, Durchmesser, Gewicht sowie Sperrigkeit des zu fördernden Holzes. So ist der Portalkran prädestiniert für die Förderung von Langholz vornehmlich in Listenholzsägewerken, weil stets gefordert wird, daß das Fördermittel auch in der Lage ist, aus Rundholzvorratslagern nur einen bestimmten Stamm herauszugreifen, was ein Gabelstapler nur schlecht bewerkstelligen kann. Im Gegensatz dazu hat der Gabelstapler mit Rundholz-Spezialgreifer im Handelssägewerk mit Blockholzzufuhr sich vorteilhafter als ein Kran erwiesen. Hier wirkt sich das schlechte Verhältnis zwischen Nutzlast und Eigengewicht des Kranes ungünstig aus, da auch zum Transport eines Blockes mit kleinem Eigengewicht immer große Kranmassen zu bewegen sind.

Bei beengten Platzverhältnissen ist natürlich ein Kran wieder überlegen, da er durch Förderung in einer zweiten Ebene keine flurgebundenen Wege mit Ausnahme seiner Fahrbahn beansprucht und dazu auf kürzestem Wege quer über das Lager hinweg die Last zu ihrem Bestimmungsort fördern kann. Ein durchgeführter Betriebskostenvergleich zwischen einem Portalkran und einem Frontgabelstapler beim Einsatz auf einem Rundholzplatz hat gezeigt, daß die Summe der variablen Kosten für beide Geräte nur wenig voneinander abweicht. Die Summe der Fixkosten liegt beim Gabelstapler auf Grund der benötigten größeren Fläche jedoch etwa 35% höher. Dieser zunächst recht hoch erscheinende Wert reduziert sich aber auf 15% bei Betrachtung der jährlichen Gesamtkosten bei Vollauslastung. Wie schon eingangs erwähnt, kann ein Gabelstapler auf Grund der Überkapazität noch für andere Zwecke eingesetzt werden, so daß sich dann die Umschlagkosten pro Festmeter bei Gabelstaplerbetrieb gegenüber dem Kranbetrieb eventuell günstiger stellen können.

Brückenkrane als Lagerplatz-Umschlagkrane seien hier nur der Vollständigkeit halber erwähnt. Durch die aufgeständerte Kranbahn sind die Anlagekosten derartiger Krane so hoch, daß ihr Einsatz im Freilagerbereich nur dann wirtschaftlich ist, wenn der Kran zugleich auch in der Halle verkehren soll. Für ein Freilager kann als Richtsatz gelten: Bei einer Kranbahnlänge von 25—30 m Länge liegt für einen Brückenkran und einen Portalkran der Anschaffungspreis einschließlich Kranbahn etwa gleich. Bei längeren Bahnen ist der Portalkran im Vorteil, da für ihn nur einmal die Stützen erforderlich sind. Vereinzelt werden auf Rundholzlagerplätzen auch Turmdrehkrane eingesetzt, deren Nachteil in der schwankenden Belastbarkeit bei Veränderung der Auslegerlänge zu sehen ist. Außerdem werden diese Geräte im Vergleich zu einem Portalkran bei gleicher Tragkraft und gleicher überspannter Fläche wesentlich teurer. Dazu ergibt sich noch ein größerer Platzverlust durch die erforderliche breit angelegte Kranfahrbahn zur Erzielung ausreichender Standfestigkeit.

Portalkrane können so gebaut werden, daß sie den gesamten Lagerplatz in einmal überspannen. Sofern in den Platzgrundriß hineinragende Gebäude die an den Außenseiten verlegten Kranbahnschienen schneiden würden, läßt sich die Kranbahn durch eine geringer bemessene Kranspannweite meist an den Hindernissen vorbeiführen. Die neben den Hindernissen liegenden Platzteile werden dann von den über die Kranstützen hinaus auskragenden Kranträgerauslegern überdeckt. Die wirtschaftlich günstigste Kranausführung ergibt sich bei einem Kran mit zwei Auslegern, deren Länge jeweils 25—30% der Kranspannweite ausmacht. Möglichkeiten zur Anpassung von Portalkranen an ungünstige Platzzuschnitte bestehen aber nicht nur in entsprechender Anordnung der Kranfahrbahn sowie optimaler Aufteilung des Kranträgers auf das Mittelteil und die Ausleger. Gerade in den letzten Jahren wurden Anlagen installiert, die durch konstruktive Besonderheiten an ungünstige Platzverhältnisse angepaßt wurden. Dazu gehören Krane mit hochklappbarem Ausleger, Portaldrehkrane und Krane auf gekrümmter Fahrbahn oder Anlagen, die abwechselnd gerade und gekrümmte Fahrbahnabschnitte durchlaufen können, wie nachstehend an einigen Beispielen gezeigt wird.

a) Aufgabenstellung: Ein an einer Wasserstraße gelegener Lagerplatz mit fast quadratischem Grundriß nimmt in einer Ecke auf etwa 25% der Gesamtfläche die Sägehalle sowie eine Lagerhalle auf. Die verbleibende, ungünstig geschnittene winklige Fläche soll der Holzlagerung dienen und von einem Kran bestrichen werden,

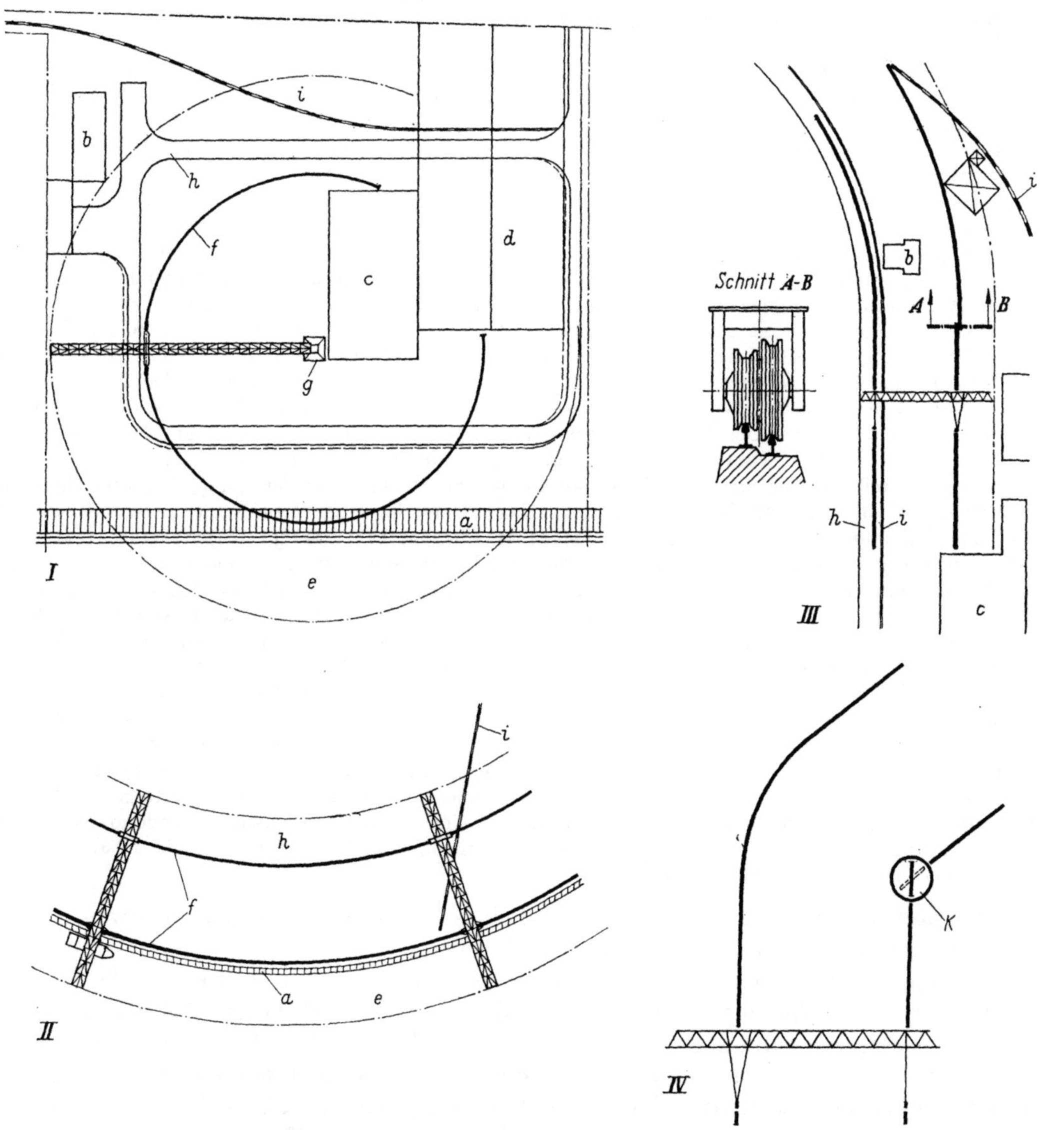

Abb. 560. Verschiedene Sonderformen für Portalkran-Fahrbahnen.

I Portal-Drehkran an einer Wasserstraße; *II* gekrümmte Bahn entlang eines Flußufers; *III* Übergang von gerader auf eine gekrümmte Bahn; *IV* Verbindung zweier winklig zueinander liegenden Fahrbahnen; *a* schräge Uferböschung; *b* Büro; *c* Sägehalle; *d* Schnittholzlagerhalle; *e* Wasserstraße; *f* Krangleis; *g* Turm als Krandrehpunkt; *h* Lastkraftwagen-Ladestraße; *i* Bahngleis; *k* Drehscheibe.

der zugleich aber auch eine Schiffsentladung vornehmen kann. Normalerweise hätte man diese Aufgabe durch Anordnung von zwei zueinander senkrecht verlaufenden Kranen gelöst. Der parallel zum Ufer angeordnete Kran hätte unter seinem Ausleger Schiffsentladung vorgenommen, wozu der Vorschrift entsprechend aber ein hochklappbarer Ausleger unumgänglich gewesen wäre. Als bessere Lösung wurde aber die Anordnung eines Portaldrehkranes entsprechend Abb. 560/I angesehen. In Platzmitte ruht der Portalkran unter Zwischenschaltung eines schweren Kugellagers auf einem fest angeordneten Turm und verfährt mit seinen Pendelstützen auf einer kreisförmigen Bahn. Auf diese Art ist mit *einem* Kran der ganze Platz bestrichen, eine Bahnbeladung sowie Schiffsentladung ermöglicht und nur ein Kranführer erforderlich. Mit einer derartigen Krananlage lassen sich auch dreieckige Lagerplätze noch mechanisieren.

b) Aufgabenstellung: Ein Portalkran soll auf gleichmäßig gekrümmten Gleisen entlang einer Wasserstraße verfahren werden (Abb. 560/II). Lösung: Das Kranfahrwerk, das auf der Schiene mit größerem Krümmungsradius läuft, muß in der gleichen Zeit eine größere Wegstrecke durchfahren. Da es kaum möglich ist, eine genaue Getriebeabstufung entsprechend dem Verhältnis der beiden Schienenradien zu erzielen, ist es zweckmäßiger, die Fahrwerke synchron anzutreiben und nur die Laufräder der äußeren Krümmungsbahn mit entsprechend größerem Durchmesser zu wählen. Zur Verminderung des Spurkranzverschleißes sind die Laufräder tangential zur Schienenkrümmung einzubauen, d. h. die Verlängerung der Laufradachsen soll durch den Mittelpunkt der Kreisbahnkrümmung gehen.

c) Aufgabenstellung: Ein Portalkran soll auf einer Bahn verfahren werden, die zunächst gerade verläuft, um dann in eine Krümmung überzugehen. Diese Forderung kann gestellt werden, wenn die Kranbahn sich einem vorhandenen Gleisanschluß anzupassen hat und dieser nicht geschnitten werden darf (Abb. 560/III). Lösung: Auch bei diesem Kran werden die beiden Fahrwerksseiten wieder synchron angetrieben. Dabei muß der Laufraddurchmesser auf der geraden Strecke gleich sein, während auf der gekrümmten Strecke das angetriebene Rad auf der äußeren Kurvenbahn einen größeren Durchmesser aufweisen muß. Entsprechend Schnitt A–B der Abb. 560/III wird einfach ein normales Laufrad mit einem größeren Rad auf gemeinsamer Achse gekuppelt und angetrieben. Am Übergang von der geraden zur gekrümmten Bahn wird der Gleisstrang unterbrochen und mit seitlicher Versetzung und entsprechender Höhenanpassung weitergeführt. Hierdurch kann die Kranführung vom kleinen zum großen Rad übergehen. Beim Durchfahren einer S-Kurve müßte der oben geschilderte Antrieb mit zusammengekuppelten Rädern unterschiedlichen Durchmessers auf beiden Kranbahnseiten angeordnet werden. Es ist aber auch möglich, beide Fahrantriebe zusätzlich mit einer Wirbelstrombremse auszurüsten, die entsprechend der Bahnkrümmung unterschiedlich erregt werden. Zur Steuerung dient ein besonderes Meßgerät, das den Winkel zwischen der Kranbrücke und der Kranbahn (d. h. Richtung der Stützen) abtastet und bei einer Veränderung des Winkels, d. h. Schiefstellung der Kranbrücke die Wirbelstrombremse des voreilenden Fahrantriebes erregt und damit zur Bremsung veranlaßt.

d) Aufgabenstellung: Für einen Portalkran stehen zwei Fahrbahnen zur Verfügung, die unter einem bestimmten Winkel aufeinandertreffen. Aufgrund des geringen Umschlages reicht ein Kran aus, so daß eine entsprechende Verbindung der beiden Bahnen zu suchen ist (Abb. 560/IV). Lösung: Wegen der scharfen Bahnknickung war hier die Aufgabe mit unterschiedlichen Raddurchmessern für die beiden Fahrwerkseiten nicht zu lösen. Der Kran wird vielmehr mit gleich großen Laufraddurchmessern ausgestattet. Auf der rechten Bahnseite wird ein normales Fahrwerk vorgesehen, während auf der linken Seite unabhängig von der Größe der Radlast Radschwingenfahrwerke, jedoch zusätzlich mit senkrechter Drehachse, einzubauen sind. Beim Wechsel von einer Bahn zur anderen wird der Kran gestoppt, sobald er auf der rechten Seite mit dem Fahrwerk auf der dort befindlichen Drehscheibe angelangt ist. Zugleich mit einer Verriegelung des Fahrwerkes auf der Drehscheibe wird die Synchronschaltung der Motoren getrennt und der rechte Fahrantrieb abgeschaltet. Beim Wiedereinschalten bewegt demnach der linke Fahrantrieb den Kran auf der Kurvenstrecke und nimmt die sich frei bewegende Drehscheibe mit. Nach der Kurvenfahrt wird mit der Entriegelung des Fahrwerkes auf der Drehscheibe der Antrieb dieser Seite wieder gekuppelt, und die normale Fahrt kann weitergehen. Die eingangs erwähnten schwenkbaren Radschwingen sind für die Kurvenfahrt unerläßlich, da andernfalls bei dem großen Radstand zwischen den Stützenfüßen keine Tangentiallage der Laufräder zur Schienenbahn gegeben ist und damit auch kein sauberes Abrollen.

Ein weiteres interessantes Einsatzbeispiel eines Portalkranes in Leichtbauweise wurde bereits im Zusammenhang mit Abb. 434 beschrieben.

Ein häufig nicht bedachtes Problem ist die Beschickung einer Holzlagerhalle, da nicht alles Schnittholz im Freien gelagert werden soll. Eine wesentlich bessere Raumausnutzung als mit Gabelstaplern kann durch Einsatz eines Portalkranes ohne Ausleger erzielt werden. Er ist auch in bereits vorhandenen Hallen einzusetzen, da er die Halle nicht zusätzlich belastet. Zur vollen Ausnutzung der zur Verfügung stehenden Höhe sollten jedoch raumsparende Konstruktionen eingesetzt werden, wie z. B. in Abb. 432 gezeigt wurde. Wird eine Übergabemöglichkeit zwischen einem in der Halle laufenden Kran und einem Portalkran auf dem Freilager gewünscht, so ist es möglich, diesen Portalkran ausreichend hoch zu bauen und mit einem Ausleger zu versehen, so daß sich die Kranbereiche, wenn auch nur teilweise, überschneiden. Handelt es sich bei dem Kran in der Halle um einen Hängekran, so ist es auch möglich, den Portalkran gleich hoch zu bauen, so daß die Katze von einem Kran zum anderen überfahren kann. Entsprechende Verriegelungseinrichtungen müssen natürlich vorgesehen werden (vgl. S. 393).

Portalkrane mit hoher Umschlagleistung werden von einem mit der Katze verbundenen Führerhaus aus gesteuert. Der Bedienungsmann ist also nicht mehr in der Lage, die Last selbst anzuhängen. Es wurden daher mechanische Lastaufnahmemittel entwickelt, die aus der Kranführerkabine gesteuert werden. Für den Rundholzumschlag sind das in erster Linie elektrohydraulische Stammgreifer, ausgebildet als Dreifinger-Greifer in drei Größenbereichen für Stammdurchmesser bis maximal 1800 mm (Abb. 561). Mag diese einfache Ausrüstung für den kleineren Betrieb genügen, so hat sie doch zur Voraussetzung, daß das Holz während seiner Förderung und Lagerung auf dem Platz nicht geschwenkt zu werden braucht. Leider ist es darüber hinaus nicht zu vermeiden, daß das Langholz sich während des Transportes durch den Kran von selbst etwas dreht, da das ein- bis zweisträngige Gehänge des Kranhubwerkes kaum eine Richtwirkung auf den Greifer ausübt. Ein paralleles Einlagern ist also mit Schwierigkeiten verbunden. Man hat daher die Ausrüstung des Stammgreifers durch ein zusätzliches Schwenkwerk und eine Stabilisierungseinrichtung vervollkommnet. Sie wird meist als Doppelschere ausgeführt, um sie in hochgezogenem Zustand nicht zu breit werden zu lassen (Abb. 561). Wird die Schere parallel zur Kranbahn angeordnet, so müssen die Stützen besonders weit auseinander gefertigt werden, um eine Ausfahrt der Katze auf den Ausleger des Kranes zu ermöglichen (Abb. 562a).

Abb. 561. Dreifinger-Holzstammgreifer mit hydraulischem Antrieb an zweigliedriger Stabilisierungsschere mit Zwangsführung und unten angeordnetem Drehwerk (Ridinger).

Bei nachträglicher Ausrüstung von schon vorhandenen Portalkranen, an denen die Stützenbeine unmittelbar an den Trägergurten angelenkt sind, kann die Schere nur parallel unter dem Katzbahnträger angeordnet werden (Abb. 562b). Die ursprünglich vorhandene Hubhöhe wird jedoch stark reduziert durch die zusätzliche Anbringung eines Zwischenrahmens, der verhindert, daß die zusammengezogene Stabilisierungsschere mit der Führerkabine kollidiert. Will oder kann man den Höhenverlust nicht in Kauf nehmen, so ist die Kabine vom Hebezeug weiter entfernt anzuordnen, um der Schere vor der Front-

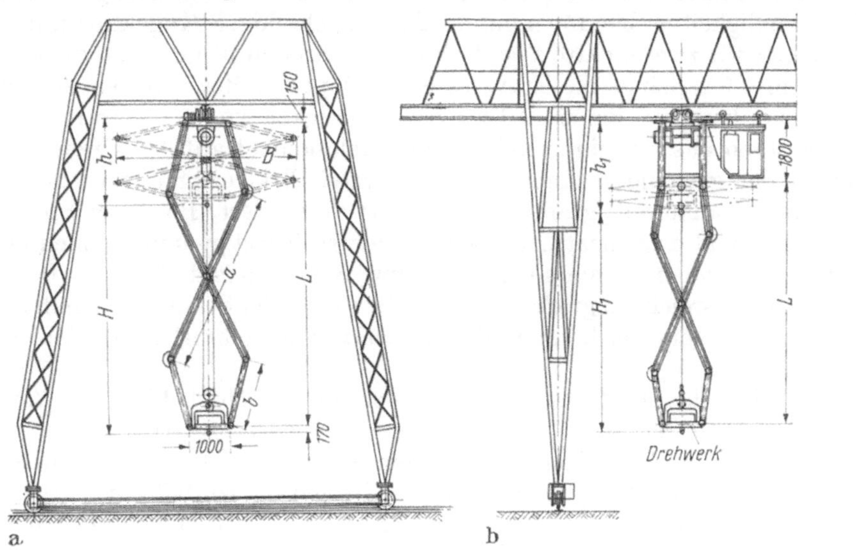

Abb. 562. Portalkran mit Stabilisierungsschere und Drehwerk.

a Scherenanordnung quer; *b* Scherenanordnung längs.

scheibe beim Zusammenziehen ausreichenden Platz zu gewähren. Freilich muß durch diesen Ausweg ein größeres Anfahrmaß der Katze in Kauf genommen werden, da die Katze nicht mehr so weit hinausfahren kann. An dieser Stelle sei auch die Reduzierung der Tragkraft des Kranes erwähnt; denn das Gewicht der Greiferschere und des Drehwerkes sowie des Stammgreifers gehen von der Hakennutzlast des Kranes verloren. Es handelt sich bei diesen Teilen je nach Hakenhöhe um ein Eigengewicht von etwa 1500—1900 kp.

Abb. 563. Zweischienenhängekatze mit eingebautem Drehwerk, Seilabstand 1600 mm (Aumund).

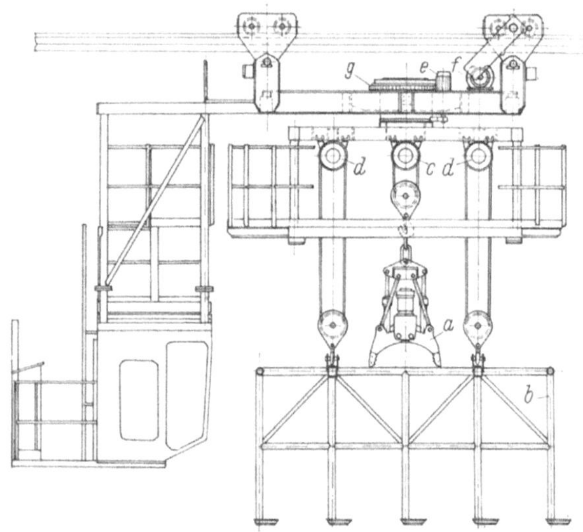

Abb. 564. Krankatze mit zwei gleichzeitig angehängten Greifern. *a* Stammholzgreifer; *b* Schnittholzgreifer; *c* Hubwerk für *a*; *d* Hubwerk für *b*; *e* Drehwerksmotor; *f* Katzfahrantrieb; *g* Doppelreihiger Kugeldrehkranz mit Verzahnung.

Alle aufgeführten Nachteile werden durch die von der Firma Aumund Fördererbau GmbH. entwickelte Spezialkatze mit eingebautem Drehwerk entsprechend Abb. 563 beseitigt. Es handelt sich um eine Zweischienenkatze mit mehrstufig regelbarem Antrieb für Geschwindigkeiten bis 150 m/min. Ein doppelreihiger Kugeldrehkranz nimmt eine Montageplatte für zwei Elektrozüge drehbar auf. An den beiden Unterflaschen mit einem Abstand von 1,6 m hängt die Traverse eines Doppelgreifers, dessen Schalen einen Abstand von 2 m besitzen. Bei einer Drehgeschwindigkeit von 1 U/min reicht der vorgegebene Seilabstand aus, um ein ausreichendes Drehmoment auf den Greifer zu übertragen. Auf Grund der getrennten Anordnung von zwei Elektrozügen wird auch ein Kippen des Greifers bei außermittig angehängter Last verhindert. Bei einer Spezialausführung nach Abb. 564 sind drei Elektrozüge am Drehwerk befestigt und nehmen einen wechselweise zu benutzenden Stammholzgreifer bzw. Schnittholzgreifer auf. Der Schnittholzgreifer hat eine ausreichend große innere Weite, so daß der Stammholzgreifer ohne Schwierigkeiten hindurchgelangen kann. In der Abb. 564 ist der Schnittholzgreifer schon um Greiferhöhe abgesenkt.

Sodann sei in diesem Zusammenhang noch auf die Möglichkeit der Ausrüstung des Kranes mit zwei getrennten Hubwerken hingewiesen. Diese Anordnung ist wünschenswert vornehmlich in Betrieben mit starkem Anfall kleiner Holzdurchmesser. Die getrennten Hubwerke besitzen unterschiedliche Tragkraft, so daß der stärkere Elektrozug für den bündelweisen Transport bei normaler Hubgeschwindigkeit dient und der andere Elektrozug mit kleiner Tragkraft aber besonders großer Hubgeschwindigkeit für die Sortierarbeit eingesetzt wird. Der bündelweise Transport geschieht entweder mittels Seilschlingen oder mit Hilfe des in Abb. 563 gezeigten Spezialgreifers mit großer Schalenweite.

Nur der Sortierarbeit wegen wird man einen Kran in den seltensten Fällen anschaffen, da er für diesen Arbeitsgang allein zu schwerfällig ist. Die Leistung eines Portalkranes auf dem Rundholzplatz, wobei der Kran für Sortier-, Polter- und Transportarbeiten herangezogen wird, ist auf etwa 3000 fm Jahreseinschnitt begrenzt.

Auf dem Rundholzplatz ist der Kettenzug als ein altbewährtes Fördermittel für die Sortierung von größeren Rundholzmengen anzusehen. Er wird für diese Arbeit vorwiegend als Hochverteiler errichtet, damit die Schwerkraft für das Poltern der Blöcke auf den daneben liegenden Sortierpoltern nutzbar gemacht wird. Besonders gut geeignet ist der Kettenzug für die Blockentnahme aus Wasserbassins. Die Konstruktion des Kettenzuges, auch vielfach Spitzenblockzug genannt, bestehend aus Förderrinne und Zugkette mit Tragelementen, wird von einem leichten Betonfundament getragen. Der Antrieb der

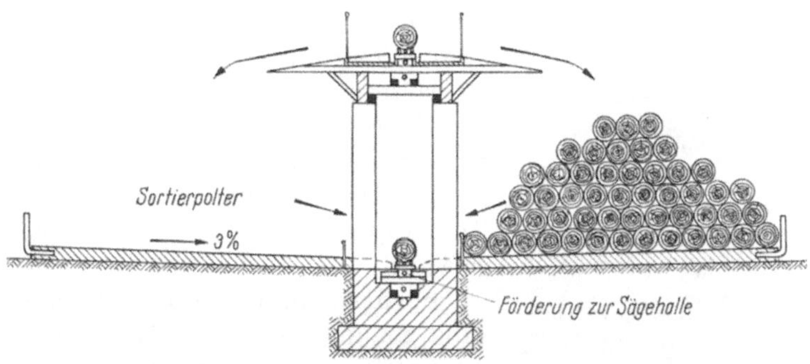

Abb. 565. Hochverteilerblockzug und tiefliegender Spitzenblockzug als Förderer zur Sägehalle.

Anlage erfolgt elektrisch und erfordert eine Antriebskraft in Abhängigkeit der Fördergeschwindigkeit von etwa 1—1,5 PS je 10 m Förderstrecke. Die Fördergeschwindigkeit für die Sortierung von Laubholz liegt bei 18 m/min und die für Nadelholz bei etwa 30 m/min

Blockzüge mit mechanischem bzw. automatischem Blockabwurf erlauben Geschwindigkeiten bis 100 m/min. Beim Transport von Nadelholz und mittelschwerem Laubholz werden die Tragelemente des Blockzuges gleitend auf Schienen geführt, wohingegen sie bei Exoten-Transport auch durch Rollen abgetragen werden. Ein Beispiel für einen Kettenzug auf Betonsockel als Hochverteiler und unten angeordneter Kette für den Transport zur Sägehalle zeigt Abb. 565. Bei den konventionellen Sortieranlagen mußte das Sortiergut von Arbeitskräften in die betreffenden Sortierpolter geleitet werden. Mit der Entwicklung einer Reihe von Zielsteuerautomatiken hat man ein bedienungsloses Führen und Abwerfen der Sägeblöcke in die Sortierboxen erreicht. Sehr interessant und leistungsfähig ist eine umlaufende Einschienen-Sortierbahn mit Transportwagen, deren Anzahl nach der Förderlänge und Fördergeschwindigkeit zu ermitteln ist. Die Anlage ähnelt einer Alwegbahn. Jeder Sortierwagen hat einen eigenen elektrischen Antriebsmotor, der von einer Stromschiene gespeist wird. Der Zielauftrag wird dem Wagen durch einen Abzählmechanismus, der vom Bedienungsmann an der Aufgabestation einzustellen ist, erteilt. Der Blockabwurf erfolgt einseitig, d. h. in den Innen- oder Außenraum der Umlaufstrecke. Die Fördergeschwindigkeit beträgt 60—80 m/min. Das Beschicken mit gleichzeitigem Einstellen des Zielpolters auf Wählscheiben dauert etwa 15—20 s.

b) Anlagen im Span- und Faserplattenwerk

Nachfolgende Betrachtung behandelt im wesentlichen die Förderung von dünnem Rundholz, das je nach der Länge nicht nur in Span- und Faserplattenwerken umzuschlagen ist, sondern ebenfalls auch als Grubenholz auf Zechenlagerplätzen und auch in den Zellulose- und Papierfabriken. Natürlich ist durch die differenten Be- und Verarbeitungsvorgänge bei den Verbrauchern die Förderung in den Werken diesen Bedingungen anzupassen.

Der Ausgangspunkt hierfür liegt aber in allen Fällen in der Anlieferung des Holzes vom Wald, die meist per Lastkraftwagen oder Waggon erfolgt, und im Verfahren der Lagerung auf dem Holzplatz. Wird die Erhaltung einer Regelstapelung beim Umschlag vom Lastkraftwagen auf Zwischenlager, auf Quereinzugbänder direkt, auf Großraumanhänger usw. angestrebt, so haben sich bisher Schwenklader oder ähnliche Geräte am zweckmäßigsten erwiesen. Die flexible Anlenkung an in sich abknickbare Ausleger und die Anwendung von endlosen Drehwerken mit kontrollier- und steuerbarem Bewegungsbereich gewährleisten ein Aufnehmen und Ablegen des Holzes in jeder Lage. In den letzten Jahren haben sich aber auch Portalkrane in Leichtbauweise mit Drehwerkskatzen mit Erfolg eingebürgert (Abb. 566). Von Vorteil sind bei diesem Einsatz mittelbar am Hebezeug angelenkte hydrostatisch betriebene Greifer. Sie erhalten durch diese Antriebsart eine große Schließkraft, die speziell bei der Entladung von Buchen- und Nadelscheitholz erforderlich ist. Erwähnenswert ist weiterhin eine Einrichtung an den Greifern, die das Holz beim Aufnehmen und Ablegen zwangsweise führt, sowie die exakte Führung des Greifers zum aufzunehmenden Holz. Hierfür haben sich Teleskopführungen wie auch Scherenführungen bewährt.

Abb. 566. Mehrseilgreifer an einer Drehwerkskatze beim Grubenholzumschlag (Aumund).

Bei der wahllosen Stapelung, auch Haufenstapelung genannt, wird das Holz am schnellsten von Lastkraftwagen mit eigenem Kipperaufbau durch Abkippen der Ladung direkt in einen Aufnahmetrichter erreicht. In ähnlicher Weise können Eisenbahnwaggons durch Einsatz von Waggonkippeinrichtungen in kürzester Zeit entladen werden. Andererseits läßt sich die Ladung von normalen Lastkraftwagen durch Abschieben mittels Stoßschild der Front- und Schaufellader direkt in den Aufnahmetrichter erreichen. Von dort wird das Holz abgezogen und einem Längsförderer übergeben. Auf Grund der Regellosigkeit ist diese Entladungsart nur in den Industriezweigen durchzuführen, bei denen das Holz im wesentlichen nur 1 m lang ist und über Längsförderer zur Verarbeitung geführt wird.

Zusammenfassend kann gesagt werden, daß sich ortsveränderliche Geräte auf Grund der vielen Sortimente und der oft kleinen Transporteinheiten am besten eignen. Ortsfeste Einrichtungen, wie Leichtbau-Portalkrane lassen sich wirtschaftlich ausnutzen, wenn ausreichend große Holzlagerplätze zu bedienen sind. In letzter Zeit werden speziell bei Grubenholz-Lagerplätzen Konzentrationen vorgenommen, so daß kleinere bis mittlere Anlagen zugunsten großer Lagerplätze geschlossen wurden.

Die Voraussetzung zur Mechanisierung der gesamten Förderung ist, daß das Holz in Regelstapeln angeliefert, zwischengelagert und der Produktion zugeführt wird. Da das Holz dem Zerspaner meist in Querrichtung zugeführt werden muß, ist es zweckmäßig, die Aufgabe von Anfang an in dieser Form vorzunehmen. Es werden daher Quereinzugbänder in Richtung auf den Zerspaner angeordnet, die bis zu 50 m lang ausgeführt werden und das Holz in mehreren Lagen übereinander aufnehmen können. Sie sind daher in der Lage, eine Bevorratung an Holz für die Dauer einer Schicht aufzunehmen. Diese Bunkerbänder werden von Schwenkladern oder durch Krane direkt vom Lastkraftwagen oder vom Zwischenlager aus beschickt. Die Abnahme von diesem Bunkerband erfolgt bündelweise und wird dann einer Richt- und Vereinzelungsanlage zugeführt. Die Vereinzelung der Stämme geschieht durch einen Kettenförderer mit verhältnismäßig niedrigen Mitnehmern, der dem Zwischenlager jeweils nur einen oder zwei dünne Stämme entnimmt und sie dem

Zerspaner zuleitet (Abb. 567). Anstelle des Stausternes kann auch durch die Zwischenschaltung eines weiteren Bandes eine Verringerung der Schichthöhe erzielt werden.

Häufig wird auch Holz von etwa 2 m Länge den Werken angeliefert. Nach dem Passieren einer Entrindungsmaschine wird es über einen Gurtförderer einer Aufteilsäge zugeleitet, die es zunächst auf genau 2 m ablängt und durch ein zweites Sägeblatt auf 1 m Länge halbiert. Ein weiterer Gurtförderer stellt dann die Verbindung zum Bunkerband her (vgl. Abb. 567), wo der Bandabwurf durch einen Drehabweiser erfolgt.

In Zellstoff- und Papierfabriken hat man in den letzten Jahren die Erkenntnis gewinnen können, daß eine wahllose Stapelung gegenüber einer Regelstapelung keine Nachteile aufweist, wenn das Holz innerhalb von etwa 12 Monaten bei Fichte oder 7 Monaten bei Buche weiterverarbeitet wird. Die Wahl des Transportsystems und z. T. auch die der

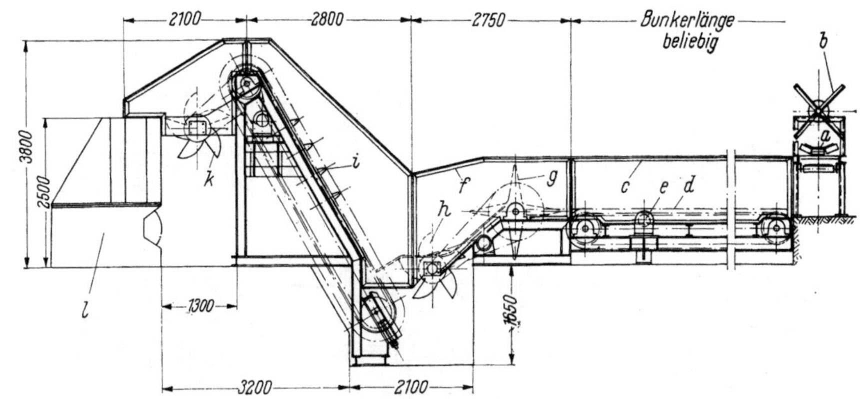

Abb. 567. Zerspaner-Beschickung.

a Zubringerband von der Säge; *b* sternförmiger Drehabweiser; *c* Bunker mit einem Plattenband *d* als Boden; *e* Antrieb vom Plattenband; *f* Dosieranlage mit Staustern *g* und Richtstern *h*; *i* Förderer; *k* Parallelrichtanlage; *l* Zerspaner.

Stapelart ist von der Lage des Holzplatzes zur Fabrikation, den Geländebedingungen usw. abhängig. Es besteht die Möglichkeit der Anwendung von Kettenförderern, Gurtbandförderern und Schwemmkanälen bzw. die Kombination dieser Fördermittel untereinander. Das Abräumen des Haufenstapels wird mit mobilen Kranen oder Portalkranen vorgenommen, die mit Polypgreifern das Holz aufnehmen und an Zuteilförderer wieder abgeben.

Bei der Wahl der Fördermittelarten innerhalb der Werke für die Plattenherstellung spielen Größe, Gestalt, Werkstoff und Oberflächenzustand der Platten eine Rolle. Als häufigstes Förderelement sind Rollenbahnen für Schwerkraftförderung und auch mit angetriebenen Rollen zu finden. Da die Platten meist größere Abmessungen besitzen, kann der Abstand der Rollen in der Förderbahn wesentlich größer gewählt werden, als von normalen Rollenbahnen her bekannt ist. Der Rollenabstand soll aber kleiner als die Hälfte der Auflagelänge des Fördergutes gewählt werden. In der Regel beträgt der Abstand 100—600 mm. Je nach Beschaffenheit der Plattenoberfläche ist aber auch die zu transportierende Last zu berücksichtigen. So wird zweckmäßig bei der Förderung von Plattenpaketen ein engerer Laufrollenabstand gewählt, um örtlich zu hohe Flächenpressungen und damit Eindrückungen der Platten zu vermeiden.

Für den Transport von Einzelplatten finden auch häufig Scheibenrollenbahnen Anwendung, bei denen an Stelle einer durchgehenden Rolle einzelne kleine Rollen im Abstand von 165 mm, über die Plattenbreite verteilt, als tragende Elemente vorhanden sind. Auf den aufeinanderfolgenden Achsen sind die Röllchen versetzt angeordnet.

Anstelle der Röllchen können auch einzelne Scheiben mit einem Durchmesser von 100 mm treten, deren Umfang messerschneidenartig zugerichtet ist. Sie dienen zum Fördern von Plattenerzeugnissen, die mit einem Klebstoff beschichtet sind, beispielsweise beidseitig hinter einer Leimauftragmaschine austretende Furnierblätter, die zum Zusammenlegen mit trockenen Blättern oder einer Stab-, Stäbchen- oder Spanplattenmittellage weiterrollen sollen.

Für die Förderung von Möbelplatten, flachen anderen Holzerzeugnissen oder Furnierstreifen und Furnierblättern, haben sich Bandförderer mit den verschiedensten Gurten eingebürgert. Für leichte und sehr dünne Fördergüter, wie Furniere in Streifen oder Blättern verwendet man auch bei größten Breiten eine Reihe schmaler, in Abständen nebeneinander laufender, angetriebener Transportbänder. Mit einer Kombination von Rollenbahnen und Fließbändern kann man auf einfachste Weise dem Fördergut einen Richtungswechsel um 90° geben. Hierzu werden am Ende der Rollenbahn zwischen je

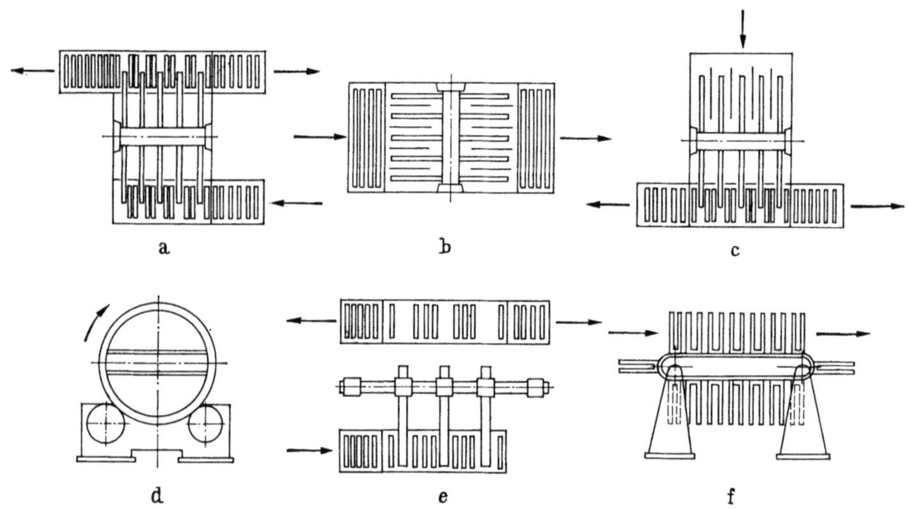

Abb. 568. Verschiedene Systeme zum Wenden von Platten.

a Sternwender, quer arbeitend; *b* Sternwender, längs arbeitend; *c* Sternwender, von quer auf längs ablegend; *d* Wender für schwere und lange Platten; *e* Ein-Arm-Wender; *f* Rechenwender.

zwei Rollen schmale Förderbänder, auch Keilriemen angeordnet, die anhebbar eingerichtet sind und vom Fördergut gesteuert werden. Ist beispielsweise die Platte in Querlage auf der Rollenbahn angekommen, so stößt sie am Ende der Strecke gegen einen Endschalter, der das Anheben der Transportbänder steuert. Dadurch wird die Platte von der Rollenbahn abgehoben und muß nun der Laufrichtung der Bänder folgen (vgl. Abb. 100). Bandförderer transportieren schonend, da sie das Gut tragen. Sie werden daher in der Regel für Platten mit empfindlichen Oberflächen verwendet und häufig mit Geschwindigkeiten von 100—200 m/min betrieben.

Bei der Herstellung und Verarbeitung von Platten wird oft ein Auf- bzw. Abstapeln erforderlich. Hierbei haben sich mechanische und auch hydraulische Hebebühnen eingebürgert. Die Platten werden hierbei entweder durch Vakuum-Hebegeräte gefaßt, leicht angehoben und dann verschoben, oder aber bei dickeren Platten oder paketweiser Verarbeitung mit mechanischen Abstreifern gefaßt und direkt vom Stapel abgeschoben.

Sperrholz-, Tischler-, Span- und Kunststoffplatten werden meist in Stapeln gelagert. Dabei ist das Stapeln auf Paletten sehr beliebt, weil man mit einfachen Hubwagen, Gabelstaplern oder Brückenkranen die ganze Last leicht über größere Strecken im Fertigungsbereich oder in Lagerräumen bewegen kann (vgl. Abb. 430).

Vielfach muß während des Förderns zwischen zwei Arbeitsvorgängen eine Wendung der Platten vorgenommen werden. Die Mannigfaltigkeit der auftretenden Anforderungen ließ eine Reihe von Wendeeinrichtungen entstehen, deren verschiedene Arbeitsweisen in Abb. 568 schematisch dargestellt sind.

Der Sternwender nach Ausführung a verbindet zwei parallele Förderbahnen und legt die Platten auf der zweiten Förderbahn um 180° gewendet ab. Da diese Wender eine größere Anzahl Platten aufnehmen können, ergeben sich außerordentlich kurze Wendezeiten von etwa 2 s je Platte. Dabei können die ein- und austragenden Förderbahnen mit Fördergeschwindigkeiten bis zu 70 m/min laufen, so daß man den hohen Schleifgeschwindigkeiten von 30 m/min und mehr der modernen Flächenschleifmaschinen auch in bezug auf die Förderung folgen kann. Will man beim Wenden die Förderrichtung beibehalten, so wird der Überkopf-Sternwender (Abb. 568b) zu wählen sein, der einen Keilriemeneinzug hat. In der gleichen Weise arbeitet auch die Ausführung c in bezug auf den Einzug und die Platten können nach der Wendung auf der Rollenbahn je nach Steuerung nach rechts oder links weiterlaufen. Die Ausführung d ist für schwere und lange Platten geeignet, die man ohne Unterbrechung des kontinuierlichen Durchlaufs nach der Wendung in der Förderrichtung weiterleiten will. Einen lückenlosen und kontinuierlichen Plattenein- und -auslauf auf zwei parallelen Förderbahnen liefert der Ein-Arm-Wender nach Abb. 568e. Die horizontale Achse mit den Wendearmen dreht sich immer in einer Richtung. Eine besondere Aufgabe liegt vor, wenn man im Zuge des Förderns die anlaufenden Platten aufrichten, d. h. in eine senkrechte Lage bringen muß. Dieses Problem löst der Rechenwender nach Abb. 568f. Man spart mit seiner Hilfe beispielsweise an Baulänge bei Klimatisierungsanlagen für Spanplatten und er ist außerdem auch zum Überbrücken großer Achsabstände geeignet.

Abschließend sei noch ein besonderes Beispiel für ein Spanplatten-Härtelager angeführt, das als bewegliches Großraumlager eingerichtet ist. Die Anlage läuft seit mehreren Jahren und hat sich bestens bewährt. Sie ist dort anzuraten, wo weder ausreichende Höhe zum Einbau eines Kranes zur Verfügung steht, noch ausreichende Breite vorhanden ist für die erforderlichen Fahrwege der Gabelstapler.

Nachdem die Platten die Presse verlassen und eine Besäumanlage durchlaufen haben, werden sie auf Plattformwagen bis zu einer Höhe von 4,5 m gestapelt, wobei eine hydraulische Hebebühne die Höhenveränderung während des Stapelvorganges übernimmt. Ist die Stapelhöhe erreicht, die dann einem Beladegewicht von 16—18 Mp entspricht, wird der Plattformwagen auf Hallenniveau eingefahren, automatisch auf eine benachbarte Drehscheibe aufgezogen, um 90° gedreht und in Hallenlängsrichtung abgeschoben. Der Weitertransport erfolgt über einen Unterflurkettenförderer. Ist die Förderbahn mit Wagen gefüllt, so wird durch die Zugkraft des Kettenförderers auf die am Ende der Bahn vorhandenen Sperrklinken ein Druck ausgeübt und ein Verschiebewagen herangeholt. Er nimmt dann einen beladenen Wagen aus der Förderbahn auf, verschiebt ihn seitlich bis zum nächsten Gleis, wo der Wagen durch einen hydraulischen Arbeitszylinder in die benachbarte Förderbahn abgestoßen wird. Ein Umlauf der Wagen durch das gefüllte Lager erfordert in Abhängigkeit von der jeweils gepreßten Plattenstärke eine Zeit von etwa 5—6 Tagen. Am Lagerausgang werden die Platten geschliffen und dem Fertiglager zugeleitet. In einem andern Fall wurden anstelle der Plattformwagen mit zugehöriger Kettenbahn als Transportmittel Paletten zur Aufnahme der Plattenstapel verwendet, die dann auf angetriebenen Rollenbahnen transportiert werden. Der Antrieb erfolgt sektionsweise, so daß immer ein Auffüllen des Lagers ermöglicht wird, ohne aber die bereits lagernden Paletten ungewollt antreiben zu müssen.

Literaturverzeichnis

Die nachstehend genannten Abkürzungen bedeuten:

F + H = Zeitschrift Fördern und Heben. Wiesbaden: Krauskopf-Verlag.
dhf = Zeitschrift Deutsche Hebe- und Fördertechnik. Ludwigsburg: AGT-Verlag.
MM = Zeitschrift Maschinenmarkt. Würzburg: Vogel-Verlag.
IA = Zeitschrift Industrie-Anzeiger. Essen: Girardet-Verlag.

Beumer, B., u. K. H. Wehmeier: Zur Frage des Schöpfwiderstandes und der Abwurfverhältnisse bei Becherwerken. F + H 1 (1961).
Biedermann, H.: Entwicklungsrichtungen auf dem Gebiet der Baukrane. dhf Messesonderheft 1966.
DEMAG: Technisches Taschenbuch 1962.
Dümcke, G.: Berechnung von Lastmomentsicherungen, bezogen auf Schwimmkrane. F + H 9 (1961).
Englert, T.: Größe der Vorspannkraft bei Gurtbandförderern. dhf 4—6 (1963).
Erdlenbruch, K.: Kritische Betrachtung zum wirtschaftlichen Lager von heute. F + H 2 (1966).
Ernst: Die Hebezeuge, 3 Bde., Braunschweig: Vieweg & Sohn 1961.
Flach, W.: Senkbremseinrichtungen für Kraftwinden mit dauernd durchlaufenden Antriebsmaschinen. Jubiläumsausgabe 10 Jahre dhf.
Franke, E.: Sicherheitsvorrichtungen zum Schutz gegen unbeabsichtigtes Wegrollen schienengebundener Herbezeuge. IA 12 (1967).
Franke, G.: Betriebliche Überlegungen zum Einsatz von Flurförderzeugen. IA 89 (1955).
Gesell, W.: Materialflußgerechte Grundbauformen für Gießereianlagen. MM 95 (1966).

GOERGEN, H.: Massentransport im Tagebau. F + H 14 (1967).
GRONEBAUM, R.: Drehscheiben und Schiebebühnen für Wagenumläufe mit kleinen Grundflächen. MM 33 (1966).
Holzwirtschaftliches Jahrbuch Nr. 17: Rationelles Fördern in der holzbearbeitenden Industrie, Stuttgart: DRW-Verlags-GmbH. 1967.
KLÖCKNER-MOELLER-POST: Schaltgeräte und Hebezeuge. Sonderheft Hebezeuge 2 (1962) – Eigenverlag.
LANGE, F.: Die Vierseilförderung, Essen: Verlag Glückauf 1952.
LEMPP, M.: Physikalische Grundlagen für die Berechnung und den Bau pneumatischer Förderanlagen. dhf 1 (1962).
LORENZ, K. H., u. G. SCHNEIDER: Der Kreislagerplatz und seine Anwendung bei neuzeitlichen Kraftwerkbekohlungsanlagen. dhf 9 (1965).
MECHTOLD, F.: 50% mehr Förderleistung durch Einsatz eines Stetigförderers. Aufbereitungstechnik 10 (1967).
— Durch Normung zum preiswerten Portalkran. IA 53 (1966).
— Wirtschaftlicher Materialumschlag mit Krananlagen. IA 89 (1965).
— Spezialschaltgetriebe für schwer anlaufende Transportbänder. dhf 9 (1961).
— Mechanische Schüttgutentladung aus Eisenbahnwagen. dhf 4 (1958).
— Rationelle Entladung von Eisenbahnwagen in Hüttenwerken. dhf 5 (1960).
— Das größte Plattenband Europas auf einer französischen Erzgrube. dhf 9 (1963).
— Rohrleichtbauweise im Kranbau. dhf 12 (1961).
— Portaldrehkran löst schwierige Aufgaben. dhf 9 (1965).
— Materialfluß vom Eisenbahnwagen zum Lager. dhf 10 (1966).
— Ein Portalkran nach dem Baukastenprinzip. Jubiläumsausgabe 10 Jahre dhf.
— Die kontinuierliche Förderung in Untertage-Betrieben. dhf 7 (1957).
— Die kontinuierliche Schachtförderung mit Pendelbecherwerken. dhf 6—10 (1960).
— Anpassungsfähiger Container-Umschlag durch Portalkrane aus Baukastenteilen. dhf 2 (1967).
— Kurvenläufige Portalkrane. MM 78 (1966).
— Neuartige Lastschaltgetriebe für Bandanlagen. MM 34 (1967).
— Standardisierte Portalkrane in Rohrkonstruktion. MM 60 (1966).
— Die Rohrleichtbauweise erobert den Großkranbau. MM 31 (1965).
Merkblätter über sachgemäße Stahlverwendung: Hafenkrane für Stückgut und Greiferbetrieb.
MINNER, H.: Stahlrohre als Konstruktionselement für Kranausleger. Der Stahlbau 5 (1963).
MÜLLER, W., u. K. SCHRÖTER: Über das pneumatische Schubfördern. dhf 7–9 (1965).
MÜLLER, W.: Gurtbecherwerke. Continental-Transportbanddienst 13 (1959).
NEUGEBAUER, R.: Nahtstellen zwischen kontinuierlicher und diskontinuierlicher Förderung mineralischer Massenschüttgüter. F + H 1 (1967).
PAULOWEIT, U.: Einsatz von Portalkrananlagen für Rundholztransport. Die Holzbearbeitung 4 (1967).
— Stahlrohr-Portalkran für den Umschlag von Stammholz. IA 27 (1967).
PAVEL, G.: Zementklinkertransport über lange Förderstrecken. dhf 4 (1967).
— Kettenspannungsausgleich bei langen, ansteigenden Bändern. dhf 10 (1956).
— Klinkertransport mit Stahlgliederbändern in Zementwerken. Zement–Kalk–Gips 2 (1966).
RASPER, L.: Beitrag zum kontinuierlichen Direktversturz in Tagebaubetrieben unter Verwendung von Schaufelradbaggern. F + H 14 (1967).
RIEDIG: Wandlungen im Verwenden von Fördermitteln und Hebezeugen beim Baubetrieb. dhf 2 (1958).
RÜGGEN, W., u. K. STÜBNER: Kupplungen in Hebezeugen. dhf 9 (1966).
SCHMOLL, K., u. H. WUTHE: Stripperkrane und Strippvorrichtungen. MM 17 (1967).
SCHNEIDER, C. H. L.: Hochöfen und Hochofenwerke. DEMAG-Nachrichten Sonderausgabe 1964.
SCHNEIDERSMANN, E. O.: Methoden der Rückverladung von Massengutlagern, vergleichend betrachtet. MM 49 (1964).
SCHWEINFURTH: Schwingförderer für Schüttgut. VDI-Nachrichten 3 (1961).
SPIWAKOWSKI, A. O.: Förderanlagen. Braunschweig: Vieweg & Sohn 1959.
STRATHAUSEN, E.: Hebemaschinen, 3 Bde., Braunschweig: Westermann 1960.
WEHMEIER, K. H.: Untersuchungen zum Fördervorgang auf Schwingrinnen. F + H 5–6 (1961).
— Schwingförderrinnen – Berechnung, Konstruktion und Betrieb. F + H 12 (1963).
— Schwingförderrinnen – Eine Systematik der Bauformen und ihrer Eigenarten. F & H 3 (1964).
— Beitrag zur Berechnung von Hochleistungsbecherwerken. F + H 9 (1964).
— Bauarten und Einsatzmöglichkeiten von Schwingförderern. IA 20 (1967).
WOLF, A.: Entwicklung und Vervollkommnung der Einmotoren-Greiferwinde. F + H Messesonderheft 1954.
WULLSCHLÄGER, H.: Optimale Gestaltung von Massengutlagerplätzen. F + H Messesonderheft 1963.

Sachverzeichnis

721/32/69

GPSR Compliance

The European Union's (EU) General Product Safety Regulation (GPSR) is a set of rules that requires consumer products to be safe and our obligations to ensure this.

If you have any concerns about our products, you can contact us on ProductSafety@springernature.com

In case Publisher is established outside the EU, the EU authorized representative is:

Springer Nature Customer Service Center GmbH
Europaplatz 3
69115 Heidelberg, Germany

Batch number: 10684808

Printed by Printforce, the Netherlands